AF535596

SAP® SuccessFactors

Nikolaus Krasser, Melanie Rehkopf

SAP® SuccessFactors

Grundlagen, Prozesse, Implementierung

Liebe Leserin, lieber Leser,

damit Ihre Personalabteilung erfolgreich und nachhaltig arbeiten kann, ist eine klare Strategie bei der Auswahl der HR-Softwarelösung und eine stringente Umsetzung der Implementierung unumgänglich. Die Basis dafür sind verlässliche Informationen, die Ihnen dabei helfen, die Vor- und Nachteile verschiedener Möglichkeiten abzuwägen und schließlich Ihren eigenen Weg zu finden.

Dieses Buch soll Ihnen dabei als Wegweiser dienen. Sie lernen nicht nur die Funktionen für Recruiting, Onboarding, Learning, Zielvereinbarung und Leistungsbeurteilung, Talentmanagement sowie Personaladministration und -abrechnung kennen. Sie erfahren auch, wie Sie die Rahmenbedingungen für ein erfolgreiches Projekt schaffen und Best Practices für sich nutzen können.

Dr. Nikolaus Krasser, Dr. Melanie Rehkopf und ihr Team begleiten Sie auf Ihrem Weg und unterstützen Sie dabei, Ihr eigenes Projekt zu meistern und Irrwege gekonnt zu vermeiden.

Wir freuen uns stets über Lob, aber auch über konstruktive kritische Anmerkungen, die uns helfen, unsere Bücher zu verbessern. Scheuen Sie sich nicht, mich zu kontaktieren. Ihre Fragen und Anmerkungen sind jederzeit willkommen.

Ihre Eva Tripp
Lektorat SAP PRESS

eva.tripp@rheinwerk-verlag.de
www.rheinwerk-verlag.de
Rheinwerk Verlag · Rheinwerkallee 4 · 53227 Bonn

Auf einen Blick

Wir hoffen, dass Sie Freude an diesem Buch haben und sich Ihre Erwartungen erfüllen. Ihre Anregungen und Kommentare sind uns jederzeit willkommen. Bitte bewerten Sie doch das Buch auf unserer Website unter **www.rheinwerk-verlag.de/feedback**.

An diesem Buch haben viele mitgewirkt, insbesondere:

Lektorat Eva Tripp
Korrektorat Alexandra Müller, Olfen
Herstellung Melanie Zinsler
Typografie und Layout Vera Brauner
Einbandgestaltung Silke Braun
Coverbild Shutterstock: 1121928752 © Pasuwan
Satz Typographie & Computer, Krefeld
Druck Beltz Grafische Betriebe, Bad Langensalza

Dieses Buch wurde gesetzt aus der TheAntiquaB (9,35/13,7 pt) in FrameMaker. Gedruckt wurde es auf chlorfrei gebleichtem Offsetpapier (90 g/m²). Hergestellt in Deutschland.

Bibliografische Information der Deutschen Nationalbibliothek:
Die Deutsche Nationalbibliothek verzeichnet diese Publikation in der Deutschen Nationalbibliografie; detaillierte bibliografische Daten sind im Internet über *http://dnb.d-nb.de* abrufbar.

ISBN 978-3-8362-7241-4

2., aktualisierte und erweiterte Auflage 2020

Informationen zu unserem Verlag und Kontaktmöglichkeiten finden Sie auf unserer Verlagswebsite **www.rheinwerk-verlag.de**. Dort können Sie sich auch umfassend über unser aktuelles Programm informieren und unsere Bücher und E-Books bestellen.

Inhalt

11 Employee Central 347

12 Zielvereinbarung und Leistungsbeurteilung 387

Vorwort der Autoren

Seit der Erstauflage dieses Buches, die Ende 2015 erschienen ist, sind vier Jahre vergangen. SAP und SAP SuccessFactors haben sich in dieser Zeit verändert. SAP SuccessFactors ist weiterhin die Zielplattform für alle HR-Themen von SAP. Mit der SAP SuccessFactors Employee Central Payroll (ECP) gibt es nun auch eine Gehaltsabrechnung. Diese wird ausschließlich in der Cloud bereitgestellt und von SAP gehostet. Sie ist eng verknüpft mit SAP SuccessFactors. Für die Zeitwirtschaft stehen mehrere ergänzende Partnerlösungen zur Verfügung, die Sie mit nützlichen Funktionen, wie z. B. mobile und dezentrale Verwaltung von Schichten, unterstützen und sehr gut integriert sind – sowohl mit SAP SuccessFactors als auch mit den vielen Optionen in der Gehaltsabrechnung. Mit der Akquise von Concur wurde das Thema Reisekosten von SAP adressiert. 2019 erfolgte dann noch die Akquise von Qualtrics – Qualtrics bringt Erfahrungsdaten auch für die HR-Prozesse mit und kann damit den HR-Initiativen wichtige Impulse geben.

Die Umstellung von SAP SuccessFactors auf SAP-HANA-Datenbanken Ende März 2019 hat positive Auswirkungen auf Stabilität und Erweiterungsmöglichkeiten mit sich gebracht.

Die vielleicht wichtigsten Änderungen ergaben sich aber in der Art der Implementierung und in den Erweiterungsmöglichkeiten: SAP SuccessFactors bekam und bekommt von Kunden, von SAP-Standardisierungsteams und von Partnern Impulse, die die Lösung weiter verbessern. Einige Partner bieten z. B. komplette Implementierungen (die gesamte Suite) in zehn bis zwölf Wochen an. Damit erhält man eine integrierte, best-practice-basierte HR-Plattform, die es dann in weiteren Phasen mit den eigenen Daten, Integrationen und Prozessen zu verfeinern gilt. Unterstützt wird dieses Vorgehen durch die IDP (*Implementation Design Principles*) von SAP, die genau beschreiben, wie komplexe Anwendungsfälle, wie z. B. mehrfache Vertragsverhältnisse von Mitarbeitern, gelöst werden. Aber auch durch Standardtrainings, Best-Practice-Initiativen und natürlich auch die Deutschsprachige SAP-Anwendergruppe e. V. (DSAG). Viele Projekte zur Ergänzung und Erweiterung von SAP SuccessFactors werden heute agil und in Sprints abgewickelt. Anforderungen werden in User Stories festgehalten.

Ein wichtiger Effekt dieser Standardisierung ist, dass Erweiterungen leichter bereitgestellt werden können. Im SAP App Store gibt es bereits mehrere hundert Erweiterungen (Apps), die Partner für die mehr als 6.000 SAP-SuccessFactors-Kunden entwickelt haben. Kunden können SAP SuccessFactors auch selbst erweitern, wo es sinnvoll ist, gemeinsam mit einem Implementierungspartner, und so den Mehrwert der Plattform für das eigene Unternehmen noch einmal deutlich steigern.

Durch diese Entwicklungen ist eines sicher: Es bleibt spannend und innovativ. Mit SAP SuccessFactors haben Sie die Schlüssel in der Hand, um Ihr Unternehmen zukunftsfähig aufzustellen.

Das Autorenteam

Einleitung

Seit der Akquise von SuccessFactors durch SAP im Jahr 2012 hat sich SAP im SaaS-Umfeld (Software as a Service) weiter verstärkt und diese Ausrichtung auf die Cloud beibehalten. Immer noch ist SAP SuccessFactors die strategische HR-Lösung von SAP.

SAP hat weitere Bausteine für SAP SuccessFactors akquiriert (Onboarding, Career Site Builder, Multiposting). Im HR-Umfeld hat SAP auch noch eine Reisemanagement-Lösung, Concur, zugekauft. Im Kundenbeziehungsmanagement erwarb SAP das Unternehmen Hybris, dessen Produkte nun unter dem Produktnamen SAP C/4HANA vermarktet werden. Zuletzt, im Jahr 2018, hat SAP mit dem Zukauf einer Experience Platform von sich reden gemacht, Qualtrics, die künftig sehr stark mit SAP SuccessFactors verbunden sein wird.

SAP setzt weiter auf standardisierte SaaS-Lösungen, die über die SAP Cloud Platform mit anderen SaaS-Lösungen, aber auch mit On-Premise-Software von SAP und anderen Anbietern nahtlos zu integrierten, intelligenten Gesamtlösungen verbunden werden können. Zuletzt kamen viele Möglichkeiten für Kunden und Partner hinzu, die Standardsoftware über Apps und Extensions zu erweitern.

Im Vergleich zu anderen Unternehmensbereichen finden wir in vielen Unternehmen im HR-Umfeld immer noch überwiegend unterbrochene Prozesse und redundante Systeme vor: Daten werden nicht durchgängig genutzt, sondern für spezifische Zwecke häufig von Personen manuell eingetragen oder importiert, die mit dem Prozess an sich wenig zu tun haben. Das ist ineffizient, ungenau, nicht immer DSVGO-konform und eröffnet ein großes Potenzial für Verbesserungen. Viele Unternehmen haben das erkannt und reduzieren die dadurch bedingten Kosten durch Verlagerung der Arbeiten in Länder mit niedrigeren Lohnkosten.

Einer wachsenden Zahl von Unternehmen gelingt es jedoch, auf Basis von HR-Best-Practices, umgesetzt mit SAP SuccessFactors und hoch integriert mit vielen anderen Unternehmensprozessen, ein neues Modell umzusetzen: Die Beteiligten, vom Mitarbeiter über die Führungskräfte und den Betriebsrat bis hin zum Vorstand, nutzen selbst die integrierten Prozesse. Dabei entstehen Daten, die automatisch in anderen Prozessen Mehrwerte schaffen. Die manuelle Arbeit von Dritten wird nicht verlagert, sondern verschwindet. HR bekommt neue Aufgaben und Chancen, Mehrwerte zu schaffen, die Anforderungen an hoch integrierbare Plattformen und Mitarbeiter, die sie erfüllen können, steigen weiter.

In diesem Wandel unterstützt die grundsätzliche Ausrichtung von SAP, intelligente, »End to End« integrierte Prozesse mit ihren Lösungen und Plattformen zu ermöglichen. Partner und Sie als Kunde werden in die Lage versetzt, den Standard mit innovativen Lösungen zu erweitern, was sich z. B. in mehreren hundert Apps im SAP App

Center (siehe *https://www.sapappcenter.com/home*) zum Thema SAP SuccessFactors widerspiegelt. Damit stehen die Chancen besser als je zuvor, ein erfolgreiches Projekt zu realisieren.

Wir können Ihnen nicht garantieren, dass Ihre Reise mit SAP SuccessFactors ohne Überraschungen sein wird, die folgenden Tipps sollten aber sicherstellen, dass Sie in jedem Fall ein sehr erfolgreiches SAP-SuccessFactors-Projekt realisieren werden:

- Orientieren Sie sich an den Best Practices der Plattform, und seien Sie bereit, Ihre Prozesse anzupassen.
- Starten Sie nie ohne eine standardbasierte Basisimplementierung oder eine »Iteration 0«, in der Sie die Eignung von Implementierungspartner und Plattform anhand kritischer User Stories und Anwendungsfälle prüfen.
- Arbeiten Sie mit Ihren User Stories, nicht mit der technischen Spezifikation des Implementierungspartners.
- Ihr Kunde ist der Mitarbeiter/die Führungskraft, nicht die HR-Abteilung.
- Binden Sie die HR- und die IT-Abteilung von Anfang an ein, um die nötige Transformation sicherzustellen.
- Legen Sie das Projekt darauf an, von Anfang an positive Erfahrungen und Mehrwerte zu erzielen. Dokumentieren und kommunizieren Sie diese Erfolge. Das ist der beste Weg, um den Erfolg nachhaltig sicherzustellen.

Kundenindividuelle Anpassungen sind über Extensions in der SAP Cloud Platform oder mit dem Metadata Framework möglich. Nutzen Sie auch die innovativen Erweiterungen, die Ihnen viele Partner bieten.

Die Arbeit mit SAP SuccessFactors ist geprägt durch Best Practices und kontinuierliche Innovation. Das ist für Sie eine große Chance, vorhandene Prozesse zu verbessern, anzupassen und ganz neue Wertschöpfungsketten zum Nutzen des Unternehmens und Ihrer Kunden zu etablieren. Wir freuen uns, wenn Sie, lieber Leser, mit diesem Buch einen guten Einblick in das Projektvorgehen bei SaaS-HR-Projekten, Best-Practice-HR-Prozessen und insbesondere die SAP-SuccessFactors-Suite erhalten haben und damit eine gute Grundlage bei den anstehenden Entscheidungen oder Veränderungen besitzen.

SAP SuccessFactors für die Unterstützung Ihrer HR-Prozesse

SAP SuccessFactors bietet eine integrierte Talentmanagement-Lösung sowie ein Organisations- und Stammdatenmanagement an: Unternehmen können mit dem Modul *Recruiting* die besten externen Talente und Bewerber für Stellen anhand von Stellenprofilen und Stellenausschreibungen identifizieren und zur Bewerbung im Unternehmen motivieren. Interessenten bewerben sich in wenigen Schritten um die ausgeschriebenen Stellen oder werden von den Recruitern im Candidate Relationship Management für andere interessante Stellen angesprochen. Von der gelungenen Bewerbung mit Angebot und Vertrag geht es nahtlos in das Modul *Onboarding*, in dem der künftige Mitarbeiter schon mit seinem Team interagieren kann, aber auch Formulare ausfüllt, Lerneinheiten absolviert und Stammdaten erfasst. So wird sichergestellt, dass er schon vor dem ersten Tag im Unternehmen optimal vorbereitet ist. Außerdem können alle relevanten Bestellprozesse mit dem Modul Onboarding abgedeckt werden: vom Mobiltelefon über das Notebook bis hin zur Ausweiskarte. Diese Daten werden über Schnittstellen an das Modul *SAP SuccessFactors Employee Central* weitergegeben, das die zentrale interne Datenquelle ist. Dort laufen alle Standard-HR-Prozesse vom Positionswechsel, Managerwechsel oder den Beförderungen bis hin zum Ausscheiden aus dem Unternehmen ab.

Daran anknüpfend, können im Modul *Ziel- und Leistungsbeurteilung* Ziele erfasst sowie die Leistung des Mitarbeiters beurteilt werden. Das Continuous Performance Management unterstützt die zeitnahe, mobile Erfassung von zielbezogenen Aktivitäten und Erfolgen. Über Personalentwicklungsmaßnahmen im Modul *Entwicklung* und mit den Instrumenten *Kompetenzbeurteilung* und *360-Grad-Feedback* gelingt es, zielgenau die identifizierten Schwachstellen zu adressieren und passgenaue Lerninhalte über das Modul *Learning Management System* automatisch zur Verfügung zu stellen. Die Leistung spielt auch für Vergütungsentscheidungen im Modul *Vergütung* eine große Rolle, die Zielerreichung wiederum wird in der Regel genutzt, um die Bonusberechnung im Modul *Variable Bezahlung* anzusteuern. Alle Module sind mit dem Modul *Talentmanagement* verbunden, in dem auch die Mitarbeitersuche nach allen erlaubten Kriterien, die Nachfolgeplanung, Karriereplanung, Stellenbeschreibungen, das Management von Fertigkeiten und ähnliche Prozesse stattfinden. Mit *SAP Jam* bietet SAP dazu eine soziale, kollaborative Lernplattform, die die Zusammenarbeit stark vereinfacht. Vielfältige *Berichte und Dashboards*, die unmittelbar wichtige Einsichten in Kernprozesse des Personalumfelds erlauben, stehen selbstverständlich zur Verfügung. Erweiterte Zusammenhänge werden über *People Analytics* dargestellt. Zentrales Anliegen ist bei allen Prozessen, sie so einfach und intuitiv zur Verfügung zu stellen, dass die Benutzerzufriedenheit hoch und der Trainingsaufwand gering ist. Dieser Ansatz garantiert auch, dass viele Elemente über *mobile Geräte* sehr gut nutzbar sind. Optional kann auch die Lohn- und Gehaltsabrechnung über SAP SuccessFactors Employee Central Payroll integriert genutzt werden. Auch eine Zeitwirtschaft kann man über Partner wie Kronos oder ATOSS bzw. für einfache Anwendungsfälle auch mit den Bordmitteln von SAP SuccessFactors abdecken. Meist wird auch eine Integration in andere Systeme wie Active Directory, Zugriffskontrollsysteme (Key Cards) und in das ERP-System des Unternehmens, z. B. für die Produktionssteuerung, realisiert. Für die meisten Integrationen gibt es Standardschnittstellen, die man nutzen kann.

Mit SAP SuccessFactors arbeiten

Die funktionale Fülle der Lösungen ist aber nicht das Wesentliche beim Einsatz von SAP SuccessFactors. Viel wichtiger ist, dass sich das Modell der Lieferung dieser Prozesse und Technologien nachhaltig geändert hat. Alle Kunden – es sind Tausende – nutzen die gleiche Standardsoftware, die regelmäßig aktualisiert wird. So kommen ständig neue Innovationen und Verbesserungen zu den Kunden, die nötige Agilität im Umgang mit diesen Veränderungen ist hoch und bietet HR und IT große Chancen, stellt sie aber auch vor Herausforderungen. Viele, die das traditionelle Umfeld kennen und schätzen, fühlen sich in dieser neuen, scheinbar unberechenbaren Welt nicht wohl. Ein Ausweg sind Best Practices, die Stabilität und Sicherheit bieten.

In diesem Buch stellen wir Ihnen daher auf Basis unserer Erfahrungen, die wir seit 2007 mit SAP SuccessFactors gewonnen haben, aber auch aufgrund unserer Erfahrung im Betrieb von SAP-On-Premise-Software die Ansätze vor, die sich bewährt haben. Zur Veranschaulichung werden wir exemplarisch Best-Practice-Beispiele im Detail erläutern, um Ihnen ein realistisches Bild von den Einsatzmöglichkeiten in der Praxis zu geben – unabhängig davon, ob Sie die gesamte SAP-SuccessFactors-Suite oder (zunächst) nur einzelne Module zur Prozessunterstützung einführen und nutzen möchten.

So einfach und zugänglich der Weg über Best Practices auch klingen mag, nehmen Sie dieses Thema nicht auf die leichte Schulter. Denn die Wahl der für Sie richtigen Best Practices hängt von einer Vielzahl von Parametern ab. Das möchten wir anhand eines Beispiels aus dem Sport illustrieren.

Erfolgsrezepte beim Fußball

Im Fußball gibt es unzählige Varianten des Spiels, die sich abhängig von externen Faktoren wie Gegner, Fitness der Spieler, Trainingsmethoden, statistischen Auswertungen/Erkenntnissen oder taktischen und strategischen Interessen ständig anpassen. Jeder Trainer hat seinen eigenen Stil, seine eigene »Handschrift«, jedoch wäre kein Fan begeistert, wenn sein Team in allen Spielen mit den gleichen Best Practices ins Rennen ginge. So ein Vorgehen wäre allenfalls dann erfolgreich, wenn das Team einen signifikanten Wettbewerbsvorteil hätte. Und das gibt es in der Regel nicht auf Dauer. So zeigen sich heute auch die besten Teams der Welt flexibel in ihrer Spielart und passen sich agil an die jeweiligen Situationen an. Weltklasse-Teams spielen nicht einfach ihren einen »Best-Practice-Stiefel« herunter, sondern verfügen über ein großes Repertoire an Best Practices und wissen genau, auf Basis der Rückmeldungen, in welchem Moment sie welche Best Practices einsetzen müssen. Das zeichnet Weltklasse-Teams aus.

Ähnlich ist die Situation im HR-Umfeld. Will man auf Dauer erfolgreich die Bedarfe des Unternehmens abdecken, müssen sich auch die Funktionsbereiche HR und IT agil und flexibel zeigen – basierend auf einem Weltklasse-Repertoire von Best Practices, Erweiterungsmöglichkeiten und einem ständigen Bestreben, Mehrwerte und positive Erfahrungen sicherzustellen. Einfach ist das nicht, aber die Mühe lohnt sich, und die Bereiche HR und IT starten gemeinsam durch!

Zielgruppen und Gliederung

Unabhängig davon, ob Sie sich zum ersten Mal mit dem Thema SAP SuccessFactors beschäftigen oder bereits Benutzer sind, zeigen wir Ihnen in diesem Buch mögliche Herangehensweisen, um die Anforderungen Ihres Unternehmens im HR-Umfeld gemeinsam im Team mit HR- und IT-Abteilung zu erfüllen. Im Fokus stehen dabei die wichtigsten Kunden der Prozesse: die *Mitarbeiter* und *Führungskräfte*.

Wir stellen Ihnen im ersten Teil des Buches zunächst aus strategischer und taktischer Sicht vor, welche Rahmenbedingungen für eine erfolgreiche Einführung von SAP SuccessFactors geschaffen werden müssen. In diesem ersten Teil richtet sich das Buch primär an *Entscheidungsträger* aus der Unternehmensleitung, HR- und IT-Verantwortliche, genauso aber auch an *Projektbeteiligte* und *Prozess- sowie Systemverantwortliche* im Unternehmen.

An diese beiden Zielgruppen wendet sich auch der zweite Teil des Buches, in dem wir auf die einzelnen SAP-SuccessFactors-Module eingehen. Für Entscheidungsträger interessant sind in diesem Teil die vielen Einblicke in Best-Practice-Empfehlungen zu HR-Prozessen und zum Einsatz der SAP-SuccessFactors-Module. Für die Praktiker reichern wir diese aus technischer und administrativer Sicht an und geben Ihnen auch erste Klick-für-Klick-Anleitungen. Sie erhalten Unterstützung und Informationen, die Ihnen helfen, Ihre SAP-SuccessFactors-Instanz einzurichten, und Ihnen erlauben, viele Konfigurationen auch ohne die Hilfe Ihres Implementierungspartners umzusetzen.

Nach einem ersten Einstieg in die SAP-SuccessFactors-Suite (**Kapitel 1**) gehen wir in **Kapitel 2** auf die Abstimmung und Ausrichtung Ihrer Unternehmensstrategie und deren Zusammenspiel mit dem Lösungsportfolio und der Strategie von SAP SuccessFactors ein. In **Kapitel 3** und **Kapitel 4** stellen wir Ihnen dann vor, welche Voraussetzungen und Rahmenbedingungen Sie beim Einsatz von SAP SuccessFactors erwarten, welche Sie schaffen müssen und wie Sie im Projekt damit umgehen können. Der Start in die Implementierung gibt Ihnen dann wertvolle Hinweise rund um das SAP-SuccessFactors-(Implementierungs-)Projekt, die Arbeit in agilen Projekten und die Erstellung von Anwendungsfällen sowie die Nutzung von Best Practices, um Mehrwerte für Ihr Unternehmen zu schaffen.

Das Thema der Stammdaten und Datenintegration (**Kapitel 5**) leitet über in den praktischeren Teil. Informationen zur SAP-SuccessFactors-Plattform und den bereits zu Anfang genannten Modulen gestalten diesen zweiten Teil. In **Kapitel 6** und **Kapitel 7** stellen wir Ihnen die SAP-SuccessFactors-Plattform und ihre Nutzung vor. In **Kapitel 8** beschäftigen wir uns mit dem Berechtigungswesen in SAP SuccessFactors und stellen Ihnen vor, wie Sie dieses in der Praxis ausgestalten können. **Kapitel 9** leitet mit dem Thema Recruiting die Kapitel ein, die sich mit der Unterstützung des HR Lifecycle durch SAP SuccessFactors beschäftigen. **Kapitel 10** stellt das Thema Onboarding vor, eines der SAP-SuccessFactors-Module, die in jüngster Zeit aktualisiert wurden. In **Kapitel 11** widmen wir uns dem Thema SAP SuccessFactors Employee Central und den damit verbundenen Kern-HR-Prozessen. In **Kapitel 12** erfahren Sie, wie Sie die Prozesse der Zielvereinbarung und Leistungsbeurteilung einsetzen können. Die Unterstützungsmöglichkeiten für das Lernmanagement mit SAP SuccessFactors lernen Sie in **Kapitel 13** kennen. **Kapitel 14** widmet sich der Vergütung, und in **Kapitel 15** erhalten Sie einen Einblick in das Thema Talentmanagement und Entwicklung. Die Zusammenarbeit mit SAP Jam stellen wir Ihnen in **Kapitel 16** vor. Die Möglichkeiten des Berichtswesens basierend auf SAP SuccessFactors lernen Sie in **Kapitel 17** kennen. Integrationsmöglichkeiten mit SAP SuccessFactors erläutern wir für Sie in **Kapitel 18**. **Kapitel 19** vermittelt Ihnen anschließend Informationen zur und Einblicke in die produktive SAP-SuccessFactors-Nutzung. Sind Sie erfolgreich in eine SAP-SuccessFactors-Nutzung eingestiegen, erwarten Sie im Tagesgeschäft weitere Herausforderungen. Durch die Releases stehen Sie vor der Aufgabe, kontinuierlich an der Weiterentwicklung Ihrer Prozesse und Ihrer SAP-SuccessFactors-Nutzung zu arbeiten. Nur so können Sie die Vorteile und Mehrwerte, die SAP SuccessFactors bieten kann, bestmöglich für Ihr Unternehmen nutzen.

Bonuskapitel zu Qualtrics EX

Anfang 2019 hat SAP die Firma Qualtrics akquiriert. Qualtrics spezialisiert sich auf das sogenannte *Experience Management*. Es geht dabei darum, Mitarbeiter oder Kunde zu befragen, um Ansatzpunkte für Verbesserungen zu identifizieren. Damit ist das Thema Qualtrics im Zusammenhang mit SAP SuccessFactors sehr spannend. Unter *https://www.sap-press.de/4962/* finden Sie ab Januar 2020 ein Bonuskapitel, in dem wir Ihnen die Möglichkeiten von Qualtrics im HR-Umfeld näher vorstellen.

Best Practice: Verwendung dieses Buches

Immer dann, wenn wir Ihnen zu einem SAP-SuccessFactors-Modul oder vielmehr zu einem durch SAP SuccessFactors unterstützten HR-Prozess ein Best-Practice-Vorgehen oder Beispiel vorstellen, dann kennzeichnen wir das direkt im Titel des Abschnitts durch *Best Practice*. Das erleichtert Ihnen die Orientierung und führt Sie direkt zu den aus unserer Erfahrung erfolgreichen Einsatzmöglichkeiten von SAP SuccessFactors.

Auch in den einzelnen Kapiteln geben wir Ihnen immer wieder Hinweise und Tipps aus der Praxis. Diese werden in Informationskästen hervorgehoben und durch Symbole am Rand in zwei Kategorien unterteilt:

- **Achtung**
  Mit diesem Symbol warnen wir Sie vor häufig gemachten Fehlern oder Problemen, die auftreten können.
- **Tipps und Hinweise**
  Mit diesem Symbol werden Tipps markiert, die Ihnen die Arbeit erleichtern werden, und Hinweise, die Ihnen z. B. dabei helfen, weiterführende Informationen zu dem besprochenen Thema zu finden.
- **Beispiele**
  Mit diesem Symbol machen wir Sie auf praktische Beispiele aufmerksam, die die Nutzung von SAP SuccessFactors in der Praxis veranschaulichen sollen.

In den ersten Kapiteln gehen wir darauf ein, dass die Nutzung von Cloud-Lösungen wie SAP SuccessFactors neue, im bisherigen Umfeld klassischer, bei Ihnen vor Ort betriebener Lösungen unbekannte Herausforderungen bietet. Dazu gehören unter anderem die kontinuierliche Anpassung, Veränderung und Optimierung der Lösung und die Ausrichtung an neuen Kunden, den Mitarbeitern und Führungskräften.

Auch für das klassische Medium Buch und für uns als Autoren besteht darin eine Herausforderung. In dem Moment, in dem wir über ein Modul oder die Implementierung eines Moduls schreiben und dies für Sie mit Abbildungen illustrieren, kündigt SAP das nächste Release an, arbeiten Entwickler an den Releases der nächsten Monate und verändern Oberflächen oder Prozessunterstützung.

Aus diesem Grund legen wir Wert auf die Beschreibung der Einsatzmöglichkeiten von SAP SuccessFactors, auf die Arbeit mit Anwendungsfällen und mit Best Practices. Diese sind stabil, sie werden von SAP SuccessFactors auch dann unterstützt werden, wenn sich das Aussehen von Details bereits mehrfach geändert hat. Schauen Sie also auf die Art und Weise, wie Sie an die Arbeit mit SAP SuccessFactors herangehen, wie Sie Ihre Prozesse und Ihre Prozessunterstützung und Anwendungsfälle gestalten, und nicht so sehr, wie aktuell die Darstellung eines Prozessschrittes in SAP SuccessFactors in einer Abbildung aussieht. Die Formen und Farben von Buttons oder deren

Anordnung ändern sich ggf. sehr schnell, der unterstützte Prozess jedoch wird stabil für Sie zur Verfügung stehen. Wir bitten Sie, das im Hinterkopf zu behalten, wenn Sie sich zum ersten Mal selbst an einer SAP-SuccessFactors-Instanz anmelden und eine Startseite anders aussieht, als im Buch dargestellt, oder wenn Sie bereits SAP-SuccessFactors-Benutzer sind und im Buch vielleicht schon eine aktualisierte Darstellung der Ihnen bekannten Umgebung gezeigt wird!

Anerkennung und Dank

Während unserer Arbeit an diesem Buch haben wir mit vielen Kolleginnen und Kollegen gesprochen. So, wie sich die Lösung SAP SuccessFactors aufgrund des Feedbacks der Kunden und des Marktes kontinuierlich weiterentwickelt und heute ihren Platz als wesentlicher Bestandteil einer »End-to-End«-Prozessintegration im intelligenten Unternehmen findet, haben wir als Autoren die Möglichkeit erhalten, auch unsere Erfahrungen, Ideen und Konzepte immer wieder zu prüfen, anzupassen, auszuweiten und zu verbessern. Wir danken unseren Kollegen, die durch ihre Diskussionen und mit ihrer Projekterfahrung zu diesem Buch beigetragen haben! Wir bedanken uns für ihre Unterstützung bei:

Roman Rusterholz, Marina Bruche und Noah Pfoh, Stephanie Feinler und Alexander Brüderle, Stephan Kohles und Apurva Jajodia, Tina Fedotov, Christian Breu und Michael Maurer, Thomas Baumgartner und Marcus Förster, Evgeniya Delcheva.

Evgeniya Delcheva danken wir zudem für ihre Geduld und Unterstützung beim Erstellen der Screenshots.

Unserer Lektorin Eva Tripp danken wir für die souveräne Begleitung durch dieses Buchprojekt!

Wir danken unseren Kunden, die teilweise schon viele Jahre mit uns reisen und ohne die dieses Buch nie entstanden wäre, insbesondere: Rolf, Florian, Biju, Markus, Karin, Effie, Matthias, Inna, Julie, Kurt, Steven, Frank, Franz und Ben.

Unseren Lesern danken wir für das Interesse und wünschen Ihnen auch mithilfe der Anregungen in diesem Buch mindestens so viele interessante Diskussionen, Einsichten und Spaß beim Arbeiten mit SAP SuccessFactors, wie wir es beim Schreiben des Buches hatten.

Dr. Melanie Rehkopf
Dr. Nikolaus Krasser

Kapitel 1
Die SAP-SuccessFactors-Suite

In diesem Kapitel geben wir Ihnen einen ersten Überblick über das Lösungsportfolio von SAP SuccessFactors. Detaillierte Informationen zu den einzelnen Lösungen erhalten Sie in den folgenden Kapiteln.

Im Folgenden stellen wir Ihnen die einzelnen SAP-SuccessFactors-Lösungsangebote überblicksweise vor. Mit den Möglichkeiten in der SAP-SuccessFactors-Produktsuite können Sie die wesentlichen Prozesse im Mitarbeiterumfeld, von der Einstellung bis zur Nachfolgeplanung, basierend auf Best-Practice-Lösungen (siehe Abschnitt 4.4, »Mit User Stories und Anwendungsfällen arbeiten«), unterstützen. Erweiterungsmöglichkeiten, etwa über die SAP Cloud Platform und Apps, bieten Ihnen die Option, für Sie wichtige vor- und/oder nachgelagerte Prozesse mit SAP SuccessFactors zu integrieren.

Best Practices in SAP SuccessFactors

In vielen Bereichen gibt es bei SAP SuccessFactors bereitgestellte Best-Practice-Prozesse. Diese gehen in der Regel im Hinblick auf Ausgestaltung, Integration und Einfachheit in der Bedienung weit über das hinaus, was heute in vielen Unternehmen in der Prozessunterstützung genutzt wird. Zudem wird die Lösung kontinuierlich erweitert und ausgebaut und durch Partnerlösungen ergänzt (siehe *https://www.sapappcenter.com/home*).

Die angebotenen Lösungsmöglichkeiten berücksichtigen, dass sich die HR-Arbeitswelt verändert hat und auch weiter verändern wird. Die Transformation bestehender Strukturen und die direkte Einbindung der Mitarbeiter und Vorgesetzten in die HR-Prozesse sind in den vergangenen Jahren immer wichtiger geworden. Nur so ist es möglich, eine zeitgemäße Unterstützung von HR-Prozessen für Mitarbeiter, Vorgesetzte oder Bewerber anzubieten und die Erwartungen dieser Prozesskunden der HR-Prozesse erfüllen zu können.

Die IT-seitige Unterstützung von HR-Prozessen hat sich in den vergangenen Jahren stark verändert. Ausgehend von planerischen Elementen wie Positionen und Kostenstellen, die vor einigen Jahren wichtige Prämissen der HR-Planung waren, stehen heute vor allem Kompetenzen und Fähigkeiten, Karrierepfade, Entwicklungspotenziale oder Nachfolgeplanung im Mittelpunkt einer mitarbeiterorientierten Personalarbeit zur Unterstützung von Unternehmenszielen. Self-Services ermöglichen es mittlerweile, diese Themen anwenderfreundlich und effizient zu unterstützten. Noch umfassender sind die Änderungen, wenn HR-Prozesse wie Karriereplanung, Nachfolgemanagement oder die Pflege von Adressdaten und der eigenen Mobilität direkt für Mitarbeiter und Vorgesetzte als Kunden gestaltet werden und nicht mehr, wie auch heute noch oft üblich, über die HR-Abteilung abgewickelt werden.

Die Lösungsangebote lassen sich im Wesentlichen in drei große Bereiche einteilen (siehe Abbildung 1.1):

- Unterstützung von HR-Basisprozessen (siehe Abschnitt 1.1)
- Talentmanagement (siehe Abschnitt 1.2)
- Berichtswesen mit Kennzahlen, Einsichten, Benchmarks und Szenarien (siehe Abschnitt 1.3)

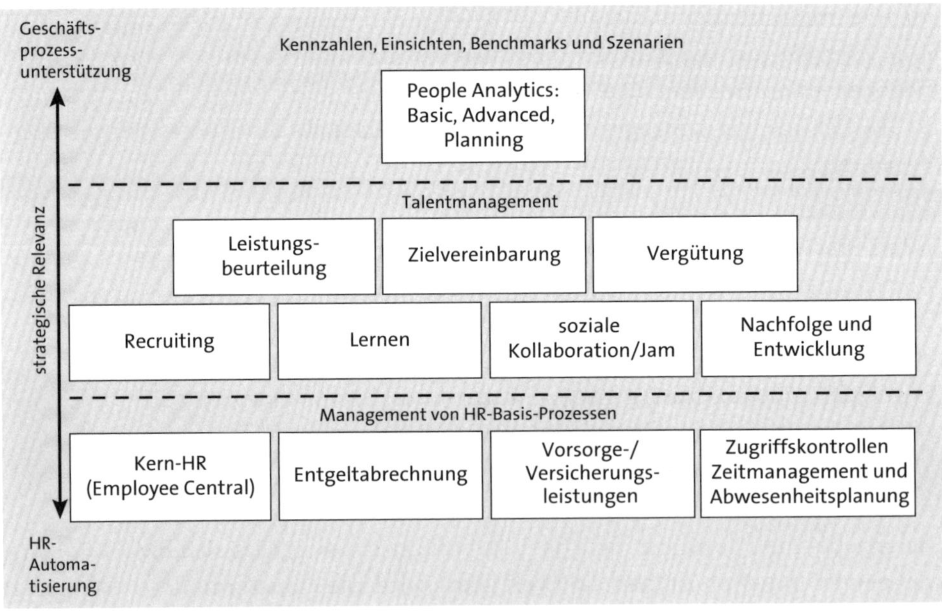

Abbildung 1.1 Bestandteile der SAP-SuccessFactors-Suite

1.1 Unterstützung von HR-Kernprozessen

SAP SuccessFactors bildet klassische HR-Themen ab. Dies sind:

- Kern-HR-Prozesse
- Vorsorge- und Versicherungsleistungen

- Entgeltabrechnung
- Zeitmanagement und Abwesenheitsplanung

Die Nutzung von Self-Services und die Automatisierung von HR-Prozessen werden in diesem grundlegenden Bereich auf vielfältige Weise unterstützt, wie Sie in den folgenden Abschnitten sehen.

1.1.1 Kern-HR-Prozesse

Im Fokus von SAP SuccessFactors Employee Central (siehe Kapitel 11, »Employee Central«), dem Modul, das die Kern-HR-Prozesse unterstützt, stehen die Mitarbeiterstammdaten und deren Bereitstellung für diverse nachgelagerte HR-Prozesse. Dabei liefert SAP SuccessFactors die Strukturen entsprechend den gesetzlichen Vorgaben für zahlreiche Staaten im Standard mit. Darin sind z. B. die Validierung von Personalausweisnummern oder anderen in einem Land zugelassenen Identifikationspapieren in Abhängigkeit von den geltenden nationalen Richtlinien enthalten.

Zur Darstellung von Mitarbeiterdaten dient das Personenprofil (siehe Abschnitt 6.11, »Personenprofil«). In diesem werden neben den Mitarbeiterstammdaten auch alle wichtigen Daten aus anderen Prozessen wie der Leistungsbeurteilung oder dem Learning Management System (LMS) angezeigt.

Wie alle SAP-SuccessFactors-Module bietet auch SAP SuccessFactors Employee Central die Möglichkeit, die Sicht auf Daten je nach Rolle (z. B. Mitarbeiter, Vorgesetzter, zuständiger HR-Referent) zu berechtigen. Es ist auch möglich, in SAP SuccessFactors Employee Central gehaltene Daten nicht nur anzuzeigen, sondern auch deren Bearbeitung für einzelne Rollen zu ermöglichen. Änderungen in den Daten können über Workflows überprüft, freigegeben und gesichert werden.

Je umfangreicher die in einem HR-System gehaltenen Daten werden, desto wichtiger wird es, Änderungen von Daten nachvollziehbar und historisierbar zu machen; dies wird von SAP SuccessFactors Employee Central unterstützt. Die Arbeit mit Workflows kann zudem dort unterstützen, wo immer wiederkehrende Routineabläufe anfallen.

SAP SuccessFactors Employee Central bietet außerdem die Grundlage für alle Firmendaten (rechtliche Einheiten), Kostenstellen und ähnliche Objekte. Sie können hierarchisch, verknüpft und zeitbezogen hinterlegt werden. Diese Daten werden dann für alle Transaktionen im richtigen zeitlichen und organisatorischen Kontext in Bezug auf den Mitarbeiter angezeigt. Optional kann mit Planstellen gearbeitet werden, deren Ausprägungen, wie z. B. organisatorische Zugehörigkeit oder Gehaltseinstufung (meist von der Stelle vererbt), bei einem Positionswechsel automatisch an den Mitarbeiter weitergegeben werden.

Mit den Dokumenterstellungsmöglichkeiten von SAP SuccessFactors Employee Central lassen sich typische Dokumente wie Arbeitgeberbestätigungen, Benachrichtigungen über Versetzungen oder Lohn- und Gehaltsänderungen über einen Formulargenerator automatisch erstellen.

1.1.2 Vorsorge- und Versicherungsleistungen

SAP SuccessFactors Employee Central bietet Ihnen die Möglichkeit, Versicherungen und Vorsorgeleistungen von und für Mitarbeiter zu erfassen:

- Rückerstattungen und Pauschalen für Krankheitskosten, Fort- und Weiterbildungen und sportliche Betätigungen
- Gehaltsumwandlungen wie etwa bei Firmenwagen oder Gutscheinen anlässlich von Geburtstagen
- Rentenzusagen
- Lebensversicherung und Krankenversicherung

1.1.3 Entgeltabrechnung

Viele Kunden nutzen SAP SuccessFactors Employee Central, um die wesentlichen Daten für die Lohn- und Gehaltsabrechnung zu erfassen. SAP SuccessFactors Employee Central Payroll ist die Entgeltabrechnung, die mit SAP SuccessFactors Employee Central integriert ist. Andere Softwarelösungen für die Lohn- und Gehaltsabrechnung können Sie mit einer Middleware (siehe Kapitel 5, »Stammdaten und Datenintegration«), z. B. die SAP Cloud Platform Integration, anbinden. Für einfache, manuelle Integrationen steht auch der Employee Delta Export zur Verfügung: Mit geringem Einrichtungsaufwand können damit alle lohn- und gehaltsrelevanten Daten und Vorgänge in einem definierten Abrechnungszeitraum in eine Excel-Datei exportiert werden. Von dort können die Daten dann, je nach Zielsystem, ggf. transformiert und auch hochgeladen werden.

1.1.4 Zeitmanagement und Abwesenheitsplanung

Mitarbeiter können Urlaub oder andere Abwesenheiten über die Abwesenheitsfunktion von SAP SuccessFactors Employee Central im Self-Service beantragen, registrieren und vom Vorgesetzten genehmigen lassen. Es gibt auch die Möglichkeit, die Arbeitszeiten zu erfassen. Die Vorgesetzten erhalten eine Übersicht über die Abwesenheiten ihres Teams, um z. B. Konflikte bei Urlaubsgenehmigungen zu vermeiden.

1.2 Talentmanagement

Eine zentrale Aufgabe in der Personalabteilung ist das Talentmanagement, mit dessen Hilfe Unternehmen das Potenzial ihrer Mitarbeiter erkennen, weiterentwickeln und gezielt einsetzen können.

Im Einklang mit der Karriere des Mitarbeiters im Unternehmen unterstützt SAP SuccessFactors folgende Prozesse:

- Recruiting und Onboarding bei Einstellung eines neuen Mitarbeiters
- Zielvereinbarung zur Steuerung und Ausrichtung der unterschiedlichen Ziele und Aufgaben
- Leistungsbeurteilung zur kalibrierten, aneinander ausgerichteten Entlohnung und Identifikation wichtiger Bereiche der Personalentwicklung
- Lernen für die Durchführung gezielter Personalentwicklungsmaßnahmen
- Vergütung und variable Bezahlung zur Planung von Gehältern und zur Berechnung von Boni
- Talentmanagement (mit Nachfolgeplanung und Entwicklung) zur Sicherstellung interner Nachfolger und Begleitung der Mitarbeiter bei Entfaltung ihrer Karrierewünsche
- Zusammenarbeit mit SAP Jam, um die Zusammenarbeit im Unternehmen und mit externen Beteiligten zu vereinfachen

Im Folgenden gehen wir auf diese Prozesse kurz ein. Detaillierte Informationen zu allen Punkten erhalten Sie in den weiteren Kapiteln.

1.2.1 Recruiting und Onboarding

Um Interessenten, Kandidaten und somit potenzielle Mitarbeiter auf ein Unternehmen aufmerksam zu machen, bietet SAP SuccessFactors die Möglichkeit des Recruiting Marketings. Interessenten und Bewerber können mit Instrumenten wie zielgruppenspezifischen Karriereportalen, Talentpools oder speziellen Events auf die Vakanzen und Karrieremöglichkeiten eines Unternehmens aufmerksam gemacht werden. Das sogenannte *Candidate Relationship Management* bietet Ihnen die Möglichkeit, dauerhaft in Kontakt mit interessanten und interessierten Talenten zu bleiben.

Wurde das Interesse dieser Zielgruppe geweckt, haben Sie die Möglichkeit, im Recruiting Bewerbungen auf ausgeschriebene Vakanzen entgegenzunehmen sowie zu be- und verarbeiten. Bewerbern stehen schlanke, zeitgemäße Oberflächen zur Verfügung, in denen sie mit wenigen Klicks ihre Bewerbung und Lebenslaufinformationen verfügbar machen können. Zur internen Bewerbungsbearbeitung stehen den Rekrutierenden Instrumente wie Vorauswahlfragen oder Gesprächsvorbereitung zur Verfügung.

Wurde ein Besetzungsprozess abgeschlossen und ein Bewerber hat ein Vertragsangebot angenommen, dann kann der Prozess des sogenannten *Onboardings* starten. Dabei geht es darum, weitere organisatorische und administrative Aufgaben zu erledigen, die bis zum Beschäftigungsstart des neuen Mitarbeiters anstehen. Beispiele sind das Anreichern der vorliegenden Stammdaten, die Ansteuerung aller relevanten Systeme (vom Parkplatz bis zur Zutrittskarte und dem E-Mail-Account in Active Directory) oder die Abarbeitung von Checklisten etwa zur Büroausstattung. Es geht aber auch im Kontext des »sozialen Onboardings« darum, dem neuen Mitarbeiter Informationen über das Unternehmen, seine Abteilung oder seine Kollegen zur Verfügung zu stellen und die Zusammenarbeit mit dem künftigen Team im Bedarfsfall schon vor dem Start der Tätigkeit auf einfache Art und Weise zu ermöglichen. Ziel ist es dabei, dem Bewerber die Möglichkeit zu geben, vom ersten Tag an im Unternehmen voll produktiv zu sein. Dazu dient nicht zuletzt auch die Möglichkeit, Schulungen schon vor dem ersten Tag zu absolvieren.

Weitere Informationen zu den Modulen Recruiting und Onboarding erhalten Sie in Kapitel 9, »Recruiting«, und Kapitel 10, »Onboarding«.

1.2.2 Leistungsbeurteilung und Zielvereinbarung

Die Leistungsbeurteilung bei SAP SuccessFactors umfasst im Best-Practice-Fall die ganzheitliche Einschätzung des Mitarbeiters. Sie beinhaltet die Beurteilung der Zielerreichung des Mitarbeiters (das »Was«) sowie die Beurteilung des Verhaltens des Mitarbeiters (das »Wie«).

SAP SuccessFactors unterstützt Sie dabei, Ziele festzulegen und diese Ziele unter den Mitarbeitern auszurichten. Darüber hinaus wird auch die Beurteilung von Leistungen und der Personalentwicklungsbedarf für die aktuelle Rolle (das Stellenprofil) des Mitarbeiters abgedeckt.

Es werden Ziele zwischen Vorgesetztem und Mitarbeiter vereinbart, nachverfolgt und die Zielerreichung abschließend beurteilt. Dritte können mit unterstützenden Informationen z. B. aus Erfahrungen in gemeinsamer Projektarbeit in diesen Prozess eingebunden werden. Das Formular, das diesen Prozess unterstützt, kann an diese Bedarfe genauso wie an mögliche Zwischengespräche und Zwischenbewertungen angepasst werden. Am Ende des Prozesses steht oftmals eine Beurteilung, etwa des Zielerreichungsgrades oder des Bedarfs an Personalentwicklungsmaßnahmen, die dann in Folgeprozessen genutzt wird. Mit der Integration in Vergütungs- oder auch Talentmanagementprozesse entfaltet die Beurteilung einen besonders hohen Mehrwert für das Unternehmen und den Mitarbeiter, da die Ergebnisse für weitere Prozesse genutzt werden können.

Zu diesem Themenbereich erhalten Sie weiterführende Informationen in Kapitel 12, »Zielvereinbarung und Leistungsbeurteilung«.

1.2.3 Lernen

Aufgrund der Vielzahl aktueller Änderungen hat das Lernen weiterhin in vielen Unternehmen einen besonders hohen Stellenwert. Gleichzeitig fehlen oftmals unterstützende Best-Practice-Prozesse und gut integrierte IT-Plattformen. Viele Unternehmen arbeiten noch mit lokalen, stark manuell ausgestalteten Prozessen. Vor diesem Hintergrund bietet SAP SuccessFactors mit dem Lernmanagement (*Learning Management System* – LMS) eine sehr attraktive Möglichkeit, integrierte Best-Practice-Prozesse zu etablieren.

Wurden z. B. im Rahmen der Leistungsbeurteilung und Zielgespräche Schwachstellen und Entwicklungspotenziale in Bezug auf das Stellenprofil identifiziert, können über das Learning Management System in SAP SuccessFactors unterstützende Trainings bereitgestellt werden, die der Weiterbildung und Weiterentwicklung des Mitarbeiters zielgenau dienen.

Im Learning Management selbst können einzelne Trainingsmaßnahmen angeboten und gebucht werden. Es ist außerdem möglich, Trainingspläne oder komplette Trainingsprogramme anzubieten. Diese können auch den kompletten administrativen und organisatorischen Prozess im Lernumfeld abdecken – von einer Anmeldung und Registrierung über die Absolvierung unterschiedlicher Maßnahmen bis hin zur Bestätigung der Trainingsteilnahme. Die zielgruppenorientierte Ansprache (z. B. an alle Neueinsteiger, alle Vorgesetzten oder alle Qualitätsbeauftragten) wird im Modul ebenfalls unterstützt.

Sie können Lernkataloge Ihrer Trainingsanbieter verfügbar machen, aber z. B. auch selbst erstellte Inhalte anbieten. Gesetzlich vorgeschriebene Pflichtschulungen können über das System den relevanten Zielgruppen zugeteilt werden. Außerdem können Sie überwachen, ob die Personen, für die die Teilnahme verpflichtend ist, die Schulung tatsächlich besucht haben. Nicht zuletzt lässt sich die Qualität der Trainings über Fragebögen systematisch erfassen und auswerten, was Sie bei der Optimierung Ihrer Angebote unterstützt.

In Kapitel 13, »Learning Management System«, erhalten Sie weitere Informationen zu diesem Modul und auch dazu, wie durch Partnerlösungen passgenaue Ergänzungen für individuelle Anforderungen über Apps hinzugefügt werden können.

1.2.4 Vergütung

SAP SuccessFactors unterstützt sowohl eine Vergütungsplanung als auch die variable Bezahlung.

Vergütungsplanung

Im Prozess der Vergütungsplanung hilft Ihnen SAP SuccessFactors dabei, den jährlichen Vergütungsprozesses zu planen. So können z. B. Gehälter für das nächste Jahr festgelegt und abgestimmt werden. Neben den Basiskomponenten wie dem Grundgehalt unterstützt es Sie auch bei der regelbasierten Berechnung von Bonuszahlungen. Sie können tarifbasierte Aspekte genauso abbilden wie die Berechnung auf Basis von Gehaltsbändern oder Rollen.

Das Konzept *Pay for Performance*, also das Konzept der Leistungsbeurteilung mit der Richtlinie zur Erhöhung des Grundgehalts und mit der Bonusberechnung, wird unterstützt. Sowohl bei quantitativen als auch bei qualitativen Zielen lässt sich die Gewichtung regelbasiert anpassen.

Beim Durchlauf der Prozesse ist es möglich, Rollen wie Vorgesetzte und deren Vorgesetzte in den Prozess einzubinden. Basierend auf den (z. B. durch HR definierten) Regeln für den Prozess, wird der Vorgesetzte geführt und erhält über Gehaltsbänder, Budgetvorgaben oder auch eine Gegenüberstellung seines Teams eine gute Orientierung für die von ihm durchzuführenden Planungen. HR-seitig ist es möglich, die Einhaltung der definierten Richtlinien inklusive der Budgets zu überwachen und ggf. Unterstützung anzubieten. Konsolidierte Informationen ermöglichen einen schlanken Freigabeprozess auf höherer Ebene.

Variable Bezahlung

Im Modul Variable Bezahlung haben Sie die Möglichkeit, komplexere Berechnungsvorschriften zur Kalkulation von Boni abzubilden. Sie können mehrere unterschiedliche Bonusprogramme abbilden und die auszuzahlenden Boni in Abhängigkeit von Berechtigungszeiten und Bemessungsgrundlage berechnen. Ein Bonus kann z. B. erst ab einer bestimmten Mindesthöhe einer Zielerreichung ausbezahlt werden, nimmt mit weiteren, steigenden Zielerreichungsgraden dann überproportional zu, bis schließlich eine Deckelung erreicht wird.

Zu diesem Themenbereich erhalten Sie weiterführende Informationen in Kapitel 14, »Vergütung«.

1.2.5 Talentmanagement (mit Nachfolgeplanung und Entwicklung)

Das Modul Talentmanagement hat Schnittstellen zu vielen anderen Modulen. Hier finden die Mitarbeitersuche nach allen erlaubten Kriterien, die Nachfolgeplanung, Karriereplanung, Stellenbeschreibungen, das Management von Fertigkeiten, das Mentoring und weitere ähnliche Prozesse statt.

Führende Aufgabe des Moduls ist es, Talente zu identifizieren, deren Weiterentwicklung zu unterstützen und im Kontext der Entwicklungs- und Nachfolgeplanung relevante Informationen bereitzustellen. Zudem erhalten Sie in diesem Kontext eine Abbildung der Unternehmenspositionen inklusive Inhaber und der zugehörigen Stellenprofile.

Weiterführende Informationen zu diesem Themenbereich finden Sie in Kapitel 15, »Talentmanagement – Nachfolge und Entwicklung«.

1.2.6 Zusammenarbeit/SAP Jam

SAP Jam ist eine Kollaborationsplattform, mit deren Hilfe Sie ein eigenes, in SAP SuccessFactors beheimatetes, Netzwerk aufbauen können, in dem sowohl Mitarbeiter als auch – falls lizenziert – externe Partner Informationen austauschen und interagieren können. SAP Jam ermöglicht so eine schnelle, zielorientierte Zusammenarbeit zwischen unterschiedlichsten Personengruppen.

Mehr zu diesem Thema erfahren Sie in Kapitel 16, »SAP Jam«.

1.3 Berichtswesen mit Kennzahlen, Einsichten, Benchmarks und Szenarien

Der dritte Themenbereich, den wir in diesem Buch behandeln, ist das Reporting. Wir zeigen Ihnen unterschiedliche Möglichkeiten, die in SAP SuccessFactors enthaltenen Informationen auszuwerten und mit ihnen HR-Prozesse zu steuern sowie einen Mehrwert zur Erreichung der Unternehmensziele zu leisten.

Weiterführende Informationen zu diesem Themenbereich erhalten Sie in Kapitel 17, »Analyse der Daten«.

1.3.1 SAP SuccessFactors People Analytics Embedded Edition

Die SAP SuccessFactors People Analytics Embedded Edition (vormals Reporting) ermöglicht operatives Reporting für die kurz- und mittelfristig orientierte Planung und Kontrolle. Im Berichtscenter stehen verschiedene Werkzeuge zur Berichtserstellung zur Verfügung. Neben den klassischen Funktionen wie Ad-hoc-Analyse und Dashboards bietet SAP SuccessFactors People Analytics Embedded mit SAP Analytics Cloud eine integrierte Lösung zur Datenpräsentation Darüber hinaus können Sie eigenständig in Reportgeneratoren kundenspezifische Auswertungen anfertigen und mit unterschiedlichen Zielgruppen wie Vorgesetzten oder Geschäftsführung teilen. Es gibt Werkzeuge zur gezielten Bereitstellung von Rohdaten, andere Werkzeuge ermöglichen Ihnen, die Daten auch grafisch aufzubereiten.

1.3.2 SAP SuccessFactors People Analytics Advanced Edition

Mit SAP SuccessFactors People Analytics Advanced Edition (vormals Workforce Analytics) erhalten Sie ein Planungswerkzeug, mit dem Sie zahlreiche Kennzahlen und Informationen, die sich auf Basis der Daten in SAP SuccessFactors erstellen lassen, visualisieren und zugänglich machen können. Dabei stehen Ihnen im Vergleich zum Berichtswesen deutlich umfangreichere Funktionen zur Verfügung. Zudem können Sie zusätzliche Datenquellen einbinden.

Die ausgewählten Daten werden über sogenannte *Dashboards* in Ihrer SAP-SuccessFactors-Plattform verfügbar gemacht und kontextsensitiv dargestellt. Die Simulation von Was-wäre-wenn-Szenarien wird ebenfalls ermöglicht – etwa vor dem Hintergrund der Frage, wie rekrutiert und ausgebildet werden muss, wenn ein bestimmtes Produkt innerhalb der nächsten 18 Monate auf den Markt gebracht werden soll.

1.3.3 SAP SuccessFactors People Analytics Planning Edition

SAP SuccessFactors People Analytics Planning Edition (vormals Workforce Planning) dient der strategischen Personalplanung. Sie haben hier die Möglichkeit, unterschiedliche Planungsszenarien zu simulieren und darauf basierende Analysen durchzuführen, die Ihnen helfen, mögliche Risiken aufzuzeigen sowie Maßnahmen zu definieren, die eventuelle Folgen mildern können. So können Sie Ihre Personalbedarfsplanung an etwaige Anforderungen innerhalb des Unternehmens selbst oder durch Markteinflüsse anpassen.

Darüber hinaus haben Sie im Kontext der strategischen Personalplanung die Möglichkeit, finanzielle Auswirkungen zu prüfen. Die Entwicklung der Personalkosten kann ebenfalls nachgehalten werden.

1.4 SAP SuccessFactors im Einsatz

Die besten Ergebnisse beim Einsatz von SAP SuccessFactors erzielen Unternehmen, die sich an den Best Practices der Plattform orientieren, die hochintegrierte, regelbasierte Prozesse schaffen und den Mitarbeiter zentral in alle Prozesse einbinden, die seiner Einschätzung, Zustimmung oder Dateneingabe bedürfen. In vielen Unternehmen kommt noch hinzu, dass sich bestehende Aufgaben von etablierten Rollen lösen und neue Aufgaben an Rollen herangetragen werden. Dabei ist es ganz wesentlich, dass die Menschen, die davon betroffen sind, frühzeitig auf diese Veränderungen vorbereitet werden und sie aktiv mitgestalten können. Das Vorgehen bei der Einführung leitet sich dabei von der Unternehmensstrategie, der HR-Strategie und der Positionierung der Hersteller und ihrer Strategie ab. Wie Sie das für Ihr Unternehmen nutzen können, erfahren Sie im folgenden Kapitel.

Kapitel 2
Abstimmung der Strategie

Bewusst, unbewusst, bewusstlos? Es gibt viele Arten, wie Unternehmen neue Ansätze aufnehmen. Für den fundamentalen Wandel im HR-Umfeld, der durch Innovationen der letzten Jahre ermöglicht wird, empfehlen wir eine bewusste Vorgehensweise.

Die Einführung von SAP SuccessFactors ist in der Regel mit einer weiteren Digitalisierung und Automatisierung Ihrer Prozesse verbunden. Neben Lohn- und Gehaltsabrechnung und Zeitwirtschaft, die von den meisten Unternehmen schon vor vielen Jahren »digitalisiert« wurden, haben viele Unternehmen die Anforderung, weitere Prozesse zu integrieren und durchgehend zu digitalisieren. Exemplarisch nennen wir hier die folgenden Themen:

- **Talentprozesse**
  z. B. Rekrutierung, Onboarding, Lernen, Leistungsbeurteilung und Personalentwicklung, Vergütungsplanung, Bonusberechnungen oder Zufriedenheitsumfragen der Mitarbeiter
- **Zugriffssysteme**
  z. B. Smartcards, Berechtigungen, Active Directory, Systeme für Governance, Risk & Compliance
- **Reisekosten**
  z. B. Planung, Organisation, Abrechnung und Verrechnung der Reise

Auch die Integration mit den Enterprise-Ressource-Planning-Prozessen (z. B. Produktionsplanung und -steuerung) wird zu einem immer wichtigeren Aspekt

Die klare Zielsetzung lautet, manuelle Dateneingaben komplett zu vermeiden. Die Daten sind oftmals in anderen Systemen schon vorhanden. Nun gilt es, möglichst in Echtzeit komplett integrierte Prozesse für die Nutzer der Prozesse – meist Mitarbeiter, Führungskräfte, externe Mitarbeiter, Kandidaten, aber auch ehemalige Mitarbeiter im Ruhestand und externe Partner – zur Verfügung zu stellen.

Mit SAP SuccessFactors, das Self-Service-Prozesse in den Mittelpunkt stellt, können Sie die anstehenden Aufgaben gut und effizient erledigen. Im Zentrum des Vorhabens stehen die Prozesse, die alle Prozessbeteiligten einfach und schnell, oft mobil, nutzen und die so für sehr gute Daten und Datenqualität sorgen. Teilweise als »Abfallprodukt« entstehen global valide Stammdaten und ein globales Organisationsmanagement. Sie haben so erstmals die Möglichkeit, fast alle Unternehmensprozesse, die HR-Daten benötigen, zu integrieren und zu beschleunigen – Sie können Ihre Wettbewerbssituation so deutlich verbessern. Zusätzlich wird von SAP explizit die End-to-End-Integration unterstützt. Das heißt, Sie können die neu gewonnenen Daten und Prozesse nahtlos in alle anderen ERP-Prozesse integrieren bzw. auf und mit der SAP Cloud Platform (oder anderen vergleichbaren Plattformen) selbst und mit Ihren Partnern fast beliebig erweitern.

Sie sollten kein SAP-SuccessFactors-Projekt ohne klare strategische Zielsetzung starten. Sobald es Ihnen gelingt, die strategischen Unternehmensziele einzubinden, haben Sie eine Reihe offensichtlicher Vorteile:

- Sie bekommen leichter Rückhalt und Unterstützung vom Top-Management.
- Es ergibt sich der Schwerpunkt und oft auch die Reihenfolge der Einführung der neuen HR-Prozesse. Auch die Schwerpunkte bei der Ausgestaltung und der Verteilung der Rollen in der HR- und IT-Abteilung sowie der Support-Organisation ergeben sich auf diese Weise.
- Der Erfolg des Projekts kann besser gemessen werden.

Die Ausrichtung an den Anforderungen der Unternehmensstrategie sollten Sie vor dem eigentlichen Start des Projekts durchführen. Die Arbeit in dieser Phase beinhaltet die Abstimmung mit allen relevanten Parteien, und die Ausrichtung sollte regelmäßig neu überprüft werden.

In diesem Kapitel stellen wir Ihnen typische Aspekte einer HR-Strategie vor (siehe Abschnitt 2.1), gehen auf die Herstellerstrategie im HR-Cloud-Umfeld ein (siehe Abschnitt 2.2) und erläutern, in welchem Zusammenhang beide im Kontext eines erfolgreichen SAP-SuccessFactors-Projekts stehen (siehe Abschnitt 2.3). Informationen, wie die Einführung von SAP SuccessFactors vor diesem Hintergrund umgesetzt werden kann (siehe Abschnitt 2.3), sowie die Frage nach Art der Einführung, mit globalem oder lokalem Schwerpunkt zum Start in die Nutzung von SAP SuccessFactors (siehe Abschnitt 2.4), ergänzen die ersten Abschnitte. Zwei Best Practices schließen dieses Kapitel ab.

Zusammenspiel von Unternehmensstrategie und HR-Strategie

Leiten Sie die Ziele von Ihrer Unternehmensstrategie ab: Die HR-Strategie und die Art der Einführung von SAP SuccessFactors HCM inklusive der Einbindung von HR, ERP, IT und Support lassen sich dann mit geringer Unsicherheit schnell und effektiv festlegen.

2.1 Kernaspekte einer HR-Strategie

Im Folgenden beschäftigen wir uns mit typischen Inhalten von HR-Strategien. Wir gehen dabei vom Bild des mündigen Mitarbeiters aus, den das Unternehmen als wichtigste Ressource schätzt. Der Mitarbeiter soll gehalten, gefördert und zielgerichtet entwickelt werden. Der Mitarbeiter ist definiert als Kunde im Unternehmen und erwartet vom Unternehmen Unterstützung für alle (HR-)Belange.

Als Konsequenz daraus definiert sich die HR-Organisation als Service-Organisation mit dem Leitbild *One HR*: Der Mitarbeiter soll nur einen persönlichen Ansprechpartner haben, der ihm als Berater rund um alle HR-Themen, von der Lohn- und Gehaltsauszahlung bis hin zum Top-Management-Nachfolgeprogramm, zur Verfügung steht. Damit einhergehend wird auch die Rolle *HR-Business-Partner* definiert: Das ist ein Mitarbeiter, der interne Dienstleistungen im Sinne von One HR an alle seine Kunden erbringt. Eine letzte wichtige Komponente dieser Ausrichtung sind *Self-Services*: Der Mitarbeiter ist in der Regel daran interessiert, auf kürzestem Wege eigenständig agieren zu können – ohne Schnittstellen zu weiteren Mitarbeitern oder Dienstleistern. Mit dieser Ausrichtung fallen Aufgaben für die HR-Organisation weg, und neue kommen hinzu (siehe Abschnitt 3.3, »Aufgaben im Projekt«).

Aus diesem Szenario ergeben sich korrespondierende Anforderungen an die IT-Abteilung. Auf Basis der genannten Prämissen kommen die Plattformen und Implementierungspartner in die engere Auswahl, die folgende Voraussetzungen erfüllen (siehe Abschnitt 3.3.5, »Auswahl des Implementierungspartners«):

- Die Systeme können global eingesetzt werden, weil sie auch – sofern vorhanden – alle lokalen rechtlichen Anforderungen abdecken können.
- Der Implementierungspartner verfügt über viel Erfahrung bei globalen Best Practices, um möglichst einheitliche, einfach zu nutzende, integrierte Prozesse zu etablieren.
- Die Systeme können – falls gewünscht – einfach vom Kunden selbst lokalisiert werden.
- Die Systeme können problemlos aktualisiert werden, sobald es neue Funktionen gibt, die das Unternehmen nutzen will.
- Das Unternehmen kann das System selbst fachlich und technisch warten und weiterentwickeln.
- Das System ist sicher und bildet alle benötigten Funktionen nach aktuellem Wissens- und Forschungsstand ab.
- Die Implementierungskosten stehen zum Nutzen in einem akzeptablen Verhältnis.
- Das System zeichnet sich durch eine hohe Benutzerfreundlichkeit aus.

Es hat sich in der Praxis bewährt, auch die Herstellerstrategie im HR-Cloud-Umfeld in die Betrachtungen mit aufzunehmen.

Mit Blick auf eine gute Unterstützung aktueller HR-Strategien sind folgende Merkmale cloud-basierter Lösungen, die auch SAP SuccessFactors auszeichnen, aus strategischer Sicht besonders wichtig:

- **Selbstorganisation und Self-Services**
  Betriebskosten sinken, wenn es gelingt, Prozessketten – über alle Unternehmensprozesse hinweg – zu kürzen und zu integrieren. Dies ist möglich, wenn die Akteure, die über Daten verfügen, diese direkt im System eingeben können, ohne über »Zwischenhändler« gehen zu müssen, die die Daten in ihrem Auftrag eingeben. Die Kontrolle der Daten über eine unabhängige Stelle muss gleichwohl bei Bedarf möglich sein. Ein Ausdruck dieses Trends sind Self-Service-Funktionen für Mitarbeiter und Vorgesetzte, die von der Mitarbeiterstammdatenpflege über Nachfolgeplanung bis hin zur Buchung von Kursen, die Entwicklungsziele unterstützen, reichen.
- **Systemunabhängigkeit**
  Die Kunden des Systems, also die Mitarbeiter, wollen Daten jederzeit und überall eingeben und einsehen können. Damit rücken alternative Anzeige- und Eingabemedien wie Smartphones und Tablets in den Fokus und werden unterstützt.
- **Intelligente Datenanalyse**
  Die Hersteller bieten zunehmend ganz neue Prognosefähigkeiten als Teil ihrer Plattform an. Diese reichen vom Vorschlag des geeigneten Nachfolgers auf Basis von Rollen/Kompetenzbeurteilungen im System über die Voraussage, ob ein Projekt mit bestimmten Mitarbeitern erfolgreich sein wird oder nicht, bis hin zu validen Prognosen, wohin Maßnahmen zu Verhaltensänderungen führen werden. Diese neuen Möglichkeiten sind ein Ergebnis des Trends, dass die Hersteller zunehmend Organisationspsychologen, Wissenschaftler und Datenanalysten in die Produktentwicklung einbeziehen und »intelligente« Suchmaschinen leistungsfähiger werden. SAP hat das Thema »intelligent Enterprise« zu einem Leitthema für die nächsten Jahre gemacht.
- **Standardisierung und Best Practice**
  Einerseits sind die Hersteller gezwungen, rechtliche Änderungen kontinuierlich in ihre Plattformen zu integrieren. Andererseits wollen sie auch den Trainingsaufwand für die Plattform gering halten. Das gelingt, wenn man die Benutzerführung und Bedienbarkeit mit den aktuellen Webstandards und neuen Möglichkeiten, die aktuelle Webbrowser und Eingabe-/Anzeigegeräte bieten, ändert. Nicht zuletzt fließen ständig Erkenntnisse aus Wissenschaft und Praxis in die abgebildeten Best-Practice-Prozesse ein.

- **Prozessintegration und Automatisierung**
  Wenn man Daten und Ergebnisse von Teilprozessen in anderen Prozessen weiterverwenden kann, verbessern sich die Datenqualität und die Benutzerzufriedenheit. Gleichzeitig sinken die Betriebs- und Integrationskosten für den Kunden.

  Die eingesetzte Cloud-Plattform soll hochautomatisierbar sein, um die Prozesse End to End, also »nahtlos«, in andere ERP-Prozesse zu integrieren.

Weitere Merkmale der SAP-SuccessFactors-Plattform sind:

- verbrauchsorientierte Abrechnung
- Aktualität, Skalierbarkeit und hohe Verfügbarkeit
- geringe Implementierungs- und Trainingskosten mit Standardpaketen
- schneller Einstieg des Kunden in die produktive Nutzung
- umfangreiche Standardschnittstellen in alle Unternehmensprozesse

In Kapitel 3, »Voraussetzungen für ein erfolgreiches SAP-SuccessFactors-Projekt«, erhalten Sie weitere Informationen zu diesem Thema.

[!]

Transformation

Die Einführung und der Betrieb der SAP-SuccessFactors-Plattform sind erheblich anders als bei Systemlösungen im On-Premise-Umfeld. Unter Berücksichtigung der oben genannten Merkmale sind für viele Unternehmen erhebliche Transformationen der bestehenden Strukturen notwendig, um SAP SuccessFactors dauerhaft erfolgreich betreiben zu können. Dazu erfahren Sie ebenfalls mehr in Kapitel 3.

Das Zusammenspiel der eigenen HR-/ERP- und IT-Strategie und der Betrachtung der Kunden (Mitarbeiter) und der Herstellerstrategie führt zum bestmöglichen Zusammenspiel für die Einführung der Plattform. Die Reihenfolge der abzubildenden Prozesse, die Aufgabenteilung zwischen HR und IT und die Ausrichtung der Service- und Support-Strukturen ergeben sich daraus.

2.2 Zusammenspiel von HR-Strategie und Lösung

Es liegt auf der Hand: Die HR-Strategie und die strategische Ausrichtung und Weiterentwicklung der HR-IT-Plattform müssen zusammenpassen. Tun sie das nicht, besteht die Gefahr, dass sich Gräben auftun, die in weiterer Folge zu hohen Kosten führen.

Wenn Sie planen, SAP SuccessFactors einzusetzen, oder es vielleicht schon einsetzen, dann empfehlen wir Ihnen, auf folgende Punkte zu achten:

- **Flexibler Betrieb und hohe Innovationsrate**
  Der prozessunterstützende und Mehrwert generierende Einsatz baut darauf auf, dass Sie Ihre Implementierung und systemseitige Prozessunterstützung aktuell halten. Über die Wartung wird es ständig Neuerungen und Erweiterungen geben. Adaptieren und nutzen Sie diese, um auch die Ausrichtung Ihrer Strategie zu prüfen und um weitere Impulse zu Best Practices zu bekommen.

[»]

Permanenter Wandel

Mit SAP SuccessFactors ist es nicht sinnvoll, Prozesse als unveränderlich zu behandeln. Einen starren Betrieb, der nicht auf Veränderungen in der Plattform reagiert, können wir nicht empfehlen (siehe Kapitel 19, »Produktive Nutzung, Support und Release-Management«). Halten Sie auch nach dem Go-live Ressourcen für Veränderungen bereit!

- **Prozessintegration**
  Die Einführung von SAP SuccessFactors in Ihrem Unternehmen wird besonders erfolgreich, wenn Sie Ihre Prozesse ineinandergreifen lassen. Zeichnet sich Ihre Prozesslandschaft durch Prozesssilos aus, die unabhängig voneinander die einzelnen HR-Prozesse wie Talentmanagement, Zielvereinbarungen oder Rekrutierung unterstützen, dann ist auch der Mehrwert von SAP SuccessFactors eingeschränkt. Denken Sie aber auch an alle anderen Unternehmensprozesse, von den Zugriffskontrollen bis zur Produktionsplanung, die es zu integrieren gilt!
- **Selbstorganisation**
  SAP SuccessFactors ermöglicht es z. B. im Bereich der Datenpflege, dass Mitarbeiter über Self-Services ihre Daten (Bankdaten, Mobilität, Fertigkeiten etc.) stets selbst aktuell halten können. Außerdem können Vorgesetzte Daten im Kontext der Entwicklungsplanung für ihre Mitarbeiter einsehen und auch pflegen. HR-Abteilungen können über die im System vorhandenen Unterstützungsmöglichkeiten als HR-Business-Partner agieren und haben bessere Hebel, etwas nachhaltig zu bewirken. Die Rolle der HR-Organisation tritt aber etwas in den Hintergrund und entwickelt sich weg vom Organisator hin zum Berater (siehe Kapitel 3, »Voraussetzungen für ein erfolgreiches SAP-SuccessFactors-Projekt«).

Als Konsequenz ergeben sich folgende Eckpfeiler erfolgreicher SAP-SuccessFactors-Einführungen:

- Template- und Best-Practice-orientierte Vorgehensweise
- hohe Prozessintegration, weit über »HR« hinaus
- hoher Grad an Selbstorganisation für Mitarbeiter und Vorgesetzte
- Ausgestaltung der HR-Rolle als Berater und Rückbildung der Rolle als Operator

- One-HR-Ansatz und HR-Business-Partner als universeller Ansprechpartner für Kunden und Mitarbeiter
- agile Projektorganisation
- agiler Betrieb und Support, der ständig auch (neue) Projekte einbeziehen kann

Es gibt zwei unterschiedliche Herangehensweisen für die Einführung von SAP SuccessFactors – die Arbeit mit einem globalen Template oder einem lokalen Template. Wir schildern im Folgenden wichtige Aspekte, die als Orientierung dienen mögen, ob man in bestimmten Prozessen eher den globalen oder den lokalen Ansatz wählen sollte.

2.3 Strategien für die Einführung von SAP SuccessFactors

Es gibt die beiden folgenden strategischen Alternativen für die Einführung von SAP SuccessFactors, die sich in der Wahl der für eine Einführung gewählten Templates unterscheiden:

- dynamisches globales Template
- dynamisches lokales Template

Das *dynamische globale Template* steht für ein global abgestimmtes Vorgehen, das sehr flexibel und ggf. in einer schnellen Taktung auf Änderungen reagiert.

- **Vorteile**
  - schnelle Umsetzung von Anforderungen
  - bedarfsgerechte Aufnahme und Einführung neuer Prozesse
  - schnelle Reaktion auf Verbesserungen der Plattform
  - geringe Betriebskosten
- **Nachteile**
  - kosten- und abstimmungsintensiv
  - hoher Aufwand in der Koordination sowie in der Bereitstellung von Services

Insgesamt ermöglicht diese Ausrichtung, dass Innovationen, sowohl prozessseitig als auch plattformseitig, optimal genutzt werden können, um global abgestimmte Prozesse und Templates zu unterstützen. Gleichzeitig bleiben die globalen Betriebskosten niedrig, weil nur ein globales Template unterstützt wird.

Das *dynamische lokale Template* beinhaltet ebenfalls die Möglichkeit, sehr flexibel und ggf. in einer schnellen Taktung auf Änderungen zu reagieren. Es werden jedoch im Unterschied zum ersten Ansatz lokale Anforderungen berücksichtigt und in SAP SuccessFactors z. B. durch lokale Templates abgebildet, die die jeweilige lokale Situation und Anforderung reflektieren. Diese lokalen Templates müssen wiederum mit dem globalen Template abgestimmt werden. Auch hier werfen wir einen Blick auf die Vor- und Nachteile:

- **Vorteile**
  - schnelle Umsetzung von Anforderungen
  - bedarfsgerechte Aufnahme und Einführung neuer Prozesse
  - schnelle Reaktion auf Plattformverbesserungen
  - Anpassbarkeit entsprechend lokalen Anforderungen
- **Nachteile**
  - höhere Kosten
  - hoher Aufwand in der Koordination sowie in der Bereitstellung von Services
  - mittlerer bis hoher Aufwand in der Integration und Abstimmung mit einem ggf. vorhandenen globalen Vorgehen
  - höherer Betriebsaufwand als mit globalem Template

Insgesamt ermöglicht es diese Ausrichtung, dass Innovationen, sowohl prozessseitig als auch plattformseitig, optimal genutzt werden können, um, idealerweise an einen globalen Prozess angelehnte, lokale Templates zu unterstützen.

Aufgrund der oben beschriebenen Prämissen sowohl in Bezug auf die HR-Strategie als auch in Bezug auf SAP SuccessFactors als unterstützende Lösung empfehlen wir, den Fokus auf agile, dynamische globale Templates zu legen, wenn es Ihre Kunden, d. h. die Mitarbeiter und Führungskräfte, erlauben. Projektorganisation, Budget und Ressourcen sollten dafür ausgelegt sein.

2.4 Ausrichtung der Prozesse

Die Frage, ob ein SAP-SuccessFactors-Roll-out global oder lokal geprägt startet, ist genau so wenig allgemeingültig zu beantworten wie die Frage nach dem richtigen Prozess und Modul für eine erste SAP-SuccessFactors-Einführung (siehe Abschnitt 4.4, »Mit User Stories und Anwendungsfällen arbeiten«). Im Folgenden stellen wir Ihnen wesentliche Faktoren vor, die eine Roll-out-Planung beeinflussen.

2.4.1 Die Kunden Ihrer HR-Prozesse

Am Anfang Ihrer Überlegungen sollte die Frage stehen, wer Kunde des Prozesses und des damit verbundenen Lösungsangebots ist und in Zukunft sein soll. In der Vergangenheit galten oftmals die HR-Abteilung und ihre Mitarbeiter als primäre Kunden eines HR-Systems. Das ist heute anders. Mitarbeiter und Vorgesetzte rücken häufig in den Fokus. Sie sind unserer Erfahrung nach die ersten und wichtigsten Kunden eines HR-Prozesses und haben Anforderungen wie Einfachheit in der Bedienung, klarer unmittelbarer Mehrwert und rasche Innovationszyklen.

Die Erwartungen von Mitarbeitern und Vorgesetzten wiederum sind für viele HR-Prozesse, z. B. im Kontext des Talentmanagements, auch auf globaler Ebene, über Landes- und Organisationsgrenzen hinweg, (sehr) ähnlich. Wir empfehlen Ihnen, diese Anforderungen direkt zu Beginn Ihrer Arbeit zusammenzutragen bzw. abzustimmen. Sie helfen Ihnen, die Best-Practice-Prozesse (siehe Abschnitt 4.4, »Mit User Stories und Anwendungsfällen arbeiten«) auf Anwendbarkeit zu prüfen und eine Lösung zu wählen, die für Ihr Unternehmen passt. Zudem können Sie, ausgehend von diesen Anforderungen, ein gutes SAP-SuccessFactors-Template für die einzuführenden Module erstellen. Dieses kann Ihnen dann als Grundlage für den Roll-out von SAP-SuccessFactors-Lösungen dienen. In einem ersten Piloten haben Sie übrigens eine gute Gelegenheit, die von den Kunden gestellten Anforderungen an das System zu validieren und die Umsetzung im System ggf. für den Roll-out anzupassen.

2.4.2 Weitere Parameter für die Ausrichtung der HR-Prozesse

In der Praxis sehen wir häufig, dass es einige weitere Parameter gibt, die eine erfolgreiche SAP-SuccessFactors-Einführung mitgestalten. Unserer Erfahrung nach sind diese, neben den oben dargelegten strategischen Erwägungen sowie der Frage nach den Kunden und Kundenbedarfen, die bisherige (und auch beabsichtigte) lokale oder globale Prägung, der Reifegrad sowie die Komplexität des Prozesses. Wir gehen im Folgenden auf diese Parameter ein.

Im Folgenden geht es zunächst um die Frage der lokalen oder globalen Prägung eines Prozesses. Im Anschluss daran führen wir die Themen Reifegrad und Komplexität weiter aus.

Lokale oder globale Prägung des Prozesses

Es gibt Prozesse, die *stark lokal geprägt* sind, z. B. durch viele lokale gesetzliche Vorgaben, etwa im Kontext der Entgeltabrechnung. Betrachten Sie einen lokal verankerten und bestimmten Prozess, widerspricht es der Anlage des Prozesses selbst, diesen globalisieren zu wollen. Dennoch empfehlen wir Ihnen, auch in diesem Fall einen Rahmen zu stecken, innerhalb dessen sich diese Prozesse bewegen sollten. Es bietet sich dabei z. B. an, als Leitlinie die Nutzung des im System unterstützten Best-Practice-Prozesses festzulegen. So können Sie sicherstellen, dass bei einem lokal geprägten Prozess Synergien durch eine Best-Practice-Nutzung entstehen. Gleichzeitig unterstützt das auf Best Practices basierende System gut gängige, zukunftssichere und etablierte Anforderungen. Auf einen solchen Prozess aufbauende Prozesse (etwa im Umfeld der

Bonuszahlungen, die auf Gehaltsdaten zugreifen) können qualitativ hochwertige und valide Daten nutzen.

Beispiele für *global ausgerichtete Prozesse* sind ein unternehmensweites Talentmanagement und eine damit verbundene Nachfolgeplanung oder die Integration aller Mitarbeiterstammdaten inklusive Mitarbeiterstatus und Funktion/Zutrittskennzeichen in das globale Active Directory. Mehrwerte und Synergien lassen sich in diesen Prozessen oftmals nur dann erzielen, wenn sie nach einem ganzheitlichen Ansatz global betrachtet werden, messbar sind und die Unternehmensstrategie unterstützen (siehe Kapitel 3, »Voraussetzungen für ein erfolgreiches SAP-SuccessFactors-Projekt«).

Betrachten Sie einen solchen Prozess, dann empfehlen wir Ihnen, mit einem globalen Template zu starten. Das hilft Ihnen, ein gemeinsames Verständnis für den Prozess, eine gute Basis für die globale Zusammenarbeit sowie eine Datenbasis für konsistente Berichte bereitzustellen (siehe Abbildung 2.1). Lokale Abweichungen sollten bei einem solchen Prozess nur unter Einhaltung der globalen Vorgaben sowie des Best-Practice-Ansatzes erlaubt sein.

Abbildung 2.1 Kernpunkte einer globalen Prozessnutzung

[»]

Definieren Sie Process Owner

Sogenannte *Process Owner*, also Prozesseigentümer, sind letztinstanzlich für einen Prozess zuständig. Sie entscheiden final, ob Anpassungen am Prozess durchgeführt werden oder ob lokale Abweichungen vom globalen Standard erlaubt sind und – wenn ja – nach welchen Regeln.

Wichtige Kriterien für die Ausrichtung der Prozesse als global oder lokal sind der aktuelle Reifegrad und die Komplexität des Prozesses. Im Folgenden erläutern wir diese Kriterien.

Reifegrad des Prozesses

Prozesse mit einem *hohen Reifegrad* zeichnen sich dadurch aus, dass sie klar strukturiert sind; Prozessverantwortlichkeiten sind geregelt und Zuständigkeiten klar definiert. Es ist klar, was einen Prozess in Gang setzt, welche Teilschritte zu einem Prozess gehören, an welchen Stellen Abweichungen toleriert werden und wie Abweichungen abgebildet werden können. Auch ist bekannt, wer die Beteiligten im Prozess sind und welches Ziel und welches Ergebnis erreicht werden soll. Der Prozess ist den Beteiligten bekannt, und er ist akzeptiert. So gestaltete Prozesse sind oftmals gut beschrieben und dokumentiert.

Prozesse mit einem *niedrigeren Reifegrad* tragen diese Züge nur sehr eingeschränkt und haben oftmals unterschiedliche Prozessvarianten, die jedoch nicht präzise definiert sind, sondern recht volatil und nach Bedarf genutzt werden. Abstimmungen zum Prozess sind nur schwer möglich, da Zuständigkeiten kaum oder nur unzureichend geregelt sind.

Die Herausforderung, einen Prozess mit hohem Reifegrad in einer SAP-SuccessFactors-Einführung zu unterstützen, liegt nicht so sehr darin, dass Unklarheiten in Bezug auf den Prozess nicht aufgelöst werden können, sondern darin, dass er sehr stabil sein kann und nur schwer angepasst werden kann, da Abstimmungen über alle Stakeholder hinweg umfangreich sein können. In einem solchen Fall gilt es, mit den Process Ownern gemeinsam den Prozess und den durch SAP SuccessFactors unterstützten Best-Practice-Prozess zu betrachten und zu prüfen, wie Besonderheiten des bisherigen Prozesses an den Best-Practice-Prozess herangeführt werden können. Gelingt dies unter Einbeziehung sämtlicher Stakeholder, um weiterhin deren Prozessunterstützung zu sichern, eignet sich ein solcher Prozess unserer Erfahrung nach gut für eine SAP-SuccessFactors-Einführung. Schon im Projekt gilt es dann, darauf aufmerksam zu machen, dass auch ein ausgereifter Prozess, der stabil läuft, dem Wandel innerhalb einer SaaS-Lösung unterliegt. Prozessarbeit heißt dann auch für einen Prozess mit hohem Reifegrad, kontinuierlich Release-Neuigkeiten sowie Best-Practice-Prozesse gegen den HR-Prozess zu prüfen und dafür zu sorgen, dass der Prozess aktuell gehalten wird.

Ob ein Prozess mit niedrigem Reifegrad gut für eine erste SAP-SuccessFactors-Einführung geeignet ist, hängt davon ab, ob es z. B. einen Unterstützer im Management gibt, der es erlaubt, Zuständigkeiten für den Prozess klar zu regeln, und der die Verankerung des Best-Practice-Prozesses, der auch von SAP SuccessFactors oder dem Partner vorgegeben sein kann, in allen relevanten Unternehmensorganisationen durchsetzt.

[»]

Neue Prozesse als Chance

SAP SuccessFactors bietet für viele HR-Prozesse und -Teilprozesse Best-Practice-Lösungen an. Sicherlich gibt es Prozesse, die für Ihr Unternehmen einen Mehrwert bieten, bisher aber noch nicht oder nur teilweise bei Ihnen genutzt werden. Es kann vorteilhaft sein, mit einem solchen Prozess in die SAP-SuccessFactors-Nutzung zu starten. Anwender und Process Owner haben so die Möglichkeit, die Lösung kennenzulernen und Mehrwerte für deren Nutzung zu identifizieren, ohne dabei einen etablierten Prozess zu verlieren oder ändern zu müssen.

Komplexität der Prozesse

Prozesse mit einer niedrigen Komplexität sind oftmals gut erklärbar und können auch einfach und schnell für eine große Anzahl an Beteiligten bereitgestellt werden. Prozesse mit einer hohen Komplexität können hingegen bei der Einführung große Herausforderungen in der Schulung, im Roll-out und im Betrieb mit sich bringen und sollten im Standard einer Prüfung unterzogen werden, ob man sie nicht radikal vereinfachen kann.

Um z. B. wenig softwareaffine Benutzer an ein System heranzuführen, kann es sich ggf. anbieten, mit einem wenig komplexen Prozess zu starten, um ihnen die Möglichkeit zu geben, zunächst die Lösung kennenzulernen.

Im Folgenden werfen wir einen Blick darauf, wie es unserer Erfahrung nach gelingt, das Globale im Lokalen zu verankern.

2.5 Best Practice: Verankerung des Globalen im Lokalen

Prüfen Sie gemeinsam mit Ihrem Implementierungspartner und abgeleitet von strategischen und praktischen Überlegungen, welcher Prozess in Ihrem Unternehmen am besten für einen SAP-SuccessFactors-Start geeignet ist. Nutzen Sie jedenfalls die Best Practices, und profitieren Sie von möglichen Vereinfachungen. Denken Sie global, und stimmen Sie sich mit den wichtigsten Ansprechpartnern auch lokal ab. Die Anforderungen von Mitarbeitern und Vorgesetzten an HR-Prozesse und Lösungen sind auch auf internationaler Ebene oftmals sehr ähnlich!

Sind lokale Abweichungen notwendig, dann ist es Aufgabe des Process Owners, zu definieren, nach welchen Kriterien lokale Abweichungen erlaubt werden und unter welchen Rahmenbedingungen diese durchgeführt werden können (siehe Abbildung 2.2).

dynamische globale Templates

Vorteile
- rasche Veränderung und Aufnahme neuer Prozesse und Plattform-Verbesserungen, was dazu führt, dass die Plattform-Innovationen optimal für das globale Template genutzt werden

Nachteile
- hohe Kosten
- vielfältige Herausforderungen in der Koordination und der Service-Bereitstellung sind zu meistern

dynamische lokale Templates

Vorteile
- rasche Veränderung, Integration neuer Prozesse und Plattform-Verbesserungen, inklusive optimale Nutzung von Plattform-Innovationen für das lokale Template
- stellt höchsten Nutzen für lokale Templates sicher

Nachteile
- hohe Kosten: für die Integration/Abstimmung mit dem globalen Template

Abbildung 2.2 Globales Template

Oftmals anzutreffende Kriterien für die Zulassung eines lokalen Templates sind:

- rechtliche Anforderungen in einem Land
- Wettbewerbssituation in einem Land, die ggf. eine Reaktion auf lokale Herausforderungen am Markt ermöglicht (z. B. im Kontext der Rekrutierung)
- tradierte lokale Bedingungen, die die Akzeptanz des globalen Templates in der lokalen Organisation sicherstellen
- Bereitschaft der lokalen Einheit, die Kosten für das veränderte lokale Template und die höheren Betriebskosten zu übernehmen

Zudem empfehlen wir Ihnen, folgende Punkte in die Rahmenbedingungen für lokale Templates mit aufzunehmen:

- Lokale Templates leiten sich vom globalen Template ab.
- Lokale Templates erfüllen die Anforderungen, die global an einen Prozess gestellt werden, um einen konsistenten Prozess zu unterstützen, an dem andere globale Prozesse andocken können.
- Lokale Einheiten übernehmen die Kosten, die für eine Lokalisierung anfallen. Die Prüfung, ob die Anforderungen der lokalen Einheit in einem positiven Kosten-Nutzen-Verhältnis stehen, erfolgt »automatisch« durch die Kostenbeteiligung.

- Lokale Templates müssen immer durch den Process Owner genehmigt werden.
- Wird das globale Template verändert, dann muss geprüft werden, ob das lokale Template nachgezogen werden muss.

2.6 Best Practice: Hinweise für einen Roll-out

Da das Vorgehen im Roll-out stark von den individuellen Rahmenbedingungen in Ihrem Unternehmen abhängt, bietet es sich an, im Gespräch mit Ihrem Implementierungspartner die für Sie passende Vorgehensweise innerhalb der einzelnen Themen zu finden (siehe Abschnitt 3.3.5, »Auswahl des Implementierungspartners«).

- **Strategische Verankerung**
  Zeigen Sie auf, wie Sie mit dem Einsatz von SAP SuccessFactors Ihre allgemeine Geschäftsstrategie unterstützen können.
- **Big Bang oder Pilotbereiche**
  Wenn Sie Ihren Roll-out von SAP SuccessFactors planen, dann überlegen Sie, ob Sie in Form eines »Big Bang« die gesamte Unternehmensorganisation auf einen Schlag mit Zugang zu SAP SuccessFactors und Prozessunterstützung ausstatten wollen oder ob Sie nur einen Teilbereich (eine Benutzergruppe, eine Abteilung, ein Land oder eine Region) im ersten Schritt ansprechen möchten. Auch für global verankerte Prozesse kann es sinnvoll sein, zunächst in einem Pilotbereich Erfahrungen zu sammeln.
- **Ein Modul oder mehrere Module**
  Leiten Sie diese Frage vom Mehrwert ab: Ein »Silo«-Modul einzuführen kann mehr Schaden anrichten als Nutzen bringen.
- **Sprache**
  SAP SuccessFactors bietet Ihnen die Möglichkeit, die Anwendungen in der Form zu lokalisieren, dass Sie Anwendern die Anwendung in der für sie eigenen Landessprache anbieten können. Das ist von Vorteil, um schnell eine Vertrautheit der Anwender mit dem System zu erreichen. HR-Prozesse sind *persönliche* Prozesse, das Formulieren von Entwicklungszielen oder Trainingsbedarfen wird in der eigenen Sprache oftmals einfacher und präziser möglich sein als in einer einheitlichen Systemsprache.

  Auf der anderen Seite mag die Nutzung lokaler Sprachen im Kontext zentral gesteuerter Prozesse, wie etwa des Talentmanagements, eine Herausforderung sein. Dort, wo Sie mit Auswahllisten und Ähnlichem arbeiten, werden diese Listen selbstverständlich in der gewählten Sprache angezeigt, also gewissermaßen übersetzt. Dort, wo Benutzer jedoch Freitextfelder befüllen, gibt es keine automatisierte Übersetzungsmöglichkeit.

[«]

Mit einer Sprache beginnen

Es hat sich bewährt, einen Prozess komplett in einer Sprache zu implementieren, bevor dann weitere Sprachen in der Übersetzung hinzukommen. Andernfalls müssen Sie Übersetzungen und fachliche Anforderungen gleichzeitig in mehreren Sprachen verwalten und bis zur finalen Version pflegen, was deutlich aufwendiger ist.

- **Multiplikatoren**
  Spätestens, wenn Sie mit ersten Teilbereichen von SAP SuccessFactors live sind, sollte es Ihnen gelungen sein, Multiplikatoren zu gewinnen. Wenn Multiplikatoren selbst weitere Unterstützer gewinnen, steht einer erfolgreichen Projektumsetzung nichts mehr im Wege.

Im folgenden Kapitel erfahren Sie, welche Voraussetzungen und Rahmenbedingungen Einfluss auf die Nutzung von SAP-SuccessFactors-Lösungen im Unternehmen haben und welche Mehrwerte diese bringen. Sie erfahren ebenfalls, welche Interessenvertreter und Projektbeteiligten unserer Erfahrung nach in ein SAP-SuccessFactors-Projekt eingebunden werden müssen und welche Aufgaben diese erwarten. Tipps zum Umgang mit oftmals anzutreffenden Spannungsfeldern im Rahmen einer SAP-SuccessFactors-Nutzung sowie Hinweise zur Auswahl des Implementierungspartners runden das Kapitel ab.

Kapitel 3
Voraussetzungen für ein erfolgreiches SAP-SuccessFactors-Projekt

Für jedes IT-Projekt – on-premise oder in der Cloud – gilt: Den Grundstein für eine nachhaltige und erfolgreiche Nutzung der Lösung legen Sie bereits in der Projektvorbereitung. Wir zeigen Ihnen, welche Voraussetzungen und organisatorischen Rahmenbedingungen zu schaffen sind und mit welchen typischen Herausforderungen Sie rechnen müssen.

Sie erfahren, welche Voraussetzungen und Rahmenbedingungen Sie schaffen sollten, um Ihr Projekt erfolgreich abzuschließen und SAP SuccessFactors gewinnbringend zu nutzen (siehe Abschnitt 3.1).

Die für ein erfolgreiches Implementierungsprojekt wichtigen organisatorischen Rahmenbedingungen stellen wir Ihnen ebenfalls vor. Sie lernen die Interessenvertreter und Projektbeteiligten kennen, die in ein SAP-SuccessFactors-Projekt eingebunden werden sollten (siehe Abschnitt 3.2). Auch in die für die einzelnen Interessengruppen relevanten Aufgabenstellungen erhalten Sie einen Einblick. Die Nutzung einer SaaS-Lösung (Software as a Service) entbindet Sie von einigen Aufgaben des klassischen On-Premise-Betriebs, es gibt jedoch neue Aufgaben, die stattdessen hinzukommen (siehe Abschnitt 3.3).

Tipps zum Umgang mit typischen Spannungsfeldern im Rahmen von Einführung und Betrieb ergänzen diese Informationen (siehe Abschnitt 3.4). Neben den aus der Projektarbeit und dem Betrieb resultierenden Aufgaben, die Sie als Kunde selbst oder mit Unterstützung des Implementierungspartners durchführen, gibt es auch Aufgaben, die über SAP an Sie als Kunde weitergegeben werden. Dazu gehören z. B. das kundenspezifische Testen der Releases oder das Melden von Störungen sowie die interne Kommunikation. Über diese Aufgaben erhalten Sie ebenfalls einen Überblick (siehe Abschnitt 3.5). Eine Best-Practice-Empfehlung zur Modulauswahl für ein erstes Implementierungsprojekt finden Sie am Ende dieses Kapitels (siehe Abschnitt 3.6).

3.1 Entscheidungsfindung

In Abschnitt 3.1.1, »Vorteile einer Cloud-Lösung«, stellen wir Ihnen zunächst Gründe vor, die den Einsatz von Cloud-Lösungen wie SAP SuccessFactors zur Unterstützung von HR-Prozessen motivieren. Sie werden in der Regel von den unterschiedlichen Interessengruppen im Unternehmen geteilt. Auch für Ihr Unternehmen können Sie prüfen, welche Rahmenbedingungen den Einsatz einer Cloud-Lösung im Allgemeinen und von SAP SuccessFactors im Besonderen für Sie vorteilhaft machen können. Der Einsatz von Cloud- bzw. SaaS Services hält auch einige neue Herausforderungen für Kunden bereit (siehe Abschnitt 3.1.2). Hinweise, die Ihnen dabei helfen herauszufinden, welche Prozesse Sie in SAP SuccessFactors abbilden könnten, runden unsere Empfehlungen ab (siehe Abschnitt 3.1.3).

3.1.1 Vorteile einer Cloud-Lösung

Es gibt viele grundsätzliche Vorteile und Anreize für die Nutzung von SaaS-Services. Die unterschiedlichen am Prozess beteiligten Interessengruppen teilen diese Aspekte oft, gelegentlich in leicht abweichenden Ausprägungen (siehe Abschnitt 3.2, »Triumvirat für ein erfolgreiches SAP-SuccessFactors-Projekt – Unternehmen, HR und IT«). Häufige Vorteile sind:

- **Skalierbarkeit**
  Unterjährig stark schwankende Benutzerzahlen oder sich ändernde Anforderungen an zu unterstützende Prozesse können rasche Laständerungen bedingen. Der Kunde muss sich bei SaaS-Lösungen nicht um Rahmenbedingungen wie das Vorhalten von Hardware kümmern.
- **Verbrauchsorientierte Abrechnung**
  Cloud-Lösungen ermöglichen eine verbrauchsorientierte Abrechnung, die aufgrund der Skalierbarkeit zeitnah Änderungen des Nutzungsverhaltens reflektiert und so eine gute Kostenkontrolle ermöglicht.
- **Standardisierung**
  Mit einer SaaS-Lösung wird ein vorgedachter, an ein Best-Practice-Szenario angelehnter Prozess ausgeliefert. Dieser kann standardisierte oder standardisierbare Prozesse, wie sie im HR-Bereich anzutreffen sind, optimal unterstützen. Zudem führt die Nutzung der Services durch viele Benutzer wiederum zu einem kontinuierlich hohen Feedback und immer neuen Anforderungen, sodass die gesetzten Standards fortwährend aktualisiert werden.
- **Aktualität**
  Durch regelmäßige Updates ist sichergestellt, dass SaaS-Lösungen auf Änderungen am Standardprozess oder auf Anforderungen an die Anwendung angepasst wer-

den. Zudem haben Upgrades in der Regel nur geringe Auswirkungen auf die Art der Nutzung bzw. sind selbsterklärend, sodass kein Training dafür nötig ist.

- **Verfügbarkeit**
  SaaS-Lösungen bieten, gesteuert über *Service Level Agreements* (SLAs), gute Rahmenbedingungen, um eine hochverfügbare, ausfallsichere Lösung zur Verfügung zu stellen. Zudem bieten sie die Möglichkeit eines ortsunabhängigen Zugriffs. Anwender können von überall auf die Lösung zugreifen. Dabei wird in der Regel der Zugriff über unterschiedliche Endgeräte ermöglicht (Desktop, Laptop, Tablet oder Smartphone).
- **Geringere Trainingskosten**
  SaaS-Lösungen orientieren sich mit ihren Oberflächen an den im Alltag oft genutzten Weboberflächen. Anwender finden sich schnell zurecht und können in Schulungen schwerpunktmäßig zum Prozess geschult werden.
- **Schnelle Innovationsfolge**
  Lösungen werden nur einmal entwickelt und dann direkt allen Kunden verfügbar gemacht. Zudem unterstützen die große Anzahl an Kunden sowie deren Heterogenität die Innovationsgeschwindigkeit. Das führt dazu, dass Innovationen dem Kunden schneller als im On-Premise-Bereich zur Nutzung angeboten werden können.
- **Rascher Einstieg**
  Anwendungen stehen Unternehmen schnell zur Verfügung. Im Projekt kann genauso wie im Betrieb direkt auf neue oder veränderte Anforderungen des Geschäfts reagiert werden.

Aufgrund dieser Vorteile und Merkmale gehen wir davon aus, dass eine SaaS-Lösung zunächst immer in Betracht kommt, um Unternehmensprozesse effizient und schnell zu unterstützen. Wie aus Sicht einzelner in einem Projekt beteiligter Interessengruppen die genaue Ausprägung dieser Vorteile und Merkmale erfolgt, stellen wir Ihnen in Abschnitt 3.2, »Triumvirat für ein erfolgreiches SAP-SuccessFactors-Projekt – Unternehmen, HR und IT«, vor.

3.1.2 Herausforderungen

Damit ein Projekt gut aufgestellt ist, möchten wir Sie auf drei Kriterien aufmerksam machen, die Sie in Ihrer Evaluierung berücksichtigen sollten, um geeignete Maßnahmen zu treffen:

- Wandlungsbereitschaft/flexible Unternehmensorganisation
- Datenschutz und Compliance-Vorgaben
- Kritikalität des Prozesses

Um einen Prozess an einen Standard heranzuführen, wird eine *flexible Unternehmensorganisation* benötigt. Die Organisation muss in der Lage sein, sich an standardisierte und vorkonfektionierte Prozesse anzupassen. Die Bereitschaft, ggf. auch die vorhandenen Rahmenbedingungen zu ändern, um eine SaaS-Lösung zu nutzen, sollte vorhanden sein (siehe auch Kapitel 2, »Abstimmung der Strategie«). Andernfalls nutzen Sie das Potenzial einer SaaS-Lösung nicht und können in der Regel auch nicht belegen, dass ein Wechsel notwendig oder sinnvoll ist (mehr darüber erfahren Sie in Abschnitt 2.2, »Zusammenspiel von HR-Strategie und Lösung«).

Auch durch die nicht oder nur wenig beeinflussbaren, kontinuierlichen Änderungen der Anwendung durch regelmäßige Updates werden eine hohe Anpassungsbereitschaft und Veränderungsbereitschaft gefordert. Auf diese Punkte gehen Sie idealerweise bereits während des Projekts ein und berücksichtigen sie z. B. im Kontext von Schulungen.

Durch den externen Betrieb der Lösungen entstehen neue Anforderungen im Kontext von *Datenschutz und Compliance*. Die etablierten Anbieter berücksichtigen die geltenden gesetzlichen Regelungen. Gibt es in Ihrem Unternehmen besondere, darüber hinausgehende (interne) Anforderungen, sollten Sie im Vorfeld genau prüfen, ob sie mit den Möglichkeiten der SaaS-Software kompatibel sind.

[!]

Internationale Compliance- und Datenschutzaspekte

Wird bisher noch keine externe SaaS-Lösung eingesetzt, empfehlen wir, Compliance-Beauftragte und/oder Datenschutzbeauftragte rechtzeitig in die Abstimmung einzubinden. Bitte berücksichtigen Sie dabei auch, dass für einzelne Länder unterschiedliche Regelungen Anwendung finden und Themen oftmals individuell abgestimmt werden müssen!

Auch die *Kritikalität eines Prozesses* ist für viele Unternehmen ein Grund, die Einführung einer externen SaaS-Lösung genau zu prüfen. Handelt es sich um einen Prozess, z. B. den Innovationsprozess eines Unternehmens, dann prüfen die Verantwortlichen genau, ob so ein Prozess durch eine extern betriebene und kontrollierte Lösung unterstützt werden kann.

3.1.3 Prüfung der Prozesseignung

Geeignete Prozesse zeichnen sich durch folgende Merkmale aus:

- hohe Standardisierung (oder Standardisierbarkeit) über viele Unternehmen hinweg
- viele Prozessbeteiligte mit unterschiedlichen Nutzungsprofilen, die anwenderfreundliche Oberflächen fordern

- dezentral, an verschiedenen Standorten zu nutzen
- schwankende Anzahl von Benutzern oder Benutzungsfrequenz

Diese übergreifenden Rahmenbedingungen treffen auf viele HR-Prozesse zu. Ein Beispiel dafür ist die steigende Nutzung von Self-Services für Mitarbeiter und Vorgesetzte. Dementsprechend eigenen sich HR-Prozesse gut für die Unterstützung durch eine SaaS-Lösung.

3.2 Triumvirat für ein erfolgreiches SAP-SuccessFactors-Projekt – Unternehmen, HR und IT

Die Entscheidung, HR-Prozesse durch SAP SuccessFactors zu unterstützen, sollte gemeinsam von der Unternehmensführung, dem HR-Fachbereich und dem IT-Fachbereich getroffen werden. Alle diese Bereiche, genauso wie die Mitarbeiter und Führungskräfte, werden in ihren Aufgaben und ihrer Ausrichtung durch eine solche Entscheidung beeinflusst.

Genau wie bei einem Puzzle ergibt sich auch in einem SAP-SuccessFactors-Projekt im Unternehmen erst ein vollständiges Bild, wenn alle notwendigen Teile nahtlos ineinandergreifen (siehe Abbildung 3.1). Die Einbindung der Business-Seite, und mit ihr auch der Vertreter der *Unternehmensführung*, sorgt dafür, dass die grundsätzlichen Geschäftsziele durch die implementierte Lösung unterstützt werden. Die *HR-Abteilung* bringt das notwendige Prozesswissen mit. Sie gestaltet den Prozess im Unternehmen, kennt die fachlichen Schnittstellen und Potenziale für Synergien und sorgt für einen entsprechenden Anschluss an die Organisation. Nur mit der Unterstützung der HR-Abteilung können Sie HR-Prozesse und deren IT-Unterstützung im Unternehmen verändern. Die *IT-Abteilung* wird im Projekt als Wissensträger im Bereich der technischen Integration der Lösung benötigt. Sie stellt auch sicher, dass die Lösung über HR hinaus in die bestehende System- und Prozesslandschaft eingebunden wird und dafür notwendige Voraussetzungen und technische Schnittstellen geschaffen werden.

Beispiele dafür sind die Einbindung in ERP-Systeme wie SAP S/4HANA oder SAP R/3, Zugriffskontrollsysteme, Active Directory, Systeme für Governance, Risk & Compliance, Produktionssteuerung – also schlicht alle Prozesse, die von HR Daten mit hoher Qualität benötigen.

Fehlt einer der Beteiligten, wird es im Projekt oder beim Nutzungsstart Probleme und Verzögerungen geben. Denken Sie auch daran, frühzeitig *Mitarbeiter* mit einzubeziehen (z. B. in Tests) und diese rechtzeitig zu informieren.

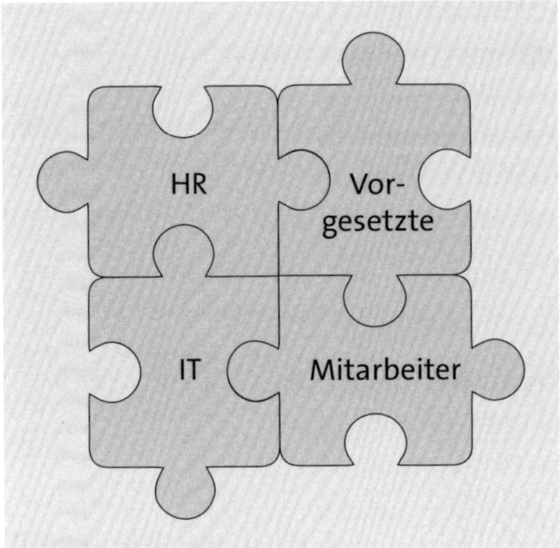

Abbildung 3.1 Zusammenarbeit im Unternehmen als Erfolgsfaktor für ein SAP-SuccessFactors-Projekt

[»]

Weitere Beteiligte

Die Einbindung weiterer Beteiligter wie Betriebsrat und Compliance-Beauftragter (oder vergleichbarer Stellen in den verschiedenen Ländern Ihres Unternehmens) ergänzt oftmals die Projektgruppe. Zum einen müssen diese Beteiligten teilweise aufgrund der aktuellen, landesspezifischen Gesetzgebung eingebunden werden (z. B. Mitbestimmungspflicht), zum anderen helfen sie oftmals auch mit ihren Anforderungen und Erfahrungen, weitere Aspekte einer SAP-SuccessFactors-Nutzung zu beleuchten und spätere Konflikte zu vermeiden.

3.2.1 Ausgangssituation

Die *Führungsebene* im Unternehmen möchte durch effiziente und innovative HR-Prozesse die Geschäftsprozesse sowie die Erreichung der Geschäftsziele bestmöglich unterstützen. Am Markt setzt sich die Meinung durch, dass die Zeit reif sei, auf Best-Practice-Prozesse und standardisierte Plattformen umzusteigen. So kann z. B. den wachsenden und wechselnden Herausforderungen des Geschäftsumfelds rasch begegnet werden – seien es der Trend zu »mobilem Arbeiten«, Mitarbeiter- und Vorgesetzten-Self-Services, die Zusammenarbeit mit externen Mitarbeitern oder integriertes Talentmanagement mit internen und externen Mitarbeitern und Ähnliches mehr.

Aus der *HR-Abteilung* kommt die Anforderung, eine Softwareplattform einzusetzen, die wichtige HR-Prozesse strategisch und operativ unterstützt und von der man über Best Practices profitieren kann. Denn oft gibt es aktuell noch viele manuelle Schnittstellen und dazu neue Anforderungen in Bezug auf Datenschutz, Self-Services und automatische Integration. Auch eine Unzufriedenheit mit der bestehenden HR-Lösung führt oft dazu, dass sich HR-Abteilungen mit Alternativen zur Prozessunterstützung beschäftigen. In der Summe weckt das das Interesse an neuen, innovativen Lösungen, die es heute in großer Zahl am Markt gibt.

Eine Entscheidung, weniger individuell zu entwickeln und mehr auf etablierte Standardprodukte zu setzen, kann eine weitere Motivation für ein Projekt sein. Die *IT-Abteilung* sieht sich dabei ähnlichen Anforderungen gegenüber wie die HR-Abteilung: Sie soll schneller auf Änderungen reagieren können, Kosten senken oder zeitgemäße Prozessunterstützung bereitstellen können.

3.2.2 Gründe für die Nutzung von SAP SuccessFactors

Viele der Gründe für die Nutzung von SAP SuccessFactors werden, genauso wie die häufigsten Projektziele, von den oben genannten Interessengruppen geteilt. Die wesentlichen Gründe, auf die wir im Folgenden eingehen möchten, sind:

- Änderung der Anforderungen an HR und die IT-Unterstützung
- Standardisierung
- Best-Practice-Prozesse
- Portfolio
- Skalierbarkeit
- Betriebsoptimierung
- verbrauchsgerechte Abrechnung

Änderung der Anforderungen an HR

Die Unternehmensführung fordert zunehmend, dass sich HR und alle relevanten Prozesse agil neu ausrichten. Dies soll proaktiv geschehen. Die Prozesse sollen kontinuierlich verbessert werden, stark integriert sein und manuelle Zwischenschritte vermeiden. Dass HR mit Zahlen und Berichten in der Lage ist, über aktuelle Trends im Unternehmen, eigene Maßnahmen und die Wirksamkeit der Maßnahmen zu berichten, wird selbstverständlich. Mit SAP SuccessFactors lässt sich eine entsprechende Unterstützung umsetzen (siehe Kapitel 2, »Abstimmung der Strategie«).

Standardisierung der HR-Prozesse

HR-Prozesse in Unternehmen sind oftmals historisch gewachsene und individuell ausgeprägte Prozesse. Nur selten sind sie integriert und basieren auf etablierten Best Practices. SAP SuccessFactors bietet eine Produktsuite, die HR-Prozessstandards auch prozessübergreifend unterstützt. Standardisierung bedeutet darüber hinaus, dass

SAP SuccessFactors anwenderfreundliche Weboberflächen für die Benutzer bietet, die ohne größeren Schulungsaufwand eine Nutzung der Anwendung ermöglichen.

SAP SuccessFactors bietet zwar die Möglichkeit, kundenindividuelle Anforderungen über Apps und Erweiterungen umzusetzen, das aber auf einer Basis von etablierten, integrierten Best Practices.

Best-Practice-Prozesse

Standardisierungsmaßnahmen werden HR-seitig weiter durch die Nutzung von Best Practices unterstützt. Die Best-Practice-Prozesse bei SAP SuccessFactors sind Implementierungsvorschläge für die Lösung, die allgemein als die sinnvollste Umsetzungsvariante für einen Prozess anerkannt ist. Zudem wurden diese Best-Practice-Lösungen (bei den etablierten Modulen) über viele Jahre in der Praxis von unterschiedlichsten Unternehmen eingesetzt (siehe Abschnitt 4.4, »Mit User Stories und Anwendungsfällen arbeiten«). Best-Practice-Lösungen unterstützen Prozesse, die sich leicht für große und kleine, national und international aufgestellte Unternehmen anpassen lassen.

In der Implementierung haben wir die Erfahrung gemacht, dass die Best-Practice-Prozesse aufgrund der genannten Aspekte als Ausgangsbasis sehr gut genutzt werden können. In vielen Fällen sind sie einer der führenden Gründe, warum Unternehmen sich für SAP SuccessFactors entscheiden. Eine Anpassung an die jeweiligen Gegebenheiten in Ihrem Unternehmen ist selbstverständlich möglich. Wir empfehlen Ihnen jedoch, darauf zu achten, dass sich das Unternehmen den Best-Practice-Prozessen der Plattform anpasst, nicht die Plattform an das Unternehmen. Andernfalls entstehen höhere Implementierungs- und Wartungskosten, Release-Kosten und Trainingskosten, und es würde die Chance vertan, »alte Zöpfe« abzuschneiden und von den etablierten Best Practices zu profitieren.

Best Practices

Der Begriff *Best Practice* ist nicht gleichbedeutend mit »eine identische Systemkonfiguration für alle Kunden in allen Situationen«. Eine gute Implementierung wird Best Practices und nicht verhandelbare Anforderungen des Unternehmens optimal zusammenführen (siehe Abschnitt 4.4, »Mit User Stories und Anwendungsfällen arbeiten«).

Durch den von uns empfohlenen Einsatz von Best-Practice-Prozessen und die mit der Lösung verbundene Standardisierung kann sich zudem die Projektlaufzeit deutlich verkürzen. Da Best-Practice-Prozesse allgemein anerkannte Standards abbilden, helfen sie so zudem, ein Vendor-Lock-in zu vermeiden: Einen Anbieterwechsel könnten

Sie mit deutlich weniger Aufwand durchführen, als würden Sie individualisierte Prozesse einsetzen.

Lösungsportfolio von SAP SuccessFactors

Es ist ein Alleinstellungsmerkmal von SAP SuccessFactors gegenüber anderen am Markt etablierten HR-Lösungsangeboten, dass ein Start mit jedem einzelnen Prozess möglich ist und sich andere Prozesse in beliebiger Reihenfolge anschließen können. Es gibt z. B. kein Stammdatenmodul, das als Grundlage zunächst eingeführt werden müsste.

Dort, wo zunächst einzelne Prozesse unterstützt werden sollen, bietet SAP SuccessFactors gute Lösungsangebote für einzelne Prozesse. So ist etwa die Lösung für Talentmanagement und Nachfolgeplanung seit einigen Jahren als »Leader« im entsprechenden Gartner-Quadranten platziert. Die Produktsuite von SAP SuccessFactors deckt wesentliche HR-Kernprozesse ab (siehe Abbildung 3.2).

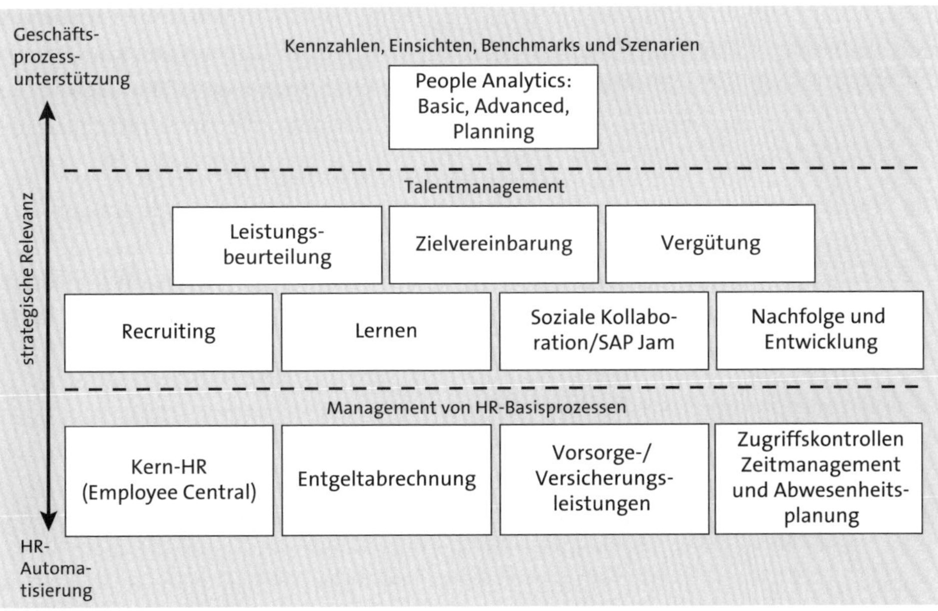

Abbildung 3.2 Produkte und Prozesse von SAP SuccessFactors

In Bereichen, für die es noch keine SAP-SuccessFactors-Lösung gibt, arbeitet SAP SuccessFactors mit etablierten Providern zusammen, um die Produktsuite zu ergänzen. Beispiele dafür sind die Themen Entgeltabrechnung, für die es optional auch eine SAP-Lösung gibt (SAP SuccessFactors Employee Central Payroll), Zulagenmanagement oder Zeitwirtschaft (siehe Kapitel 11, »Employee Central«). Eine Einbindung z. B.

in eine SAP-On-Premise-HCM-Landschaft ist über Standardschnittstellen möglich. Auch viele Partner haben ergänzende Lösungen für SAP SuccessFactors entwickelt. Sie finden diese im SAP App Center (siehe *https://www.sapappcenter.com/productLines/7#*).

Da die wesentlichen HR-Prozesse mit SAP SuccessFactors unterstützt werden können, bietet sich für Kunden die Möglichkeit, »alles aus einer Hand« zu beziehen. Wartungsintensive Schnittstellen zu einer heterogenen Systemlandschaft können tendenziell vermieden oder abgeschafft, zumindest aber reduziert werden.

Für Unternehmen, die eine integrierte, leistungsstarke und schlanke Systemlandschaft fordern, die von einem Hersteller stammt, liegen darin deutliche Mehrwerte – sowohl für die HR- als auch für IT-Abteilung.

Skalierbarkeit

SAP SuccessFactors bietet wie alle SaaS-Lösungen die Möglichkeit, auf Änderungen im Nutzungsverhalten des Kunden schnell zu reagieren. Die angebotenen Lösungen sind skalierbar, sodass Nutzungsschwankungen gut abgebildet werden können. Da SAP SuccessFactors die Bereitstellung der Services übernimmt, entfällt aufseiten der IT das Vorhalten etwa von Serverkapazitäten, um Schwankungen in der Nutzung abfangen zu können.

Die funktionale Skalierbarkeit der Lösung ermöglicht es, zunächst mit einigen Produkten aus dem Lösungsangebot in die Nutzung einzusteigen. Genauso, wie man weitere Benutzer ins System holen kann (z. B. nach einer Pilotphase), kann man dann sukzessive weitere SAP-SuccessFactors-Module, auch in anderen Ländern und Sprachen, implementieren.

Bedarfsgerechte Nutzung

Wichtig ist, dass nicht alle Benutzer eines Systems alle Funktionen verwenden müssen, sondern unterschiedlichste Nutzungsszenarien abgebildet werden können. Dies ermöglicht es, dass z. B. ein Benutzer nur am Prozess der Leistungsbeurteilung teilnimmt, während ein anderer zusätzlich auch in den Prozess Nachfolgeplanung involviert ist.

Betriebsoptimierung

SAP SuccessFactors kümmert sich um alle notwendigen Updates zum Schließen von Sicherheitslücken oder zur Aktualisierung von Datenbankständen. Auch das Backup-Management und die Verantwortung für die Wiederherstellung der Daten entfallen für die IT. Updates und Upgrades erfolgen automatisch und kostenneutral. SAP SuccessFactors aktualisiert die Anwendungen laufend über Patches und regelmäßig nach Vorankündigung über große Releases.

Durch den Einsatz einer SaaS-Lösung werden Innovationen schneller und besser umgesetzt und unterstützt, da sie für alle Benutzer zeitgleich und nur einmal realisiert werden müssen. Die sogenannte *Time to Market*, vom Impuls durch die Forschung oder durch Kundenrückmeldungen bis hin zum Zeitpunkt, zu dem die Funktion in der Plattform zur Verfügung steht, verringert sich signifikant, weil der Hersteller alle Kunden im Rechenzentrum zentral auf dem gleichen Software-Release versorgt.

Verbrauchsgerechte Abrechnung

Mit Einsatz einer SaaS-Lösung ist eine verbrauchsorientierte Abrechnung, die aufgrund der Skalierbarkeit zudem zeitnah verändertes Nutzungsverhalten reflektiert, möglich.

Zudem ändert sich die Gewichtung der einzelnen Kostenbestandteile des IT-Budgets. Ausgaben sind keine über mehrere Jahre gebundenen Kapital-, sondern Betriebskosten. Das kann bedeuten, dass der Kapitalbedarf und damit auch die Kapitalbindungskosten sinken.

Gemeinsam an einem Strang

Es bleibt festzuhalten, dass Business, HR und IT viele Anforderungen im Rahmen einer Einführung von SAP SuccessFactors teilen. Dies ist eine gute Voraussetzung und Basis, um gemeinsam in einem SAP-SuccessFactors-Projekt Ziele zu erreichen und an einem Strang zu ziehen (siehe Abschnitt 3.4.1, »Projektrisiken und Projektchancen – Beispiele aus der Praxis«)!

Anforderungen an HR und IT ändern sich. Beide benötigen neue Lösungen, um mit optimierten Prozessen diese Anforderungen erfüllen zu können. Nur so kann die Unternehmensführung schnell und effizient auf die sich ändernden Rahmenbedingungen eingehen und das Unternehmensgeschäft steuern. Jedes Unternehmen benötigt schnelle, effizient agierende und skalierende HR-Prozesse. Die HR-Abteilung kann über Best Practices in einer standardisierten Lösung wie SAP SuccessFactors Prozesse optimieren und zeitgemäß halten. Die IT-Abteilung kann dies dann gut begleiten, wenn eine Lösung eingesetzt wird, die diese Standards unterstützt und auf Best Practices aufsetzt.

3.2.3 Projektziele

Die mit der Nutzung von SAP SuccessFactors verbundenen Ziele entstammen in der Regel den Themenfeldern Funktionalität, Qualität, Kosten und Zeit.

Übliche mit einer Einführung von SAP SuccessFactors verbundene Projektziele der *Unternehmensführung* sind:

- Gewinnung eines Überblicks über die für das Unternehmen wichtigen strategischen und operativen HR-Prozesse
- Nutzung von HR-Input zur Erreichung der Unternehmensziele mithilfe eines konsistenten HR-Berichtswesens, das auch Trendaussagen liefert
- Erhöhung der Mitarbeiterbindung sowie Stärkung der Arbeitgebermarke durch aktuelle HR-Instrumente und Prozesse
- Reduktion der Aufwände in administrativen Prozessen

Neben den direkt in der Unternehmensführung definierten Zielen gibt es von der Fachabteilung weitere Projektziele:

- Schaffung eines Überblicks über die für Führungskräfte relevanten Informationen zu Mitarbeitern, ihren Potenzialen und ihren Leistungen
- bedarfsgerechte Förderung und Entwicklung von Mitarbeitern im eigenen Fachbereich nach etablierten Standards
- optimierte Abwicklung von Standardprozessen durch Unterstützung von Self-Services für Mitarbeiter und Vorgesetzte

Die *HR-Abteilung* teilt und unterstützt üblicherweise diese Ziele. Darüber hinaus gibt es aber weiterführende Ziele, die von HR-Seite verfolgt werden:

- Sicherstellung der Aktualität und Korrektheit der mitarbeiterbezogenen Daten in einem Unternehmen sowie Etablierung eines konsistenten HR-Berichtswesens
- Nutzung etablierter Best-Practice-Prozesse
- Sicherstellung, dass HR zur Erreichung der Unternehmensziele beiträgt und als strategischer Partner des Business platziert ist
- Bereitstellung einer umfassenden und prozessübergreifenden HR-Lösung zur Nutzung für alle Mitarbeiter
- bedarfsgerecht fördern, entwickeln und ausbilden können
- Erhöhung der Mitarbeiterbindung durch aktuelle HR-Instrumente
- Nutzung einer Systemunterstützung zur Verringerung der Abhängigkeit einzelner Personen in der Steuerung strategischer Prozesse

Die Projektziele der *IT-Abteilung* unterstützen oftmals die Business- und HR-Seite. Übliche mit einer SAP-SuccessFactors-Einführung verbundene Projektziele der IT-Abteilung sind:

- Einsatz einer State-of-the-Art-Softwarelösung zur Ablösung unternehmenseigener oder veralteter Programme und Prozesse

- Automatisierung und Integration bisher alleinstehender HR-Prozesse und Dienstleistungen in einer harmonisierten Systemlandschaft
- Verringerung der Abhängigkeit von einem Anbieter (da SaaS-Plattformen leichter wechselbar sind als On-Premise-Lösungen – vor allem, wenn man etablierte Best-Practice-Prozesse einsetzt)
- Unterstützung einer Mobile-Strategie
- Rückbau von individuellen, wartungsintensiven Eigenentwicklungen

Viele dieser Ziele werden in der Regel von allen Beteiligten geteilt!

3.3 Aufgaben im Projekt

Früher wurden Projekte meist durch ein Projektvorgehen nach dem Wasserfallmodell abgewickelt. Heute wird hingegen ein iteratives, agiles Projektvorgehen empfohlen. Das bedeutet weitere Veränderungen und Herausforderungen (siehe Abschnitt 4.3, »Best Practice: Ablauf eines SAP-SuccessFactors-Projekts in der Praxis«) für Unternehmen.

3.3.1 Tipps zur Einbindung von Business, HR und IT

Zum Projektstart geht es darum, gemeinsam mit Auftraggeber und Unternehmensführung sicherzustellen, dass die Projekttätigkeit der Zielerreichung des Projekts dient. Um ein erfolgreiches Projekt durchzuführen und im Anschluss eine nachhaltige Nutzung der implementierten Lösung zu ermöglichen, ist es unerlässlich, die Unternehmensführung einzubinden. Gerade wenn es darum geht, vertraute Prozesse abzulösen oder zu verändern, ist es wichtig, dass die Unterstützung durch die Unternehmensführung und alle Beteiligten im Projekt sichtbar wird. Es muss für alle verständlich und nachvollziehbar sein, warum die Veränderung nötig ist und dass das Mandat für die Veränderungen aus der Unternehmensführung kommt.

Wir empfehlen, alle im HR-Bereich beteiligten Rollen über die anstehenden Aktivitäten zu informieren. Informationen über Projektziele und Zeitplan sowie die enthaltenen Meilensteine müssen (gemeinsam) festgelegt und kommuniziert werden. Genauso müssen die anstehenden Aufgaben vorgestellt und die Ressourcen eingeplant werden. Ist das geschehen, empfehlen wir, dass die involvierten Parteien den abgestimmten Projektplan inklusive der vereinbarten Einsätze freizeichnen.

Es ist wichtig, frühzeitig gemeinsam Bedenken und Fragen zu besprechen. Oftmals sind diese nicht im Bereich der Funktionen eines Tools, sondern in angrenzenden Themenbereichen, wie z. B. Änderungen in der eigenen Arbeit, im Datenschutzkontext, bei der Datenintegration oder bei der Einbindung des Betriebsrats angesiedelt.

Auch die IT-Abteilung sollte bereits zu Anfang eingebunden werden. Ihre Unterstützung wird in den Gesprächen mit SAP SuccessFactors und einem Implementierungspartner und dann auch oftmals im Support benötigt. Außerdem sorgt die IT-Abteilung für eine Integration der Lösung in die bestehende Systemlandschaft, sodass z. B. vor- und nachgelagerte Prozesse weiterhin unterstützt werden.

[»]

IT-Abteilung als Dolmetscher

Nutzen Sie die IT-Abteilung als Dolmetscher zwischen internen Abläufen und Anforderungen im Austausch mit externen Informationen durch Anbieter und Implementierungspartner. Hier kann die IT-Abteilung eine wichtige Unterstützung für die HR-Abteilung und auch das Business sein.

Berücksichtigen Sie darüber hinaus auch frühzeitig die Einbindung weiterer Partner wie dem Betriebsrat, dem Compliance-Beauftragten, dem Datenschutzbeauftragten oder entsprechenden landesspezifischen Rollen (siehe Abschnitt 3.4.1, »Projektrisiken und Projektchancen – Beispiele aus der Praxis«).

Es sollte regelmäßig an alle Interessengruppen ein aktualisierter Projektstatus kommuniziert werden, um die Unternehmensführung, HR- und IT-Mitarbeiter informiert zu halten.

Gibt es einen Projektlenkungsausschuss, was wir bei größeren strategischen Projekten empfehlen, erfolgt die Information der Unternehmensführung (und des Auftraggebers) in diesem Kontext. Meilensteine im Projektplan bieten sich für einen Statusbericht an. Einzuholende Freigaben, etwa zum Start der nächsten Projektphase, können ebenfalls in diesem Kontext berücksichtigt werden.

Zur Kommunikation und Unterstützung des Change Managements empfehlen wir die Nutzung von Instrumenten wie:

- **Informationsportal**
  Sehr gut eignet sich ein im Intranet aufgebautes Forum, über das Statusinformationen, Best Practices oder erste Eindrücke der Lösung vorgestellt werden können. Dies kann im Laufe des Projekts erweitert werden.
- **Newsletter**
  Über Newsletter können größere Gruppen von Mitarbeitern gut über einen aktuellen Projektstand informiert werden. Über Videos können ggf. weitere Informationen für Interessierte angeboten werden.
- **Forumsveranstaltungen**
  In Forums- oder Flurveranstaltungen können Mitarbeiter direkt angesprochen werden. Dazu bieten sich kurze Präsentationen oder Vorträge an, die dann durch eine Fragerunde abgeschlossen werden können.

- **Sprechstunden**
  In Sprechstunden erhalten Mitarbeiter die Möglichkeit, direkt Rückfragen zu stellen, die ausführlicher beantwortet werden können. Gerade im Umgang mit Ängsten und Widerständen kann dies hilfreich sein.

Ein solches Informationsangebot können Sie auch nutzen, wenn weitere Unternehmensbereiche über das Projekt informiert werden.

Neben der reinen Information dienen diese Maßnahmen auch dazu, die Organisation grundsätzlich auf die anstehenden Änderungen vorzubereiten.

3.3.2 Vorbereitung der HR-Organisation

Es muss klar sein, welche Prozesse unterstützt werden sollen und warum. Zusätzlich ist es hilfreich, aufzuzeigen, wie die Prozesse gestaltet sind, die unterstützt werden sollen, und in welche grundsätzliche HR-Strategie sie eingebettet sind.

Abhängig davon muss die HR-Organisation auf das Projekt vorbereitet werden. Es muss sichergestellt werden, dass die Organisation bereit ist für die Arbeit mit dem neuen Prozess und mit der neuen Lösung. Nur dann ist gewährleistet, dass der neue Prozess dauerhaft genutzt wird.

Im Zusammenhang mit der Vorbereitung der HR-Abteilung gehen wir in den folgenden Abschnitten auf die Themen Change Management, Schulung und organisatorische Rahmenbedingungen ein.

Change Management

Mit einem Konzept zur Kommunikation, das sowohl Projektinhalte und -vorgehen als auch die prozessualen Änderungen beinhaltet, wird sichergestellt, dass alle involvierten Mitarbeiter wissen, was passieren wird und warum es passieren wird. Die Kommunikation sollte neben den globalen Aktivitäten, die für alle relevant sind, auch lokale Änderungen und Auswirkungen des Projekts einschließen.

Schulung

Mit der Einführung einer neuen Anwendung geht auch ein Training für diese Anwendung und die Prozesse einher. Mitarbeiter sollten auch im Bereich der persönlichen Fertigkeiten geschult werden, die erforderlich sind, um den Prozess zu unterstützen. Zudem kann über Trainingsmaßnahmen sichergestellt werden, dass es den Mitarbeitern möglich ist, lokale Anforderungen umzusetzen und übergeordnete Prozesse auf lokale Bedarfe zu adaptieren, wo es erforderlich ist.

Organisatorische Rahmenbedingungen

HR-Mitarbeiter müssen in der Lage sein, basierend auf der erfolgten Kommunikation genauso wie auf Basis der erfolgten Trainings die HR-Prozesse zu nutzen und zu unterstützen. Prozesse, die nicht von den Veränderungen betroffen sind, müssen weiter in bisheriger Qualität unterstützt werden. Schnittstellen zwischen »Alt« und »Neu« müssen beschrieben und nutzbar sein. So können dann funktionsübergreifende Mehrwerte erzielt werden.

Für die Koordination dieser Aufgaben empfehlen wir Ihnen, im Projekt eine eigene Rolle vorzusehen. Oftmals trägt diese Rolle den Namen »Change Manager«. Sie koordiniert die weiter vorne genannten Aufgaben, sorgt dafür, global und lokal, dass die unterschiedlichen Gruppen informiert sind, und stellt den Informationsfluss zwischen Projekt- und HR-Organisation sicher. Ein Change Manager unterstützt auch darin, die projektbedingte Veränderung der Aufgaben im HR-Umfeld zu analysieren, in die Organisation zu tragen und dort zu verankern.

3.3.3 Bekannte und neue Aufgaben für die HR-Abteilung

Mit SAP SuccessFactors ändern sich die Aufgaben der HR-Abteilung. Die Überlegungen, was sich in Ihrer Organisation ändern wird, stellen Sie an den Anfang des Projekts. So können Sie auch Kollegen, die von den Veränderungen betroffen sind, direkt einbinden und informieren. Es ist wichtig, aufzuzeigen, warum sich die individuellen Tätigkeiten ändern werden, wie die Änderungen aussehen, welche Aufgaben entfallen und welche neuen Aufgaben entstehen werden. Diese frühe Einbindung ist eine weitere Grundlage für ein erfolgreiches Change Management im Projekt.

Entfallende oder in den Hintergrund tretende Aufgaben

Durch Self-Services und End-to-End-Integrationen verändert sich auch die Arbeit der HR-Abteilung. Einzelne Aufgaben entfallen, etwa im Rahmen der Datenpflege. Mitarbeiter können Erfahrungen, Zertifizierungen oder Sprachkenntnisse selbst aktualisieren. Vorgesetzte können Informationen zum Mitarbeiter – etwa im Kontext der Nachfolgeplanung – selbst im System eingeben.

Ein gängiges Beispiel betrifft den Prozess der Zielvereinbarung: Die HR-Abteilung braucht hier nur noch die Rahmenbedingungen zu setzen, die Durchführung des Gesprächs selbst obliegt dann komplett dem Vorgesetztem und dem Mitarbeiter (siehe Kapitel 12, »Zielvereinbarung und Leistungsbeurteilung«). Die HR-Abteilung, als Berater der Fachabteilungen, unterstützt, wenn es im vereinbarten Prozess Fehler, Unklarheiten oder Konflikte gibt. Die Mitarbeiter und Vorgesetzten in den Fachabteilungen bekommt dementsprechend neue Aufgaben, neue Möglichkeiten, HR-Prozesse zu verankern und als Unterstützung für die Ausrichtung der eigenen Abteilung bzw. des eigenen Geschäftsbereichs zu nutzen.

Viele der entfallenden oder deutlich seltener durchzuführenden Tätigkeiten liegen im Bereich der sich wiederholenden, früher teilweise manuellen Routineaufgaben oder bei der Eingabe von Daten, die andere (z. B. der Mitarbeiter) besser und früher kennen (z. B. Aktualisierung von Adress- oder Bankverbindungsdaten oder die Mobilität des Mitarbeiters, bezogen auf Entsendungen ins Ausland etc.).

Neue Aufgaben

Die Einführung von SAP SuccessFactors ist oft der Beginn einer weiteren Digitalisierung von HR und allen daraus ableitbaren Prozessen. Es gilt, eine durchgängige und digitale Integration möglichst aller Prozesse sicherzustellen. Eine hohe Benutzerfreundlichkeit und die Vermeidung manueller Dateneingaben stehen dabei im Fokus. Dafür werden das Wissen, die Kompetenz und die Erfahrung der HR-Mitarbeiter gebraucht. Die Umstellung selbst benötigt viele Ressourcen. Aber auch nach einer Digitalisierung gibt es ständig weitere Möglichkeiten, Mehrwerte zu schaffen. Es gilt als sicher: Die Arbeit in einem so veränderten Umfeld wird nicht weniger, die Mehrwerte, die die Akteure schaffen, aber werden größer. Der Einsatz von SAP SuccessFactors bringt unter anderem eine einheitliche Datenbasis mit sich und ermöglicht eine hohe Transparenz. Mithilfe eines sehr guten Berichtswesens bieten sich neue Steuerungsfunktionen. Für den weiter vorne angeführten Zielvereinbarungsprozess bedeutet das z. B., dass die HR-Abteilung die Fachabteilungen im Unternehmen bei der Interpretation der Daten sowie bei der Ableitung weiterer Maßnahmen unterstützen kann.

Mit der Digitalisierung erschließt sich für die HR-Abteilung ein Aufgabenfeld als Partner für die Führungskräfte und Mitarbeiter. Als Beispiel: Die Hoheit über die Analyse und Interpretation der vorhandenen Datenbasis und die Steuerung weiterer Aktivitäten auf Basis dieser Daten stellen zukünftig ein großes Potenzial bzw. breites Aufgabenfeld für die Ausrichtung der HR-Organisation dar, insbesondere, wenn es gelingt, den Erfolg oder Misserfolg von (Steuerungs-)Maßnahmen mithilfe von KPIs zu operationalisieren.

Im Einführungsprojekt ist eine wichtige Aufgabe für die HR-Abteilung, sogenannte *Anwendungsfälle* zu definieren, die, vereinfacht gesagt, enthalten, was genau in einem Prozess mit welchem Ziel gemacht wird (siehe Abschnitt 4.4, »Mit User Stories und Anwendungsfällen arbeiten«). Sie sind die Basis für aktuelle und künftige Digitalisierungsmaßnahmen, entwickeln sich ständig und sollten von HR auch gepflegt werden.

3.3.4 Vorbereitung der IT-Abteilung

Damit die IT-Abteilung ein Projekt gut unterstützen kann, ist es wichtig, sie im Rahmen eines Change Managements auf den Einsatz einer SaaS-Lösung vorzubereiten. In

Anlehnung an die für die HR-Abteilung empfohlenen Maßnahmen (siehe Abschnitt 3.3.2, »Vorbereitung der HR-Organisation«) empfehlen wir, auch die beteiligte IT-Organisation vorzubereiten (siehe Abbildung 3.3).

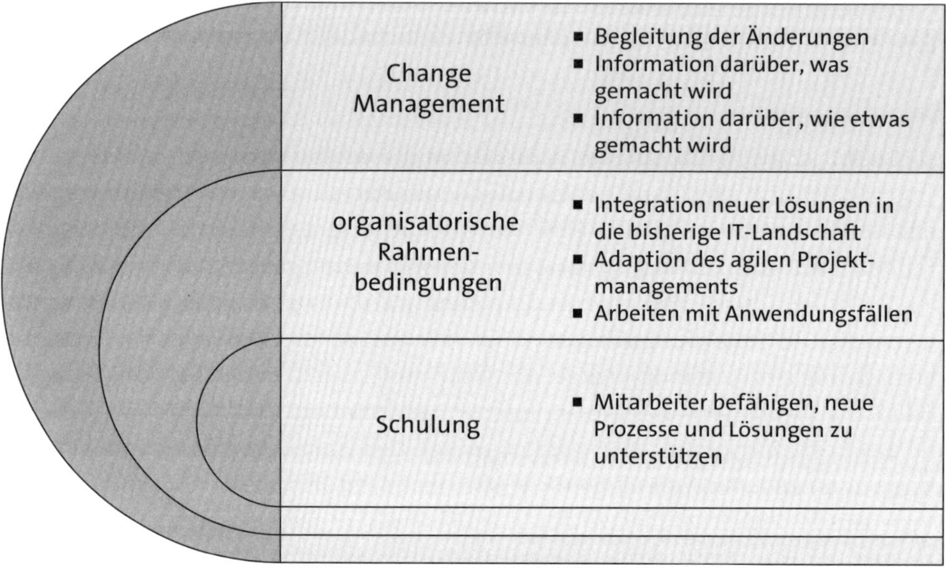

Abbildung 3.3 Wichtige Aspekte in der Vorbereitung der IT-Organisation auf ein SAP-SuccessFactors-Projekt

3.3.5 Auswahl des Implementierungspartners

Im Rahmen der Einführung von SAP SuccessFactors benötigen Sie die Hilfe eines Implementierungspartners. Auch im Support nach Abschluss eines Projekts können Sie optional auf die Unterstützung eines Implementierungspartners zurückgreifen und/oder den Support von SAP in Anspruch nehmen.

Implementierungspartner beraten und unterstützen dabei, die SAP-SuccessFactors-Best-Practice-Ansätze kennenzulernen und im Hinblick auf ihre Eignung für einen Einsatz im Unternehmen zu bewerten. Partner bieten basierend auf Standards und Best Practices auch Paketlösungen an, die mit planbarem und oft schlankem Aufwand implementiert werden können und Ihnen einen schnellen und unkomplizierten Nutzungsstart von SAP SuccessFactors ermöglichen. Wir empfehlen Ihnen, sich durch diese Standards und Best Practices leiten zu lassen. Wo notwendig, können Sie dann, in einer zweiten Phase, gemeinsam mit dem Partner die Lösung um Ihre individuellen Bedarfe ergänzen. Dabei arbeiten Sie dann ggf. in den unterschiedlichen Iterationen.

Neben der Beratung und Unterstützung ist der Implementierungspartner dafür verantwortlich, Customizing-Aufgaben zu übernehmen und, wo gewünscht und möglich, Sie als Kunde in diese einzuweisen.

Für das Gelingen eines SAP-SuccessFactors-Projekts ist die Auswahl des Implementierungspartners ein sehr wichtiger Aspekt. Er muss gut zum Unternehmen und zur Unternehmenskultur passen, da er einen wesentlichen Teil der Verantwortung für die Bereitstellung eines funktionierenden Systems trägt. Darüber hinaus sollten seine fachlichen und technischen Kompetenzen zu den Anforderungen des Projekts passen. Erfahrungen in der entsprechenden Unternehmensbranche sind dabei hilfreich (siehe Abbildung 3.4).

Abbildung 3.4 Zusammenarbeit mit dem Implementierungspartner

Im Folgenden erfahren Sie, welche Kriterien wir für die Auswahl eines Implementierungspartners empfehlen. Hilfreich für die Auswahl ist es, bereits klar definiert zu haben, was im geplanten Projekt an Anforderungen umzusetzen ist.

- Soll der Partner technisch und auch fachlich führen?
- Hat der Partner kunden-/industriespezifische Kenntnisse und Lösungspakete?
- Verfügt er über relevante Referenzen?
- Sollen vor- oder nachgelagerte Systeme angebunden werden?
- Wollen/müssen Sie auch Erweiterungen Apps/Extensions einplanen oder selbst entwickeln?
- Versteht der Partner, falls notwendig, die Einbindung von HR-Prozessen und Daten in alle anderen Unternehmensprozesse?
- Unterstützt der Partner die SaaS-Implementierungsmethodologie agil und iterativ (siehe Kapitel 4, »Start in die Implementierung«)?
- Spricht der Partner Ihre Sprache, und ist er bereit, Wissen an den Kunden zu transferieren?
- Arbeitet der Partner gut mit Ihren anderen Partnern zusammen?

- Könnte der Partner Sie auch beim Betrieb/Support und Training unterstützen?
- Ganz wichtig: Hat der Partner die von SAP empfohlenen Auszeichnungen? Aktuell sind das z. B. REX-Zertifizierung, Cloud Focus Partner, SAP Gold Partner, SAP-Qualified Partner-Package Solutions etc.

Daraus lässt sich ableiten, welche weiteren Anforderungen an einen Partner aus Kundensicht gestellt werden können und sollten. Nur so können im Projekt die bereits zu Anfang existierenden Vorstellungen überprüft und weiter ausgearbeitet werden.

[»]

Best Practices im Einsatz

In der Praxis gibt es immer Anpassungsbedarfe, die erfüllt werden müssen. In einer guten Implementierung werden Best Practices mit den nicht verhandelbaren Anforderungen und den weiteren Rahmenbedingungen des Unternehmens optimal zusammengeführt. Es wird immer kleinere Anpassungen an Best Practices geben – sie helfen meistens, eine Akzeptanz der Lösung sicherzustellen oder auch die Zustimmung einzelner Stakeholder zu erlangen.

SaaS-Lösungen bieten den Mehrwert, dass sie Ihnen als Kunde Best-Practice-Lösungen für Ihre Prozesse anbieten. Dem Implementierungspartner sollten diese Best-Practice-Lösungen bekannt sein. Prüfen Sie auch, ob der Partner Paketlösungen anbietet – das ist oft ein guter Indikator dafür, dass Standards und Best Practices gut bekannt sind und gelebt werden. Der Partner muss in der Lage sein, Best Practices vorzustellen und mit den beim Kunden anzutreffenden Anforderungen und Prozessen in Verbindung setzen zu können. Daraus sollte dann die Umsetzungsempfehlung resultieren.

[!]

Partner sprechen die Sprache des Kunden

Spricht der Partner von »Funktionalitäten« des Systems und fordert er von Ihnen, dass Sie die Fachsprache des Systems erlernen (auch als *Workbook-Ansatz* bekannt), dann sollten Sie besonders vorsichtig sein. Denn der ideale Partner spricht Ihre Sprache und übersetzt Ihre Anforderungen in die Best-Practice-Konfiguration im System.

Da oftmals die HR-Abteilung eine große Verantwortung im Projekt übernimmt, sollte der Implementierungspartner nicht nur die IT-seitigen Anforderungen abdecken, sondern auch ein kompetenter Ansprechpartner für die HR-Seite und die Unternehmensführung sein. Er muss die durch SAP-SuccessFactors-Projekte oftmals angestoßene Neuordnung der Prozesse auf HR-Seite gut begleiten können und idealerweise ein HR-seitig durchzuführendes Change Management durch passgenaue Standardlösungen unterstützen.

Apps und Erweiterungen

Arbeiten Sie best-practice-basiert, kann es gut sein, dass Sie kundenindividuelle Anforderungen haben, die im Rahmen von Best Practices nicht unterstützt werden. Prüfen Sie hier, ob es bereits Standarderweiterungen im SAP App Center gibt (*https://www.sapappcenter.com/productLines/7#*). Bietet Ihr designierter Implementierungspartner auch solche Lösungen an? Wenn ja, ist das in der Regel ein gutes Signal, dass er in der SAP-SuccessFactors-Welt angekommen und fest verankert ist.

Umsetzungskompetenz

Da viele Neukunden von SAP SuccessFactors oftmals bestehende HR-Systeme, etwa SAP-On-Premise-HCM-Systeme, nutzen, benötigen sie häufig eine Backend-Integration (siehe Kapitel 5, »Stammdaten und Datenintegration«). Auch dieser Punkt sollte vom Partner unterstützt werden. Der Partner sollte über eigene Demo-/Koexistenzumgebungen verfügen und zeigen können, wie eine Hybrid-Architektur fachlich und technisch funktioniert.

[«]

Generelle Auswahl des Implementierungspartners

Sind Prozesse, Templates und Verfahren für die SAP-SuccessFactors-Projektarbeit bei einem Implementierungspartner vorhanden, ist dies ein Zeichen dafür, dass das Beratungshaus eine hohe organisatorische Reife erreicht hat. Diese erlaubt es, dass Projekte und Projekterfolg unabhängig von einzelnen kompetenten und erfahrenen Beratern sind und (fast) unabhängig von einzelnen Ressourcen durchgeführt werden können. Ob ein Implementierungspartner entsprechend aufgestellt ist, erkennen Sie häufig daran, dass einzelne Bereiche wie Beratung, Implementierung, Support oder Schulung einzeln ausdifferenziert angeboten werden können.

Unterstützung nach Projektende

Nach Ende eines Implementierungsprojekts trennen sich optional die Wege von Kunden und Implementierungspartner. SAP bietet verschiedene Support-Pakete an, unter denen Kunden den für sie passenden Support auswählen können.

Je nach Situation des Kunden kann aber auch ein über das Projekt hinausgehender Support seitens des Implementierungspartners eine passende Lösung sein. Implementierungspartner kennen die Implementierung des Kunden gut. Sie haben neben den für SAP SuccessFactors zu erstellenden Dokumentationen oftmals Zugriff auf weitere projektbegleitende Dokumentationen und kennen nicht zuletzt auch die Unternehmenskultur eines Kunden und nach der Implementierung auch die integrierten Systeme sehr gut, die über das SAP-System bzw. SAP SuccessFactors hinausgehen können. Sollte das aus Kundensicht ein relevanter Punkt sein, dann gehört auch die Frage nach einem Support nach Projektende zur Auswahl des Implementierungspartners dazu.

3.4 Best Practice: Spannungsfelder und der Weg hindurch

Die tägliche Arbeit sowohl der HR- als auch der IT-Abteilung werden durch ein SAP-SuccessFactors-Projekt grundlegend verändert. Für beide ändern sich Rahmenbedingungen der Tätigkeiten genauso wie Aufgaben und Anforderungen (siehe Abschnitt 3.3, »Aufgaben im Projekt«). Beide Abteilungen sind sich oftmals über die Gründe und Ziele einer SAP-SuccessFactors-Einführung einig (siehe Abschnitt 3.2.2, »Gründe für die Nutzung von SAP SuccessFactors«, und Abschnitt 3.2.3, »Projektziele«).

Wir erläutern im Folgenden, warum es den Projekterfolg gefährdet, wenn eine Interessengruppe allein eine SAP-SuccessFactors-Einführung vorantreibt. Es gilt zu berücksichtigen, dass Projekte oftmals in einem Spannungsfeld stattfinden, in dem von unterschiedlichsten Interessengruppen und zu unterschiedlichsten Themen Druck ausgeübt wird (siehe Abbildung 3.5). Informationen zu erfolgreicher gemeinsamer Projektarbeit von HR und IT zeigen auf, wie der Projekterfolg sichergestellt werden kann. Beispiele zum Umgang mit den Herausforderungen im Spannungsfeld der Datenintegration (siehe Abschnitt 3.4.2, »Datenintegration als Schlüsselfaktor«) ergänzen unsere Best-Practice-Empfehlungen.

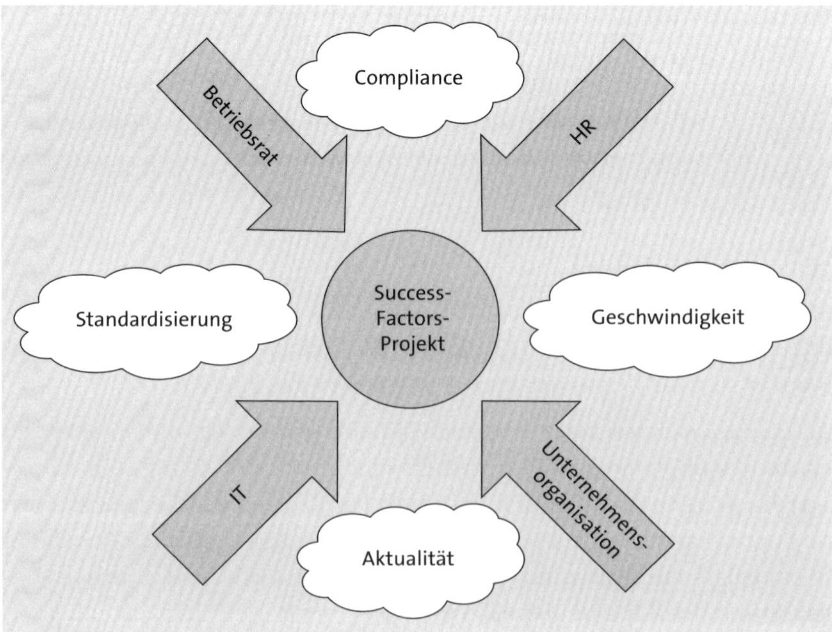

Abbildung 3.5 Übliches Spannungsfeld in einem HR-Projekt

3.4.1 Projektrisiken und Projektchancen – Beispiele aus der Praxis

Zunächst gehen wir in diesem Abschnitt in einem Beispiel darauf ein, welche Risiken entstehen, wenn die HR-Abteilung allein, das heißt, ohne Unterstützung der IT-Abteilung, ein SAP-SuccessFactors-Projekt durchführt. Die Betrachtung einer durch die IT-Abteilung getriebenen Einführung ohne HR-Abteilung schließt sich an. Anregungen für eine gemeinsame erfolgreiche Projektarbeit ergänzen diese Informationen.

HR-Abteilung als Treiber – ohne IT-Abteilung

Ein internationaler Konzern mit mehr als 100.000 Mitarbeitern hatte sich entschieden, SAP SuccessFactors als HR-Projekt einzuführen. Die internationalen IT-Abteilungen wurden nicht involviert. Nach erfolgter Implementierung und Produktivsetzung wurde das Projekt an die IT-Abteilung für den weiteren Support und Betrieb übergeben. Dabei traten dann unter anderem folgende auch in ähnlichen Fällen zu beobachtende Schwierigkeiten auf, die es in der Folgezeit zu beheben galt und noch zu beheben gilt:

- Es gab keine Namensstandards und Konventionen. Alle Konfigurationselemente, wie etwa auch Formularvorlagen, Weiterleitungslisten oder Positionsbezeichnungen, wurden unsystematisch erstellt und ohne Qualitätsprüfung in die Produktion übernommen.
- Die Schnittstellen wurden im Rahmen des Projekts ausschließlich manuell gepflegt.
- Themen wie Datentransfer, Datensicherheit beim Transfer, Automatisierung, Backup und Wiederherstellung wurden vom Projektteam nicht thematisiert.
- Da die IT-Abteilung im Projekt weder fachlich noch technisch eingebunden war, fehlte dort das notwendige Betriebswissen. Eine Übergabe der relevanten Anwendungsfälle und Support-Checklisten erfolgte nicht, weil dazu keine Projektaktivitäten stattgefunden hatten.
- Der Betrieb mit Produktionsdaten gestaltete sich fundamental anders als der mit Testdaten: Allein aufgrund der Datenvolumina und Aktualisierungszyklen, verbunden mit Aspekten aus Datenschutz und Datensicherheit, waren die bestehenden Prozesse und Konzepte bei Weitem nicht ausreichend.
- Es gab kein Konzept für einen »Projektbetrieb«. Bei SAP SuccessFactors gibt es aufgrund der Releases ständig Möglichkeiten, das System weiter zu verbessern und von neuen Funktionen prozessual zu profitieren. Dafür fehlten aber die Kontakte zwischen den Abteilungen, weil man davon ausging, man könnte die Anwendung wie eine On-Premise-Lösung betreiben. Die agile, interaktive Vorgehensweise, die eine regelmäßige, enge Abstimmung zwischen Fachseite und IT-Abteilung verlangt, war nicht eingerichtet. Auch Budgets gab es dafür keine.

- Es hat sich im Betrieb herausgestellt, dass viele »hemdsärmelige« Lösungen entstanden sind, die den Anforderungen des Unternehmens in keiner Weise gerecht wurden.

Mit der Beteiligung der IT-Abteilung wäre der spätere Umbau wahrscheinlich vermeidbar gewesen.

IT-Abteilung als Treiber – ohne HR-Abteilung

Umgekehrt hatte ein internationales Unternehmen mit ca. 15.000 Mitarbeitern auf Vorstandsebene entschieden, SAP SuccessFactors auch gegen den Wunsch der HR-Abteilung einzuführen. Vor Projektstart wurde ein detailliertes Fach- und technisches Konzept, ein sogenannter *Blueprint*, mit gut 100 Seiten verfasst, den die HR-Abteilung nach einjähriger Diskussion unterschreiben musste. Die IT-Abteilung bekam dann den Auftrag, die im Blueprint festgehaltenen Punkte mit einem Implementierungspartner umzusetzen. Implizit war klar, dass sich die HR-Abteilung anschließend dem neuen »Best-Practice«-System anpassen musste. Dies führte zu folgenden bemerkenswerten Ausweichbewegungen in der HR-Abteilung, die die Einführungszeiten und Kosten für alle Beteiligten deutlich erhöhten:

- Die HR-Abteilung setzte bei der Einführung auf Werkstudenten als Schlüsselpersonen, die für die Abnahme des Systems und das Testen zur Verfügung standen.
- Mitten im Projekt wechselten wichtige HR-Ansprechpartner ihre Rolle oder das Unternehmen.
- Lokale Einheiten hatten kein Leitbild von der HR-Organisation, sodass die Diskussion von Sonderwünschen viel Zeit in Anspruch nahm.
- Vermeintliche und tatsächliche Unzulänglichkeiten wurden wiederholt bis zur Vorstandsebene eskaliert.
- Nach etwa einem Jahr erfolgte dennoch die Produktivschaltung in ersten Ländern, die HR-Abteilung weigerte sich jedoch mit Hinweis auf relativ kleine Unzulänglichkeiten, die Produktivsetzung abzuzeichnen.

HR- und IT-Abteilung Hand in Hand

Von diesen negativen Beispielen können Sie gut ableiten, wie ein SAP-SuccessFactors-Projekt besser gestaltet werden kann. Im Folgenden geben wir Ihnen dazu einige Empfehlungen:

- gemeinsame Erarbeitung der zu unterstützenden Anwendungsfälle (siehe Abschnitt 4.4, »Mit User Stories und Anwendungsfällen arbeiten«), optional unterstützt durch einen mit diesem Vorgehen vertrauten Implementierungspartner (siehe Abschnitt 3.3.5, »Auswahl des Implementierungspartners«)

3

- Freigabe der gemeinsam erarbeiteten Projektziele durch die Unternehmensführung
- Kommunikation des Projektvorhabens sowie der Ziele
- Sicherstellung des Wissenstransfers für alle Betroffenen
- Aufbau einer gemeinsamen Projektorganisation
- Definition von Ansprechpartnern für Abstimmung und auch für Eskalation
- Definition und Kommunikation eines Zeitplans zur Einführung
- Prüfung der HR- und IT-Prozesslandschaft auf mögliche Anpassungs- und Integrationsbedarfe
- Klärung benötigter Schnittstellen
- Anpassung der strukturellen Rahmenbedingungen im Unternehmen, aber auch in der HR- und IT-Organisation (siehe Abschnitt 3.3, »Aufgaben im Projekt«)
- Klärung der Rahmenbedingungen des Betriebs und Support nach Einführungsprojekt sowie Aufbau einer Support-Organisation (siehe Kapitel 19, »Produktive Nutzung, Support und Release-Management«)
- Zuletzt und am wichtigsten: Sicherstellung der Integration von anderen Systemen und Prozessen, die die HR-Daten als »Kunden« konsumieren

[!]

Einbindung des Betriebsrats

Bei einem internationalen Großunternehmen haben wir bei einem Kunden gleichzeitig in mehreren Ländern SAP SuccessFactors ausgerollt. Der Fokus lag initial auf der Ziel- und Leistungsbeurteilung. Erst nach sechs Monaten am Ende des Projekts stellte sich heraus, dass der deutsche Betriebsrat, aufgrund anderer Faktoren, die nicht in unserem Einfluss lagen, keine Zustimmung zu der Lösung geben würde. Der Roll-out erfolgte erfolgreich in acht Ländern, jedoch nicht Deutschland. Für Deutschland ergab sich eine Verzögerung von einem Jahr.

Bei einem anderen Unternehmen war der Betriebsrat von Anfang an eingebunden. In mehreren Workshops mit dem Betriebsrat wurde dargestellt, wie das System funktionieren würde und welche Auswertungen möglich würden. Die Einführung verlief danach reibungslos und mit Zustimmung des Betriebsrats.

Der Betriebsrat ist in Deutschland ein wichtiger Beteiligter, der frühzeitig eingebunden werden sollte. Beachten Sie ähnliche Anforderungen in anderen Ländern.

3.4.2 Datenintegration als Schlüsselfaktor

Ganz wichtig für einen Projekterfolg im SAP-SuccessFactors-Umfeld ist die Daten- und Prozessintegration. Dies zeigen wir am Beispiel des Talentmanagements auf.

Wir beobachten häufig, dass Kunden vorhandene Talentmanagementsysteme ablösen wollen. Oft sind die bestehenden Systeme gar nicht schlecht, es fehlt aber an der Einbindung in andere datenliefernde Systeme (automatische Datenintegration). Damit ist die Datenqualität schlecht, was einer der wesentlichen Gründe ist, warum Benutzer das System nach wenigen Monaten nicht mehr verwenden.

Noch kritischer ist es, wenn Prozesse nicht integriert werden. Ein internationaler Großkonzern hat bei der Implementierung darauf bestanden, dass die Bereiche Talentmanagement, Leistungsmanagement und Vergütung strikt getrennt werden müssen. Unterschiedliche Personen waren in den Prozessen involviert, und es wurde systematisch mit sehr hohem Aufwand sichergestellt, dass nur sie ihre Daten sehen können. Das ging so weit, dass für die Leistungsbeurteilung aus Sicht des Talentmanagements eine andere, völlig losgelöste Begriffsdefinition gewählt wurde. Die Talentmanager bekamen zudem keinen Zugriff auf die Leistungsbeurteilungen aus dem Ziel- und Leistungsbeurteilungsprozess. Natürlich wurde auch weder das Potenzial noch die Leistung der Mitarbeiter im Vergütungsprozess angezeigt. Technisch lässt sich so etwas durchaus realisieren, die damit verbundenen negativen Auswirkungen sind aber sehr groß:

- höhere Betriebs- und Wartungskosten
- geringere Akzeptanz der Benutzer
- Verfestigung der versteinerten »Silostruktur«

Getrieben war dieses Vorgehen von der Holding, die das Budget verantwortete. Die Landesgesellschaften waren gleichzeitig viel pragmatischer, dünner besetzt und sehr viel eher bereit, auf einen »One-HR«-Ansatz zu wechseln. Dieser Ansatz geht davon aus, dass es möglich ist, Mitarbeiter einer definierten Zielgruppe ganzheitlich, über alle Prozesse hinweg, von einer Rolle betreuen zu lassen. Dies kann dann die Rolle eines HR-Business-Partners sein. Dieser hat selbstverständlich Einsicht in alle relevanten Prozesse und Daten seiner internen Kunden, also der von ihm betreuten Mitarbeiter (siehe Kapitel 2, »Abstimmung der Strategie«).

Nur durch einen solchen Ansatz können die Vorteile integrierter Lösungen wie SAP SuccessFactors zu direkten Vorteilen in der täglichen HR-Arbeit werden. Dies wiederum ist notwendig, wenn die HR-Abteilung den an sie gestellten Anforderungen Rechnung tragen möchte (siehe Abschnitt 3.2.2, »Gründe für die Nutzung von SAP SuccessFactors«). In starren, voneinander isoliert gehaltenen Einzelprozessen lassen sich weder Synergieeffekte noch Mehrwerte für das Unternehmen generieren.

Achten Sie in Ihrem Projekt auf die folgenden Aspekte rund um das Thema Datenintegration:

- rechtzeitige Definition und Implementierung von Schnittstellen
- Definition des stammdatenführenden Systems

- Klärung der Nutzung von Daten durch unterschiedlichste Prozesse
- Integration unterschiedlicher Datenmodelle
- Klärung, welche Rollen Zugriff auf Daten haben müssen

[!]

Datenintegration nicht unterschätzen

Wir sehen in der Praxis, dass in etwa 50 % der Unternehmen der Aspekt der Datenintegration und der Lieferung der Daten in der benötigten Qualität und Verknüpfung gravierend unterschätzt wird. Aktuelle, konsistente und umfassende Daten sind jedoch entscheidend für eine erfolgreiche Projektarbeit und die anschließende Nutzung des Systems durch alle Interessengruppen. Die Erfahrung zeigt, dass 95 % des Aufwands in Bezug auf Schnittstellen nicht »technischer« Aufwand ist, sondern sogenannter »semantischer«: Beide Seiten, Sender und Empfänger, müssen die Bedeutung der Daten verstehen, damit eine Integration klappen kann!

3.5 Aufgaben des Kunden im Rahmen der Nutzung von SAP SuccessFactors

Im Folgenden erfahren Sie, in welchen übergeordneten Bereichen Ihnen SAP SuccessFactors Aufgaben überträgt:

- **Bereitstellung der Lösung sowie Test- und Release-Management**
  Es ist Ihre Aufgabe zu bestimmen, welche Geschäftsprozesse zu unterstützen sind und wie die zu nutzende Anwendung aussehen soll. Zudem müssen Sie geeignete Ressourcen zur Verfügung stellen, die definieren, wie eine korrekte Abbildung des Prozesses im System aussieht, und die dafür zuständig sind, die Abbildung des Prozesses in der Anwendung zu testen.

  SAP SuccessFactors empfiehlt, regelmäßig zu testen, mindestens aber nach jedem Release. Dabei sollten nicht nur bestehende Funktionstests durchgeführt werden, auch neue Funktionen müssen verstanden, geprüft und getestet werden. Es muss von Ihrer Seite entschieden werden, ab wann neue Funktionen genutzt werden sollen und wie intern über Veränderungen informiert werden soll.
- **Problemmanagement**
  Sollten Probleme im Betrieb auftreten, informiert Sie SAP SuccessFactors zeitnah (wie in den SLA vereinbart). Es ist dann Ihre Aufgabe, diese Informationen zu prüfen und eventuell interne Maßnahmen daraus abzuleiten.

  Darüber hinaus sind Kunden für alle Themen verantwortlich, die in kundeneigenen, mit SAP SuccessFactors verbundenen Systemen entstehen. Dies gilt auch für das Backup- und Recovery-Management für diese verbundenen Systeme.

- **Backup und Recovery**
  Aus den zur Verfügung gestellten Services haben Sie als Kunde die Möglichkeit, zu jeder Zeit Daten zu exportieren oder zurückzuholen. Dies gilt für die gesamte Laufzeit des Vertrags sowie 30 Tage darüber hinaus.

  Es obliegt Ihnen als Kunde, sicherzustellen, dass Backup, Aufbewahrung des Backups und dessen Turnus den eigenen Anforderungen genügen. Zudem muss auf Kundenseite geklärt sein, wie im Schadensfall Einschränkungen im Betrieb und Managemententscheidungen intern kommuniziert werden sollen.
- **Einhaltung von SLAs**
  Üblicherweise werden Sie in einem Vertrag mit SAP SuccessFactors SLAs abschließen, deren Einhaltung Sie überwachen. Sie sind dafür zuständig, im Bedarfsfall nach weiteren Informationen zu fragen und offene Punkte mit dem SAP-SuccessFactors-Support zu klären. Darüber hinaus obliegt es Ihnen, Störungen intern zu kommunizieren.
- **Einhaltung rechtlicher Vorgaben/Compliance**
  Es gehört zu Ihren Aufgaben, sicherzustellen, dass die von SAP SuccessFactors bereitgestellten Funktionen Ihren Anforderungen in Bezug auf sämtliche Compliance-Aspekte entsprechen. Der Lizenznehmer, i. d. R. also Sie als Kunde, tritt im Rechtsverhältnis zu SAP als *Data Controller* auf. Diese Rolle muss in den internen Regelungen reflektiert werden.
- **Datenübermittlung**
  Als Kunde müssen Sie dafür sorgen, dass der Transfer von Daten nach SAP SuccessFactors den gesetzlichen Vorgaben all Ihrer Lokationen entspricht. Dies gilt sowohl für den Upload als auch für den Download von Daten. Treten bei der Verarbeitung von Daten Fehler auf, ist es Ihre Aufgabe, die Fehlernachricht zu prüfen. Liegen Fehler vor, die nicht in der Aufbereitung der Daten liegen können, dann müssen Sie diese Fehler an SAP SuccessFactors melden. Im Anschluss an die Fehlerbeseitigung müssen die Daten erneut hochgeladen werden. Benutzernamen und Passwörter, die zum Hochladen der Daten genutzt werden, müssen von Kundenseite geschützt werden.
- **Zugangssicherung**
  Als Kunde müssen Sie sicherstellen, dass nur berechtigte und ggf. trainierte Mitarbeiter einen Zugang zu SAP SuccessFactors erhalten. Die Vergabe der Zugänge erfolgt über den Berechtigungsprozess in SAP SuccessFactors, für den Sie selbst zuständig sind. Darüber hinaus müssen Mitarbeiter benannt sein, die für SAP SuccessFactors als Kontaktpersonen und Systemadministratoren zur Verfügung stehen.

  Zusätzlich sorgen Sie für die physische Sicherheit aller Endgeräte in Ihren Betriebsstätten. Auch der physische Zugang zu Rechenzentren auf dem Firmengelände muss gesichert werden.

3.6 Best Practice: Empfehlungen zur Auswahl der Module zum Start

Ist in Ihrem Einführungsauftrag ein bestimmter Prozess identifiziert, der eingeführt werden soll, ist das in der Regel ohne technische Einschränkung möglich (siehe Kapitel 4, »Start in die Implementierung«).

Mitunter bietet sich in einem ersten SAP-SuccessFactors-Projekt auch die Möglichkeit, eine prozessübergreifende Modulunterstützung einzuführen. Einige HR-Prozesse haben fast zwingende Abhängigkeiten voneinander, an denen man sich auch bei der SAP-SuccessFactors-Einführung orientieren kann. Eine Integration von Prozessen ist in diesem Kontext dann erfolgsentscheidend. Viele Partner – auch SAP mit »Model Company« – bieten integrierte Starterpakete an, die den Start erleichtern. Wir empfehlen Ihnen, solche Möglichkeiten nutzen.

Im nächsten Schritt, nach dem Roll-out des Starterpakets, sollten Sie zunächst einen Prozess in den Mittelpunkt stellen. Identifizieren Sie, an welcher Stelle eine Prozessunterstützung und/oder -verbesserung am wichtigsten ist. Konzentrieren Sie sich darauf, die Anforderungen mit den Best-Practice-Lösungen des Moduls zusammenzuführen. In diesem Zusammenhang können Sie prüfen, ob zwingend umzusetzende Anforderungen von SAP SuccessFactors im Standard unterstützt werden oder eine Erweiterung nötig wird.

Alternativ dazu kann es auch eine gute Möglichkeit sein, einen Prozess in den Fokus zu rücken, der schnell und einfach in SAP SuccessFactors umzusetzen ist. Mit einem solchen Prozess und einer damit verbundenen kurzen Projektlaufzeit können Sie schnell in eine SAP-SuccessFactors-Nutzung einsteigen und den Mitarbeitern direkt einen Eindruck von der Lösung geben. Erfolge sind schnell sichtbar und helfen so z. B., anstehende schwierigere Änderungen zu »verkaufen«.

Oft gibt es auch Abhängigkeiten. So gewinnt z. B. die Einführung von Vergütungsplanung oder variabler Bezahlung einen echten Mehrwert, wenn der Zielvereinbarungsprozess im gleichen Tool abgebildet wird und man z. B. auf die Ergebnisse der Jahresgespräche als einen Bestandteil zurückgreifen kann. Leistungsbeurteilung und Zielvereinbarung wiederum erhalten eine gute Unterstützung, wenn im Kontext des Zielvereinbarungsprozesses auch auf einen Schulungskatalog Bezug genommen werden kann, der Entwicklungsziele unterstützt.

Talentmanagement ist ein Beispiel für einen hochintegrierten Prozess, der in vielen SAP-SuccessFactors-Modulen unterstützt wird und der idealerweise Unterstützung durch die weiteren HR-Prozesse erhält (siehe Abbildung 3.6).

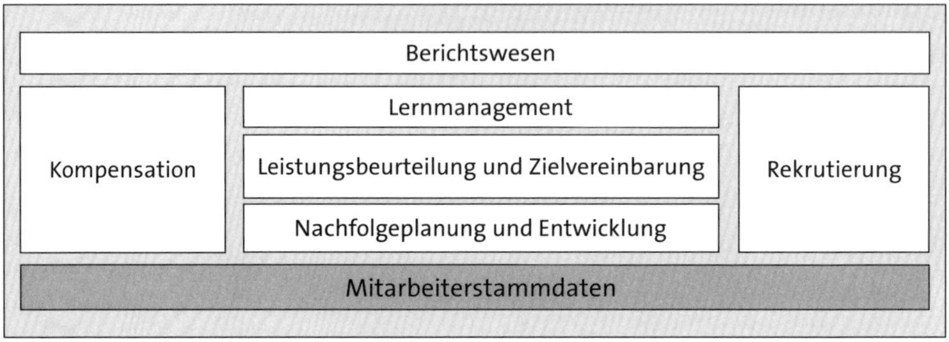

Berichtswesen
Lernmanagement
Kompensation
Leistungsbeurteilung und Zielvereinbarung
Rekrutierung
Nachfolgeplanung und Entwicklung
Mitarbeiterstammdaten

Abbildung 3.6 Mögliche Zusammensetzung von Talentmanagement-Aktivitäten in SAP SuccessFactors

Angefangen beim Zugriff auf die Stammdaten zu den einzelnen Mitarbeitern, setzt er sich fort über Schnittstellen etwa zur Kompetenzbeurteilung im Bereich Leistungsbeurteilung und Zielvereinbarung. Von hier aus geht es über die Kalibrierung der Ergebnisse und die Zuordnung von Mitarbeitern zu Talentpools weiter zum Modul Nachfolgeplanung und Entwicklung. Hier wird im Rahmen der Nachfolgeplanung weiter mit den vorliegenden Daten gearbeitet, und es werden z. B. im Rahmen der Entwicklungsplanung Lernaktivitäten für den Mitarbeiter im Learning Management System (LMS) vereinbart. Ergebnisse daraus finden sich ggf. in den Mitarbeiterinformationen wieder.

Wir empfehlen Ihnen, direkt von Anfang an die Optionen zur Einbindung in andere Unternehmensprozesse zu nutzen. Viele Prozesse, von Zutrittskontrollsystemen bis hin zur Produktionsplanung, werden Ihre HR-Daten und -Prozesse benötigen!

Im folgenden Kapitel erfahren Sie, welche Themen für den Start in eine Implementierung von SAP SuccessFactors in den Fokus rücken. Zudem erhalten Sie Informationen zu Projektorganisation und Projektvorgehensweise.

Kapitel 4
Start in die Implementierung

Ganz gleich, ob Sie sich gerade zum ersten Mal mit einer SAP-SuccessFactors-Implementierung beschäftigen oder ob Sie schon erste Implementierungserfahrung gesammelt haben – im Folgenden geben wir Ihnen Hinweise und Tipps zu Rahmenbedingungen, die Ihnen helfen, Ihr Projekt erfolgreich zu gestalten.

In Kapitel 3, »Voraussetzungen für ein erfolgreiches SAP-SuccessFactors-Projekt«, haben wir gezeigt, welche Voraussetzungen Sie schaffen und welche Fragen Sie klären sollten, bevor Sie in eine SAP-SuccessFactors-Implementierung starten. Wir haben Empfehlungen gegeben, wie Sie die beteiligten Fachabteilungen HR und IT sowie die Unternehmensführung in ein Projekt einbinden können und welche Maßnahmen idealerweise ein SAP-SuccessFactors-Implementierungsprojekt begleiten. Im Folgenden möchten wir Ihnen nun zeigen, wie sich die konkrete Projektarbeit gestaltet.

Nach einigen Hinweisen zu einem SAP-SuccessFactors-Implementierungsprojekt (siehe Abschnitt 4.1) stellen wir Ihnen die Rollen im Projekt vor, die besetzt werden müssen. Sie erfahren außerdem, welche Aufgaben diese Rollen im Projekt übernehmen (siehe Abschnitt 4.2). Im Anschluss daran zeigen wir Ihnen, wie Sie agile Methoden für Ihr SAP-SuccessFactors-Projekt nutzen, und geben Ihnen in der Praxis erprobte Tipps dazu (siehe Abschnitt 4.3). Die Arbeit mit Anwendungsfällen und User Stories (siehe Abschnitt 4.4) und die Orientierung an und Nutzung von Best Practices (siehe Abschnitt 4.5) sind unserer Erfahrung nach oftmals ein Garant für eine erfolgreiche Projektarbeit. Daher geben wir Ihnen Einblicke in diese Themen. Empfehlungen zum Aufbau der Schulungen während des Projekts und im anschließenden Betrieb schließen dieses Kapitel ab (siehe Abschnitt 4.6).

4.1 Hinweise zum Implementierungsprojekt

Um Ihr Implementierungsprojekt erfolgreich durchzuführen, identifizieren Sie die zentralen HR-Prozesse Ihres Unternehmens basierend auf den für Sie wichtigen Anwendungsfällen und User Stories (siehe Abschnitt 4.4, »Mit User Stories und Anwendungsfällen arbeiten«). Anschließend setzen Sie diese Prozesse mithilfe der durch

SAP SuccessFactors mitgelieferten Best-Practice-Prozesse um. So haben Sie die Möglichkeit, eine für Ihr Unternehmen passende Lösung zu implementieren, die sich gleichzeitig an erprobten Best Practices orientiert.

4.1.1 Projektmerkmale

Im Fokus eines SAP-SuccessFactors-Projekts steht zunächst nicht die Entwicklung kundenindividueller Programme, sondern die Konfiguration der HR-Prozesse auf Basis der vorgegebenen Standards und Best Practices. Wenn eine spezielle Anforderung nicht in der Konfiguration umgesetzt werden kann, dann bedeutet das auch, dass Sie aufgefordert sind, Ihren Geschäftsprozess kritisch zu prüfen und ggf. anzupassen. Handelt es sich um eine für Sie sehr wichtige Anforderung, die der Standard nicht abdeckt, dann haben Sie die Möglichkeit, Ihren Vorschlag in die SAP-SuccessFactors-Community einzubringen (*https://community.successfactors.com/*) und andere Kunden um Unterstützung dafür zu bitten. Damit können Sie den Standard erweitern. Dies ist aber in vielen Fällen ein eher langfristiger Lösungsansatz.

Im Bedarfsfall können Sie vorhandene Erweiterungen (z. B. Apps) erwerben oder auch selbst entwickeln. Im SAP App Center (siehe *https://www.sapappcenter.com*) gibt es mehr als 200 Erweiterungen, die die Standardmöglichkeiten erweitern, und ständig kommen neue hinzu. Erweiterungen werden durch offene Schnittstellen im System, Customizing-Optionen, z. B. im Bereich des Metadata Frameworks, und eine enge Integration, etwa mit der SAP Cloud Platform (siehe *https://cloudplatform.sap.com/index.html*), ermöglicht.

Da ein SAP-SuccessFactors-Projekt in den ersten Phasen meist nicht auf Entwicklung, sondern auf Konfiguration ausgerichtet ist, ist es möglich, dass Sie als Kunde fast vom Start im und mit dem System arbeiten können. Sie haben die Möglichkeit, sich mit den Oberflächen und den Prozessen vertraut zu machen, und können die fortschreitende Implementierung so begleiten. Es gibt zudem auf dem Standard aufsetzende Lösungen, in denen Sie von Anfang an die SAP-SuccessFactors-Standardprozesse in Ihrem System kennenlernen und auf dieser Basis Ihre Entscheidungen für Anpassungen treffen können.

4.1.2 Vorbereitende Tätigkeiten

Wie in jedem anderen HR-IT-Projekt gibt es auch in einem SAP-SuccessFactors-Projekt viele vorbereitende Tätigkeiten. Einige möchten Sie vielleicht selbst in Angriff nehmen, bei anderen setzen Sie auf die Unterstützung Ihres Implementierungspartners.

Der Implementierungspartner ist Ihr Ansprechpartner, wenn es darum geht, Best-Practice-Vorgehen und Einblicke aus vergleichbaren Projekten zu teilen. Oft prüfen und besprechen Sie die folgenden Themen gemeinsam und vermeiden so Verzögerungen im weiteren Projektverlauf:

- zu berücksichtigende fachliche Vorgaben im Projekt und zu klärende Rahmenbedingungen
- Sichtung der bestehenden Prozesse sowie Erarbeitung des Deltas zum SAP-SuccessFactors-Standard oder von Best Practices
- bereitzustellende Inhalte, um eine Implementierung zu unterstützen – etwa Stellenprofile oder einen (in allen Sprachen verfügbaren) Kompetenzkatalog, den Sie im Rahmen eines Kompetenzmanagements nutzen möchten
- zu berücksichtigende gesetzliche Vorgaben
- einzubindende Stakeholder, etwa der Betriebsrat. Ihr Implementierungspartner darf in der Regel keine rechtliche Beratung erbringen, aus seiner Erfahrung heraus kann er aber wertvolle Tipps zur Einbindung der Stakeholder geben.
- Vorbereitung des Berechtigungs- und Zugriffskonzepts sowie Erarbeitung eines Betriebskonzepts
- Möchten Sie mehrere SAP-SuccessFactors-Module einführen, dann prüfen Sie, welche die für Ihr Unternehmen bestmögliche Reihenfolge ist. Überlegen Sie, mit welchem Prozess Sie die definierten Geschäftsziele am schnellsten und/oder am leichtesten erreichen können, um so schnell mit der neuen Lösung überzeugen zu können.

4.1.3 Den Projekterfolg messen

Für den Erfolg eines Implementierungsprojekts sind die Akzeptanz und Nutzung der implementierten Lösung durch die Anwender wesentliche Faktoren. In diesem Kapitel geben wir Ihnen Hinweise, wie Sie durch Ihre Projektarbeit eine gute Akzeptanz der implementierten Lösung erreichen können. Damit Sie die Möglichkeit haben, den Projekterfolg zu messen, empfehlen wir Ihnen, bereits vor Projektstart oder zu Beginn des Projekts messbare Leistungsindikatoren (sogenannte *Key Performance Indicators* – KPIs) zu definieren. So erarbeiten Sie klare Kriterien, anhand derer Sie Aussagen zur Zielerreichung und zum Erfolg des Projekts treffen können.

Mitunter empfiehlt es sich, direkt auf das Projekt bezogene KPIs zu erstellen und diese später zu ergänzen. Beispiele für auf ein Implementierungsprojekt bezogene fachliche KPIs sind:

- Anzahl der internen Besetzungen, gemessen an der Gesamtzahl der Besetzungen offener Stellen (nach Einführung des Talentmanagements im Vergleich zu vorher)
- Zufriedenheit der Mitarbeiter mit Schulungsmaßnahmen, Passgenauigkeit der Schulungsmaßnahmen

- Höhe der Mitarbeiterfluktuation vor und nach Einführung neuer HR-Instrumente und -Prozesse

Beispiele für auf ein Implementierungsprojekt bezogene technische KPIs sind:

- Kosten- und Zeittreue (Einhaltung des Kostenrahmens, Einhaltung des Zeitplans)
- Freizeichnungen (Sign-off) für die Abnahme nach den definierten Meilensteinen (Iterationen)
- Anzahl an Support-Fällen nach dem Go-live

4.2 Rollen und ihre Aufgaben im Projekt

Im Folgenden stellen wir Ihnen die unterschiedlichen Rollen und deren Aufgaben im Projekt vor, die in einem SAP-SuccessFactors-Projekt besetzt werden müssen. Abhängig vom Modul bzw. den Modulen, die implementiert werden sollen, kann es dabei leichte Änderungen geben:

- Berater für die Implementierung
- Projektleiter
- Process Owner
- HR-Experte
- IT-Experte inklusive Schnittstellenexperte
- Systemadministrator
- Testkoordinator
- Schulungsverantwortlicher
- Change Manager
- Projektsponsor

Wir stellen Ihnen die Rollen, die wir typischerweise in einem erfolgreichen Projekt antreffen, im Folgenden kurz vor, und weisen auf etwaige Besonderheiten hin.

4.2.1 Implementierungsberater

Auf die Rolle des *Implementierungsberaters* gehen wir etwas ausführlicher ein, um Ihnen zu verdeutlichen, was Sie von Ihrem Implementierungsberater erwarten können. Wenn Sie schon SAP-SuccessFactors-Projekte erfolgreich abgeschlossen haben, kann der Berater für die Implementierung unter Umständen auch ein interner Mitarbeiter sein. In der Regel wird es aber ein externer Implementierungspartner sein, der Sie mit seinen Erfahrungen unterstützt. Wie schon im Hinblick auf die Auswahl des Implementierungspartners erläutert, sollten Sie sicherstellen, dass die in Ihrem Projekt eingesetzten Berater über eine »Professional«-Zertifizierung verfügen und das Implementierungsunternehmen REXX-zertifiziert (SAP Recognized Expertise) ist (siehe *https://www.sap.com/germany/partner/find.html*) (siehe Abschnitt 3.3.5, »Auswahl des Implementierungspartners«).

Ihr Berater ist im Projekt Ihr Prozess- und Produktexperte, der Ihnen hilft, die für Sie passende Implementierung im Rahmen der durch die Lösung vorgegebenen Best Practices zu definieren und umzusetzen. Er unterstützt Sie auch bei der Entscheidung, an welchen Stellen es für Ihr Unternehmen sinnvoll sein kann, den Best-Practice-Weg zu verlassen und individuelle oder lokale Anforderungen zu berücksichtigen. Dass sich Ihre HR-Strategie in diesen Anforderungen widerspiegelt, ist dabei grundlegend für den Erfolg (siehe Kapitel 2, »Abstimmung der Strategie«).

Üblicherweise gehören die im Folgenden genannten Aufgaben zu denen eines Beraters (in der Regel auf verschiedene Personen aufgeteilt) für die Implementierung:

- Vorstellung der Best-Practice-Prozesse von SAP SuccessFactors
- Vorstellung der Systemfunktionen
- Vorstellung der relevanten Teile der SAP-SuccessFactors-Roadmap
- Aufnahme der relevanten Kundenprozesse sowie Betrachtung notwendiger Schnittstellen
- Arbeiten mit User Stories zur Aufnahme der Anforderungen
- Vorstellung der Implementierungsmethodologie mit Betonung auf Iterationen, Best-Practice-Start und Übertragung der Verantwortung in den Iterationen vom Partner auf den Kunden
- Konfiguration der SAP-SuccessFactors-Instanz, basierend auf den aufgenommenen Prozessen
- Test der Konfiguration
- Pflege des Fehlerprotokolls (Issue Log)
- Adressierung von Produktfehlern und Verbesserungen bei SAP SuccessFactors
- Durchführung der Schulung für die Administratoren des Kunden
- ggf. Entwicklung von Erweiterungen des Standards (Apps)

Zudem gibt es oftmals aufseiten des Implementierungspartners einen eigenen Projektleiter. Diese Aufgabe kann von einem der Berater mit übernommen werden, kann aber auch von einem weiteren Mitarbeiter Ihres Implementierungspartners verantwortet werden. In der Regel hängt die Ausrichtung von der Größe und Komplexität des Projekts ab.

4.2.2 Projektleiter

Die Rolle des *Projektleiters* unterscheidet sich in einem SAP-SuccessFactors-Implementierungsprojekt nicht von der Rolle in anderen agilen Projekten. Er kann sowohl aus der HR-Abteilung, der IT-Abteilung oder – falls vorhanden – auch aus einer Projektabteilung kommen. In SAP-SuccessFactors-Projekten arbeitet er idealerweise in enger Abstimmung mit dem Projektleiter des Implementierungspartners. Der Projektleiter ist für die folgenden Punkte zuständig:

- Projektplanung
- Ressourcenplanung
- Budgetkontrolle
- Risikomanagement
- Eskalationsmanagement
- Administration des Projekts (Einholen der Freizeichnung von Iterationen, Produktivsetzungsfahrplan)

[»]

Einführung mehrerer SAP-SuccessFactors-Module

Führen Sie gleichzeitig mehrere Module ein, dann empfehlen wir Ihnen, für die einzelnen Module Teilprojektleiter zu definieren. Diese übernehmen dann die Koordination für die einzelnen Module. In diesem Fall hält dann ein Gesamtprojektleiter »das große Ganze« zusammen. Zu seinen Aufgaben gehört es dann oftmals auch, die Rolle des Systemarchitekten zu berücksichtigen. Er kann diese Rolle selbst übernehmen oder weitere Personen zur Unterstützung, etwa aus der IT-Abteilung, hinzuziehen.

4.2.3 Process Owner

Ein Prozessverantwortlicher (engl. *Process Owner*) ist für einen Prozess verantwortlich. Er wird in der Regel durch ein internes Gremium mit Unterstützung der Unternehmensführung ernannt und gehört dem HR-Bereich an. Er hat die Befugnis, abschließend zu entscheiden, wie ein Prozess gestaltet wird. Wir empfehlen Ihnen, den Process Owner von Anfang an in das Projekt einzubinden.

Der Process Owner ist bei der Aufnahme der Anwendungsfälle und dem Schreiben der User Stories, vor allem aber auch bei deren Abschluss und Bestätigung, eine Schlüsselperson. Durch seine kontinuierliche Einbindung können Sie zudem sicherstellen, dass seine fachlichen Anforderungen in der Implementierung berücksichtigt werden. Zudem zeichnet er Änderungen ab und bestätigt den Abschluss einer Projektphase durch sein Sign-off.

4.2.4 HR-Experte

Der *HR-Experte* ist dafür zuständig, den gemeinsam mit dem Process Owner definierten Prozess und dessen Konfiguration im System zu betreuen. In größeren Projekten mit Beteiligung unterschiedlicher zentraler und lokaler Organisationen ist es wichtig, auch die Anforderungen der einzelnen HR-Experten für ihren jeweiligen Zuständigkeitsbereich kennenzulernen und sie in die Projektarbeit mit einzubinden. Damit schaffen Sie ein gemeinsames Verständnis des Best-Practice-Prozesses und holen die dezentralen Einheiten ins Boot.

Für ein großes Projekt empfehlen wir, ein Kernprojektteam zu definieren, in dem wenige HR-Experten die wesentliche Prozess- und Projektarbeit durchführen. Weitere HR-Experten können z. B. zu Meilensteinen des Projekts (Test der aktuellen Iteration) eingebunden und um Rückmeldung gebeten werden. HR-Experten unterstützen das Projekt durch ihr Prozesswissen über die HR-Arbeit im Unternehmen und indem sie benötigte Inhalte, etwa Kompetenzkataloge, bereitstellen, Der HR-Experte unterstützt die Überführung der (neuen) Prozesse in die produktive Nutzung und ist wegen seiner Wirkung als »Multiplikator« entscheidend wichtig für die Akzeptanz der neuen Lösung.

4.2.5 IT-Experte

Ihre *internen IT-Experten* unterstützen Sie im Projekt oftmals als »Dolmetscher«, indem sie den IT-Jargon in die Sprache der HR-Abteilung übersetzen. In der Diskussion technischer Themen, etwa wenn es um Schnittstellen zu vor- oder nachgelagerten Systemen geht, übernimmt der IT-Experte zudem oftmals die Gesprächsführung mit dem Implementierungspartner.

Ergänzen Sie oder lösen Sie eine bestehende On-Premise-HR-Landschaft oder Teile daraus durch SAP SuccessFactors ab, betreuen die IT-Experten die Integration der Systeme. Auch im Stammdatenmanagement und der initialen Befüllung Ihrer SAP-SuccessFactors-Instanzen unterstützen Sie die IT-Experten. Darüber hinaus sorgen sie dafür, dass sich die SAP-SuccessFactors-Lösung in Ihre IT-Landschaft einfügt und z. B. ein Single Sign-on für die Benutzer ermöglicht wird.

Der IT-Experte stellt sicher, dass sich der Implementierungspartner an die Unternehmensnormen und Regeln hält, und unterstützt dabei, etwa wenn es um die Vereinbarung von Namenskonventionen geht.

4.2.6 Systemadministrator

Wir empfehlen Ihnen, die Rolle des *Systemadministrators* über das Projekt hinaus festzulegen. Der Systemadministrator kann für grundlegende, systemseitig zu definierende Themen verantwortlich sein – wie z. B. den Aufbau des Berechtigungskonzepts, die federführende Betreuung von Schnittstellen zwischen integrierten Systemen und die Einbindung der SAP-SuccessFactors-Landschaft in die (HR-)IT-Landschaft des Unternehmens, wobei er durch die IT-Experten unterstützt wird.

Je nach Aufbau Ihrer Organisation kann es sein, dass der Systemadministrator in unterschiedlichen Abteilungen verortet ist. Für die zuvor genannten sehr technischen Themen empfehlen wir Ihnen, eine Person aus der IT-Abteilung mit dieser Rolle zu betrauen, sodass diese z. B. auch die Fragestellungen nach der Systemarchitektur beantworten kann.

[»]

Systemarchitekt

Wir empfehlen Ihnen, dass Ihr Systemadministrator (oder andernfalls Ihr IT-Experte) sich sowohl im ersten Implementierungsprojekt als auch in den folgenden Implementierungsprojekten mit dem Thema der Systemarchitektur beschäftigt oder einen Systemarchitekten hinzuzieht. Aufseiten Ihres Partners sollte diese Rolle ebenfalls besetzt sein. So stellen Sie unter anderem sicher, dass Sie nicht eine Reihe von lose zusammenhängenden Insellösungen implementieren, die Sie nur sehr schwer integrieren können.

Es gibt andere Themen, wie etwa das Berechtigungskonzept und dessen Umsetzung, die durchaus auch von HR-Systemadministratoren übernommen werden können. Eine zu Ihren Rahmenbedingungen passende Aufteilung der Aufgaben können Sie zu Projektanfang auch gut mit Ihrem Implementierungspartner erarbeiten.

[!]

Mehrere Aufgaben im Projekt

Es ist möglich, dass eine spezielle Rolle im Projekt, z. B. die des Testkoordinators, des Schulungskoordinators oder des Change Managers, durch ein Projektmitglied übernommen wird und keine eigene Ressource dafür zuständig ist. Achten Sie in diesem Fall darauf, dass dieses Projektmitglied sich der zusätzlichen Rolle bewusst ist, und planen Sie ausreichend Zeit für die weiteren Aufgaben ein!

4.2.7 Testkoordinator

Der *Testkoordinator* ist typischerweise dafür zuständig, Testpläne aufzustellen oder deren Aufstellung zu überwachen. Als Grundlage dafür nutzt er die im Projekt erhobenen Anwendungsfälle/User Stories. Diese geben Auskunft darüber, welche Funktionen im System unterstützt werden müssen, wie der implementierte Prozess abzulaufen hat und welche Prozessrolle was und auf welche Weise im Prozess tun kann und tun muss. Der Testkoordinator koordiniert Tests für jede Iteration. Je nach Iteration stellt er ein passendes Testteam zusammen, das den Prozess aus technischer und aus prozessualer Sicht prüft. Nutzen Sie die Unterstützung eines Testcenters, sorgt der Testkoordinator für dessen rechtzeitige Einbindung.

[«]

Einbindung der Process Owner

Je nach Ausgangssituation in Ihrem Unternehmen haben Sie neben dem federführenden Process Owner auch lokale, regionale (und ggf. weitere globale) Process Owner. Binden Sie diese in die Testaktivitäten mit ein:

- zum Testen der weiteren lokal oder regional bedingten Schnittstellen zu vor- oder nachgelagerten Systemen
- zum Testen der mit dem im Fokus stehenden Prozess verknüpften weiteren Prozesse innerhalb und auch außerhalb von SAP SuccessFactors

Mit Fortschreiten des Projekts kann der Testkoordinator auch weitere zukünftige Benutzer des Systems in Akzeptanztests einbinden, um so ein Feedback der späteren Benutzer des Systems einzuholen.

Üblicherweise werden folgende Tests innerhalb eines SAP-SuccessFactors-Projekts durchgeführt und durch den Testkoordinator begleitet:

- **Fachlicher Test der Anwendung**
  Bestätigung, dass die Konfiguration des Systems den Anforderungen des Kunden entspricht
- **Test der Systemintegration/Schnittstellen**
  Bestätigung, dass alle Anforderungen an Integration und Schnittstellen erfüllt und nutzbar sind
- **Technischer Test**
  Funktioniert die Anwendung wie spezifiziert? Das kann auch durch automatisierte Tests (auch nach Releases oder Aktivierung zusätzlicher Funktionen) geprüft werden.
- **Akzeptanztest**
  Bestätigung, dass die Anforderungen des Unternehmens umgesetzt sind und dass die Anforderungen der späteren Benutzer des Systems erfüllt werden

4.2.8 Schulungsverantwortlicher

Es ist ein Trugschluss, dass es nicht notwendig sei, Anwender in der Nutzung einer Cloud-Lösung zu schulen. Wenn neue Prozesse für die Anwender (auch Prozesse, die auf Self-Services basieren) eingeführt werden und die zu nutzende Software unbekannt ist, empfehlen wir Ihnen, sehr genau zu prüfen, ob Sie auf *Schulungen* tatsächlich verzichten wollen. Eine Möglichkeit, das zu prüfen, besteht darin, ein Pilotprojekt zu organisieren, in dem Sie feststellen können, ob sich die Anwender dieser Pilotgruppe und damit mutmaßlich auch Ihre weiteren Anwender ohne Schulungen mit dem Prozess und dem Tool zurechtfinden. Materialien aus der SAP-SuccessFactors-Community können die Anwender dabei unterstützen.

Werden neue Prozesse in einem Unternehmen eingeführt oder verändern sich die bestehenden Prozesse signifikant, dann steht allerdings oftmals die Schulung des Prozesses deutlich mehr im Fokus als die Schulung der Softwarelösung.

Planen Sie Schulungsmaßnahmen

Wir empfehlen Ihnen, in Ihrem SAP-SuccessFactors-Projekt ausreichend Zeit für die Vorbereitung und Durchführung von Schulungsmaßnahmen einzuplanen. Involvieren Sie rechtzeitig wichtige Stakeholder wie die Führungskräfte, sodass auch jeder betroffene Mitarbeiter die Möglichkeit bekommt, an einer Schulung teilzunehmen! Wie Sie die für Ihre Situation passenden Schulungsmaßnahmen aufbauen, erfahren Sie in Abschnitt 4.6, »Schulungsunterstützung«.

Eine zielgruppengerechte Schulung für alle mit der implementierten Lösung arbeitenden Anwender ist ein wichtiger Erfolgsfaktor bei einer SAP-SuccessFactors-Einführung. Informationen zur Nutzung und Handhabung des Systems, vor allem aber auch Informationen zum unterstützten Prozess, stehen dabei im Mittelpunkt. Der Schulungsverantwortliche sollte, wie alle anderen Ressourcen, bereits zu Anfang in das Projekt involviert sein. Weitere Informationen zum Thema finden Sie ebenfalls in Abschnitt 4.6.

4.2.9 Change Manager

Die Aufgabe des *Change Managers* im Projekt ist es, alle Projektbeteiligten und alle durch das Projekt betroffenen Mitarbeiter eines Unternehmens über das Projekt zu informieren. Der Change Manager verdeutlicht, welche Änderungen auf sie zukommen und wie sie mit diesen Änderungen im Arbeitsalltag umgehen können (siehe Abschnitt 3.3, »Aufgaben im Projekt«). Der Change Manager stellt sicher, dass sowohl Projektinhalte und -vorgehen als auch die prozessualen Änderungen an alle betroffenen Mitarbeiter weitergegeben werden. Diese wissen, was geplant ist und warum es passieren wird. Darauf aufbauend, kann dann die Unterstützung für das Projekt sichergestellt werden.

Die Projektkommunikation schließt neben den globalen, für alle relevanten Aktivitäten auch lokale Änderungen und Auswirkungen des Projekts mit ein.

4.2.10 Projektsponsor

Der Projektsponsor unterstützt, in der Regel aus Sicht des höheren Managements oder der Unternehmensleitung, das Projekt. Er unterstützt in der Kommunikation des Projekts und der Projektziele in die Organisation hinein. Er kann zudem eine wichtige Rolle im Hinblick auf die Einbindung der unterschiedlichen Stakeholder spielen.

Je nach Aufbau Ihrer Projektorganisation kann der Projektsponsor auch derjenige sein, der die Projektiterationen freizeichnet.

4.3 Best Practice: Ablauf eines SAP-SuccessFactors-Projekts in der Praxis

Projekte für eine SAP-SuccessFactors-Implementierung werden durch ein agiles Projektvorgehen wesentlich unterstützt. SAP stellt dazu ein Vorgehensmodell bereit. Dieses Modell heißt aktuell SAP Activate und fasst die wesentlichen Schritte der Projektarbeit zusammen. Weitere Informationen dazu erhalten Sie unter *https://go.support.sap.com/roadmapviewer/#*, *https://www.sap.com/products/activate-methodology.html* und *https://go.support.sap.com/roadmapviewer/#/group//roadmapOverviewPage/METHCLDSF*.

Wir empfehlen Ihnen, dieses Modell als Basis für Ihre Projektarbeit zu wählen.

4.3.1 Phase 1: Entdecken

Wir empfehlen Ihnen das folgende Vorgehen (siehe Abbildung 4.1). Die Basis dafür bildet das SAP-Projektvorgehen. Das übergeordnete Projekt teilt sich in zwei wesentliche Phasen, die situativ ergänzt werden können.

In der ersten Phase kann Ihr Partner Ihnen innerhalb weniger Wochen in Ihrer eigenen Instanz eine Basisimplementierung von SAP SuccessFactors bereitstellen. Informieren Sie sich über die Partnerpakete (siehe *https://www.sap.com/germany/partner/partner-package-finder.html*), die für Sie infrage kommen. Alle für Sie relevanten Prozesse, ggf. die komplette Suite, werden Ihnen dann direkt von Anfang an bereitgestellt. Basierend darauf, schließt sich dann in einer zweiten Phase die Abstimmung zu Soll- und Ist-Prozessen an, und Sie erarbeiten gemeinsam das Delta, das in einer möglichen zweiten Phase bearbeitet werden soll. Die Vorteile, mit einer solch schnellen Lösung direkt zu starten, sind:

- Transparenz über Basisprozesse und Funktionen
- integrierte Nutzung aller relevanten Prozesse direkt von Anfang an

- Basierend darauf, entscheiden Sie über die weitere Vorgehensweise.
- Unternehmensbedarfe an Prozesse können geprüft und in Phase 2 der Umsetzung aufgenommen werden.
- Change-Management-Aktivitäten können passgenau das Projektvorhaben begleiten, sodass die Unternehmensorganisation auf die Veränderung bestmöglich vorbereitet ist.
- Option auf direkte produktive Nutzung, wenn die Standards zu Ihren Zielen passen

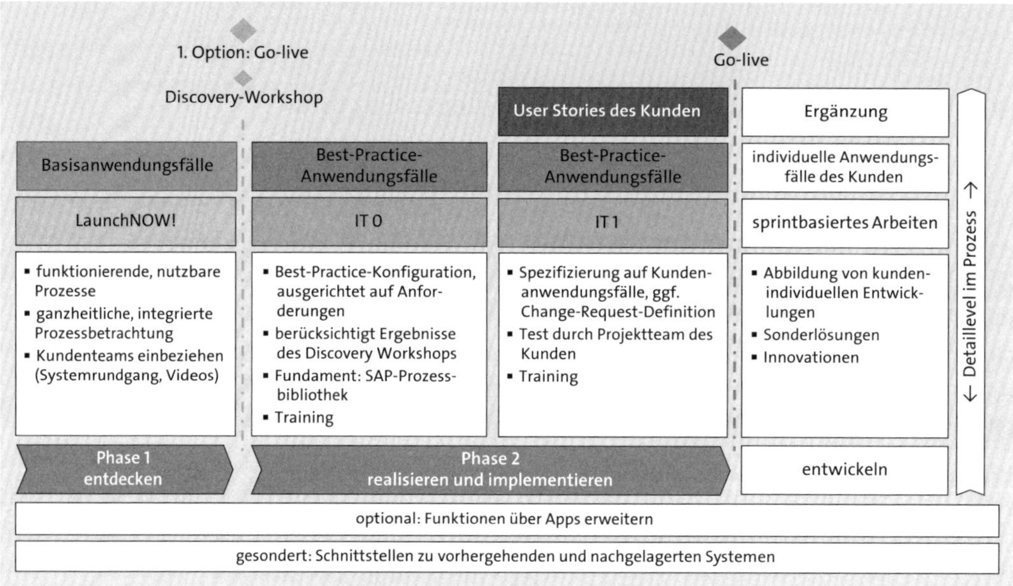

Abbildung 4.1 Phasen der Projektarbeit bei der Implementierung von SAP SuccessFactors

Erweiterungen über Apps

Im SAP App Center stehen Ihnen zahlreiche Apps zur Verfügung. Wird eine Ihrer Anforderungen in SAP SuccessFactors nicht abgedeckt, sollten Sie prüfen, ob hier bereits eine App vorhanden ist, die Sie unterstützen kann. Sollte das nicht der Fall sein, können Sie mit Ihrem Implementierungspartner über eine kundenspezifische Erweiterung sprechen.

4.3.2 Phase 2: Realisierung und Implementierung

Einige unserer Kunden gehen bereits mit Teileprozessen direkt produktiv. Genauso kann es aber auch sein, dass Sie nach dieser ersten Entdeckungsphase in eine zweite Projektphase eintreten.

In dieser Phase geht es dann darum, die Standards auf Ihre individuellen Anforderungen auszurichten und, wo notwendig, die benötigte Passgenauigkeit herzustellen. Ausgehend von der Projekterfahrung, unterstützt Ihr Implementierungspartner Sie dabei, die Anforderungen aufzunehmen. Wir empfehlen in dieser zweiten Phase folgendes Vorgehen:

- Nutzen Sie die SAP-Prozessbibliotheken.
- Setzen Sie praxiserprobte Best Practices ein.
- Arbeiten Sie mit ein bis zwei Iterationen. Oft wird in der ersten Iteration das Basis-Best-Practice-Set-up bereitgestellt. In einer weiteren Iteration besteht die Möglichkeit, die Standardanwendungsfälle zu justieren und Ihre spezifischen User Stories abzubilden.

[«]

Integrationen

Sowohl in der ersten als auch in der zweiten Phase Ihres Projekts haben Sie die Möglichkeit, SAP SuccessFactors mit vor- und nachgelagerten Systemen zu integrieren. Unterschätzen Sie bitte nicht den Integrationsaufwand! Der technische Aufwand ist zwar meist gering (5 % vom Integrationsaufwand), die Aufwände, die man benötigt, um sicherzustellen, dass die Daten semantisch richtig interpretiert werden, sind in der Regel vergleichsweise viel höher (95 % vom Integrationsaufwand). Ihr Implementierungspartner unterstützt Sie dabei.

4.3.3 Individuelles Vorgehen

Alternativ zum geschilderten Vorgehen gibt es auch die Möglichkeit für ein klassisches Projektvorgehen. Dabei nehmen Sie Ihre individuellen Anforderungen auf und setzen sie in einem auf Ihren Bedarf ausgerichteten Projektverlauf in zwei oder drei Iterationen oder nach Pflichtenheft um. Hier besteht die Gefahr, dass alte Prozesse nicht hinterfragt ins neue System gebracht werden, Vorteile des neuen Systems nicht genutzt werden, da sie nicht verstanden werden, und die Chance für eine zeitgemäße Überarbeitung der HR-Prozesse somit vertan wird.

Ihr Implementierungspartner wird Sie durch die Planung für ein solches Vorhaben leiten und mit Ihnen abstimmen, wie die einzelnen Phasen für Sie geplant werden.

Ein erfolgreiches Projekt zeichnet sich in der Regel durch die folgenden drei Merkmale aus:

1. die auf Best-Practice-Prozessen von SAP SuccessFactors basierenden Prozessempfehlungen und Umsetzungen (siehe Abschnitt 4.5, »Mit Best Practices arbeiten«)
2. das Arbeiten mit Anwendungsfällen zur Prozessaufnahme und die Nutzung von User Stories

3. die frühzeitige Übernahme von Verantwortung für die Instanz durch den Kunden, damit einhergehend sehr früh einsetzende begleitende, bedarfsgerechte Schulungsmaßnahmen für das Projektteam sowie darüber hinausgehende Schulungen für alle Benutzer der Software (siehe Abschnitt 4.6, »Schulungsunterstützung«)

Achten Sie darauf, dass Sie diese Themen bei Ihrem Vorgehen berücksichtigen.

Mythos »Best Practices«

Best Practices sind eine gute Orientierung und sehr hilfreich für die Diskussion und Aufbereitung Ihrer Anwendungsfälle, die Sie mit SAP SuccessFactors unterstützen möchten (siehe Abschnitt 4.4, »Mit User Stories und Anwendungsfällen arbeiten«). Sich daran zu orientieren ist daher sehr sinnvoll.

Dennoch: Es wird nicht funktionieren, wenn Sie Ihrem Implementierungspartner oder Beratungshaus sagen: »Zeigen Sie uns einfach die Best Practices, wir machen es dann so.« Das ist aufgrund der Vielzahl der möglichen Best-Practice-Herangehensweisen nicht möglich. Oft ist die Abstimmung der Best Practices eine eigene Beratungsleistung oder ein eigener Projektabschnitt, der vor der Entscheidung steht, welches Gesamtkonzept (Prozesse, Module und Zielgruppen) für Sie passend ist. Idealerweise berücksichtigen Sie, ausgehend von Ihrer Unternehmensstrategie und Ihren Zielen, Best Practices und Anwendungsfälle in Ihrer Entscheidung für die zu implementierende Lösung. So stellen Sie sicher, dass das, was Sie implementieren, zu Ihrem Unternehmen und Ihrer Strategie passt.

Umgekehrt wird auch deutlich, dass es nicht – oder nur in seltenen Ausnahmefällen – funktionieren kann, wenn Ihr Implementierungspartner Ihnen anbietet, ohne vorherige Analyse eine Best-Practice-Implementierung durchzuführen, um Beratungsarbeit zu sparen und eine kostengünstige Lösung einzuführen. Sie werden so mit hoher Wahrscheinlichkeit »an Ihren Bedarfen vorbei« implementieren und lizenzieren.

4.4 Mit User Stories und Anwendungsfällen arbeiten

Oft erfolgt die Aufnahme Ihrer Anforderungen in einem SAP-SuccessFactors-Projekt noch durch die von SAP SuccessFactors den Implementierungspartnern zur Verfügung gestellten Workbooks.

Überlassen Sie die Workbooks Ihrem Implementierungspartner!

Workbooks bei SAP SuccessFactors sind komplexe Dateien, in denen die Konfigurationseinstellungen für eine SAP-SuccessFactors-Instanz festgehalten werden. Die Dokumentation von Prozessen oder Anwendungsfällen ist darin nicht oder nur sehr unzureichend möglich. Unserer Erfahrung nach würden Sie in das Ausfüllen der Workbooks viel Zeit investieren, ohne einen weiteren Mehrwert für Ihr Projektvorhaben oder Ihren Prozess zu gewinnen. Oft verstellt der Fokus auf das Workbook auch den Blick auf den tatsächlichen Bedarf, den Sie haben, und Sie laufen Gefahr, Wesentliches zu übersehen. Dies kann dann auch zu teuren Change Requests im weiteren Projektverlauf führen.

Lassen Sie sich daher nicht auf einen Workbook-Ansatz ein. Der Implementierungspartner kann und soll Ihre Sprache sprechen, Ihren Bedarf aufnehmen und abbilden.

Zur Aufnahme Ihrer Anforderungen ist jedoch die Arbeit mit User Stories und Anwendungsfällen unserer Erfahrung nach effizienter und anwenderfreundlicher.

4.4.1 User Stories

Eine User Story ist eine kurz gehaltene und in Umgangssprache formulierte Anforderung an eine Softwarelösung. User Stories sind sehr gut geeignet, um Anforderungen an einen Prozess zu erfassen. Sie fassen in der Ich-Perspektive aus Sicht einer Rolle, z. B. der des Managers, zusammen, was diese Rolle im (neuen) Prozess machen möchte. User Stories ermöglichen es Ihnen, auf eine unkomplizierte Weise aufzunehmen, was Mitarbeiter, die eine Rolle ausfüllen, als wesentliche Anforderungen an einen Prozess haben. Sie schreiben auf, was sie machen möchten, stellen Screenshots bereit und können kommentieren (siehe Abbildung 4.2).

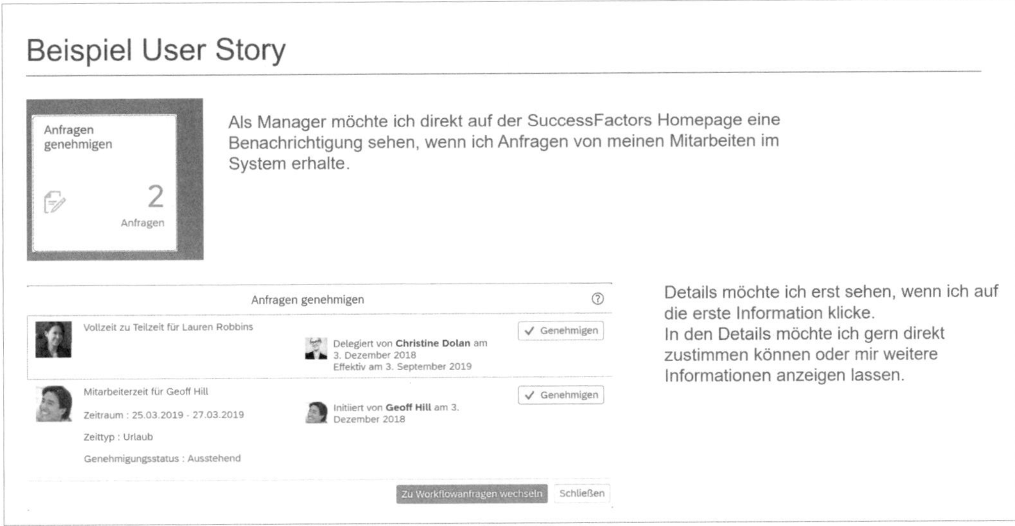

Abbildung 4.2 User Stories – Beispiele

Im Zusammenspiel mit Anwendungsfällen erhalten Sie so eine sehr gute Basis für Ihre Projektarbeit und die Ausgestaltung der Prozesse. Im Anwendungsfall konkretisieren Sie dann in strukturierter Form die Anforderungen.

4.4.2 Bestandteile eines Anwendungsfalls

Ein Anwendungsfall macht die relevanten Schritte greifbar, die notwendig sind, damit Prozessbeteiligte ein fachliches Ziel erreichen. Er dient dazu, Anforderungen an einen Prozess oder einen Prozessschritt in eine einheitliche Struktur zu bringen und einen Überblick über die bestehenden Anforderungen zu schaffen, sowie dazu, die ausgearbeiteten Prozessschritte zueinander in Beziehung zu setzen. Zusätzlich hilft die Arbeit mit Anwendungsfällen, die Anforderungsaufnahme von technischen Anforderungen zu lösen (»Wir brauchen eine blaue Schaltfläche!«) und sich auf den Prozess selbst zu konzentrieren.

Ein Anwendungsfall besteht aus den immer gleichen Informationen, die auch in Abbildung 4.3 zu sehen sind:

- *Ziel* – Was soll erreicht werden?
- *Akteure* – Wer ist beteiligt?
- *Auslöser* – Wodurch wird ein Anwendungsfall ausgelöst, was ist der Ausgangspunkt?
- *Teilschritte* – Welche Teilschritte definieren einen Anwendungsfall?
- *Abhängigkeiten* – Welche Schnittstellen oder Abhängigkeiten zu/von anderen Anwendungsfällen gibt es?
- *Alternativen* – Welche alternativen Lösungswege gibt es?

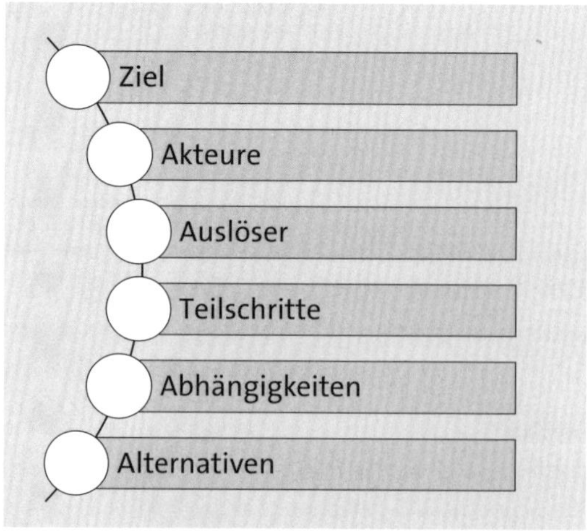

Abbildung 4.3 Inhalte eines Anwendungsfalls

Wenn Sie in der Prozessaufnahme und in der Anforderungsaufnahme mit Anwendungsfällen arbeiten, haben Sie die Möglichkeit, auf einer recht groben Ebene in das Gespräch einzusteigen. Auf diesem Wege können Sie sehr schnell ein gemeinsames Verständnis entwickeln – über alle Entscheidungsebenen im Unternehmen hinweg und auch zusammen mit dem Implementierungspartner. Für Letzteren sind diese Anwendungsfälle auf oberster Ebene eine gute Möglichkeit, in die grundlegende Best-Practice- Konfiguration einzusteigen. So kann er das System in einer Grundkonfiguration für Sie zugänglich machen, die schon für Sie wichtige Anforderungen abbildet.

In den weiteren Phasen des Projekts haben Sie die Möglichkeit, die Anwendungsfälle immer weiter auszuarbeiten und zu präzisieren. Mit dem Reifegrad der Anwendungsfälle steigt von Iteration zu Iteration der Reifegrad der Implementierung. Hier geleistete Arbeit können Sie in den folgenden Projektphasen und im Betrieb einsetzen.

4.4.3 Unterstützung der iterativen Projektarbeit durch Nutzung von Anwendungsfällen und User Stories

Im Folgenden stellen wir Ihnen vor, wie Sie mit User Stories und Anwendungsfällen in der ersten Anforderungsaufnahme arbeiten. Beide unterstützen Sie dann auch in möglichen Iterationen Ihres Implementierungsprojekts für Schulungs- und Testzwecke sowie im Support der produktiven SAP-SuccessFactors-Lösung. Typische Bereiche, in denen User Stories und Anwendungsfälle die Grundlage für weiterführende Aktivitäten sind, führen wir im Folgenden auf:

- **Anforderungsaufnahme**
  - Definition der Ziele
- **Implementierung**
  - Validierung der Umsetzung
  - Ableitung von Arbeitspaketen
- **Schulung**
  - Grundlage für Schulungsunterlagen
  - Schulung anhand kundeneigener Prozesse
- **Test**
  - Verifizierung der Implementierung
- **Support**
  - Erkennen von Fehlern
  - Ableitung von Schulungsmaßnahmen
  - Ableitung von Change Requests

Erste Anforderungsaufnahme – Überblicksebene

Am Anfang eines Projekts, in dem fachliche Prozesse durch eine Softwarelösung unterstützt werden sollen, steht die Anforderungsaufnahme. Folgende Fragen sollten Sie sich dazu stellen:

- Welche Ziele sollen erreicht werden?
- Welche Geschäftsprozesse sollen unterstützt werden?
- Wer ist an den Prozessen beteiligt?

Beschäftigen Sie sich zu Beginn Ihres Projekts mit den wichtigen Anwendungsfällen, die durch das System unterstützt werden sollen. Vielleicht starten Sie damit auch schon vor Projektbeginn.

Wir empfehlen Ihnen, eine erste, überblickshafte Zusammenstellung Ihrer User Stories bereits vorbereitet zu haben, bevor Sie in die konkrete Projektarbeit starten. Dafür geben Sie kurz und auf einem hohen Abstraktionslevel für den relevanten Prozess die Antworten auf die folgenden Fragen:

- *Ziel* – Was soll erreicht werden?
- *Akteure* – Wer ist beteiligt?
- *Auslöser* – Was ist der Ausgangspunkt für einen Anwendungsfall?

Wo es einfach möglich ist, halten Sie bereits fest, welche Teilschritte Bestandteil des Anwendungsfalls sind. Eventuell können Sie auch schon Anmerkungen zu Abhängigkeiten und alternativen Lösungswegen festhalten.

Der daraus entstehende Überblick hilft Ihnen bei der Auswahl des Implementierungspartners, mit dem Sie auf Basis dieser Informationen in den Austausch einsteigen können. So können Sie z. B. gut erfragen, ob der Partner fundierte Erfahrungen in der Unterstützung der für Sie wichtigen Anwendungsfälle hat.

Unverzichtbar sind die Anwendungsfälle auf Überblicksebene dann in der Projektphase der Anforderungsaufnahme zur Erstellung der Leistungsbeschreibung durch Ihren Implementierungspartner. Mit ihrer Hilfe können Sie sicherstellen, dass Ihre Anforderungen auch in den Projektleistungen des Partners enthalten sind.

Intern können Sie die zusammengestellten Informationen nutzen, um sicherzustellen, dass Auftraggeber und ggf. Stakeholder dem Projektinhalt zustimmen. Darüber hinaus kann auf dieser Basis die Kommunikation an die Endanwender vorbereitet werden.

Einsatz von Anwendungsfällen in der Konfiguration

Beginnend mit der Best-Practice-Konfiguration des Systems, werden Ihre unternehmenseigenen Anwendungsfälle ein wichtiger Bestandteil für die Arbeit im Projekt. In der Best-Practice-Konfiguration lernen Sie die durch SAP SuccessFactors mitgegebene Systemunterstützung für die für Sie relevanten Prozesse kennen.

Damit Sie prüfen können, ob die Best Practices auch zu Ihren Best Practices werden, müssen Sie sie mit Ihren Anforderungen abgleichen. Das geht am einfachsten, indem Sie Ihre Anwendungsfälle dafür nutzen. In der Projektphase der ersten Iteration gleichen Sie ganz konkret die Best Practices mit Ihren unternehmenseigenen Anforderungen ab.

Die Anwendungsfälle auf Überblicksebene verfeinern Sie weiter, bis diese voll ausgearbeitet sind und in vollem Umfang die weiter vorne genannten Punkte abdecken.

In der zweiten Iteration können Sie dann auf dieser Basis erhärten, dass alle Ihre unternehmensseitigen Anforderungen in der Konfiguration des Systems berücksichtigt wurden.

[«]

Zusammenspiel von Projektphasen und Anwendungsfällen

Nutzen Sie in einem auf unserem Best-Practice-Projektvorgehen basierenden Projekt Anwendungsfälle, dann begleiten diese Sie durch sämtliche Phasen des Projekts und auch später in Nachschulungen und im Betrieb. Sie können also auf den einmal investierten Aufwänden viele Themen rund um die Implementierung und den Betrieb des Systems aufbauen. Hier investierte Zeit zahlt sich im weiteren Nutzungsverlauf aus!

Anwendungsfälle als Basis für Schulungen

Wir empfehlen Ihnen, sich bereits direkt zu Beginn des Projekts mit dem System und seinen Prozessen vertraut zu machen. Je nach Ausgangssituation in Ihrem Unternehmen entscheiden Sie, ob Schulungen im Kontext Ihres Projekts für Sie relevant sind (siehe Abschnitt 4.6, »Schulungsunterstützung«). Entscheiden Sie sich für Schulungen, dann ist eine ausführliche Schulung zum System aus Anwendersicht in der ersten Iteration sinnvoll. Dies hat den Vorteil, dass Sie ganz konkret anhand der für Ihr Unternehmen wichtigen Abläufe und Fragestellungen geschult werden. Gerade am Anfang, wenn Sie sich noch wenig im System und mit seiner Prozessunterstützung auskennen, ist dies sehr hilfreich.

Sind die Anwendungsfälle weiter ausgearbeitet, ist auch der Reifegrad der Konfiguration weiter fortgeschritten. Sie können also auch weitere Schulungen, z. B. auch die für Endanwender, darauf aufbauen und so von der einmal geleisteten Arbeit profitieren.

Stellen Sie während der produktiven Nutzung des Systems, z. B. über eine Häufung identischer Support-Anfragen, fest, dass es Bedarf für weitere Schulungen gibt, helfen

Ihnen die Anwendungsfälle ebenfalls, die Schulungen vorzubereiten und die Schulungsinhalte zur Verfügung zu stellen.

Anwendungsfälle für Tests

Ähnlich wie für die Schulungsunterstützung können Sie auch für die Unterstützung Ihrer Testaktivitäten auf die Anwendungsfälle zurückgreifen. Da die Anwendungsfälle mit dem Reifegrad der Implementierung mitwachsen, können sie so in jeder Projektphase optimal zur Unterstützung genutzt werden.

Haben Sie Ihre Anwendungsfälle komplett ausgearbeitet, können Sie daraus sehr einfach Ihre Testfälle sowie die erwarteten Testresultate ableiten. Beides können Sie dann für Ihre eigenen Tests nutzen. Arbeiten Sie mit einem Testcenter zusammen, können Sie darauf basierend die notwendigen Testaktivitäten beauftragen.

Testen Sie später im Kontext von Releases (siehe Abschnitt 19.3, »Release-Management«), ob Ihre Prozesse weiterhin erwartungsgemäß unterstützt werden, können Sie ebenfalls die aus den Anwendungsfällen abgeleiteten Testpläne nutzen.

Anwendungsfälle für Support

In den Anwendungsfällen halten Sie fest, wie die Prozesse in Ihrem Unternehmen gestaltet sind. Haben Sie Ihr Projekt beendet und befinden sich in der produktiven Nutzung des Systems, können Sie die Anwendungsfälle für Support-Aktivitäten nutzen.

In den Anwendungsfällen sind die für Sie relevanten und gültigen Anforderungen und Funktionen beschrieben, aus denen Sie – idealerweise als »Abfallprodukt« der Testserien in den Iterationen – sehr einfach Checklisten für den Support ableiten können. So kann sehr schnell geprüft werden, ob es sich tatsächlich um einen Fehler handelt oder ob der sich meldende Benutzer nur einen vermeintlichen Fehler sieht und er weitere Informationen zum Prozess oder zur Systemnutzung benötigt.

4.5 Mit Best Practices arbeiten

Best Practices sind Erfolgsrezepte, die in der Praxis erprobte und bewährte Vorgehensweisen, Prozesse oder Methoden abbilden. Die Best-Practice-Prozesse bei SAP SuccessFactors sind Implementierungsvorschläge für die Lösung, die allgemein als die sinnvollste Umsetzungsvariante für einen Prozess anerkannt ist. Wir empfehlen Ihnen, sich direkt zu Anfang eines Projekts durch Ihren Implementierungspartner über die für Sie relevanten Best-Practice-Lösungen von SAP SuccessFactors informieren zu lassen. Diese helfen Ihnen, gemeinsam mit Ihren unternehmenseigenen Anwendungsfällen, die für Ihr Unternehmen beste Prozessunterstützung zu finden.

Erwarten Sie jedoch keinen vollständigen Katalog mit ausformulierten Best-Practice-Lösungen, die Sie vor Projektstart einfach durchblättern können und die von Beginn an »perfekt« zu Ihren Anforderungen passen. Die optimale Passform ergibt sich im iterativen Auseinandersetzen zwischen Ihren Anforderungen und den Möglichkeiten der Plattform. Aufgrund der Vielzahl an Best-Practice-Elementen entsteht im Endergebnis, nach mehreren Iterationen, eine Best-Practice-Kombination für Ihr Unternehmen, die mit hoher Wahrscheinlichkeit einzigartig ist, aber dennoch ausschließlich oder fast ausschließlich auf Standardkomponenten aufbaut.

4.5.1 Best Practices nutzen

Sowohl in der Projektarbeit als auch im weiteren Betrieb der Lösung werden Sie vom Einsatz der Best Practices profitieren. Mehrwerte durch den Einsatz von Best Practices lassen sich in zwei wesentlichen Bereichen identifizieren (siehe Abbildung 4.4).

Abbildung 4.4 Mehrwerte von Best Practices

Durch Best Practices erfahren Sie einerseits, welche Prozessumsetzung allgemein als die sinnvollste anerkannt ist. Beziehen Sie sich darauf, um Ihre eigenen HR-Prozesse zu prüfen und ggf. zu optimieren. Im Folgenden finden Sie einige wichtige auf den Prozess selbst bezogene Mehrwerte:

- Wissensaufbau zu zeitgemäßen HR-Prozessen
- Einsatz von Prozessen, die nachgewiesen erfolgreich sind
- Nutzung integrierter Prozesse bzw. von Integrationspunkten zu weiteren Prozessen

- Abbildung schlanker und effizienter Prozessunterstützung
- Komplexitätsreduktion

Binden Sie den Process Owner und auch die Stakeholder in die Diskussion der Best Practices ein!

Andererseits profitieren Sie auch bei der Umsetzung in der Plattform. Hier lassen sich die folgenden Mehrwerte finden:

- Standardnähe und damit verbundene Upgrade-Fähigkeit für Releases
- Vermeidung erhöhter Support-Aufwände durch Individualentwicklung
- reduzierte und überschaubare Implementierungsaufwände

4.5.2 Best-Practice-Projekt und lokale Anforderungen

Setzen Sie auf eine Best-Practice-Konfiguration des Systems, haben Sie damit einhergehend die Möglichkeit, einen Unternehmensstandard für einen Prozess in SAP SuccessFactors zu definieren. Alle SAP SuccessFactors einsetzenden Einheiten Ihres Unternehmens nutzen das System dann nach diesem Best-Practice-Ansatz. Die Mehrwerte liegen auf der Hand:

- Schaffen eines einheitlichen Prozessverständnisses unternehmensweit
- einfaches Onboarding und Roll-out für weitere Organisationsteile
- einfache Orientierung für Mitarbeiter, die die Unternehmenseinheit nutzen
- Verringerung der Komplexität
- Unterstützung eines konsistenten unternehmensweiten Reportings

Wichtig ist, dass die HR-Strategie Ihres Unternehmens einen solchen Ansatz zur Standardisierung unterstützt (siehe Kapitel 2, »Abstimmung der Strategie«). Doch auch dann, wenn mit globalen Templates und standardisierten Prozessen gearbeitet wird, gibt es lokale Anforderungen, die entweder aus rechtlicher Sicht umgesetzt werden müssen oder die für die lokale Organisation wichtig und kritisch für die Systemnutzung sind (siehe Abbildung 4.5). Für einen Ansatz, der eine starke lokale Komponente in Prozessen fördert, gilt das umso mehr.

In der Praxis gibt es unserer Erfahrung nach immer Anpassungsbedarf, der umgesetzt werden muss – egal, ob Sie einen globalen oder lokalen Template-Ansatz wählen. In einer guten Implementierung werden Best Practices mit den nicht verhandelbaren Anforderungen und den weiteren Rahmenbedingungen der verschiedenen Organisationen des Unternehmens optimal zusammengeführt. Es wird immer kleinere Anpassungen an Best Practices geben. Diese helfen Ihnen oftmals, eine Akzeptanz der Lösung sicherzustellen oder auch die Zustimmung einzelner Stakeholder zu erlangen.

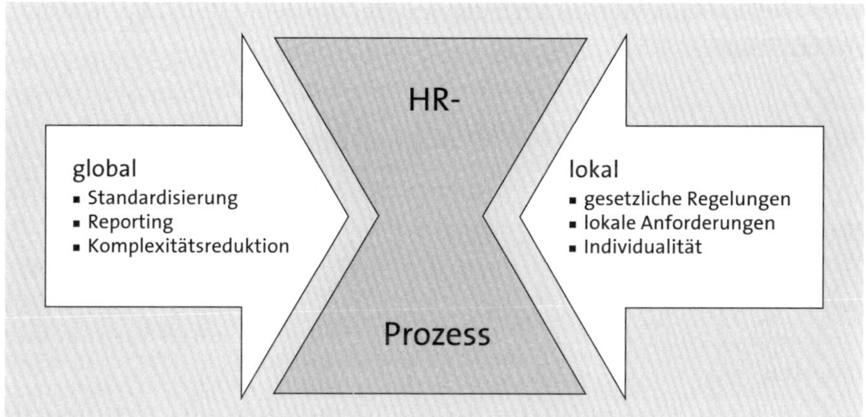

Abbildung 4.5 Globale und lokale Anforderungen wirken auf HR-Prozesse.

Wir empfehlen Ihnen, bereits im Vorfeld des Projekts festzulegen, anhand welcher Kriterien eine Lokalisierung eines allgemein akzeptieren Best-Practice-Ansatzes erfolgen kann. Definieren Sie darüber hinaus, wer die Kosten für eine solche Individualisierung trägt. In solchen Fällen empfehlen wir, die Kosten für die Individualisierung der beantragenden Einheit anzutragen (siehe Abschnitt 2.5, »Best Practice: Verankerung des Globalen im Lokalen«). Stellen Sie in einem solchen Fall auch sicher, dass die vorgenommenen Änderungen für den Support gut dokumentiert sind. Auch in Tests, sowohl im Projekt als auch bei Upgrades, müssen lokale Besonderheiten berücksichtigt werden.

4.6 Schulungsunterstützung

Cloud-Lösungen wie SAP SuccessFactors wird oft nachgesagt, dass sie ohne Schulungsaufwände eingeführt werden können. Je nach Zusammensetzung der Anwendergruppen, Kenntnis über die Prozesse und Hintergründe und z. B. Webaffinität der Nutzer kann das funktionieren.

Führen Sie neue Prozesse im Unternehmen ein, die zudem auch noch über eine im Unternehmen nicht bekannte Software wie SAP SuccessFactors unterstützt werden, empfehlen wir Ihnen, genau zu prüfen, ob Sie tatsächlich auf Schulungen verzichten können. Ob Sie ohne Schulungen auskommen, können Sie gut mit einer kleinen Pilotgruppe testen. Abhängig davon, ob sich die Mitglieder dieser Pilotgruppe in Prozessen und Systemen zurechtfinden, planen Sie das weitere Vorgehen.

Entscheiden Sie sich dafür, Schulungen in Ihrem Unternehmen zur Begleitung eines SAP-SuccessFactors-Projekts zu nutzen, haben Sie verschiedene Möglichkeiten, sowohl den im Projekt Beteiligten als auch den Anwendern des Systems das relevante Wissen zu vermitteln.

4.6.1 Möglichkeiten für Wissensvermittlung und Übung

Zu Beginn eines Projekts erhalten Sie im Kontext der Besprechung der Standardprozesse und/oder der Best-Practice-Fälle erste Informationen zum System. SAP bietet Ihnen im SAP SuccessFactors Admin Learning Center (zugänglich für SAP-SuccessFactors-Kunden, siehe: *https://d.dam.sap.com/a/kJKa4cX/SFALC_Access_Guide.pdf*) stets aktuelle Inhalte und Trainings an. Wir empfehlen Ihnen, diese als Basis für Ihre Arbeit zu nutzen.

Die sogenannte *Project Team Orientation* bereitet Ihr Team sehr gut auf die Projektarbeit vor. Lernpfade bis hin zum akkreditierten Experten stehen für Sie im Learning Admin Center bereit und unterstützen Sie auch nach Projektende bei der Arbeit mit und der Erweiterung von SAP SuccessFactors.

Es gibt verschiedene Herangehensweisen, um den relevanten Rollen Wissen zu vermitteln, die sich in ihrer Strukturiertheit unterscheiden. Von wenig strukturiert bis stark strukturiert unterscheiden wir die folgenden Möglichkeiten, die wir Ihnen in diesem Abschnitt näher vorstellen:

- Training »on the job«
- Coaching
- Schulungen

Training »on the job«

Beim Training »on the job« nutzen Sie die Arbeit im Projekt, um direkt im Austausch mit Ihrem Implementierungspartner Wissen aufzubauen. Diese Art von Training ist in der Regel in Ihrer Implementierung enthalten und fokussiert sich auf die Nutzung und Unterstützung der Prozesse in Ihrer Instanz. Sie befähigt dazu, grundlegende Bereiche des eingeführten Prozesses im Betrieb übernehmen und unterstützen zu können, und wird nach Bedarf und nach Vereinbarung durchgeführt.

Coaching

Im Coaching mit Experten zu individuellen fachlichen Themen können Sie speziell für Ihre Situation relevantes, zusätzliches Wissen aufbauen. In einem Coaching arbeiten Sie mit Experten konkret an einzelnen kundenspezifischen Themen. Diese Art von Wissensvermittlung ist oftmals nicht in den Implementierungsangeboten enthalten, kann aber hinzugebucht werden.

Schulungen

Schulungen können in unterschiedlichen Formen angeboten werden:

- **Selbst gesteuerte Onlineschulungen**
  Diese Schulungen werden kostenfrei z. B. über die SAP-SuccessFactors-Community, aber auch individuell für Sie erstellt. Sie können Schulungen auch direkt in Ihre eigene SAP-SuccessFactors-LMS-Umgebung einstellen oder *SAP Enable Now* nutzen, um Schulungen/Hilfen direkt in SAP SuccessFactors kontextspezifisch zur Verfügung zu stellen.
- **Standardisierte Präsenzschulungen**
  Präsenzschulungen, die den SAP-SuccessFactors-Standard vermitteln, können kostenpflichtig über SAP bezogen werden.
- **SuccessFactors eXpert (SFX) Accreditation Program**
  Standardisierte SAP-SuccessFactors-Schulungen für Administratoren, die in Zertifizierungen münden, werden ebenfalls über SAP angeboten. Weitere Informationen dazu erhalten Sie unter anderem in der Customer Community (siehe *https://d.dam.sap.com/a/HNTKkyZ/Training_SFX_Overview_Customer.pdf*).
- **Individuelle Schulungen**
  Auf Ihre Bedarfe ausgerichtete Schulungen können Sie in der Regel über Ihren Implementierungspartner oder auch durch interne Experten durchführen lassen.
- **Printmaterial**
  Flyer, Klickanweisungen oder Fachbücher können den Start in die Nutzung erleichtern, wenn sie direkt am Arbeitsplatz verfügbar sind und so andere Schulungen anreichern.

Die passende Schulungsvariante hängt stark von den Voraussetzungen im Unternehmen, von den eingebundenen Rollen und letztlich auch von den persönlichen Präferenzen und der individuellen Motivation ab.

Videoansprache an die Mitarbeiter

Führen Sie einen neuen SAP-SuccessFactors-gestützten Prozess ein, überzeugt es oftmals Mitarbeiter, wenn ein Mitglied der Unternehmensführung in einer kurzen, z. B. auf der SAP-SuccessFactors-Startseite oder im Intranet veröffentlichten, Ansprache erklärt, warum ein neuer Prozess wichtig für das Unternehmen ist und wie die Mitarbeiter ihn nutzen können und sollen.

4.6.2 Zielgruppenspezifische Inhalte: Softwarenutzung und Prozesswissen

Für eine Schulung zu einem SAP-SuccessFactors-unterstützten Prozess sind üblicherweise zwei inhaltliche Komponenten relevant. Dies sind die Schulung zur Softwarenutzung selbst und die Schulung in Bezug auf das relevante Prozesswissen. Je nach Situation in Ihrem Unternehmen kann es sein, dass Sie für beide Inhaltsbereiche unterstützende Schulungen anbieten oder aber nur in einem der beiden Bereiche tätig werden. Letzteres ist oftmals der Fall, wenn Anwendern das SAP-SuccessFactors-System bereits bekannt ist und Sie einen neuen Prozess einführen.

Für beide Bereiche empfehlen wir Ihnen, zielgruppenspezifische Inhalte zur Verfügung zu stellen. Zur Erstellung dieser Inhalte können Sie auf die bereits definierten Anwendungsfälle zurückgreifen (siehe Abschnitt 4.4, »Mit User Stories und Anwendungsfällen arbeiten«). Diese sind im Projekt in den verschiedenen Phasen gereift und zusammen mit den Checklisten für den Support eine ideale Voraussetzung für die Erstellung der Trainingsinhalte, da sie exakt auf die Bedarfe Ihres Unternehmens ausgerichtet sind.

Softwarenutzung

Im Kontext eines Schulungsbestandteils zur Softwarenutzung gehen Sie, idealerweise in Ihrer eigenen Instanz, auf die Software selbst ein und erklären deren Handhabung. Das Ziel ist dabei, den Schulungsteilnehmern zu zeigen, wie die Software bedient wird und welche Möglichkeiten der Anpassung (z. B. der Sprache) ihnen in ihrer Rolle (z. B. »Mitarbeiter«, »Vorgesetzter«, »HR-Business-Partner«, »globaler Administrator«) zur Verfügung stehen.

Nach dieser Schulung sollten die Anwender selbstständig im System navigieren können und wissen, wie sie an die für sie relevanten Stellen des Systems gelangen. Dieser Aspekt einer Schulung hat unseren Erfahrungen nach oftmals eine geringere Relevanz als die Schulung zum Prozesswissen.

Prozesswissen

Werden neue Unternehmensprozesse eingeführt, dann ist es häufig sinnvoll und hilfreich, dies durch Schulungen für die Beteiligten in diesen Prozessen zu unterstützen. Für Anwender kann so das Verständnis für einen Prozess vermittelt werden; sie erfahren, was und wie etwas gemacht wird, warum es geschieht und wie es z. B. zur Erreichung der Unternehmensziele beiträgt. Zudem erfahren sie, worin ihre Rolle in diesem Prozess besteht. Unserer Erfahrung nach lässt sich durch solche Schulungen die Bereitschaft zur Nutzung des Systems erhöhen, gerade auch dadurch, dass die Anwender das System als »ihr eigenes« kennenlernen.

Zielgruppenspezifische Ausrichtung

Entscheiden Sie sich für die Einbindung von Schulungsmaßnahmen in Ihr SAP-SuccessFactors-Projekt, dann empfehlen wir Ihnen, eine zielgruppenspezifische Ausrichtung zu wählen. Beispiele für Zielgruppen, die ggf. individuell zu adressieren sind, sind:

- Mitarbeiter (unterschiedliche Zielgruppen können Mitarbeiter im Angestelltenbereich sowie im gewerblichen Bereich sein)
- Vorgesetzte
- HR-Mitarbeiter oder HR-Business-Partner
- Unternehmensführung/gehobenes Management
- Process Owner
- Betriebsrat
- Projektgruppe
- fachliche (HR) und technische (IT) Administratoren
- Support-Organisation

Für jede dieser Interessengruppen ist eine unterschiedliche Zusammenstellung der Inhalte interessant. Richten Sie die Inhalte der jeweiligen Schulungen daran aus, was die jeweiligen Beteiligten in Ihrem Prozess üblicherweise machen. Für die Unternehmensführung kann z. B. ein Schwerpunkt in der Nutzung des Berichtswesens liegen, während für Mitarbeiter und Vorgesetzte die konkrete Nutzung eines Prozesses im Fokus stehen kann.

4.6.3 Best Practice: Wissensvermittlung und Schulungsbegleitung für das Projektteam in einem Implementierungsprojekt

Sie können bereits in der Planung der einzelnen Phasen mit Ihrem Implementierungspartner gemeinsam fixieren, welche Informationen für das Projektteam zu welchem Zeitpunkt relevant sind und vermittelt werden sollten. Auf diese Weise erhalten Sie unserer Erfahrung nach auch für die weitere Projektarbeit einige Vorteile:

- **Passgenaue Schulungen für das Projektteam**
  Sie erreichen passgenaue Schulungen, da der Implementierungspartner vertiefte Kenntnisse des Kundensystems sowie der für den Kunden relevanten Prozesse hat.
- **Mitwachsen der Schulungsinhalte**
  Schulungsinhalte wachsen gemeinsam mit dem Reifegrad der Anwendungsfälle und der Implementierung, die einzelnen Aspekte greifen sehr gut ineinander.
- **Zu Ihren Anforderungen passende Form der Schulung**
  Implementierungspartner sind in der Regel flexibel darin, Trainings online oder vor Ort anzubieten. Oftmals ist es auch möglich, Trainings nicht nur in Deutsch, sondern zumindest in Englisch, wenn nicht sogar in weiteren Sprachen, zu erhalten.

- **Effiziente Gestaltung des Implementierungsprozesses**
  Da Sie die Beteiligten kontinuierlich sowohl in die Implementierung als auch die Trainingserstellung einbinden, können Sie gleich an mehreren Stellen Mehrwerte erzeugen. Dies ist gerade dann der Fall, wenn Sie in Ihrem Projekt Anwendungsfälle nutzen.
- **Begleitende Schulungsmaßnahmen**
  Durch begleitende Schulungsmaßnahmen erhöhen Sie in der Regel die Akzeptanz des Systems in den relevanten Zielgruppen.

[+]

Schulungsinhalte und Tipps einbinden

Nutzen Sie SAP Enable Now (siehe *https://www.sap.com/germany/products/enable-now.html*). Enable Now erlaubt Ihnen die Integration von Schulungsinhalten/Tipps direkt in die SAP-SuccessFactors-Webseiten, kontextspezifisch und auf die Rollen abgestimmt.

4.6.4 Wissensweitergabe und Schulung in der produktiven Nutzung

Insbesondere im Zusammenhang mit der kontinuierlichen Veränderung der SAP-SuccessFactors-Plattform und damit auch Ihrer SAP-SuccessFactors-Landschaft ist es eine Herausforderung, auch nach Projektende auf dem aktuellen Stand zu bleiben. Materialien und Onlineseminare in der SAP-SuccessFactors-Community und die Release-Notes helfen Ihnen dabei, die Kenntnisse der unternehmensinternen Administratoren, sowohl in der HR- als auch in der IT-Abteilung, auf dem aktuellen Stand zu halten.

Dennoch muss das Wissen auch in die Unternehmensorganisation weitergegeben werden. Process Owner, Support-Mitarbeiter und Anwender müssen über die Änderungen informiert werden, die in Ihrer Instanz durchgeführt werden.

[»]

Rechtzeitige Vorbereitung der relevanten Änderungen

Denken Sie auch daran, systemseitige Änderungen, insbesondere, wenn diese größere Auswirkungen haben, rechtzeitig mit den unterschiedlichen Process Ownern und ggf. auch mit den weiteren Rollen im Prozess gemeinsam vorzubereiten (siehe Abschnitt 19.1, »Hinweise zum Support«).

Um die Anwender Ihrer Organisation auf dem aktuellen Stand zu halten, bieten sich verschiedene Möglichkeiten an. Sie können in Form eines Blogs oder auf einer Kollaborationsplattform Informationen bereitstellen. Hier können z. B. auch aktualisierte Schulungsunterlagen oder aufgezeichnete Videos verfügbar gemacht werden, in denen zielgruppenspezifisch über größere Änderungen informiert werden kann.

Wenn Sie SAP Jam (siehe Kapitel 16, »SAP Jam«) in Ihrem Unternehmen einsetzen, haben Sie natürlich auch in dieser Lösung die Möglichkeit, Ihre Anwender direkt im System mit Neuigkeiten zum System zu versorgen.

Selbstverständlich bietet sich ein solches Vorgehen nicht nur dann an, wenn sich die SAP-SuccessFactors-Lösung ändert, Sie können es auch dann nutzen, wenn Sie sich über Änderungen des Prozesses informieren möchten.

In SAP Jam oder einer ähnlichen Kommunikationsform haben Sie dann auch eine ideale Möglichkeit, weitere Informationen zu verteilen. Hier können Sie z. B. auch Folgendes anbieten:

- Tipps und Tricks für unterschiedliche Zielgruppen
- Foren zum Austausch der Zielgruppen untereinander
- Information über Schulungsangebote für Seltennutzer zur Auffrischung
- Klickanleitungen

SAP SuccessFactors eXpert (SFX) Accreditation Program

SAP bietet unter dem Stichwort *SuccessFactors eXpert Accreditation* Kunden die Möglichkeit, die eigenen SAP-SuccessFactors-Administratoren jährlich zertifizieren zu lassen. Dazu bietet SAP SuccessFactors standardisierte Schulungen für Administratoren an, die dann in einer ein Jahr gültigen Zertifizierung ihre Kenntnisse belegen können. Zertifizierten Administratoren stehen erweiterte Support-Möglichkeiten zur Verfügung, so ist z. B. eine bevorzugte Behandlung der Tickets geplant, die von zertifizierten Kunden erstellt wurden (siehe *https://d.dam.sap.com/a/HNTKkyZ/Training_SFX_Overview_Customer.pdf*).

4.6.5 Tipps für die Projektarbeit

Für Ihre Arbeit im Projekt empfehlen wir Ihnen, folgende Aspekte zu berücksichtigen:

- Erarbeiten Sie vorab eine Roadmap mit den relevanten angrenzenden Prozessen, z. B. Zugriffssysteme, Mailing, Zeitwirtschaft, Lohn/Gehalt, Reporting etc.
- Entwickeln Sie Schritt für Schritt Ihren von SAP SuccessFactors unterstützten HR-Prozess.
- Arbeiten Sie mit Best Practices von SAP SuccessFactors.
- Prüfen Sie Anforderungen lokaler Einheiten, die von den Best Practices abweichen, dort, wo diese notwendig sind (rechtliche Vorgaben) oder einen deutlichen Mehrwert bringen, der Ihnen die Unterstützung der lokalen Einheit sichert; prüfen Sie, unter welchen Rahmenbedingungen (z. B. Verrechnung der Kosten) die Abweichungen vom Process Owner und Projektleiter genehmigt werden können.

- Nutzen Sie Anwendungsfälle (siehe Abschnitt 4.4, »Mit User Stories und Anwendungsfällen arbeiten«).
- Berücksichtigen Sie Schulungsmaßnahmen, Testaktivitäten und Aufbau des Supports bereits von der ersten Projektphase an.
- Binden Sie HR- und IT-Abteilungen der zentralen und, wo notwendig, der lokalen Organisationen ein.

4.6.6 Gründe für das Scheitern von SAP-SuccessFactors-Projekten

Auch wenn dieses Thema in der Diskussion um Softwareeinführungen oftmals ausgespart wird, möchten wir Ihnen zeigen, welche Themen dazu führen können, dass SAP-SuccessFactors-Einführungen scheitern.

Isolierte, nicht integrierte Prozesse

Wenn Sie Prozesse implementieren, die isoliert sind, d. h. ohne fachliche oder technische Datenintegration, wird es schwer sein, mittel- und langfristige Mehrwerte zu schaffen, da viele Teilprozesse »nebenher« laufen. Solche Projekte werden in der Regel nach wenigen Jahren wieder gestoppt. Es gibt viele Unternehmen, die z. B. Talentmanagementsysteme als »Silos« implementieren, ohne die Informationen aus dem Talentmanagement für andere Prozesse wie die Vergütung zu nutzen, oder ein Leistungsmanagement implementieren, ohne dieses mit Gehaltserhöhungs- oder Bonus-Auszahlungsprozessen zu verknüpfen. Auch die Integration der HR-Daten als führendes System in verschiedene IT-Systeme (Mailing, Kollaboration, Prozesssteuerung) und Zugriffskontrollsysteme sollte als zentrale Aufgabenstellung geleistet werden.

Auswahl der Kunden

Orientieren Sie sich bei der Aufnahme von Anforderungen an Prozess und Lösung nur am Beitrag der HR-Abteilung, besteht die Gefahr, dass Sie die eigentlichen Kunden des Prozesses und des Systems, nämlich die Mitarbeiter und Vorgesetzten, aus den Augen verlieren und deren Anforderungen nicht berücksichtigt werden. Ein solches Vorgehen wirkt sich unter Umständen negativ auf die Akzeptanz und Nutzung des Systems aus.

Befragen Sie die eigentlichen Kunden nach ihren Anforderungen und Bedarfen! So stellen Sie sicher, dass Prozess und Lösungen in der produktiven Nutzung akzeptiert werden und Mehrwerte liefern. Auch die HR-Abteilung profitiert dann, weil ihre Kunden zufrieden sind. Weitere Vorteile sind z. B. auch eine hohe Datenqualität und Vollständigkeit der Daten, was die HR-Abteilung und das Unternehmen bei weiteren Prozessen und in der Berichterstattung unterstützt.

Fokus auf eine Benutzergruppe bzw. gezielter Ausschluss von Prozessbeteiligten

Widerstehen Sie der Versuchung, vordergründig ein System zu entwickeln, das schöne Übersichtsseiten für Vorstandspräsentationen erstellt. Natürlich sollten Sie aussagekräftige Berichte aus dem System bekommen. Aber wenn Sie Anforderungen haben, dass eine bestimmte Rolle »alle Informationen« zentral in einer Eingabemaske eingeben will, aus der heraus dann alle Berichte erstellt werden, dann sollten Sie hellhörig werden und prüfen, ob SAP SuccessFactors für Ihre Zwecke die richtige Lösung ist.

In einem solchen Szenario geht es meist darum, Daten zentral einzutragen, um aggregierte Berichte für die Vorstandsebene zu erstellen. Für diesen Anwendungszweck sollten Sie eine Lösung wählen, die primär Berichte erstellt. In SAP SuccessFactors geht es dagegen um Best-Practice-Prozesse mit mehreren beteiligten Rollen, inklusive Mitarbeitern, Vorgesetzten und HR-Abteilung. Die Prozesse laufen verzahnt ab, unterschiedliche Teilprozesse liefern Daten und Ergebnisse, die miteinander verknüpft werden und so eine sehr hohe Datenqualität liefern.

Eine Variante dieses Punktes ist gegeben, wenn in Ihrem Projekt nur von »einer Rolle« gesprochen wird. Wenn z. B. alle Prozesse und Daten ausschließlich von der Rolle HR bedient werden, besteht die große Gefahr, dass das volle Potenzial von Best-Practice-Prozessen nicht genutzt werden kann.

Passendes Projektvorgehen und Erwartungshaltung

Im On-Premise-Umfeld haben Sie die Möglichkeit, angebotene Lösungen stark zu modifizieren. Darin kann, je nach Ihren Anforderungen an eine Lösung, eine der Stärken eines On-Premise-Projekts und -Betriebs liegen. Im Laufe der Zeit ergibt sich daraus oft eine Eigendynamik mit hoch angepassten Lösungen, die weit vom Standard entfernt sind. Nehmen Sie den Funktionskatalog Ihrer bestehenden On-Premise-Lösung und möchten diesen in SAP SuccessFactors abgebildet haben, werden Sie in der Regel kein zufriedenstellendes Ergebnis erreichen. Der Einsatz von SAP SuccessFactors profitiert davon, dass zur Verfügung gestellte Best Practices angenommen werden können, ohne sie wesentlich zu verändern. Die Bereitschaft zur Transformation der bestehenden Prozesse ist damit unserer Erfahrung nach ein wesentlicher Erfolgsfaktor für die erfolgreiche Einführung von SAP SuccessFactors. Nur so profitieren Sie von den Mehrwerten der Best-Practice-Lösungen. Das ergibt sich auch aus folgendem Gedankengang: Warum sollten Sie eine Plattform oder Systeme wechseln, wenn Sie am Bestehenden keine Änderungen vornehmen wollen?

Unvollständiges Projektteam

Ein weiterer Indikator dafür, dass ein Projekt in die Gefahr gerät, nicht erfolgreich zu sein, könnte dann vorliegen, wenn entweder die HR- oder die IT-Abteilung nicht in das Projekt involviert ist. Unserer Erfahrung nach benötigen Sie beide Bereiche für ein erfolgreiches SAP-SuccessFactors-Projekt sowie für den anschließenden Betrieb (siehe Kapitel 3, »Voraussetzungen für ein erfolgreiches SAP-SuccessFactors-Projekt«).

Fehlende interne Projektressourcen und/oder lange Projektlaufzeit

Wenn die Implementierung eines Moduls/Prozesses mehr als sechs Monate benötigt, sollten Sie genau prüfen, ob Sie intern oder extern ausreichende Kapazität für das Projekt zur Verfügung haben. Unterschätzen Sie nicht die internen Ressourcen, die Sie für ein erfolgreiches Projekt benötigen. Sie benötigen intern mindestens Ressourcen in der gleichen Höhe wie der Implementierungspartner. Wenn Sie aber gleichzeitig neue Prozesse einführen, Change Management betreiben und z. B. HR-Instrumente wie Kompetenzbibliotheken international einführen wollen, dann können die internen Ressourcenanforderungen auch doppelt oder dreimal so hoch sein. Ihr Implementierungspartner kann Ihnen bei der Abschätzung helfen. Wenn Sie diesbezüglich unsicher sind, sollte die Abschätzung dazu vor dem Projektstart in einer eigenen Vor-Projektphase erfolgen.

Ausschließlicher Workbook-Ansatz

Wenn Sie mit einem Workbook-Ansatz arbeiten und der Implementierungspartner sich ausschließlich auf »abgezeichnete Workbooks« als Basis für die Abnahme der Leistungserbringung zurückzieht, besteht die Gefahr, dass Ihr Bedarf nicht ausreichend abgebildet wird.

Abgabe der Projektverantwortung an den Implementierungspartner

Wenn Sie dem Implementierungspartner die komplette Verantwortung und Arbeit in den Iterationen überlassen, müssen Sie damit rechnen, dass Sie die implementierte Lösung und die möglichen Varianten nur unzureichend verstehen, sich daraus dann nur eine suboptimale Lösung ergibt und Sie diese nach Übergabe in den Betrieb nicht eigenständig unterstützen und weiterentwickeln können. Wir empfehlen Ihnen, die Iterationen ab dem Start des Projekts aus prozessualer und technischer Sicht zu begleiten. Auf den aktuellen Projektstand abgestimmte Schulungen unterstützen Sie dabei.

Hohe Komplexität und massive Anpassungen des Standards

Im Laufe eines Implementierungsprojekts haben Sie in der Regel Hunderte Entscheidungen zu treffen. Wir empfehlen, im Zweifel immer die weniger komplexe Variante und die Variante, die näher am Standard der Best Practices ist, zu wählen.

Wenn Sie in die Situation kommen, dass Sie mit der »Brechstange« über aufwendige zusätzliche Integrationen und Konnektoren Funktionen zur Verfügung stellen müssen, dann ist die Wahrscheinlichkeit hoch, dass die Gesamtarchitektur nicht stimmt und Sie sich im Laufe des Projekts »verrannt« haben. Es bietet sich dann an, mit einem unabhängigen Systemarchitekten die Entscheidungen zu überprüfen.

Auch wenn Sie Ihre eigenen Anforderungen nur mithilfe großer Modifikationen oder Entwicklungen von Drittlösungen umsetzen können, sollten Sie die Gesamtkonstellation prüfen und überlegen, ob Sie den richtigen Ansatz verfolgen.

In einem SAP-SuccessFactors-Projekt sind Sie dann erfolgreich, wenn Sie die bestehenden Lösungen weitgehend annehmen können, eine umfangreiche Anpassung der bestehenden Lösungen, ähnlich dem oftmals in On-Premise-Projekten gewählten Vorgehen, ist für eine SAP-SuccessFactors-Nutzung nicht empfehlenswert.

Falscher Projektleitertyp

In Abhängigkeit von der Anzahl der prozessualen Veränderungen bietet es sich an, bei der Auswahl der internen und externen Projektleiter auf die Aspekte »Charisma« und »Struktur« zu achten. Anders als bei On-Premise-Projekten kann es in SAP SuccessFactors aufgrund der vielen agilen Änderungen notwendig werden, Projektleiter mit dem nötigen Charisma zu engagieren, weil dies in weiterer Folge die Überzeugungsarbeit im Projekt deutlich vereinfacht. Umgekehrt sollten Projektleiter mit einer höheren »Strukturkompetenz« gewählt werden, wenn es um Prozesse geht, die wenig oder keinen Veränderungen unterliegen werden.

Fehlende Einbindung globaler, regionaler und lokaler Stakeholder

Fokussieren Sie sich in Ihren Aktivitäten nur auf das direkte Umfeld Ihres Projekts, können Sie die für ein erfolgreiches Projekt sehr wichtigen regionalen und lokalen Unterstützer verlieren. Wir empfehlen Ihnen, diese Unterstützer in das Projekt mit einzubinden, etwa im Rahmen von Tests.

Auch Process Owner, deren Prozesse zunächst nicht im Fokus der Einführung stehen, sollten Sie einbinden. Vor- und nachgelagerte Prozesse und deren Verantwortliche können wertvolle Lieferanten für Anregungen, Anwendungsfälle und Unterstützer für das Change Management sein.

Fehlende oder unstrukturierte Tests

Die Qualität Ihrer Implementierung hängt auch davon ab, wie gut Sie getestet und z. B. Rückmeldungen gemeinsam mit dem Implementierungspartner in der zweiten Iteration zur Anpassung berücksichtigt haben. Testen Sie daher in vollem Umfang, soweit es der jeweilige Projektstand erlaubt.

Das bedeutet, dass Sie eine gute Teststruktur aufbauen (anhand der relevanten Anwendungsfälle) und dass Sie ein für Ihre Situation passendes Testteam (prozessübergreifend, global, regional, lokal) einsetzen.

[!]

Nach dem Projekt ist vor dem Projekt

Unterliegen Sie nicht der Versuchung, das Projekt nach einer definierten Phase abzuschließen und danach keine Änderungen mehr einzuplanen. Sie können SAP SuccessFactors nicht so stabil und starr betreiben, wie Sie es teilweise von On-Premise-Lösungen gewohnt sind. Der fachliche Wandel und die technischen und funktionalen Anpassungen müssen systematisch eingeplant werden. Die Phase nach dem Projekt wird daher aller Voraussicht nach nur kurz von einer neuen Phase »vor dem Projekt« unterbrochen, bevor dann wieder eine kürzere Projektphase kommt.

Kapitel 5
Stammdaten und Datenintegration

Eine gute Datenqualität und schlanke, nachvollziehbare Standards der Datenpflege sind Voraussetzungen für die Akzeptanz des Systems und Grundlage für performante HR-Prozesse. Die wesentlichen Informationen rund um das Thema Daten erhalten Sie im Folgenden.

Vor der Einführung eines globalen Systems wie SAP SuccessFactors werden Herausforderungen in der HR Arbeit oftmals lokal gelöst. So entstehen im Laufe der Zeit lokale Datenstandards für lokal optimierte HR-Prozesse. Mit der Einführung von SAP SuccessFactors, einer globalen Lösung, ändert sich dieses Vorgehen in der Regel. Die globale Sicht auf HR-Prozesse rückt in den Fokus; es muss bewusst entschieden werden, für welche Prozesse und Themen global agiert wird und an welchen Stellen lokale Erweiterungen zugelassen werden sollen.

[!]

Hinweis zum Kapitel

Die Ausführungen in diesem Kapitel gelten unter der Prämisse, dass Sie die Daten nicht in SAP SuccessFactors als global führendem System halten.

In diesem Kapitel zeigen wir Ihnen zunächst, welche Möglichkeiten Ihnen zur Verfügung stehen, um Mitarbeiterstammdaten für die Nutzung in SAP SuccessFactors bereitzustellen (siehe Abschnitt 5.1). Wir informieren Sie dann über die Möglichkeiten im Umgang mit heterogenen Daten und Datenquellen (siehe Abschnitt 5.2). Abschnitt 5.3 stellt Ihnen den ETL-Prozess mit der Extraktion, der Transformieren und dem Laden von Daten vor. Im Anschluss daran stellen wir Ihnen dann die Funktionen und Unterstützungsmöglichkeiten durch einen Middleware-Einsatz vor (siehe Abschnitt 5.4) und zeigen anhand von Best-Practice-Beispielen die konkreten Nutzungsmöglichkeiten für eine Middleware auf (siehe Abschnitt 5.5).

5.1 Mitarbeiterstammdaten in SAP SuccessFactors verfügbar machen

Es gibt unterschiedliche Möglichkeiten, Mitarbeiterstammdaten in SAP SuccessFactors verfügbar zu machen. Sofern SAP SuccessFactors Employee Central als führendes System im Einsatz ist, sind die Daten automatisch als Teil der abgebildeten Prozesse und führend in SAP SuccessFactors verfügbar. Die gängigsten Möglichkeiten, Daten in SAP SuccessFactors zur Verfügung zu stellen, wenn Sie SAP SuccessFactors nicht als führendes System verwenden, stellen wir Ihnen im Folgenden vor:

- **Manuelle Pflege der Daten in SAP SuccessFactors**
  Sie können Mitarbeiterstammdaten direkt und manuell in SAP SuccessFactors anlegen und pflegen. SAP SuccessFactors bietet dazu Funktionen, die eine händische, rudimentäre Pflege erlauben.
- **Manueller Upload der Daten über eine CSV-Datei**
  Aus SAP SuccessFactors heraus können Sie ein CSV-Template exportieren (über das Admin-Center), das es Ihnen ermöglicht, Daten in der von SAP SuccessFactors benötigten Form und Struktur manuell zu erfassen oder automatisch von anderen (IT-)Systemen befüllen zu lassen und dann in Form des Templates nach SAP SuccessFactors hochzuladen. Für eine kleinere Menge an Mitarbeiterstammsätzen (bis ca. 800 Stück) kann dies insbesondere für den Nutzungsstart von SAP SuccessFactors eine gute Möglichkeit sein.
- **Middleware-gestützter Upload der Daten**
  Eine Middleware, d. h. eine Software, die zwischen lokalen Vorsystemen und SAP SuccessFactors steht, kann Sie dabei unterstützen, heterogene Stammdaten aus lokalen Vorsystemen zu konsolidieren und dann automatisiert an SAP SuccessFactors weiterzugeben. Darauf gehen wir im Folgenden genauer ein, da diese Möglichkeit unserer Erfahrung nach häufig eingesetzt wird, um die benötigte Datenqualität sicherzustellen.
- **SAP-Konnektoren und Middleware**
  Wenn Sie bereits On-Premise-SAP-HCM-Systeme nutzen, haben Sie die Möglichkeit, auf eine SAP-Standardschnittstelle zurückzugreifen, um Daten nach SAP SuccessFactors zu übertragen. Konnektoren gibt es z. B. für Mitarbeiterstammdaten, für Planstellen und auch für komplexere Prozesse, wie z. B. das Bewerbermanagement und die Vergütung. Als Middleware für alle SAP-Cloud-Plattformen inklusive SAP SuccessFactors hat SAP die *SAP Cloud Platform Integration* (SCPI) festgelegt (siehe *https://cloudplatform.sap.com* und dort »Integration«).

Die hier beschriebenen Wege sind nutzbar, wenn SAP SuccessFactors nicht Ihr stammdatenführendes System ist, sondern Sie lokale Vorsysteme haben, in denen Stammdaten führend gehalten und gepflegt werden. Sie können diese Wege aber grundsätzlich auch dann nutzen, wenn SAP SuccessFactors teilweise Ihr stammdatenführendes System ist und Sie lokale Vorsysteme mit Mitarbeiterstammdaten für die Nutzung lokal zu administrierender Prozesse befüllen möchten.

Im Folgenden zeigen wir Ihnen, warum die Bereitstellung harmonisierter Daten von fundamentaler Bedeutung für valide HR-Prozesse in SAP SuccessFactors ist, wenn SAP SuccessFactors nicht als (allein) führendes Stammdatensystem verwendet wird. Die Ausführungen gelten insbesondere auch für Unternehmen, die teilweise SAP-On-Premise-Systeme im Einsatz haben. Anhand konkreter Anwendungsfälle decken wir Herausforderungen auf und zeigen Ihnen, wie Sie diese mithilfe einer Middleware lösen können.

5.2 Mit Daten und heterogenen Datenquellen umgehen

Voraussetzungen für ein globales HR-Prozessmanagement sind die Bereitstellung und Übermittlung valider Personaldaten und prozessabhängig auch anderer Daten an die Cloud-Lösung. Zu diesem Zweck müssen Zieldatenstandards für Daten definiert und mögliche Abweichungen sorgfältig beurteilt werden. Datenunschärfe stellt für die Akzeptanz und weitere Nutzung globaler HR-Prozesse ein hohes Risiko dar.

Global und lokal handelnde HR-Verantwortliche haben eine unterschiedliche Sicht auf die Datenqualität, die einen aus lokaler, die anderen aus globaler Perspektive. Daher ist es unerlässlich, ein gemeinsames Verständnis der lokalen und globalen HR-Verantwortlichen zu schaffen, um Prozesslücken aufzudecken und zu beseitigen.

Mitarbeiterwechsel zu anderer Tochterfirma des Unternehmens

Betrachten wir z. B. einen Mitarbeiter, der eine Firma verlässt und in einer anderen Tochterfirma desselben Unternehmens angestellt wird. Auf lokaler Bewertungsebene werden lokale HR-Prozesse diesen Mitarbeiter als Austritt bzw. Neuanstellung ausweisen, aus globaler Sicht entspricht diese Bewegung jedoch einem unternehmensinternen Wechsel, der sich so z. B. im globalen Berichtswesen widerspiegeln sollte.

Im Folgenden zeigen wir, welche Herausforderungen im Umgang mit heterogenen Datenquellen unserer Erfahrung nach auch in SAP SuccessFactors anzutreffen sind.

5.2.1 Herausforderungen heterogener Datenquellen

Global agierende, aber dezentral aufgestellte Unternehmen sehen sich oftmals damit konfrontiert, dass Bedeutung, Güte, Struktur und Umfang der vorgehaltenen, lokalen Daten aus globaler Sicht voneinander abweichen. Unserer Erfahrung nach liegen die Herausforderungen in diesem Umfeld in der Regel in den folgenden Bereichen:

- unterschiedliche Merkmale zur eineindeutigen Mitarbeiteridentifikation (Personalnummern)
- im Einsatz befindliche lokale HR-Systeme, die unterschiedlichsten Konventionen folgen (Beispiel: Berechnungen von Vollzeitäquivalenten)
- unterschiedliche Landes- und Systemsprachen
- fehlende einheitliche Regelung für die Abbildung von Organisationsstrukturen
- fehlende Namenskonventionen oder Bezeichner (Codes)
- unterschiedliche Datenformate (Datum, Nummern, Codierung, Trennzeichen)
- lokale gesetzliche Bestimmungen zum Datenschutz

Im Rahmen einer globalen Daten- und Prozessintegration empfehlen wir Ihnen, sorgfältig zu analysieren, welche dieser Herausforderungen Einfluss auf die HR-Prozesse in Ihrem Unternehmen haben. Mit SAP-SuccessFactors-Best-Practices werden sehr viele dieser Fragen automatisch beantwortet. Das setzt aber voraus, dass Sie SAP SuccessFactors Employee Central als global (für alle Mitarbeitergruppen und Lokationen) führendes System nutzen. Tun Sie das nicht, müssen Sie die nötigen Rahmenbedingungen für eine Integration schaffen. Das illustrieren wir am Beispiel »Vollzeitäquivalente«:

Wenn Sie auf globaler Ebene wissen wollen, wie viele Mitarbeiter wann wo arbeiten, reicht es nicht aus, die lokalen Einheiten nach Anzahl der »Köpfe« oder »Vollzeitäquivalente« zu fragen und diese Daten zu aggregieren. Typische Beispiele für grobe Unschärfen, die dabei entstehen, sind:

- Leiharbeiter werden nicht erfasst.
- Praktikanten und Hilfskräfte werden nicht erfasst.
- Arbeitsstunden werden ohne Regel normalisiert: Was in China eine Vollzeitarbeitskraft ist, entspricht von der Wochenarbeitszeit her keiner Vollzeitkraft z. B. in Frankreich.
- Fehlzeiten werden falsch ausgewiesen. In manchen Ländern bleiben Mitarbeiter im Krankenstand bis zu sechs Monate auf der Lohn- und Gehaltsliste und werden so als »aktiv« ausgewiesen.

Es gilt also, die für Sie kritischen Sachverhalte zu erkennen, aus denen Sie konkrete Anforderungen für den Umgang mit Daten in den Zuliefersystemen und in SAP SuccessFactors ableiten können. Prüfen Sie dabei insbesondere folgende Punkte:

- das Erfordernis einer Standardisierung des Integrationsprozesses durch die Definition klarer Schnittstellen
- die Dringlichkeit der Datenintegration durch einen zeitlichen Projektrahmen und den HR-Kalender
- die Herausforderung der Synchronisierung aller beteiligten HR-Systeme

[«]

Herausforderungen erkennen und Anforderungen identifizieren

Betrachten Sie die Herausforderungen aus unterschiedlichen Blickwinkeln:

- Welche Prozesse wollen Sie steuern, welche Daten benötigen Sie?
- Wie muss die konkrete Datenbeschaffenheit sein?
- Wie soll im Fehlerfall agiert werden?

Neben den Herausforderungen im Umgang mit heterogenen Datenquellen begegnen uns im Projektalltag immer wiederkehrende Anforderungen an das Stammdatenmanagement.

5.2.2 Konkrete Anforderungen an das Stammdatenmanagement

Prüfen Sie die folgenden Anforderungen auf Anwendbarkeit und Notwendigkeit für Ihr Unternehmen:

- Mitarbeiteridentifizierung mit Erkennung, Beseitigung und Vermeidung von Dubletten auf globaler Ebene
- Datenkonsolidierung inklusive der Anpassung an die in SAP SuccessFactors erwarteten Werte, abhängig von den abgebildeten Prozessen, z. B. Vollzeitäquivalenten
- Datenvalidierung zur Sicherstellung vollständiger, korrekter und valider Stammdaten in Bezug auf ein globales Organisationsmanagement

Darüber hinaus existieren viele weitere Anforderungen, die je nach Situation relevant sein können. Dies sind z. B. eine flexible Datenberechtigung, die Wechsel von Berechtigungsgruppen zulässt, die Anpassungsfähigkeit an sich ändernde Organisationsstrukturen, wie sie im Fall einer Unternehmensakquise erforderlich ist, oder die koordinierte Ablaufplanung und Prozessautomatisierung.

[«]

Fehler in den Stammdaten

Wir empfehlen folgendes Vorgehen:

1. Fehlererkennung und Auffinden der Fehlerursache
2. Bereitstellung der betroffenen Datensätze und Rückmeldung an die verantwortliche lokale Einheit
3. Fehlerbereinigung in den betroffenen Datensätzen an der Quelle
4. Fehlervorbeugung durch Aktualisierung der Informationsunterlagen und des Trainings

Für die Nutzung von SAP SuccessFactors gibt es zudem einige Anforderungen, die praktisch in jedem Anwendungsfall erfüllt werden müssen, um das System nutzen zu können. Auf die drei wesentlichen Anforderungen möchten wir in diesem Zusammenhang hinweisen:

1. **Globale ID**
   Jeder in SAP SuccessFactors gehaltene (und ggf. über einen manuellen Import oder einen Import per Middleware hochgeladene) Mitarbeiterstammsatz benötigt eine eineindeutige, nicht änderbare globale ID. Wir empfehlen Ihnen, diese ID nicht sprechend aufzubauen, da sie als technisches Hilfsmittel angelegt ist, um Mitarbeiter etwa auch nach Wechseln im Unternehmen, in andere Landesgesellschaften o. Ä. eindeutig identifizieren zu können.
2. **Beziehung zwischen Vorgesetztem und Mitarbeiter**
   Werden Daten von Mitarbeitern nach SAP SuccessFactors hochgeladen, dann benötigt der Mitarbeiterstammsatz eine Information darüber, wer der Vorgesetzte des Mitarbeiters ist. Die globale ID des Vorgesetzten muss in den Stammsatz des Mitarbeiters eingetragen sein.

   Hat ein Mitarbeiter keinen Vorgesetzten, dann erwartet SAP SuccessFactors den Eintrag »NO_MANAGER« im Feld der globalen ID des Vorgesetzten. Sie müssen dafür sorgen, dass dieser Wert eingetragen wird.
3. **Beziehung zwischen Mitarbeiter und HR-Mitarbeiter**
   Auch die Beziehung zwischen Mitarbeiter und dem für den Mitarbeiter zuständigen HR-Mitarbeiter muss, genau wie bei der Mitarbeiter-Vorgesetzten-Beziehung, in SAP SuccessFactors hinterlegt sein. Die globale ID des zuständigen HR-Mitarbeiters oder des zuständigen Technischen Nutzers muss in den Stammsatz des Mitarbeiters eingetragen sein (siehe Abschnitt 8.6, »Best Practice: Einfachheit, Klarheit und Skalierbarkeit mit Technischen Nutzern«).

5.3 Der ETL-Prozess

Wenn Sie in die Nutzung von SAP SuccessFactors starten, stehen Sie oftmals vor der Herausforderung, HR-Daten aus unterschiedlichen Systemen zusammenzuführen. Sofern Sie bereits über ein führendes System für Stammdaten verfügen, können Sie auf die dort gehaltenen Daten zurückgreifen. Existieren jedoch mehrere dezentrale Systeme, müssen Sie die Daten zusammenführen.

Stammdaten aus verteilten Systemen unterscheiden sich in der Regel bezüglich ihrer Datenstruktur, des Datenumfangs und der Datengüte aus globaler Perspektive. Bei der Zusammenführung der Stammdaten müssen Sie daher auf folgende Punkte achten:

- **Datenkonsistenz**
  Die Stammdaten müssen auf eine einheitliche Struktur (globales Organisationsmanagement) und für die in SAP SuccessFactors abgebildeten Prozesse angepasst werden.
- **Datenvervollständigung**
  Die Stammdaten müssen alle benötigten Informationen enthalten, um eine korrekte Berichterstattung zu ermöglichen.
- **Datenvalidierung und -ergänzung, z. B. Vorgesetzte, Matrix-Manager**
  Die Mitarbeiterrollen müssen klar zugeordnet sein, um korrekte Hierarchien, Berechtigungen und Workflows in SAP SuccessFactors zu ermöglichen.
- **Automatisierung**
  Die Stammdaten müssen idealerweise automatisiert verarbeitet werden, um wiederkehrende Aufwände zu minimieren.

Wenn Sie diese Punkte beachten, haben Sie die Möglichkeit, gültige, bereinigte, ergänzte und valide Daten in die HR-Prozesse zu integrieren.

Der Prozess der Datenintegration unterteilt sich in die Abschnitte **E**xtraktion, **T**ransformation und **L**aden, daher spricht man auch vom *ETL-Prozess*. In den folgenden Abschnitten gehen wir detaillierter auf diesen ETL-Prozess ein. Ziel ist es, wichtige Datenanforderungen, die die Kernprozesse teilen, sowie notwendige Transaktionen herauszuarbeiten.

5.3.1 Extraktion

An erster Stelle des ETL-Prozesses steht die *Extraktion* benötigter Daten aus bestehenden HR-Systemen. Um eine einheitliche Struktur der Daten und der aus den Vorsystemen zur Verfügung gestellten Dateien sicherzustellen, machen Sie klare Vorgaben zu:

- Dateiformat (z. B. XSL- oder CSV-Datei)
- Codierung (z. B. UTF-8, WIN-1252)
- Trennzeichen (Komma, Semikolon, Pipe)
- Kopfzeilen und Reihenfolgen
- Konventionen (Groß-/Kleinschreibung)

Auch der Informationsgehalt von Stammdaten variiert beträchtlich, da je nach Land unterschiedliche Informationen erforderlich sein können. Gründe für einen sehr unterschiedlichen *Datenumfang* von Mitarbeiterdatensätzen sind z. B.:

- abweichende Einteilung von Informationen zu Informationstypen, wie z. B. persönliche Daten, Adressdaten, Vergütungsdaten, Kontaktdaten, Bankdaten, Unternehmensdaten oder Planstellendetails

- Standards zur Mitarbeiteridentifikation, z. B. wird der Geburtsort nur teilweise erhoben
- landesabhängige gesetzliche Datenschutzbestimmungen für Mitarbeiterattribute, etwa wenn ein Mitarbeiter eine Beeinträchtigung hat
- Organisationsstrukturen und Hierarchien der lokalen Entitäten

Zudem müssen Sie sicherstellen, dass die *Datenqualität* den vorab definierten Anforderungen, die sich aus den abzubildenden Prozessen ergeben, entspricht. Aus den zur Verfügung gestellten Dateien müssen Sie daher unter anderem ausschließen:

- unzulässige Werte
- unlogische Werte (Abhängigkeiten, Land-Stadt-Beziehungen)
- unvollständige Mitarbeiterdatensätze
- falsche Schreibweisen
- Duplikate

5.3.2 Transformation

Die *Transformation* (oder Umwandlung) ist der zweite Schritt im ETL-Prozess. Im Wesentlichen gibt es zwei Möglichkeiten, um HR-Daten umzuwandeln: durch manuelle Bearbeitung oder durch die Unterstützung eines IT-Systems.

Die wichtigsten Anpassungen in der Transformation bestehen in der Datenvervollständigung, in der Datenumwandlung selbst und in der Datenvalidierung. Im Folgenden geben wir Ihnen dazu einige Beispiele:

- **Datenvervollständigung**
  - Die globalen IDs für den Vorgesetzten und HR-Verantwortlichen für einen Mitarbeiter müssen gesetzt werden. Wenn der Manager nicht bekannt ist oder kein Manager definiert ist, erwartet SAP SuccessFactors den Eintrag »NO_MANAGER« anstelle eines leeren Feldes. So muss z. B. für Manager, die in der Hierarchie am höchsten stehen, ein solcher Eintrag gepflegt werden.
  - Jeder in SAP SuccessFactors geführte Mitarbeiter benötigt eine eindeutige, nie zu verändernde Kennung. Sollte diese noch nicht existieren, kann sie durch Berechnung in der Middleware ergänzt werden. Meist trifft dies für die globale ID zu.
- **Datentransformation**
  - Meist ist es erforderlich, unterschiedliche Bezeichnungen und sogenannte *Bezeichner* zu standardisieren und auf die erwarteten Bezeichnungen von SAP SuccessFactors abzubilden. So müssen z. B. »true/false«-Wertpaare in »yes/no«-Angaben umgewandelt werden.
  - Auch genutzte Datumsformate müssen vereinheitlicht werden.

- **Datenvalidierung**
  - Für korrekte Hierarchien, Berechtigungen und Workflows in SAP SuccessFactors müssen Mitarbeitern eindeutig Rollen zugeordnet werden. Diese Zuordnung wird für einige der wichtigsten Rollen wie Manager, Matrix-Manager und HR automatisch über Stammdatenfelder vorgenommen.
  - Es muss geprüft werden, ob alle erforderlichen Mindestangaben zu einem Mitarbeiter gemacht wurden und der Datensatz valide Werte enthält.

5.3.3 Laden

Das *Laden* der (angepassten) Daten schließt als dritter Schritt den Vorgang der Datenintegration ab. In der Regel stehen Ihnen zwei Optionen zur Verfügung, um HR-Daten nach SAP SuccessFactors zu laden:

- Austausch von CSV-Dateien via SFTP
- Webservices

[«]

Automatisierung von ETL-Transaktionen

Middleware vereinheitlicht und automatisiert ETL-Transaktionen. Sie verarbeitet Daten aus lokalen Liefersystemen (Extraktion) und wandelt diese in globale Datenstandards um. Dazu gehören auch die Konsistenzprüfung und die Erstellung global gültiger Strukturen (Organisationsmanagement). Dabei ist es von zentraler Bedeutung, Prozesslücken zu erkennen und Datendefizite an der Quelle zu beseitigen. Harmonisierte Daten werden durch Middleware nach SAP SuccessFactors geladen und stellen den reibungslosen Ablauf globaler HR-Prozesse sicher.

5.4 Einsatz einer Middleware zur Konsolidierung von Stammdaten

Die *Harmonisierung* von aus dezentralen HR-Systemen stammenden Daten ist mitunter ein komplexes Unterfangen. Eine Middleware kann Sie dabei sehr gut unterstützen. Die *Middleware* ist eine Softwareunterstützung, die es ermöglicht, automatisch Daten und Prozesse zwischen lokalen und regionalen oder globalen IT-Systemen auszutauschen. Sie fungiert in unserem Zusammenhang als unterstützendes Programm zur Sammlung und Konsolidierung von Daten. Sie steht zwischen lokalen (manchmal auch globalen) Vorsystemen und Ihrer SAP-SuccessFactors-Instanz und sorgt dafür, dass valide, bereinigte und konsolidierte Stammdaten entsprechend Ihrem Prozess nach SAP SuccessFactors hochgeladen und in manchen Anwendungsfällen auch nach der Anreicherung wieder an lokale Systeme abgegeben werden.

[!]

Datensicherheit und flexible Berechtigung

Neben gängigen Benutzerrollen (z. B. Matrix Manager, Second Manager, Custom Manager) können Technische Nutzer zugewiesen werden. Optional können auch Proxy-Rechte (siehe Abschnitt 8.6, »Best Practice: Einfachheit, Klarheit und Skalierbarkeit mit Technischen Nutzern«) vergeben werden, die definieren, wer in welcher Technischen Nutzerrolle agieren darf. Da lokale HR-Systeme diese Informationen nicht bereitstellen – und dies auch nicht ohne Weiteres vertrauenswürdig wäre –, ermöglicht Middleware die Steuerung über ein globales Berechtigungskonzept.

Eine Middleware fungiert als Zwischenstation und ist im Prozessablauf hinter einem oder mehreren lokalen Systemen und vor dem Zielsystem gelagert. Gemäß dem ETL-Prozess (siehe Abschnitt 5.3) können Daten aus verschiedenen Quellsystemen extrahiert und in einer Middleware konsolidiert werden. Dazu stehen zahlreiche Funktionen für erforderliche Datenumwandlungen, die Transformation, zur Verfügung. Zudem kann auch die Datenlieferung, das Laden, an das Zielsystem zentral gesteuert werden.

Für einen erfolgreichen Datenintegrationsprozess ist die Implementierung eines ausgereiften Datenmodells von zentraler Bedeutung. Mithilfe von Import- und Exporteinstellungen lässt sich eine unbegrenzte Anzahl von Systemen anbinden und beliefern. Dabei unterstützt eine Middleware auch komplexe organisatorische Strukturen unter Berücksichtigung kundenspezifischer Anforderungen und ermöglicht eine flexible Reaktion auf sich verändernde Prozesse. Konfigurierbare Parameter innerhalb einer Middleware sollten unter anderem sein:

- Ablaufplanung
- Berücksichtigung der Soll-Anforderungen des Zielsystems, etwa für das Datums-/Zahlenformat oder eine universell lesbare Codierung der Daten wie z. B. UTF-8
- Möglichkeit der Vorgabe gültiger Parameter und Daten etwa für Pflichtfelder oder Auswahlwerte
- Datenansicht inklusive Filtermöglichkeiten
- Zugriffskontrolle und Rollenverwaltung
- Zugriff auf Datenhistorie z. B. in Form von Zeitscheiben

Werden diese Aspekte berücksichtigt, lassen sich verteilte HR-Systeme anbinden und eine globale Datenintegration hin zu SAP SuccessFactors (und anderen Systemen, wie z. B. Active Directory) standardisieren, da Daten effizient verwaltet und ausgetauscht werden können.

[«]

Klären Sie die Einsatzform von Middleware

Eine Middleware kann als reines regelbasiertes Transitsystem zum Durchreichen harmonisierter Daten oder als vielschichtiges System zur Datenmodellierung, Datenpflege und für erweiterte Anwendungsfälle z. B. im Berichtswesen als führendes System genutzt werden. Prüfen Sie für Ihr Unternehmen, welche Anforderungen im Detail mit einer Middleware erfüllt werden sollen.

5.5 Best Practice: Anwendungsfälle für einen Middleware-Einsatz

Anhand dreier Anwendungsmöglichkeiten zeigen wir Ihnen im Folgenden, wie der Einsatz einer Middleware-Lösung Ihre Prozesse rund um das Thema Datenmanagement unterstützen kann. Die Anwendungsmöglichkeiten für den Einsatz einer Middleware, die wir aufzeigen, sind:

- Generierung einer globalen ID und Dublettenprüfung
- Datenkonsolidierung
- Datenvalidierung

5.5.1 Best Practice: Eine globale ID und Dublettenprüfung mithilfe einer Middleware generieren

In diesem ersten Anwendungsfall geht es darum, die aus unterschiedlichsten Vorsystemen geladenen Benutzer anhand einer eindeutigen ID für den Transport und einer anderen, globalen ID für die Nutzung in SAP SuccessFactors identifizierbar zu machen. Damit haben Sie auch die Möglichkeit, Dubletten zu bereinigen.

Szenario

In einem überregional tätigen Unternehmen sind unterschiedliche Softwarelösungen für die Unterstützung der HR-Prozesse im Einsatz. Diese sollen nun durch die globale Lösung SAP SuccessFactors ergänzt bzw. teilweise oder ganz abgelöst werden. Mit der Einführung von SAP SuccessFactors möchte das Unternehmen Personalprozesse wie die Rekrutierung, Ziel-Leistungsbeurteilung, Vergütungsplanung, Personalentwicklung (inklusive Lernen) und das Talentmanagement in einer Lösung zentralisieren.

In diesem Anwendungsfall geht es nun um die Neuanstellung einer Mitarbeiterin. Dabei wird ein neues Mitarbeiterprofil in einem lokalen HR-System angelegt und anschließend gebündelt mit den relevanten HR-Daten dieses Standorts an SAP SuccessFactors geschickt. Jedoch existiert in SAP SuccessFactors bereits ein Mitarbeiter mit identischem Vor- und Nachnamen. Für den globalen Administrator, der die Daten prüft, ist nicht erkennbar, ob zwei unterschiedliche Mitarbeiter dabei adressiert sind oder ob tatsächlich ein Duplikat vorliegt.

Analyse

Ein Mitarbeiterdatensatz besteht aus unterschiedlichsten Informationen. Bei einer Neuanstellung wird ein Mitarbeiterdatensatz neu angelegt, der z. B. folgende Daten erfordert:

- Angaben zur Identität (Identifikation)
- Angaben zur Person
- Adressdaten
- Kontaktdaten
- Firmendaten

Diese und weitere Daten werden selbstverständlich auch für die Integration aller weiteren Mitarbeiterdatensätze (HR-Daten) eines Standorts in SAP SuccessFactors benötigt. Für unseren Anwendungsfall bedeutet das, dass Wege gefunden werden müssen, um eine eindeutige Mitarbeiteridentifizierung zu garantieren und Dubletten zu eliminieren. Es muss einen Weg geben, einen neuen Mitarbeiter, genauso wie aktuelle Mitarbeiter einer neu hinzukommenden Unternehmenseinheit, eindeutig kennzeichnen und identifizieren zu können. Es ist für die Nutzung von SAP SuccessFactors zwingend notwendig, Mitarbeiter mit einer eindeutigen globalen ID auszustatten, die nie mehr geändert wird.

[!]

Lokale Mitarbeiterkennungen

Bei dezentralen Firmenstandorten kann es sein, dass dieselben lokalen HR-Systeme im Einsatz sind und lokale Mitarbeiterkennungen im globalen Kontext nicht länger eindeutig, sondern doppelt vergeben werden.

Lösungsweg mit Middleware

Ein großer Vorteil von Middleware besteht darin, dass der Datenintegrationsprozess standardisiert und automatisiert werden kann. Darüber hinaus verfügt sie über zwei grundlegende Funktionen:

- Generierung einer eindeutigen Mitarbeiterkennung (globale ID)
- Dublettenprüfung

In der Middleware besteht zunächst die Möglichkeit, eine globale ID als eindeutige Mitarbeiterkennung zu generieren. Innerhalb der Middleware können Sie spezifizieren, nach welchen Kriterien das geschehen soll. Wir empfehlen Ihnen dabei, nicht sprechende IDs zu verwenden – Merkmale wie Standort oder Eintrittsdatum des Mitarbeiters würden sich mit Wechsel in einen anderen Teil der Unternehmensorganisation ändern und könnten dann nicht in der nicht änderbaren globalen ID nachvollzogen werden.

Auf Basis einer generierten globalen ID können Sie spezifizieren, welche Prüfkriterien innerhalb der Dublettenprüfung verwendet werden. Ebenso können Sie bestimmen, wer benachrichtigt werden soll, sofern unvorhergesehen ein Eingreifen erforderlich wird. In Abbildung 5.1 sehen Sie, wie ein möglicher Lösungsweg mithilfe einer Middleware aussehen kann, sofern die Middleware als stammdatenführendes System eingesetzt wird. Da in diesem Fall HR-Daten in der Middleware aggregiert und in einem komplexen Datenmodell vorgehalten werden, könnte ein HR-Mitarbeiter informiert werden, um unklare Einträge zeitnah zu prüfen und aufzulösen.

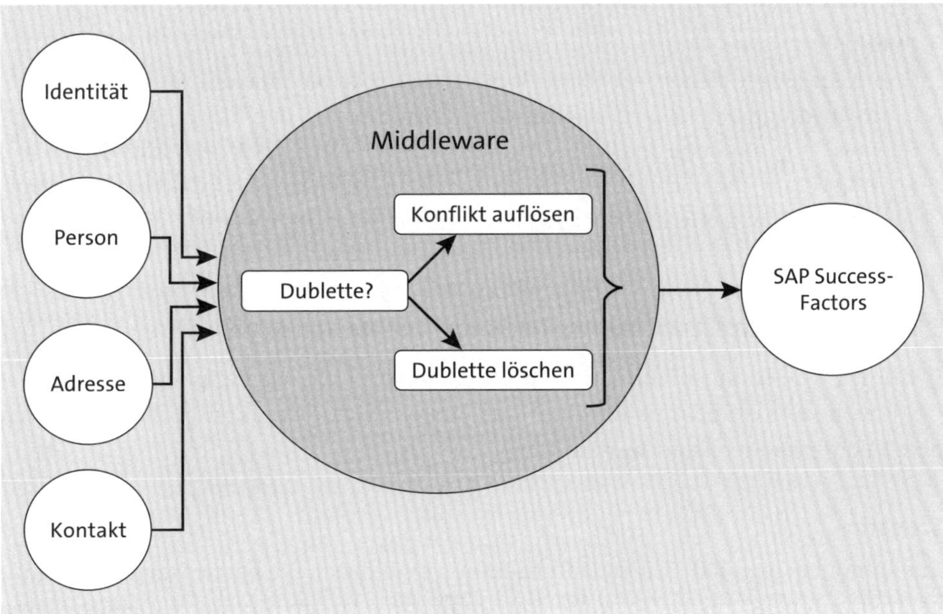

Abbildung 5.1 Dublettenprüfung mit Middleware

[«]

Globale ID

Die globale ID darf nicht sprechend sein. Konvention ist es, *Universally Unique Identifier* (UUID) zu generieren, die hexadezimal notiert werden. Ein Beispiel wäre 2071093e4e4fb3a1127dc6352226d4.

Im globalen Kontext reicht es übrigens oft nicht aus, nur eine globale ID zu generieren. Häufig wird zusätzlich eine eindeutige *Import-ID* je Mitarbeiterdatensatz erzeugt, sofern die Datenbeschaffenheit innerhalb der lokalen HR-Systeme nicht durch eine rückwärtsgewandte Datenintegration konsolidierter und harmonisierter HR-Daten verbessert wurde (in diesem Kontext könnte die globale ID in das lokale Vorsystem zurückgegeben werden). Vor dem Hintergrund, dass die globale ID erst nach dem Import in die Middleware bekannt ist, wird eine Import-ID als Kriterium benötigt, um Aktualisierungen der lokalen HR-Systeme in das globale SAP-SuccessFactors-HCM-System einspielen zu können, ohne dabei je Aktualisierungsvorgang Doppeleinträge zu generieren. Eine qualifizierende Import-ID wird beim Import aus gelieferten Informationen gebildet. Dafür potenziell geeignet sind Daten wie die lokale Mitarbeiterkennung, die E-Mail-Adresse oder eine Kombination aus Namen und Geburtsdatum. Für weitere Informationen zur Migration von Daten empfehlen wir Ihnen das Buch *Datenmigration in SAP* (2015), das ebenfalls bei SAP PRESS erschienen ist.

Import-ID

Grundsätzlich empfehlen wir für die Import-ID Wertkombinationen, die auf den örtlichen Ursprung der HR-Daten verweisen. In der Praxis ist dies häufig die Kombination aus Company Code und lokaler Mitarbeiterkennung (z. B. MUC15_1234). Dadurch wird die Wahrscheinlichkeit von Doppeleinträgen reduziert, und die konfigurierte Dublettenprüfung muss lediglich in tatsächlichen Fällen aktiv werden.

5.5.2 Best Practice: Datenkonsolidierung mithilfe von Middleware

In diesem Anwendungsfall zeigen wir Ihnen beispielhaft, wie der globale Datenintegrationsprozess standardisiert und eine notwendige Datenkonsolidierung durch eine Middleware realisiert werden kann.

Szenario

In einem überregional tätigen Unternehmen sind durch die betriebseigene Vergangenheit unterschiedliche Softwarelösungen für die Unterstützung der HR-Prozesse im Einsatz. Diese sollen nun durch die SAP-SuccessFactors-Suite ergänzt werden, die zukünftig von allen genutzt werden soll.

Die Anbindung der lokalen HR-Systeme stellt sich als Herausforderung für das Unternehmen heraus, da diese lokalen Systeme unterschiedlichen Standards folgen und die gelieferten Daten dadurch sehr heterogen sind. Zudem ist unklar, welche Maßnahmen ergriffen werden müssen, um die HR-Daten zu konsolidieren und sie erfolgreich in das SAP-SuccessFactors-System zu integrieren.

Analyse

Wenn unterschiedliche HR-Systeme an SAP SuccessFactors angebunden werden sollen, muss dementsprechend sowohl die gelieferte als auch die von SAP SuccessFactors geforderte Datenbeschaffenheit analysiert werden, da oftmals – wie auch in unserem Anwendungsfall – Unterschiede in Datenstruktur, Datenumfang und Datengüte bestehen. Es ist also notwendig, konkrete Maßnahmen für die Datenkonsolidierung in einer Middleware abzuleiten. Wichtige Fragestellungen sind z. B.:

- Unterscheiden sich die Systemsprachen und Schreibweisen?
- Unterscheiden sich die Organisationsstrukturen und Hierarchien?
- Unterscheiden sich die Bezeichner und Bezeichnungen?

Außerdem sollte in die Bewertung einfließen, in welchem zeitlichen Rahmen die Datenintegration mit SAP SuccessFactors realisiert werden soll.

[!]

Planen Sie ausreichend Zeit für die Datenintegration ein

Meist wird die veranschlagte Zeit, um Vorsysteme zu analysieren, Regeln zu definieren und zu implementieren, zu kurz bemessen. Auch werden oftmals die Datenintegration und die damit verbundenen Aufgaben unterschätzt! Berücksichtigen Sie diese Punkte daher in Ihrer Projektplanung, die Sie gemeinsam mit dem Implementierungspartner durchführen.

Grundlegende Anforderungen, damit eine globale Datenintegration gelingt, sind:

- Standardisierung und Automatisierung des Integrationsprozesses
- Erreichung von Datenkonsistenz durch Datenumwandlung und Datenvervollständigung

[«]

Neue Herausforderungen im globalen Kontext

Neben datenbezogenen Effekten gilt es auch, vielfältige zusätzliche und neue Herausforderungen zu bestehen, wie etwa die Zuteilung einer klaren Prozessverantwortlichkeit und die Mehrsprachigkeit.

Lösungsweg mit Middleware

Durch eine Middleware haben Sie die Möglichkeit, Ihren Datenintegrationsprozess zu standardisieren und so die geschilderten Herausforderungen zu meistern. Sie erreichen eine Standardisierung, indem Sie je HR-System quellindividuelle Importe definieren, in denen notwendige Datenanpassungen (Transformationen) geregelt sind, die konform auf die gelieferten HR-Daten angewandt werden. So können Sie HR-Daten in der Middleware konsolidieren, aggregieren und in der Folge koordiniert mit einem oder mehreren Exporten an SAP SuccessFactors liefern (siehe Abbildung 5.2). Darüber hinaus bleiben Sie, dank der klaren Definition von Schnittstellen, flexibel bezüglich der Zahl anzubindender Systeme, die je nach Unternehmensausrichtung oder durch Umstrukturierung variieren kann.

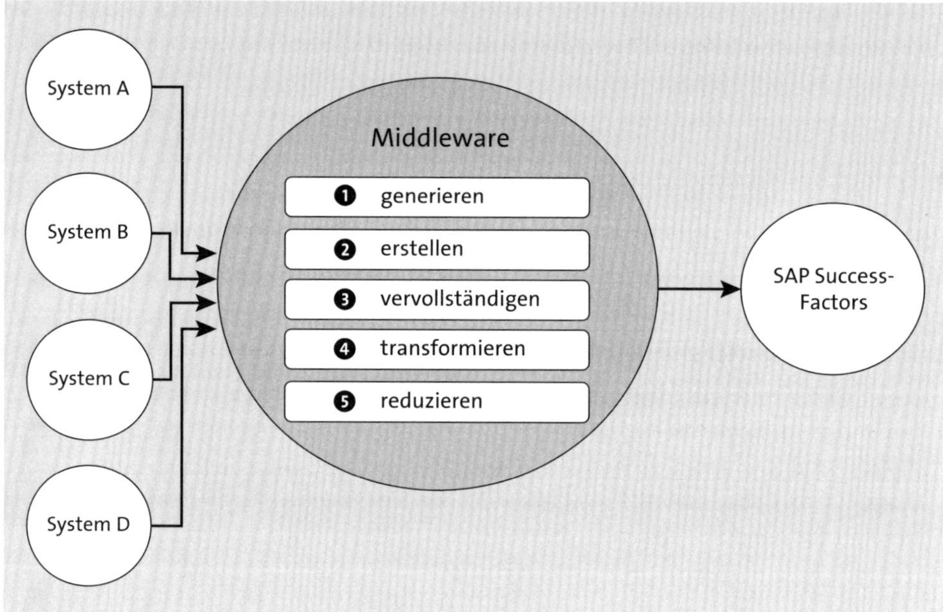

Abbildung 5.2 Datenkonsolidierung mit Middleware

Das Hauptaugenmerk dieses Anwendungsfalls liegt auf der Datenanpassung (Transformation), weswegen wir im Folgenden exemplarisch aufführen, welche Middleware-Funktionen darin vereint werden:

❶ *Generieren* eindeutiger Kennungen, wie z. B. einer globalen ID

❷ *Erstellen* eindeutiger Werte durch die Kombination gelieferter Informationen, wie z. B. bei Benutzernamen (Vorname und Nachname)

❸ *Vervollständigen* von HR-Daten, wie z. B. durch eine »NO_MANAGER«-Angabe im Export

❹ regelbasiertes *Umwandeln (Transformieren)* logisch gleicher Werte, wie z. B. die Zuordnung des britischen »Country« zum amerikanischen Pendant »Territory«

❺ *Reduzieren* des Informationsgehalts, z. B. durch regelbasiertes Löschen sensibler Daten

Bei der Konfiguration von Importen oder auch beim regelbasierten Setzen von Werten in Middleware werden sehr häufig Kombinationen dieser Transformationsfunktionen angewandt. Dies gilt auch für Exporte, in denen die Daten spezifisch an die Anforderungen von SAP SuccessFactors angepasst werden können.

[«]

Automatisierung

Sie verfügen innerhalb der Importe und Exporte außerdem über die Option, Vorgänge automatisiert zu bestimmten Zeitpunkten oder in Intervallen ablaufen zu lassen. Automatisierte Abläufe helfen, fehleranfällige manuelle Aufgaben zu reduzieren.

5.5.3 Best Practice: Datenvalidierung mithilfe von Middleware

In diesem Szenario möchten wir zeigen, inwiefern der Einsatz von Middleware zu einer optimalen Datenqualität beiträgt und wie sich bestimmte Fehler vermeiden lassen.

Szenario

In einem überregional tätigen Unternehmen sind durch die betriebseigene Vergangenheit unterschiedliche Softwarelösungen für die Unterstützung der HR-Prozesse im Einsatz. Diese sollen nun durch die SAP-SuccessFactors-Suite ergänzt werden, die global eingesetzt werden soll.

Dazu sollen HR-Daten aus einem lokalen On-Premise-System nach SAP SuccessFactors hochgeladen werden. Eine dafür benötigte CSV-Datei mit den entsprechenden HR-Daten wurde bereits erstellt, jedoch enthält sie Mitarbeiterdatensätze mit einem Wert aus einem Wertevorrat, der dem SAP-SuccessFactors-System unbekannt ist (da er nicht implementiert wurde). Die gesamte Datei wird folglich abgewiesen, und der zuständige HR-Verantwortliche weiß nicht, woran der Upload der Datei tatsächlich gescheitert ist.

Analyse

In diesem Szenario legen wir den Fokus auf Validierungsmöglichkeiten in der Middleware und darauf, wie eine hinreichende Datenqualität für den Upload zu SAP SuccessFactors sichergestellt werden kann. Für einen robusten ETL-Prozess sind die *Datenstruktur* und die *Datengüte* von großer Bedeutung. Beide Merkmale lassen sich unter anderem durch flexible Importe und Exporte realisieren, in denen sich Daten sowohl hinsichtlich Trennzeichen oder Codierung als auch durch Transformationen anpassen lassen. Mit dem Begriff *Datenvalidierung* werden nun häufige Fehlertypen adressiert, die es zu vermeiden gilt:

- unbekannte Werte oder Eingabefehler durch manuelle Bearbeitung
- unzulässige logische Wertkombinationen (z. B. Stadt-Land-Beziehung)
- unvollständige Datensätze (z. B. Fehlen der Angabe »NO_MANAGER«)

Ziele sind es demnach, vollständige, korrekte und valide Stammdaten an SAP SuccessFactors zu liefern, das Risiko für Fehler in vorgelagerten Bearbeitungsschritten zu minimieren und die Beseitigung von Fehlern optimal durch automatische Benachrichtigung der Zulieferer mit den relevanten Informationen (Fehler und Fehlergrund) zu unterstützen.

[»]

Mehrwerte einer Integrationsplattform für Stammdaten

Eine passgenau auf Ihre Bedürfnisse ausgerichtete Integrationsplattform bietet Ihnen auch Unterstützung in den folgenden Kernbereichen:

- dezentrale Dateneingabe für kleinere Einheiten
- umfangreiche Optionen zur Änderung von Massendaten inklusive einer entsprechenden Nachvollziehbarkeit
- Standard-Templates und Konnektoren für Ihre relevanten Vorgänge

Lösungsweg mit Middleware

Durch den Einsatz von Middleware verfügen Sie über drei wichtige Kontrollpunkte (der *Datenvalidität*) im globalen Datenintegrationsprozess:

- beim Import
- im System
- beim Export

Demnach erfolgt eine Einteilung in Integrationsabschnitte, in denen unterschiedliche Validierungsmethoden Anwendung finden und häufigen Fehlern vorbeugen (siehe Abbildung 5.3). Unter der Voraussetzung, dass ein ausgereiftes Datenmodell in der Middleware implementiert wurde, kann dadurch z. B. eine Prüfung auf Erwartungswerte beim Import stattfinden. Betrachten wir das System bzw. die Anwenderinteraktion mit der Middleware-Programmoberfläche, werden Eingabefehler und unlogische Wertkombinationen durch die Zuweisung von Felddatentypen und Feldbeziehungen verhindert. So kann sichergestellt werden, dass die Middleware-Datenbank, in der importierte HR-Daten gespeichert werden, nur korrekte und konsistente Daten enthält.

❶ *Import* der Daten aus verschiedenen Quellsystemen

❷ *System* verarbeitet die Daten entsprechend der definierten Regelwerke

❸ *Export* gibt die Daten konsolidiert, transformiert und validiert an SAP SuccessFactors ab, sodass sie dort allen Anforderungen entsprechen.

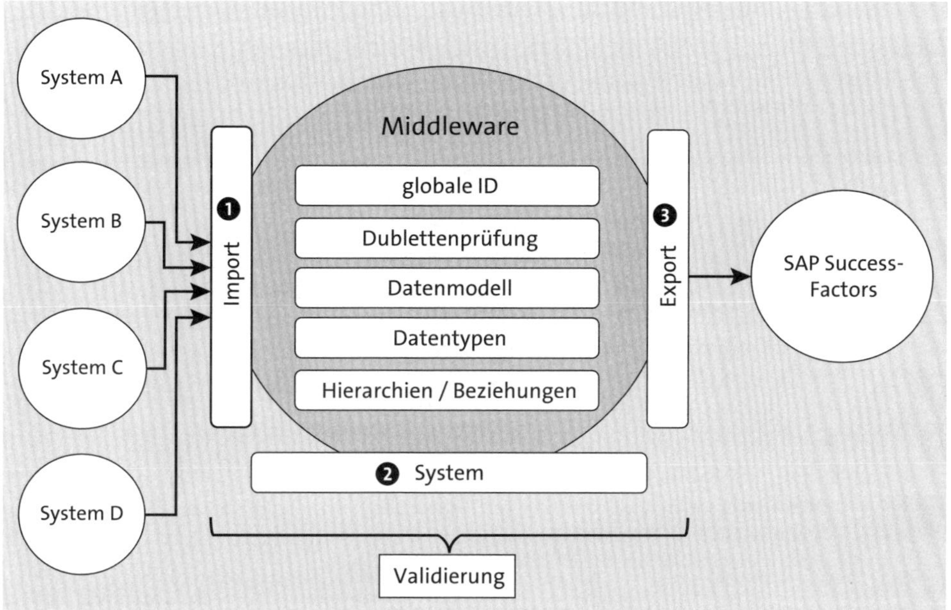

Abbildung 5.3 Validierung mit Middleware

Im Export für eine definierte Zielgruppe lässt sich daher eine Prüfung auf die Vollständigkeit der HR-Datensätze ausführen. Datenvalidierung in einer Middleware basiert einerseits auf konfigurierbarer Systemlogik und andererseits auf der Anwendung zur Verfügung stehender Funktionen, wie der Generierung einer global eindeutigen Kennung (globale ID) sowie der *Dublettenprüfung*. Auf diese Weise können Sie korrekte (die richtigen Feldwerte), vollständige (alle benötigten Feldwerte) und valide HR-Daten (valide Wertkombinationen) sicherstellen.

Im nächsten Kapitel stellen wir Ihnen die mit der SAP-SuccessFactors-Plattform selbst verbundenen Administrationsmöglichkeiten vor.

Kapitel 6
Die Plattform – Überblick und Erweiterbarkeit

Die Plattform ist die Basis der SAP-SuccessFactors-Suite. Sie liegt somit jedem Prozess und jeder Funktion zugrunde. Die Plattform dient auch der Integration und erlaubt es Ihnen, Erweiterungen zu entwickeln und einzubinden, die SAP SuccessFactors flexibel an Ihre Bedürfnisse anpassen.

Die Plattform bildet die Grundlage aller Anwendungen innerhalb der SAP-SuccessFactors-Suite. Die Funktionen der Plattform sind in hohem Maße konfigurierbar. Mit dem *Metadata Framework* (MDF), das die Erstellung kundenspezifischer Objekte und die Abbildung komplexer Regelwerke innerhalb von SAP SuccessFactors ermöglicht, ggf. im Zusammenspiel mit der *SAP Cloud Platform*, ist es möglich, Erweiterungen von SAP-Partnern oder eigene Objekte, Geschäftsregeln, Logik und sogar firmenspezifische Anwendungen in SAP SuccessFactors zu erstellen oder nahtlos mit SAP SuccessFactors zu integrieren.

Die Plattform liefert ein Set von Basisfunktionen:

- Systemkonfiguration und -verwaltung
- eigenständige Benutzerverwaltung
- Regeln zur Authentifizierung und Passwortrichtlinien
- Vergabe von Berechtigungen
- Gestaltung der Benutzeroberfläche und der Startseite
- Konfiguration der E-Mail-Benachrichtigungen
- Verwaltung von Konfigurationslisten
- Definition des Importprozesses
- Anwendungsschnittstellen (APIs)

Darüber hinaus bietet die Plattform einige Anwendungen, die entweder übergreifend oder nicht spezifisch für einzelne Anwendungen (*Module*) innerhalb von SAP SuccessFactors sind. Dazu gehören:

- Personaldaten, erweiterbare Personaldatenpflege
- Organigramme, also hierarchische Darstellungen der Teams und Planstellen

- Präsentationen zur Publikation von Mitarbeiter- und Organisationsdaten
- Festlegung erwarteter Fähigkeiten und Kompetenzen pro Rolle oder Stellenprofil
- Konfiguration von Job-Familien und -Rollen
- Job Profile Builder zur Abbildung von Stellenbeschreibungen
- Upgrade Center zur selbstständigen Aktivierung von Erweiterungen des Systems, die SAP regelmäßig zur Verfügung stellt
- Metadata Framework, Event Center und OData-API zum Ausbau der Plattform in Bezug auf Objekte, Prozesse und für kundenspezifische Funktionen

Alle Funktionen der Plattform sind ohne zusätzliche Lizenzierung verfügbar. Allerdings gibt es lizenztechnische Einschränkungen bei der Anzahl der Objekte, die man erstellen kann, und auch die SAP Cloud Platform muss ggf. zusätzlich lizenziert werden, oder es müssen Erweiterungen als ePaaS (Apps) von SAP-Partnern erworben werden. Die jeweilige vertragliche Situation sollten Sie vor einem Vorhaben in diesem Umfeld abklären.

Wann immer SAP SuccessFactors implementiert wird, muss zunächst die Plattform ausgestaltet werden. Dies erfordert folgende Schritte:

- Konfiguration der Personaldaten
- Importieren von Benutzerdaten
- Erstellen von Benutzerkonten
- Einrichtung der rollenbasierten Berechtigungen
- Definition der Passwortrichtlinien

Darüber hinaus gibt es viele optional nutzbare Konfigurationen, wie etwa E-Mail-Benachrichtigungen und die auf der Startseite verwendeten Kacheln, Dashboards/Berichte, To-dos und Informationsmaterialien.

In diesem Abschnitt geben wir Ihnen zunächst einen Überblick über die wichtigsten Elemente der Plattform. Wir beginnen mit einem Blick auf die technische Architektur von SAP SuccessFactors (siehe Abschnitt 6.1) und das Thema Sicherheit (siehe Abschnitt 6.2). Danach stellen wir Ihnen das Admin-Center vor (siehe Abschnitt 6.3), erläutern, wie mit Benutzerdatendateien umgegangen wird (siehe Abschnitt 6.4), erklären die Verwaltung weiterer Systemeinstellungen (siehe Abschnitt 6.5) und bringen Ihnen das Thema Erweiterungen (siehe Abschnitt 6.6) näher. Informationen zur mobilen Nutzung von SAP SuccessFactors schließen sich daran an (siehe Abschnitt 6.7). Anschließend geben wir Ihnen einen Überblick über die Benutzeroberfläche (siehe Abschnitt 6.8), die Startseite (siehe Abschnitt 6.9) und den Bereich der Informationen zur Firma (siehe Abschnitt 6.10). Auch die Themen Personenprofil (siehe Abschnitt 6.11) sowie Präsentationen (siehe Abschnitt 6.12) stellen wir Ihnen vor.

6.1 Technische Architektur

SAP SuccessFactors ist in der Lage, hoch skalierbare und wirksame Verfahren zur Datenspeicherung und zum Datenabruf zur Verfügung zu stellen. Die Architektur ermöglicht SAP, eine schnelle, stabile und anpassbare Lösung zur Verfügung zu stellen. Sie liefert standardisierte Funktionen und Prozesse, die an die Kundenbedürfnisse angepasst werden können. Mit den Erweiterungen Metadata Framework (MDF) und der Rules Engine können eigene Objekte und Anwendungen erstellt und kundengerecht konfiguriert werden. Mit der SAP Cloud Platform (und anderen Plattformen) lassen sich Partnererweiterungen und -Apps (siehe *https://www.sapappcenter.com/productLines/7*) oder kundeneigene Erweiterungen einbinden.

Im technischen Kern ist die SAP SuccessFactors Suite eine webbasierte Software-as-a-Service-Lösung (SaaS). Kunden teilen Infrastruktur, Webserver, Datenbankinstanzen und die Anwendung selbst. Jedoch hat jeder Kunde seine eigene Partition und ein kundenspezifisches Datenbankschema. Sie sind als Kunde quasi »Mieter« und haben die Möglichkeit, die Software selbstständig zu konfigurieren. Dies ermöglicht eine hohe Flexibilität und erlaubt Ihnen den Zugriff auf Ihre Daten ohne Wechselwirkungen mit anderen Kunden. Das bedeutet auch, dass Ihre Konfiguration keine Auswirkungen auf die Konfiguration oder den Betrieb bei anderen Kunden hat und haben kann.

Im Hinblick auf die Architektur nutzen alle Kunden dieselbe Codebasis, aber eigene Konfigurationen. Auf diese Weise können Neuerungen in SAP SuccessFactors direkt in die Konfigurationen aller Kunden übertragen werden. Kunden erhalten über regelmäßige Releases kostenfreie Updates. Die meisten dieser Updates können Sie nach dem Opt-in-Prinzip selbst über das Upgrade Center aktivieren. Manche Änderungen sind »universell« und sofort mit dem Erscheinen des Releases gültig. Diese Neuerungen werden Ihnen mit längerem Vorlauf, manchmal schon Monate vorher, angekündigt.

[«]

Testen von Neuerungen

Nutzen Sie Ihre Testinstanz und Ihre definierten Anwendungsfälle (siehe Abschnitt 4.5, »Mit Best Practices arbeiten«), um Neuerungen vorab in der Testumgebung, in Form eines Regressionstests, zu testen, bevor Sie sie in der Produktivumgebung aktivieren. In einem Regressionstest prüfen Sie nach einem Release in der Testumgebung, ob die Plattform Ihre Anwendungsfälle fehlerfrei unterstützt. Das gibt Ihnen auch die Möglichkeit, Trainingsmaterialien, die wichtigsten Anwender und Multiplikatoren sowie die Support-Organisation auf die Änderung vorzubereiten.

Die Anwendungen der Plattform sind in der Programmiersprache Java mit Erweiterungen der Java Platform Enterprise Edition (J2EE) geschrieben, sodass sie einem Standardset von Programmierlogik entsprechen.

Java-Anwendungen verwenden JavaScript Object Notation (JSON), um die Daten an den Client oder Endbenutzer zu senden. JSON erlaubt die dynamische Darstellung der Webseite mittels JavaScript. Dies erleichtert die Anwendung auf Kundenseite und ermöglicht eine dynamische Anzeige der Daten. Es erlaubt die Nutzung benutzerfreundlicher Animationen und große Flexibilität in der Gestaltung der Benutzeroberfläche (UI). JSON ermöglicht einen effizienten und leistungsstarken Datenaustausch zwischen der Java-Anwendung und dem Endbenutzer/Webclient. Es werden keine statischen HTML-Seiten genutzt, jede Seite wird dynamisch erstellt und sicher an den Endbenutzer gesendet.

APIs und Anschlüsse an andere Webservices – z. B. kann Recruiting Management Daten mit Jobbörsen austauschen – und mobile Anwendungsdienste sind in vielen Bereichen standardmäßig vorhanden. Sie können sie über die Administrationseinstellungen aktivieren und nutzen.

6.2 Sicherheit

Jeder Aspekt der in der Einleitung genannten Technologien wird von SAP getestet und garantiert hohe Sicherheitsstandards. Nicht nur SAP, sondern auch manche Kunden führen in Absprache mit SAP Penetrationstests mit unabhängigen Instituten durch, die darauf spezialisiert sind, Fehlerquellen zu finden.

Die Daten in SAP SuccessFactors werden auf drei Arten gesichert, die wir Ihnen im Folgenden näher vorstellen:

- Authentifizierung
- Sicherheit auf jeder Schicht
- Sicherheit durch rollenbasierte Berechtigungen

6.2.1 Authentifizierung von Benutzern

SAP SuccessFactors unterstützt SSL- und TLS-Verschlüsselung, die von Standardwebanbietern genutzt werden. Darüber hinaus arbeitet es mit folgenden Authentifizierungsmethoden:

- **Interne Authentifizierung**
  SAP SuccessFactors nutzt einen internen Speicher von Benutzerprofilen. Der einmal authentifizierte Benutzer verlässt den vorgegebenen Rahmen seiner Authentifizierung nicht, solange die Websession besteht.

- **Passwortschutz**
Zur Gewährleistung sicherer Kennwörter mit regelmäßigen Passwortänderungen können durch Administratoren benutzerdefinierte Regeln für Passwörter festgelegt werden. Allerdings nutzen nur wenige Kunden diese Option in der Produktivumgebung. Die meisten Kunden nutzen die Verbundauthentifizierung.
- **Verbundauthentifizierung (Single-SignOn (SSO))**
Die Verbundauthentifizierung erfolgt über den SAP-Standard-IAS. IAS steht für *Identity Authentication Service* und ermöglicht eine sichere Integration über SAML 2.0. IAS bietet moderne Authentifizierungsoptionen wie regelbasiertes Log-in (z. B. Passwort- bzw. SSO-Log-in abhängig vom Standort) und Zwei-Faktor-Authentifizierung.

Nutzen Sie SSO oder IP-Restriktionen

Wir empfehlen Ihnen, in der Produktivumgebung mit SSO zu arbeiten, weil es die Sicherheit erhöht und die Wartungskosten (etwa wenn ein Passwort vergessen wird) deutlich reduziert. Wenn das nicht möglich ist, sollten Sie IP-Restriktionen festlegen, sodass Ihre Benutzer nur von bestimmten Firmen-IPs auf Ihre SAP-SuccessFactors-Lösung zugreifen können.

6.2.2 Sicherheit auf jeder Schicht

Die SAP-SuccessFactors-Umgebung besteht aus mehreren sogenannten *Sicherheitsschichten* in den folgenden Bereichen:

- Authentifizierung der Benutzer über SSO oder Log-in/Passwort
- Transport der Daten über API, SFTP o. Ä.
- Sicherheitsvorkehrungen, damit keine Schadsoftware ausgeführt werden kann
- Speicherung und Sicherung der Daten
- Datensicherheit in Bezug auf Verschlüsselung und Schutz vor unberechtigtem Zugriff
- Integration mit anderen Systemen

Das Rechenzentrum, in dem SAP SuccessFactors für die Kunden betrieben wird, erfüllt wichtige Sicherheitsstandards wie:

- EU 95/46 EC
- ISO 27002
- BS10012

6.2.3 Sicherheit durch rollenbasierte Berechtigungen

Nicht zuletzt wird die Datensicherheit durch rollenbasierte Berechtigungen kontrolliert. Wer/welche Gruppe auf welche Daten welcher Mitarbeiter Zugriff hat, kann als Self-Service vom Kundenadministrator definiert und überwacht werden. Wir gehen in Kapitel 8, »Rollenbasierte Berechtigungen in SAP SuccessFactors«, näher auf dieses Thema ein.

6.3 Admin-Center inklusive Upgrade Center

Als Administrator im System haben Sie viele Werkzeuge zur Verfügung. Dazu gehören Werkzeuge für die Verwaltung von:

- Funktionen
- Mitarbeiter- und Organisationsdaten
- Formularen
- Auswahllisten
- Benachrichtigungs-E-Mails

Auf diese Werkzeuge greifen Sie über das sogenannte *Admin-Center* zu. In diesem Abschnitt stellen wir wichtige Bereiche des Admin-Centers dar.

Wenn Sie in Ihrer SAP-SuccessFactors-Instanz über die entsprechende Berechtigung verfügen und mindestens eine Admin-Tätigkeit durchführen können, haben Sie Zugriff auf das Admin-Center, z. B. über die Suche, wenn Sie dort **Admin-Center** eingeben. Damit rufen Sie die Startseite des Admin-Centers auf (siehe Abbildung 6.1). Bei entsprechender Konfiguration kann auf das Admin-Center auch aus einer Kachel auf der Startseite von SAP SuccessFactors zugegriffen werden.

Die verfügbaren Werkzeuge im Admin-Center hängen davon ab, welche Rechte der Rolle des Administrators zugewiesen worden sind. Neben den Werkzeugen sehen Sie Berichte und Systemmeldungen. In der Kachel **Tools** können Sie Favoriten ablegen oder auf die zuletzt verwendeten Admin-Tools zugreifen. Darüber hinaus erlaubt die Suchfunktion in der Kachel **Tools** den direkten Zugriff auf alle Werkzeuge, für die Sie berechtigt sind.

[»]

Alle Werkzeuge anzeigen

Sie können auf die Gesamtliste der Ihnen verfügbaren Werkzeuge zugreifen, indem Sie auf **Alle anzeigen** rechts oberhalb des Suchfelds der Kachel **Tools** klicken.

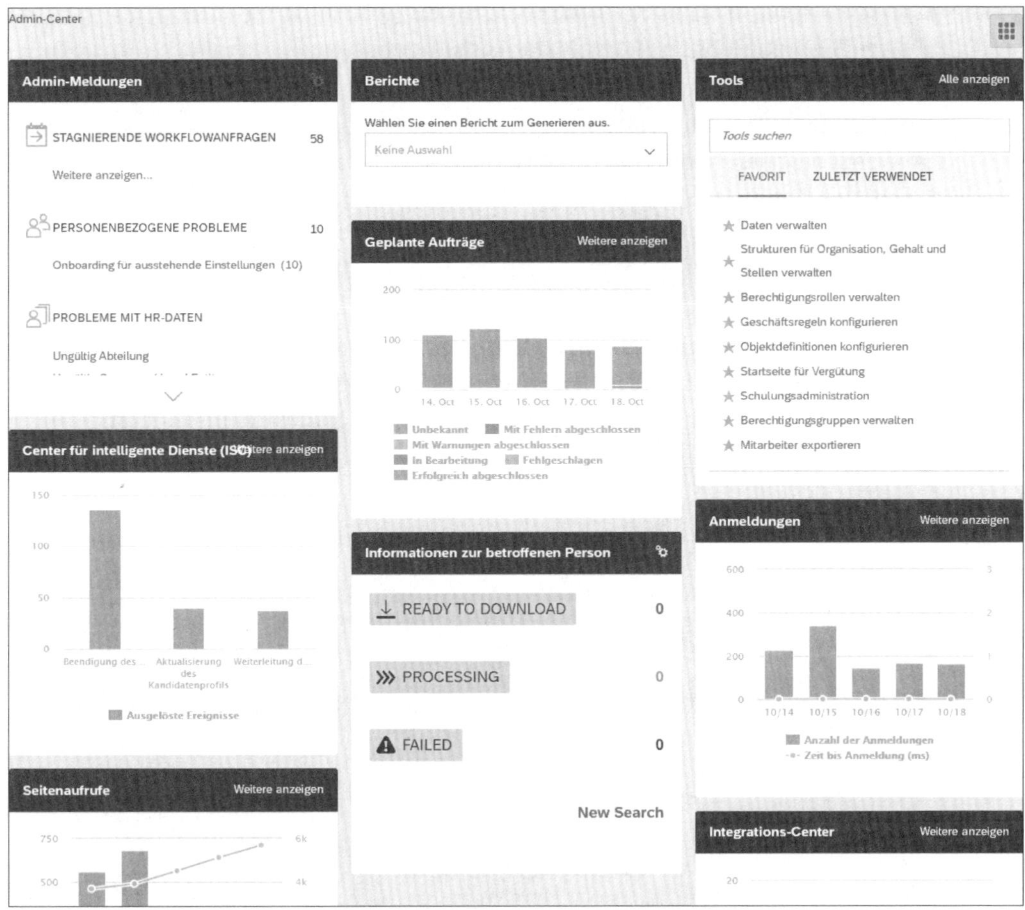

Abbildung 6.1 Admin-Center in SAP SuccessFactors

Innerhalb des Admin-Centers finden Sie das *Versionscenter*, das eine Übersicht aller Releases und Änderungen enthält. Direkt im Versionscenter finden Sie auch das *Upgrade Center*. Das Upgrade Center ermöglicht es Ihnen, Ihre Instanz und Ihre Prozesse mit freigegebenen Funktionen und Erweiterungen zu gestalten, ohne ein Customer-Support-Ticket bei SAP zu erstellen, und ohne den Eingriff eines Implementierungspartners. Bei Erweiterungen, die größere Änderungen mit sich bringen, empfehlen wir, die Expertise eines Implementierungspartners oder des SAP-Supports hinzuzuziehen.

Das Upgrade Center kategorisiert die Upgrades wie folgt:

- wichtige Upgrades
- empfohlene Upgrades
- optionale Upgrades

Testen Sie Neuerungen zuerst in der Testumgebung

Wir empfehlen Ihnen, Neuerungen, die Sie über das Upgrade Center aktivieren können, zuerst in Ihrer Testumgebung zu aktivieren. Sie können dann dort anhand Ihrer Anwendungsfälle (siehe Abschnitt 4.4, »Mit User Stories und Anwendungsfällen arbeiten«) Regressionstests durchführen, bevor Sie die Neuerungen in der Produktionsumgebung aktivieren. Das gilt natürlich auch für Neuerungen, die ein Implementierungspartner erstellt.

Jedes Upgrade verfügt über eine detaillierte Beschreibung der Funktion und erläutert, was zu erwarten ist, wenn die Aktualisierung angewandt wird. Abbildung 6.2 zeigt das Upgrade Center mit der Option, Aktualisierungen (Upgrades) zu installieren.

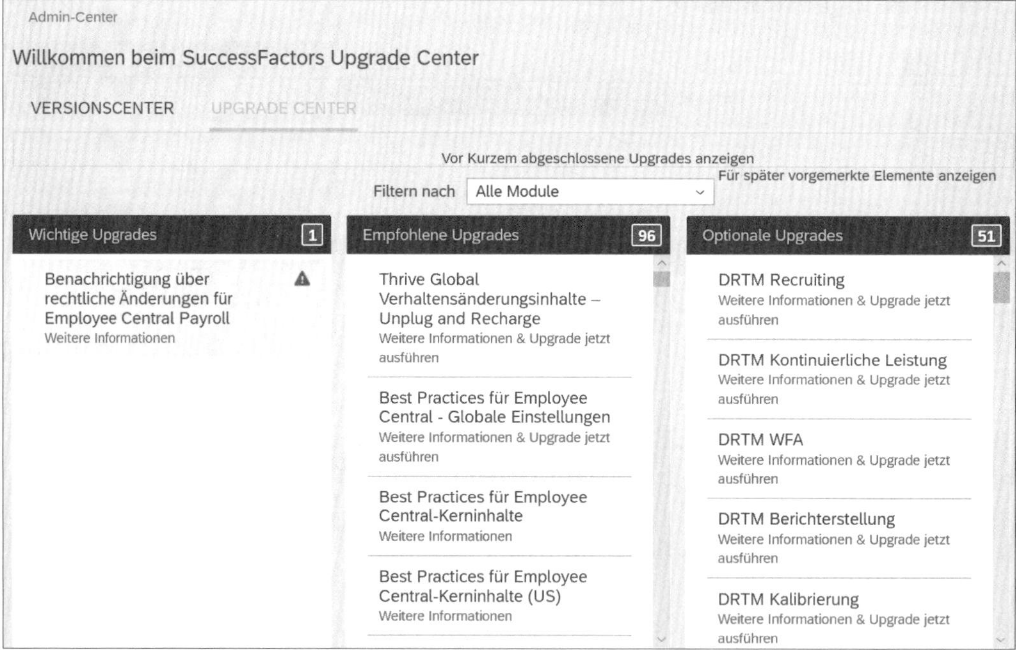

Abbildung 6.2 Upgrade Center

Abbildung 6.3 zeigt ein Upgrade im Upgrade Center.

Wenn Sie ein Upgrade anwenden möchten, klicken Sie auf die Schaltfläche **Upgrade jetzt ausführen** am unteren Rand des Bildschirms. Sie werden nun aufgefordert zu bestätigen, dass die Aktualisierung vorgenommen werden soll. Sobald Sie dies bestätigen, wird das Upgrade durchgeführt. Dieser Klick muss jeweils in den Test- und Produktivsystemen erfolgen.

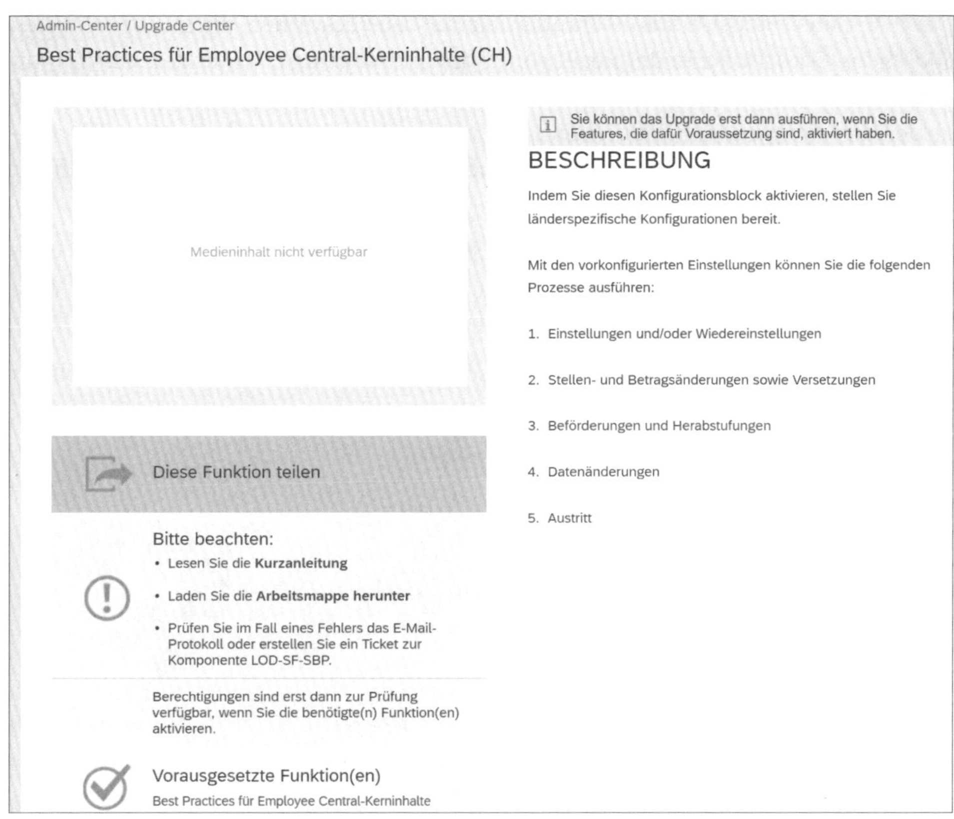

Abbildung 6.3 Details zum Upgrade

Werfen wir nun einen Blick auf die wichtigsten Felder der Benutzerdaten in der Plattform, die in der Benutzerdatendatei enthalten sind.

6.4 Benutzerdatendatei (UDF)

Die Benutzerdatendatei (*User Data File*, UDF) enthält die grundlegenden Benutzerdaten, die die SAP-SuccessFactors-HCM-Suite benötigt, um Anwendungen auszuführen. Dabei ist der Benutzer technisch das *Objekt*, das *Attribute* hat, die das Objekt kennzeichnen. So wird der Benutzer z. B. mit der globalen ID identifiziert und hat dann Attribute wie Vorname, Nachname und vieles mehr.

Diese Sicht auf Objekte und Attribute hilft Ihnen beim Verständnis der gesamten Suite, z. B. auch bei Planstellen, Stellenbeschreibungen und Rollen. Eine Talent-Modul-Standardintegration mit SAP ERP HCM füllt die UDF in SAP SuccessFactors mit den Daten aus SAP ERP HCM.

Die UDF-Datei setzt sich aus 49 Standardelementen zusammen, die im sogenannten *Succession Data Model* in der Regel vom Implementierungspartner gemeinsam mit dem Kunden festgelegt werden. 34 davon sind Standardfelder, und 15 sind anpassbare Felder, die Sie für kundenindividuelle Anforderungen nutzen können. Natürlich können Sie noch viele weitere kundenindividuelle Felder hinzufügen. Dazu stehen Ihnen dann andere Importe zur Verfügung.

Neun dieser 49 Felder sind Pflichtfelder und müssen definiert werden. Welche Standardelemente in der UDF verwendet werden, wird im Succession Data Model in dem Template *sysUserDirectorySetting* definiert.

Wir empfehlen Ihnen, die Standardfelder so zu belassen, wie sie im Datenmodell zur Verfügung gestellt werden.

Folgende Standardfelder stehen zur Verfügung:

- STATUS: Mitarbeiterstatus (ACTIVE oder INACTIVE) *
- USERID: eindeutige Kennung *
- USERNAME: Benutzername, notwendig, um sich anzumelden *
- FIRSTNAME: Vorname *
- NICKNAME: Beiname
- MI: zweiter Vorname
- LASTNAME: Nachname *
- SUFFIX: Namenszusatz
- TITLE: Berufsbezeichnung
- GENDER: Geschlecht
- EMAIL: E-Mail-Adresse *
- MANAGER: Vorgesetzter *
- HR: HR-Administrator *
- DEPARTMENT: Abteilung
- JOBCODE: Stellenbezeichnung
- DIVISION: Geschäftsbereich
- LOCATION: Standort
- TIMEZONE: Zeitzone des Benutzers *
- HIREDATE: Einstellungsdatum
- EMPID: Mitarbeiter-ID
- BIZ_PHONE: Telefonnummer
- FAX: Faxnummer

- ADDR1: Adresszeile 1
- ADDR2: Adresszeile 2
- CITY: Stadt
- STATE: Bundesland/Provinz
- ZIP: PLZ/Postleitzahl
- COUNTRY: Land
- REVIEW_FREQ: Leistungsbeurteilungsfrequenz
- LAST_REVIEW_DATE: Datum der letzten Leistungsbeurteilung
- MATRIX_MANAGER: Matrix-Vorgesetzter
- DEFAULT_LOCALE: Standardgebietsschema des Mitarbeiters
- PROXY: Stellvertreter
- CUSTOM01– CUSTOM15: anpassbares Filterfeld 1 bis anpassbares Filterfeld 15

Mit * gekennzeichnete Felder sind Pflichtfelder und dürfen nicht leer bleiben. Falls es keinen Vorgesetzten oder HR-Verantwortlichen gibt, können Sie mit den Werten NO_MANAGER bzw. NO_HR arbeiten. Beachten Sie dabei die Auswirkungen auf Workflows und Berechtigungsstrukturen. Wenn Sie einen Manager oder HR-Administrator eines Mitarbeiters definieren, muss der USERID-Feldwert des jeweiligen Benutzers (im MANAGER- oder HR-Feld) verwendet werden.

Die Werte für das TIMEZONE-Feld sind vordefiniert. Sie erhalten sie vom SAP-Support oder Ihrem SAP-SuccessFactors-Implementierungspartner. Alle Datumsformate in diesem Umfeld werden im Format MM/TT/JJJJ gespeichert.

Erweiterung des Personenprofils durch kundenindividuelle Felder und Sektion

Sie können das Personenprofil um kundenindividuelle Sektionen mit Ihren individuellen Feldern erweitern. Diese Felder sind dann nicht Felder der Standardimportdatei, sondern der Hintergrundinformationen und können über andere Importe importiert werden.

6.4.1 UDF verwalten

Wenn Sie SAP SuccessFactors Employee Central nutzen und einen neuen Mitarbeiter mittels der dafür vorgesehenen Funktion **Neuen Mitarbeiter hinzufügen** erstellen, wird automatisch ein UDF-Datensatz erzeugt. Beim Ausscheiden eines Mitarbeiters kann der Status auf *inaktiv* gesetzt werden, wird der Mitarbeiter später wieder eingestellt, wird dessen UDF-Status wieder von *inaktiv* auf *aktiv* geändert.

Im Admin-Center kann das UDF exportiert und importiert werden. Die jeweiligen Dialoge finden Sie im Admin-Center, wenn Sie nach »Mitarbeiter« suchen, wie Sie in Abbildung 6.4 sehen.

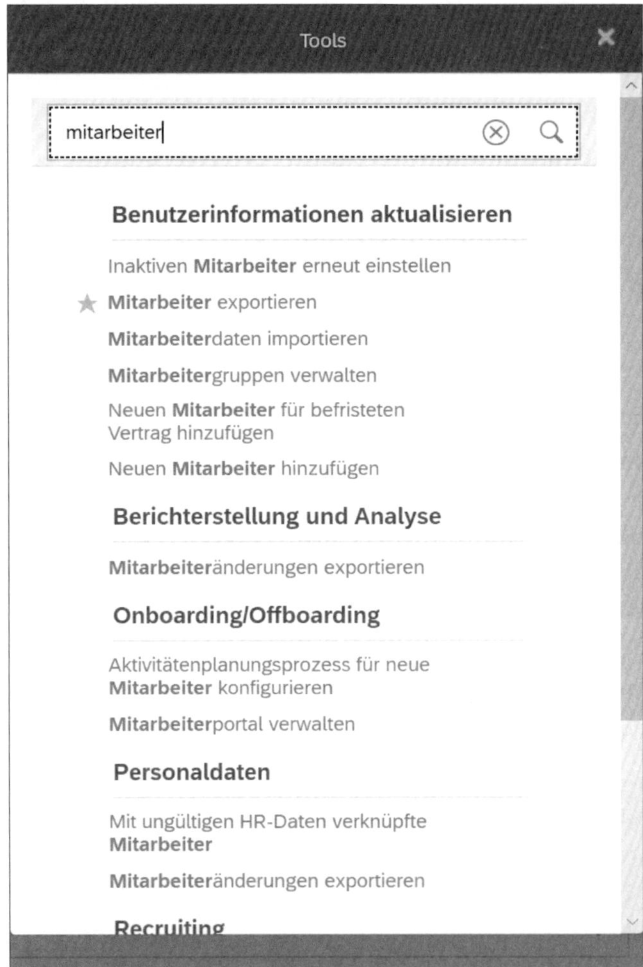

Abbildung 6.4 Optionen zum Mitarbeiter importieren und exportieren

Lassen Sie sich nicht von der unterschiedlichen Benennung irritieren: Abweichend von der Option (siehe Abbildung 6.4), die Sie auf der Startseite des Admin-Centers auswählen, heißt der Bereich selbst dann technisch **Benutzer exportieren** (siehe Abbildung 6.5) und **Benutzer importieren**.

In Abbildung 6.6 sehen Sie ein Beispiel einer exportierten UDF mit einigen Daten in einem Tabellenkalkulationsprogramm.

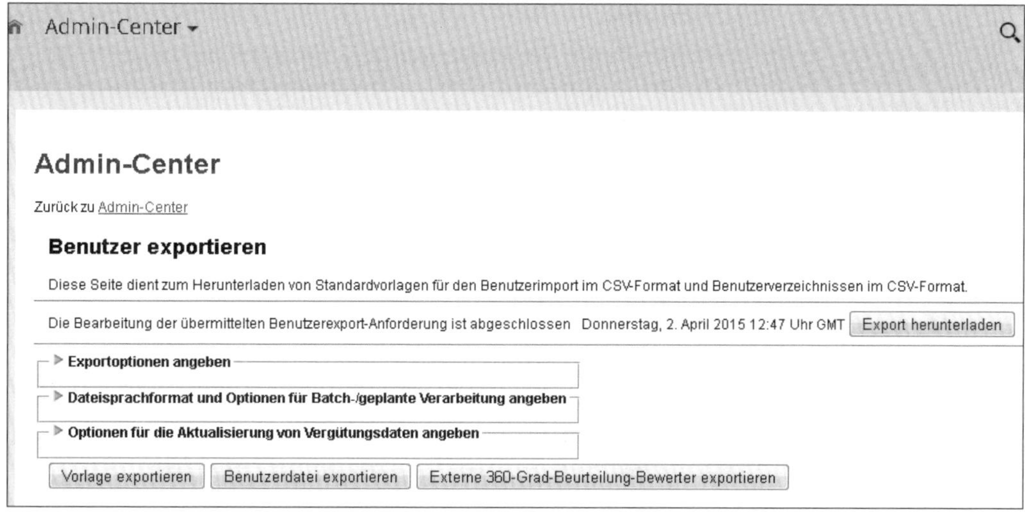

Abbildung 6.5 Admin-Center-Mitarbeiter bzw. Benutzer exportieren

	A	B	C	D	E	F	G	H	I	J
1	STATUS	USERID	USERNAME	FIRSTNAME	NICKNAME	MI	LASTNAME	SUFFIX	TITLE	GENDER
2	STATUS	USERID	Benutzername	Vorname	Spitzname	Zweiter Vorname	Nachname	Suffix	Titel	Gender
3	active	aaaa	aaaa	Alex		A	Anderson	Sr	CEO	M
4	active	bbbb	bbbb	Brooke		B	Brown		Director Marketing and Sales	F
5	active	cccc	cccc	Carol		C	Clark		Director Finance	F
6	active	dddd	dddd	David		D	Drew		VP Engineering	M
7	active	eeee	eeee	Ely		E	Eisley		Manager Accounting	M
8	active	ffff	ffff	Felicia		F	Ford		IC Accounting	F
9	active	gggg	gggg	Grace		G	Griffin		VP Business Development	F
10	active	hhhh	hhhh	Henry		H	Howard		IC Controlling	M
11	active	iiii	iiii	Ian		I	Iverson		VP HR	M
12	active	jjjj	jjjj	Janice		J	Jones		VP Finance	F
13	active	kkkk	kkkk	Karl		K	King		IC Sales	M
14	active	llll	llll	Linda		L	Lewis		IC Sales	F
15	active	mmmm	mmmm	Mike		M	Miller		IC Marketing	M
16	active	nnnn	nnnn	Nancy		N	Nash		IC Marketing	F
17	active	oooo	oooo	Olivia		O	Ollie		Manager Marketing	F
18	active	pppp	pppp	Paula		P	Price		Manager Sales	F
19	active	qqqq	qqqq	Quentin		Q	Quincy		Human Resources Manager	M
20	active	rrrr	rrrr	Robert		R	Richardson		HR Specialist	M
21	active	ssss	ssss	Steve		S	Simmons		HR Analyst	M
22	active	tttt	tttt	Tina		T	Thomas		Director Engineering	F
23	active	TU_Board	TU_Board	TU			Board			F
24	active	TU_Global	TU_Global	TU			Global		TU Global	F
25	active	TU_Hiring_Manager	TU_Hiring_Manager	TU			Hiring Manager			F
26	active	TU_Managing_Director	TU_Managing_Director	TU			Managing Director			F
27	active	TU_Recruiter	TU_Recruiter	TU			Recruiter			F
28	active	TU_Reporting	TU_Reporting	TU			Reporting			M
29	active	TU_Training	TU_Training	TU			Training			M
30	active	uuuu	uuuu	Ursala		U	Urban		VP Engineering	F
31	active	vvvv	vvvv	Veronica		V	Valooshka		Manager Development	F
32	active	wwww	wwww	Wishbone		W	Watson		Director HR	M
33	active	xxxx	xxxx	Xenon		X	Xandruszki		Manager Testing	M
34	active	yyyy	yyyy	Yolanda		Y	Young		IC Development	F
35	active	zzzz	zzzz	Zachary		Z	Zubov		IC Testing	M

Abbildung 6.6 UDF-Dateivorlage mit Daten

Wenn Sie SAP SuccessFactors Employee Central nicht verwenden, können Sie für einen neuen Mitarbeiter über den Menüpunkt **Benutzerkonten verwalten** einen neuen UDF-Datensatz erstellen, indem Sie auf **Neue Benutzer hinzufügen** klicken (siehe Abbildung 6.7).

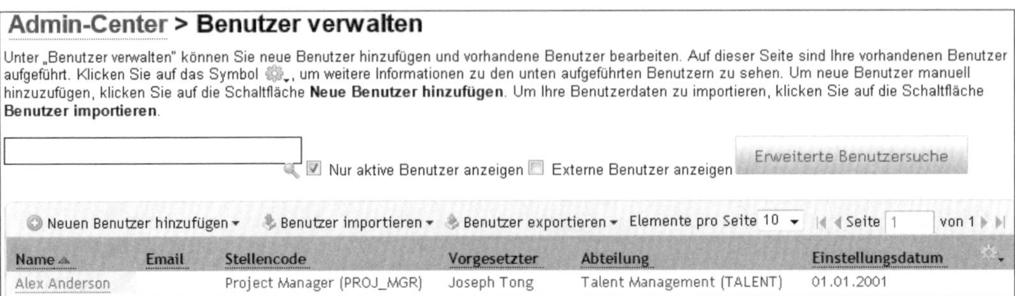

Abbildung 6.7 Benutzer verwalten im Admin-Center

Hier haben Sie nun als Administrator die Möglichkeit, mittels einer schnellen Ausfüllhilfe die erforderlichen Felder zu pflegen oder einen vollständigen Datensatz einzugeben.

6.4.2 Mitarbeiter importieren

Die Berechtigung, Mitarbeiter zu importieren, wird in der Berechtigungsrolle vergeben (siehe Abbildung 6.8).

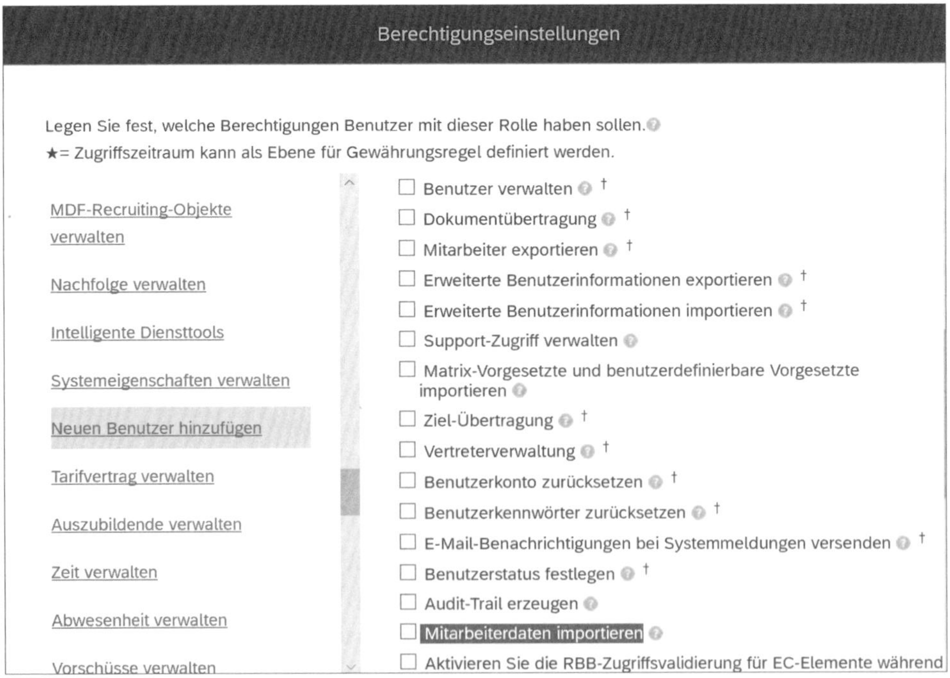

Abbildung 6.8 Die Berechtigung Mitarbeiterdaten importieren

Im Folgenden stellen wir Ihnen vor, wie Sie Benutzerdaten ohne SAP SuccessFactors Employee Central verwalten.

Ohne SAP SuccessFactors Employee Central

Benutzerdaten können Sie mit dieser Berechtigung im Bereich **Benutzerkonten verwalten** importieren und exportieren. Wenn Sie auf **Benutzer importieren** klicken, öffnet sich der in Abbildung 6.9 dargestellte Dialog, über den Sie die Benutzer importieren können.

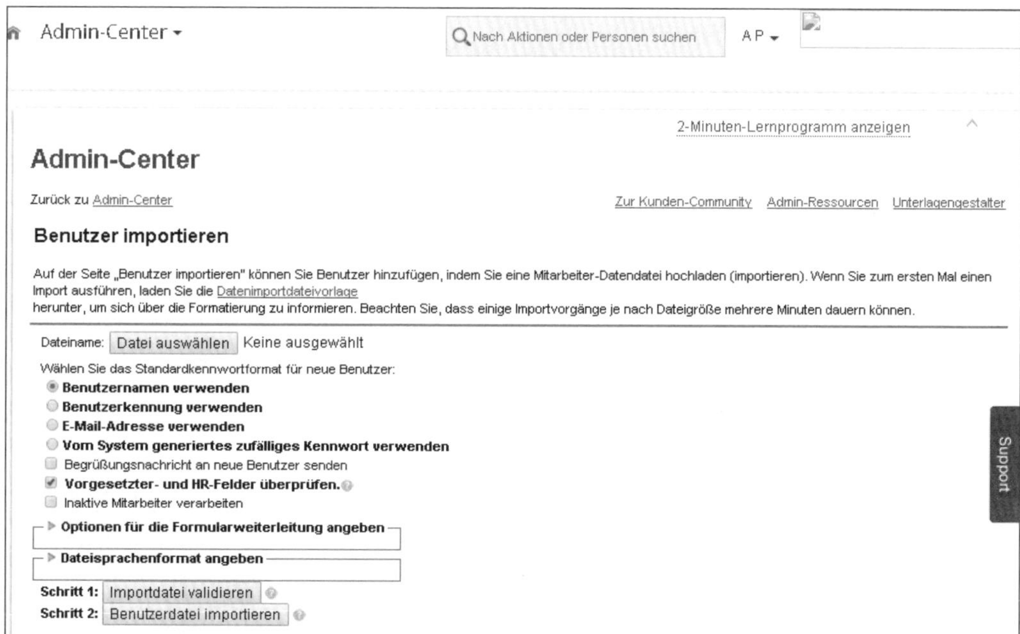

Abbildung 6.9 Admin-Tool für den Mitarbeiterimport

Unter **Optionen für die Formularweiterleitung angeben** legen Sie unter anderem fest, was mit Formularen im Workflow geschehen soll, wenn Mitarbeiter neue Vorgesetzte bekommen. Natürlich sind all diese Optionen auch im Bereich der automatisierten Importe einstellbar.

Mit SAP SuccessFactors Employee Central

Etwas anders funktioniert der Import eines Mitarbeiters, wenn Sie SAP SuccessFactors Employee Central einsetzen. In diesem Fall können Sie die Daten mithilfe der Option **Mitarbeiterdaten importieren** laden (siehe Abbildung 6.10).

Sie haben dabei verschiedene Importoptionen und können auch eine frei gestaltbare Begrüßungsnachricht per E-Mail an neue Mitarbeiter schicken.

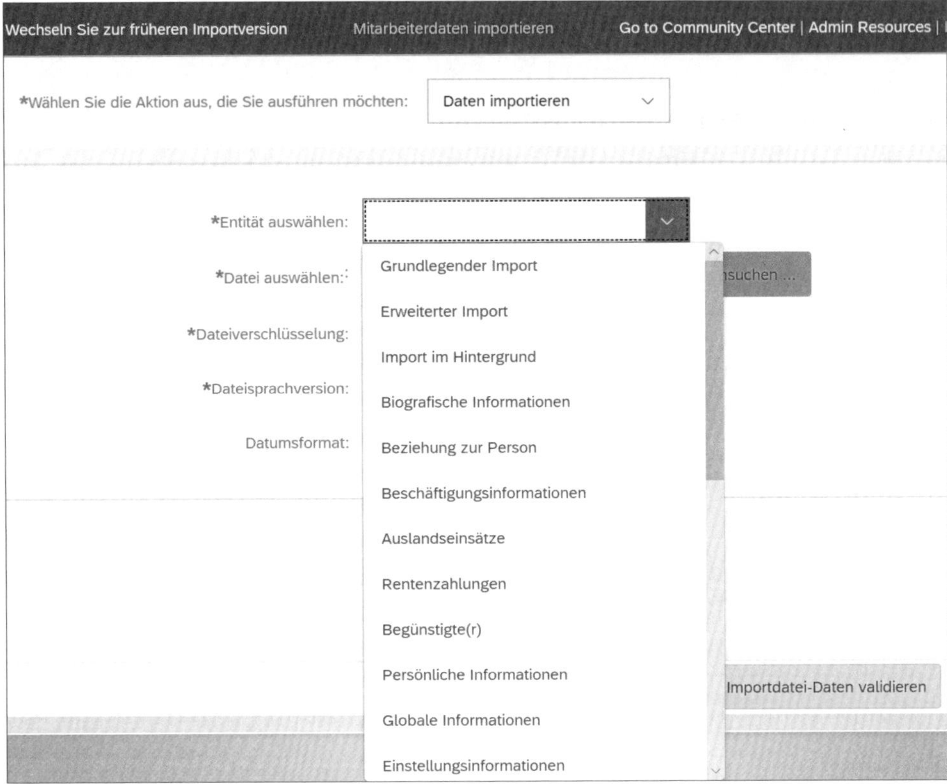

Abbildung 6.10 Mitarbeiterdaten manuell importieren, wenn Sie SAP SuccessFactors Employee Central nutzen

6.4.3 UDF mit HRIS Sync in SAP SuccessFactors Employee Central automatisch synchronisieren

HR Information System Sync (HRIS) ist ein Standardmechanismus in SAP SuccessFactors Employee Central, der es Ihnen ermöglicht, die in Abschnitt 6.4.2, »Mitarbeiter importieren«, genannten Daten automatisch in die Benutzerdatendatei zu synchronisieren. Dies geschieht auf Basis festgelegter Regeln, die Sie in der Implementierungsphase mit dem Implementierungspartner festlegen. Dies ist notwendig, weil die Datenfelder auch dann von anderen Prozessen gebraucht werden und daher gefüllt werden müssen, wenn SAP SuccessFactors Employee Central im Einsatz ist. Einige Felder werden automatisch in Echtzeit synchronisiert, sobald Änderungen an Mitarbeiterdaten in SAP SuccessFactors Employee Central vorgenommen werden:

- Vorname
- Nachname
- Geschäftsbereich

- Abteilung
- Stellencode
- Vorgesetzter
- HR-Manager
- E-Mail-Adresse

Andere SAP-SuccessFactors-Employee-Central-Felder werden auf UDF-Felder im *Succession Data Model* abgebildet. Diese werden durch Synchronisierungen, die Sie mit dem Implementierungspartner festlegen, aktuell gehalten. Typischerweise werden SAP-SuccessFactors-Employee-Central-Daten zu den anpassbaren Feldern im UDF abgebildet, sodass sie auf dem SAP-SuccessFactors-Employee-Profil angezeigt oder in Filtern verwendet werden können. Feldinhalte aus SAP SuccessFactors Employee Central können auch in erweiterte Benutzer-Info-Elemente, wie z. B. die Arbeitshistorie des Mitarbeiters, synchronisiert werden. Diese flexible Architektur hat den Vorteil, dass Sie ohne SAP SuccessFactors Employee Central in die Nutzung von SAP SuccessFactors und vieler Prozesse starten können und die Mitarbeiterdaten zu einem späteren Zeitpunkt flexibel mit den Möglichkeiten, die sich mit SAP SuccessFactors Employee Central ergeben (siehe Kapitel 11, »Employee Central«), erweitern können.

6.4.4 Weitere Importoptionen von Benutzerdaten

Neben dem Import der Standardfelder können Sie auch erweiterte Informationen zum Mitarbeiter über eine *CSV-Datei* (engl. character-separated values) nach SAP SuccessFactors hochladen. Dazu wählen Sie im Admin-Center **Benutzerinformationen aus einer CSV-Datei importieren** über die Suche aus. Sie können im folgenden Dialog erweiterte Benutzerinformationen aus den Bereichen **Persönliche Informationen** wie Geburtsdatum, aus **Trendinformationen** wie Leistungsbeurteilungen vergangener Jahre und **Hintergrundinformationen** wie Sprachkenntnisse hochladen (siehe Abbildung 6.11).

[!]

Importieren der erweiterten Benutzerinformationen

Wir empfehlen Ihnen, den Import von erweiterten Benutzerinformationen anonymisiert in der Testumgebung zu testen, bevor Sie ihn in der Produktivumgebung durchführen.

Beim Importieren der Informationen kann es zum unbeabsichtigten Überschreiben von Hintergrundinformationen anderer Benutzer im System kommen, insbesondere dann, wenn Sie nur einen Delta-Import nutzen wollen. Es kann dann notwendig sein, die Zusatzinformationen zunächst zu exportieren und mit den neuen Daten zu integrieren, bevor Sie die gesamten Daten erneut ins System importieren.

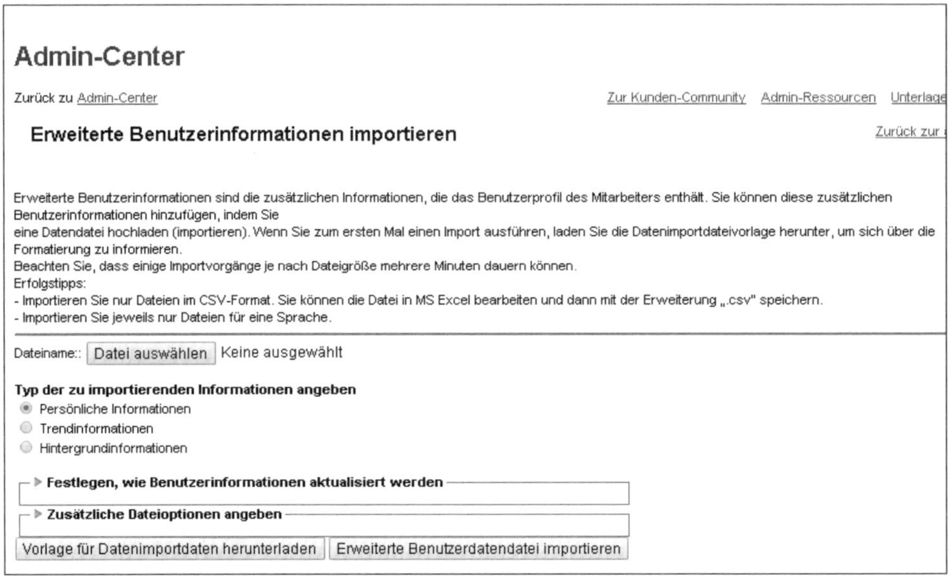

Admin-Center

Zurück zu Admin-Center Zur Kunden-Community Admin-Ressourcen Unterlage

Erweiterte Benutzerinformationen importieren Zurück zur

Erweiterte Benutzerinformationen sind die zusätzlichen Informationen, die das Benutzerprofil des Mitarbeiters enthält. Sie können diese zusätzlichen Benutzerinformationen hinzufügen, indem Sie eine Datendatei hochladen (importieren). Wenn Sie zum ersten Mal einen Import ausführen, laden Sie die Datenimportdateivorlage herunter, um sich über die Formatierung zu informieren.
Beachten Sie, dass einige Importvorgänge je nach Dateigröße mehrere Minuten dauern können.
Erfolgstipps:
- Importieren Sie nur Dateien im CSV-Format. Sie können die Datei in MS Excel bearbeiten und dann mit der Erweiterung „.csv" speichern.
- Importieren Sie jeweils nur Dateien für eine Sprache.

Dateiname:: Datei auswählen Keine ausgewählt

Typ der zu importierenden Informationen angeben
Persönliche Informationen
Trendinformationen
Hintergrundinformationen

Festlegen, wie Benutzerinformationen aktualisiert werden

Zusätzliche Dateioptionen angeben

Vorlage für Datenimportdaten herunterladen Erweiterte Benutzerdatendatei importieren

Abbildung 6.11 Erweiterte Benutzerinformationen importieren

6.5 Systemeinstellungen verwalten

Sie können viele der Systemeinstellungen eigenständig als Kunde mit der Administratorrolle festlegen. Wir zeigen Ihnen im Folgenden einige der zentralen, übergreifenden Funktionen und wie Sie diese konfigurieren können.

6.5.1 Talentkarte

Die *Talentkarte* bietet einen Überblick über die wichtigsten Talentinformationen aus dem Profil eines Mitarbeiters. Das sind z. B. Organisationsinformationen, Berufserfahrung, die Potenzialeinschätzung, die Leistungsbeurteilung und die Mobilität. Die Talentkarte ist in hohem Maße konfigurierbar. Es gibt die Talentkarte für die folgenden Anwendungen:

- Präsentationen (siehe Abschnitt 6.12)
- Positionsansicht im Nachfolge-Organigramm
- Kalibrierungen

Die Talentkarten können für die einzelnen Bereiche unterschiedlich konfiguriert werden. Um sie zu konfigurieren, wählen Sie im Admin-Center die Option **Talentkartenkonfigurationen verwalten** über die Suche aus.

Die leere Talentkarte beinhaltet zunächst nur eine Übersicht, die Sie dann flexibel mit Inhalten befüllen können, z. B. mit folgenden Elementen (siehe Abbildung 6.12):

- interne Arbeitserfahrung
- vorherige Berufserfahrung
- Bildung
- Performance- und Potenzial-Matrix
- Kompetenz- und Zielerreichungsmatrix
- benutzerdefinierte Hintergrundinformationen

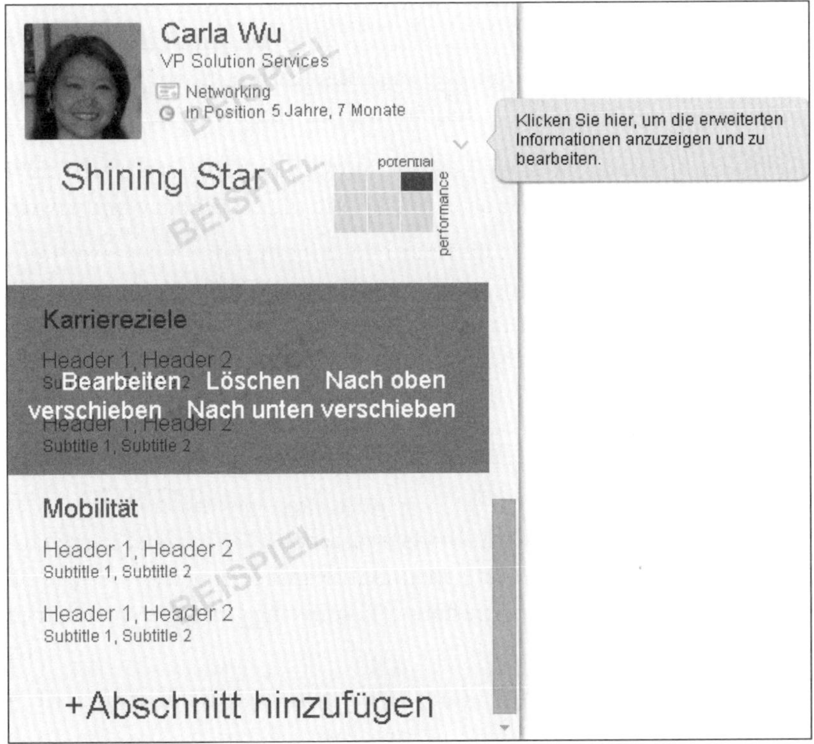

Abbildung 6.12 Talentkartenkonfiguration verändern

Die verfügbaren Felder sind abhängig von der Konfiguration des Mitarbeiterprofils.

6.5.2 Kompetenzen und Fertigkeiten

SAP SuccessFactors verfügt über eine umfangreiche Kompetenzbibliothek, die in verschiedenen Prozessen, der Mitarbeiterentwicklung, der Talentsuche und Nachfolgeplanung, der Festlegung von Schulungsbedarfen, der Rekrutierung und der strategischen Werteausrichtung des Unternehmens zur Anwendung kommt. Aufgrund der

Bedeutung der Kompetenzen stellen wir die Zusammenhänge ausführlich in Abschnitt 7.3, »Kompetenzen«, dar.

6.5.3 Auswahllisten

Auswahllisten sind Konfigurationsdateien, die für Drop-down-Listen erlaubte Eingabewerte zur Verfügung stellen. Die Auswahllisten helfen Ihnen bei der Konsolidierung und Strukturierung von Eingaben. Sie werden in SAP SuccessFactors an vielen Stellen verwendet und an zentraler Stelle definiert. Auswahllisten werden im Auswahllisten-Center unter **Auswahllistensuche** verwaltet (siehe Abbildung 6.13).

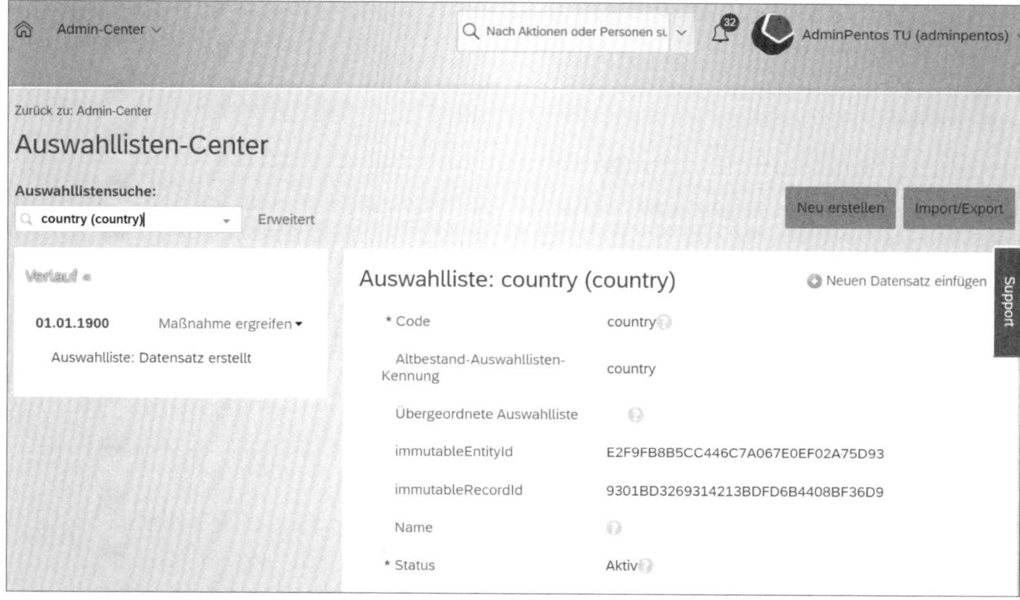

Abbildung 6.13 Auswahllisten importieren

6.5.4 Textersetzungen

SAP SuccessFactors unterstützt eine große Anzahl verschiedener Sprachen. Anpassungen von Schlüsselbegriffen können Sie als Kunde selbst zentral vornehmen. Dabei handelt es sich um Navigationseinträge und die Benennung von Standardfeldern, Vorgängen und Schaltflächen. Wenn Sie umfangreichere Anforderungen haben, kann Ihnen auch Ihr Implementierungspartner helfen. Das Admin-Tool **Textersetzungen** finden Sie unter dem Begriff **Terminologie** im Admin-Center. Sie können die bestehenden Begriffe durch den Text in der Eingabemaske ersetzen (siehe Abbildung 6.14).

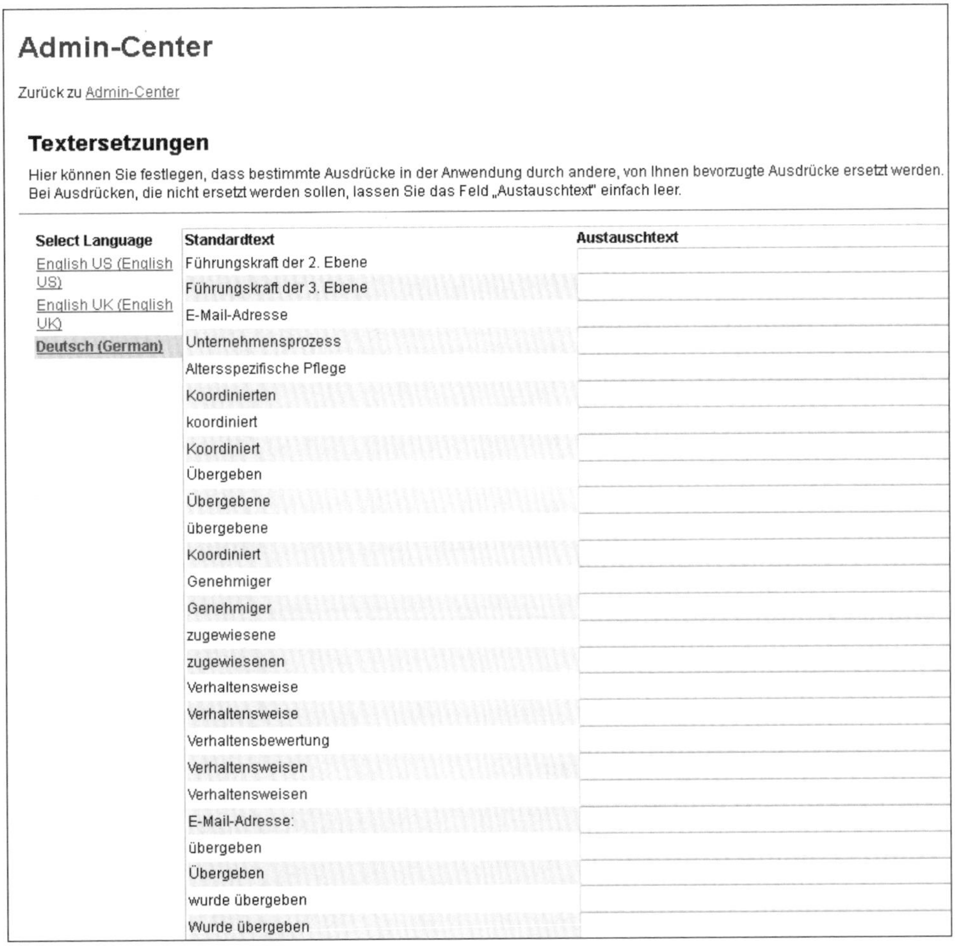

Admin-Center

Zurück zu Admin-Center

Textersetzungen

Hier können Sie festlegen, dass bestimmte Ausdrücke in der Anwendung durch andere, von Ihnen bevorzugte Ausdrücke ersetzt werden. Bei Ausdrücken, die nicht ersetzt werden sollen, lassen Sie das Feld „Austauschtext" einfach leer.

Select Language

English US (English US)
English UK (English UK)
Deutsch (German)

Standardtext	Austauschtext
Führungskraft der 2. Ebene	
Führungskraft der 3. Ebene	
E-Mail-Adresse	
Unternehmensprozess	
Altersspezifische Pflege	
Koordinierten	
koordiniert	
Koordiniert	
Übergeben	
Übergebene	
übergebene	
Koordiniert	
Genehmiger	
Genehmiger	
zugewiesene	
zugewiesenen	
Verhaltensweise	
Verhaltensweise	
Verhaltensbewertung	
Verhaltensweisen	
Verhaltensweisen	
E-Mail-Adresse:	
übergeben	
Übergeben	
wurde übergeben	
Wurde übergeben	

Abbildung 6.14 Textersetzungen

6.5.5 E-Mail-Konfigurationen

SAP SuccessFactors unterstützt eine große Anzahl automatisierbarer *E-Mail-Benachrichtigungen,* die Sie in Workflows und vielen Prozessen nutzen können.

Vermeiden Sie E-Mails! Nutzen Sie auch andere Wege!

Es gibt systemseitig die Möglichkeit, Dutzende verschiedener E-Mail-Benachrichtigungen zu verschicken. Die Ausgestaltung der Texte, meist in mehreren Sprachen, sowie die Pflege der Inhalte sind ein bedeutsamer Aufwand für die Implementierung und den Betrieb. Wir empfehlen generell und auch in diesem Zusammenhang, die Plattform so einzurichten, dass die Mitarbeiter und Führungskräfte jeden Tag einen Mehrwert bekommen, wenn sie mit der Plattform arbeiten und diese täglich nutzen.

Damit entfällt auch die Notwendigkeit, E-Mail-Benachrichtigungen zu verschicken, da Ihre Kunden direkt in ihren Prozessen auf nötige Aktionen und wichtige Änderungen hingewiesen werden. Die E-Mail-Benachrichtigungen können Sie dann auf wenige beschränken und mit den Standardtexten verschicken. Alternativ können Sie auch Messaging-Dienste wie WhatsApp, WeChat, Push-Nachrichten auf das Smartphone, SMS o. Ä. und bidirektionale Kommunikationsmittel und -wege einsetzen.

So können z. B. Kandidaten, die sich für eine Stelle bewerben, ihre Unterlagen und Informationen direkt über WhatsApp im Dialog in SAP SuccessFactors einstellen. Andere Beispiele sind Produktionsmitarbeiter, die per SMS ihren Urlaubsstand abfragen oder im Dialog über einen Chatbot ihre Bankdaten aktualisieren können.

Die **E-Mail-Benachrichtigungsvorlagen** finden Sie im Admin-Center (siehe Abbildung 6.15). Sie finden unterschiedlichste Standardauslöser für E-Mails. Sie können diese Auslöser aktivieren oder deaktivieren. Wenn sie aktiviert sind, können Sie manche davon in Abhängigkeit vom auslösenden Element, z. B. dem Zielplan, weiter verfeinern (individuell ein- oder ausschalten, Texte und Verteiler anpassen).

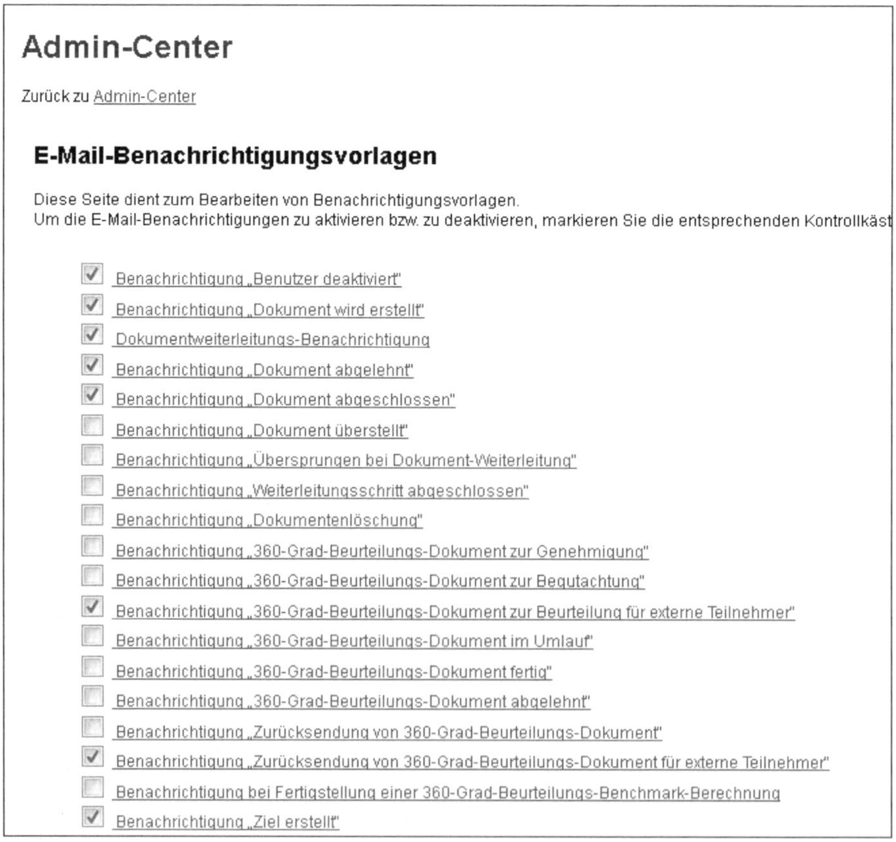

Abbildung 6.15 E-Mail-Benachrichtigungsvorlagen

In den Benachrichtigungsvorlagen können Sie mit Platzhaltern arbeiten und weitere Parameter festlegen.

6.6 SAP SuccessFactors erweitern

Im Folgenden zeigen wir Ihnen, welche Möglichkeiten der Funktionserweiterung Sie in SAP SuccessFactors haben. Wir gehen zunächst auf das Metadata Framework ein und informieren Sie dann über die OData-API und die Erweiterung mit kundenindividuellen Produkten und Partnerprodukten.

6.6.1 Metadata Framework (MDF)

Das *Metadata Framework* (MDF) dient dem Erstellen, Ändern und Verwalten kundenspezifischer Prozesse. Es basiert auf kundenindividuell erstellbaren Objekten und Geschäftsregeln und bietet einen leistungsfähigen, flexiblen und sicheren Mechanismus, um das SAP-SuccessFactors-System zu erweitern. Das erfolgt über eine einfach zu bedienende Konfigurationsbenutzeroberfläche. Die Konfigurationen sind sowohl stabil als auch unabhängig von Upgrades und Releases. Erstellung und Wartung der Konfiguration liegen im Admin-Center, beim Kunden und seinen Systemadministratoren, optional auch beim Implementierungspartner. Das MDF arbeitet mit einem generischen Satz an Komponenten, der von allen Objekten verwendet werden kann.

[zB]

Beispiele für Komponenten im MDF

So könnten Sie z. B. ein Objekt *Dienstwagen*, mit Feldern wie *Typ*, *Leasingrate* und *Kennzeichen* erstellen. Sie können das Objekt *Dienstwagen* mit dem Objekt *Mitarbeiter* verbinden, sodass jeder Mitarbeiter, der die Kriterien erfüllt und damit die nötige Berechtigung bekäme, einen Dienstwagen bestellen könnte. Die vorhandenen Felder können Sie über das rollenbasierte Berechtigungssystem pro Rolle in Bezug auf Sichtbarkeit, Lesbarkeit oder Veränderbarkeit konfigurieren. Auch einen Workflow können Sie mit dem Objekt erstellen. Dieser stellt sicher, dass der Vorgesetzte eine Beantragung oder Änderung des Dienstwagens seines Mitarbeiters bewilligt.

Zusätzliche Komponenten und Gestaltungselemente werden in neuen Releases zur Verfügung gestellt. Neuere Funktionen wie positive Zeitwirtschaft, Stellenbeschreibungen und Planstellen basieren bereits auf der MDF-Technologie.

Das MDF bietet eine Reihe von Vorteilen:

- Es sind keine XML- oder Programmierkenntnisse erforderlich, um neue Objekte oder Felder hinzuzufügen.

- Stabilität und Release-Fähigkeit bleiben erhalten, auch wenn Sie kundenspezifische Objekte und Prozesse erstellen, weil sie letztlich auf Standardobjekten und -komponenten beruhen.
- Es gibt eine einheitliche, durchgängige Benutzeroberfläche, die auch Funktionen wie Validierungen, Benachrichtigungen, Berechtigungen, Versionierung und die Suche umfasst.
- MDF-Objekte haben eine Zeitdimension, Workflows und Versionierung und können komplexen Regelwerken unterliegen, die Sie entsprechend Ihren Anforderungen ausgestalten können. Änderungen werden entsprechend häufig mitgeschrieben, und Sie haben die Möglichkeit, MDF-Objekte und Prozesse in der Vergangenheit, Gegenwart oder Zukunft anzusehen und zu bearbeiten.

Mehr Informationen über das Metadata Framework finden Sie als Kunde im Metadata Framework (MDF) Implementation Guide im Bereich **Plattform**.

Technische Architektur des MDF

Jedes Objekt in der SAP-SuccessFactors-Suite besteht aus einer Reihe von Komponenten, einschließlich einer API, eines Controllers, eines User Interfaces (UI), eines Workflows, einer Datenbanktabelle, eines Satzes von Java-Services wie etwa einer Suche, der Einbindung in die Berechtigungsverwaltung und der Integration in das Berichtswesen oder der Verfügbarkeit über die OData-API. So können Sie auch von externen Systemen sofort angesprochen werden. Auch können Daten auf oder von generischen Objekten über Standardschnittstellen übertragen werden. Importvorlagen für neue Objekte erstellt die Plattform automatisch für Sie.

Da die für generische Objekte erforderlichen Komponenten im Standard vorhanden sind, müssen nur ihr spezifisches, kundenindividuelles Aussehen und Verhalten konfiguriert werden. So müssen z. B. der Name der Felder, der Datentyp und die Regeln für die Validierung konfiguriert werden. Sie müssen bei der Konfiguration aber keine Rücksicht auf die Programmierung der Benutzeroberfläche, der Objekt-Controller und Datenbanktabellen nehmen oder sich überlegen, wie die Daten in das Berichtswesen integriert werden. Damit wird die Gesamtkomplexität für den Kunden und Implementierungspartner wesentlich reduziert.

Mit anderen Worten: Sie bekommen mit dem MDF einen Baukasten von Standardelementen, die Sie frei zusammenfügen können und die auch dann noch funktionieren werden, wenn Sie eine neue Erweiterung erwerben. Zusätzlich dürfen Sie sich immer wieder über neue, zusätzliche und nützliche Eigenschaften Ihrer Bausteine freuen, wenn der Hersteller ein neues Release herausbringt.

Konfiguration des UIs

Damit die Objekte auch angezeigt werden können, müssen sogenannte *User Interfaces* (UIs) angelegt werden. Für Endbenutzer kann ein UI (eine Bildschirmmaske) zu einem neuen, personenbezogenen Objekt erstellt und zum Personenprofil hinzugefügt werden. Damit ist es dann Teil der Mitarbeiterdaten. Wie das im Detail funktioniert, zeigen wir Ihnen in einem Praxisbeispiel am Ende dieses Abschnitts.

Geschäftsregeln konfigurieren

Die MDF verfügt über robuste und umfassende Möglichkeiten, um zwischen Standardobjekten oder von Ihnen selbst erstellten Objekten einfache oder komplexe Regeln zu gestalten. Damit wird sichergestellt, dass Sie Ihre eigenen Regeln und Geschäftslogik in SAP SuccessFactors abbilden können. Ein Beispiel für solch eine Regel könnte sein, dass es nach fünf oder zehn Jahren Betriebszugehörigkeit einen Urlaubstag extra gibt. Oder Sie erstellen eine Regel, die sicherstellt, dass alle Beteiligten rechtzeitig informiert werden, wenn jemand aus der Elternzeit zurückkehrt. Es gibt viele Regelszenariokategorien – von Onboarding bis Kern-HR. Dahinter finden Sie dann viele vordefinierte Szenarien zur Anwendung und Anpassung (siehe Abbildung 6.16).

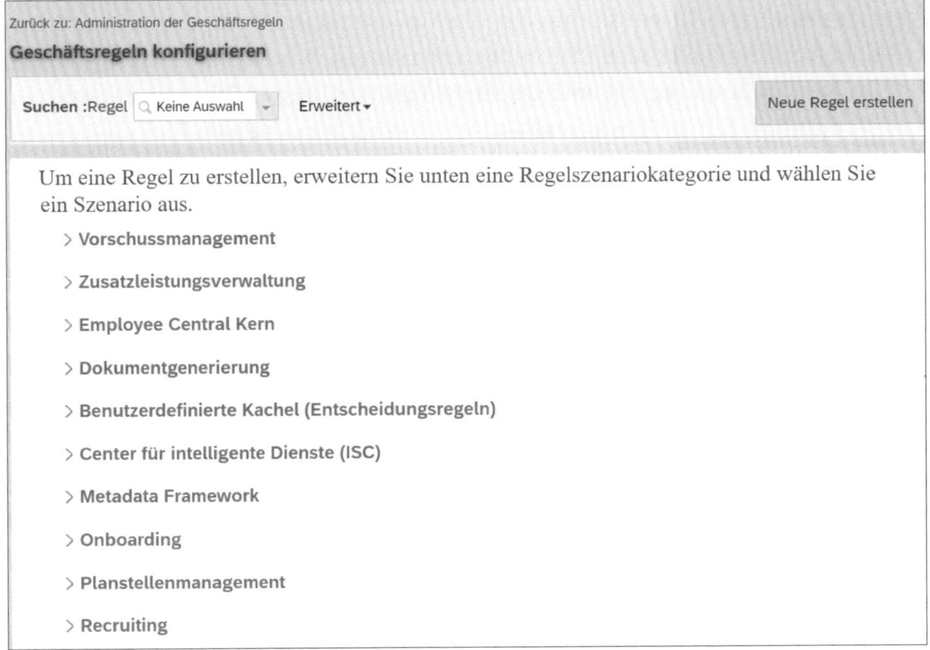

Abbildung 6.16 Arten von Regelszenariokategorien

Innerhalb der Geschäftsregeln können Wenn-dann-Bedingungen festgelegt werden. Dabei können z. B. auch Objekte wie Zeitkonten pro Mitarbeiter bei einer Abwesenheit von mehr als zehn Stunden verändert werden (siehe Abbildung 6.17).

Abwesenheit (Abwesenheit)

Scenario: Abwesenheitsvalidierung

Basisinformationen

Anfangsdatum 01.01.1900

Beschreibung

Parameter

Name	Objekt
Kontext	Systemkontext
Mitarbeiterzeit	Mitarbeiterzeit
Regelkonstanten für Abwesen…	Regelkonstanten für Abwesen…

Weitere anzeigen

Alle ausblenden | Alles einblenden

Variablen

Wenn

Abwesenheit in Stunden für Zeitraum abrufen() = Dezimalzahl Zum Bearbeiten bitte ank

Berechnet die Stunden, die für den gegebenen Zeitraum durch …

Benutzer: Benutzer

Externer Code für Zeittyp: Text Zum Bearbeiten bitte ank

Anfangsdatum: Datum TT.MM.JJJJ

Enddatum: Datum TT.MM.JJJJ

Abbildung 6.17 Regel im Bereich »Zeitkonten«

Sobald eine Regel erstellt wurde, müssen ihre Auslöser, sogenannte *Trigger*, festgelegt werden. In Abbildung 6.18 sehen Sie ein Beispiel für einen Auslöser, hier den Eintrag, dass eine Heirat stattgefunden hat, was eine Sonderzahlung auslösen soll.

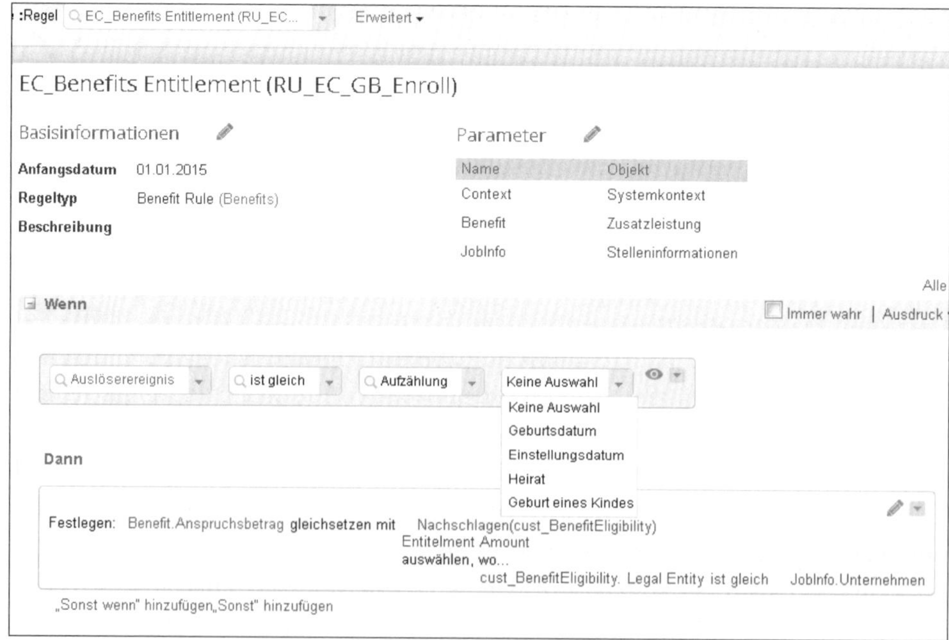

Abbildung 6.18 Beispiel für Auslöseereignisse von Regeln

Weitere Informationen zum Regelmodul und zur Konfiguration von Geschäftsregeln finden Sie im SAP SuccessFactors Implementation Guide auf der Seite *https://help.sap.com/*.

Datenimport und -export

Die Import-/Exportoption ermöglicht es Ihnen, generische Objekte einschließlich Daten, Beziehungen zu anderen Objekten und Regeldefinitionen zu exportieren und zu importieren. Das wird z. B. häufig für Stellenprofile genutzt, da Unternehmen Inhalte meist schon in anderen Systemen bereithalten. Nutzen Sie die verfügbare leere Vorlagendatei, die Sie dabei unterstützt, die richtige Vorlage mit Daten zu befüllen und hochzuladen.

Praxisbeispiel: Arbeiten mit einem generischen Objekt

Um Ihnen ein einfaches praktisches Beispiel zu zeigen, gehen wir davon aus, dass jeder Mitarbeiter, der dazu berechtigt ist, einen Fußball bekommen soll. Wir möchten den Typ des Fußballs und seine Farbe festhalten und wann er oder sie ihn bekommen hat. Die Daten möchten wir schließlich auch direkt im Personenprofil erfassen.

Generische Objekte und kundenspezifische Prozesse erstellen Sie im Admin-Center. Wählen Sie dazu **Objektdefinitionen konfigurieren** über die Suche aus. Erstellen Sie im nächsten Schritt ein neues Objekt, wir nennen es für unser Beispiel »Fussball« (siehe Abbildung 6.19).

Das Objekt hat eine ganze Reihe von Feldern, die automatisch erstellt werden:

- Versionierung
- Änderungen pro Zeiteinheit
- Workflows
- Sicherung des Objekts
- Suchfelder
- Regeln

Am umfangreichsten sind die Möglichkeiten, Regelwerke zu hinterlegen. Jedes Feld kann mit Regeln ausgestattet werden und mit anderen Feldern oder Objekten bei verschiedensten Aktionen (Erstellen, Ändern) interagieren.

Details dazu finden Sie direkt in den SAP-Handbüchern zum Thema MDF, siehe *http://service.sap.com/sfsf* (Authentifizierung erforderlich). Bis zu 200 Felder pro Objekt können Sie erstellen, dabei sind verschiedenste Arten von Feldtypen möglich.

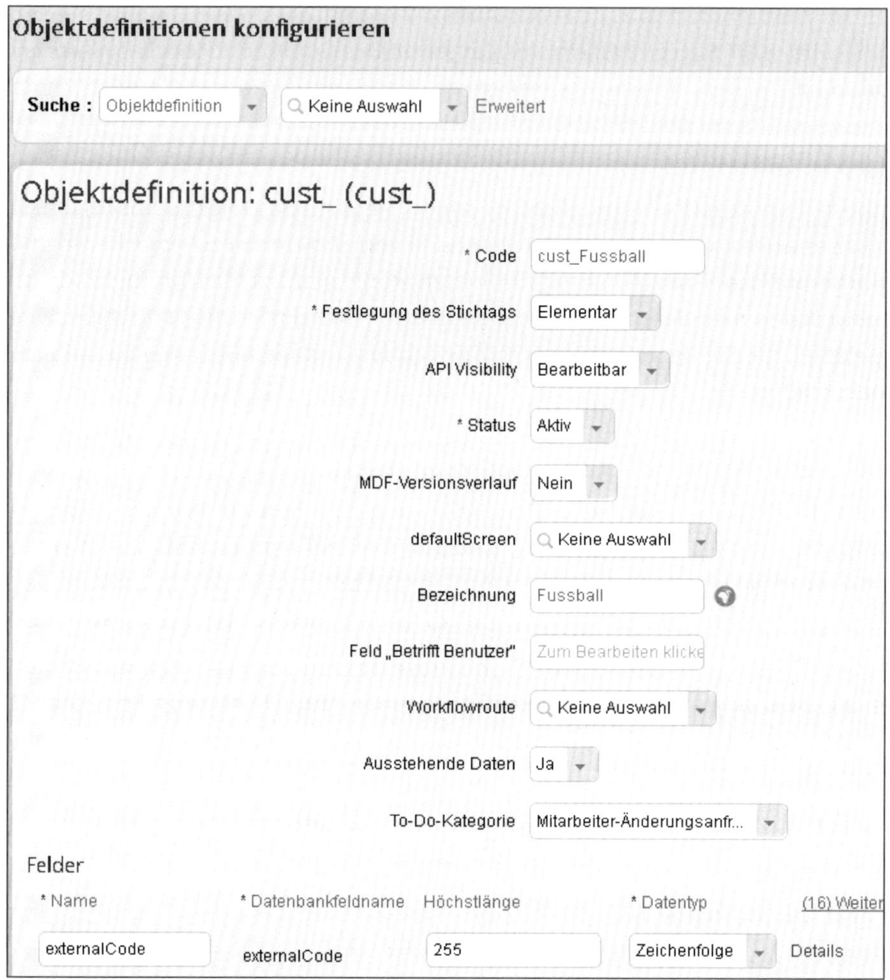

Abbildung 6.19 Objektdefinition für »Fussball«

Damit unser Beispiel oben wie gewünscht funktioniert, muss es mit dem Objekt *Mitarbeiter* in Beziehung stehen. Dafür ist es notwendig, dass das Feld **externalCode** bei der Objektanlage mit dem Datentyp **Benutzer** belegt wird. Außerdem wollen wir das Objekt sichern. Dazu wählen Sie im Bereich **Sicherheitsfunktionen** im Feld **Gesichert** die Option **Ja** aus (siehe Abbildung 6.20).

Damit wird festgelegt, dass unser Objekt *Fussball* nun über das rollenbasierte Berechtigungssystem gesichert wird. Wir erstellen noch ein paar Felder, um den Fußballtyp, die Farbe und das Datum zu erfassen. Die Titel der Felder können bei Bedarf in mehreren Sprachen festgelegt werden. Abschließend speichern wir das Objekt ab.

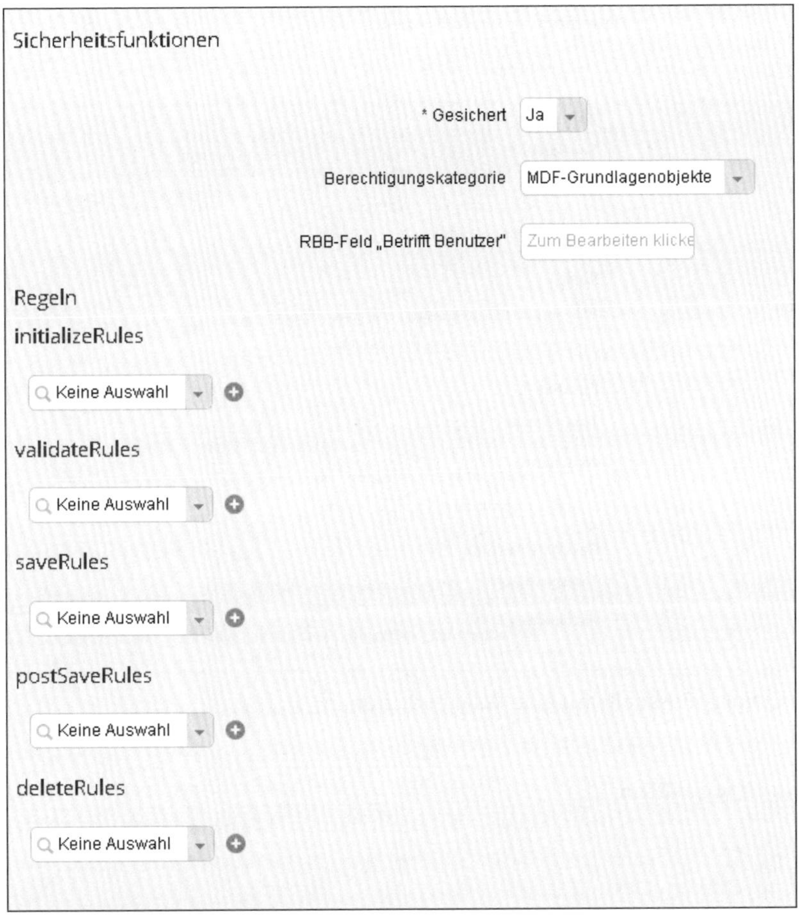

Sicherheitsfunktionen

* Gesichert Ja

Berechtigungskategorie MDF-Grundlagenobjekte

RBB-Feld „Betrifft Benutzer" Zum Bearbeiten klicke

Regeln

initializeRules

Keine Auswahl

validateRules

Keine Auswahl

saveRules

Keine Auswahl

postSaveRules

Keine Auswahl

deleteRules

Keine Auswahl

Abbildung 6.20 Objekt sichern

Da wir das Objekt nun als gesichertes Objekt erstellt haben, müssen wir es »sichtbar« machen. Dazu gehen wir in das rollenbasierte Berechtigungssystem (siehe Kapitel 8, »Rollenbasierte Berechtigungen in SAP SuccessFactors«), wählen die relevante Rolle und verändern die Sicherungseinstellungen so, dass wir das Objekt sehen und editieren können. Die Option, das auch auf Feldebene zu machen, wählen wir für unser Beispiel nicht (siehe Abbildung 6.21).

Im nächsten Schritt benötigen wir eine Ansichts- und Bearbeitungsmaske für unser neues Objekt. Gehen Sie dazu in das Admin-Center, und nutzen Sie das Werkzeug **Konfigurations-UI verwalten** (siehe Abbildung 6.22).

Sie haben in diesem Werkzeug verschiedene Möglichkeiten, die Darstellung der Felder des Objekts *Fussball* zu verändern, und Sie können die Maske auch grafisch mit einem Editor ansprechend gestalten.

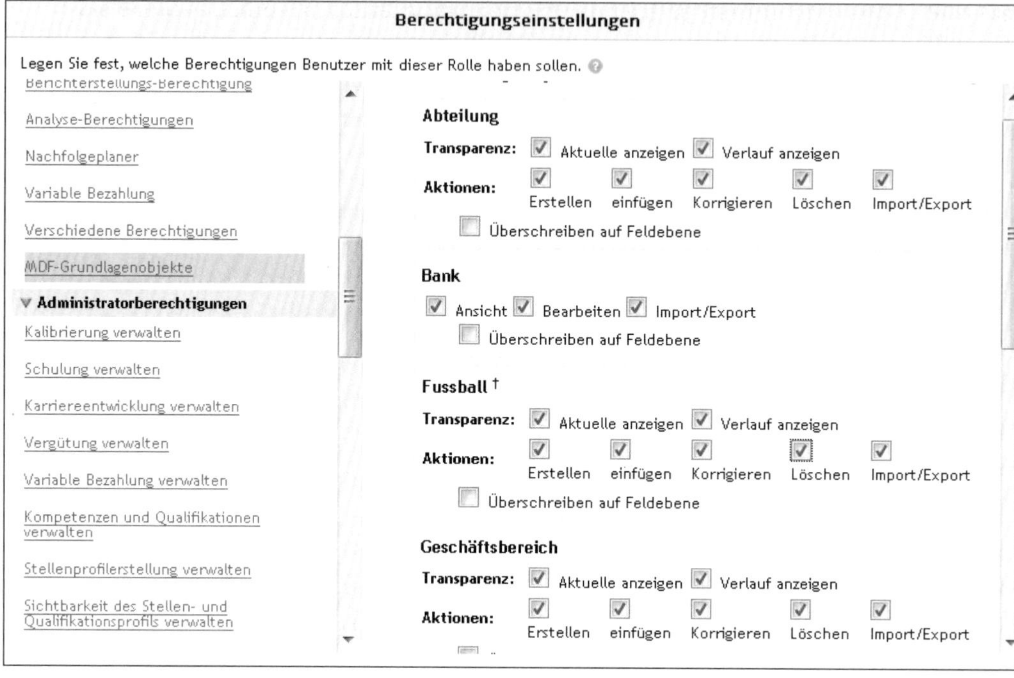

Abbildung 6.21 Objekt »Fussball« für eine Rolle berechtigen

Konfigurations-UI verwalten

Suche : Keine Auswahl

* Kennung Fussball Basisobjekt auswählen Fussball

Fussball:

* externalCode Zum Bearbeiten klicke

externalName Zum Bearbeiten klicke

* effectiveStartDate TT.MM.JJJJ

Farbe Zum Bearbeiten klicke

Mitarbeiter

Abbildung 6.22 Ansichts-/Bearbeitungsmaske für ein Objekt erstellen

Nun müssen wir diese Ansichtsmaske ebenfalls in den rollenbasierten Berechtigungen unter **Mitarbeiteransichten** für die entsprechende Rolle aktivieren (siehe Abbildung 6.23).

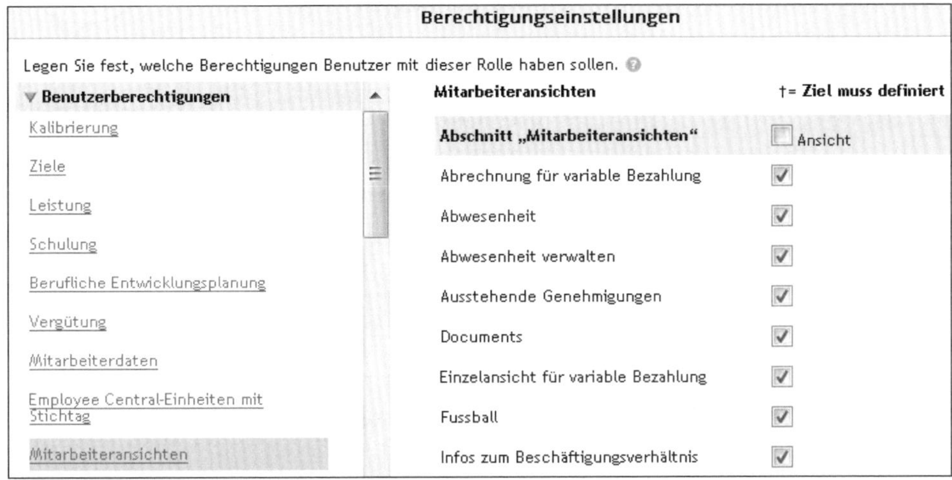

Abbildung 6.23 Mitarbeiteransicht »Fussball« für die Rolle aktivieren

Nach diesem Schritt können wir unser Objekt im Personenprofil aktivieren. Wählen Sie dazu im Admin-Center **Personenprofil konfigurieren**. Am Ende des Mitarbeiterprofils fügen Sie mit einem Klick auf **Neuen Abschnitt hinzufügen** einen neuen Abschnitt ein. Anschließend wählen Sie auf der rechten Seite aus den benutzerdefinierten Blöcken den Block **MDF-Informationen** aus und ziehen diesen dann auf einen der freien Blöcke, sodass er im Personenprofil platziert ist (siehe Abbildung 6.24).

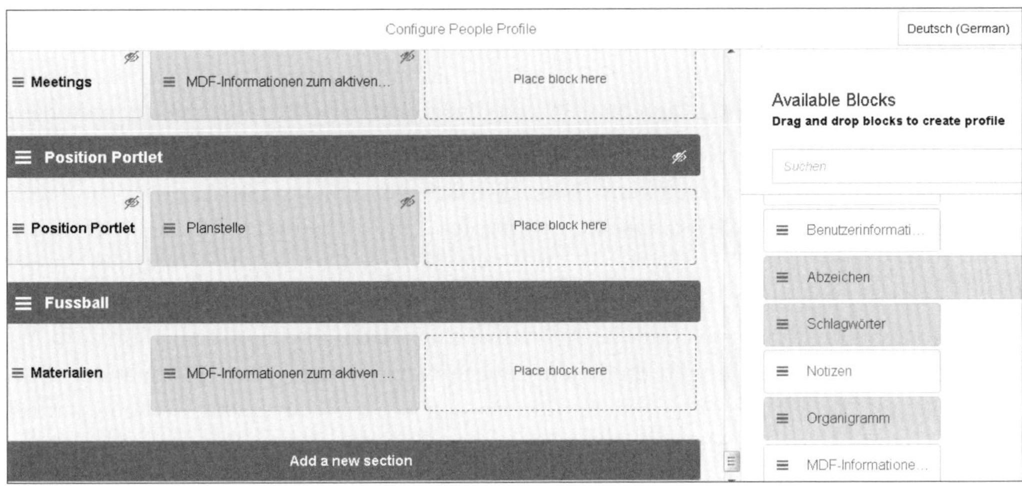

Abbildung 6.24 »MDF-Informationen« unten rechts auf einen freien Platz im Mitarbeiterprofil ziehen

Wählen Sie dann im nächsten Schritt die erstellte Fußball-Maske aus, und speichern Sie das Personenprofil. Wenn Sie nun als Inhaber der berechtigten Rolle das Mitarbeiterprofil öffnen, sehen Sie eine neue Sektion **Fussball**, in der Sie die Daten einsehen, erfassen und ändern können (siehe Abbildung 6.25).

Abbildung 6.25 Objekt »Fussball«, eingebettet im Personenprofil

Sobald Sie eine Änderung vorgenommen haben, die zu einem bestimmten Zeitpunkt in Kraft tritt, sehen Sie das Symbol, das den Verlauf auf Basis Ihrer Konfigurationseinstellungen im Objekt automatisch anzeigt (siehe Abbildung 6.26).

Abbildung 6.26 Uhrenzeichen, das die zeitlichen Änderungen anzeigt

Center für intelligente Dienste

Mit »Intelligent Services« stellt SAP SuccessFactors intelligente Regelwerte vor, die der Kunde selbst festlegen kann. Perspektivisch werden über 200 Auslöser zur Verfügung stehen, um HR-Prozesse zu verknüpfen, zudem kann der Kunde eigene, kundenspezifische Auslöser festlegen. Damit werden z. B. alle Folgeaktivitäten bei Versetzungen oder Beförderungen – von der Vertragserstellung über die zeitbezogene Abrechnung des Bonus und das Aufräumen der Nachfolgeplanung bis hin zum Absolvieren von Schulungen, die für die neue Stelle notwendig sind – aufeinander abgestimmt. So werden HR-Administrationsaufgaben, die bisher von Dritten manuell ausgeführt werden mussten, über automatische Regelwerke und Self-Services signifikant reduziert.

6.6.2 OData-API

Die OData-API (OData = Open Data/Common Data) ist die Standard-API (Application Programming Interface, Schnittstelle zur Anwendungsprogrammierung), um auf Objekte in SAP SuccessFactors zuzugreifen. SAP SuccessFactors nutzt diese API auch, um die Objekte in der BizX-Suite miteinander kommunizieren zu lassen. Als Kunde oder auch Partnerunternehmen können Sie die API ebenfalls nutzen, um fast unbeschränkt Integrationen zu externen Systemen zu entwickeln. Die OData-API stellt einen dem OData-Protokoll entsprechenden, REST-basierten Webservice zur Verfügung. OData ist ein Webprotokoll, mit dem Sie Daten abfragen und aktualisieren können. Mehr Informationen über OData bekommen Sie unter *http://www.odata.org*.

[«]

OData-API als Schlüssel zum Integrationserfolg

Auch wenn es in diesem Buch aus Platzgründen nur kurz Erwähnung findet, sei hier doch eindringlich darauf hingewiesen, dass die OData-API ein Schlüssel zum Erfolg bei komplexeren Integrationen ist. Alternativ können auch über das Integrations-Center viele Integrationen abgebildet werden.

6.6.3 Integrations-Center

Im Integrations-Center finden Sie eine ganze Reihe von Werkzeugen, die Ihnen die Arbeit mit SAP SuccessFactors sehr erleichtern. Sie können dort selbst beliebige Integrationen erstellen und überwachen. Außerdem bekommen Sie dort eine Übersicht über Ihr Datenmodell, alle Objekte und Attribute und deren Zusammenhänge. Nicht zuletzt findet sich dort auch das Sicherheitszentrum, um die Schlüssel für Hosts zu verwalten. Das Integrations-Center sollte Ihre erste Anlaufstelle für Integrationen aller Art sein.

Abbildung 6.27 Integrations-Center

6.6.4 Erweiterung der Plattform mit kundenindividuellen Funktionen oder Partnerprodukten

SAP SuccessFactors bietet grundsätzlich zwei Optionen, um kundenindividuelle, erweiterte Funktionen einzubinden. Die erste Option ist das MDF, das Sie in Abschnitt 6.6, »SAP SuccessFactors erweitern«, kennengelernt haben. Es steht Kunden, die SAP SuccessFactors Employee Central oder MDF-Objekte lizenziert haben, frei, eine bestimmte Anzahl von Objekten frei zu definieren. Ein Objekt kann mehrere Hundert Felder haben, die sich auf andere Objekte beziehen. Es gibt ein Regelwerk, das es erlaubt, auch sehr komplexe Abhängigkeiten abzubilden. Damit lassen sich z. B. im Bereich Vergütung oder Zeitwirtschaft komplexe Berechnungsvorschriften und Eingabemasken abbilden, die von vielen Parametern abhängig sind. Dabei wird der Quellcode der Plattform nicht verändert.

Auch bei der zweiten Option wird der Quellcode nicht verändert. Es handelt sich dabei um die Einbindung der SAP Cloud Platform, auf der bei Bedarf auch komplett eigenständiger (Java)-Quellcode entwickelt und nahtlos (natives SSO) in Ihre SAP-SuccessFactors- und On-Premise-Plattform integriert werden kann. Mit SAP Cloud Platform, einem Plattform-as-a-Service-Angebot (PaaS), ist es möglich, benutzerdefinierte Anwendungen innerhalb der SAP-SuccessFactors-HCM-Suite einzubetten. Im SAP App Center gibt es bereits eine Vielzahl von Partner-Apps, die nützliche Zusatzfunktionen bieten (siehe *https://www.sapappcenter.com/productLines/7#!/list/page/1*).

Es steht darüber hinaus ein SAP HANA Cloud Portal optional zur Verfügung, das die Entwicklung über Baukästen und ohne Quellcodeanpassung ermöglicht. Auch eine mögliche »mobile« Nutzung der Funktionen ist schon integriert. Als Schnittstelle zu SAP SuccessFactors dient bei dieser Art der Integration die OData-API, also die Standardschnittstelle von SAP zu all ihren Cloud-Produkten. MDF und SAP SCP sind zudem nativ integriert, und Sie müssen keine eigenen Authentifizierungsmechanismen implementieren.

Generell empfehlen wir die Entwicklung von Zusatzfunktionen nur dann, wenn es keine Standardlösung gibt, die zumindest ähnliche Funktionen aufweist, und eine solche auch nicht in Aussicht ist. Mehr Details über SAP-SuccessFactors-Erweiterungen erfahren Sie im Bereich der SAP Cloud Platform im SAP-SuccessFactors-Konfigurationshandbuch im Bereich **Erweiterungen**.

6.7 Mobile Nutzung von SAP SuccessFactors

Die SAP-SuccessFactors-Suite können Sie auch über den Browser diverser Mobilgeräte nutzen. Darüber hinaus gibt es eine eigenständige mobile App, die den speziellen Anforderungen der Geräte Rechnung trägt. Mit Fokus auf die mobile App und Benutzerfreundlichkeit arbeitet SAP mit Apple im Bereich Design zusammen, um eine erstklassige Nutzererfahrung sicherzustellen.

Um mobile Funktionen in Ihrer SAP-SuccessFactors-Instanz als Administrator zu aktiveren, wählen Sie **Enable Mobile Features** im Admin-Center aus. Im nächsten Dialogfenster erhalten Sie dann umfangreiche Optionen, um die Art der mobilen Nutzung festzulegen (siehe Abbildung 6.28). Neben Sicherheitseinstellungen und optionaler Kontaktaufnahme zum Support kann die App auch grafisch angepasst werden.

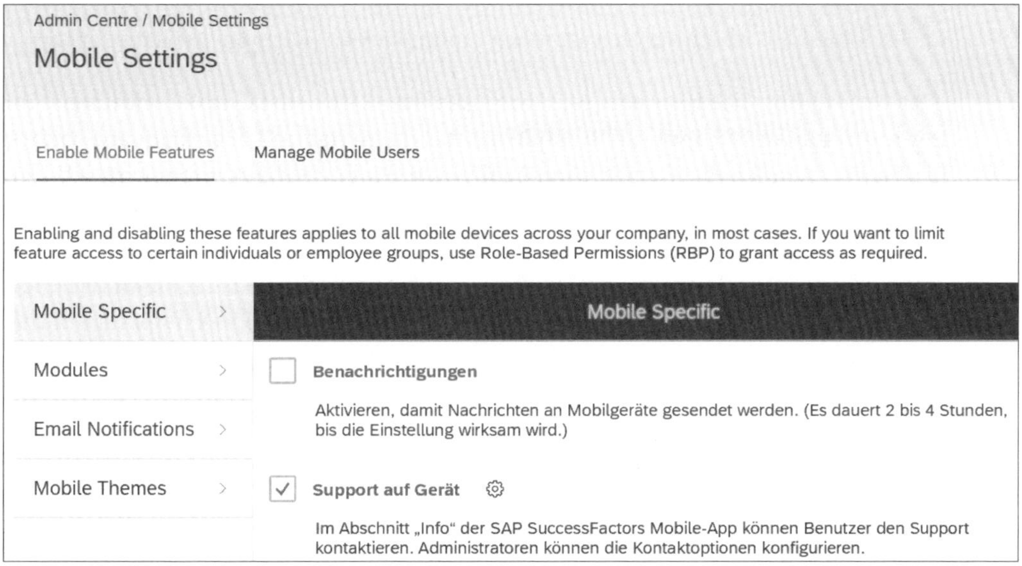

Admin Centre / Mobile Settings
Mobile Settings
Enable Mobile Features
Manage Mobile Users
Enabling and disabling these features applies to all mobile devices across your company, in most cases. If you want to limit feature access to certain individuals or employee groups, use Role-Based Permissions (RBP) to grant access as required.
Mobile Specific
Modules
Email Notifications
Mobile Themes
Mobile Specific
Benachrichtigungen
Aktivieren, damit Nachrichten an Mobilgeräte gesendet werden. (Es dauert 2 bis 4 Stunden, bis die Einstellung wirksam wird.)
Support auf Gerät
Im Abschnitt „Info" der SAP SuccessFactors Mobile-App können Benutzer den Support kontaktieren. Administratoren können die Kontaktoptionen konfigurieren.

Abbildung 6.28 Optionen für mobile Einstellungen

Im nächsten Schritt legen Sie dann fest, welche Funktionen mobil zur Verfügung stehen. Beispiele dafür sind Organigramm, Mitarbeiterprofil und Teile der Module Recruiting, Onboarding, SAP SuccessFactors Employee Central, Talentmanagement, Berichtswesen und Schulungen.

Als Administrator legen Sie fest, wer von Ihren Benutzern ein mobiles Gerät aktivieren kann. Sie haben auch die Möglichkeit, Ihr Mobile Device Management mit SAP SuccessFactors zu verbinden. Um den mobilen Zugang dann per App zu aktivieren, laden Sie die App **SuccessFactors Mobile** aus dem App Store herunter (Android, iOS) und installieren sie auf einem mobilen Gerät Ihrer Wahl.

Nach dem ersten Start der App wird ein Aktivierungscode in der App angezeigt, den Sie in SAP SuccessFactors im Bereich **Optionen • Mobil** eingeben müssen, um das Gerät zu aktivieren. Anschließend können Sie die mobilen Funktionen nutzen.

6.8 Die Benutzeroberfläche von SAP SuccessFactors

Die SAP-SuccessFactors-Benutzeroberfläche (*User Interface*, UI) stellt ein ansprechendes, modernes Benutzererlebnis (*User Experience*, UX) für die verschiedenen Rollen (von Mitarbeiter bis Führungskraft oder HR) bereit. Dies trägt unter anderem auch dazu bei, die Schulungs- und Support-Kosten niedrig zu halten.

Bitte beachten Sie aber: Weil häufig auch neue Prozesse eingeführt werden, hat es sich bewährt, frühzeitig Schulungen anzubieten oder in SAP SuccessFactors zu integrieren, (siehe Abschnitt 4.6, »Schulungsunterstützung«).

In den folgenden Abschnitten werfen wir einen Blick auf wichtige Aspekte der UI.

6.8.1 Navigationsmenü und Kacheln

Jede der Anwendungen, auf die der berechtigte Benutzer zugreift, ist über das Navigationsmenü in der linken oberen Ecke der Anwendung erreichbar. Der Standardweg ist aber der direkte Zugriff über die Kacheln.

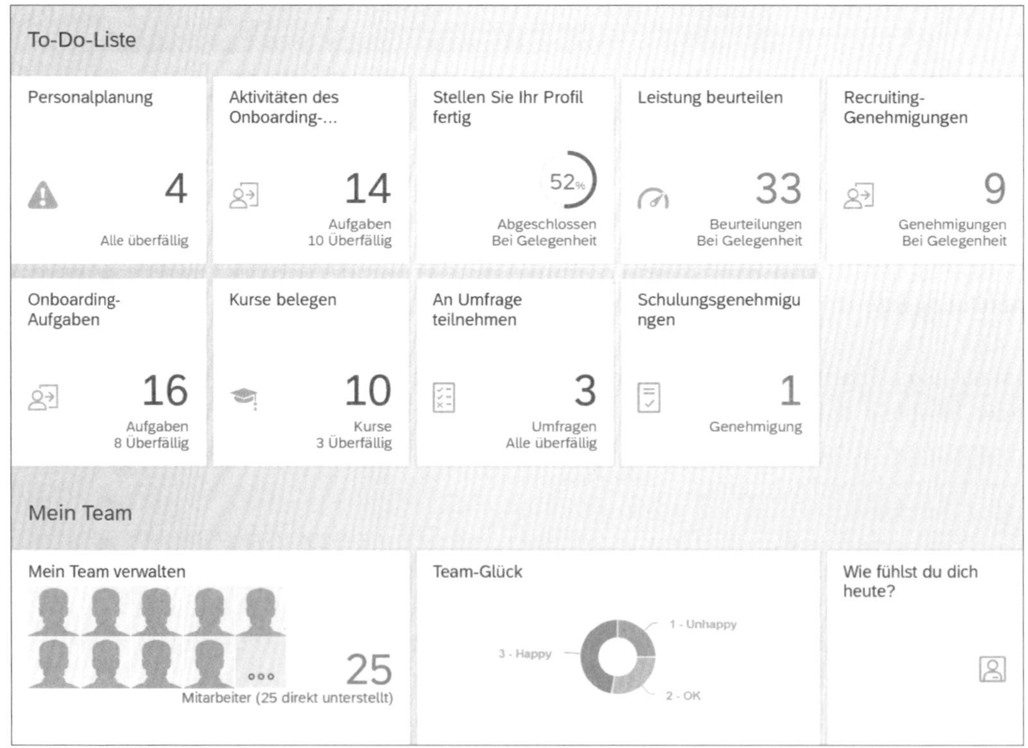

Abbildung 6.29 Startseite von SAP SuccessFactors

Abbildung 6.29 zeigt die Startseite in SAP SuccessFactors. Von hier aus ist jede der implementierten Anwendungen innerhalb der Suite erreichbar.

Abhängig von der Anzahl der lizenzierten Module und der Ausgestaltung der Berechtigungen wird die Startseite für die Rollen in Ihrer Organisation anders aussehen. Zur Interaktion mit den Benutzern können auch Chat-Bots integriert werden.

6.8.2 Benutzermenü und Optionen

Das *Benutzermenü* bietet Ihnen den Zugang zu Optionen und, je nach Benutzerberechtigungen, Proxy-Funktionen und/oder Zugriff auf das Admin-Center. Sie können sich hier auch aus dem System abmelden. Sie greifen auf das Benutzermenü zu, indem Sie Ihren Namen im rechten oberen Bereich anklicken, wie Sie in Abbildung 6.30 sehen.

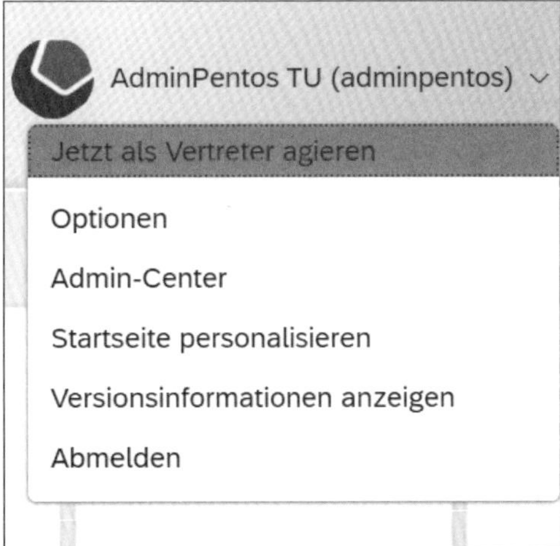

Abbildung 6.30 Benutzermenü

Die Unterseite **Optionen** erlaubt es Ihnen, viele Einstellungen zu personalisieren. Sie können unter anderem:

- das Kennwort ändern (wenn kein SSO eingeschaltet ist)
- Ihre Startseite bei der Anmeldung in SAP SuccessFactors wählen
- Benachrichtigungen konfigurieren
- die Sprache ändern
- Einstellungen für die Bedienungshilfe aktivieren
- Vertretungseinstellungen konfigurieren
- Gruppen erstellen
- die mobile App einrichten

Wenn die entsprechende Berechtigung vorhanden ist, erlaubt es Ihnen die Vertretungsfunktion, sich per Klick auf **Jetzt als Vertreter agieren** direkt stellvertretend für einen anderen Benutzer anzumelden.

Nach einem weiteren Klick unter **Optionen** auf **Vertreter** sind Sie dann im Vertreter-Dialog und können dort einrichten, auf welche Bereiche ein Vertreter Zugriff hat. Das kann sehr granular oder auch sehr großzügig erfolgen, z. B. nur für die Talentsuche oder für ein ganzes Modul wie Recruiting.

Das System protokolliert in dem Fall bei allen späteren Aktionen des Vertreters, dass er im Namen des Vertretenen gehandelt hat.

6.8.3 Personen- und Aktionensuche

Der schnellste Weg, um Aktionen im System auszuführen, ist, die gewünschte Aktion direkt im Suchfenster einzugeben, das üblicherweise zwischen Benutzermenü und Firmenlogo zu finden ist (siehe Abbildung 6.31).

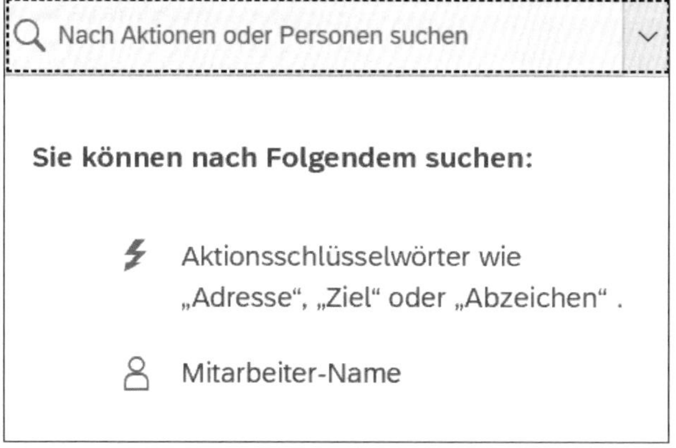

Abbildung 6.31 Aktionen und Personen suchen

Ihr Administrator kann dort unternehmensspezifische Aktionen hinterlegen, die auch Ihrer Firmenterminologie entsprechen, und diese direkt verfügbar machen.

Wenn Sie einen Mitarbeiter eingeben, erscheint eine Liste der Mitarbeiter in einem Drop-down-Menü unter dem Suchfeld. Indem Sie einen Eintrag anklicken, wird die Quickcard des Mitarbeiters angezeigt, die entsprechend Ihrer Berechtigung weiterführende Informationen anzeigt (siehe Abbildung 6.32).

Im Bereich **Maßnahme ergreifen** in der Quickcard erscheinen die erweiterten Optionen, die Sie, bezogen auf diesen Mitarbeiter, durchführen können. Sie können z. B. **Vergütungsinformationen ändern** oder einen **Einmalbonus** gewähren.

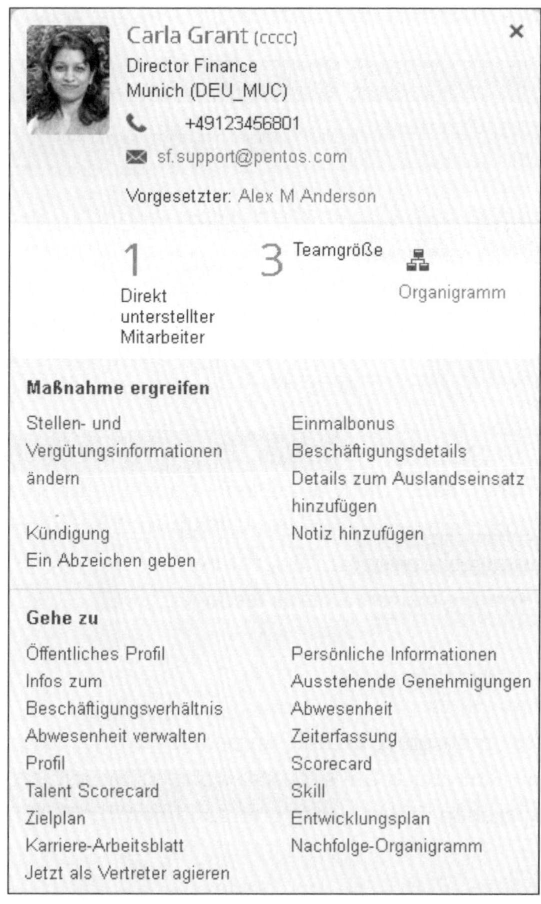

Abbildung 6.32 Quickcard eines Mitarbeiters

6.8.4 Design

Ein weiteres konfigurierbares Element zur Anpassung der gesamten SAP-SuccessFactors-Suite ist das sogenannte *Design*, mit dem Sie das Layout verändern können. Interessant ist dabei, dass Sie auch verschiedene Designs verschiedenen Unternehmen, Bereichen oder Benutzergruppen zuordnen können. Das ist insbesondere dann wichtig, wenn Sie in einer Konzernstruktur arbeiten und für Teilbereiche eigene Farben, Logos, Schriftarten und Ähnliches nutzen möchten.

Sie können das Design der Instanz konfigurieren, indem Sie in der Suche des Admin-Centers **Designmanager** auswählen. Sie müssen ein Design als Standard setzen, dieses wird dann für alle Benutzer angezeigt, denen kein spezielles Design zugewiesen ist (siehe Abbildung 6.33).

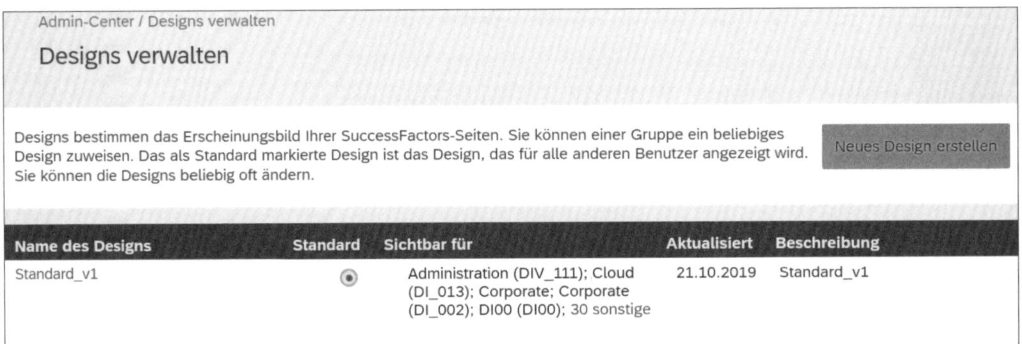

Abbildung 6.33 Designs verwalten

Wenn Sie ein Design durch Anklicken des Namens auswählen, öffnet sich die Konfigurationsoberfläche des Designs. Sie haben dabei die Möglichkeit, ein Schnellthema zu definieren, das auf Basis weniger Vorgaben wie Farbe und Schriftarten ein komplettes Design erstellt. Bei darüber hinausgehenden Anforderungen können Sie im nächsten Schritt im Bereich **Feinabstimmung** weitere Details festlegen.

6.8.5 Sprachen

Das SAP-SuccessFactors-UI unterstützt mehrere Dutzend Sprachen für die Suite. Auch Sprachen wie Arabisch, die von rechts nach links laufen, werden unterstützt. Prüfen Sie, ob alle für Sie relevanten Sprachen in den benötigten Modulen zur Verfügung stehen.

Sie können die Sprachen inhaltlich auch in der Implementierung an Ihre Terminologie anpassen. Das passiert in der Regel gemeinsam mit dem Implementierungspartner, der Ihnen hilft, Vor- und Nachteile von Änderungen abzuwägen. Wir empfehlen, im Zweifel beim Standard zu bleiben.

Als Nächstes zeigen wir Ihnen die SAP-SuccessFactors-Startseite und deren Gestaltungsmöglichkeiten.

6.9 Startseite

Die *Startseite* ist die wichtigste Seite für die Benutzer, die auf das SAP-SuccessFactors-System zugreifen. Sie kann vom Benutzer an die eigenen Bedürfnisse angepasst werden. Auch besteht die Möglichkeit, über das **Optionen**-Menü im Punkt **Anfangsseite** eine Seite zu definieren, die bei der ersten Anmeldung am System aufgerufen wird. Das ist dann hilfreich, wenn Sie beim Nutzungsstart z. B. direkt in das Modul *Nachfolge* gelangen möchten. Abbildung 6.34 zeigt eine typische Startseite.

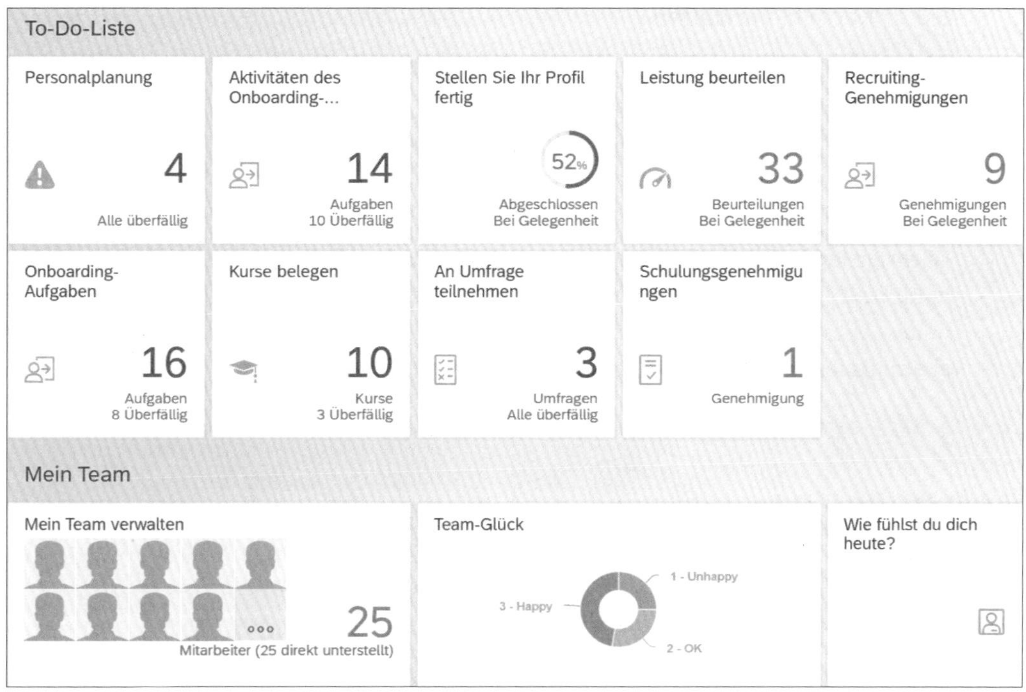

Abbildung 6.34 Typische Startseite

Nun aber zu den benutzerspezifischen Anpassungsmöglichkeiten der Startseite: Die Startseite besteht aus einer Reihe sogenannter *Kacheln*. Diese Kacheln zeigen eine Momentaufnahme von Daten und ermöglichen es Ihnen, bestimmte Aktionen abhängig von den Prozessen durchzuführen.

Sie können Kacheln verschieben und Sie können verfügbare Kacheln auch hinzufügen oder, wenn es berechtigungstechnisch gestattet ist, von der Startseite entfernen. Einige Kacheln können erweitert oder durch Klicken auf die Erweiterungsschaltfläche in der rechten oberen Ecke der Kacheln reduziert werden.

Zusätzlich zu den Standardkacheln können Sie benutzerdefinierte Kacheln hinzufügen (siehe Abschnitt 6.9.2). Mit Kacheln werden auch externe Anwendungen oder Apps/Erweiterungen von Partnern direkt eingebunden. Über JSON können Sie Inhalte aus anderen Anwendungen live in SAP SuccessFactors visualisieren. Typischerweise wird auch ein Single Sign-on zu den anderen Anwendungen hergestellt, damit die Benutzer sich nur einmalig anmelden müssen. Wenn auch die Oberfläche der Anwendungen ähnlich gestaltet wird, hat der Endanwender eine schöne, integrierte Lösung zum Arbeiten.

6.9.1 Kacheln verwalten

Die Verwaltung der auf der Startseite grundsätzlich verfügbaren Kacheln erfolgt im Admin-Center mittels des Werkzeugs **Startseite verwalten**. Hier kann definiert werden, welche Kacheln in welcher Größe vorhanden sind und ob sie vom Benutzer hinzugefügt oder entfernt werden können. Einige Kacheln haben zusätzliche Einstellungen, die konfiguriert werden können. Sie sehen das, wenn Sie die Kacheln bearbeiten.

Wichtige Einstellungen wie passgenaue Verfügbarkeit, bei manchen Kacheln auch Inhalte und Datumsangaben (etwa wie lange eine Kachel nach Arbeitsbeginn eines neuen Mitarbeiters im Unternehmen für diesen sichtbar sein soll), können Sie hier ebenfalls festlegen. Abbildung 6.35 zeigt das Werkzeug **Startseite verwalten**).

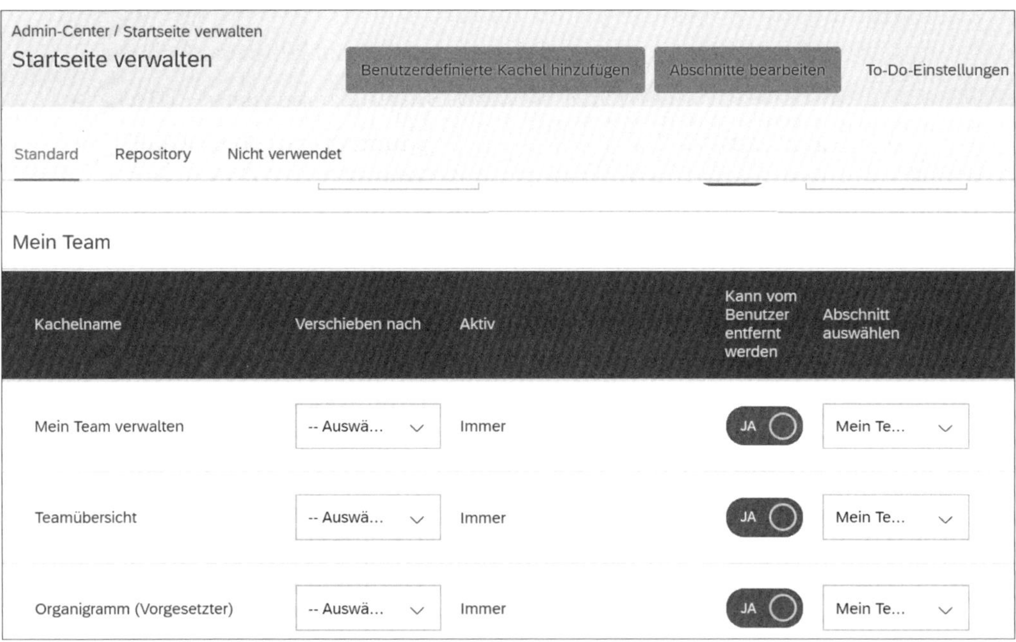

Abbildung 6.35 Werkzeug zum Verwalten der Startseite

6.9.2 Benutzerdefinierte Kacheln hinzufügen

Sie können auch eigene Kacheln erstellen, indem Sie auf **Benutzerdefinierte Kachel hinzufügen** klicken.

Kundenspezifische Kacheln können Sie für alle oder eine bestimmte Gruppe von Mitarbeitern mit statischen oder dynamischen Inhalten in einer oder mehreren Sprachen erstellen. Der Inhalt der Kachel kann über einen Editor gepflegt werden und erlaubt eine Vielzahl verschiedener Inhaltstypen, darunter HTML und JASON, Bilder und Hyperlinks (siehe Abbildung 6.36).

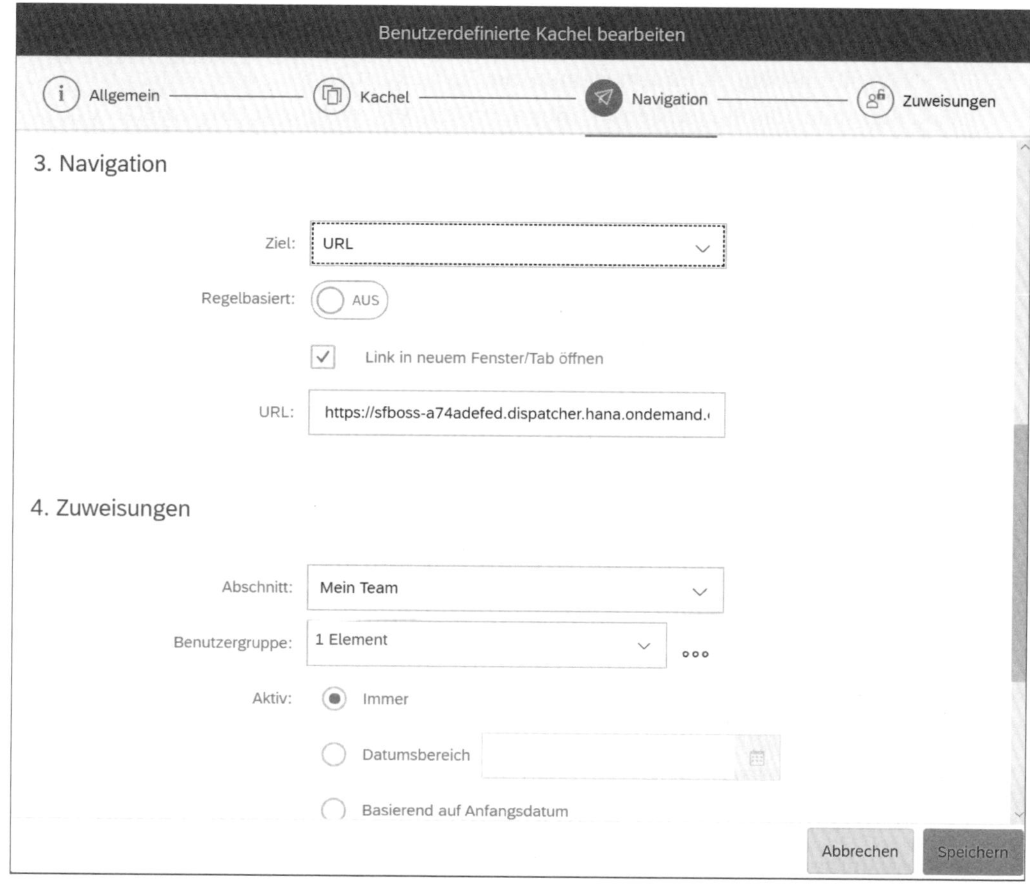

Abbildung 6.36 Werkzeug zur Definition kundenspezifischer Kacheln inklusive Zuordnung zu einer dynamischen Gruppe

Text kann in Schriftart und Größe, Farbe, Ausrichtung, fetter, kursiver und unterstrichener Auszeichnung u. Ä. variiert werden. Damit können Sie die Inhalte flexibel und grafisch ansprechend gestalten, z. B. auch mit Hintergrundfotos oder Videos mit Grußworten der Geschäftsführung.

Arbeiten Sie mit dynamischen Gruppen, um Kacheln zuzuteilen

Um die Kacheln zielgruppengerecht zuteilen zu können, müssen Sie dynamische Gruppen definieren (siehe Kapitel 8, »Rollenbasierte Berechtigungen in SAP SuccessFactors«). Die zur Verfügung stehenden Kriterien ergeben sich aus den öffentlichen Feldern in Ihrer SAP-SuccessFactors-Instanz. Sollte ein Feld fehlen, das Sie für die richtige Zuordnung brauchen, kontaktieren Sie den SAP-Support oder Ihren Implementierungspartner.

6.10 Informationen zur Firma

Im Navigationsbereich **Informationen zur Firma** können Sie unter anderem auf das **Organigramm**, das **Planstellenorganigramm**, das **Verzeichnis** der Mitarbeiter und die **Übersicht der Firmenstruktur** zugreifen. Diese Elemente stellen wir Ihnen im Folgenden detaillierter vor.

6.10.1 Organigramm

Das *Organigramm* ist ein zentraler Bestandteil der Plattform, der Einsichten in die Berichtsstrukturen ermöglicht. Es zeigt die Vorgesetzten und die an sie direkt und indirekt berichtenden Mitarbeiter. Das Organigramm, wie in Abbildung 6.38 dargestellt, finden Sie, indem Sie dic **Informationen zur Firma** im Navigationsmenü aufrufen. Einige Grundkonfigurationen des Organigramms erreichen Sie im Admin-Center, indem Sie die Option **Gehe zu Organigrammeinstellungen** über die Suche aufrufen.

Sie können in der **Organigrammkonfiguration** z. B. festlegen, ob im Basisorganigramm Matrix-Berichte angezeigt werden sollen oder nicht und ob Fotos angezeigt werden sollen. Auch die Optionen für die anderen Arten von Organigrammen, die im System abhängig vom lizenzierten Funktionsumfang zur Verfügung stehen, können Sie hier einstellen (siehe Abbildung 6.37).

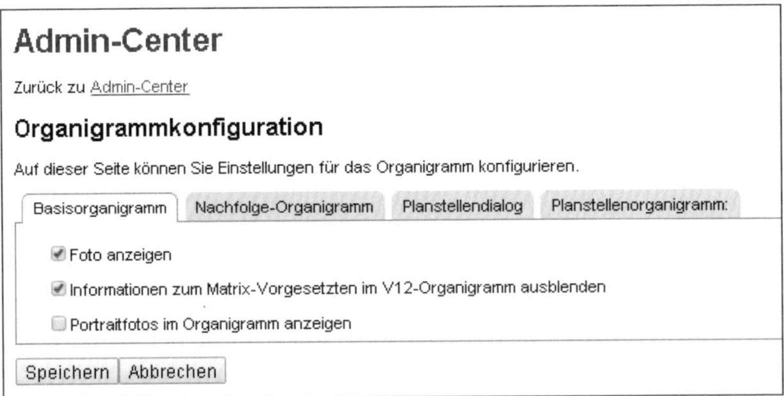

Abbildung 6.37 Konfiguration des Basisorganigramms

Beim Zugriff auf das Organigramm sehen Sie zunächst immer das eigene Team. Sie können auf die Teams von anderen Mitarbeitern über die Suchfunktion zugreifen, die in der oberen linken Seite des Bildschirms angeordnet ist (siehe Abbildung 6.38). In der oberen rechten Ecke der Organigramm-Ansicht kann der Benutzer den Ausschnitt des Organigramms z. B. vergrößern oder verkleinern – 100% +, optional zwischen direkten Mitarbeitern und Matrix-Mitarbeitern wählen oder es exportieren.

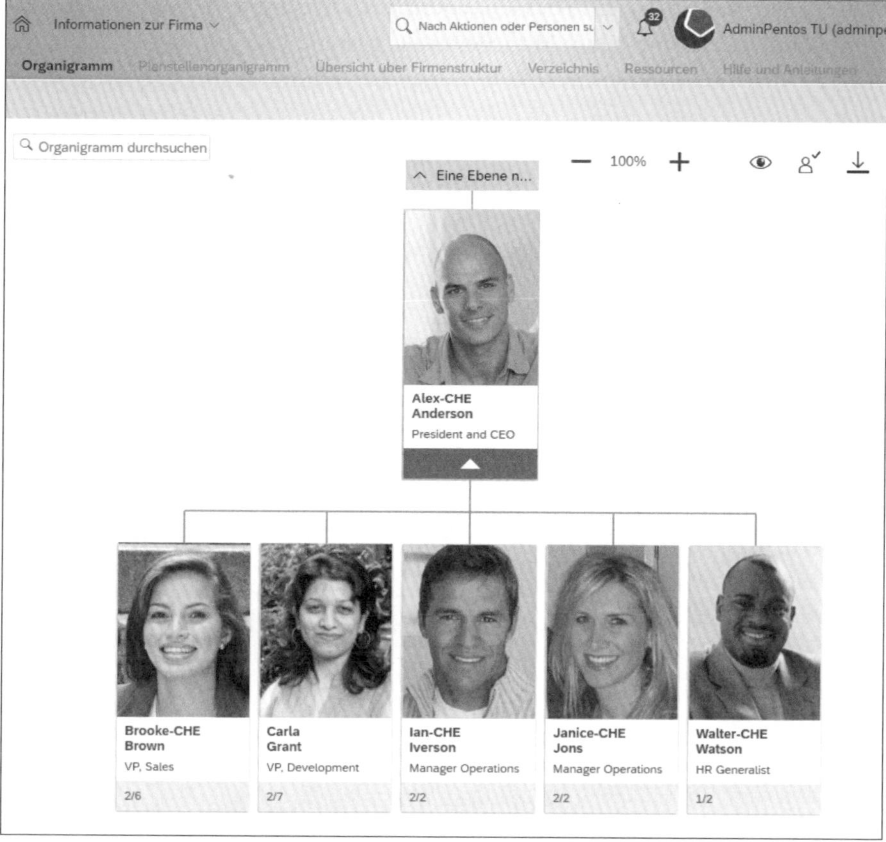

Abbildung 6.38 Basisorganigramm

Mit einem Klick auf das Kästchen eines Mitarbeiters können Sie schnell auf Kurzinformationen, die sogenannte *Quickcard*, zum Mitarbeiter zugreifen. Wir beschreiben die Quickcard in Abschnitt 6.8.3, »Personen- und Aktionensuche«.

Mit dem Organigramm arbeiten

Gerade beim Aufbau eines HCM-Systems kann es vorkommen, dass Sie noch nicht von Anfang an allen Mitarbeitern freien Zugang zum Organigramm geben können. Über rollenbasierte Berechtigungen lassen sich beliebige Einschränkungen vornehmen: Sie können z. B. den Zugriff auf das Organigramm für einzelne Mitarbeiter oder Gruppen von Mitarbeitern deaktivieren oder auf bestimmte Bereiche beschränken (z. B. nur das eigene Team). Im weiteren Verlauf ist es aber wichtig und richtig, das Organigramm zu veröffentlichen, denn die hierarchischen Beziehungen spielen unter anderem in Genehmigungsprozessen und Berechtigungen eine große Rolle und sollten daher transparent sein, um Rückfragen zu vermeiden und die Datenqualität zu erhöhen.

Am unteren oder am rechten Rand des Kästchens zur Anzeige eines Mitarbeiters wird die Anzahl der direkt unterstellten Mitarbeiter dargestellt. Durch einen Klick auf die Zahl erweitert sich das Organigramm. Eine Matrix-Beziehung ist als gestrichelte Linie dargestellt.

6.10.2 Planstellenorganigramm

Auf das Planstellenorganigramm (siehe Abbildung 6.39) kann durch Klick auf die Registerkarte **Planstellenorganigramm** zugegriffen werden.

Hier sehen Sie Planstellen und Planstellenbeziehungen so, wie Sie sie in SAP SuccessFactors hinterlegt haben.

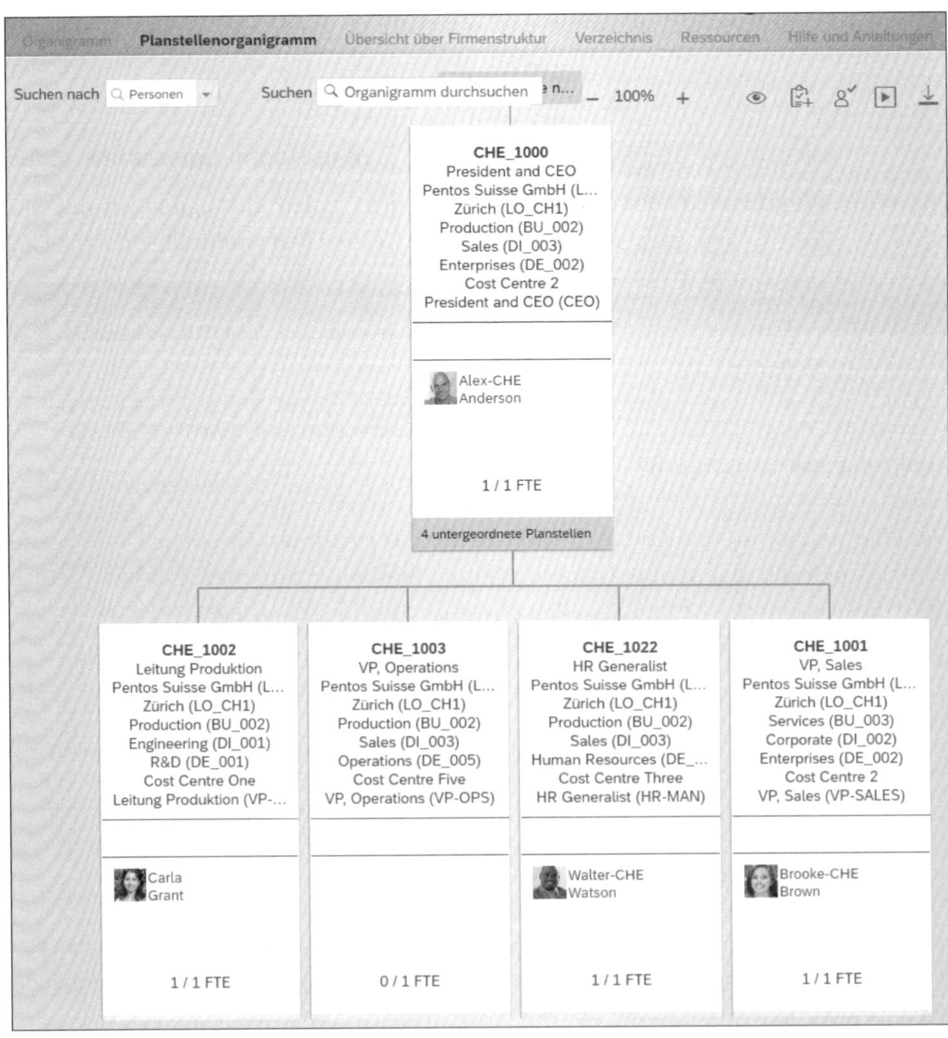

Abbildung 6.39 Planstellenorganigramm

Im **Planstellenorganigramm** können Sie eine Reihe von Maßnahmen ergreifen. Sie können die Planstelle editieren und verändern und die Historie der Planstellenänderungen anzeigen (siehe Abschnitt 7.2, »Planstellen«). Darüber hinaus können Sie mit der entsprechenden Berechtigung eine Nachfolgeplanung durchführen und Nachfolger nominieren (siehe Kapitel 15, »Talentmanagement – Nachfolge und Entwicklung«) oder für eine vakante oder unterbesetzte Planstelle eine Stellenanforderung auf Basis des verbundenen Stellenprofils erstellen (siehe Abschnitt 9.2.3, »Stellenanforderung über das Planstellenorganigramm erstellen«). Eine vakante oder unterbesetzte Planstelle können Sie direkt in eine Stellenausschreibung übernehmen, inklusive der Inhalte des Stellenprofils. Weil Planstellen auch die zeitliche Dimension abbilden, können Sie durch Eingabe des Datums auch den vergangenen oder zukünftigen Stand einsehen. Auch der Druck und der Export der Planstellendaten sind möglich.

6.10.3 Verzeichnis

Das *Verzeichnis* unterstützt Sie dabei, andere Mitarbeiter im Unternehmen zu finden. Es bietet verschiedene Suchoptionen auf Basis öffentlich zugänglicher Informationen.

6.11 Personenprofil

Das *Personenprofil* ist die Grundlage für viele der Anwendungen in SAP SuccessFactors. Es umfasst zahlreiche Elemente, die erst zusammen ein stimmiges Bild eines Mitarbeiters ergeben (siehe Abbildung 6.40).

Neben den Stammdaten sind das die Daten aus allen anderen Prozessen, die Sie in SAP SuccessFactors nutzen oder über Schnittstellen einspielen. Im Mitarbeiterprofil können Sie so eine ständig aktualisierte, leicht zu findende Übersicht von Mitarbeiterfähigkeiten, Interessen und Wissen sowie Erfahrungen schaffen.

Die Mitarbeiter können ihre eigenen Daten pflegen, aber auch Kollegen mit entsprechenden oder ähnlichen Fähigkeiten und Interessen finden, wenn die Berechtigungen es erlauben.

Sie können die einzelnen Elemente so einrichten, dass die Führungskräfte ihre Mitarbeiter sehen, Qualifikationslücken in ihrer Organisation identifizieren und Personalentwicklungsmaßnahmen einleiten können. So können sie sicherstellen, dass sie mit den richtigen Leuten und an den richtigen Zielen und Entwicklungsmaßnahmen arbeiten.

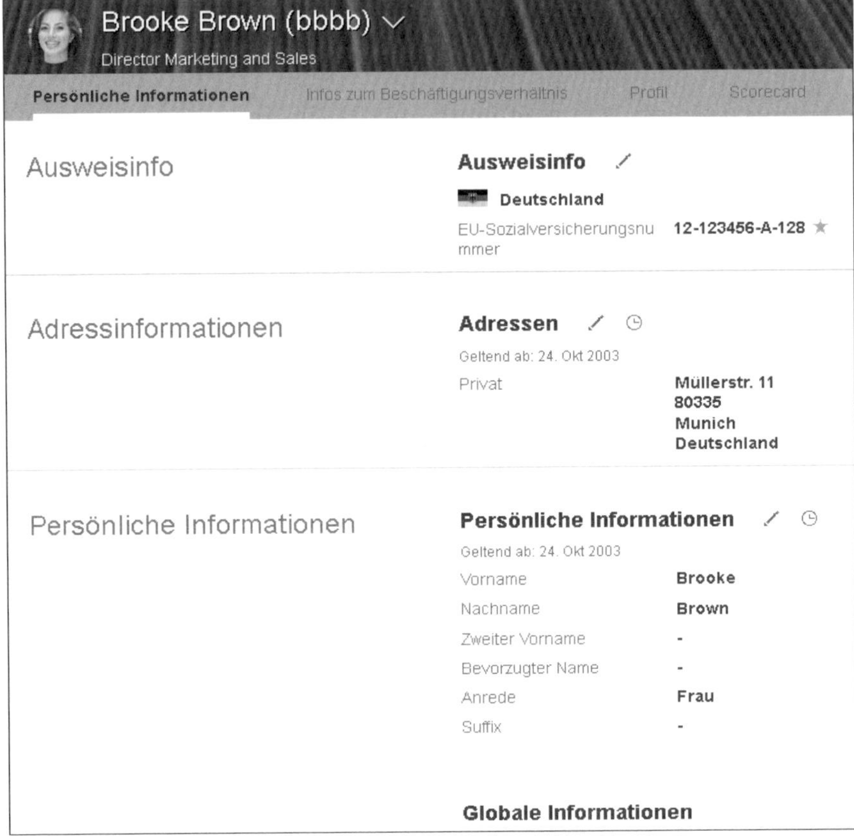

Abbildung 6.40 Übersicht über das Personenprofil

Die Daten des Personenprofils werden aus folgenden Quellen optional und meist nur teilweise gespeist:

- *SAP SuccessFactors Employee Central*, wenn Sie es nutzen
- *Kandidatenprofil*, wenn Sie das Modul Recruiting verwenden und Sie direkt von dort die Daten an die Personaldaten weitergeben (ohne die Module Onboarding oder SAP SuccessFactors Employee Central)
- andere *HRIS-Quellen* (SAP, PeopleSoft, Oracle) über die UDF-Schnittstelle inklusive Hintergrundelementen oder webservice-basierter Integration
- andere konfigurierte *Prozesse und Module in der Plattform* wie Vergütung, Lernen, Talentmanagement inklusive Nachfolgeplanung und Karriere-Arbeitsblatt, Planstellen oder Leistungsmanagement
- *Self-Services* durch Mitarbeiter, Vorgesetzte und HR-Abteilung

[!]

Personenprofil ist nicht SAP SuccessFactors Employee Central

SAP SuccessFactors Employee Central dient Kern-HR-Aufgaben und -Prozessen, die auch zeitbezogen sind und deren Änderungen in der Regel einen Veränderungsprozess mit Genehmigungen auslöst. Es geht dabei um die Basisdaten und Prozesse für die Lohn- und Gehaltsabrechnung, für die Zeitwirtschaft und für das Organisationsmanagement.

Das Personenprofil dagegen enthält eine vergleichsweise sehr einfache Daten- und Objektstruktur rund um die Prozesse Leistungsbeurteilung, Talentmanagement, Rekrutierung, Vergütung und Lernen. SAP SuccessFactors Employee Central liefert Kerndaten über die UDF-Datei in das Personenprofil.

Das Personenprofil unterteilt sich in nicht-öffentliche und öffentliche Bereiche. Wichtig sind dabei die logischen Abschnitte, die Sie zur Gruppierung von Informationen nutzen oder selbst erstellen können, wie z. B. **Profil**, **Persönliche Informationen** und **Scorecard**. Wir zeigen Ihnen auch, wie Sie das Personenprofil selbst anpassen können.

6.11.1 Nicht-öffentliche Inhalte des Personenprofils

Es gibt viele Standardelemente im Personenprofil. Eine aktuelle Liste erhalten Sie von Ihrem Implementierungspartner oder vom SAP-Support. Wir gehen in diesem Abschnitt auf einige Standardelemente ein, die in der Regel vertrauliche Daten enthalten. Das bedeutet, dass meist der Mitarbeiter, sein Vorgesetzter und die HR-Abteilung Einsicht in die Daten haben und sie teilweise auch pflegen können. Welche Elemente Sie davon in welcher Ausprägung benötigen, hängt von Ihren Anwendungsfällen und den Prozessen ab, die Sie abbilden möchten.

Die nötigen Elemente oder Portale werden meist entweder im Bereich **Profil** oder im Talentmanagementbereich des Personenprofils abgebildet.

Sehen wir uns zunächst einige Standardelemente näher an:

- Schulbildung
- Karriereziele/Interessen
- geografische Mobilität
- besondere Aufgaben/Projekte
- Kurse/Workshops/Seminare
- Zertifizierungen/Lizenzen
- Sprachkenntnisse

- professionelle Mitgliedschaft
- Auszeichnungen
- im Unternehmen gesammelte Berufserfahrungen
- Erfahrung im Aufgabenbereich
- Erfahrung in Führungspositionen
- berufliche Erfahrung
- Dokumente

Mithilfe dieser Elemente können Sie unterschiedlichen Benutzergruppen relevante Inhalte zugänglich machen. Gemeinsam mit dem Implementierungspartner oder dem Werkzeug **Geschäftskonfiguration verwalten** können Sie auch gänzlich neue Elemente erstellen.

Neben diesen Elementen gibt es eine Reihe von Daten und Darstellungen aus dem Bereich Talentmanagement wie die Scorecard und die Talent Scorecard. Die Vertraulichkeit der Daten mündet in Konfigurationsentscheidungen, die auch von Ihren Anwendungsfällen abhängig sind. Die Plattform ermöglicht eine große Flexibilität und eine granulare Sicherung durch das rollenbasierte Berechtigungssystem.

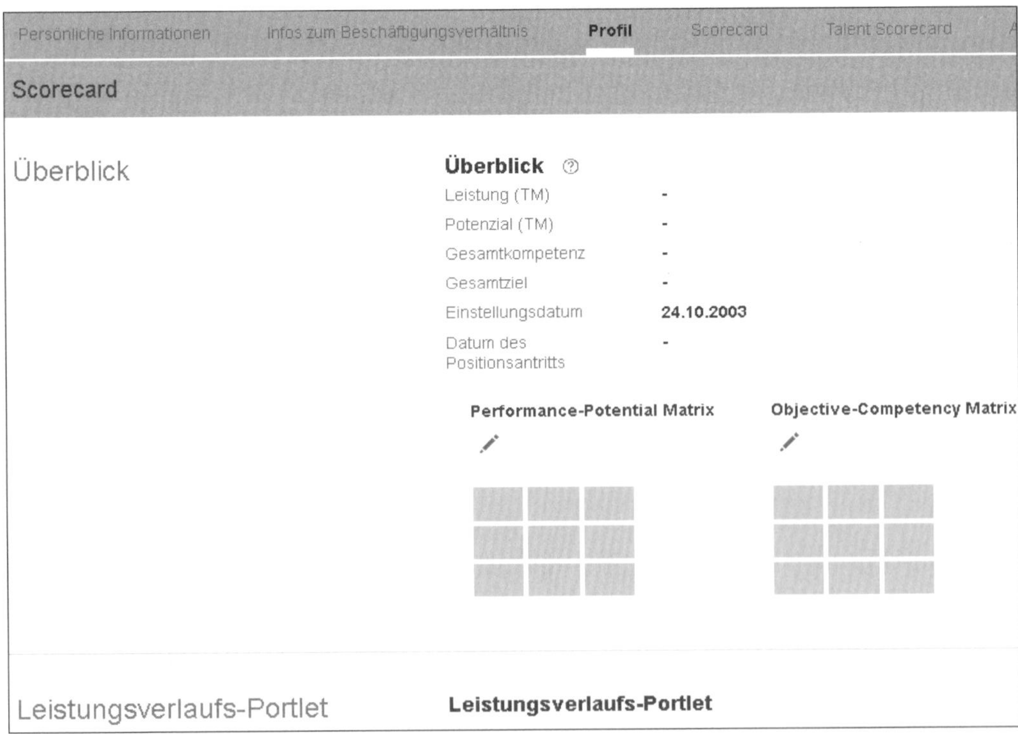

Abbildung 6.41 Überblick über Leistung und Potenzial mit Bearbeitungsoptionen

Auf den Registerkarten **Scorecard** und der **Talent Scorecard** (siehe Abbildung 6.41) sowie in weiteren Bereichen im Personenprofil können auch Portlets konfiguriert werden, um eine Momentaufnahme des Mitarbeiters und einen Überblick über Nachfolgedaten inklusive der Leistungs- und Potenzialbewertung und der Platzierung im Neun-Box-Bericht zu geben.

Alternativ können Sie die Portlets natürlich auch in jedem anderen Bereich des Personenprofils anzeigen und berechtigen. Das hängt einzig von Ihren Anforderungen ab. Wir stellen Ihnen einige Bestandteile im Folgenden überblicksartig vor:

- **Überblick**
  Damit können Manager und HR-Mitarbeiter die Platzierung eines Mitarbeiters sowohl in der **Performance-Potential Matrix** als auch in der **Objective-Competency Matrix** (How-vs-What) direkt sehen und aktualisieren. Durch einen Klick auf **Update** kann der Benutzer die Platzierung mit Eingabe des Stichtags aktualisieren. Die Matrizen werden in Abschnitt 15.2, »Nachfolgeplanung«, vorgestellt.
- **Nominierung**
  Das Standardhintergrundelement **Nominierung** zeigt bestehende Nachfolgenominierungen eines Mitarbeiters an und ermöglicht es Vorgesetzten, neue Nominierungen direkt hinzuzufügen.
- **Planstelle**
  Wenn Sie Planstellen verwenden, können Sie auch die aktuelle Planstelle des Mitarbeiters direkt im Personenprofil anzeigen lassen.
- **Kompetenzen und Ziele**
  Unternehmen können wählen, ob Kompetenzen, Ziele und die damit verbundenen Bewertungen angezeigt werden.
- **Talentinformationen**
  Der Bereich **Talentinformationen** zeigt die Daten, die als Piktogramme auf dem Nachfolge-Organigramm verwendet werden können:
  - Verlustrisiko
  - Auswirkungen des Verlusts
  - mögliche Gründe für ein Ausscheiden
  - zukünftige Führungskraft
  - Inhaber einer Schlüsselposition
- **Fertigkeiten und Stellenbeschreibung**
  Fertigkeiten können Sie direkt erfassen und auch die zugeordnete Stellenbeschreibung des Mitarbeiters anzeigen lassen. Mehr dazu erfahren Sie in Abschnitt 7.1, »Stellenprofile«.

- **Leistung und Potenzial**
  Diese zwei Hintergrundelemente dienen der historischen Information rund um Leistungs- und Potenzialbewertungen. Sie zeigen die historische Bewertungsentwicklung und Potenziale.
- **LinkedIn**
  Die LinkedIn-Integration ermöglicht es Ihnen, in LinkedIn nach Benutzern mit dem gleichen Vor- und Nachnamen zu suchen.
- **Abzeichen und Schlagworte**
  Sie können auch die Vergabe von Abzeichen ermöglichen, sodass die Mitarbeiter einander »auszeichnen« können.

  Eine weitere Möglichkeit ist die Nutzung von Schlagworten, die Ihre Mitarbeiter selbst eintragen können. Über Schlagworte lassen sie sich dann in der Schlagwortsuche schnell finden. So kann sich eine Mannschaft aus Fußballinteressierten besonders schnell zusammenfinden.

Anpassung des Personenprofils

All diese Hintergrundelemente sind im Standard vorhanden, Sie müssen sie aber nicht von Anfang an oder für alle Mitarbeitergruppen verwenden. Sie können selbst entscheiden, welche Hintergrundelemente Sie nutzen wollen, ob, für wen und wie sie im Profil angezeigt werden. Die Elemente können durch Sie oder Ihren Implementierungspartner modifiziert werden.

Als Kunde können Sie das Personenprofil im Admin-Center bearbeiten und Hintergrundelemente jederzeit hinzufügen oder entfernen.

6.11.2 Öffentliche Inhalte im Personenprofil

Der öffentliche Teil des Personenprofils bietet die Vorteile einer Telefonbuchsuche, allerdings mit interessanten Erweiterungen, die Sie im Admin-Center unter **Personenprofil** konfigurieren und dann im Bereich **Allgemeine Einstellungen** festlegen können (siehe Abbildung 6.42):

- Sie können die Felder festlegen, die sichtbar sein sollen.
- Sie können Mitarbeitern erlauben, Fotos von sich und Hintergrundbilder einzustellen.
- Sie können Mitarbeitern ermöglichen, eine kurze Vorstellung über sich zu schreiben, ihre gesprochenen Namen als Aufnahme zum Abhören zu hinterlegen oder ein Video über sich hochzuladen.

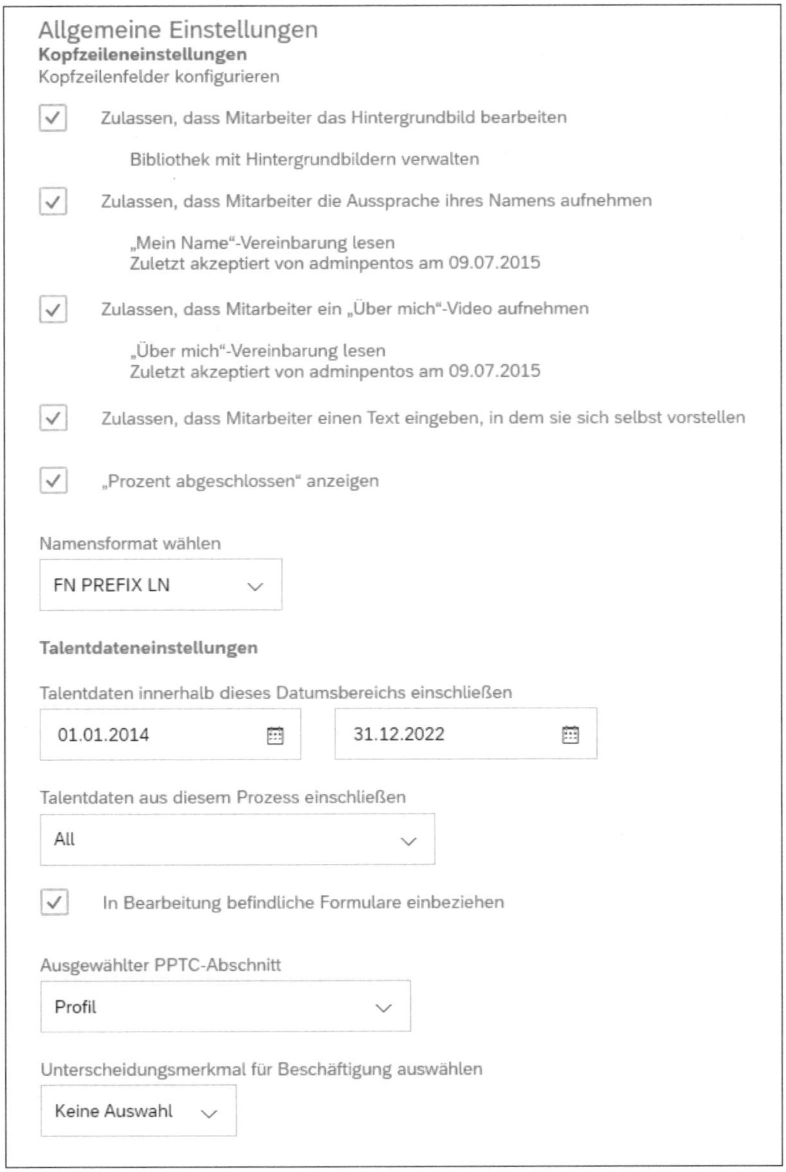

Allgemeine Einstellungen
Kopfzeileneinstellungen
Kopfzeilenfelder konfigurieren

- [x] Zulassen, dass Mitarbeiter das Hintergrundbild bearbeiten

  Bibliothek mit Hintergrundbildern verwalten

- [x] Zulassen, dass Mitarbeiter die Aussprache ihres Namens aufnehmen

  „Mein Name"-Vereinbarung lesen
  Zuletzt akzeptiert von adminpentos am 09.07.2015

- [x] Zulassen, dass Mitarbeiter ein „Über mich"-Video aufnehmen

  „Über mich"-Vereinbarung lesen
  Zuletzt akzeptiert von adminpentos am 09.07.2015

- [x] Zulassen, dass Mitarbeiter einen Text eingeben, in dem sie sich selbst vorstellen

- [x] „Prozent abgeschlossen" anzeigen

Namensformat wählen

FN PREFIX LN

Talentdateneinstellungen

Talentdaten innerhalb dieses Datumsbereichs einschließen

01.01.2014 31.12.2022

Talentdaten aus diesem Prozess einschließen

All

- [x] In Bearbeitung befindliche Formulare einbeziehen

Ausgewählter PPTC-Abschnitt

Profil

Unterscheidungsmerkmal für Beschäftigung auswählen

Keine Auswahl

Abbildung 6.42 Allgemeine Admin-Einstellungen für den öffentlichen Teil des Personenprofils

6.11.3 Mitarbeiterdateien konfigurieren

Im Admin-Center können Sie das Personenprofil und dessen Komponenten frei konfigurieren. Sie können neue Abschnitte erstellen und vorhandene Standardelemente einbinden oder ändern.

Wählen Sie dazu im Admin-Center **Personenprofil konfigurieren**. Sie sind dann im Admin-Bereich und können das Personenprofil direkt verändern. Dazu benötigen Sie keine Programmierkenntnisse. Sie wählen die gewünschten Elemente einfach mit Klicks aus und ziehen diese innerhalb der Auswahlmöglichkeiten in die Platzhalter. Nach wenigen Minuten sollten Sie in der Lage sein, die Veränderungen vorzunehmen, die Sie wünschen.

Auf der rechten Seite der Konfiguration finden Sie oben die verfügbaren Blöcke oder Standardelemente, die Sie links auf die Platzhalter ziehen können, um sie in dem entsprechenden Abschnitt anzuzeigen (siehe Abbildung 6.43).

Neben den Standardelementen, die die Plattform bietet, können Sie auch selbst Elemente erstellen. Das wichtigste Werkzeug dafür ist das MDF (siehe Abschnitt 6.6, »SAP SuccessFactors erweitern«).

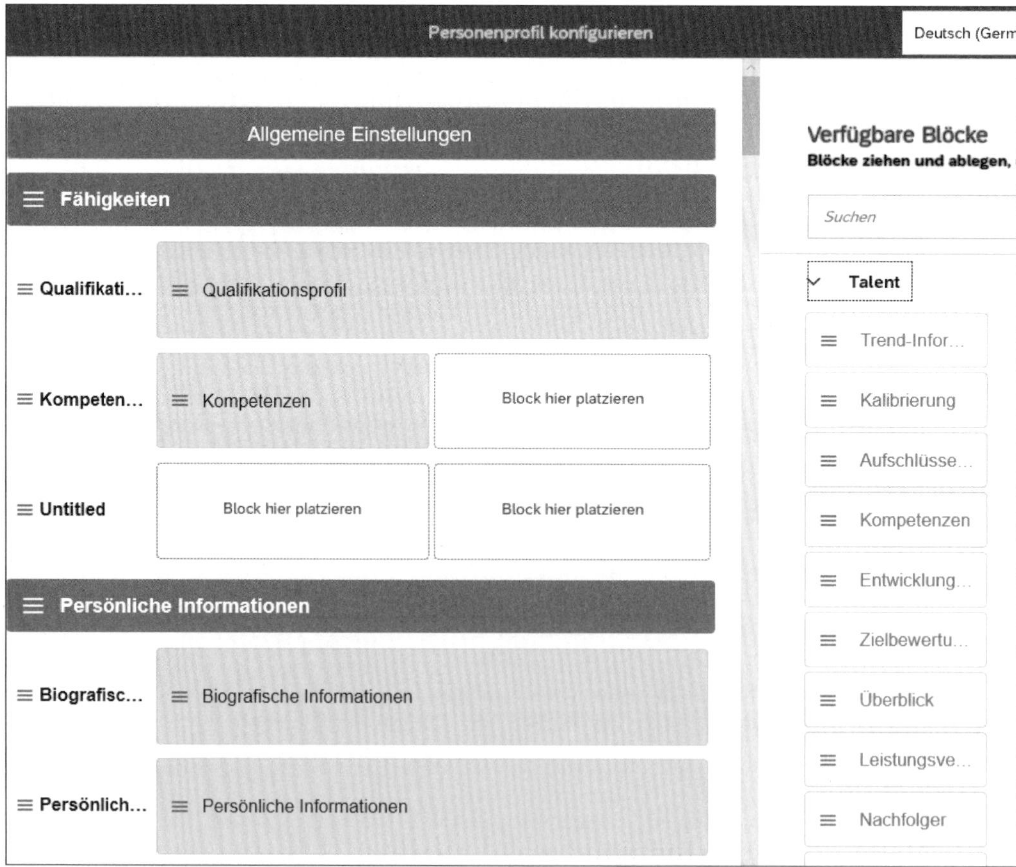

Abbildung 6.43 Personenprofil konfigurieren

6.12 Präsentationen

HR-Mitarbeiter verbringen mitunter viel Zeit mit dem Erstellen von Präsentationen für Führungskräfte sowie mit dem Sammeln und Aufbereiten von Daten für verschiedene Abstimmungen. Die Einführung von *SAP-SuccessFactors-Präsentationen* kann hier Abhilfe schaffen. Mittels dieser Onlinepräsentationen können interaktive Präsentationen basierend auf Ihren Live-Daten erstellt werden (siehe Abbildung 6.44) und mit bestehenden Präsentationen, z. B. auf Basis von PDF oder Microsoft PowerPoint, kombiniert werden.

Abbildung 6.44 Startfenster, um Präsentationen zu erstellen

Dafür hat SAP-SuccessFactors-Präsentationen z. B. Zugriff auf die Module Talentmanagement, Vergütung, Personaldaten und Leistung und bietet folgende Möglichkeiten:

- Microsoft-PowerPoint-Dateien und Adobe-PDF-Dateien importieren
- Echtzeitfolien zur Anzeige von in SAP SuccessFactors gehaltenen Informationen in importierte Präsentationen einfügen
- Live-Links in Microsoft-PowerPoint-Folien integrieren

Es gibt verschiedenste Vorlagen, unter anderem aus den Bereichen Berichte, Vergütung und Talentmanagement, für Live-Folien, die auf Informationen direkt in SAP SuccessFactors zugreifen (siehe Abbildung 6.45).

Zeitraubende Aktualisierungen von Firmenorganigrammen, Nachfolge-Organigrammen oder Präsentationen zur Leistungsbeurteilung werden so reduziert. Diese Präsentationen können Sie auch mit den relevanten Gruppen (z. B. Führungskräften) teilen. Präsentationen erlauben auch in eingeschränktem Umfang, Informationen live im System zu ändern. Sie sind einerseits einfacher zu erstellen als Berichte und bieten andererseits in einem eng definierten Umfang auch die Möglichkeit, direkt in einer Besprechung die Daten zu ändern.

Abbildung 6.45 Live Folie hinzufügen

Sie haben nun viele modul- und prozessübergreifende Funktionen kennengelernt, die über die Plattform zur Verfügung stehen. In den folgenden Kapiteln gehen wir nun auf einzelne Prozesse und zusammengehörende Bündel von Funktionen ein. Wir betrachten die darin abgebildeten Standardprozesse, die Best Practices, und Sie bekommen hilfreiche Tipps und Hinweise für deren Ausgestaltung und Ihre Arbeit.

Kapitel 7
Plattform in der Praxis

Nachdem Sie sich im vorangegangenen Kapitel mit den Grundlagen der SAP-SuccessFactors-Plattform vertraut gemacht haben, zeigen wir Ihnen in diesem Kapitel anhand der Themen Stellenprofile, Kompetenzen und Planstellen, wie Sie die Plattform in der täglichen Arbeit unterstützt.

Stellenprofile, Planstellen und Kompetenzen stehen im Fokus dieses Kapitels, in dem Sie einen Eindruck davon erhalten, wie die HR-Arbeit mit Werkzeugen der SAP-SuccessFactors-Plattform gestaltet werden kann.

Mithilfe von *Stellenprofilen* haben Sie die Möglichkeit, aussagekräftige Stellenbeschreibungen zu erstellen, mit Inhalt zu füllen und für verschiedene Zielgruppen und diverse HR-Prozesse zugänglich zu machen. So bekommen Sie auch eine gute Unterstützung, um jederzeit für eine Stelle den am besten geeigneten Mitarbeiter einsetzen zu können. Wie Sie in die Arbeit damit einsteigen können, erfahren Sie in Abschnitt 7.1.

Mit *Planstellen* bilden Sie Anwendungsfälle rund um Nachfolgeplanung, Bewerbermanagement und automatische Veränderungen im Zusammenhang mit dem Mitarbeiter ab (siehe Abschnitt 7.2). *Kompetenzen* sind ein wesentliches Gestaltungselement vieler wichtiger Prozesse im Talentmanagement, insbesondere der Personalentwicklung. Verbunden mit den Kernkompetenzen und Leitsätzen des Unternehmens und optional mit Rollen und Positionen assoziiert, entfalten sie vielschichtige Wirkungen (siehe Abschnitt 7.3).

7.1 Stellenprofile

In der Verwaltung von Stellenprofilen können Sie auf eine einfache Art und Weise Stellenprofile aufbauen und verwalten. Über die Administrationsoberfläche wird Ihnen dafür ein umfassender Werkzeugkoffer zur Verfügung gestellt, den wir Ihnen in den folgenden Abschnitten vorstellen. Zunächst gehen wir kurz darauf ein, welche grundlegenden Systemeinstellungen getroffen werden müssen (siehe Abschnitt 7.1.1, »Vorbereitung des Systems«). In Abschnitt 7.1.2 zeigen wir Ihnen, wie Sie eine Stellenprofilvorlage erstellen. Im Anschluss daran erklären wir Ihnen, wie Sie die Inhalte in einem Stellenprofil anlegen und verwalten können und welche Importfunktionen Sie dabei unterstützen (siehe Abschnitt 7.1.3). In Abschnitt 7.1.4, »Stellenprofile verwalten«, erfahren Sie, wie Stellenprofilvorlage und Inhalte zu einem Stellenprofil zusammengefügt werden, und im darauffolgenden Abschnitt, wie Sie dieses workflow-gestützt erstellen und bearbeiten können (siehe Abschnitt 7.1.5, »Weiterleitungslisten (Workflows) für die Verwaltung von Stellenprofilen nutzen«).

Auch die im Unternehmen relevanten Qualifikationen werden im Stellenprofil angezeigt. Einen Einblick, wie ein Qualifikationsmanagement für Unternehmen aussehen kann, erhalten Sie im Anschluss an die Vorstellung der im System vorhandenen Administrationsmöglichkeiten zu Jobprofilen (siehe Abschnitt 7.1.6, »Best Practice: Drei Szenarien zur Arbeit mit Qualifikationen (mit und ohne Stellenprofil)«).

7.1.1 Vorbereitung des Systems

Um die Möglichkeiten der Verwaltung von Stellenprofilen zu nutzen, müssen sie über das Upgrade Center freigeschaltet werden.

Zusätzlich ist es notwendig, die Berechtigungen für die entsprechenden Systemfunktionen einzurichten. Sie können die Berechtigungen in eine bereits bestehende Rolle aufnehmen, alternativ können Sie auch eine neue Rolle zur Verwaltung von Stellenprofilen anlegen (siehe Kapitel 8, »Rollenbasierte Berechtigungen in SAP SuccessFactors«). Der gewünschten Rolle ordnen Sie, neben grundlegenden Benutzerberechtigungen, folgende Rechte zu:

- MDF-Grundlagenobjekte
- Stellenprofilerstellung verwalten
- Sichtbarkeit des Stellen- und Qualifikationsprofils verwalten

In den genannten Kategorien sollten jeweils alle Optionen ausgewählt werden. Im Anschluss vergeben Sie die Rolle an eine entsprechende Benutzergruppe.

7.1.2 Stellenprofilvorlage

Die Stellenprofilvorlage legt Struktur und Gestaltung eines Stellenprofils fest. In einer Vorlage wird z. B. definiert, welche Inhalte (siehe Abschnitt 7.1.3, »Inhalte des Stellenprofils verwalten«) angezeigt werden sollen, in welcher Reihenfolge die Inhalte angeordnet sind und welches Format das Stellenprofil hat. Die Vorlagen selbst enthalten jedoch keine Inhalte.

Je nach Situation in Ihrem Unternehmen können Sie eine einzige Vorlage als Basis für Ihre Stellenprofile nutzen, oder mehrere, etwa unterschieden in »tariflich« und »nicht-tariflich«.

[!]

Weiterleitungsliste (Workflow) für Stellenprofilvorlagen

Gegenwärtig ist es nur möglich, eine Weiterleitungsliste pro SAP-SuccessFactors-Instanz für die kollaborative Erstellung von Stellenprofilen zu nutzen.

Stellenprofilvorlagen werden im Administrationscockpit unter dem Punkt **Stellenprofilvorlagen verwalten** administriert.

Um eine neue Stellenprofilvorlage zu erstellen, sind zwei Schritte notwendig:

1. **Stellenprofilvorlage erstellen – Schritt 1: Vorlage einrichten**
   In diesem Schritt vergeben Sie einen Namen für die Stellenprofilvorlage und ordnen diese einer Berufsfamilie zu.
2. **Stellenprofilvorlage erstellen – Schritt 2: Vorlage entwerfen**
   In diesem Schritt definieren Sie, welche Inhalte beim Schreiben von Stellenprofilen genutzt werden sollen (Muss-Felder) und können (optionale Felder).

Stellenprofilvorlagen erstellen – Schritt 1

Um eine neue Stellenprofilvorlage zu erstellen, gehen Sie folgendermaßen vor:

1. Rufen Sie im Admin-Center über das Suchfeld **Stellenprofilvorlagen verwalten** auf.
2. Die Ansicht zur Verwaltung der Stellenprofilvorlagen ist nun geöffnet. Klicken Sie auf die Schaltfläche **Vorlage erstellen**, um eine neue Vorlage anzulegen.
3. Tragen Sie den Namen der Vorlage im Freitextfeld **Name der Vorlage** ein (siehe Abbildung 7.1). Übrigens: Mit einem Klick auf das Symbol hinter dem Namensfeld können Sie den Namen der Vorlage in weitere Sprachen Ihrer Instanz übersetzen.

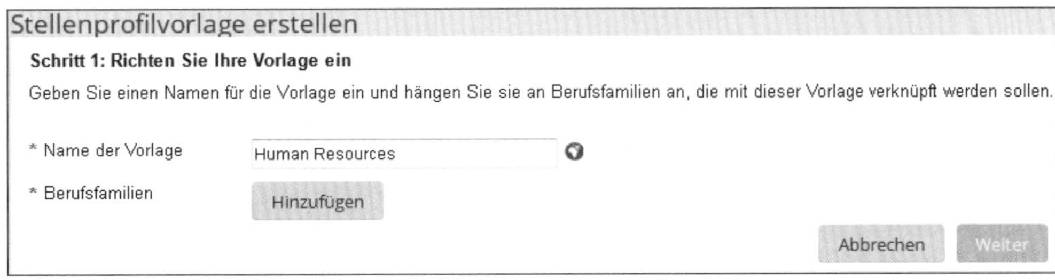

Abbildung 7.1 Stellenprofilvorlage einrichten

4. Klicken Sie auf die Schaltfläche **Hinzufügen**, um die Stellenprofilvorlage einer Familie (in der Anwendung hier **Berufsfamilie** genannt) zuzuordnen.
5. Es öffnet sich ein Pop-up-Fenster (siehe Abbildung 7.2), in dem Sie die relevante Familie/die relevanten Familien (**Berufsfamilien**) über Anklicken des dazugehöri-

gen Selektionsfeldes auswählen. Klicken Sie auf die Schaltfläche **Speichern**, um die ausgewählten Werte der Stellenprofilvorlage hinzuzufügen.

6. Prüfen Sie, ob die ausgewählte Familie im Bereich der **Berufsfamilien** angezeigt wird. Klicken Sie auf **Weiter**, um zum zweiten Schritt in der Erstellung der Stellenprofilvorlagen zu gelangen.

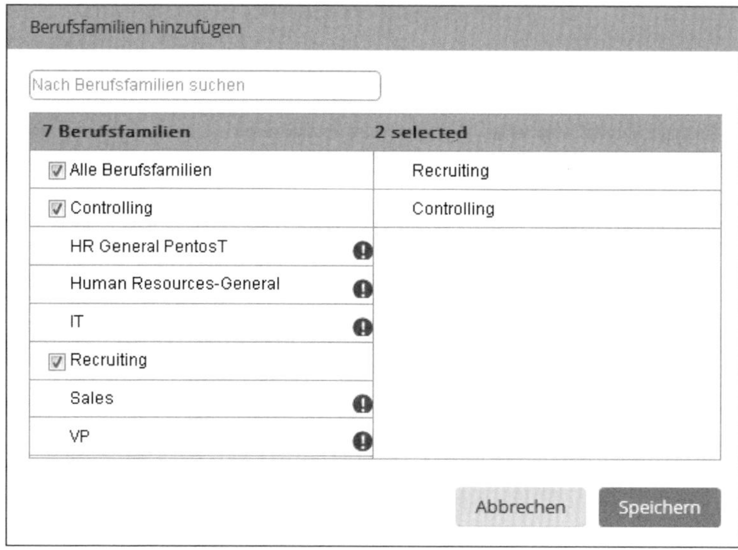

Abbildung 7.2 »Berufsfamilien hinzufügen«

Stellenprofilvorlagen erstellen – Schritt 2

Im zweiten Schritt legen Sie fest, wie die Stellenprofilvorlage gestaltet ist. In der Stellenprofilvorlage können unterschiedlichste Inhalte angezeigt werden. Dies sind:

- Kurzbeschreibung
- ausführliche Beschreibung
- Kompetenzen
- Qualifikationen
- Bildung
- Zertifizierungen
- Vergütungsdaten
- Anstellungsbedingungen
- Gesprächsfragen
- Aufgabenbereiche
- körperliche Anforderungen

- relevante Branchen
- Qualifikationen

Nach Bedarf können kunden- und vorlagenspezifische Sektionen hinzugefügt werden. Zudem können Sie einen Bereich für Kopfdaten und eine Fußzeile einblenden. Um die durch SAP SuccessFactors bereitgestellte Stellenprofilvorlage anzupassen, gehen Sie folgendermaßen vor:

1. Die Reihenfolge der bereits eingeblendeten Inhalte (wie **Kurzbeschreibung** oder **Kompetenzen**) können Sie ganz einfach anpassen, indem Sie diese per Drag-and-drop an die gewünschte Stelle ziehen (siehe Abbildung 7.3).

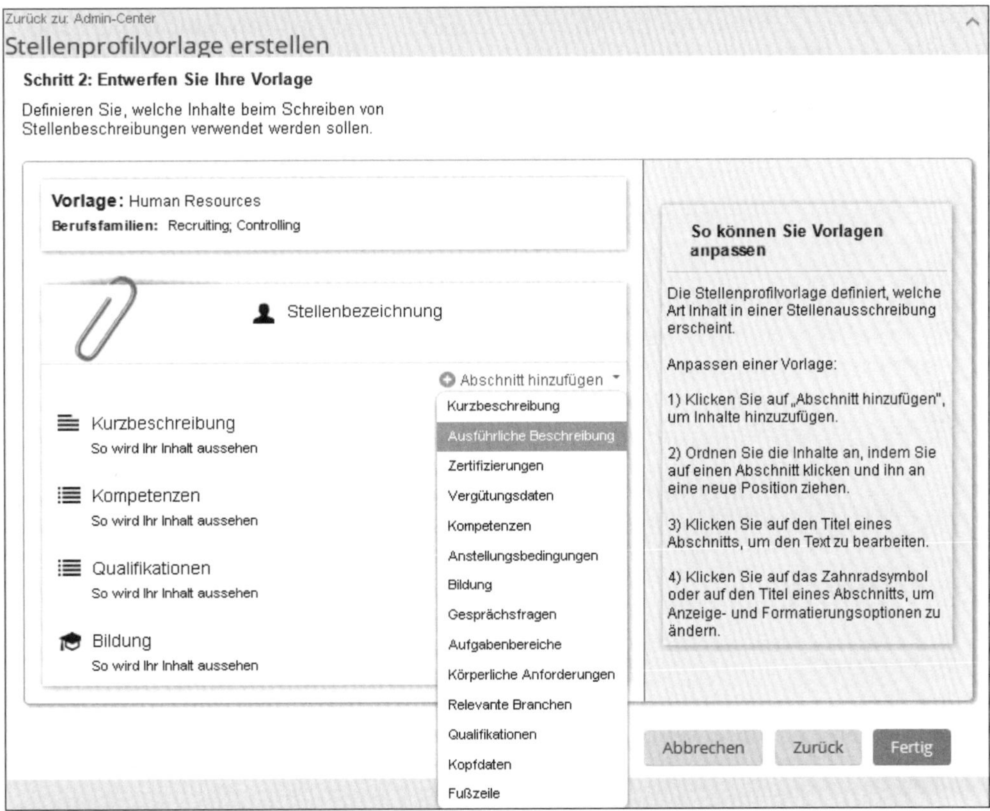

Abbildung 7.3 Abschnitt verschieben und neuen Abschnitt hinzufügen

2. Einen neuen Abschnitt ergänzen Sie über die Schaltfläche **Abschnitt hinzufügen** und Klick auf den gewünschten Eintrag der Drop-down-Liste. Wir fügen in diesem Beispiel eine **Kurzbeschreibung** hinzu.
3. Um einen Abschnitt anzupassen, fahren Sie mit der Maus über dessen Namen. Am rechten Rand der Abschnittszeile erscheint ein neues Symbol ⚙ (siehe Abbildung 7.4). Klicken Sie darauf.

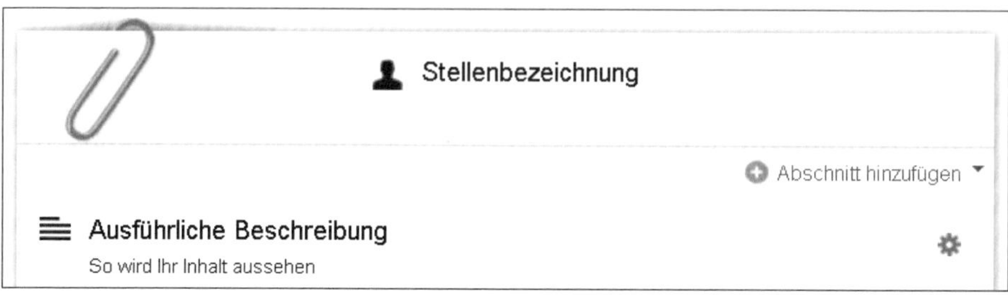

Abbildung 7.4 Abschnitt anpassen

4. Im rechten Bereich der Vorlage stehen Ihnen nun unter **Anzeigeoptionen** Anpassungsmöglichkeiten für Schriftgröße und -format zur Verfügung (siehe Abbildung 7.5). Sie können sowohl festlegen, dass ein Abschnitt zwingend gefüllt werden muss (Kennzeichen **Diesen Abschnitt als erforderlich festlegen**), als auch, dass ein Abschnitt nur für Administratoren sichtbar sein soll (Kennzeichen **Abschnitt ist nur für Administratoren sichtbar**). Darüber hinaus können Sie den **Titelstil**, d. h. die Art und Weise, wie die Schrift dargestellt wird, anpassen.

Abbildung 7.5 Anpassungsmöglichkeiten der Vorlage

In diesem Beispiel definieren wir den Abschnitt **Ausführliche Beschreibung** als erforderlichen Abschnitt. Setzen Sie dazu das Kennzeichen **Diesen Abschnitt als erforderlich festlegen**. Es erscheint das Symbol R. Dies weist darauf hin, dass der Abschnitt nun verbindlich ausgefüllt werden muss. Weitere Abschnitte können in derselben Art und Weise hinzugefügt oder angepasst werden.

Klicken Sie direkt auf die Bezeichnung eines Abschnitts, um den angezeigten Text im Editierfeld zu ändern. Über das Symbol rechts neben dem Feld können Sie wieder die relevanten Übersetzungen pflegen. Ändern Sie die Bezeichnung **Ausführliche Beschreibung**, indem Sie z. B. »Beschreibung« eingeben.

5. Zum Entfernen eines ausgewählten Abschnitts haben Sie in der bereits geöffneten Bearbeitungsansicht die Möglichkeit, auf den Link **Abschnitt löschen** zu klicken (siehe Abbildung 7.6).

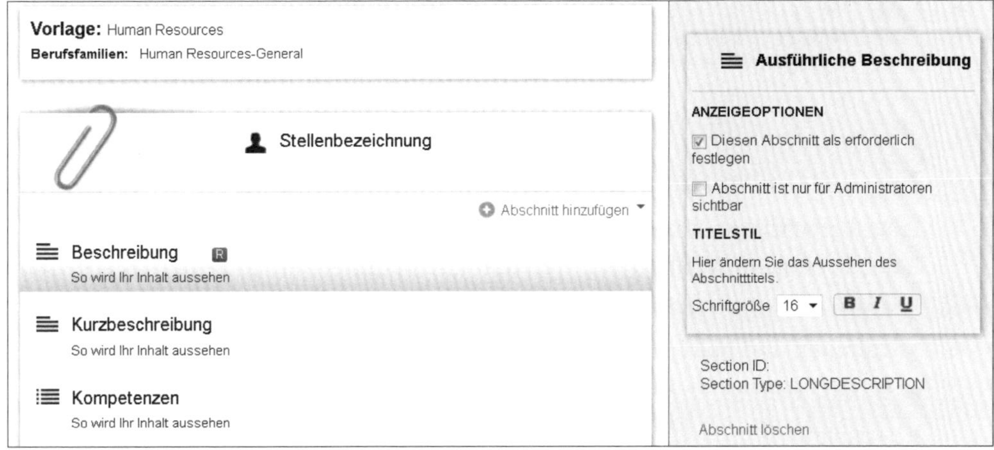

Abbildung 7.6 Bestehenden Abschnitt löschen

6. Bestätigen Sie die angezeigte Kontrollfrage mit einem Klick auf **Ja**, um den Abschnitt zu entfernen.
7. Klicken Sie im rechten unteren Bereich des Fensters auf **Fertig**, um die Erstellung der Vorlage abzuschließen (siehe Abbildung 7.3).

Stellenprofilvorlagen bearbeiten

Möchten Sie eine Stellenprofilvorlage zu einem späteren Zeitpunkt anpassen, ist das ebenfalls über **Stellenprofilvorlagen verwalten** möglich. Zum **Bearbeiten**, **Kopieren** und **Löschen** bestehender Vorlagen nutzen Sie die gleichnamigen Schaltflächen (siehe Abbildung 7.7).

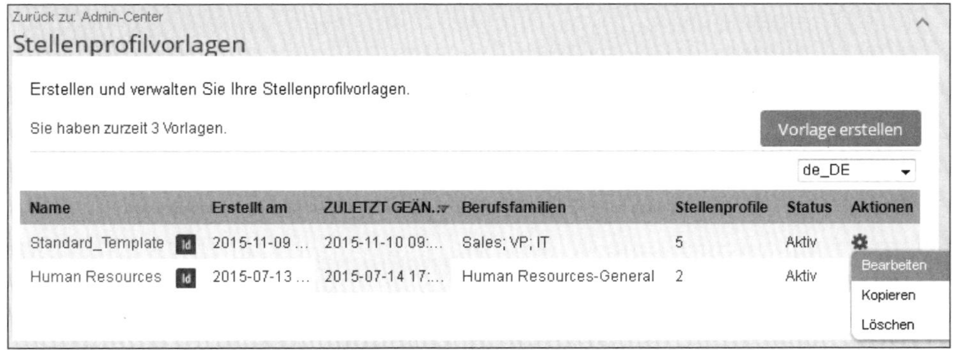

Abbildung 7.7 Stellenprofilvorlagen bearbeiten

[»]

Übersetzung von Freitexten

Überall dort, wo Sie einen Freitext eingeben können, z. B. den Namen einer Vorlage, erscheint hinter dem Freitextfeld das Symbol . Klicken Sie auf dieses Symbol, um den gepflegten Text in die anderen in Ihrer Instanz vorhandenen Sprachen zu übersetzen.

7.1.3 Inhalte des Stellenprofils verwalten

Einer berechtigten Rolle, oft HR, ist es möglich, Stellenprofile mit umfassendem Inhalt zu erstellen, zu administrieren und mit Vorgesetzten und/oder Mitarbeitern zu teilen. Zu den wichtigsten Inhalten gehören:

- Familien und Rollen
- Kompetenzen
- Ausbildung
- Aufgabenbereiche
- Qualifikationen

Diese Inhalte eines Stellenprofils können dann über die Stellenprofilvorlagen in den Stellenprofilen angezeigt werden.

[!]

Zeitaufwand für Erstellung von Stellenprofilen

Die externen Stellenausschreibungen sind oft auch ein sehr guter Startpunkt für die Erstellung der internen Stellenbeschreibungen. Es gibt viele Partner, die Sie, auch mit Online-Tools, bei der Erstellung von aktuellen Stellenprofilen unterstützen. Unterschätzen Sie jedoch nicht den internen Abstimmungsaufwand, der dadurch entstehen kann. Wichtig ist erfahrungsgemäß, rasch zu starten und mit Stellenprofilen einhergehende Mehrwerte aufzuzeigen. Dann können Sie die Stellenprofile nach und nach ausbauen und noch wertvoller für Unternehmen und Mitarbeiter machen.

Die Inhalte, die im Stellenprofil angezeigt werden sollen, können direkt in SAP SuccessFactors erstellt oder importiert werden. Der Import erfolgt über **Import/Export von Stellenprofilinhalten verwalten**. Auf diese Möglichkeit gehen wir weiter unten in diesem Abschnitt näher ein. Im Folgenden zeigen wir Ihnen, welche Inhalte im Stellenprofil genutzt werden können:

- **Familien und Rollen einrichten**
  Familien (»Softwareentwickler«) fassen Rollen (»Senior-ABAP-Entwickler«, »Senior-Java-Entwickler«) zusammen.

- **Zertifizierung**
  Anzeige relevanter Zertifizierungen wie »DHCP« oder »DGFP«
- **Kompetenz**
  In diesem Bereich werden relevante Kompetenzen (Beispiel: »Kommunikation«) verwaltet.
- **Anstellungsbedingung**
  Bedingungen für die Anstellung werden hier verwaltet (Beispiel: »Anteil der Reisetätigkeit«).
- **Ausbildung – Abschluss**
  Informationen zu relevanten Ausbildungsabschlüssen können hier verwaltet werden (Beispiel: »Bachelor of Science«).

[«]

Definition relevanter Abschlüsse

Wir empfehlen, die im Zuge des Bologna-Prozesses (europaweite Harmonisierung von Studiengängen und -abschlüssen) definierten Abschlüsse zu verwenden.

- **Ausbildung – Hauptfach**
  Hier werden Informationen zum erforderlichen Hauptfach der Ausbildung (Beispiel: »Wirtschaftsinformatik«) verwaltet.
- **Frage beim Einstellungsgespräch**
  Im Einstellungsgespräch gestellte Fragen können in diesem Bereich verwaltet werden (Beispiel: »Wie hoch ist Ihre Reisebereitschaft?«).
- **Aufgabenbereich**
  Hier können Erläuterungen zum Aufgabenbereich verwaltet werden.
- **Körperliche Anforderung**
  Eine Liste an körperlichen Anforderungen kann hier verwaltet werden (Beispiel: »Heben von 25 kg«).
- **Relevante Branche**
  Branchenabhängige Informationen können hier weiter ausgeprägt werden.
- **Qualifikation**
  Hier können besondere Qualifikationen verwaltet werden (Beispiel: »ABAP-Entwicklung«).

Stellenprofilinhalte können einfach erstellt und gepflegt werden.

Familien, Rollen und Stellenkennzeichen

Familien stellen unterschiedliche Rollen anhand eines oder mehrerer gemeinsamer Merkmale zusammen. So können Sie z. B. Familien für die wesentlichen Funktionsbereiche des Unternehmens erstellen (HR, IT oder Controlling).

Eine *Rolle* wiederum fasst die Stellen zusammen, die in einer Familie enthalten sind.

In einer Familie »Informationstechnologie« können z. B. individuelle Rollen wie IT-Abteilungsleiter, ABAP-Entwickler oder Systemadministrator zusammengefasst sein. Weitere Beispiele für Familien sehen Sie in Tabelle 7.1.

Familie	Rolle
SAP-SuccessFactors-Fußballverein	Torwart, Stürmer, Linksaußen ...
Informationstechnologie	IT-Abteilungsleiter, ABAP-Entwickler, Systemadministrator ...
Human Resources	Talentmanager, Abrechner, Personalbeschaffer

Tabelle 7.1 Beispiele für Familie und Rolle

Die Struktur der Familien und Rollen sollte zum Unternehmen und zu den abzubildenden Prozessen passen.

Stellenkennzeichen verbinden eine Rolle mit einem einzelnen Mitarbeiter oder einer (vakanten) Planstelle. Jeder Mitarbeiter kann nur ein Stellenkennzeichen in seinem Stammdatensatz haben. Über Stellenkennzeichen können z. B. im Kompetenzbereich des Leistungsbeurteilungsformulars eines Mitarbeiters die für seine Rolle relevanten Kompetenzen zugeordnet und im Leistungsbeurteilungsprozess angezeigt und evaluiert werden.

Namenskonventionen

Definieren Sie bereits zu Anfang der Arbeit in SAP SuccessFactors klare Namenskonventionen. Das Stellenkennzeichen kann alphanumerisch sein und sollte nicht sprechend sein, um z. B. keine Informationen in Bezug auf Gehaltseinstufungen o. Ä. zu geben.

Stellenkennzeichen werden genutzt, um eine Rolle mit weiteren Daten wie etwa Gehaltsband oder Gehaltsgruppen zu verknüpfen (siehe Kapitel 14, »Vergütung«). Wenn es also eine Stelle gibt, die mehrere Gehaltsgruppen haben kann, dann müssen dafür jeweils eigene Stellenkennzeichen angelegt werden.

Stellenkennzeichen/Rolle

Ein Stellenkennzeichen kann jederzeit einer Rolle zugewiesen werden. Es wird erst dann im System aktiv genutzt, wenn es im Stammsatz eines Mitarbeiters, vererbt durch die Planstelle, eingetragen ist.

Abbildung 7.8 zeigt, wie die Beziehungen zwischen den Objekten Familie, Rolle und Stellennummer aufgebaut sind.

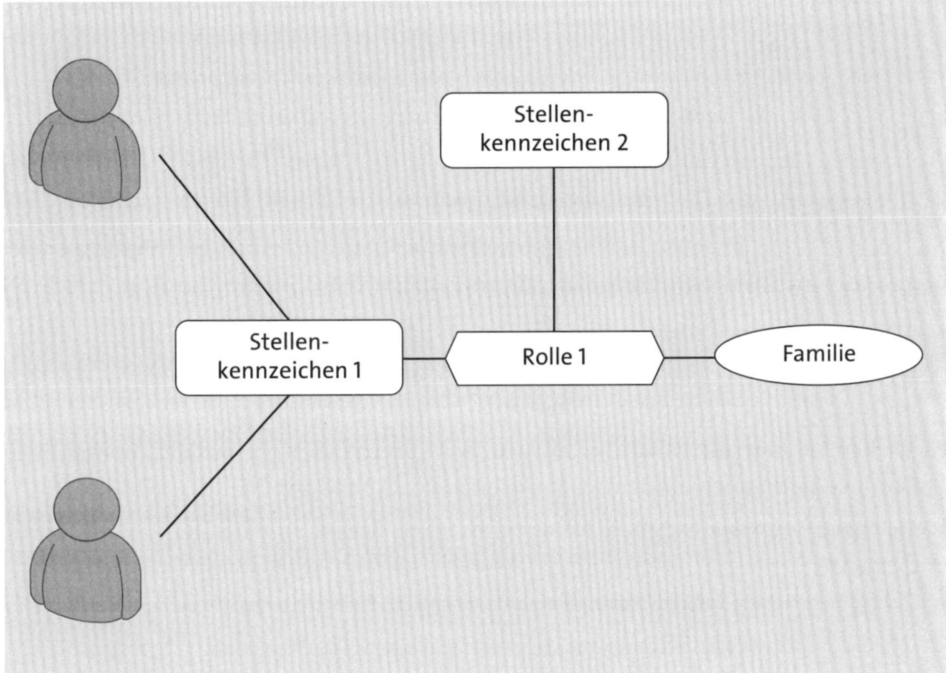

Abbildung 7.8 Erweiterte Verknüpfung Stellenkennzeichen – Rolle – Familie

Grundsätzlich gilt Folgendes:

- Eine Familie enthält in der Regel mehrere Rollen.
- Eine Rolle kann mehrere Stellenkennzeichen haben; dies bietet sich z. B. dann an, wenn mehrere Lokationen verschiedene lokale Stellenkennzeichen haben, die man (noch) nicht harmonisiert hat oder harmonisieren will.
- Ein Stellenkennzeichen kann für mehrere Planstellen und Mitarbeiter genutzt werden.

Eine *Planstelle* ist eine Spezifizierung einer Stelle und optional auch mit einer Rolle verknüpft. Die Verknüpfung zur Stelle und zur Rolle erfolgt über das Stellenkennzeichen. Eine Planstelle ist durch einen oder mehrere Mitarbeiter besetzt oder vakant. Es kann mehrere Planstellen geben, die eine Rolle nutzen, z. B. IT-Abteilungsleiter Applikationen, IT-Abteilungsleiter SAP, IT-Abteilungsleiter Rechenzentrumsdienstleistungen etc. (siehe Tabelle 7.2). Weitere Informationen zur Arbeit mit Planstellen erhalten Sie in Abschnitt 7.2.

Familie	Rolle und Stelle	Planstelle
Informationstechnologie	IT-Abteilungsleiter	IT-Abteilungsleiter Applikationen IT-Abteilungsleiter SAP IT-Abteilungsleiter Rechenzentrum

Tabelle 7.2 Beispiel für Familie, Rolle bzw. Stelle und Planstelle

Familien und Rollen erstellen und verknüpfen

Im Folgenden zeigen wir Ihnen, wie Sie mithilfe der Admin-Funktion **Inhalt des Stellenprofils verwalten** Familien und Rollen anlegen und bearbeiten können:

1. Rufen Sie die Verwaltung von Familien und Rollen über das Suchfeld des Admin-Centers **Inhalt des Stellenprofils verwalten** auf. Es öffnet sich die Ansicht zur Verwaltung von Inhalten des Stellenprofils.
2. Klicken Sie hier auf **Inhaltstyp auswählen...**, und wählen Sie aus der Auswahlliste **Familien und Rollen einrichten** aus (siehe auch Abbildung 7.9).
3. Sie haben nun die Möglichkeit, Familien und Rollen zu verwalten (siehe Abbildung 7.9).

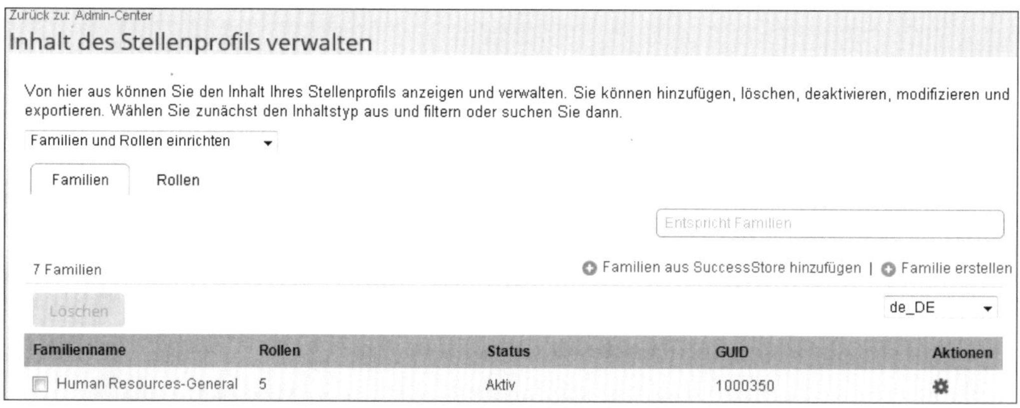

Abbildung 7.9 »Inhalt des Stellenprofils verwalten«

Um eine neue Familie anzulegen, gehen Sie folgendermaßen vor:

1. Klicken Sie in der Verwaltungsansicht für Familien auf den Link **Familie erstellen** (siehe Abbildung 7.9).
2. In der Ansicht **Neuen Inhalt erstellen (Familie)** haben Sie nun die Möglichkeit, einen Familiennamen zu vergeben sowie Zuordnungen von Qualifikationen und Kompetenzen vorzunehmen. Im Feld **Familienname** vergeben Sie die gewünschte Bezeichnung, in unserem Beispiel »Controlling« (siehe Abbildung 7.10).

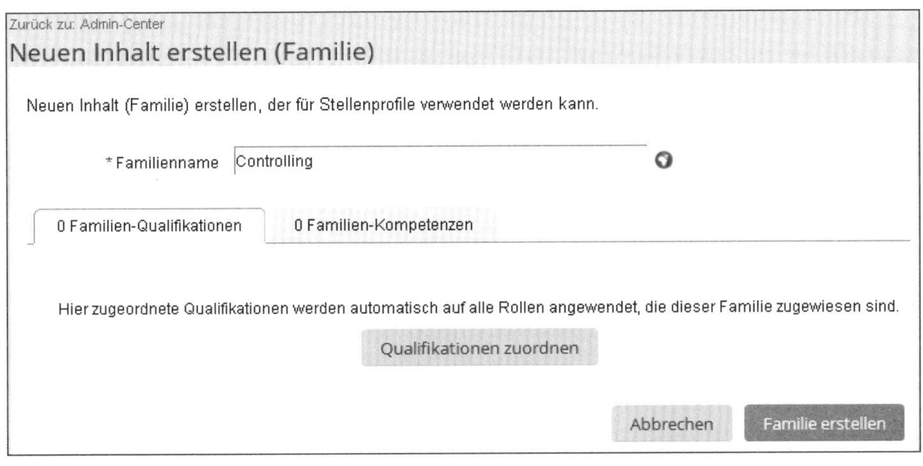

Abbildung 7.10 Familiennamen vergeben

Mit einem Klick auf das Symbol neben dem Eingabefeld haben Sie die Möglichkeit, den Familiennamen in weitere in Ihrer Instanz vorhandene Sprachen zu übersetzen.

3. Im Anschluss an die Namensvergabe klicken Sie, wie in Abbildung 7.11 zu sehen, auf die Registerkarte **0 Familien-Kompetenzen** und dann auf die Schaltfläche **Kompetenzen zuordnen**.

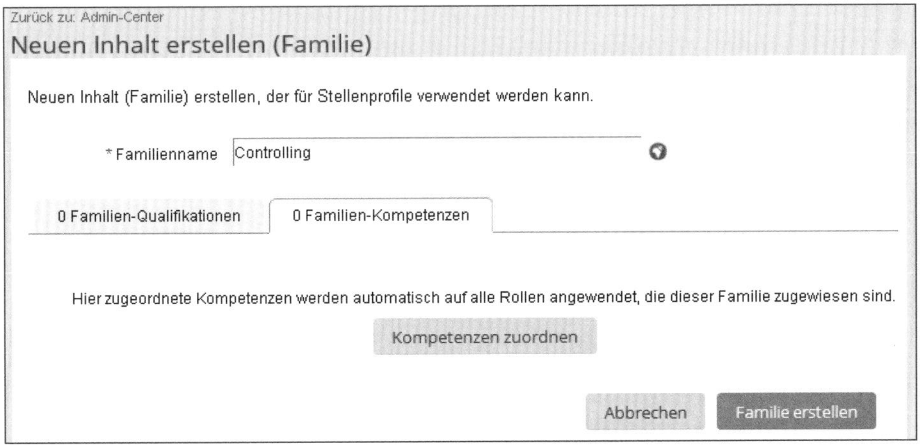

Abbildung 7.11 »Kompetenzen zuordnen«

4. In der nun geöffneten Ansicht der Kompetenzbibliotheken wählen Sie eine bereits vorhandene Kompetenz durch Klick auf den entsprechenden Namen aus. Die Listenauswahl hilft Ihnen, eine passgenaue Auswahl für die gewählte Familie zu treffen (siehe Abbildung 7.12).

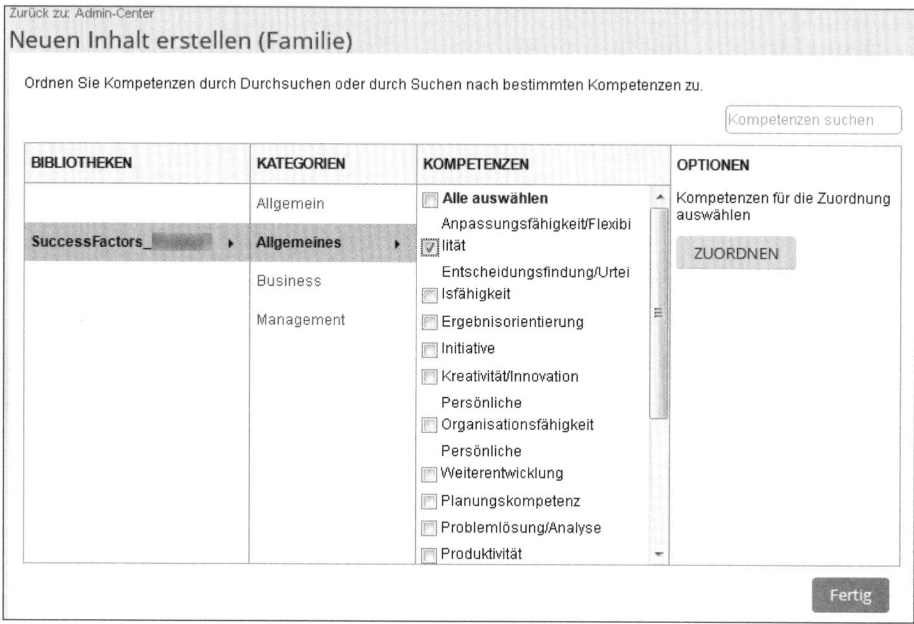

Abbildung 7.12 Weitere Unterteilungen der Kompetenzen

Nachdem Sie die Auswahl getroffen haben, bestätigen Sie diese durch Klick auf **Zuordnen** und schließen den Vorgang ab, indem Sie auf die Schaltfläche **Fertig** klicken.

5. Zurück in der Administrationsansicht, sehen Sie, dass die gewählte Kompetenz den **Familien-Kompetenzen** hinzugefügt wurde (siehe Abbildung 7.13).

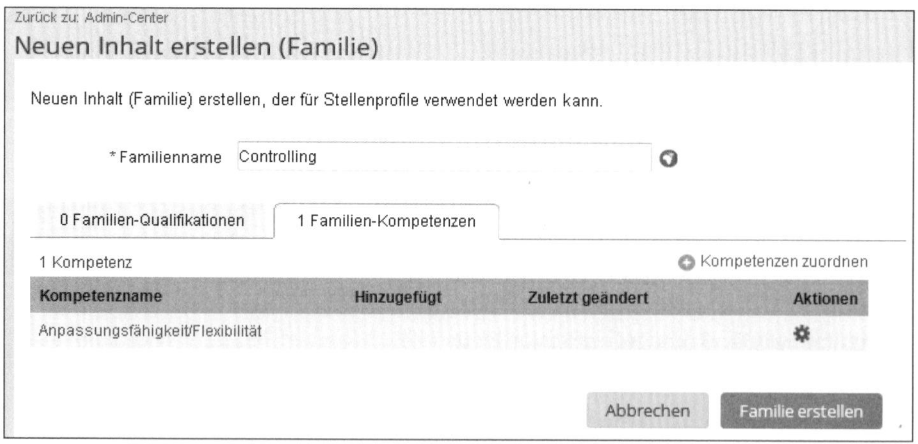

Abbildung 7.13 Kompetenzen zuordnen

6. Klicken Sie auf die Schaltfläche **Familie erstellen**, wird die neue Familie angelegt und erscheint in der Liste der Familien (siehe Abbildung 7.14).

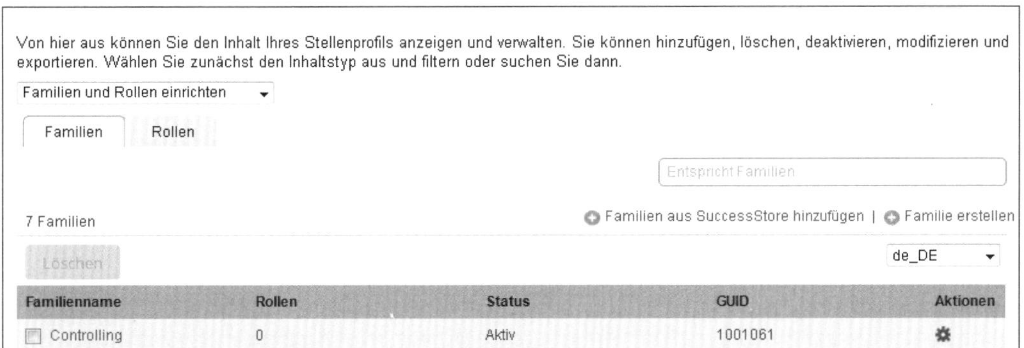

Abbildung 7.14 Familie angelegt

Um bestehende Familien zu bearbeiten, stehen Ihnen über das Symbol in der Spalte **Aktionen** alle notwendigen Funktionen zur Verfügung, um Familien zu bearbeiten oder zu löschen.

Auf der Registerkarte **Rollen** innerhalb von **Familien und Rollen einrichten** können Sie eine neue Rolle erstellen. Gehen Sie dazu folgendermaßen vor:

1. Klicken Sie auf die Schaltfläche **Rolle erstellen** (siehe Abbildung 7.15).

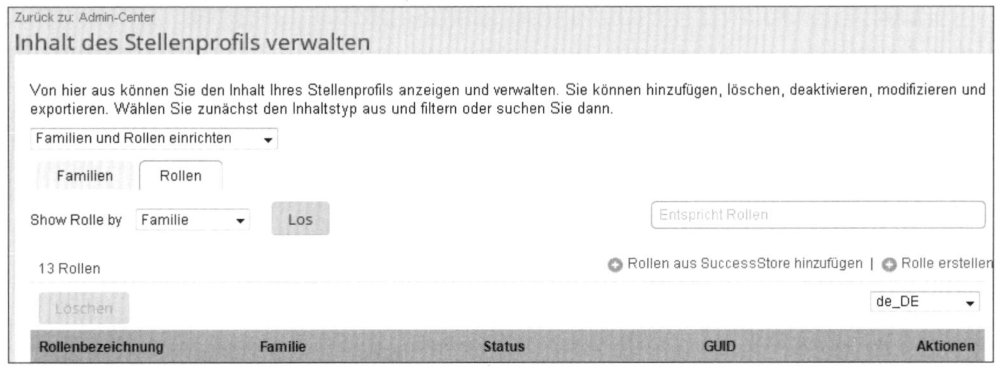

Abbildung 7.15 Rollen einrichten

2. Vergeben Sie in den Details zur Rolle nun die **Rollenbezeichnung**, und pflegen Sie benötigte Übersetzungen mit einem Klick auf das Symbol (siehe Abbildung 7.16).
3. Sie können der Rolle außerdem Stellenkennzeichen (im System als *Stellennummer* bezeichnet), Qualifikationen, Kompetenzen und Talentpools zuordnen.

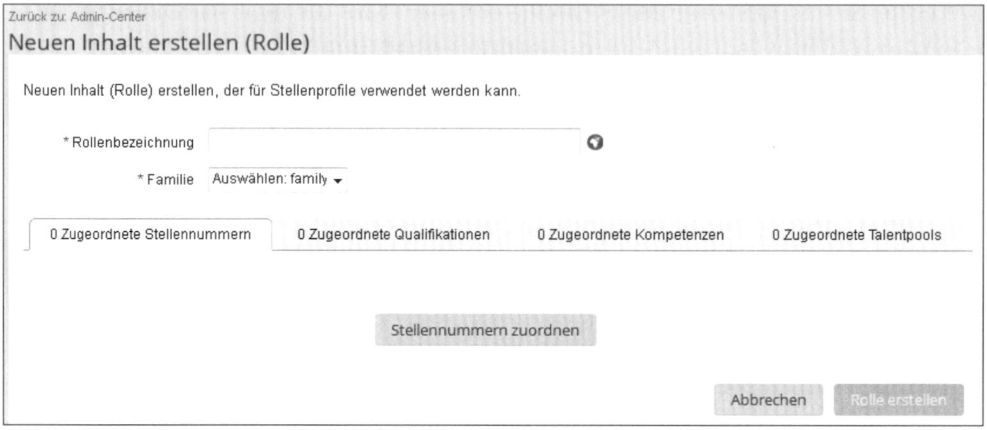

Zurück zu: Admin-Center

Neuen Inhalt erstellen (Rolle)

Neuen Inhalt (Rolle) erstellen, der für Stellenprofile verwendet werden kann.

* Rollenbezeichnung

* Familie Auswählen: family

0 Zugeordnete Stellennummern | 0 Zugeordnete Qualifikationen | 0 Zugeordnete Kompetenzen | 0 Zugeordnete Talentpools

Stellennummern zuordnen

Abbrechen | Rolle erstellen

Abbildung 7.16 Rollenbezeichnung zuordnen

Stellenkennzeichen und Stellennummer

An manchen Stellen sind die deutschen Übersetzungen in SAP SuccessFactors nicht konsistent. Die Begriffe *Stellenkennzeichen* und *Stellennummer* sind ein Beispiel dafür, wir verwenden sie in diesem Buch daher synonym. Immer, wenn die Stellennummer ein Bildschirmelement ist, das bearbeitet oder angeklickt werden muss, werden wir hier – der besseren Nachvollziehbarkeit wegen – den Inhalt der Abbildung auch im Text wiedergeben.

Wir zeigen Ihnen nun exemplarisch, wie Sie der Rolle ein Stellenkennzeichen zuordnen können. Klicken Sie dazu auf die Schaltfläche **Stellennummern zuordnen** (siehe Abbildung 7.16).

4. Geben Sie dann im neu geöffneten Pop-up-Fenster das gewünschte Stellenkennzeichen ein, wählen Sie die gewünschte Nutzung aus, und **Speichern** Sie Ihre Auswahl (siehe Abbildung 7.17).

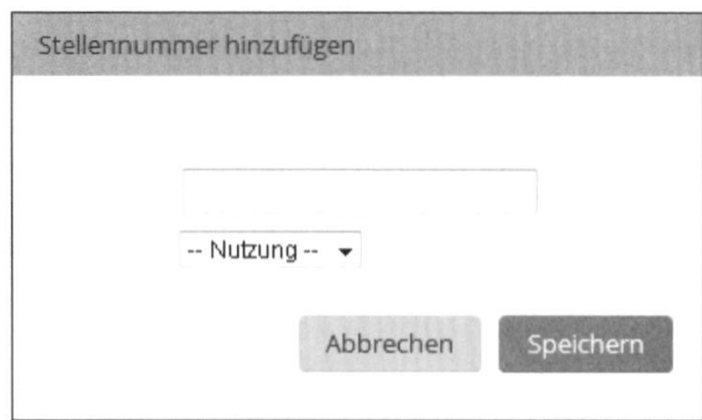

Abbildung 7.17 »Stellennummer hinzufügen«

5. Das Verknüpfen einer Rolle mit Qualifikationen, Kompetenzen und Talentpools erfolgt auf ähnliche Weise. Haben Sie alle Zuordnungen erstellt, klicken Sie auf die Schaltfläche **Rolle erstellen**, um die Erstellung der Rolle abzuschließen (siehe Abbildung 7.18).

Nutzung von Stellenkennzeichen

Voraussetzung für die Existenz eines Stellenkennzeichens ist, dass es bei einem Benutzer in den Stammdaten eingetragen ist (ohne SAP SuccessFactors Employee Central). Mit SAP SuccessFactors Employee Central muss das Job Classification Object entsprechend ausgeprägt sein.

Um bestehende Rollen zu bearbeiten, stehen Ihnen übrigens über das Symbol ✱ im Bereich **Aktionen** alle notwendigen Funktionen zur Verfügung. Sie können Rollen bearbeiten, inaktiv setzen oder löschen.

Abbildung 7.18 »Rolle erstellen«

Kompetenzen und Qualifikationen (Skills)

Kompetenzen und Qualifikationen sind ein wichtiger Bestandteil der Stellenprofile. Zudem werden sie auch unabhängig von Stellenprofilen im Kontext einer Rolle im Talentmanagement genutzt.

Auch Qualifikationen und Kompetenzen können über **Import/Export von Stellenprofilinhalten verwalten** ins System importiert werden. Auf diese Möglichkeit gehen wir im folgenden Abschnitt näher ein.

Import und Export von Stellenprofilinhalten

Neben der manuellen Bearbeitung können die Inhalte eines Stellenprofils importiert werden. Dies ist im Admin-Center über **Import/Export von Stellenprofilinhalten ver-**

walten möglich. Zunächst laden Sie eine Vorlage (zum gewünschten Inhaltstyp) aus Ihrer Instanz herunter. Darin wird Ihnen das genaue Format vorgegeben, in dem Sie die neuen oder veränderten Daten bereitstellen müssen. Pflegen Sie Ihre Daten in dieser Vorlagedatei. Haben Sie die Vorlage gepflegt, können Sie die Daten abschließend in Ihre Instanz importieren. Behalten Sie das Format der Vorlagedatei bei, können Sie den Import üblicherweise reibungslos durchführen.

Zum *Exportieren* einer Vorlagedatei gehen Sie folgendermaßen vor:

1. Wählen Sie in der Suchhilfe des Admin-Centers **Import und Export von Stellenprofilinhalten verwalten** aus.
2. Wählen Sie in der Verwaltungsansicht für den Import und Export von Stellenprofildaten aus, für welche Inhaltstypen Sie eine **Vorlage für Datenimportdaten herunterladen** möchten (siehe Abbildung 7.19). Die Vorlage gibt Ihnen das genaue Dateiformat und den Dateiaufbau vor, in dem Sie die Daten bereitstellen müssen.

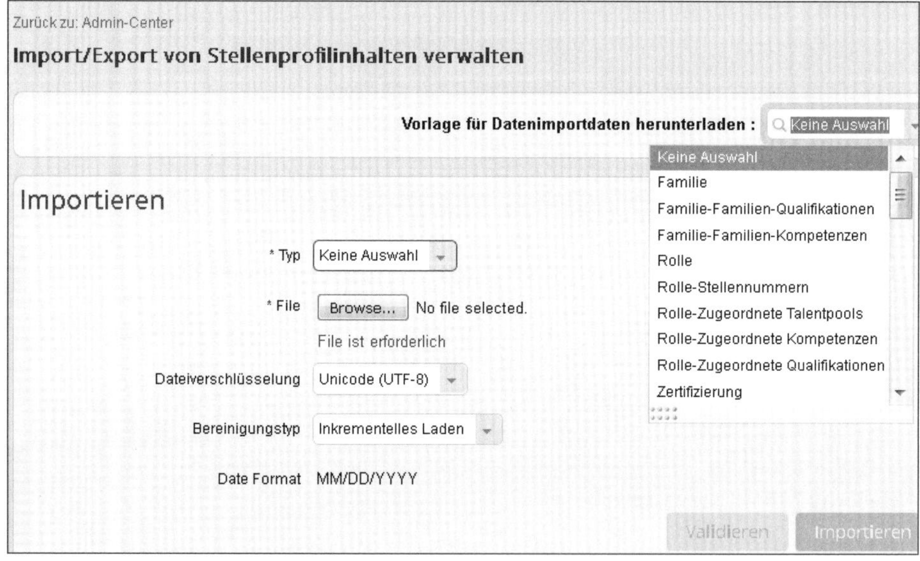

Abbildung 7.19 »Vorlage für Datenimportdaten herunterladen«

3. Wenn Sie einen Inhaltstyp ausgewählt haben, erscheint direkt in einem Pop-up-Fenster eine Abfrage, ob die Downloadvorlage mit vorhandenen Daten gefüllt werden soll. Diese Abfrage beantworten Sie mit einem Klick auf die Schaltfläche **Ja** (siehe Abbildung 7.20).

Danach haben Sie die Möglichkeit, die Vorlagedatei zu speichern und mit den gewünschten Inhalten zu befüllen.

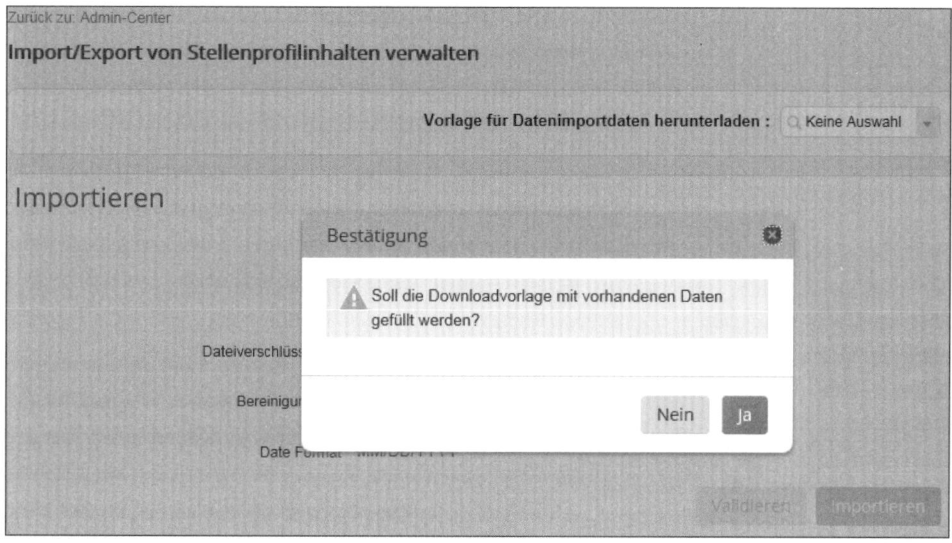

Abbildung 7.20 Bestätigung der Downloadvorlage

Wenn Sie die Datei zum *Import* der relevanten Inhalte in Ihre SAP-SuccessFactors-Instanz erstellt haben, starten Sie den Import:

1. Rufen Sie dazu erneut über das Admin-Center **Import und Export von Stellenprofilinhalten verwalten** auf.
2. Um den Upload vorzubereiten, pflegen Sie in der Eingabemaske alle notwendigen Informationen (siehe Abbildung 7.21):
   - Wählen Sie den **Typ**, für den Sie Inhalte hochladen.
   - Wählen Sie die Datei (Feld **File**) aus.
   - Wählen Sie als **Dateiverschlüsselung Unicode UTF-8**.

Importieren

*Typ Rolle-Zugeordnete Kompete...

*File Durchsuchen...

Dateiverschlüsselung Unicode (UTF-8)

Bereinigungstyp Inkrementelles Laden

Date Format MM/DD/YYYY

Validieren Importieren

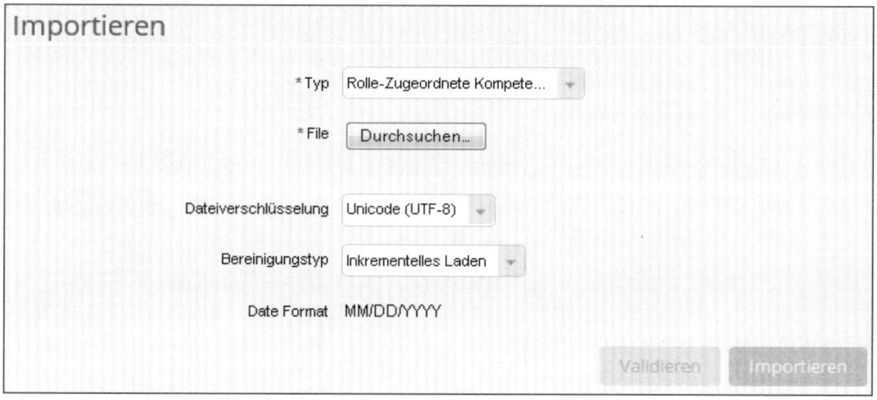

Abbildung 7.21 Import von Stellenprofilinhalten

3. Klicken Sie schließlich auf die Schaltfläche **Importieren**, um den Vorgang abzuschließen.

Um zu kontrollieren, ob Ihr Import erfolgreich war, rufen Sie über das Suchfeld des Admin-Centers **Auftrag überwachen** auf. Hier erhalten Sie alle Informationen zu Ihrem Import. Alternativ können Sie zunächst eine Validierung des Imports durch Klick auf die Schaltfläche **Validieren** durchführen. Auch die Ergebnisse der Validierung sehen Sie unter dem Punkt **Aufträge überwachen** (siehe Abbildung 7.22). War die Validierung erfolgreich, importieren Sie die Daten, wie oben beschrieben.

Zurück zu: Admin-Center

Aufträge überwachen

Elemente pro Seite 25 · Seite 1 von 18

Auftragsname	Stellentyp	Auftragsstatus	Uhrzeit der Übermittl...	S
Position_MDFExport_10/29/2015	MDF Data Export	Fertig	2015-10-29 13:48:11....	
MDFZIPExport_Position_10/29/2015	MDF Data Export	Fertig	2015-10-29 13:46:31	

Abbildung 7.22 Aufträge überwachen

7.1.4 Stellenprofile verwalten

Im Stellenprofil fügen Sie die bereits definierte Stellenprofilvorlage (siehe Abschnitt 7.1.2) mit den definierten Inhalten (siehe Abschnitt 7.1.3) zusammen. Im Folgenden zeigen wir Ihnen die Schritte, die notwendig sind, um ein Stellenprofil anzulegen und zu bearbeiten.

Um ein neues Stellenprofil anzulegen, gehen Sie folgendermaßen vor:

1. Rufen Sie im Admin-Center über das Suchfeld **Stellenprofile verwalten** auf.
2. Um ein neues Stellenprofil zu erstellen, klicken Sie auf die Schaltfläche **Stellenprofil erstellen** (siehe Abbildung 7.23).

Abbildung 7.23 Stellenprofil erstellen

3. Wählen Sie die zuzuordnenden Werte für **Berufsfamilie** (Familie), **Rolle** und **Planstelle** aus, für die ein Stellenprofil erstellt werden soll. Nachdem Sie Ihre Auswahl getroffen haben, klicken Sie auf die Schaltfläche **Weiter** (siehe Abbildung 7.24).

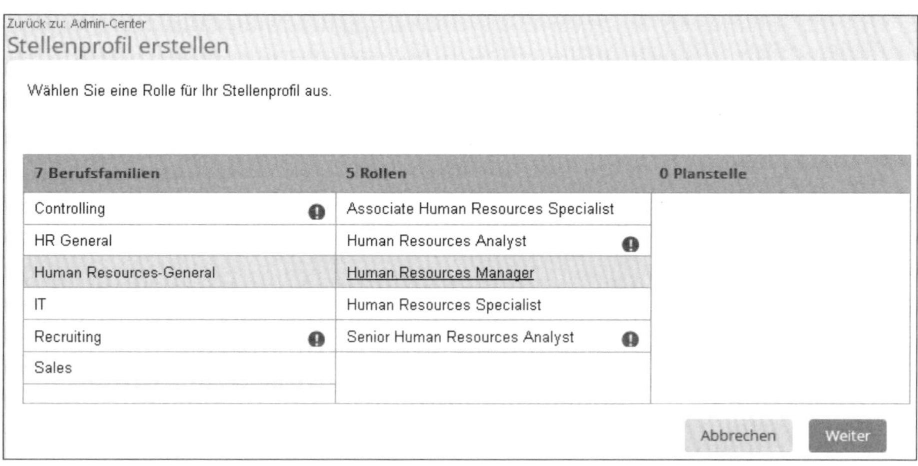

Abbildung 7.24 Rolle für Stellenprofil auswählen

4. Die mit der Familie assoziierte Stellenprofilvorlage (siehe Abschnitt 7.1.2) wird nun gezogen und steht zur Bearbeitung bereit (siehe Abbildung 7.25).

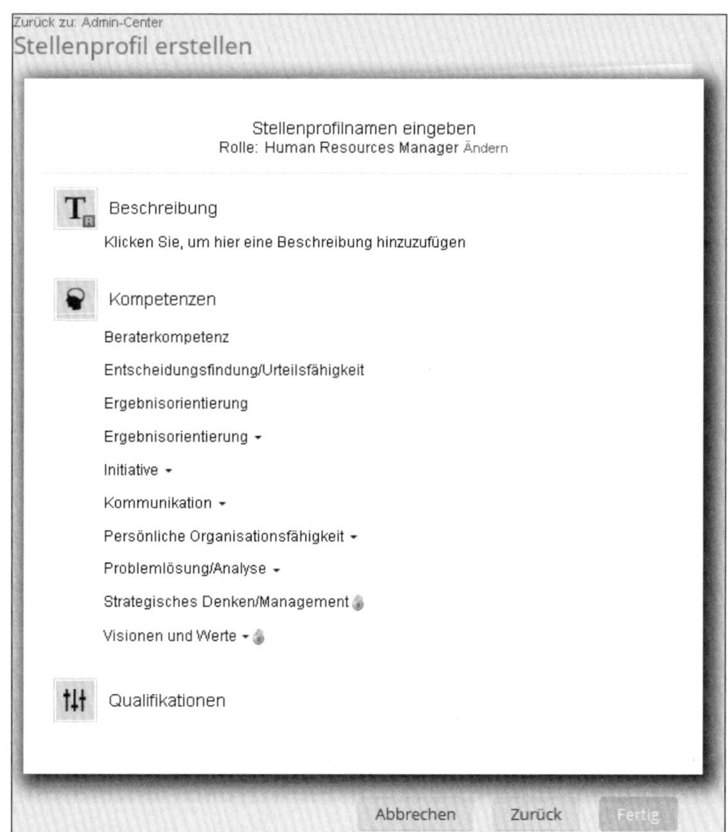

Abbildung 7.25 Stellenprofil bearbeiten

5. Um die Inhalte des Stellenprofils zu pflegen, klicken Sie in die einzelnen Abschnitte. Im Texteditor erfassen Sie nun die gewünschten Inhalte.
6. Es gibt Abschnitte, die Sie nicht frei editieren können. Diese sind mit dem Symbol 🔒 gekennzeichnet. Sie können jedoch in einem Abschnitt mit teilweise geschützten Einträgen weitere hinzufügen. Dazu berühren Sie die Bezeichnung des Abschnitts mit der Maus und klicken auf das daraufhin erscheinende Feld **+Bearbeiten**. Dann können Sie aus bestehenden Bibliotheken weitere Inhalte auswählen. Wir zeigen Ihnen dies am Beispiel **Kompetenzen** (siehe Abbildung 7.26).

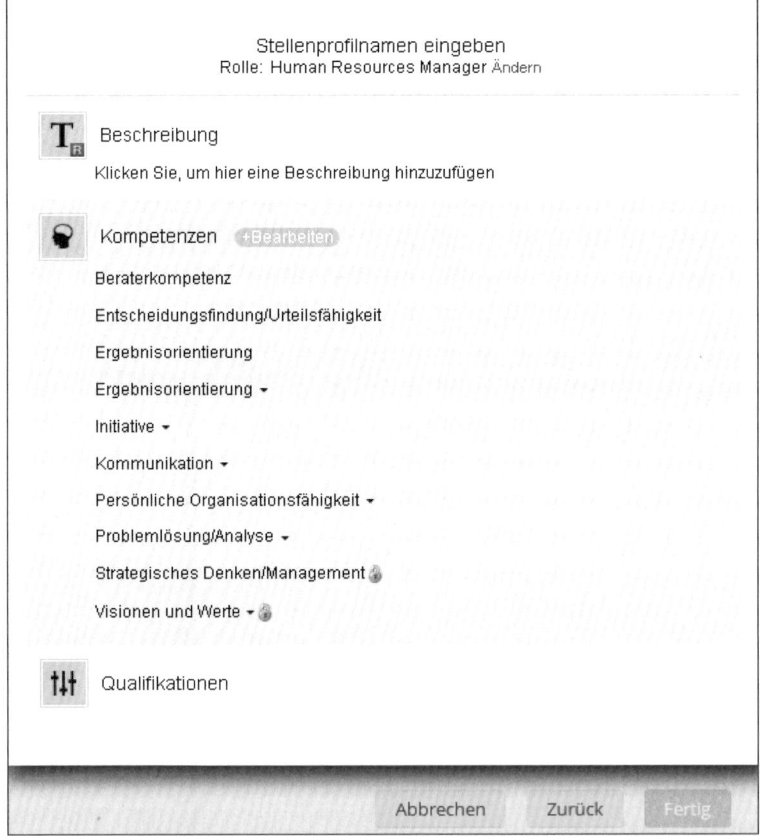

Abbildung 7.26 Kompetenzen aus Bibliothek hinzufügen, Bearbeitungsfunktionen (»Abbrechen« – »Zurück« – »Fertig«)

7. Wählen Sie die zuzuordnenden Inhalte aus, und bestätigen Sie Ihre Auswahl mit einem Klick auf die Schaltfläche **Speichern** (siehe Abbildung 7.27). Die neu ausgewählten Einträge werden dann der Auflistung hinzugefügt.
8. Klicken Sie auf die Schaltfläche **Fertig**, um das Stellenprofil fertigzustellen.

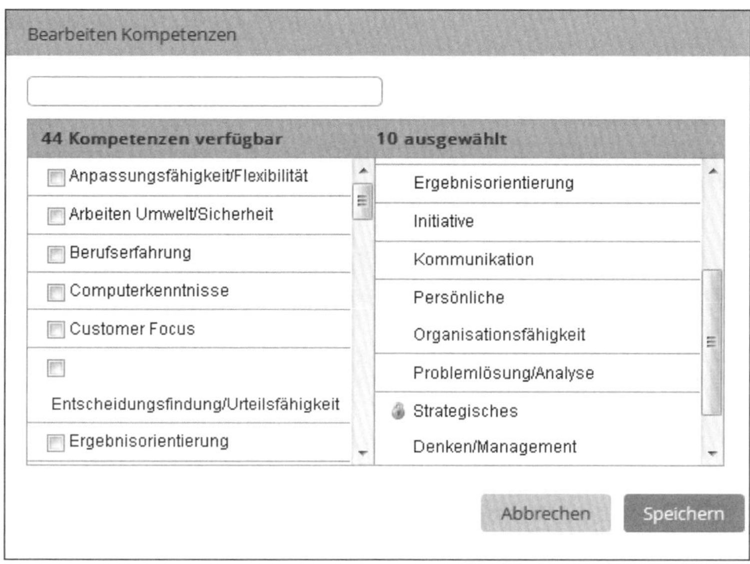

Abbildung 7.27 Kompetenzen hinzufügen

Damit ein Stellenprofil genutzt werden kann, muss es abschließend noch aktiviert werden. Klicken Sie dazu nach Abschluss der Pflegeaktivitäten in der Spalte **Aktionen** auf der Verwaltungsseite für Stellenprofile auf das Symbol [⚙], und wählen Sie die Option **Aktivieren** aus. Zum **Bearbeiten**, **Kopieren** und **Löschen** bestehender Stellenprofile nutzen Sie die gleichnamigen Schaltflächen.

7.1.5 Weiterleitungslisten (Workflows) für die Verwaltung von Stellenprofilen nutzen

Die Stellenprofilvorlagen und die nutzbaren Inhalte werden oftmals durch einen Administrator angelegt und gepflegt. Das Erstellen der Stellenprofile selbst kann entweder in der HR-Abteilung geschehen, oder es erfolgt in einem gemeinsamen Prozess zwischen Mitarbeiter, Vorgesetztem und (oftmals) HR-Abteilung. Ist die HR-Abteilung allein für das Erstellen und Pflegen der Stellenprofile zuständig, dann geschieht dies, wie in Abschnitt 7.1.4, »Stellenprofile verwalten«, beschrieben. Sind mehrere Rollen an der Erstellung eines Stellenprofils beteiligt, empfiehlt es sich, mit Weiterleitungslisten, sogenannten *Workflows*, zu arbeiten. Unterschiedliche Rollen können auf diese Weise Inhalte vorbereiten, verändern und schließlich ein Stellenprofil freigeben.

Wir zeigen Ihnen im Folgenden ganz grundsätzlich, wie Sie bei der kollaborativen Erstellung und Bearbeitung rollenbasierter Stellenprofile durch Workflows unterstützt werden. Bitte beachten Sie dabei, dass es momentan nur möglich ist, eine Weiterleitungsliste pro SAP-SuccessFactors-Instanz zu nutzen, unabhängig davon, ob Sie eine oder mehrere Stellenprofilvorlagen verwenden. Gehen Sie folgendermaßen vor, um einen Workflow zu erstellen:

1. Rufen Sie im Admin-Center über das Suchfeld **Strukturen für Organisation, Gehalt und Stellen verwalten** auf.
2. In der Auswahlliste **Neu erstellen** wählen Sie **Workflow** aus (siehe Abbildung 7.28).

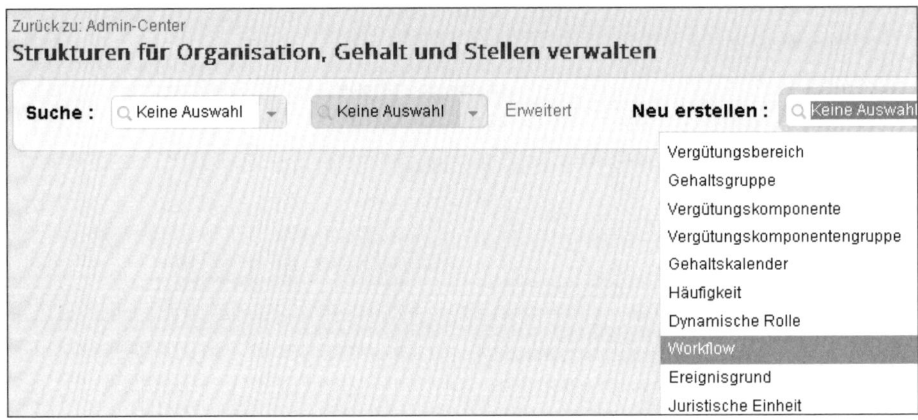

Abbildung 7.28 »Strukturen für Organisation, Gehalt und Stellen verwalten«

Abbildung 7.29 Workflow definieren

3. Geben Sie im Stammblatt für den Workflow eine eindeutige (einzigartige) **Workflowkennung**, einen **Namen** und eine **Beschreibung** ein (siehe Abbildung 7.29). Sie können zudem eine Erinnerung nach Tagen definieren und festlegen, ob eine Delegationsmöglichkeit unterstützt wird oder nicht.
4. Anschließend definieren Sie im unteren Bereich die benötigten Workflow-Schritte. Sie können hier festlegen, welche Rolle was im Zuge der Erstellung eines Stellenprofils machen darf.
5. Beenden Sie Ihre Workflow-Pflege mit einem Klick auf die Schaltfläche **Speichern**.

7.1.6 Best Practice: Drei Szenarien zur Arbeit mit Qualifikationen (mit und ohne Stellenprofil)

Das Qualifikationsmanagement ermöglicht es, die Qualifikationen eines Mitarbeiters im Mitarbeiterprofil anzuzeigen, auswertbar zu machen und vergleichbar zu ähnlichen/gleichen Qualifikationen zu machen.

In einer Qualifikationssuche können dann die berechtigten Mitarbeiter nach den Qualifikationen suchen und die Mitarbeiter finden, die diese Qualifikationen besitzen. Damit können Sie z. B. Projektleiter bei der Suche nach geeigneten Ressourcen für ein anstehendes Projekt unterstützen.

Abhängig vom Reifegrad der mit dem Qualifikationsmanagement verbundenen vor- und nachgelagerten Prozesse haben Sie in SAP SuccessFactors unterschiedliche Möglichkeiten, Qualifikationen anzulegen, zuzuordnen und zu bearbeiten:

- Sie können Qualifikationen direkt im Personenprofil aktualisieren.
- Sie können Qualifikationen über Rollen mithilfe von Stellenprofilen zuordnen.
- Sie können Qualifikationen auf der Basis von Positionsprofilen verwalten.

Im Folgenden geben wir Ihnen einen kurzen Überblick über diese drei Möglichkeiten.

Manuelle Verwaltung von Qualifikationen im Personenprofil (Einsteiger)

Sie haben in SAP SuccessFactors auf sehr einfache Weise die Möglichkeit, Qualifikationen direkt in einer Kachel des Personenprofils zu verwalten. Als Voraussetzung muss in Ihrem Unternehmen ein Qualifikationskatalog definiert sein. Dieser Katalog ist die Grundlage für die weiteren Aktivitäten und im System über **Inhalte des Stellenprofils verwalten** (siehe Abschnitt 7.1.3) verfügbar. Qualifikationen können im Personenprofil durch unterschiedliche Rollen (Mitarbeiter, Vorgesetzter, HR) gepflegt werden (siehe Abbildung 7.30).

Qualifikationsprofil

Qualifikation Mitarbeiter Vorgesetzter Erwartet

Speichern Abbrechen

Abbildung 7.30 »Qualifikationsprofil«

Zudem haben Sie die Möglichkeit, Mitarbeiter mit identischen Qualifikationen zu suchen und zu finden, wenn das in Ihrem Unternehmen erlaubt ist (siehe Abbildung 7.31).

Abbildung 7.31 Personen mit identischen Qualifikationen suchen

Auch in diesem Szenario ist es möglich, Qualifikationen von Mitarbeitern zu bewerten.

Verwaltung von Qualifikationen über Stellenprofile (Fortgeschrittene I)

Sie können Qualifikationen über Stellenprofile und abhängige Rollen in der Kachel **Qualifikationsprofil** des Personenprofils automatisiert anzeigen lassen. Im Vergleich zum ersten Szenario haben Sie damit mehr Struktur und eine höhere Wiederverwertbarkeit in anderen HR-Prozessen, z. B. bei Stellenausschreibungen.

Auch für dieses Szenario benötigen Sie einen gültigen, in SAP SuccessFactors vorhandenen Qualifikationskatalog. Rollen (und ggf. Familien) müssen in Ihrer Organisation definiert und im System vorhanden sein, und Sie müssen Stellenkennzeichen eingeführt haben.

Darüber hinaus müssen die folgenden Punkte erfüllt sein (ausführliche Informationen dazu finden Sie in Abschnitt 7.1, »Stellenprofile«):

- Die im Fokus stehenden Mitarbeiter haben in den Stammdaten ein korrektes Stellenkennzeichen eingetragen.
- Qualifikationen sind – wo notwendig – einer Rolle zugeordnet.
- Das Stellenkennzeichen ist einer Rolle zugeordnet.
- Für die Rollen sind Stellenprofile eingerichtet.
- Optional: Qualifikationen sind Familien zugeordnet, so können sie automatisch an die Rollen vererbt werden.
- optional: Nutzung von Workflows für Stellenprofile

Basierend auf dem Stellenprofil eines Mitarbeiters (und über die davon abhängige Rolle), werden Qualifikationen automatisiert in der Kachel **Qualifikationsprofil** eines Mitarbeiters angezeigt. Auch die erwartete Bewertung wird automatisiert aus den Daten des Stellenprofils übernommen. Die in der Kachel angezeigten Qualifikationen können durch verschiedene Rollen (Mitarbeiter, Vorgesetzter, HR) bewertet werden (siehe Abbildung 7.32).

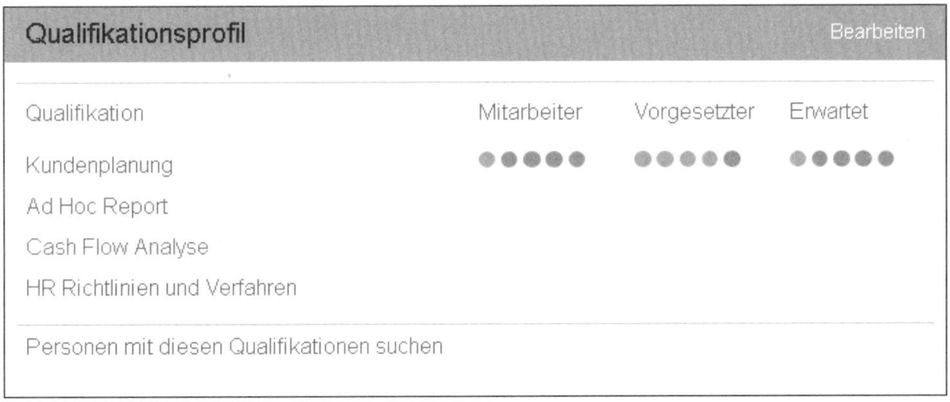

Qualifikationsprofil
Bearbeiten

Qualifikation
Mitarbeiter
Vorgesetzter
Erwartet

Kundenplanung
Ad Hoc Report
Cash Flow Analyse
HR Richtlinien und Verfahren

Personen mit diesen Qualifikationen suchen

Abbildung 7.32 »Qualifikationsprofil«

Außerdem ist es möglich, manuell weitere Qualifikationen hinzuzufügen. Darüber hinaus haben Sie auch hier die Möglichkeit, Mitarbeiter mit identischen Qualifikationen zu suchen und zu finden, wenn dies in Ihrem Unternehmen erlaubt ist (siehe Abbildung 7.31). Damit eröffnen Sie den Weg für interne Projektbesetzungen, da Projektleiter nach geeigneten Ressourcen suchen können.

Wie Sie sehen, sind die Möglichkeiten in diesem Szenario schon deutlich umfangreicher als im ersten. Allerdings ist es damit nicht möglich, positionsbasierte Qualifikationsprofile zu nutzen.

Verwaltung von Qualifikationen über Positionsprofile (Fortgeschrittene II)

Schließlich haben Sie die Möglichkeit, Qualifikationen auf der Basis der Positionsprofile zu verwalten. Positionsbasierte Qualifikationsprofile sind für Unternehmen interessant, die Planstellen inklusive Stellenbeschreibungen verwenden oder verwenden möchten. Beim Versetzen eines Mitarbeiters von Planstelle A zu Planstelle B wird dann automatisch das neue, richtige Stellenprofil gezogen. Die Weiterverwendung des positionsbasierten Stellenprofils inklusive der Qualifikationen ist z. B. im Bewerbermanagement möglich.

Auch in diesem Szenario benötigen Sie einen gültigen, in SAP SuccessFactors vorhandenen Qualifikationskatalog. Rollen (und ggf. Familien) müssen in Ihrer Organisation definiert und im System vorhanden sein, und Sie haben Stellenkennzeichen eingeführt. Zudem haben Sie Positionen (als MDF-Objekte) im System angelegt. Darüber hinaus müssen die folgenden Anforderungen erfüllt sein:

- Die im Fokus stehenden Mitarbeiter haben in den Stammdaten ein korrektes Stellenkennzeichen eingetragen.
- Die Position hält ein Stellenkennzeichen.
- Das Stellenkennzeichen ist einer Rolle zugeordnet.
- Qualifikationen sind – wo notwendig – einer Rolle zugeordnet.
- Stellenprofile für die spezifischen Positionen sind erstellt.
- Optional: Qualifikationen sind Familien zugeordnet, so können sie automatisch an die Rollen vererbt werden.
- optional: Nutzung von Workflows für Stellenprofile

In diesem Szenario haben Sie die Möglichkeit, Informationen aus den Positionsprofilen im Personenprofil anzeigen zu lassen. Das bedeutet, dass über das Positionsprofil verknüpfte Qualifikationen in der entsprechenden Kachel angezeigt werden können. Die hier visualisierten Qualifikationen können, durch unterschiedliche Rollen wie Mitarbeiter, Vorgesetzter oder HR, bewertet und durch weitere Qualifikationen manuell angereichert werden (siehe Abbildung 7.32). Auch hier ist es möglich, sofern es in Ihrem Unternehmen erlaubt ist, Mitarbeiter mit identischen Qualifikationen zu suchen und zu finden.

Mit diesem dritten Szenario haben Sie dann die im System zur Verfügung stehenden Möglichkeiten im Kontext des Qualifikationsmanagements im Einsatz.

[«]

Pflegeprozesse etablieren

Für alle Szenarien gilt, dass Sie zu den im System vorzunehmenden Einstellungen auch einen entsprechenden Pflegeprozess etablieren und definieren müssen, nach welchen Kriterien Sie Änderungen und Anpassungen zulassen.

7.2 Planstellen

Aus organisatorischer Sicht sind Planstellen mitarbeiterunabhängige, funktionale Elemente in einer Aufbauorganisation. Technisch gesehen, sind Planstellen Objekte des Metadata Frameworks (MDF) und bieten daher prinzipiell alle Funktionen, die das MDF auch bietet (siehe Abschnitt 6.6.1, »Metadata Framework (MDF)«).

Greifen wir zur Veranschaulichung unser Beispiel aus dem Kontext der Stellenprofile noch einmal auf: Eine *Planstelle* ist eine Spezifizierung einer Stelle bzw. (auch) mit einer Rolle verbunden. Die Planstelle ist durch einen oder mehrere Mitarbeiter besetzt oder vakant.

7.2.1 Anwendungsfälle für die Nutzung der Planstelle in SAP SuccessFactors

Was Planstellen in SAP SuccessFactors sind, erschließt sich am besten über die Anwendungsfälle, die damit im Best-Practice-Fall abgebildet werden können. Die Arbeit mit Planstellen erlaubt:

- Genehmigung/Budgetierung von Planstellen mit Workflow-Varianten
- Veränderungen im Zeitablauf inklusive der Abbildung künftiger Planstellen, die es z. B. erst ab dem nächsten Fiskaljahr gibt
- Einstufungen vorzunehmen (auf Stellenebene) und sie mit lokalen Gehaltsbändern zu verknüpfen, die über die organisatorische Zugehörigkeit der Planstelle gezogen werden
- Personalkostenplanung durchzuführen
- Planstellen mit Stellenbeschreibungen zu assoziieren und das mit dem Recruiting-Prozess zu integrieren, sodass die Stellenbeschreibung als aktuelle Vorlage genutzt werden kann
- Planstellen als Ausgangsbasis für die Talentsuche und das interne und externe Recruiting zu verwenden
- Mitarbeiter auf Planstellen zu setzen und damit automatische Prozesse wie eine Änderung des Vorgesetzten oder der Einstufung einzuleiten
- Nachfolgeplanung pro Planstelle durchzuführen

- bis zu 200 Felder mit Regelwerken und Ausführungsvorschriften aufzunehmen
- granulare Berechtigungen auf Feld- und Aktionsebene einzustellen, um die Prozesse punktgenau steuern zu können
- einfachen Import und Export über eine Standardschnittstelle
- zur Visualisierung grafische Abbildungen im Bereich Organigramm und Kacheln zu verwenden

Einstufungen von Mitarbeitern vs. Planstellen

Wenn Sie daran interessiert sind, sicherzustellen, dass Mitarbeiter für die gleichen Aufgaben und Verantwortungsbereiche auch gleich eingestuft werden, bietet es sich an, nicht die Mitarbeiter direkt einzustufen, sondern die Stellen und Planstellen. Bei einem Planstellenwechsel ergibt sich damit automatisch eine mögliche neue Soll-Einstufung des Mitarbeiters. Wenn Sie auf Mitarbeiterebene dann noch die Ist-Einstufung laut Vertrag pflegen, bekommen Sie eine immer aktuelle Übersicht über mögliche Diskrepanzen und können darauf basierend Personalentwicklungsmaßnahmen umsetzen.

Das Arbeiten mit Planstellen ist im Sinne der Gesamtintegration der Prozesse und der Mitarbeiterzufriedenheit eine Kernaufgabe in einem HR-Transformationsprojekt. Ohne Planstellen können viele Standardanwendungsfälle nicht integriert und effizient abgebildet werden.

7.2.2 Planstellenmanagement mit und ohne SAP SuccessFactors Employee Central

Das *Planstellenmanagement* ermöglicht es Ihnen, über Ihre Unternehmensorganisation hinweg festzulegen, welche Aktivitäten bezogen auf Planstellen möglich sein sollen oder unterstützt werden sollen. Zu den grundlegenden Funktionen mit SAP SuccessFactors Employee Central gehören:

- **Planstellenverschiebungen**
  Unterschiedlichste Optionen für das Umhängen und Verschieben von Planstellen werden unterstützt. Das beinhaltet auch automatische Veränderungen beim Mitarbeiter, der transferiert wird, z. B. das Umhängen des Vorgesetzten, eine Aktualisierung der Einstufung oder eine automatische Erstellung eines neuen Ziel- und Leistungsformulars.
- **Kapazitätskontrolle**
  Im Kontext der Kapazitätskontrolle ist es Ihnen möglich, den FTE-Wert (*Full Time Equivalent*) der Position mit dem FTE-Wert der Inhaber/des Inhabers zu vergleichen.

- **Teilen einer Position**
  In SAP SuccessFactors Employee Central ist es möglich, dass sich mehrere Mitarbeiter eine Position teilen.
- **Planstellentypen**
  Im Standard liefert SAP SuccessFactors zwei Typen aus: die Standardplanstelle und die geteilte Planstelle. Sie haben aber zudem die Möglichkeit, kundeneigene Typen zu erstellen.
- **Planstellenorganigramm**
  Die Option, vom Mitarbeiter-Hierarchie-Organigramm auf das Planstellenorganigramm umzuschalten, haben Sie nur, wenn Sie SAP SuccessFactors Employee Central nutzen.

Wenn Sie SAP SuccessFactors Employee Central nicht einsetzen, empfiehlt es sich, Talentmanagement/Nachfolgeplanung zu lizenzieren, weil das dort enthaltene Nachfolge-Organigramm auf Positionen aufbauen kann. Als weiteres Darstellungselement können Sie dann auch die Ansicht **Planstellenkachel** (siehe Kapitel 15, »Talentmanagement – Nachfolge und Entwicklung«) nutzen.

[«]

Planstellen und Mitarbeiter ohne SAP SuccessFactors Employee Central abgleichen

Sobald Sie einen Mitarbeiter von einer Planstelle auf eine andere versetzen, können die relevanten Stammdaten des Mitarbeiters automatisch aktualisiert werden (z. B. die organisatorische Zugehörigkeit). Wenn Sie kein SAP SuccessFactors Employee Central nutzen, dann gibt es diesen Mechanismus aktuell nicht im Standard. Ihr Implementierungspartner kann Ihnen dabei helfen, den Mechanismus z. B. über eine SAP HANA Cloud Platform Extension herzustellen (siehe Abschnitt 6.6, »SAP SuccessFactors erweitern«).

7.2.3 Planstellen anlegen und zuordnen

Grundlegende Einstellungen zum Objekt der Planstelle nehmen Sie im Admin-Center unter **Gehe zu Einstellungen für Planstellenmanagement** vor. Hier können Sie das allgemeine Verhalten und Importe von Planstellen steuern.

Sie können Planstellen über das Werkzeug der Planstellenkachel im Bereich **Nachfolge** (siehe Abschnitt 15.2.3, »Planstellenkachel«), über das Admin-Center und **Planstellen verwalten** anlegen oder die Aktionssuche nutzen.

SAP SuccessFactors bietet Ihnen eine Standardplanstellendefinition (siehe Abbildung 7.33). In der Standarddefinition enthalten sind unter anderem:

- Name
- Inhaber
- Gültigkeit
- Planstellen-ID
- Schlüsselposition
- Änderungen
- Elternposition
- Matrix

Darüber hinaus können Sie Ihre kundenindividuellen Anforderungen im Rahmen der Möglichkeiten des MDF umsetzen.

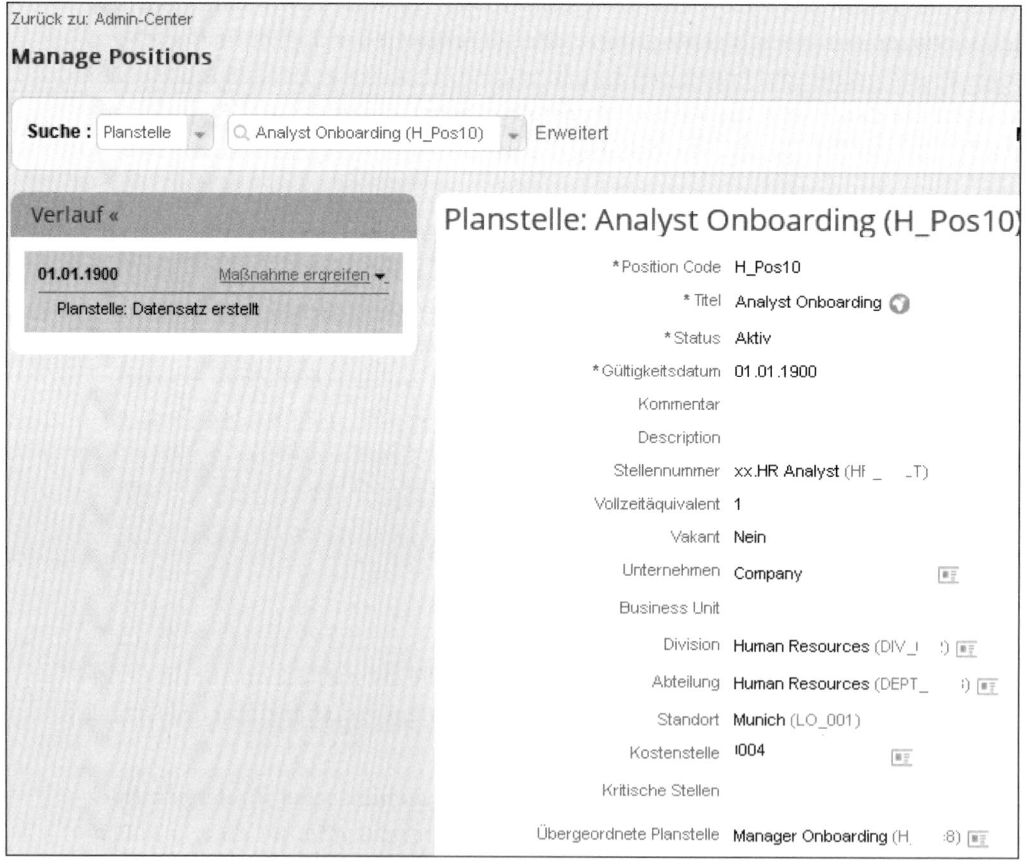

Abbildung 7.33 Planstelle im Admin-Center verwalten

Ist die Elternplanstelle gepflegt, dann können Sie den Organisationsbaum in Form des Planstellenorganigramms anzeigen lassen (siehe Abbildung 7.34).

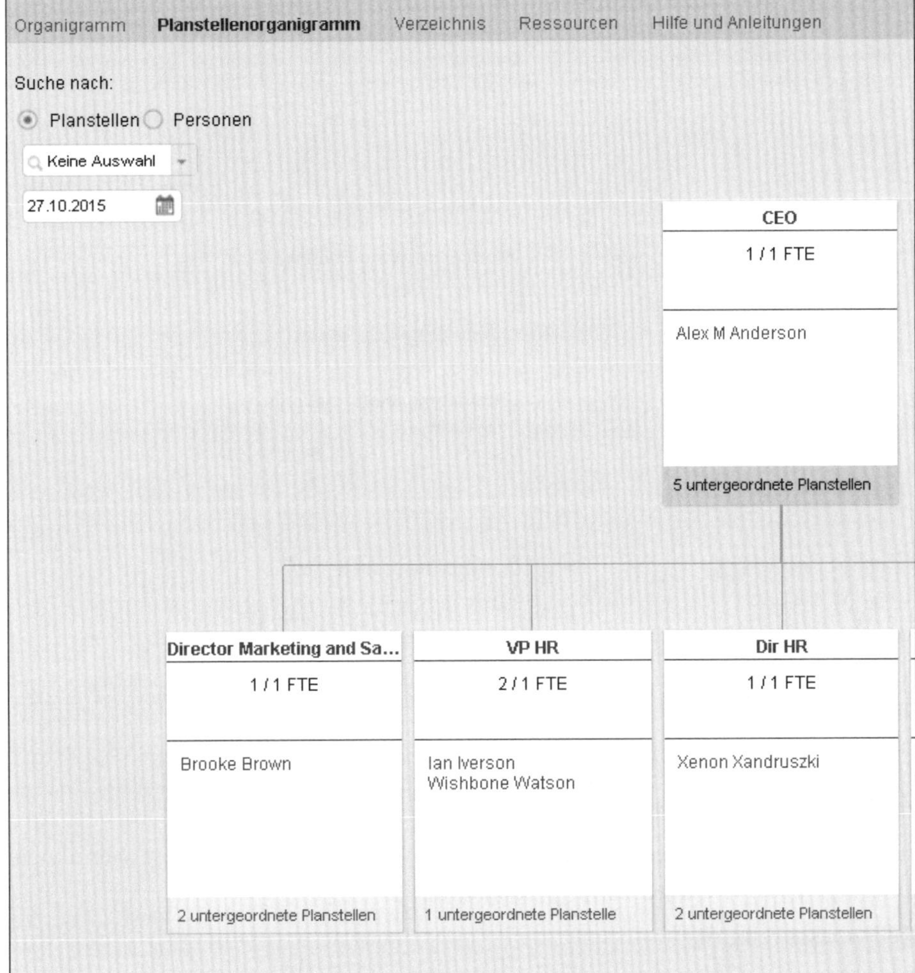

Abbildung 7.34 Beispiel für ein Planstellenorganigramm

Die den Mitarbeitern zugeordnete Planstelle ist im Personenprofil im Bereich **Unternehmensinformationen – Informationen zur Planstelle** zu finden. In SAP SuccessFactors Employee Central versetzen Sie den Mitarbeiter, indem Sie die Personaldaten des Mitarbeiters öffnen und dort die Planstellen wechseln. Sonst können Sie eine Versetzung in der Planstelle selbst oder direkt im planstellenbasierten Nachfolge-Organigramm vornehmen. Die Planstelle selbst wird dann auch im Personenprofil angezeigt (siehe Abbildung 7.35).

Alex M Anderson (aaaa)
CEO
Persönliche Informationen | Infos zum Beschäftigungsverhältnis | Profil | Scorecard | Talent Scorecard

Stellenbezeichnung: CEO
Lokale Stellenbezeichnung: -
Gehaltsgruppe: -
Mehr

Unternehmensinformationen
Informationen zur Planstelle
Geltend ab: 1. Jan 2014
Munich, Deutschland
Europe/Berlin (GMT+01:00)

Unternehmensinformationen
Unternehmen: Pen AG (Pen _AG)
Standort: Munich (DEU_MUC)
Mehr

Stellenbeziehungen
Stellenbeziehungen
Geltend ab: 1. Jan 2014
TU Global
HR-Manager

Abbildung 7.35 Planstelle im Personenprofil

7.2.4 Schnittstellen zu anderen Prozessen

Die Planstelle ist mit vielen Prozessen integriert und weist dementsprechend viele Schnittstellen auf. Wichtige Schnittstellen sind:

- Stellenbeschreibungen
- Recruiting
- Nachfolgeplanung
- SAP SuccessFactors Employee Central
- Berichtswesen
- Drittsysteme über OData-API und Standardimporte/-exporte

Globale vs. lokale Planstellenhierarchie

Wenn Sie mit verschiedenen lokalen Systemen arbeiten und daraus eine globale, integrierte Sicht auf alle Planstellen im Unternehmen haben wollen, bieten sich zwei Möglichkeiten an. Entweder Sie nutzen die SAP-SuccessFactors-Planstellen als führendes

System und exportieren und konvertieren die Planstellen in die lokalen Systeme, falls benötigt, oder Sie laden die Planstellen aus den lokalen Systemen in das globale System. Dabei müssen Sie mit einer Middleware arbeiten, um die nötigen Transformationen, Validierungen und Ergänzungen durchzuführen (siehe Kapitel 5, »Stammdaten und Datenintegration«).

Im nächsten Abschnitt widmen wir uns dem Thema Kompetenzen, das für die Personalentwicklung ähnlich fundamental ist wie Planstellen für eine effiziente Organisation.

7.3 Kompetenzen

Kompetenzen sind im engeren Sinne verhaltensorientierte Elemente, die für die Beurteilung der Passgenauigkeit von Mitarbeitern oder Bewerbern wichtig sind (Soll-Ist-Profil). Generell dienen Kompetenzen zur Ausprägung und Beschreibung von Rollen und können auch mit (Plan)Stellen bzw. Stellenbeschreibungen verbunden sein.

Mitarbeiter, genauso wie Bewerber, sollten die Anforderungen, die an die Stelle oder Rolle über das Element **Kompetenz** gestellt werden, erfüllen oder die systematische Möglichkeit bekommen, über Fort- und Weiterbildungsmaßnahmen mögliche Kompetenzlücken zu schließen.

Es gibt eine Reihe von Kompetenzmodellen, die Sie als Basis für das unternehmenseigene Kompetenzmanagement nutzen können. Die SAP-SuccessFactors-Suite bringt eine eigene Kompetenzbibliothek mit den gebräuchlichsten allgemeinen Kompetenzen mit, die in vielen Sprachen inklusive erläuternder Verhaltensanker und Beurteilungshilfen zur Verfügung steht. Alternativ können eigene Kompetenzmodelle erstellt und verwendet werden.

Verwendet werden Kompetenzen in der Regel in den Prozessen Nachfolgeplanung, Bewerbermanagement, Leistungsmanagement und Personalentwicklung/Lernmanagement.

Kompetenzen sind nicht mit Qualifikationen zu verwechseln

Die Anzahl wichtiger Qualifikationen in einem Unternehmen kann in die Hunderte und Tausende gehen und ist häufig Änderungen unterworfen. Kompetenzen sind dagegen vergleichsweise selten und stabil im Zeitablauf.

Die Standardkompetenzbibliothek von SAP SuccessFactors beinhaltet drei verschiedene Arten von Inhalten:

- **Kompetenzen**
  Kompetenzen sind verhaltensorientierte Elemente, die einen wichtigen Einfluss auf die Leistung und Eignung des Mitarbeiters in seiner Rolle oder Planstelle haben. Beispiele für Kompetenzen sind »Aufbau und Pflege von sozialen Bindungen«, »Umgang mit Stress« oder »Planen und Organisieren«.
- **Verhalten**
  Verhalten ist ein Merkmal, das beschreibt, wie eine Kompetenz ausgeprägt ist oder erreicht wird.
- **Hinweise**
  Hinweise sind Inhalte für den Schreib- und Coach-Assistenten (Writing Assistant and Coach-Assistant, WACA), die dafür genutzt werden können, Kompetenzen bei der Leistungsbeurteilung mithilfe von Mustertexten zu beurteilen. Diese Hilfe kann für Vorgesetzte und Mitarbeiter im Beurteilungsprozess angeboten werden.

In Abschnitt 7.3.1, »Mit Kompetenzen arbeiten«, zeigen wir Ihnen, wie Kompetenzen angelegt und wie sie Rollen zugeordnet werden. In Abschnitt 7.3.2, »Integration mit weiteren Modulen und Schnittstellen«, beleuchten wir typische Anwendungsfälle, wie Kompetenzen in die Leistungsbeurteilung einfließen und für Entwicklungs- und Lernmaßnahmen und vom Learning Management System (LMS) genutzt werden können. Die Möglichkeiten der Auswertung mit Berichten und Dashboards erläutern wir im darauffolgenden Abschnitt 7.3.3. Wir schließen mit einer Best-Practice-Fallstudie und allgemeinen Bemerkungen zu Best Practices im Umfeld der Arbeit mit Kompetenzen (siehe Abschnitt 7.3.4).

7.3.1 Mit Kompetenzen arbeiten

Sie können auf Kompetenzen entweder direkt im Admin-Center über **Kompetenzen verwalten** zugreifen oder diese, wenn Sie Stellenprofile verwenden, im Rahmen der Stellenprofile administrieren.

In diesem Abschnitt gehen wir auf die direkte Arbeit mit Kompetenzen im Kontext **Kompetenzen verwalten** ein. Die Arbeit mit aktivierten Stellenprofilen, die sich in kleinen Details davon unterscheidet, stellen wir Ihnen in Abschnitt 7.1, »Stellenprofile«, vor.

Die Standardbibliothek von SAP SuccessFactors stellt mehrere Dutzend Kompetenzen in vielen Sprachen zur Verfügung. Um die Verwaltung zu vereinfachen, werden Kompetenzen in Kompetenzbibliotheken eingeordnet. Im Bedarfsfall können Sie verschiedene Kompetenzbibliotheken anlegen. Sie verwalten Kompetenzbibliotheken im Admin-Center über **Kompetenzbibliotheken** (siehe Abbildung 7.36).

Tools

Mitarbeiteränderungen exportieren
Portlet-Berechtigungen
Trendverfolgung
Vorgänge und Formulare

Entwicklung

Benutzerbeziehung für Schulungsadministrator und Schulungsbeauftragten importieren
Entwicklungsziele importieren
Laufbahn verwalten
Vorgeschlagene Rollen verwalten
Vorlagen verwalten

Berechtigung für Beurteilung auf Management-Ebene verwalten
Kalibrierungseinstellungen verwalten
Kalibrierungssitzungen verwalten
Kalibrierungsvorlagen verwalten
Massenerstellung von Kalibrierungssitzungen

Kompetenzenmanagement

Familien und Rollen
★ Kompetenzenbibliotheken
Neue Kompetenzenbibliotheken importieren

Abbildung 7.36 Überblick der Verwaltungstools im Bereich »Kompetenzmanagement«

Im Bereich **Kompetenzbibliotheken** können Sie die vorhandenen Bibliotheken, in unserem Fall die Standardbibliothek **SuccessFactors**, bearbeiten, indem Sie daraufklicken (siehe Abbildung 7.37).

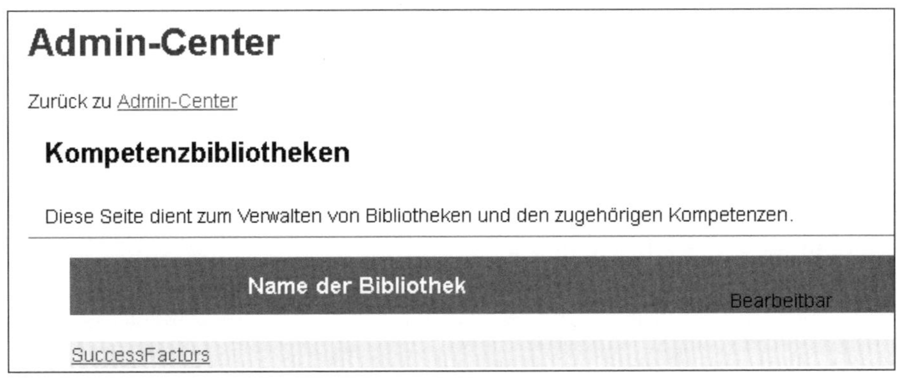

Abbildung 7.37 Vorhandene Kompetenzbibliotheken

Hier können Sie die in der Bibliothek vorhandenen Kompetenzen in Bezug auf deren Status entweder auf **Bearbeitbar** oder **Nur Lesezugriff** setzen. Außerdem können Sie neue Kompetenzen hinzufügen oder bestehende inhaltlich ändern (siehe Abbildung 7.38).

Abbildung 7.38 Standardkompetenzen in SAP SuccessFactors mit der Option, neue Kompetenzen zu erstellen

Kompetenzen sind mehrsprachig ausgelegt, Sie können die Übersetzungen in die von Ihnen genutzten Sprachen direkt in der Verwaltung vornehmen, indem Sie in der Spalte **Locales** auf die Flagge klicken. Sind Kompetenzen in einer Landessprache gepflegt, werden sie Benutzern direkt in dieser Sprache angezeigt. Sie können so mit einem Objekt arbeiten, das mehrsprachig angelegt ist und über das Sie in Auswertungen einheitlich berichten können.

Kompetenzbibliotheken und Kompetenzen können auch nach SAP SuccessFactors importiert werden. Rufen Sie dazu **Neue Kompetenzbibliotheken importieren** aus dem Admin-Center auf.

Neue Kompetenzbibliothek anlegen

Neue Kompetenzbibliotheken können Sie nur mit dem Importdialog anlegen. Nutzen Sie im Bereich **Zeichenkodierung**, wie auch sonst überall in der Plattform, Unicode (UTF-8) als Auswahl, da nur so die Spezialzeichen in allen Sprachen richtig wiedergegeben werden. Um eine Template-Datei zu bekommen, die Ihnen das Format für Ihre weiteren Aktivitäten vorgibt, laden Sie vorhandene Kompetenzen zuerst herunter.

7.3.2 Integration mit weiteren Modulen und Schnittstellen

Kompetenzen sind als zentrales Gestaltungselement mit vielen Bereichen der Plattform integriert. Dazu gehören:

- Rollen
- Stellenprofile
- Planstellen
- Bewerbermanagement
- Nachfolgemanagement inklusive Talentsuche
- Leistungsbeurteilung
- Personalentwicklung inklusive Entwicklungsplan und 360°-Rückmeldung
- Learning Management System (LMS)

Kompetenzen werden mit einer Rolle verbunden, z. B. mit der Rolle Führungskraft oder Mitarbeiter. Für diese Rollen können Sie Kompetenzen festlegen. Dazu nutzen Sie die Möglichkeiten im System, Rollen anzulegen, die Sie über **Familien und Rollen** im Admin-Center aufrufen können (siehe Abbildung 7.39). Rollen werden in einer Berufsfamilie zusammengefasst.

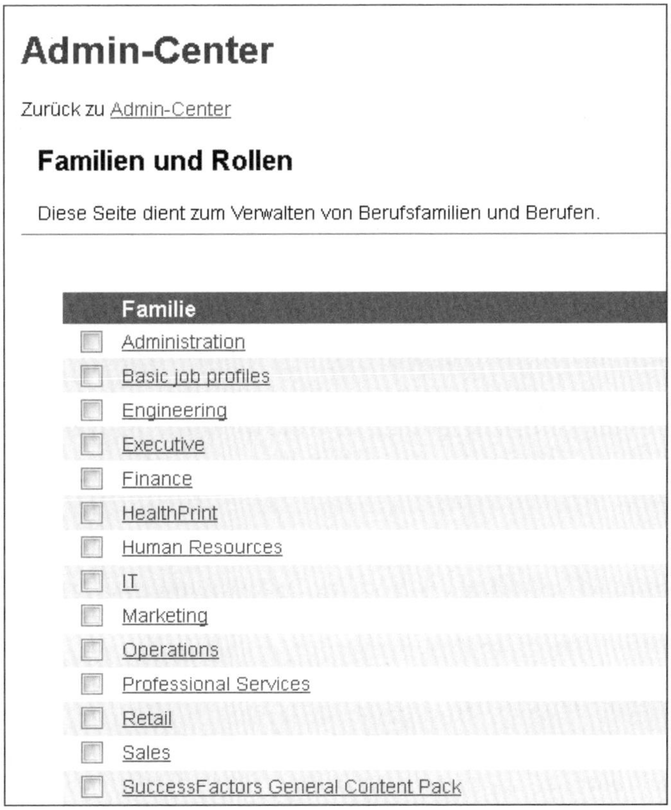

Admin-Center

Zurück zu Admin-Center

Familien und Rollen

Diese Seite dient zum Verwalten von Berufsfamilien und Berufen.

Familie
Administration
Basic job profiles
Engineering
Executive
Finance
HealthPrint
Human Resources
IT
Marketing
Operations
Professional Services
Retail
Sales
SuccessFactors General Content Pack

Abbildung 7.39 Familien und Rollen verwalten

Im nächsten Schritt klicken Sie auf eine der bereits angelegten Familien und dann auf eine Rolle und assoziieren die Rolle mit einem Stellenkennzeichen. Das Stellenkennzeichen ist eine Zahlen- und Buchstabenkombination, die die Rolle mit dem Mitarbeiter verbindet, wenn sie sowohl im Stellenkennzeichen (Job-Code) als auch in der Rolle (über Zuweisung) gepflegt ist (siehe Abbildung 7.40).

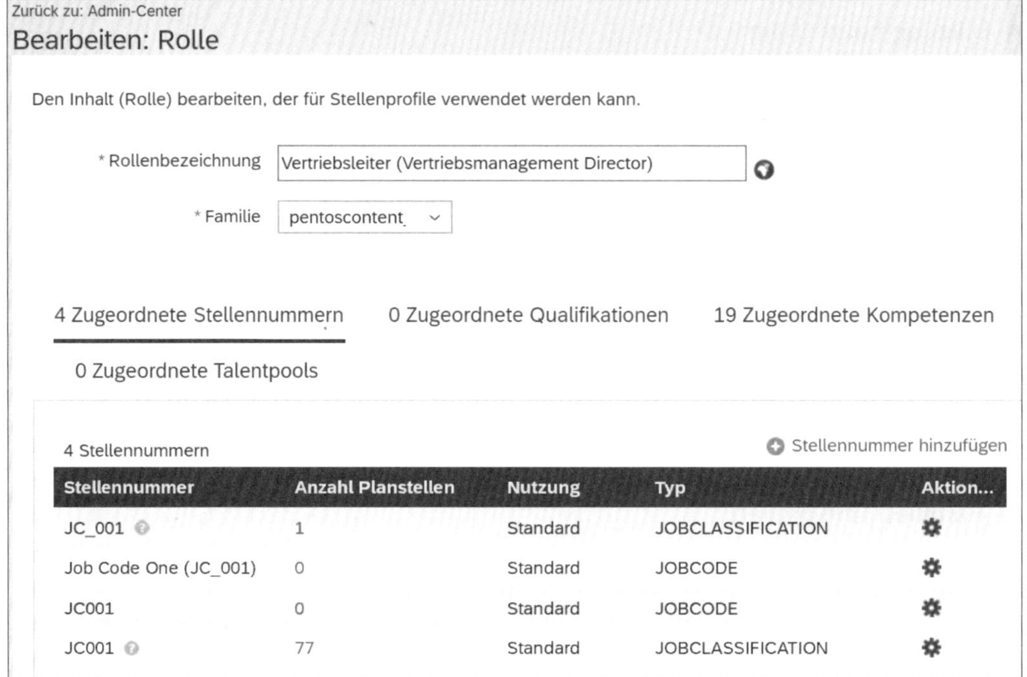

Abbildung 7.40 Rolle mit Stellennummer/Stellenkennzeichen

Der Rolle, die in der Familie eingeordnet ist, ordnen Sie dann wichtige Kompetenzen zu und legen die Soll-Ausprägung der Kompetenzen je Rolle fest, wie Sie es in Abbildung 7.41 sehen können.

Sobald auch der Mitarbeiter das entsprechende Stellenkennzeichen zugewiesen bekommen hat, ist er mit der Rolle assoziiert. Der Vorgang lässt sich mit Positionsmanagement und SAP SuccessFactors Employee Central automatisieren.

[»]

Mit einfach strukturierten Rollen starten

Viele Unternehmen starten mit einfach strukturierten Rollen, um sich an die integrierten Prozesse langsam anzupassen. Komplexere Rollenmodelle werden in der Praxis bei Bedarf im Betrieb entwickelt und kommen so dann meist im Zeitablauf zum Einsatz.

7

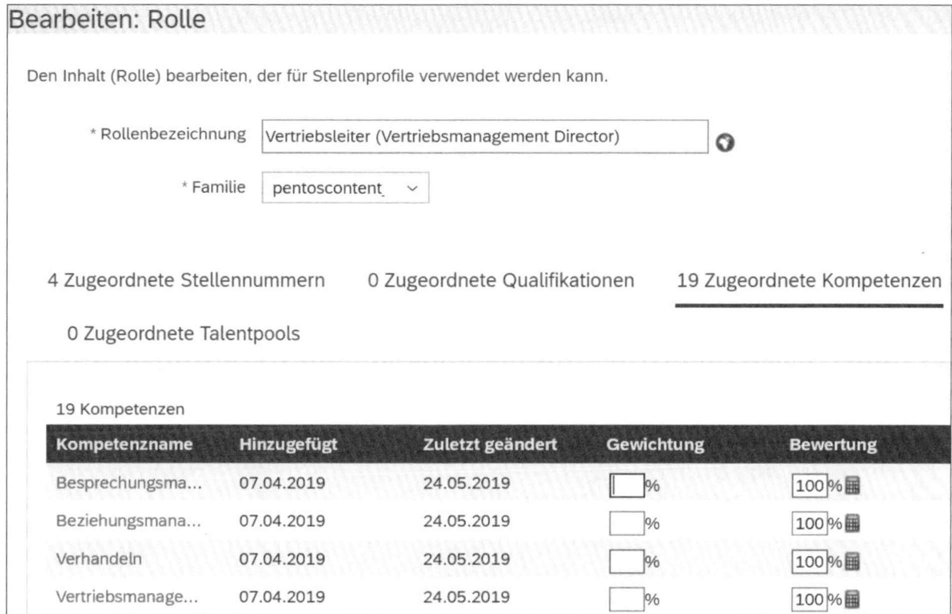

Abbildung 7.41 Rolle mit zugeordneten Kompetenzen und Erwartungswerten

Mit definierten Rollen lassen sich im nächsten Schritt z.B. Karrierepfade abbilden (siehe Abschnitt 15.3.2, »Karriere-Arbeitsblatt«), und eine Erweiterung in Richtung Stellenprofile ist relativ einfach möglich. Stellenprofile ermöglichen es, zusätzlich noch Qualifikationen, Zertifizierungen, Einstellungsfragen und Ähnliches zu erfassen.

Auch Planstellen können mit Kompetenzen assoziiert werden, indem sie mit einer Rolle oder einem Stellenprofil, das Kompetenzen ausweist, verknüpft werden (siehe Abschnitt 7.2, »Planstellen«). Wenn Planstellen nicht besetzt sind, kann eine Stellenausschreibung initiiert werden, die die Rolle oder das assoziierte Stellenprofil der Planstelle übernimmt (siehe Abschnitt 9.2, »Recruiting Management«).

Im Nachfolgemanagement gibt es die Option, geeignete Nachfolger auf Basis der Passgenauigkeit zu den gesuchten Kompetenzen der Stelle automatisch vorzuschlagen. Natürlich können Mitarbeiter auch in Bezug auf ihre bewerteten Kompetenzen in der Talentsuche gesucht und gefunden werden, wenn es die Berechtigungen des Benutzers erlauben (siehe Kapitel 15, »Talentmanagement – Nachfolge und Entwicklung«).

Mitarbeiter werden im Zuge des Leistungsmanagements häufig im Hinblick sowohl auf das »Was« (Ziele) als auch das »Wie« (Kompetenzen der Rolle inklusive Soll-Vorgaben pro Rolle) beurteilt. Auch im Rahmen von 360°-Rückmeldungen werden häufig Kompetenzen genutzt (siehe Abschnitt 12.4, »360°-Beurteilung«).

Eine Beurteilung inklusive Selbst- und Fremdeinschätzung der Kompetenzen erlaubt auch das Karriere-Arbeitsblatt (siehe Abschnitt 15.3.2). Dort beschreiben wir unter anderem, wie SAP SuccessFactors aus dem Soll-Ist-Vergleich (Soll-Ausprägung der Kompetenz in der Rolle und Ist-Ausprägung des Mitarbeiters) systematisch Lücken aufzeigen kann. Diesen Lücken kann in Entwicklungsplänen (siehe Abschnitt 15.3.1), die sowohl im Karriere-Arbeitsplatt als auch in der 360°-Rückmeldung verlinkt werden können, mit Entwicklungszielen begegnet werden.

Nicht zuletzt ist es im Modul Learning Management System (LMS) möglich, Kurse mit Kompetenzen zu assoziieren, sodass direkt aus dem Entwicklungsplan (siehe ebenfalls Abschnitt 15.3.1) oder im Modul LMS Kurse zielgerichtet auf eine Kompetenzausprägung zugeordnet werden können. Sobald die Kurse erfolgreich abgeschlossen wurden, können die positiven Ergebnisse als neue Kompetenz in das Mitarbeiterprofil zurückgespiegelt werden. Damit ist eine besonders gute Kontrolle der Effektivität und Effizienz der Lernmaßnahmen möglich.

7.3.3 Auswertung von Kompetenzen mit Berichten und Dashboards

Es gibt viele Arten, Kompetenzen auszuwerten. Neben den Möglichkeiten, selbst Berichte über die Ad-hoc-Berichterstattung und den Online Report Designer zu erstellen, gibt es eine Reihe von Standardberichten, die wir Ihnen im Folgenden kurz vorstellen.

Es gibt Berichte, die die am stärksten ausgeprägten Kompetenzen im Team anzeigen und die am geringsten ausgeprägten visualisieren.

Die Berichte erlauben das Anwenden diverser Filterkriterien, um genau die Daten darzustellen, die für den Betrachter interessant sind. Wenn Sie den Bericht ausführen, sehen Sie die weiteren Details, die Sie über **Anzeigeoptionen** verfeinern können. Wenn dies in Ihrem Unternehmen erlaubt ist, kann die Auswertung bis auf die Ebene des Mitarbeiters erfolgen. Exportmöglichkeiten, z. B. nach Microsoft Excel, runden die Funktion ab.

Im **Kompetenz Dashboard**, das diese Exportmöglichkeiten auch bietet, sind verschiedene Berichte abrufbar. Hier sind unter anderem folgende Auswertungen möglich:

- Mitarbeiter, die über oder unter den erwarteten Kompetenzausprägungen liegen
- Anzahl der Mitarbeiter nach Kompetenzausprägung
- durchschnittliche Kompetenzbewertung
- Kompetenzlücken (siehe Abbildung 7.42)

Sehr mächtige und aussagekräftige Berichte inklusive aller Rohdaten erhalten Sie im Bereich der klassischen Berichte. Diese können Sie über **Klassische Berichterstellung anzeigen** aufrufen.

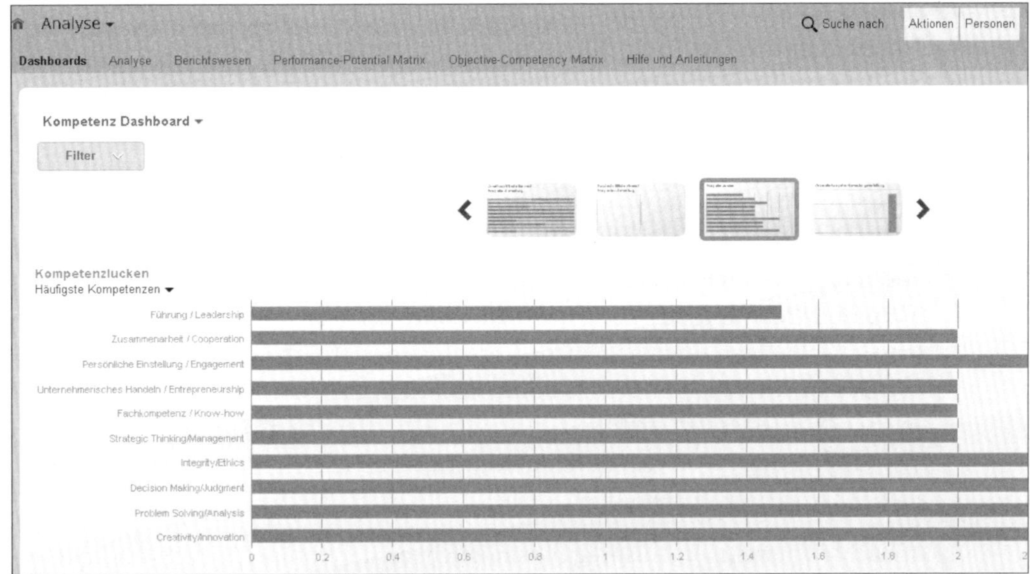

Abbildung 7.42 Kompetenzlücken darstellen

In den Best Practices geben wir Ihnen im folgenden Abschnitt einige allgemeine Hinweise zur Arbeit mit Kompetenzen.

7.3.4 Best Practices: Arbeiten mit Kompetenzen

Aufgrund der zentralen Bedeutung von Kompetenzen muss bei der Ausgestaltung vielen Anforderungen Rechnung getragen werden. Wir empfehlen Ihnen, folgende Punkte unbedingt zu berücksichtigen:

- **Beurteilung von Kompetenzen**
  Kompetenzen werden anhand der Verhaltensausprägung beurteilt. Deswegen sollte sowohl ein »mangelndes« als auch ein »exzessives« Verhalten am Anfang der Beurteilungsskala vorgesehen werden.

  Im weiteren Bereich der Bewertungsskala findet sich akzeptables Verhalten in unterschiedlichen Ausprägungen. Das erlaubt es, pro Rolle, in der eine Kompetenz referenziert wird, einen rollenentsprechenden Zielwert für die Kompetenz festzulegen.
- **Entwicklungsbedarf ableiten**
  Entwicklungsbedarf ergibt sich auch immer dann, wenn ein Mitarbeiter in der Beurteilung entweder mangelndes oder exzessives Verhalten zeigt, unabhängig von der Rolle, die er innehat, oder wenn er im akzeptablen Wertebereich die Soll-Ausprägung der Rolle nicht erreicht.

- **Eine einheitliche Bewertungsskala nutzen**
  Kompetenzen sollten über alle Hierarchieebenen und Rollen hinweg mit einer einheitlichen Bewertungsskala bewertet werden.
- **Ein Kompetenzmodell für das Unternehmen**
  Es sollte nur ein Kompetenzmodell geben, das im gesamten Unternehmen gültig ist. Gibt es verschiedene Modelle, wird die Vergleichbarkeit erschwert. Die Talentsuche und das Bewerbermanagement werden so erheblich komplizierter.
- **Verhaltensweisen beobachten**
  Wir empfehlen, Kompetenzen nicht zu »bewerten«, sondern die Verhaltensweisen zu beobachten und das übliche Verhalten des Mitarbeiters in Bezug auf eine Kompetenz festzuhalten. Nur so können Sie sicherstellen, dass »mehr« nicht mit »besser« gleichgesetzt wird. So könnte ein Mitarbeiter z. B. »immer«, »sehr häufig« oder »manchmal« als kundenorientiert beobachtet werden. Das »Soll« ist aber abhängig von der aktuellen Stelle.

Es ist nachteilig, wenn die Ausprägungsmöglichkeit der Kompetenz von der Rolle abhängt und Sie unterschiedliche Bewertungsskalen in Abhängigkeit von der Hierarchieebene oder der Rolle darstellen möchten. Damit ist dann eine Vergleichbarkeit nicht mehr gegeben, und komplett neue Kompetenzeinschätzungen werden nötig, sobald es zu Änderungen in den Rollendefinitionen oder Verschiebungen in den Hierarchien kommt.

Wenn Rollen überwiegend wenige oder gar keine Kompetenzen gemeinsam haben, wird ihr Nutzen stark reduziert. Aus Gründen der Vergleichbarkeit der Nachfolgersuche und später im Betrieb ist es deutlich aufwandsärmer und aussagekräftiger, mit wenigen Kompetenzen zu arbeiten, die Sie in vielen Rollen nutzen können.

Kapitel 8
Rollenbasierte Berechtigungen in SAP SuccessFactors

Daten und Prozesse innerhalb von SAP SuccessFactors können durch rollenbasierte Berechtigungen und Gruppen zugänglich gemacht, aber auch geschützt werden. In diesem Kapitel lernen Sie das Berechtigungswesen von SAP SuccessFactors kennen.

Das rollenbasierte Berechtigungswesen in SAP SuccessFactors erlaubt es, die Berechtigungen innerhalb des Systems aufzubauen und zu verwalten. Über rollenbasierte Berechtigungen wird der Zugriff auf Module, Teilfunktionen und alle Informationen, die Benutzer sehen und bearbeiten können, gesteuert – von Prozessen bis hin zum Zugriff auf einzelne Datenfelder.

Wesentliche Bestandteile des rollenbasierten Berechtigungssystems sind Berechtigungsgruppen, Berechtigungsrollen und Zielgruppen. Diese können innerhalb der Admin-Tools angelegt, geändert oder gelöscht werden.

An einigen Stellen der Suite werden Berechtigungen zusätzlich direkt in den Modulen definiert. Dazu gehören unter anderem:

- Vorlagen für Leistungsbeurteilungen
- Vorlagen für Zielpläne
- Vorlagen für Entwicklungspläne
- Vorlagen für Rekrutierungen
- Vorlagen für Vergütungspläne
- Berechtigungen im LMS (Learning Management System) und im Onboarding oder z. B. im Recruiting Posting
- Berechtigungen für Extensions und Apps, die z. B. auf der SAP Cloud Platform entwickelt werden können und direkt mit SAP SuccessFactors integriert werden können. Die Datenzugriffsberechtigungen werden dabei von SAP SuccessFactors und den Rollen kontrolliert und 1:1 an die App/Extension weitergegeben.

Auf diese gehen wir in den weiteren Abschnitten zu den einzelnen Modulen teilweise noch näher ein.

Im Folgenden stellen wir Ihnen zunächst vor, wie das rollenbasierte Berechtigungswesen in SAP SuccessFactors grundlegend aufgebaut ist und welche Überlegungen Sie anstellen sollten, bevor Sie den Aufbau Ihres Berechtigungskonzepts angehen (siehe Abschnitt 8.1). Daran anschließend beleuchten wir die Arbeit mit den Elementen *Berechtigungsgruppe* (siehe Abschnitt 8.2) und *Berechtigungsrolle* (siehe Abschnitt 8.3) genauer. Sie erfahren, wie Sie in SAP SuccessFactors prüfen können, welche Zugriffe ein Benutzer hat. Die Berechtigungspflege für Objekte des Metadata Frameworks (MDF) ergänzt das Bild zum Thema der rollenbasierten Berechtigungen (siehe Abschnitt 8.4).

Best Practices für die Konzeption des Berechtigungssystems und die tägliche Arbeit im System schließen dieses Kapitel ab (siehe Abschnitt 8.5). Als Best Practice stellen wir Ihnen in Abschnitt 8.6 vor, wie mithilfe des Konzepts für Technische Nutzer in komplexen Unternehmensorganisationen gearbeitet werden kann. Prozessuale Anforderungen können so flexibel, sicher, skalierbar, benutzerfreundlich und dennoch mit niedrigen Betriebskosten erfüllt werden.

[»]

Einbindung des Implementierungspartners

Abhängig davon, wie erfahren Sie im Umgang mit Berechtigungskonzepten sind und ob Sie schon erste Erfahrungen im Berechtigungsmanagement in SAP SuccessFactors haben, empfehlen wir Ihnen, mit Ihrem Implementierungspartner zusammen den Blick auf das zentrale Thema *Berechtigungen* zu richten.

8.1 Einführung in rollenbasierte Berechtigungen

Die Grundlagen für die Konzeption stellen wir Ihnen in den folgenden Abschnitten vor.

8.1.1 Bestandteile des rollenbasierten Berechtigungswesens

Die wesentlichen Bestandteile des Berechtigungswesens in SAP SuccessFactors sind die folgenden:

- *Berechtigungsgruppen* legen fest, WER etwas machen darf.
- *Berechtigungsrollen* legen fest, WAS man machen darf.
- *Zielgruppen* legen fest, auf WEN die Berechtigungsrollen Einfluss haben.

Da sich das Thema *Berechtigungswesen* oft erst während der Arbeit am System erschließt, verdeutlichen wir die Thematik mit einer Analogie aus dem Fußballspiel.

Im Fußball gibt es klar definierte Rollen: den Schiedsrichter, den Trainer, den Teamarzt, den Torwart, die Feldspieler in verschiedenen Positionen/Rollen. Allen diesen Rollen ist gemeinsam, dass sie vorgeben, WAS der Rolleninhaber tun kann, soll oder muss.

Der Schiedsrichter pfeift das Spiel an, kann verwarnen, vom Platz verweisen, Verstöße ahnden und vieles mehr. Interessant ist, dass diese und die anderen Rollen nicht statisch sind, sondern sich im Laufe der Zeit mit den Anforderungen ändern. So haben Schiedsrichter seit der Weltmeisterschaft 2014 in Brasilien die Möglichkeit, die Abstände bei Freistößen mit einem Spray auf dem Rasen zu markieren. Auch das Regelwerk (z. B. Abseitsregeln) ist ständigen Anpassungen und Änderungen unterworfen, man denke nur an die Diskussion im Zusammenhang mit dem elektronischen Auge, der computergestützten Torlinienüberwachung.

Neben der Rolle, die definiert, WAS der Schiedsrichter tun kann, ist es natürlich auch wichtig, festzulegen, WER die Rolle ausüben darf. Weder der Torwart noch der Trainer oder die Zuschauer vor den Bildschirmen haben aktuell das Recht, als Schiedsrichter in einem Spiel Entscheidungen zu treffen. Die Auswahlverfahren für Schiedsrichter sind streng reglementiert und führen zu einer klar definierten Gruppe von Menschen, die die Rolle »Schiedsrichter« in den jeweiligen Ligen ausüben dürfen.

Beim Aufbau eines Systems mit Rollen und Gruppen muss festgehalten werden, auf WEN sich die Berechtigten in Ausübung ihrer Rolle beziehen. Die Schiedsrichter haben keine Möglichkeit, dem Eisverkäufer im Stadion wirksame Anweisungen kraft ihrer Schiedsrichterrolle zu geben. Erst im engen Kontext des Fußballspiels entfaltet sich ihre Rolle mit einer genau definierten Zielgruppe: Trainer, Spieler, Linienrichter. Dabei wirkt die Rolle mit jeweils unterschiedlichen Rechten auf die einzelnen Zielgruppen.

Im folgenden Abschnitt stellen wir Ihnen vor, wie die Kernelemente des Berechtigungssystems, die Berechtigungsgruppe, die Berechtigungsrolle und die Zielgruppe, interagieren und funktionieren.

Berechtigungsgruppe

Berechtigungsgruppen sind Gruppen von Benutzern des Systems, die anhand eines bestimmten Attributs oder der expliziten Zuordnung zu einer Gruppe identifiziert werden können. Berechtigungsgruppen können genutzt werden, um abzubilden, wer etwas tun darf (nämlich genau die Benutzer, die Mitglieder dieser Gruppe sind) oder wer die Zielgruppe einer Aktivität ist (in Bezug auf wen etwas gemacht werden darf).

In allen Berechtigungsgruppen ist es möglich, unterschiedlichste Kriterien anzuwenden, um Benutzer/Gruppenmitglieder auszuwählen. Diese sind unter anderem:

- Stadt
- Land
- Abteilung
- Einstellungsdatum
- Lokation
- Benutzer
- Benutzername
- Stellenkennzeichen

Berechtigungsgruppen, die mit solchen Kriterien definiert werden, werden als *dynamische Berechtigungsgruppen* bezeichnet. Das bedeutet, dass die Zuordnung eines Benutzers zu einer solchen Gruppe automatisiert ist. Sie müssen ihn nicht manuell hinzufügen oder entfernen. So bekommt ein Mitarbeiter etwa durch einen Planstellenwechsel, eine Versetzung, automatisch eine neue Rolle zugewiesen. Zudem können Sie unterschiedliche Kriterien miteinander kombinieren. Ein Beispiel dafür sieht folgendermaßen aus: Eine Gruppe kann aus allen Mitarbeitern bestehen, die in einer Lokation »Berlin« ansässig sind und die das Stellenkennzeichen »XY« haben. Sobald ein Benutzer nicht mehr in der Lokation Berlin ansässig ist, ist er nicht mehr Mitglied der Berechtigungsgruppe. Selbstverständlich ist es auch möglich, ausgewählte Benutzer aus einer Berechtigungsgruppe auszuschließen.

In SAP SuccessFactors gibt es außerdem Gruppen, die automatisch im System erstellt werden. Wir empfehlen Ihnen im Projekt, diese Gruppen auf ihre Nutzung genauer zu prüfen (siehe Abschnitt 8.2.1, »Standardgruppen«), da Sie in der Betreuung des Systems damit effizient arbeiten können. Ein Beispiel für eine solche Benutzergruppe ist die Gruppe aller Vorgesetzten. Hier werden alle Vorgesetzten (jeder/jede mit mindestens einem zugeordneten Mitarbeiter) automatisch zusammengefasst und können so sehr einfach in der Berechtigungsvergabe berücksichtigt werden. Zudem gibt es in SAP SuccessFactors auch statische Gruppen, die über (externe) Schnittstellen gefüllt werden.

Im laufenden Betrieb erleichtert Ihnen die Nutzung von *Namenskonventionen* für Berechtigungsgruppen, aber auch für Berechtigungsrollen die tägliche Arbeit. Anhand des Beispiels »Land« möchten wir verdeutlichen, wie wichtig es ist, Namenskonventionen einzuhalten. Wird »Land« gleich »Deutschland« als ein Attribut zur Zusammenstellung einer Benutzergruppe gewählt, greifen die Berechtigungen genau dafür. Würde bei einem Benutzer anstelle von »Deutschland« »DE« eingetragen, wird dieser Benutzer natürlich nicht in der Berechtigungsgruppe berücksichtigt (siehe Kapitel 5, »Stammdaten und Datenintegration«).

Basis für die Berechtigungsvergabe

Idealerweise sollten bereits Benutzer im System sein, bevor die Berechtigungsgruppen erstellt werden – so kann sichergestellt werden, dass Personenpools in SAP SuccessFactors sinnvoll genutzt werden können. Im Best-Practice-Fall entwickeln Sie die Rollen und Gruppen mit einer repräsentativen Testpopulation in Ihrer Testumgebung und transportieren sie dann über die Instanzensynchronisierung in die Produktion.

Definition: Berechtigungsrolle

In einer *Berechtigungsrolle* werden verschiedene Berechtigungen zusammengefasst. Berechtigungsrollen steuern den Zugriff, den eine oder mehrere Gruppen auf Module, Funktionen, Prozesse und Datenfelder haben.

Außerdem kann gesteuert werden, welche Art von Interaktion ein Benutzer ausführen darf, also z. B. Anzeigen, Bearbeiten oder Löschen.

Berechtigungszuschnitt

Berechtigungen von Benutzern sollten sich nicht überlappen. Das bedeutet, dass ein Benutzer nicht über zwei unterschiedliche Rollen die Berechtigung für eine Gruppe bekommen sollte. So können Sie unerwünschte Nebeneffekte vermeiden und stellen auch sicher, dass das System leistungsfähig arbeiten kann.

Definition: Zielgruppe

Die *Zielgruppe* wird in einer Rolle verwendet und definiert die Benutzer eines Systems, auf deren Daten die Zugriffsgruppe (mitunter auch sie selbst oder unter Ausschluss der eigenen Person) Anzeige- oder Änderungsberechtigung erhält.

Arten von Gruppen

Jede Gruppe kann – je nach Verwendung – Berechtigungsgruppe oder Zielgruppe sein! Wir empfehlen Ihnen, die jeweilige Nutzung durch Namenskonventionen zu unterstützen, da Sie so leichter den Überblick über die Verwendung behalten.

Zusammenspiel von Berechtigungsgruppe, Berechtigungsrolle und Zielgruppe

Berechtigungsgruppen legen fest, wer etwas darf. Berechtigungsrollen definieren, was erlaubt ist. Die Zielgruppe definiert, für wen (Benutzer und Objekte, wie z. B. Planstellen) die Berechtigungen gewährt werden.

So wird z. B. in einer Berechtigungsrolle definiert, dass jeder Mitarbeiter (wer) das öffentliche Profil (was) aller im System vorhandenen Mitarbeiter (für wen) in seinem Land sehen darf.

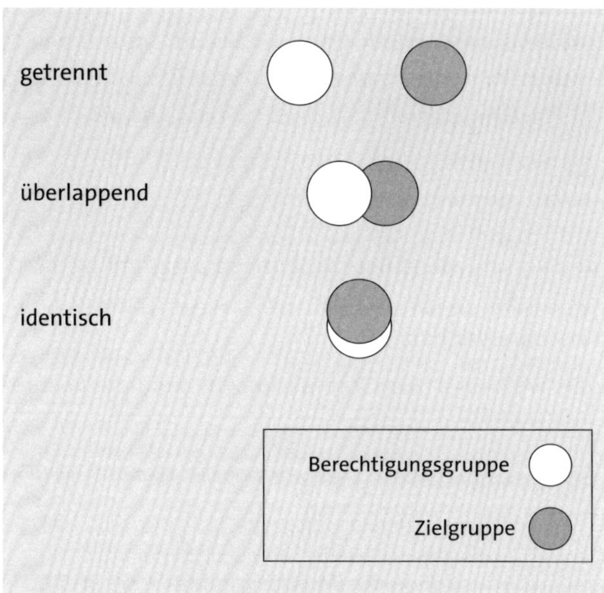

Abbildung 8.1 Berechtigungsgruppe und Zielgruppe

Sehen wir uns die unterschiedlichen Fälle aus Abbildung 8.1 im Detail an:

- Berechtigungsgruppe und Zielgruppe können getrennt sein. Das bedeutet, dass niemand aus der Berechtigungsgruppe gleichzeitig auch in der Zielgruppe ist, z. B. die Mitarbeiter und die Führungskräfte.
- Berechtigungsgruppe und Zielgruppe könnten überlappend sein, wie z. B. HR-Mitarbeiter, die sich auch selbst verwalten dürfen – wir empfehlen, das zu vermeiden.
- Berechtigungsgruppe und Zielgruppe können identisch sein. Das ist der Fall, wenn der Mitarbeiter z. B. die eigenen Daten oder Prozesse verwalten kann.

[»]

Die richtige Reihenfolge

Um rollenbasierte Berechtigungen zu definieren und zu erstellen, gehen Sie folgendermaßen vor:

1. Berechtigungs- und Zielgruppen erstellen
2. Berechtigungsrollen erstellen
3. Berechtigungsrolle mit der Berechtigungsgruppe und Zielgruppe verknüpfen

Das notwendige Handwerkszeug für diese Einstellungen finden Sie innerhalb des Admin-Centers im Bereich **Benutzerberechtigungen einrichten** (siehe Abbildung 8.2).

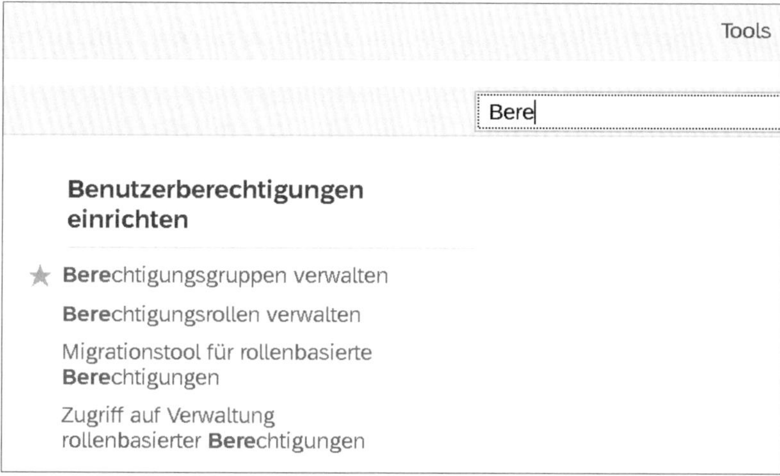

Abbildung 8.2 Berechtigungen verwalten

8.1.2 Best Practice: Schritte zur Konzeption rollenbasierter Berechtigungen

Im Folgenden haben wir einige wichtige Punkte aufgeführt, an die Sie bei der Konzeption denken sollten:

- **HR-Rolle**
  Legen Sie fest, welche Berechtigungsrolle die Mitarbeiter der HR-Abteilung (Sachbearbeiter) in welchen Prozessen haben. Wenn Sie das Ziel haben, viele oder alle HR-Rollen für eine Zielgruppe bei einer Funktion (HR-Business-Partner) zu bündeln, Sie also einen »One-HR«-Ansatz unterstützen, wirkt sich das positiv auf Service-Level (Antwortzeiten) und das Verständnis für Zusammenhänge aus und hat erfahrungsgemäß einen stark dämpfenden Effekt auf die Betriebskosten.
- **Mitarbeiter- und Vorgesetztenrolle**
  Die Mitarbeiterrolle und die Vorgesetztenrolle sollten Sie wie die HR-Rolle und die anderen Standardrollen möglichst unternehmensweit gültig festlegen. Ausnahmen/Erweiterungen für bestimmte Länder oder Gruppen können Sie in einem zweiten Schritt bestimmen.
- **IT-Rolle**
  Legen Sie von Anfang an fest, welche Rolle die IT hat. Typische Aufgaben wären z. B. Schnittstellenmanagement, Apps/Erweiterungen, Hoheit über die Berechtigungssysteme und Verantwortung für komplexe Aufgabenstellungen im Bereich Berichtserstellung. Dies wird dann in der Regel nicht über die Standardgruppen und Rollen, sondern über dedizierte funktionale Rollen und Gruppen abgebildet.

- **Nutzung von Standardgruppen und Rollen**
  Nutzen Sie die Standardgruppen und Rollen von SAP SuccessFactors so intensiv wie möglich, denn das erleichtert den Betrieb signifikant. Nutzen Sie auch die hierarchischen Beziehungen der Gruppen, um administrationserleichternde Strukturen zu etablieren, die sich flexibel und automatisch mit den Mitarbeiterdaten und Prozessen ändern.
- **Namenskonventionen**
  Arbeiten Sie von Anfang an mit Namenskonventionen auch für Rollen, Berechtigungs- und Zielgruppen.
- **Datenschutz und Betriebsrat**
  Binden Sie von Anfang Überlegungen aus dem Bereich Ihrer Datenschutzanforderungen und die Anforderungen der Betriebsratsrolle ein.
- **Sehen – Editieren – Löschen**
  Denken Sie daran, dass Rechte in Bezug auf »Sehen«, »Editieren« und »Löschen« detailliert pro Rolle und Gruppe aufgebaut werden können.
- **Logging von Zugriffen**
  Stellen Sie technisch und organisatorisch sicher, dass der Zugriff auf lokale Daten nur entsprechend den Vereinbarungen in Ihrem Unternehmen erfolgen kann. Zur Überwachung ist es möglich, Logging-Funktionen einzuschalten, um z. B. die Zugriffe der Admin-Nutzer zu protokollieren, die Änderungen an Rechten und Rollen vornehmen können.
- **Risiken der automatischen Zuordnung zu Gruppen**
  Stellen Sie sicher, dass Mitarbeiter nicht automatisch in Gruppen eingetragen werden, wenn die Kriterien für die Zuordnung nicht 100 % sicher kontrolliert werden können, weil die Daten über externe Schnittstellen geliefert werden. Sonst besteht die Gefahr, dass durch unkontrollierte Datenänderungen entweder innerhalb von SAP SuccessFactors oder durch Drittsysteme Mitarbeiter automatisch Gruppen und Rechten zugeordnet werden, denen sie nicht zugeordnet sein dürfen.
- **Trennung von Benutzer- und Zielgruppen**
  Trennen Sie die Benutzergruppen und Zielgruppen in allen wichtigen Administrationsfunktionen, sodass sich die Benutzer nicht selbst administrieren können.

8.2 Berechtigungsgruppen verwalten

Das Verwalten von Berechtigungsgruppen erläutern wir in drei Themenbereichen:

- Standardgruppen, die das System automatisch auf Basis von Feldern im Mitarbeiterdatensatz erstellt

- Gruppen, die Sie selbst erstellen können
- als Sonderform statische Gruppen, die Sie aus anderen Systemen importieren können

8.2.1 Standardgruppen

Es gibt in SAP SuccessFactors eine ganze Reihe von Gruppen, sowohl Zielgruppen als auch Berechtigungsgruppen, die das System automatisch im Hintergrund auf Basis der Mitarbeiterdaten erstellt. Diese *Standardgruppen* sind die mächtigsten Gruppen, weil sie das Fundament der SAP-SuccessFactors-Suite bilden und in fast allen Modulen einfach genutzt werden können. Diese Gruppen sind:

- Mitarbeiter
- Vorgesetzter
- HR-Vorgesetzter (Personalsachbearbeiter)
- benutzerdefinierter Vorgesetzter
- zweiter Vorgesetzter
- Matrix-Vorgesetzter

Wer genau sich in einer oder mehreren dieser Berechtigungsgruppen befindet, wird schon beim Import der Mitarbeiterdaten bzw. beim Pflegen der Mitarbeiterdaten in SAP SuccessFactors festgelegt. Der Vorgesetzte steht im Feld **Manager** (Vorgesetzter), der Matrix-Vorgesetzte im Feld **Matrix-Manager** etc.

Zu diesen Berechtigungsgruppen gibt es auch Zielgruppen, die das System automatisch im Hintergrund erstellt. Für die Vorgesetztengruppe sind die Zielgruppe die jeweiligen Mitarbeiter des im Mitarbeiterstammsatz eingetragenen Vorgesetzten in der Vorgesetztengruppe. So kann der Vorgesetzte einfach berechtigt werden, etwas für »alle seine Mitarbeiter« auszuführen. Zusätzlich lässt sich noch die hierarchische Tiefe festlegen, z. B. »für alle seine Mitarbeiter, aber nur zwei Ebenen in der Hierarchie hinunter«. Ein Vorgesetzter kann dann z. B. bestimmte Daten seiner Mitarbeiter sehen, nicht aber die Daten der Mitarbeiter seiner Mitarbeiter. Für die Berechtigungsrolle Personalsachbearbeiter sind es analog die ihm zugeordneten Mitarbeiter über das Datenfeld **HR Rep**. Im Feld **HR Rep** wird die globale Benutzer-ID des Personalsachbearbeiters oder idealerweise des Technischen Nutzers, der diese Rolle ausübt, eingetragen. Damit kann diese Benutzer-ID die Berechtigungsrolle Personalsachbearbeiter automatisch auf alle Mitarbeiter, bei denen die Benutzer-ID im Feld **HR Rep** eingetragen ist, ausüben. Das gilt entsprechend für alle Standardrollen und -gruppen. Daher sind sie so mächtig und flexibel.

Standardgruppen

Für den Betrieb ist es sehr wichtig, dass Sie die Standardgruppen und -rollen kennen und effizient einsetzen. Die Administration des Gesamtsystems wird damit stark vereinfacht, weil Sie die Standardziel- und die Standardberechtigungsgruppen nicht explizit erstellen und pflegen müssen. Sie sind damit gleichzeitig sehr mächtig, wartungsarm und performant.

8.2.2 Eigene Berechtigungsgruppen anlegen

In den Admin-Tools nutzen Sie die Option **Berechtigungsgruppen verwalten**, um Berechtigungsgruppen anzulegen, zu ändern oder zu löschen (siehe Abbildung 8.3). Klicken Sie auf die Schaltfläche **Neues Element**, um eine neue Berechtigungs- oder Zielgruppe zu erstellen.

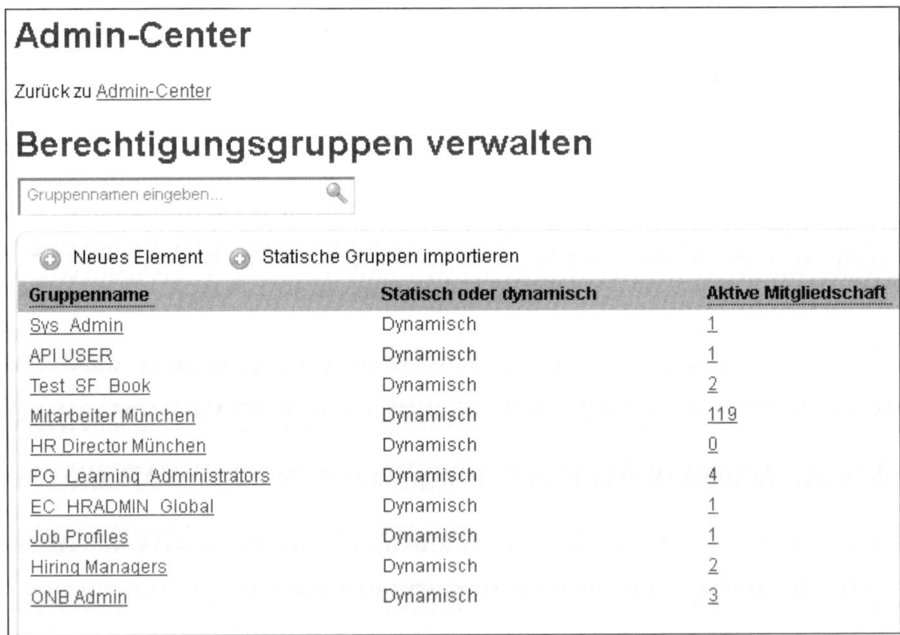

Abbildung 8.3 Berechtigungsgruppen verwalten

Wählen Sie anschließend den Namen der Gruppe entsprechend Ihrer Namenskonvention, und selektieren Sie dann den Personenpool (siehe Abbildung 8.4).

Sie können mehrere Kriterien hinzufügen, z. B. alle Mitarbeiter am Standort Berlin und mit dem Einstellungsdatum nach dem 01.01.2019. Außerdem ist es möglich, Personenkreise mit Kriterien, die von der Granularität bis auf den Benutzernamen gehen können, aus der Gruppe auszuschließen, wenn sie die Kriterien der Mitgliedschaft an sich zwar erfüllen, aber dennoch nicht Teil der Gruppe sein sollen.

Im Bereich **Aktive Gruppenmitgliedschaft** rechts oben sehen Sie nach Selektion der Ein- und Ausschlusskriterien, wie viele Mitglieder Ihre Gruppe haben wird. Mit einem Klick auf die angezeigte Zahl werden auch die einzelnen Mitglieder angezeigt.

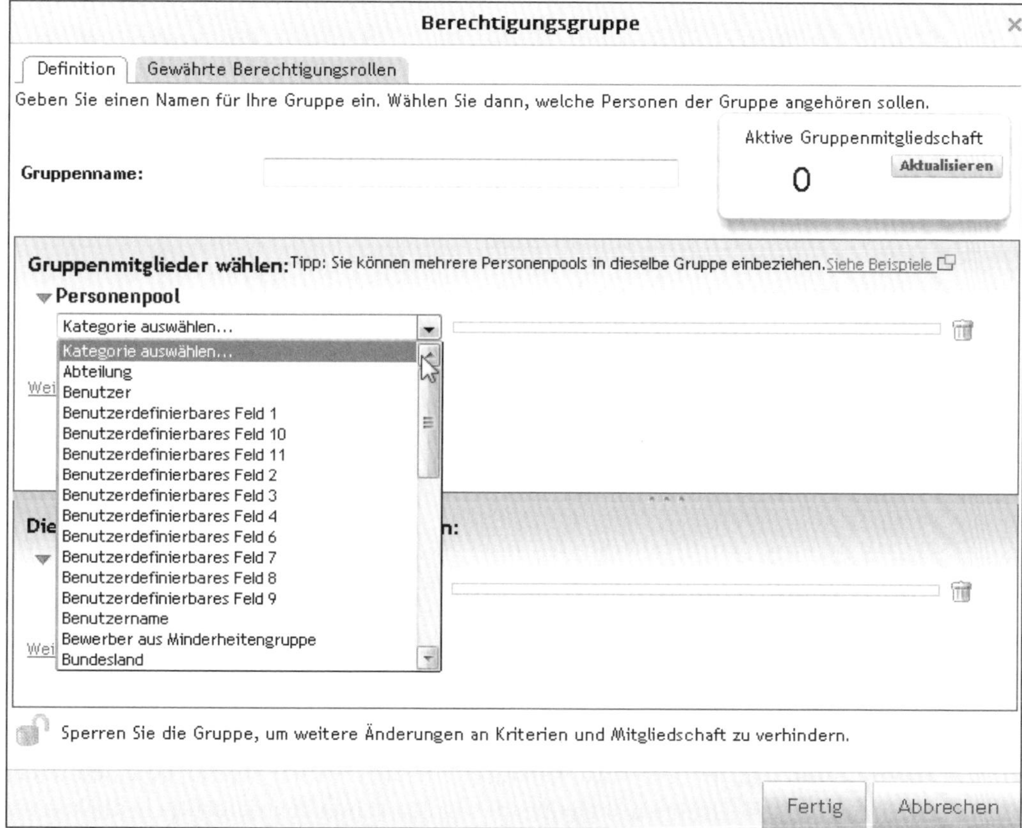

Abbildung 8.4 Neue Berechtigungs- oder Zielgruppe anlegen

> **Gewährte Berechtigungsrollen**
>
> Sobald Sie der Berechtigungsgruppe eine oder mehrere Rollen zugeordnet haben, sehen Sie dort, welche Rollen diese Berechtigungsgruppe nutzt.

Bestehende Gruppen können Sie mit einem Klick auf den Link **Maßnahme ergreifen** bearbeiten, kopieren, löschen und auch den Änderungsverlauf anzeigen (siehe Abbildung 8.5).

Berechtigungsgruppen verwalten

Gruppennamen eingeben...

Neues Element | Statische Gruppen importieren

Gruppenname	Statisch oder dynamisch	Aktive Mitgliedschaft	Zuletzt geändert
Sys_Admin	Dynamisch	1	2015-09-07
API USER	Dynamisch	1	2015-09-07
Test_SF_Book	Dynamisch	2	2015-09-05
Mitarbeiter München	Dynamisch	119	2015-08-31
HR Director München	Dynamisch	0	2015-08-31
PG_Learning_Administrators	Dynamisch	4	2015-08-28
EC_HRADMIN_Global	Dynamisch	1	2015-07-15

Maßnahme ergreifen
- Bearbeiten
- Kopieren
- Löschen
- Übersicht anzeigen
- Änderungsverlauf anzeigen

Abbildung 8.5 Maßnahmen bei Berechtigungsgruppen ergreifen

8.2.3 Mit statischen Gruppen arbeiten

Dynamische Gruppen ändern sich automatisch. Entweder auf Basis von Datenpflege und Vererbung in SAP SuccessFactors oder auf Basis automatisierter Importe von Drittsystemen. Das ist in vielen Fällen gut und spart Administrationsaufwand. Allerdings ist eine dynamische Gruppe unter Sicherheitsgesichtspunkten kritisch, wenn nicht über alle Liefer- und Eingabesysteme hinweg sichergestellt ist, dass die Datenänderungen nur kontrolliert von vertrauenswürdigen und im Sinne des Zielsystems »verständigen« Quellen durchgeführt werden. Andernfalls empfiehlt es sich, insbesondere für Gruppen, die direkt oder indirekt (über Proxy-Rechte) administrativen Rollen zugeordnet sind, mit den leichter zu kontrollierenden statischen Gruppen zu arbeiten.

Eine statische Gruppe in SAP SuccessFactors kann durch die manuelle Eingabe der Benutzernamen durch den Gruppenadministrator gefüllt werden; dies ist jedoch relativ zeitaufwendig in der Eingabe und Pflege, weil es für jeden Benutzer einzeln gemacht werden muss. Um die Verwaltungstätigkeit in diesem Bereich zu beschleunigen, kann man statische Gruppen auch über den Upload einer Textdatei füllen. Klicken Sie dazu auf die Schaltfläche **Statische Gruppen importieren**, und wählen Sie anschließend die Textdatei aus (siehe Abbildung 8.6).

Administrationsberechtigungen und statische Gruppen

Statische Gruppen können Sie, insbesondere wenn Sie kein Organisationsmanagement (SAP SuccessFactors Employee Central) in SAP SuccessFactors nutzen und sichere Drittsysteme zur Berechtigungsvergabe haben, dabei unterstützen, den Zugang zu administrativen Berechtigungen zu steuern. Dazu übertragen Sie die benötigten Administrationsberechtigungen über statische Gruppen an die Personen oder Technischen Nutzer. Personen können als Stellvertreter (engl. *Proxy*) zu Technischen Nutzern in eine gesonderte Berechtigungsgruppe hochgeladen werden, die es erlaubt, als Stellvertreter eines bestimmten Technischen Nutzers zu handeln.

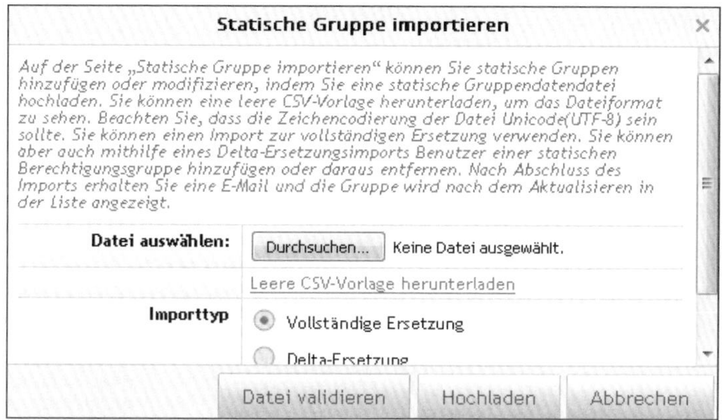

Abbildung 8.6 Statische Gruppe importieren

Statische Gruppen können sowohl als Berechtigungsgruppe als auch als Zielgruppe dienen.

8.3 Berechtigungsrollen verwalten

In Berechtigungsrollen werden verschiedene Berechtigungen zusammengefasst, die einer Berechtigungsgruppe für eine Zielgruppe innerhalb des Systems gewährt werden. Im Admin-Center wählen Sie über die Toolsuche **Berechtigungsrollen verwalten** aus, um alle notwendigen Einstellungen in Bezug auf Berechtigungsrollen vorzunehmen (siehe Abbildung 8.7).

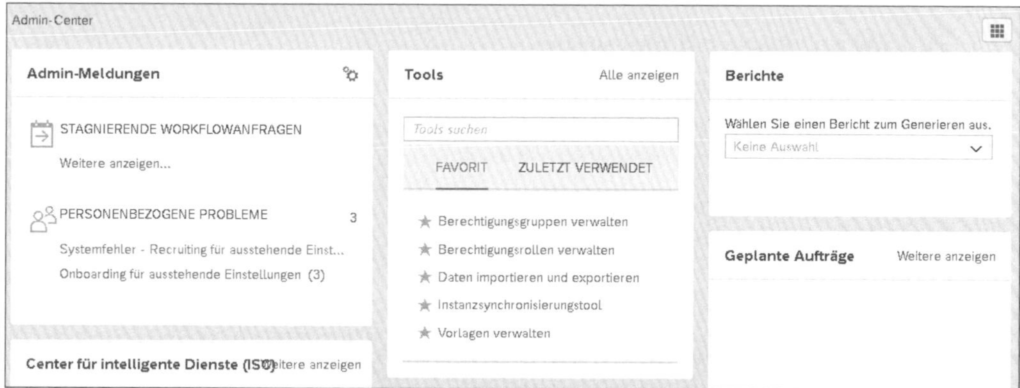

Abbildung 8.7 Admin-Center – »Berechtigungsrollen verwalten«

In der Liste der Berechtigungsrollen (siehe Abbildung 8.8) sehen Sie, welche Rollen in Ihrer SAP-SuccessFactors-Instanz vorhanden sind. Sie können hier diese Rollen verwalten oder eine neue Rolle anlegen.

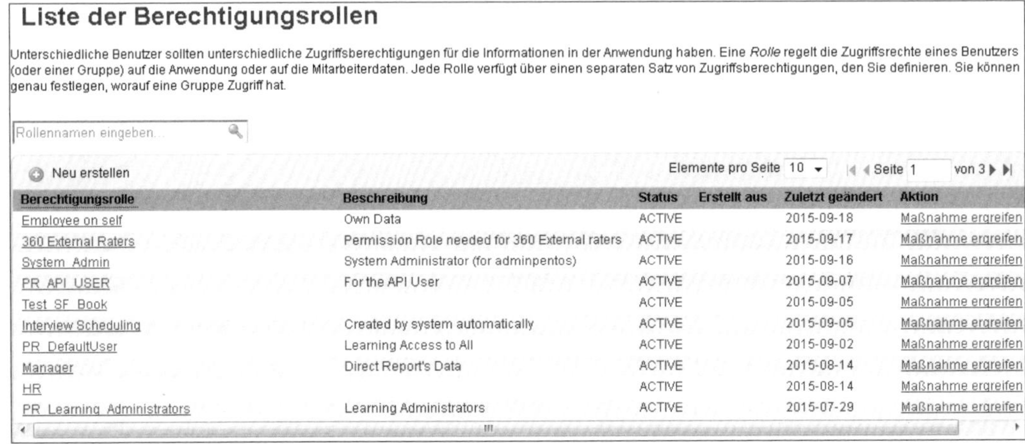

Liste der Berechtigungsrollen

Unterschiedliche Benutzer sollten unterschiedliche Zugriffsberechtigungen für die Informationen in der Anwendung haben. Eine *Rolle* regelt die Zugriffsrechte eines Benutzers (oder einer Gruppe) auf die Anwendung oder auf die Mitarbeiterdaten. Jede Rolle verfügt über einen separaten Satz von Zugriffsberechtigungen, den Sie definieren. Sie können genau festlegen, worauf eine Gruppe Zugriff hat.

Rollennamen eingeben...

Neu erstellen

Elemente pro Seite 10 Seite 1 von 3

Berechtigungsrolle	Beschreibung	Status	Erstellt aus	Zuletzt geändert	Aktion
Employee on self	Own Data	ACTIVE		2015-09-18	Maßnahme ergreifen
360 External Raters	Permission Role needed for 360 External raters	ACTIVE		2015-09-17	Maßnahme ergreifen
System_Admin	System Administrator (for adminpentos)	ACTIVE		2015-09-16	Maßnahme ergreifen
PR_API_USER	For the API User	ACTIVE		2015-09-07	Maßnahme ergreifen
Test_SF_Book		ACTIVE		2015-09-05	Maßnahme ergreifen
Interview Scheduling	Created by system automatically	ACTIVE		2015-09-05	Maßnahme ergreifen
PR_DefaultUser	Learning Access to All	ACTIVE		2015-09-02	Maßnahme ergreifen
Manager	Direct Report's Data	ACTIVE		2015-08-14	Maßnahme ergreifen
HR		ACTIVE		2015-08-14	Maßnahme ergreifen
PR_Learning_Administrators	Learning Administrators	ACTIVE		2015-07-29	Maßnahme ergreifen

Abbildung 8.8 Liste der Berechtigungsrollen

8.3.1 Eine neue Berechtigungsrolle anlegen

Um eine in der **Liste der Berechtigungsrollen** angezeigte Berechtigung zu bearbeiten, klicken Sie auf den Link **Maßnahme ergreifen**. In einem neuen Fenster stehen Ihnen dann ebenfalls die im Folgenden zur Neuanlage einer Berechtigungsrolle vorgestellten Möglichkeiten zur Verfügung. Um eine neue Rolle in der **Liste der Berechtigungsrollen** anzulegen, klicken Sie auf die Schaltfläche **Neu erstellen**.

In den **Details zur Berechtigungsrolle** (siehe Abbildung 8.9) können Sie nun die neue Rolle definieren. Zunächst geben Sie eine **Rollenbezeichnung** und eine **Beschreibung** ein.

Abbildung 8.9 Details zur Berechtigungsrolle anzeigen

Im folgenden Abschnitt zeigen wir Ihnen, wie Sie die Berechtigung korrekt einstellen.

8.3.2 Berechtigungseinstellungen festlegen

In den Berechtigungseinstellungen für eine Berechtigungsrolle legen Sie fest, was genau in einer Rolle berechtigt wird (siehe Abbildung 8.9) und welche Aufgaben jemand ausführen darf, der diese Rolle hält. Grundsätzlich wird zwischen zwei Arten von Berechtigungen unterschieden: Benutzerberechtigungen und Administrationsberechtigungen.

Benutzerberechtigungen

In den Benutzerberechtigungen werden die Berechtigungen für Endanwender des Systems eingerichtet. Im Beispiel in Abbildung 8.10 werden Berechtigungen für die **Berufliche Entwicklungsplanung** vergeben. Wenn Sie die Kennzeichen für die relevanten Berechtigungen aktivieren, werden diese in die Rolle aufgenommen.

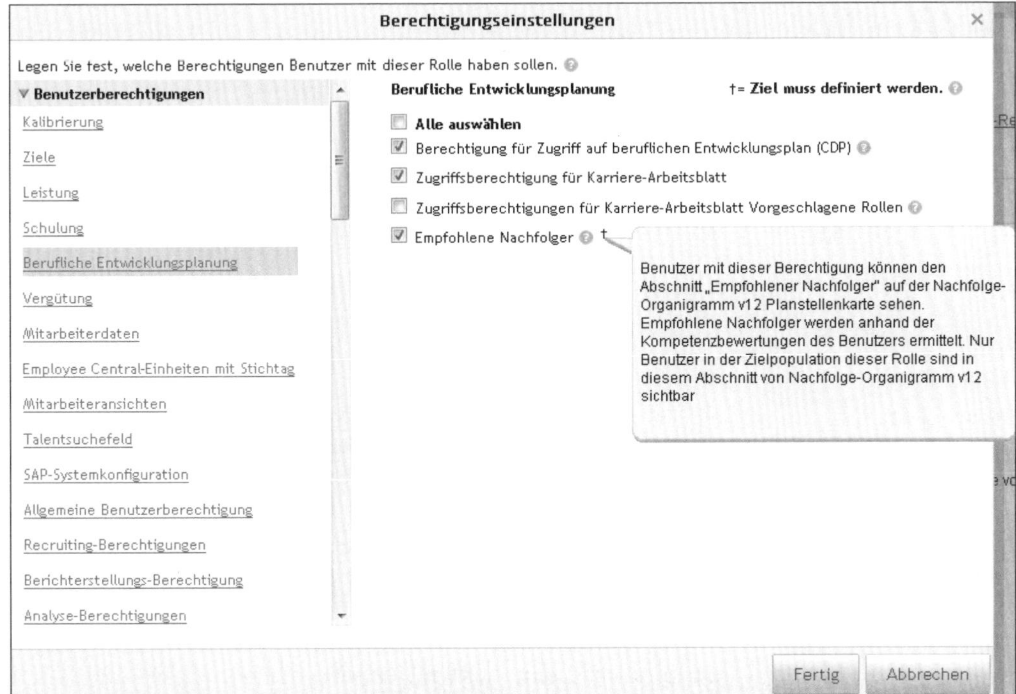

Abbildung 8.10 Benutzerberechtigungen pflegen

In den Fällen, in denen das Symbol für **Ziel muss definiert werden** (ein kleines Kreuz) hinter einem Eintrag angezeigt wird, müssen Sie definieren, für welche Zielgruppe eine Berechtigung greifen soll. Wie Sie die Zielgruppe definieren können, erfahren Sie in Abschnitt 8.3.3, »Berechtigungsrollen zuweisen und pflegen«.

Administrationsberechtigungen

Die zweite Art von Berechtigungen, die Sie in den Berechtigungseinstellungen vergeben können, ist die für Administratoren. Diese Berechtigungen ermöglichen den Zugriff auf das Admin-Center und erlauben es damit, die Prozessunterstützung in SAP SuccessFactors einzurichten und anzupassen.

Genau wie für die Benutzerberechtigungen gibt es auch in den Administrationsberechtigungen die Möglichkeit, eine Zielgruppe zu definieren, für die Berechtigungen erteilt werden (siehe Abbildung 8.11). Auch hier ist dies notwendig für die Einträge, die mit dem Symbol für **Ziel muss definiert werden** (ein kleines Kreuz) markiert sind. Wie Sie die Zielgruppe definieren können, erfahren Sie in Abschnitt 8.3.3, »Berechtigungsrollen zuweisen und pflegen«.

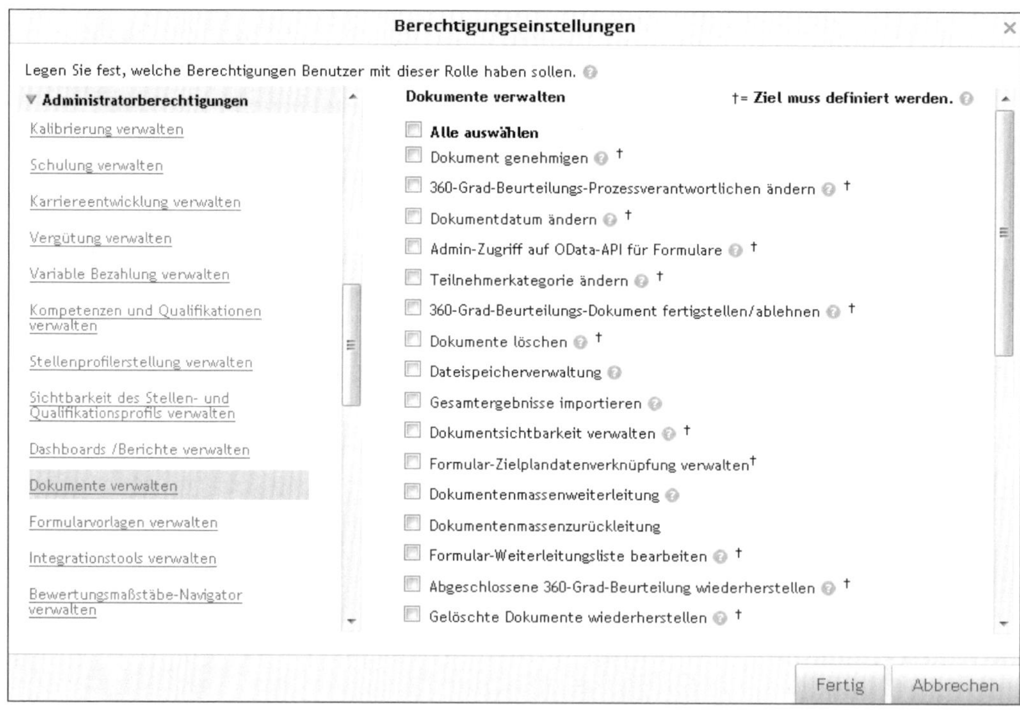

Abbildung 8.11 Administrationsberechtigungen pflegen

8.3.3 Berechtigungsrollen zuweisen und pflegen

In den beiden vorangegangenen Schritten haben Sie zunächst Rollennamen und Beschreibung der Rolle gepflegt und in den Berechtigungseinstellungen festgelegt, worauf Zugriff gewährt wird. Durch Ihre Angaben in den Berechtigungseinstellungen haben Sie dabei auch bestimmt, ob Sie die Rolle im folgenden Schritt nur zuweisen müssen oder ob Sie neben der Zuweisung der Rolle auch eine Zielgruppe definieren müssen, auf die die Berechtigungsrolle wirkt.

Rollenberechtigung erteilen – Berechtigung erfordert keine Zielgruppe

Möchten Sie Berechtigungen vergeben, für die keine Zielgruppe ausgewählt werden muss, klicken Sie unter **3. Diese Rolle zuweisen** auf die Schaltfläche **Hinzufügen...** (siehe Abbildung 8.12).

Abbildung 8.12 Berechtigung erfordert keine Zielgruppe.

Im neu geöffneten Fenster **Diese Rolle zuweisen** definieren Sie nun, welcher Berechtigungsgruppe Sie eine Rollenberechtigung erteilen möchten (siehe Abbildung 8.13).

> **Mit Berechtigungsgruppen arbeiten**
>
> Idealerweise ist ein in SAP SuccessFactors zu berechtigender Benutzer Mitglied einer Berechtigungsgruppe. Diese Gruppe erhält dann über die Zuordnung zur Berechtigungsrolle die relevanten Berechtigungen.

Im Auswahlmenü **Rolle gewähren für** können Sie die Berechtigungsgruppen auswählen (siehe Abbildung 8.13).

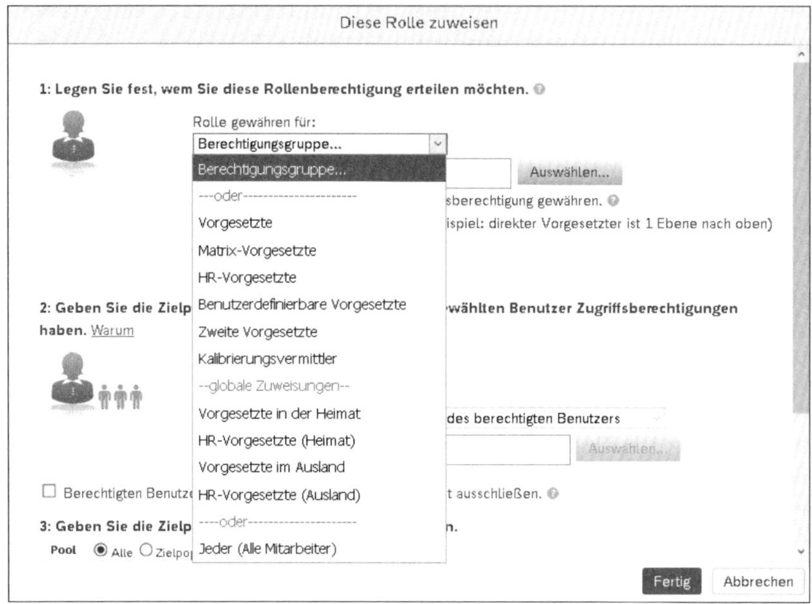

Abbildung 8.13 Berechtigungsrolle zuweisen

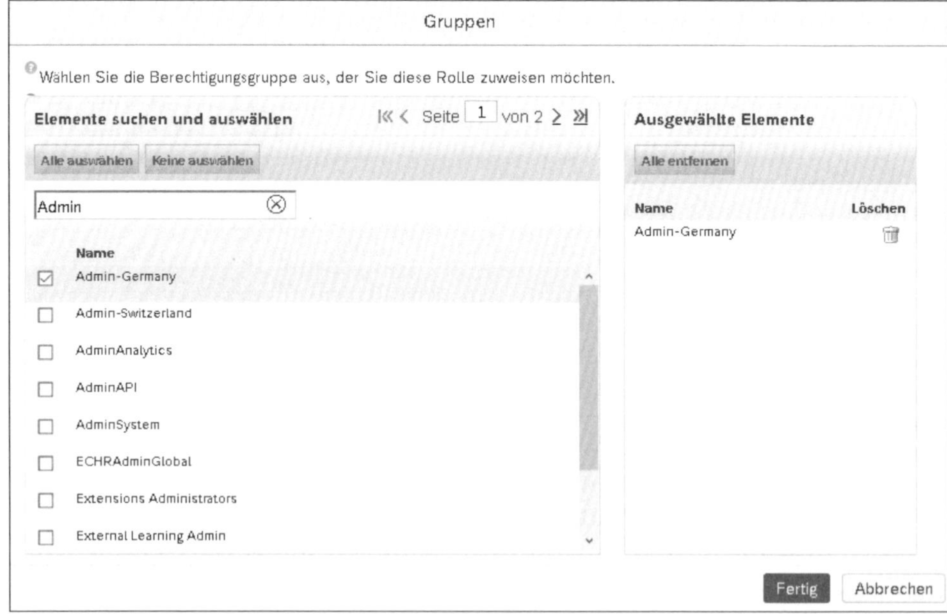

Abbildung 8.14 Berechtigungsgruppe auswählen

Möchten Sie keine automatisch generierte Berechtigungsgruppe nutzen, können Sie über einen Klick auf die Schaltfläche **Bitte auswählen...** (in Abbildung 8.14 bereits mit der Auswahl **Admin** gefüllt) eine oder mehrere individuelle Gruppen auswählen, die die Berechtigung erhalten sollen (siehe Abbildung 8.14).

Klicken Sie auf **Fertig**, wenn Sie die benötigten Gruppen ausgewählt haben, um die Bearbeitung zu beenden.

Im Bereich **3. Diese Rolle zuweisen** erscheint nun die von Ihnen ausgewählte Gruppe (siehe Abbildung 8.15). Im darüber angezeigten Menüband haben Sie die Möglichkeit, die Gruppenzuordnung zu bearbeiten. Über den Link **Gewährung bearbeiten** können Sie die aktuell getroffene Auswahl bearbeiten. Um Ihre neu erstellte Rolle zu sichern, klicken Sie auf die Schaltfläche **Änderungen speichern**. Die neue Rolle wird in die Liste der Berechtigungsrollen aufgenommen.

Abbildung 8.15 Berechtigungsrolle speichern

Sie haben auch die Möglichkeit, mehrere Berechtigungsgruppen zu kombinieren. Im Beispiel in Abbildung 8.16 wird die Berechtigung für alle Vorgesetzten in der Gruppe **PG Recruiter** gewährt.

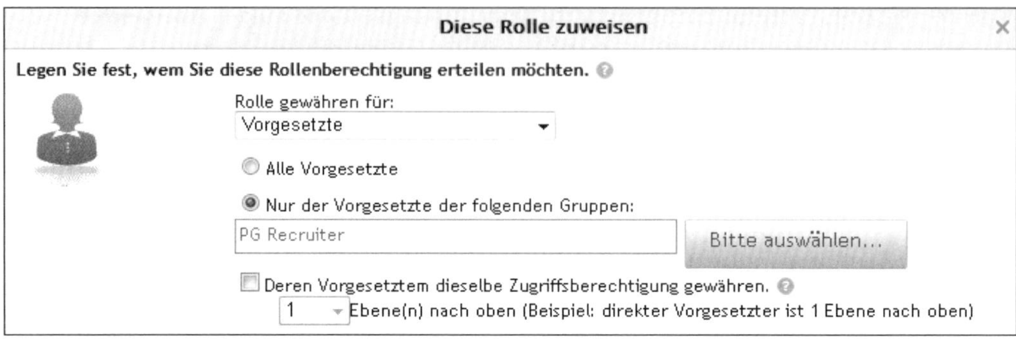

Abbildung 8.16 Berechtigungsgruppen kombinieren

Rollenberechtigung erteilen – Berechtigung erfordert Zielgruppe

Wenn für eine Berechtigung eine Zielgruppe definiert werden muss, wird dies ebenfalls unter **2. Berechtigungseinstellungen** angezeigt (siehe Abbildung 8.17).

Details zur Berechtigungsrolle

1. Name und Beschreibung

*Rollenbezeichnung: Demo Rolle

Beschreibung: dieser Rolle erhalten Sie die Bereich

2. Berechtigungseinstellungen

Legen Sie fest, welche Berechtigungen Benutzer mit dieser Rolle haben sollen.

Berechtigung...

Berechtigung erfordert kein Ziel

Schulung
- Zugriffsberechtigung für Schulung

Berechtigung erfordert Ziel

Ziele
- Zuweisung des Gruppen-Ziels
- Zielpopulation
- Erstellung eines neuen Gruppen-Ziels
- Zielplan-Berechtigungen(Alle)

3. Diese Rolle zuweisen

Wählen Sie eine Gruppe aus, der Sie diese Rolle zuweisen möchten. Sie können einer Gruppe von Benutzern die Verwaltung von Mitarbeiterdatensätzen für eine bestimmte Gruppe von Mitarbeitern gewähren. So soll vielleicht ein Abteilungsleiter Datensätze in seiner eigenen Abteilung bearbeiten.

Hinzufügen...

Abbildung 8.17 Berechtigungen mit und ohne Ziel definieren

Zur Erinnerung: Dass eine Zielgruppe eingetragen werden muss, erkennen Sie im Menü zu Punkt **2. Berechtigungseinstellungen** daran, dass neben den Einträgen das Symbol für **Ziel muss definiert werden** (ein kleines Kreuz) angezeigt wird.

Zunächst müssen Sie – wie in Abschnitt 8.2.3, »Mit statischen Gruppen arbeiten«, beschrieben – die Berechtigungsrolle einer Berechtigungsgruppe zuweisen. Anschließend wählen Sie die Zielgruppe aus, auf die die Berechtigungsrolle wirken soll.

Wenn Sie eine der von SAP SuccessFactors vordefinierten Gruppen ausgewählt haben (in unserem Beispiel **Vorgesetzte**), werden Ihnen passend zu dieser Gruppe Optionen für die Zielgruppe angezeigt (siehe Abbildung 8.18), die Sie an Ihre Bedürfnisse anpassen können.

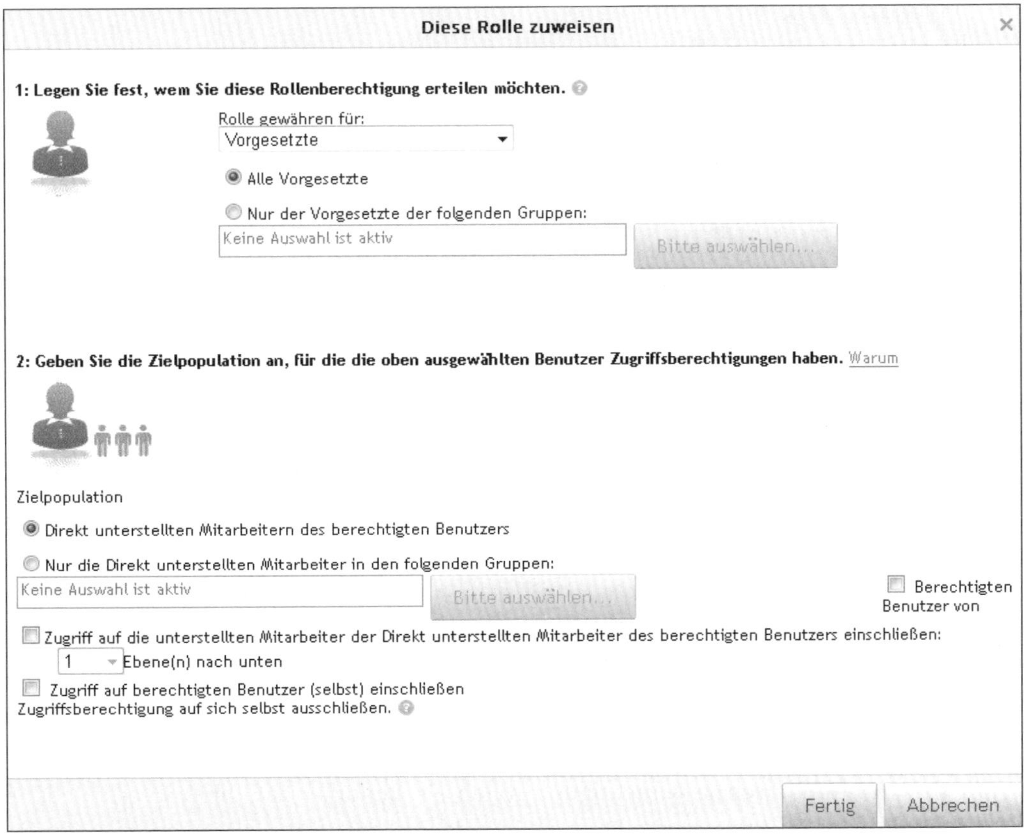

Abbildung 8.18 Zielgruppe zu einer vordefinierten Gruppe zuweisen

Wenn Sie eine eigene Berechtigungsgruppe ausgewählt haben, stehen Ihnen ähnliche Möglichkeiten zur Verfügung.

Nachdem Sie die Zielgruppe definiert haben, klicken Sie auf die Schaltfläche **Fertig**, um die Zuweisung abzuschließen. In der Detailansicht zur Berechtigungsrolle klicken

Sie auf **Änderungen speichern**, um die Aufgabe abzuschließen und die neue Rolle in die Liste der Berechtigungsrollen einzutragen (siehe Abbildung 8.19).

Abbildung 8.19 Berechtigungsrolle speichern

8.3.4 Berechtigungsrollen eines Benutzers prüfen

Um zu prüfen, welche Berechtigungsrollen ein Benutzer hat, gibt es verschiedene Möglichkeiten. Zum einen gibt es die **Benutzerrollensuche**, die Sie über das Admin-Center aufrufen können (siehe Abbildung 8.20).

Hier können Sie sich anhand der **Zugriffsbenutzer** (das sind die Benutzer des Systems) zu Berechtigungskategorien und Berechtigungsobjekten die individuellen Rollen eines Benutzers anzeigen lassen.

Zum anderen können Sie, ebenfalls über das Admin-Center, die Option **Benutzerberechtigungen anzeigen** aufrufen (siehe Abbildung 8.21).

Admin-Center

Zurück zu Admin-Center

Benutzerrollensuche

Auf dieser Seite können Sie nach bestimmten Rollen, die Benutzern zugewiesen wurden, suchen. Sie können einen oder zwei Zugriffsbenutzer, eine Berechtigung und einen oder keinen Zielbenutzer auswählen. Im Suchergebnis werden alle Rollen angezeigt, die dem Zugriffsbenutzer diese Berechtigung für diese Zielbenutzer gewähren. Wenn kein Zielbenutzer angegeben wurde, werden Zielbenutzer im Suchergebnis nicht berücksichtigt. Auf der Seite „Rollendetail" sind die Regeln, die dem ausgewählten Zugriffsbenutzer und Zielbenutzer Berechtigungen gewähren, im Abschnitt „Diese Rolle gewähren" hervorgehoben.

Auswahl

Zugriffsbenutzer: Klicken, um Benutzer hinzuzufügen
Berechtigungskategorie: Alle
Berechtigung: Ausführliche Kalibrierungsberechtigung
Zielbenutzer (optional): Klicken, um Benutzer hinzuzufügen

Rollen suchen

Abbildung 8.20 Benutzerrollen suchen

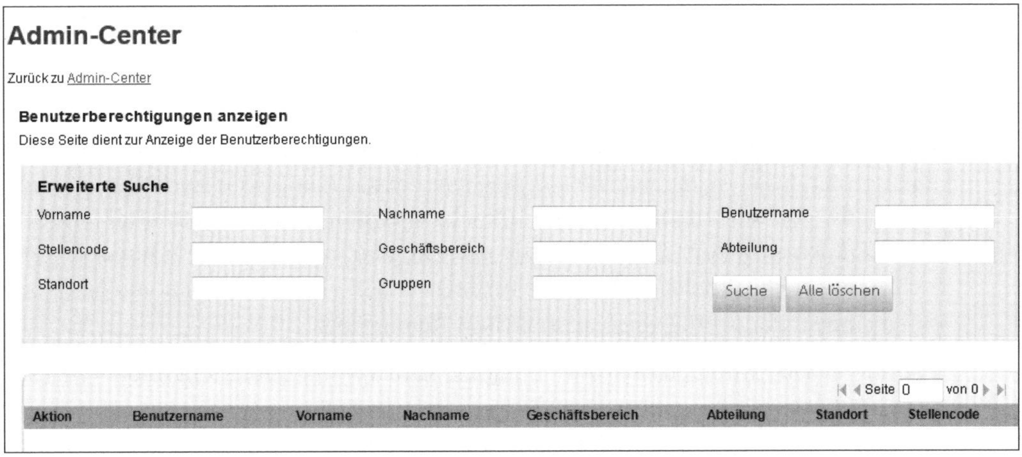

Admin-Center

Zurück zu Admin-Center

Benutzerberechtigungen anzeigen

Diese Seite dient zur Anzeige der Benutzerberechtigungen.

Erweiterte Suche

Vorname | Nachname | Benutzername
Stellencode | Geschäftsbereich | Abteilung
Standort | Gruppen

Suche | Alle löschen

Seite 0 von 0

Aktion	Benutzername	Vorname	Nachname	Geschäftsbereich	Abteilung	Standort	Stellencode

Abbildung 8.21 Benutzerberechtigungen anzeigen

Hier können Sie z. B. einen Benutzernamen eingeben und sich dadurch alle zugewiesenen Berechtigungen des Benutzers ansehen (siehe Abbildung 8.22).

Auch mithilfe von Ad-hoc-Berichten können Sie übrigens Informationen zu Benutzern, Rollen und Berechtigungsgruppen auswerten. Auf diese Möglichkeit gehen wir in Abschnitt 8.5, »Berichte im Berechtigungswesen«, näher ein.

Abbildung 8.22 Benutzerberechtigungen anzeigen – Anzeigeberechtigungen eines Mitarbeiters

8.4 Berechtigungspflege für MDF-Objekte

Objekte des Metadata Frameworks (MDF-Objekte) sind wichtige Standardbausteine von SAP SuccessFactors. Sie können sie auch nutzen, um das System kundenspezifisch zu erweitern. Wichtige Beispiele für MDF-Objekte bzw. Gruppen von MDF-Objekten sind Stellenprofile, die Planstelle und Talentpools.

Besondere Bedeutung haben diese Objekte und die dahinterstehenden Prozesse nicht nur funktional, es ist für Sie auch interessant, wie Sie diese Objekte sichern und ihre Eigenschaften verändern können. Generell können Sie im Bereich der MDF-Objekte selbst all das konfigurieren, was ein Implementierungspartner könnte.

Im Folgenden zeigen wir Ihnen die Berechtigungspflege für MDF-Objekte am Beispiel der Stellenbeschreibung.

Nutzung von Stellenprofilen

Stellenprofile sind Teil der Plattform, d. h., jeder Kunde kann Stellenprofile ohne zusätzliche Lizenzkosten nutzen.

Das MDF-Objekt für die Stellenbeschreibung kann, wie jedes MDF-Objekt, über die Option **Objektdefinition konfigurieren** aufgerufen und gesichert werden (siehe Abbildung 8.23).

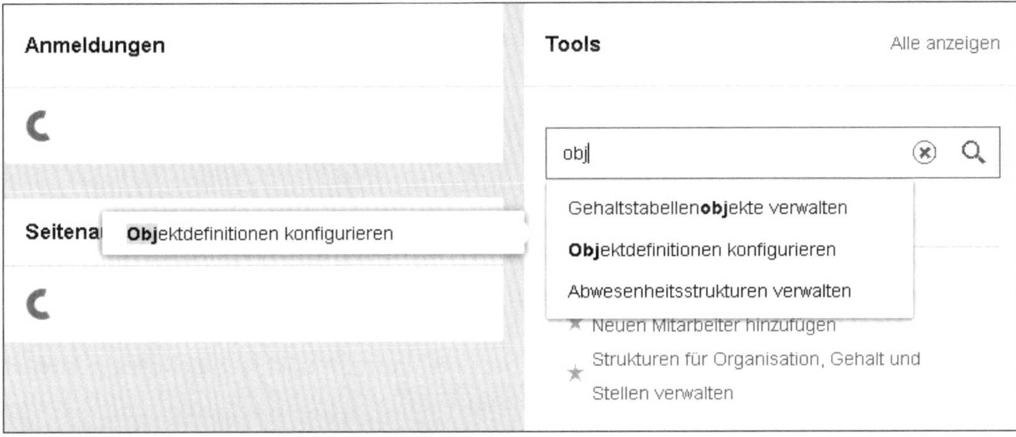

Abbildung 8.23 Objektdefinitionen konfigurieren

Wählen Sie im darauffolgenden Menü im Bereich **Suche** den Begriff **Objektdefinition** und dann im Feld unmittelbar daneben den Begriff **Stellenvorlage** (siehe Abbildung 8.24).

Abbildung 8.24 Stellenvorlage konfigurieren

Klicken Sie auf den Menüpunkt **Maßnahme ergreifen** oben rechts, und wählen Sie dann **Korrektur vornehmen** aus dem Menü aus. Anschließend können Sie das Objekt **Stellenvorlage** sichern, also sowohl die Sichtbarkeit und Veränderbarkeit des Objekts als auch seine Felder über die rollenbasierten Berechtigungen pro Berechtigungsrolle festlegen, indem Sie im unteren Bereich **Sicherheitsfunktionen** das Feld **Gesichert** auf **Ja** setzen (siehe Abbildung 8.25).

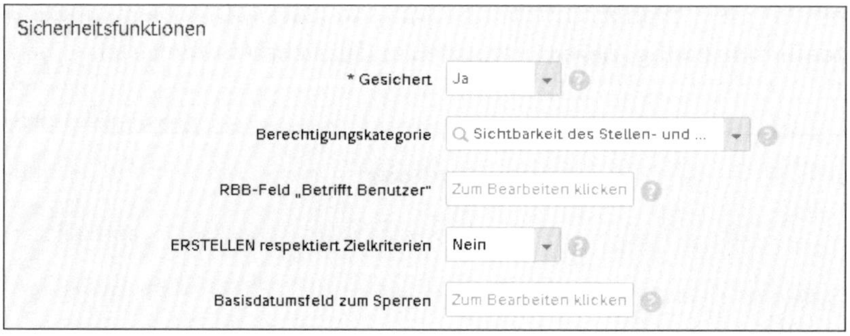

Sicherheitsfunktionen

* Gesichert: Ja

Berechtigungskategorie: Sichtbarkeit des Stellen- und ...

RBB-Feld „Betrifft Benutzer": Zum Bearbeiten klicken

ERSTELLEN respektiert Zielkriterien: Nein

Basisdatumsfeld zum Sperren: Zum Bearbeiten klicken

Abbildung 8.25 Objekt sichern

Im Feld **Berechtigungskategorie** wählen Sie die Option **Sichtbarkeit des Stellen- und Qualifikationsprofils verwalten** und wählen einen Zielbereich aus der Liste der Möglichkeiten aus. In diesem Bereich nehmen Sie dann im nächsten Schritt die Sicherheitseinstellungen im Berechtigungssystem vor.

Speichern Sie das Objekt nun, und navigieren Sie in die Rollenverwaltung (siehe Abschnitt 8.3, »Berechtigungsrollen verwalten«). Öffnen Sie die Berechtigungsrolle, der Sie Zugriff auf die Stellenprofile geben wollen, und navigieren Sie zum Eintrag **Sichtbarkeit des Stellen- und Qualifikationsprofils verwalten** (siehe Abbildung 8.26). Dort können Sie auch pro Feld die Rechte der Berechtigungsrolle auswählen.

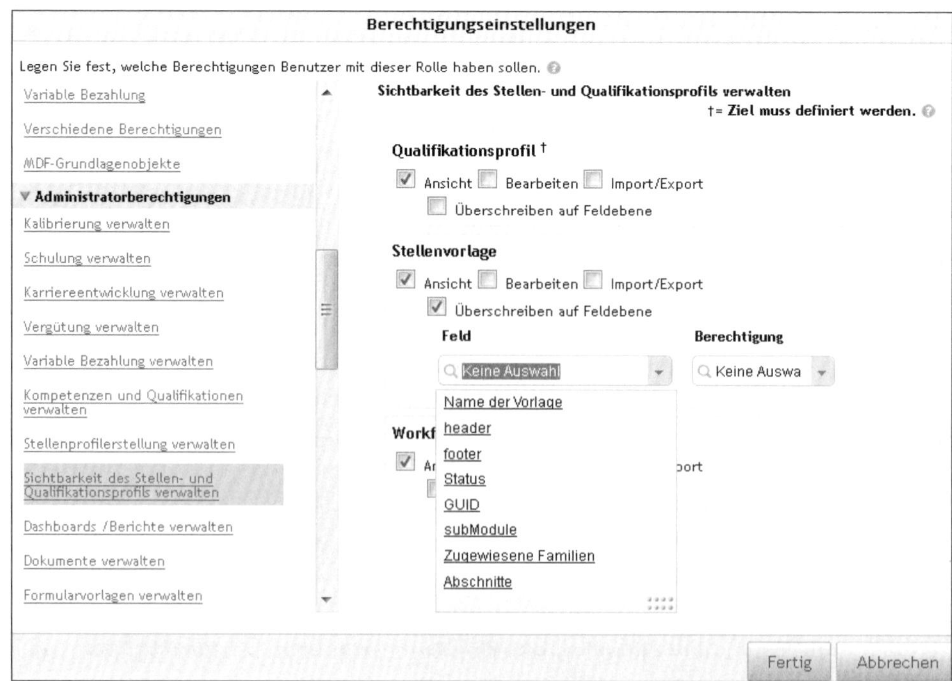

Abbildung 8.26 Berechtigungseinstellungen am Objekt »Stellenprofil«

Im Bereich der Rolle (siehe Abbildung 8.27) können Sie den Objekten, etwa Stellenprofil, Planstelle, Laufbahn oder Zahlungsinformationen, Zielgruppen zuweisen. Hier haben Sie auch die Möglichkeit, die verfügbaren Objekte für den Zugriff einzuschränken. So können Sie z. B. nur die Objekte zur Verfügung stellen, deren **Status aktiv** ist oder die einer bestimmten Organisationseinheit zugeordnet sind. Manche Kunden berechtigen auch auf Feldebene, wenn es z. B. darum geht, Informationen zu Vergütungsstrukturen nur ausgewählten Rollen zur Verfügung zu stellen.

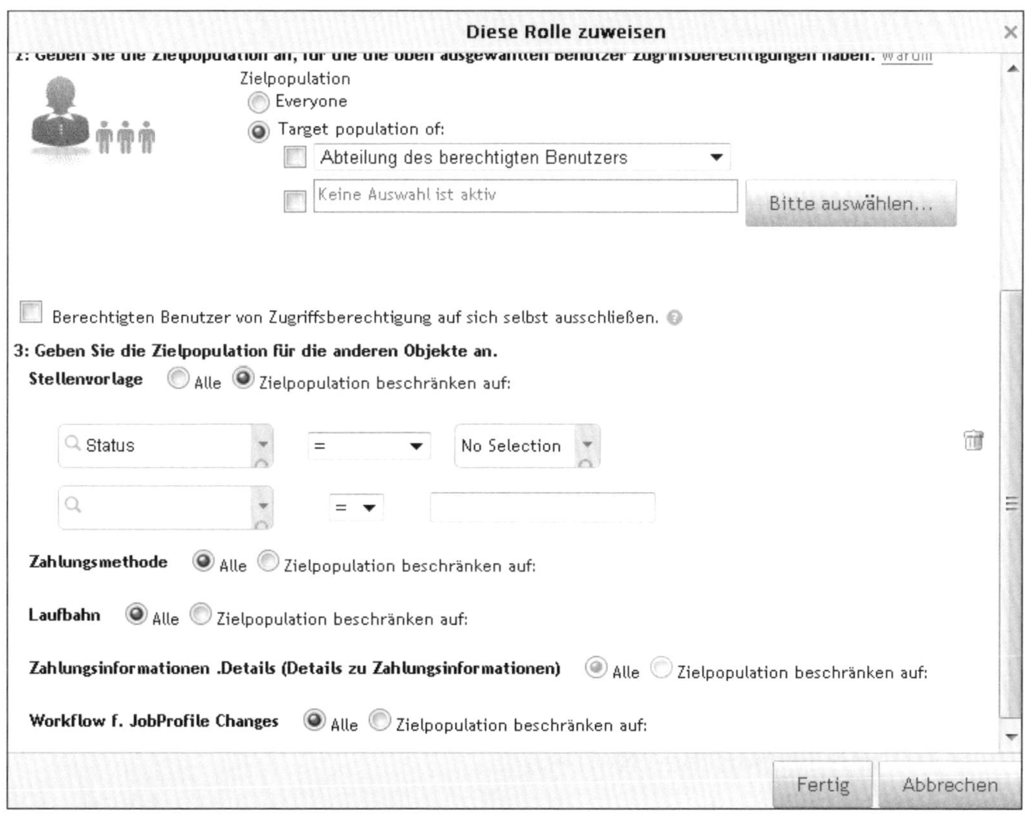

Abbildung 8.27 Zielgruppe für die Objekte zuweisen

8.5 Berichte im Berechtigungswesen

Im Berechtigungswesen können Sie auf eine Reihe von Berichten zurückgreifen. Diese werden über **Berichte • Bericht-Center • Neu • Bericht • Tabelle** eingerichtet (siehe Abbildung 8.28). Voraussetzung dafür ist, dass die Berichte durch SAP Support oder den Implementierungspartner freigeschaltet und für die Rolle berechtigt wurden.

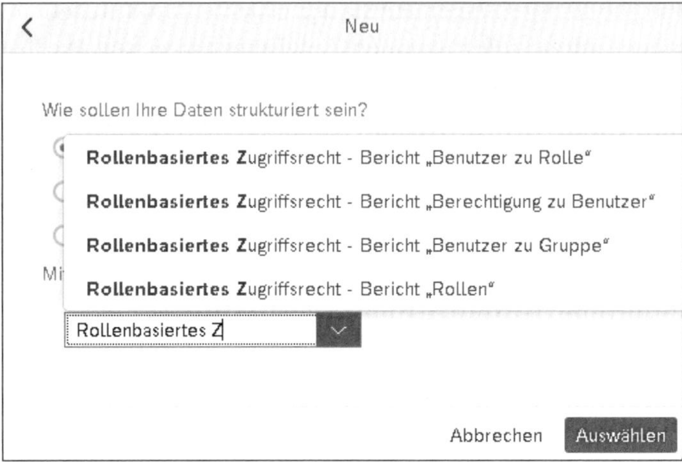

Abbildung 8.28 Rollenbasiertes Zugriffsrecht als Berichtsdefinitionstyp

Die verfügbaren Berichte sind:

- Rollenbasiertes Zugriffsrecht – Bericht „Benutzer zu Rolle"
- Rollenbasiertes Zugriffsrecht – Bericht „Berechtigung zu Benutzer"
- Rollenbasiertes Zugriffsrecht – Bericht „Benutzer zu Gruppe"
- Rollenbasiertes Zugriffsrecht – Bericht „Rollen"

Sie geben Auskunft über Benutzer und zugeteilte Berechtigungsrollen, Berechtigungen der Benutzer, die Zuordnung der Benutzer zu Gruppe(n) und über Berechtigungsrollen und deren Berechtigungen.

8.6 Best Practice: Einfachheit, Klarheit und Skalierbarkeit mit Technischen Nutzern

Beim Arbeiten mit Rollen, Berechtigungs- und Zielgruppen sollen in der Regel folgende Eigenschaften und Aspekte abgebildet werden:

- Die Strukturen sollen möglichst einfach und klar verständlich sein.
- Die Strukturen sollen bei Änderungen der Rollen oder der Gruppen, z. B. durch funktionale Erweiterungen oder organisatorische Änderungen im Unternehmen wie Zukäufe, Umorganisation oder Verkäufe, leicht änder- und wartbar sein.
- Der Mitarbeiter soll immer genau wissen, in welcher Rolle er sich gerade befindet und was er tun soll.
- Das System soll nur die Funktionen zur Verfügung stellen, die der Mitarbeiter in der jeweiligen Rolle unbedingt braucht. Andere Funktionen, die er in anderen Rol-

len oder für andere Zielgruppen benötigt, sollen verborgen sein, bis er in der entsprechenden Rolle agiert.

- Das System soll klar protokollieren, wer in welcher Berechtigungsrolle welche Aktionen und Änderungen im System vorgenommen hat. Dabei muss vermieden werden, dass zwei oder mehr unterschiedliche Berechtigungsrollen gleichzeitig von einem Mitarbeiter auf die Zielgruppe ausgeführt werden könnten. Diese Trennung wird als *Segregation of Duties* bezeichnet.
- Ist der Mitarbeiter verhindert oder werden seine Aufgaben übergeben, sollen nur die Aufgaben übergeben werden, die direkt mit der relevanten Rolle verbunden sind, und keine anderen. Idealerweise werden in solchen Fällen alle Einstellungen dieser Rolle zu 100 % übergeben.
- Die Daten des Mitarbeiters als eigenständiger Mitarbeiter im System dürfen nicht mit den Daten, mit denen er in der Ausübung einer Berechtigungsrolle zu tun hat, vermischt werden. Es muss eine sichere Abgrenzung des Zugriffs auf die eigenen Mitarbeiterdaten von den Daten geben, auf die der Mitarbeiter als Ausübender verschiedener Rollen Zugriff hat.
- Der Mitarbeiter darf nicht über eine Admin-Rolle Zugriff auf seine eigenen, persönlichen Daten haben oder sich Zugriff zu den Daten anderer ohne Befugnis verschaffen können.

Diese Anforderungen lassen sich sehr gut mit einem *Technischen Nutzer* (englisch *Technical User*, abgekürzt TU) abbilden. Ein Technischer Nutzer ist ein »künstlicher Mitarbeiter«, den es nicht als realen Mitarbeiter gibt und der explizit für eine Funktion geschaffen wird. So könnte es z. B. einen Technischen Nutzer »Bewerbermanager Deutschland« oder »Globale Berichte« geben. Diese Nutzer können untereinander zu Hierarchien verbunden werden und teilen gleiche Berechtigungsrollen auf unterschiedliche Zielgruppen. Unterschiedliche Arten von Technischen Nutzern können für administrative oder funktionale Arbeiten, etwa Berichte, Zielerstellung, Zuweisungen, Talentmanagement und vieles mehr, verwendet werden.

Oft setzen Unternehmen Dutzende dieser Technischen Nutzer ein, um ihre Anforderungen entsprechend den genannten Kriterien umzusetzen. Die Mitarbeiter selbst werden über Proxy-Rechte berechtigt, um als ein oder mehrere Technische Nutzer arbeiten zu können Um sich als Technischer Nutzer anzumelden, muss der Mitarbeiter auf seinen Namen klicken und anschließend die Option **Jetzt als Vertreter agieren** auswählen (siehe Abbildung 8.29). Das Recht **Jetzt als Vertreter agieren** wird über Rollen, Berechtigungs- und Zielgruppen gesteuert. Anschließend kann der Mitarbeiter den Technischen Nutzer entsprechend der Namenskonvention auswählen (siehe Abbildung 8.30).

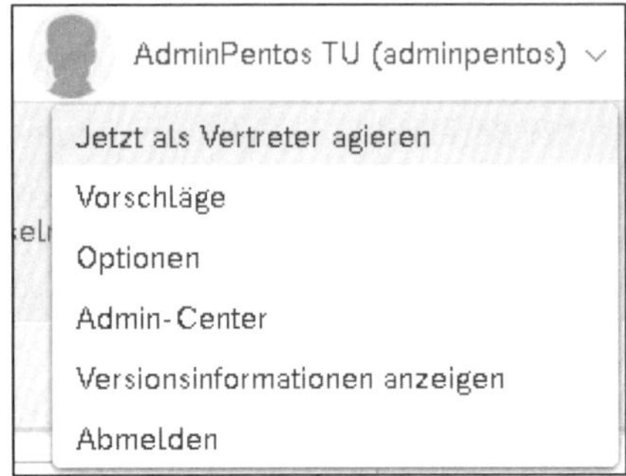

Abbildung 8.29 Sich als Technischer Nutzer anmelden – Einstellung »Jetzt als Vertreter agieren«

Abbildung 8.30 Sich als Technischer Nutzer anmelden – Einstellung »Zielbenutzer auswählen«

Nach Auswahl des entsprechenden Zielbenutzers ist der Mitarbeiter »in Vertretung« als Technischer Nutzer im System angemeldet und kann im Kontext dieses Technischen Nutzers agieren. Das System protokolliert alle Schreibvorgänge entsprechend »in Vertretung« mit. Betreut ein HR-Mitarbeiter eine Abteilung in den Prozessen Rekrutierung, Talentmanagement und Zielvereinbarung, dann hat er die Technischen Nutzer TU Recruiter, TU Talentmanagement und TU Zielvereinbarung zur Verfügung. Agiert er im System in Vertretung für den Technischen Nutzer TU Recruiter, dann wird mitgeschrieben, dass dieser Mitarbeiter im Namen des TU Recruiter gearbeitet hat.

Für prozessrelevante, funktionale oder administrative Rollen, die häufig genutzt werden, empfehlen wir den Einsatz Technischer Nutzer, weil sie folgende Vorteile haben:

- Die Person wird von der Funktion klar getrennt.
- Die Benutzerfreundlichkeit des Systems wird durch nachhaltige Komplexitätsreduktion erhöht, weil der Anwender über Vertretungsrechte die spezifische Funk-

tion auswählt und damit spezifisch nur alle funktional relevanten Informationen bekommt.

- Dadurch, dass der Technische Nutzer einen eigenen Posteingang haben kann, gehen alle relevanten Nachrichten an einer Stelle ein, anstatt auf viele verschiedene Mitarbeiter verteilt zu werden. Dies erlaubt ein funktionales Arbeiten und unterstützt Service-Center-orientierte Support- und Leistungsstrukturen.
- Mögliche Wechselwirkungen und Schwierigkeiten im Support aufgrund sich überschneidender Rollen und Gruppen können minimiert werden.
- Urlaubsvertretung oder Übergabe von Aufgaben inklusive Positionswechsel können sehr einfach durch Weitergabe der Vertretungsrechte eingerichtet werden, ohne dass dafür auf persönliche Daten des ursprünglichen Rolleninhabers zugegriffen werden muss.
- Die Verwaltung der Technischen Nutzer wird deutlich vereinfacht, weil deren Ausprägungen in den Attributen im Vergleich zu den Daten normaler Personen konstant sind.
- Die Verteilung von Berichten, Präsentationen und anderen Elementen, die über funktionale Gruppen verteilt werden sollen, wird deutlich vereinfacht.
- Über Importmechanismen können die Vertreter von Technischen Nutzern automatisch von externen Systemen angesteuert werden.

Bedenken Sie dabei aber, dass für die Einrichtung von Technischen Nutzern auch konzeptionelle Vorarbeiten nötig sind. Beachten Sie dabei Folgendes:

- Die Konzeption der Technischen Nutzer erfordert systematische Arbeit und reife Prozesse in Bezug auf Systematik, Namenskonventionen und Nachvollziehbarkeit.
- Technische Nutzer sind zusätzliche Benutzer im System, für die Lizenzkosten anfallen.
- Technische Nutzer sind dann am effektivsten, wenn sie auch für Standardrollen wie HR-Vorgesetzter und Zweiter Vorgesetzter eingesetzt werden. Dafür müssen Mechanismen in der Schnittstelle oder in SAP SuccessFactors Employee Central eingerichtet werden, die die richtige Zuordnung sicherstellen.

[«]

Nehmen Sie die Technischen Nutzer mit an den Start!

Verwenden Sie die Technischen Nutzer schon in den ersten Anwendungsfällen, um die nötige Erfahrung zu sammeln. Außerdem gewöhnen sich die Tester über die Iterationen an das neue Konzept, und Sie bekommen einen sehr guten Einblick, wo Prozesse noch nachgeschärft werden müssen. Lassen Sie sich nicht darauf ein, wenn Ihnen ein Implementierungspartner erklärt, Rechte, Rollen und Gruppen könnte man noch »später« klären. Das ist von Anfang an eine ganz wichtige Aufgabe!

Ohne Technische Nutzer stellen sich folgende Herausforderungen:

- Keine klare Trennung von Rollen und Rechten, wenn mehrere funktionale Rollen gleichzeitig in einer Person vereint sind. Das führt dazu, dass man nicht weiß, in welcher Funktion eine Person eine Aktion ausgeführt hat (Genehmigung von Änderungen), und das System könnte aus Endanwendersicht durch die Überlappungen inkonsistent erscheinen.
- Benutzer, die mehrere Rollen gleichzeitig innehaben, finden eine hohe Komplexität im System vor, weil das System dann gleichzeitig alle Möglichkeiten anzeigen muss – die Benutzerfreundlichkeit nimmt dadurch spürbar ab.
- Unterstützt nur schlecht Service-Center, 24/7-Support-Strukturen mit Übergabe und ähnlichen Prozessen, weil alle Details übergeben werden müssen, anstatt sie automatisch zu übernehmen.

Das Rollen- und Berechtigungssystem ist für alle Prozesse wichtig. Die Prozesskette beginnt mit der Rekrutierung. Diesen ersten Prozessschritt sehen wir uns im folgenden Kapitel näher an.

Kapitel 9
Recruiting

Die Recruiting-Lösung unterstützt Sie dabei, die besten Kandidaten für eine offene Stelle zu finden. Sie macht interne und externe Kandidaten auf die offenen Stellen Ihres Unternehmens aufmerksam, erleichtert die Bewerbung an sich und vereinfacht die administrativen Prozesse für alle Beteiligten. Zusätzlich können Sie proaktiv auf potenzielle Bewerber zugehen und diese über Neuigkeiten informieren.

SAP SuccessFactors unterstützt Sie im Bereich *Recruiting* bei allen Aktivitäten rund um die Besetzung vakanter Positionen in Ihrem Unternehmen. Dazu gehören:

- das Genehmigen von Vakanzen und deren Ausschreibung und Darstellung in internen und/oder externen Karriereportalen
- das Anbieten von Bewerbungsmöglichkeiten über interne und/oder externe Karriereportale
- die Möglichkeit der Registrierung als Interessent ohne konkrete Bewerbungsabsicht im Karriereportal
- das Annehmen und Bearbeiten von Bewerbungen
- das Einladen von Bewerbern und internen Gesprächsbeteiligten zu Einstellungsgesprächen sowie die Durchführung der Gespräche, gestützt durch vordefinierte Fragen
- die Einbindung von Mitbestimmungspartnern wie dem Betriebsrat
- das Erstellen des Angebots
- die Einarbeitung eines künftigen Mitarbeiters bereits vor Vertragsbeginn
- die Einstellung des neuen Mitarbeiters

SAP SuccessFactors bietet über die Talentsuche im Kontext des Talentmanagements (siehe Kapitel 15, »Talentmanagement – Nachfolge und Entwicklung«) die Möglichkeit, nach internen Kandidaten für die Besetzung von Vakanzen zu suchen. Jobspezifische Entwicklungsmaßnahmen helfen bei unzureichender Übereinstimmung zwischen Anforderung und Profil der internen Mitarbeiter, diese auf eine Stelle hin weiterzuentwickeln. Ist die interne Rekrutierung nicht erfolgreich, schließt sich üblicherweise die externe Suche nach geeigneten Kandidaten an. Dabei unterstützt SAP SuccessFactors Sie mit den folgenden Teilmodulen, die immer mehr miteinander verschmelzen:

- **Recruiting Marketing**
  Das Modul *Recruiting Marketing* (RMK) ermöglicht es Ihnen, Ihr Unternehmen als Arbeitgeber attraktiv vorzustellen und Bewerber zur Bewerbung auf offene Stellen (Vakanzen) zu motivieren.

  In diesem Modul findet auch der Aspekt des Multichannel-Marketings Berücksichtigung. Dabei geht es darum, mehrere Kanäle zur Veröffentlichung offener Stellen passgenau zu nutzen. Social-Media-Integrationen und kundenspezifische Karriereseiten sind weitere Kernelemente dieses Moduls. Zusätzlich gibt es Auskunft darüber, welche Veröffentlichungskanäle erfolgreich sind. Wir stellen Ihnen das Thema Recruiting Marketing in Abschnitt 9.1 im Detail vor.
- **Recruiting Management**
  Das Modul *Recruiting Management* (RCM) unterstützt Sie bei der Erstellung und Veröffentlichung (Recruiting Posting) von Vakanzen sowie der Verwaltung von Bewerbern und der Bearbeitung von Bewerbungen – angefangen mit der Annahme einer Bewerbung über einen Auswahlprozess geeigneter Bewerber bis hin zu Einstellungsgesprächen und der Erstellung von Angeboten. Funktionen wie die Verwaltung von Gesprächen, die aktive Kontaktaufnahme mit Interessenten oder automatische E-Mail-Benachrichtigungen unterstützen Sie bei der Kommunikation mit dem Kandidaten und bei der internen Kommunikation. Ergänzende Funktionen wie das kompetenzbasierte Bewerten von Bewerbern steigern die Qualität des Auswahlprozesses. Das Modul Recruiting Management steht in Abschnitt 9.2 im Mittelpunkt.

9.1 Recruiting Marketing

Recruiting Marketing bietet Ihnen die Möglichkeit, den Interessenten offene Stellen zugänglich zu machen. Dazu erstellen Sie mit dem *Career Site Builder* (deutsch teilweise *Stellenangebot-Site-Builder*) ein individuelles, an Ihre Anforderungen angepasstes Karriereportal, das die Stellenausschreibungen ansprechend präsentiert. Darüber können Sie z. B. auch eine bessere Platzierung Ihrer Angebote in den Suchergebnissen der einschlägigen Suchmaschinen erreichen. Ein umfassendes Berichtswesen ermöglicht es Ihnen zu analysieren, wie effektiv und effizient Ihre Ausschreibungskanäle sind, damit Sie Ihr Marketingbudget zielgerichtet einsetzen können. Darüber hinaus sind die Stellenangebote im Career Site Builder für die Anzeige auf mobilen Endgeräten optimiert.

9.1.1 Externes Karriereportal

Der Career Site Builder bietet Ihnen die Möglichkeit, sowohl die interne als auch die externe Karriereseite zu gestalten. Prinzipiell können die Inhalte mit externen und internen Bewerbern gleichermaßen geteilt werden, oder es können einzelne Seiten und Komponenten unterschiedlich konfiguriert werden.

Das externen Karriereportal stellt eine Visitenkarte Ihres Unternehmens für interessierte Kandidaten dar. Dabei ist es wichtig, die Balance zwischen einfacher und klarer Struktur sowie einer überzeugenden Gestaltung zu finden. Natürlich müssen Sie auch den unternehmenseigenen Gestaltungsrichtlinien gerecht werden.

Mit den Standardelementen des Career Site Builders erhalten Sie eine gute Basis, um diese Anforderungen zu erfüllen. Ein weiterer Vorteil besteht darin, dass Sie die Seite ohne Programmierkenntnisse gestalten können.

Weitere Funktionen des Recruiting Marketings, die Sie im Zusammenspiel mit dem Recruiting Management nutzen können, lernen Sie in Abschnitt 9.2.8, »Mit Kandidaten in Kontakt bleiben«, kennen.

Employer Branding

Um einen einheitlichen Markenauftritt nach allen Seiten zu gewährleisten, sollten Sie sich mit den folgenden Funktionen auseinandersetzen:

- Themen-Design der Recruiting-Sites (innerhalb des Kandidatenprofils)
- Marken-/Stellen-Layouts (Recruiting Marketing)
- E-Mail-Kampagnen (Verwaltung von Kandidatenbeziehungen)

Achten Sie darauf, die Funktionen konsistent zu nutzen. Ihr Implementierungspartner wird Ihnen die Details dazu gerne näher erläutern.

Recruiting Management und Recruiting Marketing zusammenbringen

Damit Recruiting Management und Recruiting Marketing optimal abgestimmt sind, sollten Sie die folgenden Grundprinzipien beherzigen:

- **Unterschiedliche Marken darstellen**
  Um auf der externen Karriereseite unterschiedliche Marken Ihres Unternehmens bedienen zu können, muss das Standardfeld **Marke** in der Stellenanforderung vorhanden sein. Darüber kann dann die Darstellung unterschiedlicher Marken gesteuert werden.
- **Unterschiedliche Layouts nutzen**
  Innerhalb der Stellenanforderung können Sie unterschiedliche Layouts für die externe Stellenausschreibung ansteuern. Zur Kategorisierung von Stellenangeboten

können Sie vorhandene Felder nutzen, aber auch kundeneigene Felder wie **Karrierelevel** oder **Geschäftsbereich** verwenden. Üblicherweise legt Ihr Implementierungspartner diese Felder nach Abstimmung für Sie an.

- **Feldzuordnung einrichten**
  Mit dem Werkzeug **Feldzuordnung Recruiting-Marketing/Stelle einrichten** legen Sie fest, welche Teile der Stellenanforderung an die externe Karriereseite übertragen werden sollen und dort z. B. in Form von Suchoptionen oder Tokens den Bewerbern zur Verfügung stehen (siehe Abbildung 9.1).

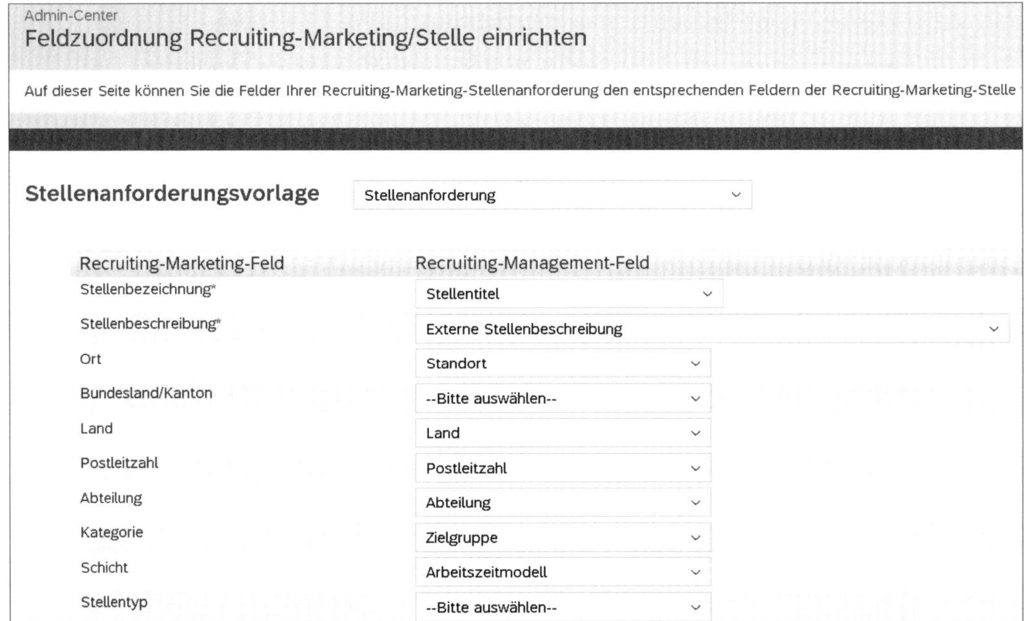

Abbildung 9.1 Feldzuordnung zwischen Recruiting Management und Recruiting Marketing

[»]

Platzhalter

Arbeiten Sie mit Platzhaltern (engl. *Tokens*). Mit ihrer Hilfe ist es möglich, bereits im System vorhandene Informationen auszulesen und an der gewünschten Stelle, wie z. B. in einem Angebot, einzubinden.

9.1.2 Internes Karriereportal

Mitarbeiter, die sich intern auf eine ausgeschriebene Stelle bewerben möchten, können über den Menüpunkt **Karriere** aus der SAP-SuccessFactors-Instanz auf die Stellenangebote zugreifen. Die interne Seite gleicht der externen (siehe Abschnitt 9.1.1, »Externes Karriereportal«).

Auf der Karriereseite selbst bestehen dann ausführliche Suchmöglichkeiten, um die Suche nach Stellen einzugrenzen.

Die internen Seiten können Sie auf dem gleichen Weg wie die externen Seiten konfigurieren (siehe ebenfalls Abschnitt 9.1.1).

Alternativ können die internen Bewerber auch die extern veröffentlichte Karriereseite nutzen (siehe Abbildung 9.2), sich darüber vakante Stellen ansehen und sich auf diese bewerben. Die Kennzeichnung, dass es sich um einen internen Bewerber handelt, kann in diesem Fall nicht durch SAP SuccessFactors automatisiert erfolgen.

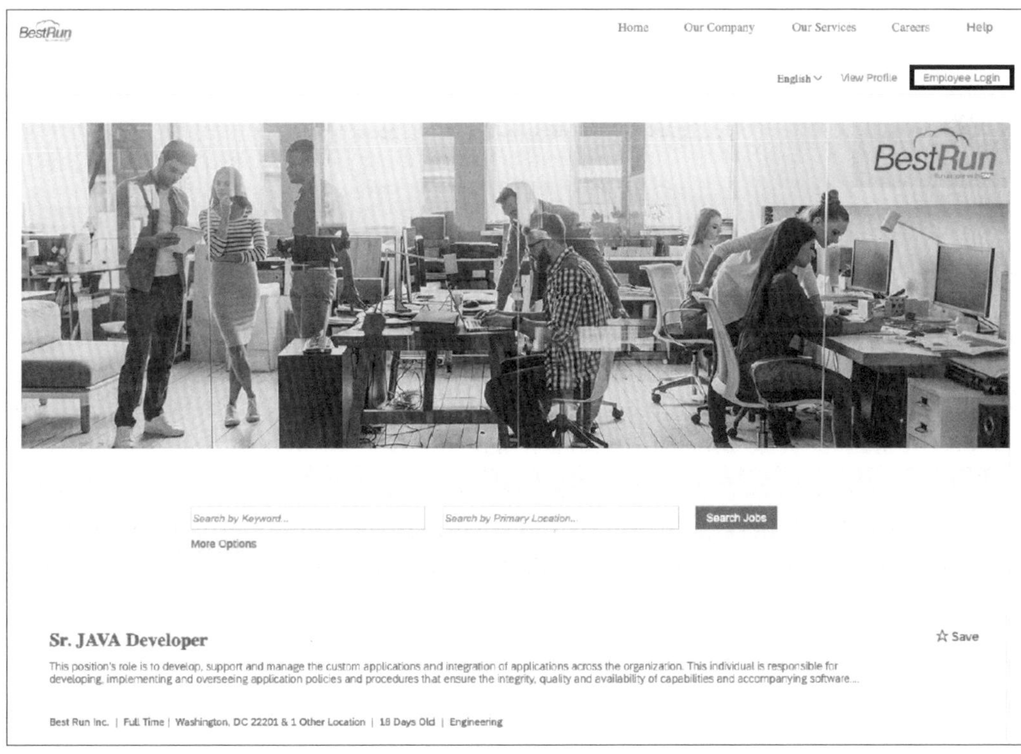

Abbildung 9.2 Zugriff auf das Karriereportal über die externe Website

9.1.3 Mit dem Career Site Builder arbeiten

Der Career Site Builder ermöglicht es Ihnen, Ihre Karriereseite selbst erstellen und zu aktualisieren.

Wenn Sie den Career Site Builder öffnen, können Sie unter **Globale Einstellungen** zunächst die grundlegende Gestaltung der Stellenangebote definieren. Abbildung 9.3 zeigt, wie Sie Schriftart, Schriftgröße sowie Abstände einstellen.

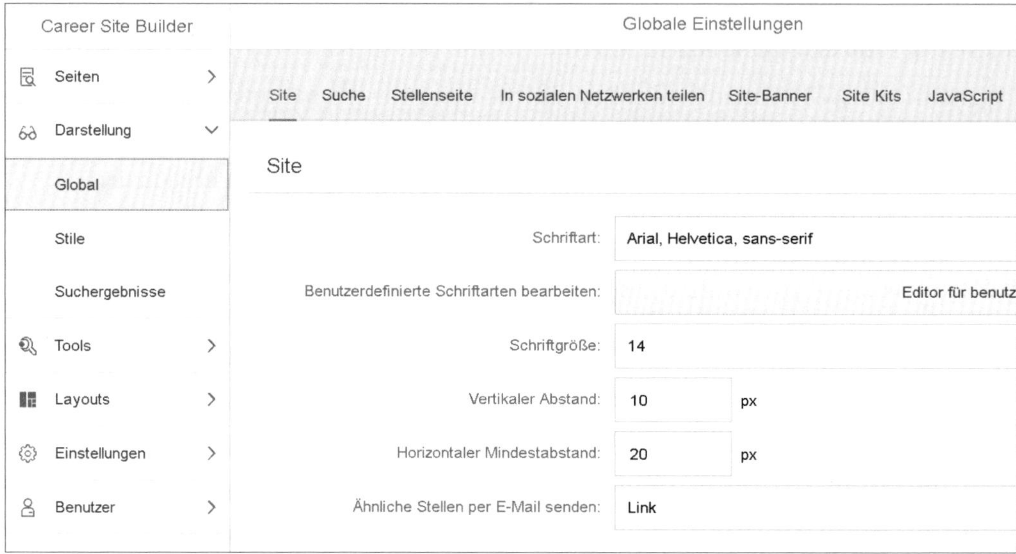

Abbildung 9.3 Schriftart, Schriftgröße und Zeilenabstände definieren

Des Weiteren ist es möglich, unter dem Menüpunkt **Hauptstile** markenspezifische Farben und Seitenstile zu definieren (siehe Abbildung 9.4). Unter den Menüpunkten **Kopfzeile**, **Zeilenfußzeile** und **Spaltenfußzeile** können Sie die Kopf- und Fußzeile jeweils marken- und sprachenspezifisch definieren.

Einige Einstellungen, wie z. B. die Schriftart oder die Darstellung der Suchergebnisse, werden global – also für die ausgewählte Karriereseite –vorgenommen, und andere können marken- und sprachenspezifisch definiert werden.

Abbildung 9.4 Farbeinstellungen vornehmen

Die verschiedenen Seitentypen

Um Ihre Karriereseite optimal aufzubauen, gibt es verschiedene Seitentypen, die für bestimmte Anwendungsfälle geeignet sind.

- **Startseite**
  Dabei handelt es sich um die Hauptseite einer Marke, auf die u. a. nach einer Bewerbung automatisch verlinkt wird.
- **Inhaltseite**
  Diese Seiten eignen sich dazu, als Unterseiten der Startseite verwendet zu werden und dort dem Interessenten Informationen über den Bewerbungsprozess, das Unternehmen oder Erfahrungsberichte von Mitarbeitern zu präsentieren.
- **Kategorieseite**
  Kategorieseiten sind auf eine spezielle Zielgruppe ausgerichtet, z. B. indem sie nur Stellenausschreibungen an bestimmten Standorten oder für ein bestimmtes Karrierelevel anzeigen. Es kann eine nach bestimmten Kriterien vorgefilterte Suchergebnisliste angezeigt werden, und damit können potenzielle Bewerber gezielt angesprochen werden. Als Kriterien für die Suchergebnisse können alle Felder verwendet werden, die im Admin-Tool **Feldzuordnung Recruiting-Marketing/Stelle einrichten** enthalten sind. Ein Beispiel für eine Kategorieseite sehen Sie in Abbildung 9.5.

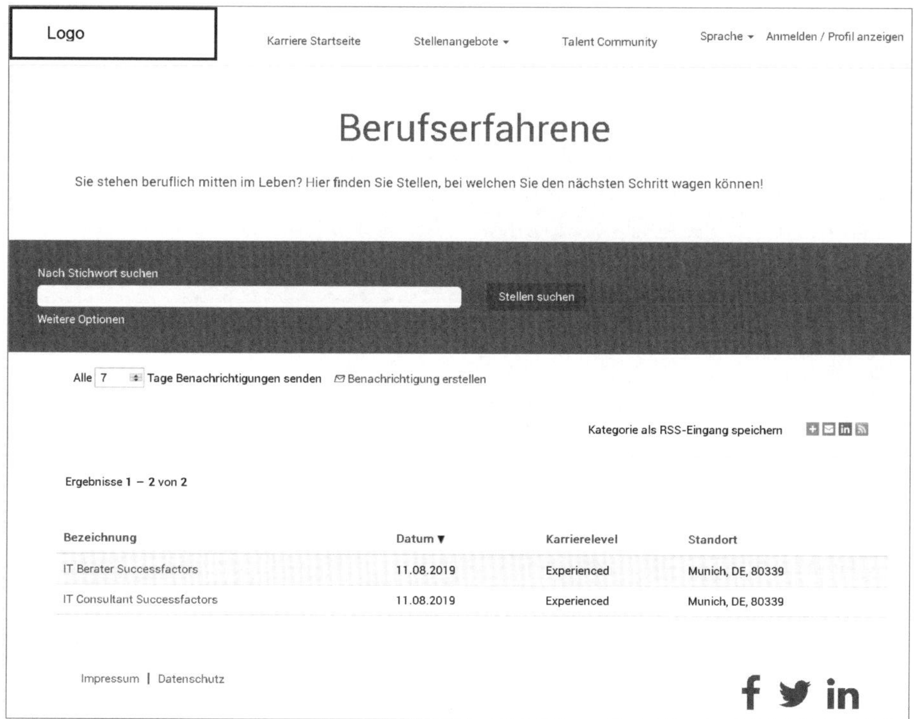

Abbildung 9.5 Beispiel für eine Kategorieseite

- **Landing-Seite**
  Diese Seiten werden z. B. für Veranstaltungen oder zur Einbindung von Datenerfassungsformularen verwendet (mehr darüber erfahren Sie in Abschnitt 9.2.8, »Mit Kandidaten in Kontakt bleiben«). Eine Besonderheit dieses Seitentyps ist die Verwendung eines zweispaltigen Layouts.

Komponenten zu einer Seite hinzufügen

Der Career Site Builder nutzt ein sogenanntes *Baukastensystem*, um ohne Programmierkenntnisse Karriereseiten gestalten zu können. Auf einer benutzerfreundlichen Oberfläche können Sie verschiedene Komponenten zu einer Seite hinzufügen. Dazu gehören z. B. Text, große Bilder, Videos, Suchleisten, Google-Stellenkarten, auf denen einer Landkarte gleich Lokationen mit Ausschreibungen angezeigt werden, oder Bilder über drei Spalten mit Beschriftung. Innerhalb der einzelnen Komponenten können Sie wiederum weitere Einstellungen vornehmen.

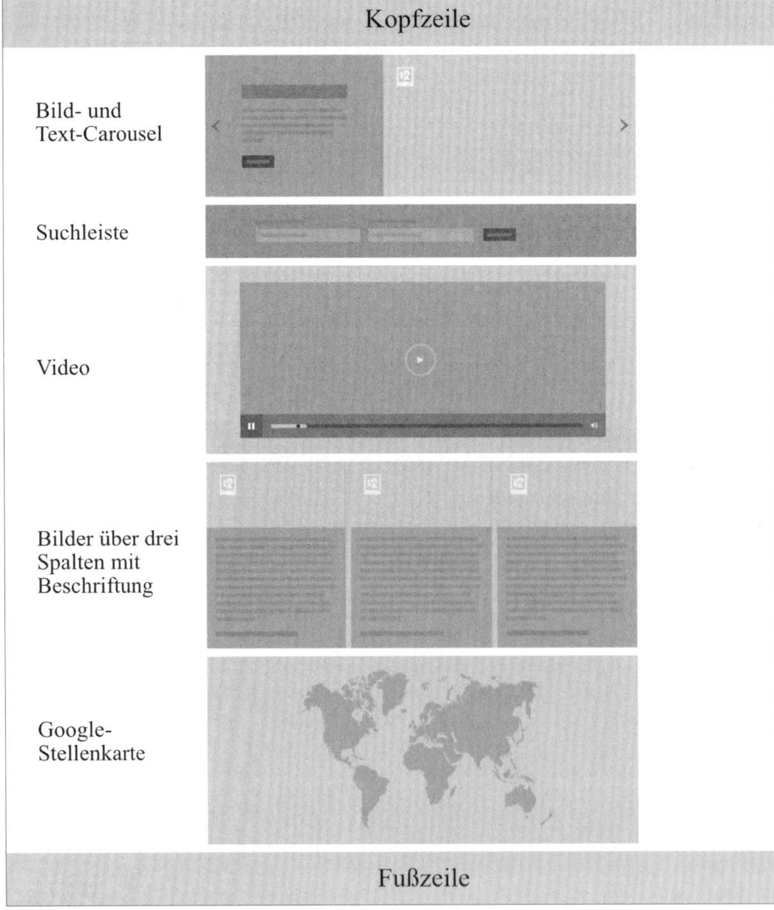

Abbildung 9.6 Struktur der Karriereseite

In Abbildung 9.6 sehen Sie die Struktur einer mit dem Career Site Builder erstellten Seite. Die Inhalte der verschiedenen Seitentypen werden von der Kopf- und Fußzeile eingerahmt. Auf den Seiten selbst kommen die einzelnen Komponenten des Baukastensystems zur Anwendung.

Benutzerdefiniertes Plug-in und JavaScript

Wir empfehlen Ihnen, im Career Site Builder mit den Standardelementen zu arbeiten. Diese bieten Ihnen Release-Sicherheit, zudem erhalten Sie hier Best-Practice-orientierte Vorgehensweisen. Sollten die im Standard verfügbaren Komponenten Ihnen für Ihre individuellen Anforderungen zu wenig Gestaltungsmöglichkeiten bieten, haben Sie über das benutzerdefinierte Plug-in die Möglichkeit, individuelle, passgenaue Komponenten zu erstellen.

Darüber hinaus können Sie JavaScript über die Kopf- und Fußzeile der Webseite einbinden, um auch darüber Komponenten anzupassen. Für die Verwendung dieser Funktion sind allerdings Programmierkenntnisse erforderlich. Über die Möglichkeiten wird Ihr Implementierungspartner Sie im Projekt beraten.

Responsives Webdesign

Alle Elemente, die Ihnen im Career Site Builder zur Verfügung stehen, folgen den Prinzipien des responsiven Webdesigns. Das heißt, sie sind für die Darstellung sowohl auf Desktop-Computer als auch auf Tablets und Smartphones ausgelegt. Als Administrator können Sie aber auch bei jeder Komponente angeben, bei welchem Aufruf – über **Desktop**, **Tablet** oder **Mobil** – sie angezeigt werden soll (siehe Abbildung 9.7).

Wenn Sie z. B. für das mobile Endgerät einen anderen Bildausschnitt zeigen wollen als auf dem Desktop-Computer, können Sie zwei unterschiedliche Komponenten hinzufügen; eine davon können Sie für die Desktopansicht aktivieren und die andere nur für die mobile Ansicht. In Abbildung 9.7 sehen Sie, dass z. B. die Google-Stellenkarte nicht auf dem mobilen Endgerät angezeigt werden soll.

Das responsive Webdesign findet auch in der Kopf- und Fußzeile Anwendung. Hier wird entweder automatisch eine mobile Version erstellt, oder sie kann von Ihnen definiert werden.

In Abbildung 9.8 sehen Sie die Desktop-Version mit Suchmöglichkeit für Stellenangebote, eine Karte zur Visualisierung der Lokationen mit vakanten Stellen sowie z. B. auch mit einer Absprungmöglichkeit in die **Talent Community**. Der Wechsel der **Sprache** und der Absprung zum **Profil anzeigen** sind ebenfalls enthalten.

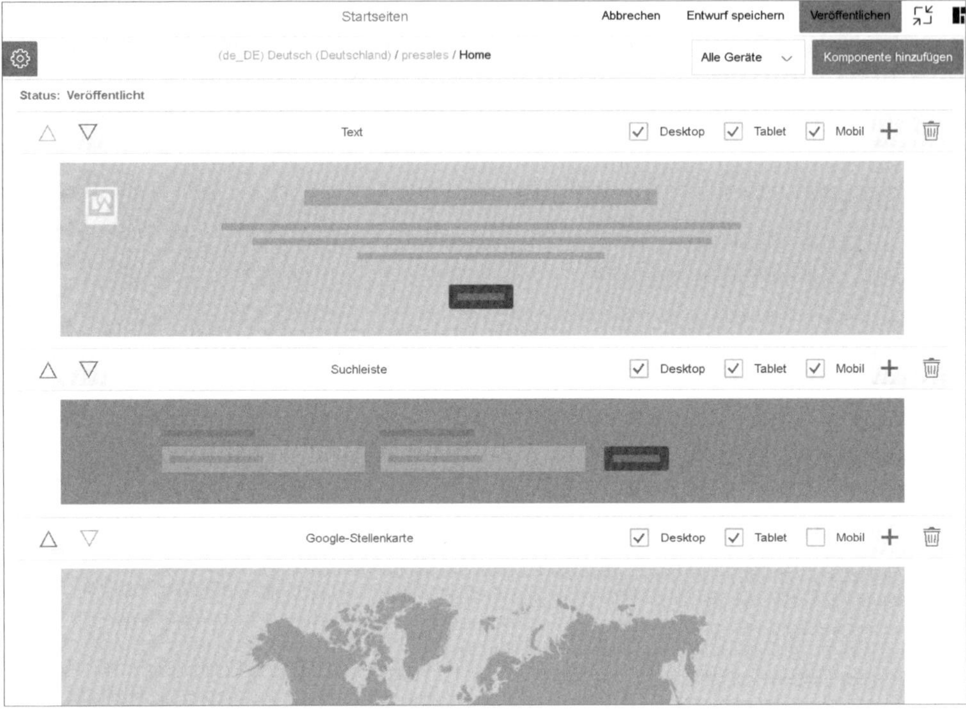

Abbildung 9.7 Eine Startseite erstellen

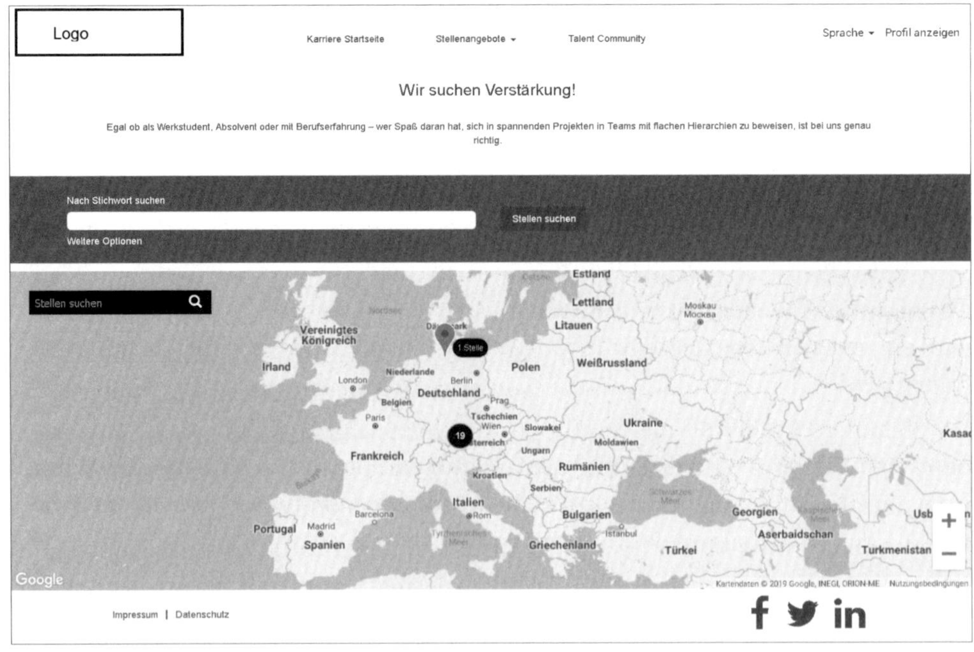

Abbildung 9.8 Desktop-Version der Karriereseite

Abbildung 9.9 zeigt eine mobile Variante der Karriereseite. Diese ist entsprechend fokussiert auf die Suche nach Stellenangeboten als wesentlichem Element. Zudem ist es ebenfalls möglich, zum Profil und den Sprachoptionen abzuspringen.

Abbildung 9.9 Karriereseite auf dem Smartphone

Stellensuche und Darstellung der Ergebnisse

Damit Kandidaten die für sie passende Stelle auf der externen Karriereseite schnell finden können, sind sowohl die Suchmöglichkeit als auch die Darstellung der Suchergebnisse von zentraler Bedeutung. Dafür können Sie auf jeder Seite eine Suchleiste einbinden. Die Suche basiert auf einem Algorithmus, der verschiedene Elemente Ihrer ausgeschriebenen Stelle berücksichtigt, um damit die besten Ergebnisse für die eingegebenen Stichworte liefern zu können. Über das Feld **Weitere Optionen** können Sie dem Kandidaten zusätzliche Filteroptionen zur Verfügung stellen (siehe Abbildung 9.10). Dabei handelt es sich um eine globale Einstellung. Sie können sich zudem einige der Felder anzeigen lassen, die im Admin-Tool **Feldzuordnung Recruiting-Marketing/Stelle einrichten** enthalten sind.

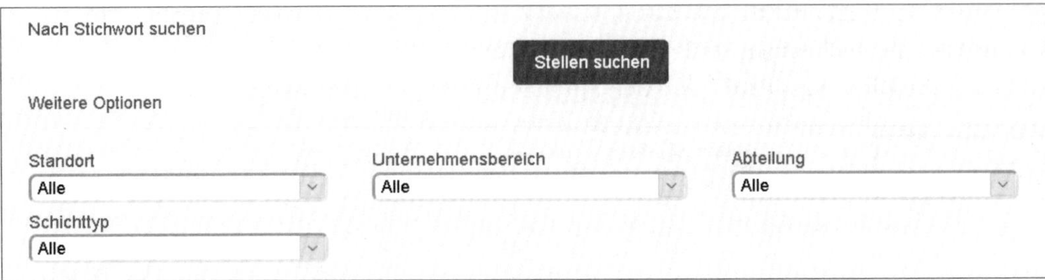

Abbildung 9.10 Das Feld »Weitere Suchoptionen«

Auch für die Darstellung der Ergebnisse haben Sie verschiedene Einstellungsmöglichkeiten und können Informationen darstellen, die dem Bewerber einen besseren Überblick über Ihre offenen Stellenangebote ermöglichen. Dies kann im traditionellen Tabellenformat erfolgen (siehe Abbildung 9.11).

Bezeichnung	Datum	Karrierelevel	Standort
Initiativbewerbung	24.07.2019	Students	Munich, DE, 80339
IT Berater Successfactors	11.08.2019	Experienced	Munich, DE, 80339
Praktikum im Vertrieb (m/w/d)	21.07.2019	Students	Munich, DE, 80339

Abbildung 9.11 Suchergebnisse im Tabellendesign

Sie können die Suchergebnisse auch im neuen Kacheldesign (siehe Abbildung 9.12) anzeigen lassen. Hier können einige der Felder angezeigt werden, die im Admin-Tool **Feldzuordnung Recruiting-Marketing/Stelle einrichten** enthalten sind.

Initiativbewerbung

Standort	Karrierelevel	Datum
Munich, DE, 80339	Students	24.07.2019

IT Berater Successfactors

Standort	Karrierelevel	Datum
Munich, DE, 80339	Experienced	11.08.2019

Praktikum im Vertrieb (m/w/d)

Standort	Karrierelevel	Datum
Munich, DE, 80339	Students	21.07.2019

Abbildung 9.12 Suchergebnisse im Kacheldesign

Layout des externen Stellenangebots zuweisen

Der Kern einer Karriereseite sind die Stellenangebote. Für eine automatische Zuweisung eines Layouts sind drei Felder ausschlaggebend:

1. Sprache der Stellenanforderung
2. Marke
3. frei definierbares Feld aus der Stellenanforderung

Im Hinblick auf das Layout können Sie entscheiden, ob Sie ein einspaltiges oder ein zweispaltiges Design verwenden möchten. Auch hierzu stehen verschiedene Komponenten zur Auswahl, die mit den Komponenten für die Darstellung der Seitentypen vergleichbar sind. Sie können **Ausgewählte Stellen hervorheben**, **Benutzerdefiniertes Plugin**, **Google-Stellenkarte**, **Großes Bild**, **Text**, **Video** und **Stellen-Token** verwenden. Die Stellen-Token sind Inhalte, die im Admin-Tool **Feldzuordnung Recruiting-Marketing/Stelle einrichten** enthalten sind. Diese können untereinander in das Layout eingefügt werden. In Abbildung 9.13 sehen Sie ein Beispiel für ein zweispaltiges Design.

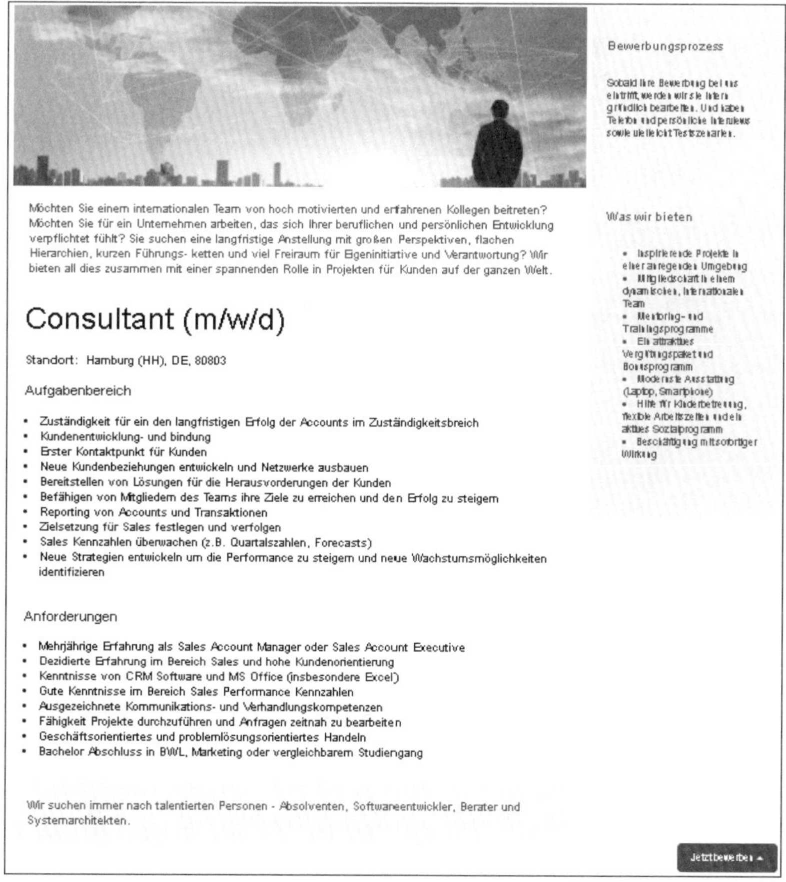

Abbildung 9.13 Stellen-Layout im zweispaltigen Design

Marken darstellen

Oftmals vereinen sich unter einer Firma mehrere Marken mit unterschiedlichem Design. Im Career Site Builder können Sie es folgendermaßen abbilden: Es gibt eine Hauptmarke, über die immer alle Stellenausschreibungen gefunden werden können, und es können zusätzliche Marken erstellt werden, die mit komplett unterschiedlichen Logos und Unternehmensfarben dargestellt werden. Dabei teilen sich die Marken eine URL. Die Hauptmarke hat z. B. die URL *www.karriere.firmenname.de*, und die Marken sind jeweils unter *www.karriere.firmenname.de/Marke1* und *www.karriere.firmenname.de/Marke2* zu erreichen.

In Abbildung 9.14 sehen Sie ein Layout, das mit einer grafischen Visualisierung der Vakanzen arbeitet und diese als Alternative zur Suche über das Suchfeld anbietet. Das Logo ist kleiner in der linken oberen Ecke platziert. zeigt.

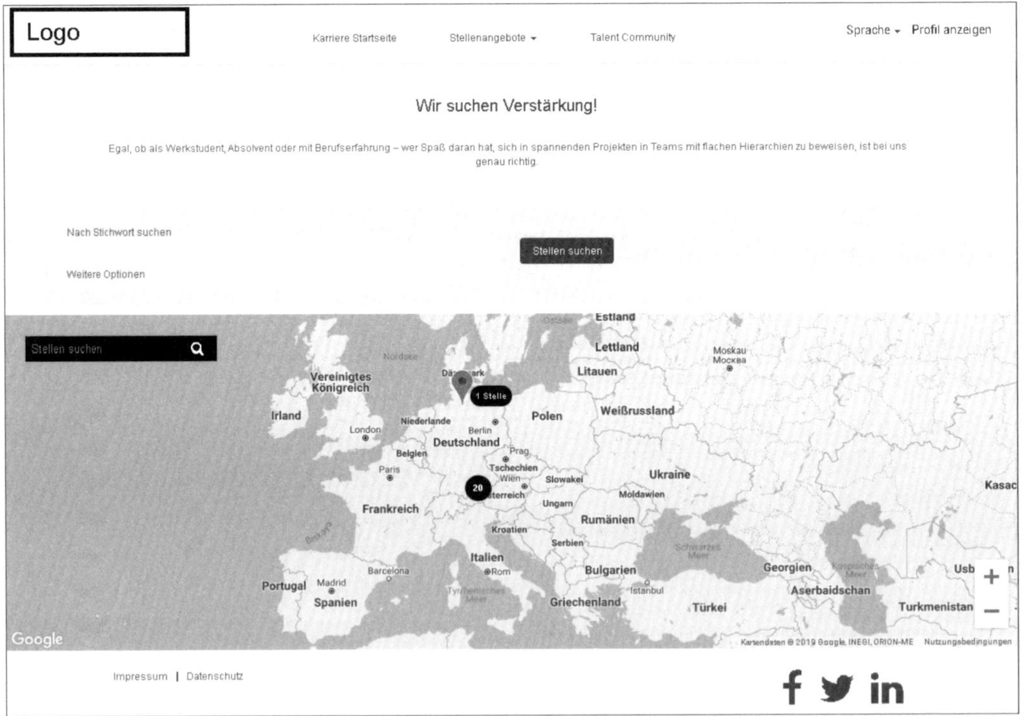

Abbildung 9.14 Marke 1

Die in Abbildung 9.15 dargestellte Seite hingegen ist konzentriert auf die Suchzeile für die Suche nach vakanten Stellen, das Logo rückt etwas mehr in den Mittelpunkt.

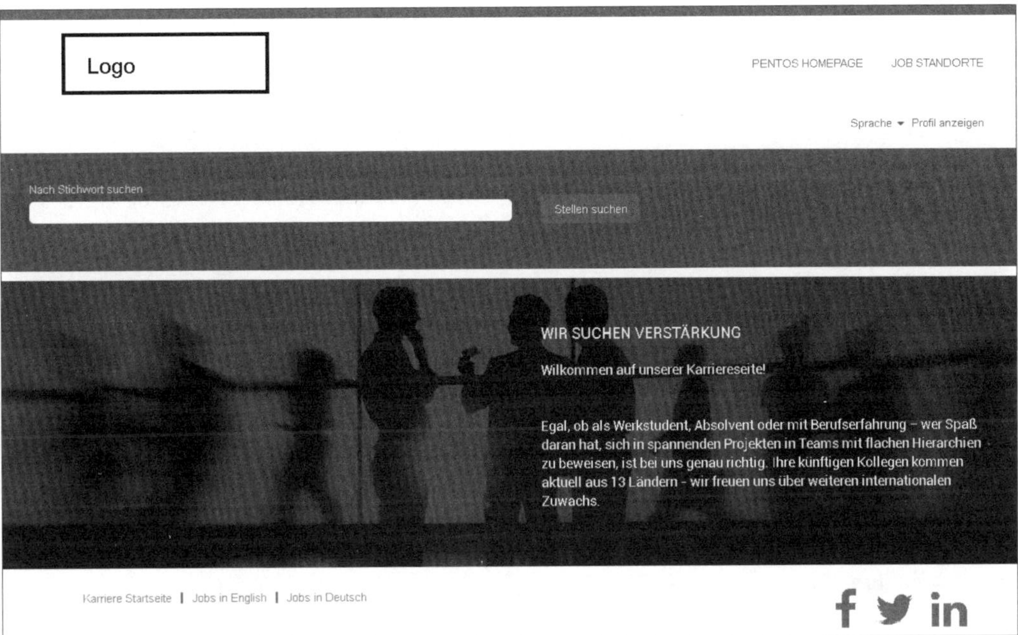

Abbildung 9.15 Marke 2

Berechtigungen im Career Site Builder

Der Zugriff auf den Career Site Builder wird in zwei Schritten gewährt. Zum einen sind rollenbasierte Berechtigungen innerhalb der Instanz notwendig (siehe Kapitel 8, »Rollenbasierte Berechtigungen in SAP SuccessFactors«). Zum anderen gibt es ein detailliertes Rollenkonzept innerhalb des Career Site Builders. Damit können Sie festlegen, dass bestimmte Benutzer z. B. nur auf eine Marke, Sprache oder einen Seitentyp Zugriff haben und dort Änderungen vornehmen können.

9.1.4 Social Media und Berichtswesen im Recruiting Marketing

Mithilfe des sogenannten *Source Trackers*, den Sie über den Menüpunkt **Recruiting** erreichen, können Sie Stellenanzeigen gezielt über Social-Media-Plattformen wie Facebook, Twitter, LinkedIn und Xing teilen. Dafür geben Sie die URL ein und klicken dann auf die Schaltfläche **Teilen**. Im dabei übermittelten Link wird automatisch eine Quellennachverfolgung mitgegeben. So können Sie die Quellen der Bewerbungen leicht identifizieren.

Sie können jedoch Kurz-URLs oder QR-Codes für Stellenanzeigen erstellen und teilen. In Abbildung 9.16 sehen Sie die Optionen, die Ihnen zur Verfügung stehen.

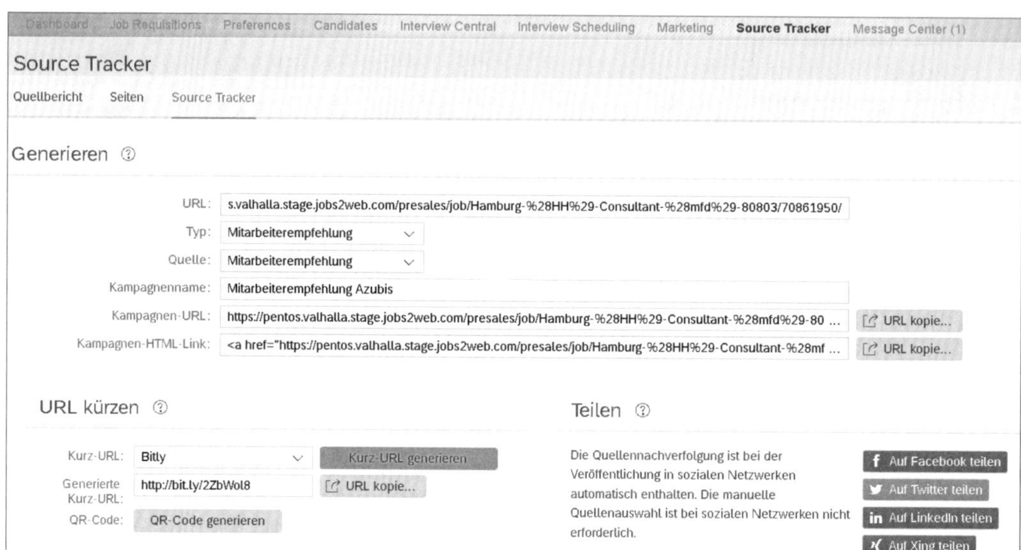

Abbildung 9.16 Source Tracker

Um hinterher nachvollziehen zu können, über welche Quellen Bewerber auf die Stellenausschreibungen aufmerksam geworden sind, kann der *Quellbericht* zu Rate gezogen werden (siehe Abbildung 9.17). Hier können Zeitspannen für das Reporting eingestellt werden, und es kann auch nach zuvor im Source Tracker erstellten Kampagnen gesucht und deren Effektivität überprüft werden.

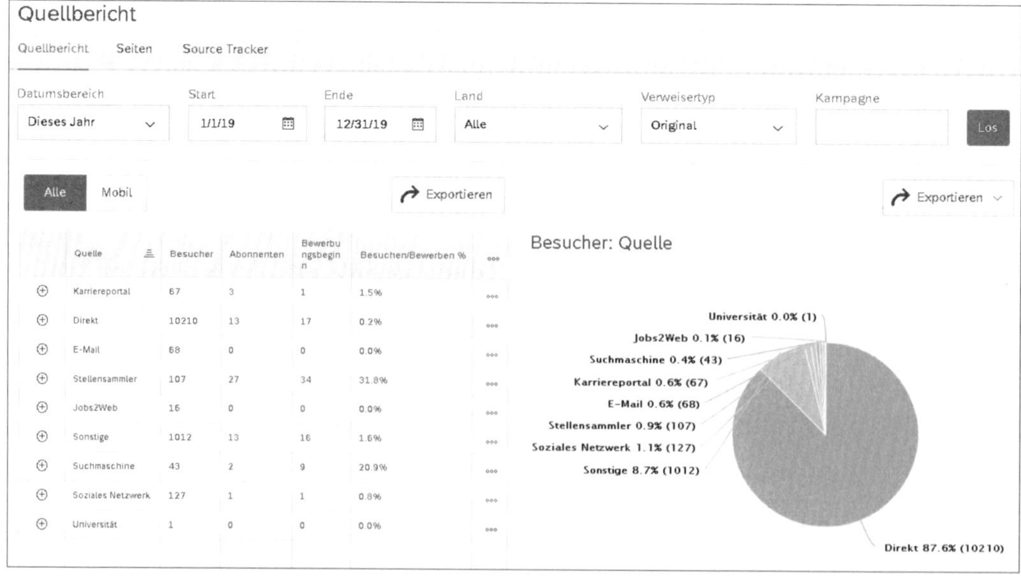

Abbildung 9.17 Quellbericht

9.2 Recruiting Management

Im Folgenden stellen wir Ihnen das Recruiting Management vor. Dabei gehen wir auf die folgenden Punkte näher ein:

- Rollen und Rechte
- Erstellung einer Stellenanforderung über das Planstellenorganigramm (mit SAP SuccessFactors Employee Central)
- direkte Erstellung einer Stellenanforderung im Recruiting Management
- Veröffentlichen einer Stellenanforderung
- Bewerbungsprozess
- Kandidatenpipeline
- Verwaltung von Kandidatenbeziehungen
- Gesprächsmanagement
- Interview Central
- Angebotsprozess

Auf die Einstellung mit Weitergabe an Onboarding oder SAP SuccessFactors Employee Central gehen wir in Kapitel 11 näher ein.

Der Rekrutierungsprozess teilt sich typischerweise in die folgenden Schritte auf:

1. **Initialisierung**
   Der Prozess beginnt mit dem Initialisieren einer Stellenanforderung, entweder über das Positionsmanagement (wenn eine Planstelle nicht die nötigen »Vollzeitäquivalente« hat und das Budget genehmigt ist) oder direkt über das Recruiting Management. Wenn die Genehmigung nicht mit dem Planstellengenehmigungsprozess verbunden ist, kann sie im Recruiting Management ergänzt werden.
2. **Veröffentlichung der Vakanz**
   Eine (genehmigte) Stellenanforderung wird veröffentlicht, sodass sich Kandidaten darauf bewerben können.
3. **Bearbeitung von Bewerbungen**
   Zur Bearbeitung von Bewerbungen bietet das Recruiting Management einen frei gestaltbaren Auswahlprozess, der dabei hilft, den richtigen Bewerber für die vakante Stelle zu finden. SAP SuccessFactors bietet zudem Unterstützung für die Organisation der Bewerbungsbearbeitung, das Einladen zu Gesprächen und die Angebotserstellung. Auch für die Kommunikation mit allen am Prozess Beteiligten erhalten Sie umfangreiche Unterstützung.
4. **Einstellung**
   Übernahme der Bewerberdaten in die nachfolgenden Systeme

9.2.1 Rollen und Rechte

Um die Möglichkeiten des Recruiting Managements nutzen zu können, richten Sie benötigte Rollen und Berechtigungen im Bereich der rollenbasierten Berechtigungen (siehe Kapitel 8, »Rollenbasierte Berechtigungen in SAP SuccessFactors«) ein. Mit dem Ziel der Trennung von Rolle und Person besitzt das Recruiting Management ein modulspezifisches Berechtigungssystem mit folgenden verfügbaren Rollen:

- Urheber der Stellenanforderung
- Recruiter (im Deutschen auch als *Personalbeschaffer* bezeichnet)
- einstellender Manager
- Beschaffer
- primärer Koordinator
- zweiter Recruiter
- VP-Personalwesen
- Genehmiger
- Kandidat

Bei Erstellung einer Stellenanforderungsvorlage werden diese Rollen mit natürlichen Personen oder Technischen Nutzern (siehe Abschnitt 8.6, »Best Practice: Einfachheit, Klarheit und Skalierbarkeit mit Technischen Nutzern«) verknüpft. Als Halter einer Rolle kann man dann die für die Rolle vorgesehenen Berechtigungen im Kontext der einzelnen Stellenanforderung nutzen. Eine Berechtigung kann in diesem Zusammenhang z. B. das Schreibrecht auf ein bestimmtes Feld oder auch das Lesen bestimmter Inhalte der Bewerbung eines Kandidaten sein.

Sogenannte *Recruiting-Gruppen* ermöglichen es, den Personenkreis, der im Rahmen der Erstellung einer Stellenanforderung involviert werden kann, einzugrenzen. Recruiting-Gruppen können im Admin-Center unter **Recruiting-Gruppen verwalten** eingerichtet und gepflegt werden (siehe Abbildung 9.18).

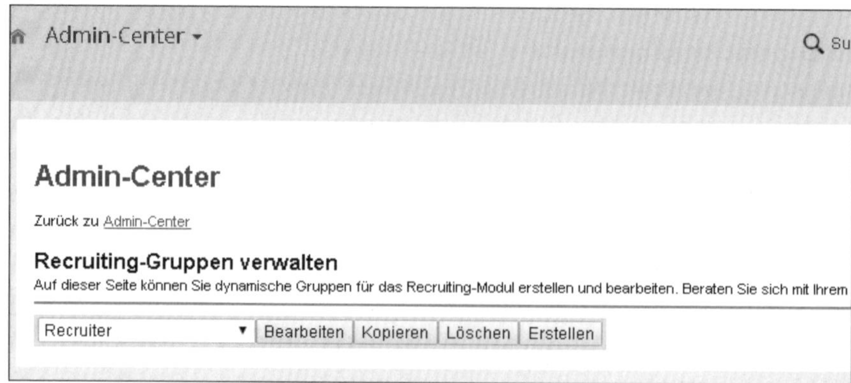

Abbildung 9.18 Recruiting-Gruppen verwalten

Sind mehrere Personen in einer identischen Rolle am Rekrutierungsprozess beteiligt, empfehlen wir Ihnen die Verwendung von *Recruiting-Teams*. Diese ermöglichen es, dass sich mehrere Personen eine Rolle teilen und damit identische Berechtigungen im Personalauswahlprozess erhalten. Die Pflege der Recruiting-Teams erfolgt im Admin-Center unter **Recruiting-Teameinstellungen verwalten** (siehe Abbildung 9.19).

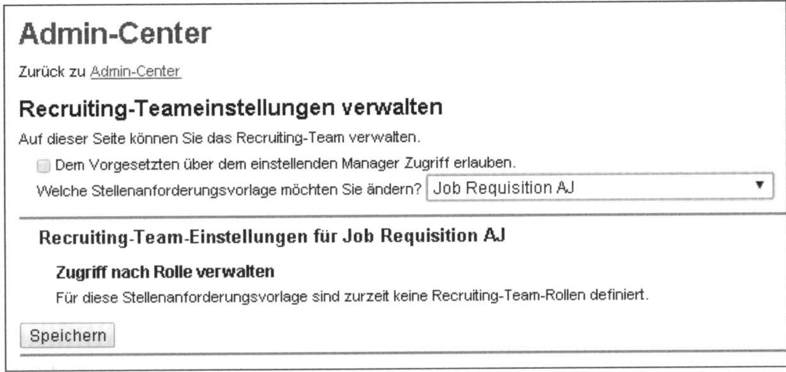

Abbildung 9.19 Recruiting-Teameinstellungen verwalten

Arbeiten mit Recruiting-Teams

Die Recruiting-Teams ermöglichen neben dem Teilen der Rolle auch die Definition des Standardhauptbenutzers pro Stellenanforderungsvorlage. Wird dieser definiert, erscheint er automatisch beim Erstellen einer Stellenanforderung.

9.2.2 Stellenanforderungen

Eine Stellenanforderung bezieht sich auf eine vakante Planstelle. Sie kann in SAP SuccessFactors auf zwei Arten erstellt werden:

- basierend auf einer vakanten Planstelle im Positionsmanagement von SAP SuccessFactors Employee Central (darauf gehen wir in diesem Abschnitt ein)
- im Recruiting Management ohne direkten Bezug zum Positionsmanagement (siehe Abschnitt 9.2.4, »Direkte Erstellung einer Stellenanforderung im Recruiting Management«)

Stellenanforderungsvorlage

Die Stellenanforderung ist ein wichtiger Bestandteil des Recruiting Managements. Damit Sie komfortabel eine neue Stellenanforderung ausschreiben können, richten Sie im Rahmen eines Implementierungsprojekts gemeinsam mit Ihrem Implementierungspartner eine auf Ihre Anforderungen zugeschnittene Vorlage ein. Sie können die Vorlage, wie in anderen Modulen auch, selbst im Admin-Center erstellen (siehe Abbildung 9.20). Die Vorlage definiert, welche Informationen in einer Stellenanforderung enthalten sein müssen. Sie kann auch, falls benötigt, einen entsprechenden Freigabeprozess für die Stellenanforderung enthalten. So können die am Prozess beteiligten Rollen direkt eingebunden werden.

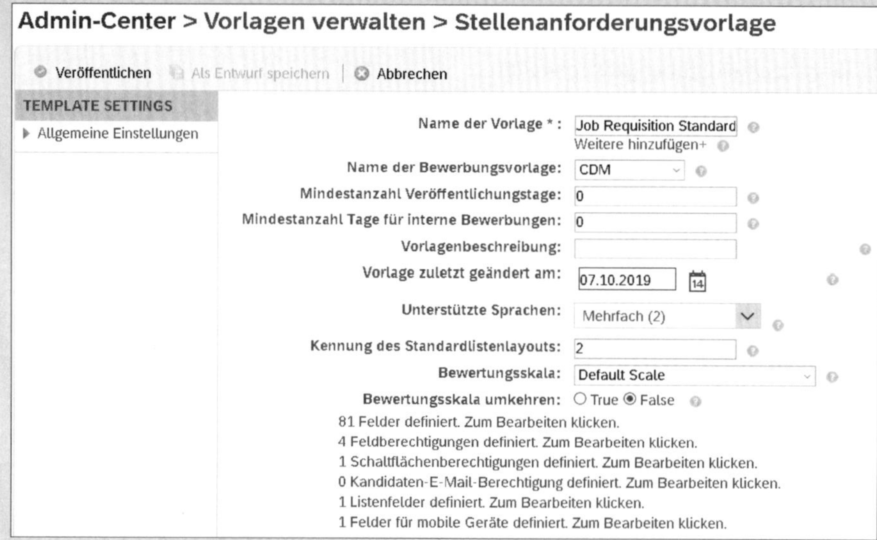

Abbildung 9.20 Stellenanforderungsvorlage selbst erstellen

Stellenanforderungsvorlagen können ein komplexes, im Best-Practice-Fall auch ein stark integriertes Thema darstellen. Rollen, Planstellen, Stellen und ggf. Planstellengenehmigungsprozesse, Budgetierung u. Ä. können relevante Themen für Sie sein, die Sie abstimmen wollen. Auch im Reporting können sich Abhängigkeiten ergeben. Diskutieren Sie das Thema daher mit Ihrem Implementierungspartner.

9.2.3 Stellenanforderung über das Planstellenorganigramm erstellen

Werden in Ihrem Unternehmen SAP SuccessFactors Employee Central und das damit verbundene Positionsmanagement genutzt (siehe Kapitel 11, »Employee Central«), ist es im Recruiting Management möglich, Stellenanforderungen direkt aus dem Positionsmanagement zu erstellen. Organisatorische Details der Stellenanforderung können dann automatisiert befüllt werden. Im Folgenden zeigen wir Ihnen, wie das funktioniert.

Über den Eintrag **Informationen zu Firma** erreichen Sie das **Planstellenorganigramm**. Wählen Sie hier eine Planstelle aus, klicken Sie auf den Planstellentitel, dann auf die drei Menübalken, und wählen Sie die Option **Stellenanforderung erstellen** aus dem Kontextmenü aus (siehe Abbildung 9.21).

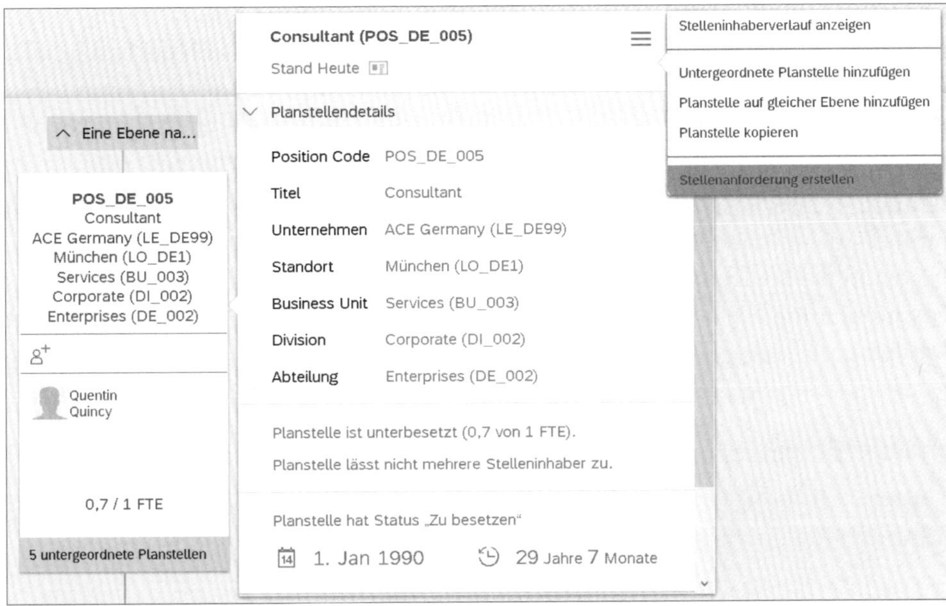

Abbildung 9.21 Stellenanforderung aus der Planstelle erstellen

Über ein Pop-up lassen sich nun die zu verwendenden Felder **Stellenanforderungsvorlage**, das **Datum der neuen Stellenanforderung** sowie die **Anzahl der offenen Stellen** definieren. Klicken Sie auf die Schaltfläche **Erstellen**, um die Stellenanforderung zu erstellen (siehe Abbildung 9.22).

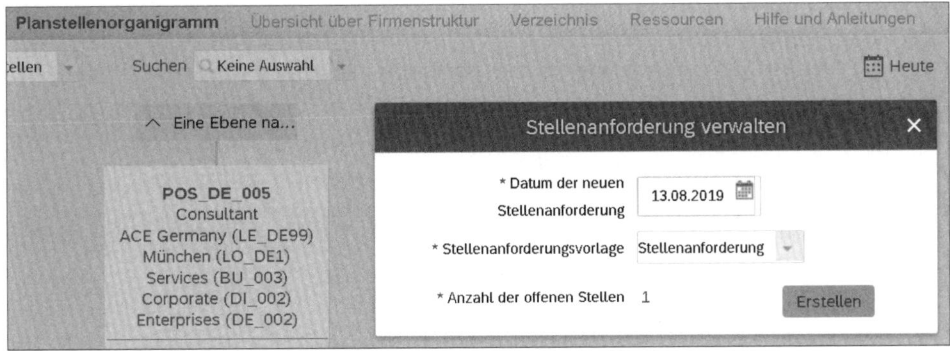

Abbildung 9.22 Stellenanforderung aus einer vakanten bzw. unterbesetzten Planstelle erstellen

Über in SAP SuccessFactors hinterlegte Regeln besteht darüber hinaus die Möglichkeit, Stellenanforderungen automatisch bei einer bestimmten Aktion zu erstellen.

Scheidet z. B. ein Mitarbeiter aus, kann zu einem definierten Zeitpunkt eine Stellenanforderung automatisch erstellt und über die Definition von Geschäftsregeln mit Inhalten gefüllt werden.

Das automatische Befüllen ist jedoch nicht nur auf die Positionsinhalte beschränkt. Basierend auf Regeln, können z. B. auch für ausgewählte Positionen bestimmte Personen als Recruiter automatisch ausgewählt werden. Die Einstellungen dafür können Sie im Admin-Center unter **Geschäftsregeln konfigurieren** vornehmen.

Wurden in Ihrer Instanz bereits Stellenprofile erstellt (siehe Abschnitt 7.1, »Stellenprofile«), die mit der Planstelle verknüpft sind, können Sie deren Inhalt anhand von Regeln in die Stellenanforderungsvorlage integrieren. Die vollständig befüllte Stellenanforderung (siehe Abbildung 9.23) muss im Idealfall dann nur noch genehmigt werden.

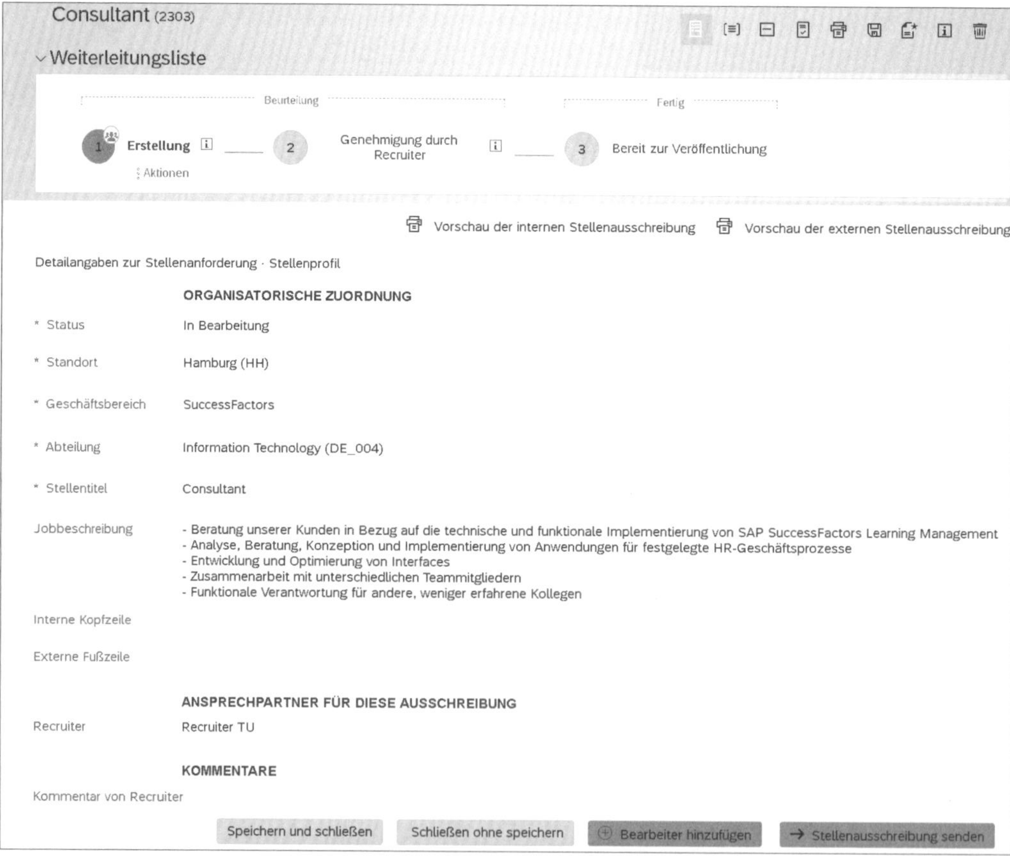

Abbildung 9.23 Stellenanforderung mit vorgefüllten Inhalten

9.2.4 Direkte Erstellung einer Stellenanforderung im Recruiting Management

Wenn Sie kein Planstellenmanagement verwenden, müssen Sie die Ausschreibung und ggf. den damit verbundenen Genehmigungsprozess innerhalb des Recruiting Managements abbilden. Je nach Ausgangssituation in Ihrem Unternehmen kann die Erstellung einer neuen Stellenanforderung unterschiedlich ausgelöst werden. Es kann z. B. der einstellende Vorgesetzte sein, der eine Anforderung erstellt. Es kann aber auch sein, dass eine zentrale HR-Funktion direkt die Erstellung startet.

Wenn Sie mit Ihrem Implementierungspartner die Vorlage für die Stellenausschreibung definieren, dann halten Sie in diesem Zusammenhang auch fest, wie die Schritte zur Erstellung und Freigabe einer Stellenanforderung gestaltet sind. Die Rolle, die den Anforderungsprozess startet, kann dies über die Registerkarte **Recruiting** und die Übersicht der Stellenanforderungen tun, indem sie auf **Neu erstellen** klickt (siehe Abbildung 9.24).

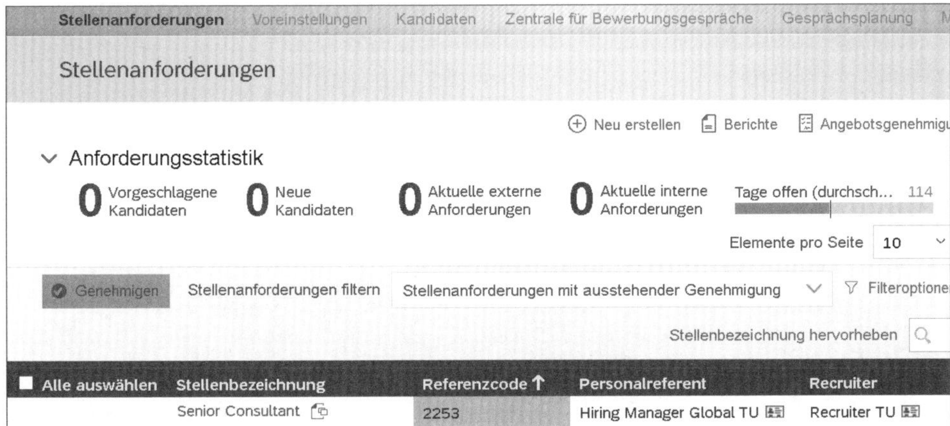

Abbildung 9.24 Neue Stellenanforderung erstellen

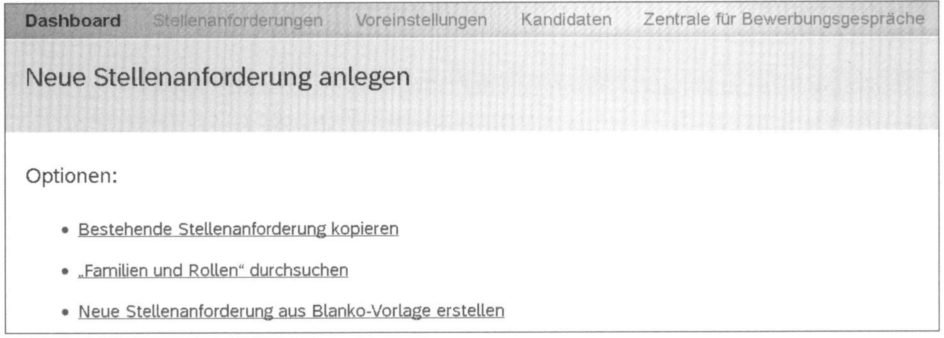

Abbildung 9.25 Neue Stellenanforderung anlegen

Im nächsten Schritt wird der Benutzer nach dem Typ der Stellenanforderung gefragt (siehe Abbildung 9.25).

Im Folgenden stellen wir Ihnen die drei Möglichkeiten zur Anlage einer neuen Stellenanforderung vor:

1. **Bestehende Stellenanforderung kopieren**
   Das Kopieren einer vorhandenen Stellenanforderung spart Zeit, wenn eine ähnliche Stelle ausgeschrieben werden soll und sich lediglich Details, wie etwa der Ort, verändern. Dazu kann der Benutzer durch einen Klick auf den Link **Bestehende Stellenanforderung kopieren** anhand von Kriterien nach bestehenden Stellenanforderungen suchen und eine Kopie des Inhalts erstellen (siehe Abbildung 9.26).

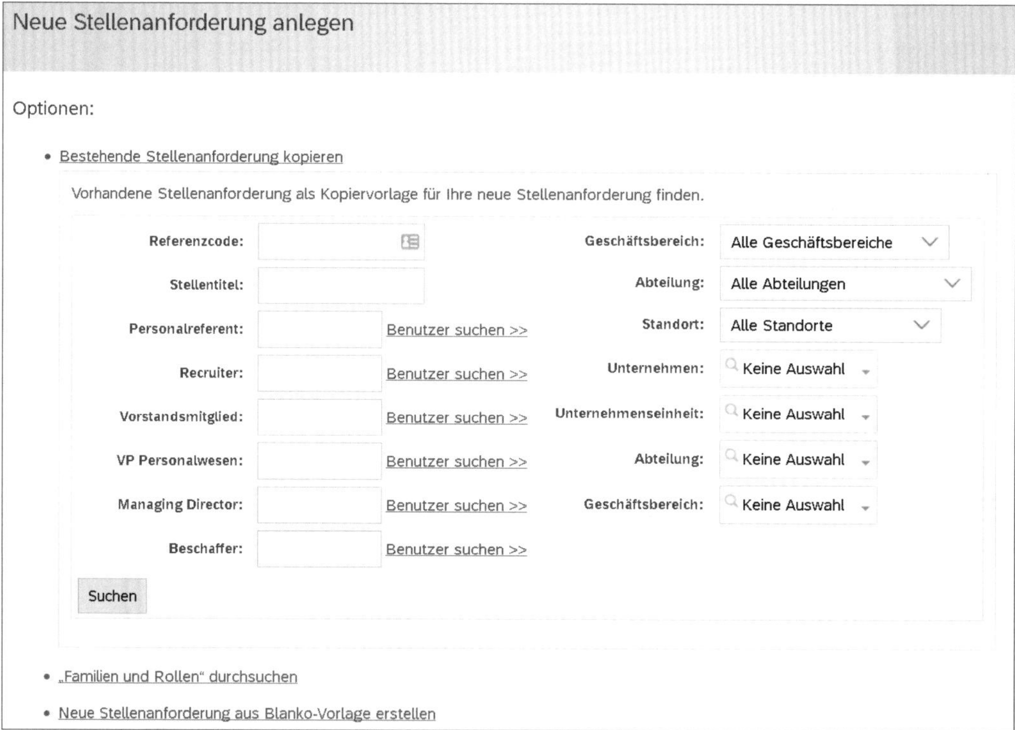

Abbildung 9.26 Stellenanforderungen über »Kopiervorlage« neu anlegen

2. **„Familien und Rollen" durchsuchen**
   Das Arbeiten mit *Rollen* im Rahmen des Recruiting Managements vereinfacht den Prozess der Erstellung von Stellenanforderungen, da bereits alle relevanten Informationen in der Rolle (siehe Abschnitt 7.1, »Stellenprofile«) verfügbar sind und somit lediglich aufbereitet werden müssen (siehe Abbildung 9.27).

Neue Stellenanforderung anlegen

Optionen:

- Bestehende Stellenanforderung kopieren
- „Familien und Rollen" durchsuchen

Wählen Sie unter „Familien und Rollen" eine Rolle für die neue Stellenanforderung.

⊞ Administrative Support Family
⊞ Digitalization
⊞ Human Resources Family
⊟ Managerial and Supervisory Family
⊞ Executive Management
⊟ Management and Planning

Stellenbeschreibung:
Kompetenz: Arbeitsausführung von hoher Qualität,Sicheres Arbeiten,Ständiges Streben nach Verbesserung,
Stellennummer(n):
○ 50070999

⊞ Marketing/Community Relations Family
⊞ Retail Associates
⊞ Retail Management
⊞ Services and Maintenance Family
⊞ Skilled Craft Family

Auswahl verwenden

Abbildung 9.27 Rollenauswahl

Gestaltung des Layouts von Ausschreibungen

Das Umsetzen von Unternehmensrichtlinien zur Gestaltung von Ausschreibungen ist in SAP SuccessFactors nicht immer einfach. Es gibt die Möglichkeit, mit Kopf- und Fußzeilen aus Recruiting Management zu arbeiten und mit Layouts für Stellen in Recruiting Marketing. Ihr Implementierungspartner wird Sie im Implementierungsprojekt darin unterstützen, eine für Sie passende Lösung zu finden.

3. **Neue Stellenanforderung aus Blankovorlage erstellen**
   Die dritte Möglichkeit besteht darin, eine völlig neue Stellenanforderung zu erstellen. Hier sind dem Benutzer keine Inhalte oder Strukturen vorgegeben. Diese Möglichkeit stellen wir Ihnen im Folgenden in aller Kürze vor.

Definition der Prozessbeteiligten

Ist ein Weg zur Erstellung einer Stellenanforderung ausgewählt, werden die am Prozess beteiligten Rollen definiert. Kopieren Sie z. B. eine bestehende Stellenanforderung, sind bereits Personen zu den einzelnen Rollen hinzugefügt. Legen Sie eine neue Stellenanforderung an oder erstellen eine über die Option **„Familien und Rollen" durchsuchen**, pflegen Sie Personen, die am Genehmigungsprozess teilhaben, direkt bei der Erstellung der Stellenanforderung (siehe Abbildung 9.28).

Übrigens: Welche Rollen beteiligt sind, wird in der im Implementierungsprojekt definierten Vorlage zur Stellenanforderung bestimmt.

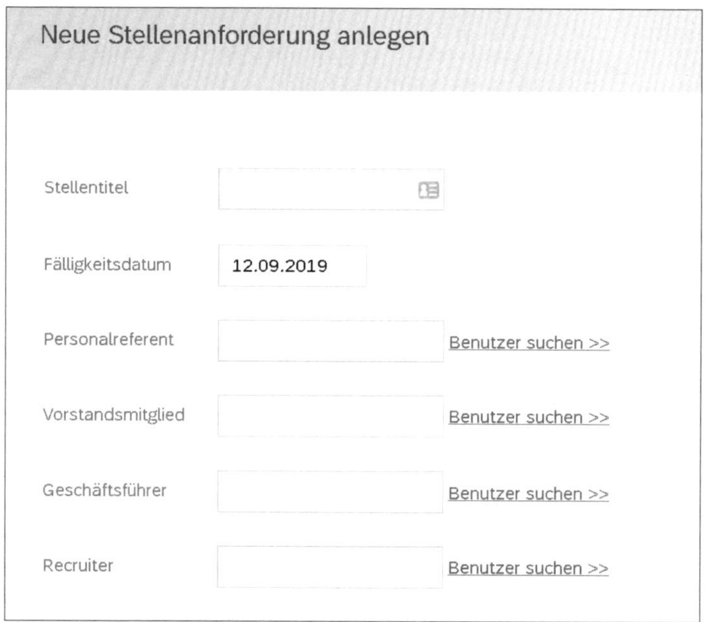

Abbildung 9.28 Informationen zur Stellenanforderung

Personen, die nicht an der Genehmigung, aber am Auswahlprozess beteiligt sind, können in der Stellenanforderung über die Schaltfläche **Bearbeiter hinzufügen** selbst definiert werden (siehe Abbildung 9.29).

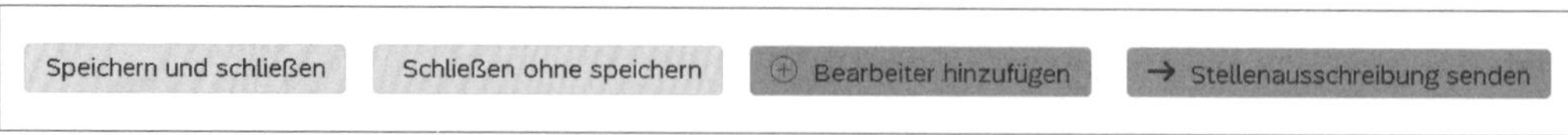

Abbildung 9.29 Bearbeiter hinzufügen

Bearbeiter hinzufügen

Neben den Standardrollen können Sie weitere Beteiligte im Kontext der Erstellung einer Stellenanforderung hinzufügen. Dies kann in jedem Schritt des Erstellungsprozesses erfolgen. Klicken Sie dazu auf **Bearbeiter hinzufügen**, und wählen Sie die gewünschte Person aus.

Stellenanforderung ausfüllen

Im nächsten Schritt gelangen Sie in die Stellenanforderung, in der kundenspezifisch angepasste Felder für die Stellenbeschreibung oder die organisatorische Einbettung zur Verfügung stehen (siehe Abbildung 9.30).

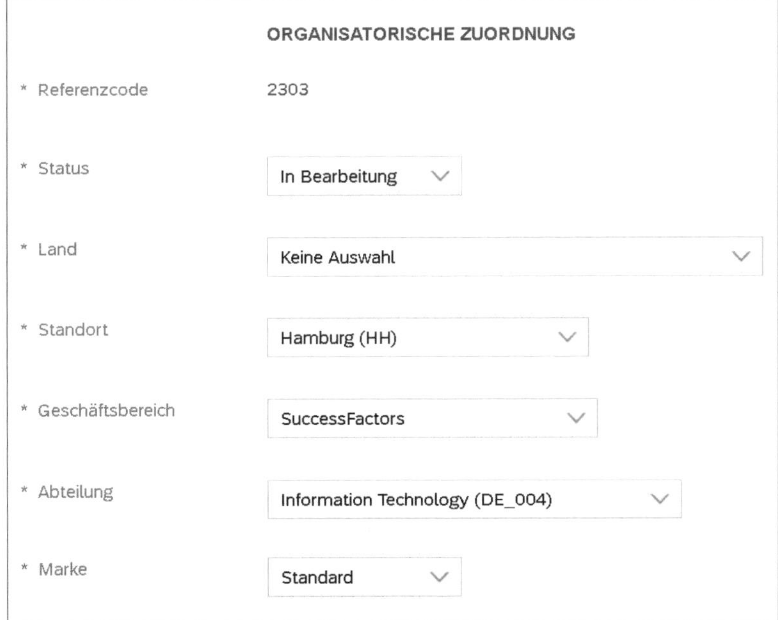

Abbildung 9.30 Typische Inhalte einer Stellenanforderung

Neben den organisatorischen Elementen enthält die Stellenanforderung noch funktional orientierte Elemente, die dem Ziel dienen, die Planstelle passgenau zu besetzen. Diese sind:

- Kompetenzen
- Qualifizierungsfragen

Die Kompetenzauswahl in der Stellenanforderung ebnet den Weg für eine jobspezifische, kompetenzbasierte Personalauswahl. Durch das Verknüpfen einer Stellenanforderung mit Kompetenzen können alle Bewerber anhand dieser Kompetenzen bewertet und miteinander in Bezug auf die Stelle vergleichbar gemacht werden (siehe Abschnitt 9.2.7, »Kandidatenpipeline«).

Wir empfehlen Ihnen, bei der Nutzung von Kompetenzen mit vordefinierten Jobrollen zu arbeiten, die bereits mit entsprechenden Kompetenzen verknüpft sind. Sollen planstellenspezifisch weitere Kompetenzen hinzugefügt werden, kann über die Funktion **Weitere Kompetenzen hinzufügen** die passende Kompetenz aus der bestehenden Kompetenzbibliothek ausgewählt werden (siehe Abbildung 9.31).

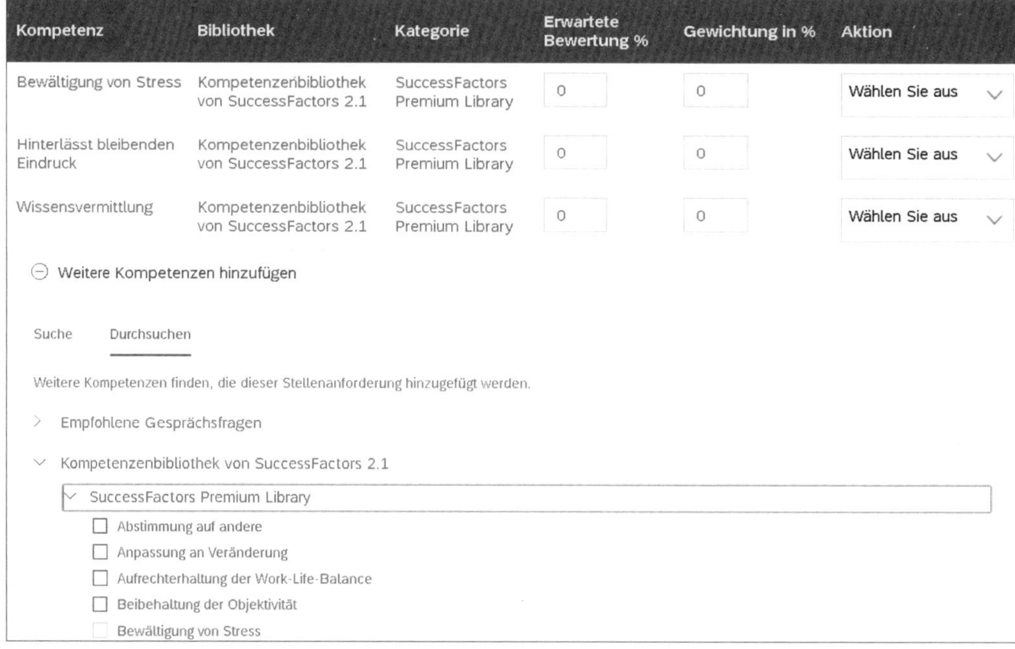

Abbildung 9.31 Kompetenzbibliothek

[»]

Rolle erstellen

Ein wesentlicher Faktor bei der Besetzung von Stellen ist die Passgenauigkeit des Bewerbers sowohl zur Stelle als auch zum Unternehmen und dessen Wertestruktur. Mit Kernkompetenzen können Sie die wichtigsten Unternehmenswerte abbilden. Arbeiten Sie mit Rollen, bietet es sich an, die Kernkompetenzen den Rollen zuzuordnen. Im Rekrutierungsprozess können Sie diese Kompetenzen dann berücksichtigen.

Qualifizierungsfragen (siehe Abbildung 9.32) sind ein weiterer funktionaler Aspekt der Stellenanforderung zur Steigerung der Effizienz im Auswahlprozess. Unter Zuhilfenahme dieser Fragen können bereits im Bewerbungsprozess Bewerber anhand ihrer Antworten klassifiziert werden.

Die Qualifizierungsfragen vergeben anhand der vom Kandidaten gewählten Antworten Werte, die dessen Eignung für die Stelle widerspiegeln. Je höher dabei der kumulierte Wert, desto höher die Eignung. Bewerber, die einen vom Benutzer definierten Mindestwert (den sogenannten *Cutoff*) aus allen Fragen nicht erreichen, können automatisiert Absagen erhalten.

Neben der Definition eines Cutoff gibt es auch die Möglichkeit, mit Disqualifizierungsfragen zu arbeiten. Beantwortet der Bewerber eine dieser Fragen nicht erwartungsgemäß, findet er im weiteren Prozess der Personalauswahl keine Berücksichtigung mehr.

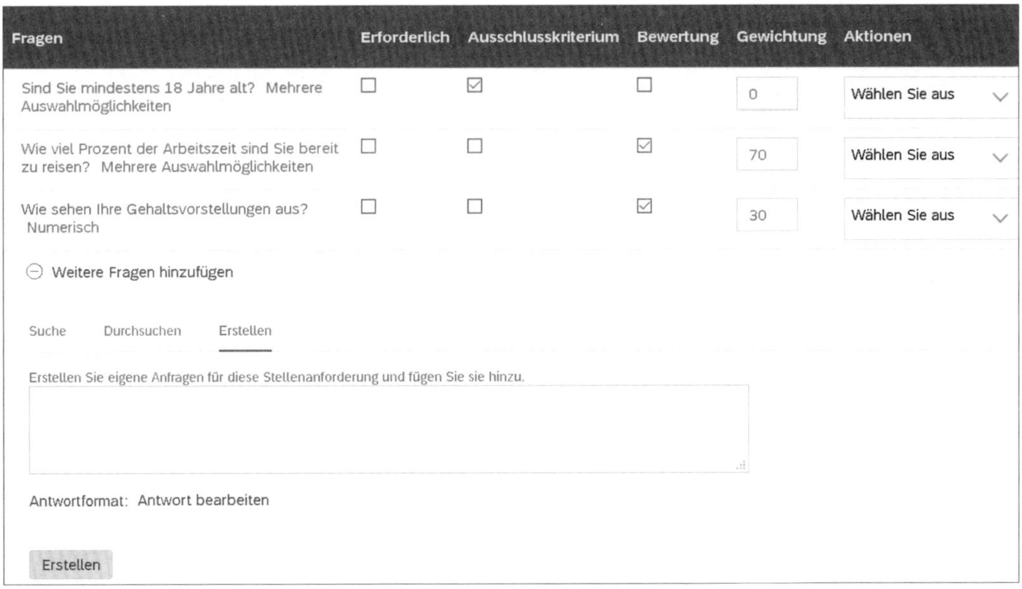

Fragen	Erforderlich	Ausschlusskriterium	Bewertung	Gewichtung	Aktionen
Sind Sie mindestens 18 Jahre alt? Mehrere Auswahlmöglichkeiten	☐	☑	☐	0	Wählen Sie aus
Wie viel Prozent der Arbeitszeit sind Sie bereit zu reisen? Mehrere Auswahlmöglichkeiten	☐	☐	☑	70	Wählen Sie aus
Wie sehen Ihre Gehaltsvorstellungen aus? Numerisch	☐	☐	☑	30	Wählen Sie aus

⊖ Weitere Fragen hinzufügen

Suche Durchsuchen Erstellen

Erstellen Sie eigene Anfragen für diese Stellenanforderung und fügen Sie sie hinzu.

Antwortformat: Antwort bearbeiten

Erstellen

Abbildung 9.32 Qualifizierungsfragen

Um Mehrarbeit zu vermeiden und allen Kandidaten vergleichbarer Stellen gleiche Chancen bei der Beantwortung der Fragen einzuräumen, können diese in einer eigenen Fragenbibliothek gespeichert werden (siehe Abbildung 9.33). Best Practice ist aber, sie schon beim Stellenprofil zu hinterlegen, sodass sie automatisch in die Stellenausschreibung gezogen werden.

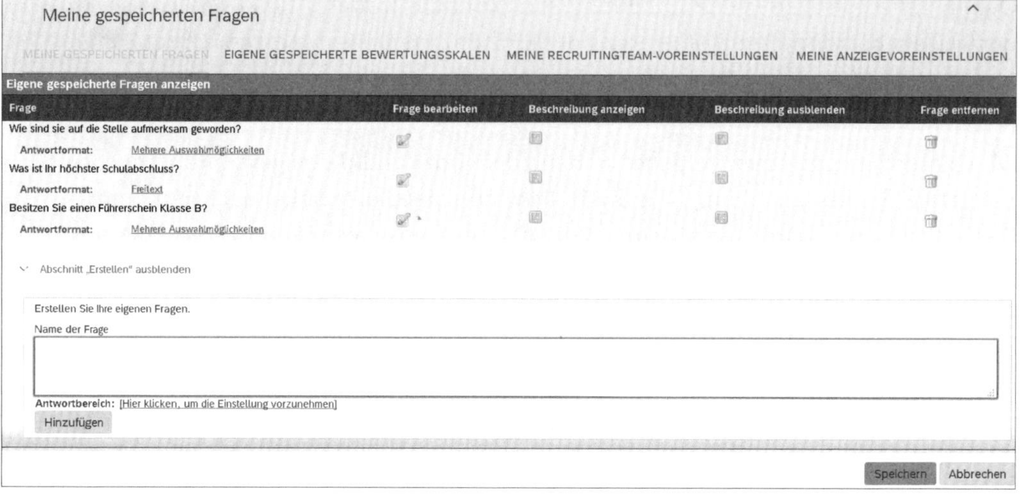

Abbildung 9.33 Fragenbibliothek

Sobald alle notwendigen stellenrelevanten Informationen eingegeben wurden, kann die Stelle an den nächsten Genehmiger weitergeleitet werden. Übrigens: Die Reihenfolge der Genehmiger oder auch Bearbeiter einer Stellenanforderung wird in der Vorlage definiert. Ein Beispiel für eine mögliche Reihenfolge sehen Sie in Abbildung 9.34.

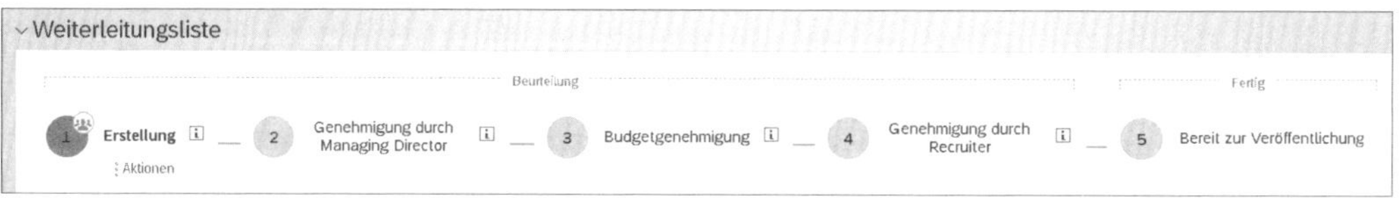

Abbildung 9.34 Genehmigungsprozess

Um den Genehmigungsprozess so schlank wie möglich zu halten, empfehlen wir, den Genehmigern so viel wie nötig, jedoch so wenig wie möglich Informationen zur Prüfung zu übermitteln. Abhängig von der jeweiligen Rolle können benötigte Informationen bei Bedarf bis auf Feldebene festgelegt werden.

9.2.5 Einer Stellenanforderung veröffentlichen

Haben alle Personen im Genehmigungsprozess die Stellenanforderung freigegeben, kann diese veröffentlicht werden (siehe Abbildung 9.35). Dafür stehen die folgenden Veröffentlichungskanäle zur Verfügung:

- Stellenausschreibung im Intranet (interne öffentliche Ausschreibung)
- unternehmensweite Stellenausschreibung (externe öffentliche Ausschreibung)
- interne private Ausschreibung

- externe private Ausschreibung
- Stellenausschreibung über Agentur
- Stellenausschreibung an Jobbörsen

Stellenausschreibungen

Ausschreibungstyp	Veröffentlichungsstatus	Startdatum der Ausschreibung	Beginn der Veröffentlichung	Enddatum der Ausschreibung	Ende der Veröffentlichung	Datum der letzten Änderung	Zuletzt geändert von	Aktion
Stellenausschreibung im Intranet	Nicht veröffentlicht	TT.MM.JJJJ		M.JJJJ		--	--	Stelle veröffentlichen
Unternehmensweite Stellenausschreibung	Nicht veröffentlicht	TT.MM.JJJJ		M.JJJJ		--	--	Stelle veröffentlichen
Interne private Ausschreibung	Nicht veröffentlicht	TT.MM.JJJJ		M.JJJJ	--	--	--	Stelle veröffentlichen
Externe private Ausschreibung	Nicht veröffentlicht	TT.MM.JJJJ		M.JJJJ	--	--	--	Stelle veröffentlichen

August 2019 ×

So	Mo	Di	Mi	Do	Fr	Sa
				1	2	3
4	5	6	7	8	9	10
11	12	13	14	15	16	17
18	19	20	21	22	23	24
25	26	27	28	29	30	31

Heutiges Datum verwenden

Hinweis: Veröffentlichungen laufen um 23:59 Uhr zum Ende des ausgewählten Abl… es mehrere Minuten dauern kann, bis Ihre Stelle in den Suchergebnissen auf den ausgewählten Jobbörsen erscheint.

Veröffentlichte Stellenausschreibungen – Recruiting Posting

Abbildung 9.35 Veröffentlichen von Stellen

Anbindung an Jobbörsen

Im Standard des Recruiting Managements wird eine Vielzahl von Jobbörsen und Hochschulen über Recruiting Posting angeboten. Um diese nutzen zu können, brauchen Sie in der Regel Verträge mit den jeweiligen Stellenbörsen. Die Stellenbörsen selbst können Sie direkt im Recruiting Posting einbinden. Sie können *Credits* für Stellenbörsen bestimmten Recruitern zuweisen, die diese dann nutzen können. Darüber hinaus kann über individuelle Lösungen oder durch von SAP SuccessFactors unterstützte Drittanbieterprodukte eine Anbindung erfolgen. Die für Sie passende Lösung finden Sie gemeinsam mit Ihrem Implementierungspartner.

Die Kanäle sind also in den Dimensionen privat-öffentlich sowie intern-extern klassifiziert:

- **Privat/öffentlich**
  Über die Dimensionen privat und öffentlich wird gekennzeichnet, ob die zu veröffentlichende Stelle durch eines der genutzten internen oder externen Karriereportale auffindbar ist (öffentlich) oder nicht (privat). Die Nutzung von privat veröffentlichten Stellen stellt sicher, dass sich nur Personen bewerben können, denen, etwa per E-Mail, ein spezieller Link zur Verfügung gestellt wurde.
- **Intern/extern**
  Die Dimensionen intern und extern definieren die unterschiedlichen Zugänge des Karriereportals: Intern veröffentlichte Stellen sind ausschließlich über die SAP-SuccessFactors-Lösung erreichbar und verlangen daher einen eigenen SAP-SuccessFactors-Unternehmens-Account, extern veröffentlichte Stellen sind über das Internet für jedermann zugänglich und Voraussetzung, dass Stellen auch über Stellenbörsen veröffentlicht werden können.

Initiativbewerbung

Sie können eine privat und extern veröffentlichte Stelle mit dem Titel »Initiativbewerbung« nutzen, um Initiativbewerbungen entgegenzunehmen. Zu diesem Zweck binden Sie die zu nutzende Stelle über einen Hyperlink in Ihr Karriereportal oder in Ihre Homepage ein. In der SAP-SuccessFactors-Roadmap gibt es dazu die Ankündigung einer »Evergreen Requisition«, die demnächst verfügbar sein soll.

9.2.6 Bewerbungsprozess

Haben Sie eine Stelle veröffentlicht, können Bewerber sich die Stellenausschreibung ansehen und sich darauf bewerben. Typische Schritte dabei sind:

1. Suche nach Bewerbungen
2. Bewerbung auf eine ausgeschriebene Stelle
3. Kommunikation zur Bewerbung bis hin zur Einstellung oder zum Erhalt einer Absage

Suche nach vakanten Stellen

Die Bewerbung auf eine Vakanz erfolgt über die internen und externen Karriereportale von SAP SuccessFactors. Dafür steht Ihnen sowohl ein internes als auch ein externes RCM-Karriereportal zur Verfügung. Wir empfehlen Ihnen jedoch, den aktuellen Standard und die Recruiting-Marketing-Portale zu nutzen. Auf diese gehen wir im Folgenden ein.

Der Unterschied der Karriereportale liegt in ihrer Erreichbarkeit: Die interne Seite erfordert einen in SAP SuccessFactors eingeloggten internen Benutzer, der über die Registerkarte **Karriere** oder einen Klick auf die Schaltfläche **Anmelden** auf der öffentlich verfügbaren Seite die Karriereseite öffnet, während die externe Karriereseite den Zugang über das Internet für jedermann ermöglicht.

Unternehmensexterne legen sich bei der Nutzung der Karriereseite ein Konto an, um alle Vorteile des Portals nutzen zu können. An dieser Stelle kann der Benutzer einstellen, ob er Benachrichtigungen über neue Stellenausschreibungen erhalten möchte. Zudem kann er im Rahmen der Verwaltung der Kandidatenbeziehungen entscheiden, ob er durch Newsletter über Neuerungen oder Veranstaltungen des Unternehmens informiert werden möchte. Für die rechtliche Absicherung in Bezug auf die Verwendung der Daten kann ein Unternehmen länderspezifisch Datenschutzvereinbarungen hinterlegen, die angenommen werden müssen, bevor ein solches Benutzerkonto angelegt werden kann (siehe Abbildung 9.36). Zudem kann der Benutzer festlegen, wer Zugriff auf das zu erstellende eigene Profil erhalten soll. Hier stehen folgende Optionen zur Verfügung:

- **Alle Recruiter weltweit**
- **Alle Recruiter in meinem Land** (diese Option kann im Admin-Tool **Recruiting-Einstellungen verwalten** deaktiviert werden)
- **Nur Recruiter, die Stellen betreuen, auf die ich mich bewerbe**

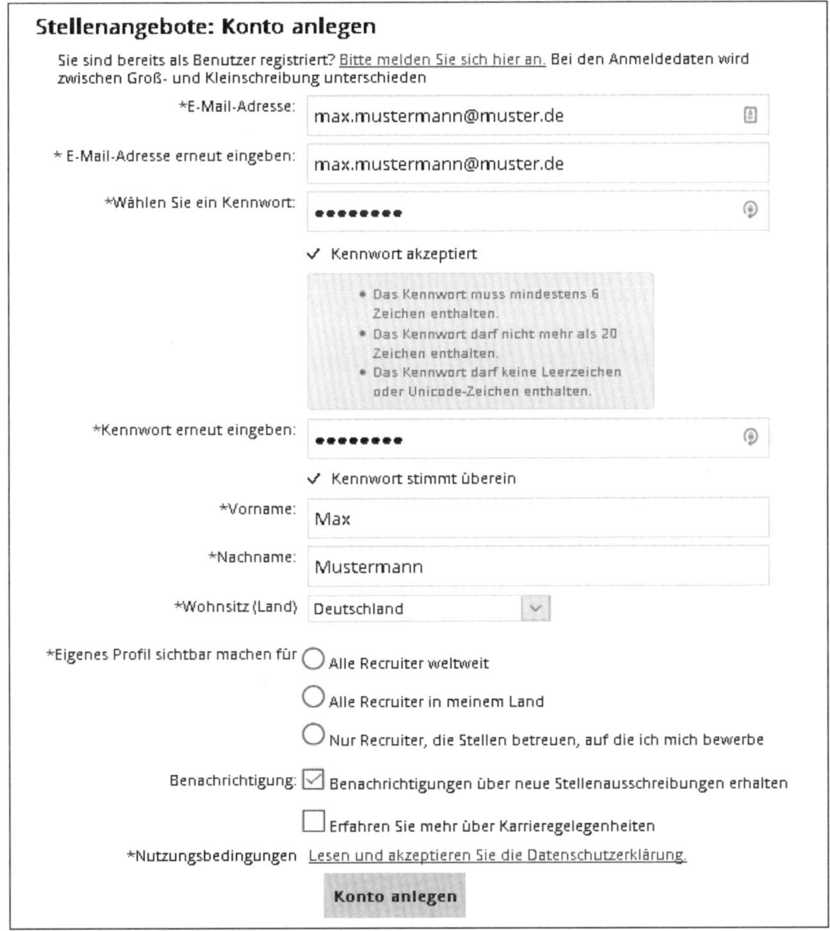

Abbildung 9.36 Benutzerkonto anlegen

> **Löschen von Registrierten und Bewerbern**
>
> Abhängig von der geltenden Gesetzgebung gibt es Fristen, zu denen Bewerber- und Interessentenprofile aus Recruiting-Systemen gelöscht werden müssen. Über **Datenaufbewahrungszeit-Management (DRTM)** im Admin-Center können Sie die entsprechenden Einstellungen vornehmen.

Auf eine Ausschreibung bewerben

Will ein Interessent sich nicht nur registrieren, sondern sich auch auf eine Stelle bewerben, dann findet er offene Ausschreibungen über die Stellensuche und die hier zur Verfügung stehenden weiteren Optionen (siehe Abschnitt 9.1.1).

Definition von Filterkriterien

Im Rahmen der Implementierung empfehlen wir Ihnen, aussagekräftige Filterkriterien zu nutzen. Diese erleichtern es dem Kandidaten, aus der Fülle an Stellen die passende auszuwählen.

Hat der Bewerber eine passende Stelle gefunden, klickt er auf die Schaltfläche **Jetzt bewerben**, um direkt in das Bewerbungsformular zu gelangen (siehe Abbildung 9.37).

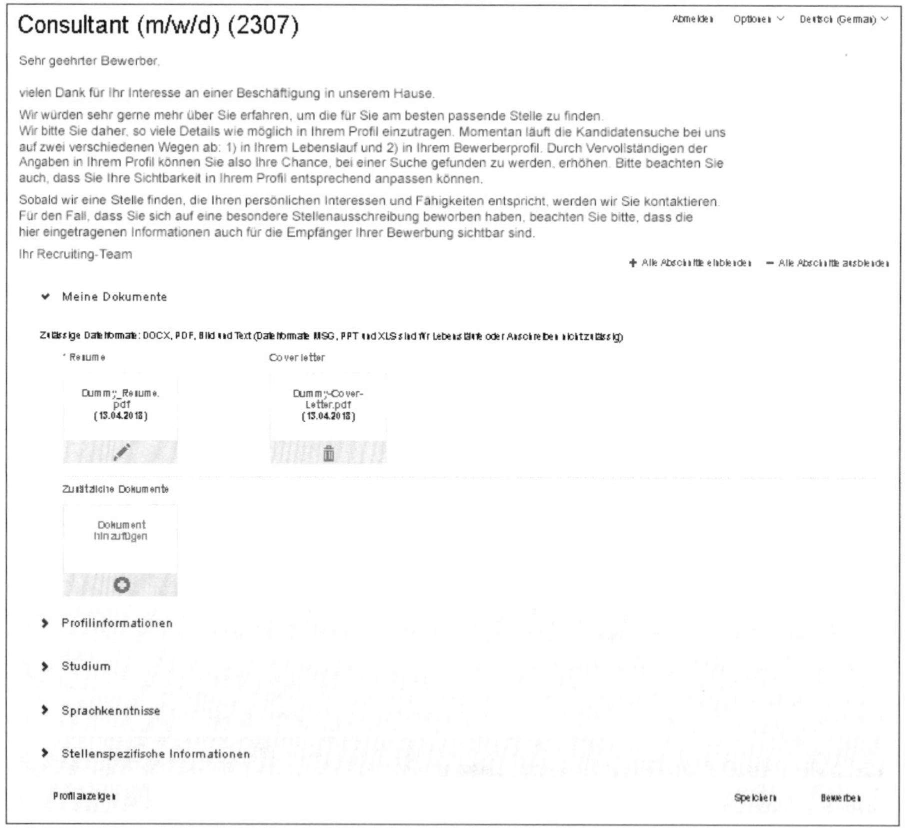

Abbildung 9.37 Bewerbungsformular

Im Bewerbungsformular pflegt der Interessent die im Kontext der Bewerbung relevanten (persönlichen) Informationen, lädt erforderliche Dokumente hoch und beantwortet hier auch die in der Stellenanforderung definierten Qualifizierungsfragen.

Außerdem können die Informationen zum beruflichen Werdegang, den Sprachkenntnissen oder auch Qualifikationen und Kenntnissen bereitgestellt werden.

So ergänzte Informationen erlauben ein einfaches Auffinden des Kandidaten, sollten Sie z. B. im Kandidatenpool suchen. Für den Kandidaten bedeutet ein vervollständigtes Profil, dass er im Kontext weiterer Recherchen berücksichtigt wird. So kann es sein, dass er für eine Stelle, auf die er sich beworben hat, nicht berücksichtigt wird, der Recruiter ihn aber einer anderen Stelle zuordnet und ihm vorschlägt, sich zu bewerben.

Nach dem Absenden der Bewerbung hat der Kandidat noch die Möglichkeit, sein Kandidatenprofil zu pflegen (siehe Abbildung 9.38), und kann den aktuellen Stand der Bewerbungsbearbeitung einsehen. Hier kann er auch jederzeit seine Profildaten aktualisieren und weitere Informationen bereitstellen.

9

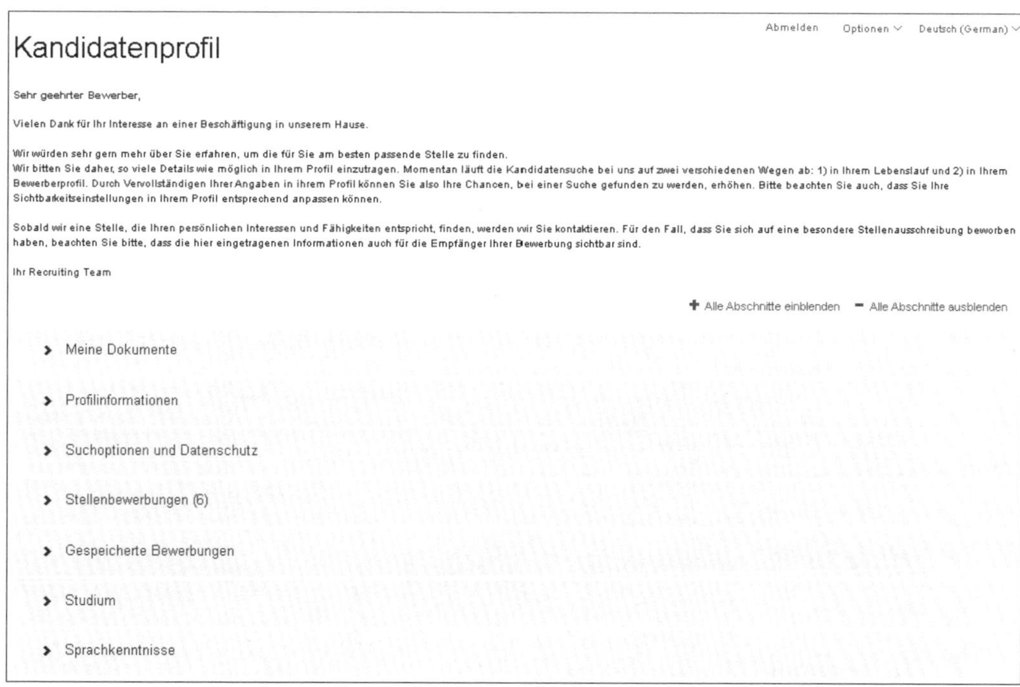

Abbildung 9.38 »Kandidatenprofil«

Neben der Möglichkeit, die Bewerbungsinformationen über das Kandidatenprofil anzureichern, stehen hier zahlreiche organisatorische Aufgaben zur Verfügung. Dazu zählen z. B. das Verwalten von Einladungen zum Bewerbungsgespräch oder das Zugänglichmachen des Onlineangebots (siehe Abschnitt 9.2.7, »Kandidatenpipeline«).

Zusätzlich kann der Kandidat hier Stellenbenachrichtigungen einrichten, die ihn über neu veröffentlichte Stellen automatisch informieren. Das Einrichten einer Stellenbenachrichtigung erfolgt über die **Stellenbenachrichtigung** (siehe Abbildung 9.39).

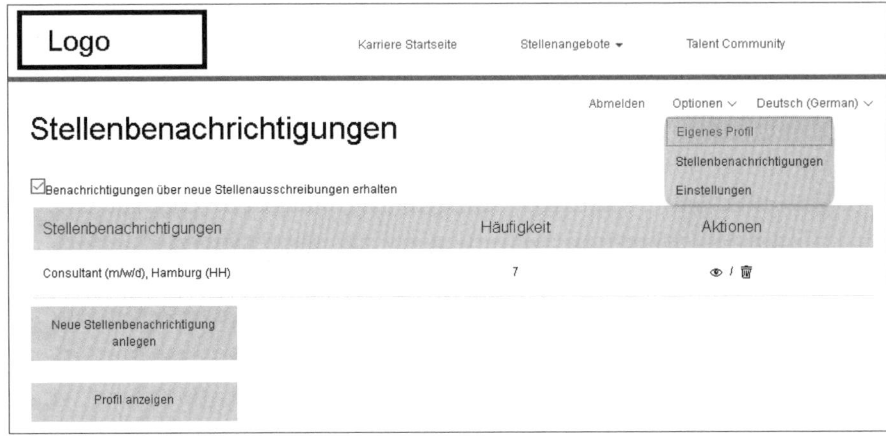

Abbildung 9.39 Stellenbenachrichtigungen erstellen und verwalten

Einsatz von Agenturen zur Gewinnung von Bewerbern

Neben den klassischen Bewerbungsmöglichkeiten bietet das Recruiting Management Unternehmen auch die Option, mit Personalagenturen zusammenzuarbeiten. Diese können für definierte Stellen Kandidaten vorschlagen, die dann vom Recruiter gesichtet werden. Die Agenturen können selbstständig von einem entsprechend berechtigten Anwender, z. B. dem Recruiter, über den Menüpunkt **Admin-Center • Agenturzugriff einrichten** angelegt werden (siehe Abbildung 9.40).

Agenturzugriff einrichten

Bearbeiten Sie die Einstellungen für Recruiting-Agenturen, die Kandidaten für Ihre Stellenanforderungen übermitteln.

* Agenturkennung:	TestingAgency · Neue Agentur hinzufügen
* Name der Agentur:	Testing Agency
Land der Agentur:	Deutschland (DE)
* Adresse und Telefon:	Landsberger Str. 110 München · Bayern · DE · 80339 0890000000
E-Mail-Adresse:	sf.support@pentos.com
Zugriff:	☑ Aktiviert
* Kandidaten-Zuständigkeit:	365 Tage der Zuständigkeit für neue Kandidaten ☐ Zuständigkeitsuhr mit neuester Übermittlung zurücksetzen
* Kandidat ist selbst zuständig:	180 Tage der eigenen Zuständigkeit von Kandidaten
Recruiter-Details:	☑ Zulassen, dass Agenturbenutzer Kontaktdetails des Recruiters anzeigen können
Benutzer:	Neuen Benutzer hinzufügen

1 angezeigt

Kennung ↓	Vorname	Zweiter Vorname	Nachname
141	Test		Benutzer

Abbildung 9.40 Agenturzugriff einrichten

Die Agentur erhält dann einen Zugang zum Agenturportal und kann bereits bekannte oder neue Kandidaten für vakante Stellen empfehlen (siehe Abbildung 9.41).

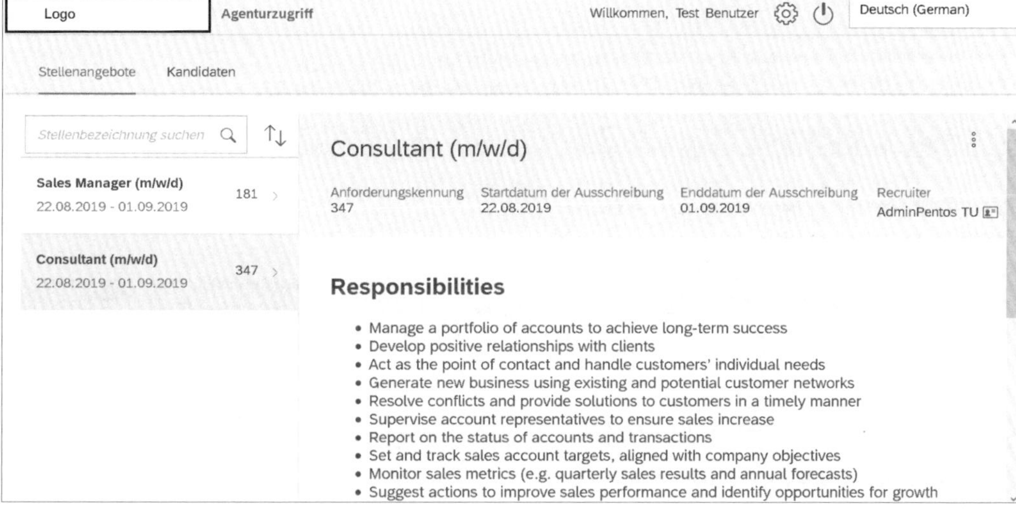

Abbildung 9.41 Zugang zum Agenturportal

9.2.7 Kandidatenpipeline

Nachdem Bewerbungen auf eine ausgeschriebene Vakanz eingegangen sind, erfolgt die Auswahl geeigneter Bewerber durch den zuständigen Recruiter bzw. die Personalabteilung. Einen Überblick über alle Bewerbungen, die auf eine Vakanz eingegangen sind, erhalten Sie über die sogenannte *Kandidatenpipeline* (siehe Abbildung 9.42). Auf einen Blick sehen alle, die am Auswahlprozess beteiligt sind, wie viele Kandidaten sich in welchen Auswahlprozessschritten befinden. Abgelehnte Kandidaten werden der Information halber geführt, die entsprechende Zeile ist rot hinterlegt.

Kandidatenpipeline

Während der Implementierung definieren Sie mit Ihrem Implementierungspartner, welche Schritte in der Kandidatenpipeline vorhanden sein sollen und welche Rollen in welchen Schritten lesen oder aktiv mitarbeiten sollen.

Das gibt Ihnen die Flexibilität, Ihre individuellen Anforderungen an den Auswahlprozess mit Standardmöglichkeiten abzubilden und einzelne Schritte z. B. auszublenden, wenn diese für Sie nicht relevant sind.

Zudem enthält die Kandidatenpipeline bereits erste Informationen über den Kandidaten, die Ihnen die Orientierung auf den ersten Blick erleichtern. Sie erhalten Informationen zur Herkunft der Bewerbung oder zum Ergebnis einzelner Prozessschritte.

Abbildung 9.42 Kandidatenpipeline

Über die Farbgebung der Icons lässt sich z. B. erkennen, ob ein Kandidat ein externer Bewerber (gelb), ein interner Bewerber (blau) oder ein von einer Agentur vorgeschlagener Kandidat (grün) ist. Durch das Anklicken der farblich gekennzeichneten Visitenkarte erhalten Sie erste Informationen, etwa Kontaktdetails, zum Kandidaten.

Durch Klick auf einen einzelnen Status in der Kandidatenpipeline wird die Anzahl der Kandidaten reduziert, und der gewählte Status wird farblich hervorgehoben. Per Drag-and-drop können Kandidaten von einem Status in den anderen innerhalb der Kandidatenpipeline verschoben werden. Sie können auch mehrere Kandidaten auf einmal auswählen und in einen anderen Status verschieben.

Um eine bessere Übersicht zu erlangen, lassen sich die dargestellten Elemente in der Kandidatenpipeline individuell anpassen. Dazu klicken Sie auf **Anzeigeoptionen**, und ein Pop-up mit den verschiedenen Möglichkeiten erscheint (siehe Abbildung 9.42). Sollten von Ihnen benötigte Elemente nicht enthalten sein, können diese vom Implementierungspartner hinzugefügt werden.

9.2.8 Mit Kandidaten in Kontakt bleiben

Im Candidate Relationship Management (Kandidatenbeziehungsmanagement) mit SAP SuccessFactors Recruiting haben Sie die Möglichkeit, aktiv und gezielt mit Kandidaten in Kontakt zu treten und diese bereits vor einer Bewerbung an Ihr Unternehmen zu binden. Dazu stehen Ihnen drei Werkzeuge zur Verfügung.

Mit der Erstellung von **Talent Pools** können Sie Kandidaten mit bestimmten Fähigkeiten und Fertigkeiten sammeln. Aus dieser zielgerichteten Bündelung können Sie einfach Talente an offene Stellenanforderungen weiterleiten oder sie mit relevanten Informationen z. B. über Newsletter versorgen.

E-Mail-Kampagnen wie Newsletter können Sie auch verwenden, um Interessenten auf anstehende Veranstaltungen, an denen Sie teilnehmen, aufmerksam zu machen. Dies können unter anderem Karrieremessen sein.

Auf solchen Karrieremessen oder auch bei den speziellen Stellenveröffentlichungen können Sie über das **Datenerfassungsformular** weitere Information vom Kandidaten einholen, sodass Ihre Gesamtübersicht über potenzielle Mitarbeiter sehr viel mehr relevante Informationen enthält.

Zusätzlich zu den drei oben beschriebenen Werkzeugen unterstützen Sie Funktionen wie das **Nachrichtencenter**, in dem Sie die Historie einer E-Mail-Konversation nachverfolgen können, und der **Aktivitätsfeed**, eine Übersicht der Aktivitäten von Kandidaten im Karriereportal.

9.2.9 Gesprächsplanung

Die über **Recruiting** und **Gesprächsplanung** aufzurufenden Optionen ermöglichen den zuständigen Rollen, etwa dem Recruiter, die Verwaltung von Vorstellungsgesprächen (siehe Abbildung 9.43). Er kann Bewerber, die den entsprechenden Status in der Kandidatenpipeline haben, und interne Gesprächsbeteiligte einladen. Kalenderfunktionen helfen bei der Terminfindung.

Abbildung 9.43 Gesprächsplanung

Im Rahmen der Organisation der Gespräche können, neben dem Eintrag von Datum und Ort, die beteiligten Personen sowie deren zeitliche Teilnahmereihenfolge (parallel, nacheinander) in das Gesprächsangebot integriert werden.

Um terminliche Überschneidungen zu vermeiden, kann über den in SAP SuccessFactors hinterlegten Kalender vom Organisator des Gesprächs eingesehen werden, ob ein interner Teilnehmer zum gewünschten Zeitpunkt verfügbar ist (siehe Abbildung 9.44). Sollten mehrere Personen an einem Gespräch teilnehmen, sucht das System automatisch nach einer Zeit, zu der alle verfügbar sind.

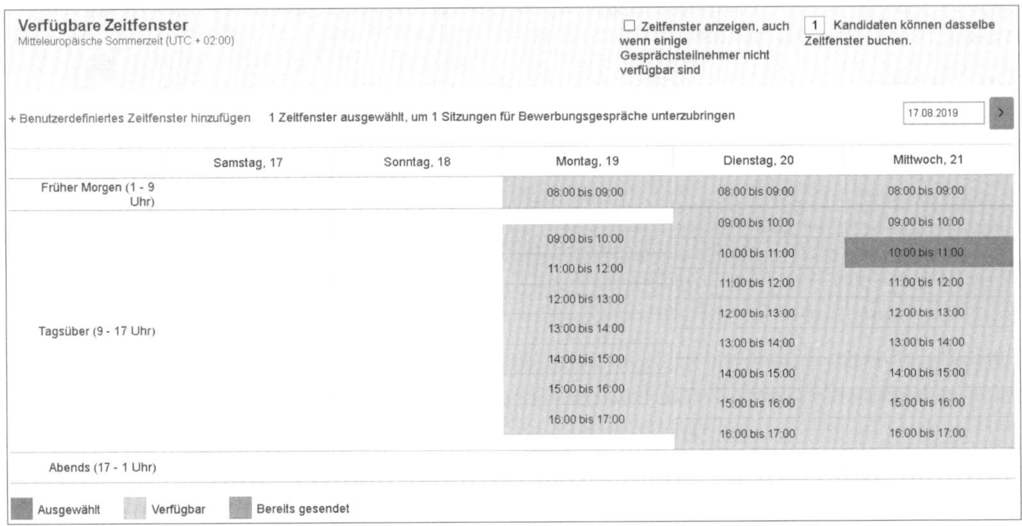

Abbildung 9.44 Kalender mit Verfügbarkeiten

Interne Teilnehmer können in SAP SuccessFactors Zeiten pflegen, zu denen sie für Gespräche zur Verfügung stehen. Der eigene Kalender lässt sich auf der Registerkarte **Mein Kalender** pflegen. Zudem können über eine gesondert einzurichtende Outlook-Integration die Kalendereinträge in den dortigen Kalender übernommen werden.

Im nächsten Schritt wird der Kandidat über den oder die ausgewählten Gesprächstermine per E-Mail benachrichtigt. Dazu kann der Recruiter eine E-Mail auswählen, die den Kandidaten über die Gesprächsangebote in seinem Karriereportal informiert. Weitere Informationen zur Nutzung der E-Mail-Vorlagen erhalten Sie in Abschnitt 9.3, »E-Mail-Kommunikation einrichten«.

Meldet sich der Kandidat im Karriereportal an, wird über ein Ausrufezeichen im Bereich **Stellenbewerbungen** auf eine notwendige Aktion hingewiesen. Alternativ kann er auch unter dem Punkt **Meine Bewerbungsgespräche** die angebotenen Termine einsehen (siehe Abbildung 9.45), die für ihn passende Zeit auswählen und einen Termin bestätigen. Sollte der Kandidat zu den angebotenen Zeiten nicht verfügbar sein, kann er die Einladung ablehnen (siehe Abbildung 9.46).

Nimmt der Kandidat einen angebotenen Termin über das Kandidatenportal an, wird eine E-Mail an die weiteren Gesprächsteilnehmer und den Recruiter mit der Terminbestätigung sowie Zeit und Ort des Gesprächs geschickt. Im Planungskalender ändert sich die farbliche Kennzeichnung des Termins. Auch der Kandidat erhält eine abschließende Terminbestätigung, die ihn über Zeit und Ort sowie die beteiligten Personen informiert.

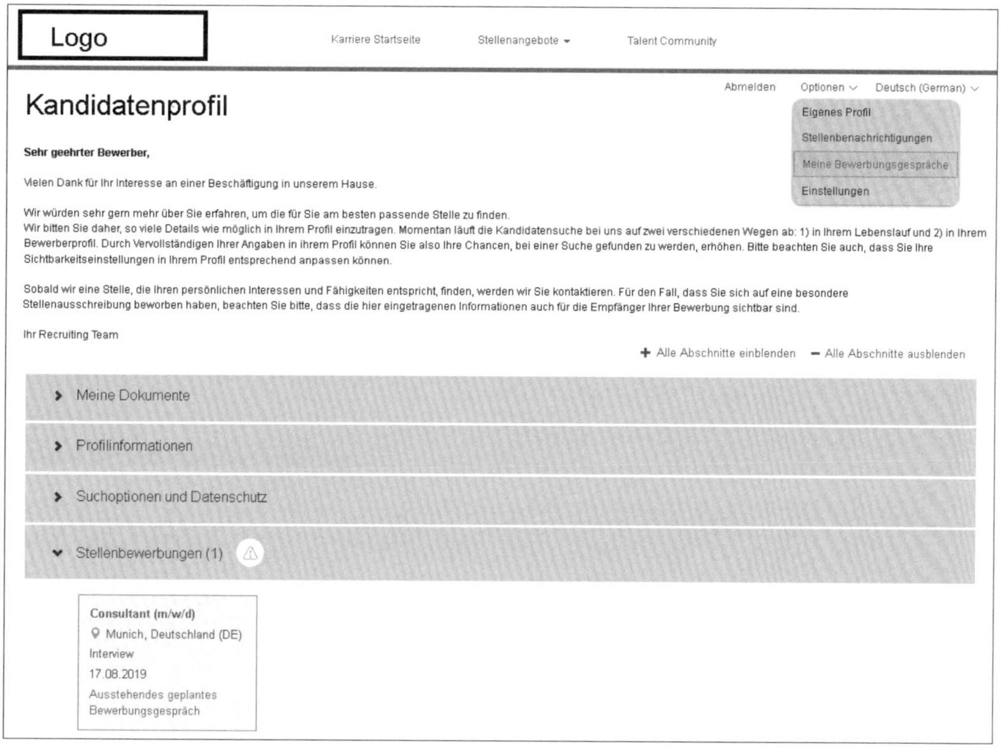

Logo
Karriere Startseite
Stellenangebote
Talent Community
Kandidatenprofil
Abmelden
Optionen
Deutsch (German)
Eigenes Profil
Stellenbenachrichtigungen
Meine Bewerbungsgespräche
Einstellungen
Sehr geehrter Bewerber,
Vielen Dank für Ihr Interesse an einer Beschäftigung in unserem Hause.
Wir würden sehr gern mehr über Sie erfahren, um die für Sie am besten passende Stelle zu finden.
Wir bitten Sie daher, so viele Details wie möglich in Ihrem Profil einzutragen. Momentan läuft die Kandidatensuche bei uns auf zwei verschiedenen Wegen ab: 1) in Ihrem Lebenslauf und 2) in Ihrem Bewerberprofil. Durch Vervollständigen Ihrer Angaben in ihrem Profil können Sie also Ihre Chancen, bei einer Suche gefunden zu werden, erhöhen. Bitte beachten Sie auch, dass Sie Ihre Sichtbarkeitseinstellungen in Ihrem Profil entsprechend anpassen können.
Sobald wir eine Stelle, die Ihren persönlichen Interessen und Fähigkeiten entspricht, finden, werden wir Sie kontaktieren. Für den Fall, dass Sie sich auf eine besondere Stellenausschreibung beworben haben, beachten Sie bitte, dass die hier eingetragenen Informationen auch für die Empfänger Ihrer Bewerbung sichtbar sind.
Ihr Recruiting Team
+ Alle Abschnitte einblenden
– Alle Abschnitte ausblenden
Meine Dokumente
Profilinformationen
Suchoptionen und Datenschutz
Stellenbewerbungen (1)
Consultant (m/w/d)
Munich, Deutschland (DE)
Interview
17.08.2019
Ausstehendes geplantes Bewerbungsgespräch

Abbildung 9.45 Gesprächsplanung in der Kandidatenansicht

Meine Bewerbungsgespräche
Bewerbungsgesprächssitzungen bestätigen
Alle Zeiten in Europe/Berlin
2
Offene Zeitfenster
Auswählen
Ablehnen
Erstes Interview (1 Stunde)
Consultant (m/w/d)
Bewerbungsgesprächstyp
Telefon
Ihr Kontakt
Recruiter TU
Wählen Sie das Zeitfenster für das Bewerbungsgespräch, das Ihnen am besten passt
Liste der Zeitfenster anzeigen
Heute
18. - 24. August 2019
Monat
Woche
Tag
So, 18.8
Mo, 19.8
Di, 20.8
Mi, 21.8
Do, 22.8
Fr, 23.8
Sa, 24.8
Ganzer Tag
8am
9am
10am
11am
12pm
1pm
10:00 - 11:00
Verfügbar
1:00 - 2:00
Verfügbar

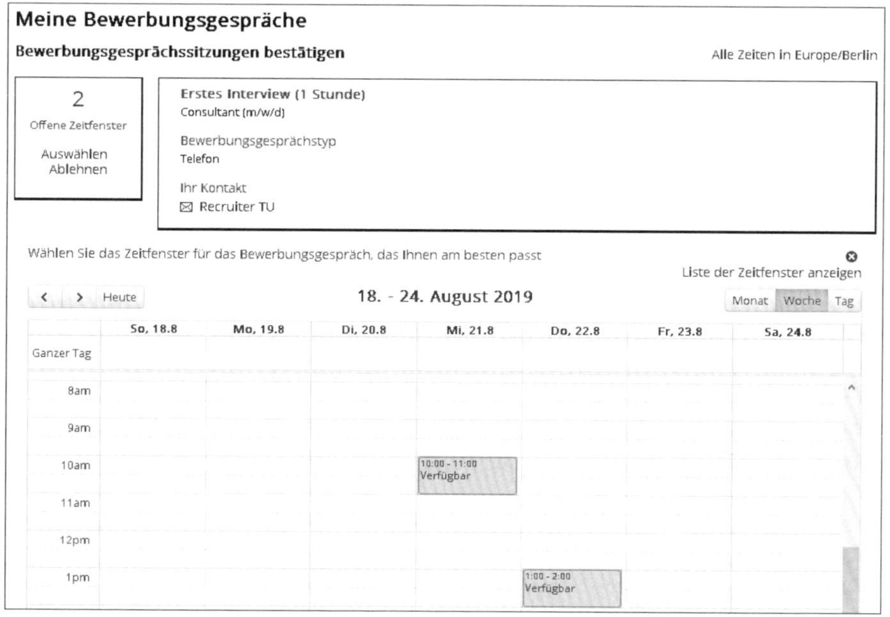

Abbildung 9.46 Terminauswahl

Lehnt der Kandidat einen vorgeschlagenen Termin ab, wird ebenfalls eine E-Mail an die am Gespräch beteiligten Personen geschickt, sodass diese in die Neuplanung einsteigen können.

9.2.10 Zentrale für Bewerbungsgespräche

Die **Zentrale für Bewerbungsgespräche** ermöglicht es Ihnen, Kandidaten anhand von in der Stellenanforderung ausgewählten Kompetenzen zu bewerten und einen Gesamteindruck über die Kompetenzbewertungen aller eingeladenen Kandidaten zu erhalten (siehe Abbildung 9.47).

Abbildung 9.47 Beurteilungen

Damit die am Gespräch Beteiligten den Kandidaten schnell und einfach anhand der vorgegebenen Kompetenzen bewerten können, steht die Möglichkeit der Beurteilung von Einstellungsgesprächen in der SAP-SuccessFactors-App auch für mobile Endgeräte zur Verfügung.

Wurde bereits mit mehreren Kandidaten für die Vakanz gesprochen, können diese mithilfe von Interview Central miteinander verglichen werden. Über die Registerkarte **Zentrale für Bewerbungsgespräche** erhält der Benutzer eine Übersicht über alle Bewerber, bei denen er an Gesprächen beteiligt war (siehe Abbildung 9.48).

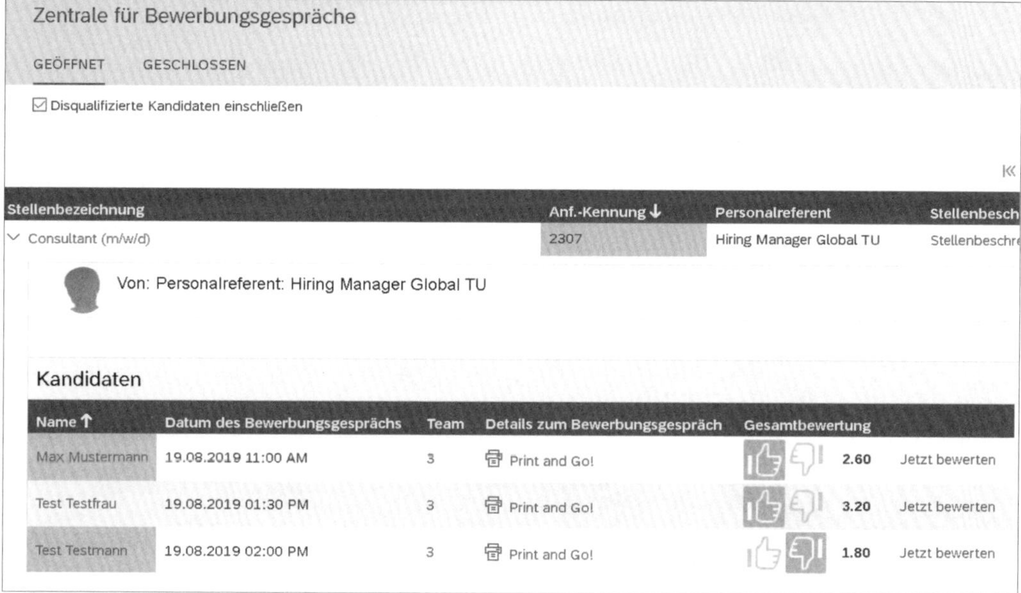

Abbildung 9.48 Zentrale für Bewerbungsgespräche

Anhand der vergebenen Kompetenzbewertungen, der resultierenden arithmetischen Mittel sowie der globalen Bewertung können objektive und nachvollziehbare Entscheidungen über den weiteren Verbleib der Bewerber im Personalauswahlprozess für eine bestimmte Stelle getroffen werden.

Print and Go!

Mithilfe der Funktion **Print and Go!**, die Sie in der Zentrale für Bewerbergespräche aufrufen können, haben Sie die Möglichkeit, alle für das Gespräch relevanten Informationen auszudrucken und als Unterlage in das Gespräch mitzunehmen.

Ihr Implementierungspartner unterstützt Sie auch dabei, mehrere durch Kandidaten bereitgestellte Dokumente in einem Ausdruck, etwa einem PDF, zusammenzufassen. Dies kann über eine Erweiterung basierend auf der SCP einfach umgesetzt werden.

In der Kandidatenpipeline werden die Ergebnisse der Gespräche als Pop-up dargestellt (siehe Abbildung 9.49).

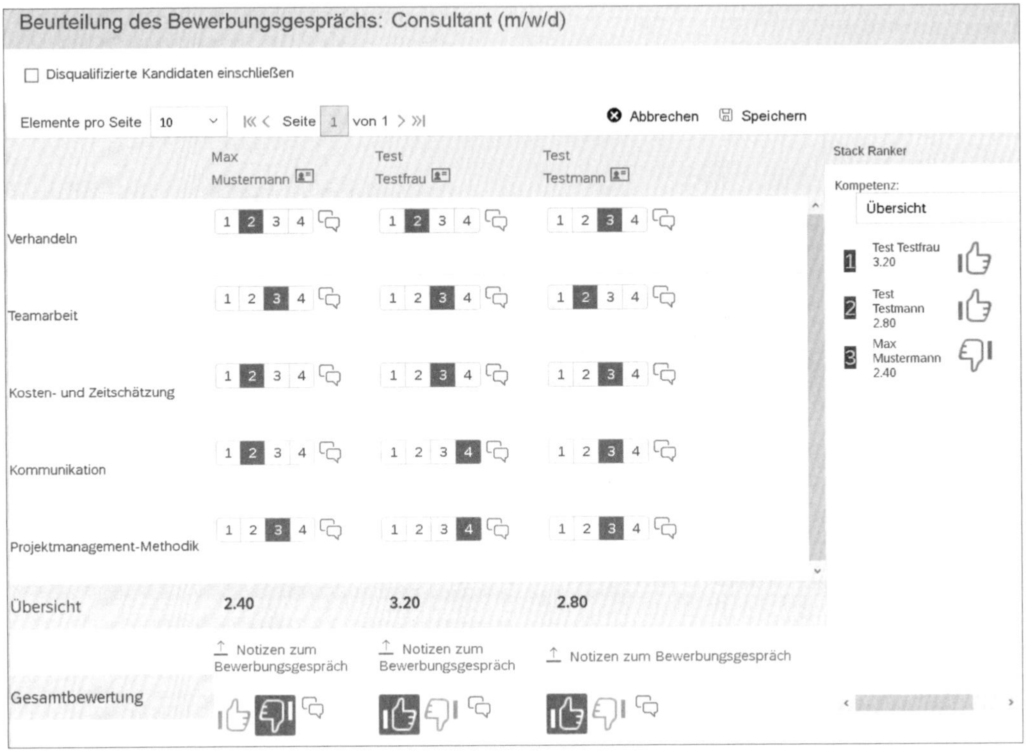

Abbildung 9.49 Ergebnisse des Gesprächs

9.2.11 Angebotsprozess

Passt einer der Kandidaten des Personalauswahlprozesses zur Vakanz, besteht die Möglichkeit, aus SAP SuccessFactors heraus eine Angebotsphase zu initiieren. Diese beinhaltet die Bereitstellung des Angebots für den Kandidaten, die Genehmigung des Angebots durch die definierte Führungsebene sowie ggf. die Information des Betriebsrats.

Angebotserstellung und -genehmigung

Erstellung und Genehmigung des zu versendenden Angebots basieren auf einer *Angebotsvorlage*. Angebotsvorlagen werden entsprechend Ihren Anforderungen während des Implementierungsprojekts eingerichtet. Eine Angebotsvorlage konsolidiert Informationen zum Bewerber, der Vakanz sowie dem zu unterbreitenden Angebot und gibt diese an die genehmigende Instanz zur Prüfung weiter.

Um den Angebotsprozess zu starten, gelangen berechtigte Benutzer über den Pfad **Maßnahme ergreifen • Angebot • Angebotsgenehmigung** (siehe Abbildung 9.50) zur Angebotsvorlage.

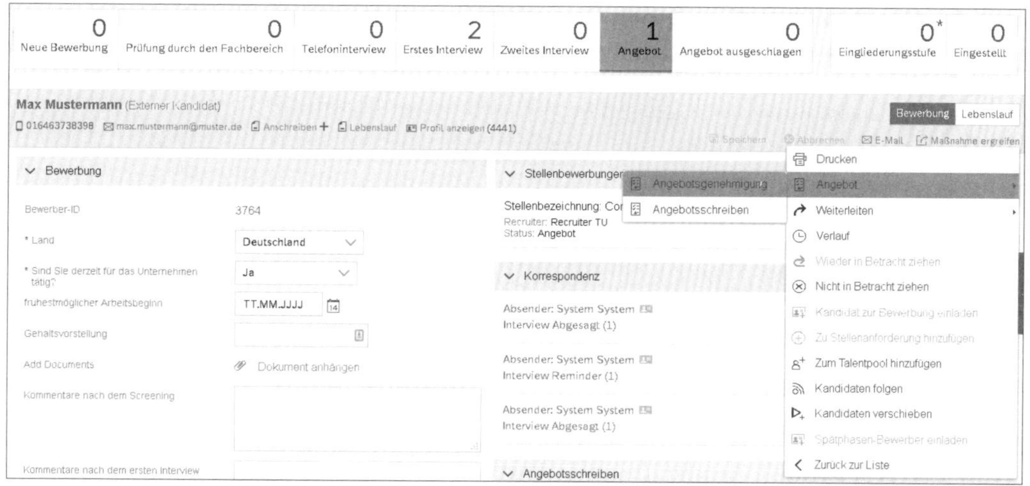

Abbildung 9.50 Angebotsgenehmigung starten

Nachdem die Angebotsvorlage aufgerufen wurde, ist der nächste Schritt die Angebotsgenehmigung (siehe Abbildung 9.51). Hier können Sie, entsprechend der hinterlegten Vorlage, relevante Informationen pflegen. Die ausgefüllte Angebotsvorlage kann über die Schaltfläche **Zur Genehmigung senden** weitergeleitet werden.

Betriebsratsinformation

Wo benötigt, können Sie auch eine Betriebsratsinformation als Angebotsvorlage hinterlegen. Bauen Sie diese so auf, dass die darin enthaltenen Angaben den vom Betriebsrat benötigten Informationen entsprechen. Angaben über weitere Bewerber auf die Position oder unternehmensinterne Sonderabsprachen können Sie über eine Kommentarbox an den Betriebsrat weitergeben.

Legen Sie für den Betriebsrat einen Technischen Nutzer (siehe Abschnitt 8.6, »Best Practice: Einfachheit, Klarheit und Skalierbarkeit mit Technischen Nutzern«) an, auf den alle Mitglieder des Betriebsrats mittels der Vertretungsfunktion zugreifen können. So ist gewährleistet, dass die notwendigen Informationen allen Mitgliedern des Betriebsrats zur Verfügung stehen und nicht an eine einzelne Person gebunden sind.

Der Personenkreis, dem eine Angebotsvorlage zugewiesen werden kann, lässt sich wie in der Job Requisition durch Aufsetzen einer Recruiting-Gruppe einschränken, sodass nur Betriebsratsmitglieder eingetragen werden können.

Im SAP App Store finden Sie zudem interessante Erweiterungen, die die Einbindung des Betriebsrats erleichtern.

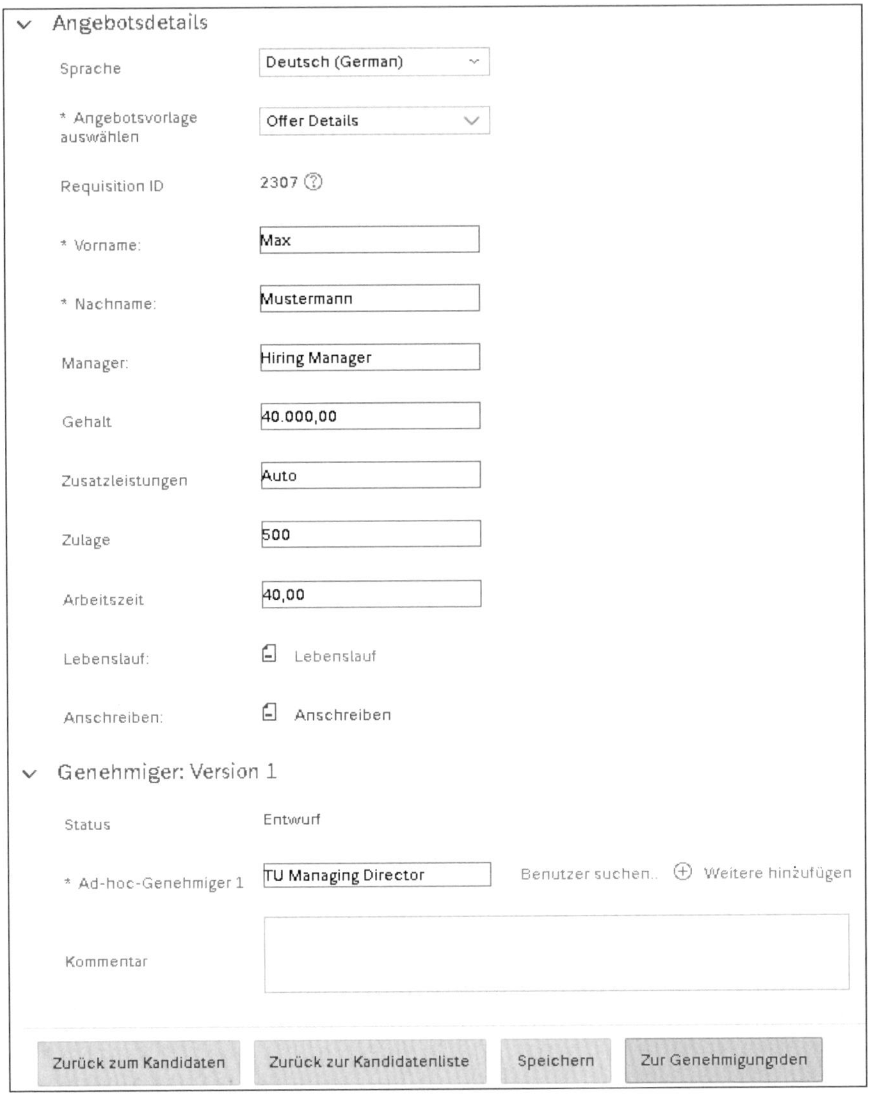

Angebotsdetails

Sprache	Deutsch (German)
* Angebotsvorlage auswählen	Offer Details
Requisition ID	2307
* Vorname:	Max
* Nachname:	Mustermann
Manager:	Hiring Manager
Gehalt	40.000,00
Zusatzleistungen	Auto
Zulage	500
Arbeitszeit	40,00
Lebenslauf:	Lebenslauf
Anschreiben:	Anschreiben

Genehmiger: Version 1

Status	Entwurf	
* Ad-hoc-Genehmiger 1	TU Managing Director	Benutzer suchen.. Weitere hinzufügen
Kommentar		

Zurück zum Kandidaten | Zurück zur Kandidatenliste | Speichern | Zur Genehmigungsden

Abbildung 9.51 Angebotsgenehmigung

Angebot an den Bewerber zustellen

Nach der Genehmigung des Angebots erfolgt die Kommunikation des Angebots an den Kandidaten. Dafür bietet SAP SuccessFactors die Funktion **Online-Angebot**. Aufbauend auf vertraglichen Vorlagen, können Angebote mit automatisiert befüllbaren Platzhaltern bestückt werden.

Der Kandidat erhält das Angebot per Mail. Zusätzlich hat er die Möglichkeit, das Angebot auf der Registerkarte **Meine Angebote** im Kandidatenportal einzusehen (siehe Abbildung 9.52). Hat er mehrere Angebote erhalten, werden diese dort nach den Stellentiteln sortiert angezeigt.

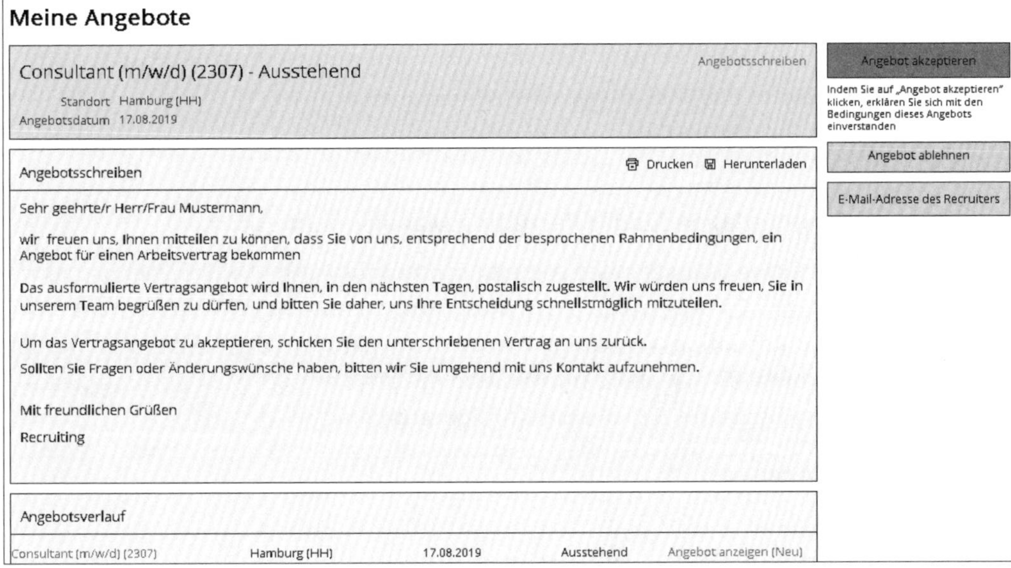

Abbildung 9.52 Registerkarte »Meine Angebote«

Das Annehmen oder Ablehnen des Angebots erfolgt ebenfalls im Kandidatenportal und ohne weiteren E-Mail-Verkehr. Ist das Angebot für den Bewerber passend, bestätigt er dies mit einem Klick auf **Angebot akzeptieren**. Sie haben ebenfalls die Möglichkeit, eine einfache elektronische Unterschrift anzubieten. SAP SuccessFactors integriert hier die Unterschriftfunktion von DocuSign.

Der Recruiter und der einstellende Manager werden per E-Mail über die Annahme des Angebots informiert. Zusätzlich werden auch die Informationen im Profil des Kandidaten aktualisiert (siehe Abbildung 9.53).

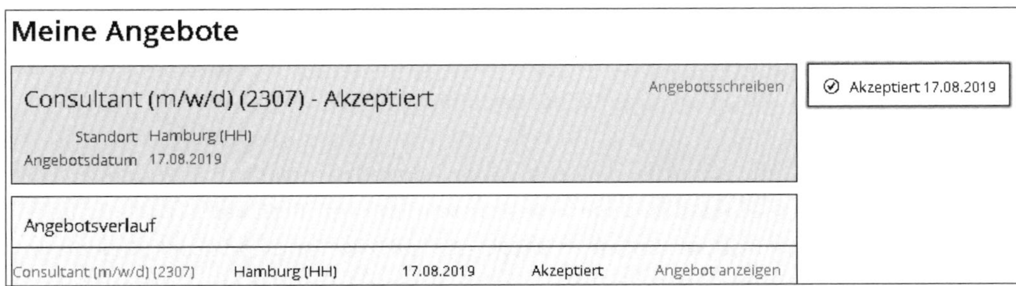

Abbildung 9.53 Stellenangebot angenommen

9.3 E-Mail-Kommunikation einrichten

SAP SuccessFactors bietet hilfreiche Unterstützung für die Kommunikation mit Bewerbern. Durch die Möglichkeit der automatischen Kommunikation kann der Kandidat regelmäßig über aktuelle Schritte seiner Bewerbung informiert werden, ohne dass dies in manueller Arbeit vorgenommen werden muss. Auch das Informieren von Mitarbeitern und Vorgesetzten über das Vorliegen einer interessanten Bewerbung oder das Vorbereiten eines Vorstellungsgesprächs sind Prozesse, die darüber gesteuert werden können.

9.3.1 E-Mail-Vorlagen für das Recruiting Management

Alle im Recruiting Management genutzten Kommunikationshilfsmittel bauen auf der Nutzung von E-Mail-Vorlagen auf. Diese können im Admin-Center unter **E-Mail-Vorlagen für Recruiting verwalten** hinzugefügt, editiert oder deaktiviert werden (siehe Abbildung 9.54). Weitere Informationen zum Thema E-Mail-Kommunikation finden Sie in Abschnitt 6.5.5, »E-Mail-Konfigurationen«.

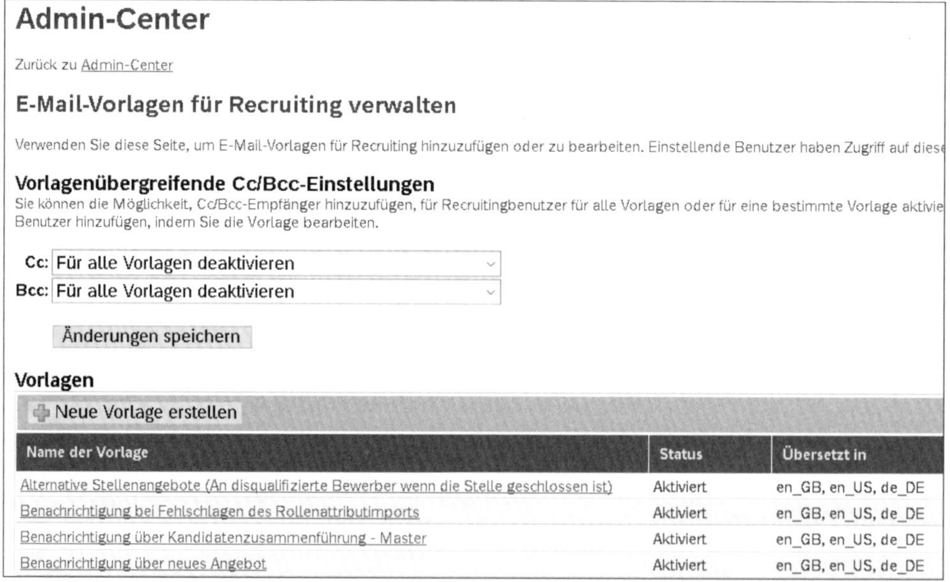

Abbildung 9.54 E-Mail-Vorlagen für das Recruiting

Klicken Sie auf die Schaltfläche **Neue Vorlage erstellen**, gelangen Sie in einen Texteditor, in dem die E-Mail-Vorlage verwaltet werden kann. Standardisierte Inhalte wie Name oder Anschrift, die aus den Unterlagen der Bewerbung oder der Stellenanforderung übernommen werden sollen, können über Tokens in die E-Mail integriert werden (siehe Abbildung 9.55).

Um allen Systemsprachen gerecht zu werden und die Anzahl der Vorlagen im Rahmen zu halten, können Vorlagen mehrsprachig angelegt werden. Dazu wählen Sie nach dem Speichern die gewünschte weitere Sprache aus und geben den Text ein. In der Übersicht können Sie sehen, welche Vorlagen in welchen Sprachen vorhanden sind (siehe Abbildung 9.55).

E-Mail-Vorlagen für Recruiting verwalten: E-Mail-Vorlage

Bearbeiten Sie Ihre E-Mail-Vorlage hier. Mit * gekennzeichnete Felder müssen ausgefüllt

Wenn Sie eine E-Mail-Vorlage in mehreren Sprachen (oder einer anderen als der Standa
für denselben Zweck verwendet werden.)

Die folgenden Tokens können in Ihrer Vorlage verwendet werden. Sie werden beim Sen
Tokens ausblenden

- [[CANDIDATE_FIRST_NAME]]: Vorname des Kandidaten
- [[CANDIDATE_LAST_NAME]]: Nachname des Kandidaten
- [[CANDIDATE_FULL_NAME]]: Vollständiger Name des Kandidaten
- [[CANDIDATE_EMAIL]]: E-Mail des Kandidaten
- [[JOB_REQ_ID]]: Stellenanforderungsnummer
- [[JOB_REQ_TITLE]]: Stellenbezeichnung
- [[JOB_REQ_LOCATION]]: Standort (Standort der Stellenanforderung)
- [[HIRING_MGR_FULL_NAME]]: Vollständiger Name des einstellenden Managers (v
- [[RECRUITER_FULL_NAME]]: Vollständiger Name des Recruiters
- [[SOURCER_FULL_NAME]]: Vollständiger Name des Beschaffers
- [[TODAY]]: Heutiges Datum (z.B. 31. Januar 2009)
- [[LOGO]]: Unternehmenslogo
- [[USER_FIRSTNAME]]: Vorname
- [[USER_LASTNAME]]: Nachname
- [[USER_MI]]: Zweiter Vorname
- [[USER_SUFFIX]]: Suffix
- [[USER_SALUTATION]]: Anrede
- [[USER_EMAIL]]: E-Mail
- [[USER_TITLE]]: Titel
- [[USER_BIZ_PHONE]]: Telefon geschäftlich
- [[USER_HOME_PHONE]]: Telefon privat
- [[USER_CELL_PHONE]]: Mobiltelefon
- [[USER_FAX]]: Fax geschäftlich
- [[USER_ADDR1]]: Adresszeile 1
- [[USER_ADDR2]]: Adresszeile 2
- [[USER_CITY]]: Ort

Abbildung 9.55 Mit Platzhaltern arbeiten

[«]

Arbeiten mit E-Mail-Vorlagen

Nutzen Sie eine *Namenskonvention*, um die Recruiting-E-Mails in eine für Sie sinnvolle Reihenfolge zu bringen. Es bietet sich z. B. an, länderspezifische E-Mail-Vorlagen mit der ISO-Länderkennung zu kennzeichnen, damit diese in der Auswahlliste nah beieinanderstehen. System-E-Mails können mit dem Kürzel »SYS« begonnen werden, sodass diese in der Liste nach unten rutschen und auch beim manuellen Versand von E-Mails nicht aus Versehen genutzt werden. Zudem können Sie über die rollenbasierten Berechtigungen den Zugriff auf E-Mail-Vorlagen steuern und Recruitern ggf. nur die für sie relevanten Vorlagen anzeigen.

9.3.2 Automatisierte Kommunikation einrichten

Die automatisierte Kommunikation im Rahmen der SAP-SuccessFactors-Suite bezieht sich auf den Wandel des Kandidatenstatus im Rahmen der Bewerbung. Verknüpft mit dem Kandidatenstatus in der Bewerbung, können E-Mails an den Kandidaten oder Prozessbeteiligte versandt werden.

Eingestellt werden können diese automatischen E-Mails über das Admin-Center und **Bewerber-Statuskonfiguration bearbeiten**. Nachdem Sie einen Statussatz ausgewählt haben, erhalten Sie eine Übersicht aller Kandidatenstatus, die in Ihrer Instanz verfügbar sind (siehe Abbildung 9.56).

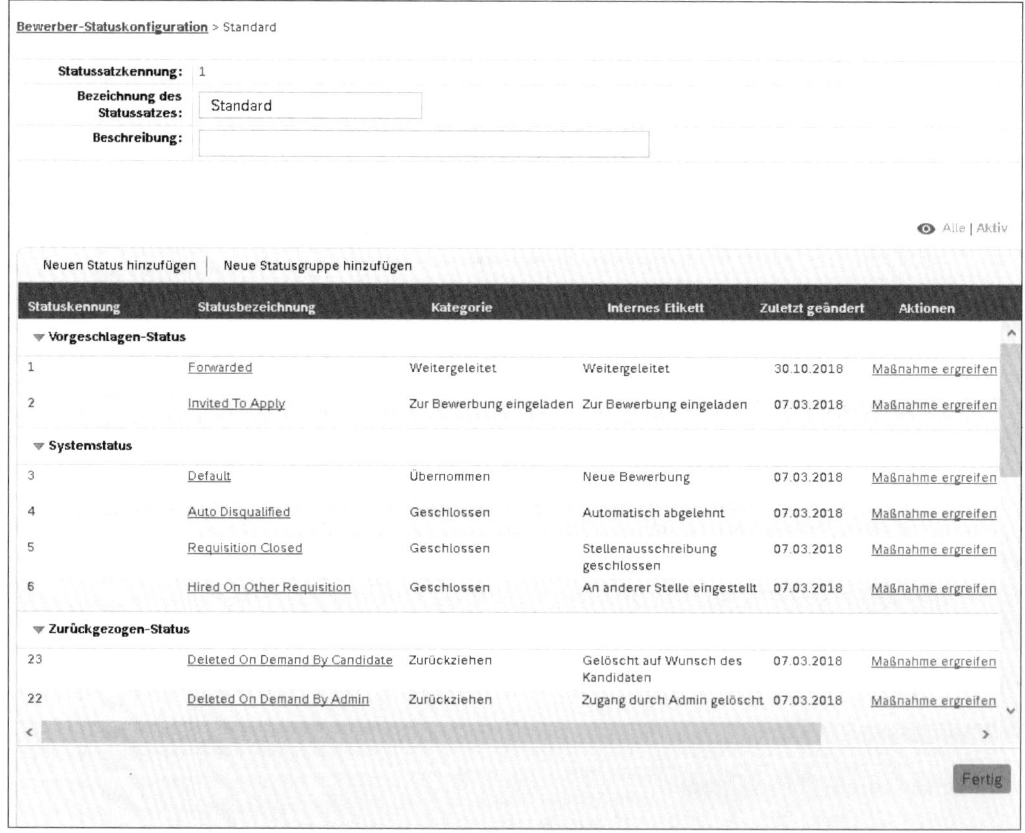

Abbildung 9.56 Übersicht über den Kandidatenstatus

Klicken Sie nun auf einen Status, haben Sie die Möglichkeit, eine E-Mail-Vorlage mit dem Status zu verknüpfen, die automatisch versandt wird, sobald ein Bewerber diesen Status erreicht (siehe Abbildung 9.57).

[«]

Statusgebundene E-Mails

Verschlanken Sie Ihren internen E-Mail-Verkehr durch die Nutzung statusgebundener E-Mails mit Inhalten aus der Bewerbung des Kandidaten. Informationen, die bereits in die Bewerbung eingegeben wurden, können über Tokens in eine interne E-Mail integriert und automatisch versandt werden. So vermeiden Sie Doppelarbeiten.

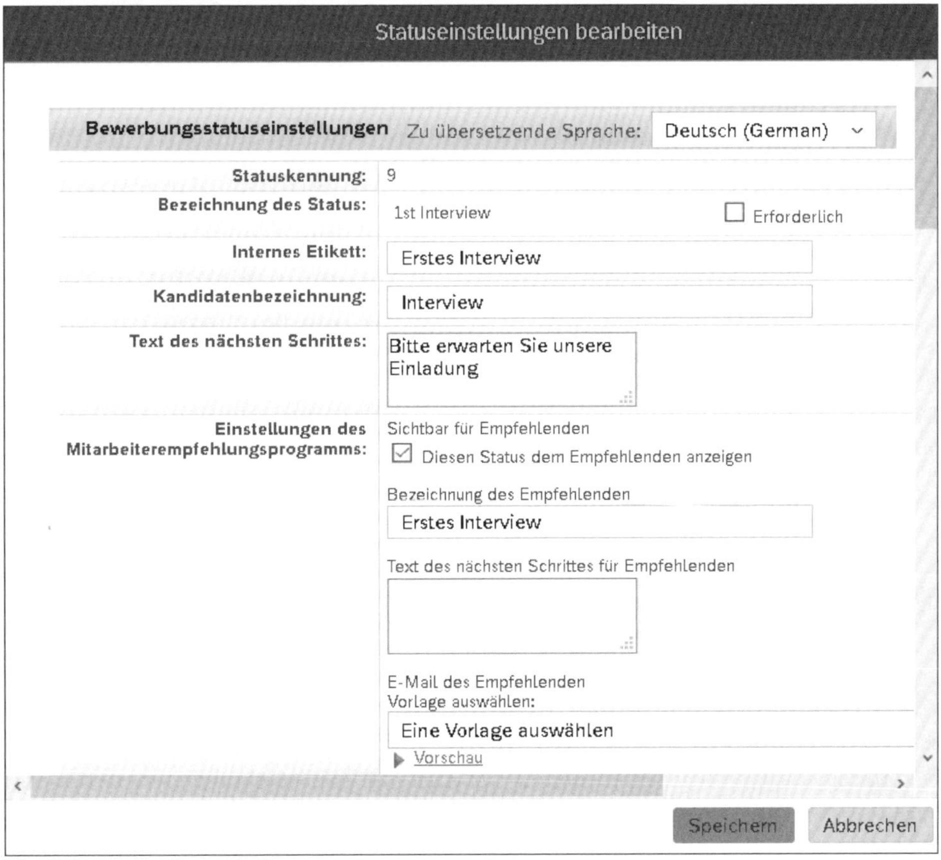

Statuseinstellungen bearbeiten
Bewerbungsstatuseinstellungen Zu übersetzende Sprache: Deutsch (German)
Statuskennung: 9
Bezeichnung des Status: 1st Interview Erforderlich
Internes Etikett: Erstes Interview
Kandidatenbezeichnung: Interview
Text des nächsten Schrittes: Bitte erwarten Sie unsere Einladung
Einstellungen des Mitarbeiterempfehlungsprogramms: Sichtbar für Empfehlenden
Diesen Status dem Empfehlenden anzeigen
Bezeichnung des Empfehlenden
Erstes Interview
Text des nächsten Schrittes für Empfehlenden
E-Mail des Empfehlenden Vorlage auswählen:
Eine Vorlage auswählen
Vorschau
Speichern Abbrechen

Abbildung 9.57 Status – Beispiel

9.3.3 Auslöser-basierte Kommunikation

Neben den automatisierten statusgebundenen E-Mails können Sie noch bestimmte Auslöser definieren, die einen E-Mail-Versand anstoßen. Eine Übersicht der Auslöser erhalten Sie im Admin-Center unter **Auslöser für Recruiting-E-Mail** (siehe Abbildung 9.58).

In diesem Menü können Sie spezifizieren, bei welchen Aktivitäten E-Mails automatisiert versandt werden sollen und welche E-Mail-Vorlage genutzt werden soll.

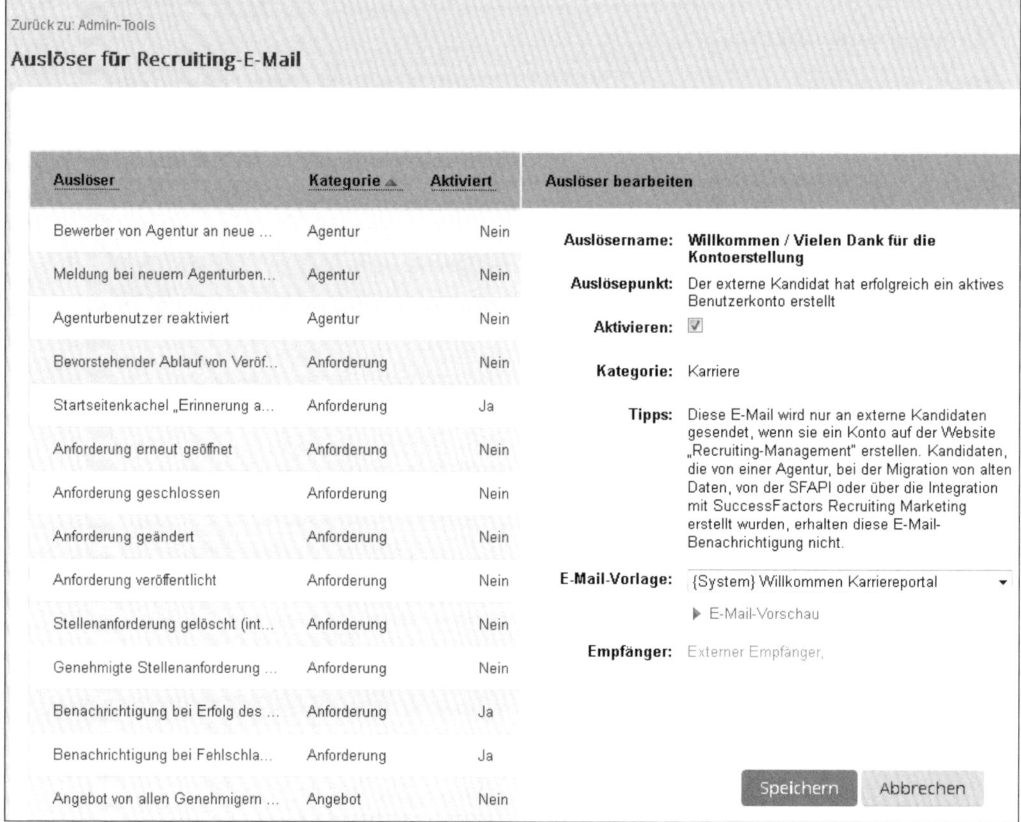

Abbildung 9.58 Auslöser für Recruiting-E-Mails

9.3.4 Individuelle Kommunikation

Manuell ausgelöste E-Mails sind eine weitere Möglichkeit, mit Bewerbern oder im System registrierten Interessenten, die sich noch nicht beworben haben, in Kontakt zu treten. Die Antworten auf Nachrichten, die Sie im System gestartet haben, werden im Nachrichtencenter angezeigt. Dabei können Sie in der Folgekommunikation sowohl aus SAP SuccessFactors als auch aus Ihrem E-Mail-Programm antworten. Dadurch kann Kandidatenkommunikation besser nachvollzogen werden.

Kommunikation mit Bewerbern

Ein Weg, den Kontakt zum Bewerber manuell aufzubauen, führt über die Talent-Pipeline. Hier können z. B. Massen-E-Mails an alle Bewerber auf eine Stelle oder an alle Bewerber in einem bestimmten Status geschickt werden. Markieren Sie dafür den oder die Bewerber durch Setzen des Kennzeichens **Aktion**, wählen Sie aus dem Auswahlmenü **Kandidaten anschreiben** (siehe Abbildung 9.59), und wählen Sie die gewünschte E-Mail-Vorlage.

Abbildung 9.59 Kandidaten markieren und E-Mail senden

Kommunikation mit im Kandidatenpool registrierten Personen

Neben der Kommunikation mit Bewerbern kann auch mit den Personen im Kandidatenpool kommuniziert werden. Dieser speist sich aus allen Registrierungen, sofern die Kandidaten ihr Profil entsprechend freigegeben haben (siehe Abschnitt 9.2.6, »Bewerbungsprozess«).

Über die Kandidatensuche können Sie entweder frei oder mit Einschränkungen über die Filterkriterien nach bestimmten Kandidaten suchen, diese anwählen und entweder direkt per E-Mail kontaktieren oder zu einer E-Mail-Kampagne hinzufügen (siehe Abbildung 9.60).

Beim direkten Anschreiben öffnet sich ein neues Fenster, in dem die E-Mail-Vorlage gewählt und die E-Mail versandt werden kann. Wenn Sie Kandidaten zu einer E-Mail-Kampagne hinzufügen, haben Sie die Möglichkeit, die Effektivität Ihrer Nachricht zu prüfen.

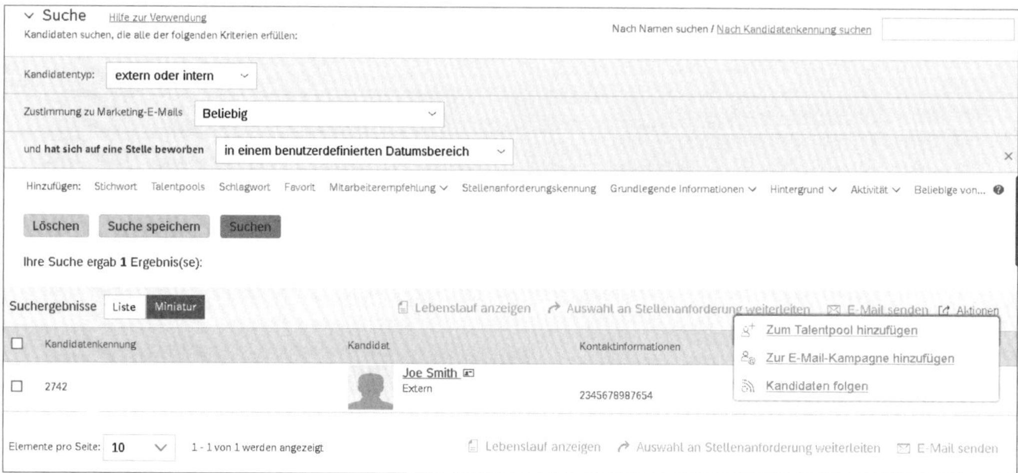

Abbildung 9.60 Kandidatensuche

9.4 Best Practice: Erfolgsfaktoren für Rekrutierung

Im Rahmen der Einführung von Recruiting-Lösungen wird in vielen Unternehmen eine Transformation der internen Prozesse angestoßen, sodass diese harmonisiert und an neue Rahmenbedingungen und Möglichkeiten angepasst werden. In diesem Abschnitt stellen wir Ihnen wichtige Erfolgsfaktoren vor, wie Prozesse im Recruiting prozessual und inhaltlich optimiert werden können. Dies umfasst folgende Eckpunkte:

- Erstellen und genehmigen Sie Planstellen, um eine neue Stelle systematisch in den Planungs- und Budgetierungsprozess einzubinden.
- Legen Sie Stellenprofile fest, und nutzen Sie diese für interne Karrierepfade, Personalentwicklung, aber auch als aktuelle Vorlagen für die Stellenausschreibung.
- Nutzen Sie eine Rolle, die für die interne und externe Kandidatensuche verantwortlich ist. Das ermöglicht die Integration von Talentmanagement und Rekrutierung und hebt Synergieeffekte.
- Binden Sie die Führungskraft und die Mitarbeiter möglichst direkt ein, um die Qualität der Auswahl zu erhöhen.
- Wählen Sie Kandidaten nicht nur nach deren fachlicher Eignung, sondern auch nach der Übereinstimmung mit den wesentlichen Werten des Unternehmensbereichs aus, für den Sie rekrutieren.
- Lassen Sie interne Kandidaten, die über die Empfohlene-Nachfolger-Funktion oder auf Basis der Talentpools oder der durchgeführten Nachfolgeplanung für die Besetzung der Planstelle infrage kommen, von der verantwortlichen Führungskraft, bei

Bedarf unterstützt von der HR-Abteilung, ansprechen (siehe Kapitel 15, »Talentmanagement – Nachfolge und Entwicklung«). Damit erhöhen Sie die Anzahl der internen Besetzungen.

- Erstellen Sie im nächsten Schritt die Stellenausschreibung auf Basis der Rolle oder der Stellenbeschreibung der Planstelle. Die Stellenanforderung wird dann mit oder von der verantwortlichen Führungskraft verfeinert und abgestimmt. Aufgrund der Aktualität der Stellenbeschreibung sind Sie hier effizient und schnell am Ziel.
- Veröffentlichen Sie die freie Stelle intern und nach festgelegtem Zeitablauf auch extern über die definierten Kanäle, um den Regularien zu entsprechen.
- Halten Sie den eigentlichen Rekrutierungsprozess möglichst schlank, wenige Arbeitsschritte sorgen für Effizienz und Effektivität.
- Sorgen Sie für eine frühe Einbindung und Einarbeitung des neuen Mitarbeiters im Rahmen der organisatorischen und technischen Möglichkeiten des Onboardings: Von der Dateneingabe durch den Kandidaten und seine künftige Führungskraft über die Abarbeitung von Checklisten und Bestellung von Arbeitsmaterialen bis hin zum Vorab-Absolvieren von Trainings und Kennenlernen der künftigen Kollegen können Sie viele Teilprozesse schon vor dem ersten Arbeitstag des neuen Mitarbeiters abschließen.

Die wichtigen Punkte Talentmanagement, die Bedeutung der Werte für die Einstellung und den Stellenwert des Onboardings erläutern wir im Folgenden nun ein wenig ausführlicher.

9.4.1 Talentmanagement vor externer Rekrutierung

Gelingt es Ihnen, interne Mitarbeiter zu befördern, bevor Sie externe Kandidaten in Erwägung ziehen, winkt eine Reihe von Vorteilen: Neben möglichen Kosteneinsparungen durch wegfallende Vermittlungsgebühr für externe Dienstleister haben Sie in Bezug auf die Eignung des Mitarbeiters eine höhere Sicherheit, da der Kandidat bereits bekannt ist. Außerdem erfahren die internen Mitarbeiter eine Anerkennung durch die Ansprache und nehmen Entwicklungsmöglichkeiten wahr, was in der Regel zu höherer Mitarbeitermotivation und Zufriedenheit führt. Nicht zuletzt sind die Einarbeitungskosten interner Mitarbeiter für eine Stelle häufig geringer als die externer Personen. Dabei muss man natürlich in Betracht ziehen, dass der interne Mitarbeiter ggf. auch eine Lücke hinterlässt, die durch eine Besetzung geschlossen werden muss.

SAP SuccessFactors bietet für die aktive Kandidatensuche mehrere Möglichkeiten an: Zum einen können über das Qualifikationsmanagement Mitarbeiter identifiziert werden, die über die entsprechenden Fertigkeiten verfügen, alternativ können mittels des Moduls Talentmanagement inklusive der Möglichkeiten im Mentoring Nachfolger gesucht, vorgeschlagen und gefunden werden (siehe Kapitel 15, »Talentmanagement – Nachfolge und Entwicklung«).

9.4.2 Passende Werte und Fertigkeiten

Um den langfristigen Erfolg einer Besetzung zu sichern, empfehlen wir Ihnen, nicht nur die aktuellen Fertigkeiten zu prüfen, die für eine Stelle gefordert werden, sondern auch die Übereinstimmung der Werte des Kandidaten und des betroffenen Unternehmensbereichs zu prüfen. Bei diesem Vorgehen wird die Eignung des Kandidaten in zwei Schritten geprüft:

1. In einer ersten Beurteilung, meist gestaltet durch ein Gespräch, wird überprüft, ob der Kandidat zur Organisation sowie der wertebasierten Philosophie des Unternehmens passt.
2. Ist dies gewährleistet, wird im Anschluss die innerbetriebliche Perspektive in Bezug auf die Stelle erörtert.

Der Vergleich der Bewerber in Interview Central erfolgt demnach im Best-Practice-Fall stets in zwei Schritten: Übereinstimmung mit dem Unternehmensbereich und Übereinstimmung mit der Stelle.

Der Vorteil dieses Vorgehens: Sollte der Bewerber nicht auf die aktuelle Vakanz passen, jedoch der Unternehmenskultur entsprechen und damit zur Organisation passen, erfolgt die Weiterleitung auf eine Vakanz mit einem höheren Grad an Übereinstimmung, die zum Entwicklungspotenzial des Bewerbers passt. Organisations- und jobspezifische Gesprächsleitfäden tragen im Rahmen der Gespräche zur Sicherung der Qualität bei und ermöglichen deren Objektivierung mittels der Nutzung verhaltensverankerter Bewertungsskalen.

Selbstbestimmung

Zeigt ein Kandidat eine hohe Ausprägung dieses Wertes, wird er sich langfristig nur in einem Unternehmensbereich gut entwickeln, in dem er die Möglichkeit zu einer autonomen, selbstbestimmten Tätigkeit hat.

9.4.3 Vom Bewerber zum Mitarbeiter im Onboarding

Einarbeitungshilfen wie Pläne, Mentorenprogramme, regelmäßige Feedback-Runden sowie das rechtzeitige Zurverfügungstellen von relevantem Arbeitsmaterial sollten als Kernelemente des Onboarding-Prozesses gewährleistet werden.

Um den Start des neuen Kollegen für diesen so effizient wie möglich zu gestalten, empfehlen wir Ihnen, frühzeitig mit dem sozialen Onboarding zu beginnen: Das Zusenden von Mitarbeiterzeitschriften/Newslettern, die Integration in soziale Netzwerke oder auch Einladungen zu Firmenevents bereits vor dem offiziellen Arbeitsbeginn helfen dem neuen Mitarbeiter dabei, seine Position frühzeitig zu finden, wichtige Netzwerke und persönliche Beziehungen herzustellen.

9.4.4 Best Practices erweitern

Auch für Recruiting gibt es intelligente Lösungen, die die Standardfunktionen sinnvoll erweitern. Diese werden über das SAP App Center (siehe *https://www.sapappcenter.com/home*) bereitgestellt. Ein Beispiel ist die Einbindung des Betriebsrats in den Einstellungsprozess (siehe *https://www.sapappcenter.com/apps/23070*).

Diese App ermöglicht es Ihnen, dem Betriebsrat genau die Informationen bereitzustellen, die er im Rahmen einer Betriebsratsanhörung zur Einstellung einsehen soll und darf (siehe Abbildung 9.61).

Offene Angebote

Name des Kandidaten	Stellentitel	Standort	Angebotsstatus	Erwartetes Eintrittsdatum	Datum der letzten Änderung	Recruiter	Personalanforderung	Angebot
Patricia Hofmann	ASSISTENZ DER GESCHÄFTSFÜHRUNG (M/W)	Deutschland	Ausstehende Genehmigung	Mittwoch, 1. Juli 2015	Mittwoch, 11. April 2018	Robert-DEU Richardson	861	441
Debby Lambart	Sample Manager (m/f/d)	Deutschland	Ausstehende Genehmigung	Donnerstag, 30. März 2017	Mittwoch, 11. April 2018	Recruiter TU	1321	442
Barty Antoshin	Sample Manager (m/f/d)	Deutschland	Ausstehende Genehmigung	Donnerstag, 30. März 2017	Mittwoch, 11. April 2018	Recruiter TU	1321	443
Marcelle Teck	Sample Manager (m/f/d)	Deutschland	Ausstehende Genehmigung	Donnerstag, 30. März 2017	Mittwoch, 11. April 2018	Recruiter TU	1321	461
Nannette Laurie	Sample Manager (m/f/d)	Deutschland	Ausstehende Genehmigung	Donnerstag, 30. März 2017	Mittwoch, 31. Oktober 2018	Recruiter TU	1321	561

Abbildung 9.61 Einsicht in Kandidateninformationen für den Betriebsrat

Zudem gibt es auch Erweiterungen, die das Thema Massenrekrutierung passgenau unterstützen. Haben Sie dafür Bedarf, hilft Ihnen Ihr Implementierungspartner weiter. Wir empfehlen, regelmäßig die aktuell im SAP Store eingestellten Lösungen daraufhin zu prüfen, ob es hier passende Erweiterungen für Sie gibt.

Ebenso gibt es Anbieter, die Sie dabei unterstützen, bereitgestellte Dokumente aus dem Recruiting-Prozess in die mit SAP SuccessFactors integrierte digitale Personalakte zu übernehmen. Aconso und Open Text sind hier Beispiele für etablierte Lösungsanbieter.

Zudem gibt es auch die Möglichkeit, Lösungen zur Dokumentenerstellung einzubinden. Nutzen Sie das z. B. für die Erstellung von Arbeitsverträgen (aber auch von Zeugnissen und weiteren Dokumenten). Damit können Sie Daten aus SAP SuccessFactors auslesen und nahtlos übernehmen. Ein etablierter Anbieter in diesem Bereich ist SpinifexIT.

9.5 Schnittstellen zwischen Recruiting und weiteren HR-Prozessen

Recruiting beliefert einige weitere HR-Prozesse, z. B. den Onboarding-Prozess, und nimmt auch Informationen aus anderen HR-Themen, etwa der Stellenbeschreibung und der Planstelle, auf. Bezüglich der Integration mit anderen Prozessen und Modulen sind die folgenden besonders wichtig:

- Integration mit Planstellen (siehe Abschnitt 7.2, »Planstellen«)
- Integration mit Rollen und Stellenbeschreibungen (siehe Abschnitt 7.1, »Stellenprofile«)
- Integration mit Talentmanagement (siehe Kapitel 15, »Talentmanagement – Nachfolge und Entwicklung«)
- Integration mit SAP SuccessFactors Employee Central (siehe Kapitel 11, »Employee Central«)
- Integration mit SAP-ERP-HCM-On-Premise
- Integrationsmöglichkeiten über die API (engl. Application Programming Interface), die es Ihnen erlauben, Informationen zu Stellen aus- und einzulesen und so mit anderen Systemen zu kommunizieren. Einen solchen Anwendungsfall prüfen Sie am besten mit Ihrem Implementierungspartner.

Im folgenden Kapitel gehen wir nun auf SAP SuccessFactors Onboarding ein – das Modul, das die Aufnahme und Einarbeitung von Mitarbeitern unterstützt. Mit Offboarding kann auch der Ausgliederungsprozess, z. B. in den Ruhestand, effizient gestaltet werden.

Kapitel 10
Onboarding

Die Onboarding-Lösung unterstützt Sie dabei, neue Mitarbeiter oder Mitarbeiter, die ihre Planstelle wechseln, im neuen Unternehmensbereich willkommen zu heißen und ihren Start bestmöglich zu begleiten.

Der Onboarding-Prozess hat das Ziel, den künftigen Mitarbeiter in die Organisation einzubinden und einzuarbeiten. Der Prozess beginnt direkt nach der erfolgreichen Vertragsverhandlung, also vor dem eigentlichen Beginn der Arbeit.

Im Onboarding-Prozess werden die Informationen aus der Bewerbung durch weitere notwendige Informationen ergänzt, die Einarbeitung des zukünftigen Kollegen wird begonnen, und es werden notwendige Arbeitsmittel bestellt. Zudem ist es im Rahmen des Onboardings möglich, künftigen Mitarbeitern Informationen etwa über die Abteilung oder das Team zur Verfügung zu stellen. Außerdem können notwendige Trainings bereits vor dem eigentlichen Arbeitsantritt durchgeführt werden.

Onboarding verfolgt im Wesentlichen die folgenden Ziele:

- soziale Bindungen festigen (neue Kollegen/innen frühzeitig kennenlernen)
- organisatorische Prozesse abbilden (Arbeitsmittel, Active Directory/E-Mail, Zugriffe, Schreibtisch etc.)
- Training (Onboarding-Programme im Lernmanagement-System)
- Datenerfassung/Self-Services

Das Onboarding-Modul wird mit dem Release *Onboarding 2.0* überarbeitet. Im Folgenden erhalten Sie einen ersten Einblick in das überarbeitete Onboarding 2.0. Dies besteht ebenfalls aus den Aktivitäten zur organisatorischen Aufnahme des neuen Mitarbeiters vor dem Arbeitsbeginn und der konkreten Einstellung am ersten Arbeitstag. Neben dem Onboarding an sich unterstützt das Modul auch das sogenannte *Crossboarding*, bei dem ein Mitarbeiter innerhalb des Unternehmens auf eine andere Planstelle wechselt (siehe Abschnitt 10.3) Im sogenannten *Offboarding* hingegen verlässt ein Mitarbeiter das Unternehmen. Die Funktionen für das Offboarding ermöglichen es Ihnen, auch das Ausscheiden des Mitarbeiters aus dem Unternehmen zu begleiten (siehe Abschnitt 10.4).

10.1 Organisatorische Aufnahme des Mitarbeiters

Die organisatorische Aufnahme eines neuen Mitarbeiters in SAP SuccessFactors erfolgt meist in drei Schritten, den Vorbereitungsarbeiten, dann der Aufnahme des neuen Mitarbeiters in SAP SuccessFactors, auch durch Self-Services, und schließlich die Verzahnung dieser Informationen mit den anderen Prozessen und Systemen im Unternehmen:

1. Nach der Vertragsunterzeichnung wird eine Reihe von Aktivitäten zum Start des Onboardings vom einstellenden Vorgesetzten oder der HR-Abteilung vorgenommen. Unter anderem können Sie aus folgenden Aktivitäten wählen:
   - ein spezifisches Informationspaket für den Mitarbeiter bereitstellen, das auch Informationen rund um den neuen Wohnort und Einrichtungen wie Kindergarten und Schulen enthalten kann
   - einen sogenannten »Onboarding-Buddy« oder Einführungspaten als Ansprechpartner nominieren, der dem neuen Mitarbeiter für alle Abstimmungen zur Verfügung steht
   - Self-Services bereitstellen, bei denen der neue Mitarbeiter seine Auswahl für die Bestellung von Notebook oder Mobiltelefon bis hin zum Firmenwagen trifft
2. Anschließend erhält der neu eingestellte Mitarbeiter einen Zugang zum SAP-SuccessFactors-System. Nun kann er die vorhandenen Informationen prüfen und anreichern.
3. Abschließend verifizieren die Parteien, meist die künftige Führungskraft und/oder die HR-Abteilung, die eingegebenen Informationen, Bestellungen werden ausgelöst, und der neue Mitarbeiter wird zum Vertragsstart in SAP SuccessFactors Employee Central als aktiver Mitarbeiter übernommen.

Diese Prozessschritte stellen wir Ihnen im Folgenden detaillierter vor.

10.1.1 Initiierung aus dem Recruiting Management

Sobald die Einstellung des neuen Kollegen formal durchgeführt ist, kann der Onboarding-Prozess direkt aus dem Recruiting Management gestartet werden. Befindet sich ein Kandidat in einem Onboarding-Status, kann z. B. der Recruiter oder der einstellende Vorgesetzte den Prozess direkt initiieren, indem er im Kandidatenprofil auf die Schaltfläche **Onboarding einleiten** klickt.

Eine Statusmeldung informiert darüber, dass das Onboarding gestartet wurde (siehe Abbildung 10.1).

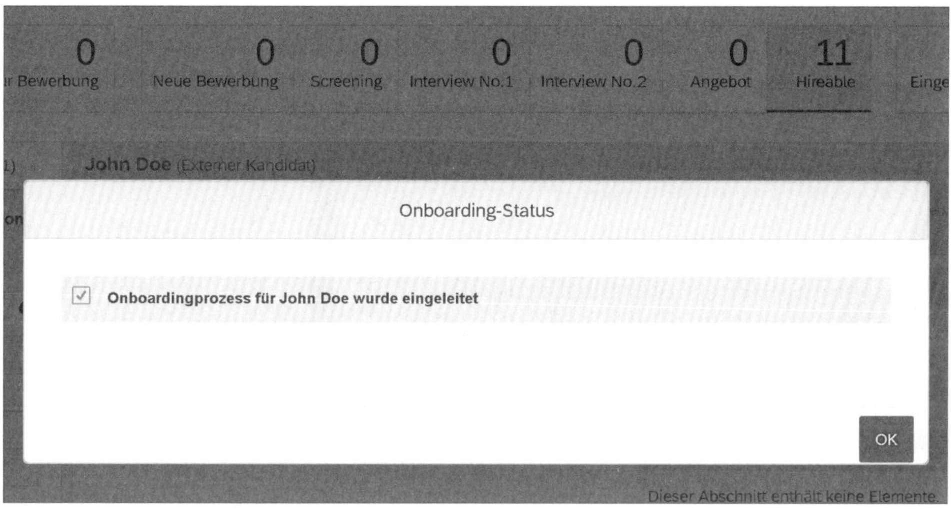

Abbildung 10.1 Onboarding-Prozess initiieren

Nachdem der Prozess angestoßen wurde, wird der einstellende Vorgesetzte darüber informiert, dass ein neuer Mitarbeiter im Onboarding zur Verfügung steht. Der einstellende Vorgesetzte sieht seinen zukünftigen Mitarbeiter im Onboarding Dashboard und hat entsprechende Aufgaben im To-do-Bereich der Startseite.

10.1.2 Organisatorische Einbindung des Mitarbeiters

Der zukünftige Mitarbeiter bekommt eine E-Mail-Benachrichtigung mit Willkommenstext und Anmeldedaten zugeschickt (siehe Abbildung 10.2). Mit den bereitgestellten Informationen kann er sich direkt in SAP SuccessFactors anmelden.

Abbildung 10.2 Beispiel einer Einladungs-E-Mail

Er erhält nun Zugang zu den von Ihnen speziell für das Onboarding bereitgestellten Inhalten und Aktivitäten. Dazu kann auch eine erste Vorstellung von SAP SuccessFactors gehören, die den Einstieg in die Arbeit erleichtert (siehe Abbildung 10.3).

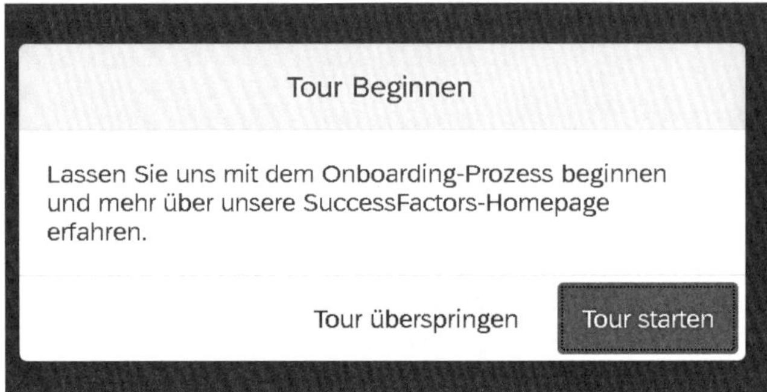

Abbildung 10.3 Einladung zur ersten Vorstellung

Wurde der Onboarding-Prozess gestartet, werden die vom Kandidaten im Rahmen der Bewerbung eingegebenen Informationen in das Onboarding-Modul übernommen, und der ehemalige Bewerber wird als Neueinarbeitung geführt.

10.1.3 Daten des neuen Mitarbeiters eingeben

Nach der organisatorischen Einbettung im Onboarding durch den Vorgesetzten übernimmt der neue Mitarbeiter den Prozess und stellt weitere Informationen bereit. Informationen zur Sozialversicherung, der Arbeitserlaubnis für den gewählten Arbeitsort oder zu Notfallkontakten (siehe Abbildung 10.4) stellen hier typische zu komplettierende Inhalte dar.

Abbildung 10.4 Mitarbeiterdaten eingeben

Sie haben auch die Möglichkeit, eine »Kleiderkammer« abzubilden und den neuen Mitarbeiter z. B. zu fragen, welche Schuhgröße oder Kleidungsgröße er benötigt (siehe Abbildung 10.5).

Abbildung 10.5 Ansicht des Dialogfensters zur Angabe der Konfektionsgröße

Sind die Informationen vervollständigt, wird der Prozess durch das elektronische Signieren der angeforderten und bereitgestellten Dokumente durch den Mitarbeiter abgeschlossen.

> **Passwörter des neuen Mitarbeiters**
>
> Um Missbrauch zu vermeiden, definiert der neue Mitarbeiter ein individuelles Passwort, das für die Signatur der Dokumente genutzt wird.

Besonders für Unternehmen, die im US-amerikanischen Raum tätig sind, ergeben sich durch das Hinterlegen von Standardformularvorlagen, die es für viele der 50 Staaten in den Vereinigten Staaten gibt, Möglichkeiten der Automatisierung aufwendiger administrativer Prozesse, die angesteuert, elektronisch signiert und an die Behörden gemeldet werden können.

10.1.4 Daten des neuen Mitarbeiters verifizieren

Ist die Dateneingabe abgeschlossen, werden dem zukünftigen Mitarbeiter die abzuzeichnenden Dokumente bereitgestellt. Typische Beispiele für bereitgestellte Dokumente sind:

- Datenschutzerklärung
- Verhaltensregeln (Code of Conduct)
- Compliance-Bestimmungen
- Umgang mit sozialen Medien

Die Dokumente werden digital unterschrieben und gespeichert. Der einstellende Vorgesetzte prüft abschließend die eingegebenen Daten (siehe Abbildung 10.6).

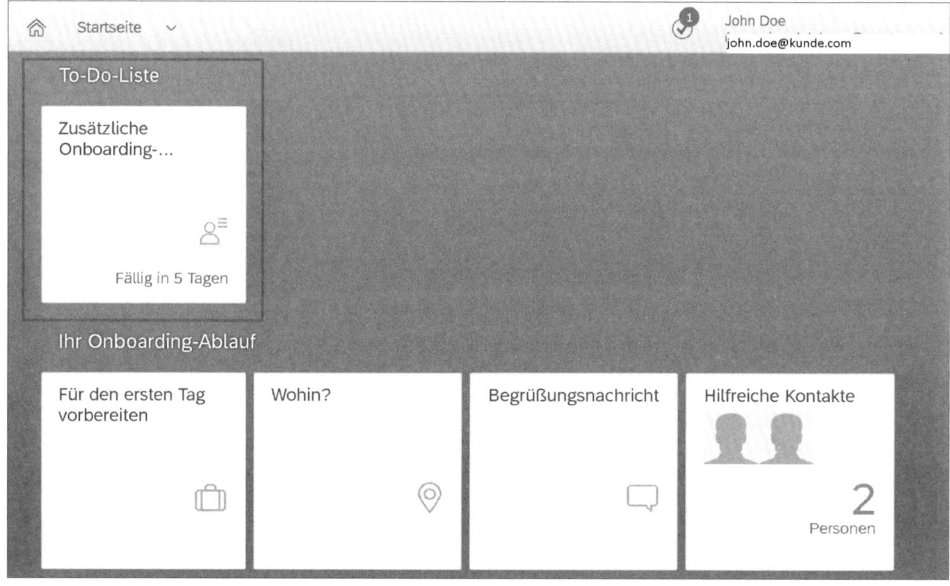

Abbildung 10.6 Aufgabe zur Verifikation

Der komplettierte Datensatz des neuen Mitarbeiters wird zum ersten Arbeitstag automatisch vom »externen Benutzer« zum »internen Benutzer« und damit zum regulären Mitarbeiter umgeschlüsselt (siehe Abschnitt 10.2).

10.1.5 Arbeiten mit Onboarding-Aktivitäten

Technisch ist der Onboarding-Prozess mit der Übernahme der Stammdaten und Aktivierung als Mitarbeiter im Onboarding nun abgeschlossen. Der Übertritt zum regulären Mitarbeiter erfolgt mit dem ersten Arbeitstag. Funktional und inhaltlich folgt nun der tatsächliche Einarbeitungsprozess mit allen seinen Optionen aus Sicht des neuen Mitarbeiters.

Der mitarbeiterorientierte Einarbeitungsprozess beinhaltet verschiedene Gestaltungsvarianten, die dem neuen Kollegen dabei helfen sollen, sich in der neuen Firma, ggf. auch schon vor dem ersten Arbeitstag, möglichst schnell zurechtzufinden, mit seinen künftigen Arbeitskollegen zu kommunizieren, Wichtiges zu erlernen und administrative Aufgaben zu erledigen.

Das Onboarding-Modul in SAP SuccessFactors ermöglicht eine ganzheitliche sogenannte *New Hire Experience*. Bereits vorgefertigte Onboarding-Aktivitäten, Standardintegrationen mit anderen Modulen und individuell gestaltbare Inhalte in kundenspezifischen Kacheln, die Sie direkt auf der Einstiegsseite platzieren können, unterstützen Sie bei der Arbeit.

Mit dem Modul *Onboarding* erhalten Sie vorgefertigte Onboarding-Aktivitäten. Ihr Implementierungspartner oder Systemadministrator kann diese über rollenbasierte Berechtigungen zugänglich machen und über Geschäftsregeln (sogenannte *Business Rules*) zuweisen. Die vorgefertigten Onboarding-Aktivitäten bestehen aus folgenden Elementen:

- Begrüßungsnachricht des Vorgesetzten (siehe Abbildung 10.8)
- Einführungspate für die ersten Monate
- empfohlene Links
- Planung erster Meetings (siehe Abbildung 10.9)
- empfohlene Personen
- bereitgestellte Ausstattung
- zu erledigende Checkliste
- Mitbringsel für den ersten Arbeitstag
- Anlaufstelle am ersten Arbeitstag
- nützliche Kontakte

In den beiden folgenden Abschnitten nehmen wir die vorbereitenden Aktivitäten des Vorgesetzten sowie die Sicht des neuen Mitarbeiters genauer in den Blick.

Vorbereitende Aktivitäten

Einstellende Vorgesetzte können die im Onboarding bereitgestellten Aktivitäten im Onboarding Dashboard (siehe Abbildung 10.7) nutzen und bearbeiten. In Onboarding 2.0 können diese Aktivitäten für mehrere neue Mitarbeiter gleichzeitig administriert werden.

Vorbereitung für neue Mitarbeiter

Neueinstellung	Eintrittsdatum	Einstellender Manager			
⚠	Donnerstag, 21. November 2019 in 1 Tag	Alex Anderson	Meetings planen	Start	Fällig: in 1 Tag
			Für den ersten Tag vorbereiten	Start	Fällig: in 1 Tag
	Montag, 25. November 2019 in 5 Tagen	Alex Anderson	Anforderung Laptop	Start	Fällig: in 5 Tagen
			Meetings planen	Start	Fällig: in 5 Tagen
			Personen empfehlen	Start	Fällig: in 5 Tagen
			Für den ersten Tag vorbereiten	Start	Fällig: in 5 Tagen
	Freitag, 29. November 2019 in 1 Woche	Alex Anderson	Anforderung Laptop	Start	Fällig: in 1 Woche
			Meetings planen	Start	Fällig: in 1 Woche
			Personen empfehlen	Start	Fällig: in 1 Woche
			Für den ersten Tag vorbereiten	Start	Fällig: in 1 Woche

Im Dashboard anzeigen | Fertig

Abbildung 10.7 Status der Aktivitäten

Der Vorgesetzte kann dem neuen Mitarbeiter eine auf Vorlagen basierende Begrüßungsnachricht zukommen lassen und diese auch individuell anpassen (siehe Abbildung 10.8).

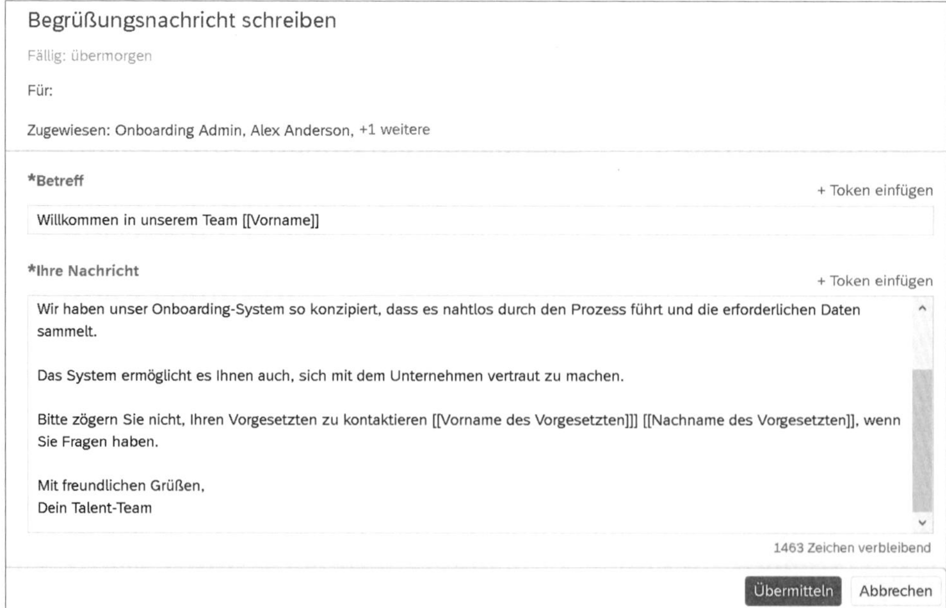

Begrüßungsnachricht schreiben

Fällig: übermorgen

Für:

Zugewiesen: Onboarding Admin, Alex Anderson, +1 weitere

*Betreff

+ Token einfügen

Willkommen in unserem Team [[Vorname]]

*Ihre Nachricht

+ Token einfügen

Wir haben unser Onboarding-System so konzipiert, dass es nahtlos durch den Prozess führt und die erforderlichen Daten sammelt.

Das System ermöglicht es Ihnen auch, sich mit dem Unternehmen vertraut zu machen.

Bitte zögern Sie nicht, Ihren Vorgesetzten zu kontaktieren [[Vorname des Vorgesetzten]]] [[Nachname des Vorgesetzten]], wenn Sie Fragen haben.

Mit freundlichen Grüßen,
Dein Talent-Team

1463 Zeichen verbleibend

Übermitteln | Abbrechen

Abbildung 10.8 Begrüßungsnachricht des Vorgesetzten

Zudem haben Sie auch die Möglichkeit, Treffen mit den für den Einstiegsprozess wichtigen Personen anzusetzen. Die Teilnehmer eines Treffens können aus der eigenen Abteilung, aber auch aus anderen Unternehmensbereichen kommen (siehe Abbildung 10.9).

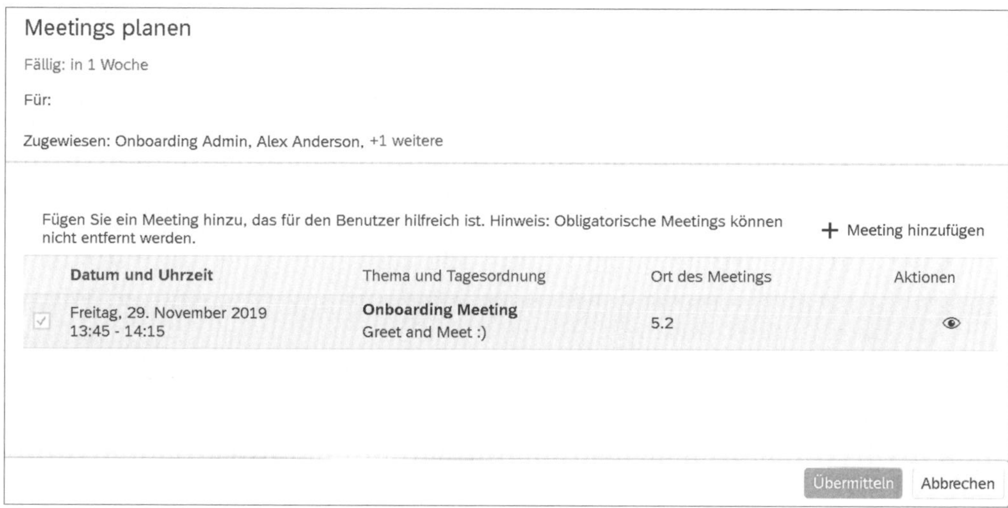

Abbildung 10.9 Planung erster Treffen

Im Folgenden stellen wir Ihnen die am häufigsten genutzten Möglichkeiten vor, wie Sie Ihrem neuen Mitarbeiter den Start ins Unternehmen oder die neue Planstelle erleichtern können:

- **Wichtige Links bereitstellen**
  Für den Mitarbeiter relevante Internetseiten können auf der Registerkarte **Empfohlene Links** eingebettet werden.
- **Meetings planen**
  Um den Mitarbeiter bei seinem Einstieg zu begleiten und ihm auch Perspektiven aufzuzeigen, besteht über **Meetings planen** die Möglichkeit, Termine einzustellen, etwa für ein gemeinsames Mittagessen. Bei einem solchen Termin können Sie z. B. direkt über Einarbeitungsziele, sogenannte *30-Tage-Ziele*, sprechen und diese vereinbaren.
- **Kontakte vermitteln**
  Ein zentraler Aspekt in der Einarbeitung neuer Kollegen ist ihre Einbindung in ein soziales Netzwerk. Im Einarbeitungsprozess können über die Funktion **Personen empfehlen** gezielt Personen im Unternehmen vorgestellt werden. Der Vorgesetzte kann über die Suchfunktion Personen hinzufügen, die er dem neuen Kollegen empfehlen möchte, und zusätzlich einen Kommentar dazu eingeben. Damit der ausgewählte Kollege nicht überrascht wird, kann dieser zusätzlich per E-Mail benachrichtigt werden.

- **Ausstattung bereitstellen**
  Falls der neue Kollege schon mit Arbeitsmitteln ausgestattet werden soll, kann dies direkt aus dem Prozess über die Funktion **Ausstattung bereitstellen** heraus gesteuert werden. Die benötigten Arbeitsmittel können gewählt werden. Per hinterlegter E-Mail-Benachrichtigung werden die Verantwortlichen für deren Beschaffung informiert.

Zuletzt hilft eine *Checkliste* zu prüfen, ob alle Vorkehrungen getroffen sind, um den neuen Kollegen nahtlos in das Unternehmen zu integrieren.

Empfohlene Links

Mit Links zu spezifischen Seiten des Unternehmens kann man den zukünftigen Mitarbeiter auf ein separates Zeiterfassungssystem oder eine Seite mit zusätzlichen Leistungen weiterleiten. Dies erleichtert auch dem Vorgesetzten im Einstellungsprozess die vollständige Bearbeitung der Themen.

Das Informieren der zukünftigen Kollegen über die Neueinstellung sowie die Planung der Einarbeitung anhand von Trainings und Zielen sind weitere Optionen im Einarbeitungsprozess.

Sicht des Mitarbeiters

Der künftige Mitarbeiter sieht seine Optionen direkt in SAP SuccessFactors auf der Homepage (siehe Abbildung 10.10). Diese wird für ihn bereits jetzt zum zentralen Einstieg für alle HR-bezogenen Themen. Abgerundet werden können die bereitgestellten Informationen z. B. durch eine Grußbotschaft des Vorstands, ein Vorstellungsvideo des Unternehmens oder eine Aufstellung der unternehmenseigenen Werte. Diese Inhalte können über kundeneigene Kacheln ebenfalls auf der Startseite verfügbar gemacht werden.

Sowohl für das Unternehmen als auch für den Mitarbeiter sind Schulungen ein wichtiger Bestandteil eines Onboardings. Motivierte Mitarbeiter können schon vor dem ersten Arbeitstag E-Learnings absolvieren und so sehr gut vorbereitet in ihren ersten Arbeitstag starten. Der Zugang zu einer SAP-Jam-Gruppe unterstützt die Kommunikation und die Integration in das Unternehmensnetzwerk.

Onboarding-Programm im LMS für Abteilungen

Das LMS bietet die Möglichkeit, vielfältige Einarbeitungsprogramme zu erstellen und z. B. abhängig von der Planstelle des Mitarbeiters diese dem Mitarbeiter automatisch zuzuweisen.

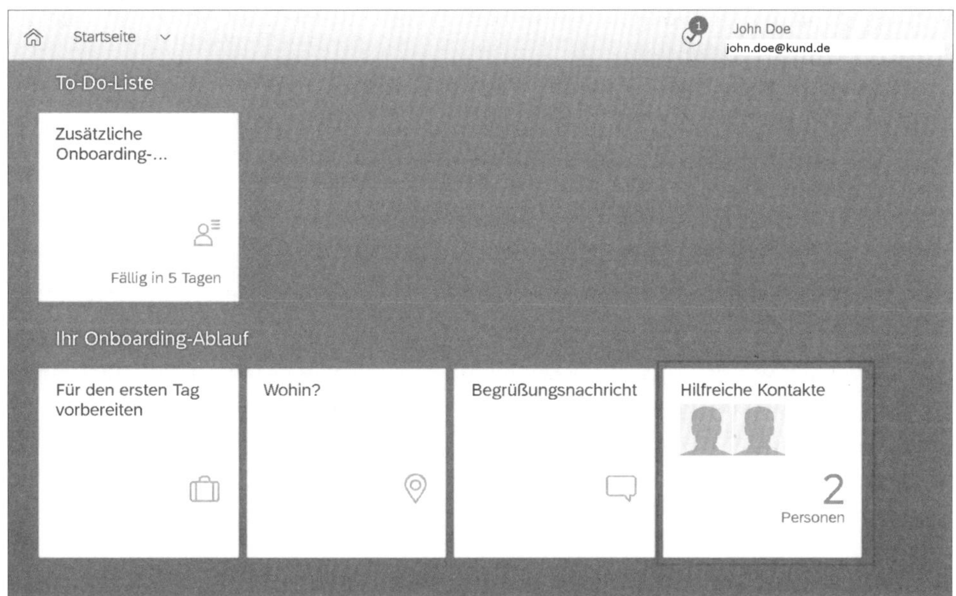

Abbildung 10.10 Ansicht der Startseite mit wichtigen Kacheln

Ein erfolgreicher Einarbeitungs- und Einführungsprozess zeigt sich auch im Erreichen der ersten Ziele nach 30, 60 oder 90 Tagen. Mit der Integration in die unternehmensweite Zielverwaltung und Leistungsbeurteilung können frühzeitig beiderseitige Erwartungen ausgetauscht werden – eine Voraussetzung für einen zielgerichteten Einstiegsprozess in eine neue Organisation und Tätigkeit.

Im Bereich **Onboarding** werden dem Mitarbeiter alle für ihn relevanten Aktivitäten und Informationen angezeigt.

10.2 Einen neuen Mitarbeiter einstellen

Sobald die Vorbereitungen für den Einarbeitungsprozess abgeschlossen sind und der Vertragsbeginn des neuen Mitarbeiters erreicht wurde, kann der Mitarbeiter in das Stammdatensystem übernommen werden. Nutzen Sie das Onboarding, wird die dort vergebene temporäre ID des künftigen Mitarbeiters mit Vertragsstart durch eine permanente Mitarbeiter-ID ersetzt.

Nutzen Sie kein Onboarding, starten Sie mit den im Folgenden beschriebenen Tätigkeiten zur Aufnahme des Mitarbeiters in das stammdatenführende System.

Abhängig von den interagierenden Systemen ergeben sich drei Möglichkeiten, um die Mitarbeiterdaten in das Stammdatensystem zu übernehmen:

- Export der Neueinstellungen für die Weiterverarbeitung in Drittsystemen

- Konversion der Kandidaten zu Mitarbeitern für Unternehmen ohne SAP SuccessFactors Employee Central
- automatische Übernahme in SAP SuccessFactors Employee Central

Wir stellen Ihnen diese drei Möglichkeiten im Folgenden vor.

10.2.1 Neueinstellungen exportieren

Der *Export der Neueinstellungen* exportiert die Stammdaten eingestellter Bewerber in eine CSV-Datei, die zur Weiterverarbeitung in anderen HCM-Systemen genutzt werden kann. Über das Admin-Center gelangen Sie über **Kandidaten für Neueinstellung exportieren** in die Übersichtsmaske für den Export. Hier kann der Datumsbereich für den Export definiert werden, und es wird festgelegt, ob bereits exportierte Kandidaten erneut berücksichtigt werden sollen (siehe Abbildung 10.11). Zudem können Sie die Zeichencodierung wählen, die oftmals sehr wichtig ist und zum aus dem Zielsystem vorgegebenen Format passen muss.

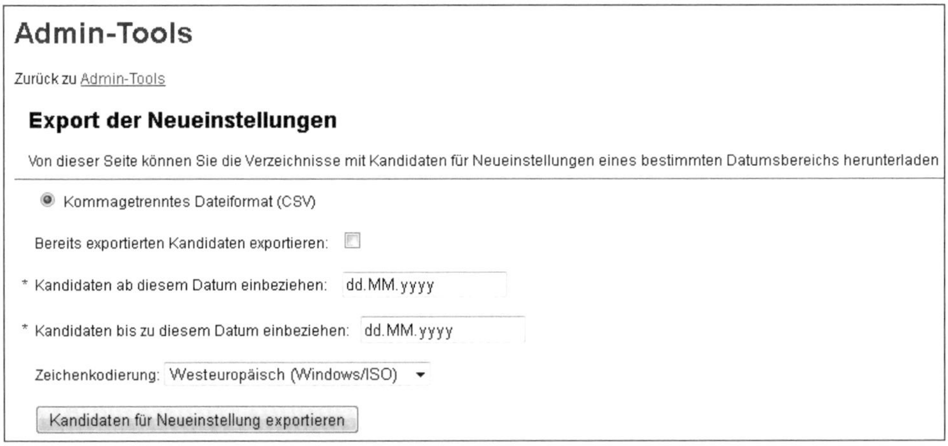

Abbildung 10.11 Export der Neueinstellungen

Dieser manuell angestoßene Prozess kann durch den Implementierungspartner im SAP-SuccessFactors-Backend so automatisiert werden, dass regelmäßig die Neueinstellungen für die Weiterverarbeitung exportiert werden.

10.2.2 Kandidatenkonversion

Neben der Nutzung des Exports von Neueinstellungen können Unternehmen, die alle Mitarbeiter in SAP SuccessFactors führen möchten, die *Kandidatenkonversion* durchführen. Der dafür notwendige Prozess übernimmt bei einer Einstellung die Informationen aus dem Kandidatenprofil und legt mit diesen ein neues Mitarbeiterprofil an. Für Unternehmen, die kein SAP SuccessFactors Employee Central nutzen, sondern lediglich das Mitarbeiterprofil, ist die Kandidatenkonversion ein gutes Instrument, um automatisch Neueinstellungen vom Recruiting Management in den Mitarbeiterstamm zu überführen.

10.2.3 Einstellungen in SAP SuccessFactors Employee Central verwalten

Die Integration neuer Mitarbeiter in das Kernsystem von SAP SuccessFactors, SAP SuccessFactors Employee Central, erfolgt direkt in SAP SuccessFactors. Sobald Kandidaten den Status **Eingestellt** haben, erscheint für berechtigte Personen ein Hinweis im Admin-Center, dass neue Mitarbeiter zur Einstellung bereitstehen.

10.3 Crossboarding

Crossboarding unterstützt Sie darin, den *Planstellenwechsel* eines Mitarbeiters innerhalb Ihrer Organisation abzubilden. Auch in dieser Situation sind eine schnelle Kontaktaufnahme mit dem neuen Team, ein Austausch mit dem Vorgesetzten und die Einarbeitung in die neuen Aufgaben hilfreich. Crossboarding kann diesen Bedarf, sehr ähnlich wie oben für das Onboarding beschrieben, decken. Auslöser für den Crossboarding-Prozess ist in der Regel ein Planstellenwechsel eines Mitarbeiters. Eigene Geschäftsregeln und separate Benachrichtigungen können sinnvolle Abweichungen vom Onboarding-Prozess abbilden. So können Sie zielgerichtet neue Richtlinien unterzeichnen lassen oder Informationen rund um die neue Abteilung bereitstellen, neue Kollegen oder auch Themengebiete vorstellen.

Interner Wechsel

Der Prozess eignet sich gut, um den Wechsel von Mitarbeitern in Unternehmensbereiche mit anderen Anforderungen, z. B. hinsichtlich notwendiger Trainings, Aufnahme in neue Prozesse/Systeme oder Bestellung von zusätzlichen Materialien, die für die Stelle notwendig sind, zu automatisieren und zu beschleunigen. Besonders wichtig ist auch, dass nicht mehr benötigte Zugriffe, Rechte und Materialien systematisch wieder abgegeben bzw. entzogen werden.

10.4 Offboarding

Sie können auch das Ausscheiden eines Mitarbeiters aus dem Unternehmen, das sogenannte *Offboarding*, mit SAP SuccessFactors unterstützen. Ähnlich wie im Onboarding geht es auch in diesem Fall darum, relevante Informationen zu bündeln und für alle Prozessbeteiligten bereitzustellen.

Folgende typische Themen werden unterstützt:

- Austrittsformulare unterzeichnen
- Prozesse wie Leistungsbeurteilung und Bonuszahlung abschließen
- Ausstattung wie Laptop oder Handy zurückgeben
- Austrittsgespräch planen, durchführen und dokumentieren (siehe Abbildung 10.12)
- Dienstwagen zurückgeben und Kilometerstand dokumentieren

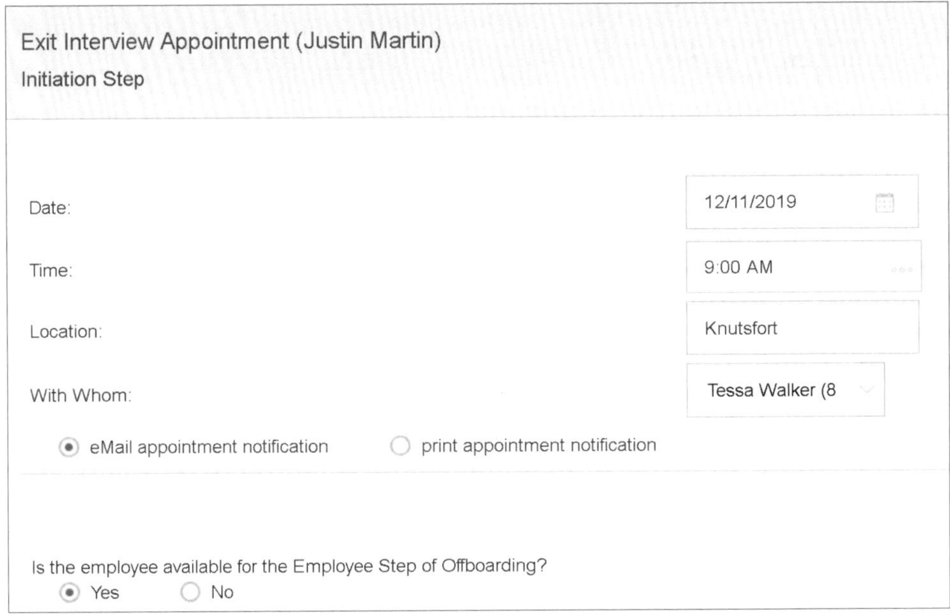

Abbildung 10.12 Austrittsgespräch im Offboarding planen

Zur Abwicklung eines Austritts können Sie spezielle Offboarding-Prozesse mit eigenen Benachrichtigungen, Aktivitäten und Formularen erstellen. Über Geschäftsregeln wird zwischen verschiedenen Gründen für ein Ausscheiden aus dem Unternehmen unterschieden: Bei einer Entlassung (*Bad Leaver*) muss anders vorgegangen werden als bei einem Renteneinstieg, der Elternzeit oder einer Kündigung des Mitarbeiters (*Good Leaver*).

Kapitel 11

Employee Central

Um Kernprozesse im Personalbereich, wie globale Stammdatenverwaltung, Mitarbeitertransfer, Organisationsmanagement, aber auch die Abwicklung der Zeiterfassung inklusive der Lohn- und Gehaltsabrechnung optimal zu gestalten, führen viele Unternehmen SAP SuccessFactors Employee Central ein. Wir zeigen Ihnen, worauf Sie dabei achten sollten.

Mit *SAP SuccessFactors Employee Central* erweitert SAP die Prozesse und Daten, die in der SAP-SuccessFactors-Suite abgebildet und verarbeitet werden können. SAP SuccessFactors Employee Central ergänzt die Prozessunterstützung in den folgenden Modulen:

- Recruiting und On- und Offboarding
- Zielvereinbarung und Leistungsmanagement
- Learning Management System (LMS)
- Vergütung (Gehaltsplanung, Bonusberechnung)
- Talentmanagement
- SAP Jam

SAP SuccessFactors Employee Central umfasst unter anderem Funktionen für die folgenden Anwendungsfälle:

- Erfüllung *gesetzlicher Anforderungen* (auch lokaler Anforderungen), die durch SAP ohne Zusatzaufwand für Sie unterstützt werden und z. B. über Pflichtfelder abgedeckt werden können
- Erfassung von Urlaubsanträgen, Krankmeldungen und ähnlichen Ereignissen (*negative Zeitwirtschaft*)
- Erfassung von Anwesenheiten (einfache Szenarien) für die *positive Zeitwirtschaft*
- Pflege und Erfassung von *Stammdaten* wie Name oder Anschrift
- Verarbeitung vieler *HR-Prozesse* von Einstellung, Aus- und Übertritt bis hin zu Tarifverträgen auch im Self-Service
- Durchführung eines globalen *Organisationsmanagements* inklusive der Verwaltung von Planstellen, Unternehmensorganisationen und Kostenstellen als eigen-

ständigen Objekten, die komplexen Regelwerken unterliegen können und die Daten an Mitarbeiter, die z. B. eine Planstelle wechseln, vererben

- Bereitstellung der Basis für globale *Standardberichte* wie z. B. Vollzeitäquivalente (FTE) und Personalkosten pro Einheit

Um SAP SuccessFactors Employee Central in seinem gesamten Umfang darzustellen, müssten wir, ähnlich wie in anderen Kapiteln, mindestens ein dickes Buch exklusiv zu diesem Thema schreiben. Stattdessen beschränken wir uns in diesem Kapitel auf einen Überblick über die wichtigsten Themen. Die sehr guten Handbücher von SAP (siehe *http://help.sap.com*), die auch regelmäßig aktualisiert werden, sind eine hervorragende Alternative, um sich detaillierter zu informieren.

Wir beantworten in diesem Kapitel daher in Abschnitt 11.1 praktische Fragestellungen zum Einsatz und Roll-out von SAP SuccessFactors Employee Central. In Abschnitt 11.2 zeigen wir Ihnen dann konkrete Anwendungsbeispiele mit Bildschirmausschnitten und Anweisungen, die Ihnen einen Einblick in wichtige, repräsentative und praktische Anwendungsfälle mit SAP SuccessFactors Employee Central bieten.

11.1 Typische Fragestellungen zu Employee Central

In diesem Abschnitt beantworten wir häufige Fragestellungen rund um SAP SuccessFactors Employee Central, die uns in unterschiedlichsten Projekten immer wieder gestellt werden.

11.1.1 Was ist SAP SuccessFactors Employee Central, und worin liegt der Unterschied zum Personenprofil?

Wie in der Einleitung dieses Kapitels beschrieben, deckt SAP SuccessFactors Employee Central viel umfangreichere Anwendungsfälle rund um HR-Kernprozesse ab, als das Personenprofil (siehe Abschnitt 6.11, »Personenprofil«) dies kann. Wesentliche Komponenten von SAP SuccessFactors Employee Central sind:

- lokal (in über 60 Ländern) verfügbare Standardfelder und Funktionen für Kernprozesse, die SAP im Standard zur Verfügung stellt
- eine Vielzahl von Best-Practice-Elementen in HR-Kernprozessen, von Einstellungsgründen bis hin zu Strukturen für Einstufungen von Planstellen und Best-Practice-Prozessen wie dem Anlegen neuer Mitarbeiter
- Die umfangreiche Nutzung des sogenannten *Metadata Frameworks* (MDF), das Versionierung, Zeitscheiben, Workflows, Berechtigungen per Rolle und auf Feldebene und vieles mehr erlaubt. Sie können damit auch sehr komplexe kundenspe-

zifische Regelwerke und Prozesse abbilden. Das Personenprofil nutzt erst wenige Komponenten des MDF.

Im Gegensatz zu SAP SuccessFactors Employee Central decken das Personenprofil und die Benutzerdatendatei (User Data File – UDF, siehe Abschnitt 6.4, »Benutzerdatendatei (UDF)«) die Datenbasis für die Anwendungsfälle in den Modulen ab, die in der Einleitung dieses Kapitels genannt wurden. Die im Personenprofil verfügbaren und benötigten Daten und Prozesse sind in der Regel zwar versioniert, gesichert und auch als Historie darstellbar, allerdings gibt es in diesem Kontext in der Regel (mit Ausnahme der Elemente, die auf Basis des Metadata Frameworks abgebildet sind, wie etwa die Planstellen oder Qualifikationen) keine Zeitscheiben oder Prozesse, die sich auch auf vergangene Zeitscheiben oder jetzt schon feststehende künftige Ereignisse beziehen können.

Synchronisation von SAP SuccessFactors Employee Central mit dem Personenprofil

Haben Sie SAP SuccessFactors Employee Central im Einsatz, synchronisiert es die Daten ohne Verzögerung in die Stammdaten des Personenprofils, wo sie von anderen Prozessen und Modulen direkt verwendet werden. SAP SuccessFactors Employee Central entspricht der kompletten HR-Stammdatenhaltung, das Personenprofil den Ministammdaten, ergänzt um die Daten aus den Talentprozessen.

11.1.2 Kann man SAP SuccessFactors ohne Employee Central einführen und es später hinzuschalten?

Eine spätere Einführung von SAP SuccessFactors Employee Central ist für viele Kunden ein Standardszenario. Viele starten z. B. mit einem Prozess wie dem Zielvereinbarungsprozess, nehmen später Vergütung hinzu, um schließlich auch SAP SuccessFactors Employee Central einzuführen. Die besten Tipps zum Vorgehen im Detail, das von Ihren Anwendungsfällen abhängt, hat in diesen Fällen dann auch Ihr Implementierungspartner.

11.1.3 Kann ich gleichzeitig Employee Central für einen Teil der Mitarbeiter einführen, das Personenprofil für einen anderen?

Eine gleichzeitige Nutzung von SAP SuccessFactors Employee Central und dem Personenprofil für unterschiedliche Mitarbeitergruppen ist technisch machbar, führt jedoch oft zu einer komplexeren Administration und zu Herausforderungen in der Datenqualität.

Wir empfehlen Ihnen, die kritischen Anwendungsfälle unbedingt in einer Iteration zu prüfen, die dem eigentlichen Projekt vorgelagert ist, bevor Sie solch ein Szenario in einer SAP-SuccessFactors-Instanz einführen.

[»]

Teilnutzung von SAP SuccessFactors Employee Central

Wir sehen in unseren Projekten Szenarien, in denen es aufgrund heterogener Anforderungen sinnvoll ist, für einen Teil der Mitarbeiter SAP SuccessFactors Employee Central einzuführen. Dies können z. B. die Mitarbeiter im Angestelltenbereich sein, denen umfassende Self-Services angeboten werden. Für einen anderen Teil, etwa für Produktionsmitarbeiter, die keine Self-Services nutzen können oder dies erst später tun werden, kann auch das Mitarbeiterprofil bzw. der Stammdatensatz ohne SAP SuccessFactors Employee Central ausreichen, um z. B. Talentprozesse, Rekrutierung und Lernen zu nutzen. In diesem Fall empfehlen wir Ihnen, gemeinsam mit Ihrem Implementierungspartner die passgenaue Systemnutzung zu prüfen. Wie gestaltet sich die Abgrenzung zur Zeitwirtschaft und Lohn- und Gehaltsabrechnung?

SAP bringt ständig innovative Erweiterungen und baut SAP SuccessFactors Employee Central aktiv aus. Die Grenzen zu Zeitwirtschaftssystemen und auch zur Lohn- und Gehaltsabrechnung sind fließend. Negative Zeitwirtschaft wird von SAP SuccessFactors Employee Central sehr gut abgedeckt, einfache Fälle von positiver Zeitwirtschaft sind schon heute gut zu realisieren.

Prüfen Sie mit Ihrem Implementierungspartner daher vor Projektstart die aktuellen Möglichkeiten, und planen Sie entsprechend. Das beinhaltet natürlich wieder die Prüfung Ihrer kritischen Anwendungsfälle. Dies ist etwas, das dem eigentlichen Projekt vorgelagert sein sollte.

11.1.4 Wie soll man Employee Central einführen, und was ist im Hinblick auf Erweiterungen zu beachten?

Bei der Einführung von SAP SuccessFactors Employee Central sollten Sie folgende Grundsätze beachten:

- Ändern Sie nicht den Kern von SAP SuccessFactors Employee Central. Er wird von SAP in vier Releases pro Jahr ständig erweitert und verbessert.
- Wenn Sie Erweiterungen benötigen, sollten Sie sie tendenziell nicht im XML-Code anlegen, sondern dafür eigene, kundenindividuelle Metadata-Framework-Objekte (MDF-Objekte) erstellen und sie in SAP SuccessFactors Employee Central integrieren. Damit stellen Sie sicher, dass Sie neue Releases reibungslos nutzen können. Nutzen Sie die Expertise Ihres Implementierungspartners, um das abzuklären.

- Gibt es Anforderungen, die über den Standard hinausgehen und auch noch weitere Systeme einbinden, empfehlen wir Ihnen, eine Erweiterung der SAP Cloud Platform (SCP) einzurichten, die Sie im SAP SuccessFactors App Store finden. Eine SCP-Erweiterung kann nahtlos über MDF in SAP SuccessFactors Employee Central integriert werden und die Daten nach Durchführung der nötigen Operationen für die Weiterverarbeitung an ein MDF-Objekt abgeben.

11.1.5 Ist Employee Central für junge, kleine, stark wachsende Unternehmen geeignet?

SAP SuccessFactors Employee Central ist für junge, international stark wachsende Unternehmen sehr gut geeignet. Einerseits bietet es die Sicherheit eines globalen Anbieters, alle wichtigen lokalen Eigenheiten prozessual und von der Berichterstattung her abzudecken. Andererseits punktet es durch seine Benutzerfreundlichkeit und die Möglichkeiten, Prozesse direkt an die Mitarbeiter und Führungskräfte zu übergeben. Nicht zuletzt werden die hohe Innovationsgeschwindigkeit und die Integrationsmöglichkeiten in solchen Unternehmen meist sehr positiv wahrgenommen und genutzt.

11.1.6 Wie führt man Employee Central ein, wenn man etablierte lokale On-Premise-Systeme hat?

Sollten Sie in der Vergangenheit versucht haben, ein globales HCM-System auszurollen, oder dieses ausgerollt haben, empfehlen wir Ihnen, die dabei gewonnenen Erfahrungswerte zu nutzen. Diese sind unserer Erfahrung nach auch für die Einführung cloud-basierter HCM-Systeme wie SAP SuccessFactors sehr wertvoll.

Bei einer Einführung von SAP SuccessFactors Employee Central in Unternehmen mit bestehenden HCM-Systemen, die oft eine stark angepasste Prozesslandschaft in Deutschland und schwache oder nicht vorhandene HCM-Systeme in entfernten oder neu erschlossenen Ländern haben, empfehlen wir, folgende Punkte zu berücksichtigen:

- Koexistierende Lösungen können in der Einrichtung und im Betrieb aufwendig sein. Eine manuelle Integration kann für Systeme mit wenigen Mitarbeitern eine gute, pragmatische Lösung sein.
- SAP SuccessFactors Employee Central lässt sich besonders einfach bei neuen Unternehmensteilen oder kleinen Einheiten einführen, die bisher noch kein HCM-System einsetzen.
- Pilotieren Sie die Einführung von SAP SuccessFactors Employee Central in neuen oder kleinen Einheiten, und nutzen Sie die gewonnenen Erfahrungen für den weiteren Roll-out.

- Planen Sie eine leistungsstarke Middleware ein, die in der Phase der Koexistenz wertvolle Dienste leisten kann, um Daten und Prozesse synchron zu halten.
- Konzentrieren Sie sich im ersten Schritt auf die Anwendungsfälle, die für Sie besonders wichtig sind und von der SAP-SuccessFactors-Suite besonders gut unterstützt werden. Lassen Sie sich dabei von Ihrem Implementierungspartner gut beraten, und stellen Sie sicher, dass er über entsprechende Erfahrung in den für Sie relevanten Bereichen verfügt.
- Planen Sie eher einen langsamen Rückbau von etablierten HCM-Systemen als einen globalen Big-Bang-Ansatz, bei dem SAP SuccessFactors Employee Central überall gleichzeitig eingeführt wird. So können Sie im Bedarfsfall komplexe, heterogene lokale Systeme nachhaltig zurückbauen.

11.1.7 Wie kann die Integration von Employee Central mit der Lohn- und Gehaltsabrechnung funktionieren?

Wie gut eine Integration mit bestehenden Lohn- und Gehaltsabrechnungssystemen funktioniert, hängt oft davon ab, von welchen Anbietern die Systeme kommen, welche Schnittstellen vom Zielsystem angeboten werden und welche Prozesse damit abgedeckt werden sollen. Es ist auffallend, dass viele Kunden der Meinung sind, eine Standard-Lohn- und Gehaltsabrechnung zu haben. Wenn man sich die Details näher ansieht, betreiben sie aber eher eine Applikationslandschaft mit vielen eigenen, kundenspezifischen Prozessen, die teilweise über Jahrzehnte entstanden sind und selten konsolidiert wurden.

[»]

Beispiel für eine komplexe Applikationslandschaft

Ein Kunde aus dem gehobenen Mittelstand betreibt seit 25 Jahren eine Lohn- und Gehaltsabrechnung, die in der Zwischenzeit an eine IT-Tochter ausgelagert wurde. Im Laufe der Jahre wurden drei Prozesse in der Lohn- und Gehaltsabrechnung abgebildet, die in unterschiedlichen Situationen die Telefonnummern erfassen lassen. Weil unterschiedliche Entwickler die Prozesse entwickelt haben, verbergen sich im Hintergrund unterschiedliche Tabellen, die beim Export und bei der Anzeige zusammengeführt werden. Würde man versuchen, die Telefonnummer über eine Schnittstelle zu übergeben, müsste der Schnittstelle bekannt sein, welcher der drei Prozesse gerade bedient werden soll. In der Praxis wäre es daher zielführender, diese Prozesse aus der Lohn- und Gehaltsabrechnung zu entfernen und einen neuen Pflegeprozess zu etablieren, als dafür eine sehr aufwendige Schnittstelle zu entwickeln.

Vor der Einführung von SAP SuccessFactors Employee Central sollten Sie Ihre lokalen Lohn- und Gehaltssysteme sorgfältig daraufhin prüfen, ob sie zu den geplanten Anwendungsfällen kompatibel sind oder perspektivisch angepasst oder konsolidiert werden sollten. Oftmals ist das Lohn- und Gehaltssystem das führende HR-System, das dann in Teilen ab Produktivsetzung von SAP SuccessFactors Employee Central als führendem System abgelöst wird.

Bei historisch gewachsenen, individualisierten Lohn- und Gehaltssystemen empfehlen wir:

- Entflechtung der Lohn- und Gehaltsprozesse und Verschlankung auf den Kern
- Auslagerung der anderen Prozesse
- Alternativ: Einführung einer neuen, standardisierten Lohn- und Gehaltsabrechnung, z. B. SAP SuccessFactors Employee Central Payroll, das nahtlos (Point to Point) mit SAP SuccessFactors Employee Central integriert ist.

Unabhängig davon gibt es verschiedene Varianten, wie Sie Ihre Lohn- und Gehaltsabrechnung mit SAP SuccessFactors Employee Central integrieren können:

Zum einen können Sie eine automatisierte Integration unter Nutzung einer Middleware wählen. Das beinhaltet die Übergabe und Aufbereitung aller relevanten Daten inklusive Zeitscheiben/Historisierung aus SAP SuccessFactors Employee Central zur Nachbearbeitung in der lokalen Lohn- und Gehaltsabrechnung.

Zum anderen können Sie eine manuelle Integration über die Schnittstelle von SAP SuccessFactors Employee Central zur Weiterbearbeitung an den zuständigen Stellen für die Lohn- und Gehaltsabrechnung einsetzen. Das können PDF-Dateien sein, die nur die relevanten Änderungen pro Mitarbeiter zeigen, oder auch importierbare Änderungsdateien, die in der Lohn- und Gehaltsabrechnung Änderungen automatisch anstoßen können.

[«]

Employee Delta Export

Mit *Employee Delta Export* steht eine einfache Exportfunktion aus SAP SuccessFactors Employee Central zur Verfügung. Mit ihrer Hilfe können Sie einfache Flatfiles für Ihre lokalen Abrechnungsdienstleister erstellen und so die Versorgung von extern durchgeführten Gehaltsabrechnungen mit den relevanten (Delta-) Daten zum Mitarbeiter vornehmen. Kunden nutzen dies für die Anbindung von Lohn- und Gehaltsabrechnungen, für die eine vollständige Integration (in einem ersten Schritt) nicht rentabel ist.

Der Export enthält neu erstellte Datensätze sowie auch Datenänderungen von bestehenden Mitarbeiterdaten. Viele Unternehmen beginnen mit einer Einführung von SAP SuccessFactors Employee Central auch die Konzeption und Umsetzung einer Neuimplementierung der lokalen Lohn- und Gehaltsabrechnung. Oft wird ein globaler Dienstleister perspektivisch gewählt, der seine Lohn- und Gehaltsabrechnung sowohl On-Premise als auch in der Cloud anbietet. Die Lohn- und Gehaltsabrechnung soll dann im Zielbild über einen internen oder externen Anbieter entweder in all den lokalen Varianten oder über einen globalen, cloud-basierten Lohn- und Gehaltsabrechner mit einer Schnittstelle in alle Landesvarianten abgebildet werden.

Vor einigen Jahren hat SAP eine Cloud-Lösung der weitverbreiteten On-Premise-Payroll-Lösung auf den Markt gebracht, die *SAP SuccessFactors Employee Central Cloud Payroll* (ECP). Sie basiert grundsätzlich auf der bereits bestehenden Lohnapplikation, wird jedoch durch SAP in einer Cloud-Umgebung gehostet und bietet eine direkte Integration mit SAP SuccessFactors Employee Central (Point-to-Point-Integration). Auch die enge Integration mit der SAP-Finanzbuchhaltung (FI) und dem SAP-Controlling (CO) ist mit SAP SuccessFactors Employee Central möglich.

Eine sehr elegante Alternative der Einbindung von Payroll-Informationen innerhalb von SAP SuccessFactors Employee Central ist die Darstellung der Gehaltszettel durch sogenannte *Mash-ups*: Dadurch können z. B. Gehaltsinformationen aus der On-Premise-Lohnbuchhaltung direkt aus SAP SuccessFactors Employee Central aufgerufen und angezeigt werden. So können Sie z. B. aus dem Mitarbeiterprofil direkt in diese Informationen einsteigen (siehe Abbildung 11.1).

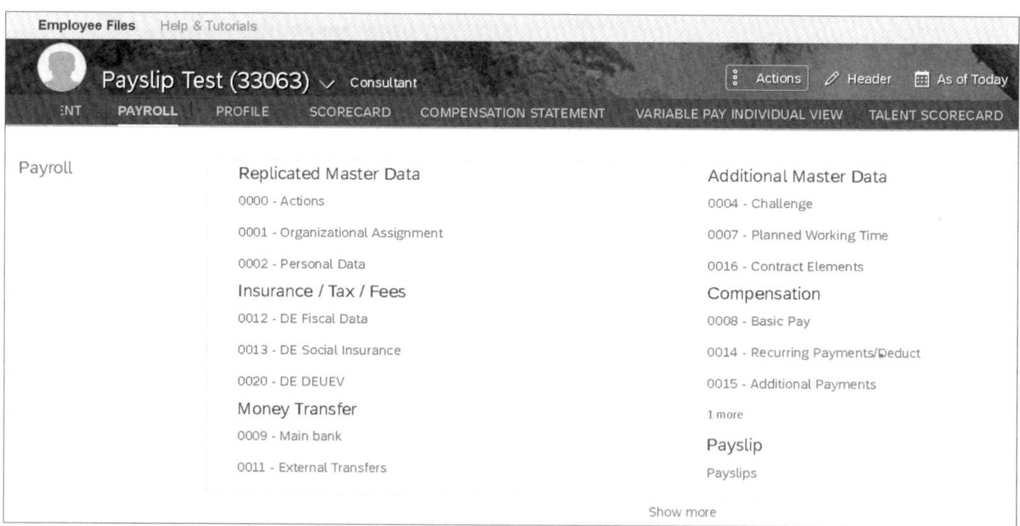

Abbildung 11.1 Absprungmöglichkeit aus dem Mitarbeiterprofil in die Mash-ups

Sie können alternativ Mitarbeiterdaten aus SAP SuccessFactors heraus aufrufen (siehe Abbildung 11.2).

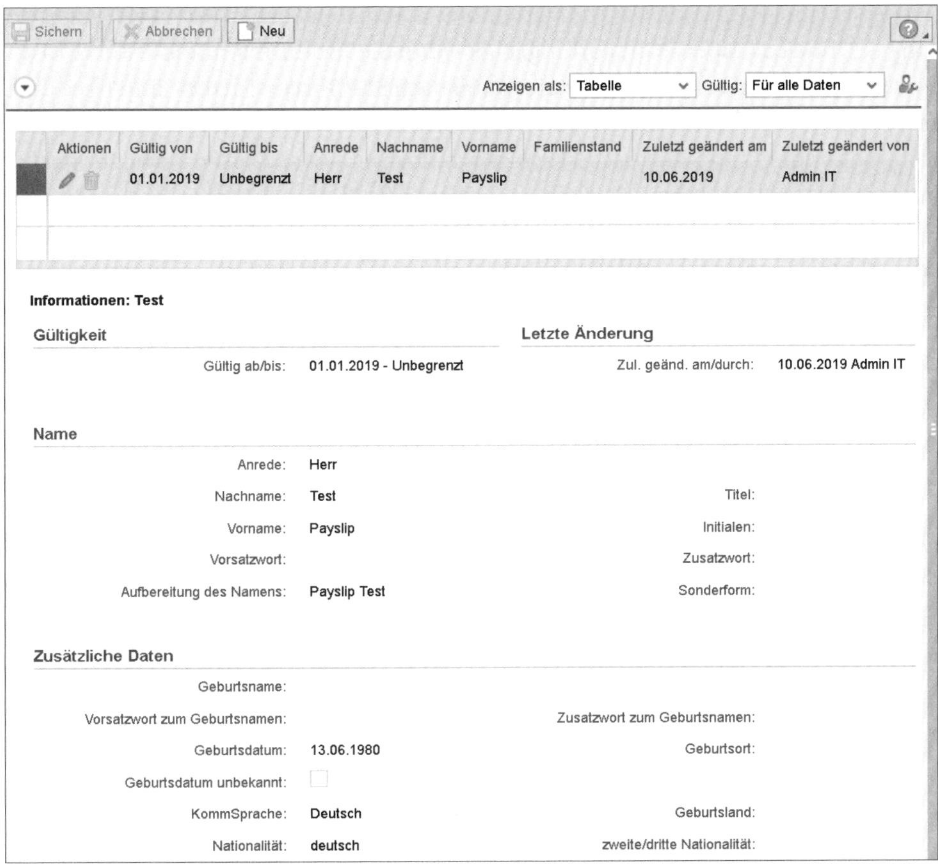

Abbildung 11.2 Aus SAP SuccessFactors heraus aufgerufene Anzeige von Mitarbeiterdaten

11.2 Employee Central im praktischen Einsatz

Im Folgenden lernen Sie typische Anwendungsfälle für die Arbeit mit SAP SuccessFactors Employee Central kennen. Wir beginnen mit dem Einstellen eines Mitarbeiters, zeigen Ihnen dann, wie Sie einen Positionswechsel durchführen können und welche Workflow-Optionen SAP SuccessFactors Employee Central in diesem Umfeld bietet, und illustrieren, wie die negative Zeitwirtschaft mit Urlaubsantrag funktioniert. Abschließend nennen wir Einsatzmöglichkeiten für die Arbeit mit Dokumenten.

11.2.1 Einen Mitarbeiter neu einstellen

Wenn Sie mit dem Modul Onboarding arbeiten, dann werden Ihnen die Daten zur Einstellung eines neuen Mitarbeiters am Stichtag (erster Arbeitstag) schon für SAP

SuccessFactors Employee Central vorbereitet übergeben (siehe Kapitel 10, »Onboarding«). Ohne das Modul Onboarding, aber wenn Sie Recruiting mit SAP SuccessFactors im Einsatz haben, können Sie die Daten nach SAP SuccessFactors Employee Central über Standardschnittstellen auch automatisiert hochladen, oder Sie erfassen den Mitarbeiter direkt in SAP SuccessFactors Employee Central. Diesen Anwendungsfall betrachten wir nun. Geben Sie dazu »neuen Mitarbeiter hinzufügen« in der globalen Suche »nach Aktionen oder Personen suchen« ein. Sofern Sie die Berechtigung haben, wird Ihnen die entsprechende Funktion zur Auswahl gestellt (siehe Abbildung 11.3).

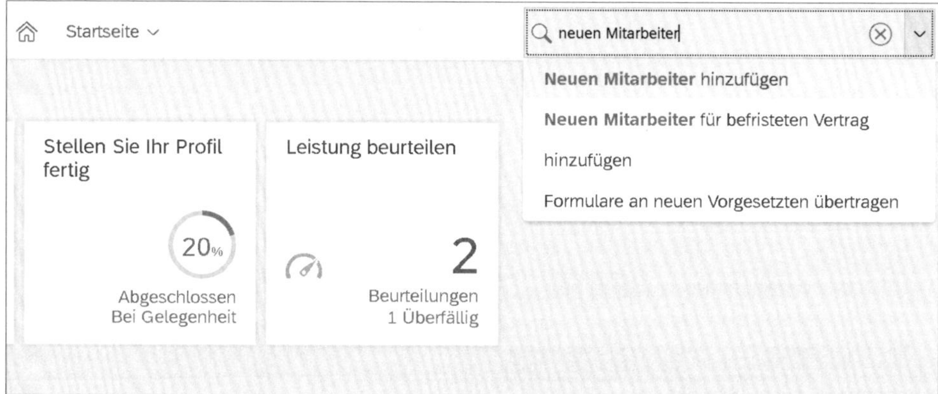

Abbildung 11.3 Einen neuen Mitarbeiter hinzufügen

Eine neue Maske öffnet sich, in der Sie die Daten rund um die persönliche **Identität** des neuen Mitarbeiters eingeben können (siehe Abbildung 11.4).

SAP SuccessFactors Employee Central bietet dabei automatisch landesspezifische Felder und Validierungen an, in unserem Beispiel für den gewählten Ausweistyp. Außerdem legen Sie das Einstellungsdatum und den Grund für die Einstellung fest. Klicken Sie auf **Weiter**. Im nächsten Bildschirm erfassen Sie dann im Schritt **Persönliche Informationen** weitere Daten zum Mitarbeiter (siehe Abbildung 11.5).

Darunter fallen folgende Daten:

- Name, Familienstand, Staatsangehörigkeit
- Kontaktdaten
- Notfalldaten
- Privatadressen
- Angehörige
- Grad und Art der Behinderung (abhängig von den rechtlichen Notwendigkeiten pro Land)

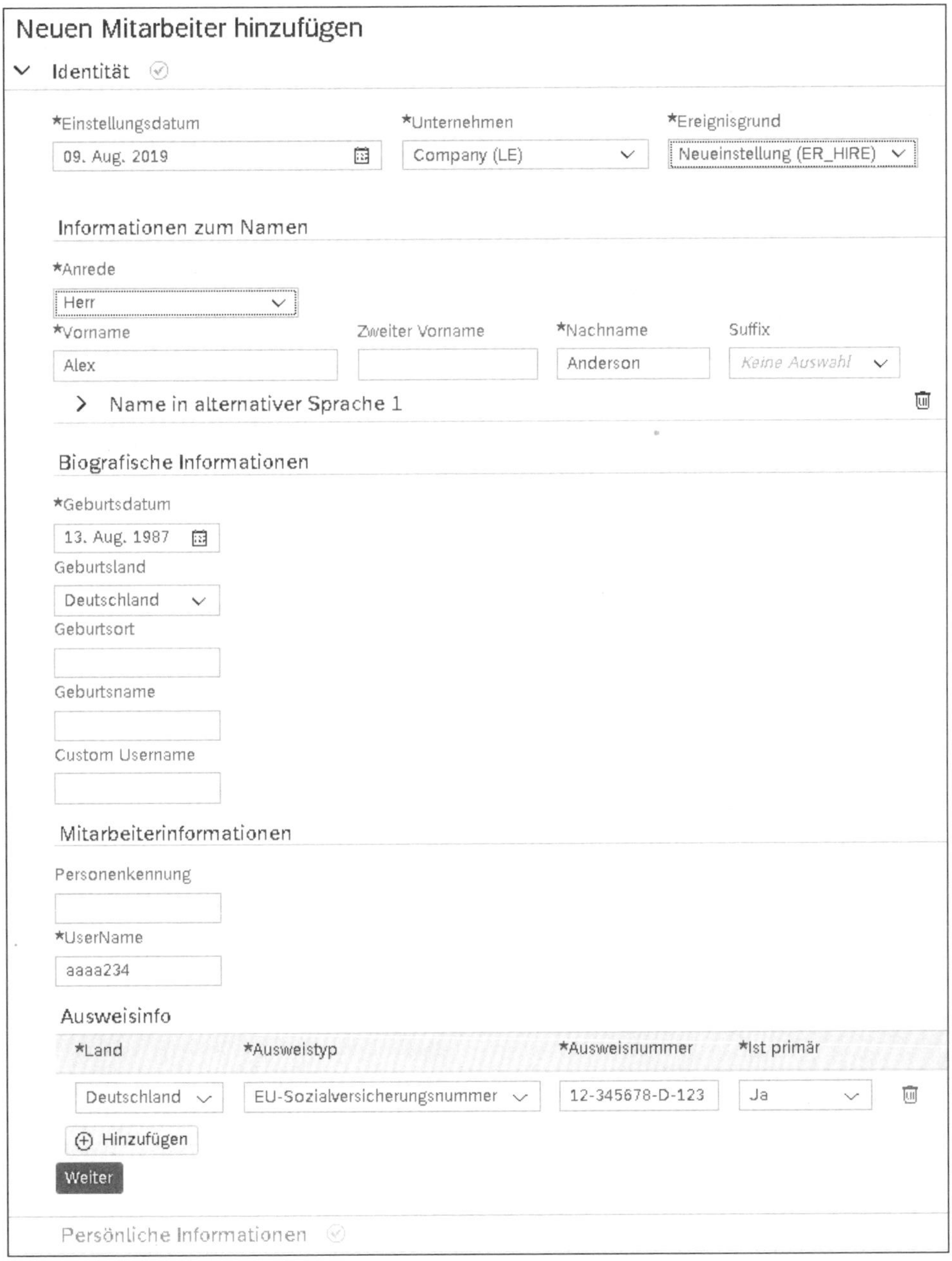

Abbildung 11.4 Identitätsangaben zum neuen Mitarbeiter

Wenn Sie im Bildschirm nach unten scrollen, sehen Sie den zweiten Teil der Eingabemaske (siehe Abbildung 11.6), in dem Sie weitere Informationen pflegen können.

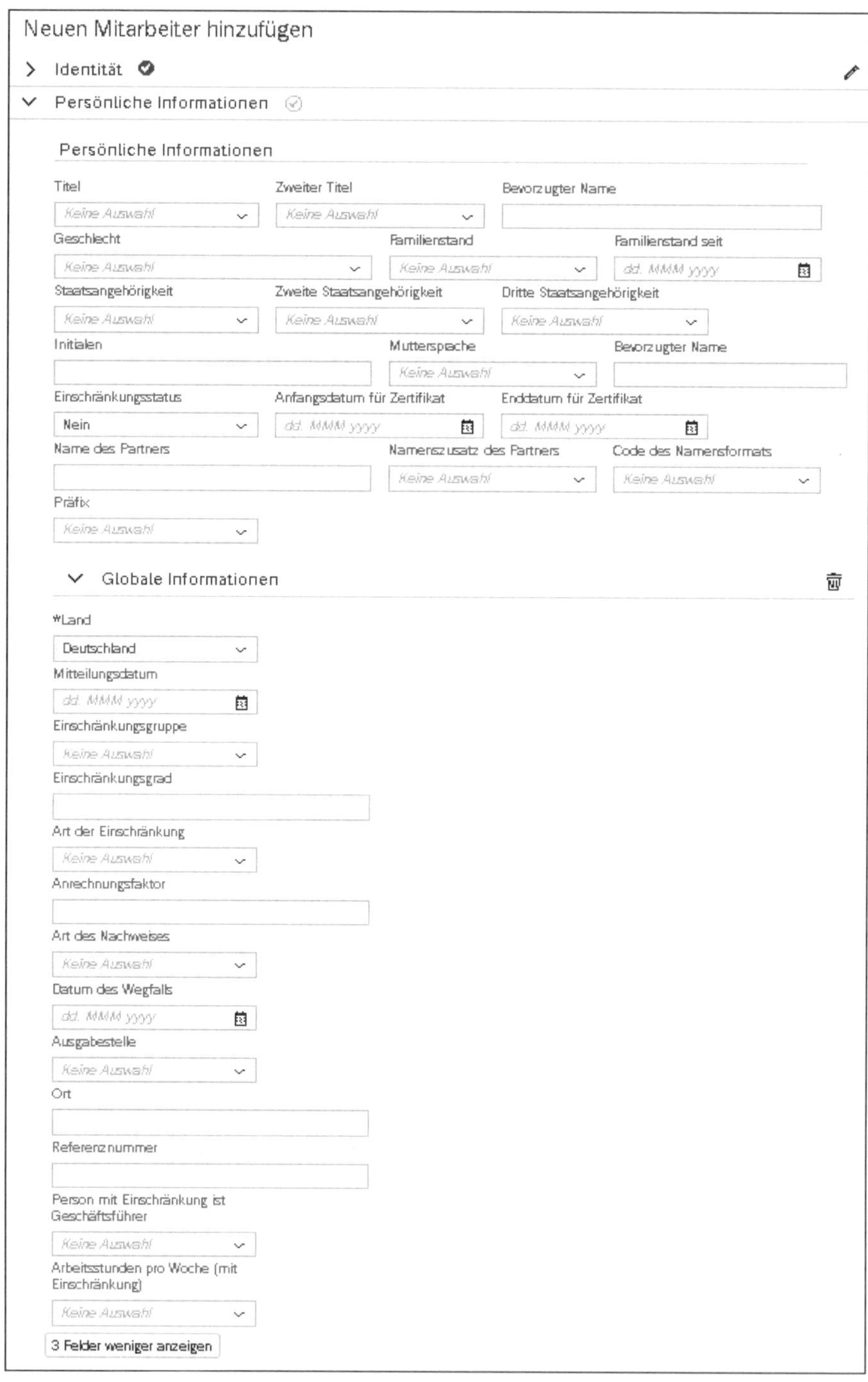

Abbildung 11.5 Persönliche Informationen hinzufügen (Teil 1)

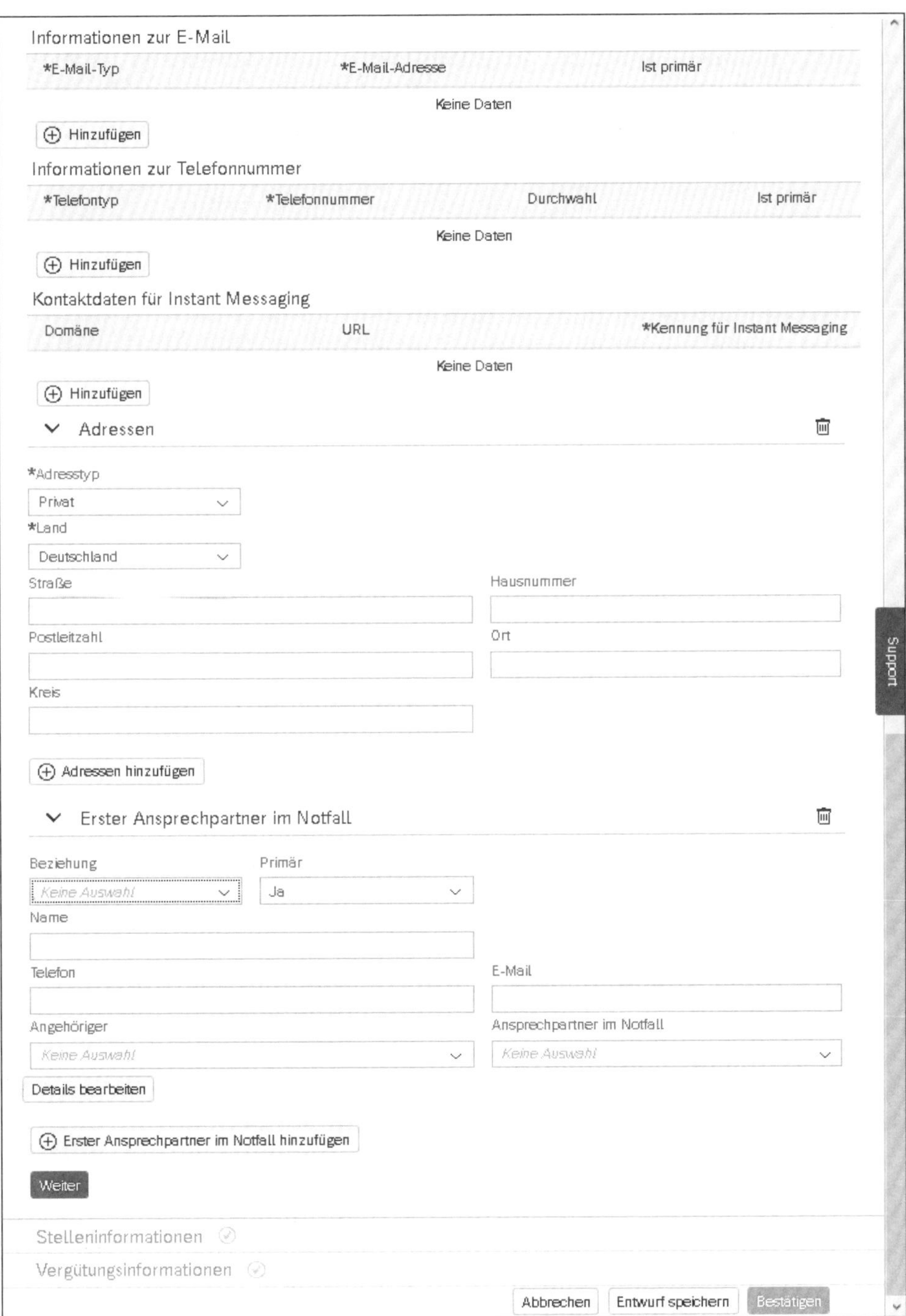

Abbildung 11.6 Persönliche Informationen hinzufügen (Teil 2)

Wieder verlangt das System, dass Pflichtfelder sofort eingetragen werden, um weiter vorgehen zu können. Länderspezifische Informationen werden anhand der relevanten Gesellschaft ermittelt und gruppiert zur Eingabe dargestellt. Im nächsten Schritt geben Sie die Informationen zur Planstelle und zur Eingliederung in die Organisation ein (siehe Abbildung 11.7).

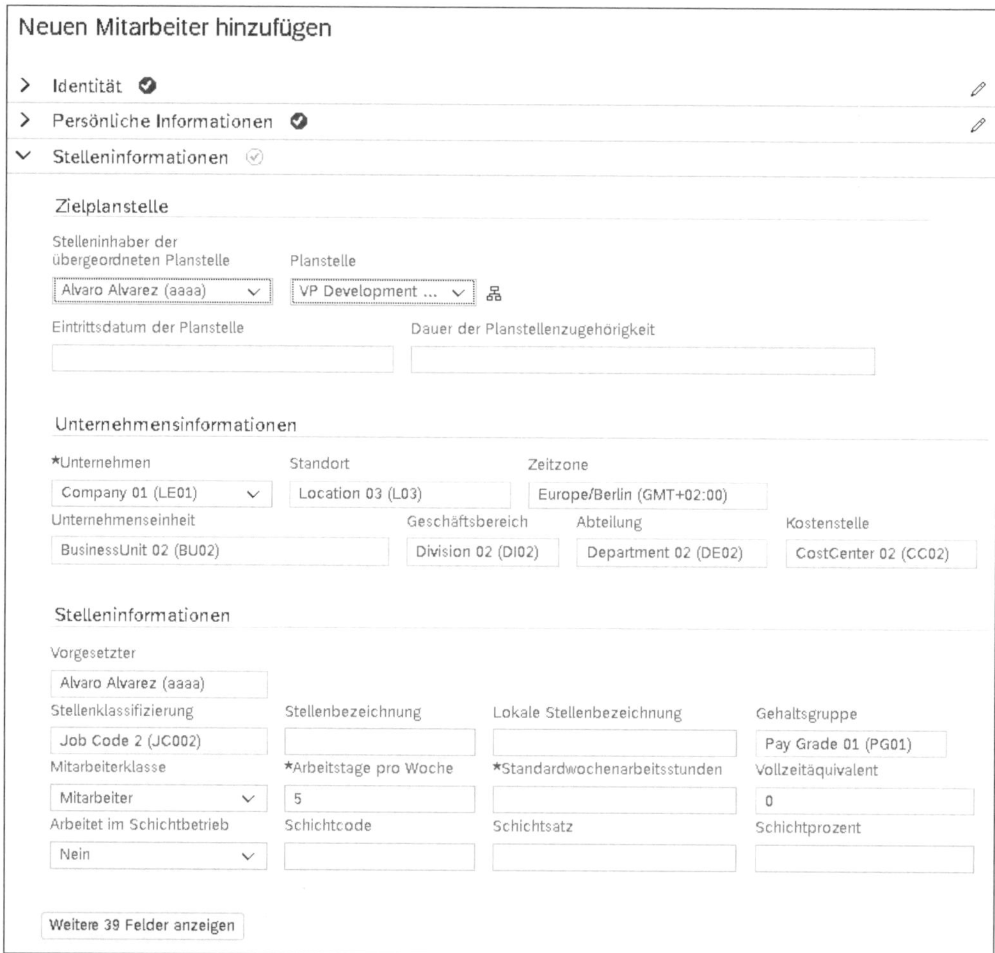

Abbildung 11.7 Stelleninformationen pflegen

Neben der **Zielplanstelle** erfassen Sie noch die **Beschäftigungsdetails** und **Stelleninformationen**, wie zugehöriges Unternehmen, Standort, Kostenstelle und ähnliche Informationen, wenn diese nicht direkt aus der Planstelle übernommen werden sollen.

Auch die Arbeitsinformationen (Bereich **Stelleninformationen**) werden detailliert abgefragt. Dazu gehören die Anzahl der Stunden pro Woche, die der neue Mitarbeiter arbeiten soll, die Art des Vertrags und ggf. auch Angaben zur Art des Schichtbetriebs (siehe Abbildung 11.8).

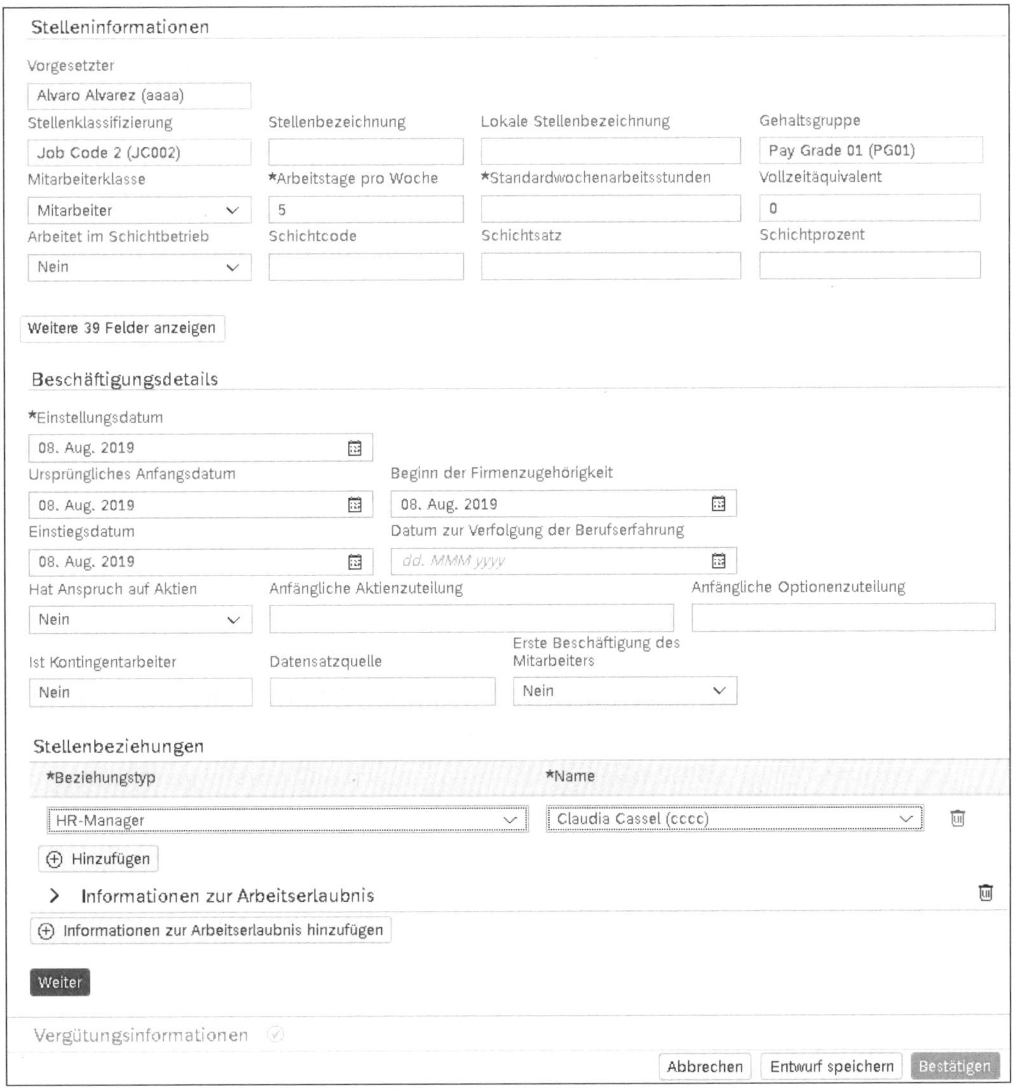

Stelleninformationen
Vorgesetzter
Alvaro Alvarez (aaaa)
Stellenklassifizierung
Job Code 2 (JC002)
Stellenbezeichnung
Lokale Stellenbezeichnung
Gehaltsgruppe
Pay Grade 01 (PG01)
Mitarbeiterklasse
Mitarbeiter
*Arbeitstage pro Woche
5
*Standardwochenarbeitsstunden
Vollzeitäquivalent
0
Arbeitet im Schichtbetrieb
Nein
Schichtcode
Schichtsatz
Schichtprozent
Weitere 39 Felder anzeigen
Beschäftigungsdetails
*Einstellungsdatum
08. Aug. 2019
Ursprüngliches Anfangsdatum
08. Aug. 2019
Beginn der Firmenzugehörigkeit
08. Aug. 2019
Einstiegsdatum
08. Aug. 2019
Datum zur Verfolgung der Berufserfahrung
dd. MMM yyyy
Hat Anspruch auf Aktien
Nein
Anfängliche Aktienzuteilung
Anfängliche Optionenzuteilung
Ist Kontingentarbeiter
Nein
Datensatzquelle
Erste Beschäftigung des Mitarbeiters
Nein
Stellenbeziehungen
*Beziehungstyp
*Name
HR-Manager
Claudia Cassel (cccc)
Hinzufügen
Informationen zur Arbeitserlaubnis
Informationen zur Arbeitserlaubnis hinzufügen
Weiter
Vergütungsinformationen
Abbrechen
Entwurf speichern
Bestätigen

Abbildung 11.8 Arbeitsinformationen pflegen

Daran schließen sich Fragen zu Vertragsdetails wie Konkurrenzklauseln, erlaubten Nebentätigkeiten und Krankengeldzuschüssen an (siehe Abbildung 11.9).

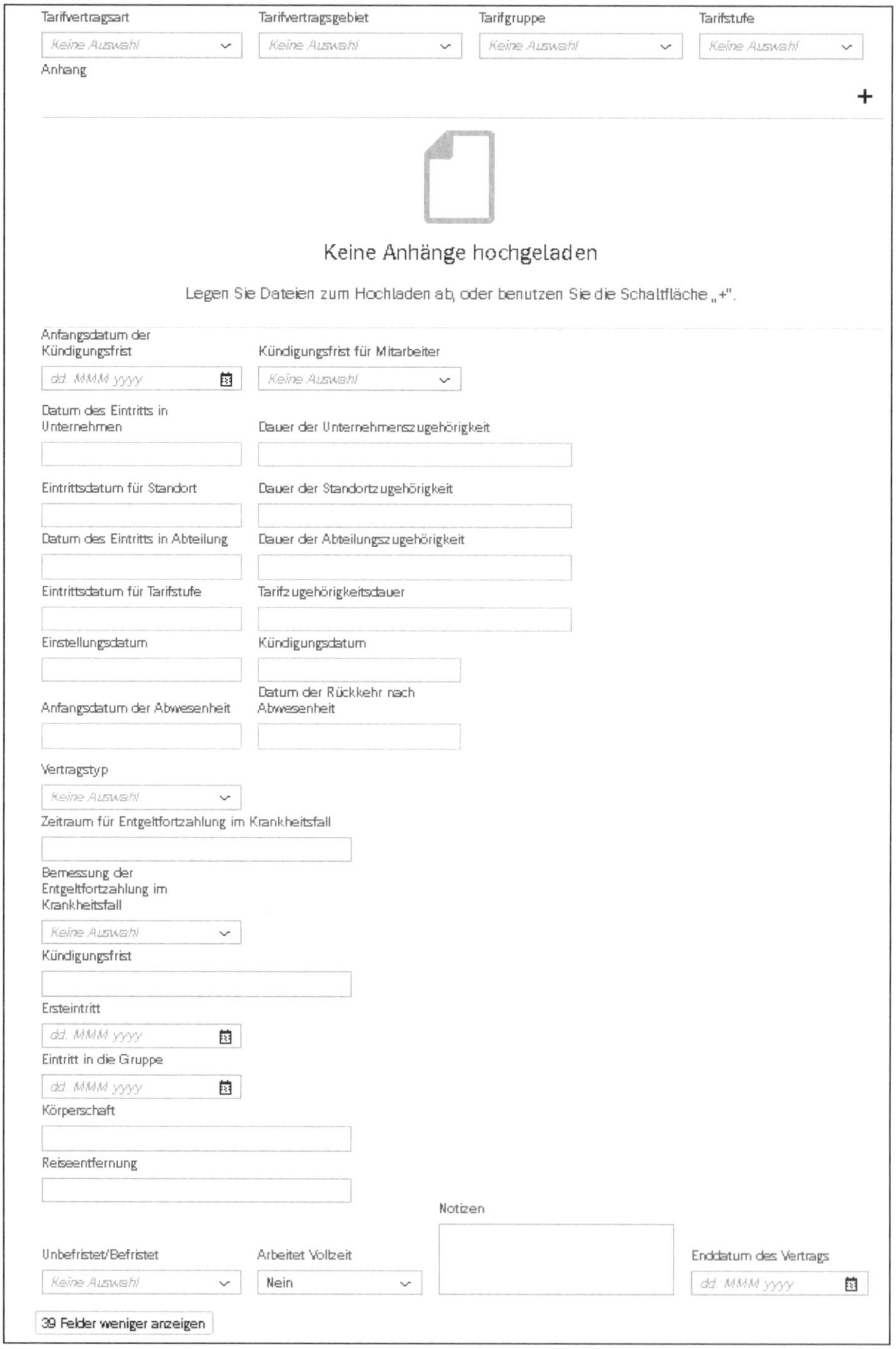

Tarifvertragsart
Keine Auswahl
Tarifvertragsgebiet
Keine Auswahl
Tarifgruppe
Keine Auswahl
Tarifstufe
Keine Auswahl
Anhang
+

Keine Anhänge hochgeladen

Legen Sie Dateien zum Hochladen ab, oder benutzen Sie die Schaltfläche „+".

Anfangsdatum der Kündigungsfrist
dd. MMM yyyy
Kündigungsfrist für Mitarbeiter
Keine Auswahl
Datum des Eintritts in Unternehmen
Dauer der Unternehmenszugehörigkeit
Eintrittsdatum für Standort
Dauer der Standortzugehörigkeit
Datum des Eintritts in Abteilung
Dauer der Abteilungszugehörigkeit
Eintrittsdatum für Tarifstufe
Tarifzugehörigkeitsdauer
Einstellungsdatum
Kündigungsdatum
Anfangsdatum der Abwesenheit
Datum der Rückkehr nach Abwesenheit
Vertragstyp
Keine Auswahl
Zeitraum für Entgeltfortzahlung im Krankheitsfall
Bemessung der Entgeltfortzahlung im Krankheitsfall
Keine Auswahl
Kündigungsfrist
Ersteintritt
dd. MMM yyyy
Eintritt in die Gruppe
dd. MMM yyyy
Körperschaft
Reiseentfernung
Notizen
Unbefristet/Befristet
Keine Auswahl
Arbeitet Vollzeit
Nein
Enddatum des Vertrags
dd. MMM yyyy
39 Felder weniger anzeigen

Abbildung 11.9 Vertragsdetails hinterlegen

Der Bereich schließt mit Abschnitten rund um Zeitwirtschaftskonten, die Eingabe der Vorgesetzten des Mitarbeiters, der Verantwortlichen aus der HR-Abteilung oder benutzerdefinierter Vorgesetzter, die für die Berechtigungen, Genehmigungen und Weiterleitungslisten wichtig sind, und Informationen zur Arbeitserlaubnis ab (siehe Abbildung 11.10).

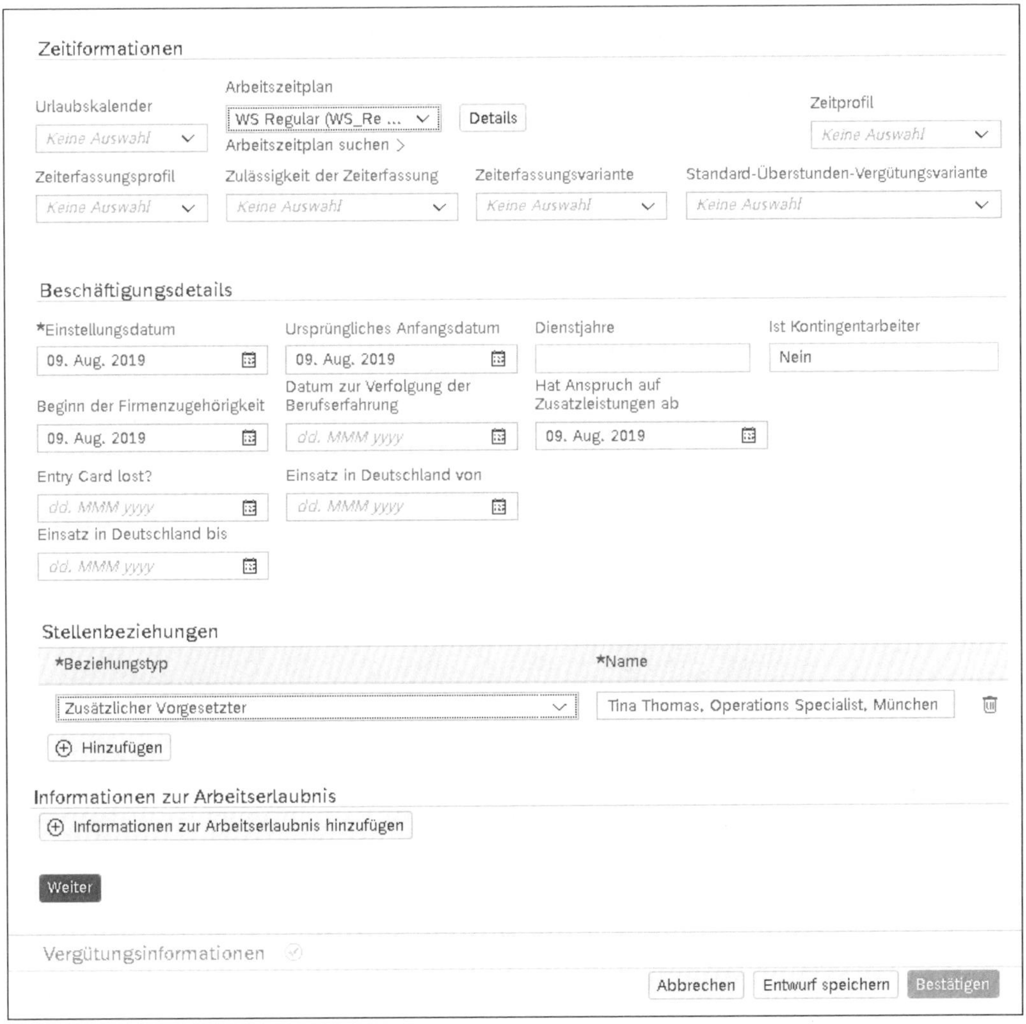

Abbildung 11.10 Zeitwirtschaftsdaten und Vorgesetzteninformationen pflegen

Abschließend erfassen Sie die **Vergütungsinformationen** (siehe Abbildung 11.11 und Abbildung 11.12) und klicken auf **Weiter**, um den Mitarbeiter einzustellen.

Abbildung 11.11 Vergütungsinformationen (Teil 1)

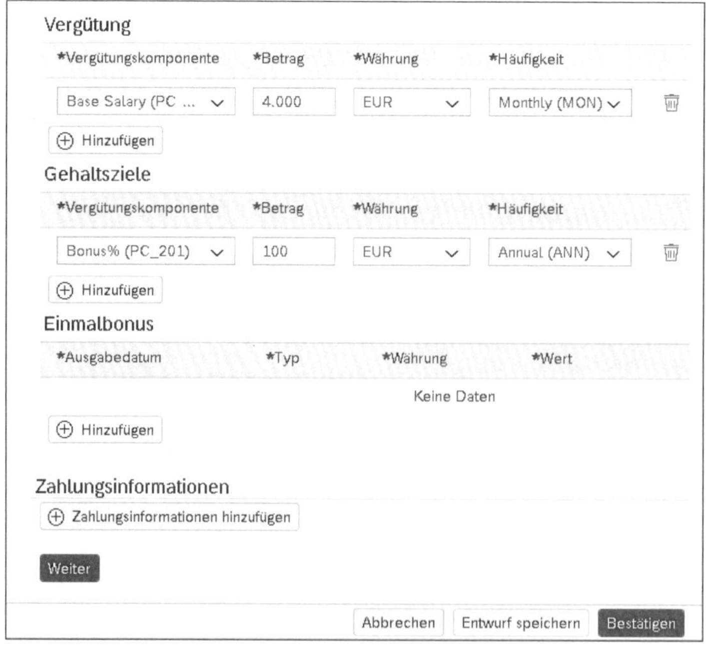

Abbildung 11.12 Vergütungsinformationen (Teil 2)

Das System erstellt unverzüglich das Mitarbeiterprofil, validiert alle Eingaben und gibt dann eine Erfolgsmeldung aus, die Sie in Abbildung 11.13 sehen. Optional können Sie auch nach festgelegten Kriterien einen spezifischen Genehmigungsworkflow starten, bevor die Änderungen umgesetzt werden.

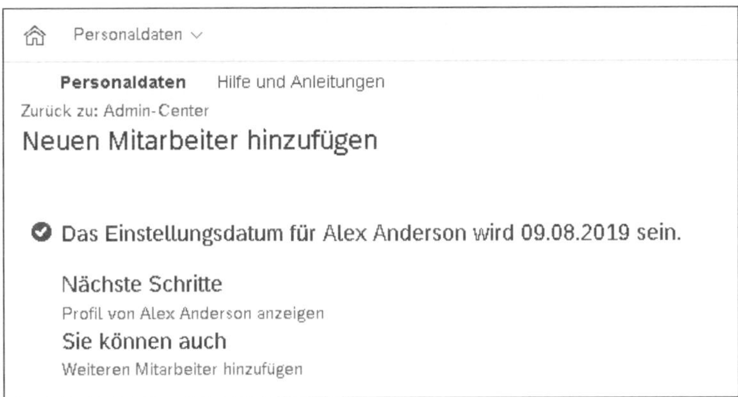

Abbildung 11.13 Neuer Mitarbeiter erfolgreich eingestellt

Damit können Sie nun mit dem Mitarbeiter im System arbeiten. Alle Rechte greifen, und der Mitarbeiter kann, wenn Sie das vorgesehen haben, auch die Pflege von Teilen der Daten, etwa von Bankdaten oder Kontaktdaten, selbst übernehmen. Änderungen im Betrieb können Sie über Genehmigungsworkflows steuern und von Vorgesetzten und Mitarbeitern ausführen lassen. Die HR-Abteilung kann dabei die Rolle des Genehmigers übernehmen. Das sehen wir uns im nächsten Beispiel anhand eines Versetzungsprozesses im Detail an.

11.2.2 Einen Mitarbeiter auf eine andere Stelle versetzen

Um einen Mitarbeiter von einer Stelle auf eine andere zu versetzen, gehen Sie in den Bereich **Personenprofil • Personaldaten • Infos zum Beschäftigungsverhältnis** und klicken unter **Maßnahme ergreifen** auf **Stellen- und Vergütungsinformationen ändern** (siehe Abbildung 11.14).

Sie werden dann gefragt, welche Änderungen Sie vorschlagen. In unserem Beispiel wählen wir die Option **Stellen- und Vergütungsinformationen ändern** und aktivieren das Kennzeichen **Stelleninformationen** (siehe Abbildung 11.15).

Sie werden nun aufgefordert, zusätzliche Informationen zur Stellenänderung einzutragen (siehe Abbildung 11.16). Zuerst müssen Sie festlegen, wann die Änderung in Kraft treten soll. Die übrigen Informationen ergeben sich entsprechend den Daten und Prozessen, die Sie bereits in Abschnitt 11.2.1 bei der Neueinstellung kennengelernt haben.

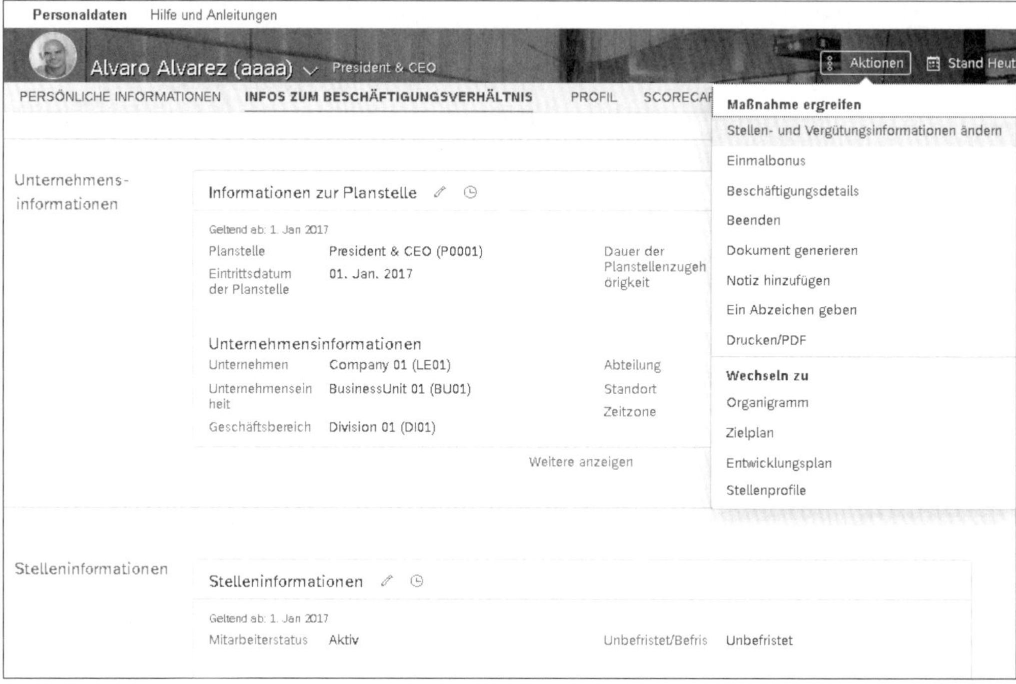

Abbildung 11.14 Stellen- und Vergütungsinformationen ändern

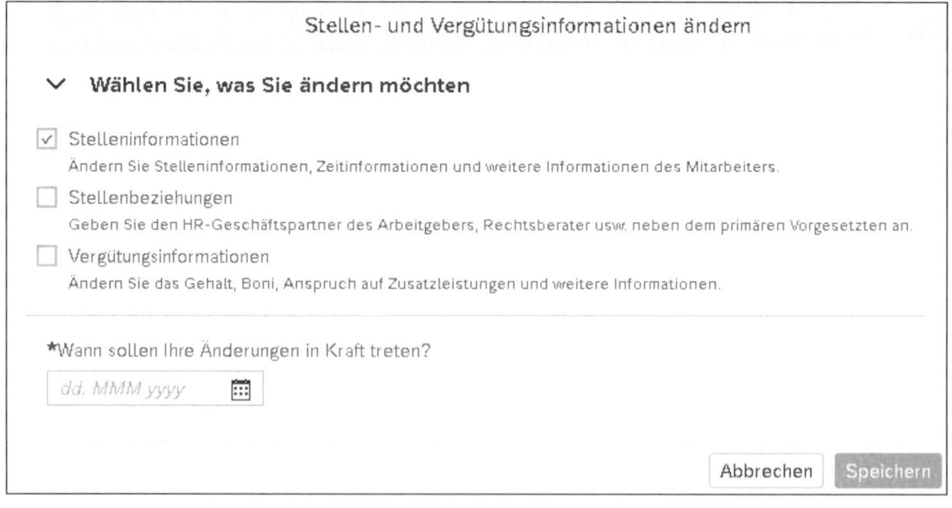

Abbildung 11.15 Stelleninformationen ändern (Versetzung)

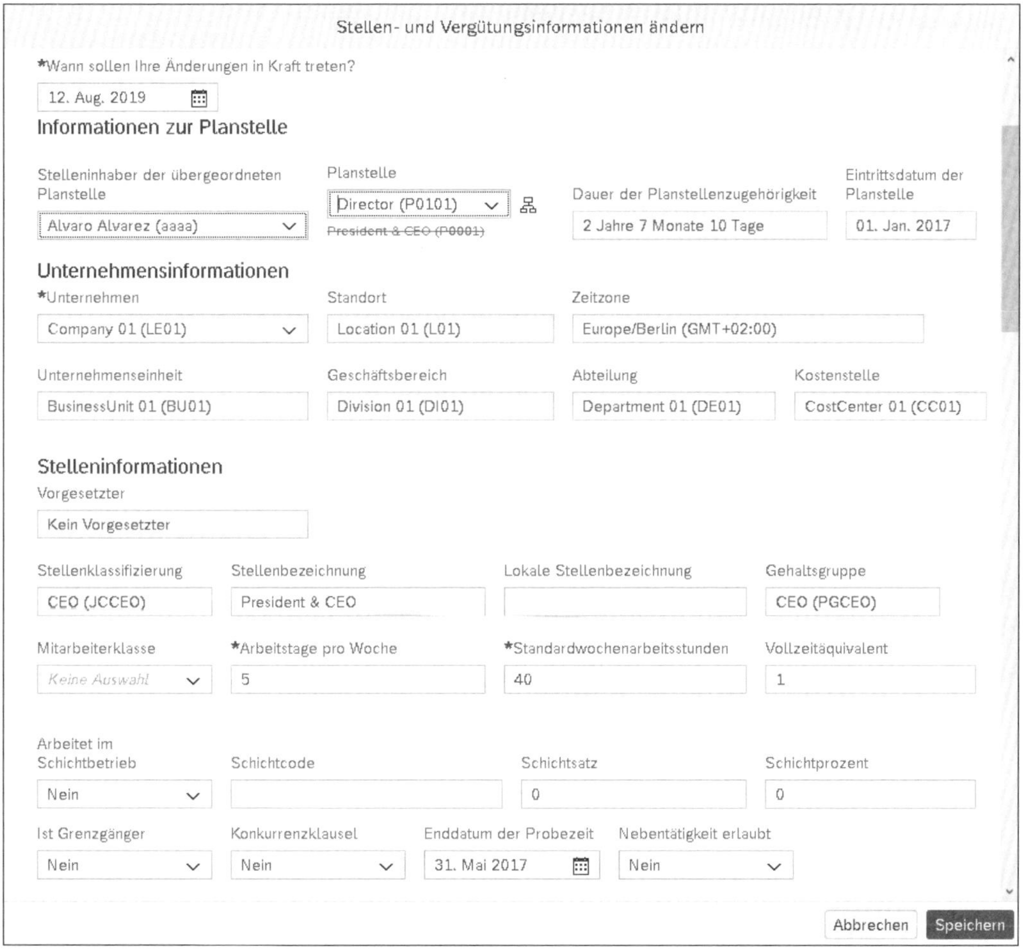

Stellen- und Vergütungsinformationen ändern

*Wann sollen Ihre Änderungen in Kraft treten?

12. Aug. 2019

Informationen zur Planstelle

Stelleninhaber der übergeordneten Planstelle: Alvaro Alvarez (aaaa)

Planstelle: Director (P0101) ~~President & CEO (P0001)~~

Dauer der Planstellenzugehörigkeit: 2 Jahre 7 Monate 10 Tage

Eintrittsdatum der Planstelle: 01. Jan. 2017

Unternehmensinformationen

*Unternehmen: Company 01 (LE01)

Standort: Location 01 (L01)

Zeitzone: Europe/Berlin (GMT+02:00)

Unternehmenseinheit: BusinessUnit 01 (BU01)

Geschäftsbereich: Division 01 (DI01)

Abteilung: Department 01 (DE01)

Kostenstelle: CostCenter 01 (CC01)

Stelleninformationen

Vorgesetzter: Kein Vorgesetzter

Stellenklassifizierung: CEO (JCCEO)

Stellenbezeichnung: President & CEO

Lokale Stellenbezeichnung:

Gehaltsgruppe: CEO (PGCEO)

Mitarbeiterklasse: Keine Auswahl

*Arbeitstage pro Woche: 5

*Standardwochenarbeitsstunden: 40

Vollzeitäquivalent: 1

Arbeitet im Schichtbetrieb: Nein

Schichtcode:

Schichtsatz: 0

Schichtprozent: 0

Ist Grenzgänger: Nein

Konkurrenzklausel: Nein

Enddatum der Probezeit: 31. Mai 2017

Nebentätigkeit erlaubt: Nein

Abbrechen Speichern

Abbildung 11.16 Details zur Versetzung pflegen

Automatisiertes Arbeiten mit Ereignissen und Genehmigungsprozessen

Je nach der Art der Änderungen ermittelt das System automatisch die richtigen »Ereignisse«, z. B. Versetzung und Beförderung. Von entsprechenden Ereignissen abhängig lassen sich dann spezifische Weiterleitungsschritte und Genehmigungsprozesse automatisiert starten. Diese müssen erfolgreich durchlaufen werden, bevor die Änderungen in Kraft treten können. Nutzen Sie diese Möglichkeiten, um eine hohe Datenqualität und Automatisierung in Ihren Prozessen zu erreichen.

Die Einrichtung dieser Ereignisse und Genehmigungsprozesse ist ein wichtiger Bestandteil der Implementierung.

11.2.3 Ein Arbeitsverhältnis beenden

Ein Anstellungsverhältnis beenden Sie, indem Sie unter **Maßnahme ergreifen** die Aktion **Beenden** auswählen (siehe Abbildung 11.17).

Abbildung 11.17 Arbeitsverhältnis beenden (Teil 1)

Im darauffolgenden Fenster geben Sie das Austrittsdatum ein und definieren den Austrittsgrund. Je nach Konfiguration kann zudem angegeben werden, ob zusätzliche Datumsfelder wie etwa **Letzter Arbeitstag**, **Enddatum für Gehaltsabrechnung** oder **Gehaltsenddatum** verwendet werden sollen (siehe Abbildung 11.18).

Abbildung 11.18 Beenden eines Arbeitsverhältnisses (Teil 2)

Sollten bei dem zu beendenden Arbeitsverhältnis noch Mitarbeiter angehängt sein, muss am Schluss noch entschieden werden, ob die Mitarbeiter an den nächsthöheren Vorgesetzten rapportieren sollen oder ob eine andere Option sinnvoller ist.

Revisionssichere digitale Personalakte

Gerade bei Kunden im deutschsprachigen Raum begegnet uns immer wieder die Anforderung, eine digitale Personalakte mit SAP SuccessFactors zu integrieren. Hintergrund dafür ist die Notwendigkeit, eine revisionssichere und gesetzeskonforme Dokumentation von mitarbeiterbezogenen Daten und Informationen sicherzustellen. Bestehende Papierdokumentationen sollen im Rahmen der Digitalisierung abgelöst bzw. ersetzt werden. Eine im deutschsprachigen Raum bereits seit Langem etablierte Lösung wird von aconso (siehe *https://www.aconso.com*) bereitgestellt. Diese Lösung ist nahtlos in SAP SuccessFactors integrierbar, sie ist je nach Kundenanforderung übrigens auch ohne SAP SuccessFactors Employee Central nutzbar.

11.2.4 Mit Workflows arbeiten

Wenn Sie Ereignisse wie Beförderungen und Versetzung festlegen, können Sie auch definieren, welche Workflows und Genehmigungsprozesse damit ausgelöst werden sollen. Sie können dies entweder global und/oder abhängig von lokalen Anforderungen machen. Die Personen, die etwas genehmigen sollen, werden auf der Startseite von SAP SuccessFactors darauf hingewiesen, optional auch per E-Mail informiert. Der Administrator hat ständig einen Überblick über alle Workflows in seiner Hoheit und kann eingreifen, wenn es Verzögerungen gibt (siehe Abbildung 11.19). Optional können auch andere Rollen über die Nutzung einer entsprechenden E-Mail-Adresse (z. B. Gruppenpostkorb einer zentralen Beschaffungsstelle) benachrichtigt werden.

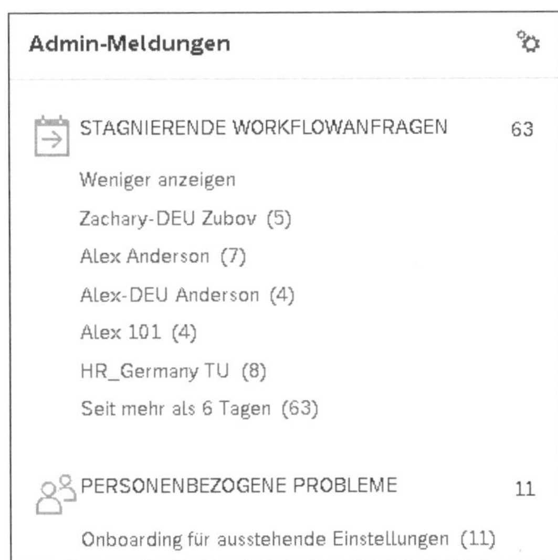

Abbildung 11.19 Aufgestaute Workflows aus Sicht des Administrators im Admin-Center

Es gibt auch verschiedene Optionen, Workflows automatisch oder individuell abzuändern und zu delegieren. Wichtig bei allen Datenänderungen und Prozessen ist, dass sie direkt von den Führungskräften und Mitarbeitern ausgeführt werden sollen, die HR-Abteilung hat dabei oft eine Prüfungsfunktion. Im Folgenden zeigen wir Ihnen ein paar Beispiele für Workflows, die in der Praxis häufig verwendet werden.

In Abbildung 11.20 sehen Sie ein Beispiel für einen Antrag auf Gehaltsänderung bei Brooke Brown. **AdminPentosTU** hat die Gehaltsänderung in Vertretung des Vorgesetzten genehmigt.

Abbildung 11.20 Anfrage zu einer Gehaltsänderung bearbeiten

In Abbildung 11.21 sehen Sie einen weiteren Genehmigungsschritt, bevor die Änderung auch durchgeführt wird. Der zweite Genehmiger ist in dem Fall ein Technischer Nutzer, **HR_Germany TU**, der die Rolle der HR-Abteilung Deutschlands einnimmt.

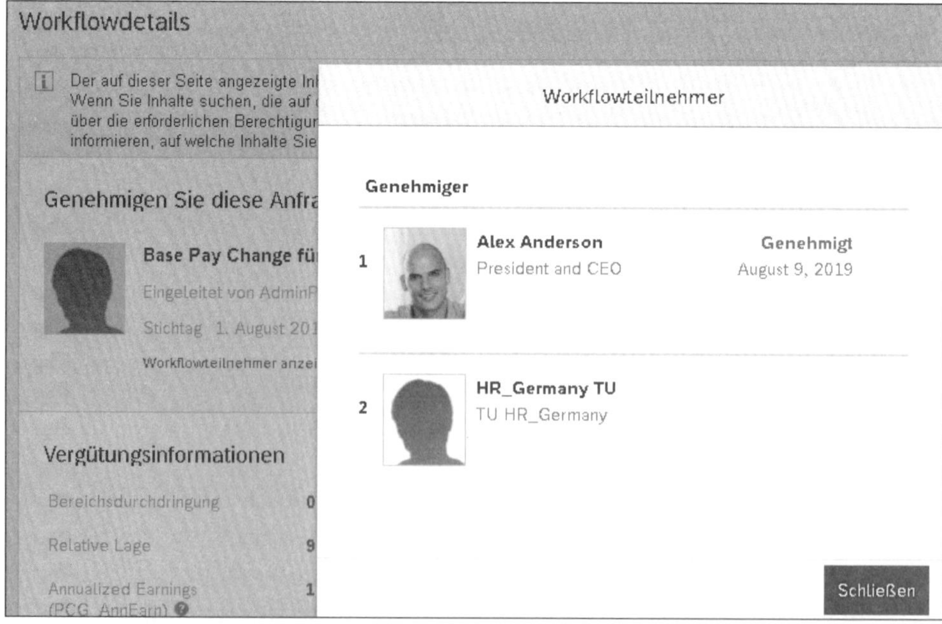

Abbildung 11.21 Die Teilnehmer im Prozess der Genehmigung einer Gehaltsänderung anzeigen

[«]

Dynamische Rollen und Vererbung aus Planstelle

Sie können die Genehmiger auch dynamisch über die jeweils zuständige Planstelle oder aufgrund sogenannter *dynamischer Rollen* festlegen. Das unterstützt Sie dabei, künftige Betriebsaufwände gering zu halten.

Im nächsten Beispiel sehen Sie die Änderung einer persönlichen Information, die ebenfalls genehmigt werden muss. Sie haben hier die Möglichkeit, die Änderung zurückzusenden oder sie zu genehmigen (siehe Abbildung 11.22).

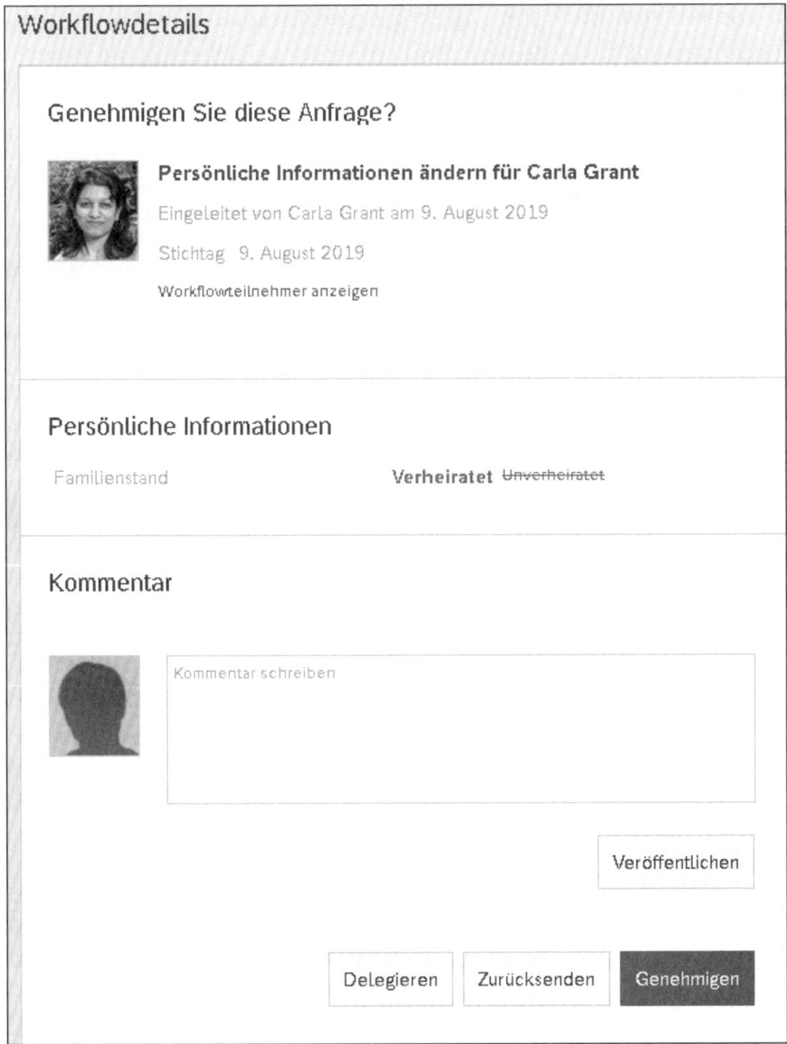

Abbildung 11.22 Genehmigung oder Delegation der Genehmigung zur Änderung einer persönlichen Information

In allen Fällen können Sie Kommentare dazu schreiben, die auch an weitere Workflow-Teilnehmer veröffentlicht werden. Sie haben zudem die Möglichkeit, die Genehmigung an eine andere Person zu delegieren.

In diesen und ähnlichen Fällen bietet SAP SuccessFactors Employee Central fast unbeschränkte Möglichkeiten, das Ändern von Daten über Workflows, die auch über mobile Geräte zu nutzen sind, zu automatisieren und direkt durch die Beteiligten ausführen zu lassen. Dabei empfinden das die Beteiligten in der Regel nicht als Belastung, sondern als willkommene Beschleunigung von Standardprozessen.

Workflows sind insbesondere beim sogenannten *Manager Self-Service*, also Aktionen, die durch einen Vorgesetzten im System direkt ausgelöst werden können, sinnvoll. Sie helfen, die Datenqualität zu verbessern, und reduzieren gleichzeitig die Arbeitslast der HR-Abteilung.

Nach diesen Beispielen für HR-Prozessunterstützung zeigen wir Ihnen im nächsten Abschnitt einige der Möglichkeiten, mit negativer Zeitwirtschaft in SAP SuccessFactors zu arbeiten.

11.2.5 Die negative Zeitwirtschaft nutzen

In der negativen Zeitwirtschaft geht es darum, Abwesenheiten zu erfassen und Auswirkungen auf Daten und Prozesse automatisiert festzulegen. So können Fehler im Berichtswesen vermieden und z. B. Zugriffsrechte korrekt gesteuert werden. Typischerweise sind es Abwesenheiten wie Urlaub, Krankheit oder Elternzeit, die dabei im Fokus stehen. Auch Sonderauszeiten, die frei konfigurierbar sind, können Sie nach eigenem Bedarf festlegen. Darüber hinaus können Sie zum Jahreswechsel ein Regelwerk definieren, das die Übernahme von Urlaub in das nächste Jahr und die Priorisierung von Urlaubskontingenten in der Abarbeitung definiert.

Wichtig ist, dass SAP SuccessFactors Employee Central anhand der Ursache der Abwesenheit den Status des Mitarbeiters steuern kann. So können Sie z. B. konfigurieren, dass ein Mitarbeiter während der Elternzeit automatisch keinen Zugriff auf das System hat und nicht mehr im Berichtswesen als aktiver Mitarbeiter gezählt wird.

Im Personenprofil können Sie im Abschnitt **Abwesenheit** die Abwesenheit verwalten (siehe Abbildung 11.23).

In der Ansicht **Abwesenheit** erhalten Sie einen Überblick über die definierten Abwesenheitsgründe und die zum Konsum zur Verfügung stehenden Zeitkontingente (siehe Abbildung 11.24).

In unserem Beispiel sind es 22 Tage Urlaub, die noch konsumiert werden können. Der letzte Antrag über zwei Tage Urlaub wurde genehmigt.

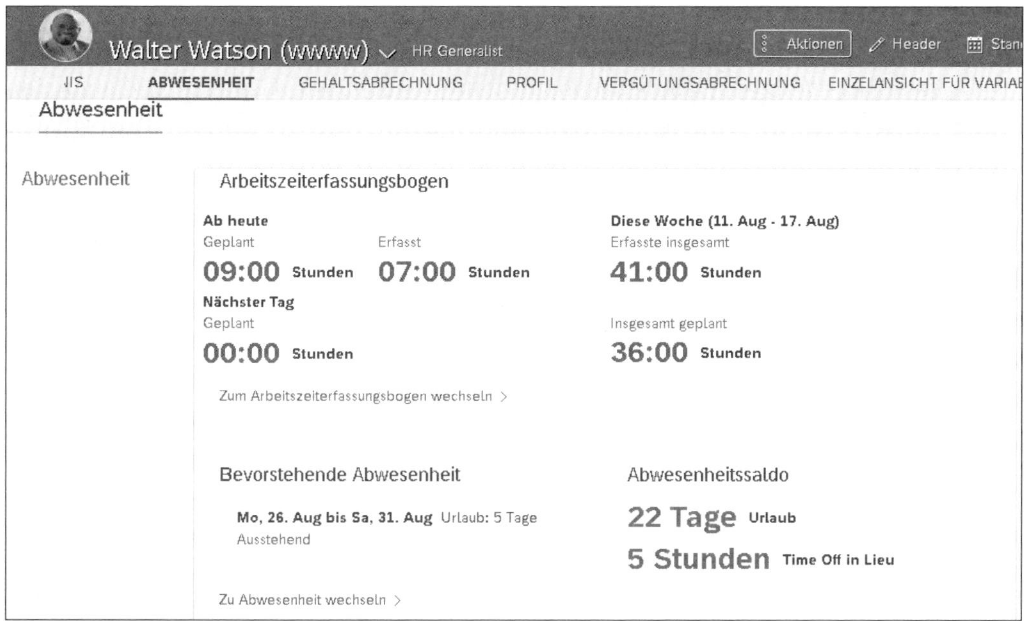

Abbildung 11.23 Abwesenheit verwalten

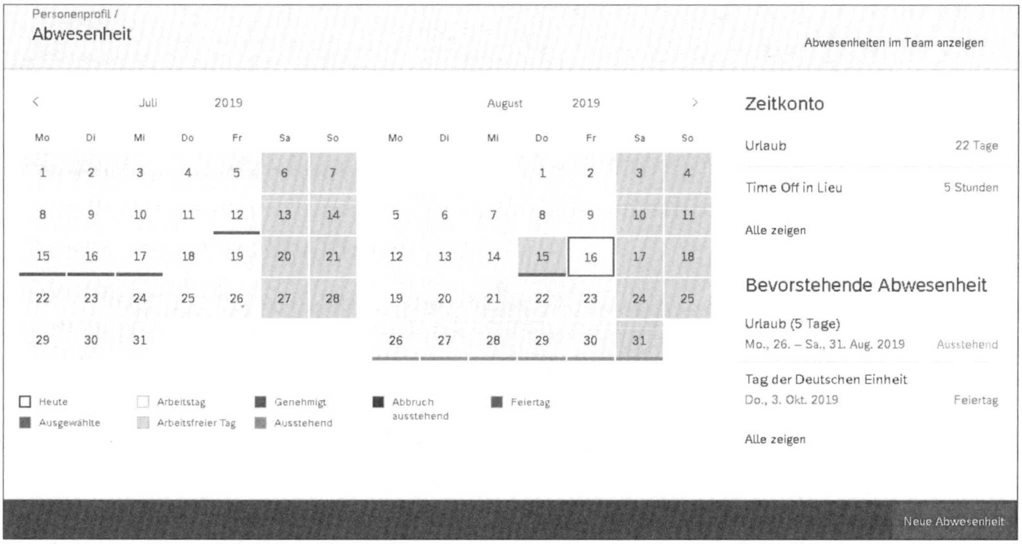

Abbildung 11.24 Zeitkonto eines Mitarbeiters anzeigen

Wenn Sie auf **Neue Abwesenheit** klicken, können Sie einen Urlaubsantrag erstellen, der dann über den definierten Workflow genehmigt oder abgelehnt und eingetragen wird (siehe Abbildung 11.25). Sie können dem Antrag auch einen Dateianhang beifügen.

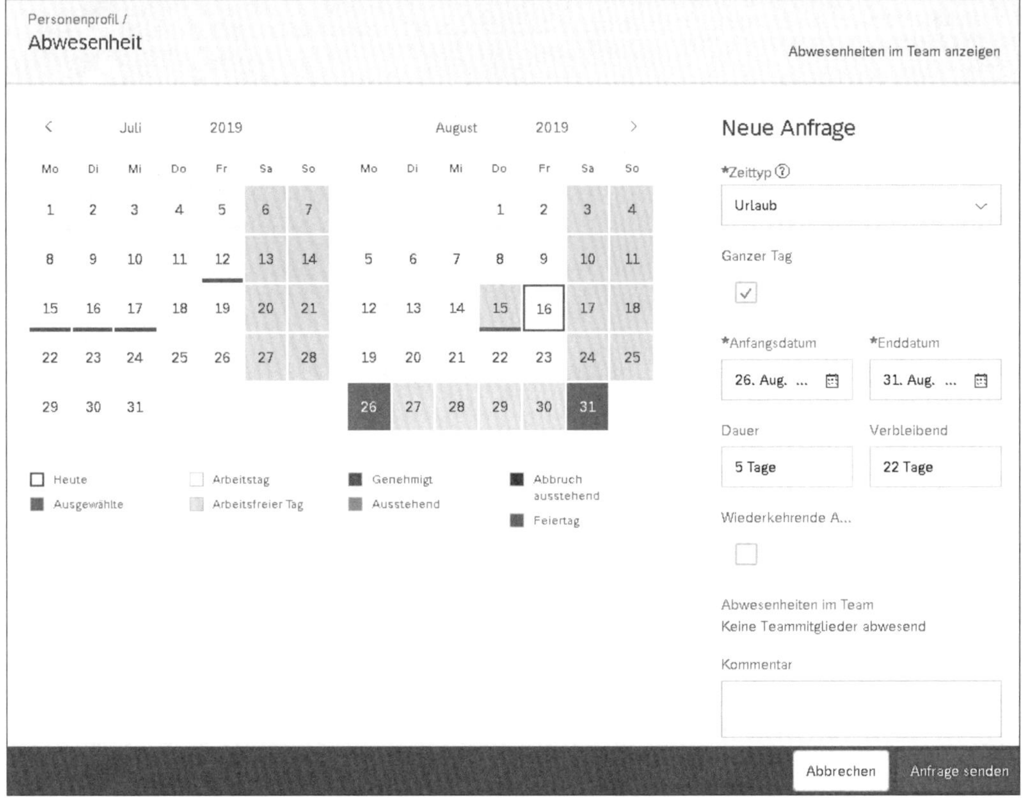

Abbildung 11.25 Urlaub beantragen

Mitarbeiter und HR mit unterschiedlichen Rollen im Zeitmanagement

In der Regel können Mitarbeiter Anträge für Urlaub oder Abwesenheiten aufgrund von Schulungen selbst initiieren. Abwesenheiten wegen Langzeitkrankheit mit Krankenschein und ähnliche Abwesenheiten werden dagegen von der HR-Abteilung gepflegt.

Um sie bei der Beantragung zu unterstützen, können Sie sich durch Klick auf **Abwesenheiten im Team anzeigen** (siehe Abbildung 11.25) auch den Abwesenheitskalender Ihrer Kollegen und Mitarbeiter anzeigen lassen (siehe Abbildung 11.26).

Anzeigen des Team-Abwesenheitskalenders auf der Startseite

Sie können den Abwesenheitskalender direkt auf der Startseite von SAP SuccessFactors einblenden, sodass Ihre Mitarbeiter sofort beim Einstieg in das System den Überblick über die Abwesenheiten im Team haben.

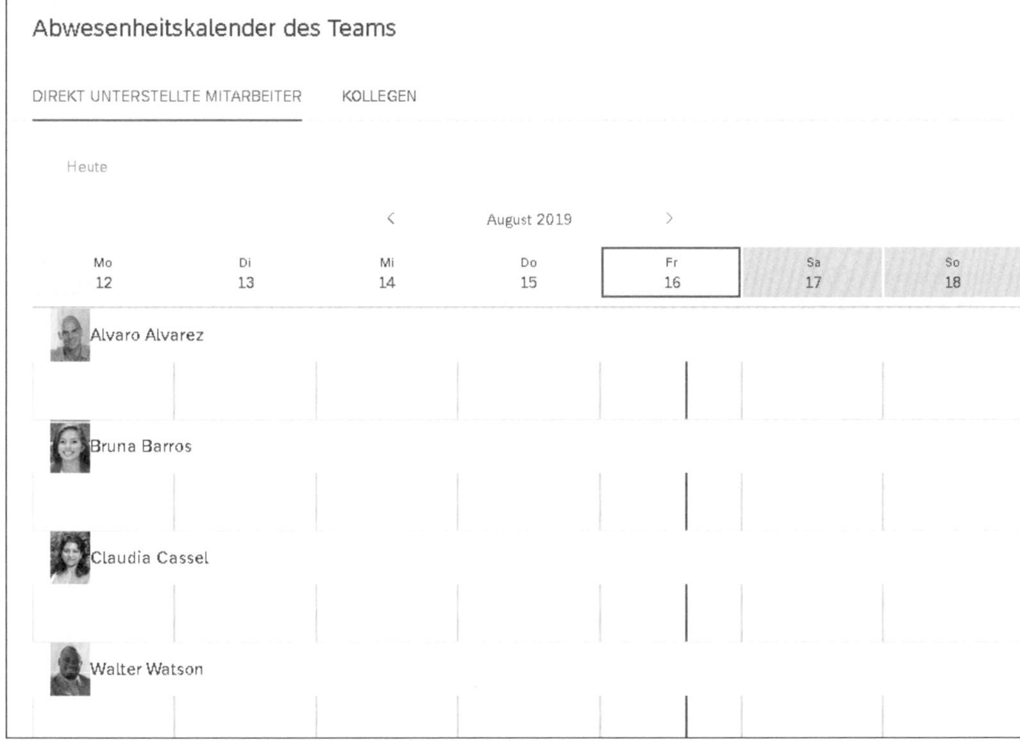

Abbildung 11.26 Abwesenheitskalender des Teams anzeigen

Außerdem können Sie Zeitpläne festlegen und Mitarbeitern zuweisen, wenn Sie im Bereich **Abwesenheiten** auf **zur Zeitverwaltungs-App wechseln** und auf **Neue temporäre Änderung** klicken. Sie können dort die regulären Zeiten und Anwesenheiten einsehen und bei entsprechender Berechtigung auch ändern, um z. B. Schichtdienste zu gestalten (siehe Abbildung 11.27).

In einer einfachen Variante können Sie auch die positive Zeitwirtschaft nutzen. Mitarbeiter können ihre Arbeitszeiten direkt in SAP SuccessFactors Employee Central erfassen. Pausenzeiten und ähnliche Berechnungen werden dabei automatisch berücksichtigt.

Abbildung 11.27 Zeitinformationen für die Mitarbeiterin Brooke Brown

11.2.6 Die positive Zeitwirtschaft nutzen

Neben Abwesenheiten bietet SAP SuccessFactors auch die Möglichkeit, Anwesenheiten zu erfassen. Dazu können verschiedene Elemente konfiguriert werden. Die wichtigsten dazu sind:

- **Feiertagskalender**
  Ein Feiertagskalender enthält alle Feiertage. Sie können verschiedene Kalender aufsetzen und einem Mitarbeiter zuordnen (siehe Abbildung 11.28).

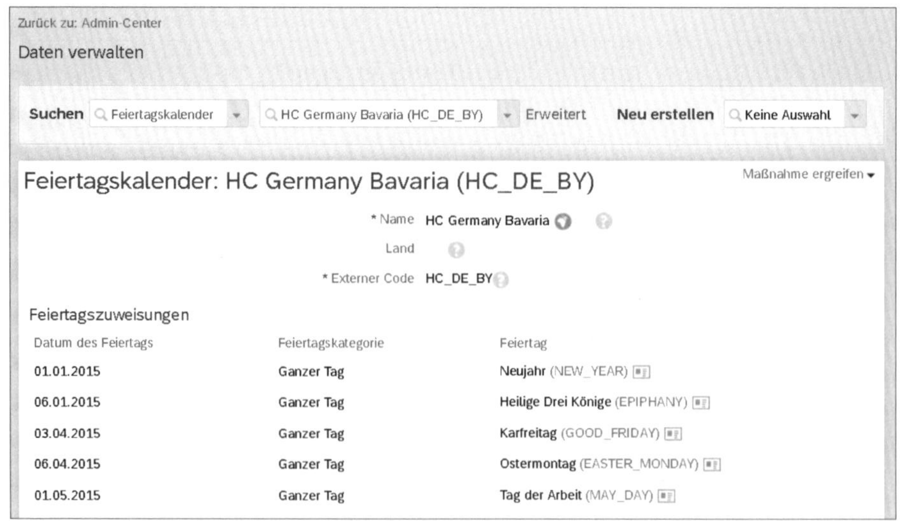

Abbildung 11.28 Feiertagskalenderanzeigen

- **Arbeitszeitplan**
  Der sogenannte Arbeitszeitplan dient dazu, das Arbeitspensum zu definieren. Hier kann definiert werden, wie viele Arbeitsstunden pro Tag zu leisten sind (siehe Abbildung 11.29).

Details zum Arbeitszeitplan		
Tag	Kategorie	Dauer
1	Tagmodell: DM_8H	08:00
2	Tagmodell: DM_8H	08:00
3	Tagmodell: DM_8H	08:00
4	Tagmodell: DM_8H	08:00
5	Tagmodell: DM_8H	08:00
6	Tagmodell: DM_0H	00:00
7	Tagmodell: DM_0H	00:00

Abbildung 11.29 Details zum Arbeitszeitplan einsehen

- **Zeiterfassungsprofil**
  Im Zeiterfassungsprofil wird definiert, für welche Zeitvarianten ein Mitarbeiter berechtigt ist und welche Validierungsregeln und Workflows hinterlegt sind (siehe Abbildung 11.30).

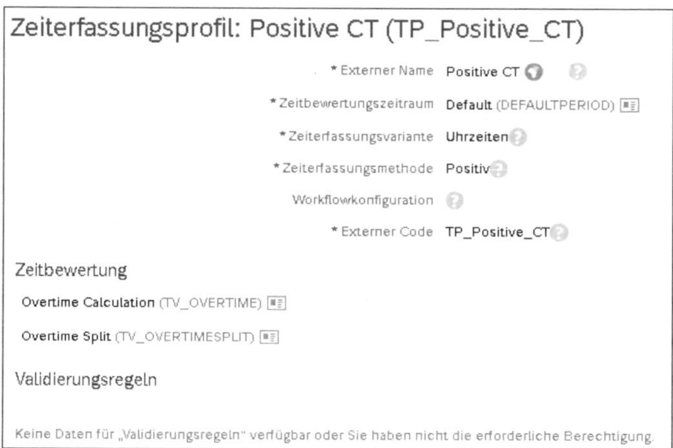

Abbildung 11.30 Zeiterfassungsprofil

Sobald alles konfiguriert ist, können Mitarbeiter direkt in SAP SuccessFactors die Anwesenheiten erfassen, indem Sie den **Arbeitszeiterfassungsbogen** aufrufen (siehe Abbildung 11.31).

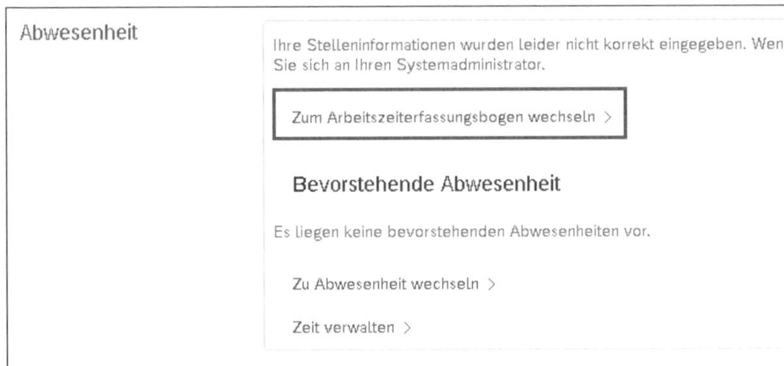

Abbildung 11.31 Link zum Arbeitszeiterfassungsbogen

Je nach den festgelegten Regeln wird anschließend sofort die Überzeit berechnet, und der **Arbeitszeiterfassungsbogen** kann zur Freigabe durch Klick auf **Übermitteln** weitergeleitet werden (siehe Abbildung 11.32).

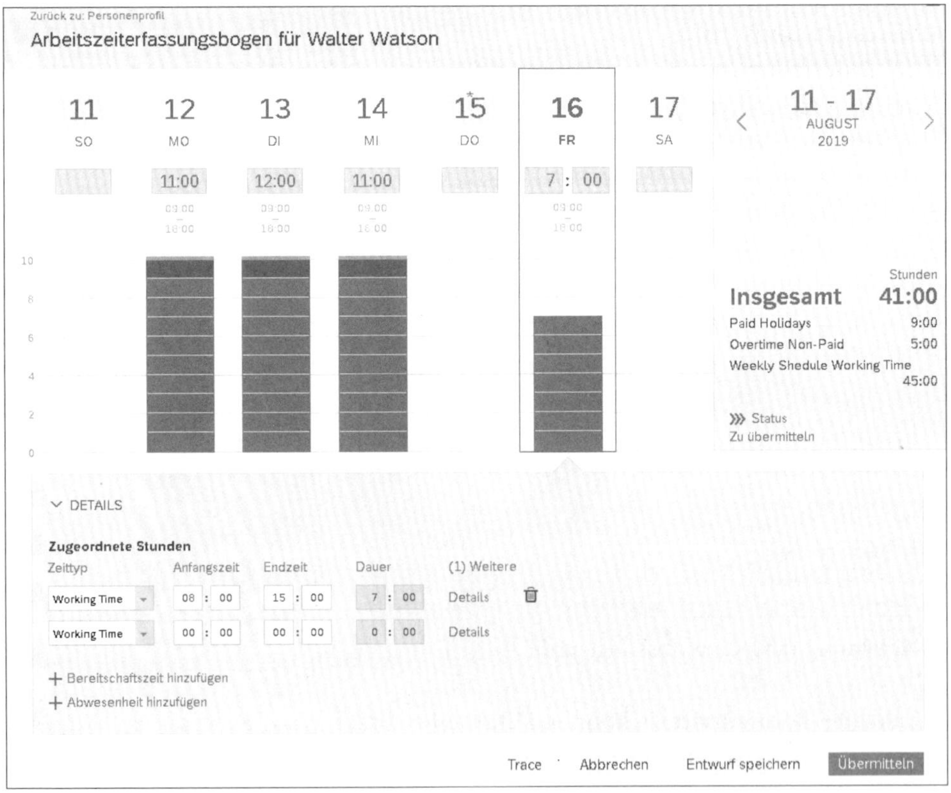

Abbildung 11.32 Arbeitszeiterfassungsbogen für den Mitarbeiter Walter Watson

Vor der endgültigen Übermittlung erhält der Mitarbeiter eine Übersicht über die vorgenommenen Änderungen (siehe Abbildung 11.33).

Abbildung 11.33 Zusammenfassung des Arbeitszeiterfassungsbogens

11.2.7 Ergänzungen für die Zeitwirtschaft

Neben den in den vorangegangenen Abschnitten genannten Möglichkeiten können Lösungen von Drittanbietern das Thema Zeitwirtschaft weiter unterstützen. Exemplarisch sei auf zwei Lösungen hingewiesen. Krones ist der SAP-Partner für das Abbilden von komplexeren Zeitwirtschaftsplänen. Die Strategie von SAP sieht vor, dass das Erfassen von Abwesenheiten (negative Zeitwirtschaft) durch SAP SuccessFactors Employee Central Time Management erfolgt. Bei komplexeren Zeitplänen, Zeiterfassung von Stundenlöhnen sowie Steuerung und Überprüfung der Belegschaft im Bereich Zeitwirtschaft bietet Kronos die benötigten Funktionen.

Zudem bietet ATOSS einen Connector für die hauseigenen Lösungen zur Produktionseinsatzplanung und zum Zeitmanagement mit SAP SuccessFactors an (siehe *https://www.atoss.com/de-de/loesungen/loesungen-sap/connector-sap-successfactors-employee-central*). So können gerade im Kontext der Zeitwirtschaft und der Produktionseinsatzplanung relevante Themen bestmöglich abgedeckt werden.

11.2.8 Dokumente erstellen

Abschließend zeigen wir Ihnen noch Möglichkeiten in SAP SuccessFactors Employee Central, Dokumente auf Basis von *Dokumentgenerierungsvorlagen* zu erstellen. Sie können dort beliebige Dokumentgenerierungsvorlagen wie Arbeitgeberbescheinigungen oder Glückwünsche zur erfolgreichen Absolvierung der Probezeit erstellen.

Auf dieser Basis können Sie dann gezielt Dokumente für bestimmte Mitarbeiter erstellen und versenden.

Gehen Sie dazu in das Admin-Center, und rufen Sie **Dokumentgenerierung - Dokumentvorlage verwa...** über die Suche auf (siehe Abbildung 11.34).

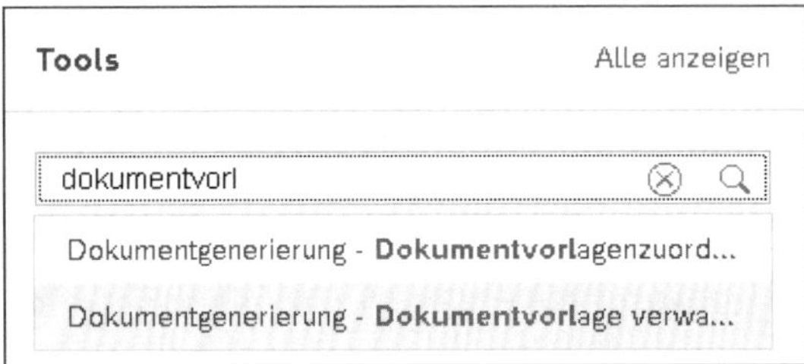

Abbildung 11.34 Im Admin-Center Dokumentvorlagen verwalten

Erstellen Sie dann im nächsten Schritt eine neue **Dokumentgenerierungsvorlage** (siehe Abbildung 11.35). Alternativ können Sie eine der bestehenden verwenden. In unserem Beispiel erstellen wir eine neue Vorlage.

Abbildung 11.35 Neue Dokumentgenerierungsvorlage erstellen

Klicken Sie unter **Neu erstellen** auf **Dokumentgenerierungsvorlage**. Damit öffnet sich die Maske, die es Ihnen erlaubt, eine neue Vorlage zu definieren. Sie vergeben dafür einen eindeutigen, sprechenden Namen und wählen die Länder und die Sprache, in der die Vorlage zur Verfügung stehen soll. Im Inhaltsbereich können Sie mit einem Texteditor arbeiten und auch Bilder, Links, Logos und Ähnliches erfassen (siehe Abbildung 11.36).

Um den Inhalt des Dokuments abhängig vom ausgewählten Mitarbeiter automatisch mit Daten füllen zu können, setzen Sie die Platzhalter ein, wie in Abbildung 11.37 dargestellt. Diese sind in den SAP-Handbüchern gut dokumentiert (*http://help.sap.com*).

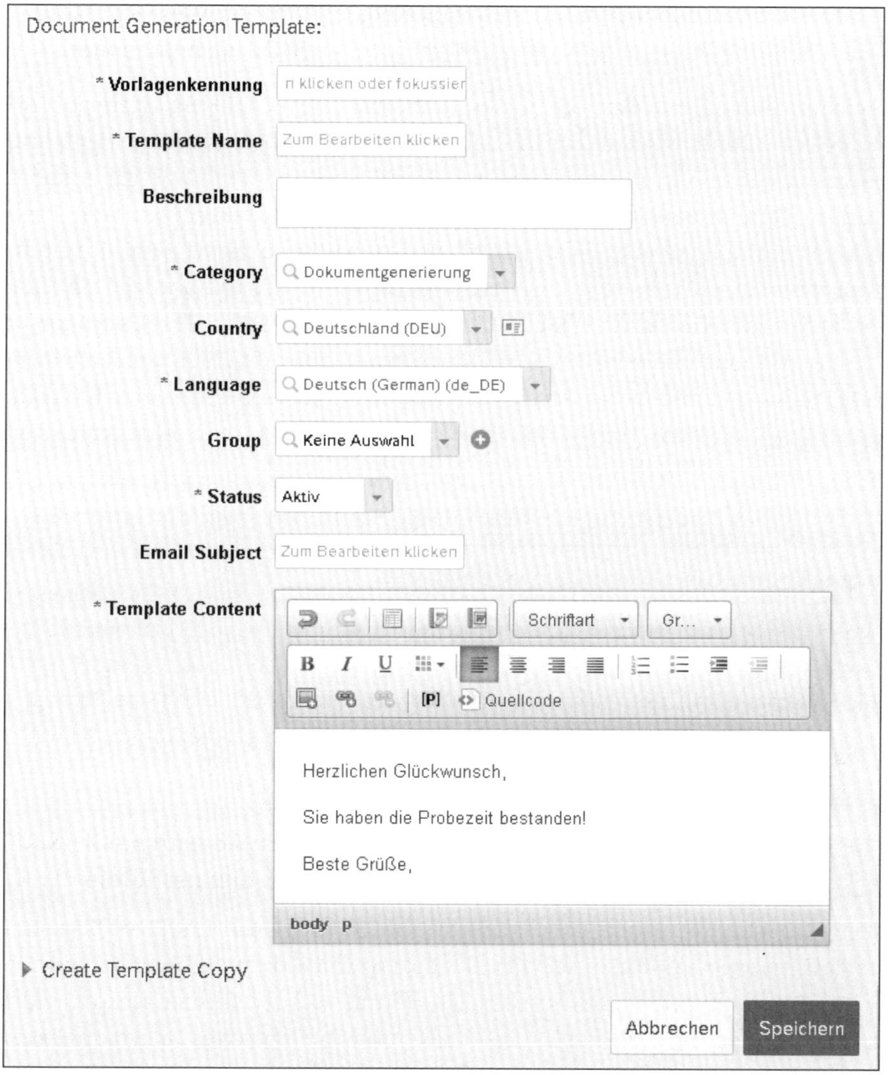

Abbildung 11.36 Elemente der Dokumentvorlage

Speichern Sie anschließend Ihre Angaben, und gehen Sie zurück in das Admin-Center. Wählen Sie dort über die Suche **Gehe zu Dokument generieren**, um ein Dokument erstellen zu können.

Sie suchen dann die entsprechende Dokumentgenerierungsvorlage im Feld **Vorlage** aus und wählen den Mitarbeiter, für den Sie das Dokument erstellen wollen, in unserem Fall ist das Alex-DEU Franz Anderson (siehe Abbildung 11.38).

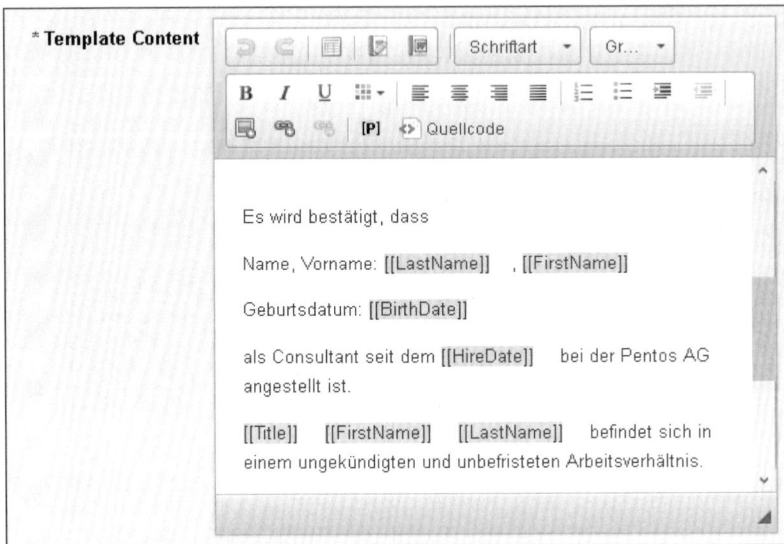

Abbildung 11.37 Inhalt der Dokumentvorlage anpassen

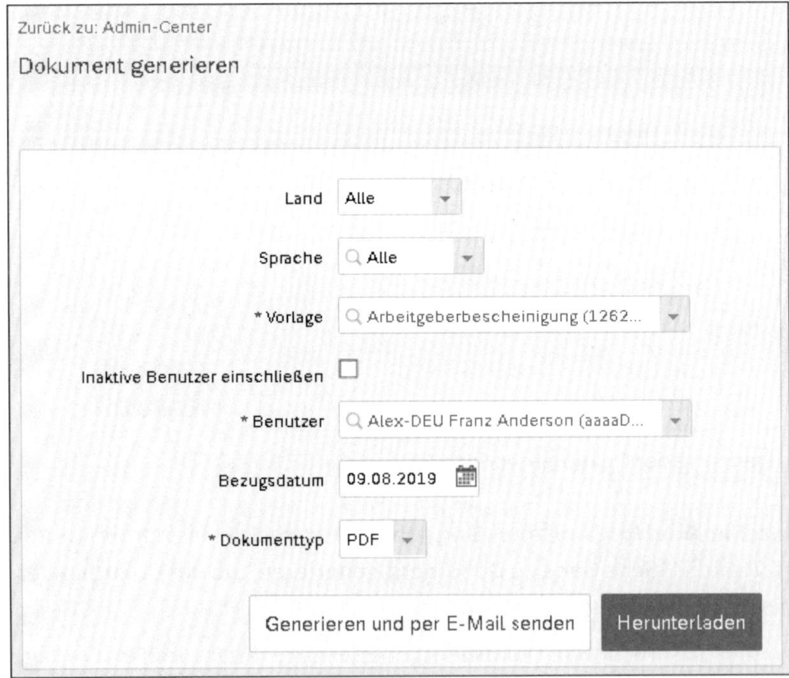

Abbildung 11.38 Ein Dokument auf Basis einer Dokumentvorlage erstellen

Als **Dokumenttyp** stehen **MS-Word** oder **PDF** zur Verfügung. Wir wählen die Option **PDF** und klicken auf **Generieren und per E-Mail senden**, um das Dokument direkt an den Mitarbeiter zu schicken (siehe Abbildung 11.39). Die Erfolgsmeldung sehen wir unmittelbar danach. Alternativ könnten Sie das Dokument auch durch einen Klick auf die gleichnamige Schaltfläche **Herunterladen** und ausdrucken.

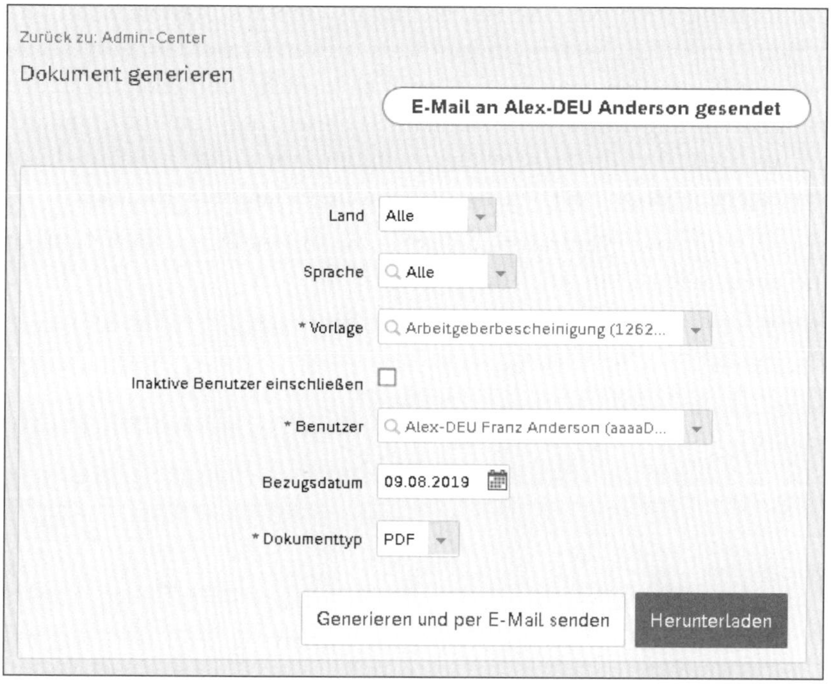

Abbildung 11.39 Dokument generieren

11.3 Best Practices für die Nutzung von Employee Central

Im Folgenden stellen wir Ihnen zwei Beispiele für Tipps und Tricks im Zusammenspiel mit SAP SuccessFactors Employee Central vor. Das eine betrifft die für die Erstellung neuer Positionen benötigten Berechtigungen. Das zweite Beispiel zeigt, wie die Anzahl an nötigen Klicks bei der Nutzung von SAP SuccessFactors Employee Central elegant reduziert werden kann.

Oftmals wird die Berechtigung für das Beantragen neuer Positionen oder Stellenausschreibungen an die Führungskräfte vergeben. Nach der SAP-SuccessFactors-Standarddefinition handelt es sich immer dann automatisch um einen Vorgesetzten, wenn mindestens ein Mitarbeiter an diesen Mitarbeiter berichtet.

Wenn nun aber ein Mitarbeiter ein neues Team aufbauen soll, dann werden die Standardberechtigungen nicht greifen. Hier können Sie mit einem Kennzeichen

(Flag) innerhalb der Mitarbeiterinformationen dafür sorgen, dass diese Berechtigung vom Kunden selbst gesteuert und auf Mitarbeiterebene passgenau zugeordnet werden kann.

Das Planstellenorganigramm von SAP SuccessFactors Employee Central kann und soll auch für den Planstellengenehmigungsprozess verwendet werden. Vorgesetzte können so weitere Planstellen beantragen. Damit eine solche, dem Beantragenden zugeordnete Planstelle angelegt werden kann, muss dieser zuerst auf das Standardorganigramm wechseln, dort das Planstellenorganigramm aufrufen und dann durch Klick auf seine eigene Position eine neue, untergeordnete Planstelle beantragen.

SAP SuccessFactors Employee Central ermöglicht es Ihnen, eine eigene Kachel auf der Homepage bereitzustellen (siehe Abbildung 11.40).

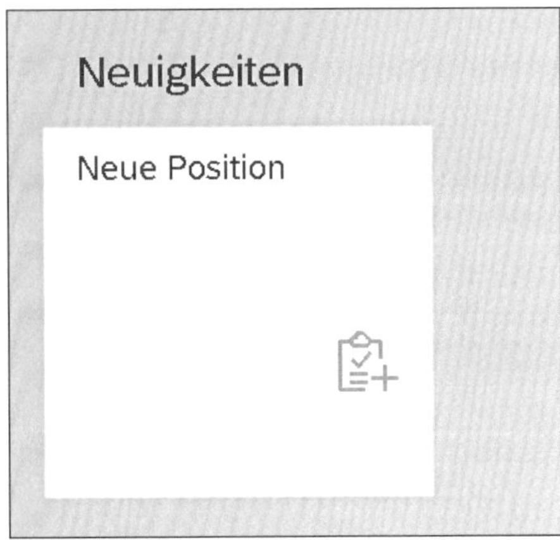

Abbildung 11.40 Kachel zur Erstellung einer neuen Position

Entsprechend dem von Ihnen hinterlegten Regelwerk können Vorgesetzte dann mit einem einzigen Klick eine untergeordnete Planstelle erstellen bzw. beantragen (siehe Abbildung 11.41).

Ihr Implementierungspartner unterstützt Sie dabei, solche und andere passgenauen Lösungen bereitzustellen. Die hier gezeigten Beispiele stehen exemplarisch für die Ergänzungsmöglichkeiten, die Ihnen in SAP SuccessFactors Employee Central zur Verfügung stehen. An dieser Stelle beenden wir unseren Überblick über SAP SuccessFactors Employee Central. Es sei nochmals darauf hingewiesen, dass wir aufgrund der Restriktionen, die sich aus unserem Anliegen ergeben, Ihnen einen Gesamtüberblick über die SAP-SuccessFactors-Suite zu ermöglichen, hier nur einen Bruchteil der Optionen und Best Practices von SAP SuccessFactors Employee Central darstellen können.

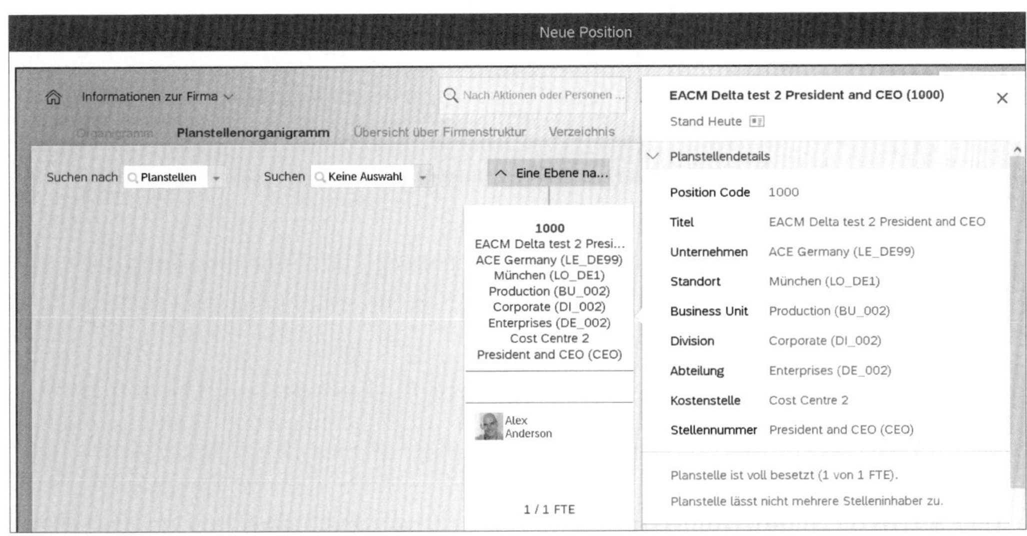

Abbildung 11.41 Eine neue untergeordneten Position erstellen

Im nächsten Kapitel stellen wir Ihnen die Gestaltungsmöglichkeiten und Best Practices im Bereich Ziel- und Leistungsbeurteilung und 360-Grad-Rückmeldung vor. Dieser Prozess schließt oftmals unmittelbar an die Einstellung eines neuen Mitarbeiters in SAP SuccessFactors Employee Central an.

Kapitel 12
Zielvereinbarung und Leistungsbeurteilung

Die Leistung der Mitarbeiter zu beurteilen ist eine schwierige Aufgabe im Spannungsfeld von Vertrauen, Objektivierung und Nachvollziehbarkeit. In diesem Kapitel erfahren Sie, wie Sie das Modul Zielvereinbarung und Leistungsbeurteilung bei einer möglichst fairen und objektiven Beurteilung – und Weiterentwicklung der Mitarbeiter – unterstützt und welche Möglichkeiten die 360°-Beurteilung bietet.

Die Leistungsbeurteilung bei SAP SuccessFactors umfasst im Best-Practice-Fall die ganzheitliche Einschätzung des Mitarbeiters. Sie beinhaltet die Beurteilung der Zielerreichung des Mitarbeiters (das »Was«) sowie des Verhaltens des Mitarbeiters (das »Wie«).

Das Modul *Zielvereinbarung und Leistungsbeurteilung* (Performance & Goals) ist eines der ersten von SuccessFactors entwickelten Module. Dementsprechend viele Varianten der Leistungsbeurteilung, die verschiedenen Anwendungsfällen entsprechen, werden unterstützt. Wir stellen Ihnen im Folgenden die wesentlichen Bestandteile des Moduls vor. Folgende Themen beleuchten wir dabei funktional, prozessual und technisch/administrativ näher:

- Arbeiten mit Zielen
- Beurteilen von Leistung
- Kontinuierliche Leistung
- 360°-Feedback
- Schnittstellen zu weiteren Prozessen/Modulen

Ein Einsatzschwerpunkt des Moduls ist die Ausrichtung der Aufgaben und Aktivitäten der Mitarbeiter an den Unternehmenszielen (siehe Abschnitt 12.1). Die begleitende Leistungsbeurteilung wird durch die Nutzung von Formularen unterstützt (siehe Abschnitt 12.2). Sie fassen die Ziele des Mitarbeiters, Kernkompetenzen oder stellenspezifische Kompetenzen und optional auch Entwicklungsziele und Anmerkungen zusammen. Um die Einschätzung zu objektivieren, wird neben der Selbst- und Vorgesetzten-Beurteilung zusätzlich häufig auf den Team Ranker zurückgegriffen. Eine Rückmeldung Dritter, am eigentlichen Prozess nicht Beteiligter (z. B. Projektleiter), kann ad hoc über die Funktion **Ask for Feedback** eingeholt werden. Das (Teil-) Modul *Kontinuierliche Leistung* (siehe Abschnitt 12.3) bietet außerdem die Möglichkeit, ganzjährig und mit geringem Zeitaufwand alle Aktivitäten und Erfolge des Mitarbeiters zu erfassen und diese in die Jahresbeurteilung einfließen zu lassen. Zudem liegt der Fokus hier stark auf dem Einholen und aktiven Geben von Feedback. Erweiterte, systematische Rückmeldemöglichkeiten wie die 360°-Beurteilung runden den Prozess ab. Anhand eines Best-Practice-Beispiels zeigen wir Ihnen, wie Sie eine 360°-Beurteilung sowohl unterjährig (abhängig von Projektaktivitäten) als auch im Kontext eines Mitarbeitergesprächs durchführen können (siehe Abschnitt 12.4). Hinweise zu weiteren hilfreichen Werkzeugen des Moduls Zielvereinbarung und Leistungsbeurteilung (siehe Abschnitt 12.5) sowie einige Empfehlungen aus der Praxis (siehe Abschnitt 12.6) runden dieses Kapitel ab.

Setzen Sie die in SAP SuccessFactors angebotenen Möglichkeiten zur Unterstützung Ihrer Zielmanagement- und Leistungsbeurteilungsprozesse im Unternehmen ein, erreichen Sie im Ergebnis eine faire, transparente, ausgewogene, ganzheitliche und möglichst objektive Beurteilung des Mitarbeiters und eine hervorragende Basis für die Personalentwicklung. Mit der Integration in Vergütungs- und Talentmanagementprozesse entfaltet die Beurteilung einen besonders hohen Mehrwert für das Unternehmen und den Mitarbeiter, da die Ergebnisse auch für diese weiteren Prozesse genutzt werden können (siehe Abschnitt 12.7).

12.1 Mit Zielen arbeiten

SAP SuccessFactors bietet verschiedene Möglichkeiten zum Arbeiten mit Zielen. Die Definition von Unternehmenszielen und deren Kaskadierung auf die verschiedenen Unternehmensebenen und Mitarbeiter erleichtern die Steuerung des Unternehmens. Wie Sie diese Aufgaben aus administrativer Sicht, etwa durch den Import von Zielen nach SAP SuccessFactors, unterstützen können, erfahren Sie in Abschnitt 12.1.2, »Administrationsaufgaben im Zielmodul«. Berichte erlauben die laufende Überprüfung der Zielerreichungsgrade und eröffnen Möglichkeiten für das Management, einzugreifen (siehe Abschnitt 12.1.3, »Berichte und Dashboards«).

Zu einem Ziel selbst können Sie die Gewichtung des Ziels, die festgelegten Messkriterien oder den aktuellen Status der Zielbearbeitung (z. B. **Noch nicht begonnen, Im Zeitplan, Verzögert**) sehen. Im Beispiel in Abbildung 12.1 sehen Sie z. B., dass für Grace Goddard die Steigerung des EBITDA (EBITDA steht für Gewinn vor Zinsen, Steuern, Abschreibungen auf Sachanlagen und Abschreibungen auf immaterielle Vermögensgegenstände) um 5 % festgelegt wurde und dass sie derzeit im Plan liegt.

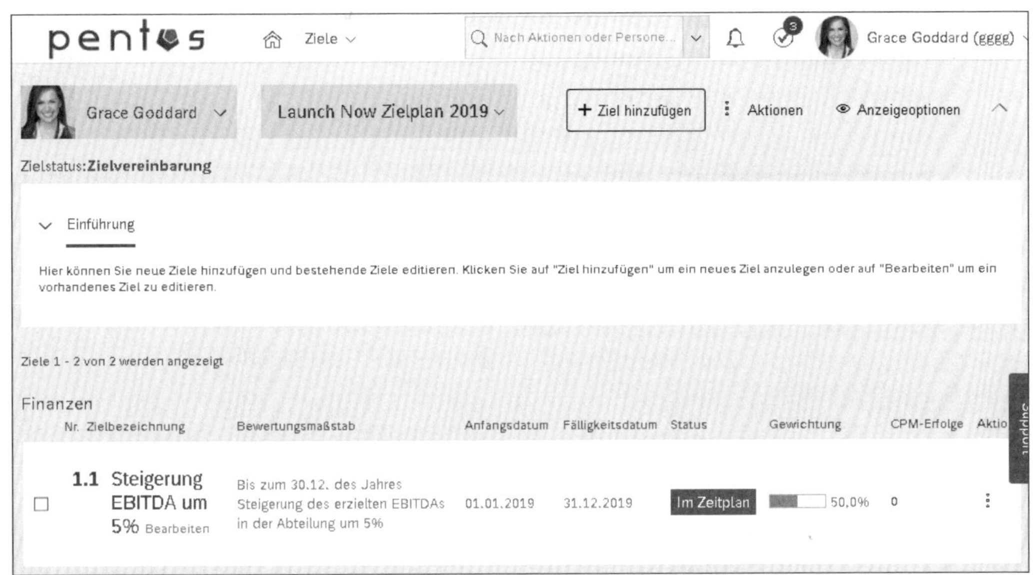

Abbildung 12.1 Übersicht über den Zielplan

Wesentliche Gestaltungselemente, die helfen, das Modul **Ziele** selbst zielgerichtet einzusetzen, sind:

- Individual- und Gruppenziele
- Import/Export von Zielen
- Zielkategorien
- Ziele kaskadieren und verlinken
- SMART Ziel-Assistent
- Berichte und Dashboards (siehe Abschnitt 12.1.3)

12.1.1 Gestaltungselemente von Zielen

Die Unterscheidung zwischen Individual- und Gruppenzielen ermöglicht es, Ziele für einzelne Mitarbeiter oder aber für eine Gruppe von Mitarbeitern festzulegen. Wenn Ziele inhaltlich gleich sind und auch gleich bewertet werden (gleicher Zielerreichungsgrad), können sie als Gruppenziel erfasst, verteilt und beurteilt werden. Planstellenspezifische Ziele, die z. B. im Zusammenhang mit der Umsetzung von Unternehmenszielen stehen, sind meist Individualziele. Bei Finanzzielen wiederum ist es üblich, sie als Gruppenziele zu definieren.

Der Mitarbeiter kann Ziele selbst anlegen und dabei z. B. auf eine vordefinierte Zielbibliothek zugreifen. Ebenso ist es möglich, Ziele frei zu erfassen. Im Folgenden zeigen wir Ihnen, wie Sie ein Ziel frei erstellen:

1. Klicken Sie im Bereich **Ziele** auf die Schaltfläche **Ziel hinzufügen**. Es öffnet sich ein neues Fenster (siehe Abbildung 12.2).

   Klicken Sie hier nun auf die Schaltfläche **Persönliches Ziel**, um ein eigenes Ziel anzulegen.

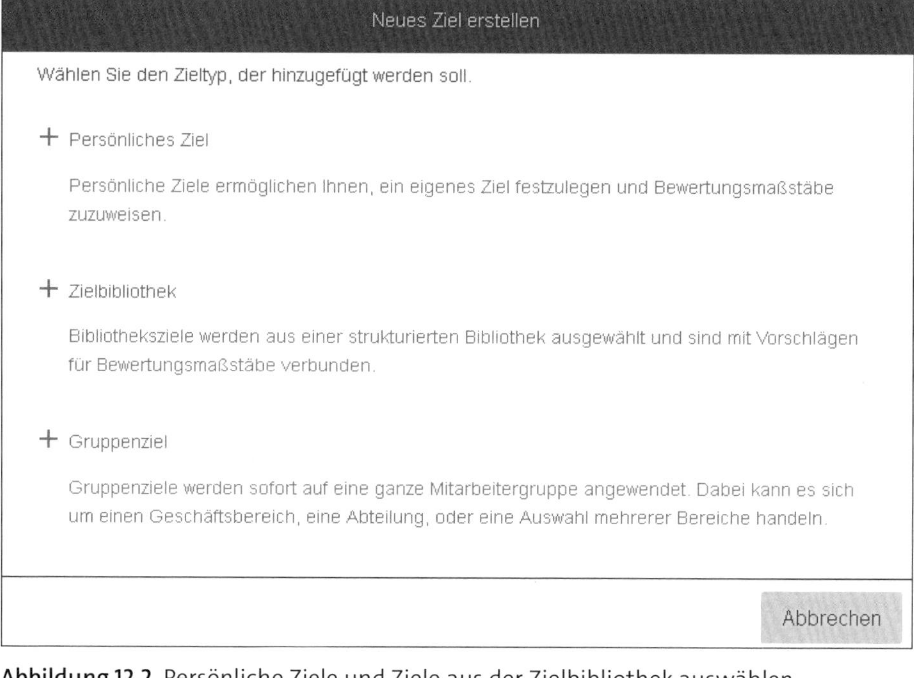

Abbildung 12.2 Persönliche Ziele und Ziele aus der Zielbibliothek auswählen

2. Im folgenden Fenster können Sie nun das Ziel definieren (siehe Abbildung 12.3). Sie haben hier folgende Einstellungsmöglichkeiten:
   - Im Feld **Kategorie** können Sie aus zuvor definierten Zielkategorien (siehe Abschnitt 12.1.2, »Administrationsaufgaben im Zielmodul«) auswählen. Zielkategorien erleichtern die Auswertung und Einordnung von Zielen. Typische Zielkategorien sind an das Balanced-Scorecard-Modell angelehnt, also z. B. in den Bereichen Finanzen, Kunden, Geschäftsprozess sowie Innovation und Wachstum angesiedelt.
   - Im Feld **Zielbezeichnung** geben Sie einen Namen und eine kurze Beschreibung für das Ziel ein.
   - Im Feld **Bewertungsmaßstab** beschreiben Sie, woran die Zielerreichung gemessen wird. Bei Finanzzielen wird typischerweise ein bestimmter Euro-Wert oder ein Zielwert für den Deckungsbeitrag o. Ä. vereinbart.

- Anschließend legen Sie noch ein **Anfangsdatum** und ein **Fälligkeitsdatum** fest und bestimmen, mit welchem Status das Ziel angelegt werden soll.
- Schließlich legen Sie die **Gewichtung** des Ziels fest.

Ziel hinzufügen
Bearbeiten Sie Ihr Ziel im nachstehenden Bereich.
Alle mit * gekennzeichneten Felder müssen ausgefüllt werden.
Kategorie Finanzen
* Zielbezeichnung:
* Bewertungsmaßstab:
* Anfangsdatum: 01.01.2019
* Fälligkeitsdatum: 31.12.2019
Status: Nicht begonnen
* Gewichtung: %
Abbrechen Zurück Änderungen speichern

Abbildung 12.3 Typische Felder eines persönlichen Ziels

3. Klicken Sie abschließend auf die Schaltfläche **Änderungen speichern**, um das Ziel zu erstellen.

Das erstellte Ziel steht Ihnen nun zur Verfügung. Im Folgenden zeigen wir Ihnen die Möglichkeiten der Arbeit mit einer Zielbibliothek.

Mit einer Zielbibliothek arbeiten

Da sich Ziele häufig wiederholen und Vorlagen in vielerlei Hinsicht unterstützen, ist es oft sinnvoll, eine Zielbibliothek anzulegen. Sie können, wie in Abbildung 12.2 zu sehen, auf die Schaltfläche **Zielbibliothek** klicken und anschließend das passende Ziel aus der Bibliothek auswählen (siehe Abbildung 12.4).

Wählen Sie ein Ziel aus der Bibliothek aus

Wählen Sie ein Ziel aus der Bibliothek aus. Klicken Sie auf das Symbol, um Kategorien zu erweitern. Im nächsten Schritt können Sie das Ziel ändern.

> Fertigung
> Finanzen und Buchhaltung
> IT
> Kundenservice
> Management
> Marketing
> Personalwesen
> Unternehmens-Services
⌄ Vertrieb
⌄ Einzelvertrieb

☐ Abgabe von __ (Anzahl) Angeboten pro (Zeitraum)	Anzahl eingereichter Angebote
☐ Aushandeln von __(Anzahl) neuen Kundenetats im Wert von €__ bis zum (Datum)	Anzahl neuer Kundenetats
☐ Begrenzung der vertriebsbezogenen Ausgaben auf unter €__ für (Zeitraum)	Vertriebsausgaben unter €__
☐ Erhöhung der Abschlussrate um __% bis zum (Datum)	Abschlussquote
☐ Erhöhung der Cross-Selling-Umsätze um __% bis zum (Datum)	€__ Cross-Selling-Einnahmen
☐ Erhöhung der Neukundenanzahl um __% bis zum (Datum)	Anzahl neuer Kunden
☐ Erhöhung des durchschnittlichen Transaktionsumfangs um __% bis zum (Datum)	Durchschnittliche Transaktionsgröße gesteigert auf €__

Abbrechen Zurück Auswahl hinzufügen

Abbildung 12.4 Ziele aus der Zielbibliothek auswählen

Zielbibliothek als Vorlage nutzen

SAP SuccessFactors bietet eine eigene Zielbibliothek an, die Sie kostenfrei als Vorlage verwenden können. Es bietet sich an, sie als Ausgangsbasis für eine Überarbeitung zu nutzen und den Mitarbeitern zur Verfügung zu stellen. Import- und Exportmöglichkeiten für Zielbibliotheken sind standardmäßig vorhanden.

Eine weitere Gestaltungsmöglichkeit erlaubt es z. B. dem Vorgesetzten oder dem verantwortlichen HR-Mitarbeiter, für seine Mitarbeiter oder für seinen Zuständigkeitsbereich Ziele zu erstellen. Auch hier stehen die genannten Möglichkeiten zur Verfügung. Das heißt, Ziele können frei oder mit Unterstützung der Zielbibliothek erstellt werden. Sie können das Rollen-/Berechtigungskonzept flexibel gestalten, um festzulegen, welche Rolle für welche Zielperson oder -gruppe etwas darf. In der Regel übergeben Vorgesetzte Teile ihrer Ziele auch an ihre Mitarbeiter, was durch einen Assistenten unterstützt wird und auch in Berichten ausgewertet wird.

Sie haben auch die Möglichkeit, Ziele an einen oder mehrere Mitarbeiter zu kaskadieren, indem Sie im Bereich **Ziele** das zu übertragende Ziel markieren. Klicken Sie anschließend auf die Schaltfläche **Aktionen**, und wählen Sie hier **Kaskadieren** aus. Es öffnet sich ein neues Fenster (siehe Abbildung 12.5), in dem Sie die Mitarbeiter auswählen können, an die Sie das Ziel kaskadieren möchten. Klicken Sie anschließend auf **Weiter**, um zum nächsten Schritt zu gelangen. Hier haben Sie die Möglichkeit, das Ziel zu bearbeiten, bevor es an den/die ausgewählten Empfänger kaskadiert wird. Klicken Sie nun in einem letzten Schritt auf die Schaltfläche **Kaskadieren**, und das Ziel wird der ausgewählten Person zugeordnet.

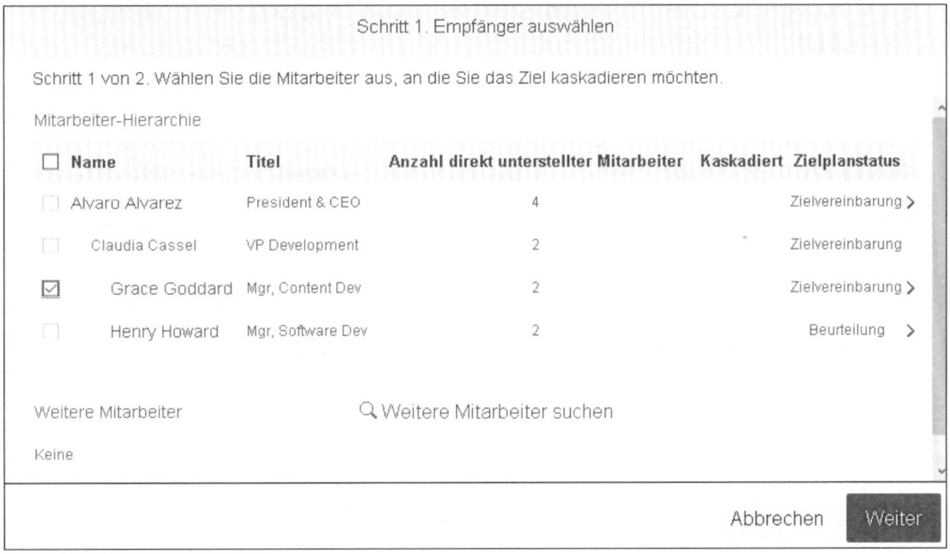

Schritt 1. Empfänger auswählen

Schritt 1 von 2. Wählen Sie die Mitarbeiter aus, an die Sie das Ziel kaskadieren möchten.

Mitarbeiter-Hierarchie

☐ Name	Titel	Anzahl direkt unterstellter Mitarbeiter	Kaskadiert	Zielplanstatus
☐ Alvaro Alvarez	President & CEO	4		Zielvereinbarung >
☐ Claudia Cassel	VP Development	2		Zielvereinbarung
☑ Grace Goddard	Mgr, Content Dev	2		Zielvereinbarung >
☐ Henry Howard	Mgr, Software Dev	2		Beurteilung >

Weitere Mitarbeiter — Weitere Mitarbeiter suchen

Keine

Abbrechen — Weiter

Abbildung 12.5 Ziele kaskadieren

Kaskadieren von Zielen

Einer der Berichte für den Bereich **Ziele** misst, wie viele Ziele im Unternehmensbereich »kaskadiert« wurden. Das kann für den Geschäftsbereichsleiter eine interessante Information sein, denn es ist ein Indikator dafür, wie stark aneinander ausgerichtet die Mitarbeiter arbeiten. Ein Unternehmen mit 3.000 Mitarbeitern, international ausgerichtet, hat es z. B. geschafft, von einer Rate von 45 % auf über 70 % binnen eines Jahres zu kommen – und konnte z. B. auch eine höhere Arbeitszufriedenheit bei den Mitarbeitern feststellen.

Mitarbeiter, Vorgesetzte und andere Rollen können über die Berechtigungsvergabe das Recht bekommen, ihre Ziele oder die ihrer Mitarbeiter zu verlinken und aneinander »auszurichten«. Auch das kann als Gesamtbericht entsprechend angezeigt und ausgewertet werden.

Gruppenziele

Ein zweiter Typ von Zielen, neben den Individualzielen, sind Gruppenziele. Gruppenziele sind Ziele, die mehreren Mitarbeitern identisch zugeordnet werden und für alle gleich beurteilt werden. Bei der Einrichtung der Berechtigungen kann man das Recht vergeben, Gruppenziele zu erstellen und diese später auch zu beurteilen. Typischerweise wird dieses Recht nur für spezielle Rollen, wie z. B. HR, vergeben. Diese Rolle trägt den Zielerreichungsgrad, z. B. bei Finanzzielen, dann zum definierten Zeitpunkt ein. Das hilft, Fehler zu vermeiden, und macht den Prozess sehr effizient. Mehr Informationen zu Berechtigungen finden Sie in Kapitel 8, »Rollenbasierte Berechtigungen in SAP SuccessFactors«. Ein Gruppenziel legen Sie auf die gleiche Weise an wie ein persönliches Ziel.

1. Klicken Sie zunächst im Bereich **Ziele** auf **Ziel hinzufügen**, und wählen Sie die Option **Neues Ziel erstellen** aus dem Drop-down-Menü aus.
2. Klicken Sie anschließend auf die Schaltfläche **Gruppenziel**, um ein neues Gruppenziel festzulegen (siehe Abbildung 12.2). Im zweiten Schritt können Sie nun das Gruppenziel definieren (siehe Abbildung 12.6).

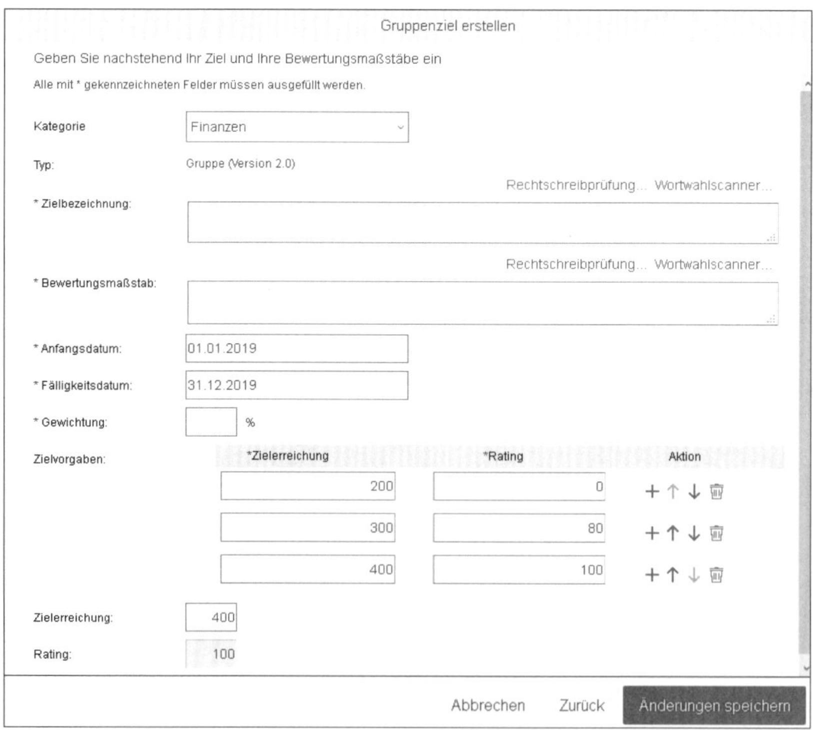

Abbildung 12.6 Typische Felder eines Gruppenziels

3. Klicken Sie abschließend auf die Schaltfläche **Änderungen speichern**, um das Gruppenziel zu erstellen.

Ist das Gruppenziel erstellt, wird dieses im **Zielplan** angezeigt. Auch hier haben Sie die Möglichkeit, Gruppenziele einer oder mehreren Personen zuzuweisen. Markieren Sie zunächst das Gruppenziel oder die Gruppenziele, klicken Sie anschließend auf die Schaltfläche **Aktionen**, und wählen Sie hier **Zuweisen aus**. Ähnlich wie beim Kaskadieren von persönlichen Zielen öffnet sich ein neues Fenster, in dem Sie die Mitarbeiter, denen Sie das Ziel zuweisen möchten, auswählen können.

Indem Sie auf **Weiter** klicken, gelangen Sie nun zu Schritt 2. Hier können Sie das Ziel bearbeiten, bevor Sie es den ausgewählten Mitarbeitern zuweisen. Es können alle Felder bearbeitet werden, die nicht als schreibgeschützt im Gruppenziel konfiguriert wurden (siehe Abbildung 12.7). Klicken Sie nun im letzten Schritt auf **Zuweisen**, und das Ziel wird den ausgewählten Personen zugeordnet. Eine Massenzuweisung über einen Import ist ebenfalls möglich.

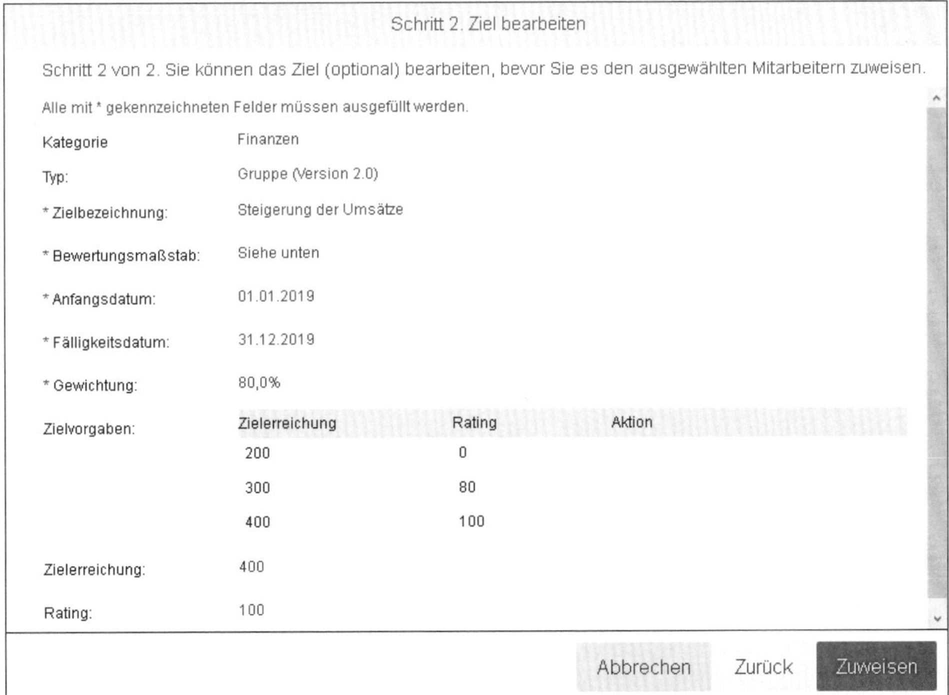

Abbildung 12.7 Ziele zuweisen

Im Folgenden stellen wir Ihnen nun vor, wie die Arbeit mit Teamzielen gestaltet werden kann.

Teamziele

Mit Teamzielen, einer Mischung aus Gruppenzielen und kaskadierten Zielen, gibt es einen weiteren Typ von Zielen. Auch Teamziele werden, wie Gruppenziele, mehreren

Mitarbeitern zugeordnet und können von den Mitarbeitern selbst nicht angepasst werden. Die Zielerreichung wird allerdings, ebenso wie bei kaskadierten Zielen, individuell pro Mitarbeiter festgelegt. Wie der Name bereits andeutet, wird die Berechtigung, Teamziele zu erstellen und zuzuweisen, in der Regel an Führungskräfte vergeben.

1. Der Vorgesetzte erstellt im Zielplan im Menü **Teamziel starten** ein neues Teamziel.
2. Im nächsten Schritt gelangen Sie über **Teamziel erstellen** zur gleichen Maske wie beim Erstellen eines persönlichen Ziels.
3. Anschließend wird das Teamziel an die Mitarbeiter zugewiesen. Ähnlich wie beim Zuweisen von Gruppenzielen oder beim Kaskadieren von persönlichen Zielen öffnet sich dafür ein neues Fenster. Hier wählen Sie die Mitarbeiter aus, denen Sie das Ziel zuweisen möchten.

SMART Ziel-Assistent

Der SMART Ziel-Assistent soll den Mitarbeitern dabei helfen, dass ein Ziel **s**pezifisch, **m**essbar, **a**kzeptiert oder erreichb**a**r, **r**ealistisch und **t**erminiert (zeitbezogen) erfasst wird.

Zum SMART Ziel-Assistenten gelangen Sie, indem Sie, ebenfalls im Bereich **Ziele**, auf die Schaltfläche **Ziel hinzufügen** klicken und die Option **Ziel-Assistent** aus dem Dropdown-Menü auswählen. Der Ziel-Assistent erleichtert die Definition von Zielen und leitet Sie durch das Erstellen eines SMART-Ziels (siehe Abbildung 12.8).

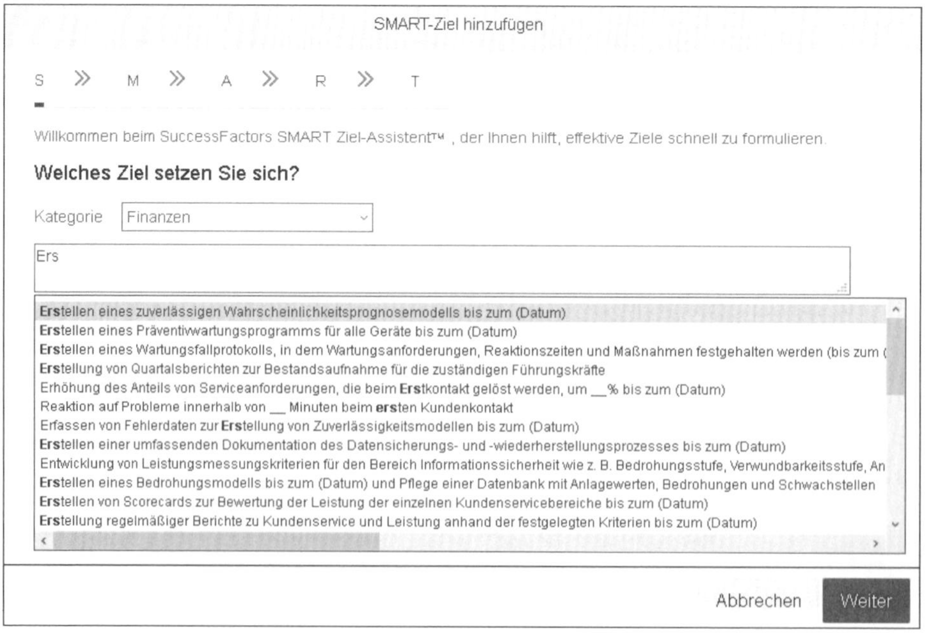

Abbildung 12.8 Vorschläge aus der Zielbibliothek im SMART Ziel-Assistenten

Im ersten Schritt können Sie Ihr Ziel definieren. Dazu wählen Sie zunächst die passende Zielkategorie im Drop-down-Menü **Zielfeld** aus. Im darunterliegenden Textfeld können Sie nun Ihr Ziel formulieren. Sobald Sie mit der Eingabe von Stichwörtern für Aktionen oder Themen wie z. B. Erstellen (von), Steigern (von) oder Lagerhaltungs- oder Vertriebsziele beginnen, erhalten Sie Vorschläge aus der Zielbibliothek.

Klicken Sie nun auf **Weiter**, um auf die nächste Seite zu gelangen. Hier können Sie angeben, wie Ihr Ziel gemessen werden soll. Wenn Ihr Ziel nicht messbar ist, kann es nicht verwaltet werden. Wählen Sie daher Ziele mit messbarem Fortschritt, und legen Sie konkrete Kriterien fest, um den Erfolg Ihres Ziels zu messen (siehe Abbildung 12.9).

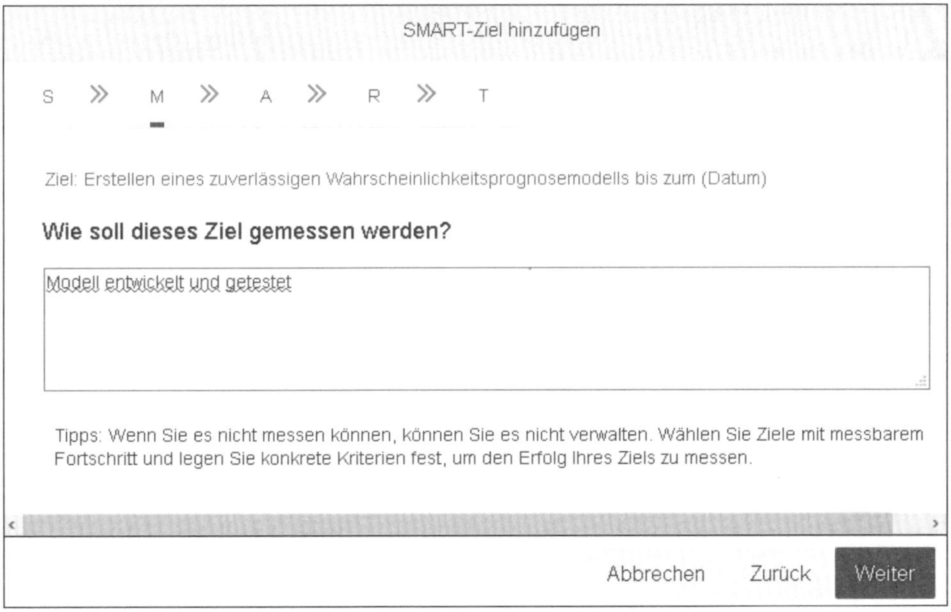

Abbildung 12.9 Eingabe eines Ziels im Ziel-Assistenten

Klicken Sie erneut auf **Weiter**, um auf die nächste Seite zu gelangen, und schließlich auf **Speichern und schließen**, um die Zieleingabe abzuschließen.

Ziele mit Zielverlauf

Sie können auch Ziele mit einem Zielverlauf abbilden, was insbesondere dann genutzt wird, wenn Bonuszahlungen daran geknüpft sind. Es ist dabei üblich, einen Mindestzielerreichungsgrad und dann einen Verlauf festzulegen, der mit steigenden Bonuszahlungen einhergeht. Meist ist auch ein Maximum definiert (siehe Kapitel 14, »Vergütung«).

12.1.2 Administrationsaufgaben im Zielmodul

Typische Administrationsaufgaben im Zielmodul umfassen das Ändern des Zielplans, z. B. die Aktualisierung des Einleitungstextes, den Import von Zielen, wenn Ziele in anderen Systemen schon vorhanden sind und nicht manuell eingegeben werden sollen, und die Wartung der E-Mail-Benachrichtigungen, die nach dem Einstellen, Ändern oder Löschen von Zielen an Mitarbeiter und Vorgesetzte verschickt werden können.

Zielplan erstellen/ändern

Zielpläne enthalten alle Ziele, die für den Mitarbeiter im Zuge der Leistungsbeurteilung relevant sind. Dabei kann es sich um Unternehmensziele, Gruppen- und Teamziele oder Individualziele handeln.

Im Administrationsbereich kann der Kunde Zielpläne selbstständig erstellen oder vorhandene abändern (siehe Abbildung 12.10). Er kann z. B. Kategorien verändern, Einleitungstexte inklusive Links erstellen, Felder hinzufügen/entfernen oder Kategorien definieren. Die Einstellungen können mehrsprachig vorgenommen werden, wenn mehrere Sprachen in der Instanz zur Verfügung stehen. Zum Zielplan gelangen Sie über **Vorlagen verwalten** im Admin-Center.

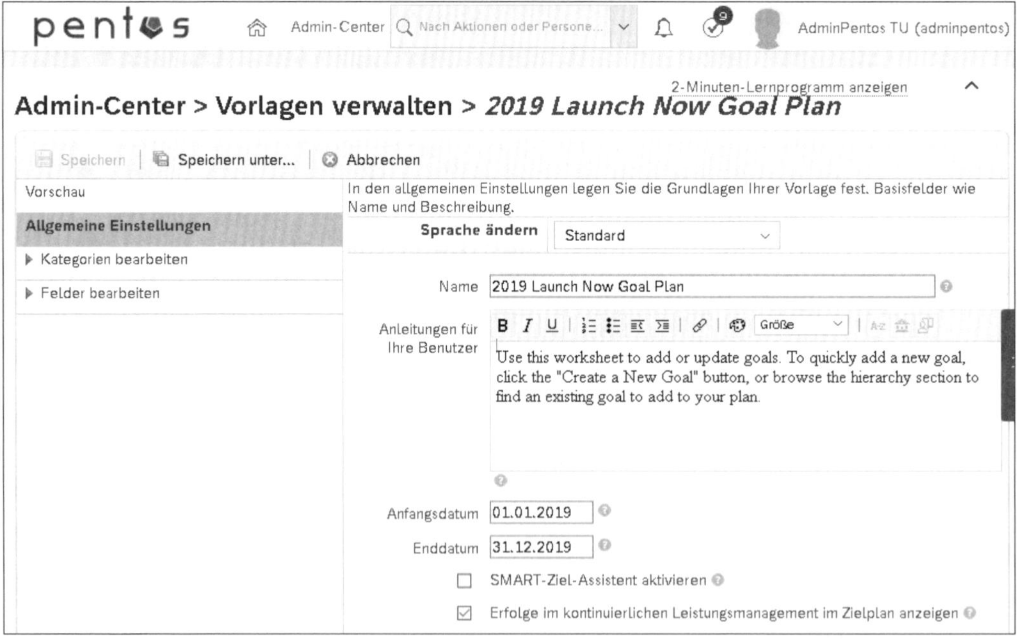

Abbildung 12.10 Administration des Zielplans

Ziele importieren

Eine andere Option der Zielerfassung, die z. B. bei unterjährigen Systemwechseln gerne genutzt wird, ist es, Ziele für bestimmte Zielgruppen zu importieren, sodass nicht einzelne Mitarbeiter oder Vorgesetzte manuell Ziele übernehmen müssen. Ziele können auch per Export (manuell oder automatisch, via API oder Batch-Verarbeitung) an andere Systeme übertragen werden.

Das Modul bietet die Vorlage zum Hochladen von Zielen genau in der im Zielplan definierten Struktur an. Sie gelangen über **Beta-Zielimport** im Admin-Center zum Bereich **Ziele importieren**. Über die Schaltfläche **CSV-Header erzeugen** können Sie das relevante Template erstellen und anschließend – mit Daten gefüllt – wieder in das System laden (siehe Abbildung 12.11).

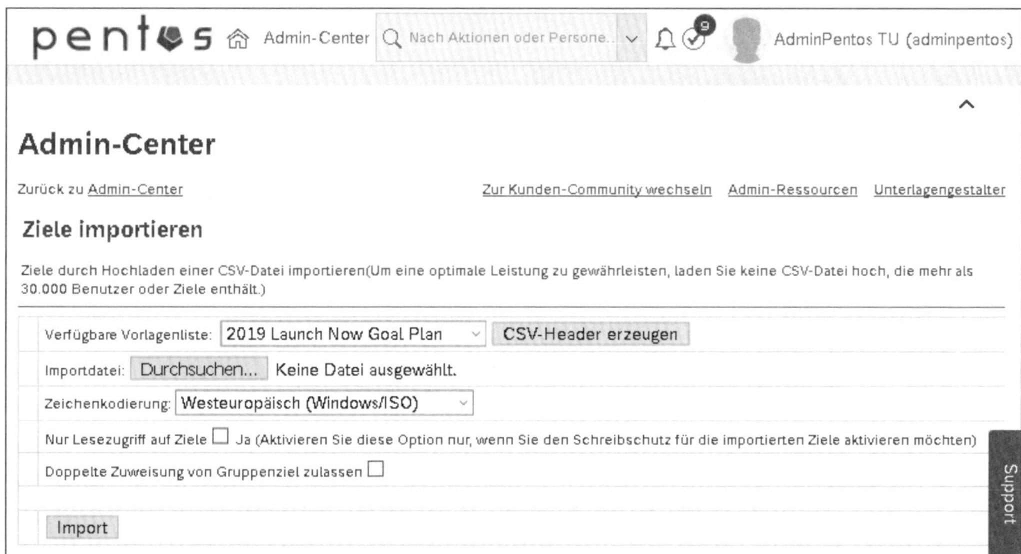

Abbildung 12.11 Ziele importieren

Dabei können verschiedene Kriterien genutzt werden, um Ziele einzelnen Mitarbeitern oder Gruppen von Mitarbeitern zuzuweisen. Auch haben Sie die Wahl, die Ziele editierbar hochzuladen oder nur Lesezugriff zu erlauben.

E-Mail-Benachrichtigungen

Es gibt eine Reihe von E-Mail-Benachrichtigungen, die die Arbeit mit Zielen unterstützen (siehe Abbildung 12.12). Sie können verschickt werden, wenn Ziele erstellt, geändert oder gelöscht werden.

Benachrichtigung „Ziel erstellt"

Die Benachrichtigung „Ziel erstellt" wird an Benutzer versandt, wenn ein Ziel für sie erstellt wurde.

So passen Sie Vorlagen für E-Mail-Benachrichtigungen an:

- Wählen Sie die Sprachversion für die Benachrichtigung aus
- Ändern Sie **Betreff** und **Text** entsprechend Ihren Anforderungen.
- Klicken Sie gegebenenfalls auf die Option „Hohe Priorität" für Ihre Benachrichtigung.
- Klicken Sie, um die Änderungen zu speichern.

E-Mail-Priorität festlegen Hohe Priorität

Einstellungen für Zielpläne anpassen

Benachrichtigung senden für:

Privates zusätzlich zu öffentlichem Ziel

E-Mail-Betreff: Zielerstellungsbenachrichtigung von PerformanceMana Wechseln zu

Deutsch (German)

Eigene Vorlage für jedes Formular angeben Einstellungen aktualisieren

Wechseln zu

E-Mail-Textkörper:

Sie zeigen jetzt den „Standard" an

Hiermit werden Sie informiert, dass das Ziel
[[OBJ_NAME]]
von [[OBJ_SENDER]] für Sie erstellt wurde.

[[SIGNATURE]]

Abbildung 12.12 Beispiel für Benachrichtigungen im Ziel

Die Inhalte der E-Mail-Benachrichtigung können je Zielplan aktiviert werden und mit unterschiedlichen Inhalten je Zielplan und Sprache vom Administrator gepflegt werden. Dabei arbeitet das System mit Platzhaltern, um dynamisch Inhalte zu erstellen.

12.1.3 Berichte und Dashboards

Unterschiedlichste Berichte und Dashboards erleichtern es, einen sofortigen Einblick in den Status der Ziele zu bekommen und interessante Auswertungen zu nutzen, um das Unternehmen zielorientiert zu steuern. Es gibt eine Reihe von Berichten, die Standardauswertungen rund um Ziele zur Verfügung stellen. Unter anderem können Ziellisten generiert, die Ausrichtung der Ziele aneinander ausgewertet und grafische Dashboards mit Drill-down-Möglichkeiten zur Verfügung gestellt werden. Alle diese Möglichkeiten können auch auf mobilen Endgeräten genutzt werden.

Berichte können über den Bereich **Berichte • Bericht-Center** aufgerufen werden.

Abbildung 12.13 zeigt ein Beispiel für den Zielstatus **Bericht**. In diesem Fall wird die Anzahl der Ziele aus den einzelnen Kategorien visualisiert und um die Status der Ziele ergänzt.

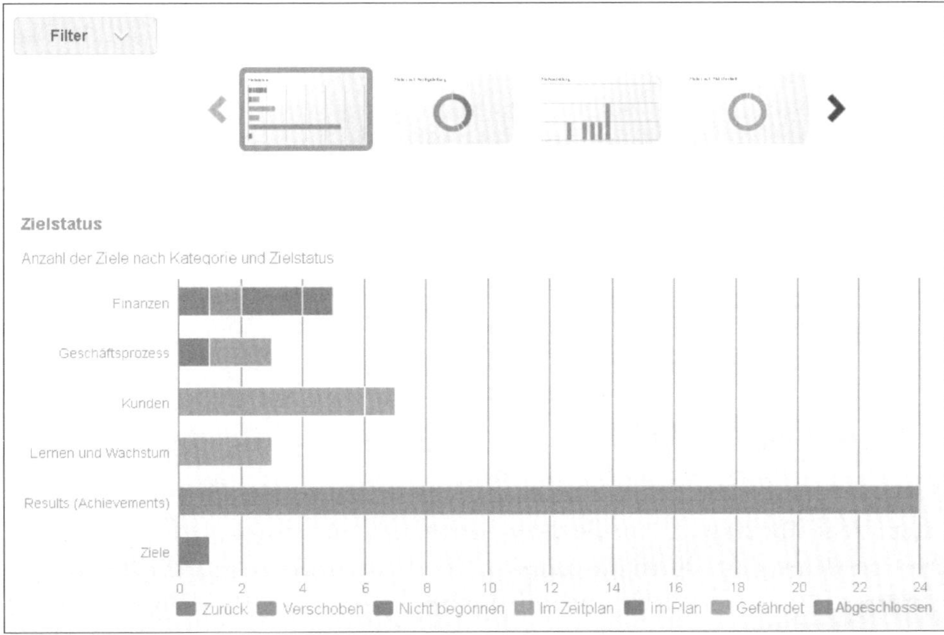

Abbildung 12.13 Zielstatus »Bericht«

In Abbildung 12.14 sehen Sie eine weitere Darstellung, die **Zielstatus**-Kachel. Einige der grafisch aufbereiteten Berichte können auch direkt auf der Startseite als Kacheln dargestellt werden. Die text- und datenlastigen Berichte können ebenfalls über **Berichte • Bericht-Center** ausgeführt werden.

Die Berichte erlauben das Anwenden diverser Filterkriterien, um genau die Daten darzustellen, die für den Betrachter interessant sind. Falls erlaubt, kann die Auswertung bis auf die Ebene des Mitarbeiters erfolgen. Exportmöglichkeiten, z. B. nach Microsoft Excel, runden die Funktion ab.

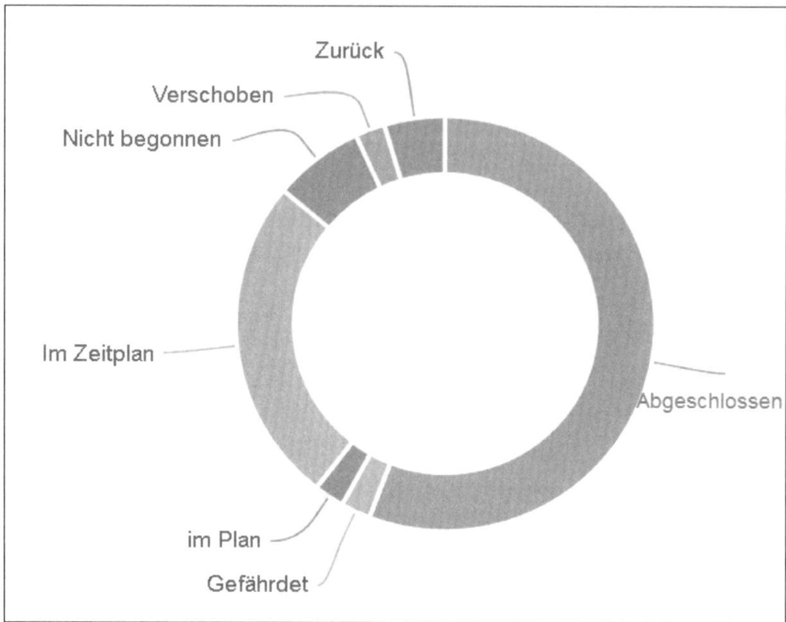

Abbildung 12.14 »Zielstatus«-Kachel

12.2 Leistung beurteilen

Wesentliche Bestandteile des Leistungsmoduls sind Formulare und Weiterleitungslisten (siehe Abschnitt 12.2.1), die dazu dienen, Leistung strukturiert zu beurteilen. Diese werden ergänzt durch die Funktion *Team Ranker*, die eine rasche Beurteilung mehrerer Mitarbeiter erleichtert und die Transparenz und Vergleichbarkeit erhöht (siehe Abschnitt 12.2.2). Informationen zu Administrationsaufgaben (siehe Abschnitt 12.2.3) in diesem Umfeld sowie zu vorhandenen Reporting-Möglichkeiten (siehe Abschnitt 12.2.5, »Berichte und Dashboards«) ergänzen diesen Abschnitt. Auch über die Nutzung von Kompetenzen und die Einbindung von Entwicklungszielen (siehe Abschnitt 12.2.4) in Formularen informieren wir Sie.

12.2.1 Mit Formularen und Weiterleitungslisten arbeiten

Formulare bündeln wesentliche Informationen für die Leistungsbeurteilung eines Mitarbeiters. Sie durchlaufen in der Regel unterschiedliche Arbeitsschritte, die von verschiedenen Rollen im Zeitablauf mithilfe von Weiterleitungslisten (Workflows) ausgeführt werden. Neben einigen einführenden Erklärungen zu Beginn gibt es folgende typische Bestandteile eines Formulars:

- Ziele des Mitarbeiters
- Kompetenzen wie Kernkompetenzen und stellenspezifische Kompetenzen mit und ohne Soll-Werte
- Entwicklungsziele, die auf Basis des festgestellten Entwicklungspotenzials vereinbart werden
- Kommentare und Rückmeldungen aus dem Arbeitsumfeld des Mitarbeiters

Diese Komponenten werden in sogenannten *Abschnitten* angezeigt. Jeder Abschnitt kann einzeln berechtigt werden. Abschnitte für Ziele und Kompetenzen können zur Berechnung von Werten genutzt werden. So können Formulare sehr gut eingesetzt werden, um Halbjahresgespräche und Jahresgespräche zu unterstützen.

Abbildung 12.15 zeigt eine Übersicht der Leistungsbeurteilung für Grace Goddard. Sie gelangen zu dieser Darstellung über den Bereich **Leistung • Beurteilung • Posteingang**.

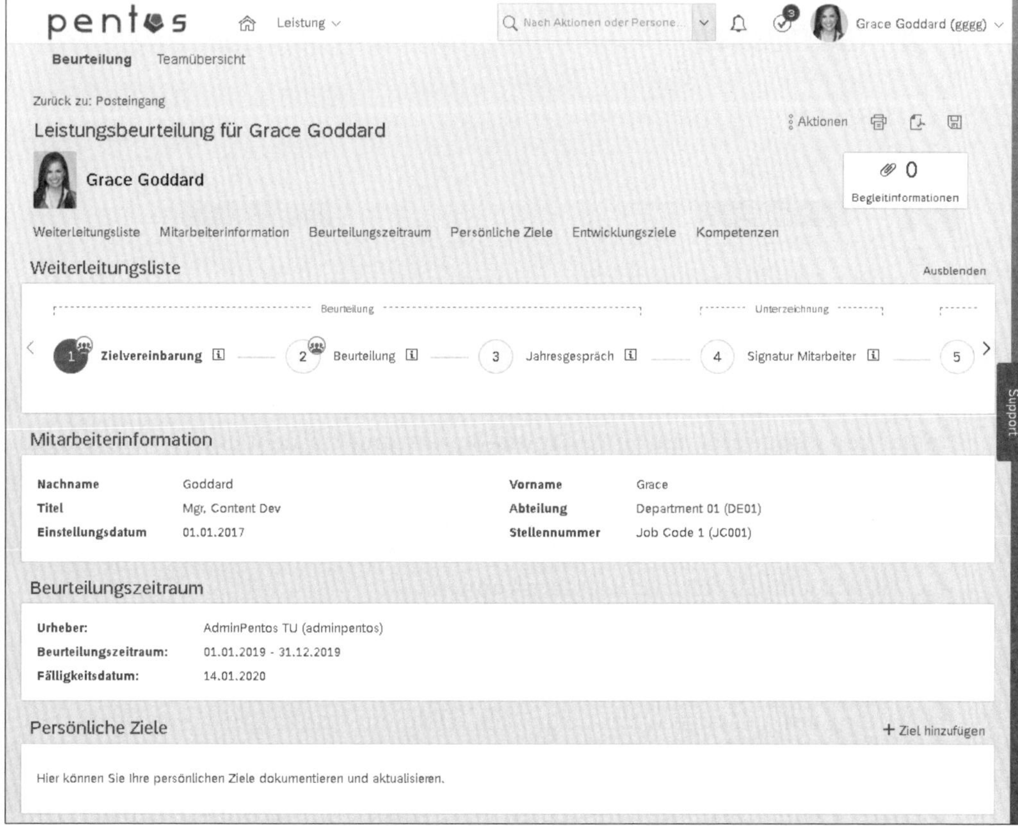

Abbildung 12.15 Leistungsbeurteilungsformular – Übersicht

Der Vorgesetzte sieht die Formulare direkt in der Teamübersicht, die einen sehr guten Überblick über alle seine Mitarbeiter und den Bearbeitungsstand der Formulare bietet (siehe Abbildung 12.16).

Aus der Teamübersicht kann der Vorgesetzte über die Schaltfläche **Grace beurteilen** direkt in das Formular abspringen und – wenn es in diesem Bearbeitungsschritt eine Bearbeitung zulässt – die nötigen Änderungen bzw. Ergänzungen vornehmen.

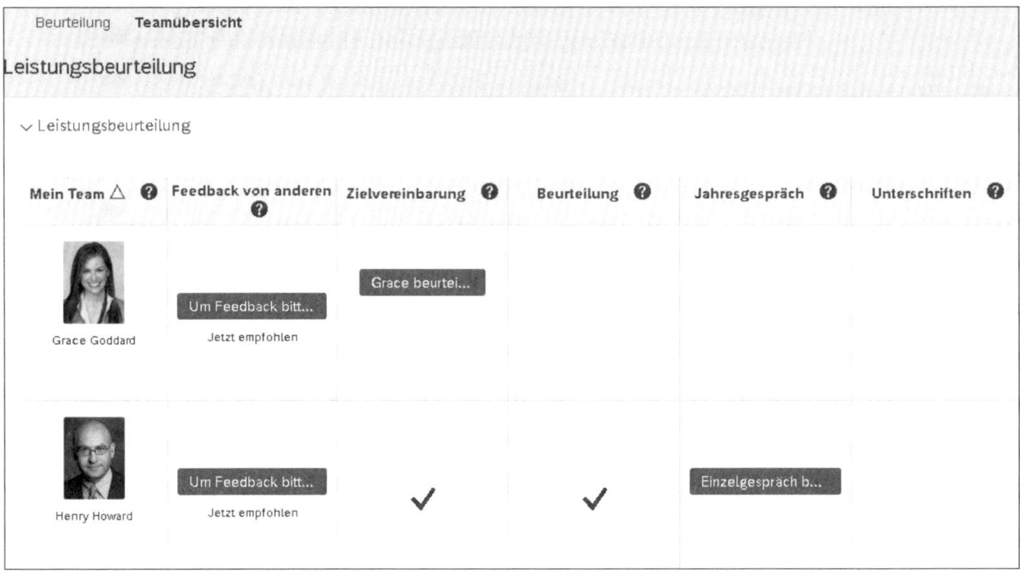

Abbildung 12.16 Das eigene Team in der Leistungsübersicht

Der Mitarbeiter bekommt zumeist eine Benachrichtigung per E-Mail, dass sein Formular von ihm bearbeitet werden muss. Standardmäßig sieht er es im **Posteingang** von SAP SuccessFactors oder auch direkt auf der Startseite, im To-do-Bereich, wenn eine Aktivität von ihm ausgeführt werden muss (siehe Kapitel 6, »Die Plattform – Überblick und Erweiterbarkeit«). Im Formular selbst gibt es u. a. folgende Werkzeuge, die das effiziente Arbeiten erleichtern können:

- Rechtschreibprüfung (zur Prüfung des Geschriebenen)
- Schreibassistent (zur Unterstützung beim Schreiben)
- Prüfung auf zulässige Wörter (zur Sicherstellung, dass keine in einer Ausnahmeliste enthaltenen Begriffe genutzt werden)

Die Weiterleitungsliste wird im oberen Bereich des Formulars eingeblendet. Damit sehen die beteiligten Rollen sofort, in welchem Arbeitsschritt sich das Formular befindet und wer wann welche nächsten Schritte ausführen wird.

12.2.2 Team Ranker

Abbildung 12.17 zeigt den Team Ranker, der aus der Teamübersicht aufgerufen werden kann. Im Team Ranker kann der Vorgesetzte sein Team sehr schnell und effizient in Bezug auf Kompetenzen oder definierte Leistungsmerkmale beurteilen, ohne die einzelnen Formulare öffnen zu müssen.

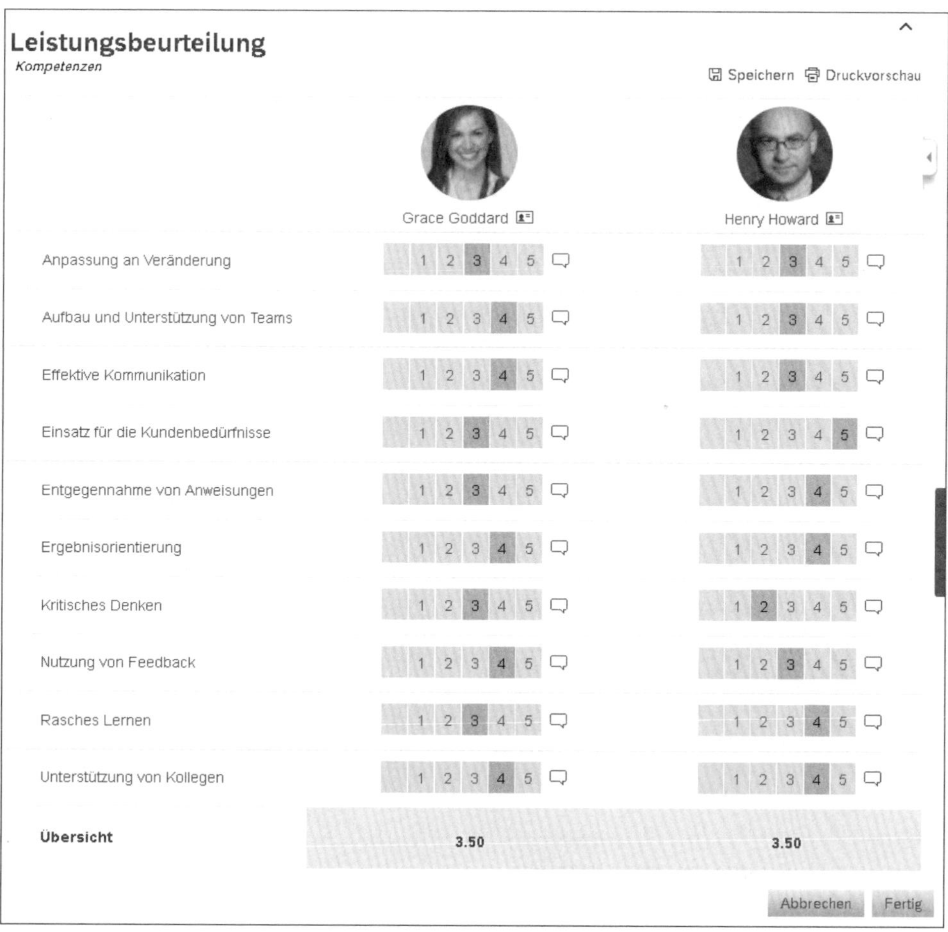

Abbildung 12.17 Team Ranker – Übersicht

12.2.3 Administrationsaufgaben bei Formularen, Weiterleitungslisten und Bewertungsskalen

Formulare können von verschiedenen Rollen erstellt, weitergeleitet und gelöscht werden. Welche Rolle die Rechte bekommt, wird bei der Festlegung der fachlichen Prozesse in Rücksprache mit dem Kunden bestimmt und im Berechtigungswesen dann im System abgebildet (siehe Kapitel 8, »Rollenbasierte Berechtigungen in SAP SuccessFactors«).

Für die Arbeit mit Formularen gibt es eine Reihe von Werkzeugen, die das Arbeiten mit großen Mengen von Formularen vereinfachen. Meist werden diese Instrumente von der Service-Organisation oder den HR-Administratoren verwendet.

Formulare bearbeiten

Formulare können im Administrationsbereich einfach verändert werden. Unter anderem lassen sich neue Abschnitte erstellen, rollenabhängige Berechtigungen für Abschnitte sowie Gewichtungen festlegen und vieles mehr. Hat der Kunde pro Kalenderjahr ein Formular, kann er es hier für das neue Geschäftsjahr anpassen (siehe Abbildung 12.18 und Abbildung 12.19). Um Ihre Formulare verändern zu können, nutzen Sie den Pfad **Vorlagen verwalten • PM-Vorlagenkonfiguration** im Admin-Center und wählen dann die entsprechende Vorlage aus.

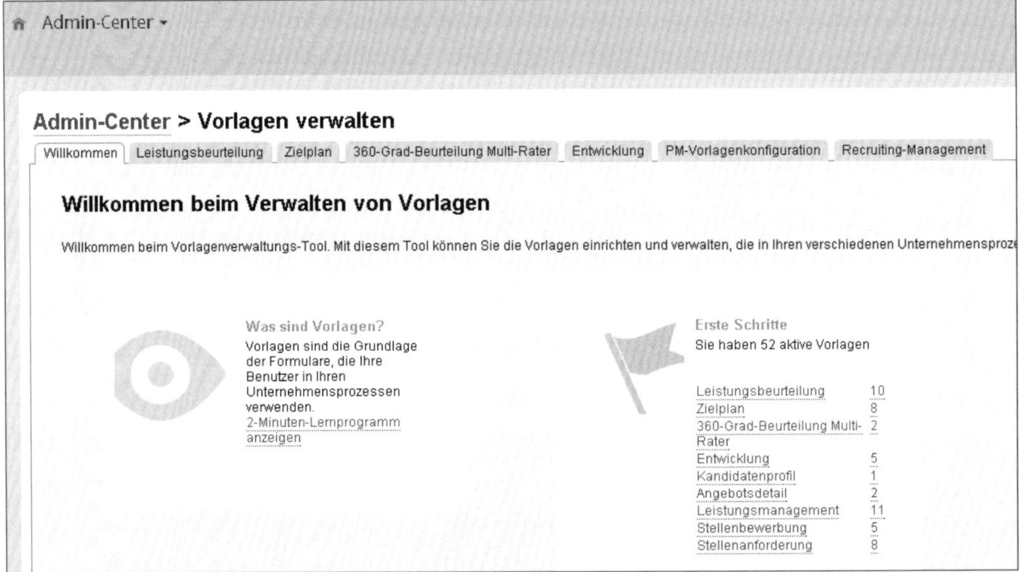

Abbildung 12.18 Vorlagen administrieren

Nutzung von Namenskonventionen

Je länger SAP SuccessFactors genutzt wird, desto wichtiger wird es, auch für Formulare klare Namenskonventionen zu verwenden. Neben dem Formularnamen selbst (z. B. »Jahresgespräch«) bietet es sich z. B. an, das Jahr der Gültigkeit hinzuzufügen. Je nach organisatorischem Aufbau des Prozesses kann auch der Name der Organisationseinheit dem Namen hinzugefügt werden (z. B. »Jahresgespräch 2019 Beispielfirma«).

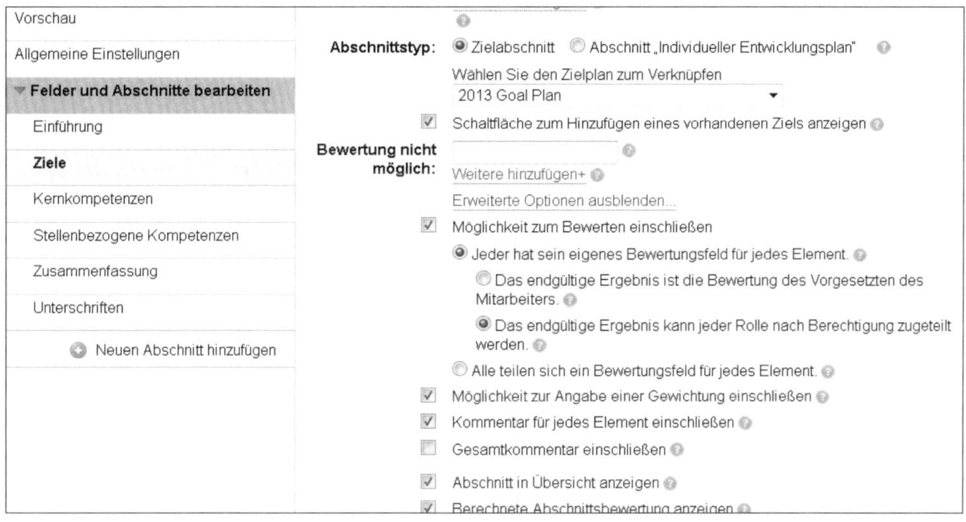

Abbildung 12.19 Erweiterte Administrationseinstellungen in einem Leistungsformular

Weiterleitungslisten

Weiterleitungslisten sind nichts anderes als Workflows bzw. Arbeitsabläufe. Sie definieren, welche Rolle in welcher Reihenfolge auf ein Formular zugreifen kann.

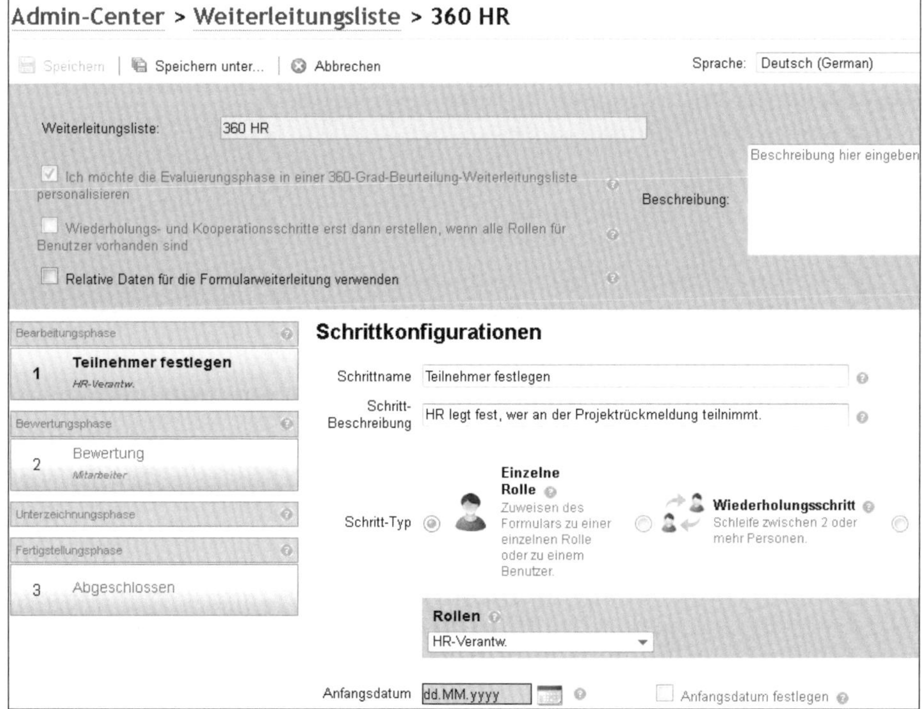

Abbildung 12.20 Beispiel für eine Weiterleitungsliste

Optional können auch Daten angegeben werden, zu denen das Formular automatisch in den nächsten Arbeitsschritt weitergeleitet wird (siehe Abbildung 12.20).

In Verbindung mit den Weiterleitungslisten können auch durch Formulare E-Mail-Benachrichtigungen (siehe Abschnitt 6.5.5, »E-Mail-Konfigurationen«) verschickt werden, z. B. beim Einstellen eines Formulars, beim Weiterleiten oder beim Abschließen nach der finalen Unterschrift (siehe Abbildung 12.21).

Benachrichtigung „Dokument wird erstellt“

Die Benachrichtigung „Dokument wird erstellt“ wird an Benutzer versandt, in deren Auftrag ein Formular erstellt wird.

So passen Sie Vorlagen für E-Mail-Benachrichtigungen an:

- Wählen Sie die Sprachversion für die Benachrichtigung aus
- Ändern Sie **Betreff** und **Text** entsprechend Ihren Anforderungen.
- Klicken Sie gegebenenfalls auf die Option „Hohe Priorität“ für Ihre Benachrichtigung.
- Klicken Sie, um die Änderungen zu speichern.

E-Mail-Versandoption festlegen

Benachrichtigungen für denselben Empfänger werden in einer einzigen E-Mail zusammengefasst.

E-Mail-Priorität festlegen Hohe Priorität

Einstellungen für Formularvorlagen anpassen

E-Mail-Betreff: Dokumenterstellungsbenachrichtigungen von Performa Wechseln zu

Deutsch (German)

Eigene Vorlage für jedes Formular angeben Einstellungen aktualisieren

2014 Talent Management Wechseln zu

E-Mail-Textkörper:

Sie zeigen jetzt den „Standard“ an

Hiermit werden Sie informiert, dass das Dokument [[DOC_TITLE]] von [[SENDER]] für Sie erstellt wurde und jetzt in Ihrem PerformanceManager-Posteingang bereitliegt.

Sie können unter folgender Webadresse auf das Dokument zugreifen:
[[DOC_ACCESS_URL]]

[[SIGNATURE]]

Abbildung 12.21 Beispiel für Benachrichtigungen bei Erstellung eines Formulars

Bewertungsskalen

Die Bewertungsskalen für Formulare werden im Bereich **Bewertungsskala-Designer** erstellt. Der Kunde gelangt über den Pfad **360-Grad-Beurteilungen • Bewertungsskalen** in den Admin-Tools zum **Bewertungsskala-Designer** und kann dort neue Skalen erstellen oder vorhandene Skalen abändern (siehe Abbildung 12.22).

Abbildung 12.22 Administration einer Bewertungsskala

12.2.4 Kompetenzen und Entwicklungsziele in Formularen

Kompetenzen werden in Leistungsformularen entweder auf Basis der Rolle/Stelle/Planstelle, die ein Mitarbeiter hat, dynamisch angezeigt oder fest einem bestimmten Formular zugeordnet. Kompetenzen lassen sich in Kernkompetenzen und in stellenspezifische Kompetenzen unterscheiden.

[«]

Entwicklung von Kompetenzmodellen

Viele Unternehmen starten mit einer Evaluierung der Kernkompetenzen. Kernkompetenzen werden in der Praxis dazu genutzt, die grundsätzlichen Werte festzulegen, die die Basis für das Handeln der Mitarbeiter sein sollen.

Das Festlegen von Kernkompetenzen hilft Unternehmen, ihre Stärken zu unterstützen und sich gegenüber der Konkurrenz am Markt zu positionieren. Stellenspezifische Kompetenzen werden dann hinzugefügt, wenn die Organisation die dafür nötigen stabilen Strukturen mit Stellenprofilen hat.

Wenn Kompetenzen einer Rolle zugeordnet sind, können Sie für die Kompetenzen pro Rolle erwartete Werte festlegen. Damit ergibt sich in der Formularbeurteilung die Möglichkeit, Abweichungen vom Soll-Wert für jede Kompetenz festzustellen. In weiteren Schritten lässt sich das dazu nutzen, Entwicklungsziele bedarfsgerecht festzulegen und den Erfolg von Trainingsmaßnahmen systematisch zu messen. Prozessual sind das sehr wichtige Integrationspunkte in die Bereiche Entwicklung und Lernmanagement.

Entwicklungsziele sind Ziele, die speziell für die kurz-, mittel- oder langfristige Personalentwicklung festgelegt werden. Oft sind sie mit Lernmaßnahmen verbunden oder legen Schwerpunkte auf wichtige zu entwickelnde Kompetenzen, Fertigkeiten oder Qualifikationen und Zertifizierungen. Entwicklungsziele können direkt in Formularen eingegeben werden. Vom Prozess her wird das in der Praxis oft am Jahresanfang gemacht, gleichzeitig mit der Festlegung der Jahresziele.

Im Formular wird dafür dann ein eigener Abschnitt genutzt, der über die Weiterleitungsliste und die relevanten Rollen, z. B. Mitarbeiter, Vorgesetzter und HR, kontrolliert zur Bearbeitung freigegeben wird (siehe Abschnitt 15.3.1, »Entwicklungsplan«).

12.2.5 Berichte und Dashboards

Es gibt eine Vielzahl von Berichten und Dashboards, die unterschiedlichen Rollen direkte Einsicht in den Status von Formularen geben, so etwa der Bericht zum Formularstatus. Dieser Bericht gibt darüber Auskunft, in welchem Arbeitsprozessschritt sich die Formulare befinden. Der Bericht **Überfällige Formulare** in Abbildung 12.23 zeigt auf einen Blick, welche Formulare überfällig und welche bereits abgeschlossen sind.

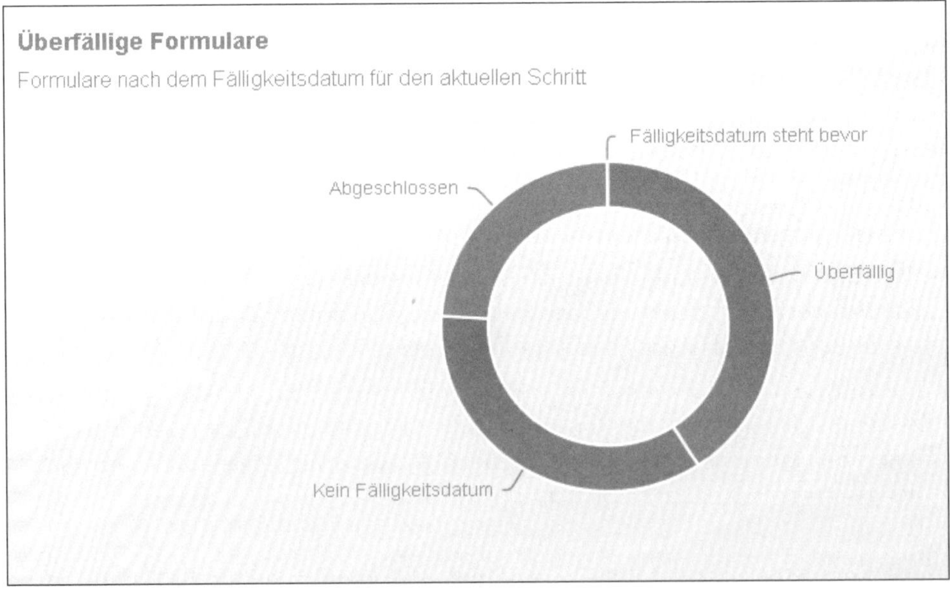

Abbildung 12.23 Bericht zu überfälligen Formularen

Der Bericht über die Verteilung der Leistungsbewertung in Abbildung 12.24 hat sich in der Praxis gut bewährt. Er zeigt in Balkendarstellung die Verteilung der Leistungsbewertung entsprechend der definierten Skala im eigenen Bereich.

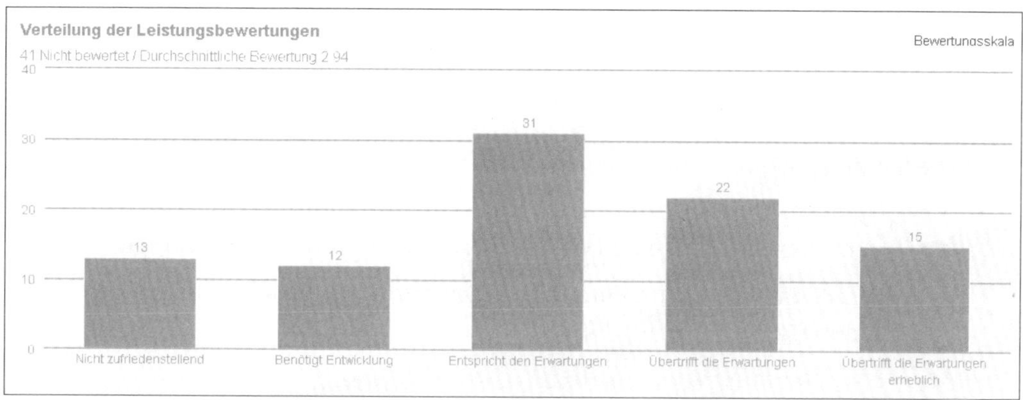

Abbildung 12.24 Bericht über die Verteilung der Leistungsbewertung

12.3 Kontinuierliche Leistung

Während sich die klassische Leistungsbeurteilung (siehe Abschnitt 12.2) an einem vorab fest definierten Prozess orientiert, unterstützt Sie das Modul Kontinuierliche Leistung darin, den Mitarbeitern und Vorgesetzten jederzeit unterjährig die Möglichkeit zur Abstimmung zu geben. Sie können Aktivitäten und Erfolge dokumentieren, diese mit Zielen oder Entwicklungszielen verknüpfen und gemeinsame Meetings dokumentieren (siehe Abschnitt 12.3.1). Darüber hinaus stehen verschiedene Feedback-Funktionen zur Verfügung (siehe Abschnitt 12.3.2). Eine Integration mit dem Leistungsbeurteilungsformular ist ebenso möglich (siehe Abschnitt 12.3.3).

Neben den Funktionen gibt dieser Abschnitt Ihnen auch einen Einblick in die wichtigsten Administrationsaufgaben.

Im Modul Kontinuierliche Leistung bietet sich die Nutzung der mobilen Version gegenüber der Browser-Version an. So können Updates schnell und direkt eingetragen werden. Darüber hinaus bietet die mobile Version sogar erweiterte Möglichkeiten, die in der Browser-Version (noch) nicht unterstützt werden. Dazu zählt beispielsweise die Integration von Aktivitäten mit Lerninhalten aus dem Learning Management System (LMS). Aus diesem Grund geht dieser Abschnitt vor allem auf die mobile Nutzung ein.

12.3.1 Mit Aktivitäten und Erfolgen arbeiten

Aktivitäten und Erfolge, die für oder durch einen Mitarbeiter dokumentiert werden können, sind losgelöst von einem vordefinierten Prozess. Sie können jederzeit unterjährig vom Mitarbeiter oder seinem Vorgesetzten erstellt und bearbeitet werden. Sie können mit Leistungszielen oder Entwicklungszielen verknüpft werden, um so auch die Integration mit und die Ausrichtung an den Zielen und Leistungsformularen sicherzustellen.

Aktivitäten anlegen

Im Folgenden zeigen wir Ihnen, wie Sie in wenigen Schritten Aktivitäten und Erfolge im System anlegen können und welche zusätzlichen Optionen zur Verfügung stehen.

1. Klicken Sie im Bereich **Meine Aktivitäten** auf **Neue Aktivität hinzufügen** (siehe Abbildung 12.25).

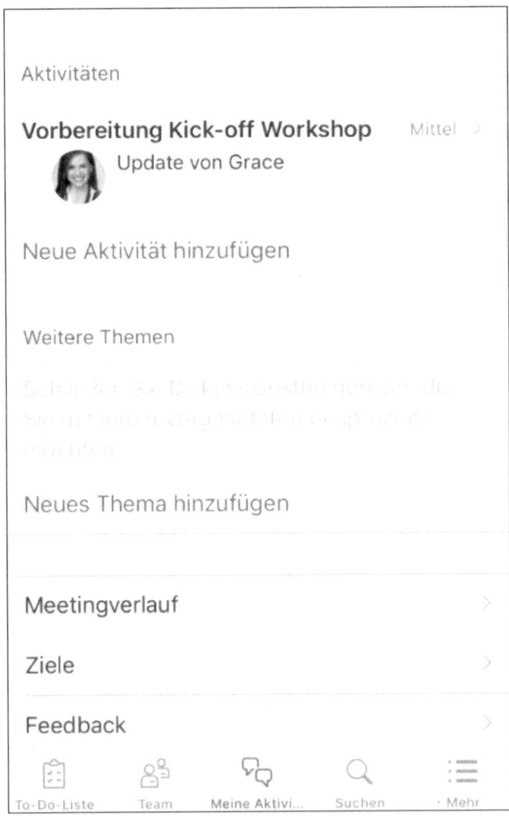

Abbildung 12.25 Neue Aktivität hinzufügen

2. Es öffnet sich ein neues Fenster. Hier können Sie die Aktivität definieren:
   - In den Feldern **Name der Aktivität** und **Status** benennen Sie Ihre Aktivität und wählen einen Status aus der Auswahlliste aus.
   - Im Bereich **Ziele** können Sie Ihre Aktivität mit einem Leistungsziel und/oder Entwicklungsziel verknüpfen. Die Auswahlliste zeigt Ihnen dabei alle bereits

angelegten Ziele aus Ihrem Ziel- bzw. Entwicklungszielplan an (siehe Abbildung 12.26).

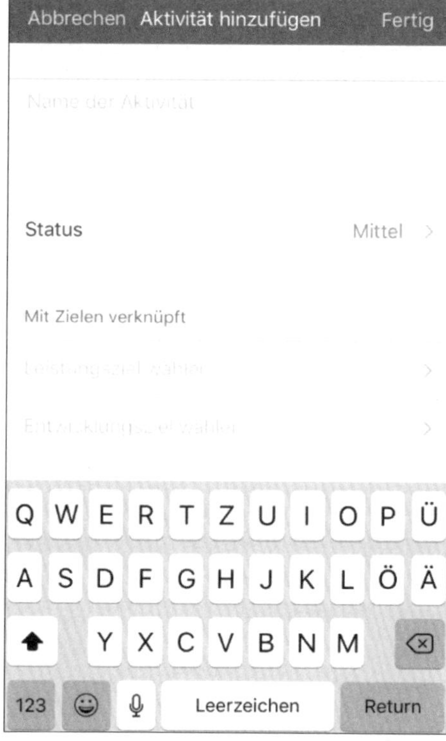

Abbildung 12.26 Neue Aktivität definieren

3. Klicken Sie abschließend auf **Speichern**, um die Aktivität zu erstellen.

Weitere Optionen für Aktivitäten

Neben dem Anlegen von Aktivitäten stehen Ihnen im Bereich **Aktivitäten** weitere Optionen zur Verfügung (siehe Abbildung 12.27). Diese werden im folgenden Abschnitt kurz erläutert:

- **Aktivitäten aktualisieren**
  - Sie können jederzeit Updates in Form von Kommentaren hinzufügen. Klicken Sie dazu einfach in das Kommentarfeld **Update hinzufügen**, und speichern Sie über **OK** ab. Updates können Sie selbst nachträglich bearbeiten oder löschen. Außerdem können wichtige Updates entsprechend gekennzeichnet werden.
  - Aktivitäten können Sie jederzeit unterjährig bearbeiten. Klicken Sie dazu auf **Bearbeiten**, und speichern Sie die Änderung anschließend ab.
  - Aktivitäten können im Bearbeitungsmodus über die Schaltfläche **Aktivität löschen** entfernt werden.

Status »Abgeschlossen«

Wenn der Status einer Aktivität in **Abgeschlossen** geändert wird, gibt Ihnen das System die Möglichkeit, die Aktivität automatisch in einen Erfolg umzuwandeln. Sie können dazu den Namen bearbeiten und anschließend auf **Erfolg erstellen** klicken.

Wollen Sie eine Aktivität nicht in einen Erfolg umwandeln, können Sie diesen Punkt einfach überspringen.

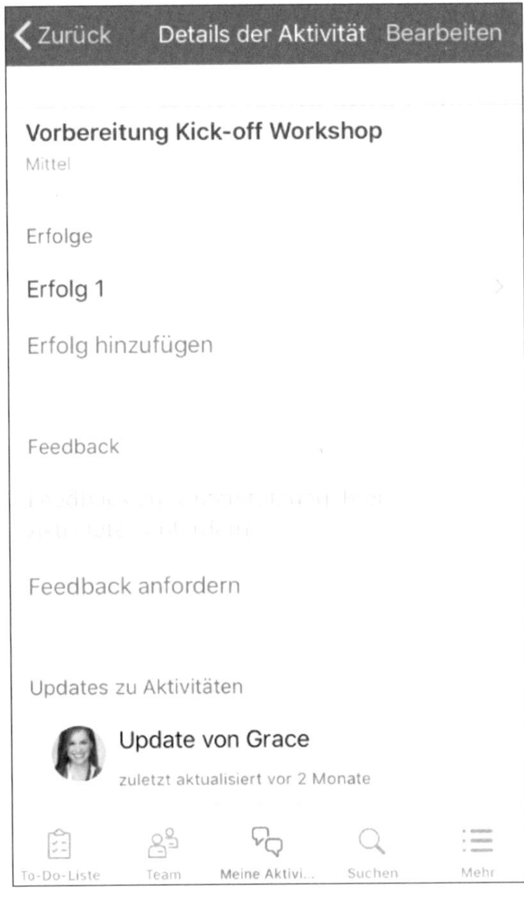

Abbildung 12.27 Aktivitäten verwalten

- **Feedback einholen**
  Über **Feedback anfordern** kann von anderen Mitarbeitern Feedback zu der ausgewählten Aktivität angefragt werden. Dazu öffnet sich ein neues Fenster, in dem Sie den Kollegen eintragen können. Außerdem können Sie Ihre Feedback-Anfrage durch einen kurzen Text erläutern. Dafür steht ein Standardtext zur Verfügung,

den Sie aber vor dem Versenden der Feedback-Anfrage anpassen können. Das erhaltene Feedback wird dann zusätzlich zu den Updates angezeigt.

- **Aktivitäten ergänzen**
  - Neben dem Hauptthema **Aktivitäten** gibt es die Möglichkeit, weitere Themen festzuhalten, die im nächsten Meeting besprochen werden sollen. Klicken Sie dazu auf **Neues Thema hinzufügen**, tragen Sie Ihre Notizen ein, und bestätigen Sie mit **Fertig**.
  - Auch hier können Sie die Themen nachträglich bearbeiten oder löschen. Durch das Markieren des Aufzählungspunkts können Sie bereits besprochene Themen als **Fertig** markieren.
  - Vorgesetzten steht zusätzlich die Option **Coaching** zur Verfügung. Für Mitarbeiter ist dieser Abschnitt sichtbar, kann jedoch nicht bearbeitet werden.
- **Meetings dokumentieren**
  - Unterjährig können sowohl Mitarbeiter als auch Vorgesetzte Meetings erfassen und den aktuellen Stand zu dem Zeitpunkt dokumentieren. Klicken Sie dazu auf **Meeting erfassen**.
  - Bereits erfasste Meetings und der Status zu diesem Zeitpunkt im Hinblick auf Aktivitäten, weitere Themen und Coaching können über die Zeitschiene eingesehen werden.
  - Aktivitäten und Themen, die zum Zeitpunkt des Meetings noch in Bearbeitung waren, werden automatisch übertragen und stehen weiterhin zur Bearbeitung zur Verfügung.

12

Erfolge anlegen

Erfolge können, wie im vorangegangenen Abschnitt beschrieben, automatisch generiert werden, wenn eine Aktivität abgeschlossen wird. Zusätzlich können sie im Bereich **Erfolge** neu angelegt werden (siehe Abbildung 12.28).

1. Klicken Sie dazu im Bereich **Erfolge** auf **Hinzufügen**.
2. Es öffnet sich ein neues Fenster. Hier können Sie den Erfolg definieren: Geben Sie dazu unter **Name des Erfolgs** eine Bezeichnung und ein **Datum** an.

   Erfolge können außerdem mit Aktivitäten verknüpft werden. Diese Verknüpfung können Sie über **Link zur Aktivität** festlegen. In der Auswahlliste wählen Sie eine Aktivität aus, die Sie bereits angelegt haben.

   Auch Erfolge können mit einem Leistungsziel und/oder Entwicklungsziel verknüpft werden. Die Auswahlliste zeigt auch hier alle bereits angelegten Ziele aus Ihrem Ziel- bzw. Entwicklungszielplan an.

Abbildung 12.28 Erfolg hinzufügen

Weitere Optionen für Erfolge

Wie im Bereich **Aktivitäten** stehen auch im Bereich **Erfolge** die Optionen **Erfolg bearbeiten**, **Löschen** und **Feedback anfordern** zur Verfügung. Die Nutzung entspricht der im Bereich **Aktivitäten** beschriebenen Vorgehensweise.

> **Aktivitäten vs. Erfolge**
>
> Die Unterteilung in Aktivitäten und Erfolge ist kein Muss. In der Praxis arbeiten Unternehmen oftmals nur mit Erfolgen und blenden alle Optionen im Bereich **Aktivitäten** für die Benutzer aus.
>
> Die Entscheidung für Erfolge (und gegen Aktivitäten) beruht auf den Integrationsmöglichkeiten von Erfolgen mit dem Leistungsformular. Hier können nur Erfolge, aber keine Aktivitäten angezeigt werden.

12.3.2 Mit Feedback arbeiten

Auch der Bereich **Feedback** innerhalb des Moduls Kontinuierliche Leistung ist losgelöst von einem statischen Prozess und damit jederzeit unterjährig verfügbar. In diesem Bereich haben Sie die Möglichkeit, Feedback anzufordern oder aktiv Feedback zu geben. Das Feedback ist im ersten Schritt unabhängig von Aktivitäten und Erfolgen, kann aber nachträglich sowohl mit Aktivitäten als auch Erfolgen verknüpft werden.

Feedback geben

Gehen Sie folgendermaßen vor, um mit SAP SuccessFactors Feedback zu geben:

1. Klicken Sie im Bereich **Feedback** auf **Feedback geben**.
2. Es öffnet sich ein neues Fenster (siehe Abbildung 12.29). Hier können Sie Ihr Feedback versenden:

   Wählen Sie im ersten Schritt den Benutzer aus, an den Sie das Feedback senden möchten, und bestätigen Sie mit **Weiter**.

   Im Feld **Nachricht** können Sie Ihr Feedback eintragen.
3. Klicken Sie auf **Senden**, um Ihr Feedback zu versenden.

Abbildung 12.29 Feedback geben

Feedback anfordern

Im Folgenden erfahren Sie, wie Sie aktiv Feedback anfordern können.

1. Klicken Sie im Bereich **Feedback** auf **Feedback anfordern**.
2. Es öffnet sich ein neues Fenster. Hier können Sie die Feedback-Anfrage bearbeiten (siehe Abbildung 12.30).
3. Im ersten Schritt wählen Sie den Benutzer aus, von dem Sie Feedback erhalten möchten, und bestätigen mit **Weiter**. Tippen Sie dafür einfach den Namen der Person ein, das System wird Ihnen dann entsprechend Ihrer Eingabe Benutzer vorschlagen, die Sie direkt auswählen können.

   Im Feld **Nachricht** ist bereits ein Vorschlagstext definiert. Sie können diesen direkt übernehmen oder vor dem Versenden anpassen.
4. Klicken Sie auf **Senden**, um Ihre Feedback-Anfrage zu versenden.
5. Klicken Sie auf **Feedbackanfragen anzeigen**, um einen Überblick über Ihre bereits versandten Anfragen zu bekommen und den Status der Anfrage einzusehen.

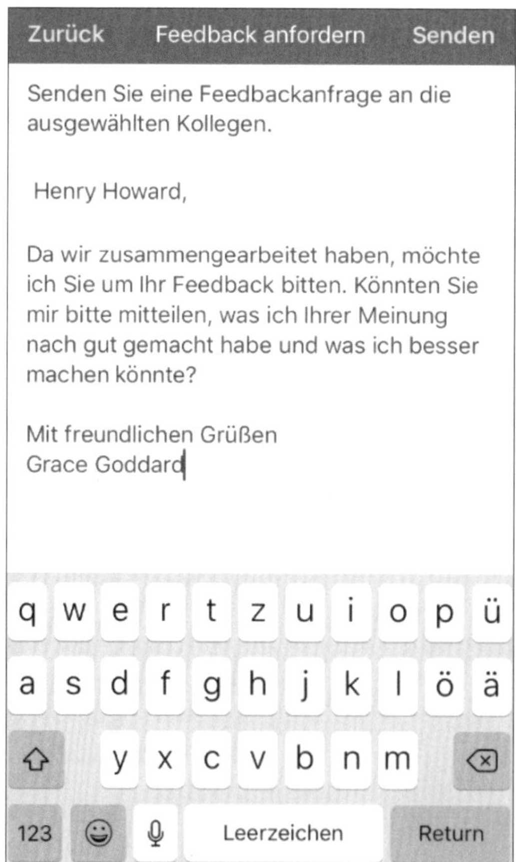

Abbildung 12.30 Feedback anfordern

Feedback-Anfragen beantworten

Erhaltene Feedback-Anfragen sehen Sie direkt auf der Startseite im To-do-Bereich. Zusätzlich wird der Feedback-Geber per E-Mail über die Anfrage informiert. Gehen Sie zum Beantworten der Anfrage auf die Kachel **Feedbackanfragen**. In einem neuen Fenster werden alle Anfragen angezeigt. Sie haben jeweils die Möglichkeit, die Anfrage abzulehnen oder Feedback zu geben. In letzterem Fall geben Sie Ihr Feedback in die Maske ein und klicken auf **Senden**. Die Kachel **Feedbackanfragen** wird dynamisch ein- und ausgeblendet. Haben Sie aktuell keine Feedback-Anfragen vorliegen, ist sie im To-do-Bereich daher nicht sichtbar.

Integration mit der Leistungsbeurteilung

Alle Elemente aus dem Modul Kontinuierliche Leistung können unabhängig vom Modul Leistungsbeurteilung betrachtet werden. Es ist auch eine Integration mit den Formularen der Leistungsbeurteilung möglich. Im Formular in den Sektionen für Ziele und Entwicklungsziele wird dann ein separater Tab mit den Erfolgen des Mitarbeiters eingeblendet. Die Erfolge werden pro Ziel bzw. Entwicklungsziel aufgelistet. Darüber hinaus kann auch das Feedback, das für die Erfolge gesammelt wurde, im Formular angezeigt werden. Ist die Integration aufgesetzt, werden die Erfolge und das Feedback automatisch im Formular angezeigt.

Leistungsbeurteilung vs. Kontinuierliche Leistung

Der Bereich Kontinuierliche Leistung kann ausschließlich und unabhängig von Leistungsbeurteilungen genutzt werden. In der Praxis kommt er meist ergänzend zu Formularen zum Einsatz.

Die Aktivitäten, Erfolge und das Feedback, das unterjährig dokumentiert wird, können so zu einer wichtigen Säule bei der Jahresbeurteilung werden und z. B. ein offizielles Halbjahresgespräch ersetzen oder ergänzen.

12.3.3 Administrationsaufgaben im Bereich Kontinuierliche Leistung

Im Bereich *Kontinuierliche Leistung* stehen Ihnen einige Administrationsaufgaben zur Verfügung. Zu diesen Aufgaben zählen die Integration mit Formularen der Leistungsbeurteilung und die Wartung der E-Mail-Benachrichtigungen, die u. a. bei Feedback-Anfragen oder erhaltenem Feedback versandt werden können.

Kontinuierliches Leistungsmanagement bearbeiten

Den Bereich Kontinuierliche Leistung können Sie eigenständig im Admin-Center einrichten. Dafür wird das Modul im Bereich **Einstellungen für Leistungsmanagement-**

funktion aktiviert. Anschließend können im Admin-Center bei **Kontinuierliches Leistungsmanagement** u. a. die Statusbezeichnungen bearbeitet werden, verschiedene Funktionen, etwa **Coaching** oder **Weitere Themen**, aktiviert bzw. deaktiviert werden und Benachrichtigungen eingestellt werden.

Der Zugriff auf das Modul Kontinuierliche Leistung und die Elemente innerhalb des Moduls wird über Berechtigungsrollen und -gruppen (siehe Kapitel 8, »Rollenbasierte Berechtigungen in SAP SuccessFactors«) gesteuert.

Zielplan bzw. Entwicklungszielplan als Standard definieren

Sie können Aktivitäten und Erfolge mit Zielen oder Entwicklungszielen verknüpfen. Das Modul Kontinuierliche Leistung greift dafür auf den Plan zu, der im System als **Standard** hinterlegt ist.

Im Administrationsbereich können Sie selbstständig einstellen, welcher Ziel- bzw. Entwicklungszielplan als Standard hinterlegt ist. Sie finden diese Einstellung im Admin-Center unter **Zielplan** bzw. **Entwicklung** im Menü **Vorlagen verwalten** (siehe Abbildung 12.31).

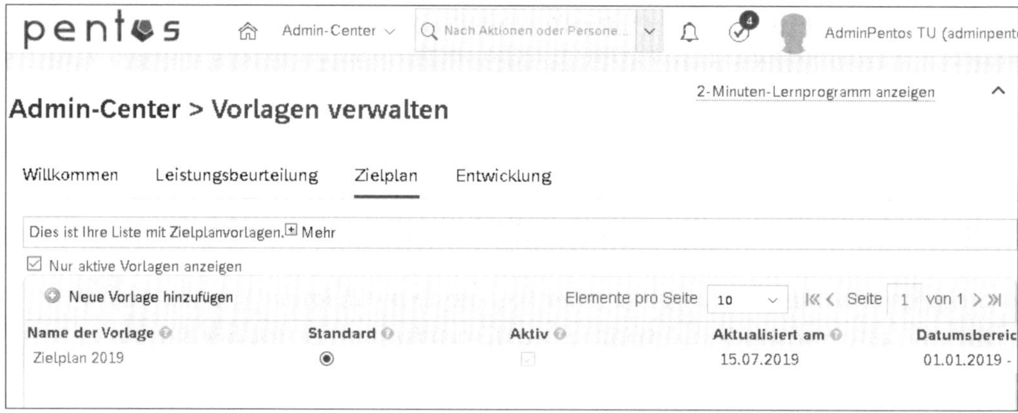

Abbildung 12.31 Vorlagen verwalten

Integration mit Leistungsbeurteilungsformularen

Die Integration von Erfolgen und Feedback mit Formularen können Sie ebenfalls selbstständig einrichten. Diese geschieht im Admin-Center unter **Formularvorlageneinstellungen**. Wählen Sie hier die entsprechende Vorlage aus. In den erweiterten Einstellungen können Sie für Leistungsziele und Entwicklungsziele separat definieren, ob die Registerkarte **Erfolge** eingeblendet wird und ob zusätzlich auch das damit verknüpfte Feedback angezeigt werden soll.

E-Mail-Benachrichtigungen nutzen

Für das Modul Kontinuierliche Leistung steht eine Reihe von E-Mail-Benachrichtigungen zur Verfügung. Diese umfassen sowohl Aktivitäten und Erfolge als auch Feedback. Besonders die Feedback-Benachrichtigungen sind hilfreich, um die Beteiligten über Feedback-Anfragen und eingegangenes Feedback zu informieren.

Die Inhalte für alle Benachrichtigungen können in mehreren Sprachen und mit unterschiedlichen Inhalten hinterlegt werden. Durch Platzhalter können dynamische Inhalte erstellt werden.

12.4 360°-Beurteilung

Die *360°-Beurteilung* ist ein Instrument der Personalentwicklung, das es Ihnen ermöglicht, ein ausgewogenes Feedback aus verschiedenen Perspektiven zu erhalten. Die 360°-Beurteilung wird dann genutzt, wenn Sie – auch z. B. von Externen – Informationen zu Entwicklungspotenzialen oder eine Rückmeldung zur Leistung eines Mitarbeiters erfragen möchten.

In der 360°-Beurteilung haben Sie die Möglichkeit, die Teilnehmer anonym teilnehmen zu lassen.

Bewertung und Kommentare bei 360°-Beurteilungen

In der Praxis zeigt sich, dass Noten/Beurteilungen oft durch die Tagesform der Beurteilenden und die Hierarchieebene beeinflusst werden. Viel wichtiger als die Noten und die Bewertung sind daher die Kommentare und textlichen Anmerkungen, die konkrete Hilfestellungen, Lob oder Tadel enthalten können. Wir empfehlen, 360°-Beurteilungen nicht direkt an den Betroffenen zu schicken, sondern an eine Vertrauensperson, die dann geschickt die Rückmeldungen in konkrete Personalentwicklungsmaßnahmen umsetzen kann.

12.4.1 Best Practice: Arbeiten mit 360°-Beurteilungen anhand eines konkreten Beispiels

Eine 360°-Beurteilung wird in der Regel für die Mitarbeiterentwicklung eingesetzt. Als unterstützende Komponente kann sie auch bei der Vorbereitung von Mitarbeitergesprächen und der Leistungsbeurteilung zur Anwendung kommen.

Im folgenden Abschnitt zeigen wir Ihnen exemplarisch anhand eines Anwendungsfalls (siehe Abschnitt 12.4.2, »Eine 360°-Beurteilung durchführen«), wie Sie eine 360°-Beurteilung in einem Unternehmen einsetzen können, das stark projektorientiert arbeitet. Bevor wir die Umsetzung in SAP SuccessFactors demonstrieren, stellen wir Ihnen jedoch zunächst das Szenario genauer vor. Natürlich können Sie nach dem gleichen Verfahren auch ein Mitarbeiterjahresgespräch unterstützen.

Wir gehen dabei davon aus, dass Mitarbeiter nach jedem größeren Projekt, das sie absolvieren, eine 360°-Beurteilung erhalten sollen, die dann in weitere HR-Prozesse hineinfließt, z. B. als Indikator für eine Personalentwicklungsmaßnahme, für eine Gehaltssteigerung oder eine Beförderung.

Sehen wir uns zunächst die Akteure an, die an der 360°-Beurteilung beteiligt sind:

- Mitarbeiter
- Vorgesetzter
- Rückmelder (kann auch gleichzeitig der Vorgesetzte sein, interne oder externe Mitarbeiter)
- Personalabteilung

Der Auslöser für eine 360°-Beurteilung eines Mitarbeiters kann entweder der Abschluss eines Projekts oder ein anstehendes Mitarbeitergespräch zwischen Mitarbeiter und Vorgesetztem sein. Technisch können Mitarbeiter, Vorgesetzter oder die Personalrolle die 360°-Beurteilung starten und die Teilnehmer auswählen. Der Vorgesetzte gibt zur Auswahl im System sein Einverständnis oder ändert die Teilnehmerliste.

Als Vorbedingungen für die 360°-Beurteilung wurde Folgendes festgelegt:

- Bei Projekt-Feedback: Der Mitarbeiter soll mindestens fünfzehn Personentage im Projekt mitgewirkt haben, um eine qualifizierte Beurteilung zu ermöglichen.
- Für das Mitarbeitergespräch: Es gelten keine besonderen Vorbedingungen.

Es wird festgelegt, dass die 360°-Beurteilung gespeichert bzw. archiviert und in Folgeprozessen verwendet wird.

Sehen wir uns in den folgenden beiden Abschnitten nun jeweils die Standardabläufe der beiden Prozesse an.

Standardablauf für das Projekt-Feedback

Der Prozess für das Projekt-Feedback läuft im Standard folgendermaßen ab:

1. Nach Abschluss eines Projekts werden ausgewählte Rückmelder (z. B. Projektleiter, Vorgesetzter etc.) gebeten, den Mitarbeiter im System anhand definierter (Leistungs-)Kriterien zu bewerten. In unserem Beispiel werden Standardkompetenzen im Bereich Fachwissen und Kundenorientierung abgefragt.

   Bei der Beurteilung wird mit einer vierstufigen Skala gearbeitet. Es gibt die Möglichkeit, die Kompetenzen zusätzlich auch mit **Bewertung nicht möglich** zu beurteilen, sollte ein Rückmelder keine Stellungnahme abgeben können oder wollen.

Bei jeder Kompetenz kann man in einem Freitextfeld einen Kommentar einfügen. Am Ende des Formulars gibt es dann noch ein Kommentarfeld für übergreifende Anmerkungen. Neben der Rückmeldung der im Projekt Beteiligten gibt der Mitarbeiter eine Eigeneinschätzung ab, wobei seine eigene Rückmeldung nur für den Vorgesetzten einsehbar ist.

2. Die Rückmeldung wird in einer anonymisierten Übersicht an den Vorgesetzten gesendet. Im System wird dabei ein Arbeitsprozess ausgelöst, der auch eine E-Mail-Benachrichtigung beinhaltet. Da der Mitarbeiter selbst eine eigenständige Bewertung abgibt, die in einer Kategorie angezeigt wird, ist die Rückmeldung des Mitarbeiters nicht anonym.
3. Es folgt ein Gespräch zwischen Vorgesetztem und Mitarbeiter zu den eingeholten Rückmeldungen mit besonderer Beachtung der Kommentare und der möglichen Bewertungsdifferenz zwischen dem Selbstbild und den Bewertungen Dritter. Der Vorgesetzte hat die Möglichkeit, gemeinsam mit dem Mitarbeiter Entwicklungsmaßnahmen festzulegen.
4. Abschließend kann der Vorgesetzte die Gesprächsergebnisse im System festhalten.

12.4.2 Eine 360°-Beurteilung durchführen

Nachdem Sie nun unseren Beispielprozess kennengelernt haben, zeigen wir Ihnen im Folgenden, wie Sie diesen im System einsetzen.

Sie starten, indem Sie auf **Neues Formular erstellen** klicken (siehe Abbildung 12.32).

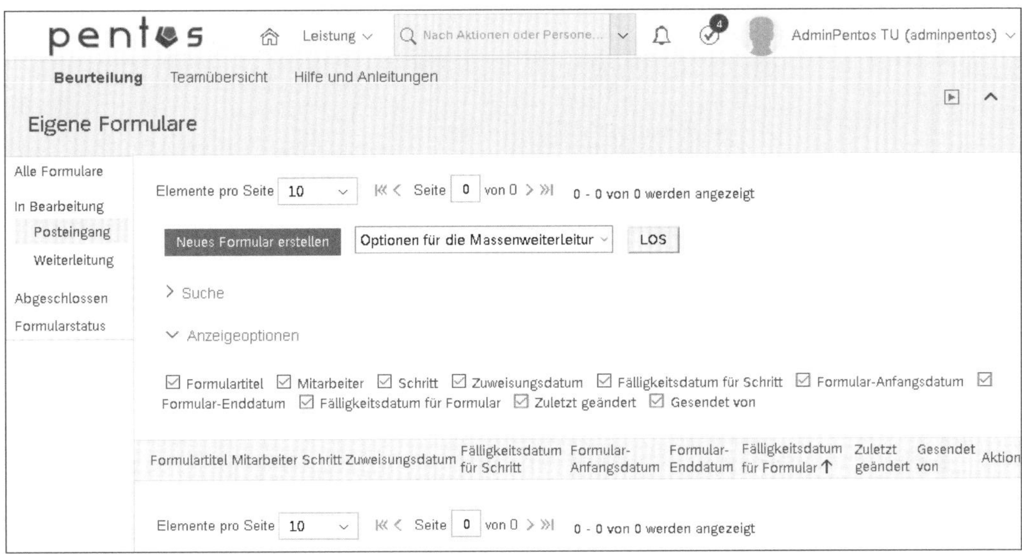

Abbildung 12.32 Formulare erstellen

Um die 360°-Beurteilung zu erstellen, klicken Sie nun im **Posteingang** auf die Schaltfläche **Neues Formular erstellen** und im nächsten Schritt auf den Link **360 Projektfeedback** unter **360-Grad-Beurteilungen** (siehe Abbildung 12.33).

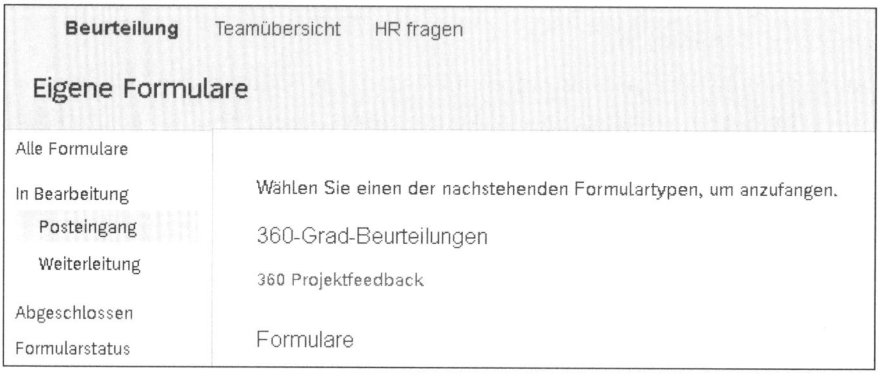

Abbildung 12.33 360-Grad-Beurteilungen

Auf der folgenden Seite wählen Sie nun aus, für wen die 360-Grad-Beurteilung durchgeführt werden soll. In der Regel erzeugen Sie diese Beurteilung für sich selbst. Wählen Sie in diesem Fall **Eigene Person – Grace Goddard** unter **Evaluand für 360 Projektfeedback** aus (siehe Abbildung 12.34).

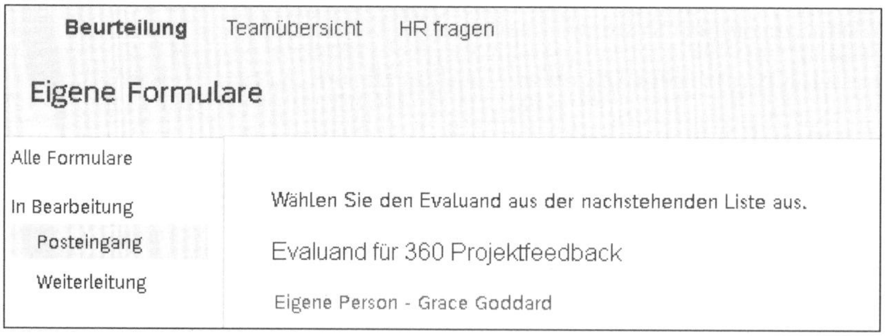

Abbildung 12.34 Den zu Beurteilenden (Evaluand) aus einer Liste auswählen

Übernehmen Sie die Standardeinstellungen, um den Zeitraum und das Fälligkeitsdatum zu definieren (siehe Abbildung 12.35).

Sobald der Mitarbeiter ein 360°-Feedback angefordert hat, wird der zuständige Vorgesetzte umgehend per E-Mail informiert. Im ersten Schritt ist es Aufgabe des Feedback-Empfängers, gemeinsam mit dem Vorgesetzten die geeigneten Feedback-Geber zu finden und sich auf diese zu einigen. Begonnen wird der Prozess, indem der Feedback-Empfänger Teilnehmer vorschlägt. Dieser Vorschlag kann entweder akzeptiert oder modifiziert werden. Sollte der Vorschlag modifiziert werden, erfolgt ein iterativer Austausch zwischen dem Mitarbeiter und dessen Vorgesetzten.

Beurteilung Teamübersicht HR fragen

Eigene Formulare

Alle Formulare
In Bearbeitung
Posteingang
Weiterleitung
Abgeschlossen
Formularstatus

Bitte tragen Sie die Beurteilungszeiträume und das Fälligkeitsdatum in die nachstehenden Felder ein.

Beurteilungszeitraum und Fälligkeitsdatum von 360 Projektfeedback für Grace Goddard

Anfang der Beurteilung: 15.07.2019
Ende der Beurteilung: 14.08.2019
Beurteilung fällig am: 14.08.2019

Zurück | Erstellen und öffnen | Abbrechen

Abbildung 12.35 360°-Feedbacks erstellen und senden

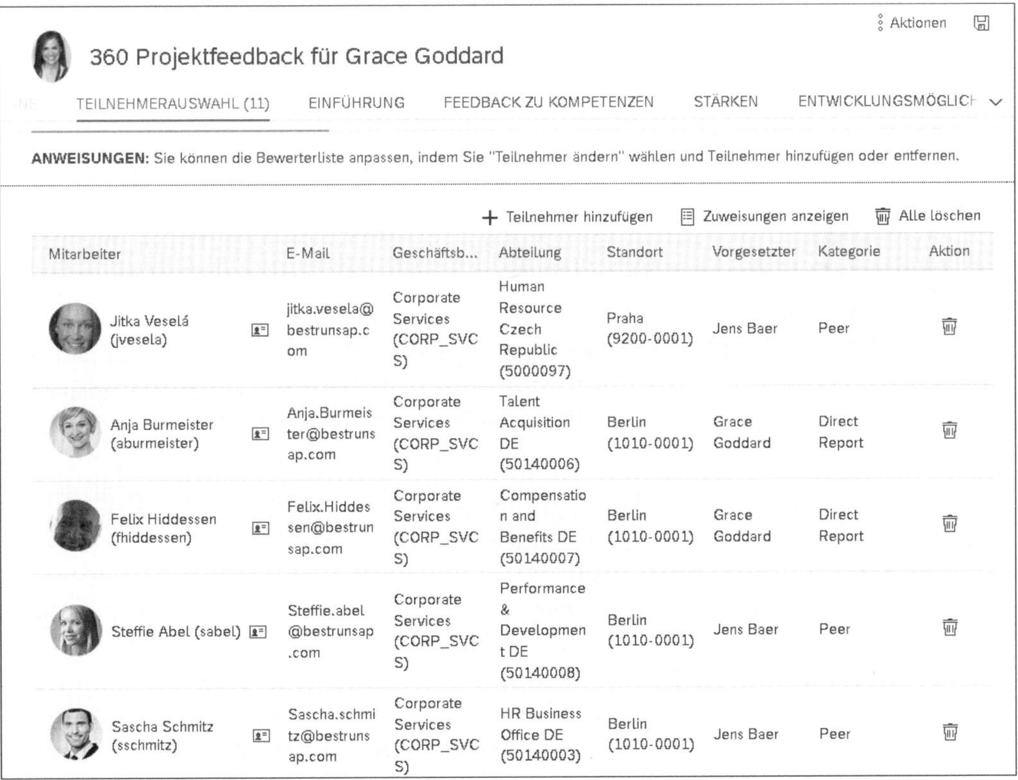

Mitarbeiter	E-Mail	Geschäftsb...	Abteilung	Standort	Vorgesetzter	Kategorie	Aktion
Jitka Veselá (jvesela)	jitka.vesela@bestrunsap.com	Corporate Services (CORP_SVCS)	Human Resource Czech Republic (5000097)	Praha (9200-0001)	Jens Baer	Peer	
Anja Burmeister (aburmeister)	Anja.Burmeister@bestrunsap.com	Corporate Services (CORP_SVCS)	Talent Acquisition DE (50140006)	Berlin (1010-0001)	Grace Goddard	Direct Report	
Felix Hiddessen (fhiddessen)	Felix.Hiddessen@bestrunsap.com	Corporate Services (CORP_SVCS)	Compensation and Benefits DE (50140007)	Berlin (1010-0001)	Grace Goddard	Direct Report	
Steffie Abel (sabel)	Steffie.abel@bestrunsap.com	Corporate Services (CORP_SVCS)	Performance & Development DE (50140008)	Berlin (1010-0001)	Jens Baer	Peer	
Sascha Schmitz (sschmitz)	Sascha.schmitz@bestrunsap.com	Corporate Services (CORP_SVCS)	HR Business Office DE (50140003)	Berlin (1010-0001)	Jens Baer	Peer	

Abbildung 12.36 Teilnehmer einer Mitarbeiterbeurteilung

Nach dem Aufruf des Formulars sehen Sie im oberen Bereich zuerst die generellen Informationen des Feedback-Nehmers, die bisher ausgewählten Teilnehmer sowie die zu bewertenden Kompetenzen (siehe Abbildung 12.36). Hier haben Sie unter anderem die Möglichkeit, Teilnehmer hinzuzufügen, indem Sie auf die Schaltfläche **Teilnehmer ändern** klicken, oder zu entfernen, indem Sie auf den **Löschen**-Button in der Teilnehmerübersicht klicken.

Zudem können Sie über die Schaltfläche **Kompetenz hinzufügen** aus den verfügbaren Bibliotheken rollenspezifische Kompetenzen manuell in das Formular einfügen (siehe Abbildung 12.37).

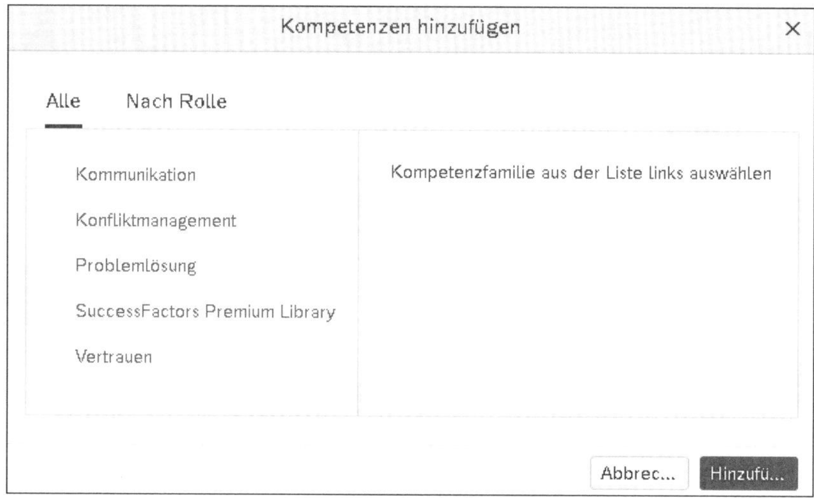

Abbildung 12.37 Kompetenzen hinzufügen

Sobald sich der Vorgesetzte und der Feedback-Nehmer über die Teilnehmer geeinigt haben und das Dokument vollständig ist, kann es zum nächsten Schritt überstellt werden. Durch einen Klick auf die Schaltfläche **Zur Bewertung versenden** wird das Formular zur Bewertung freigegeben (siehe Abbildung 12.38).

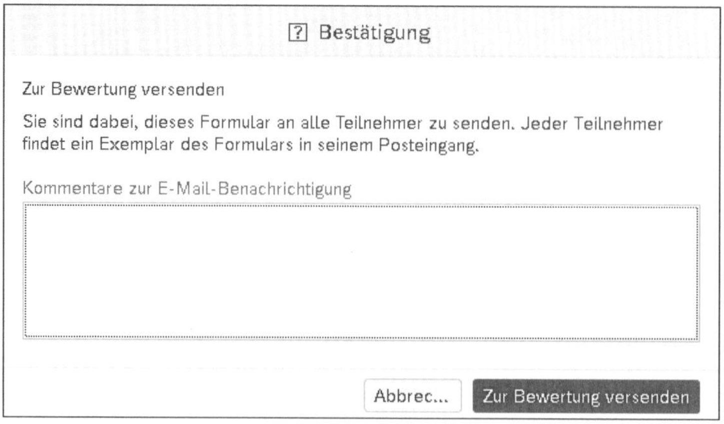

Bestätigung

Zur Bewertung versenden

Sie sind dabei, dieses Formular an alle Teilnehmer zu senden. Jeder Teilnehmer findet ein Exemplar des Formulars in seinem Posteingang.

Kommentare zur E-Mail-Benachrichtigung

Abbrec... Zur Bewertung versenden

Abbildung 12.38 Feedback versenden

Im Anschluss daran erhalten alle ausgewählten Teilnehmer sowie der Feedback-Nehmer selbst eine automatisierte E-Mail mit dem Hinweis, dass das Bewertungsformular nun verfügbar ist. Im **Posteingang** können diese nun das Formular aufrufen (siehe Abbildung 12.39).

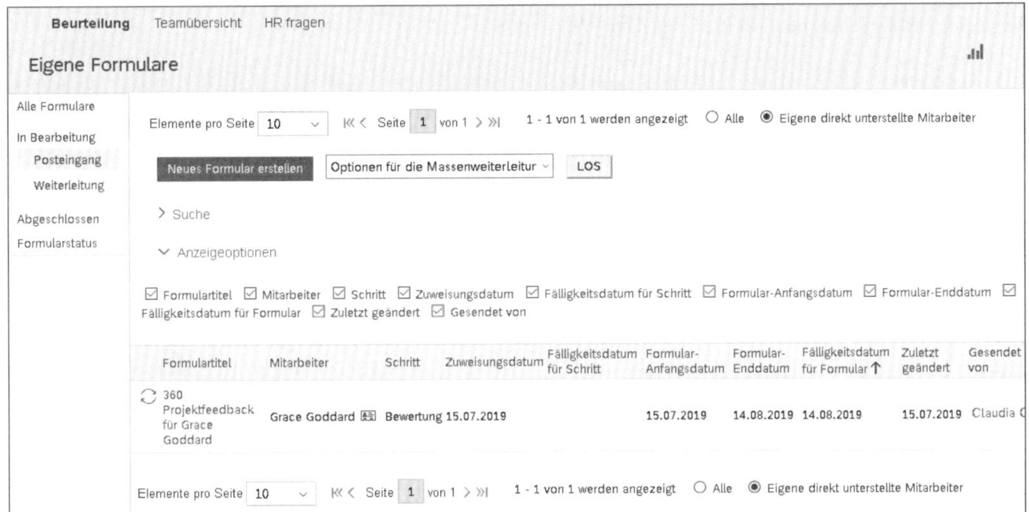

Abbildung 12.39 360°-Feedback aufrufen

Nach dem Öffnen des Formulars sehen Sie im oberen Bereich der Seite allgemeine Informationen zur Person sowie die Beurteilungsdaten. In den folgenden Zeilen bekommen Sie Anweisungen zum Ausfüllen des Formulars. Nun werden im Folgenden verschiedene Dimensionen zur Bewertung angeboten, die sich aus den Unternehmenswerten sowie den individuellen rollenspezifischen Kompetenzen zusammensetzen.

Es ist wichtig, dass jede Kompetenzdimension bewertet wird. Zudem haben Sie die Möglichkeit, eine Kompetenz mit **Bewertung nicht möglich** zu beurteilen sowie jede Dimension zu kommentieren.

Ist das Bewertungsformular vollständig ausgefüllt und wurden die Angaben noch mal überprüft, kann der Vorgang mit einem Klick auf die Schaltfläche **Fertiges Formular übermitteln** abgeschlossen werden (siehe Abbildung 12.40).

Nachdem alle ausgewählten Personen das Feedback-Formular ausgefüllt haben, erhält die HR-Abteilung, wenn die Rolle in der Weiterleitungsliste als verantwortlich festgelegt wurde, eine E-Mail über die Vervollständigung der 360°-Umfrage. Im Bereich **Leistung** unter **Abgeschlossen** ist nun das fertige 360°-Feedback abgelegt (siehe Abbildung 12.41).

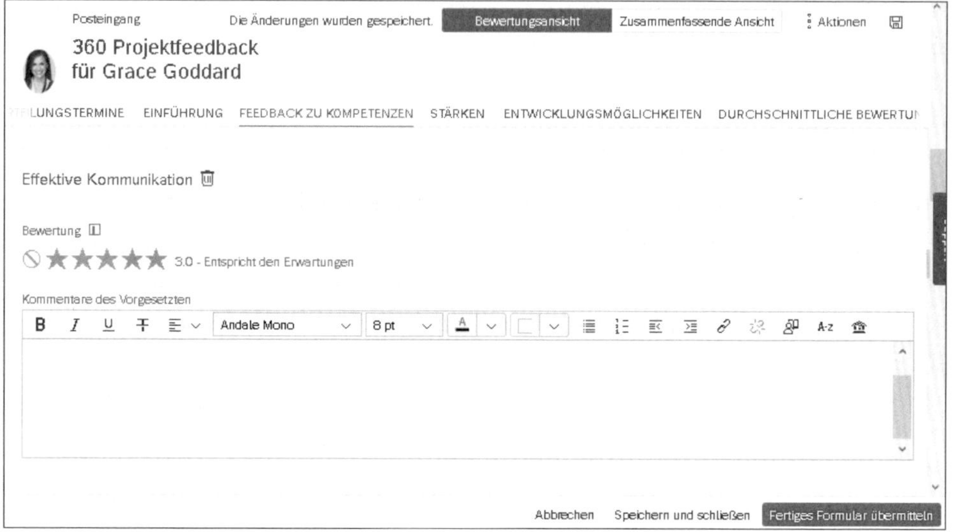

Abbildung 12.40 Feedback übermitteln

Abbildung 12.41 Abgeschlossener 360°-Feedback-Bericht

Wählen Sie nun rechts **Ausführlicher 360-Grad-Beurteilungs-Bericht**. Es öffnet sich ein neues Fenster, in dem alle Kompetenzen mit Bewertungen und Kommentaren gelistet sind. In der oberen Hälfte des Fensters ist zudem eine Gesamtbewertung dargestellt (siehe Abbildung 12.42).

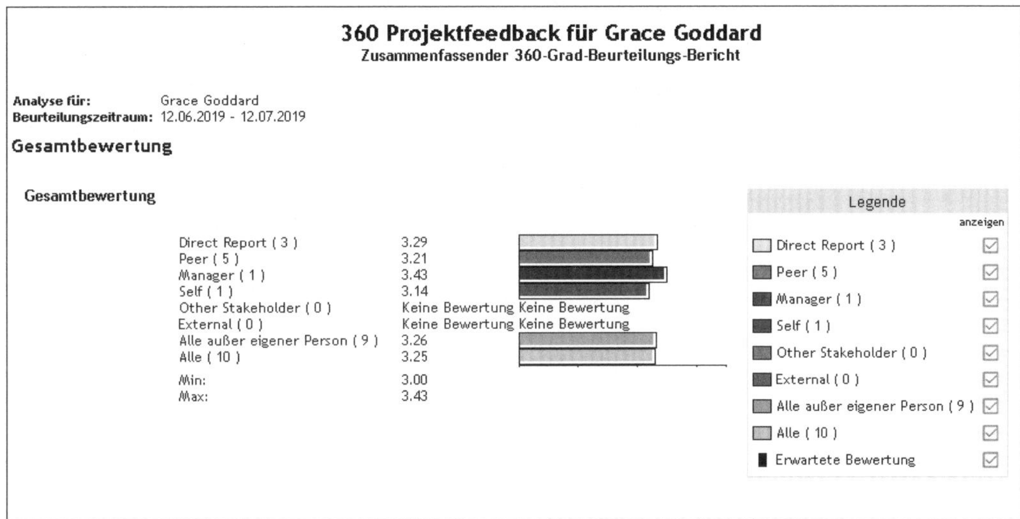

Abbildung 12.42 Zusammenfassender 360°-Feedback-Bericht

Abbildung 12.43 zeigt die Kompetenz **Effektive Kommunikation** aus dem 360°-Feedback-Bericht. Klicken Sie auf den Link **Entwicklungsziele**, um im nächsten Fenster ein Entwicklungsziel zur Verbesserung der effektiven Kommunikation zu definieren.

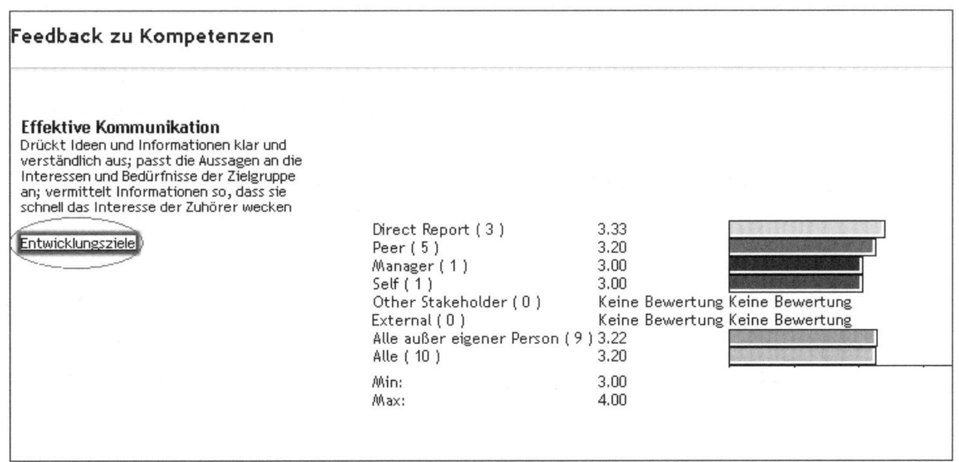

Abbildung 12.43 Entwicklungsziele aufgrund des 360°-Feedbacks

Wenn Sie im nächsten Schritt den Entwicklungsplan z. B. von Grace Goddard aufrufen, werden hier das zuvor definierte Entwicklungsziel und dessen Status angezeigt (siehe Abbildung 12.44).

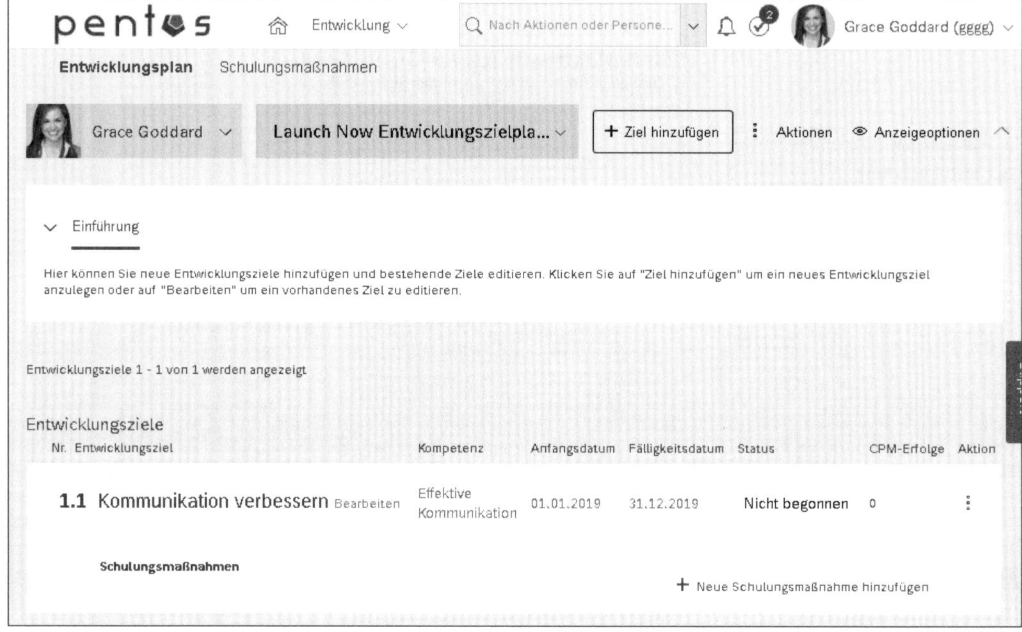

Abbildung 12.44 Entwicklungsplan des Mitarbeiters

12.5 Erweiterte Funktionen

Es gibt eine Vielzahl erweiterter Funktionen im Modul Zielvereinbarung und Leistungsbeurteilung. Damit können sehr viele Anwendungsfälle abgedeckt werden. Auf die wichtigsten gehen wir auszugsweise in den folgenden Abschnitten ein.

Aufgrund der vielfältigen Möglichkeiten empfiehlt es sich, das Thema mit einem Implementierungspartner (siehe Abschnitt 3.3.5, »Auswahl des Implementierungspartners«) zu besprechen.

12.5.1 Tarifverträge und erweiterte Berechnungen abbilden

In den Tarifverträgen gibt es unterschiedliche Vorschriften zur Ausgestaltung von Leistungsbeurteilungen. Oft werden sie an den Standorten von Unternehmen noch weiter detailliert, sodass eine große Fülle von Varianten abgedeckt werden muss.

Wird mit Punktsystemen gearbeitet (wie z. B. im Bereich Entgelt-Rahmenabkommen, kurz ERA) oder auch mit Gewichtungen unterschiedlicher Arten von Zielen, gibt es die Möglichkeit, Ziele oder Kompetenzen in verschiedenen Abschnitten, abhängig von der jeweiligen Kategorie, einzuspielen und dann jeweils unterschiedlich gewichtet zu berechnen. Das ist etwa dann der Fall, wenn der Gesamtzielerreichungsgrad über unterschiedlich gewichtete Abschnitte, z. B. Unternehmensziele und Individualziele, errechnet werden soll. Die Gewichtung ist oft abhängig von der Position des Mitarbeiters: Je höher eine Position in der Hierarchie, desto stärker werden Unternehmensziele gewichtet.

Für Mitarbeiter, für die Tarifverträge gelten, sollten Sie wissen, dass Formulare auch Gesamtwerte auf Punktebasis errechnen können. Die Art der Punktevergabe inklusive Minimal-/Maximalpunkten kann dabei pro Formularvorlage vorgegeben werden. Manche Unternehmen nutzen dafür pro Standort in Deutschland eine eigene Vorlage mit spezifischen »Punktesystemen«.

[«]

Kalibrierung

Soll das »Was«, die Zielerreichung in Summe, oder das »Wie«, meist an die Kernkompetenzen oder stellenspezifischen Kompetenzen anknüpfend, kalibriert werden, müssen Sie mit »manuellen« Werten im Formular arbeiten. In diesem Fall speichert das Formular zusätzlich zu den errechneten Werten die »manuellen« Werte ab. Alle Werte, auch die manuell kalibrierten, können später ausgewertet werden.

12.5.2 Synchronisationsoptionen inklusive Sperren von Zielplänen

Das Gestaltungselement Leistungsformular kann Daten mit dem Zielplan abgleichen und den Status des Zielplans setzen. Mögliche Status dabei sind **gesperrt**, um das erneute Eingeben oder das Ändern von Zielen in einem Arbeitsschritt zu unterbinden, oder **offen**, um es zu ermöglichen. Darüber hinaus können weitere Status genutzt werden.

Als weitere Gestaltungsmöglichkeit ist es für das Leistungsformular möglich, nur die zum Zeitpunkt der Formularerstellung im Zielplan vorhandenen Ziele aufzunehmen oder ständig mit dem Zielplan zu synchronisieren.

[«]

Sperren von Zielplänen, starres vs. flexibles Vorgehensmodell

Bitte prüfen Sie genau, wie flexibel bzw. starr Sie in Ihrem Unternehmen bei den Rahmenbedingungen für die Zieleingabe sein wollen. Manche Unternehmen sehen enge Zeiträume für die Eingabe und Änderung von Zielen vor, andere Unternehmen sehen Ziele sehr dynamisch und erlauben auch unterjährig ständig Änderungen, die das System natürlich registriert.

Auch beim – von uns nicht empfohlenen – »starren« Vorgehen sollten Sie den Anwendungsfall »Positionswechsel«, der mit anderen Zielen einhergehen kann, abdecken und bedenken, dass auch Mitarbeiter, die unterjährig zum Unternehmen hinzukommen, am Zielvereinbarungsprozess teilnehmen können sollen.

12.5.3 Feedback von Dritten einholen

Über die Funktion **Ask for Feedback** (also das Einholen einer Rückmeldung) können Vorgesetzte für ihre Mitarbeiter per E-Mail Rückmeldungen einholen (siehe Abbildung 12.45). Die E-Mail enthält einen eindeutigen Hash-Code, der dem System die Zuordnung zum Leistungsformular erlaubt.

Der Adressat schickt die E-Mail mit der Rückmeldung zurück, und das System zeigt die Rückmeldung dann dem Vorgesetzten im Formular an. Der Vorgesetzte kann die Rückmeldung nutzen, um Entwicklungsmaßnahmen vorzuschlagen oder die Leistung des Mitarbeiters zu beleuchten.

Abbildung 12.45 Um Feedback bitten

12.5.4 Schreibassistent für Kompetenz- und Leistungsbeurteilung

Als Hilfe für die Kompetenzbeurteilung bietet SAP SuccessFactors ein Kompetenzmodell mit einigen Dutzend Standardkompetenzen an, das vorformulierte Sätze enthält, die das mögliche Verhalten des Mitarbeiters beschreiben. Dabei kann der Vorgesetzte die »Ich«- oder »Mitarbeiter«-Perspektive wählen und den Assistenten mehr oder weniger positiv formulieren lassen (siehe Abbildung 12.46).

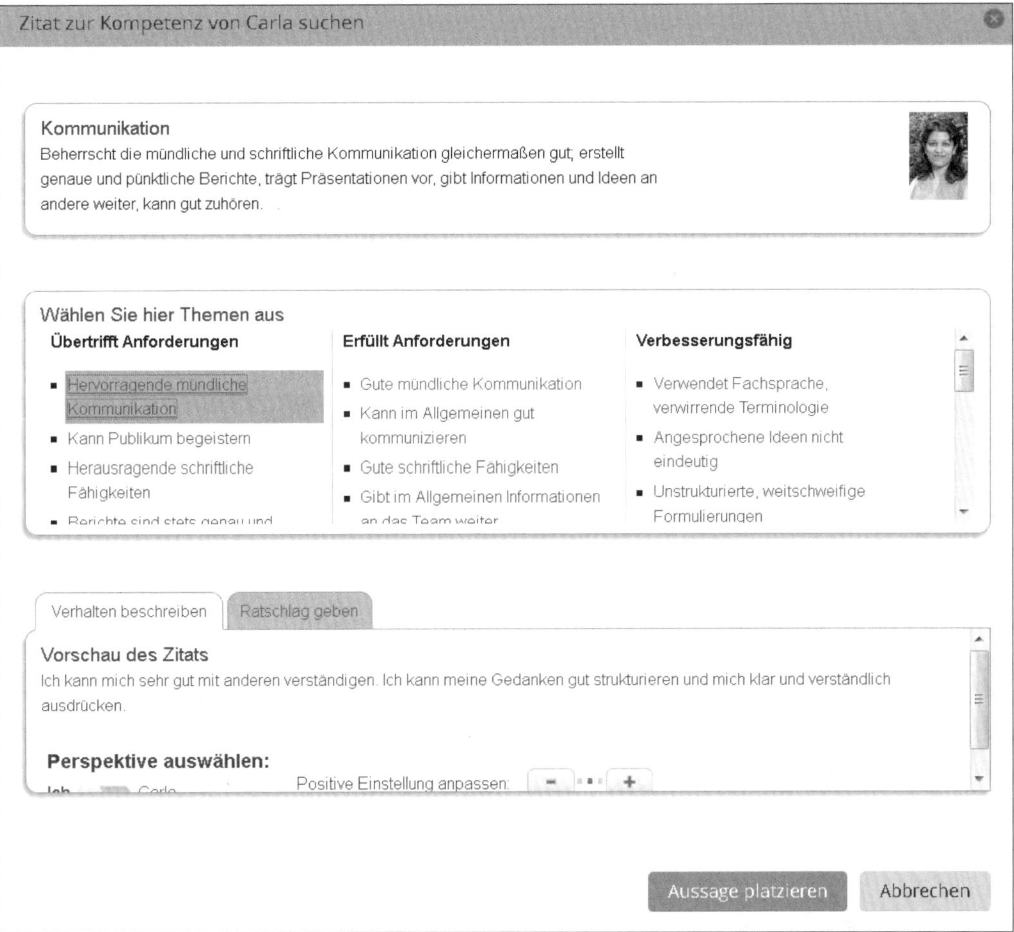

Abbildung 12.46 Schreibassistent mit Themenauswahl

Radar-Charts

Insbesondere bei Kompetenzbeurteilungen können Radar-Charts eine hilfreiche Ergänzung sein. Das Radar-Chart bildet grafisch die Selbsteinschätzung des Mitarbeiters, die Beurteilung durch die Führungskraft sowie den Erwartungswert pro Kompetenz ab. So erhält man einen schnellen Einblick in die Beurteilung und die verschiedenen Ausprägungen (siehe Abbildung 12.47).

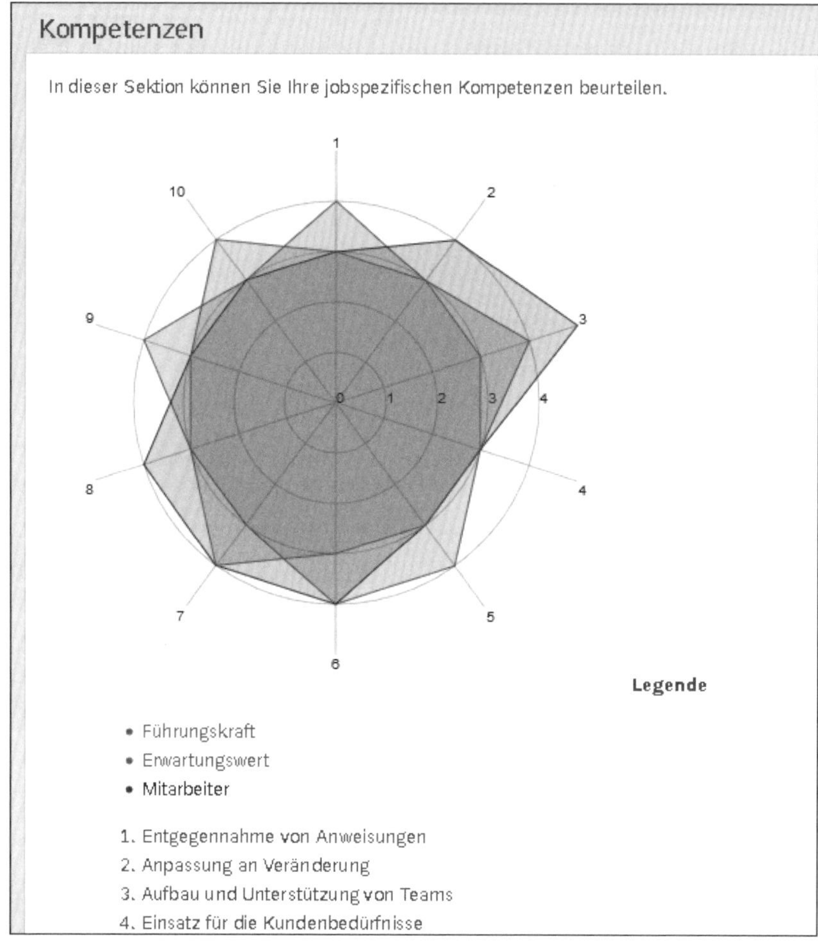

Abbildung 12.47 Radar-Chart

Bonusberechnung im Formular

Es ist möglich, (BIRT-)Reports in Leistungsbeurteilungsformulare einzubinden und diese direkt im Formular anzuzeigen. So kann z. B. die Bonusberechnung basierend auf den Unternehmens- und individuellen Zielen des Mitarbeiters direkt in das Formular integriert werden, ohne das Modul Variable Vergütung zu nutzen. Der Bericht, der sich die Ziele und Beurteilungen direkt aus dem Formular zieht, zeigt damit unterjährig immer den aktuellen Stand an und gibt allen am Prozess Beteiligten jederzeit Einblick in den aktuellen Stand.

Im Beispiel in Abbildung 12.48 hat Grace Goddard das bonusrelevante Ziel »160 billable Tage pro Jahr« zu erreichen. Der Bericht errechnet hier die aktuelle Zielerreichung von Grace Goddard und zeigt die Verteilung zwischen billable, internal billable und non-billable Stunden sowie ihre wichtigsten Projekte auf.

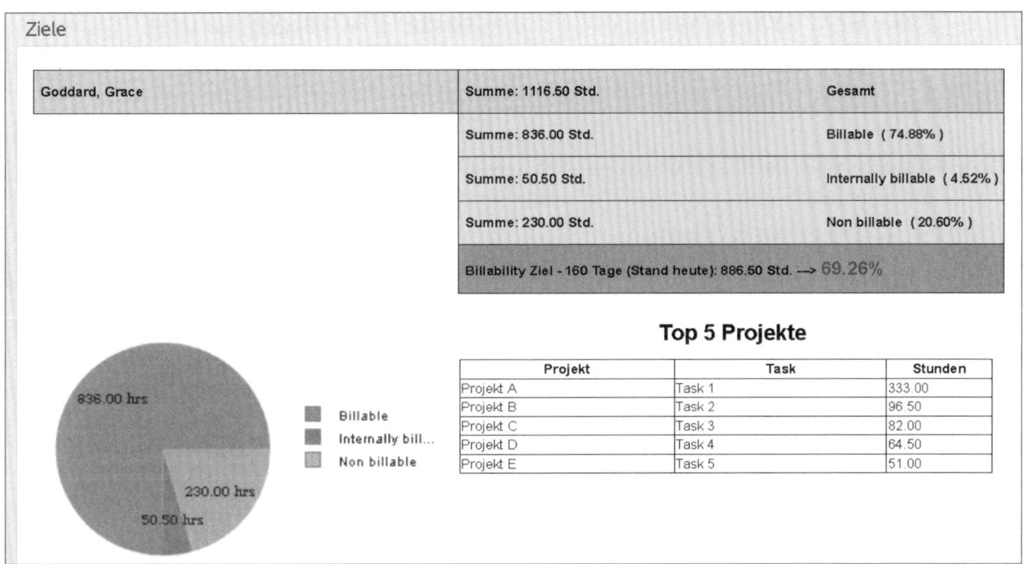

Abbildung 12.48 Zielreport

12.5.5 Formulare drucken

Es gibt die Möglichkeit, Formulare über die Standarddruckoption oben rechts im Formular über das Symbol auszudrucken. Wenn das Formular in Ihrem Unternehmen im Ausdruck besondere Anforderungen, etwa in Bezug auf Formatierung, Logo oder Darstellungsweise, hat, kann der Implementierungspartner über eine Druckvorlage unternehmensspezifische Vorlagen (je Formular-Template) festlegen.

12.5.6 Erweiterungen

Mit neuen Releases werden immer wieder neue Funktionen in SAP SuccessFactors ergänzt. Zwei dieser Funktionen möchten wir Ihnen im Folgenden kurz vorstellen:

- **Anhänge in Formularen hinterlegen**
  Mit dieser Option ist es möglich, Anhänge in Formularen, etwa in Leistungsbeurteilungsformularen, zu hinterlegen. Das ist dann hilfreich, wenn Sie den Benutzern wichtige Hintergrund- oder Zusatzinformationen direkt in Formularen zur Verfügung stellen möchten.
- **Formulare zwischen Instanzen übertragen**
  Auch die Übertragung von Formularen von einer Instanz in eine andere Instanz ist möglich. Das ist dann notwendig, wenn Sie mehrere Instanzen parallel betreiben, Instanzen zusammenlegen wollen oder sie trennen, wie es z. B. im Fall von Fusionen oder Abspaltungen vorkommen kann.

12.6 Best Practices für die Prozesse der Zielvereinbarung und Leistungsbeurteilung

Die Fülle an Möglichkeiten, die das Modul Zielvereinbarung und Leistungsbeurteilung mit sich bringt, führt oft zu Diskussionen darüber, was sich in der Praxis besonders bewährt hat. Im Folgenden finden Sie eine Reihe von Punkten, die wir für besonders beachtenswert halten:

- Der Zielplan bewährt sich sehr, um Unternehmensziele zu kommunizieren und auf Bereiche, Abteilungen, Referate und Mitarbeiter zu kaskadieren. Ebenso funktioniert der Ansatz von »unten« nach »oben« oder ein Mischansatz, der es sowohl Mitarbeitern erlaubt, ihre Ziele mit denen der Vorgesetzten zu verbinden, als auch den Vorgesetzten, ihre Ziele mit denen ihrer Mitarbeiter.
- Wir empfehlen, nur mit »öffentlichen« Zielen zu arbeiten. »Private« Ziele sind als Entwicklungsziele besser im Entwicklungsplan oder außerhalb des Systems aufgehoben.
- Workflow bedeutet Arbeit. Je mehr Rollen in den Arbeitsschritten in den Prozessen über längere Zeiträume involviert sind, desto größer ist die Wahrscheinlichkeit, dass es aufgrund von Umorganisationen, Stellenwechseln u. Ä. zu Verzögerungen im Ablauf kommen wird. Die Administratoren werden dadurch tendenziell Mehrarbeit bekommen. Es bewährt sich in der Praxis sehr, die Prozesse schlank und mit wenigen Beteiligten einzurichten. Andere Beteiligte können sehr gut über das Berichtswesen oder über Rückmeldemöglichkeiten eingebunden werden, ohne die Arbeitsprozesse zu verlängern oder direkt dort einzugreifen.
- Bei stabilen, reifen Organisationen mit wenigen Veränderungen bieten sich starre Arbeitsschritte an, die hochstrukturiert und automatisiert ablaufen.
- Weniger ausgereifte Organisationen oder Organisationen, die einem starken Wandel unterliegen, sollten den Menschen in den Mittelpunkt stellen und mit wenigen Arbeitsschritten eine hohe Flexibilität in den Prozess einbauen.
- Nutzen Sie die mobilen Möglichkeiten (Apps), insbesondere für das Thema Feedback.

Neben dem Standardprozess der Ziel- und Leistungsbeurteilung empfehlen wir Ihnen, auch folgende Prozesse frühzeitig im System abzubilden:

- Veränderungen bei Zielen im Jahresverlauf inklusive des Wegfalls von Zielen und des Erstellens ganz neuer Ziele
- Änderung des Vorgesetzten in verschiedenen Phasen des Prozesses
- Änderung des/der HR-Verantwortlichen, wenn sie im Prozess involviert sind
- unterjährige Einstellung (neuer) Mitarbeiter

- unterjähriges Ausscheiden von Mitarbeitern oder Vorgesetzten
- Finanz-/Gruppenziele können ggf. erst im neuen Geschäftsjahr abschließend beurteilt werden.

12.7 Schnittstellen und Integration mit weiteren Modulen

Das Modul Zielvereinbarung und Leistungsbeurteilung hat viele Schnittstellen und Integrationen in andere Module und Prozesse. Besonders wichtig ist die Integration mit den Modulen Vergütungsplanung, Variable Bezahlung und Talentmanagement.

Bei dem Modul Vergütungsplanung handelt es sich um die Gehaltsplanungsfunktion in SAP SuccessFactors (siehe Kapitel 14, »Vergütung«). Im Best-Practice-Fall wird bei der Gehaltsplanung zu Zwecken der Referenz auch die Leistungsbeurteilung angezeigt. Das Leistungsformular kann so direkt aus dem Gehaltsplanungsprozess aufgerufen werden, um Details einzusehen.

Im Variable-Pay-Prozess wird die variable Bezahlung, d. h. der Bonus, wenn er auf mehreren Komponenten beruht, berechnet. Um das exakt umzusetzen, benötigt das Modul in der Regel genaue Daten zur Historie des letzten relevanten Finanzjahres. Start- und Enddatum der Leistungsformulare inklusive der Zielerreichungsgrade werden für die Bonusberechnung herangezogen. Das Modul Variable Bezahlung kann mehrere Leistungsformulare sequenziell auslesen und relevante Abschnitte, wie z. B. Unternehmenszielerreichungsgrade oder die Zielerreichung im Bereich Individualziele, aber auch eine Gesamtkompetenzbeurteilung (das »Wie«) zur Bonuskalkulation verwenden.

Auch für die Talentmanagementprozesse (siehe Kapitel 15, »Talentmanagement – Nachfolge und Entwicklung«) empfehlen wir Ihnen sehr, die Ergebnisse aus der Leistungsbeurteilung, insbesondere den »Was«-Wert (Zielerreichungsgrad) und den »Wie«-Wert (Beurteilung der Kernkompetenzen), einzubeziehen, um daraus dann weitere Empfehlungen, z. B. in Richtung Nachfolgeplanung, oder nötige Entwicklungsmaßnahmen abzuleiten.

Im Personenprofil lassen sich Ziele ebenfalls editieren. So entwickelt sich das Mitarbeiterprofil mehr zu einer zentralen Schaltstelle für alle Informationen inklusive der Ziele. Dennoch wird der Zielplan für erweiterte Funktionen, wie sie in diesem Kapitel beschrieben wurden, weiterhin Bedeutung haben.

Kapitel 13
Learning Management System

Ein sehr wichtiger Teil der Unternehmenskultur ist die »Lernkultur«. Organisationen, die nachhaltig für den Ausbau der beruflichen und persönlichen Kompetenzen ihrer Mitarbeiter sorgen, sind nicht nur als Arbeitgeber attraktiv, sondern stehen auch im Wettbewerb an der Spitze. Wie Sie Ihre Bildungsstrategie im Unternehmen systemgestützt operationalisieren und welche Möglichkeiten das Learning Management System (LMS) Ihnen dazu liefert, erfahren Sie in diesem Kapitel.

Das lebenslange Lernen ist im Unternehmensumfeld eine wichtige, völlig normale Anforderung, deren Bedeutung durch die vielfältigen technischen, organisatorischen und gesellschaftlichen Änderungen beständig zunimmt. Globalisierung, immer kürzere Produktlebenszyklen, Innovationswettrennen und ultraschnelle Kommunikation setzen eine anpassungsfähige, auf innere und äußere Reize reagierende Organisation voraus. In der Fachsprache wird eine solche Organisation als *lernende Organisation* bezeichnet. Lernende Organisationen praktizieren eine konsequente und kontinuierliche inner- und außerbetriebliche Weiterbildung und Qualifizierung ihrer Mitarbeiter.

Das Modul *Learning Management System* (LMS), ursprünglich ein Produkt der HR-Softwarespezialisten »Plateau Systems«, wurde im Jahr 2010 in die SuccessFactors-Plattform integriert.

Das LMS ist ein Gesamtpaket, mit dem Sie Ihren unternehmensweiten Bildungsprozess komplett abwickeln können. Es werden sowohl individuelle Lernbedarfe, hergeleitet aus den persönlichen Entwicklungszielen und der Nachfolgeplanung, als auch Pflichtschulungen, die per Gesetz oder Revision vorgeschrieben sind, unterstützt. Dies gilt natürlich auch für zielgruppenorientierte Bildungsmaßnahmen, etwa Trainings für Fachspezialisten, Führungskräfte, Neueinsteiger oder festgelegte Rollen, z. B. aus dem Bereich Qualitätsmanagement, und viele mehr. Im Folgenden erfahren Sie, warum und wofür das LMS eingesetzt wird.

Zuerst erhalten Sie in Abschnitt 13.1 eine allgemeine Sicht auf Prozesse und Daten im Bildungsumfeld. Einen Überblick über das Einsatzfeld des LMS-Moduls geben wir

Ihnen in Abschnitt 13.2. Anhand ausgewählter Praxisfälle sehen Sie exemplarisch in Abschnitt 13.3 bis Abschnitt 13.5, wie Sie mit dem LMS Ihre Bildungsprozesse steuern können. Einen Blick auf die Integration mit anderen Prozessen werfen wir in Abschnitt 13.6, und in Abschnitt 13.7 gehen wir auf das Berichtswesen ein.

13.1 Rahmenbedingungen für lernende Organisationen

In diesem Abschnitt erfahren Sie, wie Aufbau- und Ablauforganisationen im Bildungsumfeld gestaltet sein können und welche Rahmenbedingungen bei der Konsolidierung und Bereitstellung von Daten im Bildungsbereich zu beachten sind.

13.1.1 Organisatorische Rahmenbedingungen

Unternehmen zögern oft, die Themen Lernen und Lernprozesse anzupacken. Sie sind vielfältig und komplex, und sind oft in viele andere Personalprozesse integriert. Zudem müssen bei der Definition einer Lernstrategie und der darin eingebundenen Lernprozesse oftmals viele Abteilungen und Stakeholder, oft auch länderübergreifend, eingebunden werden. Konzeptionelle, kulturelle und rechtliche Anforderungen können die Vorbereitungsphase verlängern und viel Zeit und Ressourcen in Anspruch nehmen.

In den folgenden Abschnitten stellen wir anhand von Praxisfällen exemplarisch dar, wie Sie anhand von Standards einfach und effizient mit dem LMS-System Ihre wichtigsten Bildungsprozesse umsetzen können, ohne sich die Möglichkeit zu nehmen, diese im Laufe der Zeit zu erweitern.

Es ist wichtig, dass Prozesse und Systeme bereits in der Einführungsphase positiv wahrgenommen werden. Dies erreichen Sie, indem Sie sich ein Thema aussuchen, mit dem Sie schnell einen Großteil der Mitarbeiter und wichtige Stakeholder mehrwertbringend ansprechen können. Das kann z. B. mit einem Compliance-Training, etwa einem online ausführbaren Datenschutztraining, gelingen.

Auf organisatorischer Ebene muss primär für die Ermittlung des *Lernbedarfs* und im nächsten Schritt für die Bereitstellung und Durchführung bedarfsgerechter *Schulungsmaßnahmen* gesorgt werden. Die Unternehmen haben dazu, je nach Art und Umfang ihrer Aufbauorganisation, zentral und/oder dezentral *Bildungsverantwortliche* eingesetzt, die dafür sorgen, dass die Bildungsstrategie gemäß den Unternehmensvorgaben umgesetzt wird. Der Skalierungsgrad reicht hier von einer oder wenigen verantwortlichen Einzelperson(en) bis zu einer oder mehreren unternehmenseigenen *Bildungsakademien* in international aufgestellten Organisationen.

Diese Mitarbeiter bzw. Abteilungen oder Akademien sind organisatorisch meist dem HR-Bereich zugeordnet.

Die Prozesse und Aufgaben, die damit einhergehen, umfassen den kompletten Prozess der Schulungsverwaltung und -administration, inklusive der Betreuung von Teilnehmern und Trainern. Weitere Informationen dazu erhalten Sie in Abschnitt 13.2, »Überblick über das Learning Management System«.

Als Unterrichtsform werden im LMS Präsenzschulungen, E-Learning-Kurse oder eine Kombination aus beidem angeboten, falls erforderlich, auch multilingual. Dabei spielt es keine Rolle, ob die Schulungen von externen Anbietern stammen oder aus der internen Bildungseinrichtung eines Unternehmens kommen.

[«]

Interne Trainings extern anbieten

Falls Ihr Unternehmen seine Schulungen Teilnehmern, die nicht im eigenen Unternehmen arbeiten, anbieten möchte, können Sie über LMS diese Kurse im Internet bereitstellen.

13.1.2 Datenbeschaffung und Datenkonsolidierung

Je vielfältiger das Weiterbildungsangebot in Ihrem Unternehmen ist und auch je größer Ihr Unternehmen ist, desto mehr benötigen Sie eine gute, konsolidierte Datenbasis, auf der Sie z. B. über durchgeführte Aktivitäten berichten können. Die Daten bieten gleichzeitig die Grundlage, um weitere Schulungsmaßnahmen planen zu können. Kurzum: Sie benötigen Daten, um Ihre Prozesse im Learning-Management-Kontext zu steuern.

Es gilt, Informationen bereitzustellen, die z. B. folgende Fragen beantworten:

- Welche Mitarbeiter müssen noch Pflichtschulung(en) absolvieren, insbesondere auditrelevante (z. B. Compliance-Trainings)?
- Wer hat wann und aus welchem Anlass welches Training absolviert?
- Wie viele Trainings und Trainingsstunden wurden letztes Jahr im Unternehmen absolviert?
- Welche künftigen Trainings müssen aufgrund von Nachfolgeplanungen oder individuellen Entwicklungsplänen für welche Mitarbeiter vorgesehen werden?
- Wie wurden der Trainingsinhalt und der Trainer von den Teilnehmern bewertet? Haben die Trainingsinhalte dazu beigetragen, dass Mitarbeiter effektiver arbeiten?
- Wurde das notwendige Wissen, das Mitarbeiter für ihre Tätigkeiten benötigen, erworben und in die Praxis umgesetzt?

Diese Daten müssen Organisationen oft mühsam, aus verschiedensten HR-Systemen, manuell geführten Tabellen und sonstigen individuellen Datenbanken zusammenführen, um sie auswertbar zu machen. Oft wird eine beachtliche Anzahl von Schnittstellen genutzt, und eine ganzheitliche Sicht auf die Daten fehlt. Daran scheitern mitunter Bestrebungen, Prozesse zu optimieren. Mit dem SAP SuccessFactors LMS erhalten Sie eine Lösung, in der Sie die Möglichkeit haben, eine einheitliche Datenbasis zur Steuerung der Aktivitäten zu schaffen.

Um Synergien zu nutzen, möchten international aufgestellte Unternehmen, dass ihre Onlineseminare weltweit für alle Unternehmenstöchter in der jeweiligen Landessprache zur Verfügung stehen. Um solche Seminare international durchführen zu können, müssen Informationen zu Kursgebühren und zur Verrechnung auf Kostenstellen in der Landeswährung bereitgestellt werden. Hinzu kommt, dass es möglich sein muss, Berichte automatisch für das externe Meldewesen zu erstellen. In einigen Ländern gibt es z. B. die Verpflichtung, geleistete Trainingsstunden an Behörden zu berichten.

Die *Gesamtbildungssituation* eines Unternehmens kann somit sehr komplex und schwierig darzustellen sein. Herkömmliche Mittel, wie Microsoft-Excel-Tabellen oder individuelle Datenbanken, kombiniert mit Datenexporten aus diversen firmenspezifischen Applikationen, sind nicht zeitgemäß und bedeuten einen großen Aufwand für die Organisationen. SAP SuccessFactors reduziert durch den Einsatz des LMS-Moduls die Komplexität der Prozesse und IT-Systeme und ermöglicht es, wirksamer und nachhaltiger zu lernen.

Im folgenden Abschnitt stellen wir Ihnen die wesentlichen Prozesse und Komponenten des LMS-Moduls anhand konkreter Beispiele vor, sodass Sie es in der Praxis gut einsetzen können.

13.2 Überblick über das Learning Management System

In diesem Abschnitt erhalten Sie einen Überblick über die Aufgaben und Abläufe im Bildungsbereich, die Sie mit dem LMS unterstützen können. Ebenso stellen wir Ihnen die am Prozess beteiligten Personen und deren Rollen vor. Im LMS unterstützt die folgenden wesentlichen Bereiche:

- Erstellen von Kursangeboten und Administrieren von Lerninhalten
- Unterstützung der Kommunikation mit allen am Lernprozess Beteiligten
- Einbettung in weiterführende HR-Prozesse wie Personalentwicklung und Nachfolgeplanung
- Berichtswesen und Auswertungen

13.2.1 Beispiel: Schulungsanmeldung

Im Folgenden lernen Sie eine der am häufigsten genutzten Funktionen von LMS kennen: Dazu gehören zum einen die Abläufe bei der Schulungsanmeldung selbst und zum anderen prozessbegleitende Aufgaben. Sehen wir uns zunächst an, welche Funktionen das LMS für die Schulungsanmeldung bietet (siehe Abbildung 13.1):

- **Kurse suchen**
  Hier können Sie Schulungskataloge erstellen und veröffentlichen, damit sich Mitarbeiter zu Kursen und ausgewählten Kursterminen anmelden können.
- **Kurse reservieren**
  Kurse können automatisch aufgrund von im LMS hinterlegten Regeln oder durch manuelle Anmeldung durch Teilnehmer selbst per Klick auf den Kurs im Schulungskatalog zugewiesen werden.
- **Kurse genehmigen**
  Interessenten können Kursgenehmigungen (wenn nötig, über mehrere Genehmigungsstufen) beantragen.
- **Kurse final buchen**
  Kurse können (nach Genehmigung) final gebucht werden.
- **Feedback geben**
  Sie können Zufriedenheitsabfragen erstellen und durchführen, die jeweils zu Kursende erfolgen. Dies kann etwa zur Bewertung der Trainingsinhalte erfolgen.
- **Zertifikate ausstellen**
  Sie können Teilnehmern Teilnahmebestätigungen und Zertifikate ausstellen.

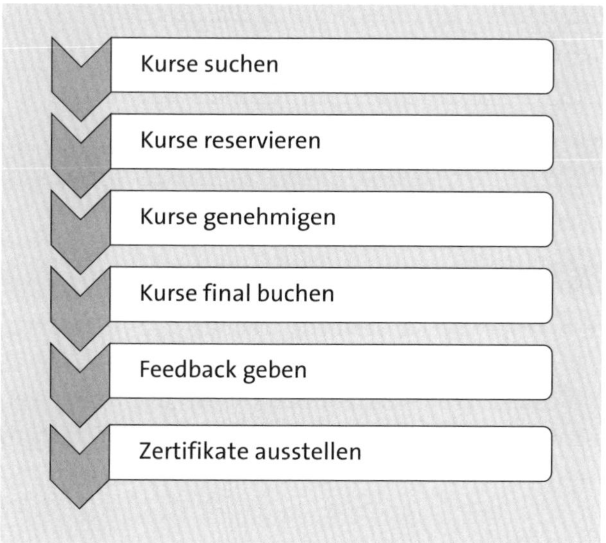

Abbildung 13.1 Ablauf einer Schulungsanmeldung und -buchung

Folgende prozessbegleitende Funktionen (siehe Abbildung 13.2) stehen Ihnen im LMS zur Verfügung:

- Wartelisten für »ausgebuchte« Kurse inklusive automatischer Benachrichtigung der Teilnehmer automatisch, systemgesteuert erstellen
- Schulungsgebäude, Schulungsräume und Trainereinsätze planen und verwalten
- Schulungsvideos und Schulungsdokumente in Onlinetrainings und Präsenzschulungen mit Onlinekomponenten (Blended Training) einbinden
- Kurspakete inklusive Zwischentests und Abschlusstests erstellen
- Auswertungen zu Kursteilnahmen, Lernbedarfen und Zielgruppen erstellen

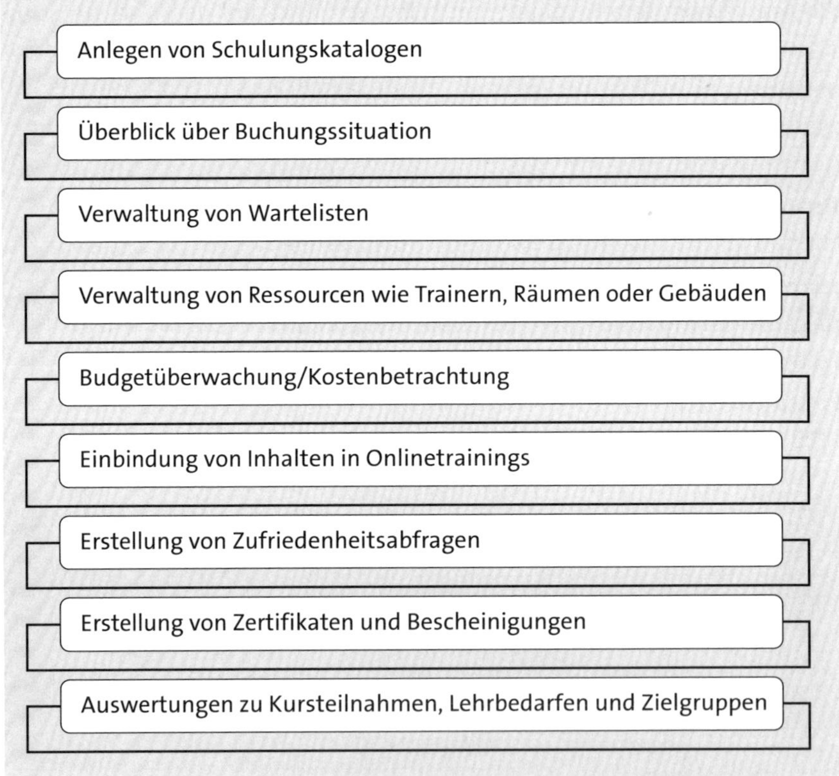

Abbildung 13.2 Prozessbegleitende Aufgaben bei der Schulungsplanung

Die Anwendungsmöglichkeiten, die sich aus dem Zusammenwirken des LMS mit weiteren Prozessen und HR-Modulen der SAP-SuccessFactors-Suite ergeben, erläutern wir in Abschnitt 13.6, »Integration mit anderen SAP-SuccessFactors-Modulen und weiteren Lösungen«.

13.2.2 Beteiligte im Bildungsprozess und ihre Rollen im LMS

Entsprechend der Struktur und Größe des Unternehmens unterscheiden sich die Verantwortlichkeiten und Rollenverteilungen im Bildungsbereich. Um neue Prozesse schnell umsetzen zu können, empfehlen wir, mit dem Systemstandard anzufangen. So können Sie z. B. mit Standardsystemrollen arbeiten: Diese erlauben einen schnellen und einfachen Einstieg in die Arbeit mit dem LMS und versorgen alle Beteiligten mit den notwendigen Rechten. Bei Bedarf können diese Standardrollen natürlich angepasst und erweitert werden.

[«]

Rollen im LMS

Alle im System vorhandenen Rollen bauen auf der Mitarbeiterrolle auf. In der Praxis kann ein Mitarbeiter ein Vorgesetzter, ein Trainer oder ein Lernadministrator sein. Dies wird auf einfache Weise abgebildet, indem der Mitarbeiter mit mehreren Rollen im LMS geführt wird, die sich kontextspezifisch automatisch ergeben. Die Rechte der einzelnen Rollen sind anhand von Kernlernprozessen definiert, die dem Mitarbeiter erlauben, effizient und entsprechend den Anforderungen zu agieren.

In Tabelle 13.1 sehen Sie, welche Rollen in der Praxis häufig genutzt werden und wie sie im LMS ausgeprägt sind:

Rolle	Definition (eines der Kriterien genügt)
Teilnehmer	eine Person, ■ die für eine Schulungsmaßnahme vorgesehen ist ■ die sich selbst für eine Schulung angemeldet hat ■ die manuell bzw. automatisch angemeldet wurde ■ die auf einer Warteliste für eine bestimmte Schulungsmaßnahme steht Teilnehmer werden manchmal auch als *Mitarbeiter* oder *Benutzer* aufgeführt.
Vorgesetzter	eine Person, die berechtigt ist, ■ eine Anmeldung zu einer Schulung zu prüfen ■ eine Anmeldung zu einer Schulung zu genehmigen ■ eine Anmeldung zu einer Schulung abzulehnen Häufig ist dies der disziplinarische Vorgesetzte des Teilnehmers. Der Vorgesetzte wird oft als *Manager* oder *Supervisor* bezeichnet.

Tabelle 13.1 Beteiligte und Rollen

Rolle	Definition (eines der Kriterien genügt)
Administrator	eine Person, die berechtigt ist, ■ eine Schulung im System anzulegen, zu ändern oder zu löschen ■ Auswertungen im System zu generieren Die Kurzbezeichnung für den Administrator ist *Lernadministrator*.
Seminarleiter	eine Person, die ■ eine Präsenzschulung durchführt ■ einem Teilnehmer eine Schulung zuordnen kann ■ die Teilnahme der Mitarbeiter an einer Schulung festhält ■ Teilnehmer per E-Mail kontaktiert Der Seminarleiter wird häufig auch als *Trainer* oder *Instruktor* bezeichnet.

Tabelle 13.1 Beteiligte und Rollen (Forts.)

Im nächsten Abschnitt zeigen wir Ihnen, wie Sie eine Standardveranstaltung im LMS administrieren können. Unser Best-Practice-Beispiel dazu stammt aus dem Bereich der Präsenzschulungen.

13.3 Best Practice: Administration von Standardveranstaltungen am Beispiel einer Präsenzschulung

Die Durchführung von Bildungsmaßnahmen, die durch Präsenztrainings mit Onlineinhalten in einem »realen« Klassenzimmer erfolgen, bietet Ihrem Unternehmen besonders bei der Begleitung von kritischen Aufgaben große Vorteile. Es können z. B. Praxissituationen in Rollenspielen simuliert werden, Trainer können im Klassenzimmer Einweisungen geben, die Teilnehmer können ihr Wissen testen und anschließend am Rechner ein Onlinequiz absolvieren.

Die Kombination eines Präsenztrainings mit Onlineinhalten ermöglicht es dem Mitarbeiter, das Lernmaterial zu einem späteren Zeitpunkt nochmals durchzugehen. Durch die Nutzung des Quiz können Sie gleichzeitig administrativen Aufwand reduzieren, da die Teilnahme im System durch das Absolvieren des Quiz aufgezeichnet wird und sofort im System auditkonform auswertbar ist. Das Pflegen von Teilnehmerlisten ist somit nicht erforderlich. Der Feedback-Bogen wird im Anschluss auch im System ausgefüllt und kann direkt dort vom Lernadministrator ausgewertet werden.

Im Folgenden zeigen wir Ihnen anhand des Beispiels einer Präsenzschulung, wie im Standard Schulungen administriert und angeboten werden können. Wir gehen dabei auf die folgenden Tätigkeiten ein:

- Veranstaltung anlegen
- Anmeldearten einrichten
- Schulungskatalog erstellen
- Zufriedenheitsbefragung durchführen
- Quiz einbinden
- Teilnahmebescheinigung ausstellen
- Zielgruppen festlegen

Präsenzschulung mit Onlineinhalten

Um eine Schulung vom Typ »Präsenzschulung mit Onlineinhalten« zu erstellen, ist es lediglich notwendig, den Schritten für die Erstellung einer Präsenzschulung zu folgen und diese dann mit Onlineinhalten zu verbinden.

13.3.1 Ablauf einer Präsenzschulung

Der Standardablauf einer Präsenzschulung setzt sich aus den folgenden Schritten zusammen:

1. Dem Teilnehmer wird eine Schulung vom Vorgesetzten, Administrator oder anhand von Regeln zugewiesen. Er erhält eine Systembenachrichtigung und wählt aus dem Katalogangebot im LMS den gewünschten Termin für das Training aus. Er kann natürlich auch selbst eine Schulung aus dem Katalog auswählen.
2. Sofern der gewählte Kurs genehmigungspflichtig ist, erhält der Vorgesetzte automatisch eine E-Mail-Benachrichtigung, um die Kursteilnahme für seinen Mitarbeiter im LMS zu genehmigen.
3. Der Vorgesetzte genehmigt die Teilnahme des Mitarbeiters im LMS für die Schulung oder den gewählten Termin.
4. Der Teilnehmer erhält automatisch eine Anmeldebestätigung.
5. Der Seminarleiter wird über die Teilnahme des Mitarbeiters benachrichtigt.
6. Im Falle einer Präsenzschulung mit Onlinekomponenten füllt der Teilnehmer während des Seminars das Quiz oder Examen aus.
7. Anschließend füllt der Teilnehmer im System eine Zufriedenheitsbefragung aus.
8. Der Teilnehmer kann, sofern Sie es erlauben, die Trainingsinhalte im LMS auch nach dem Training aufrufen, um die Inhalte zu wiederholen. Voraussetzung dafür ist, dass Sie mit einem Präsenztraining arbeiten, das Onlineinhalte hat.
9. Der Teilnehmer kann sein Zertifikat ausdrucken und jederzeit die Schulung auf seiner Lernhistorie sichten.

13.3.2 Präsenzschulung anlegen und administrieren

In diesem Abschnitt erfahren Sie, wie Sie das LMS in Ihrem Unternehmen einsetzen, um ein eintägiges Seminar anzubieten, das an verschiedenen Orten und Tagen durchgeführt werden soll. Anhand dieses Beispiels stellen wir Ihnen die oben genannten Aspekte näher vor.

Für unser Beispiel gehen wir davon aus, dass Ihr Unternehmen mehrmals im Jahr die Präsenzschulung »Optimiertes Zeitmanagement« durchführen möchte. Die eintägigen Schulungen sollen in Deutschland an unterschiedlichen Tagen und verschiedenen Orten angeboten werden und im allgemeinen Schulungskatalog zu finden sein. Die Teilnehmer können sich eigeninitiativ zur Schulung registrieren, für die Einbuchung in den Kurs soll jedoch die Zustimmung des direkten Vorgesetzten erforderlich sein. Damit die Durchführung auch wirtschaftlich bleibt, wurde für das Zustandekommen eines jeden Seminars eine Mindestteilnehmerzahl von acht Personen festgelegt. Die maximale Teilnehmerzahl wurde auf 15 Personen beschränkt, damit der Seminarleiter individuell auf jeden Teilnehmer eingehen kann. Bei Überschreiten der Höchstteilnehmerzahl sollen Anmeldungen automatisch auf eine elektronische Warteliste gesetzt werden. Nach Seminarende sollen die Teilnehmer eine Zufriedenheitsbefragung zum Seminar (Ort, Schulungsinhalt und Trainer) ausfüllen.

Folgende Personen sind an diesem Prozess beteiligt:

- Teilnehmer
- Vorgesetzter
- Administrator
- Trainer (Seminarleiter)

Zu Beginn erhält der Administrator den Auftrag zur Erstellung einer Bildungsmaßnahme im System inklusive einer Integration in den elektronischen Schulungskatalog. Es gibt zwei Vorbedingungen, die erfüllt sein müssen, bevor der Administrator mit seiner Arbeit beginnen kann:

- Dem Administrator wurden alle zur Anlage der Bildungsmaßnahme benötigten Informationen bekannt gegeben.
- Die Zielgruppe hat die Berechtigung für den Katalogzugriff.

Präsenzschulung erstellen

Im Folgenden zeigen wir Ihnen, wie Sie eine Präsenzschulung im LMS erstellen können. In einigen Hinweisen ergänzen wir diese Informationen um Tipps und Tricks aus der Praxis.

1. Der Administrator erzeugt zunächst das Element (das technische Objekt) für eine Präsenzschulung, indem er z. B. in der Admin-Suchzeile »Neues Element hinzufü-

gen« eintippt und dann den Schulungstyp **Nur geplant** auswählt und bestätigt (siehe Abbildung 13.3).

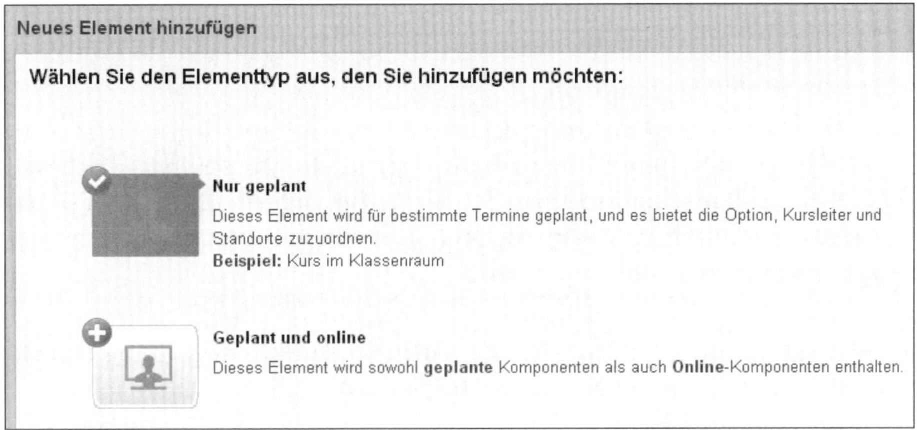

Abbildung 13.3 Elementtyp wählen

2. Im sich öffnenden Fenster wählen Sie im Feld **Elementtyp** für das neue Element **Kurs (COURSE)** aus (siehe Abbildung 13.4). Es werden zunächst die Basisdaten wie Titel, Beschreibung und Seminardauer eingetragen. Zudem wird eingestellt, ob für die Anmeldung ein Genehmigungsprozess gestartet werden soll und – falls ja – wie viele Genehmigungsinstanzen durchlaufen werden sollen.

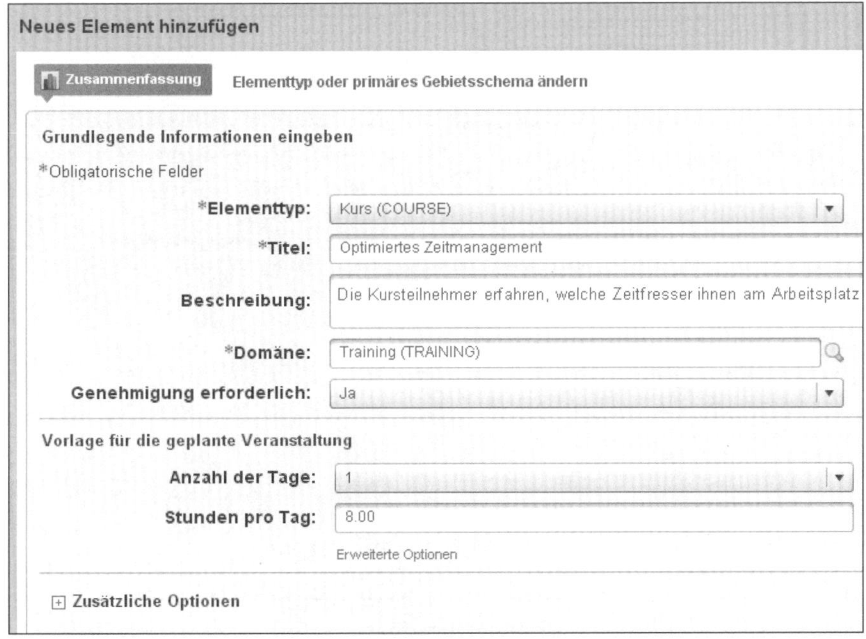

Abbildung 13.4 Neues Element hinzufügen und speichern

Alle im Element eingetragenen Daten gelten für alle Veranstaltungen, die im nächsten Schritt angelegt werden, da die Veranstaltungen auf die Informationen aus diesem Element referenzieren.

[»]

Element als Vorlage speichern

Um bestimmte Felder im Element bereits mit Inhalten vorzubelegen, bietet es sich an, ein Element als eine Art Vorlage zu verwenden. Geben Sie der Vorlage einen aussagekräftigen Namen, und speichern Sie diese wie ein normales Element. Sie können dieses Element dann als Vorlage aufrufen, kopieren und unter neuem Namen für darauffolgende Schulungen benutzen.

3. Es erfolgt nun die Erstellung jeder einzelnen Schulungsveranstaltung, im LMS als neue Veranstaltung, mit ihren individuellen Daten.
4. Klicken Sie nun auf **Fortfahren**, fügen Sie dann im nächsten Schritt die Inhalte, z. B. Onlinetrainings, hinzu, und klicken Sie auf **Speichern** (siehe Abbildung 13.5).

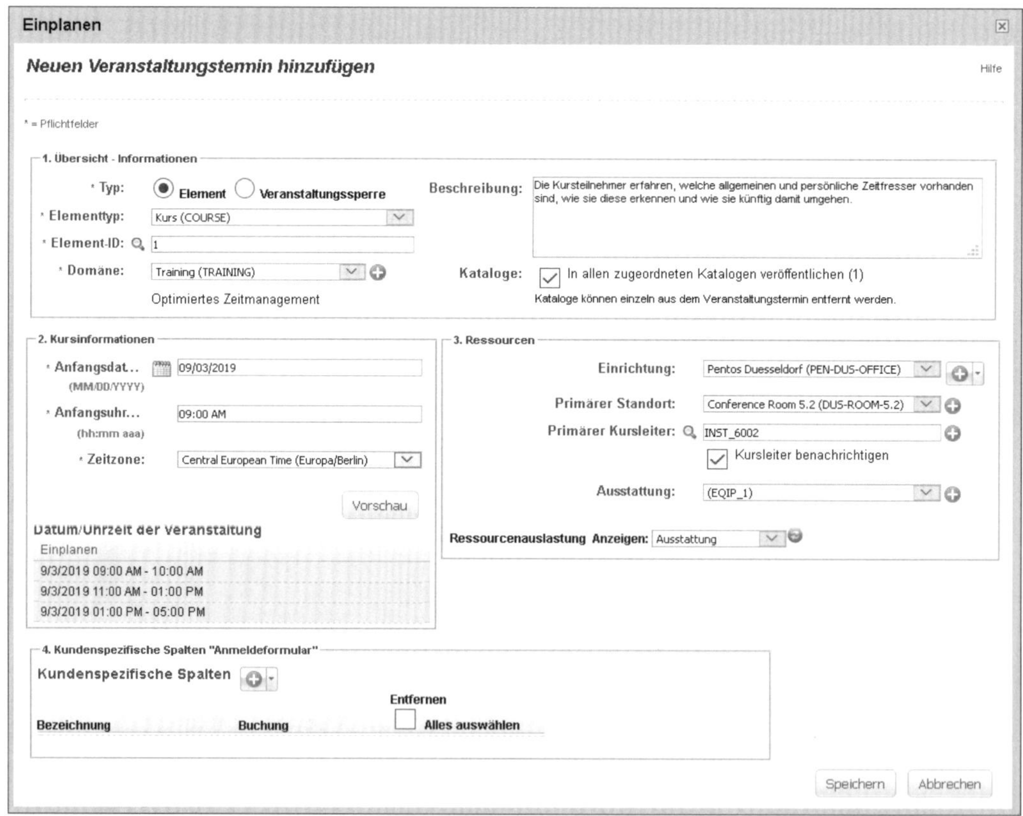

Abbildung 13.5 Geplante Veranstaltung hinzufügen

Wenn Sie wissen, dass Sie eine Bildungsmaßnahme in einem bestimmten Zeitraum an einem bestimmten Schulungsort durchführen wollen, aber noch keine weiteren Details zur Veranstaltung vorliegen, können Sie im LMS die Veranstaltungssperre nutzen. Auf diese Weise können Sie im System für diesen Zeitraum den Schulungsort vorab blocken. Das Vorgehen ist identisch mit dem zuvor beschriebenen: Sie fügen eine geplante Veranstaltung im System hinzu, setzen jedoch im dritten Schritt ein Kennzeichen bei **Veranstaltungssperre** im Bereich **1. Übersicht – Informationen** (siehe Abbildung 13.5).

Nun geben Sie die Ressourcen ein, die Ihnen aktuell bekannt sind – in diesem Fall Ort und Zeitraum. So können Sie weit im Voraus verhindern, dass bestimmte Ressourcen zum Wunschtermin nicht verfügbar sind. Sie können auch bereits die Teilnehmer einbuchen, ohne dass Sie konkret deren Namen angeben. Die restlichen Angaben liefern Sie dann, wenn sie Ihnen vorliegen.

[«]

Ressourcenplanung

Alle Ressourcen, dazu zählen z. B. Schulungsorte, Schulungsräume, Seminarleiter und Materialien, werden grundsätzlich im LMS hinterlegt. Bei jeder Erfassung von Veranstaltungen werden diese entsprechend disponiert. Dadurch ist bei der Erstellung der Veranstaltungen stets ersichtlich, ob und wie die erforderlichen Ressourcen verfügbar sind, und einer Überbuchung von Lokationen, Trainern, Sachmitteln etc. wird vorgebeugt. Falls Sie Trainings ausschließlich im Onlineformat durchführen und alle Ihre Mitarbeiter Zugriff auf einen Rechner oder ein mobiles Endgerät haben, entfällt dieser Schritt. Sie können die Ressourcenplanung jedoch nutzen, um Computerlabore und/oder geteilte Mobilgeräte zu verwalten. Sie können zu jedem Kurs Kosten hinterlegen. Im Standard für Präsenztrainings sind Kosten für die Schulungsräume, Trainer und Materialien vorgesehen (siehe Abbildung 13.6).

Abbildung 13.6 Kosten der Veranstaltung

Nachdem Sie die Veranstaltung angelegt haben, werden Details wie Mindestteilnehmerzahl oder Mailbestätigungen, für jede der einzelnen Veranstaltungen separat, in den *Registrierungseinstellungen* eingetragen (siehe Abbildung 13.7).

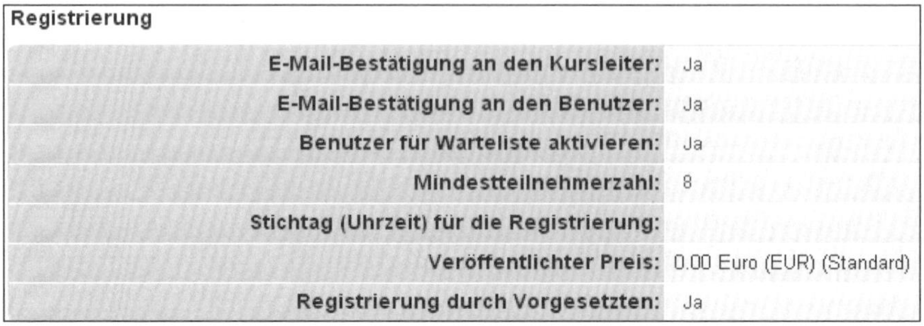

Registrierung

E-Mail-Bestätigung an den Kursleiter:	Ja
E-Mail-Bestätigung an den Benutzer:	Ja
Benutzer für Warteliste aktivieren:	Ja
Mindestteilnehmerzahl:	8
Stichtag (Uhrzeit) für die Registrierung:	
Veröffentlichter Preis:	0.00 Euro (EUR) (Standard)
Registrierung durch Vorgesetzten:	Ja

Abbildung 13.7 Ausschnitt aus den Registrierungsdetails

Die Details der angelegten Veranstaltung werden Ihnen dann angezeigt (siehe Abbildung 13.8).

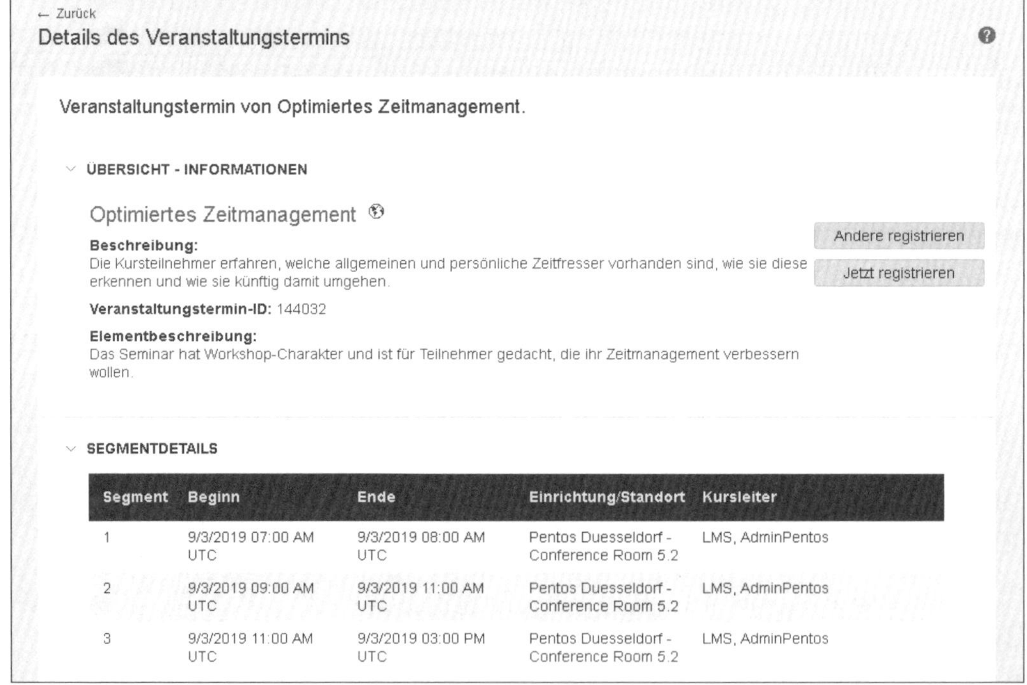

Abbildung 13.8 Details zum Veranstaltungstermin

Es bietet sich an, nachdem Sie die erste der geplanten Veranstaltungen erstellt haben, mit den Kopierfunktionen zu arbeiten, anstatt jede Veranstaltung separat neu anzulegen. Auf diese Weise müssen Sie bei der Anlage wiederkehrender Veranstaltungen lediglich die Variablen wie Ort und Zeit verändern und können dadurch die Erstellung wesentlich beschleunigen. Die Möglichkeiten, die das LMS dafür bietet, sehen Sie in Abbildung 13.9.

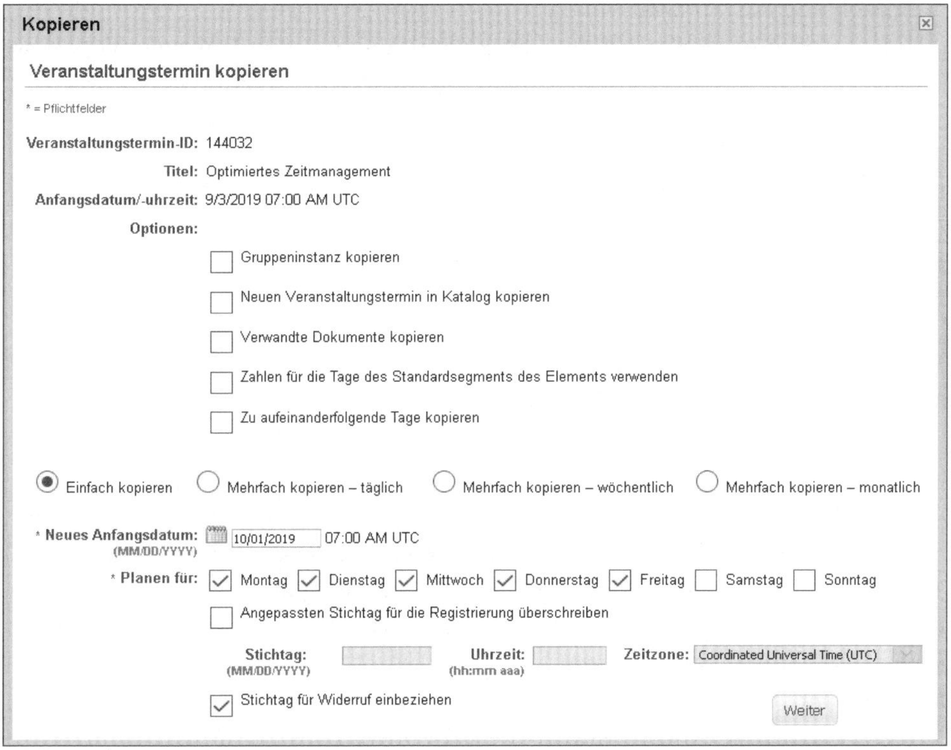

Kopieren

Veranstaltungstermin kopieren

* = Pflichtfelder

Veranstaltungstermin-ID: 144032

Titel: Optimiertes Zeitmanagement

Anfangsdatum/-uhrzeit: 9/3/2019 07:00 AM UTC

Optionen:

- [ ] Gruppeninstanz kopieren
- [ ] Neuen Veranstaltungstermin in Katalog kopieren
- [ ] Verwandte Dokumente kopieren
- [ ] Zahlen für die Tage des Standardsegments des Elements verwenden
- [ ] Zu aufeinanderfolgende Tage kopieren

(•) Einfach kopieren ( ) Mehrfach kopieren – täglich ( ) Mehrfach kopieren – wöchentlich ( ) Mehrfach kopieren – monatlich

* Neues Anfangsdatum: (MM/DD/YYYY) 10/01/2019 07:00 AM UTC

* Planen für: [x] Montag [x] Dienstag [x] Mittwoch [x] Donnerstag [x] Freitag [ ] Samstag [ ] Sonntag

[ ] Angepassten Stichtag für die Registrierung überschreiben

Stichtag: (MM/DD/YYYY) Uhrzeit: (hh:mm aaa) Zeitzone: Coordinated Universal Time (UTC)

[x] Stichtag für Widerruf einbeziehen

Weiter

Abbildung 13.9 Veranstaltung kopieren

Anmeldearten einrichten

Das LMS bietet dem Teilnehmer verschiedene Möglichkeiten, um sich für eine Schulungsmaßnahme anzumelden. Die im folgenden Abschnitt beschriebenen Arten der Anmeldung gelten nicht allein für Präsenzschulungen, sondern für alle Schulungsmaßnahmen, die im LMS vorhanden sind:

1. **Anmeldung durch den Teilnehmer selbst**
   Der Teilnehmer stöbert oder sucht gezielt im elektronischen Schulungskatalog, findet und wählt eine Maßnahme per Mausklick aus (siehe Abbildung 13.10). Falls für die finale Anmeldung noch ein Genehmigungsprozess vorgeschaltet ist, wird der Teilnehmer darüber informiert.
2. **Anmeldung per Systemautomatik**
   Das LMS hat aufgrund vordefinierter Regeln, z. B. des (Plan-)Stellenkennzeichens des Mitarbeiters, einen Schulungsbedarf für einen Mitarbeiter ermittelt und weist

ihm automatisch einen Kurs auf dem Lernplan zu. Der Teilnehmer muss sich jetzt nur noch einen passenden Termin aussuchen und sich für den Kurs registrieren.

3. **Anmeldung durch Dritte**
Eine Anmeldung des Teilnehmers zu einer Schulung wurde durch den Vorgesetzten, Seminarleiter oder einen Administrator im LMS vorgenommen.

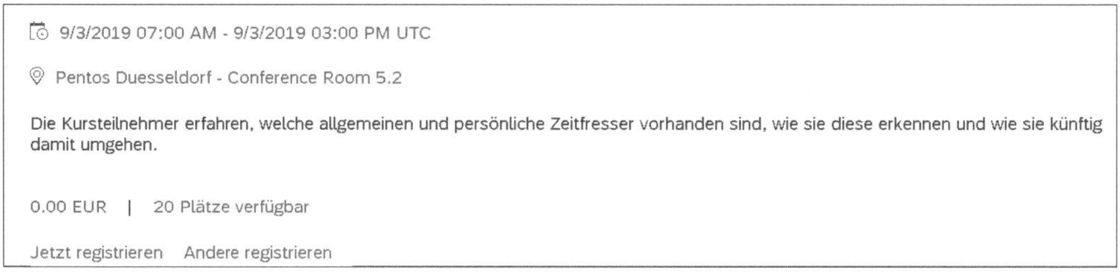

9/3/2019 07:00 AM - 9/3/2019 03:00 PM UTC

Pentos Duesseldorf - Conference Room 5.2

Die Kursteilnehmer erfahren, welche allgemeinen und persönliche Zeitfresser vorhanden sind, wie sie diese erkennen und wie sie künftig damit umgehen.

0.00 EUR | 20 Plätze verfügbar

Jetzt registrieren Andere registrieren

Abbildung 13.10 Anmeldung per Mausklick

Schulungskatalog erstellen

Damit sich Interessierte für die Präsenzschulung über die Inhalte, geplante Zeiten und Orte der Veranstaltungen informieren können, bindet der Administrator die Bildungsmaßnahme in einen Schulungskatalog ein. Dabei ordnet er die Maßnahme einer bestimmten Kategorie zu. Dies beschleunigt das Auffinden, wenn der Teilnehmer nach einer Schulung sucht. In unserem Beispiel wurde das Seminar **Optimiertes Zeitmanagement** der **Kategorie Mit Kursleiter** zugeordnet (siehe Abbildung 13.11).

Themenbereiche

Themenbereiche können im System auch später definiert und hinterlegt werden. Sie sind nicht notwendig, um z. B. Pflichtschulungen zu administrieren, die Mitarbeitern automatisch zugewiesen werden, helfen aber, den Überblick zu bewahren.

Der Teilnehmer kann hier nicht nur suchen, sondern sich aus dem Katalog heraus auch sofort für eine Maßnahme registrieren.

Die Anzeige einzelner Schulungsmaßnahmen im Katalog und damit die Möglichkeit zur Anmeldung läuft im LMS-Modul folgendermaßen ab: Technisch gesehen, werden verschiedene Kataloge erstellt. Meist ein allgemeiner Katalog mit fach- und hierarchieunabhängigen Inhalten, auf dessen Schulungsangebote jeder Mitarbeiter des Unternehmens Zugriff hat. In andere Kataloge, ggf. mit anderen Angeboten, haben nur bestimmte Zielgruppen Einsicht. Diese Kataloge unterscheiden z. B. bestimmte Fachbereiche, Länder und Sprachen. Welche Zielgruppe welche Kataloge »aufrufen und einsehen« kann, wird im LMS über *Zuweisungsprofile* geregelt.

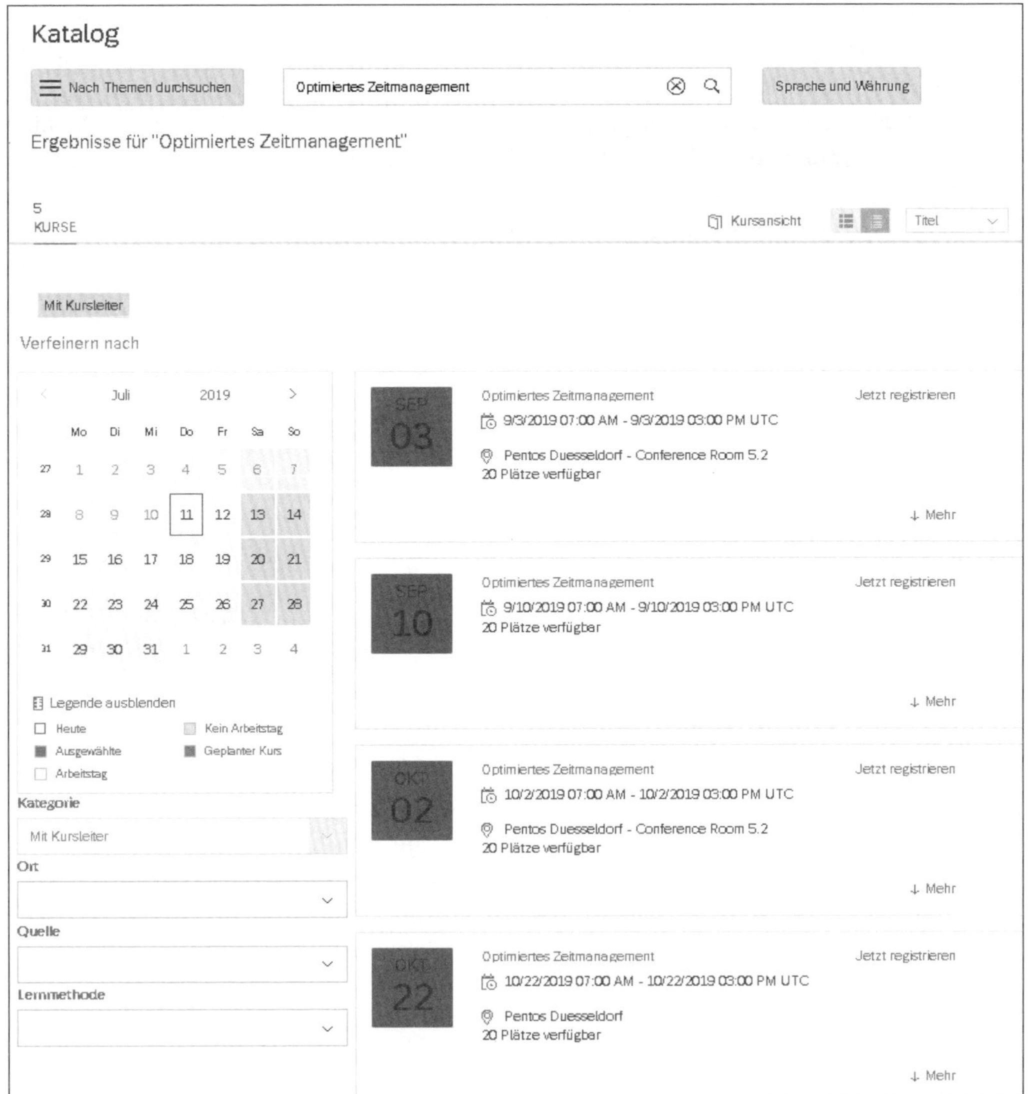

Abbildung 13.11 Katalogsuche

Dabei gilt:

- Es kann ein und dasselbe Bildungsangebot sowohl in dem einen als auch in dem anderen Katalog integriert sein.
- Ein Mitarbeiter kann Teil eines oder mehrerer Zuweisungsprofile sein und somit die Inhalte verschiedener Kataloge sehen. Zuweisungsprofile ergeben sich aus einzelnen Parametern, wie z. B. Rollen, Planstelle, Land, Eintrittsdatum oder einer Kombination aus diesen.

In der Praxis sehen und verwenden alle Mitarbeiter denselben Einstieg in die Katalogsuche, wie in Abbildung 13.11 gezeigt. Nur werden ihnen je nach Katalog und dessen Inhalt eine unterschiedliche Art und Zahl an Bildungsmaßnahmen angezeigt. Weitere Informationen zum Umgang mit Katalogen erhalten Sie in Abschnitt 13.3.3, »Eine Schulung auf eine bestimmte Zielgruppe beschränken«.

Zuweisungsprofile pflegen

Die Variablen, die Sie für die Zuweisungsprofile verwenden, etwa (Plan)-Stellenkennzeichen, Rolle oder Land, müssen in den Mitarbeiterstammdaten in SAP SuccessFactors vorhanden und gepflegt sein. Über Zuweisungsprofile wird nicht nur die Einsicht in Kataloge geregelt, sondern auch die Zuweisung von Schulungen an bestimmte Teilnehmergruppen. Weitere Informationen dazu finden Sie in Abschnitt 13.4.4, »Onlineschulung anlegen und administrieren«.

Genehmigungsprozess durchführen

Wenn der Schulungsmaßnahme ein Genehmigungsprozess vorgeschaltet ist, in unserem Beispiel ein »einstufiger Genehmigungsprozess durch den Vorgesetzten«, wird nach der Kursregistrierung automatisch eine Aufforderung per E-Mail an den nächsten Vorgesetzten versandt.

Der Vorgesetzte genehmigt die Kursteilnahme im System und löst damit eine automatische E-Mail-Bestätigung aus. Diese Bestätigung wird sowohl an den Teilnehmer als auch an den Vorgesetzten selbst versandt und beinhaltet bereits einen Barcode oder ein Kalenderelement, um den Termin einfach in die benutzte Kalenderanwendung einfügen zu können (siehe Abbildung 13.12).

Gleichzeitig stellt das LMS dem Teilnehmer eine Aufgabe im Bereich **Kurse belegen** ein (siehe Abbildung 13.13). Dies ist sozusagen die elektronische Erlaubnis zur Kursteilnahme des Vorgesetzten an seinen Mitarbeiter.

Anmeldung ohne Genehmigungsprozess

Bei Maßnahmen ohne Genehmigungsprozess wird der Teilnehmer, sobald er sich über die Katalogsuche registriert hat und sofern noch ein Platz frei ist, automatisch im LMS als eingeschrieben geführt. Falls kein freier Platz vorhanden ist, erhält der Teilnehmer eine E-Mail, dass er auf die Warteliste gesetzt wurde. Diese Wartelisten-Funktion gilt übrigens mit oder ohne Genehmigung.

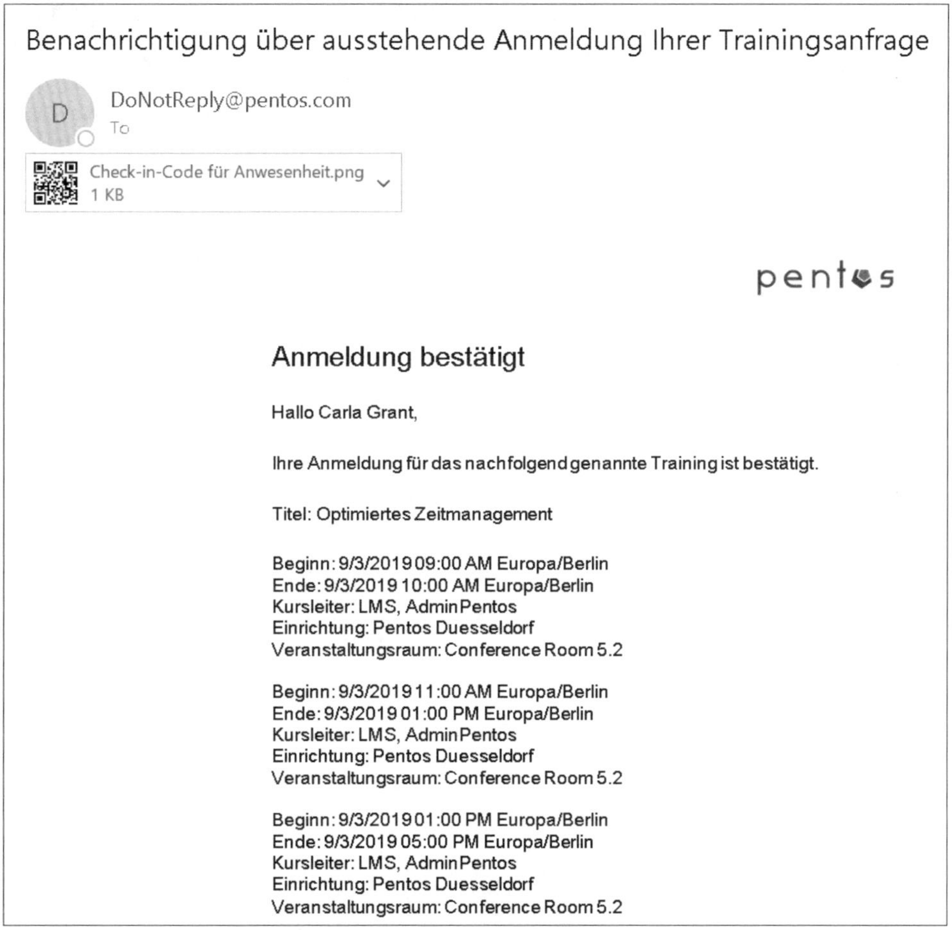

Benachrichtigung über ausstehende Anmeldung Ihrer Trainingsanfrage
D
DoNotReply@pentos.com
To
Check-in-Code für Anwesenheit.png
1 KB
pentos
Anmeldung bestätigt
Hallo Carla Grant,
Ihre Anmeldung für das nachfolgend genannte Training ist bestätigt.
Titel: Optimiertes Zeitmanagement
Beginn: 9/3/2019 09:00 AM Europa/Berlin
Ende: 9/3/2019 10:00 AM Europa/Berlin
Kursleiter: LMS, Admin Pentos
Einrichtung: Pentos Duesseldorf
Veranstaltungsraum: Conference Room 5.2
Beginn: 9/3/2019 11:00 AM Europa/Berlin
Ende: 9/3/2019 01:00 PM Europa/Berlin
Kursleiter: LMS, Admin Pentos
Einrichtung: Pentos Duesseldorf
Veranstaltungsraum: Conference Room 5.2
Beginn: 9/3/2019 01:00 PM Europa/Berlin
Ende: 9/3/2019 05:00 PM Europa/Berlin
Kursleiter: LMS, Admin Pentos
Einrichtung: Pentos Duesseldorf
Veranstaltungsraum: Conference Room 5.2

Abbildung 13.12 Registrierungsbestätigung mit Barcode

Kurse belegen
Für Kurs registrieren Optimiertes Zeitmanagement
Fällig in 27 Tagen
Schließen

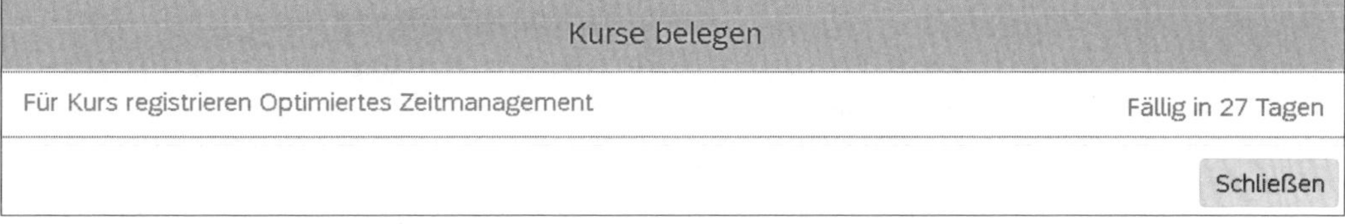

Abbildung 13.13 Information zu belegten Kursen

Nachdem der Teilnehmer den Link per Mausklick aktiviert hat, setzt das LMS den Teilnehmer für diese Schulung automatisch auf den Status **Eingeschrieben**. Er kann nun auch die bestätigte Kursanmeldung im LMS unter **Meine Schulungszuweisungen** sehen (siehe Abbildung 13.14).

Abbildung 13.14 Zugewiesene Schulung im LMS

[»]

Genehmigungsstufen einrichten

Sie können im LMS systemunterstützte Genehmigungsprozesse einrichten, die sich über maximal sechs unterschiedliche Genehmigungsschritte erstrecken können. Damit werden im Bedarfsfall z. B. verschiedene Hierarchieebenen in den Genehmigungsprozess integriert. Wir empfehlen jedoch nicht, mehr als zwei Genehmigungsschritte einzurichten, da dies oft zu Verzögerungen in der Prozessabwicklung führt und mit hohem Administrationsaufwand verbunden ist. Arbeiten Sie mit einem einstufigen Genehmigungsprozess, und verknüpfen Sie diesen mit der Standardrolle Vorgesetzter.

Kursregistrierung verwalten

Das LMS kennt verschiedene Registrierungsstatus. Tabelle 13.2 gibt Ihnen einen Überblick über die Status und ihre Bedeutung.

Status	Definition
Eingeschrieben	Dem Teilnehmer wurde ein Schulungsplatz in einer bestimmten Veranstaltung zugesagt.
Auf Warteliste	Der Teilnehmer ist registriert und wartet auf einen freien Platz in der Veranstaltung.
Storniert	Der Teilnehmer wurde aus der Teilnehmerliste einer bestimmten Veranstaltung gelöscht. Dadurch wird ein weiterer Platz für einen Teilnehmer frei, der auf der Warteliste steht.
Ausstehend	Der Teilnehmer wartet auf die Genehmigung durch den Vorgesetzten.

Tabelle 13.2 Überblick über die Registrierungsstatus

13

Als Administrator, oder auch als Seminarleiter/Trainer mit entsprechender Berechtigung, sehen Sie zu jeder Veranstaltung die Anzahl der Teilnehmer, die bereits eingeschrieben oder auf der Warteliste sind, und können den jeweiligen Status ändern. Im Bedarfsfall können Sie auch Teilnehmer von der Liste löschen. Diese Art von Aktion wird im Registrierungsprozess manchmal notwendig, wenn ein Mitarbeiter, aufgrund einer Versetzung oder eines Weggangs, kurzfristig von der Teilnehmerliste genommen werden muss bzw. wenn ein Neuzugang dringend in letzter Minute noch als zusätzlicher Teilnehmer eingebucht werden soll.

Dabei unterstützt Sie das LMS mit einfachen, intuitiven Werkzeugen. Per Drag-and-drop verschieben Sie die Teilnehmer von der Warteliste auf die Liste der eingeschriebenen Benutzer und umgekehrt (siehe Abbildung 13.15). Alle weiteren Schritte, wie z. B. den Versand von E-Mail-Benachrichtigungen an den Teilnehmer, erledigt das LMS automatisch im Hintergrund.

Abbildung 13.15 Teilnehmer zuordnen

Ebenso können Sie auf sehr komfortable Weise Datum und Uhrzeit einer geplanten Veranstaltung nur durch Verschieben des Kalendereintrags ändern (siehe Abbildung 13.16).

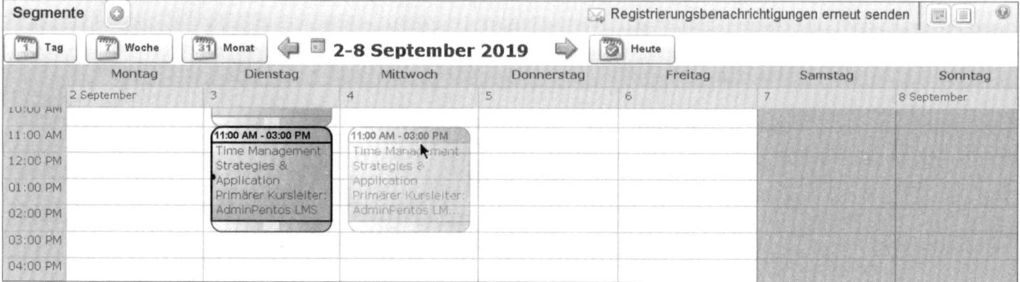

Abbildung 13.16 Verschiebung des Kalendereintrags auf den neuen Termin

Sie klicken danach lediglich auf den Link **Registrierungsbenachrichtigungen erneut senden**, und alle Teilnehmer erhalten die Information zum neuen Termin automatisch per E-Mail (siehe Abbildung 13.17).

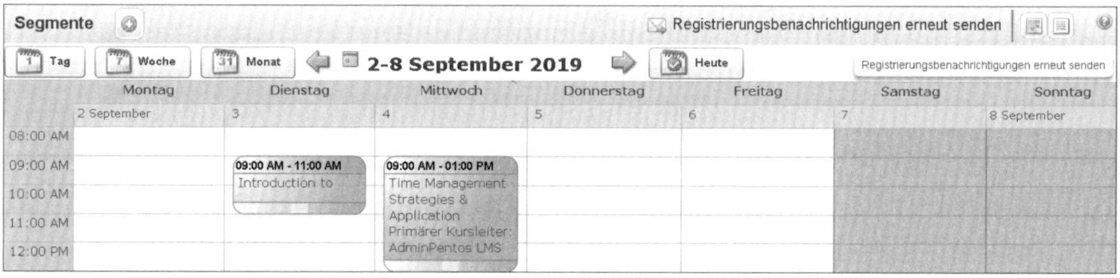

Abbildung 13.17 Registrierungsbenachrichtigung erneut senden

Teilnahme bestätigen

Nach Seminarende fehlt im LMS noch die Information, ob die angemeldeten Teilnehmer auch wirklich vor Ort waren und ob sie das Seminar bis zum Ende besucht haben. Hier ist der Seminarleiter gefragt. Er kann die Teilnahme direkt während des Seminars oder in der Nachbereitung im System erfassen. Im LMS wird dabei von *Schulung aufzeichnen* gesprochen. In diesem Prozessschritt (siehe Abbildung 13.18) können folgende Aktionen erfolgen:

- Eintrag einer Benotung
- Erfassung von Kommentaren
- Festlegen des Status **Training abgeschlossen** oder **Training nicht abgeschlossen**

Abbildung 13.18 Schulung aufzeichnen

Sobald Sie den Prozessschritt ausgeführt haben, sieht jeder Teilnehmer in seiner persönlichen Lernhistorie das Seminar mit dem jeweiligen Status – im Normalfall also **Kurs abgeschlossen** (siehe Abbildung 13.19). Durch einen automatischen Prozess wird die erfolgte Seminarteilnahme auch in die integrierbaren Prozesse in SAP SuccessFactors, wie z. B. den Entwicklungsplan oder die Personaldaten, übertragen. Dort wird die Teilnahme im Mitarbeiterprofil in einem Hintergrundportlet angezeigt. Ebenso wird im LMS ein Datum für künftige Auswertungen von Seminarteilnahmen erzeugt.

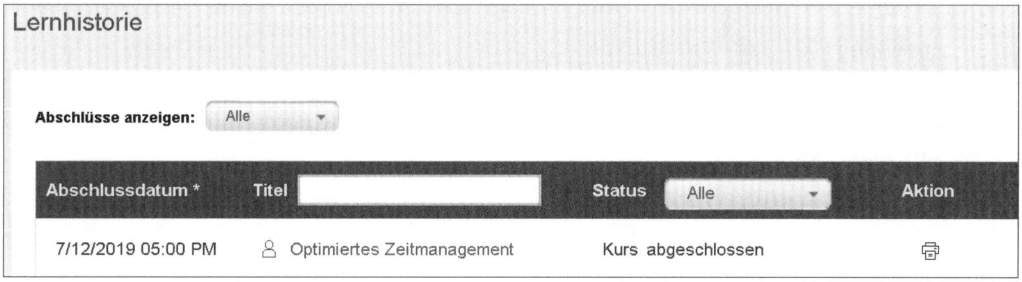

Lernhistorie

Abschlüsse anzeigen: Alle

Abschlussdatum *	Titel	Status Alle	Aktion
7/12/2019 05:00 PM	Optimiertes Zeitmanagement	Kurs abgeschlossen	

Abbildung 13.19 Lernhistorie

Teilnahmebescheinigungen ausstellen

In den Einstellungen zur Veranstaltung im LMS können Sie festlegen, dass Teilnahmebescheinigungen oder Zertifikate im PDF-Format erstellt und verschickt werden. Das LMS bietet Ihren Mitarbeitern die Möglichkeit, solche Nachweise aus der Lernhistorie heraus auszudrucken. Alternativ kann auch der Administrator, über einen Adhoc-Versand per E-Mail oder über den Ausdruck auf Papier, Bescheinigungen bereitstellen (siehe Abbildung 13.20).

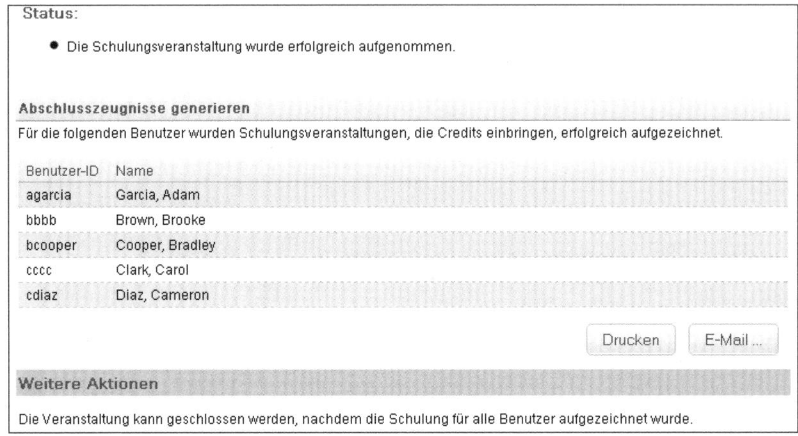

Abbildung 13.20 Teilnahmebestätigung erzeugen

Der Teilnehmer selbst kann zudem Ausdrucke der Teilnahmebestätigung aus seiner Lernhistorie anstoßen, indem er die Aktion **Drucken** nutzt (siehe Abbildung 13.21).

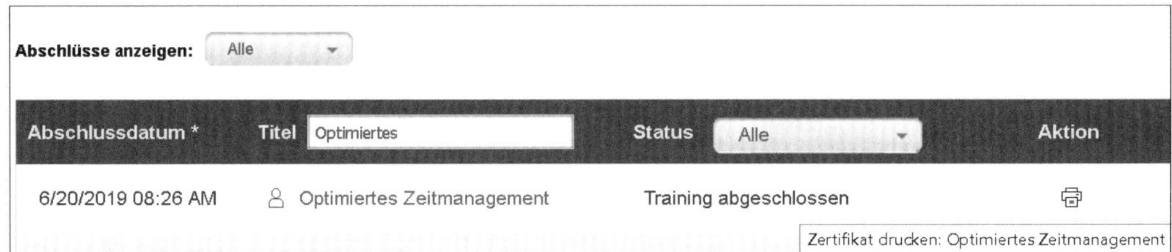

Abbildung 13.21 Zertifikat drucken

In Abbildung 13.22 sehen Sie ein einfaches Beispiel, wie eine Teilnahmebestätigung aussehen kann.

Abbildung 13.22 Beispiel für ein Abschlusszertifikat

Zufriedenheitsbefragung durchführen

Nach erfolgter Teilnahme füllt der Teilnehmer die elektronische Zufriedenheitsbefragung, auch als *Smiley Sheet* bekannt, im LMS-Modul aus. Die Daten werden gespeichert und stehen Ihnen für Auswertungen zur Verfügung. So könnten Sie Maßnahmen ergreifen, falls z. B. Lerninhalte kontinuierlich als unterdurchschnittlich oder die Erreichbarkeit eines Seminarorts ständig als schwierig bewertet werden. Einen Ausschnitt aus einer Befragung via LMS sehen Sie in Abbildung 13.23.

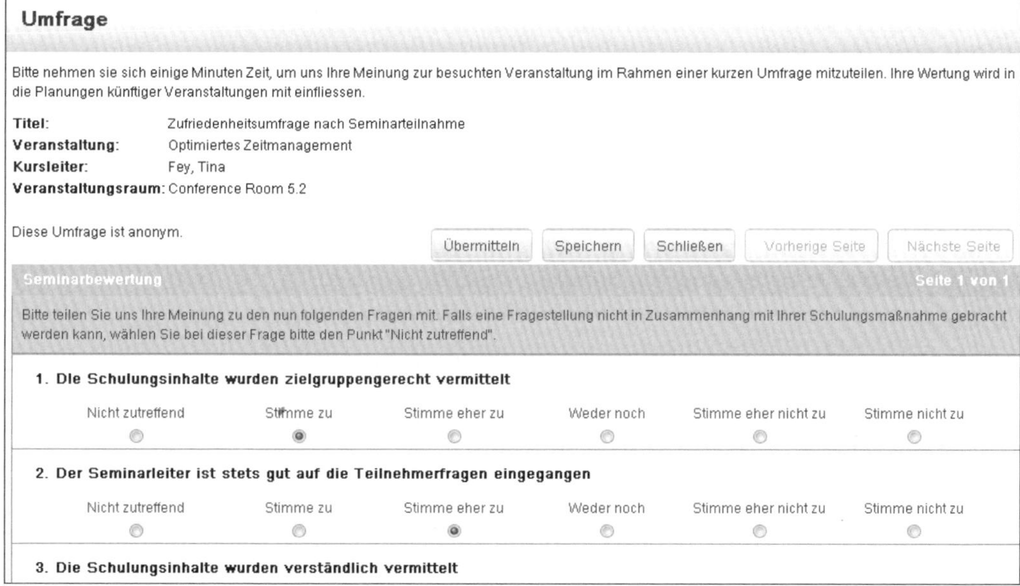

Umfrage

Bitte nehmen sie sich einige Minuten Zeit, um uns Ihre Meinung zur besuchten Veranstaltung im Rahmen einer kurzen Umfrage mitzuteilen. Ihre Wertung wird in die Planungen künftiger Veranstaltungen mit einfliessen.

Titel: Zufriedenheitsumfrage nach Seminarteilnahme
Veranstaltung: Optimiertes Zeitmanagement
Kursleiter: Fey, Tina
Veranstaltungsraum: Conference Room 5.2

Diese Umfrage ist anonym.

Übermitteln | Speichern | Schließen | Vorherige Seite | Nächste Seite

Seminarbewertung — **Seite 1 von 1**

Bitte teilen Sie uns Ihre Meinung zu den nun folgenden Fragen mit. Falls eine Fragestellung nicht in Zusammenhang mit Ihrer Schulungsmaßnahme gebracht werden kann, wählen Sie bei dieser Frage bitte den Punkt "Nicht zutreffend".

1. Die Schulungsinhalte wurden zielgruppengerecht vermittelt

Nicht zutreffend | Stimme zu | Stimme eher zu | Weder noch | Stimme eher nicht zu | Stimme nicht zu

2. Der Seminarleiter ist stets gut auf die Teilnehmerfragen eingegangen

Nicht zutreffend | Stimme zu | Stimme eher zu | Weder noch | Stimme eher nicht zu | Stimme nicht zu

3. Die Schulungsinhalte wurden verständlich vermittelt

Abbildung 13.23 Ausschnitt aus einer Zufriedenheitsbefragung

Verpflichtende Zufriedenheitsbefragung

Wenn Sie Wert darauf legen, dass alle Teilnehmer die Zufriedenheitsbefragung ausfüllen und übermitteln, bietet das LMS-Modul folgende Möglichkeit: Stellen Sie bereits bei der Verknüpfung der elektronischen Befragung mit den Präsenzschulungen im LMS ein, dass für den Erhalt einer Teilnahmebestätigung das Ausfüllen der Befragung als technische Voraussetzung notwendig ist (siehe Abbildung 13.24). Dadurch wird erreicht, dass der Kurs erst nach Übermittlung der vollständig ausgefüllten Befragung als **abgeschlossen** in der Lernhistorie erscheint.

In der Regel werden Sie die Zufriedenheitsbefragung anonymisiert durchführen. Sollte das in besonderen Fällen ausdrücklich nicht gewünscht sein, könnten Sie auch dies im Vorfeld entsprechend konfigurieren (siehe Abbildung 13.24).

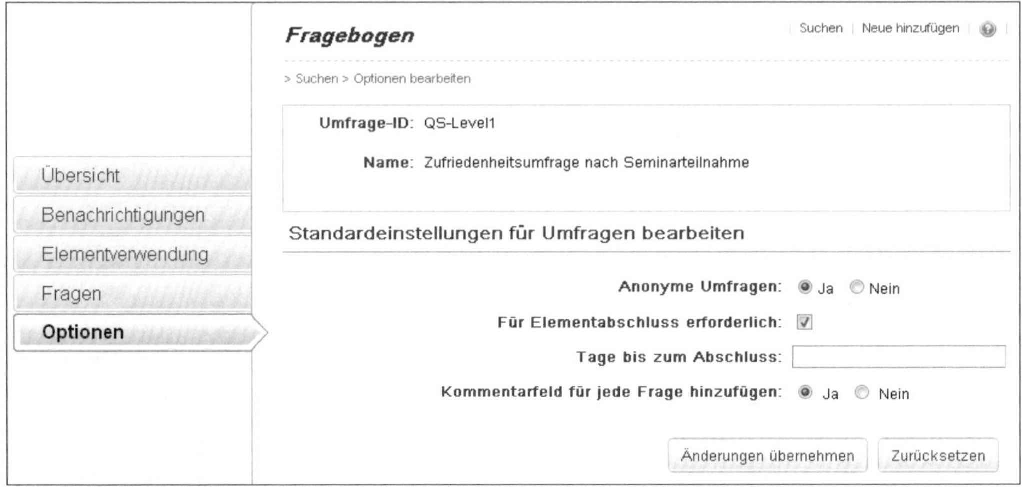

Abbildung 13.24 Einstellung der Optionen für eine Befragung

Wirksamkeitskontrolle

Die Wirksamkeitskontrolle ermöglicht es Ihnen, das Verständnis eines Lerners zu prüfen und auch zu dokumentieren, dass das Gelernte verstanden wurde. Gerade bei Compliance-Trainings ist die Wirksamkeitskontrolle (Fragen zum Verständnis, die man erfolgreich absolvieren muss), ein notwendiges Element. Zeigt sich, dass jemand die wichtigen Fragen nicht beantworten kann, können weitere begleitende Maßnahmen angeboten werden. Dabei unterstützt die LMS-SAP-Jam-Integration. In SAP Jam können z. B. weitere Informationen oder Austauschmöglichkeiten angeboten werden.

Sie haben nun erfahren, wie Sie eine Schulung anlegen und administrieren. Im nächsten Abschnitt zeigen wir Ihnen, wie Sie Bildungsmaßnahmen im LMS nur für bestimmte Zielgruppen anbieten und den Zugriff auf die Schulungskataloge auf bestimmte Teilnehmergruppen beschränken können.

13.3.3 Eine Schulung auf eine bestimmte Zielgruppe beschränken

Um sicherzustellen, dass alle Mitarbeiter die Pflichtschulungen absolvieren, die für ihre Rolle und/oder Abteilung notwendig sind, empfehlen wir Ihnen, die sogenannten *Zuweisungsprofile* zu nutzen.

Bei der Einstellung der Zuweisungsprofile müssen Sie auch entscheiden, ob die Pflichtschulungen einmalig absolviert werden oder sich diese in einem bestimmten Rhythmus wiederholen müssen, um audit-konform zu bleiben, etwa bei wiederkehrenden Compliance-Schulungen.

Im folgenden Beispiel fokussieren wir uns auf eine Pflichtschulung, die nur einmalig stattfinden muss. Die Zielgruppe sind Mitarbeiter, die Führungskräfte sind oder werden.

An diesem Prozess sind die folgenden Personen beteiligt:

- Teilnehmer
- Administrator

Der Administrator erhält den Auftrag, eine Präsenzschulung »Optimiertes Zeitmanagement« im Schulungskatalog des LMS-Moduls auf die Zielgruppe »Führungskräfte« einzuschränken. Auch in diesem Fall müssen zwei Vorbedingungen erfüllt sein:

- Es ist ein Katalog vorhanden, auf den nur Führungskräfte Zugriff haben.
- Es ist ein Zuweisungsprofil für die Gruppe der Führungskräfte vorhanden.

Sie haben die Möglichkeit, die eigeninitiativ gesteuerte Seminarregistrierung auf nur eine bestimmte Zielgruppe einzuschränken. In unserem Szenario soll dies die Zielgruppe *Führungskräfte* sein.

Bei der Bearbeitung des Schulungskatalogs wird folgendermaßen vorgegangen: Die Präsenzschulung in unserem Beispiel wurde zunächst im allgemeinen Katalog angeboten, auf den jeder Mitarbeiter Zugriff hat. Aus diesem Katalog wird die Schulung nun herausgenommen. Stattdessen wird die Schulung nun in einen Katalog eingebunden, auf den nur die Berechtigten, in diesen Fall die Führungskräfte, Zugriff haben.

Der Administrator benötigt nur wenige Schritte, um die Änderungen im Katalog umzusetzen:

1. Suchen Sie den **Katalog für alle Mitarbeiter**, indem Sie in der Admin-Suchleiste »Katalog hinzufügen« eintippen, und wählen Sie ihn mit einem Mausklick aus (siehe Abbildung 13.25).

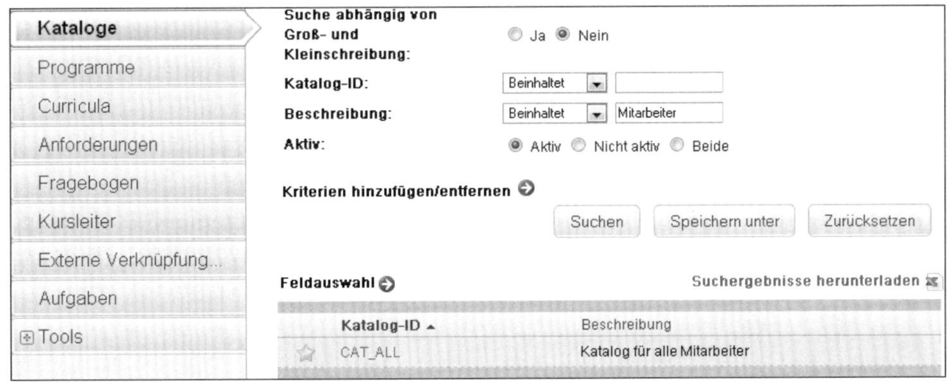

Abbildung 13.25 Katalog suchen

2. Wählen Sie im Bereich **Elemente** den Kurs **Optimiertes Zeitmanagement**, und löschen Sie dessen Verknüpfung mit dem Katalog, indem Sie ein Kennzeichen bei **Entfernen** setzen (siehe Abbildung 13.26) und anschließend auf **Speichern** klicken. Dadurch wird die Verknüpfung des Elements mit dem Katalog gelöscht, aber nicht das Element selbst.

Abbildung 13.26 Element entfernen

3. Suchen und öffnen Sie den **Katalog für Führungskräfte**. Danach klicken Sie auf das Symbol [icon] neben **Elemente** (siehe Abbildung 13.27).

Abbildung 13.27 Element hinzufügen

4. Nehmen Sie nun das Element **Optimiertes Zeitmanagement** in diesen Katalog auf, indem Sie ein Kennzeichen bei **Hinzufügen** setzen und anschließend auf den Button **Hinzufügen** klicken (siehe Abbildung 13.28).

Anschließend sehen Sie, dass der Kurs **Optimiertes Zeitmanagement** im **Katalog für Führungskräfte** zur Verfügung steht (siehe Abbildung 13.29).

Abbildung 13.28 Element selektieren und hinzufügen

Katalog für Führungskräfte — CAT_MANAGER

*Domäne:	Training (TRAINING)	Kontakt-E-Mail:	
Aktiv:	Ja	Preisgestaltungsregel:	
Nutzergenerierte Inhalte:	Nein		

Zugeordnet: Elemente, Curricula, Zuweisungsprofile, Schnellanleitungen

Elemente — Titel oder ID eingeben

Titel	Katalogoptionen		Aktionen	Preis
Optimiertes Zeitmanagement	Markieru...		Preisänderung	0.00 Euro (EUR)
	Bis:	MM/DD/YYYY	Geplante Veranstaltu...	
	Grund:			
	Läuft ab:	MM/DD/YYYY		

Abbildung 13.29 Aufgenommenes Element im neuen Katalog

Kontrolle der Zielgruppenbeschränkungen

Nachdem Sie eine Zielgruppenbeschränkung vorgenommen haben, empfiehlt sich eine finale Kontrolle der Einstellungen. Sie können die »Gegenprobe« zu Ihren Einschränkungen machen, indem Sie nicht über Kataloge gehen, sondern das betroffene Element öffnen und sich vergewissern, dass mit dem Element auch nur die Kataloge verknüpft sind, in denen es auch sichtbar sein soll.

Da bei Präsenzschulungen sowohl Kosten als auch organisatorische Aufwände vergleichsweise hoch sind, wechseln Unternehmen immer öfter zu Onlineschulungen. Wie Sie Onlineschulungen mit dem LMS anbieten und durchführen, erfahren Sie im folgenden Abschnitt.

13.4 Best Practice: Onlineschulungen

Onlineschulungen gehören genauso wie Trainingssoftware zum Bereich *E-Learning*.

Onlineschulungen stellen Onlineinhalte auf einem Webserver bereit. In diesem Zusammenhang wird häufig auch von *Web-Based Training* (WBT), selbst gesteuertem Lernen oder auch von *asynchronem Lernen* gesprochen.

Welche Möglichkeiten Ihnen das LMS bei der Arbeit mit Onlineschulungen bietet, erfahren Sie in den folgenden Abschnitten.

13.4.1 Vorteile von Onlineschulungen

Die Vorteile von Onlineschulungen für den Teilnehmer liegen in der Selbstbestimmtheit:

- Onlineschulungen können ortsunabhängig absolviert werden.
- Schulungszeiten können frei eingeteilt werden.
- Das Lernpensum kann an den individuellen Rhythmus angepasst werden.
- Das Medium (Workstation, Notebook, Tablet, Smartphone) kann frei gewählt werden.

Die Vorteile für das Unternehmen sind u. a.:

- Onlineschulungen können weltweit tausendfach absolviert werden, für die Erstellung der Inhalte fallen jedoch nur einmalig Kosten an.
- Wegfall von Seminarorganisation, Ressourcenmanagement und Reiseaufwänden
- Reduktion von Trainerhonoraren
- Teile einmal erstellter Inhalte können ohne Mehrkosten in inhaltlich unterschiedlich zusammengesetzten Schulungen verwendet werden.
- geringer administrativer Aufwand für weltweites und gezieltes Ausrollen von Schulungen für bestimmte Unternehmensbereiche oder -töchter

Hinzu kommt auch die Sicht der die Trainings absolvierenden Mitarbeiter. Diese möchten bedarfsgerecht lernen können, zu frei ausgewählten Zeiten und in ihrem eigenen Lerntempo. Zudem sollen sich Trainings auch aus ihrer Sicht gut in den Arbeitsalltag integrieren lassen.

[«]

Wichtigkeit von Onlineschulungen

Abgesehen von den ökonomischen Vorteilen, ist das mobile Lernen selbstverständlich und unverzichtbar in der modernen Arbeitswelt. Viele Mitarbeiter sind nicht mehr zwingend an einen Arbeitsplatz gebunden. Auch ist es nicht immer effizient und möglich, Mitarbeiter für ein mehrtägiges Training aus dem Arbeitsalltag herauszuziehen. Mitarbeitern die Wahl zwischen einem Präsenz- und einem Onlinetraining zu lassen ist daher wichtig.

13.4.2 Onlineinhalte

Zu den in Onlineschulungen verwendeten Onlineinhalten zählen z. B.:

- elektronische Präsentationen
- Audiopräsentationen
- Videopräsentationen
- Onlinetests
- Dokumente im PDF-Format

[«]

Differenzierung von »Onlineschulung« und »Onlineinhalt«

Onlineinhalte werden im LMS in einer *Onlineschulung* zusammengestellt und so gespeichert, dass Administratoren und Teilnehmer darauf zugreifen können. Die Onlineschulung stellt also eine Art Rahmen oder Hülle für die Onlineinhalte dar. Sie kann z. B. aus nur einer einzelnen Datei oder auch aus einer Kombination mehrerer verschiedener Arten von Onlineinhalten bestehen.

Der Teilnehmer startet stets nur die Onlineschulung. Wann und wie die Onlineinhalte innerhalb dieses Rahmens ablaufen, d. h., ob und wie die Ablaufreihenfolge der Inhalte vom Teilnehmer beeinflussbar sein soll, ist in der Onlineschulung selbst festgelegt.

Die Erstellung der Onlineinhalte erfolgt außerhalb von SAP SuccessFactors unter Einsatz verschiedener Softwareprogramme. Diese werden als *Autoren-Tools* bezeichnet und sind speziell für alle entwickelt, die Schulungen auf digitaler Basis erstellen und anbieten, wie Trainer, Bildungseinrichtungen oder Anbieter, die Lerninhalte entwickeln. Die Speicherung der Onlineinhalte erfolgt auf sogenannten *Content-Servern*. Im LMS werden zu diesen Onlineinhalten lediglich die Verknüpfungen gespeichert, die auf den jeweiligen Speicherort verweisen.

SAP Enable Now ist ein Angebot von SAP. Es bietet Ihnen viele Möglichkeiten zur einfachen Erstellung von Schulungen und Lernmaterialien zur individuellen Leistungsunterstützung. Mithilfe des Tools können Sie Produktivität, Anwenderakzeptanz und Nutzerfreundlichkeit Ihrer Unterlagen oftmals verbessern (siehe Abbildung 13.30). SAP Enable Now lässt sich nahtlos in die SAP-Cloud-Produkte und SAP SuccessFactors integrieren und bietet dann kontextspezifische Unterstützung für die Nutzer.

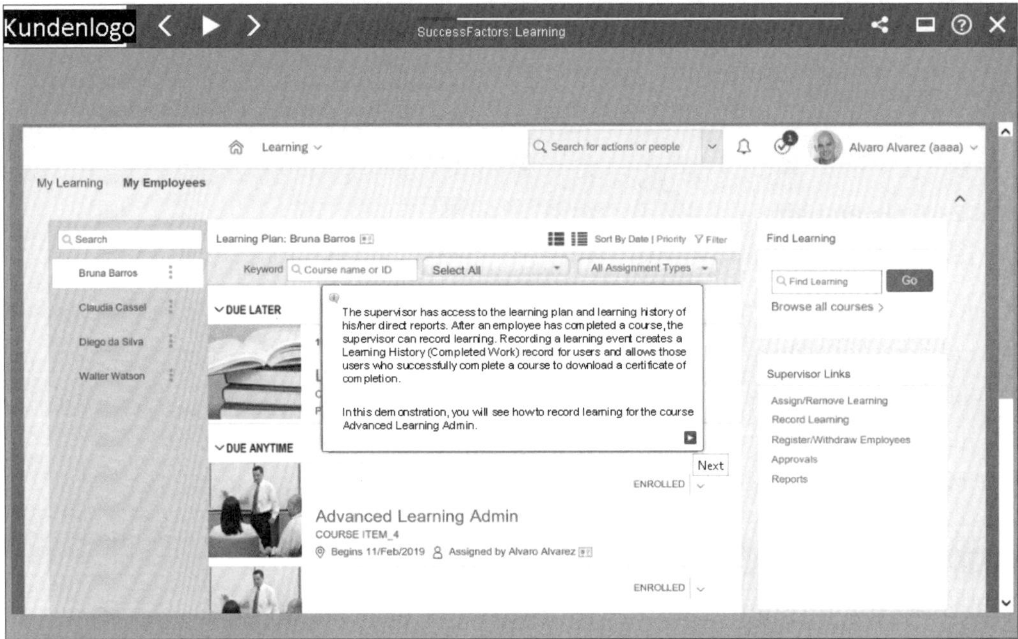

Abbildung 13.30 Beispiel für die Einbindung von SAP Enable Now

Weitere Informationen zu SAP Enable Now erhalten Sie unter *https://www.sap.com/germany/products/enable-now.html*.

13.4.3 Standardablauf einer Onlineschulung

Der Standardablauf einer Onlineschulung gestaltet sich folgendermaßen:

1. Der Onlineinhalt (WBT, Video, Audio, Prüfungsfragen, Präsentation) wird mit einer geeigneten Autorensoftware erstellt.
2. Die erstellte(n) Datei(en) werden vom Administrator auf dem (in diesem Beispiel) iContent-Server gespeichert.
3. Der Administrator lädt die Datei in den vorgesehenen iContent-Ordner hoch und erzeugt im LMS ein Training. Alternativ kann der Administrator auch nur ein Inhaltsobjekt erstellen.

[«]

Inhaltsobjekt

Das *Inhaltsobjekt* selbst enthält keinen Onlineinhalt wie Video- oder Audiomaterial, sondern lediglich Informationen zum Onlineinhalt, etwa Titel, Beschreibung, Speicherort und zu verwendende Wiedergabesoftware für Audio-/Videoanteile der Multimediainhalte.

4. Der Administrator erzeugt im LMS ein Onlineelement (falls dieses noch nicht vorhanden ist).
5. Das Inhaltsobjekt wird mit dem Onlineelement verknüpft.
6. Den Teilnehmern wird das Onlineelement direkt zugeordnet, und/oder es wird mit einem bestehenden Katalog verknüpft.

[«]

Testen vor Veröffentlichung

Es empfiehlt sich, den einwandfreien Ablauf einer Onlineschulung stets eingehend zu überprüfen, bevor man ein Onlineseminar einer meist recht großen Teilnehmerzahl anbietet. Wir empfehlen Ihnen, das Testen in einer separaten Testinstanz vorzunehmen.

7. Die Teilnehmer starten die Onlineschulung, führen diese durch und können am Ende, sofern dies vorgesehen ist, ein Kurszertifikat ausdrucken.
8. Nach bestandener Onlineschulung sieht der Teilnehmer den Kurs in der Liste seiner absolvierten Schulungen.

[«]

Speicherung und Auswertung

Abhängig von den unternehmensspezifischen Präferenzen können im Hintergrund Daten zu den Schulungen gespeichert werden. Sie können dementsprechend jede Schulung nach verschiedenen Kriterien auswerten, (z. B. Onlinedauer, Prüfungsergebnis, Anzahl der Wiederholungen je Teilnehmer). Da hier, wie im gesamten HR-Bereich, personenbezogene Daten gelesen werden, muss dies üblicherweise mit den verantwortlichen Stellen im Vorfeld abgeklärt werden.

Im folgenden Abschnitt zeigen wir Ihnen, wie Sie die im Rahmen einer Onlineschulung anfallenden Aufgaben administrieren und wie die Schulungen aus der Sicht der Teilnehmer aussehen.

13.4.4 Onlineschulung anlegen und administrieren

Ihr Unternehmen möchte in unserem Beispiel die gesamte Belegschaft im Rahmen der Onlineschulung »IT-Sicherheit« für sicherheitsrelevante Situationen im Umgang mit Kommunikationsmitteln und IT-Komponenten sensibilisieren. Die Kernthemen und die Grundstruktur für die Schulung werden vom IT- Sicherheitsbeauftragten ausgearbeitet.

Mit der Erstellung der Onlineinhalte wird ein externes Unternehmen beauftragt. Die Schulung wird allen Mitarbeitern systemgesteuert direkt in ihre To-do-Listen auf der SAP-SuccessFactors-Startseite und in **Meine Schulungen** im LMS eingestellt.

Folgende Personen sind an dem Prozess beteiligt:

- Ersteller des Onlineinhalts
- Administrator
- Teilnehmer

Der Prozess wird durch den Auftrag an den Ersteller der Onlineinhalte ausgelöst. Diesem und dem Administrator, der die Onlineschulung in SAP SuccessFactors anlegt, müssen vollständige Vorgaben vorliegen.

Onlineinhalt – Autoren-Tool

An dieser Stelle sei nochmals darauf hingewiesen, dass das LMS zum Verwalten der Onlineschulungen eingesetzt wird. Die Erstellung von Onlineinhalten erfolgt hingegen außerhalb des LMS-Moduls, unter Einsatz unterschiedlicher Autorensoftware.

Dem LMS-Administrator genügt es, wenn er die Datei oder den Speicherort (URL) und den Typ des Onlineinhalts kennt, um technisch eine Onlineschulung für ein Unternehmen weltweit auszurollen.

Dateien können z. B. auch auf Google iDrive abgelegt und im LMS verlinkt werden.

Sobald der Onlineinhalt auf den entsprechenden iContent-Server hochgeladen wurde, nimmt der Administrator im LMS weitere Arbeitsschritte vor, damit die Teilnehmer eine Onlineschulung starten können. Auf diese Schritte gehen wir im Folgenden detailliert ein.

Inhaltsobjekt erzeugen

Der Administrator erzeugt zunächst ein neues **Inhaltsobjekt** und gibt im Feld **Erstellungsstandort** den Speicherort (URL) an, an dem die Onlineinhalte zu finden sind (siehe Abbildung 13.31).

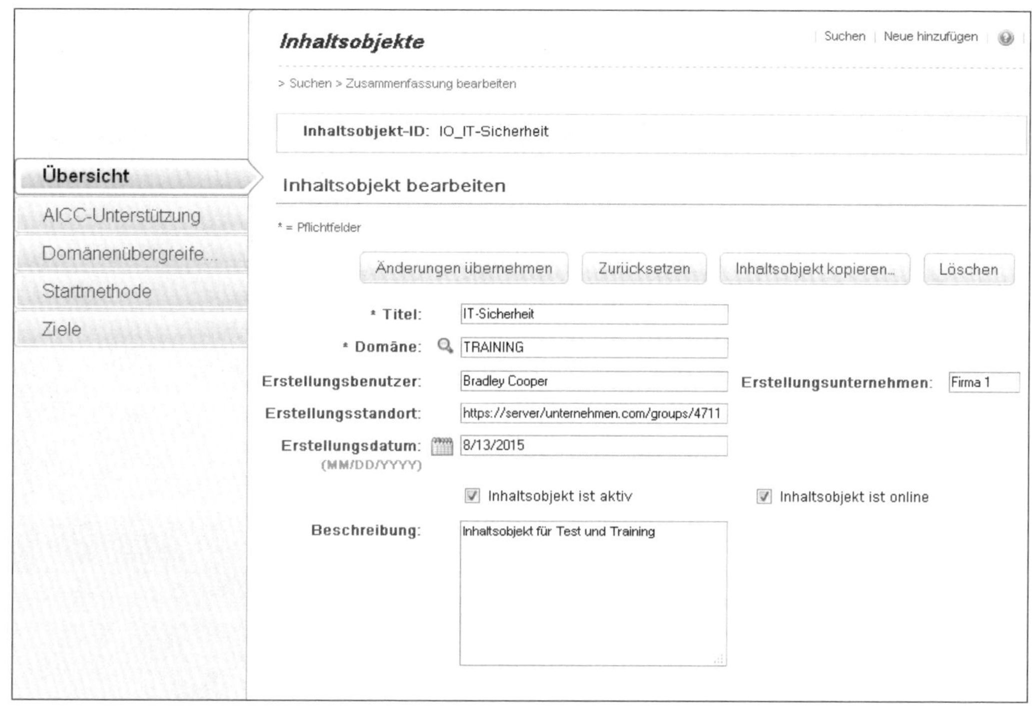

Abbildung 13.31 Neues Inhaltsobjekt erzeugen

Onlineelement erstellen

Im nächsten Schritt wird ein neues Element erzeugt. Während Sie für Präsenzschulungen den Elementtyp **Nur geplant** ausgewählt haben (siehe Abschnitt 13.3.2, »Präsenzschulung anlegen und administrieren«), müssen Sie für Onlineschulungen den Typ **Nur online** auswählen (siehe Abbildung 13.32).

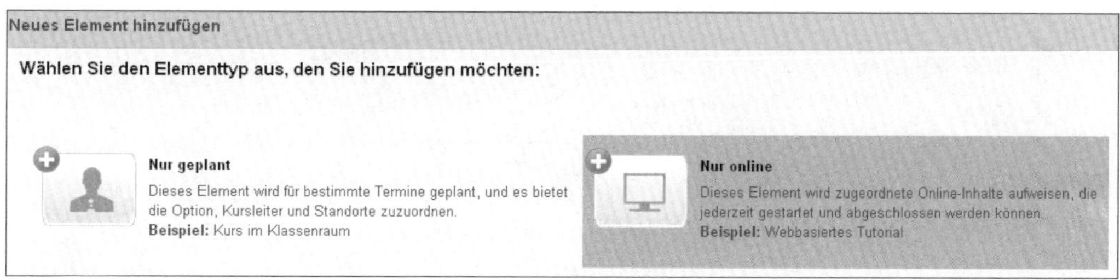

Abbildung 13.32 Neues Onlineelement erzeugen

Dem Element werden noch weitere Details wie Titel und Beschreibung hinzugefügt (siehe Abbildung 13.33).

Abbildung 13.33 Neues Onlineelement hinzufügen

Inhaltsobjekt mit Onlineelement verknüpfen

Nun können Sie wählen, welche Art von Inhalt dem Onlineelement hinzugefügt werden soll. Dies könnte ein eigener Ordner mit Inhalten, ein einzelnes Inhaltsobjekt, eine Prüfung oder ein Paket von Inhaltsobjekten sein. In unserem Fall soll ein einzelnes Inhaltsobjekt hinzugefügt werden, klicken Sie also diese Option an (siehe Abbildung 13.34).

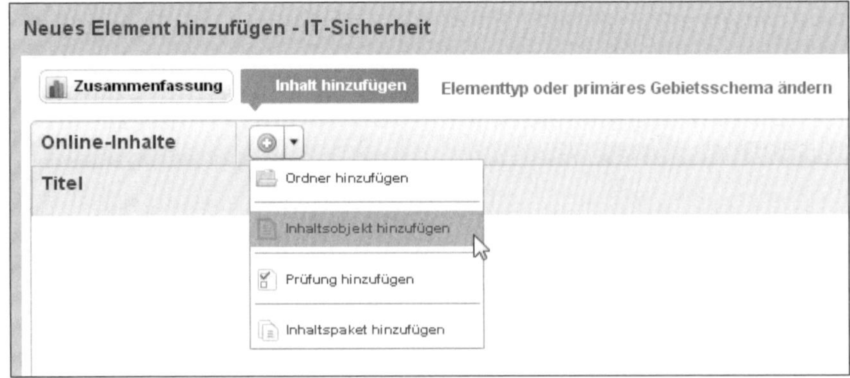

Abbildung 13.34 Inhaltsobjekt zu Onlineelement hinzufügen

Suchen Sie das zuvor erstellte Inhaltsobjekt über die Suchfunktion im Suchfenster (siehe Abbildung 13.35). Sie können nun weitere Anpassungen am Inhaltsobjekt vornehmen.

Abbildung 13.35 Inhaltsobjekt hinzufügen

Nachdem Sie mit einem Klick auf die Schaltfläche **OK** bestätigt haben, ist das zuvor erzeugte Inhaltsobjekt mit dem neuen Onlineelement verknüpft. Dadurch besitzt nun das Onlineelement alle Informationen, damit es im Rahmen einer Onlineschulung verwendet werden kann.

Onlineelement verfügbar machen

Bevor Teilnehmer eine Onlineschulung buchen können, muss das Onlineelement nun noch freigegeben werden. Sie erkennen dies an dem Status **Nicht zum Starten verfügbar** in der rechten oberen Ecke. Um das zu ändern, klicken Sie im Element auf **Einstellungen • Einstellungen ändern** (siehe Abbildung 13.36).

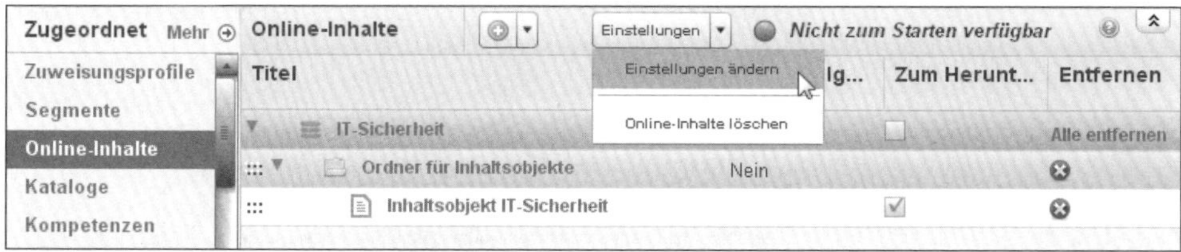

Abbildung 13.36 Einstellungen ändern

Aktivieren Sie das Kennzeichen **Inhalt ist zum Starten verfügbar** (siehe Abbildung 13.37), und bestätigen Sie anschließend die Angabe mit einem Klick auf die Schaltfläche **OK**.

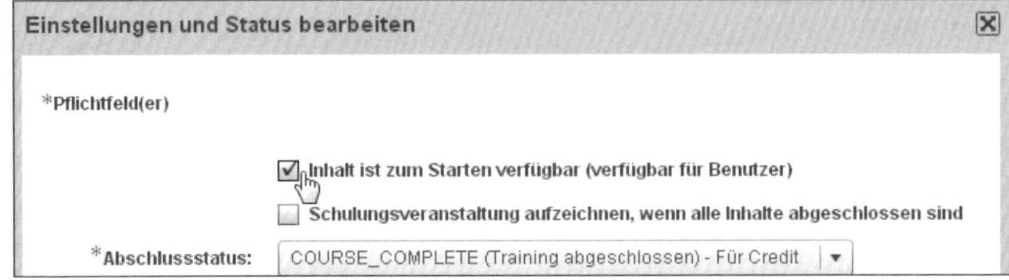

Abbildung 13.37 Inhalt verfügbar machen

Nun ist das Element **Zum Starten verfügbar**, wie Sie in Abbildung 13.38 oben rechts sehen können. Damit die Einstellungen final zum Tragen kommen, muss im Onlineelement abschließend noch ein Speichervorgang vollzogen werden. Klicken Sie dazu auf die Schaltfläche **Speichern** (siehe Abbildung 13.38).

Abbildung 13.38 Einstellungen speichern

Das Tool für den Import von Inhalten in SAP SuccessFactors LMS ist ein Assistent, mit dem Sie ein oder mehrere Inhaltspakete importieren und auf dem iContent-Server ablegen können (siehe Abbildung 13.39). Sie können das Tool nutzen, um gleichzeitig ein neues Onlineelement zu erstellen, es zu konfigurieren und mit einem Inhaltspaket zu verknüpfen.

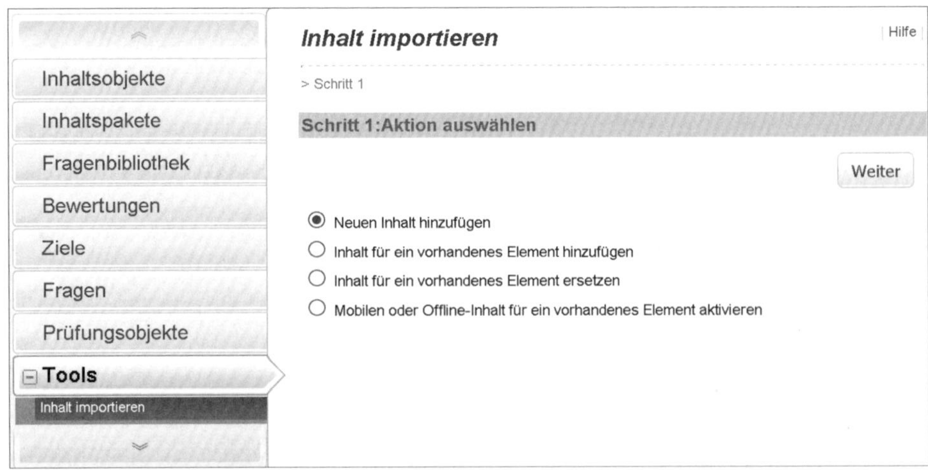

Abbildung 13.39 Tool für den Import von Inhalten

Onlineschulung zuweisen

Da Sie in unserem Szenario die Onlineschulung nicht in einem Katalog veröffentlichen, sondern allen Mitarbeitern direkt zuweisen wollen, gehen Sie wie folgt vor:

1. Öffnen Sie durch Doppelklick im Menü **Lernen • Elemente** das Element mit dem Titel **IT-Sicherheit** (siehe Abbildung 13.40).

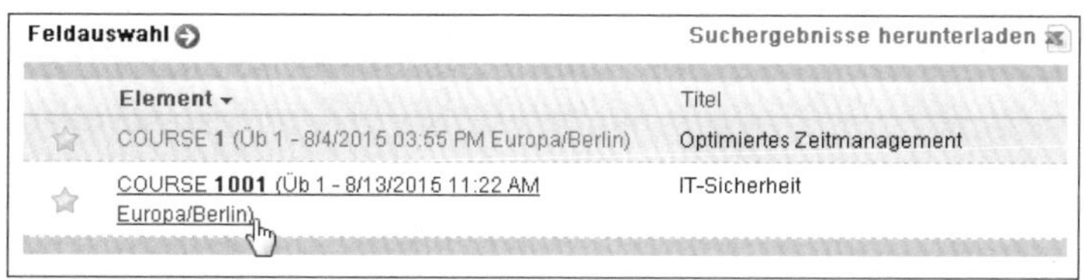

Abbildung 13.40 Element öffnen

2. Klicken Sie im Menü **Aktionen** auf **Zuweisen** (siehe Abbildung 13.41).

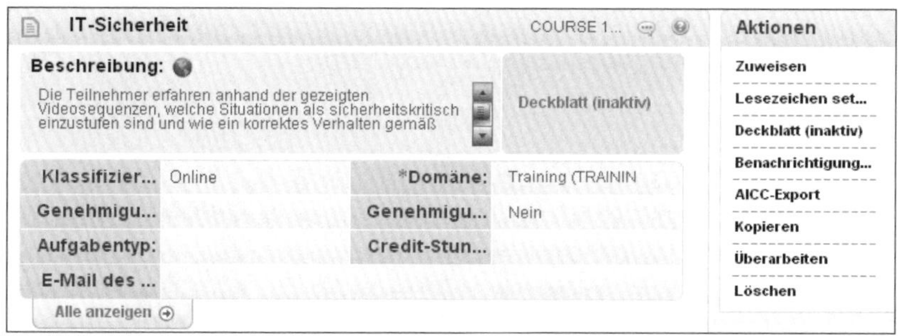

Abbildung 13.41 Element zuweisen

3. Wählen Sie die Teilnehmer aus, denen Sie die Onlineschulung zuweisen möchten, in unserem Fall alle Mitarbeiter (siehe Abbildung 13.42), klicken Sie auf **Hinzufügen** und dann im nächsten Fenster auf **Weiter**.

Abbildung 13.42 Teilnehmer selektieren

13

Zuweisungsprofile

Bei einer großen Teilnehmerzahl arbeiten Sie üblicherweise mit *Zuweisungsprofilen*. Das bedeutet, dass Sie verschiedene Teilnehmer im LMS nach bestimmten Kriterien wie Funktion, Rolle, Unternehmensbereich oder Einstellungsdatum in verschiedenen Zuweisungsprofilen zusammenfassen. Dies erledigen Sie bereits im Vorfeld von Schulungen. Dadurch müssen Sie die Teilnehmer für die Zuweisung nicht einzeln wählen, sondern können dies über die Zuweisungsprofile vornehmen.

4. Wie in Abbildung 13.43 dargestellt, haben Sie im weiteren Verlauf die Möglichkeit, die Onlineschulung z. B. als **Erforderliche Schulung (REQ)** oder **Optionale Schulung (OPT)** zuzuweisen. Da in unserem Szenario die gesamte Belegschaft geschult werden soll, wählen wir den Aufgabentyp **Erforderliche Schulung (REQ)** aus.

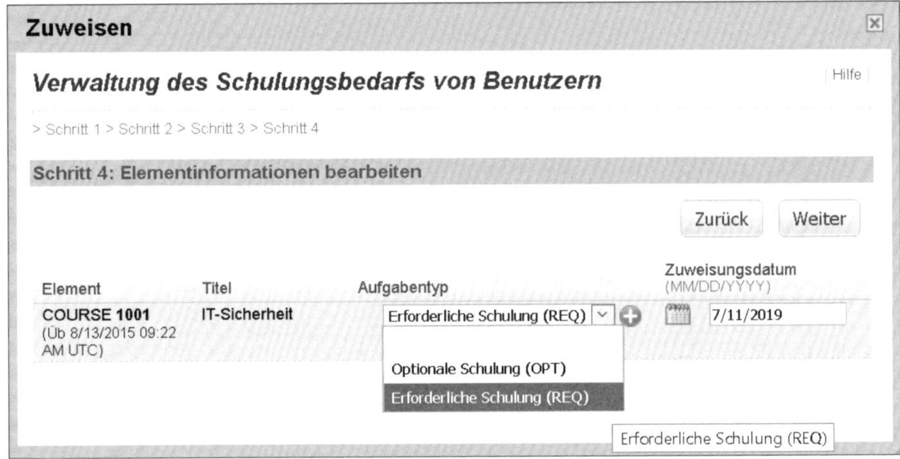

Abbildung 13.43 Aufgabentyp festlegen

Empfohlene Kurse

Wir empfehlen, vor allem zum Start der besseren Nachvollziehbarkeit wegen mit **Erforderlichen** und **Optionalen Schulungen** zu arbeiten. Das erhöht die Nachvollziehbarkeit und hilft, Irritationen zu vermeiden. Neben den beiden genannten Aufgabentypen gibt es noch **Empfohlene Schulungen** – diese werden systemseitig aber wie **Erforderliche Schulungen** behandelt, was beim Nutzer mitunter zu Unklarheiten führt.

5. An dieser Stelle können Sie der Schulung ein **Fälligkeitsdatum** mitgeben. Klicken Sie nun auf **Job jetzt starten**, damit die Teilnehmer die Onlineschulung als Aufgabe in ihre Aufgabenlisten auf der Startseite der SAP-SuccessFactors-Suite (Kachel **Zu erledigen**) und im LMS zugewiesen bekommen (siehe Abbildung 13.44).

Abbildung 13.44 Schulung zuweisen

6. Das LMS meldet Ihnen dann den Status der Zuweisung zurück (siehe Abbildung 13.45). In diesem Fall ist die Zuweisung erfolgt, und die Elemente wurden für die angegebenen Benutzer hinzugefügt.

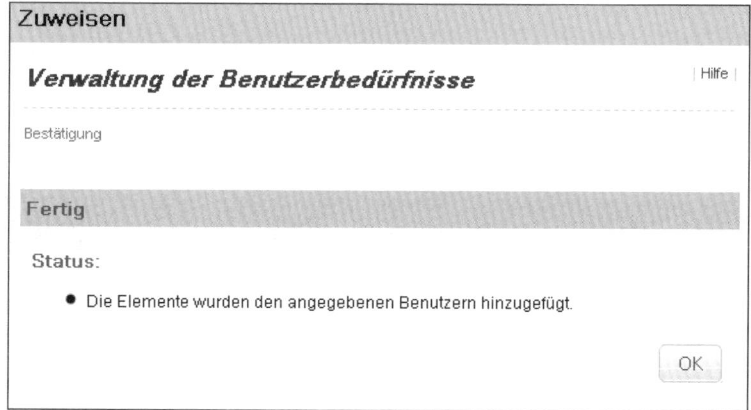

Abbildung 13.45 Systemrückmeldung für Zuweisung

Randzeiten für die Zuweisung von Schulungen an viele Mitarbeiter nutzen

Das LMS ermöglicht Ihnen, multiple Zuweisungen in einem Prozessschritt durchzuführen. So können Sie nicht nur eine einzelne Schulung, sondern viele verschiedene Schulungen in einem einzigen Arbeitsschritt einem Kreis von mehreren Tausend Teilnehmern zugleich zuweisen. Bei großen Datenmengen, wie in diesem Fall, empfiehlt es sich, den Zeitpunkt des Systemlaufs außerhalb der Hauptarbeitszeiten zu legen. Dies können Sie mit einem Klick auf die Schaltfläche **Job planen** vornehmen (siehe Abbildung 13.44).

Darstellung der Schulung für die Teilnehmer

Nachdem die Zuweisung erfolgt ist, sieht der Teilnehmer die Onlineschulung in seiner **To-Do-Liste** auf seiner SAP-SuccessFactors-Startseite (siehe Abbildung 13.46).

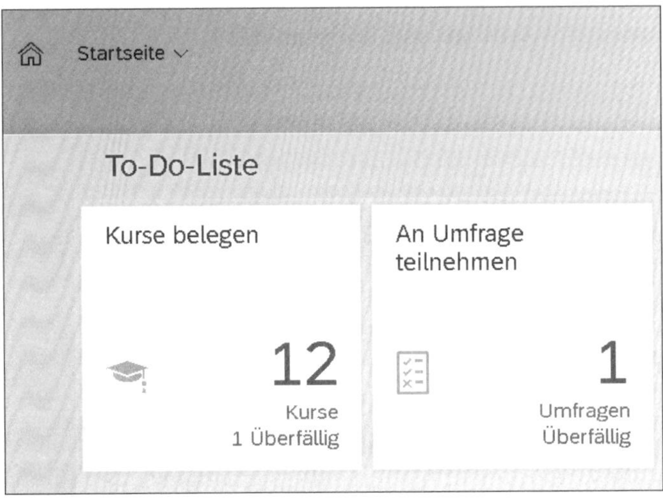

Abbildung 13.46 To-Do-Liste mit Lernaktivitäten

Parallel dazu ist die Onlineschulung bei den Teilnehmern unter **Meine Schulungszuweisungen** (siehe Abbildung 13.47) im LMS eingetragen. Von welcher der beiden Möglichkeiten der Teilnehmer Gebrauch macht, um die Onlineschulung zu starten, spielt keine Rolle. Beide Wege starten dasselbe Training.

Abbildung 13.47 Anzeige der Schulung unter »Meine Schulungszuweisungen«

Nachdem die Onlineschulung absolviert wurde, verschwinden die Einträge aus der **To-Do-Liste** und **Meine Schulungszuweisungen**. Sie tauchen als erledigte Schulungen unter **Absolvierte Schulungen** und in der zugehörigen Detailansicht, der **Lernhistorie**, wieder auf (siehe Abbildung 13.48).

Abbildung 13.48 Anzeige der Schulung unter »Absolvierte Schulungen«

In der Lernhistorie kann der Teilnehmer dann jederzeit seine abgeschlossenen Kurse einsehen und sich auch eine Teilnahmebescheinigung oder ein Zertifikat ausdrucken (siehe Abbildung 13.49).

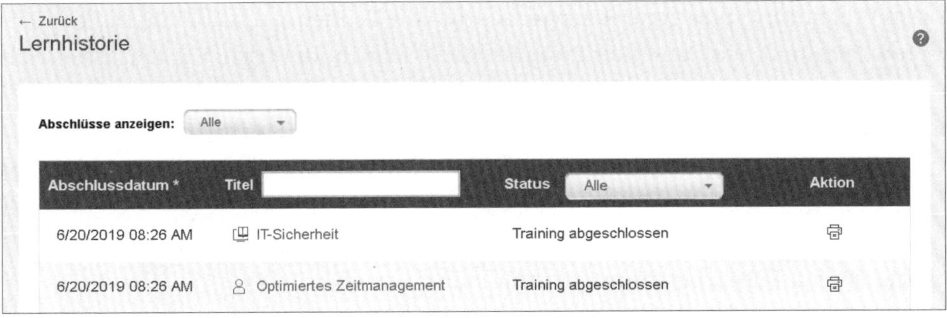

Abbildung 13.49 Lernhistorie

13.5 Best Practice: Programme für die Weiterbildung

Viele Unternehmen legen Wert darauf, neu eingestellten Mitarbeitern eine unternehmensbezogene Wissens- und Kompetenzbasis zu vermitteln, bevor diese ihre geplanten Fach- oder Führungsaufgaben antreten. Dies geschieht z. B. über Grundlagenseminare zu Firmenstrategie, -zielen und -kultur sowie zu Compliance- und Sicherheitsrichtlinien. Auch werden Informationsaufenthalte oder eine kurzzeitige

Mitarbeit in bestimmten Unternehmensteilen organisiert, und auch das Absolvieren bestimmter Onlineschulungen wird zu einem wichtigen Bestandteil eines Maßnahmenpakets für »Neueinsteiger«.

Für diese Anforderungen stellt LMS mit der Programmfunktion eine praxis- und prozessorientierte Unterstützung bereit. Ein *Programm* ermöglicht auf sehr einfache Weise eine Strukturierung und Kombination unterschiedlichster Maßnahmen und Aktivitäten, stellt sie in einen zeitlichen Kontext und fasst sie in einer Art Paket zusammen.

13.5.1 Zeiträume und Fortschrittseinschränkung

Das LMS bietet große Gestaltungsspielräume bei der Konzeption von Programmen hinsichtlich temporärer Abfolgen von Aktivitäten und Bildungsmaßnahmen. Dies reicht von fixen Startterminen mit erzwungenen sequenziellen Abfolgen bis zur freien Wahl der Reihenfolge und des Startzeitpunkts. Es werden dazu drei *Typen* von Programmen unterschieden:

- **Geplant**
  Im Programmtyp **Geplant** werden ein fixes Anfangs- und Enddatum für das Programm vorgegeben. Ein Einsatzbereich für diese Art von Programm ist z. B. eine Einführung für neue Auszubildende, die am 01. September starten und am 15. September enden soll.
- **Zeitraumbezogen**
  Im Programmtyp **Zeitraumbezogen** starten die Teilnehmer zu einem frei gewählten Zeitpunkt, die Dauer der Programme ist jedoch identisch. Ein Einsatzbereich sind z. B. umfangreiche WBTs mit abschließender Onlinezertifizierung.
- **Unbefristet**
  Teilnehmer, die den Programmtyp **Unbefristet** vorfinden, unterliegen keinerlei Fristen für die Fertigstellung der Programmteile. Ein möglicher Einsatzbereich sind Programme mit umfangreichen Selbststudieneinheiten, die Maßnahmen wie das Durcharbeiten bestimmter Fachliteratur vorsehen.

Das LMS bietet zudem zwei Arten von *Fortschrittseinschränkungen*:

- **Nach Abschluss**
  In diesem Fall muss der Teilnehmer einen Programmteil abgeschlossen haben, bevor er mit einem anderen Abschnitt beginnen kann.
- **Nach Zeitplan**
  In diesem Fall muss der Teilnehmer den geplanten Zeitraum abwarten, bevor er mit der Bearbeitung des nächsten Abschnitts beginnen kann.

Durch die Kombination von Programmtyp und Fortschrittseinschränkung können Sie unterschiedlichste Praxissituationen darstellen. Im folgenden Abschnitt geben wir Ihnen ein weiteres Best-Practice-Beispiel, das den Einsatz eines Programms für neue Mitarbeiter zeigt. Nutzen Sie in SAP SuccessFactors auch das Onboarding, profitieren Sie von den Integrationsmöglichkeiten der Module. Das im LMS erstellte Onboarding-Programm kann im Onboarding nahtlos dem neuen Mitarbeiter bereitgestellt werden. Status und Abschluss von Lernaktivitäten können im LMS dokumentiert werden.

13.5.2 Standardablauf eines Programms

Der Standardablauf eines Programms gestaltet sich folgendermaßen:

1. Den Teilnehmern aus der Zielgruppe wird das Programm zugewiesen. Dadurch erscheint es auf den Listen **Zu erledigen** auf der SAP-SuccessFactors-Startseite und im Bereich **Meine Schulungszuweisungen** im LMS.
2. Die Teilnehmer durchlaufen alle Maßnahmen und führen alle Aktivitäten im vorgegebenen Zeitraum zu den entsprechenden Terminen durch.
3. Entweder bestätigt der Teilnehmer selbst die Durchführung einer Aufgabe, oder dies erfolgt systemgesteuert, wie z. B. nach Bestehen einer Onlineschulung.
4. Nachdem alle Maßnahmen durchgeführt und bestätigt wurden, erhält das Programm automatisch den Status **Erledigt** und »wandert« in die Lernhistorie des Teilnehmers. Bei einigen Themen, wie etwa Compliance-Schulungen, bietet es sich an, auch eine Wirksamkeitskontrolle durchzuführen.

13.5.3 Programme anlegen und administrieren

Im Rahmen einer Organisationsmaßnahme wurden in unserem Beispiel zum Monatsersten sechs neue Mitarbeiter als Teamleiter für einen neuen Unternehmensbereich eingestellt. Nutzen Sie Onboarding z. B. in SAP SuccessFactors, haben Sie die Möglichkeit, direkt hier den Mitarbeitern Lerninhalte aus dem LMS-Programm bereitzustellen. In unserem Beispiel sollen die Mitarbeiter Informationsaufenthalte in den Abteilungen Buchhaltung, Kunden-Service und Vertrieb absolvieren. Außerdem sollen sie die Onlineschulung »IT-Sicherheit« im Selbststudium und die Präsenzschulung »Optimiertes Zeitmanagement« absolvieren und an einer moderierten Feedback-Runde zusammen mit Vorgesetzten und der HR-Abteilung teilnehmen.

Wir zeigen Ihnen nun, wie Sie vorgehen müssen, um ein solches Programm anzulegen:

1. Legen Sie ein neues Programm im LMS an, das die Rahmendaten, wie etwa **Titel**, **Beschreibung**, **Anfangsdatum** und **Enddatum**, enthält (siehe Abbildung 13.50).

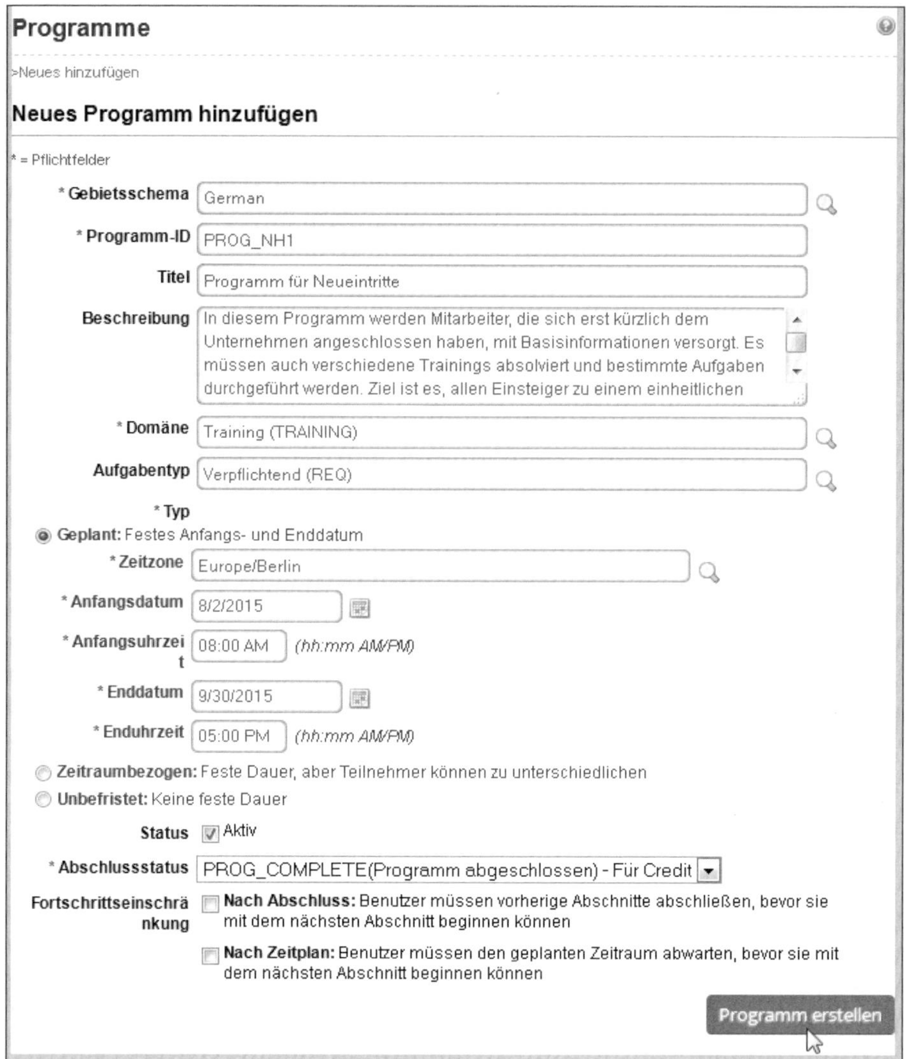

Abbildung 13.50 Neues Programm hinzufügen

2. Innerhalb des Programms wird eine Agenda mit Abschnitten und Aktivitäten erstellt (siehe Abbildung 13.51). Hier können bereits bestehende Präsenzschulungen und Onlinekurse integriert werden.
3. Falls es zu einer Präsenzschulung, die Sie in die Agenda einfügen möchten, keine terminlich passende Veranstaltung im LMS gibt, müssen Sie eine neue, zusätzliche Veranstaltung erstellen. Dies können Sie direkt aus der Agenda heraus erledigen (siehe Abbildung 13.52).

Abbildung 13.51 Agenda erstellen

Abbildung 13.52 Veranstaltung aus der Agenda heraus erstellen

Im sich öffnenden Fenster geben Sie dann die weiteren Details zur neu geplanten Veranstaltung ein (siehe Abbildung 13.53).

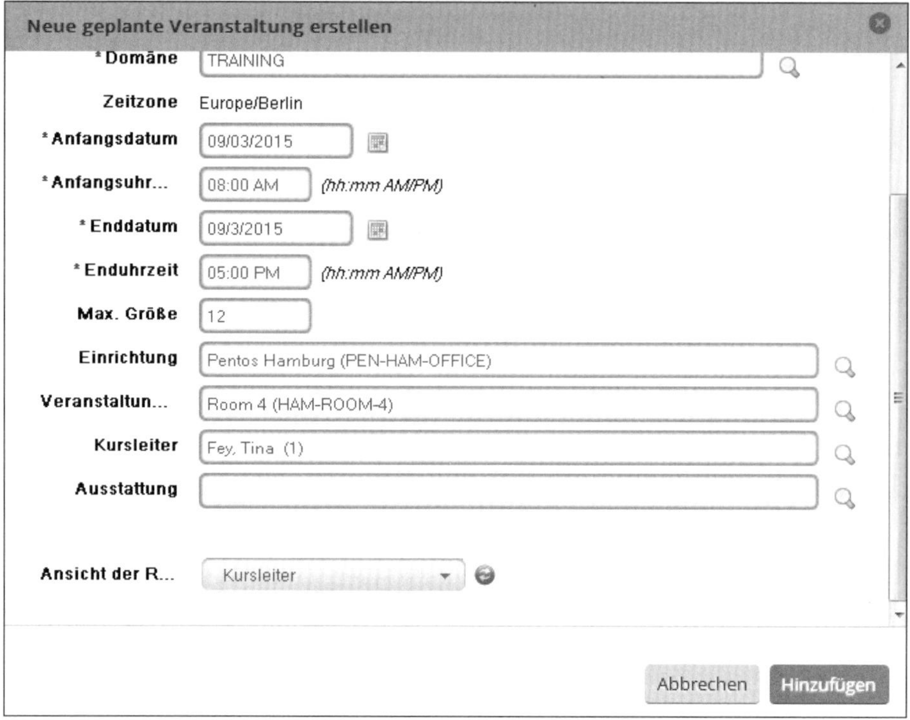

Abbildung 13.53 Details zur Veranstaltung eingeben

4. Sobald die Agenda mit allen Maßnahmen und Aktivitäten fertiggestellt ist, weisen Sie das Programm mit einem Klick auf den Link **Zuweisen** den entsprechenden Mitarbeitern zu (siehe Abbildung 13.54).

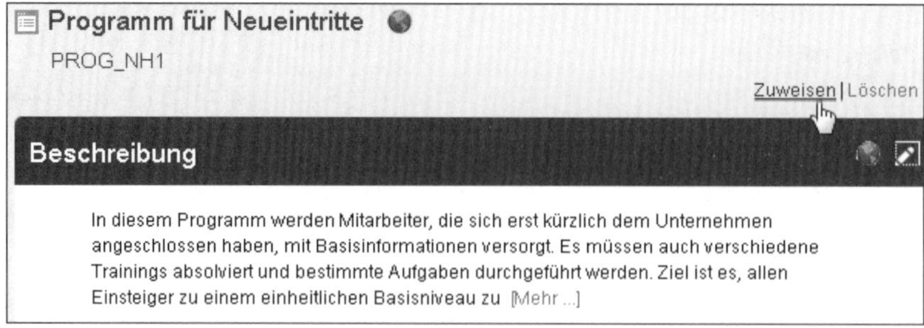

Abbildung 13.54 Programm zuweisen

5. Den Teilnehmern wird das Programm nun auf der SAP-SuccessFactors-Startseite im Bereich **Zu erledigen** und im LMS unter **Meine Schulungszuweisungen** angezeigt.
6. Je nach Fortschritt im Programm werden den Teilnehmern der Grad der Erledigung in Prozent und auch der Status der einzelnen Programmbestandteile angezeigt (siehe Abbildung 13.55).

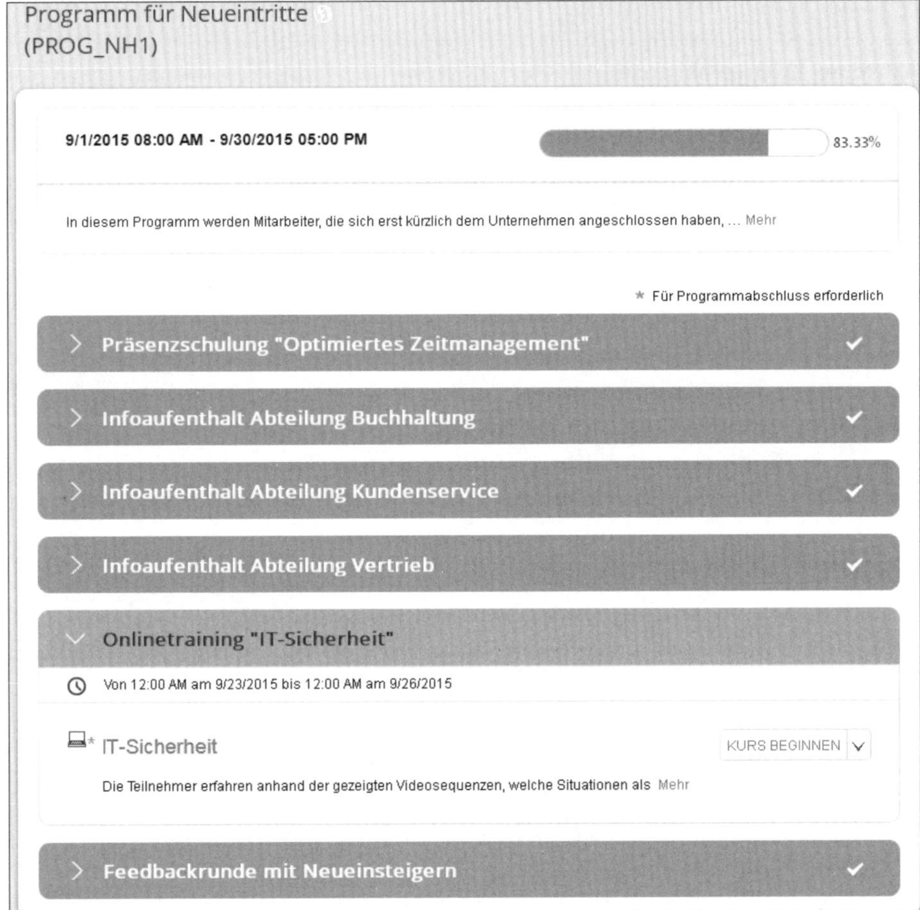

Abbildung 13.55 Erledigungsgrad anzeigen

7. Wenn alle Maßnahmen und Aktivitäten vollständig erledigt wurden, liegt der Erledigungsgrad bei 100 %, und das Programm wird automatisch in die **Lernhistorie** verschoben (siehe Abbildung 13.56).

Lernhistorie
Abschlüsse anzeigen: Alle
Abschlussdatum * Titel Status
Programm für Neueintritte
Abschlussdatum: 8/19/2015 11:39 AM
Details anzeigen
Zertifikat drucken
8/19/2015 11:39 AM Programm für Neueintritte
8/19/2015 10:00 AM IT-Sicherheit

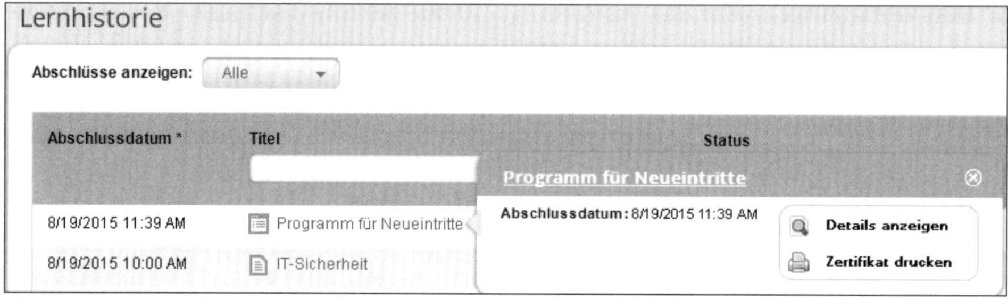

Abbildung 13.56 Lernhistorie

Aus der Lernhistorie heraus haben Sie dann die Möglichkeit, sich die Details zum abgeschlossenen Programm anzeigen zu lassen. Hier sehen Sie auch, welche Bestandteile das Programm im Einzelnen ausgemacht haben (siehe Abbildung 13.57).

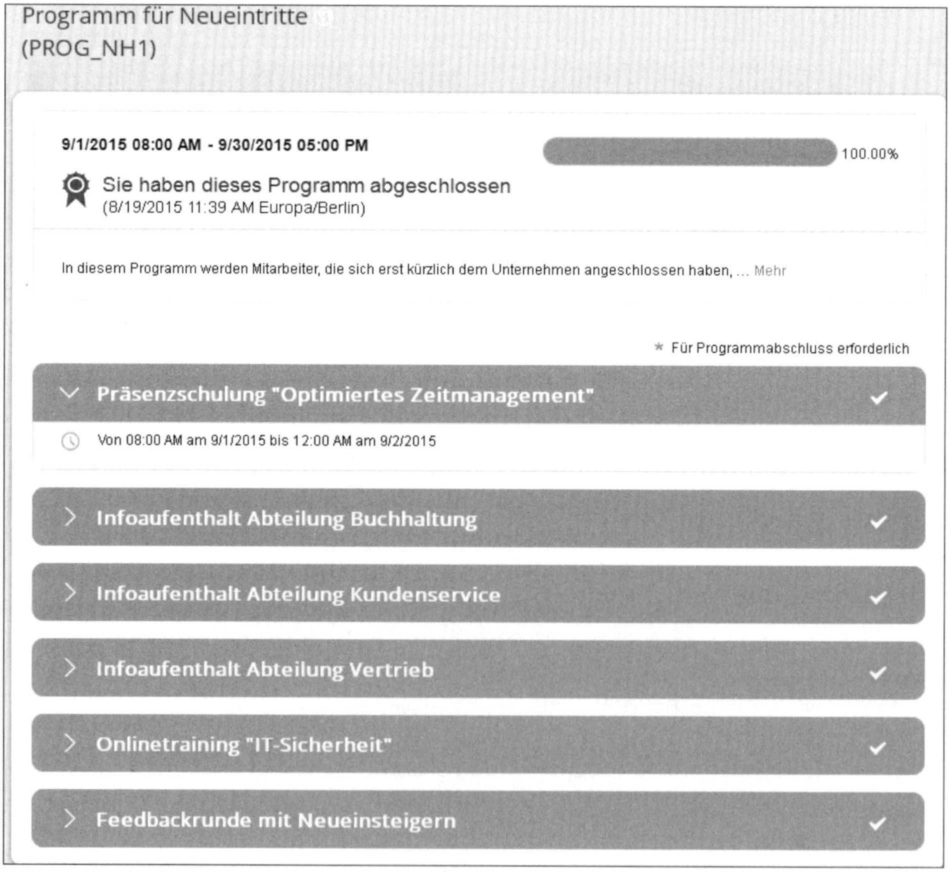

Programm für Neueintritte (PROG_NH1)
9/1/2015 08:00 AM - 9/30/2015 05:00 PM
100.00%
Sie haben dieses Programm abgeschlossen
(8/19/2015 11:39 AM Europa/Berlin)
In diesem Programm werden Mitarbeiter, die sich erst kürzlich dem Unternehmen angeschlossen haben, ... Mehr
* Für Programmabschluss erforderlich
Präsenzschulung "Optimiertes Zeitmanagement"
Von 08:00 AM am 9/1/2015 bis 12:00 AM am 9/2/2015
Infoaufenthalt Abteilung Buchhaltung
Infoaufenthalt Abteilung Kundenservice
Infoaufenthalt Abteilung Vertrieb
Onlinetraining "IT-Sicherheit"
Feedbackrunde mit Neueinsteigern

Abbildung 13.57 Detailanzeige für abgeschlossenes Programm

Wie Sie sehen, erlauben Ihnen Programme, mit geringem administrativen Aufwand neuen Mitarbeitern einen unkomplizierten Einstieg in ihr neues Unternehmen zu ermöglichen.

13.6 Integration mit anderen SAP-SuccessFactors-Modulen und weiteren Lösungen

Im Folgenden geben wir Ihnen einen Überblick über die Möglichkeiten, die die Integration des LMS-Moduls mit anderen Modulen von SAP SuccessFactors bietet. Dazu stellen wir Ihnen die Nutzung von Apps im Kontext des Lernmanagements vor und weisen darauf hin, wie Sie selbst die Integration mit Trainingsanbietern angehen können.

13.6.1 Die Integration von Lernmanagement

Lernaktivitäten lassen sich in vielen durch SAP SuccessFactors unterstützten Prozessen einbinden. Im Folgenden erhalten Sie einen Überblick über die häufigsten gewählten Integrationen. Wir gehen ebenfalls auf das Thema der OCN-Integration ein.

- **Ziele und Leistungsbeurteilung**
  LMS ist mit den Modulen Ziele und Leistung, den Formularen zur Leistungsbeurteilung und Entwicklungsplänen sowie dem Mitarbeiterprofil integriert (siehe Abbildung 13.58 und Abbildung 13.59). Es besteht z. B. die Möglichkeit, beim Mitarbeiter ein Entwicklungsziel, das mit einer Kompetenz verbunden ist, und einer bestimmten Schulungsmaßnahme, die ebenfalls mit der Kompetenz assoziiert ist, »live« zu verknüpfen. »Live« bedeutet in diesem Fall, dass der Status immer aktuell angezeigt wird. Dadurch wird die Entwicklung des Mitarbeiters zielgerichtet und punktgenau über das Instrument »Kompetenz« unterstützt. Nach der Durchführung der Schulungsmaßnahme kann so einfach überprüft werden, ob die Schulungsmaßnahme den nötigen Entwicklungsimpuls geliefert hat. Weitere Informationen dazu erhalten Sie in Kapitel 12, »Zielvereinbarung und Leistungsbeurteilung«, und Kapitel 15, »Talentmanagement – Nachfolge und Entwicklung«.
- **Talentmanagement und Nachfolgeplanung**
  Ein entscheidendes Kriterium in der Nachfolge- und Karriereplanung ist oft die Lücke zwischen der aktuellen und der erforderlichen Verhaltensausprägung einer nötigen Kompetenz für die Zielposition. In diesem Fall können Schulungsmaßnahmen helfen, die nötigen Kompetenzen zu entwickeln. Durch den Zugriff auf die Lernhistorie erhalten die HR-Spezialisten zusätzliche Indizien für die Nachfolgeauswahl.

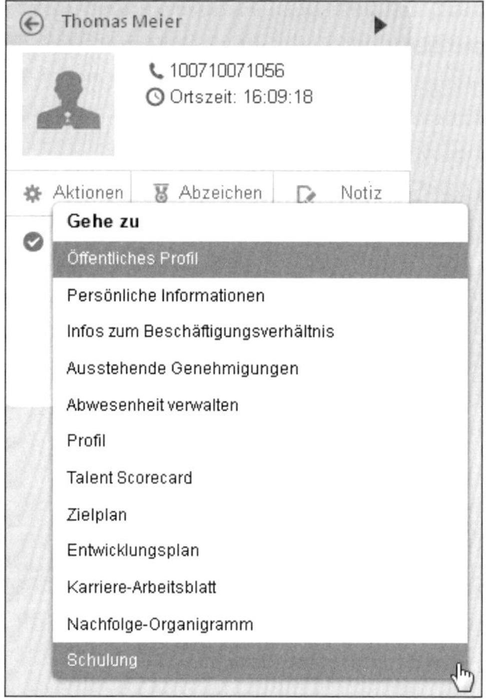

Abbildung 13.58 Zugriff auf Mitarbeiter aus der SAP-SuccessFactors-Suite

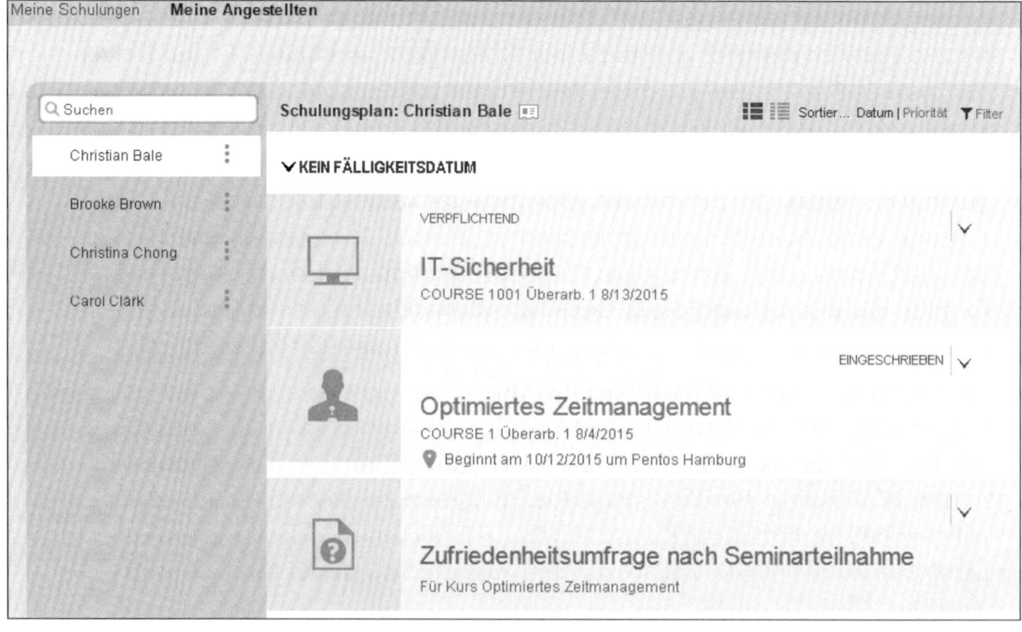

Abbildung 13.59 Schulungsplan des Mitarbeiters (Vorgesetztensicht)

- **Onboarding**
  Viele Organisationen nutzen das Onboarding-Modul von SAP SuccessFactors (siehe Kapitel 10, »Onboarding«). Lerninhalte können darin nahtlos eingebunden und den neuen Mitarbeitern zur Verfügung gestellt werden.
- **FI/CO-Kostenstellendaten aus SAP ERP**
  Durch die Standardintegration mit SAP ERP FI/CO können Kostenstellendaten über die SAP-SuccessFactors-Suite in das LMS-Modul übertragen werden. Das LMS-Modul ermöglicht Ihnen auch die Planung Ihres Bildungsbudgets und die Verrechnung der Seminarkosten auf Ebene Ihrer Kostenstellen. So schaffen Sie Planungssicherheit und Kostentransparenz im Bildungsbereich bis auf Ebene einzelner Teams.
- **SAP Jam**
  Durch die Integration des LMS-Moduls mit dem sozialen Netzwerk *SAP Jam* (siehe Kapitel 16) können Sie den Teilnehmern eines Kurses eine Plattform bereitstellen, um sich vor, während und nach dem Kurs zu Schulungsthemen auszutauschen. Die SAP-Jam-Gruppe kann bereits innerhalb eines Elements im LMS-Modul erzeugt werden (siehe Abbildung 13.60).

  Die Teilnehmer einer solchen SAP-Jam-Gruppe können in Diskussionsforen Fragen stellen, Dokumente hochladen oder per Chat miteinander in Kontakt treten. Dadurch wird das Lernen kreativer, motivierender und effektiver.

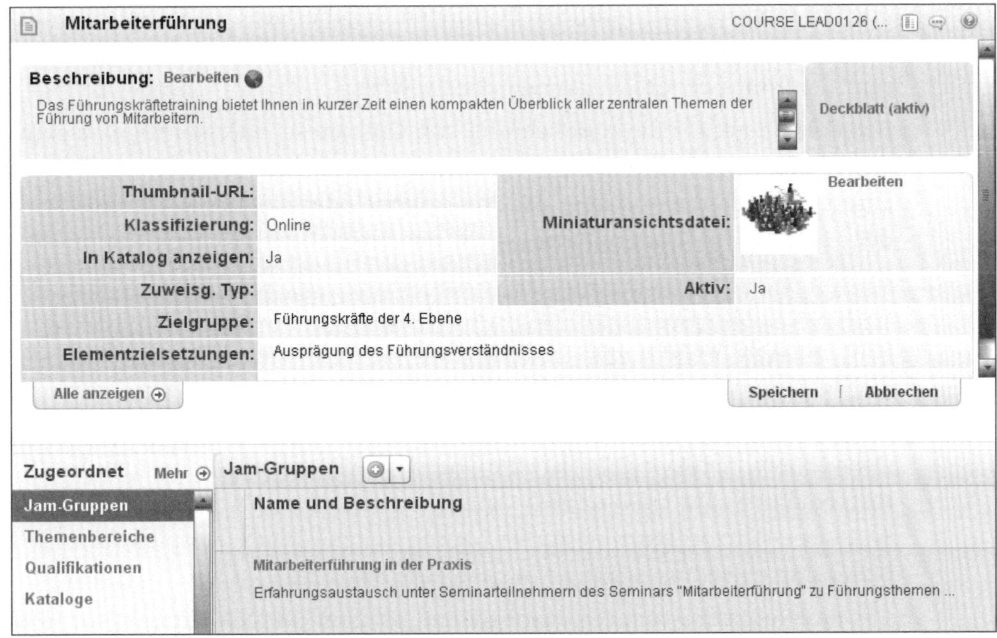

Abbildung 13.60 SAP-Jam-Gruppe, integriert im LMS-Element

Je nachdem, wie diese SAP-Jam-Gruppe konfiguriert wurde, steht sie den Teilnehmern auf unbestimmte Zeit zur Verfügung oder wird nach dem Kurs wieder geschlossen.

[»]

Einbindung von SAP Jam

SAP Jam können Sie jederzeit nachträglich für die Nutzung mit LMS aufsetzen und integrieren. Ihr Implementierungspartner berät Sie dabei, die für Ihre Bedarfe passende Lizenzversion zu identifizieren.

- **Nutzung von iContent**
  Sofern Sie es gewohnt sind, bei Onlineinhalten mit *iContent* zu arbeiten, bieten sich Ihnen zwei Varianten: Entweder Sie nutzen dazu Ihren eigenen Server, oder Sie lagern die Inhalte auf einen Managed Server aus. Von der letztgenannten Variante wird besonders im internationalen Umfeld häufig Gebrauch gemacht, wenn es darum geht, schnelle Datenleitungen einzusetzen. Diese Managed Server sind global verfügbar, gespiegelt in mehreren Kontinenten.
- **Mobile Learning App**
  Viele Anwender nutzen auch die Mobile Learning App, um ihre Schulungen auf Tablets ortsunabhängig und auch offline durchzuführen. So können Mitarbeiter die E-Learning-Anteile eines Managementtrainings herunterladen, um sie im Zug oder im Flugzeug auch offline zu bearbeiten. Zugehöriges Lernmaterial, z. B. Schulungsvideos, PDFs oder elektronische Präsentationen, kann dann bequem während der Fahrt oder des Flugs angesehen werden.

  Das Gleiche gilt für die Absolvierung von Onlinetests oder sonstigen elektronischen Lernerfolgskontrollen. Sobald wieder eine Internetverbindung besteht, synchronisiert sich die App über das Smartphone oder das Tablet automatisch mit dem LMS-Modul. Dadurch erfolgt ein entsprechender Abgleich des jeweiligen Kursfortschritts und der absolvierten Lektionen. Dies ist jedoch nur möglich, wenn die Inhalte im richtigen Format bereitgestellt werden und LMS-kompatibel sind. Ab 2020 werden auch Standardfunktionen wie das Quiz auf der mobilen Plattform sein.
- **OCN-Integration**
  Open Content Network (OCN) ist eine Gruppe von Partnern, die sogenannte *MOOC*-Angebote (Massive Online Open Course) bereitstellen und deren Inhalte Sie für SAP SuccessFactors Learning zur Verfügung stellen können. Beispiele für diese Anbieter sind LinkedIn Learning, Coursera oder openHPI.

  Das SAP-SuccessFactors-Lernmanagement arbeitet im OCN-Kontext mit diesen und weiteren Anbietern zusammen, sodass Ihre Mitarbeiter von ihren Systemen aus leicht auf relevante Inhalte zugreifen können. Der Vorteil ist nun, dass Lerner auf Kurse der Anbieter direkt aus SAP SuccessFactors zugreifen können. OCN-Angebote können in Kataloge eingebunden werden, Teil eines Programms oder auch Bestandteil des sozialen Lernens in Ihrem Unternehmen sein (z. B. indem Mitarbeiter diese Kurse Kollegen empfehlen).

Das Einbinden eines OCN-Anbieters können Sie als Kunde selbst übernehmen, SAP stellt dazu entsprechende Dokumentationen bereit (siehe z. B.: *https://apps.support.sap.com/sap/support/knowledge/public/en/2419830*). Bei komplexeren Integrationen unterstützt Sie auch hier wieder Ihr Implementierungspartner.

- **Weitere Integrationen**
  Sie können das SAP-SuccessFactors-Lernmanagement auch mit den Lösungen anderer Anbieter – etwa von Hygieneschulungen oder Arbeitssicherheitsschulungen – integrieren. Ihr Implementierungspartner ist Ihnen dabei behilflich, die notwendigen Integrationen durchzuführen. Es empfiehlt sich, gemeinsam zu prüfen, welche Integrationsoptionen der für Sie relevante Anbieter erlaubt.

13.6.2 Mit Apps arbeiten

Apps (siehe *https://www.sapappcenter.com/home*) ermöglichen Ihnen ebenso wie in anderen Modulen auch im LMS eine passgenaue Erweiterung. Sie haben so die Möglichkeit, aktuell nicht angebotene, aber für Ihr Unternehmen wichtige Themenbereiche zu unterstützen. Wir zeigen das im Folgenden am Beispiel einer App, die die Abbildung von externen Trainingsanfragen erlaubt. In SAP SuccessFactors wird dieses Thema bisher mit Blick auf US-amerikanische Anforderungen umgesetzt. Häufig gibt es im deutschen und europäischen Umfeld allerdings weitere oder andere Anforderungen. Diese können mit einer App adressiert werden.

Die App **Learning – External Trainings and More** (PETS) (siehe *https://www.sapappcenter.com/apps/23065*) bietet eine in SAP SuccessFactors integrierte Lösung, mit der Sie die externen Trainingsanfragen Ihrer Mitarbeiter, die damit verbundenen Kosten, den Status und die Fertigstellungen verfolgen können (siehe Abbildung 13.61).

Diese Lösung reduziert so signifikant den Aufwand für die Koordination, Administration und Dokumentation (siehe *https://www.sapappcenter.com/apps/23065#!overview*).

Eine weitere Lösung, die gerne genutzt wird, ist, die LMS-Daten nativ in SAP SuccessFactors zu integrieren, anstatt sie nur im LMS-Modul auszuwerten.

Sie haben so die Möglichkeit, Auswertungen zu kombinieren und direkt in SAP SuccessFactors als zentralem Einstiegspunkt bereitzustellen (siehe Abbildung 13.62). Ihr Implementierungspartner kann Sie dabei unterstützen.

Anfragen einer externen Weiterbildungsmaßnahme

Details zur Weiterbildungsmaßnahme

*Titel	Kommunikationstraining
Lerninhalt	
*Themenbereiche	Communication
*Anbieter & Adresse	SAP AG
*Anfangsdatum	07.10.2019
*Enddatum	07.10.2019
*Dauer (Stunden)	8
*Kosten der Weiterbildungsmaßnahme	50 Euro
*Veranstaltungsort	Waldorf

Weiterbildung hinzufügen | Felder löschen

Titel	Anbieter & Adresse	Anfangsdatum	Enddatum	Themenbereiche	Veranstaltungsort
Leadership Training	SAP AG	09/16/2019	09/28/2019	Leadership	Waldorf

Anfrage senden

Abbildung 13.61 App zur Beantragung eines externen Trainings

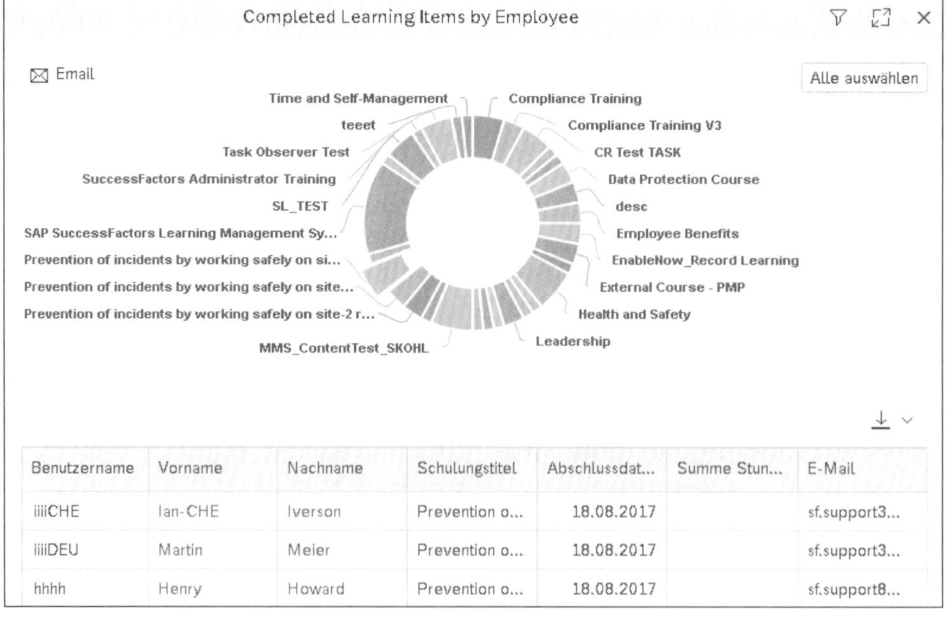

Benutzername	Vorname	Nachname	Schulungstitel	Abschlussdat...	Summe Stun...	E-Mail
iiiiCHE	Ian-CHE	Iverson	Prevention o...	18.08.2017		sf.support3...
iiiiDEU	Martin	Meier	Prevention o...	18.08.2017		sf.support3...
hhhh	Henry	Howard	Prevention o...	18.08.2017		sf.support8...

Abbildung 13.62 Übersicht der absolvierten Trainings

13.7 Berichtswesen

Damit Sie sich einen detaillierten Überblick über das Lernumfeld Ihres Unternehmens verschaffen können, stellt Ihnen LMS im Standard mehr als 100 Auswertungen und Berichte zur Verfügung. Sofern darüber hinaus Bedarf für zusätzliche Berichte besteht, können diese im Unternehmen selbst erstellt werden. Dazu sind dann zusätzliche Kenntnisse erforderlich, die Sie z. B. mithilfe eines Implementierungspartners abdecken können. Das Aufrufen der Auswertungen wird über das Rollen- und Rechtekonzept im LMS festgelegt.

Die Auswertungen liefern Ihnen z. B. den Lernfortschritt bestimmter Mitarbeiter bei Absolvierung bestimmter Onlinekurse oder eine Übersicht über die Unterrichtsgebühren, bezogen auf bestimmte Standorte. Einen Einblick in den Aufruf der Berichte erhalten Sie in Abbildung 13.63.

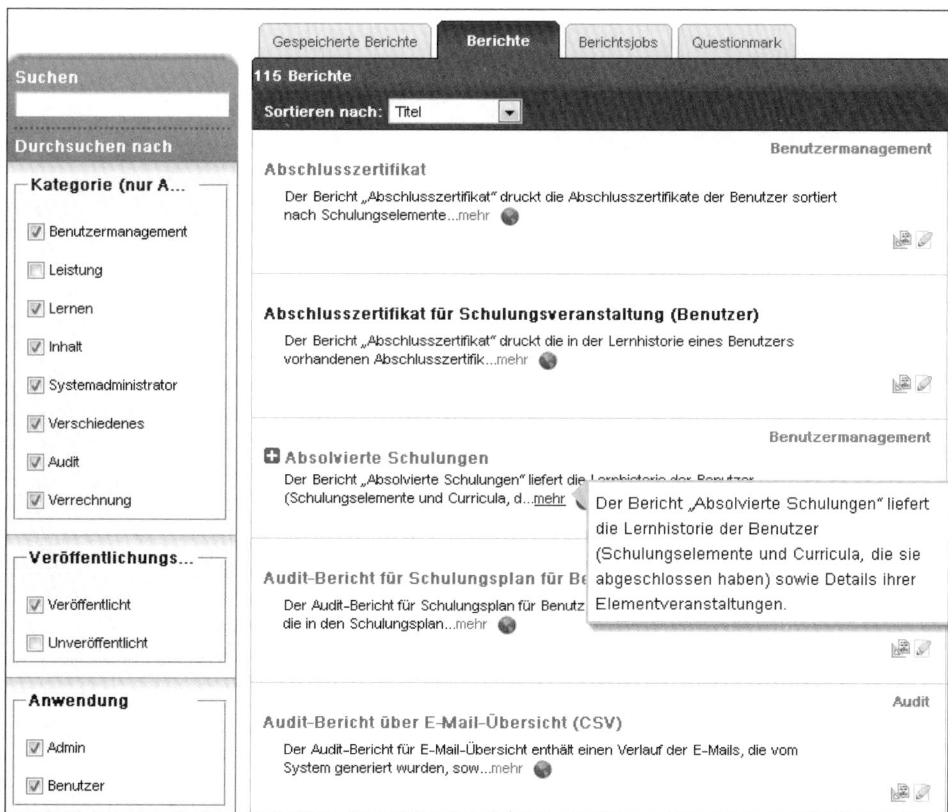

Abbildung 13.63 Report aufrufen

Wir empfehlen, Berichte anhand Ihrer Anwendungsfälle zu nutzen und sich dann z. B. auf die 20 wichtigsten Berichte zu fokussieren. Ihr Implementierungspartner wird Sie dazu beraten und Ihnen die wichtigsten 20 bis 25 Berichte vorstellen. So können Sie die Administration und das Tagesgeschäft des Lernadministrators erleichtern.

Damit schließt dieses Kapitel. Sie haben erfahren, wie Sie die Bildungsstrategie Ihres Unternehmens systemgestützt operationalisieren können. Darüber hinaus haben Sie einige der Best-Practice-Möglichkeiten des LMS der SAP-SuccessFactors-Suite kennengelernt.

Kapitel 14
Vergütung

Die Vergütung umfasst sowohl die Gehaltsplanung als auch die Bonusberechnung und trägt dazu bei, die Mitarbeiter zu motivieren und Talente anzuwerben. Dies erfolgt im Einklang mit den budgetären Möglichkeiten des Unternehmens und möglichst fair und leistungsgerecht.

Grundsätzlich beschäftigt sich Vergütung mit den in Abbildung 14.1 dargestellten Gehaltskomponenten. Die Abbildung illustriert, welche Prozesse und Module in den Themenbereichen interagieren.

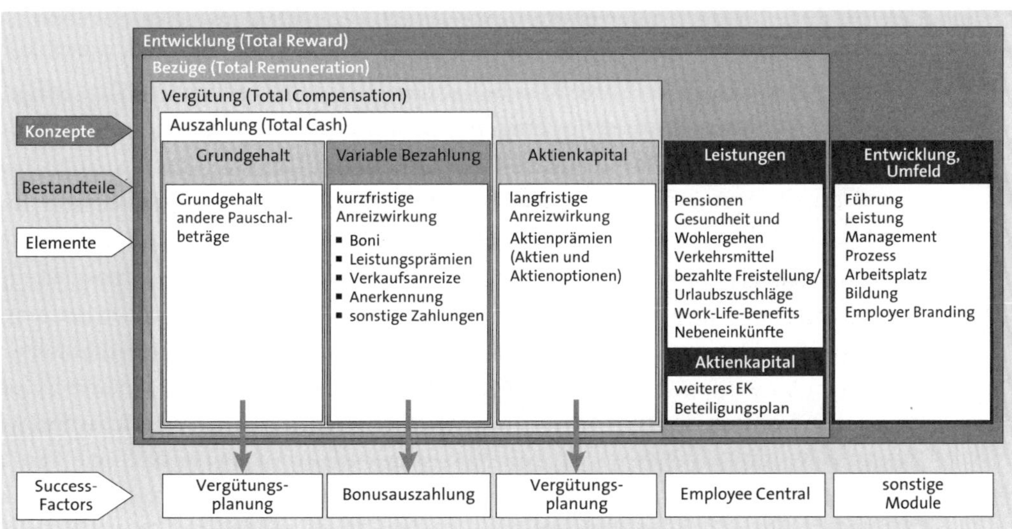

Abbildung 14.1 Übersicht der Gehaltskomponenten und -prozesse

Im Modul *Vergütungsplanung* (Compensation Planning) haben Sie die Möglichkeit, sich vorwärtsblickend mit der Ermittlung der zukünftigen Höhe von Gehaltskomponenten wie dem Grundgehalt und der kurz-, mittel- oder langfristigen variablen Vergütung für die kommende Vergütungsperiode zu befassen. Die Planungsperiode dafür findet typischerweise einmal pro Jahr statt und dauert nur wenige Wochen. Ausnahmen sehen wir in der Praxis nur bei hochinflationären Umgebungen wie aktuell z. B. in Argentinien. Das Modul Vergütungsplanung ist nicht für unterjährige individuelle Gehaltsanpassungen gedacht, dafür eignet sich jedoch hervorragend SAP SuccessFactors Employee Central. Bei sehr einfachen Bonusprogrammen könnten Sie auch den Auszahlungsbetrag im Modul *Vergütungsplanung* berechnen. Allerdings stoßen Sie hier sehr schnell an Grenzen – wenn z. B. Pro-rata-Berechnungen (also anteilige Berechnungen) bei unterjährigen Änderungen der Bonusgrundlagen wie Zielbonus, Leistungsbewertungen etc. durchgeführt werden müssen.

Hier setzt dann das Modul *Variable Bezahlung* (Variable Pay) an. Dieses stellt Ihnen sehr mächtige Funktionen zur Berechnung von Bonuszahlungen für eine (vergangene) Leistungsperiode zur Verfügung. Auch dieser Prozess findet in der Regel einmal pro Jahr statt und kann mit dem Vergütungsplanungsprozess zeitgleich erfolgen. Sie können aber auch monatliche, vierteljährliche oder mehrjährige Programme abbilden, wie z. B. Verkaufsprovisionsprogramme oder die Auszahlung langfristiger Aktienprogramme.

Wesentliche Merkmale der Module Vergütungsplanung und Variable Bezahlung sind:

- **Integration mit Zielvereinbarung und Leistungsbeurteilung**
  Die Module verfügen über eine direkte Integration mit dem Leistungsbeurteilungsmodul. Auf diese Weise können Sie die Ergebnisse aus einem oder mehreren Leistungsformularen in Echtzeit für Bonusberechnungen verwenden. Sie können diese Ergebnisse auch direkt in eingebundenen Erhöhungsregeln nutzen. *Erhöhungsregeln* legen fest, wann welche Gehaltserhöhungen in welchem Ausmaß angemessen sind. Zudem können Sie aus den Vergütungsmodulen direkt die relevanten Beurteilungsformulare aufrufen.
- **Formularbasiert**
  Die Module sind formularbasiert. Dies erlaubt es Ihnen, mit Weiterleitungslisten, Benachrichtigungen, Standardberichten, Versionen und vielem mehr zu arbeiten. Ein Formular wird immer für einen für die Vergütungsprozesse verantwortlichen Planer erstellt, z. B. für alle Vorgesetzten laut Organisationsdiagramm. Auf dem Formular befinden sich dann z. B. alle einem Vorgesetzten direkt unterstellten Mitarbeiter.

  Sie können aber auch für die Vergütungsprozesse eine Berichtsstruktur wählen, die völlig unabhängig vom Mitarbeiter, Vorgesetzten und Matrix-Vorgesetzten ist. Es gibt dafür ein eigenes Bezugsfeld, **Second Manager**, das Sie verwenden können. Dies bietet sich dann an, wenn z. B. nicht alle Vorgesetzten mit direkt unterstellten Mitarbeitern die Befugnis haben sollen, Vergütungsentscheidungen zu treffen. Im Folgenden nennen wir deswegen den Verantwortlichen für die Vergütungsentscheidung mitunter neutral *Planer*.

- **Integration mit SAP SuccessFactors Employee Central**
  Beide Prozesse, die Vergütungsplanung und die variable Bezahlung, können mit oder ohne SAP SuccessFactors Employee Central durchgeführt werden. Ohne SAP SuccessFactors Employee Central können Vergütungsdaten wie z. B. das Grundgehalt über den regulären Mitarbeiterimport in reservierte Standardfelder, zusätzlich zu den Standardfeldern im UDF (siehe Abschnitt 6.4, »Benutzerdatendatei (UDF)«), geladen werden. Dazu können beliebig viele kundenspezifische Felder vom Implementierungspartner erstellt und dann genutzt werden.

  Mit SAP SuccessFactors Employee Central können Sie beide Module sowohl direkt mit SAP-SuccessFactors-Employee-Central-Feldern verknüpfen als auch auf historische Werte zugreifen. Dies ist insbesondere für die variable Bezahlung wertvoll, weil für eine exakte Pro-rata-Bonusberechnung die historischen Zielboni und tagesgenaue Berechtigungen zur Teilnahme an Bonusprogrammen aus SAP SuccessFactors Employee Central automatisch importiert werden können.
- **Währungsunterstützung**
  Die Module unterstützen die Anzeige und Umrechnung verschiedener Währungen. Typischerweise wird diese Tabelle mit Umrechnungskursen während des Planungsprozesses nicht verändert. Sie legen vor Beginn des Planungsprozesses fixe Umrechnungskurse fest, um die Planung zu vereinfachen.
- **Ergebnisbriefe**
  Sie können aus den Ergebnissen der Prozesse Ergebnisbriefe für den Mitarbeiter generieren. Eine Vergütungsübersicht (*Compensation Statement*) im Modul Vergütungsplanung und ein Bonusbrief (*Payout Statement*) im Modul Variable Bezahlung stehen hier im Standard zur Verfügung.

Im Folgenden erläutern wir zuerst das Modul Vergütungsplanung. Dabei leiten wir Sie von Anwendungsfällen in allgemeinen Vergütungsthemen hin zur SAP-SuccessFactors-spezifischen Umsetzung.

In Abschnitt 14.1.1, »Elemente der Vergütungsplanungsvorlage«, erstellen wir zuerst einen Abriss bekannter Vergütungsplanungsthemen und zeigen Ihnen, wie diese in SAP SuccessFactors aufgenommen und abgebildet werden. In Abschnitt 14.1.2, »Globale vs. lokale Vergütungsplanungsvorlage«, erfahren Sie, welche grundsätzlichen Entscheidungen bei der Gestaltung von Vergütungsplänen an sich und insbesondere in SAP SuccessFactors getroffen werden müssen. Anschließend erläutern wir, welche vorbereitenden Aufgaben Sie erfüllen sollten, bevor der formularbasierte Planungsprozess starten kann. In Abschnitt 14.1.5, »Auswertung und Kommunikation der Vergütungsplanung«, zeigen wir Ihnen die Vielzahl von Möglichkeiten, die Sie im Vergütungsumfeld von SAP SuccessFactors haben, Standardreports zu verwenden und das Ergebnis des Planungsprozesses dem Mitarbeiter zukommen zu lassen. Abschließend erläutern wir in Abschnitt 14.2, »Mit der Vergütungsplanung im Admin-Center arbeiten«, welche Möglichkeiten Sie haben, im Administrationsbereich Datenänderungen und Konfigurationseinstellungen selbst vorzunehmen.

Im Anschluss daran stellen wir Ihnen das Modul Variable Bezahlung vor. In Abschnitt 14.3.1 lernen Sie die wichtigsten Elemente für die Bonusberechnung kennen und erfahren, wie diese in SAP SuccessFactors aufgenommen und abgebildet werden. Abschnitt 14.3.2, »Bonuszahlungen vorbereiten und durchführen«, illustriert, welche vorbereitenden Aufgaben zu erfüllen sind, bevor der formularbasierte Auszahlungsprozess starten kann. Abschließend zeigen wir Ihnen in Abschnitt 14.3.3, »Kommunikation der Bonuszahlung«, welche Möglichkeiten Sie in SAP SuccessFactors haben, den Mitarbeitern Ergebnisse aus dem Bonusprozess zu übermitteln.

In Abschnitt 14.4, »Best Practice: Zielvereinbarung, Leistungsbeurteilung, Vergütung und variable Bezahlung«, erhalten Sie einen Einblick in Best Practices rund um das Thema Vergütung. Sie erfahren, wie ein integrierter Prozess der Ziel- und Leistungsbeurteilung unter Berücksichtigung der möglichst reibungslosen und integrierten Weitergabe der Ergebnisse an die Module Vergütungsplanung und Variable Bezahlung gestaltet werden kann.

14.1 Vergütungsplanung vorbereiten

Ein zentraler Leitsatz des Moduls Vergütungsplanung ist die *leistungsorientierte Vergütung*. Das heißt, ein Unternehmen sollte im Sinne der Mitarbeiterbindung, -motivation und -gewinnung seine Mitarbeiter fair und leistungs- und marktgerecht entlohnen. Übliche dabei angelegte Prüfkriterien sind:

- die im Rahmen des Vergütungsplanungsprozesses zur Verfügung stehenden Mittel
- die adäquate Honorierung des Mitarbeiterbeitrags zur Unternehmensentwicklung
- die Konkurrenzfähigkeit zu Marktbedingungen

Die leistungsorientierte Vergütung sollte in einem transparenten, auditfähigen, vorschriftsmäßigen (compliant), kontrollierbaren, möglichst automatisierten, sicheren und einfach auswertbaren Prozess erfolgen.

Automatisierter Prozess

In der Praxis sehen wir oftmals, dass Unternehmen, die bisher versucht haben, einen Vergütungsprozess ohne zentrale Datenbank und Prozess über das Erstellen, Aufteilen, Verteilen und Einsammeln, Aggregieren und Wiederversenden von Tabellenkalkulationsdateien durchzuführen, den Wert eines automatisierten Prozesses sehr zu schätzen wissen.

Eine typische Anforderung von Unternehmensseite ist es zudem, den Prozess als Self-Service für Vorgesetzte durchzuführen. Dazu sollten Sie das Vergütungsformular so übersichtlich wie möglich gestalten und die Planer, etwa die Vorgesetzten, mithilfe von Budgets, Gehaltsbändern, Vergleichsmaßstäben und Richtlinien sinnvoll an die Hand nehmen und leiten.

Im Folgenden stellen wir Ihnen vor, welche Orientierungshilfen SAP SuccessFactors dafür anbietet. Wir gehen dabei auf alle Schritte des folgenden typischen Ablaufs einer Vergütungsplanung ein:

1. Design und Konfiguration der Vergütungsplanungsvorlage. Aus der Vorlage werden zum Start der Planungsperiode Formulare für jeden Planer erzeugt. Die eigentliche Planung erfolgt dann im Vergütungsformular.
2. Vorbereitung und Laden der benötigten Vergütungs- und Mitarbeiterdaten
3. Veröffentlichung der Vergütungsformulare
4. Durchführung der Vergütungsplanung mit allen beteiligten Rollen
5. Erstellen von Reports für Vergütungsauswertungen
6. Kommunikation der Ergebnisse an den Mitarbeiter
7. Export der Daten in verbundene Systeme

14.1.1 Elemente der Vergütungsplanungsvorlage

Wir gehen nun auf die Grundlagen und Bestandteile des Moduls Vergütungsplanung ein. Diese sind notwendig, um die Vergütungsplanungsvorlage entsprechend dem Planungsprozess in Ihrem Unternehmen vorzubereiten. Die wesentlichen Bestandteile sind:

- Planerhierarchie
- Erhöhungskomponenten
- Erhöhungsrichtlinien
- Gehaltsbänder Compa-ratio, Lage im Gehaltsband, FTE
- Budget
- anteilmäßige Berechnungen
- Teilnahmeregeln

Planerhierarchie

Für die Mitarbeiter in der Zielgruppe muss zu Beginn festgelegt werden, auf welcher Ebene die Mitarbeiter einer Führungskraft (= Planer) zugewiesen werden. Im Standard wird jeder Mitarbeiter seiner direkten Führungskraft zugeordnet. So wird für jede Führungskraft in der Standardhierarchie in SAP SuccessFactors ein Vergütungsformular erzeugt.

Bei manchen Kunden gibt es die Anforderung, dass nicht die direkte Führungskraft, sondern eine in der Hierarchie höher liegende Führungskraft die Planung übernehmen soll. Dafür bietet SAP SuccessFactors den Hierarchietyp *Rollup-Hierarchie* an. Hier werden vor dem Prozess die entsprechenden Führungskräfte in der Hierarchie definiert, und Mitarbeiter werden dann auf dem Vergütungsformular des nächsten Planers in der Hierarchie platziert.

Weicht die Zuständigkeit für Vergütungsentscheidungen im Unternehmen wesentlich von der für anderer Prozesse ab, kann auch für Vergütung eine eigene Parallelhierarchie aufgebaut werden, die für die Formularerzeugung und Genehmigungskette verwendet werden kann.

Erhöhungskomponenten

Das Modul Vergütungsplanung unterscheidet im Standard zwischen vier Erhöhungskomponenten:

- **Erhöhung wegen Leistung**
  Erhöhung wegen Leistung (Merit) bezeichnet die Erhöhung des Gehalts auf Basis der Zielerreichung. Die Merit-Erhöhung ist die gängigste Art der Gehaltserhöhung. Sie wird durch einige Sonderfunktionen in SAP SuccessFactors unterstützt, auf die wir in den folgenden Abschnitten eingehen.
- **Erhöhung wegen Anpassung**
  Die Erhöhungskomponente *Erhöhung wegen Anpassung (Adjustment)* ist als Ergänzung zur Erhöhung wegen Leistung zu sehen. Das Führen einer solchen Komponente kann sinnvoll sein, wenn klar zwischen Gehaltserhöhung aufgrund der Mitarbeiterleistung und zusätzlichen, aufgrund besonderer Gegebenheiten nötigen Anpassungen unterschieden werden soll. Dies kann z. B. bei einer Anpassung aufgrund geänderter Marktverhältnisse oder einer Neueinstufung von Planstellen der Fall sein.
- **Beförderung**
  Erhöhungen aufgrund von Beförderungen werden durch die Erhöhungskomponente *Beförderung (Promotion)* abgedeckt. Zusätzlich zu dieser Komponente werden typischerweise auch Informationen zur neuen Rolle und der Zeitpunkt der Beförderung auf dem Vergütungsplanungsformular geführt.
- **Einmalzahlung**
  Mit der Erhöhungskomponente *Einmalzahlung (Lump Sum)* können einmalige Sonderzahlungen abgebildet werden, die an Mitarbeiter z. B. aufgrund herausragender Leistungen oder auch vertraglicher Vereinbarungen gezahlt werden. Wichtig ist, dass Einmalzahlungen nicht das Gehalt des Mitarbeiters erhöhen.

Für alle diese Erhöhungskomponenten gilt, dass Sie entweder einen absoluten Betrag und/oder einen Prozentwert im Formular eintragen können. Von zentraler Bedeutung für alle Erhöhungskomponenten ist die Basiskomponente, auf die sich die Erhöhung bezieht, weil davon die prozentuale Erhöhung berechnet wird. Die Basiskomponente ist in der Regel entweder das Grundgehalt oder die Gesamtvergütung (Grundgehalt plus Bonuskomponenten). Diese wichtige Entscheidung, welche Basiskomponente genutzt werden soll, wird in Abschnitt 14.1.2, »Globale vs. lokale Vergütungsplanungsvorlage«, ausführlicher behandelt.

Für alle Erhöhungskomponenten können Sie ein Budget einrichten. Diese »Budgettöpfe« können Sie dann direkt auf den Vergütungsplanungsformularen dem jeweiligen Planer anzeigen. Neben den Standardkomponenten können Sie noch weitere einbauen oder umwidmen, um z. B. Zielbonuskomponenten in die Vergütungsplanung mit einzuschließen.

Erhöhungsrichtlinien

Damit Vergütungsanpassungen transparent und fair ablaufen können, müssen festgeschriebene Regeln eingehalten werden. Diese Regeln beschreiben Sie in den Richtlinien (Guidelines) im Admin-Center (siehe Abschnitt 14.2, »Mit der Vergütungsplanung im Admin-Center arbeiten«). Sie können jeder einzelnen Erhöhungskomponente unabhängig voneinander Richtlinien zuweisen. Insbesondere für die Erhöhung wegen Leistung ist es ratsam, den Planer bei seiner Entscheidung zu unterstützen und eine Empfehlung sowie einen Entscheidungskorridor vorzugeben.

Was sich auch in der Praxis bewährt, ist, dass Sie eine Richtlinie für die Höhe des Zielbonus in Prozent vom Grundgehalt oder der Gesamtvergütung, z. B. abhängig von der Gehaltsstufe, erstellen.

Bei der Definition dieser Richtlinien ist das System sehr flexibel: Es kann eine Vielzahl von Parametern herangezogen werden. Häufig sind dies:

- das Land, in dem der Mitarbeiter arbeitet
- ein Gehaltsvergleichsmaßstab, etwa die aktuelle Position des Mitarbeiters im Gehaltsband oder die Lage zum Gehaltsmittelwert, auf die wir im folgenden Abschnitt näher eingehen
- die Leistungsbewertung des Mitarbeiters

Wenn für die betreffenden Mitarbeiter Formulare aus der Leistungsbeurteilung vorhanden und bewertet sind, kann das Modul Vergütungsplanung optional auf diese Werte zurückgreifen.

Es gibt viele Möglichkeiten, die Richtlinien auf dem Vergütungsformular anzuzeigen und durchzusetzen. Unter anderem können Sie die Richtlinien im Format »min-max« anzeigen oder aber nur deren Mittelwert.

Sie können auch bestimmen, ob und wie das System die Einhaltung der Richtlinien einfordert. So können Sie z. B. den Planer daran hindern, das Formular in den nächsten Genehmigungsschritt zu schicken, solange Richtlinien nicht eingehalten werden (*harte Grenze*). Optional kann das System eine Warnmeldung ausgeben und das Weiterleiten des Formulars nur dann erlauben, wenn eine Erklärung in Form eines Kommentars angegeben wird (*weiche Regel*).

Verwendung von Richtlinien

In der Praxis werden harte Grenzen kaum verwendet. Für einen transparenten und fairen Gehaltsplanungsprozess ist es zwar erforderlich, Richtlinien einzuhalten, allerdings wird es von den Akteuren im Prozess in der Regel begrüßt, wenn das System die Flexibilität aufweist, um in Ausnahmefällen Erhöhungen außerhalb der Richtlinien zuzulassen.

Solche Ausreißer können über den Bericht *Executive Review* sehr einfach dargestellt und auf höherer Vorgesetztenebene geprüft werden.

Gehaltsbänder Compa-ratio, Lage im Gehaltsband, FTE

Das Modul Vergütungsplanung unterstützt die Anzeige von Gehaltsbändern. Das Gehaltsband wird unter anderem durch die Lohngruppe bestimmt, der ein Mitarbeiter zugeordnet ist. Sie können als Gehaltsbänder entweder Daten von Vergleichsgruppen Ihres Unternehmens oder externe Gehaltsbanddaten von Drittanbietern in SAP SuccessFactors einspielen (siehe Abschnitt 14.2, »Mit der Vergütungsplanung im Admin-Center arbeiten«).

Überschreitet das neue Gehalt das Maximum des aktuellen Gehaltsbands des Mitarbeiters, bietet das System die Möglichkeit, den überschreitenden Betrag automatisch als Einmalzahlung anstelle einer Gehaltserhöhung einzutragen. Über den Beförderungsassistenten kann dem Mitarbeiter im Vergütungsformular ein neues Gehaltsband im Rahmen einer Beförderung für die kommende Planungsperiode zugewiesen werden. In Abbildung 14.2 sehen Sie die Aufrufmöglichkeit des Beförderungsassistenten direkt aus dem Vergütungsprofil des Mitarbeiters.

Beförderung ausblenden

Berufsfamilie	SuccessFactors	Berufsfamilie	Bitte auswählen SuccessFactors
Rolle	Senior Director, Sales	Rolle	Senior Director, Sales
Stellennummer	Director, Sales (SALES-DIR)	Stellennummer	Director, Sales (SALES-DIR)
Gehaltsstufe	11 - ($110.000-$120.000)	Neue Gehaltsstufe	11 - ($110.000-$120.000)

Beförderung entfernen   Fertig

Abbildung 14.2 Der Beförderungsassistent

Mit der Existenz von Gehaltsbändern können Maßstäbe (Benchmarks) wie die **Compa-ratio** oder die **Bereichsdurchdringung** (Lage im Gehaltsband) berechnet werden (siehe Abbildung 14.3).

Compa-ratio und Bereichsdurchdringung

Die Compa-ratio und die Bereichsdurchdringung werden wie folgt berechnet:

- *Compa-ratio = Gehalt ÷ Mittelwert des Gehaltsbands*
- *Bereichsdurchdringung (Range Penetration) = (Gehalt – Minimum Gehaltsband) ÷ (Maximum Gehaltsband – Minimum Gehaltsband)*

Das Modul Vergütungsplanung unterstützt die Anzeige beider Vergleichswerte im Vergütungsformular sowohl in der tabellarischen Übersicht als auch noch detaillierter im Vergütungsprofil (Compensation Profile) mit den jeweiligen Werten vor und nach der Planung (siehe Abbildung 14.3).

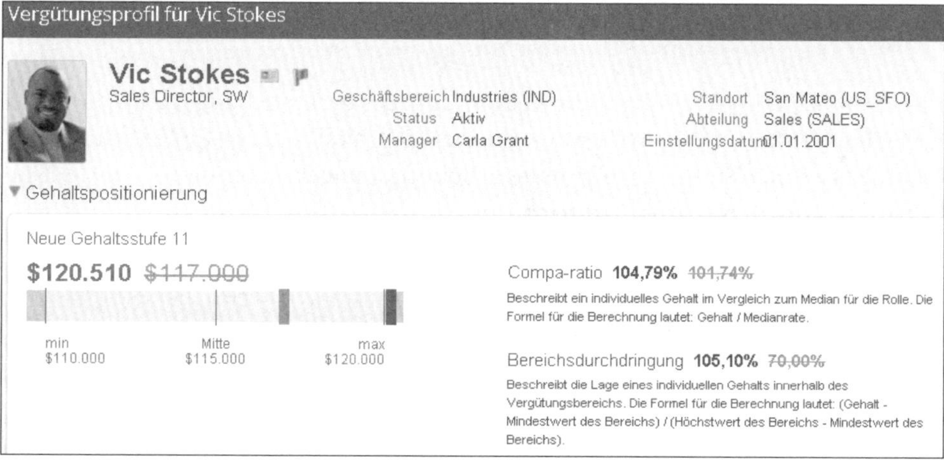

Abbildung 14.3 Vergütungsprofil mit Compa-ratio und Bereichsdurchdringung im Gehaltsband vor und nach der Erhöhung

Umgang mit Teilzeit

Arbeitet ein Mitarbeiter in Teilzeit, kommt der *Teilzeitfaktor* (FTE, Full Time Equivalent) zum Tragen. Damit Richtlinien und Gehaltsbänder genauso Anwendung finden können wie bei Vollzeitmitarbeitern, müssen die tatsächlichen Gehaltskomponenten mit dem Teilzeitfaktor verrechnet werden. Das heißt, Sie können das tatsächlich ausgezahlte Gehalt einspielen – das System berechnet den Vergleichswert auf Basis des dann um den Teilzeitfaktor angepassten Gehaltsbands. Somit müssen Sie nicht den tatsächlichen Betrag in den Vollzeitbetrag umrechnen oder für alle Teilzeitfaktoren ein angepasstes Gehaltsband einspielen.

Budget

Neben Richtlinien und Gehaltsbändern sind Budgets ein weiteres zentrales Instrument zur Planung von Gehaltserhöhungen. Im Modul Vergütungsplanung werden über definierte Regeln jedem Mitarbeiter Budgets zugeteilt. Auf jede der vier Standarderhöhungskomponenten kann ein Erhöhungsbudget definiert werden.

[»]

Budget

Das verfügbare Budget für jedes Vergütungsformular ist die Summe aus den Einzelbudgets aller Mitarbeiter auf dem Formular und wird dynamisch berechnet. Eine Ausnahme bildet hier die Methode der Verteilung fixer Budgets pro Planer.

Budgets können anteilig berechnet werden. Wählen Sie diese Option, wird bei Mitarbeitern, die z. B. unterjährig ins Unternehmen eingetreten sind, das Budget mit einem Faktor verrechnet. Dieser Faktor ist der Quotient aus der Zeitspanne, die der Mitarbeiter in der für die Erhöhung relevanten Position tätig war, und der Planungsperiode (der Faktor ist 1, wenn der Mitarbeiter das gesamte Finanzjahr anspruchsberechtigt war).

Das Formular kann so konfiguriert werden, dass das gesamte Budget angezeigt oder nach einem Kriterium wie Währung oder Land der Mitarbeiter gruppiert wird. In Abbildung 14.4 sehen Sie die Anzeige eines Erhöhungsbudgets in Bezug auf die Merit-Erhöhungskomponente, gruppiert nach Ländern.

Stichtag: 31.12.2020

	Erhöhung %					
	DEU		USA		Total	
Budget	€3.440	2,4%	€2.137,41	3,0%	**€5.577,41**	**2,6%**
Total	€0	0,0%	€0	0,0%	**€0**	**0,0%**
verfügbar	**€3.440**	**2,4%**	**€2.137,41**	**3,0%**	**€5.577,41**	**2,6%**

Abbildung 14.4 Merit-Budget, aufgeteilt nach Ländern

Im System können Budgets auf verschiedene Arten erstellt werden:

- Die einfachste Version des Budgets ist, allen Teilnehmern einen fixen Prozentsatz oder Betrag zuzuweisen (Budget by Template).
- Durch die Zuweisung über Budgetgruppen (Budget Groups) werden vor dem Erzeugen der Formulare Gruppen angelegt, z. B. eine Gruppe pro Land. In jeder Gruppe kann dann für jede Erhöhungskomponente festgelegt werden, wie viel Geld für die Erhöhung zur Verfügung steht. Dieses Budget kann wieder in Prozent der jeweiligen Komponente oder auch als absoluter Betrag angegeben werden.

Abschließend werden die Mitarbeiter, die an der Planungsrunde teilnehmen, den Budgetgruppen zugewiesen.

- Alternativ zu Budgetgruppen kann ein individuelles Budget pro Mitarbeiter (Budget by User) verteilt werden. Die Budgetwerte werden dann als Teil der Mitarbeiterdaten (User Data Files, siehe Abschnitt 14.1.3, »Vergütungsplanung vorbereiten«) ins System hochgeladen. Bei Verwendung von SAP SuccessFactors Employee Central kann der Prozentsatz auch alternativ Organisationsebenen zugeteilt und so automatisch den entsprechenden Mitarbeitern zugewiesen werden.

  Als vierte Option kann das Budget pro Planer fix verteilt werden (Budget by Planner). Hier wird das Gesamtbudget von oben nach unten entsprechend den festgelegten Hierarchien verteilt. Jedem Planer wird dabei ein Betrag zugewiesen, den er auf seine Mitarbeiter verteilen kann. Dies kann zentral oder jeweils durch den Planer für die nächste(n) Hierarchieebene(n) erfolgen.

  Nachteile fixer Budgets sind, dass diese nicht anteilig und auch nicht dynamisch nach ausgewählten Mitarbeitern oder Unternehmensteilen in der Beurteilung auf Managementebene (Executive Review) berechnet werden können.

- Die flexibelste Möglichkeit der Budgetzuweisung bietet die Verwendung eines berechneten Feldes auf dem Vergütungsformular. So ist das Budget zusätzlich dynamisch anpassbar und kann auch pro Mitarbeiter im Formular angezeigt werden.

[«]

Abstimmung von Erhöhungsrichtlinien und Budget

Die Höhe des Budgets und die (Standard-)Erhöhungsrichtlinien müssen aufeinander abgestimmt sein, sodass der Planer das Budget einhalten kann, wenn er sich an die Richtlinien hält. Hier kann es Ausnahmen geben, wenn sich im Team eines Vorgesetzten besonders viele Leistungsträger befinden. Deswegen ist es auch hier ratsam, auf Vorgesetztenebene nicht mit harten Grenzen auf Budgets zu arbeiten. Über die Berichte *Beurteilung auf Managementebene* und *Rollup Report* können Sie insgesamt die Einhaltung der Gesamtbudgets jederzeit prüfen.

Eine automatische Anpassung des Budgets an die Guidelines und tatsächlichen Zielerreichungswerte der Mitarbeiter, wie sie SAP SuccessFactors bietet, hat den Nachteil, dass das Budget nicht im Voraus genau festgelegt werden kann.

Anteilige Berechnungen

Es gibt Fälle, in denen Mitarbeiter nur einen anteiligen (pro rata) Anspruch auf Gehaltserhöhungen haben. Dies kann z. B. zutreffen, wenn Mitarbeiter unterjährig zum Unternehmen kommen oder erst unterjährig in die aktuelle Rolle wechseln, für die die Erhöhungsrichtlinien gelten. Im Modul Vergütungsplanung gibt es für diese Fälle eine Reihe von Funktionen, die im Folgenden näher erklärt werden.

Bei der *datumsbasierten* Berechnung der korrekten Anteile errechnet das System, welchen Anteil der Planungsperiode (die z. B. vom 1. Januar bis zum 31. Dezember definiert ist) der Mitarbeiter in der für die Erhöhung relevanten Rolle hatte. Dieser Anteil wird dann als Faktor für die anteilige Berechnung verwendet.

Dieser kann alternativ auch außerhalb des Systems berechnet und zusammen mit den anderen Mitarbeiterdaten über die Mitarbeiterimportdatei (siehe Abschnitt 14.1.3, »Vergütungsplanung vorbereiten«) hochgeladen werden.

Eine anteilmäßige Berechnung kann für verschiedene Komponenten konfiguriert werden: auf die Erhöhungsrichtlinie, auf die Erhöhung selbst und auf das Budget.

- Wird die *Erhöhungsrichtlinie* anteilig berechnet, wird bei den betroffenen Mitarbeitern schon der Erhöhungsvorschlag entsprechend reduziert.
- Wird die *Erhöhung* anteilig berechnet, wird die reguläre Richtlinie angezeigt, und der Planer trägt die Erhöhung auch auf Basis dieser Richtlinie ein. Das System berechnet dann automatisch diesen Erhöhungsbetrag anteilig.
- Wie im vorangegangenen Abschnitt beschrieben, errechnet sich – bis auf eine Ausnahme bei fixen Budgets – das für einen Planer verfügbare Budget aus den Einzelbudgets für die Mitarbeiter auf dem jeweiligen Formular. Wird das *Budget* anteilig berechnet, wird für den jeweiligen Mitarbeiter nur der entsprechende Anteil des Budgets zum Budgettopf addiert. Damit ist für fixe Budgets keine anteilige Berechnung möglich.

Teilnahmeregeln

Welche Mitarbeiter an der Gehaltsrunde teilnehmen, wird im Modul Vergütungsplanung über Teilnahmeregeln (Eligibility Rules) bestimmt. Diese Regeln können im System auf drei Ebenen festgelegt werden.

- Auf *Planebene* wird entschieden, welche Mitarbeiter überhaupt auf den Vergütungsformularen erscheinen sollen und welche nicht.
- Auf *Abschnittsebene* kann festgelegt werden, dass ein Mitarbeiter zwar bei der Gehaltsrunde berücksichtigt, von der Zuteilung von Aktienplänen jedoch ausgeschlossen werden soll.
- Auf *Feldebene* kann entschieden werden, dass ein Mitarbeiter z. B. eine Erhöhung wegen Leistung, nicht aber eine Einmalzahlung erhalten darf. Im Formular wird die für den Mitarbeiter gesperrte Komponente dann grau dargestellt und ist nicht bearbeitbar. Hier können nur Standarderhöhungsfelder berücksichtigt werden.

Bei der Beschreibung der berechtigten Mitarbeiter gibt es entweder den Weg, grundsätzlich alle Mitarbeiter als nicht berechtigt zu definieren und Gruppen über Kriterien hinzuzufügen oder umgekehrt alle zu erlauben und schrittweise auszuschließen. Üblicherweise werden z. B. Mitarbeiter ausgeschlossen, die erst kürzlich ins Unternehmen eingetreten sind. Zur Definition der Regeln kann auf eine Vielzahl von Feldern (wie z. B. **Eintrittsdatum**) zugegriffen werden; dies ist insbesondere bei einer Integration mit SAP SuccessFactors Employee Central möglich, weil es sehr viele Felder zur Verfügung stellt.

14.1.2 Globale vs. lokale Vergütungsplanungsvorlage

Bei der Gestaltung des Vergütungsformulars müssen Sie zu Beginn einige grundsätzliche Entscheidungen treffen, von denen die Logik und der Aufbau des Formulars abhängen.

Zunächst müssen Sie beantworten, welches der für Ihre Gehaltsvergleiche und Erhöhungsbudgets maßgebliche Referenzwert ist. Sie können unterscheiden zwischen dem Grundgehalt oder der Gesamtvergütung (Grundgehalt und variable Bezahlung). Je nach Entscheidung müssen im Vergütungsplanformular die Gehaltsbänder, Budgets und Erhöhungsrichtlinien ausgerichtet werden. Ebenso muss die Datenlieferung für die Standardfelder angepasst werden. Im ersten Fall werden Sie Gehaltsbänder, Budgets und Richtlinien nach dem Grundgehalt, im zweiten Fall nach der Gesamtvergütung anlegen.

Wenn Sie Länder im Unternehmen haben, die auf unterschiedlicher Basis planen, werden Sie eine Vorlage für die grundgehalt- und eine für die gesamtvergütungsbasierte Planung benötigen.

Es gibt darüber hinaus noch weitere grundlegende Entscheidungen:

- Welche Planerhierarchie sollte für die Formulare verwendet werden?
- Wie viele Stufen und welche Rollen soll der Genehmigungsprozess umfassen, der über das Formular abgebildet wird?
- Sollen anteilige Berechnungen für Budgets und Erhöhungsrichtlinien durchgeführt werden?
- Worauf sollen Erhöhungsrichtlinien basieren?
- Wie soll das Budget dargestellt und berechnet werden?
- Welche (länderspezifischen) Gehaltsbestandteile sollen mit dargestellt und/oder modelliert werden, z. B. Prämien oder geldwerte Vorteile?

Bei anderen Konfigurationseinstellungen haben Sie mehr Flexibilität, sie lokal anzupassen:

- Höhe lokaler Erhöhungsrichtlinien
- lokale Budgetsätze
- Höhe lokaler Gehaltsbänder
- lokale Teilnahmeregeln

- länderspezifische Leistungsbeurteilungsformulare
- Ein- und Ausblenden länderspezifischer Spalten
- lokal unterschiedliche Zeitpunkte der Durchführung der Planung

Es ist zu empfehlen, eine einheitliche Vorlage für alle Unternehmensteile zu erstellen, um Berichtswesen, Schulungen und Wartung zu vereinfachen.

Über Berechtigung auf Feldebene ist es zwar möglich, Felder für bestimmte Benutzergruppen auszublenden, sollten bei diesen Basisentscheidungen jedoch unterschiedliche Grundsatzanforderungen zusammentreffen, wären diese nicht in einer einzelnen Vorlage unterzubringen.

Lokale Gehaltsbestandteile sollten, wenn möglich, auf lokaler Payroll-Ebene behandelt werden.

14.1.3 Vergütungsplanung vorbereiten

Sind Design und Konfiguration der Vergütungsplanungsvorlage abgeschlossen, können Sie mit der Vorbereitung und der Durchführung der Vergütungsplanung beginnen. Dies wird in der Regel von der verantwortlichen Vergütungsfachabteilung initiiert und umfasst folgende Schritte, auf die wir im Folgenden eingehen.

Daten für die Vergütungsplanung vorbereiten und hochladen

Bevor mit dem Planungsprozess begonnen werden kann, müssen die benötigten Daten in SAP SuccessFactors geladen werden:

- **Gehaltsbänder, Erhöhungsrichtlinien, Währungskurse und Budgetwerte**
  Welche Vergütungseinstellungen Sie mit Daten füllen, hängt von Ihren Anforderungen ab. In Abschnitt 14.2, »Mit der Vergütungsplanung im Admin-Center arbeiten«, zeigen wir Ihnen die wichtigsten Einstellungs- und Dateneingabemöglichkeiten im Administrationsbereich.

  Für Erhöhungsrichtlinien gibt es die Möglichkeit, eine »dezentrale Administration« zu nutzen. Das heißt, der zentrale Administrator kann z. B. Länderadministratoren oder für einzelne Unternehmenseinheiten verantwortlichen Administratoren den ausschließlichen Zugriff auf den benötigten Bereich für die länderspezifischen Richtlinien geben. Dadurch ist gewährleistet, dass der lokale Administrator nur seine Daten sieht und ändern kann. Alternativ können Sie die Daten auch außerhalb von SAP SuccessFactors sammeln und zentral hochladen.
- **Mitarbeitervergütungsdaten**
  Die aktuellen und ggf. historischen Vergütungsdaten wie Grundgehalt, Zielboni oder Lohngruppen müssen hochgeladen werden. Da diese Daten für die anderen

SAP-SuccessFactors-Prozesse nicht benötigt werden, werden sie in der Regel nur zu Beginn der Planungsperiode in das System geladen und nicht laufend aktualisiert.

Anders verhält es sich, wenn SAP SuccessFactors Employee Central verfügbar ist. In diesem Fall ist SAP SuccessFactors typischerweise das führende System für Vergütungsdaten, und Änderungen werden in SAP SuccessFactors Employee Central direkt erfasst, auch wenn sie für die Vergütungsplanung erst wieder in der folgenden Planungsperiode genutzt werden. Im Falle einer SAP-SuccessFactors-Employee-Central-Anbindung muss festgelegt werden, zu welchem effektiven Datum die Gehaltsdaten der Mitarbeiter für die Vergütungsrunde gezogen werden sollen.

Vergütungsformulare erstellen

Sind die benötigten Daten im System, können Sie die Planungsformulare für die Vorgesetzten erstellen.

Grundsätzlicher Unterschied zwischen Vergütungs- und Leistungsformular

Im Unterschied zu den Leistungsformularen wird das Vergütungsformular je Planerteam – in der Regel sind das die direkten Mitarbeiter eines Vorgesetzten – und nicht für einen einzelnen Mitarbeiter erstellt! Das heißt, der Mitarbeiter wird keinen Zugriff auf das Vergütungsformular bekommen, auf dem seine Erhöhung geplant wird. Später beschreiben wir Möglichkeiten, wie diese Daten dem Mitarbeiter nach dem Prozess zur Verfügung gestellt werden können.

Die Erstellung der Formulare kann zentral (z. B. von der zentralen HR-Abteilung) oder dezentral für eine ganze Hierarchie – ausgehend von einem gewählten obersten Vorgesetzten (»Head of Hierarchy«) – oder für eine definierbare Gruppe erfolgen. Sie können z. B. Formulare für alle Vorgesetzten erstellen, die Mitarbeiter mit einer bestimmten Einstufung haben. Verwechseln Sie diese Möglichkeit nicht mit den Teilnahmeregeln. Sie kann gut damit kombiniert werden.

[«]

Prüfschritt einplanen, bevor das Formular zum Vorgesetzten geschickt wird

Wir empfehlen, im ersten Schritt des Genehmigungsprozesses den Ersteller oder die verantwortliche HR-Abteilung einzusetzen, sodass die Formulare zuerst in deren Posteingang landen. Da es sich bei Vergütungsdaten – im Vergleich z. B. zu einem leeren Leistungsbeurteilungsformular – um sehr sensible Daten handelt, sollte nach der Erstellung stichpunktweise überprüft werden, ob die Daten (Hierarchie, Gehalt, Richtlinien, Gehaltsbänder, Budget) vollständig und korrekt angezeigt werden.

Vergütungsformular

Im Folgenden erläutern wir die wichtigsten Bestandteile des Vergütungsformulars (siehe Abbildung 14.5). Hier können Sie zwischen den drei Registerkarten **Einkommen**, **Aktien** und **Übersicht** wählen. Wir sehen uns zunächst die Registerkarte **Einkommen** genauer an.

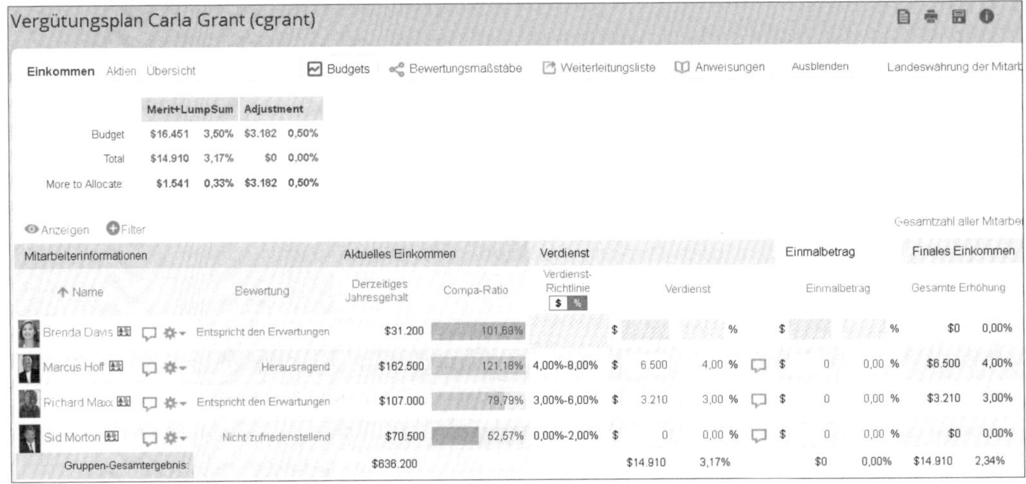

Abbildung 14.5 Das Vergütungsformular

In der oberen Auswahlleiste können Sie entscheiden, was unterhalb angezeigt werden soll. Folgende Sichten stehen zur Auswahl:

In Abbildung 14.5 sehen Sie unter **Budgets** das Erhöhungsbudget, aufgeteilt in gesamt verfügbar (**Budget**), bereits verteilt (**Total**) und noch zur Verfügung stehend (**More to Allocate**).

Die unter **Bewertungsmaßstäbe** verfügbaren interaktiven Grafiken (siehe Abbildung 14.6) zeigen die Anzahl der Leistungsbeurteilungswerte pro Bewertungsstufe, eine Gegenüberstellung von Compa-ratio (siehe Abschnitt 14.1.1, »Elemente der Vergütungsplanungsvorlage«) und Leistungsbewertung sowie die Verdiensterhöhung nach Leistungsbewertung.

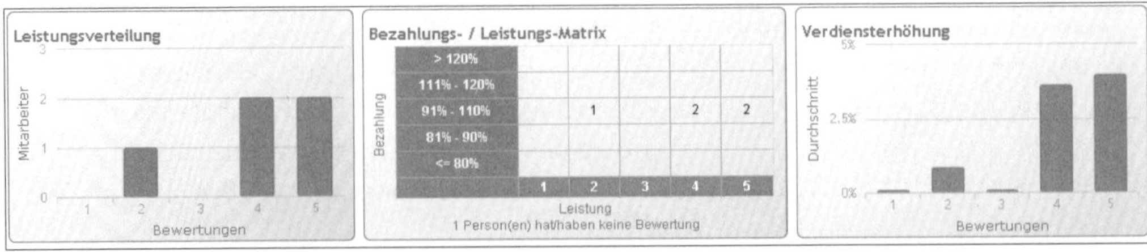

Abbildung 14.6 Interaktive Grafiken zu Bewertungsmaßstäben

Die **Weiterleitungsliste** ist eine grafische Darstellung des Genehmigungsworkflows und zeigt den aktuellen Schritt in der Genehmigungskette an.

Öffnet ein Planer ein Formular zum ersten Mal, ist zunächst die Sicht **Anweisungen** aktiv. Hier können Sie den Akteuren im System frei konfigurierbare Anweisungstexte hinterlegen. Oft werden hier auch Links zu Seiten im Firmennetzwerk angegeben, wo dann weiterführende Informationen zu finden sind.

Rechts neben diesen Registerkarten befindet sich das Währungsauswahlfeld **Landeswährung der Mitarbeiter**, mit dem die Anzeigewährung ausgewählt werden kann. Hier können Sie die definierte Unternehmenswährung, die Währung des Planers oder die jeweilige lokale Währung des Mitarbeiters wählen. Im letzten Fall wird das Budget im Standard in der Unternehmungswährung angezeigt, könnte aber auch nach Währung aufgesplittet werden.

Den größten Teil des Formulars nehmen die definierten Spalten mit aktuellen Informationen zu Person und Vergütung, den Richtlinien, Erhöhungsfeldern und resultierenden Ergebnisfeldern mit den neuen Vergütungswerten ein.

Neben der Registerkarte **Einkommen** steht noch zusätzlich die Registerkarte **Aktien** zur Planung und Berechnung aktienbasierter Bonussysteme optional zur Einblendung zur Verfügung.

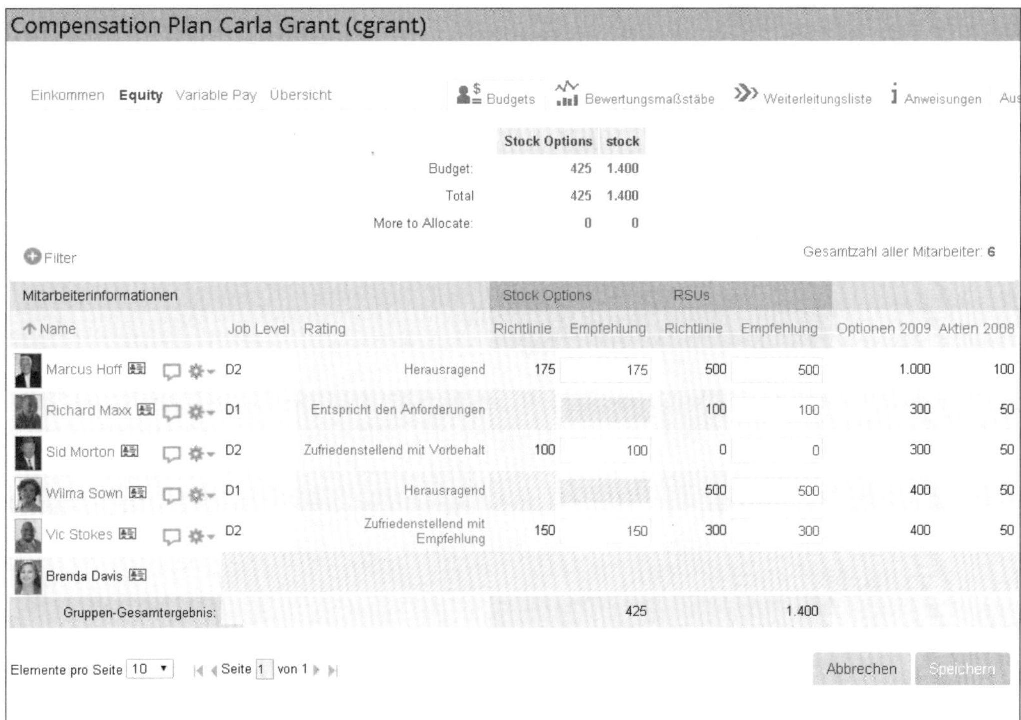

Abbildung 14.7 Formular auf der Registerkarte »Aktien«

In der Praxis wird sie jedoch relativ selten verwendet, und die benötigten Informationen werden meist schon in die Registerkarte **Einkommen** integriert. Auf der Registerkarte **Equity** (dt. Aktien) sehen Sie eine Ansicht, die der auf der Registerkarte **Einkommen** ähnelt, jedoch andere Komponenten enthält (siehe Abbildung 14.7).

Es werden hier verschiedene Aktienpläne, die zugeteilten Stückzahlen und die damit verbundenen Auszahlungsbeträge gezeigt. Lassen Sie sich das Budget anzeigen, wird nun auch anstelle der Budgets auf den Erhöhungskomponenten das Aktienbudget gezeigt.

Auf der Registerkarte **Übersicht** (siehe Abbildung 14.8) finden Sie eine zusammengefasste Darstellung der einzelnen Registerkarten ohne die Möglichkeit, Erhöhungen einzugeben. Es werden lediglich die Werte der Standarderhöhungskomponenten sowie die daraus resultierenden neuen Gehälter gezeigt.

Mitarbeiterinformationen		Einkommen					
Name	Titel	Derzeitiges Jahresgehalt	Verdienst $ %	Anpassung $ %	Einmalbetrag $ %	Gesamte Erhöhung $ %	Finales Jahresgehalt
Brenda Davis							
Marcus Hoff	Sales Director, NE	$186.000	$7.440	$0	$0	$7.440	$193.440
Richard Maxx	Sales Director, NC	$190.000	$5.700	$0	$0	$5.700	$195.700
Sid Morton	Sales Director, SC	$191.000	$3.820	$0	$0	$3.820	$194.820
Gruppen-Gesamtergebnis:		$877.000	$29.360	$0	$0	$29.360	$906.360

Abbildung 14.8 Formular auf der Registerkarte »Übersicht«

Vergütungsprofil

Vom Vergütungsformular aus können Sie direkt auf die Vergütungsprofile einzelner Mitarbeiter zugreifen. Im Vergütungsprofil finden Sie dieselben Datenfelder wie in der tabellarischen Übersicht, jedoch bezogen auf einen einzelnen Mitarbeiter aufbereitet.

Zusätzlich bietet das Vergütungsprofil (siehe Abbildung 14.9) noch die Möglichkeit des Beförderungsassistenten, um im Falle einer Beförderung das neue Stellenkennzeichen, die Gehaltsstufe und auch das Gehaltsband auszuwählen. Darüber hinaus bietet das Vergütungsprofil eine Gehaltsentwicklung von ausgewählten Vergütungskomponenten historischer Planungszyklen, falls diese schon in SAP SuccessFactors durchgeführt wurden.

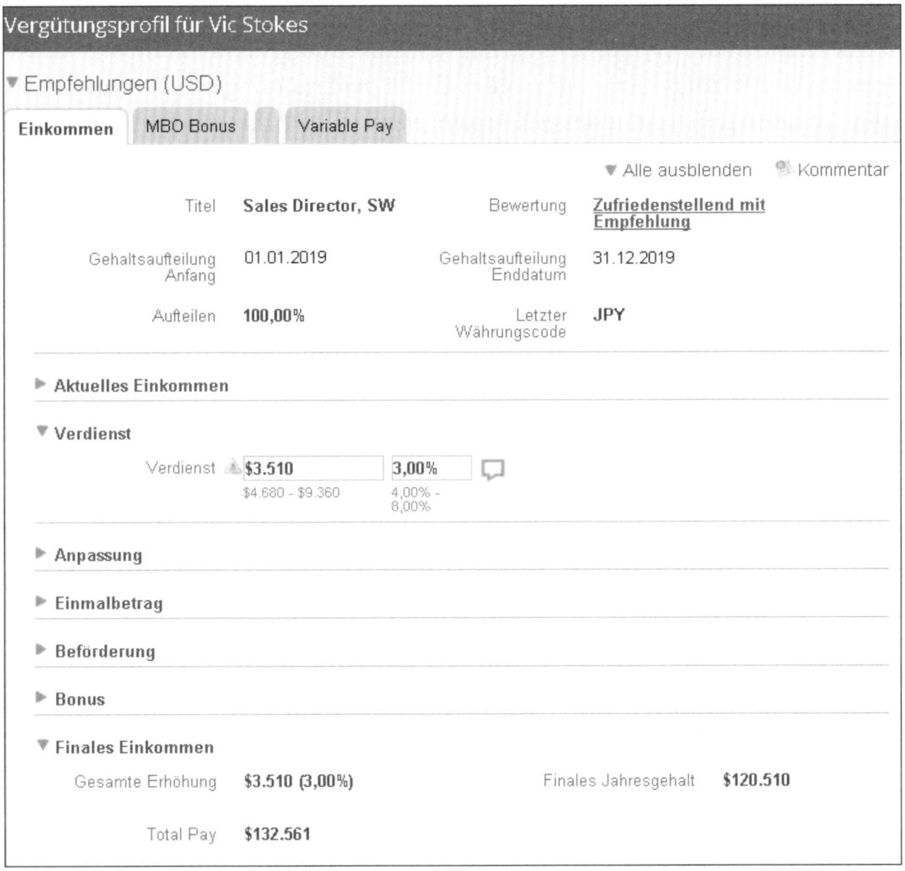

Vergütungsprofil für Vic Stokes
Empfehlungen (USD)
Einkommen
MBO Bonus
Variable Pay
Alle ausblenden
Kommentar
Titel
Sales Director, SW
Bewertung
Zufriedenstellend mit Empfehlung
Gehaltsaufteilung Anfang
01.01.2019
Gehaltsaufteilung Enddatum
31.12.2019
Aufteilen
100,00%
Letzter Währungscode
JPY
Aktuelles Einkommen
Verdienst
Verdienst
$3.510
3,00%
$4.680 - $9.360
4,00% - 8,00%
Anpassung
Einmalbetrag
Beförderung
Bonus
Finales Einkommen
Gesamte Erhöhung
$3.510 (3,00%)
Finales Jahresgehalt
$120.510
Total Pay
$132.561

Abbildung 14.9 Das Vergütungsprofil

14.1.4 Vergütungsplanung durchführen

Sind die Formulare korrekt vorbereitet, kann die HR-Abteilung diese einzeln oder gesammelt an den nächsten Beteiligten im Genehmigungsprozess schicken.

Planungs- und Genehmigungsprozess

Wir empfehlen, den Genehmigungsprozess kurz zu halten. Best Practice ist der in Abbildung 14.10 dargestellte Genehmigungsablauf.

HR (global/ lokal)
direkter Vorgesetzter
Vorgesetzter, zweite Ebene
HR (global/ lokal)
abgeschlossen

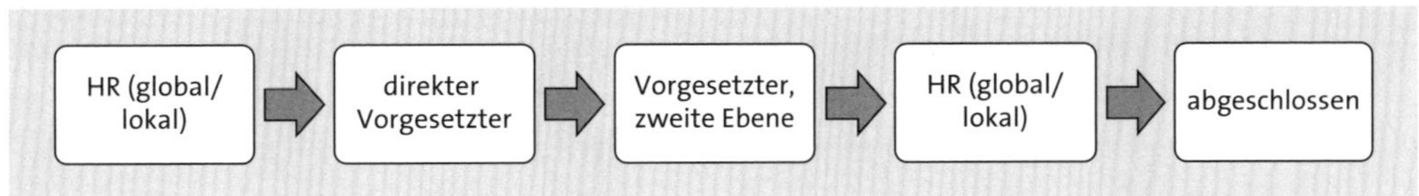

Abbildung 14.10 Typischer Genehmigungsprozess eines Vergütungsplanungsformulars

Zuerst überprüft die verantwortliche HR-Abteilung die Korrektheit der Formulare. Im zweiten Schritt gibt der direkte Vorgesetzte seine Erhöhungsempfehlungen ein. Danach überprüft der Vorgesetzte auf zweiter Ebene die Erhöhungsempfehlungen des direkten Vorgesetzten. Ist dies abgeschlossen, werden die Formulare bei der verantwortlichen HR-Abteilung »geparkt«. Zum einen überprüft die HR-Abteilung, wo nötig, die Erhöhungsentscheidungen und begutachtet »Ausreißer« oder das verwendete Budget. Zum anderen erteilt sie über das rollenbasierte Berechtigungswesen (siehe Kapitel 8, »Rollenbasierte Berechtigungen in SAP SuccessFactors«) Managern auf höchster Ebene, z. B. Ländergeschäftsführern, Divisionschefs oder dem Finanzvorstand, Zugriff auf die »Beurteilung auf Managerebene« (siehe dazu auch die Informationen im folgenden Abschnitt). Hier können diese die für sie relevanten Bereichsdaten sehen und ebenfalls Ausreißer und Budgets überprüfen. Nach positiver Rückmeldung setzt die HR-Abteilung den Status **Abgeschlossen** für die Formulare. Die Daten können dann nicht mehr geändert werden.

Das Hinzufügen einer weiteren Vorgesetztenebene verlangsamt den Prozess, und es ist für den Vorgesetzten auf dritter Ebene eher mühevoll, sich durch die vielen Formulare, die ihn erreichen, durchzuarbeiten. Besser ist es, den letzten HR-Schritt als »Parkposition« zu nutzen, um Vorgesetzte und höchstes Management auf der Geschäftsführerebene die Daten für deren Verantwortungsbereich überprüfen zu lassen, ohne sie in den formularbasierten Genehmigungsprozess mit einzubinden. Dazu eignet sich die *Beurteilung auf Managementebene*.

Beurteilung auf Managementebene

Die Beurteilung auf der Managementebene (Executive Review) bietet dieselbe Ansicht wie das Vergütungsformular, zeigt also dieselben Daten; allerdings listet sie nicht nur die direkt unterstellten Mitarbeiter eines Vorgesetzten auf, sondern der Berechtigte sieht alle Personen in seinem Zuständigkeitsbereich. Im Unterschied zum Formular gibt es allerdings keinen Workflow, sondern der Zugriff darauf wird über das rollenbasierte Berechtigungswesen dynamisch vergeben.

Dies mögen eine hierarchische Sicht aller Mitarbeiter unter sich sein oder alle Personen einer Division, eines Unternehmensbereichs oder einer Abteilung. Zur passgenauen Einrichtung der Ansicht stehen Ihnen unterschiedliche Filteroptionen zur Verfügung (siehe Abbildung 14.11). Darüber hinaus können Sie hier auf weitere Untergruppen filtern.

Sehr praktisch ist dabei, dass sich das angezeigte Budget an die gewählte Gruppe anpasst. Eine weitere praktische Filtermöglichkeit ist, sich alle Mitarbeiter anzeigen zu lassen, die eine Gehaltserhöhung außerhalb der für sie zutreffenden Richtlinie empfangen würden.

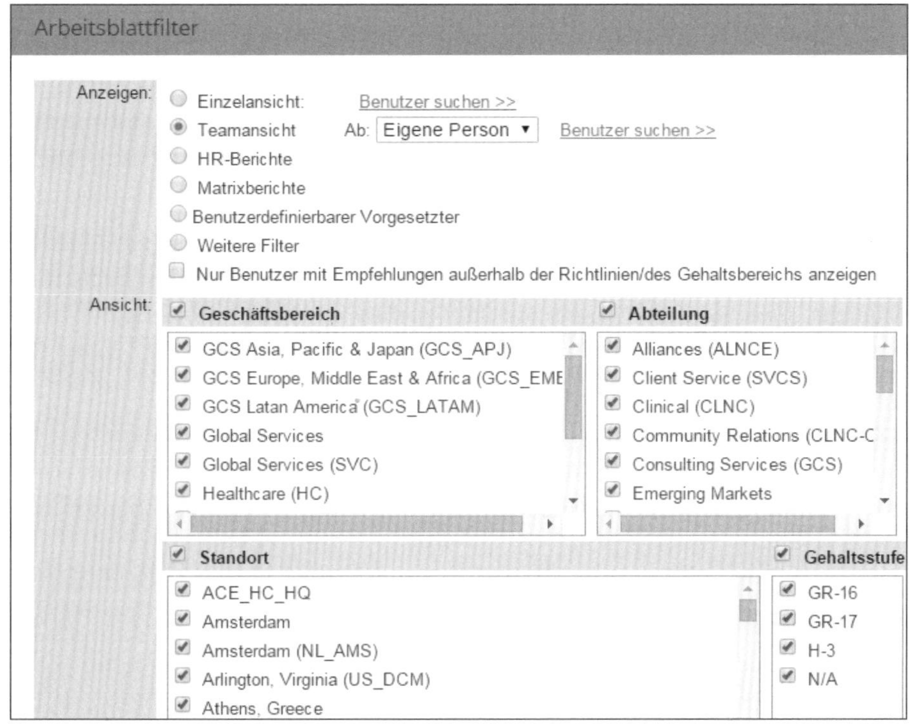

Abbildung 14.11 Filtermöglichkeiten in der Beurteilung auf Vorgesetztenebene

Die Berechtigung zur Prüfung der Vergütungsplanung wird über das rollenbasierte Berechtigungswesen erteilt und ist somit sofort wirksam und unabhängig vom Genehmigungsprozess. Darüber hinaus kann über die Einstellungen entweder nur Lese- oder auch Änderungsberechtigung vergeben werden.

Berechtigung für die Beurteilung auf Managementebene

Änderungsmöglichkeiten sollten Sie nur dann erlauben, wenn sich die Planungsform nicht parallel noch im Genehmigungsworkflow bei einer anderen Rolle befindet.

Werden die Planungsdaten in der Beurteilung auf Managementebene geändert, kann der Manager des betroffenen Mitarbeiters per E-Mail darüber informiert werden, dass die Daten außerhalb der regulären Genehmigungskette geändert wurden.

Offlinebearbeitung von Planungsdaten

Über die Exportfunktion können die Plandaten im Microsoft-Excel-Format geöffnet und die im Formular editierbaren Daten offline eingegeben und wieder hochgeladen werden. Dies ist für Planer, die eine große Gruppe zu bearbeiten haben, eine bequeme Möglichkeit der Dateneingabe.

Aufgrund der damit verbundenen Flexibilität ist die Beurteilung auf Vorgesetztenebene sehr beliebt, wenn es darum geht, weiteren Entscheidungsträgern Zugriff auf die aktuellen Vergütungsdaten im Prozess zu geben. Ebenso eignet sie sich sehr gut, um Budgets auf oberster Unternehmens(teil)ebene zu überprüfen oder Ausreißer im Prozess anzeigen zu lassen. Auch als HR-Tool, zur Prozessbegleitung oder als schnelle Exportmöglichkeit ist diese Option sehr gut geeignet.

Die Beurteilung auf Managementebene bietet jedoch nicht die Möglichkeit, eine formale Genehmigung durchzuführen. Genauso wie die Mitteilung an den hochrangigen Manager, dass die Daten bereit zur Durchsicht sind, erfolgt auch die Rückmeldung an die HR-Abteilung nur per E-Mail. Die Möglichkeit einer formalen Genehmigung stellen wir Ihnen im Folgenden vor.

Jedoch gibt es die Möglichkeit, den Manager über vorgenommene Änderungen im Executive Review per E-Mail oder über eine Benachrichtigung auf der Startseite zu informieren. Letztere beinhaltet im Benachrichtigungstext den Namen des betroffenen Mitarbeiters.

Hierarchiebasierte Genehmigung

Die hierarchiebasierte Genehmigung (HBA, Hierarchy Based Approval, siehe Abbildung 14.12) stellt eine ähnliche Ansicht zur Verfügung wie der Hochrechnungsreport (siehe Abschnitt 14.1.5, »Auswertung und Kommunikation der Vergütungsplanung«), ist allerdings durch die Funktion einer formalen Genehmigung erweitert.

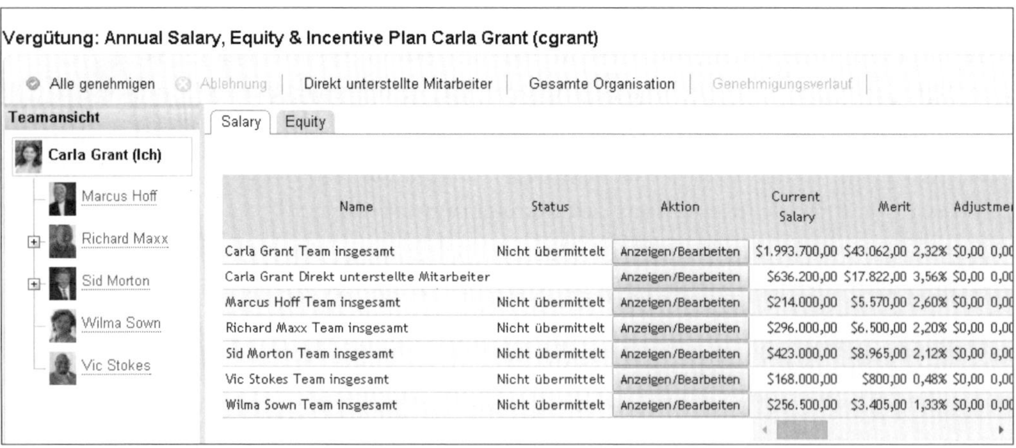

Abbildung 14.12 Hierarchiebasierte Genehmigung

Der Genehmigungsprozess folgt dabei der Planerhierarchie von unten nach oben. Die Baumnavigation in der Ansicht erlaubt es Ihnen, analog zum Hochrechnungsbericht durch die Hierarchieebenen zu navigieren.

HBA stellt damit insbesondere für Planer in höheren Hierarchieebenen ein mächtiges Werkzeug dar, weil sie damit sowohl die Planung als auch die Genehmigung der Erhöhungen vornehmen können. Allerdings kann HBA nicht mit dem herkömmlichen Genehmigungsprozess durch zuvor definierte Prozessschritte kombiniert werden. Bevor HBA zum Einsatz kommt, muss also entschieden werden, ob eine strikt hierarchische Genehmigungsstruktur von unten nach oben ausreichend ist oder ob mehr Flexibilität benötigt wird.

HBA kann eine Alternative für Firmen sein, bei denen es nötig ist, dass alle Führungskräfte in der Hierarchie zustimmen.

Kalibrierung

Sobald der direkte Vorgesetzte die Planung beendet hat, können Sie neben der Beurteilung auf Managementebene das Kalibrierungsmodul benutzen, um die Compa-ratio im Verhältnis zur Leistung darzustellen. Dazu können Sie eine 9-Box-Ansicht wählen (siehe Abbildung 14.13). Diese zieht die Daten aus den Leistungsbeurteilungs- und den Vergütungsformularen.

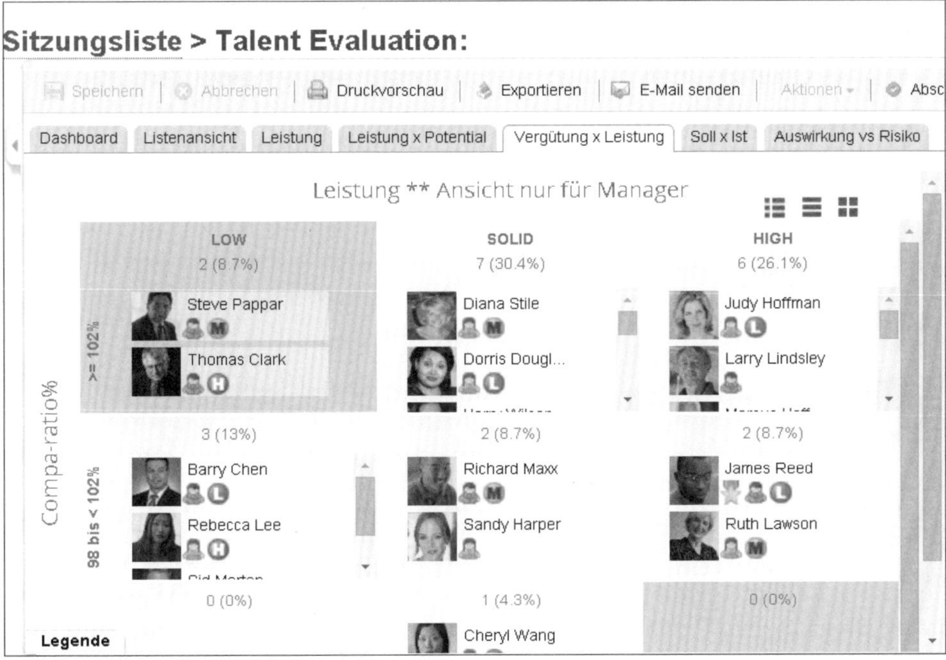

Abbildung 14.13 Kalibrierung

So erhalten Sie auf einen Blick z. B. eine vergleichende Gegenüberstellung von Mitarbeitern auf gleicher Ebene, aber unter verschiedenen Vorgesetzten. Das kann Ihnen als die Arbeit der Planer justierendem Verantwortlichen (etwa in der Geschäftsführung oder der Personalleitung) helfen, die Entscheidungen transparenter und fairer einzuschätzen.

Direkt in der 9-Box-Ansicht können Sie die Mitarbeiter auf der Leistungsachse per Drag-and-drop verschieben. Nach dem Speichern würde sich dementsprechend die manuelle Leistungsbeurteilung auf den Leistungsbeurteilungsformularen ändern. Die Compa-ratio kann hier nicht direkt geändert werden. Dies kann nur im Vergütungsplanungsformular erfolgen.

Weitere Möglichkeiten in diesem Umfeld stellen wir Ihnen in Abschnitt 15.2.4, »Kalibrierung und klassische 9-Box-Ansichten«, vor.

Beförderung

Die jährliche Gehaltsanpassungsrunde kann auch dafür verwendet werden, Beförderungen zu integrieren. Ist SAP SuccessFactors Employee Central integriert, werden die neuen Stellendaten nach Abschluss direkt übernommen. Vorgesetzte können über einen Link auf dem Vergütungsformular einen SAP-SuccessFactors-Employee-Central-Dialog öffnen (siehe Abbildung 14.14).

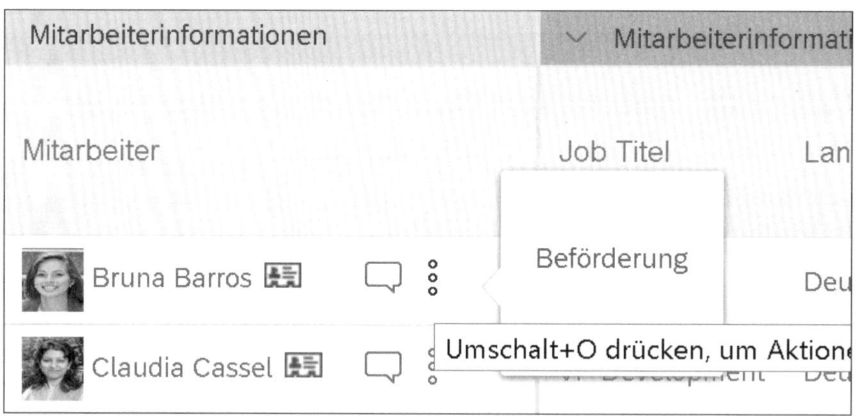

Abbildung 14.14 Mitarbeiterinformation zum Start der Beförderung

In diesem Dialog können die Vorgesetzten die neue Stelle für den Mitarbeiter vormerken (siehe Abbildung 14.15). Nach Abschluss des Dialogs wird die Gehaltsspanne der neuen Stelle bereits für die Anzeige von neuer Compa-Ratio oder Lage im Gehaltsband berücksichtigt. Die Änderung der Stelle wird erst nach Finalisierung der Formulare sowie automatischem Übertrag nach SAP SuccessFactors Employee Central für den Mitarbeiter sichtbar.

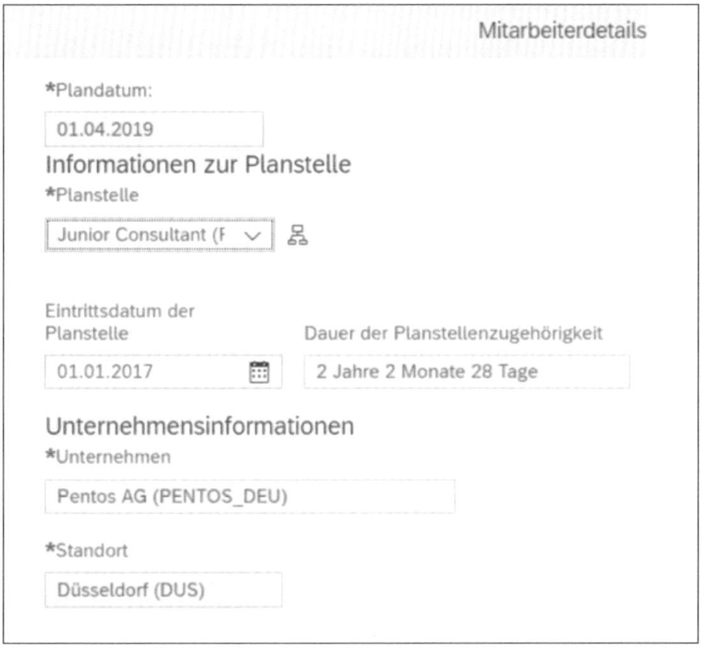

Mitarbeiterdetails

*Plandatum:

01.04.2019

Informationen zur Planstelle

*Planstelle

Junior Consultant (F

Eintrittsdatum der Planstelle

01.01.2017

Dauer der Planstellenzugehörigkeit

2 Jahre 2 Monate 28 Tage

Unternehmensinformationen

*Unternehmen

Pentos AG (PENTOS_DEU)

*Standort

Düsseldorf (DUS)

Abbildung 14.15 Mitarbeiterdetails zur Beförderung

14.1.5 Auswertung und Kommunikation der Vergütungsplanung

Nachdem alle Entscheidungen getroffen und die nötigen Genehmigungen erfolgt sind, können die Daten ausgewertet und ggf. weitergegeben und an die Mitarbeiter und Manager kommuniziert werden.

Vergütungserklärung

Sobald der Planungsprozess abgeschlossen ist, werden die Ergebnisse noch an den Mitarbeiter kommuniziert. Dazu bietet sich die Vergütungserklärung an. Damit können Sie eine Art Serienbrief in SAP SuccessFactors gestalten, der mit den Ergebnissen aus dem Vergütungsformular gefüllt wird.

Sie können auch mehrere Vorlagen nutzen, z. B. mit verschiedenen Sprachen oder Logos. Diese werden dann verschiedenen Benutzergruppen anhand von Kriterien zugeordnet. Erzeugt werden die Statements als Batch-Job über den Administrationsbereich für eine Benutzergruppe oder für alle beteiligten Mitarbeiter. Nach erfolgreicher Erzeugung können die »Briefe«

- im Administrationsbereich als PDF-Dokumente heruntergeladen und verteilt werden.

- vom Manager im Formular gedruckt und verteilt werden.
- automatisch dem Mitarbeiter in dessen Mitarbeiterprofil als PDF-Dokumente zur Verfügung gestellt werden.

Reports

Folgende Standardreports stehen im Modul Vergütungsplanung zur Verfügung:

- **Hochrechnungsreport**

  Der Hochrechnungsreport (Rollup Report, siehe Abbildung 14.16) zeigt eine Zusammenfassung der geplanten Mitarbeitergruppe inklusive deren Budgetinformationen.

  Der besondere Vorteil dieses Berichts ist, dass Sie sich von oberster Ebene aus weiter nach unten navigieren können und so pro Ebene und Planer das verfügbare, verbrauchte und noch übrige Budget sehen können. Er steht für Vorgesetzte und Administratoren zur Verfügung.

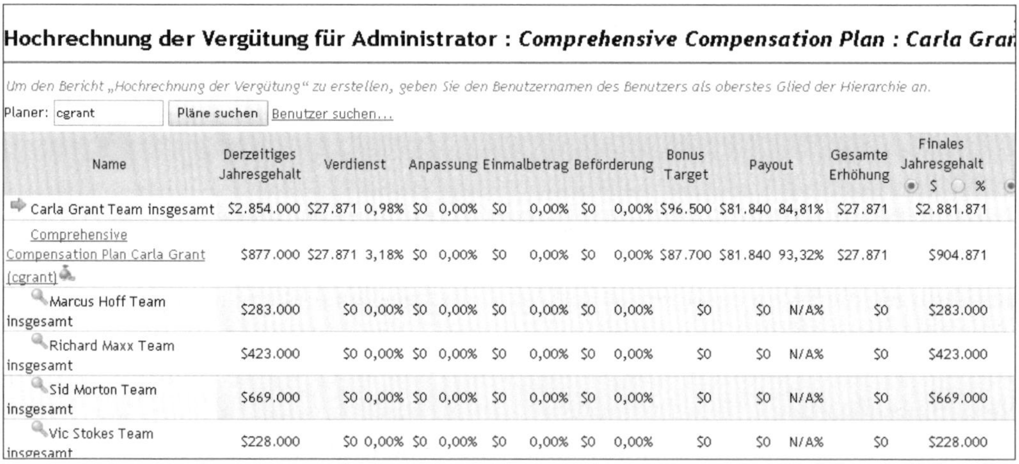

Hochrechnung der Vergütung für Administrator : *Comprehensive Compensation Plan : Carla Gra*

Um den Bericht „Hochrechnung der Vergütung“ zu erstellen, geben Sie den Benutzernamen des Benutzers als oberstes Glied der Hierarchie an.

Planer: cgrant [Pläne suchen] Benutzer suchen...

Name	Derzeitiges Jahresgehalt	Verdienst		Anpassung		Einmalbetrag		Beförderung		Bonus Target	Payout		Gesamte Erhöhung	Finales Jahresgehalt ($ / %)
Carla Grant Team insgesamt	$2.854.000	$27.871	0,98%	$0	0,00%	$0	0,00%	$0	0,00%	$96.500	$81.840	84,81%	$27.871	$2.881.871
Comprehensive Compensation Plan Carla Grant (cgrant)	$877.000	$27.871	3,18%	$0	0,00%	$0	0,00%	$0	0,00%	$87.700	$81.840	93,32%	$27.871	$904.871
Marcus Hoff Team insgesamt	$283.000	$0	0,00%	$0	0,00%	$0	0,00%	$0	0,00%	$0	$0	N/A%	$0	$283.000
Richard Maxx Team insgesamt	$423.000	$0	0,00%	$0	0,00%	$0	0,00%	$0	0,00%	$0	$0	N/A%	$0	$423.000
Sid Morton Team insgesamt	$669.000	$0	0,00%	$0	0,00%	$0	0,00%	$0	0,00%	$0	$0	N/A%	$0	$669.000
Vic Stokes Team insgesamt	$228.000	$0	0,00%	$0	0,00%	$0	0,00%	$0	0,00%	$0	$0	N/A%	$0	$228.000

Abbildung 14.16 Der Hochrechnungsreport

- **Aggregatexport**

  Der Aggregatexport ist ein Standardreport für Administratoren, der alle Felder des Vergütungsformulars im Textformat exportiert. Dabei führt er Betragsfelder sowohl in lokaler als auch funktionaler Unternehmenswährung auf.

  Zusätzlich können die Felder des Standardmitarbeiterprofils exportiert werden. Somit eignet sich der Aggregatexport sehr gut als Export für weiterführende Systeme wie das Gehaltsabrechnungssystem.

Datenexport

Nachdem der Planungsprozess abgeschlossen ist, sollten die neuen Vergütungsdaten noch in das führende oder weiterverarbeitende System übertragen werden. Dafür haben Sie mehrere Möglichkeiten:

- **Export der Daten in SAP SuccessFactors Employee Central**
  Komfortabel ist die Weitergabe, wenn Sie SAP SuccessFactors Employee Central installiert haben. Dorthin ist die Übertragung der Daten per Knopfdruck zum gewünschten effektiven Datum möglich. Bei unterjährigen Änderungen können in SAP SuccessFactors Employee Central Genehmigungsworkflows initiiert werden und stehen für den nächstjährigen Planungsprozess zur Verfügung.
- **Export der Daten in das Mitarbeiterprofil (Hintergrundsektion)**
  Zusätzlich zum Export der Daten in die Vergütungssektion von SAP SuccessFactors Employee Central können die Ergebnisse der Mitarbeitervergütungsplanung nach Abschluss in einen designierten Bereich des Mitarbeiterprofils geladen werden. Hier kann dem Mitarbeiter, dessen Vorgesetzten und/oder der HR-Abteilung über das rollenbasierte Berechtigungswesen (siehe Kapitel 8, »Rollenbasierte Berechtigungen in SAP SuccessFactors«) Zugriff gewährt werden. Pro Jahresplanung wird hier eine Zeile angelegt. Allerdings dienen die Daten nur zur Ansicht und können nicht weiterverwendet werden. Abbildung 14.17 zeigt exemplarisch diese Vergütungsansicht.

14

Abbildung 14.17 Datenhaltung im Mitarbeiterprofil (Hintergrundsektion)

Um historische Daten im Mitarbeiterprofil ohne SAP SuccessFactors Employee Central zur Verfügung zu stellen, beispielsweise als Information für den Vorgesetzten bei der Vergütungsplanung, kann ein kundenspezifisches Hintergrundelement erstellt werden. Hier können auch manuell oder per Upload Daten geladen werden.

- **Export der Daten zur Entgeltabrechnung**
  Für den Export der Daten zur Entgeltabrechnung gibt es verschiedene Möglichkeiten, die sich in Komfort, Aufwand und Komplexität unterscheiden. Je nach Abrechnungssystem kann dies ein sehr komplexes Unterfangen sein. Vom einfachen Standardtextdateiexport (Aggregatexport), einem kundenspezifischen Ad-hoc-Report, einem über eine Middleware erzeugten Report, der die Daten direkt an die Gehaltsabrechnung schickt, bis zu einer direkten Datenschnittstelle per Webservice ist hier vieles möglich – das vorzustellen würde allerdings den Rahmen an dieser Stelle sprengen.

Im folgenden Abschnitt möchten wir Ihnen noch die wichtigsten Administrationsseiten zeigen, damit Sie ein Gefühl dafür bekommen, wie umfassend Sie in die Datenhaltung und Konfiguration eingreifen können.

14.2 Mit der Vergütungsplanung im Admin-Center arbeiten

Im Modul Vergütungsplanung können Sie bis auf wenige Ausnahmen alle Einstellungen selbst administrieren. Im Folgenden stellen wir Ihnen die aus unserer Sicht wichtigsten Punkte vor. Ausgangspunkt ist der Administrationsbereich **Startseite für Vergütung** (siehe Abbildung 14.18), den Sie direkt über das Admin-Center erreichen.

Abbildung 14.18 Startseite für die Vergütung

Auf der linken Seite sehen Sie alle momentan eingerichteten Vergütungsplanungsvorlagen. Klicken Sie auf eine dieser Vorlagen, und Sie gelangen zu den Einstellungsmöglichkeiten für diesen Plan. Abbildung 14.19 zeigt die Navigationsleiste, auf die wir uns im Folgenden beziehen werden.

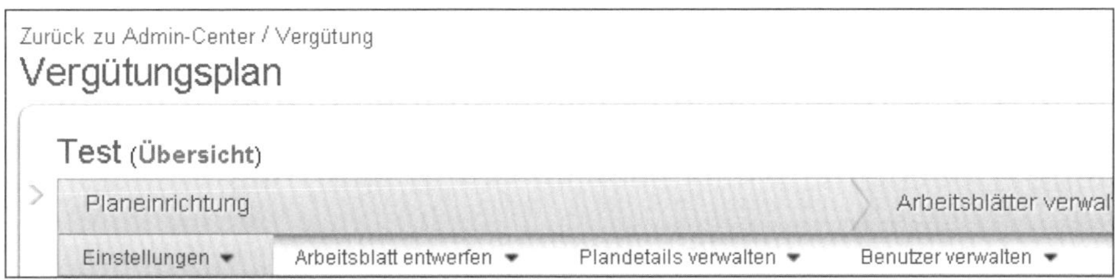

Abbildung 14.19 Navigationsleiste in einem Vergütungsplan

14.2.1 Erhöhungsrichtlinien

Unter **Plandetails • Richtlinien** gelangen Sie zum Editor für die Erhöhungsrichtlinien. Sie können Richtlinien für jede der Erhöhungskomponenten definieren. Abbildung 14.20 zeigt die Einstellungen, die Sie für jede Erhöhungskomponente vornehmen können. Im Beispiel wird die Regel für die Merit-Komponente bestimmt. Sie können Folgendes festlegen:

- welche Spalten als Kriterien für die Formeln verwendet werden sollen (**Formelkriterien)**
- ob es eine **Harte Grenze** sein soll, also ob Sie das Weiterleiten des Formulars bei Werten außerhalb der Richtlinie verhindern wollen
- ob eine anteilige Berechnung verwendet werden soll (**Aufteilen**)
- ob der voreingetragene Wert in den Erhöhungskomponenten (der Mittelwert der jeweiligen Richtlinien) wieder zum Anfangswert zurückspringen soll, falls er schon editiert wurde und sich danach noch die Leistungsbewertung des Mitarbeiters ändert (**Standard bei Bewertungsänderung erzwingen** oder **Standard bei Änderung für benutzerdefiniertes Feld erzwingen**)
- ob eine Warnung angezeigt werden soll, wenn die Variablen **Hoch/Niedrig** der Richtlinien über- oder unterschritten werden (**Aktion Hoch/Niedrig**)

Haben Sie nur wenige Formeln, können Sie diese direkt in den Editor eingeben. Sie erreichen den Editor über die **Startseite für Vergütung**. Hier wählen Sie den zu bearbeitenden Plan aus oder legen einen neuen an. In der **Planeinrichtung** klicken Sie auf **Plandetails – Richtlinien** und können dann hier die Regeln des ausgewählten Vergütungsplans länderspezifisch bearbeiten. Bei der Verwendung mehrerer Variablen (Bewertung, Benchmark, Budgetgruppe) entstehen aber schnell Hunderte von Kombinationen, die es abzudecken gilt.

14

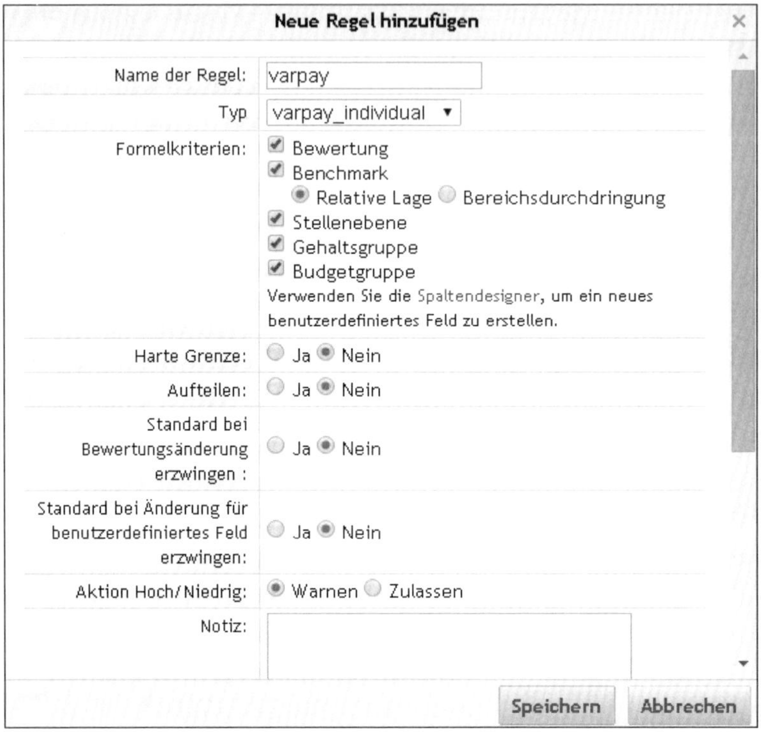

Neue Regel hinzufügen

Name der Regel:	varpay
Typ	varpay_individual
Formelkriterien:	Bewertung Benchmark Relative Lage / Bereichsdurchdringung Stellenebene Gehaltsgruppe Budgetgruppe Verwenden Sie die Spaltendesigner, um ein neues benutzerdefiniertes Feld zu erstellen.
Harte Grenze:	Ja / Nein
Aufteilen:	Ja / Nein
Standard bei Bewertungsänderung erzwingen :	Ja / Nein
Standard bei Änderung für benutzerdefiniertes Feld erzwingen:	Ja / Nein
Aktion Hoch/Niedrig:	Warnen / Zulassen
Notiz:	

Speichern Abbrechen

Abbildung 14.20 Regeleinstellungen

Wir empfehlen in einem solchen Fall das Erstellen und Hochladen der Formeln mit einem Tabellenkalkulationsprogramm. Exportieren Sie zunächst bestehende Formeln über die Schaltfläche **Export** (siehe Abbildung 14.21), um eine Vorlage für das zu verwendende Format zu bekommen. Sollten keine Formeln vorhanden sein, können Sie auch eine leere Formatvorlage herunterladen. Sie können dann die in Ihrem Unternehmen bestehenden Richtlinien in Tabellen entsprechend umformatieren und ins System hochladen.

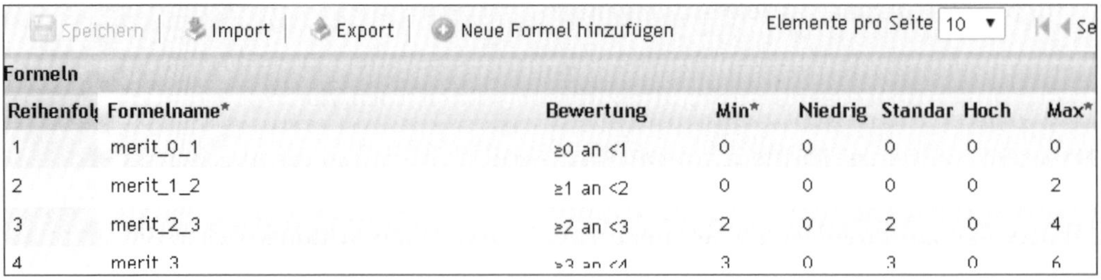

Speichern | Import | Export | Neue Formel hinzufügen Elemente pro Seite 10

Formeln

Reihenfol	Formelname*	Bewertung	Min*	Niedrig	Standar	Hoch	Max*
1	merit_0_1	≥0 an <1	0	0	0	0	0
2	merit_1_2	≥1 an <2	0	0	0	0	2
3	merit_2_3	≥2 an <3	2	0	2	0	4
4	merit_3	≥3 an <4	3	0	3	0	6

Abbildung 14.21 Formeleditor für Richtlinien

14.2.2 Budgets

Die in Abschnitt 14.1.1, »Elemente der Vergütungsplanungsvorlage«, beschriebenen Budgettöpfe legen Sie im Plan selbst unter **Plandetails • Budgets** an. Sie können für jedes dieser Budgets bestimmen, welche Erhöhungskomponenten einbezogen werden sollen. In Abbildung 14.22 sind dies **Merit**, Anpassung (**Adjustment**) und Einmalzahlung (**Lump Sum**).

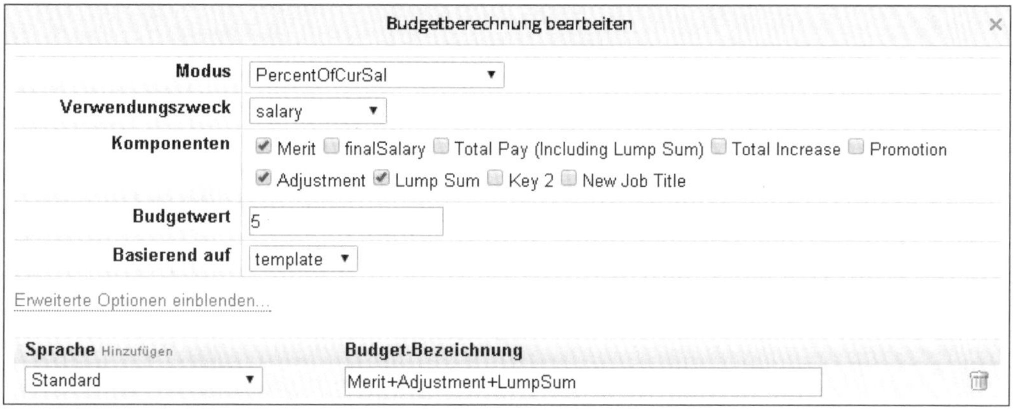

Abbildung 14.22 Budgetberechnung konfigurieren

Im Feld **Basierend auf** bestimmen Sie die Budgetvariante. Im Beispiel ist die Variante **template** gewählt, mit einem **Budgetwert** von 5. Das bedeutet, dass jedem Mitarbeiter auf dem Formular pauschal 5 % aus der Summe der gewählten Komponente Merit, Anpassung oder Einmalzahlung als verfügbares Budget angerechnet wird. Details zu weiteren Budgetvarianten und anteiliger Berechnung von Budgets finden Sie ebenfalls in Abschnitt 14.1.1.

14.2.3 Spalteneditor

Den Spalteneditor finden Sie unter **Planeinrichtung • Arbeitsblatt entwerfen**. Mit dem Spalteneditor können Sie bestimmen, welche Datenfelder auf den Vergütungsformularen in welcher Reihenfolge auftauchen sollen. Das System unterscheidet hier zwischen Standardfeldern wie **Merit** (Erhöhung wegen Leistung), **Anpassung**, **Währung** und frei definierbaren Feldern. Sind bei Standardfeldern Datentyp und Funktionsweise des Feldes weitgehend festgelegt, haben Sie bei den frei definierbaren Feldern vielfältige Verwendungsmöglichkeiten. Sie können sowohl den Datentyp als auch die Editierbarkeit des Feldes bestimmen.

Außerdem entscheiden Sie, ob die Daten für das Feld hochgeladen werden oder ob der jeweilige Feldinhalt anhand einer frei definierbaren Formel berechnet werden soll. Logisch zusammenhängende Felder können gruppiert und initial ein- oder ausgeklappt dargestellt werden. Bei einer Verknüpfung von Feldern mit SAP SuccessFactors

Employee Central können Sie auswählen, welches SAP-SuccessFactors-Employee-Central-Feld mit welchem Feld im Formular verknüpft werden soll. Wird das System in mehreren Sprachen verwendet, können hier Übersetzungen für jede Feldbezeichnung angegeben werden. Die Felder auf dem Formular können Sie in unterschiedliche Sektionen gruppieren, benennen und farblich voneinander abgrenzen (siehe Abbildung 14.23).

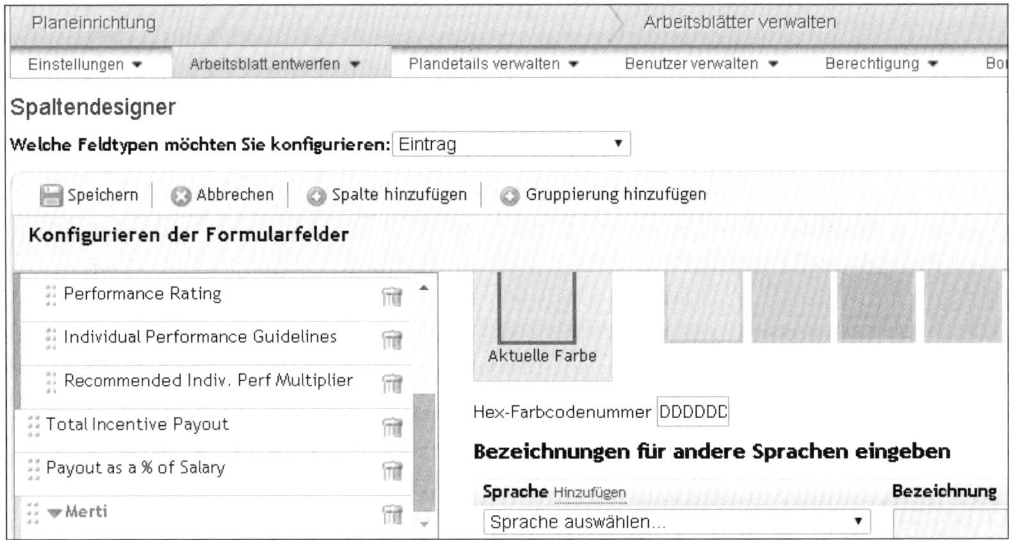

Abbildung 14.23 Spalteneditor

Sie können darüber hinaus Benutzergruppen festlegen und anschließend für jedes Feld entscheiden, welche Benutzergruppe das Feld sehen und welche (bei editierbaren Feldern) Eingaben vornehmen darf. So kann z. B. ein Formular realisiert werden, bei dem der planende Manager nur die für ihn nötigen Datenfelder sieht, ein HR-Verantwortlicher aber noch einige zusätzliche Datenfelder für jeden Mitarbeiter angezeigt bekommt. Auch können Felder komplett versteckt werden und nur in Exporten oder Gehaltsbriefen angezeigt werden.

14.2.4 Gehaltsbänder

Die Gehaltsbänder können über das Admin-Center und **Aktionen für alle Pläne • Gehaltspläne • Gehaltsspannen** über CSV-Dateien ins System geladen werden (siehe Abbildung 14.24). Die Datei hat dabei ein fest definiertes Format. Neben dem Namen für die Gehaltsgruppe sowie den jeweiligen Werten für **Mindestvergütung**, **Mittlere Vergütung** und **Höchste Vergütung** geben Sie noch vier weitere Parameter an. So können Sie noch festlegen, ob von der jeweiligen Gehaltsgruppe aus in eine nächste befördert werden darf (**Zur Beförderung geeignet**), und drei weitere, frei belegbare Attribute zur weiteren Unterteilung von Gehaltsbändern nutzen. Beachten Sie, dass die angeführten Gehaltsspannen teilweise auf monatliche, teilweise auf stundenweise Vergütung ausgelegt sind. Beim Hochladen müssen Sie beachten, ob die Gehaltsspannen alle in derselben Währung (die funktionale Währung, die in der Vergütungsplanungsvorlage festgelegt ist) oder in unterschiedlichen lokalen Währungen vorliegen. In letzterem Fall ist die jeweilige Währung dann auch ein Datenfeld pro Gehaltsgruppe.

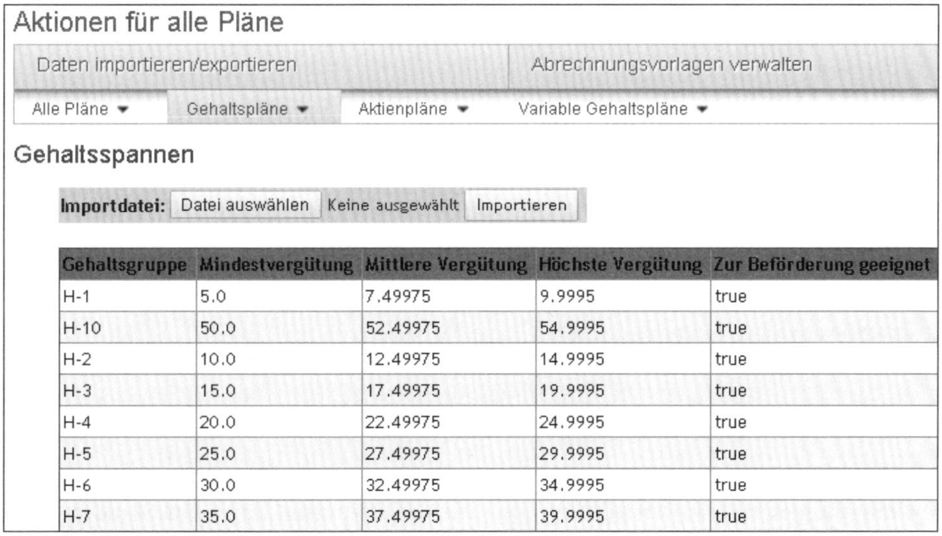

Aktionen für alle Pläne

Daten importieren/exportieren | Abrechnungsvorlagen verwalten

Alle Pläne ▾ | Gehaltspläne ▾ | Aktienpläne ▾ | Variable Gehaltspläne ▾

Gehaltsspannen

Importdatei: Datei auswählen | Keine ausgewählt | Importieren

Gehaltsgruppe	Mindestvergütung	Mittlere Vergütung	Höchste Vergütung	Zur Beförderung geeignet
H-1	5.0	7.49975	9.9995	true
H-10	50.0	52.49975	54.9995	true
H-2	10.0	12.49975	14.9995	true
H-3	15.0	17.49975	19.9995	true
H-4	20.0	22.49975	24.9995	true
H-5	25.0	27.49975	29.9995	true
H-6	30.0	32.49975	34.9995	true
H-7	35.0	37.49975	39.9995	true

Abbildung 14.24 Gehaltsbänder

14.2.5 Teilnahmebedingungen

Unter **Plandetails • Eignung** im ausgewählten Plan können Sie die Teilnahmebedingungen für die Mitarbeiter konfigurieren. Dabei wählen Sie in der Regel ein Basisdatenfeld, etwa das Eintrittsdatum des Mitarbeiters, und einen Wertebereich für das Basisdatenfeld aus, z. B. »größer als 1. Oktober«. Abschließend legen Sie fest, für welche Bereiche der Vergütungsplanung die betroffenen Mitarbeiter *nicht* berechtigt sein sollen, z. B. kann die Merit- und Gehaltsanpassung blockiert, eine Einmalzahlung aber weiterhin ermöglicht werden.

14.2.6 Leistungsbeurteilungsquelle

Haben Sie einen Plan ausgewählt, geben Sie unter **Planeinrichtung • Plandetails • Bewertungsquellen** das Leistungsbeurteilungsformular an, aus dem die Beurteilungen gezogen werden sollen. Wie oben beschrieben, werden diese Daten für die Berechnung der jeweiligen Erhöhungsrichtlinien herangezogen. Sollten keine passenden Leistungsformulare vorliegen, können Sie auch entscheiden, die Werte selbst hochzuladen. In diesem Fall wählen Sie, wie in Abbildung 14.25 gezeigt, im Feld **Formular** die Option **Keine** aus und geben stattdessen einen Importschlüssel an.

Abbildung 14.25 Bewertungsquelle auswählen

Alternativ ist es jetzt auch möglich, hinterlegte Werte direkt aus dem Mitarbeiterprofil als Referenzwert zu verwenden.

14.2.7 Vergütungserklärung

Unter **Aktionen für alle Pläne • Abrechnungsvorlagen verwalten • Abrechnungsvorlagen hinzufügen/bearbeiten** können Sie Ihre Vergütungserklärungen gestalten. Die Gestaltungsmöglichkeiten sind dabei so eingeschränkt, dass die Struktur mit Text links und Ergebniswerten in der rechten Spalte festgelegt ist. Wollen Sie hier eine individuellere Anordnung haben, geht dies, wenn Sie die Vergütungserklärungsvorlage exportieren und im Quellcode editieren. In Abbildung 14.26 sehen Sie den Vergütungserklärungseditor.

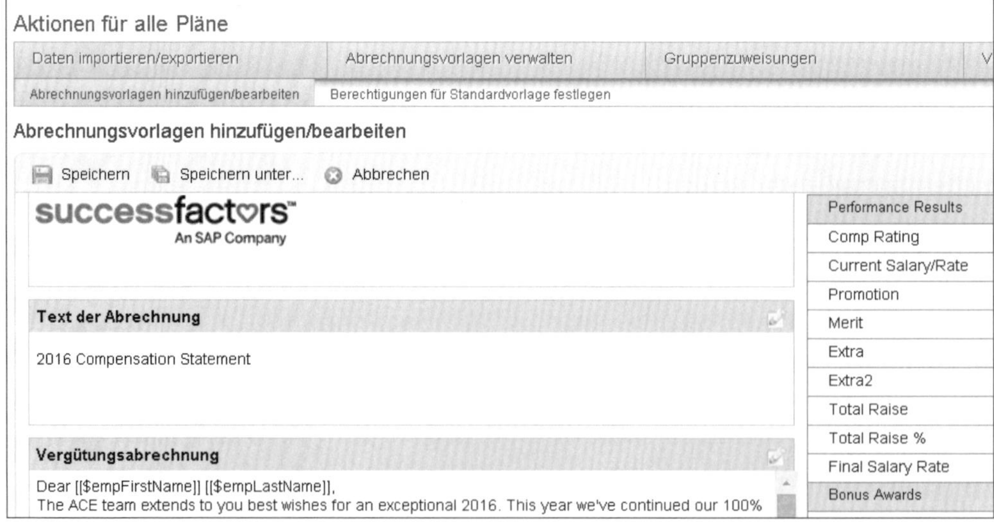

Abbildung 14.26 Vergütungserklärungen gestalten

14.3 Variable Bezahlung

Wollen Sie Ihren jährlichen Bonusausbezahlungsprozess mit SAP SuccessFactors durchführen, ist *Variable Bezahlung* das Modul der Wahl. Dieses Modul bietet Ihnen folgende Möglichkeiten:

- die Unterstützung mehrerer Bonusprogramme, die jeweils wieder unterschiedliche Bonuspläne haben können
- eine automatische parallele oder sequenzielle Verknüpfung mit Leistungsformularen auf Ziel-, Abschnitts- oder Gesamtbeurteilungsebene
- multiplikative oder additive Verknüpfungen der individuellen Leistung mit Geschäfts- oder Teamzielen
- automatische anteilige Berechnung, wenn der Mitarbeiter erst nach Beginn der Leistungsperiode eintritt, vor Ende der Leistungsperiode austritt, zwischenzeitlich nicht teilnahmeberechtigt ist oder zwischen verschiedenen Bonusplänen wechselt
- Die Verwaltung und Berechnung von Geschäftszielen. Geschäftsziele werden Mitarbeitern aufgrund von Kriterien automatisch zugewiesen. So kann z. B. festgelegt werden, dass allen Mitarbeitern des Bereichs Entwicklung mit Sitz in Deutschland das Ziel »Umsatzerreichung GER« zugewiesen wird. So werden auch bei Mitarbeiterwechseln zwischen Unternehmensbereichen oder Managerstufen die passenden Ziele automatisch zugewiesen. Geschäftsziele müssen somit nicht auf Leistungsformularen des Mitarbeiters hinterlegt werden.
- Vorhersagemöglichkeit (Forecasting) von Bonusauszahlungen, z. B. für eine Budgetsimulation
- Das Einstellen von Budgets. Dies ist allerdings nur dann sinnvoll, wenn die Bonusberechnung noch eine dem Ermessen der am Prozess Beteiligten freistehende Entscheidungsmöglichkeit bietet und nicht komplett durch Regelwerke mathematisch beschrieben ist.
- Die Unterstützung von verschiedenen Zuweisungsperioden. Eine Zuweisungsperiode definiert einen Zeitraum, für den dieselben relevanten Berechnungsparameter gelten, etwa Leistungsbeurteilung und Zielbonus. Ändern sich die Leistungskriterien, z. B. die Geschäftsziele aufgrund einer Versetzung oder der Zielbonus aufgrund einer Beförderung, kann eine neue Zuweisung angelegt und ein Auszahlungsbetrag pro Zuweisung berechnet werden.
- die Unterstützung von Bonusdeckelungen auf Bonusplan- oder Zuweisungsebene
- Die Unterstützung von Beschleunigern oder Schwellen auf Zielebene. Bei Beschleunigern multipliziert sich die Auszahlung um einen definierten Faktor, wenn eine Zielerreichung einen bestimmten Wert überschreitet. Bei einer Schwelle wird erst dann eine Bezahlung ausgelöst, wenn ein definiertes Ziel einen Mindestwert erreicht.

In den folgenden Abschnitten werden wir detaillierter auf die einzelnen Funktionen eingehen.

14.3.1 Elemente der Bonusberechnung

Das Modul Variable Bezahlung ist in der Konfiguration sehr formalistisch aufgebaut und somit daten- und regelgetrieben. In Abbildung 14.27 sehen Sie die Elemente der Bonusberechnung und ihre Beziehungen untereinander.

❶ Das *Mitarbeiterverzeichnis* wird über die User-ID mit der Mitarbeiterhistorie verknüpft.

❷ Die *Mitarbeiterhistorie* listet die Zuteilungsperioden des Mitarbeiters. Über die organisatorischen oder positionsbezogenen Daten wird sie über die Teilnahmeregeln mit den Bonusplänen verknüpft.

❸ Die *Teilnahmeregeln* verbinden die Mitarbeiterhistorie mit den Bonusplänen.

❹ Die *Bonuspläne* liefern die Sektionsgewichtung.

❺ *Gewichtung und Zuordnung* verbinden die Bonuspläne mit den Geschäftszielen.

❻ Die *Geschäftsziele* werden einerseits über die Bonuspläne, andererseits direkt über eigene Zuteilungskriterien dem Mitarbeiter über die Mitarbeiterhistorie zugewiesen.

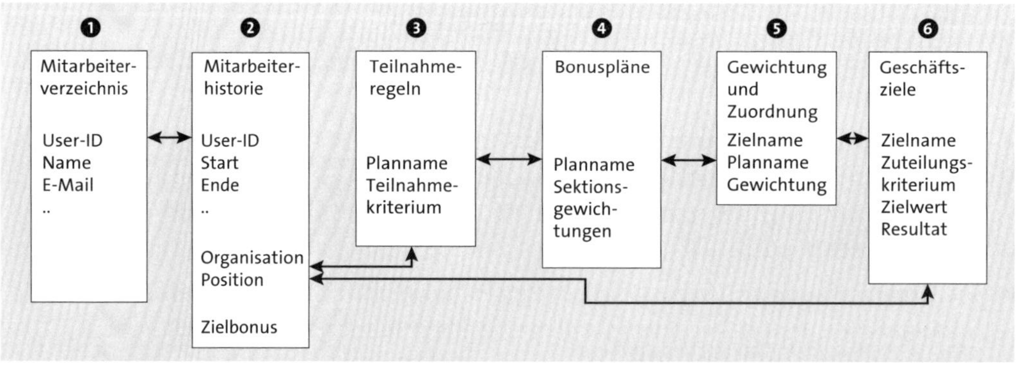

Abbildung 14.27 Elemente der Bonusberechnung

Alle diese Regeln und Einstellungen für eine variable Auszahlungskomponente bilden ein Bonusprogramm. Ein Beispiel wäre ein Programm für den jährlichen Bonus, ein anderes Beispiel ein Programm für die Berechnung der vierteljährlichen Verkaufsprovision. Ein Programm hat genau eine Formularvorlage, kann aber verschiedene Bonuspläne umfassen, die sich in der Ausprägung der Berechnung unterscheiden können. Beispiele dafür wären ein Bonusplan für die obersten Führungsebenen, ein anderer für Nicht-Vorgesetzte. Ob die Unterschiede zwischen Berechnungen für unterschiedliche Mitarbeitergruppen nur einen zusätzlichen Bonusplan oder gleich ein weiteres Bonusprogramm im Modul Variable Bezahlung erfordern, sollten Sie zu Beginn mit Ihrem Implementierungspartner gründlich überprüfen.

Um den Bonus eines Mitarbeiters berechnen zu können, müssen für den Prozess der variablen Bezahlung folgende Informationen bekannt sein:

- die *Leistungsbeurteilung(en)*, die als Basis für eine Berechnung dienen
- die *Berechnungsregeln*, die die Leistungsbeurteilung(en) in eine Auszahlung überführen
- die *Bonuspläne*, die innerhalb eines Bonusprogramms für unterschiedliche Zielgruppen unterschiedliche Ausgestaltungen von Gewichtungen der Zielkategorien vorsehen können
- der *Zielbonus*, der als Basis in die Berechnung des Ausbezahlungsbetrags mit eingeht
- die *Regeln zur zeitanteiligen Berechnung*, die auf den Zielbonus angewandt werden
- die *Mitarbeiterhistorie*, die die Perioden angibt (Zuweisungen), in denen der Mitarbeiter für einen Plan teilnahmeberechtigt ist

Die Gestaltung kann dabei komplexe und unterschiedlichste Ausprägungen annehmen. Das ist davon abhängig, wie viele verschiedene Bonusprogramme in der Realität existieren und beibehalten werden sollen. Wir beschränken uns hier auf die wichtigsten und am häufigsten genutzten Möglichkeiten. Sollten Sie sich und das in Ihrem Unternehmen definierte Programm nicht wiederfinden, kann es trotzdem sein, dass es möglich ist, dieses in SAP SuccessFactors abzubilden. Dabei berät Sie Ihr Implementierungspartner gerne.

Die wichtigste Gestaltungskomponente bei leistungsbezogenen Bonusprogrammen ist natürlich die Leistungsbeurteilung an sich. Wie diese in den Prozess eingebunden werden kann, stellen wir Ihnen im Folgenden vor.

Leistungsbeurteilung

Das Modul *Variable Bezahlung* bietet die Möglichkeit, das Gesamtergebnis aus maximal drei Leistungskomponenten zu berechnen. Davon können zwei aus Leistungsformularen genommen werden. Als dritte Komponente stehen zuzuordnende Geschäftsziele als eigene Sektion zur Verfügung.

Sie haben die Möglichkeit, das Ergebnis der einzelnen Ziele aus einer *Leistungsformularsektion*, z. B. der Sektion der persönlichen Ziele, oder der Gesamtbeurteilung eines Leistungsbeurteilungsformulars zu ziehen. Damit ergibt sich eine Vielzahl von Kombinationsmöglichkeiten, verschiedene Leistungsformulare als Basis für die Bonusberechnung zu verwenden. Dies ermöglicht es Ihnen, zu bestimmen, ob im Bonusformular pro Ziel, pro Zuteilungsperiode oder erst nach der Aggregation aller Zuteilungsperioden eine Berechnung stattfinden soll.

Abhängig ist diese Entscheidung von den Berechnungsregeln Ihres Bonusprogramms. Sieht dies z. B. vor, dass die Gesamtbewertung aller individuellen Ziele entweder gekappt oder mit einem zu bestimmenden Faktor gewichtet wird, bevor sie mit einem Zielbetrag multipliziert wird, dann ist logischerweise keine Berechnung eines Bonusbetrags pro Ziel möglich.

Ebenso wie bei der Vergütungsplanung müssen die Leistungsformulare noch nicht abgeschlossen sein, um Berechnungen durchführen zu können.

Im Modul Variable Bezahlung können im Administrationsbereich *Geschäftsziele* angelegt werden. Sie erreichen diesen Punkt über **Planeinrichtung • Plandetails verwalten • Geschäftsziele**. Diese werden durch ihren Namen, eine Zuteilungsregel und ihre Berechnungsfunktion beschrieben.

Die Zuteilungsregel legt fest, für welche Mitarbeiter dieses Ziel relevant ist. Die Berechnungsfunktion bestimmt den Auszahlungsfaktor in Abhängigkeit vom Erreichen des Geschäftsziels. Dabei können Stufen- oder lineare Regeln mit wechselnden Steigungen, Schwellen und Kappungen angegeben werden (siehe Abbildung 14.28).

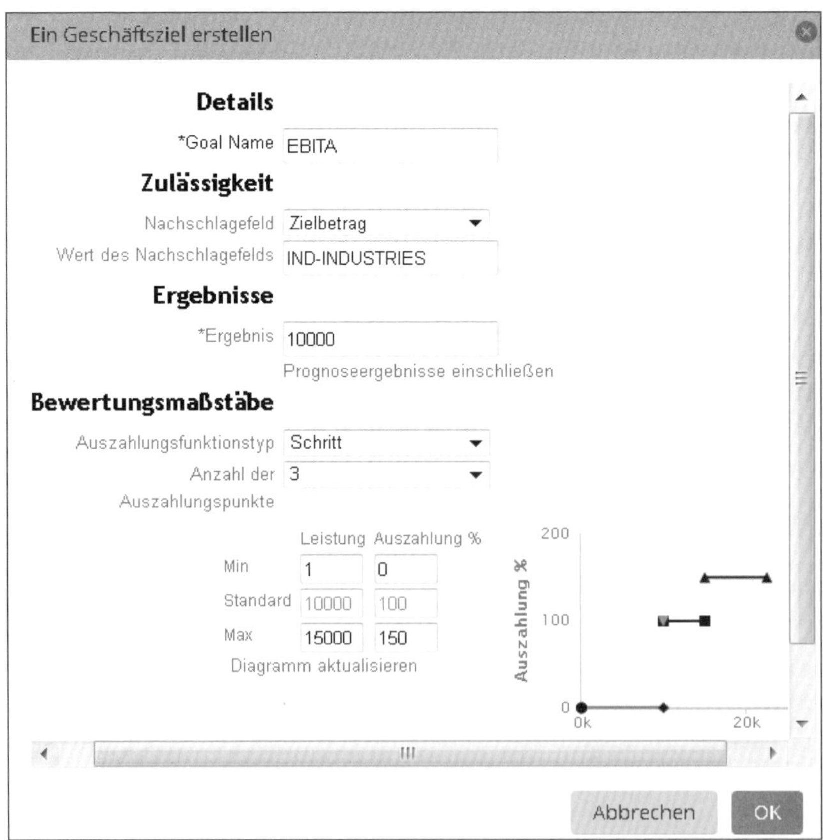

Abbildung 14.28 Ein Geschäftsziel erstellen

[«]

Mit Geschäftszielen arbeiten

Im Kontext der variablen Bezahlung bietet es sich an, mit den anzulegenden Geschäftszielen als Bestandteil zu arbeiten, anstatt die Geschäftsziele in das Leistungsformular mit aufzunehmen, wenn sich der Genehmigungsprozess von den anderen Zielarten im Leistungsformular – z. B. individuelle Ziele – signifikant unterscheidet. Mehr dazu lesen Sie in Abschnitt 14.4, »Best Practice: Zielvereinbarung, Leistungsbeurteilung, Vergütung und variable Bezahlung«.

Zusätzlich können Sie Geschäftsziele nutzen, um Vorhersageszenarien zu simulieren, indem Sie verschiedene Vorhersageergebnisse für die Geschäftsziele eingeben.

Berechnungsregeln

Die aus Geschäftszielen oder Leistungsformularen gewonnenen Beurteilungen müssen auf eine Gesamtbewertung abgebildet werden. SAP SuccessFactors bietet hier an, die Ergebnisse aus den Leistungskomponenten zu addieren oder zu multiplizieren. Ein einfaches Beispiel wäre:

- Ergebnis der persönlichen Zielerreichung: 125 %
- Ergebnis der Geschäftsziele: 95 %
- Gewichtung der persönlichen Ziele: 50 %
- Gewichtung der Geschäftsziele: 50 %

Werden nun die persönlichen und die Geschäftsziele gewichtet addiert, ergibt sich: *125 % × 50 % + 95 % × 50 % = 110 %*. Dies ergibt dann einen Auszahlungsfaktor von 110 %.

Dies ist eine sehr einfache Abbildungsvorschrift. Varianten davon könnten sein:

- Das Ergebnis der individuellen Zielerreichung wird generell gekappt auf 120 %, bevor es mit den Geschäftszielen zusammengeführt wird.
- Auf die 125-%-Zielerreichung des individuellen Ziels wird eine lineare Funktion angewandt. Ein Beispiel mit Beschleuniger wäre:

  100 % Zielerreichung entspricht 100 % Auszahlungsfaktor – 150 % entspricht 200 % Auszahlungsfaktor. Die 125 % würden dann in 150 % für die Weiterberechnung umgewandelt werden.

  Genauso könnte man sich eine Bremswirkung mit linearen Abschnitten einer Steigung <1 vorstellen.
- Die individuelle Bewertung kann alternativ mit der geschäftlichen kombiniert werden und in einer gegenseitigen Abhängigkeit eine Auszahlungsmatrix mit

dem individuellen Faktor auf der x- und der geschäftlichen auf der y-Achse erfordern. Sie sehen an diesen Beispielen, es kann sehr schnell mathematisch werden.

- Die individuelle Skala kann auch eine qualitative sein. Dann muss jeder qualitative Wert in einen quantitativen überführt werden. Entweder fix, d. h., bei einer 5er-Skala entspricht eine 4 einer Ausbezahlung von 110 %. Alternativ wird ein Gültigkeitsbereich von 105–115 % zugewiesen, der Manager hat also noch die Aufgabe, im Bonusprozess einen dem eigenen Ermessen entsprechenden Wert innerhalb des Gültigkeitsbereichs einzugeben.

All diese Berechnungsregeln können entweder über Richtlinien – ähnlich denen im Vergütungsmodul – oder mit kundenspezifischen Formeln abgebildet werden. Ausgangspunkt ist die Startseite für Vergütung. Wählen Sie hier einen vorhandenen Plan aus, und navigieren Sie zu **Planeinrichtung • Einstellungen • Bonusberechnung**.

Bonusplan

In einem einzelnen Bonusplan werden verschiedene Mitarbeitergruppen zusammengefasst, für die Folgendes gilt:

- gleiche Gewichtung der Zielsektionen, z. B. die persönliche Zielsektion ist mit 40 %, die Finanzziele sind mit 60 % gewichtet
- ein gemeinsames Set von Geschäftszielen mit denselben Gewichtungen
- gleiche Festlegung von Kappungen für die maximale Bonusauszahlung pro Plan
- Festlegung von Geschäftszielen, die als Beschleuniger oder Schwelle für die Auszahlung gelten

Bonuspläne können Sie im Admin-Center unter **Startseite • Vergütung • Planeinrichtung • Plandetails verwalten • Bonuspläne** anlegen (siehe Abbildung 14.29).

Die Zuordnung zu einem Bonusplan erfolgt über Zuteilungskriterien. Klassische Kriterien können organisatorische (Land, Unternehmensbereich oder Abteilung) oder positionsabhängige (wie Gehaltsstufe oder Positionsstufe) sein. Das Modul Variable Bezahlung bietet die Möglichkeit, dass sich der Bonusplan für einen Mitarbeiter unterjährig ändert.

Zielbonus

Der Zielbonus ist der Geldbetrag, den der Mitarbeiter bekommen soll, wenn sich 100 % Zielerreichung ergeben. In einfachen Bonusprogrammen wird der Zielbonus mit dem Auszahlungsfaktor multipliziert, der sich aus den Leistungsbeurteilungen ergibt. Ebenso wie der Bonusplan können sich der Zielbonus und die Währung unterjährig ändern.

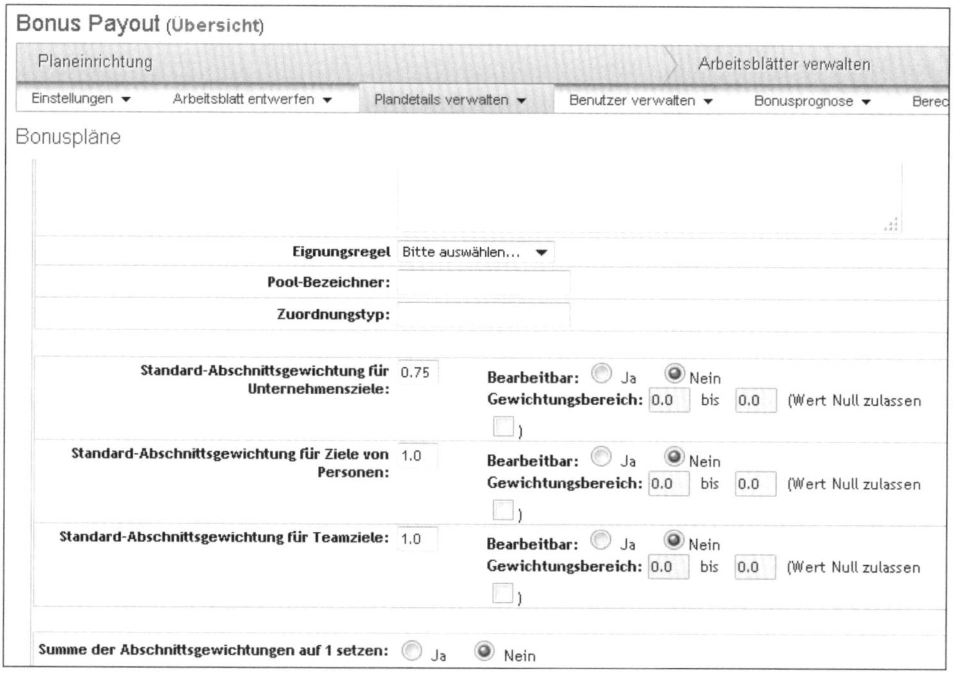

Bonus Payout (Übersicht)
Planeinrichtung | Arbeitsblätter verwalten
Einstellungen | Arbeitsblatt entwerfen | Plandetails verwalten | Benutzer verwalten | Bonusprognose | Berec
Bonuspläne
Eignungsregel: Bitte auswählen...
Pool-Bezeichner:
Zuordnungstyp:
Standard-Abschnittsgewichtung für Unternehmensziele: 0.75 — Bearbeitbar: Ja Nein — Gewichtungsbereich: 0.0 bis 0.0 (Wert Null zulassen)
Standard-Abschnittsgewichtung für Ziele von Personen: 1.0 — Bearbeitbar: Ja Nein — Gewichtungsbereich: 0.0 bis 0.0 (Wert Null zulassen)
Standard-Abschnittsgewichtung für Teamziele: 1.0 — Bearbeitbar: Ja Nein — Gewichtungsbereich: 0.0 bis 0.0 (Wert Null zulassen)
Summe der Abschnittsgewichtungen auf 1 setzen: Ja Nein

Abbildung 14.29 Bonusplan erstellen

Anteilige Berechnungen

Eine wichtige Funktion des Moduls Variable Bezahlung ist die automatische anteilige Berechnung der Bonusauszahlung. Sie wird immer tagesgenau berechnet, d. h., der Februar zählt mit seinen 28/29 Tagen vergleichbar weniger als der Dezember. Bei untermonatlichen Wechseln ist es allerdings möglich, einen Stichtag festzulegen, anhand dessen das System entscheidet, ob der komplette Monat noch zur alten oder neuen Zuweisung gehört.

Anwendungsfälle für anteilige Berechnungen sind unterjährige bonusrelevante Änderungen, wenn der Mitarbeiter erst nach Beginn der Leistungsperiode ein- oder vor Ende der Leistungsperiode austritt. Die Daten dafür werden der Mitarbeiterhistorie im Modul Variable Bezahlung entnommen.

Mitarbeiterhistorie

Die Mitarbeiterhistorie ist das Herzstück der Bonusberechnung. Sie enthält neben den Zielbonusbeträgen auch die Zuteilungskriterien zu den Bonusplänen und den Geschäftszielen. Dabei enthalten alle Einträge ein tagesgenaues Start- und Enddatum, woraus die anteiligen Berechnungen vorgenommen werden. Tabelle 14.1 zeigt eine vereinfachte Mitarbeiterhistorie für ein Bonusprogramm mit einem Programmzeitraum vom 1.1.2019 bis 31.12.2019. Sie zeigt folgende Beispiele:

- Mitarbeiter 1001 hat eine hundertprozentige Zuweisung.
- Mitarbeiter 1002 ist erst ab 1.5.2019 teilnahmeberechtigt und hat damit eine Zuweisungsquote von 214/365 Tagen = 58,63 %.
- Mitarbeiter 1003 hat zwei Zuteilungen mit 32,88 % und 67,12 % Zuteilung.

ID	Name	Start	Ende	Plan	Bereich	Währung	Zielbonus
1001	Meier	1.1.2019	31.12.2019	MGR_2019	Einkauf	EUR	8.000
1002	Schmidt	1.5.2019	31.12.2019	EMP_2019	Entwicklung	EUR	7.500
1003	Becker	1.1.2019	30.05.2019	MGR_2019	Entwicklung	EUR	10.000
1003	Becker	1.6.2019	31.12.2019	TOP_2019	Gruppe	CHF	11.400

Tabelle 14.1 Vereinfachte Darstellung einer Mitarbeiterhistorie

Das Kriterium zur Zuteilung zum betreffenden Bonusplan muss Teil der Mitarbeiterhistorie sein. In unserem Beispiel könnte die Spalte *Bereich* verwendet werden. Dann hätten wir die Bonuspläne für die Bereiche Einkauf, Entwicklung und Gruppe. Ist es jedoch nicht möglich, aus den Mitarbeiterdaten eindeutig eine Planzuordnung vorzunehmen, dann behilft man sich mit einer »künstlichen« Spalte, in die der Schlüssel für den Plan vom Kunden eingetragen werden muss. Im Beispiel wären das die Pläne für Vorgesetzte (MGR_2019), Mitarbeiter (EMP_2019) und Topmanager (TOP_2019). In unserem Beispiel ändert sich der Bonusplan für Herrn Becker zum 1.6.2019.

Je nach Ihrer individuellen Landschaft kann die Mitarbeiterhistorie auf verschiedenen Wegen bereitgestellt werden. Setzen Sie SAP SuccessFactors Employee Central ein, ist es wieder einfach: Hier werden die Spalten der Mitarbeiterhistorie mit Feldern aus SAP SuccessFactors Employee Central verknüpft, und auf Knopfdruck füllt sich die Mitarbeiterhistorie aus den historischen SAP-SuccessFactors-Employee-Central-Daten.

Falls Sie kein SAP SuccessFactors Employee Central im Einsatz haben, müssen Sie die Daten (ggf. aus einem Drittsystem kommend) anpassen und erfassen sowie per Datenupload importieren. Dies ist in einem bestehenden Plan über **Planeinrichtung • Benutzer verwalten • Mitarbeiter-Verlauf bearbeiten** möglich.

[»]

Validierungsreports vor der Berechnung

Nachdem Sie die Mitarbeiterhistorie erzeugt haben, empfehlen wir, Validierungsreports laufen zu lassen, denn bei mehreren Hundert bis zu Tausenden von Mitarbeitern können im Einzelfall Fehler passieren. So bietet der »Eligibility and Proration Report«, den Sie über **Planeinrichtung • Berichte • Zulässigkeit und anteilmäßige**

Verrechnung aufrufen können, einen Überblick über alle teilnahmeberechtigten Mitarbeiter und deren anteilig berechnete Zeitwerte. Überprüfen Sie hier alle Mitarbeiter mit anteiligen Werten kleiner oder größer 100 %, und Sie werden Fehler rasch aufdecken.

14.3.2 Bonuszahlungen vorbereiten und durchführen

Da die variable Bezahlung sehr daten- und regelgetrieben ist, werden Sie operativ umso weniger eingreifen müssen, je weniger individuelle Ausnahmen Sie in Ihrem Programm zulassen.

Sie können die Bonusformulare entweder erst zur Bonusauszahlung, also am Ende der Leistungsperiode nach der Leistungsbeurteilung, ausrollen oder schon zu Beginn, zum Zeitpunkt der Zielfestlegung. Für einen frühen Zeitpunkt sprechen drei Argumente:

Häufig sind nicht alle Ziele auf einem Leistungsformular enthalten, aber der Mitarbeiter soll eine Übersicht aller Ziele auf einer Seite erhalten. Dies ist etwa dann der Fall, wenn individuelle und Finanzziele auf verschiedene Leistungsformulare aufgeteilt sind oder wenn für die Finanz-/Geschäftsziele die Geschäftsziele aus dem Modul Variable Bezahlung verwendet werden. Sollen dann die Mitarbeiter einen Überblick über alle ihre Ziele bekommen – eine Art Zielbrief –, können im Modul Variable Bezahlung sogenannte *Zuteilungserklärungen* erzeugt und den Mitarbeitern zugestellt werden. Eine andere, weniger aufwendige Möglichkeit ist, die Ansicht **Individuelle Variable Bezahlung** zur Verfügung zu stellen, auf die wir in Abschnitt 14.3.3, »Kommunikation der Bonuszahlung«, näher eingehen.

In einem zweiten Fall sind zwar alle Ziele auf dem Leistungsformular, aber zusätzlich sollen noch die Zielbeträge, entweder gesamt oder pro Zielsektion, angezeigt werden. Darüber hinaus möchten viele Unternehmen die Vorhersagefunktion nutzen.

In allen diesen Fällen müssen Sie zur Vorbereitung die die Daten bereitstellenden Tabellen in SAP SuccessFactors laden. Selbst wenn Sie keine Geschäftsziele nutzen, sollten Sie ein Dummy-Ziel hinterlegen. Denn danach können Sie die notwendige Berechnung durchführen und die Bonusformulare erzeugen.

Alle Hinweise, die wir Ihnen in Abschnitt 14.1.3, »Vergütungsplanung vorbereiten«, zum Erstellen der Formulare gegeben haben, gelten auch für die *Bonusformulare*. Im über die Hauptnavigation unter **Vergütung • Formulare** zu erreichenden Bonusformular erkennen Sie die bekannten Elemente aus dem Vergütungsformular. Der große Unterschied zeigt sich in der Darstellung der historischen Daten aus der Mitarbeiterhistorie. Sie hängt von der gewählten Berechnungsvorschrift ab, also davon, ob eine Auszahlung pro Ziel, pro Zuteilungsperiode oder nur für die Gesamtperiode berechnet werden soll.

Exemplarisch zeigt Abbildung 14.30 ein Bonusformular für eine Jahresbonusberechnung, in der das Ergebnis der Geschäftsziele mit dem Ergebnis der individuellen Ziele multipliziert wird. Das individuelle Zielergebnis kommt als qualitative Bewertung auf einer Skala von 1 bis 5 aus einem Leistungsformular. Darauf gibt das System eine Richtlinie vor, aus der der Manager einen Wert in das Empfehlungsfeld eingibt.

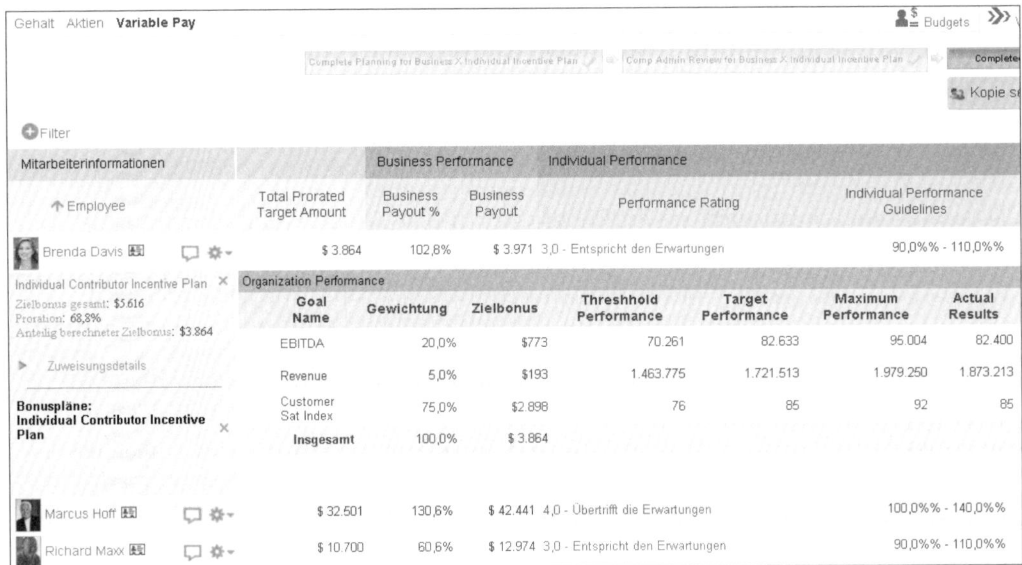

Abbildung 14.30 Tabellenansicht im Modul Variable Bezahlung

Für die Mitarbeiterin Brenda Davis sind die Details eingeblendet. Diese enthalten links den Zielbonus und den anteilig berechneten Wert, der sich aus den Zuweisungsdetails der Mitarbeiterhistorie ergibt. Im rechten Teil sind die Details der Geschäftsziele zu sehen – mit dem Ausbezahlungsbetrag pro Ziel. Die individuellen Ziele sind über den Link der Ergebnisratings erreichbar. Sie können alternativ aber auch direkt im Formular angezeigt werden.

Abbildung 14.31 zeigt ein Beispiel von mehreren Zuteilungsperioden (zwei Director-Incentives-Pläne unten links), die erste vom 1.1.2019 bis zum 15.05.2019 mit dem anteilmäßig berechneten Zeitwert von 37,0 %. Beide Zuteilungsperioden werden in der Summenzeile addiert. Die individuelle Bewertung gilt hier für das ganze Jahr.

Für die Durchführung gelten die Ausführungen zur Vergütungsplanung, was den Genehmigungsprozess und die Beurteilung auf Managementebene angeht (siehe Abschnitt 14.1.4). Die im Modul Vergütungsplanung verfügbare hierarchiebasierte Genehmigung und die Kalibrierung stehen Ihnen für den Bonusprozess nicht zur Verfügung.

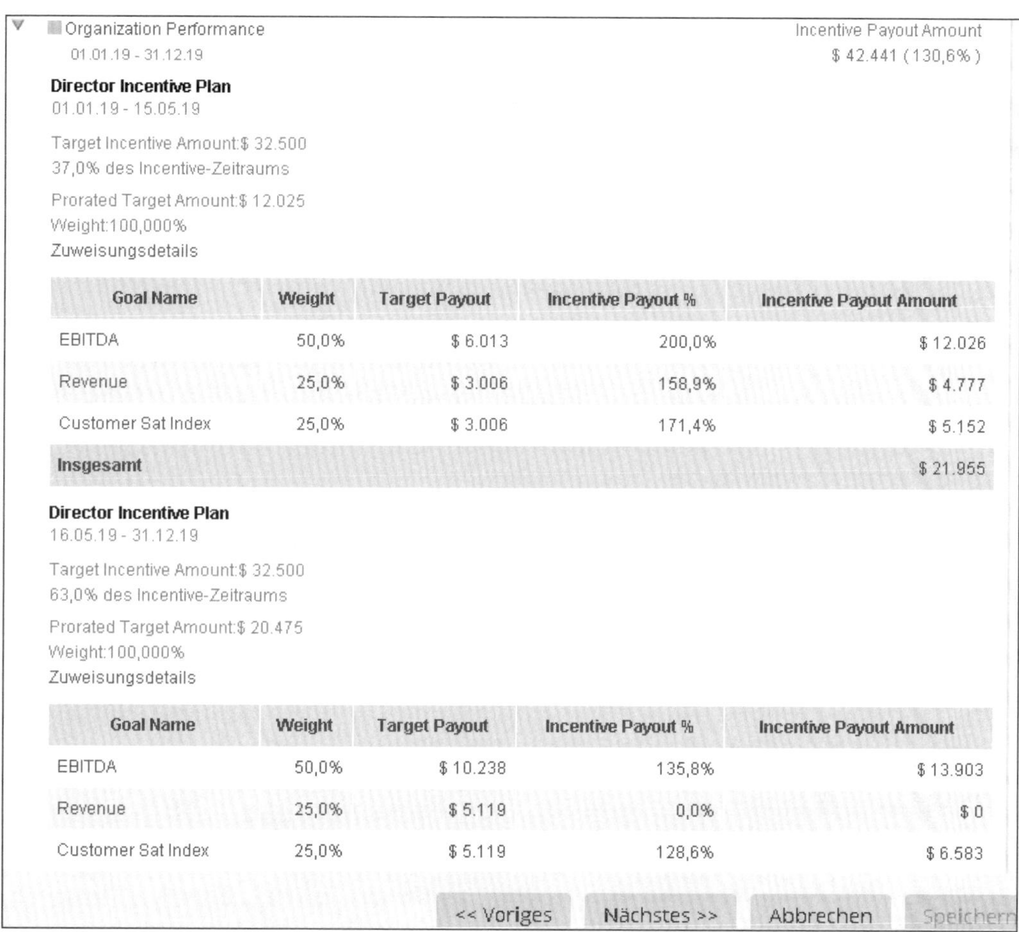

Organization Performance
01.01.19 - 31.12.19

Incentive Payout Amount
$ 42.441 (130,6%)

Director Incentive Plan
01.01.19 - 15.05.19

Target Incentive Amount:$ 32.500
37,0% des Incentive-Zeitraums

Prorated Target Amount:$ 12.025
Weight:100,000%
Zuweisungsdetails

Goal Name	Weight	Target Payout	Incentive Payout %	Incentive Payout Amount
EBITDA	50,0%	$ 6.013	200,0%	$ 12.026
Revenue	25,0%	$ 3.006	158,9%	$ 4.777
Customer Sat Index	25,0%	$ 3.006	171,4%	$ 5.152
Insgesamt				$ 21.955

Director Incentive Plan
16.05.19 - 31.12.19

Target Incentive Amount:$ 32.500
63,0% des Incentive-Zeitraums

Prorated Target Amount:$ 20.475
Weight:100,000%
Zuweisungsdetails

Goal Name	Weight	Target Payout	Incentive Payout %	Incentive Payout Amount
EBITDA	50,0%	$ 10.238	135,8%	$ 13.903
Revenue	25,0%	$ 5.119	0,0%	$ 0
Customer Sat Index	25,0%	$ 5.119	128,6%	$ 6.583

<< Voriges | Nächstes >> | Abbrechen | Speichern

Abbildung 14.31 Vergütungsprofil im Modul »Variable Bezahlung«

14.3.3 Kommunikation der Bonuszahlung

Ebenso wie beim Vergütungsplanungsprozess haben Sie auch im Prozess der variablen Bezahlung verschiedene Möglichkeiten, dem Mitarbeiter die Ergebnisse der *Zielverteilung* und der *Bonusberechnung* zu kommunizieren.

Als Erstes sehen Sie die Ansicht der individuellen variablen Bezahlung, die in Abbildung 14.32 dargestellt ist. Wie das Pendant aus der Vergütungsplanung ist diese Ansicht im Mitarbeiterprofil zu finden. Im Unterschied zur Vergütungsplanung kann diese Ansicht dem Mitarbeiter schon zum Zeitpunkt der Zielzuteilung angeboten werden, um als Zielübersicht mit all seinen Zielen und Zielbeträgen zu dienen (siehe Abbildung 14.32).

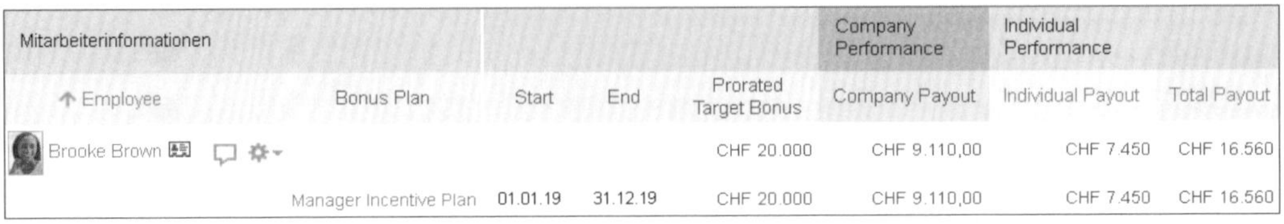

Mitarbeiterinformationen					Company Performance	Individual Performance	
Employee	Bonus Plan	Start	End	Prorated Target Bonus	Company Payout	Individual Payout	Total Payout
Brooke Brown				CHF 20.000	CHF 9.110,00	CHF 7.450	CHF 16.560
	Manager Incentive Plan	01.01.19	31.12.19	CHF 20.000	CHF 9.110,00	CHF 7.450	CHF 16.560

Abbildung 14.32 Individuelle variable Bezahlung

Sollte diese Übersicht nicht passend sein, ist es möglich, eine individuelle Zuteilungserklärung als PDF-Dokument zu erzeugen – einem Zielbrief entsprechend und ähnlich der Vergütungserklärung für die Vergütungsplanung. Da Sie die Zuteilungserklärung (siehe Abbildung 14.33) unabhängig von den Bonusformularen erstellen, ist sie besonders flexibel einsetzbar.

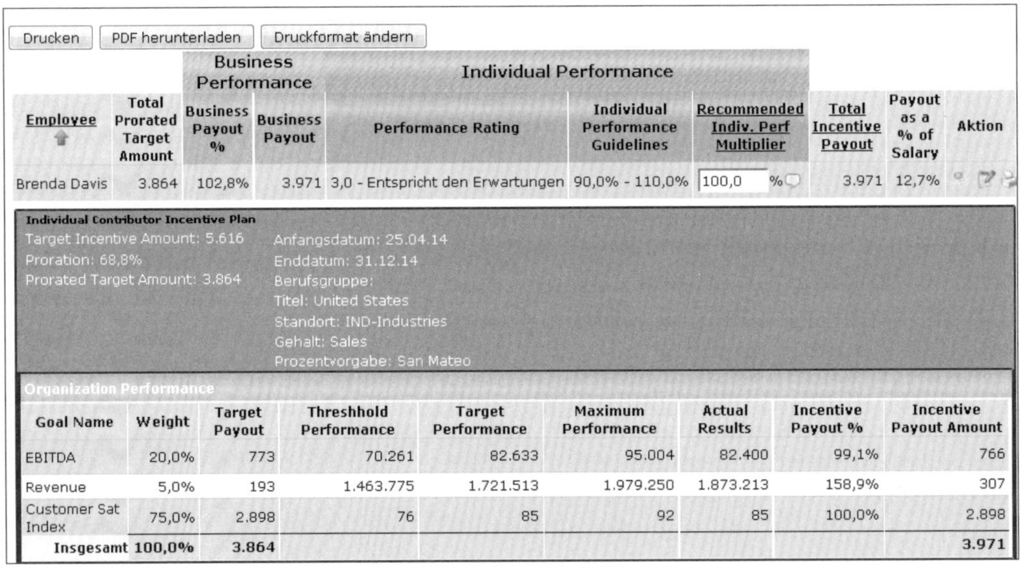

Drucken | PDF herunterladen | Druckformat ändern

		Business Performance		Individual Performance					
Employee	Total Prorated Target Amount	Business Payout %	Business Payout	Performance Rating	Individual Performance Guidelines	Recommended Indiv. Perf Multiplier	Total Incentive Payout	Payout as a % of Salary	Aktion
Brenda Davis	3.864	102,8%	3.971	3,0 - Entspricht den Erwartungen	90,0% - 110,0%	100,0 %	3.971	12,7%	

Individual Contributor Incentive Plan

Target Incentive Amount: 5.616
Proration: 68,8%
Prorated Target Amount: 3.864

Anfangsdatum: 25.04.14
Enddatum: 31.12.14
Berufsgruppe:
Titel: United States
Standort: IND-Industries
Gehalt: Sales
Prozentvorgabe: San Mateo

Organization Performance

Goal Name	Weight	Target Payout	Threshhold Performance	Target Performance	Maximum Performance	Actual Results	Incentive Payout %	Incentive Payout Amount
EBITDA	20,0%	773	70.261	82.633	95.004	82.400	99,1%	766
Revenue	5,0%	193	1.463.775	1.721.513	1.979.250	1.873.213	158,9%	307
Customer Sat Index	75,0%	2.898	76	85	92	85	100,0%	2.898
Insgesamt	100,0%	3.864						3.971

Abbildung 14.33 Beispiel für eine Zuteilungserklärung

Das Pendant zur Vergütungserklärung (siehe Abschnitt 14.1.5, »Auswertung und Kommunikation der Vergütungsplanung«) ist die Bonuserklärung, die Sie nach der Bonusberechnung dem Mitarbeiter zur Verfügung stellen können.

14.4 Best Practice: Zielvereinbarung, Leistungsbeurteilung, Vergütung und variable Bezahlung

Im Folgenden zeigen wir Ihnen eine Best-Practice-Lösung für einen integrierten Prozess der Ziel- und Leistungsbeurteilung mit dem Ziel der möglichst reibungslosen und integrierten Weitergabe der Ergebnisse an die Module Vergütungsplanung und

Variable Bezahlung. Es gibt natürlich keine Lösung, die in gleicher Weise für alle Unternehmen und Situationen passt. Es ist immer ein Abgleich der Anforderungen und Gegebenheiten in Ihrem Unternehmen mit den Möglichkeiten und Grenzen der Modulfunktionen zu Beginn des Architekturdesigns notwendig. Sie bekommen in diesem Abschnitt aber einen exemplarischen Einblick in die Best Practices im Vergütungsumfeld.

Auch wenn in einer ersten Phase nur der Prozess der Ziel- und Leistungsbeurteilung implementiert wird, ist es dabei schon wichtig, dessen Eignung für eine mögliche spätere Integration der Vergütungsprozesse im Auge zu behalten.

[«]

Zwei Sektionen pro Formular

Eine wichtige Einschränkung beim Design des Leistungsformulars ist, dass das Modul Variable Bezahlung nur maximal zwei Sektionen aus dem Leistungsbeurteilungsformular verlinken kann. Dies ist dann wichtig, wenn Sie nicht direkt das Endergebnis des Leistungsformulars verwenden, sondern granularer vorgehen wollen und z. B. unterschiedliche Zielsektionen im Formular haben (etwa eine für individuelle, die andere für Firmenziele), die Sie unterschiedlich handhaben wollen.

In unserem Best-Practice-Fall gehen wir von einem typischen Unternehmen aus, das für seine Mitarbeiter ein Bonusprogramm entworfen hat. Dieses Programm sieht individuelle (persönliche) Ziele und Finanzziele vor. Im Folgenden zeigen wir Ihnen, wie sich individuelle und Finanzziele unterscheiden und welche Konsequenzen sich daraus für den Leistungsbeurteilungsprozess und die Gestaltung der Leistungsbeurteilungsformulare ergeben. Außerdem erfahren Sie, wie sich die Ergebnisse aus der Leistungsbeurteilung möglichst effektiv in die Prozesse Vergütungsplanung und variable Bezahlung integrieren lassen.

14.4.1 Unterschiede zwischen individuellen Zielen und Finanzzielen

Individuelle Ziele werden in der Regel mit einer qualitativen Skala bewertet. Das kann z. B. eine 5er-Skala (»Erfüllt seine Ziele nicht« bis »Übererfüllt seine Ziele«) sein. Finanzziele hingegen werden üblicherweise mit einer quantitativen Skala, z. B. in Einerschritten von 0 bis 120, bewertet. Die individuellen Ziele werden zwischen Mitarbeiter und Vorgesetztem in der Regel zu Jahresbeginn vereinbart.

Finanzziele werden hingegen vom Management formuliert, von der Finanz- und/oder Controlling-Abteilung ausgestaltet und von einem Administrator oder Vergütungsbeauftragten zentral verteilt. Damit sind Finanzziele für ganze Unternehmensteile auf unterschiedlichen Ebenen gültig.

Die Bewertung der individuellen Ziele wird vom jeweiligen Vorgesetzten, die der Finanzziele zentral von der Finanzabteilung vorgenommen. Und während der Zeitpunkt der Bewertung bei individuellen Zielen bald nach Ende der Betrachtungsperiode liegen kann, ist eine Bewertung bei Finanzzielen meist erst einige Monate danach möglich, wenn die dafür nötigen Daten erhoben und ausgewertet wurden.

Unterschiedliche Workflows

Schon aus der gerade beschriebenen Natur der beiden Zielklassen ergeben sich unterschiedliche Workflows (siehe Abbildung 14.34).

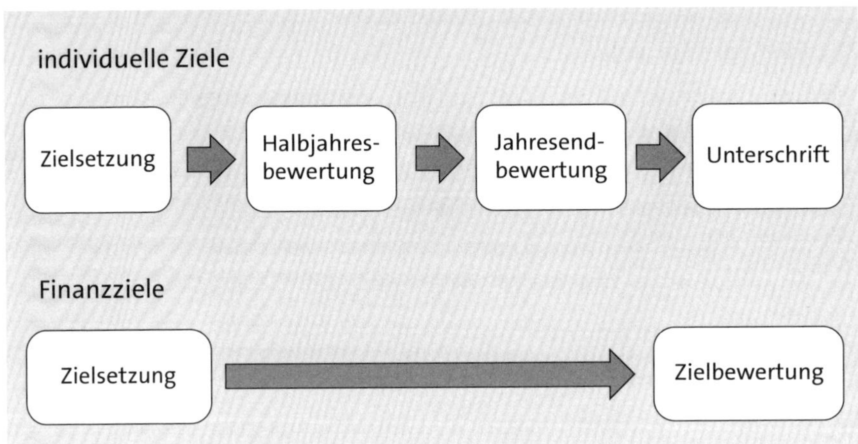

Abbildung 14.34 Unterschiedliche Abläufe bei individuellen Zielen und Finanzzielen

Beim Setzen individueller Ziele ist oftmals noch eine formale Zielzustimmung des Mitarbeiters notwendig. Für Finanzziele ist das in der Regel nicht erforderlich, hier muss nur die Kenntnis dieser Ziele sichergestellt werden.

Deutlicher wird der Unterschied, wenn ein Mitarbeiter seine Position unterjährig wechselt. Dies hat oft zur Folge, dass sich seine persönlichen und/oder Finanzziele ändern. Sie haben verschiedene Möglichkeiten, um dies in seinem Leistungsformular abzubilden:

- Alle seine bisherigen Ziele können durch neue ersetzt werden.
- Die bisherigen Ziele können durch neue ergänzt (und damit die alten Gewichtungen geändert) werden.
- Das alte Formular kann abgeschlossen und ein neues Formular erstellt werden.

Aus Sicht der Bonusberechnung ist die dritte Möglichkeit mathematisch die sauberste und korrekte – insbesondere, wenn sich z. B. durch eine Beförderung auch der Zielbonus ändert.

Wenn auch Finanzziele Teil des alten Leistungsformulars sind, kann es allerdings nicht sofort abgeschlossen werden – außer man behilft sich mit Vorhersagen als Bewertung für die Finanzziele.

Unterschiedliche Gewichtungen individueller Ziele und Finanzziele

In unserem Beispiel gibt es drei verschiedene Bonuspläne. Auf höchster Managementebene tragen die Finanzziele 70 % und die persönlichen Ziele 30 % zur variablen Bezahlung bei. Auf der unteren und mittleren Managementebene lautet das Verhältnis 50/50, und im Nicht-Managementbereich werden die Unternehmensziele nicht zur Bonusberechnung herangezogen (siehe Abbildung 14.35). Natürlich ist es auch möglich, dass ein Mitarbeiter unterjährig von einem Bonusplan zu einem anderen wechselt.

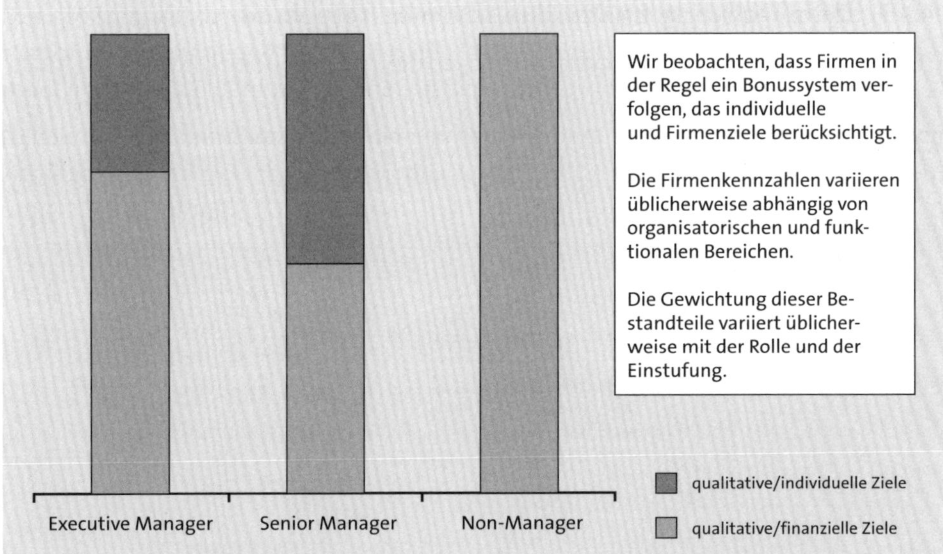

Abbildung 14.35 Gewichtungen von individuellen Zielen und Finanzzielen

Eine gute Möglichkeit wäre nun, drei verschiedene Formularvorlagen im Leistungsmodul zu bauen und für die jeweiligen Zielgruppen zu verteilen. Das Leistungsformular berechnet dann die Gesamtbewertung, sobald die Finanzziele vorliegen. Wir zeigen Ihnen in den nächsten Abschnitten noch eine Alternative dazu, die sich noch besser bewährt.

14.4.2 Leistungsbeurteilung für die Vergütungsplanung

Neben den Einzelzielbewertungen und einer möglichen berechneten Gesamtbewertung bietet das System noch die Option, eine manuelle Gesamtbewertung des Mitarbeiters vorzunehmen. Diese manuelle Bewertung kann neben den individuellen Zielen auch noch eine Kompetenzbewertung (auf Basis des Leistungsbeurteilungsformulars) berücksichtigen, um eine ganzheitliche Bewertung zu erhalten, die nicht nur das »Was«, sondern auch das »Wie« berücksichtigt.

Diese manuelle Bewertung kann dann sehr gut in Talentmanagementprozesse und nicht zuletzt in die Vergütungsplanung mit einfließen. Wie in Abschnitt 14.2, »Mit der Vergütungsplanung im Admin-Center arbeiten«, dargestellt, kann diese Bewertung einfach in Erhöhungsrichtlinien berücksichtigt oder weiter kalibriert werden (siehe Abschnitt 14.1.4, »Vergütungsplanung durchführen«). Wir empfehlen Ihnen, Finanzziele nicht mit in diese manuelle Gesamtbewertung einfließen zu lassen, da die Leistung des Mitarbeiters darauf nur wenig Einfluss hat.

14.4.3 Designvorschlag für den Einsatz von Zielkategorien

Um nun die unterschiedlichen Verwendungen der Zielkategorien bestmöglich für die Leistungsbeurteilung und die Bonusausbezahlung zu unterstützen, schlagen wir folgende Lösungsarchitektur vor, die in Abbildung 14.36 dargestellt ist.

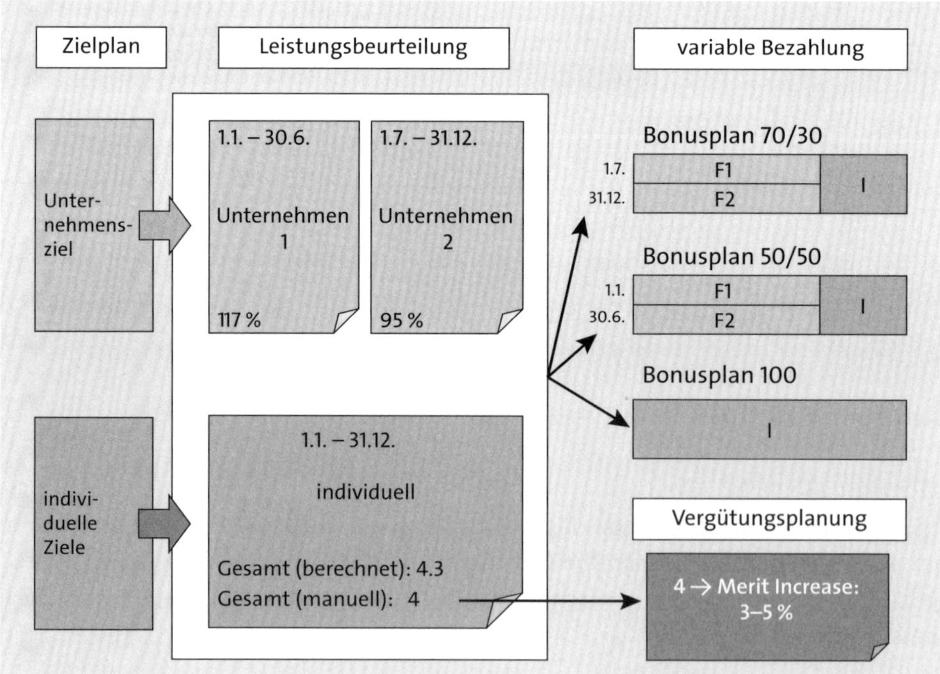

Abbildung 14.36 Zusammenspiel von Zielplan, Leistungsbeurteilung und variabler Bezahlung

Hier wird der Fall dargestellt, dass der Mitarbeiter neue Unternehmensziele aufgrund eines Unternehmensteilwechsels zugewiesen bekommen hat. Genauso kann der Fall abgebildet werden, dass sich nur seine individuellen Ziele ändern und ein neues individuelles Leistungsformular erstellt wird und die Finanzziele gleich bleiben.

Der grundsätzliche Ansatz ist, persönliche und Finanzziele in unterschiedliche Leistungsformulare auszulagern, um die Anforderungen der unterschiedlichen Prozesse zu erfüllen. Die Formulare basieren auf unterschiedlichen Zielplänen, da beide Zielkategorien unterschiedliche Skalen verwenden. Dies hat außerdem den Vorteil, dass verschiedene Sichtbarkeiten und Bearbeitungen in den Zielplänen möglich sind.

In den Leistungsformularen muss keine Rücksicht auf die verschiedenen Gewichtungen der Zielkategorien genommen werden, d. h., die individuellen Ziele werden auf 100 % Gewichtung aufgefüllt, eine Sektionsgewichtung findet erst im Modul Variable Bezahlung statt. Damit der Mitarbeiter seinen Gesamtbonusplan sehen kann, wird für ihn die individuelle variable Bezahlungssicht (Variable Pay Individual View) freigeschaltet. Hier sieht er dann nicht nur seine Bonussektionsgewichtungen, sondern auch noch die Aufteilung des Zielbetrags pro Sektion, was im Leistungsformular gar nicht möglich wäre.

Wie besprochen, wird noch ein manuelles Rating in das individuelle Leistungsformular eingefügt. Dieses fließt in das Vergütungsformular mit ein.

Für die Bonusberechnung zieht sich nun das Modul Variable Bezahlung die Bewertungen aus den verschiedenen Formularen. Es muss in der Mitarbeiterhistorie nur noch hinterlegt werden, zu welchem Bonusplan der Mitarbeiter gehört, und das variable Bezahlungsformular wendet die korrekte Gewichtung der Zielsektionen an. In diesem Fall hätte der Mitarbeiter zwei Einträge in der sogenannten Vergütungs-Mitarbeiterhistorie (siehe Abschnitt 14.3.1, »Elemente der Bonusberechnung«); dies ist in Tabelle 14.2 vereinfacht dargestellt. Die beiden Einträge ergeben sich aufgrund eines Planstellenwechsels des Mitarbeiters zum Halbjahr.

User-ID	Start	Ende	Job-Code	Target-Bonus
10001	01/01/2019	06/30/2019	Mgr	10.000
10001	07/01/2019	07/01/2019	SenMgr	20.000

Tabelle 14.2 Mehrere Einträge für einen Mitarbeiter in der Mitarbeiterhistorie

In diesem Fall ändert sich sowohl zum Halbjahr der Zielbetrag als auch konkludent der Bonusplan, vom 50/50- zum 70/30-Plan, falls dieser vom Stellenkennzeichen (siehe Abschnitt 7.1.3, »Inhalte des Stellenprofils verwalten«) des Mitarbeiters abhängt.

14.4.4 Vor- und Nachteile des Designvorschlags

Abschließend möchten wir Ihnen zeigen, welche Vor- und Nachteile unser Lösungsvorschlag hat.

Zu den *Vorteilen* der gezeigten Lösung zählen wir:

- **Weniger Formulare**
  Es müssen nur zwei verschiedene Formulare erstellt, gepflegt und erzeugt werden (individuelles und Finanzzielformular) – anstelle dreier Formulare mit den unterschiedlichen Gewichtungen. Weitere Pläne können außerdem ohne weitere Änderungen im Leistungsmanagement ausgerollt werden.
- **Unterstützung unterjähriger Wechsel**
  Unterjährige Wechsel können sehr einfach abgebildet werden. So kann bei einem Positions- oder Managerwechsel das bestehende individuelle Formular einfach bewertet und geschlossen werden, ohne auf die Finanzziele Rücksicht zu nehmen.
- **Zielgewichtung**
  Die Gewichtungen der individuellen Ziele summieren sich auf 100 % anstelle der Bonusausbezahlungsgewichtung. Das sehen wir als Vorteil, da aus Sicht des Mitarbeiters seine individuellen Ziele ganzheitlich betrachtet und seine persönliche Leistung nicht durch künstliche Gewichtung herabgesetzt werden sollte. Somit sind keine unterschiedlichen Richtlinien für Manager und Mitarbeiter nach Zielgruppe nötig.
- **Abbildung von Finanzzielen**
  Eine Weiterführung dieses Ansatzes wäre, dass für Finanzziele gar keine Formulare erzeugt werden, sondern diese vielmehr nur im Modul Variable Bezahlung als Geschäftsziele angelegt und automatisch verteilt werden. Damit wären auch Forecasting-Szenarien berechenbar, die die wahrscheinliche Entwicklung abbilden.

Mitunter als *Nachteile* aufgefasst werden die folgenden Punkte:

- Das Leistungsformular enthält nicht die Gesamtansicht aller Ziele. Aber diese ist wie erwähnt über die individuelle variable Bezahlungsansicht im Mitarbeiterprofil sichtbar. Außerdem werden zusätzlich die Zielbeträge angezeigt.
- Das Leistungsformular kann keine berechnete Gesamtbewertung enthalten. Allerdings ist die Aussage hier für Talentmanagement und Vergütungsprozesse fraglich, da Finanzziele hier nicht aussagekräftig sind. Eine berechnete Beurteilung der individuellen Ziele ist natürlich abbildbar.

14.5 Gesamtvergütungssicht

Für Firmen, die sowohl Vergütungsplanung als auch Variable Bezahlung einsetzen, gibt es die Möglichkeit, beide Vorlagen in eine zu integrieren. Dann muss die Führungskraft nicht mehr zwischen unterschiedlichen Formularen navigieren und diese genehmigen, sondern kann per Klick zwischen beiden Sichten springen.

Darüber hinaus kann z. B. das Ergebnis aus der Variablen Bezahlung in der Vergütungsplanung mit angezeigt und so eine Gesamtvergütung berechnet werden.

Dafür müssen allerdings verschiedene Voraussetzungen erfüllt sein, wie z. B. ein gemeinsamer Genehmigungsprozess und aktuell noch vorherrschende Limitierungen der Gesamtvergütungsvorlagen. Diese würden im Zuge des Projekts auf Passgenauigkeit überprüft werden.

Gesamtvergütungsbriefe, die Daten aus den Prozessen Vergütungsplanung und Variable Bezahlung darstellen, können auch bei getrennten Vorlagen erstellt werden.

Nach diesem detaillierten Einblick in das Vergütungsmanagement widmen wir uns im nächsten Kapitel dem Talentmanagement. Viele Unternehmen nutzen die Vorteile, wenn sie Vergütungsinformationen mit Talentprozessen verbinden, um noch bessere Personalentwicklungsentscheidungen treffen zu können.

Kapitel 15
Talentmanagement – Nachfolge und Entwicklung

Damit ein Unternehmen wächst und wettbewerbsfähig bleibt, müssen Talente gewonnen und gefördert werden. Die Fluktuation der besten Mitarbeiter muss möglichst niedrig gehalten werden. Das wird in SAP SuccessFactors modulübergreifend unterstützt.

Talentmanagement ist ein Thema, das explizit oder implizit in fast allen SAP-SuccessFactors-Modulen berücksichtigt wird. Egal, ob im Jahresgespräch über die Zielerreichung gesprochen wird, ob im Entwicklungsgespräch relevante Kompetenzen besprochen und Schulungen vereinbart werden, ob Sie intern rekrutieren oder Talentpools erstellen – alle diese Punkte wirken auf das Talentmanagement Ihres Unternehmens ein oder werden dadurch beeinflusst.

Wir gehen in diesem Kapitel zunächst auf das Thema Talentmanagement im Allgemeinen ein. Wir zeigen Ihnen, was unserer Erfahrung nach zu bedenken ist, wenn Sie Talentmanagement in Ihrem Unternehmen erfolgreich einsetzen möchten (siehe Abschnitt 15.1, »Talentmanagement in der Praxis«).

In Abschnitt 15.2, »Nachfolgeplanung«, stellen wir Ihnen vor, welche Werkzeuge das Modul *Nachfolge* zur Unterstützung des Talentmanagements bereitstellt. Dazu gehören unter anderem die Nutzung von Talentpools, die Talentsuche, das Nachfolge-Organigramm und das Herkunftsdiagramm. Über das Modul *Entwicklung* erhalten Sie weitere Unterstützung im Kontext des Talentmanagements. *Entwicklungsplan* oder *Karriere-Arbeitsblatt* unterstützen hier Ihre Arbeit (siehe Abschnitt 15.3, »Personalentwicklung«).

Abschließend zeigen wir Ihnen, wie das Talentmanagement direkt in Unternehmensbereichen über eine rollenbasierte Kompetenzbeobachtung und die Nutzung des Karriere-Arbeitsblatts unterstützt werden kann (siehe Abschnitt 15.4).

15.1 Talentmanagement in der Praxis

Talentmanagement ist ein stark integrierter Prozess. Er entwickelt seinen Nutzen dann, wenn er nicht als ein einzelner, losgelöster Prozess betrachtet wird, sondern in allen operativen und strategischen HR-Prozessen integriert stattfindet und mitgedacht wird. Beispiele dafür sind:

- **Rekrutierung**
  Über Werkzeuge wie Talentpools und Talentsuche haben Sie die Möglichkeit, Vakanzen intern zu besetzen.
- **Leistungsbeurteilung und Zielvereinbarung**
  Die Leistungsbeurteilung und die damit verbundene Einschätzung, wie leicht Ziele erreicht wurden, bietet eine Indikation über das Potenzial eines Mitarbeiters.
- **Kalibrierung**
  Die Kalibrierung bietet über die Leistungsbeurteilung hinaus die Möglichkeit, das Potenzial eines Mitarbeiters im Vergleich zu anderen zu bewerten.
- **Entwicklungsplanung**
  Entwicklungsmaßnahmen unterstützen die Mitarbeiterentwicklung – sowohl bezogen auf nächste Karriereschritte als auch auf die Nachfolgeplanung.
- **Nachfolgeplanung**
  Bei der Nachfolgeplanung werden die identifizierten Talente Ihres Unternehmens konkret als Nachfolger für Schlüsselpositionen geplant.

Talentmanagement ist primär Aufgabe des Vorgesetzten und des Mitarbeiters selbst. Darüber hinaus muss die HR-Abteilung eingebunden werden. Talentmanagement ist ein kontinuierlicher Prozess, keine einmal jährlich stattfindende Aktivität.

Die HR-Abteilung unterstützt und berät Vorgesetzte z. B. bei der Klärung der für die Erreichung der strategischen Unternehmensziele notwendigen kurz-, mittel- und langfristigen Maßnahmen. Die Durchführung von Nachfolgeplanung oder Entwicklungsplanung übernimmt optional der Mitarbeiter oder der Vorgesetzte. Beide stimmen sich ab, wenn es darum geht, Entwicklungsziele zu definieren, Karriereschritte festzulegen oder Nachfolgen zu planen. SAP SuccessFactors bietet dafür zahlreiche unterstützende Hilfsmittel an:

- die Arbeit mit Rollen, erforderlichen Kompetenzausprägungen und Fertigkeiten
- die Leistungsbeurteilung des Mitarbeiters
- die Unterstützung für kompetenzbasierte Personalentwicklungsgespräche inklusive integrierter Schulungsmaßnahmen (siehe Abschnitt 15.4, »Best Practice: Rollenbasierte Kompetenzbeobachtung und -entwicklung als Mittel des Talentmanagements«)
- Veröffentlichen von Karrierepfaden des Unternehmens
- Nutzung des Karriere-Arbeitsblatts zur Abstimmung der nächsten Karriereschritte (siehe Abschnitt 15.4.3)

Unserer Erfahrung nach sind es folgende wesentliche Aspekte, die für ein erfolgreiches Talentmanagement wichtig sind:

- **Strategische Personalplanung**
  In der strategischen Personalplanung wird festgehalten, welche Rollen und wie viel Kapazität mit welchen Kompetenzen und Fertigkeiten wann an welcher Stelle des Unternehmens benötigt werden (siehe Abschnitt 17.3, »Strategische Planung – SAP SuccessFactors People Analytics Planning Edition«).
- **Stellenbeschreibung**
  In der Stellenbeschreibung werden gegenwärtig benötigte Kompetenzen und Fertigkeiten festgehalten. Mitarbeiter besetzen Stellen und erfüllen die verbundenen Anforderungen zu einem bestimmten Grad. Sie bieten sich aufgrund ihrer Kompetenzen und Fertigkeiten im Kontext der Nachfolgeplanung als Kandidaten an (siehe »Abschnitt 7.1, »Stellenprofile«).
- **Karriereplanung**
  Über die Werkzeuge *Laufbahn* und *Karriere-Arbeitsblatt* (siehe Abschnitt 15.4, »Best Practice: Rollenbasierte Kompetenzbeobachtung und -entwicklung als Mittel des Talentmanagements«) geben Sie den Mitarbeitern die Möglichkeit, von sich aus interessante Rollen und Positionen im Unternehmen zu finden und ihre Eignung dafür zu prüfen.
- **Ressourcenmanagement**
  Für die operative Arbeit, etwa die Zusammensetzung von Projektteams, können Sie die Talentsuche nutzen, um Mitarbeiter zu finden, die für eine bestimmte Aufgabe geeignet sind. Sie können die Talentsuche z. B. für Projektleiter öffnen und so weiteren Nutzen im Unternehmen schaffen, da Projektleiter damit in die Lage versetzt werden, unabhängig von persönlichen Netzwerken die besten Kandidaten für die Zusammenarbeit zu finden (siehe Abschnitt 15.2.2, »Talentsuche«).
- **Talentpools**
  Talentpools bieten die Möglichkeit, einfach und mit wenig Aufwand Nachfolgeplanung und integriertes Talentmanagement zu betreiben. Ein Talentpool ist nicht einfach nur ein Merkmal, das etwas darüber aussagt, dass ein Mitarbeiter ein bestimmtes Talent hat. Talentpools schaffen Transparenz und helfen Ihnen, Talentmanagement dezentral zu starten und Mitarbeiter gezielt zu entwickeln (siehe Abschnitt 15.2.1).
- **Mentoring**
  Mentoring bietet die Möglichkeit, Mentoring-Programme aufzusetzen und Mitarbeitern einen Mentor zuzuweisen oder dezentral zu finden. Gemeinsam mit dem Mentor kann so die weitere Entwicklung der Mitarbeiter vorangetrieben werden.

SAP SuccessFactors unterstützt auch die traditionellen Werkzeuge der HR-Arbeit im Kontext der Nachfolgeplanung. Dies sind insbesondere die folgenden:

- die Arbeit mit Nachfolge-Organigrammen inklusive der Nominierung und Freigabe individueller Nachfolger
- der Einsatz von Herkunftsdiagrammen, in denen Nachfolgeketten aufgezeigt werden können
- die personenbezogene Talentsuche nach Talentkriterien

Personenprofil

Im *Personenprofil* finden Sie, bei entsprechender Berechtigung, die im System vorhandenen Talentdaten eines Mitarbeiters gebündelt. Zudem hat der Mitarbeiter hier die Möglichkeit, proaktiv relevante Informationen zur Verfügung zu stellen. Zu diesen Informationen gehören z. B. Hinweise zum Thema Mobilität oder Sprachkenntnisse.

15.2 Nachfolgeplanung

Das Planen und Sicherstellen der Nachfolgeregelungen im Unternehmen ist eine der Kernaufgaben im Bereich HR.

In diesem Abschnitt zeigen wir Ihnen das Handwerkszeug, das Ihnen die Arbeit im Rahmen des Talentmanagements erleichtert und das im Modul *Nachfolge* zusammengefasst wird. Wir stellen Ihnen folgende Funktionen vor:

- Talentpools
- Talentsuche
- Planstellenkachel
- klassische 9-Box-Ansichten in der Kalibrierung
- Nachfolge-Organigramm
- Herkunftsdiagramm

Auf die Themen Talentpools und Talentsuche gehen wir dabei schwerpunktmäßig ein, da sie aktiv die Nachfolgeplanung unterstützen.

15.2.1 Talentpools

Ein *Talentpool* ist ein Sammelbecken für Talente, die zur Nachfolge für einen bestimmten Bereich oder ein bestimmtes Tätigkeitsumfeld vorgesehen sind. Mit Talentpools erhalten Sie die Möglichkeit, Ihre Aktivitäten im Kontext der Nachfolgeplanung effizient zu gestalten und Mitarbeiter für Nachfolgen vorzusehen, ohne diese direkt einer bestimmten Planstelle als Nachfolger zuzuordnen.

Planen Sie klassisch »pro Planstelle«, hat dies einige Nachteile:

- Sie müssen die Nachfolger einzeln pro Planstelle pflegen, was einen hohen Pflegeaufwand bedingt.
- Die Berechtigungen sind meist »pro Planstelle« festgelegt, sodass die Gesamtsituation, insbesondere auf lokaler oder regionaler Ebene, für Sie wenig transparent ist.

Stellen Sie sich dazu folgendes Szenario vor: Sie haben 1.000 Schlüsselpositionen, die Sie mit Nachfolgern belegen. 10 % der Nachfolger verändern sich, darüber hinaus noch 5 % der Planstellen. Ein Nachfolger ist im Schnitt bei drei Planstellen als Nachfolger nominiert. Damit kommen Sie auf mehrere Hundert Änderungen im Jahr, die Sie prüfen und ggf. anpassen müssen.

Arbeiten Sie mit Talentpools, verlieren die oben genannten Nachteile der individuellen Nachfolgeplanung an Bedeutung, da ein Talentpool mit einer Reihe von Planstellen über das Stellenkennzeichen automatisch assoziiert werden kann. Nach einer Veränderung müssen Sie daher nur den Talentpool oder die Zuordnung über Stellenkennzeichen aktualisieren. Ein individuelles Administrieren wie beim klassischen Nachfolgemanagement ist so nicht mehr notwendig. Unserer Erfahrung nach verbessert sich damit die Datenqualität deutlich, insbesondere, wenn Sie Vorgesetzten Einblick in die Talentpools geben. Das Verständnis darüber, wer sich im Talentpool befindet, hilft bei der Auswahl von Einstellungen, bei der internen Entwicklung, beim Beförderungsprozess und bei der Förderung von Talenten an sich. Insgesamt kann das Instrument auch dazu beitragen, die Motivation der Mitarbeiter und deren Bindung zum Unternehmen zu stärken.

Bei der Arbeit mit Talentpools haben Sie zusätzlich die folgenden Vorteile bei der Gestaltung:

- Die Abstimmung zwischen HR-Organisation und Fachabteilungsverantwortlichen wird erleichtert. Sie können so einfach und schnell über mögliche Talente und notwendige Entwicklungsmaßnahmen sprechen.
- Sie können Vorgesetzte im Sinne einer fachbereichsübergreifenden Nachfolgeplanung einbinden. Üblicherweise kennen Vorgesetzte ihre eigenen Talente, mithilfe der Talentpools können Sie Mehrwerte von übergreifenden Planungsaktivitäten aufzeigen (Beispiel: Talentpool Abteilungsleiter).
- Talente können über organisatorische Grenzen wie Länder oder Regionen hinweg definiert und betrachtet werden.
- Talentpools helfen Ihnen im Sinne des internen Recruitings (siehe Abschnitt 9.4, »Best Practice: Erfolgsfaktoren für Rekrutierung«), Vakanzen passgenau intern zu besetzen.

Das Anzeigen und Verwalten von Talentpools und ihren Mitgliedern unterliegt Berechtigungen. Sie können Berechtigungen auf Talentpools aufgrund von Eigenschaften des Pools (etwa die organisatorische Zugehörigkeit oder die funktionale Ausprägung) vergeben und den Benutzern erlauben, die Talentpools sowie die Nominierungen in einem für sie zugelassenen Pool zu verwalten. (Mehr zum Thema Berechtigungen erfahren Sie in Kapitel 8, »Rollenbasierte Berechtigungen in SAP SuccessFactors«.)

[»]

Einbindung eines Talentpools im Nachfolge-Organigramm

Weisen Sie einer Rolle einen Talentpool zu (siehe Abschnitt 15.2.1), können Sie ihn schnell und einfach in das Nachfolge-Organigramm integrieren. Der Talentpool erscheint dann als »Nachfolger« automatisch bei allen Planstellen, die über die Rolle bzw. das Stellenkennzeichen zugeordnet sind.

Mit Talentpools arbeiten

HR-Organisation, Vorgesetzte und jeder, der die Berechtigung zur Erstellung eines Talentpools hat, kann direkt auf der Registerkarte **Talentpool** innerhalb des Nachfolge-Moduls einen Pool hinzufügen.

Talentpools müssen mit einem Anfangsdatum versehen werden, das es Ihnen einfach ermöglicht, Änderungen an den Talentpools selbst nachzuvollziehen. Das Anfangsdatum richtet sich entweder nach der Aktivierung des Talentpools oder aber nach der letzten Änderung an seinen Eigenschaften. Sie können im Talentpool die Option **Bereitschaft aktivieren** einschalten (siehe Abbildung 15.1).

Abbildung 15.1 Einen Talentpool hinzufügen

Damit können Sie für alle Mitarbeiter im Talentpool die Bereitschaft als Nachfolger für eine Position festlegen, die für den Talentpool relevant ist (siehe Abbildung 15.2).

Dabei definieren Sie auch, innerhalb welchen Zeitraums ein Kandidat für eine Nachfolge zur Verfügung stehen wird.

Abbildung 15.2 Talentpool mit aktivierter Bereitschaftsfunktion

Alternativ können Administratoren im Admin-Center mit einem Klick auf **Daten importieren und exportieren** neue Pools hochladen (siehe Abbildung 15.3).

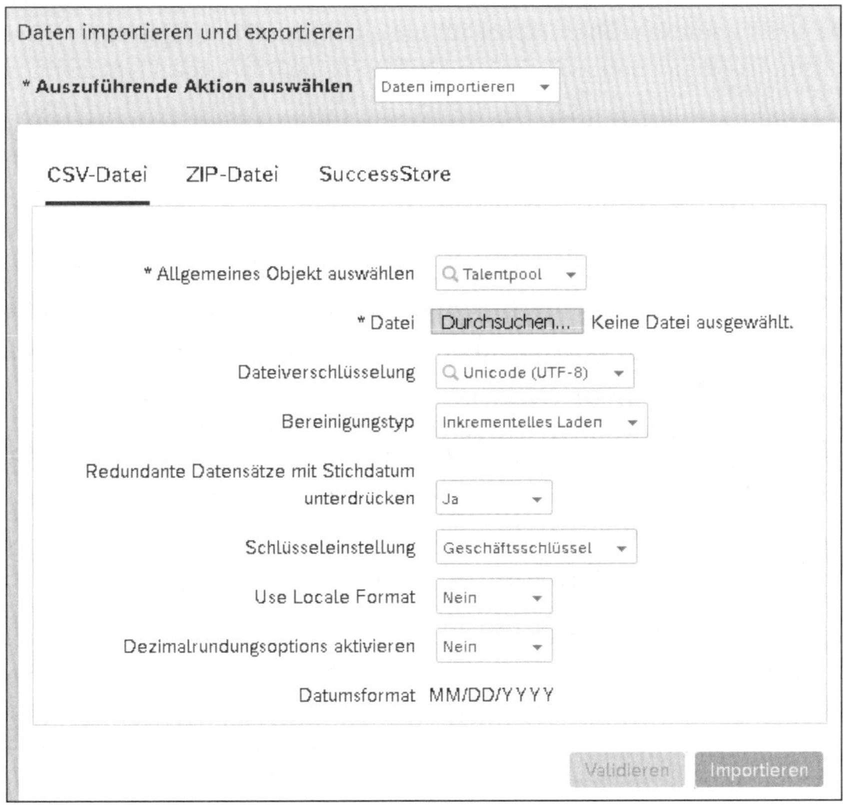

Abbildung 15.3 Talentpools über die Admin-Tools importieren

Die Eigenschaften des Pools können an die Bedürfnisse der Organisation angepasst werden. Durch das Hinzufügen zusätzlicher Felder wie **Zweck** oder **Land** wird zudem der Funktionsumfang erweitert. Dies wird üblicherweise gemeinsam im Implementierungsprojekt mit Ihrem Partner festgelegt.

Möchten Sie einen Talentpool löschen, klicken Sie auf **Talentpool löschen**. Daraufhin werden die im Pool enthaltenen Nominierungen sowie der Pool selbst gelöscht (siehe Abbildung 15.4).

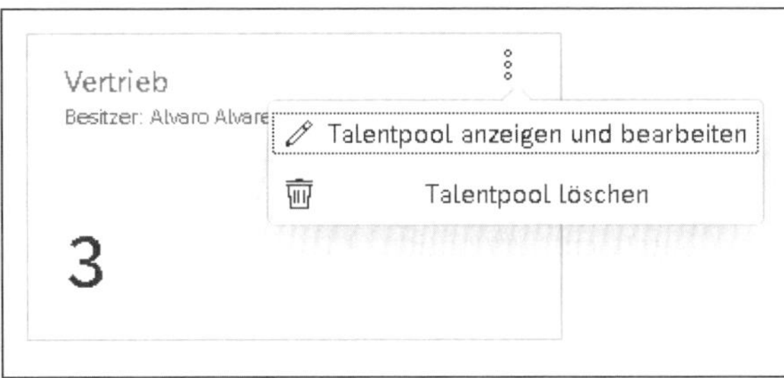

Abbildung 15.4 Talentpool und enthaltene Nominierungen löschen

[»]

Aufbau der Talentpools

Wir empfehlen Ihnen, die Talentpools funktional zuzuschneiden, also auf einzelne Rollen wie etwa Projektleiter oder auf einzelne Themengebiete (Controlling, Marketing ...) hin auszurichten. Auch ein Aufbau nach Hierarchie (Geschäftsführer, Abteilungsleiter ...) bietet sich an. Bedenken Sie dabei aber, dass diese Aufteilung stabil sein sollte, sodass sie auch nach einer möglichen Reorganisation Bestand hat.

Die Verknüpfung von funktionalen und hierarchischen Merkmalen (Talentpool Abteilungsleiter Controlling) kann unter Umständen zu einer sehr starken Limitierung der Kandidaten des einzelnen Talentpools führen und dafür sorgen, dass mögliche passende Talente gerade bei kurzfristigen Nachbesetzungen keine Berücksichtigung finden. Je nach Größe Ihrer Organisation empfehlen wir Ihnen daher, ggf. nur mit einem Talentpool Abteilungsleiter zu arbeiten. Oftmals ist die Abdeckung der mit der Position Abteilungsleiter verbundenen Kompetenzen durch einen Mitarbeiter entscheidender für die Besetzung einer Nachfolge, wenn er sich fehlendes fachliches Wissen noch aneignen kann.

Mitarbeiter zu Talentpools hinzufügen und entfernen

HR-Mitarbeiter, Vorgesetzte und jeder, der entsprechende Berechtigungen für einen Talentpool hat, kann Mitarbeiter für diesen Pool nominieren. Im Folgenden zeigen wir Ihnen, wie Sie Mitarbeiter in einem Talentpool verwalten können:

1. Zunächst wählen Sie durch Klick den Pool aus, für den Sie Mitarbeiter nominieren möchten. In der Talentpool-Ansicht klicken Sie oben rechts auf das Symbol .
2. Nun können Sie nach Mitarbeitern suchen und diese hinzufügen (siehe Abbildung 15.5). Geben Sie dafür im Suchfeld die ersten Buchstaben des Namens ein, um eine Auswahlliste zu erhalten. Klicken Sie den gewünschten Eintrag an.

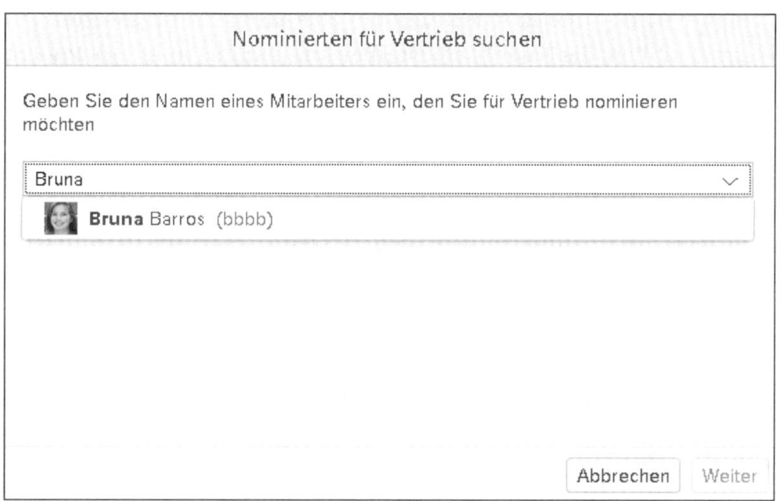

Abbildung 15.5 Talentsuche über die Funktion »Talentpool«

3. Pflegen Sie nun die **Bereitschaft** des Mitarbeiters (analog zu Abbildung 15.2), und geben Sie ggf. einen **Kommentar** ein. Um den Mitarbeiter dem Pool hinzuzufügen, klicken Sie auf **Übermitteln**. Ist der Mitarbeiter bereits für einen anderen Talentpool nominiert, können Sie das in der Übersicht sehen. In unserem Beispiel ist der Mitarbeiter ausschließlich für den Talentpool **Vertrieb** nominiert.
4. Möchten Sie ein Mitglied aus einem Talentpool entfernen, öffnen Sie den Talentpool, wählen den Mitarbeiter durch Klick aus und klicken auf das Symbol . Abschließend wählen Sie **Bestätigen**.

Best Practice: Talentpool im Einsatz

Talentpools benötigen wenige Voraussetzungen und Vorarbeiten, um ihre Wirkung zu entfalten.

Sie können Talentpools sogar ohne Stellenbeschreibungen oder Rollen (siehe Abschnitt 7.1, »Stellenprofile«) nutzen. Es reicht im ersten Schritt schon aus, eine Vorstellung davon zu haben, welche wichtigen Funktionsbereiche es in Ihrem Unternehmen gibt, für die interne Nachfolger platziert werden sollen. Diese Informationen liegen in der Regel rasch vor.

Der nächste Schritt kann etwas aufwendiger in der Abstimmung sein: Es geht dabei darum, festzulegen, wer Zugriffsrechte auf welche Pools hat, um einen Einblick in die vorhandenen Talente, auch von anderen Unternehmenseinheiten oder Regionen, zu bekommen.

Zu klären sind dabei insbesondere die Zugriffsmodalitäten auf die Talente. Wir empfehlen Ihnen, Talente nicht ohne Zustimmung der zuständigen Vorgesetzten anzusprechen. Auch ist es üblich, die Talente selbst über ihren Status in einem Pool oder mehreren Pools zu informieren. Das ist insbesondere deshalb sinnvoll, weil oftmals auch Personalentwicklungsmaßnahmen an Nominierungen geknüpft sind, insbesondere dann, wenn ein Mitarbeiter z. B. noch weitere Erfahrungen machen soll, bevor er für eine Stelle, die dem Talentpool entspricht, tatsächlich infrage kommt. Das Merkmal »Bereitschaft zur Nachfolge« hilft Ihnen dabei, den Überblick zu behalten. Neben der kurzfristigen Bereitschaft ist es üblich, auch eine mittel- und langfristige Bereitschaft oder Eignung festzuhalten. Die Dauer bis zum Einsatz kann dann durch geeignete Personalentwicklungsmaßnahmen beeinflusst werden.

Mit der operativen Nachfolgeplanung eng verbunden sind typische Talentmerkmale wie die Mobilität. Es bietet sich an, das Merkmal »Mobilität« zu erfassen und regelmäßig durch die Mitarbeiter aktualisieren zu lassen, um frei werdende Planstellen tatsächlich mit geeigneten und umzugsbereiten Mitarbeitern besetzen zu können.

15.2.2 Talentsuche

Die *Talentsuche* ermöglicht es HR-Mitarbeitern, Vorgesetzten und jedem, der entsprechende Berechtigungen hat, nach Talenten oder Ressourcen zu suchen. Die Talentsuche kann in unterschiedlichen Fälllen genutzt werden:

- zum Nominieren von Nachfolgern
- zum Besetzen von Vakanzen im Sinne der internen Rekrutierung
- zum Hinzufügen von Mitarbeitern zu Talentpools
- um Mitarbeiter für ein Projekt zu finden

Die Talentsuche unterstützt Sie also nicht nur bei Aktivitäten im Kontext der Nachfolgeplanung, sondern hilft Ihnen z. B. auch dabei, Projektressourcen aufzuspüren, neue Teams schnell und effizient zu besetzen oder Vakanzen zu füllen, ohne externe Kosten (etwa für den Einsatz externer Dienstleister) zu generieren.

Daraus ergibt sich unserer Erfahrung nach die Anforderung, neben Vorgesetzten und HR-Mitarbeitern weiteren Personengruppen Zugriff auf die Talentsuche zu geben. Projektmanager sind ein Beispiel für eine solche Erweiterung. Prüfen Sie für Ihre Organisation, welche Bereiche von einem Einsatz der Talentsuche profitieren können.

[«]

Transparenz der Prozesse

Gestalten Sie Ihre Prozesse transparent! Das wirkt sich oftmals positiv auf die Mitarbeitermotivation aus. Mitarbeiter sehen, dass sie im Kontext unterschiedlichster Planungsaktivitäten sichtbar sind und bei einer guten Übereinstimmung mit den Anforderungen auch Berücksichtigung bei internen Karrieremöglichkeiten finden. HR-Abteilung und Vorgesetzte profitieren davon, dass Mitarbeiter dann gerne bereit sind, die Daten ihres Personenprofils (z. B. Mobilität oder Zertifizierungen) aktuell zu halten.

Talentsuche einrichten

Im Admin-Center können Sie über **Einstellungen für die Talentsuche** definieren, wie und auf Basis welcher Daten die Talentsuche erfolgt (siehe Abbildung 15.6).

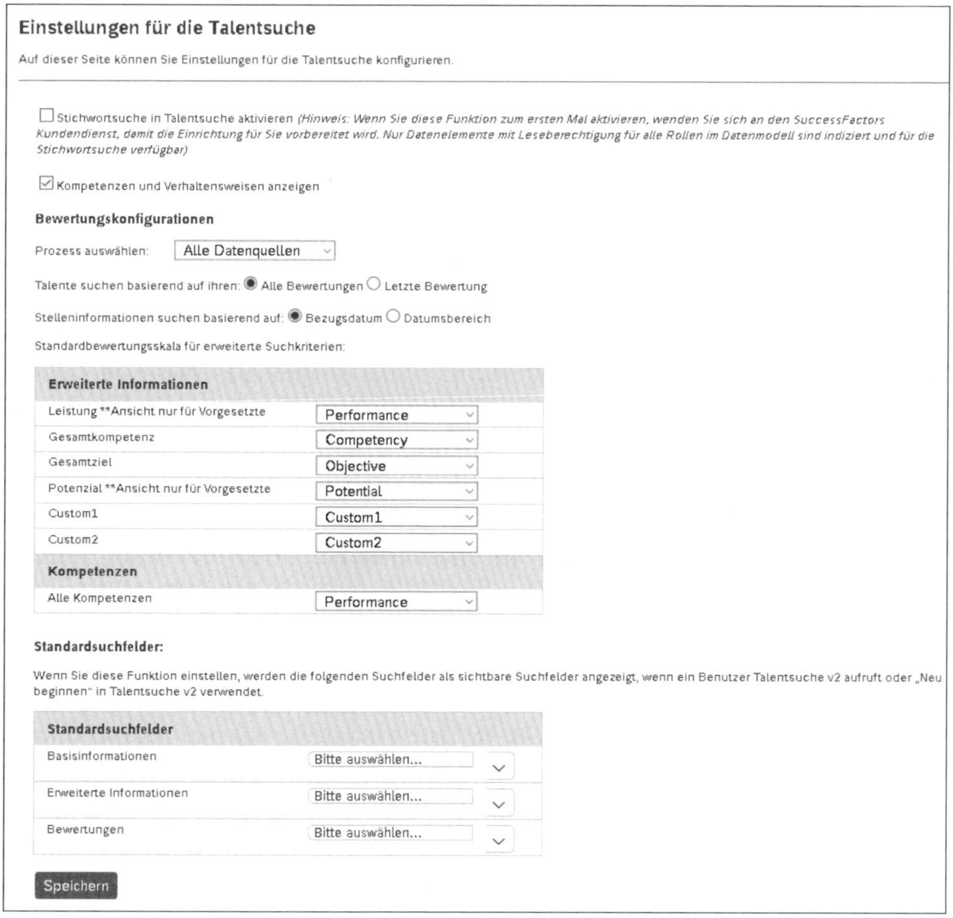

Einstellungen für die Talentsuche

Auf dieser Seite können Sie Einstellungen für die Talentsuche konfigurieren.

☐ Stichwortsuche in Talentsuche aktivieren *(Hinweis: Wenn Sie diese Funktion zum ersten Mal aktivieren, wenden Sie sich an den SuccessFactors Kundendienst, damit die Einrichtung für Sie vorbereitet wird. Nur Datenelemente mit Leseberechtigung für alle Rollen im Datenmodell sind indiziert und für die Stichwortsuche verfügbar)*

☑ Kompetenzen und Verhaltensweisen anzeigen

Bewertungskonfigurationen

Prozess auswählen: Alle Datenquellen

Talente suchen basierend auf ihren: ◉ Alle Bewertungen ○ Letzte Bewertung

Stelleninformationen suchen basierend auf: ◉ Bezugsdatum ○ Datumsbereich

Standardbewertungsskala für erweiterte Suchkriterien:

Erweiterte Informationen	
Leistung **Ansicht nur für Vorgesetzte	Performance
Gesamtkompetenz	Competency
Gesamtziel	Objective
Potenzial **Ansicht nur für Vorgesetzte	Potential
Custom1	Custom1
Custom2	Custom2
Kompetenzen	
Alle Kompetenzen	Performance

Standardsuchfelder:

Wenn Sie diese Funktion einstellen, werden die folgenden Suchfelder als sichtbare Suchfelder angezeigt, wenn ein Benutzer Talentsuche v2 aufruft oder „Neu beginnen" in Talentsuche v2 verwendet.

Standardsuchfelder	
Basisinformationen	Bitte auswählen...
Erweiterte Informationen	Bitte auswählen...
Bewertungen	Bitte auswählen...

Speichern

Abbildung 15.6 Einstellungen für die Talentsuche

Die in der Talentsuche vorhandenen Kriterien können auf Ihre Bedarfe hin angepasst werden, dies erfolgt typischerweise im Rahmen des Implementierungsprojekts gemeinsam mit dem Implementierungspartner.

SAP SuccessFactors bietet auch die Möglichkeit, eine Stichwortsuche in der Talentsuche zu aktivieren. Dabei muss beachtet werden, dass nur Datenelemente mit Leseberechtigung für alle Rollen im Datenmodell indiziert und für die Stichwortsuche verfügbar sind.

Die Talentsuche muss über die rollenbasierten Berechtigungen auf Feldebene berechtigt werden. Weitere Informationen zur Einrichtung der rollenbasierten Berechtigungen finden Sie in Kapitel 8, »Rollenbasierte Berechtigungen in SAP SuccessFactors«.

Talentsuche nutzen

Sie rufen die Talentsuche im Bereich **Nachfolge** über die Registerkarte **Talentsuche** auf. In der Talentsuche stehen Ihnen Suchkriterien zur Verfügung, die in folgende Bereiche zusammengefasst sind (siehe Abbildung 15.7):

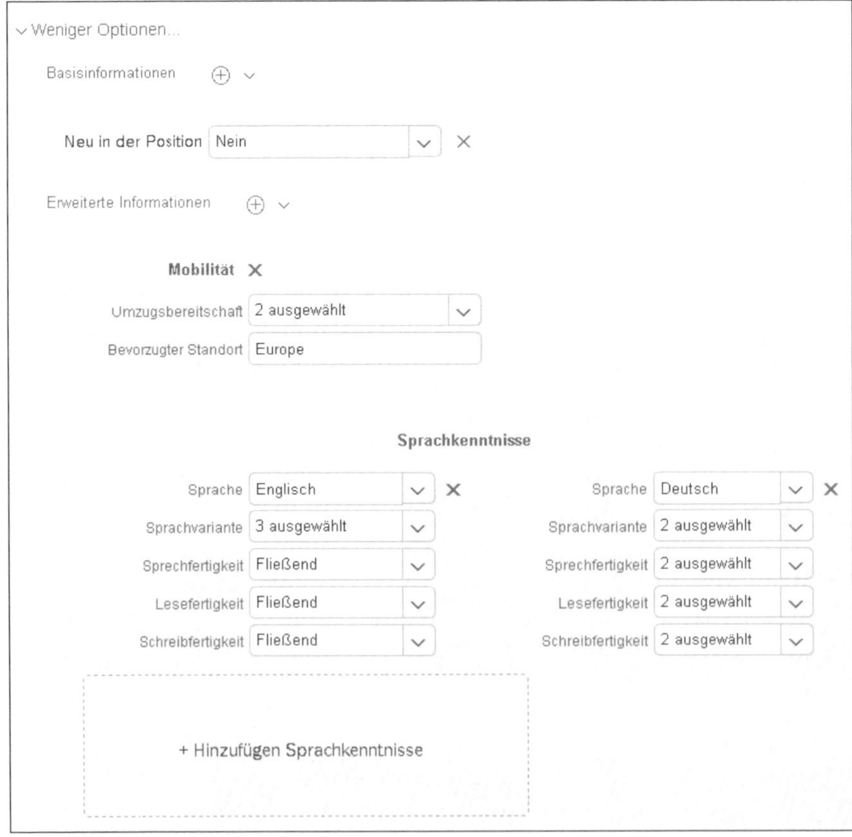

Abbildung 15.7 Übersicht über die Talentsuche

- Basisinformationen
- Erweiterte Informationen
- Bewertung und Kompetenzen

Die unterschiedliche Kombination der vorhandenen Suchkriterien gibt Ihnen eine große Flexibilität bei der Suche nach geeigneten Talenten. Nutzen Sie daher die Möglichkeit, verschiedene Kriterien in unterschiedlichen Kombinationen zur Suche zu verwenden. Haben Sie eine Suche durchgeführt, erhalten Sie eine Ergebnisliste (siehe Abbildung 15.8).

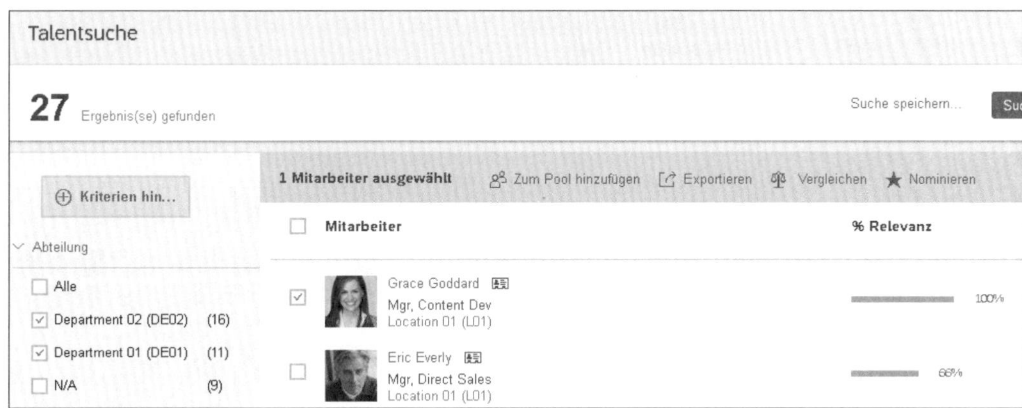

Abbildung 15.8 Ergebnisliste mit Aktionsmöglichkeiten

Farblich hervorgehoben sehen Sie hier in der Spalte **% Relevanz**, wie gut die Suchergebnisse zu Ihren Suchkriterien passen. Zudem können Sie über die zur Verfügung stehenden Filtermöglichkeiten das Ergebnis der ersten Suche weiter verfeinern und anpassen. Sobald Sie ein oder mehrere Talente über einen Klick auf die Checkbox ausgewählt haben, können Sie weitere Aktionen durchführen:

- **Zum Pool hinzufügen**
  Damit fügen Sie die ausgewählten Talente zu einem Talentpool hinzu. Klicken Sie auf **Zum Pool hinzufügen**, und wählen Sie den gewünschten Pool, in unserem Fall **Vertrieb**, aus (siehe Abbildung 15.9). Anschließend können Sie weitere Informationen, wie z. B. die Bereitschaft, pflegen. Klicken Sie auf **Nominieren**, um den Vorgang abzuschließen.

  In der Maske können Sie weitere Informationen pflegen. Klicken Sie auf **Nominieren**, um den Vorgang abzuschließen.
- **Exportieren**
  Darüber können Sie die ausgewählten Suchergebnisse in eine Datei exportieren (siehe Abbildung 15.10). Hier können Sie zusätzliche Felder auswählen, die im Export verfügbar sein sollen.

Abbildung 15.9 Mitarbeiter zum Talentpool hinzufügen

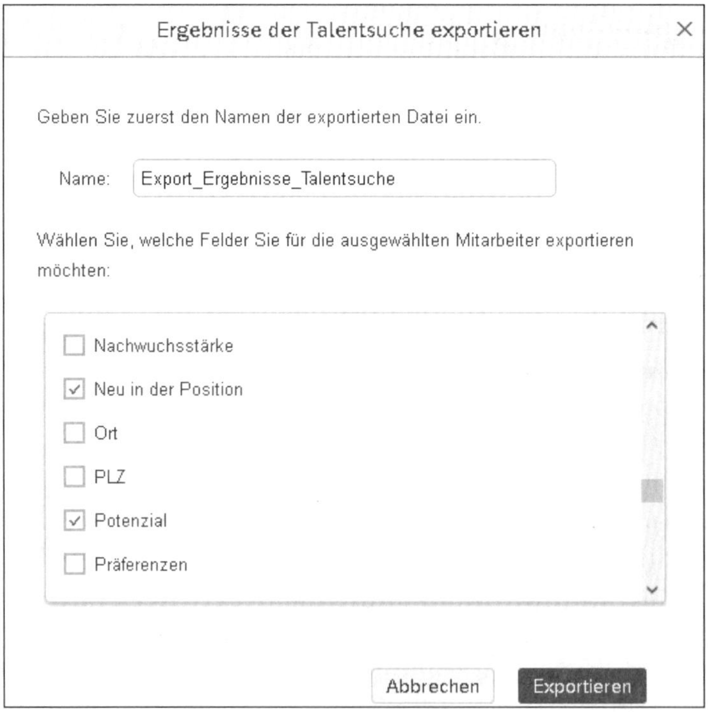

Abbildung 15.10 Suchergebnis exportieren

- **Vergleichen**
  Bei der Auswahl mehrerer in der Suchergebnisliste enthaltener Talente können Sie diese gegenüberstellen (siehe Abbildung 15.11).

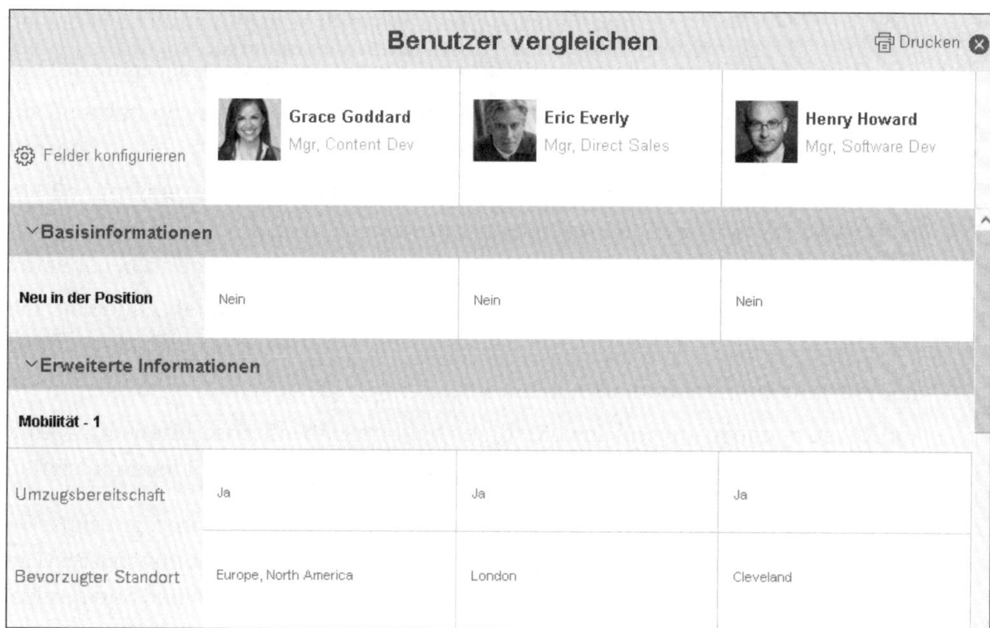

Abbildung 15.11 Kandidaten vergleichen

- **Nominieren**
  Hier können Sie Talente für eine Nachfolge nominieren (siehe Abbildung 15.12).

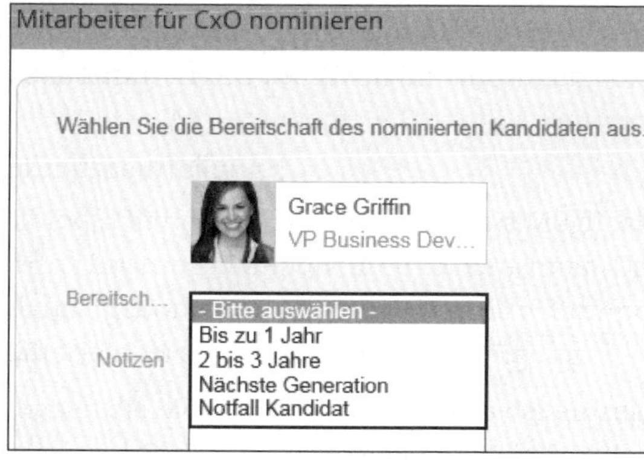

Abbildung 15.12 Mitarbeiter nominieren

[»]

Verfügbarkeit der Talentsuche

Die Talentsuche steht Ihnen auch an anderer Stelle im Modul Nachfolge zur Verfügung. Befinden Sie sich z. B. im Nachfolge-Organigramm und möchten Nachfolger finden, können Sie über **Erweiterte Suche...** auch die Talentsuche aufrufen (siehe Abbildung 15.13).

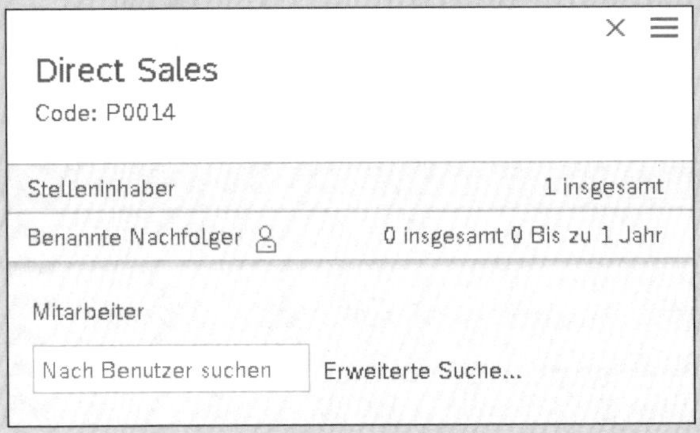

Direct Sales
Code: P0014
Stelleninhaber 1 insgesamt
Benannte Nachfolger 0 insgesamt 0 Bis zu 1 Jahr
Mitarbeiter
Nach Benutzer suchen Erweiterte Suche...

Abbildung 15.13 Erweiterte Talentsuche im Nachfolge-Organigramm

15.2.3 Planstellenkachel

Die Sicht auf die Planstellen bietet Ihnen eine alternative Darstellungsmöglichkeit im Kontext der Nachfolgeplanung. Auf der Registerkarte **Planstellenkachel** werden die Planstellen inklusive der als Nachfolger benannten Personen (angezeigt durch Bilder) oder Talentpools (am unteren Rand der Box) dargestellt. Die Darstellung im Bereich der Planstellenkachel ist nicht an eine organisatorische Hierarchie gebunden. Mithilfe der Such- und Filtermöglichkeiten im Bereich **Anzeigeoptionen** können Sie die Anzeige der Planstellen beeinflussen (siehe Abbildung 15.14). Über einen Klick auf das Symbol [+] oberhalb der **Anzeigeoptionen** können Sie eine neue Planstelle anlegen (siehe Abschnitt 7.2, »Planstellen«).

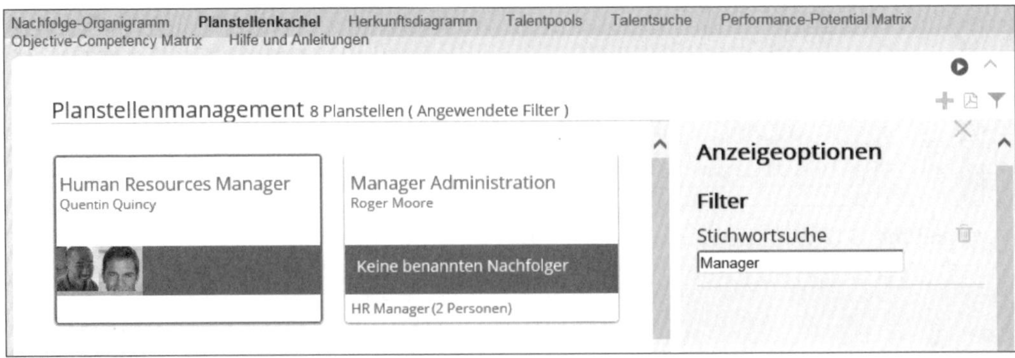

Abbildung 15.14 Planstellenmanagement mit Anzeigeoptionen

Wählen Sie durch Klick eine Planstelle aus, werden Ihnen im neu geöffneten Fenster die nominierten Nachfolger angezeigt (siehe Abbildung 15.15). Durch einen Klick auf den Namen erhalten Sie weitere Informationen zum jeweiligen Nominierten. Mit Klick auf **+ Nachfolger hinzufügen** können Sie über die Eingabe des Namens nach bekannten Mitarbeitern suchen oder direkt in die Talentsuche abspringen, um nach weiteren Talenten zu suchen und diese ggf. zu nominieren.

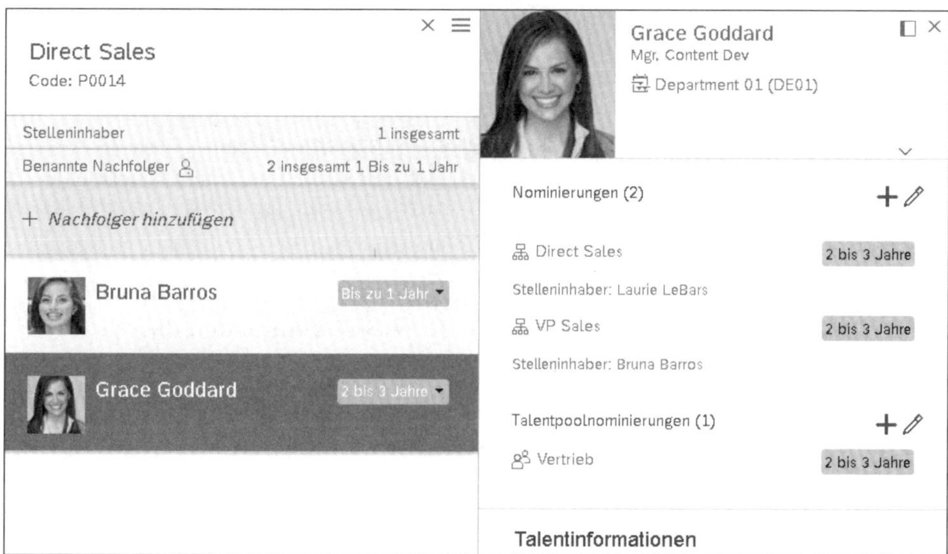

Abbildung 15.15 Details zu Nachfolgenominierungen

15.2.4 Kalibrierung und klassische 9-Box-Ansichten

Im Bereich **Kalibrierung** haben Sie die Möglichkeit, die Beurteilung der Mitarbeiter fair und transparent in einer größeren Runde von Vorgesetzten und HR-Mitarbeitern zu validieren, abzuändern und Entwicklungsmaßnahmen festzulegen. Wählen Sie dazu im Admin-Center **Kalibrierungsvorlagen verwalten**. Sie können in der Vorlage zwischen folgenden Bereichen zur Kalibrierung wählen:

- *Leistung* – mit den Werten Gesamtzielerreichung (Was), Gesamtkompetenzbeobachtung (Wie), Gesamtleistung (eine Kombination aus Was und Wie) und Potenzial
- *Talentinformationen* – zu Verlustrisiko, Verlustfolgen und Grund des Ausscheidens
- *Vergütung* – mit den Werten Gehalt, Aktien oder Bonus

Optional können Sie die Leistung direkt im Personenprofil kalibrieren oder das auf Basis von Formularen erledigen, die Sie zuerst für die Mitarbeiter erstellen.

In der Kalibrierung können Sie Talentkennzeichen wie Verlustrisiko und Verlustauswirkung mithilfe von Icons zur Information anzeigen oder die Werte kalibrieren. Die Plattform bietet Ihnen die Möglichkeit, eigene Talentkarten für die Kalibrierung zu erstellen, die umfassende Informationen aus dem Profil des Mitarbeiters anzeigen (siehe Abschnitt 6.5.1, »Talentkarte«).

Nicht zuletzt ermöglicht Ihnen die Kalibrierung, direkt in den Bereich **Entwicklung** abzuspringen und Maßnahmen zu treffen.

[»]

Kalibrierungsrunden können lokal, regional, global und funktional sein

Größere Unternehmen verwenden Kalibrierungen häufig auf lokaler, aber auch auf regionaler und globaler Ebene. Es bietet sich von Zeit zu Zeit an, einen funktionalen Schwerpunkt abhängig von den Unternehmenszielen zu legen und z. B. alle Talente im Bereich Finanzen in einer Kalibrierung zu diskutieren.

Selbstverständlich können Sie auch die klassischen 9-Box-Ansichten, die Leistung gegen Potenzial und das Was gegen das Wie abbilden, in einer Kalibrierung darstellen. Die Kalibrierung bietet aber gegenüber diesen Berichten den Vorteil, dass Sie die Einschätzung ändern und direkt Entwicklungsmaßnahmen festlegen können (siehe Abbildung 15.16).

Wenn Sie mehrere Kalibrierungen parallel im Unternehmen haben, die auf einer Vorlage beruhen, dann können Sie Ihren obersten Führungskräften einen direkten Einblick in den Stand der Kalibrierungen geben. Nutzen Sie dazu die Funktion **Beurteilung auf Managementebene** in der Kalibrierungsvorlage. Sie erlaubt es, berechtigten Führungskräften eine Berichtsansicht über alle Kalibrierungen zur Verfügung zu stellen. So sind diese immer auf dem aktuellen Stand.

[!]

Kalibrierung von Einzelzielen oder Kompetenzen

Einzelne Ziele oder Kompetenzbeobachtungen können in der Kalibrierung nicht beurteilt werden. Für eine rasche, vergleichende Eingabe der Kompetenzbeobachtungen gibt es das Werkzeug *Team Ranker*, das der Vorgesetzte nutzen kann, um einzelne Kompetenzen der Mitarbeiter miteinander zu vergleichen und richtig zu beurteilen.

Neben den Möglichkeiten in der Kalibrierung können Sie auch die klassischen Berichte zu den Themen Leistung/Potenzial und Wie/Was in SAP SuccessFactors nutzen.

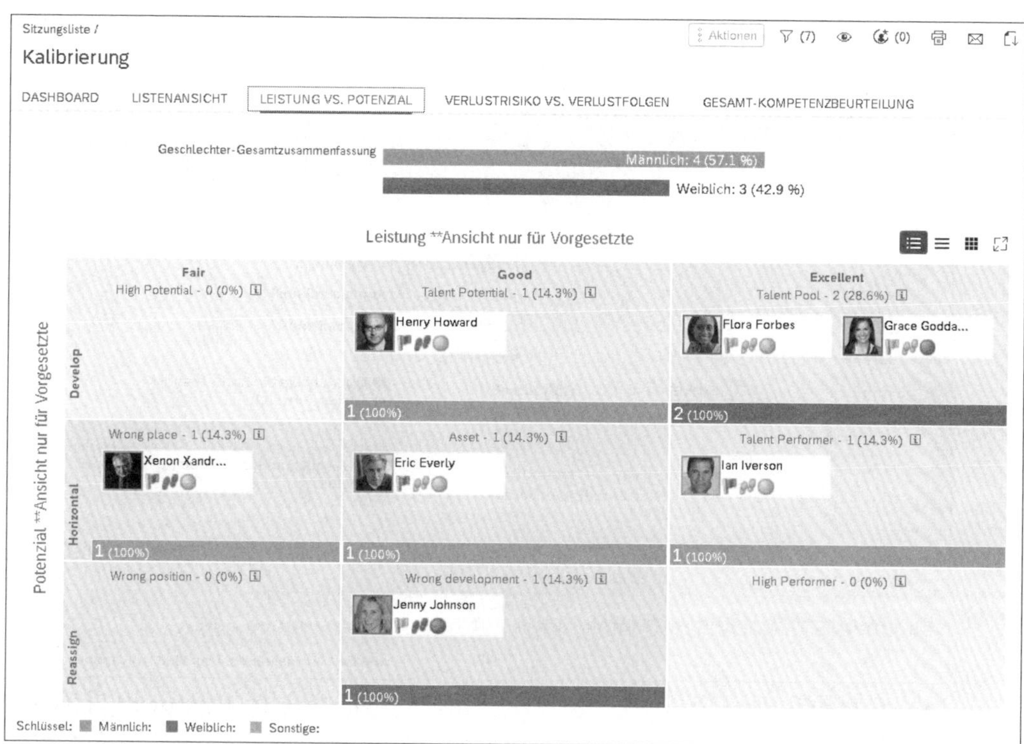

Abbildung 15.16 Leistung und Potenzial – in der Kalibrierung gegenübergestellt

15.2.5 Nachfolge-Organigramm

Im *Nachfolge-Organigramm* erhalten Sie Unterstützung, um eine auf der Unternehmensorganisation (Hierarchie) aufbauende Nachfolgeplanung vorzunehmen. Sie erhalten Einsicht in die Nachfolge-Pipeline zu unterschiedlichsten Planstellen, wenn Sie mit Planstellen arbeiten.

Nachfolge-Organigramm im Einsatz

Im Nachfolge-Organigramm steht Ihnen links oben eine Suchfunktion zur Verfügung, die es Ihnen ermöglicht, den gewünschten Einstieg in das Nachfolge-Organigramm ausgehend von einer Person oder von einer Planstelle zu suchen.

Sie haben unterschiedliche Möglichkeiten, die in diesem Kontext benötigten Informationen darzustellen. Durch Anklicken des unteren grauen Bereichs, in dem angezeigt wird, wie viele Mitarbeiter einem Stelleninhaber zugeordnet sind, können Sie das Organigramm erweitern (siehe Abbildung 15.17). Sie können das Organigramm auch über einen Klick auf **Eine Ebene nach oben** erweitern; diese Möglichkeit erscheint dann, wenn das im Organigramm vorgesehen ist.

Abbildung 15.17 Nachfolge-Organigramm mit Talentinformationen und Nachfolgern

In den Boxen des Nachfolge-Organigramms können Sie bei Bedarf unterschiedlichste für die Nachfolgeplanung benötigte Informationen über Symbole direkt zugänglich machen (siehe z. B. Organigramm-Box Carla Grant). Welche Informationen angezeigt werden, können Sie über einen Klick auf das Symbol 👁 bestimmen (siehe Abbildung 15.18).

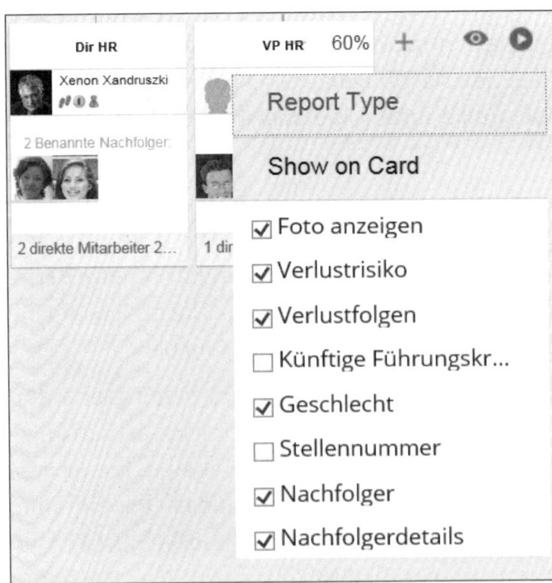

Abbildung 15.18 Anzuzeigende Informationstypen auswählen

Den einzelnen Informationstypen sind Symbole, wie etwa das Symbol für ein hohes Verlustrisiko, zugeordnet. Ist eine bestimmte Information in den Talentinformationen des Mitarbeiters gepflegt, wird diese in der Organigramm-Kachel angezeigt.

Nominierung von Nachfolgern

Um einen Nachfolger zu nominieren, wählen Sie eine Person oder, wie in unserem Fall, eine Planstelle über einen Klick aus. Sind bereits Nachfolger nominiert, sehen Sie diese nun mit Namen und Nachfolgebereitschaft angezeigt. Klicken Sie auf den Namen eines Nachfolgers, um weitere Informationen zu diesem zu erhalten (siehe Abbildung 15.19). Übrigens: Sie können hier auch mehrere Nachfolger auswählen, diese werden dann nebeneinander dargestellt.

Ist die Planstelle mit einem Talentpool (siehe Abschnitt 15.2.1, »Talentpools«) verknüpft, sehen Sie dies durch eine Anzeige des Poolnamens am unteren Ende des Fensters. Im Beispiel in Abbildung 15.19 ist das z. B. der Talentpool **Vertrieb**.

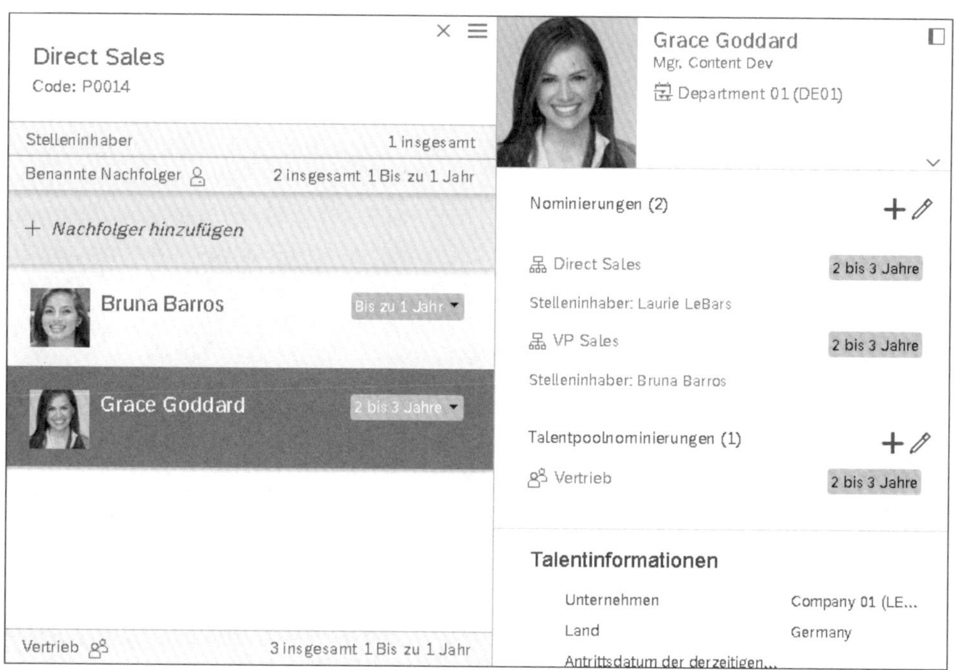

Abbildung 15.19 Nachfolgenominierung mit Nachfolger und Talentpool

Klicken Sie auf den Namen des Talentpools, um weitere Informationen zum Pool und seinen Mitgliedern zu erhalten (siehe Abbildung 15.20).

Um einen weiteren Nachfolger hinzuzufügen, klicken Sie auf **+ Nachfolger hinzufügen** (siehe Abbildung 15.19).

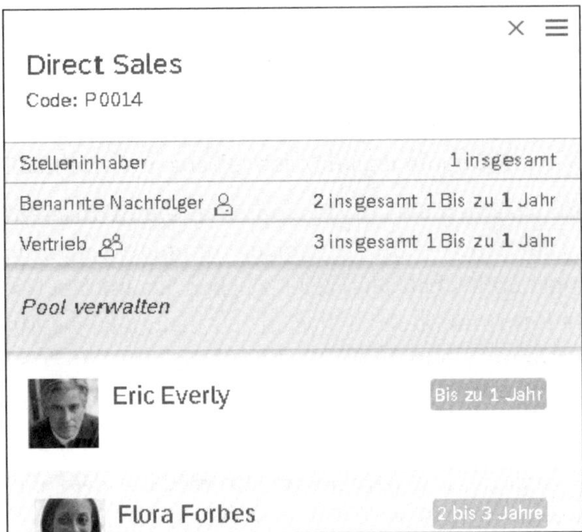

Abbildung 15.20 Zugeordneter Talentpool

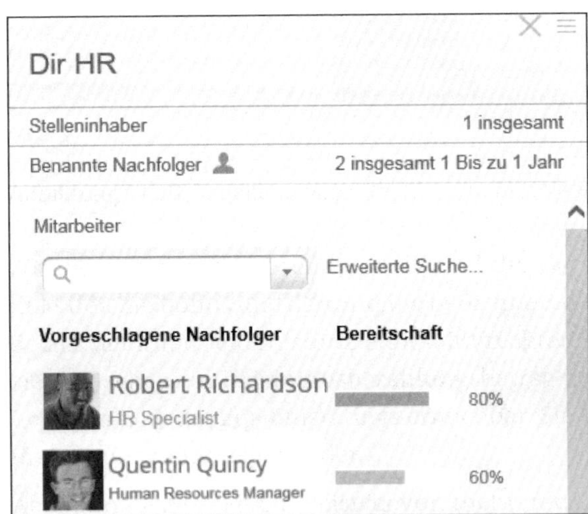

Abbildung 15.21 Nachfolger suchen

Nach dem Klick stehen Ihnen folgende drei Möglichkeiten zur Verfügung (siehe Abbildung 15.21):

- **Hinzufügen eines vorgeschlagenen Nachfolgers**
  Dabei schlägt das System, basierend auf Kriterien wie der für die Planstelle erforderlichen Kompetenz und den den Mitarbeitern zugeordneten Kompetenzerfüllungen, einen Nachfolger vor. Um weitere Informationen zu den vorgeschlagenen Nachfolgern zu erhalten, klicken Sie auch hier auf den Namen.

- **Nutzung der Talentsuche**
  Klicken Sie auf **Erweiterte Suche...**, um in die Talentsuche abzuspringen (siehe Abschnitt 15.2.2, »Talentsuche«).
- **Suche nach Namen**
  Geben Sie im Suchfeld **Mitarbeiter** einen Namen ein, um so nach einem Mitarbeiter zu suchen. Durch einen Klick auf den gewünschten Eintrag der Ergebnisliste können Sie sich weitere Informationen zur ausgewählten Person anzeigen lassen (siehe Abbildung 15.22).

  Im linken Bereich bestimmen Sie die Bereitschaft zur Nachfolge auf die selektierte Planstelle und fügen weitere Notizen hinzu. Im rechten Bereich erhalten Sie Informationen zum Mitarbeiter.

  Möchten Sie eine Nominierung vornehmen, beenden Sie Ihre Aktivitäten mit einem Klick auf **Speichern**.

Abbildung 15.22 Informationen zum vorgeschlagenen Mitarbeiter

15

[»]

Personenprofil aufrufen

Wenn Sie dieses Symbol im Umfeld eines Mitarbeiternamens sehen, können Sie durch Klick darauf in das vollständige Personenprofil abspringen.

Eine weitere Möglichkeit zur Darstellung der Nachfolge-Pipeline ist das Herkunftsdiagramm, das wir Ihnen im folgenden Abschnitt vorstellen.

15.2.6 Herkunftsdiagramm

Im *Herkunftsdiagramm* sehen Sie die Kette der momentan definierten Nachfolgen. Sie sehen hier die gesuchte Person, ihre Nachfolger sowie die Nachfolger der Nachfolger. Sie können in das Herkunftsdiagramm einsteigen, indem Sie im Suchfeld den Namen des Mitarbeiters eingeben (siehe Abbildung 15.23).

Die aus der Ergebnisliste der Suche ausgewählte Person wird dann mit ihren Nachfolgern und dazugehörenden Informationen angezeigt. Eine Legende erleichtert Ihnen die Zuordnung der gezeigten Farbgebung.

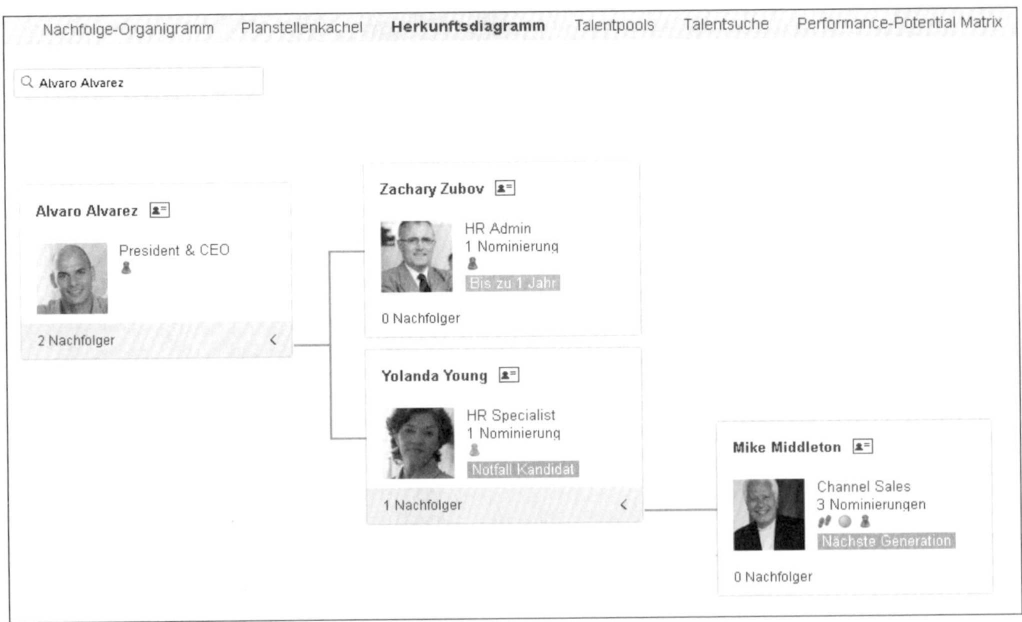

Abbildung 15.23 Herkunftsdiagramm

Um weitere Informationen über eine Person zu erhalten, klicken Sie auf das Symbol hinter dem Namen der Person. Daraufhin werden Ihnen detaillierte Informationen zu dieser Person angezeigt. Indem Sie auf das Bild des Mitarbeiters klicken, können Sie direkt in sein Profil abspringen (siehe Abbildung 15.24).

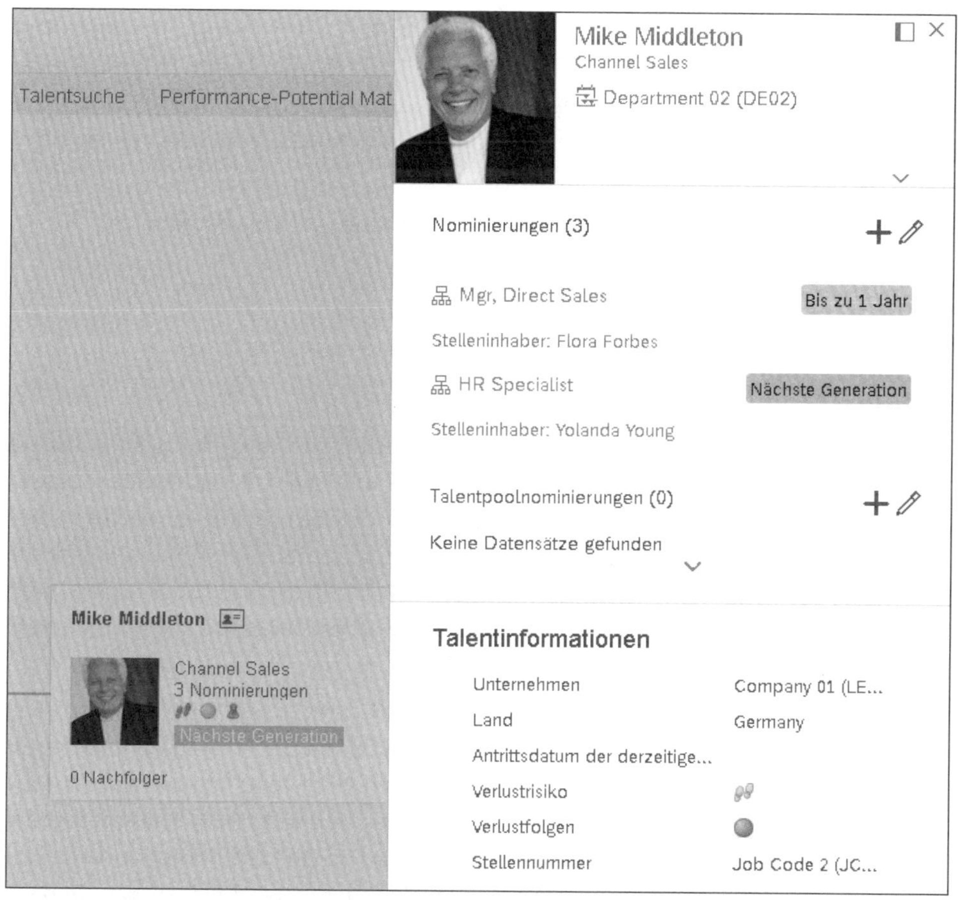

Abbildung 15.24 Informationen zur Person einsehen

[«]

Berichtswesen

Im Bereich Talentmanagement gibt es eine Vielzahl an Berichten, Dashboards, Kacheln und Möglichkeiten, über den Ad-hoc- und Online Report Designer Berichte zu erstellen. Weitere Informationen zum Berichtswesen erhalten Sie in Kapitel 17.

15.3 Personalentwicklung

Systematisch Entwicklungsbedarfe aufzuzeigen, Maßnahmen zu ergreifen und deren Erfolg zu prüfen ist eine wichtige Aufgabe der Personalentwicklung. Personalentwicklungsmaßnahmen können sich auf die aktuelle oder auf eine künftige Rolle eines Mitarbeiters beziehen. Das Modul Entwicklung unterstützt Sie mit seinen Werkzeugen im Kontext des integrierten Talentmanagements.

15.3.1 Entwicklungsplan

Der *Entwicklungsplan* dient der Festschreibung und Überprüfung der Wirksamkeit der aktuell und künftig notwendigen oder gewünschten individuellen Personalentwicklungsmaßnahmen. Wesentliche Bestandteile des Moduls, die wir im Folgenden näher beleuchten, sind:

- Arbeiten mit Entwicklungszielen inklusive Nutzung von Kompetenzbeobachtungen
- Integration von Schulungsmaßnahmen
- Möglichkeiten der Auswertung mit Berichten und Dashboards
- Schnittstellen zu weiteren Prozessen und Modulen

Ein Einsatzschwerpunkt des Moduls ist die Ausrichtung der Entwicklungs- und Schulungsmaßnahmen der Mitarbeiter an den Anforderungen der aktuellen oder zukünftigen Rolle (siehe Abschnitt 15.2.1, »Talentpools«). Entwicklungsziele werden in der Regel gemeinsam von Vorgesetztem und Mitarbeiter, ggf. mit Unterstützung durch die HR-Abteilung, festgelegt. Liegen stellenspezifische Kompetenzen (über Rollen- oder (Plan-)Stellenprofile) vor, die idealerweise mit Erwartungswerten versehen wurden, können für Kompetenzen mit Entwicklungsbedarf zielgerichtete Maßnahmen ergriffen werden.

Wird auch ein Lernmanagementsystem genutzt, können die Entwicklungsziele mit Kursen aus dem Lernprogramm verbunden werden. Besonders interessant sind die zur Verfügung stehenden Auswertungen. Sie zeigen auf, welche Maßnahmen generell im Unternehmen ergriffen werden, wo Verbesserungsbedarf besteht, und liefern Indikationen dafür, welche Lerninhalte und Maßnahmen tatsächlich wirken. Danach illustrieren wir die Möglichkeiten, die Daten im Zusammenhang auszuwerten und darzustellen.

Mit Entwicklungszielen arbeiten

Entwicklungsziele können im Entwicklungsplan entweder über ein Formular eingegeben werden, das mit einem Entwicklungsplan verknüpft ist, oder direkt im Entwicklungsplan selbst. Anders als im Standardzielplan gibt es keine Möglichkeiten, die Entwicklungsziele an den Entwicklungszielen anderer auszurichten oder diese zu kaskadieren. Dafür gibt es aber Integrationsmöglichkeiten mit Kompetenzen, die sich aus der Rolle, der Stelle oder der Planstelle des Mitarbeiters ergeben. Die relevanten Maßstäbe im Entwicklungszielplan sind also die aktuelle oder künftige Rolle und die dafür benötigten, noch nicht vorhandenen oder auszubauenden Kompetenzen.

Zu einem Entwicklungsziel selbst kann angezeigt werden, was der Name des Ziels ist, welche Erfolgskriterien angelegt werden, mit welcher zu entwickelnden Kompetenz es zusammenhängt oder wie der aktuelle Status der Zielerreichung (z. B. **Nicht begon-**

nen, Im Zeitplan, Im Rückstand, Cancelled, Fertig) ist. Im Beispiel in Abbildung 15.25 sehen Sie unter anderem, dass für Brooke Brown das Ziel **Präsentationstechnik verbessern** festgelegt wurde. Dieses Ziel ist mit der Kompetenz **Effektive Kommunikation** verbunden, und die geplante Maßnahme hat noch nicht begonnen.

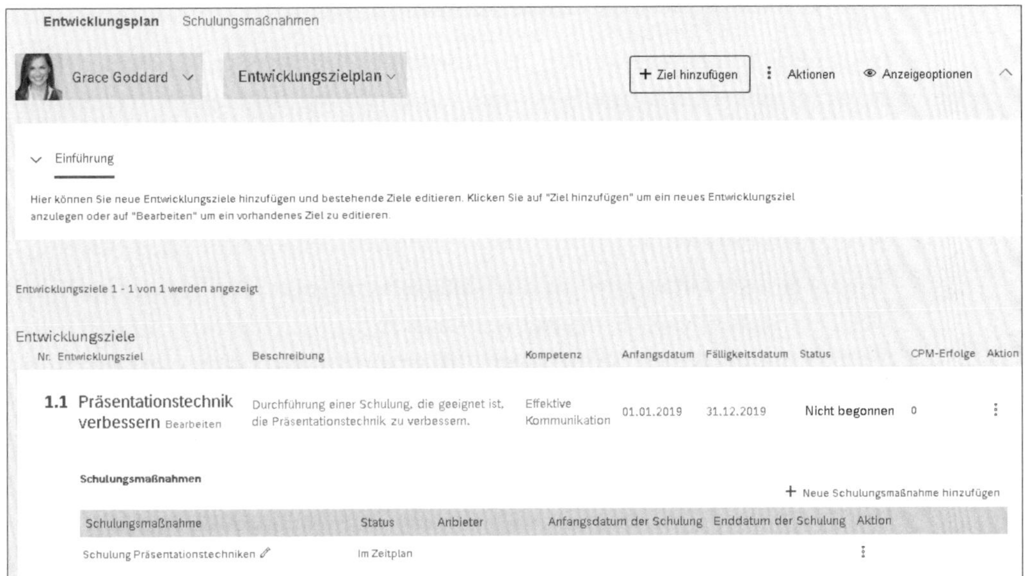

Abbildung 15.25 Übersicht über den Entwicklungsplan

HR-Prozesse integriert betrachten

Es bietet sich an, im Zuge der Zieldefinition auch eine Bewertung vorzunehmen, welche Stärken/Schwächen der Mitarbeiter in Bezug auf seine aktuelle oder künftige Rolle im Unternehmen hat. Daraus ergeben sich dann die Entwicklungsziele, die als natürlicher Teil der Zielfestschreibung vereinbart und mit Schulungsmaßnahmen versehen werden. Die budgetierte, finale Auswahl und Genehmigung der Schulungsmaßnahmen ist dabei ein anderer Prozess, da Schulungsmaßnahmen in der Regel auch mit Budgets verbunden sind und diesbezügliche Ausgaben abgestimmt werden müssen (siehe Kapitel 13, »Learning Management System«).

Individuelle Entwicklungsziele und Verknüpfung mit Kompetenzen

Der Mitarbeiter kann individuelle Entwicklungsziele selbst anlegen. Ebenso ist es möglich, dass der Vorgesetzte oder die HR-Abteilung Ziele für den Mitarbeiter einstellt. Im Folgenden zeigen wir Ihnen, wie Sie ein Entwicklungsziel erstellen:

1. Klicken Sie im Bereich **Entwicklungsplan** auf die Schaltfläche **+ Ziel hinzufügen** (siehe Abbildung 15.25).

2. Es öffnet sich ein neues Fenster (siehe Abbildung 15.26). Darin können Sie nun das Entwicklungsziel definieren. Sie haben hier folgende Einstellungsmöglichkeiten:
   - Im Feld **Entwicklungsziel** geben Sie den Namen des Ziels ein.
   - Im Feld **Beschreibung** beschreiben Sie, woran die Zielerreichung gemessen wird.
   - Im Bereich **Kompetenz** werden alle Kompetenzen angezeigt, für die der Mitarbeiter bereits eine formularbasierte Rückmeldung bekommen hat. Es wird dabei angenommen, dass eine Einschätzung der Kompetenz eine Voraussetzung ist, um danach im Bedarfsfall eine Entwicklungsmaßnahme festzulegen. Sie können auch ohne den Bereich **Kompetenz** arbeiten oder dort generische Werte hinterlegen.
   - Dann legen Sie **Anfangsdatum** und **Fälligkeitsdatum** fest und bestimmen, mit welchem **Status** das Ziel angelegt werden soll.

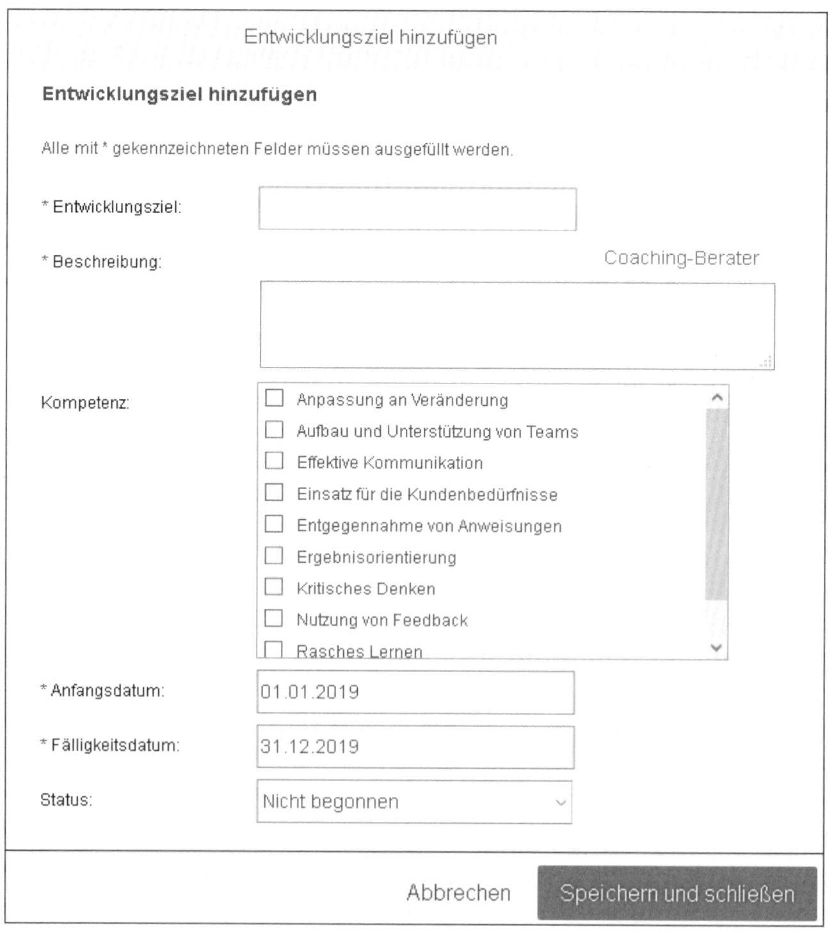

Abbildung 15.26 Entwicklungsziel hinzufügen

3. Klicken Sie abschließend auf die Schaltfläche **Speichern und schließen**, um das Ziel zu erstellen.

Mehrere Entwicklungspläne

Sie können auch gleichzeitig mit mehreren Entwicklungsplänen arbeiten. Der eine könnte z. B. die kurzfristige Entwicklung abdecken, der andere die langfristige. Eine Aufgliederung erleichtert Ihnen die Arbeit mit spezifischen Berechtigungen und Berichten.

Typische Administrationsaufgaben im Entwicklungsplan

Typische Administrationsaufgaben im Entwicklungsplan umfassen das Ändern des Entwicklungsplans, z. B. die Aktualisierung des Einleitungstextes, das Aktualisieren der Jahreszahlen, das Hinzufügen von Feldern sowie die Wartung der E-Mail-Benachrichtigungen, die an Mitarbeiter und Vorgesetzte verschickt werden können, wenn Ziele erstellt, geändert oder gelöscht werden.

Im Administrationsbereich können Sie Entwicklungspläne selbstständig erstellen oder vorhandene ändern (siehe Abbildung 15.27).

Sie gelangen zum Entwicklungsplan über das Admin-Center und den Menüpunkt **Vorlagen verwalten • Entwicklungszielplan**. Hier wählen Sie eine bestehende Vorlage zur Bearbeitung aus oder fügen sie über **Neue Vorlage hinzufügen** hinzu.

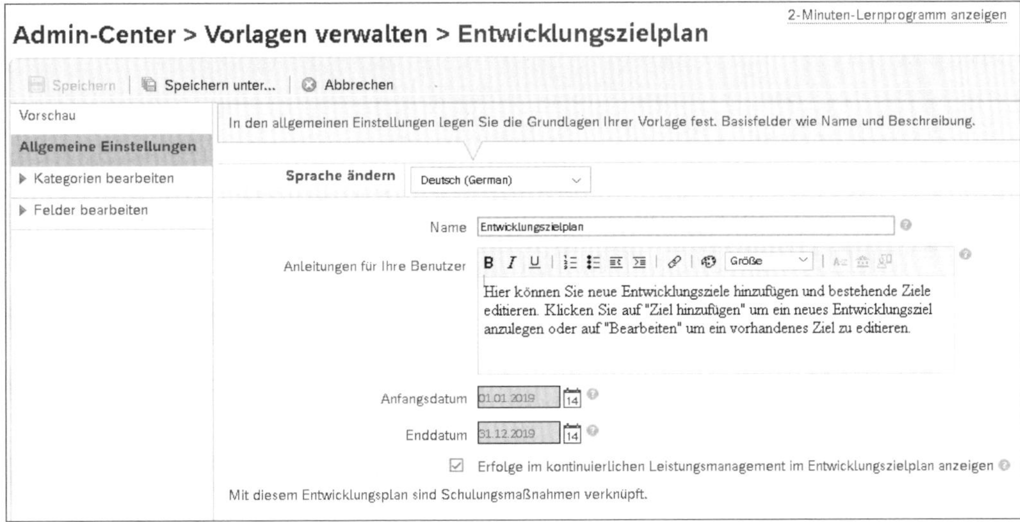

Abbildung 15.27 Entwicklungsplan administrieren

Sie können in der Vorlage z. B. Einleitungstexte erstellen, Felder hinzufügen/entfernen oder Berechtigungen und Kategorien definieren.

Zudem gibt es eine Reihe von E-Mail-Benachrichtigungen, die die Arbeit mit Zielen unterstützen (siehe Abschnitt 12.1.2, »Administrationsaufgaben im Zielmodul«). Sie können verschickt werden, wenn Ziele erstellt, geändert oder gelöscht werden. So helfen sie, dass alle am Prozess Beteiligten über Aktivitäten informiert werden. Die Inhalte der E-Mail-Benachrichtigung können je Zielplan bzw. Entwicklungsplan und Sprache aktiviert und vom Administrator gepflegt werden. Dabei arbeitet das System mit Platzhaltern, um dynamisch Inhalte zu erstellen.

Integration von Schulungsmaßnahmen

Schulungsmaßnahmen können Sie direkt an Entwicklungsziele binden. Wenn Sie außerdem das Modul Learning Management System (LMS) von SAP SuccessFactors einsetzen, haben Sie die Auswahl, eine passende Schulungsmaßnahme über **In Katalog suchen** im Schulungskatalog zu suchen oder über **Suchen nach Kompetenz** eine Schulungsmaßnahme direkt angezeigt zu bekommen, die mit der benötigten Kompetenz, in unserem Beispiel der Kompetenz **Effektive Kommunikation**, verbunden ist (siehe Abbildung 15.28).

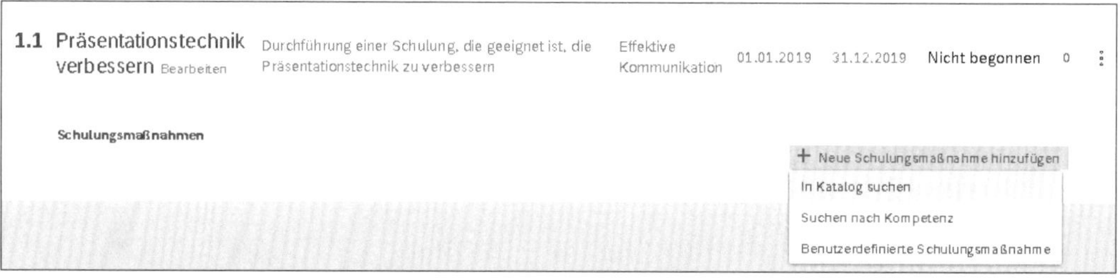

Abbildung 15.28 Neue Schulungsmaßnahme hinzufügen

Im nächsten Schritt werden dann die angebotenen Schulungsmaßnahmen angezeigt (siehe Abbildung 15.29).

Fügen Sie eine Schulungsmaßnahme zu einem Plan hinzu, wird auch ihr Status übernommen und direkt und immer aktuell im Entwicklungsplan angezeigt (siehe Abbildung 15.30).

Sie können alternativ auch externe Lernkataloge einbinden, allerdings ist die Integration dafür etwas aufwendiger und nicht so umfangreich. Der aktuelle Status der Schulungsmaßnahme wird dann in der Regel nicht angezeigt.

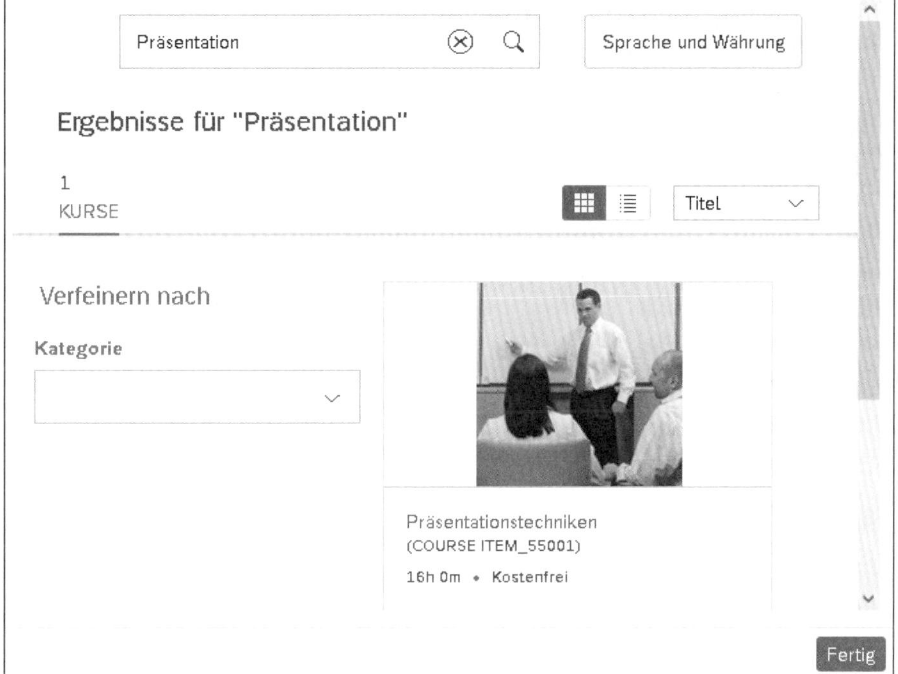

Abbildung 15.29 Katalogsuche

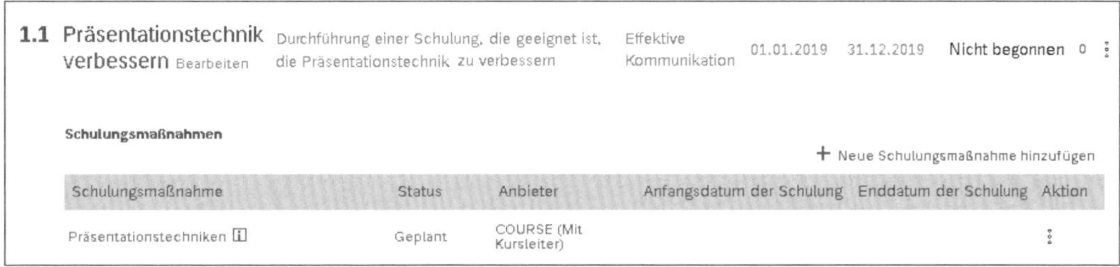

Abbildung 15.30 Eine aktuelle Schulungsmaßnahme im Entwicklungsplan

Möglichkeiten der Auswertung mit Berichten und Dashboards

Entwicklungsziele und Schulungsmaßnahmen sind dann besonders eindrucksvoll und sehr gut zu verantworten, wenn man zeigen kann, dass sie tatsächlich die gewünschte Veränderung herbeiführen. Die Anforderungen an die Berichterstattung rund um diese Themen können komplex sein, daher ist es wichtig, die Kollegen aus dem Berichtswesen einzubinden oder im SAP-SuccessFactors-HR-Team entsprechendes Wissen aufzubauen.

Es gibt einige Standardberichte und ein Dashboard, die Einsichten in die Verteilung von Entwicklungszielen und deren Status erlauben. Komplexe Zusammenhänge zwischen Schulungsmaßnahmen, Erfolg der Schulungsmaßnahme in Bezug auf die geforderte Kompetenzentwicklung und Effizienzkriterien bedürfen einer genauen Analyse und sind in der Regel aufgrund ihrer Komplexität nicht »auf Knopfdruck« verfügbar.

Ein Entwicklungsziel-Dashboard kann direkt auf der Startseite angezeigt werden, in einer Kachel, aber auch mobil auf einem iPad. Hier erhalten Sie einen Überblick über die Entwicklungsziele pro Mitarbeiter (siehe Abbildung 15.31).

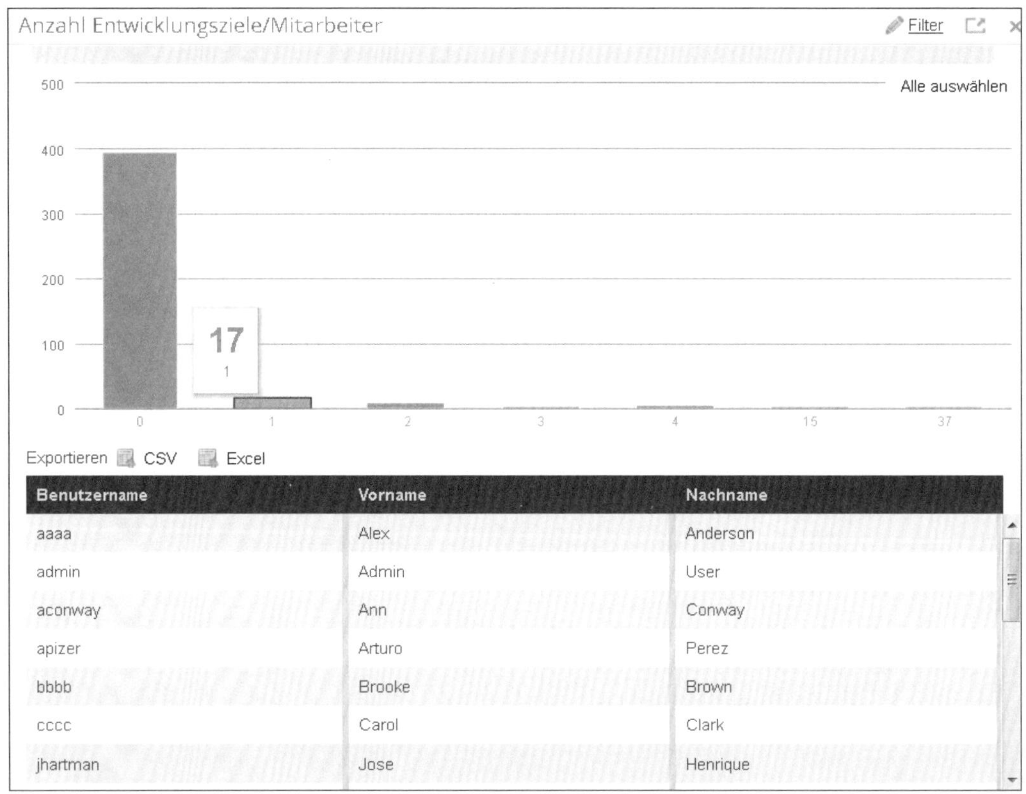

Abbildung 15.31 Anzahl der Entwicklungsziele/Mitarbeiter

Die Berichte erlauben die Anwendung diverser Filterkriterien, um genau die Daten darzustellen, die für den Betrachter interessant sind. Falls erlaubt, kann die Auswertung bis auf die Ebene des Mitarbeiters erfolgen. Exportmöglichkeiten runden die Funktion ab.

Über das Menü **Berichte** gelangen Sie ins **Bericht-Center**. Hier können Sie selbst Berichte erstellen und alle für Sie relevanten Informationen in den Bericht einbinden. Anschließend können Sie den Bericht ausführen und in verschiedenen Formaten (z. B. Microsoft Excel oder CSV) exportieren und bei Bedarf dort weiter aufbereiten. Zudem können Sie den Bericht auch mit anderen Benutzern teilen. Die Daten, die beim Ausführen des Berichts angezeigt werden, sind abhängig von den Zugriffsrechten des Benutzers, der den Bericht ausführt.

15.3.2 Karriere-Arbeitsblatt

Das *Karriere-Arbeitsblatt* rufen Sie über den Eintrag **Entwicklung** in der Navigation und über einen Klick auf die Registerkarte **Karriere-Arbeitsblatt** auf. Durch die Bereitstellung des Karriere-Arbeitsblatts können Sie dem Mitarbeiter anbieten, im Unternehmen definierte Rollen dahingehend zu prüfen, welche Kompetenzen und Kompetenzausprägungen (erwartetes Verhalten) mit einer Rolle verbunden sind.

Wählt der Mitarbeiter eine Rolle aus, die er für sich selbst als nächsten Karriereschritt in Betracht zieht, wird angezeigt, wie das Delta zwischen seiner aktuellen Kompetenzerfüllung und der Soll-Bewertung der Kompetenzen für die selektierte Rolle ist. Er kann so erfahren, an welchen Kompetenzen er arbeiten muss, um die Rolle ausfüllen zu können, erhält aber auch Informationen, welche Kompetenzen er bereits zu welchem Grad besitzt (siehe Abbildung 15.32).

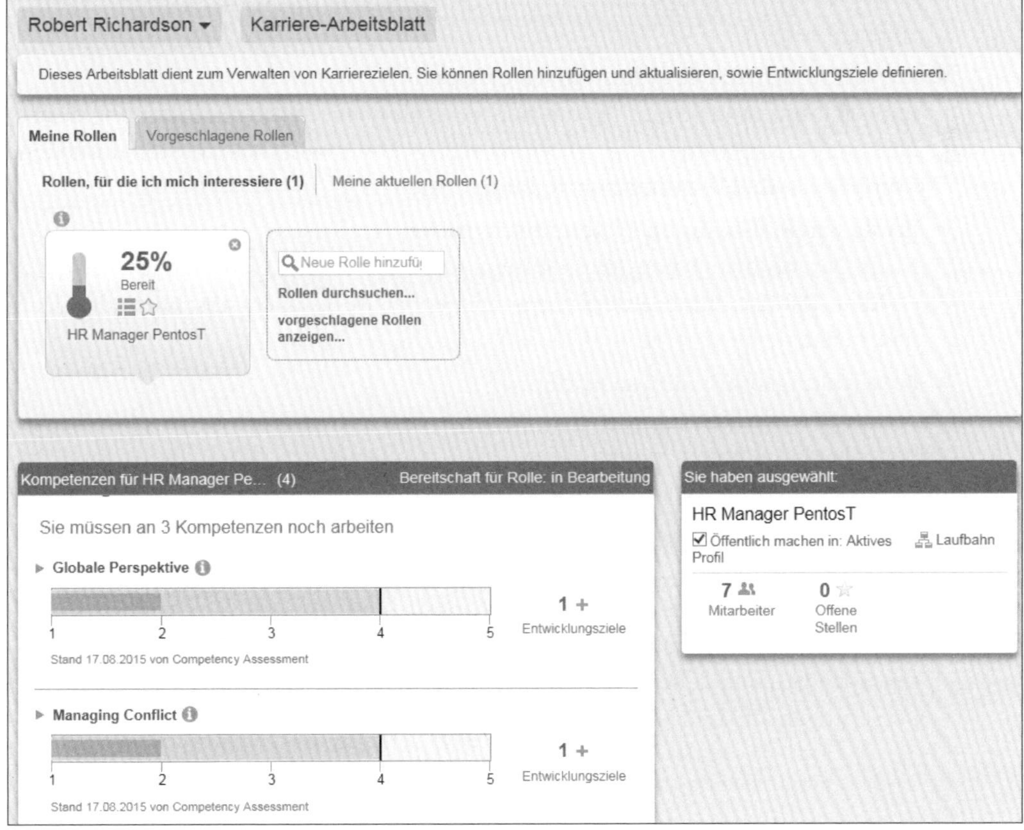

Abbildung 15.32 Beispiel für ein Karriere-Arbeitsblatt

Auch im Karriere-Arbeitsblatt können Sie direkt zu einzelnen Kompetenzen Entwicklungsziele vereinbaren. Sie sehen auch, wenn bereits Maßnahmen vereinbart wurden.

15.3.3 Best Practices: Entwicklung

Personalentwicklung ist ein weites Feld, das sich besonders stark an den aktuellen Herausforderungen des Unternehmens und des betrieblichen Umfelds orientieren muss, um erfolgreich zu sein. Sie unterstützt signifikant das Talentmanagement Ihres Unternehmens. Wir empfehlen Ihnen, folgende wichtige Elemente in der Ausgestaltung der Prozesse zu berücksichtigen:

- **Entwicklungsschwerpunkte**
  Für viele Mitarbeiter können sich andere Entwicklungsschwerpunkte ergeben, abhängig davon, ob man die aktuelle Rolle oder die künftige Rolle in Betracht zieht.
- **Veränderungen unterstützen**
  Unternehmen können umfangreichen Veränderungen ausgesetzt sein, die sich in den benötigten Kompetenzen der Rollen/(Plan-)Stellen und der Mitarbeiter widerspiegeln sollten.
- **Entwicklungsbedarfe systematisch erfassen**
  Entwicklungs- und Schulungsmaßnahmen sollten erst nach der Erfassung des Bedarfs vereinbart werden; die Erfassung gelingt systematisch am besten durch eine Kompetenz- und Leistungsbeurteilung.
- **Erfolg von Maßnahmen systematisch prüfen**
  Nach Durchführung von Maßnahmen sollte der Erfolg systematisch überprüft werden. Das ist durch eine Kompetenzbeobachtung nach Abschluss der Maßnahme möglich.
- **Entwicklungsmaßnahmen prüfen**
  Aus unterschiedlich erfolgreichen Maßnahmen können sich Ansatzpunkte ergeben, die Maßnahmen zu verändern – bis hin zu Ansätzen, die Anbieter von Schulungsmaßnahmen zu konsolidieren.
- **Mit Entwicklungsplänen ohne Kompetenzbeobachtung arbeiten**
  Gibt es keine Kompetenzbeobachtung und definierte Rollen in Unternehmen, kann man auch mit schlanken Entwicklungsplänen arbeiten, die ohne diese Komponenten Mehrwert entfalten, weil sie den Mitarbeitern Entwicklungsmöglichkeiten aufzeigen und dem Unternehmen erste Auswertungen geben und daraus Verbesserungen ableiten lassen.

15.4 Best Practice: Rollenbasierte Kompetenzbeobachtung und -entwicklung als Mittel des Talentmanagements

Rollenbasierte Kompetenzbeobachtungen sind unserer Erfahrung nach einfach zu erstellen und zu administrieren. Sie eröffnen mit geringem konzeptionellem Aufwand einen sehr guten Weg, systematisch Hinweise auf Kompetenzdefizite zu erfassen und mit Entwicklungs- und Schulungsmaßnahmen gezielt zu beseitigen. Zusätzlich erhalten Sie damit Auswertungen über die Effektivität und Effizienz von Entwicklungsmaßnahmen und Schulungen. Auch Karrierepfade und künftige Rollen können Sie damit abbilden und zur Mitarbeitermotivation, Ausbildung und Sicherung Ihrer Nachfolgeplanung nutzen. Durch die Einbindung in die Nachfolgeplanung, die auf Basis der Kompetenzbeobachtungen die besten Nachfolger für Positionen oder Rollen automatisch vorschlagen kann, vervollständigt sich das Bild. So nutzen Sie Kompetenzbeobachtungen als durchgängiges, integriertes HR-Instrument, das in vielen Bereichen Mehrwert für Mitarbeiter, Vorgesetzte und HR schafft.

Nehmen Sie eine formularbasierte Kompetenzbeobachtung (siehe Abschnitt 15.4.1) vor, etwa im Kontext der Halbjahres- oder Jahresgespräche, können Sie die hier erfassten Informationen als Grundlage nutzen, um Vorgesetzte und Mitarbeiter bei der Laufbahnplanung sowie der Planung von Entwicklungszielen und Schulungsmaßnahmen zu unterstützen (siehe Abschnitt 15.4.2). Das Karriere-Arbeitsblatt bietet darüber hinaus für Mitarbeiter eine gute Möglichkeit, sich über nächste Entwicklungsschritte zu informieren (siehe Abschnitt 15.4.3).

Im Bericht-Center zur Verfügung stehende Berichte und Dashboards mit Instrumenten der Nachfolgeplanung ergänzen das Angebot (siehe Abschnitt 15.4.4, »Führungsaufgabe: Steuerung von Entwicklungsplanung und Nachfolgeplanung«). Vorgesetzte bekommen so – schnell und ohne großen administrativen Mehraufwand – die Möglichkeit, die im Kontext der Kompetenzbeobachtung und des Karriere-Arbeitsblatts erhobenen Informationen auszuwerten und etwa im Kontext der Nachfolgeplanung zu nutzen. Dies ist jederzeit möglich und kann – falls gewünscht – unabhängig von Regelaktivitäten genutzt werden, die zusammen mit der HR-Abteilung durchgeführt werden. Die strategische Nachfolgeplanung kann so stärker im Verantwortungsbereich der Vorgesetzten (der Abteilungen, Geschäftsbereiche etc.) verankert werden und bietet konkrete Anknüpfungspunkte für Personalgespräche und HR-Arbeit.

Im Folgenden zeigen wir Ihnen, wie ein Zusammenspiel dieser SAP-SuccessFactors-Komponenten die Verankerung der HR-Arbeit in den Geschäftsbereichen und Abteilungen, insbesondere in den Bereichen Kompetenzbeobachtung und Mitarbeiterentwicklung und Nachfolgeplanung, unterstützen kann.

15.4.1 Formularbasierte Kompetenzbeobachtung

Im Rahmen der Leistungsbeurteilung (siehe Kapitel 12, »Zielvereinbarung und Leistungsbeurteilung«) haben Sie die Möglichkeit, für Mitarbeiter eine formularbasierte Einschätzung ihrer rollenspezifischen Kompetenzen vorzunehmen. Mitarbeiter und Vorgesetzte können in diesem Kontext systematisch und regelmäßig prüfen, ob der Mitarbeiter die erwarteten Ausprägungen der Kompetenzen seiner aktuellen Rolle erfüllt. Bei Abweichungen zwischen Soll und Ist werden Entwicklungsmaßnahmen vereinbart, um so die Arbeitsproduktivität zu erhöhen und die Mitarbeiterzufriedenheit zu fördern.

Diese Kompetenzbeobachtung kann auf Basis der Erwartungswerte der Kompetenzen erfolgen, die der aktuellen Rolle des Mitarbeiters zugeordnet sind. Im Formular können die zur Rolle gehörenden Kompetenzen zusammen mit der erwarteten Kompetenzerfüllung angezeigt werden.

Wir empfehlen Ihnen, die rollenspezifischen Kompetenzen eines Mitarbeiters über Beobachtungen evaluieren zu lassen. Im Folgenden beschreiben wir ein mögliches Vorgehen:

1. **Kompetenzbeobachtung im Formular durch den Mitarbeiter**
   Der Mitarbeiter hat die Möglichkeit, anhand einer vorgegebenen Bewertungsskala die relevanten Kompetenzen beobachtend einzuschätzen und Kommentare zu erfassen (siehe Abbildung 15.33).

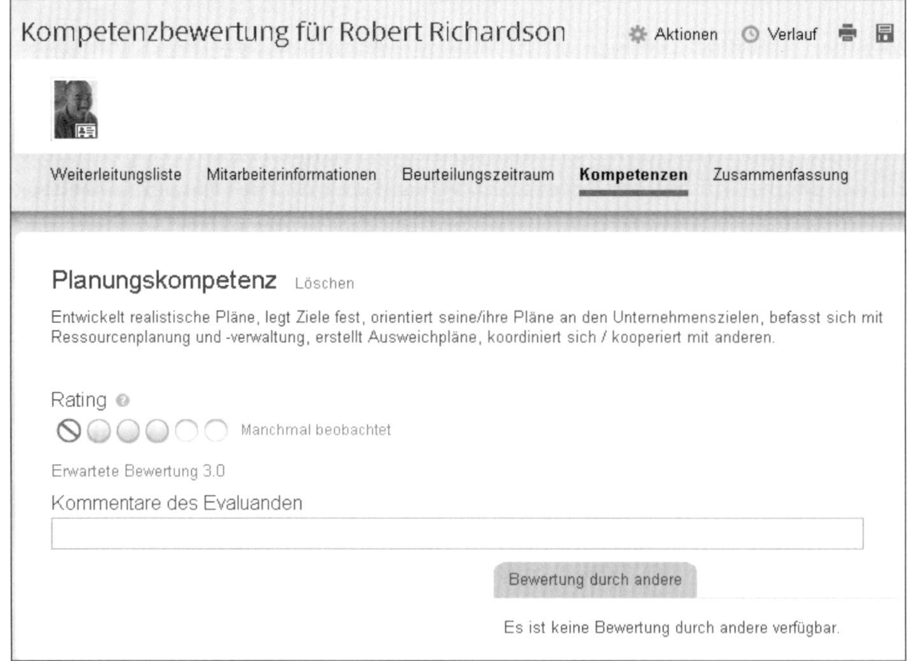

Abbildung 15.33 Kompetenzbeobachtung aus Mitarbeitersicht

In der Kompetenzbeschreibung erhält er Informationen zu den einzelnen Kompetenzen. Nach Abschluss seiner Bewertung sendet der Mitarbeiter das Formular an den Vorgesetzten.

Gleichmäßige Bewertungsskala

Damit das Delta zwischen erwarteter Kompetenzausprägung und tatsächlicher Beobachtung korrekt errechnet und visualisiert werden kann, arbeiten Sie mit einer gleichmäßigen Skala, die ganze Werte enthält (z. B. 1, 2, 3, 4).

2. **Kompetenzbeobachtung durch den Vorgesetzten**
   Der Vorgesetzte hat ebenfalls die Möglichkeit, die Kompetenzen zu beobachten und Kommentare zu erfassen (siehe Abbildung 15.34). Er hat Einsicht in die Einschätzung und Kommentare des Mitarbeiters.

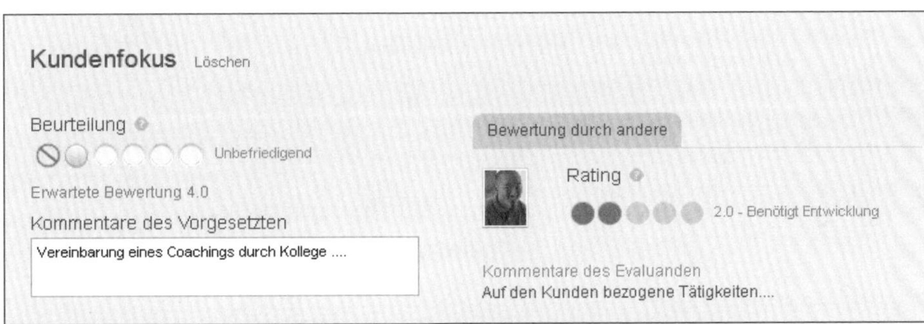

Abbildung 15.34 Kompetenzbeobachtung aus Sicht des Vorgesetzten

3. **Gemeinsames Gespräch zur finalen Kompetenzbeobachtung und Vereinbarung von Entwicklungszielen**
   Im Gespräch finalisieren Vorgesetzter und Mitarbeiter die Kompetenzbeobachtung. Im Formular wird nach Fixierung der beobachteten Kompetenzerfüllung das Delta zwischen erwarteter Kompetenzausprägung und Kompetenzbeobachtung ausgewiesen (siehe Abbildung 15.35). Das unterstützt visuell die Identifikation von Kompetenzbereichen, in denen der Mitarbeiter vielleicht noch Potenzial hat und für die bei Bedarf Entwicklungsziele und ggf. Schulungsmaßnahmen vereinbart werden können.

Aufbau der Bewertungsskala

In unserem Beispiel erfolgt die Bewertung anhand einer Skala, die den Normbereich des Verhaltens der Kompetenzerfüllung abdeckt (Werte 1 bis 5) sowie anhand eines Wertes (übererfüllt/nicht beobachtbar) auch die Möglichkeit bietet, festzuhalten, dass für eine Kompetenz eine signifikante Abweichung vom Normverhalten beobachtet wird.

Damit ein korrektes Reporting der Bewertung möglich ist, empfehlen wir Ihnen, den Wert für die Normabweichung in der Bewertungsskala auf 0 zu setzen. So kann, bezogen auf diesen Wert, eine Auswertung erstellt werden, die Deltaberechnung ist aber weiterhin korrekt.

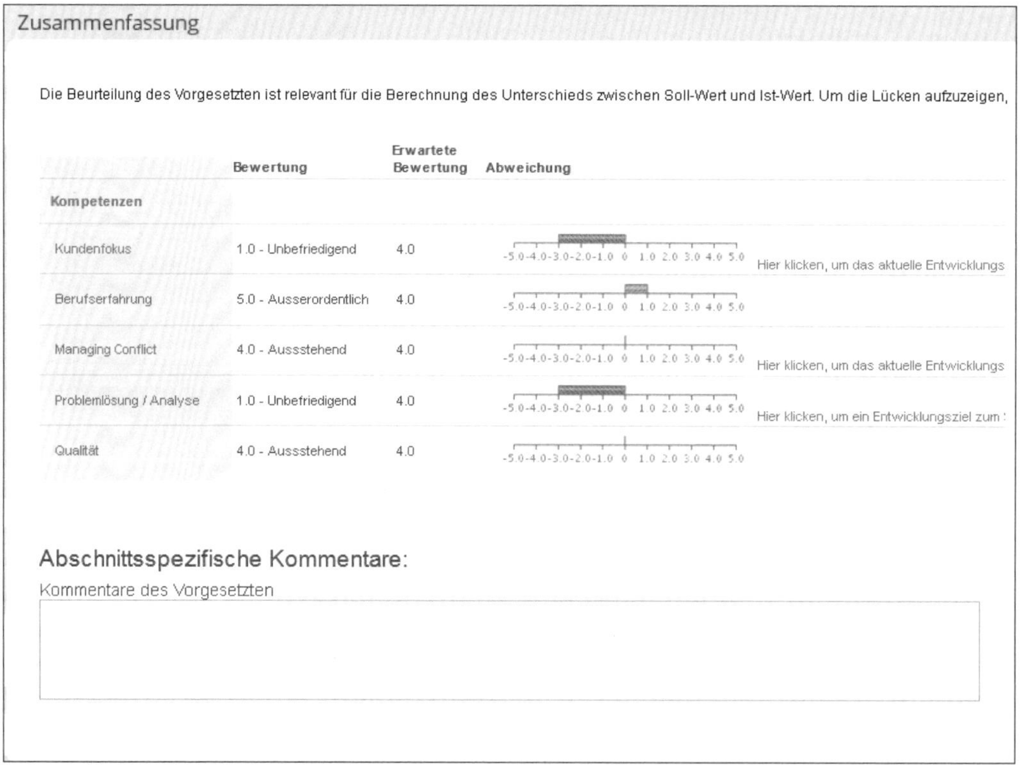

Zusammenfassung

Die Beurteilung des Vorgesetzten ist relevant für die Berechnung des Unterschieds zwischen Soll-Wert und Ist-Wert. Um die Lücken aufzuzeigen,

	Bewertung	Erwartete Bewertung	Abweichung	
Kompetenzen				
Kundenfokus	1.0 - Unbefriedigend	4.0	-5.0 -4.0 -3.0 -2.0 -1.0 0 1.0 2.0 3.0 4.0 5.0	Hier klicken, um das aktuelle Entwicklungs
Berufserfahrung	5.0 - Ausserordentlich	4.0	-5.0 -4.0 -3.0 -2.0 -1.0 0 1.0 2.0 3.0 4.0 5.0	
Managing Conflict	4.0 - Ausstehend	4.0	-5.0 -4.0 -3.0 -2.0 -1.0 0 1.0 2.0 3.0 4.0 5.0	Hier klicken, um das aktuelle Entwicklungs
Problemlösung / Analyse	1.0 - Unbefriedigend	4.0	-5.0 -4.0 -3.0 -2.0 -1.0 0 1.0 2.0 3.0 4.0 5.0	Hier klicken, um ein Entwicklungsziel zum :
Qualität	4.0 - Ausstehend	4.0	-5.0 -4.0 -3.0 -2.0 -1.0 0 1.0 2.0 3.0 4.0 5.0	

Abschnittsspezifische Kommentare:

Kommentare des Vorgesetzten

Abbildung 15.35 Kompetenzabweichung – Soll- und Ist-Wert

15.4.2 Arbeiten mit Entwicklungszielen und Schulungsmaßnahmen

Sie können Entwicklungsziele direkt über das genutzte Formular hinzufügen. Damit das möglich ist, stellen Sie sicher, dass für den beurteilten Mitarbeiter ein Entwicklungsplan als Standardentwicklungsplan zugänglich ist.

Wenn Sie über **Hier klicken, um ein Entwicklungsziel zum Schließen der Lücke hinzuzufügen** (siehe Abbildung 15.35) direkt aus dem Beurteilungsformular ein Entwicklungsziel hinzufügen, dann ist die Kompetenz, der es angehört, bereits vorselektiert (siehe Abbildung 15.36).

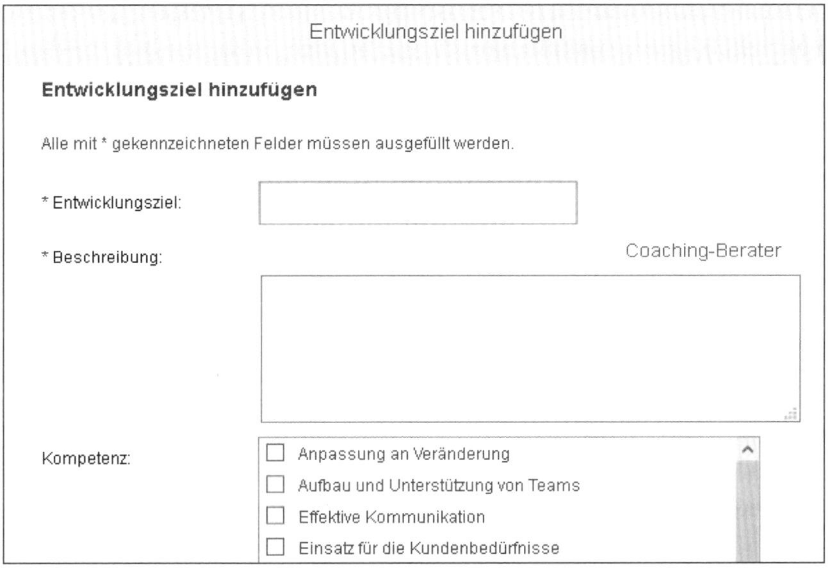

Abbildung 15.36 Entwicklungsziel aus Kompetenzbewertung hinzufügen

Wechseln Sie in den Bereich **Entwicklung** und wählen dort den **Entwicklungsplan** aus, sehen Sie hier die bereits vereinbarten Ziele. Sie haben hier auch die Möglichkeit, Entwicklungsziele direkt einzutragen oder bereits eingetragene Ziele über die Schaltfläche **Bearbeiten** anzupassen (siehe Abbildung 15.37).

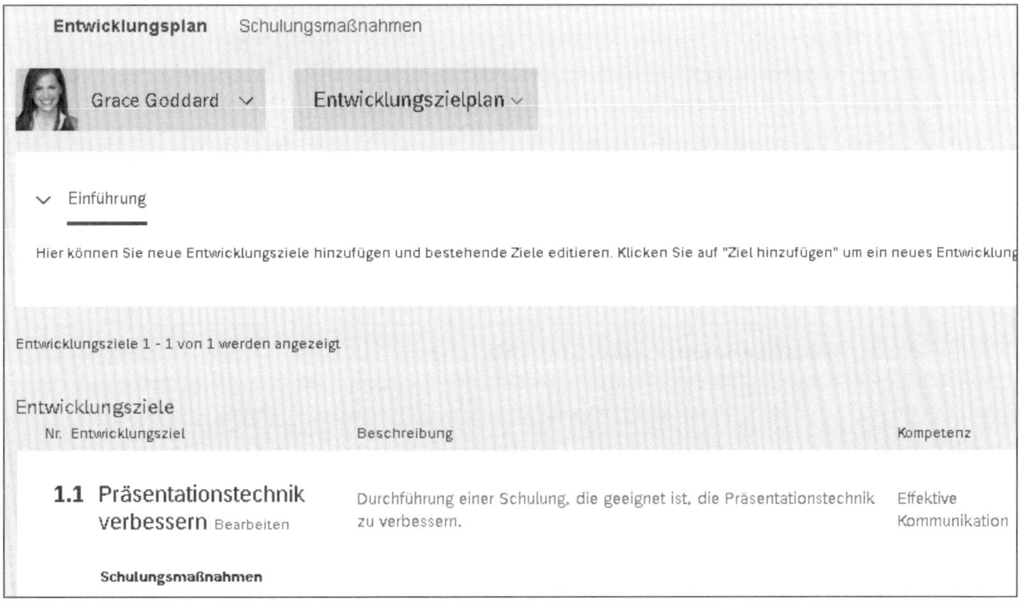

Abbildung 15.37 Der Entwicklungsplan mit dem Entwicklungsziel

Zu einem Entwicklungsziel können Sie Schulungsmaßnahmen erfassen. Klicken Sie dazu auf **Neue Schulungsmaßnahme hinzufügen**. Im sich öffnenden Pop-up-Fenster haben Sie dann die Möglichkeit, weitere Informationen einzutragen (siehe Abbildung 15.38).

Abbildung 15.38 Eine neue Schulungsmaßnahme hinzufügen

Vereinbarte Aktivitäten werden auf der Registerkarte **Schulungsmaßnahmen** zusammengefasst und können hier verwaltet werden (siehe Abbildung 15.39). Die Nutzung des Learning Managements, wie in Abschnitt 15.3.1, »Entwicklungsplan«, beschrieben, ist dazu nicht notwendig.

Abbildung 15.39 Lernaktivitäten anzeigen

Im Bereich **Entwicklung • Laufbahn** können Sie die Karrierepfade Ihres Unternehmens abbilden und für die Mitarbeiter zugänglich machen.

15.4.3 Mit dem Karriere-Arbeitsblatt Rollen einsehen

Durch die Bereitstellung des Karriere-Arbeitsblatts (siehe Abschnitt 15.3.2) können Sie dem Mitarbeiter anbieten, im Unternehmen definierte Rollen dahingehend zu prüfen, welche Kompetenzen und Kompetenzausprägungen (erwartetes Verhalten) mit einer Rolle verbunden sind (siehe Abbildung 15.40).

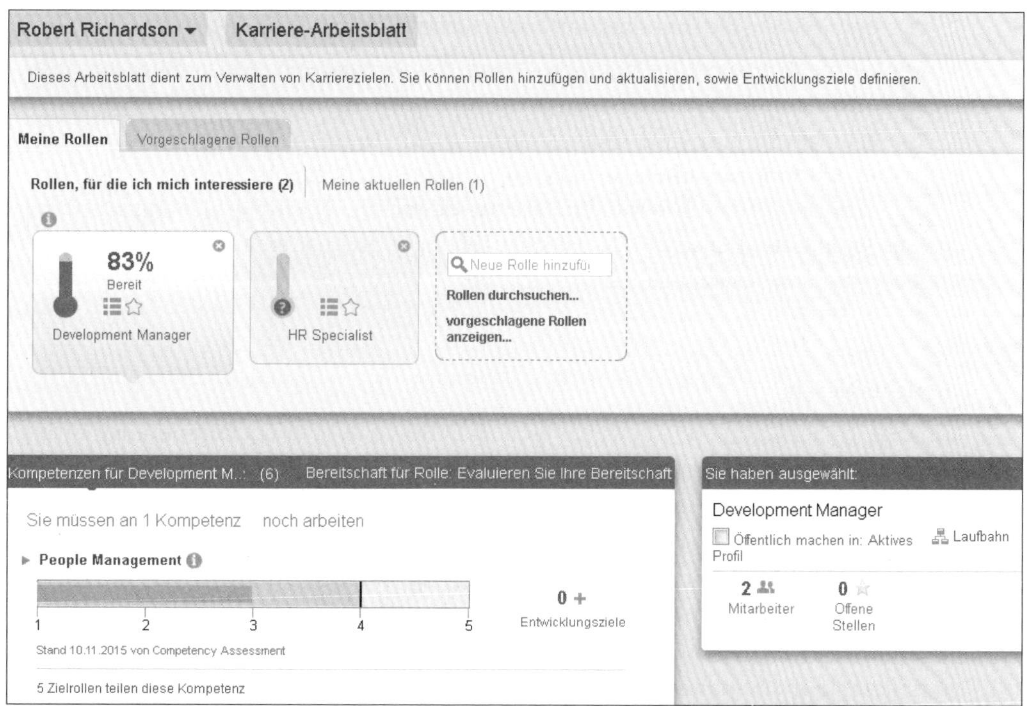

Abbildung 15.40 Das Karriere-Arbeitsblatt aus Sicht des Mitarbeiters

15.4.4 Führungsaufgabe: Steuerung von Entwicklungsplanung und Nachfolgeplanung

Basierend auf dem in den vorangegangenen Abschnitten geschilderten Vorgehen für Kompetenzbeobachtung und Karriere-Arbeitsblätter, bietet SAP SuccessFactors Ihnen im Umfeld der Kompetenzbewertung ein umfangreiches Berichtswesen, das wir Ihnen im Folgenden exemplarisch vorstellen. Weitere Informationen zum Thema finden Sie in Kapitel 17, »Analyse der Daten«.

Gerade auch Vorgesetzte profitieren von den Informationen, um die Themen Mitarbeiterentwicklung und Nachfolgeplanung vor dem Hintergrund der eigenen Fachbereichsstrategie zu unterstützen. Sie erhalten eine weitere Möglichkeit (etwa neben dem Nachfolgeplanungsprozess), Talente in ihrem Bereich zu identifizieren. Darüber hinaus bringen sie damit in Erfahrung, was ihre Mitarbeiter möchten und anstreben, und können so in ihrem Verantwortungsbereich gemeinsam mit Führungsteam und Mitarbeitern an den relevanten Themen arbeiten.

Zusammenarbeit zwischen HR-Abteilung und Führungspersonen

Wir empfehlen, dass die HR-Abteilung gemeinsam mit der Unternehmensleitung die grundsätzlichen Prämissen festlegt, nach denen Themen wie Nachfolgeplanung unterstützt werden, die Führungskräfte aber operativ eingebunden werden.

Wir empfehlen auch, Berichtswesen und Auswertungsmöglichkeiten nicht ausschließlich der HR-Abteilung zugänglich zu machen. Involvieren Sie die Führungskräfte, indem Sie auch ihnen Zugriff darauf geben! Diese kennen eigene Bedarfe am besten und können mithilfe der von SAP SuccessFactors bereitgestellten Informationen aktiv an Themen wie Mitarbeiterentwicklung und Nachfolgeplanung arbeiten. Dies fördert den Dialog mit der HR-Fachabteilung nachhaltig und führt zu deutlich mehr internen Besetzungen.

Berichtswesen

Im Bereich der Kompetenzbewertungen stellt Ihnen der Bericht **Competency Ratings Excel 2007**, den Sie über den Pfad **Bericht-Center • Zur klassischen Ansicht wechseln • Kalkulationsblattberichte** aufrufen können, einen detaillierten Überblick über die Kompetenzbewertungen, Soll-/Ist-Vergleiche von Kompetenzen und Potenziale im jeweiligen Zuständigkeitsbereich zur Verfügung (siehe Abbildung 15.41). Sie können so sehr gut auswerten und analysieren, in welchen Kompetenzbereichen ein Unternehmensbereich gut aufgestellt ist und wo – um zukunftsfähig zu sein – noch mit unterstützenden Maßnahmen gearbeitet werden sollte. Sie können außerdem auswerten, wo bereits Entwicklungsziele und -maßnahmen vereinbart wurden.

Sollte es in Ihrem Unternehmen erlaubt sein, haben Sie hier die Möglichkeit, bis auf Mitarbeiterebene hinunter auszuwerten. Sie erhalten so z. B. auf eine einfache Weise Informationen zu Mitarbeitern, die aufgrund ihrer Kompetenzbewertung ein gutes Potenzial für nächste Karriereschritte haben und die Sie fördern können.

Machen Sie diese Informationen für Vorgesetzte in SAP SuccessFactors zugänglich. Diese können so die Kompetenzförderung und Entwicklungsmaßnahmen in ihrem Zuständigkeitsbereich steuern.

Zusätzlich zu diesem Standardbericht bietet SAP SuccessFactors auch hier wieder die Möglichkeit, eigene Berichte zusammenzustellen.

Workforce Performance Management - Competency Reports
Report Generated: Wednesday, August 19, 2015 1:51:26 PM CEST
Report Descriptions
Describes each report contained within this report workbook. Use the hyperlinks provided to quickly navigate to a specific report.
Please note there may be a slight delay each time you open this report workbook as the data is refreshed in each report to enable filtering and drill down to details.

Report Number	Report	Description
	Report Descriptions	Describes each report contained within this workbook.
1	Top 5 Stengths	Which top 5 competencies received the highest ratings on average?
2	Top 5 Challenges	Which competencies are the most challenging to our Organization?
3	Competencies by Average Ratings	How does each competency rank with regards to highest to lowest average ratings?
4	Competencies by Rating Frequency	Which competencies are most frequently used for rating performance?
5	Average Rating by Job Code	For each Job Code, what is the average rating achieved relative to the minimum and maximum possible score?
6	Gap Analysis Table	For each competency rated, what is the gap between the expected and actual ratings?
7	Gap Analysis Chart	Show me graphically which competencies have the biggest rating gaps.
0	Division Average Ratings	Rank each Division in order of highest average rating achieved for each competency.
9	Department Average Ratings	Which Department had the highest average ratings for all rated competencies?
10	Location Average Ratings	Compare and rank in a matrix Locations and competencies and the average score achieved.
11	Manager's Team Average Ratings	Which team scored the highest average rating relative to other teams?
12	Employee Ratings (Ranked)	Who are my top performers as assessed by their overall competency ratings?
13	Employee Ratings (Alphabetical)	What ratings did a specific employee achieve?
	Competency Ratings Data	Displays the data used to create the above summary reports. Please do not delete this sheet.

Report Descriptions | 1) Top 5 Strengths | 2) Top 5 Challenges | 3) Competencies by Avg Ratings | 4) Competencie

Abbildung 15.41 Excel-basierter Bericht zu Kompetenzen und Kompetenzbewertung

Dashboards

SAP SuccessFactors bietet darüber hinaus auch Dashboards an, die häufig benötigte Auswertungen grafisch aufbereitet zur Verfügung stellen. Im Kontext des Karriere-Arbeitsblatts ist hier ein Dashboard hervorzuheben, das Informationen zu den angestrebten Rollen (im Karriere-Arbeitsblatt selektiert) anbietet (siehe Abbildung 15.42). Sie finden dieses Dashboard unter dem Menüpunkt **Bericht-Center • CDP Dashboard**.

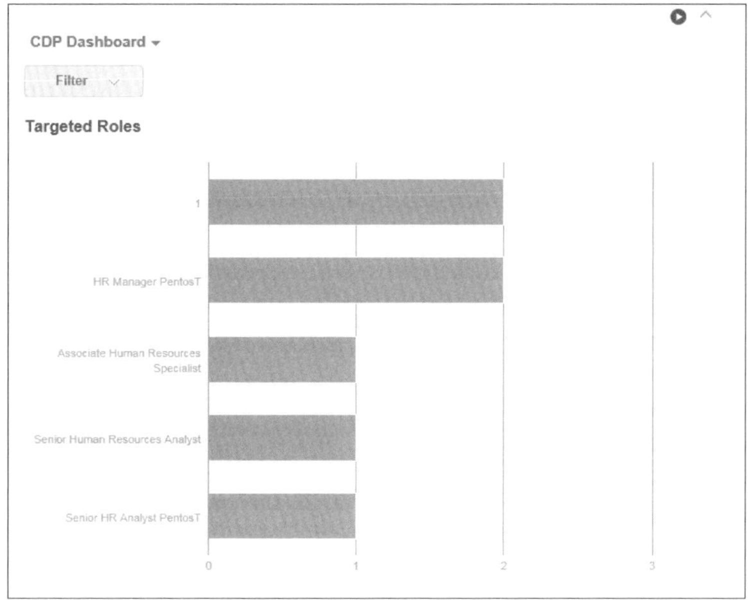

Abbildung 15.42 Übersicht über angestrebte Rollen

Die hier aufbereiteten Informationen geben Ihnen einen Einblick, für welche Rollen sich Mitarbeiter eines Bereichs interessieren, und auf einer zweiten Auswertungsebene auch darüber, wie der Soll-/Ist-Abgleich zwischen Anforderungen der Rolle und aktueller Ausprägung des Mitarbeiters ist (siehe Abbildung 15.43).

Abbildung 15.43 Detailansicht zu einer angestrebten Rolle

Darüber erhalten Sie hilfreiche Informationen für die Mitarbeiterentwicklung und Nachfolgeplanung.

Basierend auf den formularbasierten Kompetenzbewertungen, ist es im Bereich der Nachfolgeplanung übrigens möglich, im Nachfolge-Organigramm (in Bezug zu den für eine Position gepflegten Kompetenzen) automatisiert Nachfolger empfehlen zu lassen.

Manager Update Panel

Das Manager Update Panel unterstützt im Bereich Talentmanagement und Nachfolgeplanung, indem es Führungskräften schnell Einblick in alle relevanten Talentinformationen, wie etwa Leistungs- und Potenzialbeurteilung, Verlustrisiko etc., für das gesamte Team gibt.

Zusätzlich bietet es die Möglichkeit, diese Talentinformationen für das Team in einer Matrix-Ansicht anzupassen und z. B. Mitarbeiter für Talent- und Entwicklungsprogramme zu nominieren (siehe Abbildung 15.44).

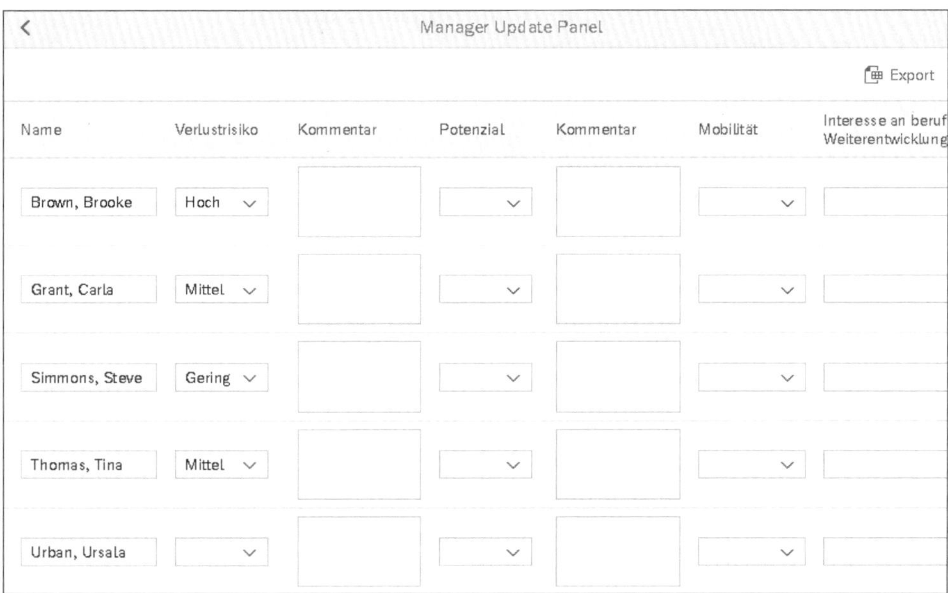

Abbildung 15.44 Übersicht für Manager

Die Talentinformationen können so schnell für das gesamte Team erfasst und aktualisiert werden. Die Führungskraft erhält zusätzlich nicht nur Einblick in die Talentinformationen der direkten Mitarbeiter, sondern auch einen Überblick über die Hierarchieebenen darunter.

Traffic Light

Nachfolgeplanung ist der Schlüssel zu erfolgreichem Talentmanagement innerhalb des Unternehmens. Mithilfe des *Traffic Lights* (auf Deutsch: Ampelanzeige) identifizieren Sie sehr schnell anhand verschiedener Kriterien, die Sie frei definieren können, welche Positionen im Unternehmen besondere Aufmerksamkeit im Hinblick auf Nachfolgeplanung benötigen (siehe Abbildung 15.45).

Es gibt z. B. Hinweise auf Positionen, die in naher Zukunft durch Ruhestand, Umstrukturierung o. Ä. vakant werden. Darüber hinaus analysiert das Traffic Light die Nachfolger, die bereits für eine Stelle nominiert wurden, und ermittelt so, ob die Talent-Pipeline für diese Position sehr stark oder schwach ausgeprägt ist. Sie erhalten so einen schnellen Überblick über Positionen, bei denen Handlungsbedarf besteht.

Abbildung 15.45 Beispiel für eine Visualisierung über die Ampelfunktion

Mit diesen Informationen zu einem Best-Practice-Vorgehen zum Thema der rollenbasierten Kompetenzbeobachtung und -entwicklung beschließen wir dieses Kapitel. Im nächsten Kapitel stellen wir Ihnen SAP Jam vor, die Plattform zur Zusammenarbeit in SAP SuccessFactors.

Kapitel 16
SAP Jam

Mit SAP Jam haben Sie die Möglichkeit, durch soziale Interaktion über Chats, Blogs, Wikis, Dokumente und viele andere kollaborative Elemente die unternehmensübergreifende Zusammenarbeit zu fördern.

SAP Jam Gemeinschaft (im SAP-SuccessFactors-Menü erscheint SAP Jam als Punkt **Gemeinschaft** in der Navigation, wir nennen es im folgenden *SAP Jam*) ermöglicht es, ein in SAP SuccessFactors integriertes unternehmenseigenes soziales Netzwerk aufzubauen. Mit dessen Hilfe können Sie den Informationsaustausch zwischen Mitarbeitern intensivieren. Sie können ebenfalls einfach Kollegen bereichs- und länderübergreifend zusammenbringen. Zudem erleichtert SAP Jam den Austausch mit externen Personengruppen oder externen Trainingsanbietern über eine zentrale Plattform in der Cloud. SAP Jam lässt sich in alle Firmenbereiche und viele Geschäftsprozesse integrieren und ermöglicht so eine zielorientierte Zusammenarbeit zwischen unterschiedlichsten Personengruppen.

Die folgenden Abschnitte beschreiben die Bestandteile von SAP Jam. Dazu wird zunächst auf die Gestaltung und Nutzung von Profilen (siehe Abschnitt 16.1.2) eingegangen und im nächsten Schritt auf die Arbeit mit Gruppen (siehe Abschnitt 16.1.3). Zur Illustration erstellen wir in unserem Beispiel eine Expertengruppe »Personalmanagement« für interne Mitarbeiter sowie für externe Coaches. In Abschnitt 16.2 werden die Kommunikationsmittel beschrieben, die innerhalb einer Gruppe für Mitglieder zur Verfügung stehen. Die Integration mit weiteren Modulen und Schnittstellen schließt dieses Kapitel ab (siehe Abschnitt 16.3).

Versionen von SAP Jam

Es gibt vier Versionen von SAP Jam – Basic, Advanced, Advanced Plus und Enterprise. Jede Version bietet unterschiedliche Möglichkeiten an.

Die Unterschiede zeigen sich im Wesentlichen in:

- verfügbarem Speicherplatz
- externer und interner Ausrichtung
- Branding-Möglichkeiten

- Anzahl der anlegbaren Gruppen und verfügbare Gruppenvorlagen
- Abbildbarkeit von Versionierung und Freigabe-Workflows
- Integration mit anderen Modulen

Setzen Sie sich mit Ihrem Implementierungspartner in Verbindung, um mehr über die einzelnen Merkmale der Versionen zu erfahren und die am besten zu Ihrer Organisation passende Lösung zu finden.

16.1 Mit SAP Jam arbeiten

Im Folgenden zeigen wir Ihnen, wie Sie SAP Jam grundlegend einrichten. Im Fokus stehen dabei die Gestaltung und Nutzung von Profilen sowie die Arbeit mit Gruppen.

Über SAP Jam mit externen Personen zusammenarbeiten

SAP Jam ermöglicht die Kooperation auch mit externen Teilnehmern. So kann z. B. eine gemeinsame Expertengruppe den Austausch mit einem ausgewählten Kundenkreis fördern, eine gemeinsame Wissensbasis mit Geschäftspartnern aufgebaut werden oder der regelmäßige Kontakt mit Lieferanten das Lieferantenrisiko reduzieren.

16.1.1 SAP Jam einrichten

Als Bestandteil der SAP-SuccessFactors-Suite SAP Jam vom Implementierungspartner aktiviert. Die eigentliche Konfiguration können Sie selbst vornehmen. Manche erweiterten Funktionen wie z. B. externe Gruppen müssen extra lizenziert werden. Die elementare Berechtigung, um auf SAP Jam zugreifen zu können, wird über rollenbasierte Berechtigungen (siehe Kapitel 8) erstellt. Alle weiteren Berechtigungen können vom Administrator des jeweiligen Teilmoduls vergeben werden. Allerdings haben z. B. nur die SAP-Jam-Administratoren die Berechtigung, anderen Benutzern die Rechte zum Erstellen einer eigenen Gruppe zu erteilen und Profilfotos zu deaktivieren.

16.1.2 Profil

Die Stammdaten des Mitarbeiters aus SAP SuccessFactors bilden die Grundlage für das sogenannte *Profil*. Der Mitarbeiter kann weitere Informationen über den Menüpunkt **Profil** selbst pflegen. Der erste Schritt zur Personalisierung des Profils liegt im Erstellen eines Profilbildes (siehe Abbildung 16.1). Das Profilbild erleichtert die Zuordnung von Kommentaren oder anderen Aktivitäten innerhalb von SAP Jam. Nach Erstellen eines Kommentars können Mitglieder das Bild links neben dem Kommentar sehen und den Kommentar schnell zuordnen. Dies spart Zeit, insbesondere dann, wenn die Mitgliederanzahl der Gruppe sehr hoch ist und die Gruppe viele umfangreiche Beiträge enthält. Der zweite Schritt zur Personalisierung des Profils liegt im Hinzufügen von Informationen, Kontaktdaten und Büroinformationen. Diese Informationen werden für alle Mitglieder in der Profilübersicht sichtbar.

Um ein Profilbild anzulegen, klicken Sie zuerst auf den Menüpunkt **Profil** und im Anschluss auf das Symbol [Kamera-Symbol] im Fotorahmen. Schließlich können Sie, indem Sie auf **Foto hochladen** klicken, ein lokal abgespeichertes Bild auswählen. Um das Foto hochzuladen, klicken Sie auf **Öffnen**.

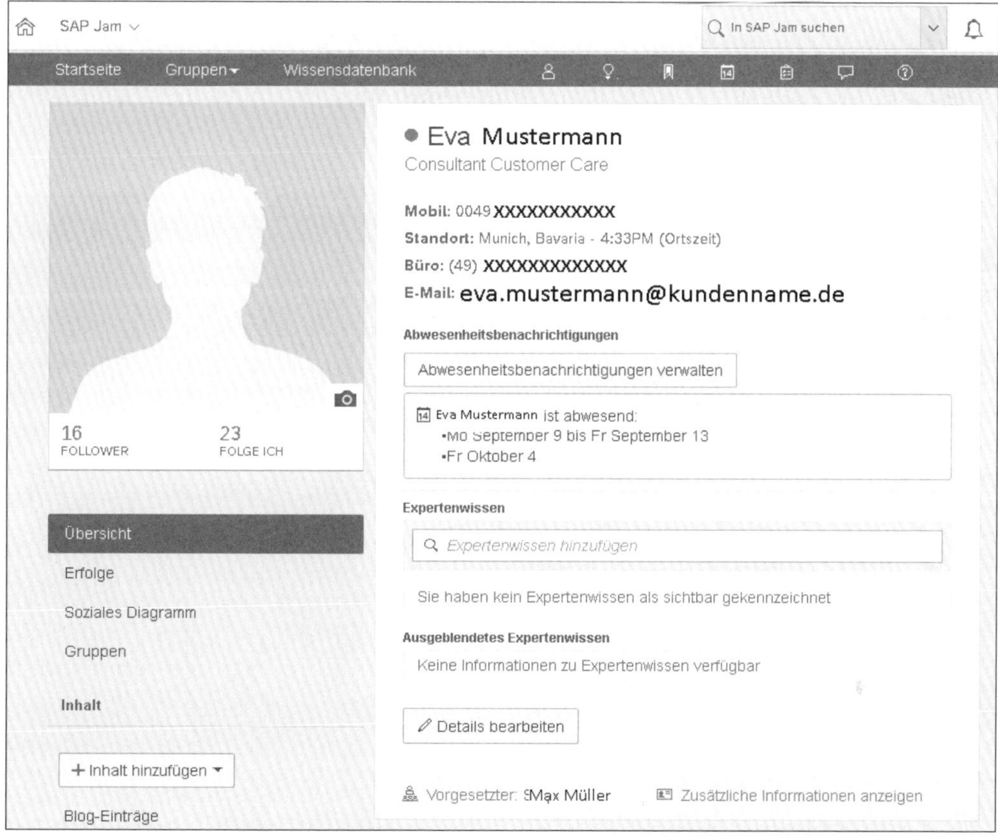

Abbildung 16.1 Profilübersicht pflegen

> **Profilfoto**
>
> Die Datei muss kleiner als 5 MB sein und im Format JPEG, GIF oder PNG vorliegen.

Klicken Sie auf die Schaltfläche **Profil bearbeiten**. Nun können Sie Ihrem Profil, wie in Abbildung 16.2 dargestellt, weitere Informationen hinzufügen. Dabei stehen Ihnen folgende Kategorien zur Verfügung:

- **Grundprofil – Informationen**
  Im Bereich **Grundprofil – Informationen** können Sie Vorname, Nachname, Spitzname, Stellenbezeichnung und Stellenbeschreibung hinterlegen.
- **Kontaktdaten**
  Im Bereich **Kontaktdaten** werden E-Mail-Adresse, Telefonnummer und Account-Daten für das Instant Messaging (IM) hinterlegt.
- **Büro-Informationen**
  Im Bereich **Büro-Informationen** können Sie in der Drop-down-Liste **Hauptbüro** die Optionen **Bürogebäude** oder **Heimbüro** auswählen. Haben Sie **Bürogebäude** ausgewählt, öffnen sich weitere Angaben zu Standort, Gebäude, Etage und Hinweisen.

Klicken Sie dann auf die Schaltfläche **Änderungen speichern**, um den Vorgang abzuschließen.

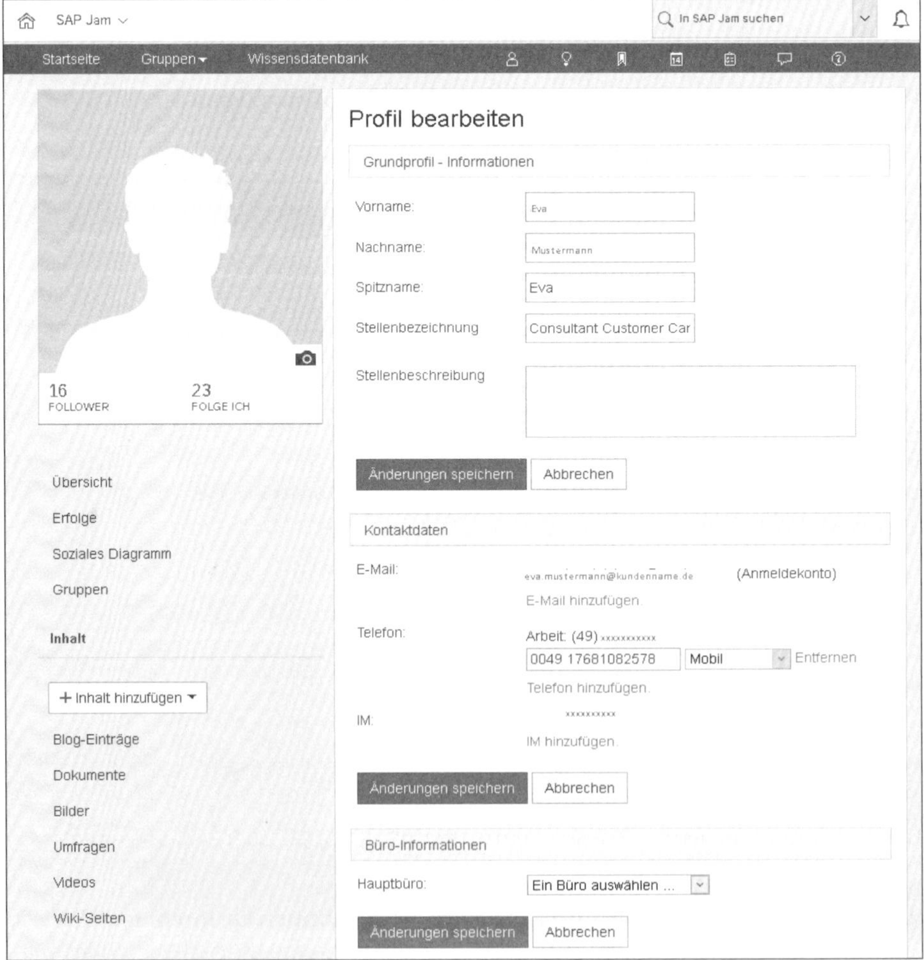

Abbildung 16.2 »Profil bearbeiten«

Außerdem besitzt SAP Jam die Funktion **SAP Jam Kontoeinstellungen** zum Verwalten des Kontos, die Sie über einen Klick auf den Benutzernamen aufrufen können (siehe Abbildung 16.3).

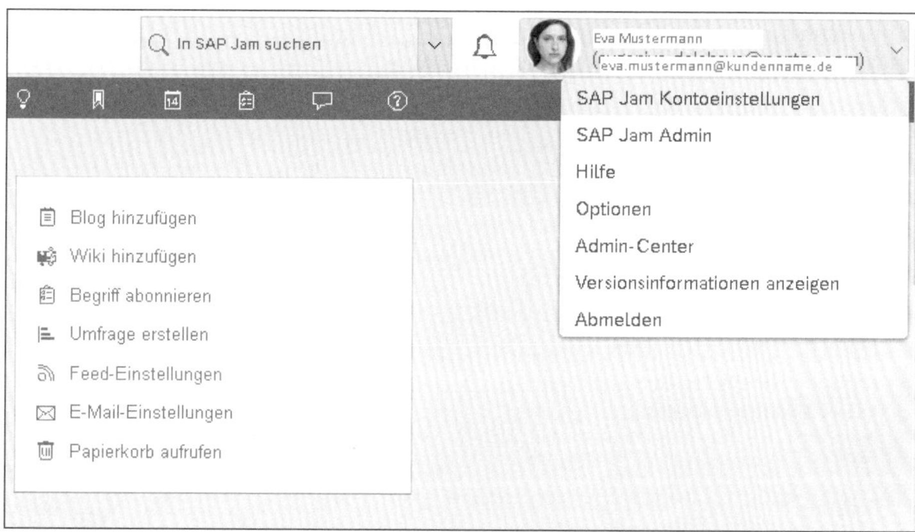

Abbildung 16.3 SAP-Jam-Kontoeinstellungen

Dabei kann eine Reihe von Kontoeinstellungen angepasst werden (siehe Abbildung 16.4).

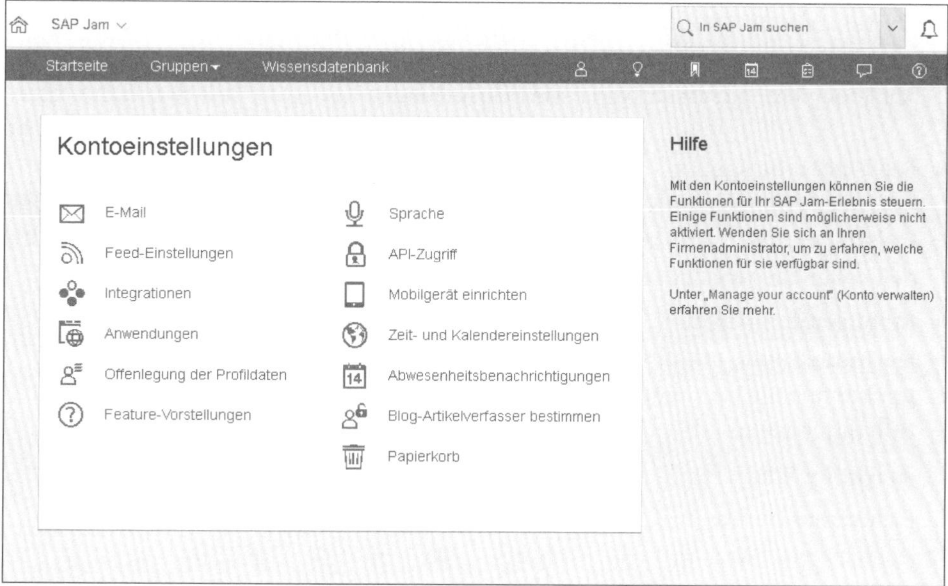

Abbildung 16.4 Mögliche Kontoeinstellungen

- **E-Mail**
  Unter **E-Mail** können unterschiedliche Benachrichtigungseinstellungen, wie E-Mails mit hoher Priorität, mittlerer Priorität und niedriger Priorität, tägliche E-Mails und Gruppenbenachrichtigungen, vorgenommen werden.

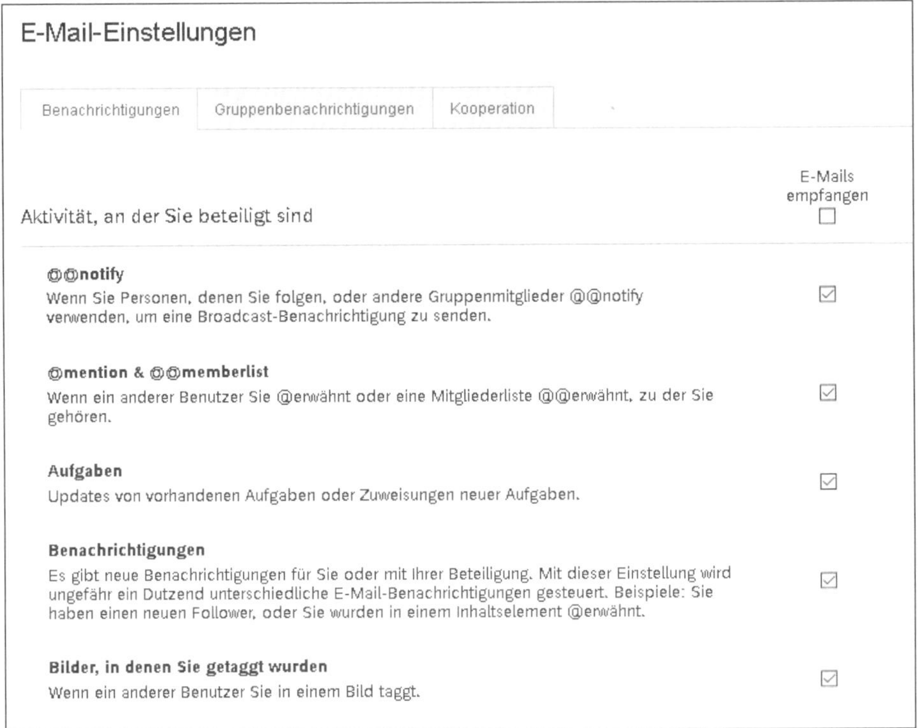

Abbildung 16.5 Anpassung von E-Mail-Einstellungen

- **Feed-Einstellungen**
  Ein Feed zeigt Ereignisse von Personen oder Gruppen in SAP Jam. Unter **Feed-Einstellungen** kann festgelegt werden, welche Typen von Ereignissen angezeigt werden sollen und welche nicht.
- **Mobilgerät einrichten**
  Sie können auch mit der SAP-Jam-Mobile-App arbeiten. Unter **Mobilgerät einrichten** können Sie Ihr Gerät konfigurieren. Folgende Geräte werden von dieser Funktion unterstützt:
  - iPhone/iPad
  - Android-Geräte

Feed-Einstellungen

Sie können einen personalisierten Feed für Themen erstellen, die Ihnen wichtig sind, und wählen, welche Typen von Ereignissen Sie erhalten wollen und welche nicht.

Allgemein

Statusaktualisierungen

- [x] Gruppenstatus
- [x] Persönlicher Status

Inhaltsaktualisierungen

- [ ] Agendas
- [x] Abstimmungen
- [x] Dokumente
- [x] Links
- [x] Bilder
- [ ] Pro/Kontra-Tabellen
- [ ] Ranglisten
- [x] Videos
- [x] Blogs
- [x] Diskussionen
- [x] Ideen
- [x] Übersichtsseiten
- [ ] Umfragen
- [x] Fragen
- [x] Zeitleiste
- [x] Wikis

Andere Aktualisierungen

- [x] Ereignisse
- [x] Gruppen
- [x] Persönliches Blog: RSS
- [x] Aufgaben
- [x] Expertenwissen
- [x] Lob
- [x] Profil- und Gruppenbilder
- [x] Abonnierte Begriffe

Änderungen speichern | Abbrechen

Abbildung 16.6 Anpassung von Feed-Einstellungen

Abbildung 16.7 Einrichten von Mobilgeräten

- **Einstellungen für Zeitzone und Kalender**
  Unter **Zeit- und Kalendereinstellungen** können Sie sich Einträge, Meetings und andere relevante Elemente anzeigen lassen. Über die Kalendereinstellung lässt sich zudem der erste Tag der Woche festlegen, der im Kalender angezeigt werden soll.

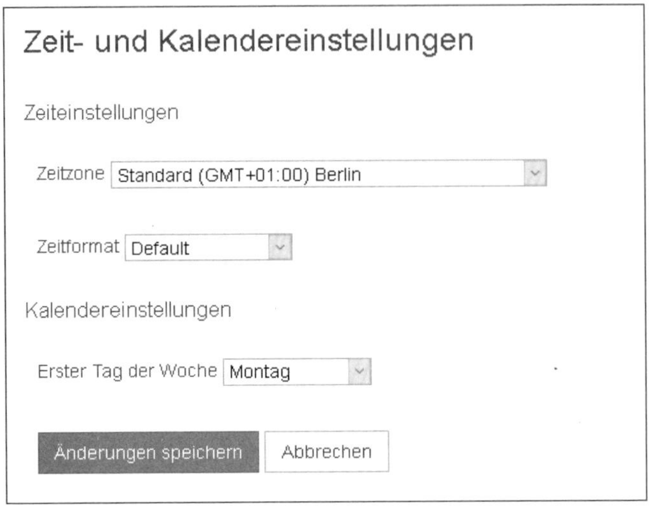

Abbildung 16.8 Anpassung von Zeit- und Kalendereinstellungen

- **Papierkorb**
  Die Funktion **Mein Papierkorb** erlaubt es, gelöschte Elemente aus dem Papierkorb wiederherzustellen.

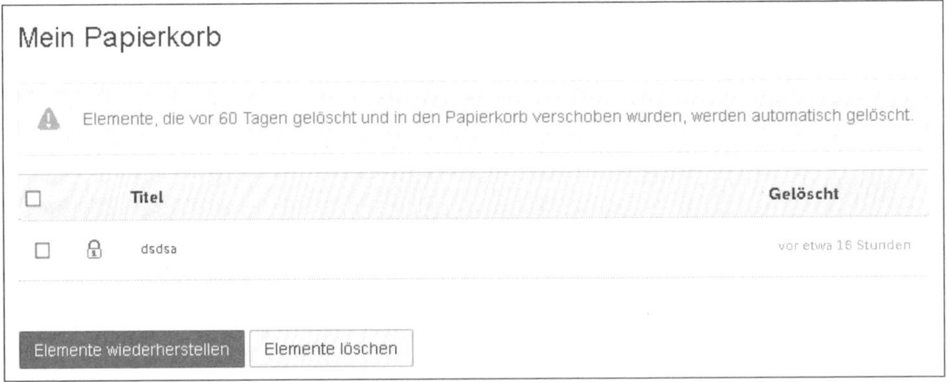

Abbildung 16.9 Übersicht der Dateien im Papierkorb

16.1.3 Gruppen

SAP-Jam-Gruppen bieten die Möglichkeit, Informationen in unterschiedlichster Form innerhalb von Projekten, organisatorischen Einheiten oder auch mit externen Partnern auszutauschen. Diese Informationen können firmenintern oder für Externe zugänglich erstellt werden und ermöglichen die Interaktion mit einem ausgewählten Personenkreis zu einem bestimmten Thema. Die Rechte zum Erstellen einer eigenen Gruppe werden durch die SAP-Jam-Administratoren vergeben.

Die Übersicht einer Gruppe bietet eine Zusammenfassung über deren Zweck, Inhalt und Mitglieder. Dies ist insbesondere dann hilfreich, wenn sich die Ziele einer Gruppe regelmäßig aktualisieren, eine laufende Aufgabenliste vorhanden ist oder gruppenspezifische Informationen regelmäßig erneuert werden. Zudem können Sie mehrere Übersichtsseiten in einer Gruppe erstellen. Dies dient der Verwaltung von Informationen und erleichtert die Navigation innerhalb einer Gruppe. Es wird empfohlen, analog dem Profilbild ein zusätzliches Gruppenbild anzulegen.

SAP Jam bietet zudem eine Reihe vordefinierter Templates, die das schnelle Erstellen von Vorlagen für spezifische Gruppen ermöglichen (siehe Abbildung 16.10). Die Vorlagen, aktuell in der Enterprise-Version von SAP Jam verfügbar, enthalten eine professionell gestaltete Übersichtsseite, Platzhalter sowie eine einheitliche Gruppenstruktur, die Diskussionsforen beinhaltet. Damit können schnell und einfach Gruppen erstellt und Themen platziert werden. Unter anderem stehen Ihnen diverse Vorlagen für Vertriebskoordination, Dienstleistungen-Projektraumvorlage, Teamkooperation, Partnerkooperation, Kundenmanagement, Veranstaltungskoordinierung, Schulungscenter sowie für Mentoring und Coaching sofort zur Verfügung.

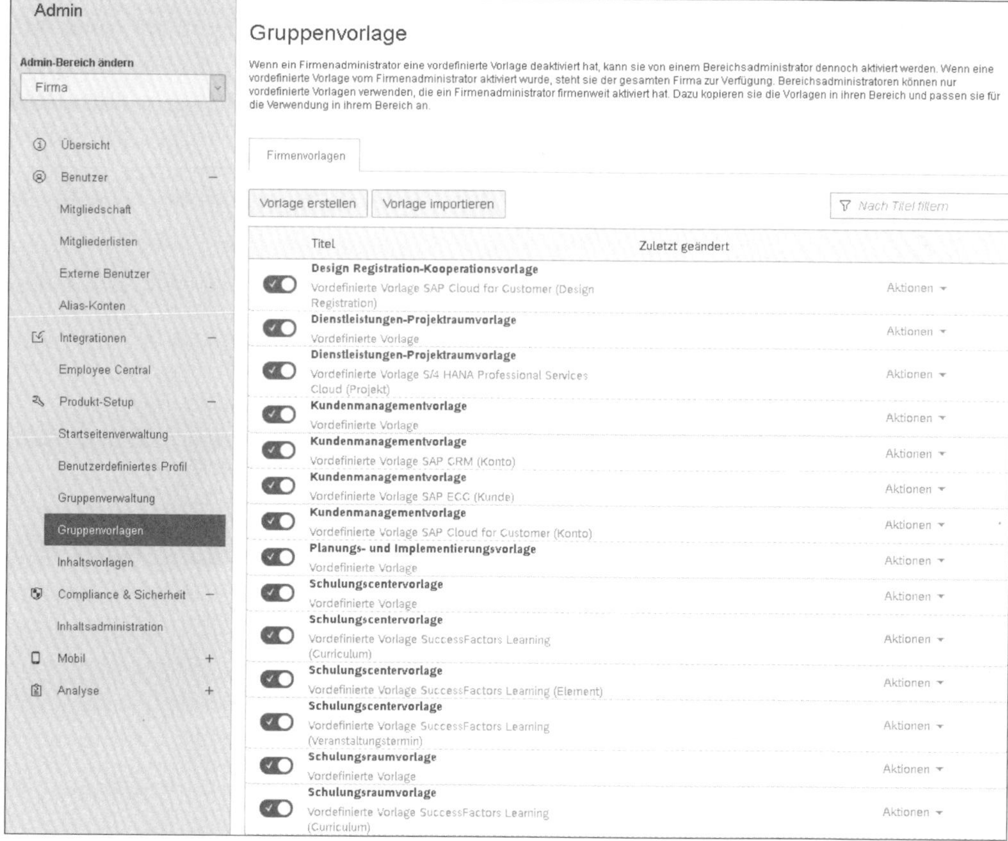

Abbildung 16.10 Gruppenvorlagen

Eine Gruppe anlegen

Im Folgenden zeigen wir Ihnen, wie die Anlage einer Gruppe in SAP Jam erfolgt. In unserem Beispiel möchten wir eine Expertengruppe »Personalmanagement« für interne Mitarbeiter sowie für externe Coaches erstellen. Dazu klicken Sie auf den Menüpunkt **Gruppen** und wählen **Gruppe erstellen** aus dem Untermenü aus (siehe Abbildung 16.11).

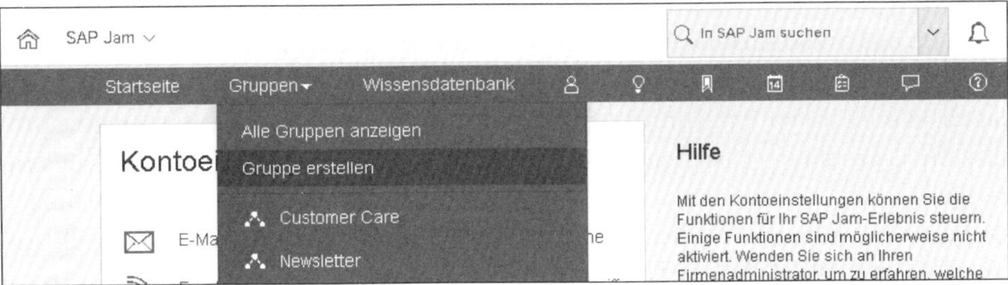

Abbildung 16.11 Gruppe erstellen

Wählen Sie im neuen Fenster zuerst die Vorlage für die Gruppe aus, und geben Sie dann im nächsten Schritt **Gruppenname** und **Gruppenbeschreibung** ein (siehe Abbildung 16.12).

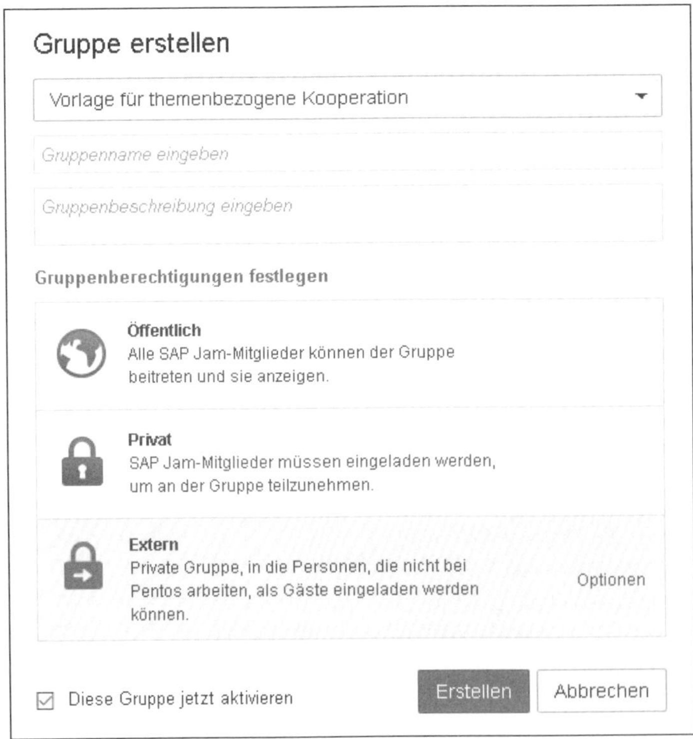

Abbildung 16.12 Gruppenberechtigungen festlegen

Die Beschreibung beinhaltet das Ziel der Gruppe und informiert über deren Inhalte. Handelt es sich um eine öffentliche Gruppe, ist die Beschreibung für alle sichtbar. Bei einer privaten Gruppe hingegen werden die Inhalte erst für Mitglieder einer Gruppe sichtbar.

Im letzten Schritt legen Sie die **Gruppenberechtigungen** fest. Hier können Sie zwischen drei Optionen wählen (siehe Abbildung 16.12).

- **Öffentliche Gruppe**
  Eine öffentliche Gruppe kann jeder Mitarbeiter in Ihrem Unternehmen sehen und ihr beitreten.
- **Private Gruppe**
  Der SAP-Jam-Administrator oder der Gruppenadministrator muss explizit in eine private Gruppe einladen. Die Gruppe und deren Inhalte sind ausschließlich für Mitglieder sichtbar.
- **Externe Gruppe**
  Eine externe Gruppe ermöglicht es Mitgliedern verschiedener Unternehmen, sich auszutauschen. Es handelt sich dabei um eine private Gruppe, die ebenfalls ausschließlich von SAP-Jam-Administratoren und Gruppenadministratoren bearbeitet werden kann.

Wir möchten eine externe Gruppe anlegen. Durch einen Klick auf **Optionen** (siehe Abbildung 16.12) können weitere Einstellungen vorgenommen werden (siehe Abbildung 16.13). Die möglichen Einstellungen sind im Einzelnen:

- **Kooperationsebene auswählen**
  - *Nur Lesezugriff*: Ausschließlich Gruppenadministratoren können Inhalte teilen. Alle Benutzer können die Inhalte ansehen. Diese Ebene eignet sich hauptsächlich zum Informationsaustausch.
  - *Eingeschränkt*: Das bedeutet, nur Administratoren können neue Inhalte teilen und Aufgaben erstellen. Alle anderen Benutzer können Kommentare zu Inhalten anzeigen und selbst hinzufügen.
  - *Vollständig*: In dieser Einstellung können die Gruppenadministratoren die Richtlinien für das Hochladen von Inhalten anpassen. Alle Benutzer können Gruppeninhalte erstellen und gemeinsam daran arbeiten.
- **Einladungsrichtlinie festlegen**
  - *Alle Mitglieder*: Alle Mitglieder sind dazu berechtigt, neue Mitglieder einzuladen. Diese Option steht jedoch nur für öffentliche Gruppen zur Verfügung und ist in unserem Beispiel nicht anwendbar.
  - *Alle Gruppenmitglieder*: Alle Gruppenmitglieder sind berechtigt, neue Mitglieder einzuladen.

- *Nur Gruppenadministratoren*: Nur die Gruppenadministratoren haben die Berechtigung, neue Mitglieder einzuladen.

- **Uploadrichtlinien festlegen**
  - *Alle Gruppenmitglieder*: Dokumente können von allen Gruppenmitgliedern hochgeladen werden.
  - *Nur Gruppenadministratoren*: Nur Gruppenadministratoren sind berechtigt, neue Dokumente hochzuladen. Das Kommentieren oder Bearbeiten von Inhalten hingegen kann von allen Gruppenmitgliedern vorgenommen werden.
- **Aufgabenrichtlinien festlegen**
  - *Nur Lesezugriff*: Mitglieder haben nur lesenden Zugriff.
  - *Eingeschränkt*: Zugriffe können eingeschränkt werden.
  - *Voll*: Mitglieder haben vollen Zugriff auf die Aufgaben.

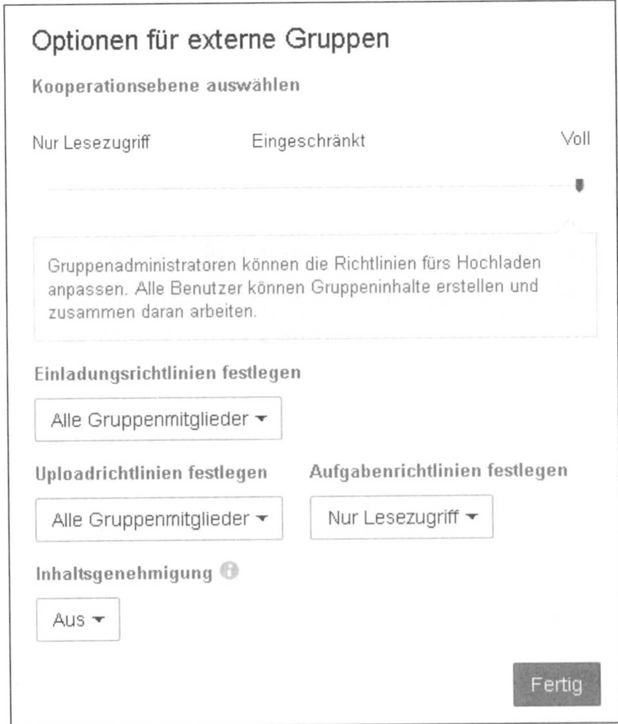

Abbildung 16.13 Optionen für externe Gruppen

In unserer Gruppe sollen alle Gruppenmitglieder die Berechtigung haben, Personen hinzuzufügen. Das Hochladen von Dokumenten soll für alle Mitglieder der Gruppe möglich sein. Bezüglich der Aufgabenrichtlinien besteht ausschließlich Lesezugriff.

Klicken Sie auf **Fertig**, um die Arbeit in den **Optionen für externe Gruppen** abzuschließen (siehe Abbildung 16.13), und anschließend auf **Erstellen**, um den Vorgang abzuschließen und die Gruppe zu erstellen (siehe Abbildung 16.12).

Für *Gruppenadministratoren* ist es zudem möglich, die Gruppe zu bearbeiten und die Berechtigungen zu ändern, nachdem eine Gruppe erstellt wurde. Klicken Sie dafür auf **Gruppenadministrator** auf der Startseite der entsprechenden Gruppe, und wählen Sie anschließend aus der sich öffnenden Auswahlliste **Gruppe bearbeiten** aus (siehe Abbildung 16.14). Das Gruppenmenü finden Sie links unter dem Gruppenfoto.

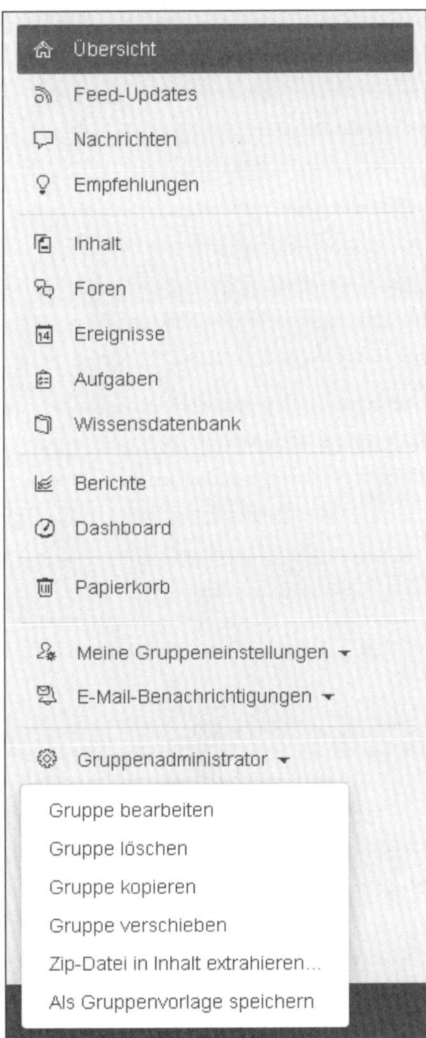

Abbildung 16.14 Gruppe bearbeiten

Es öffnet sich dann die Bearbeitungsansicht für die ausgewählte Gruppe (siehe Abbildung 16.15).

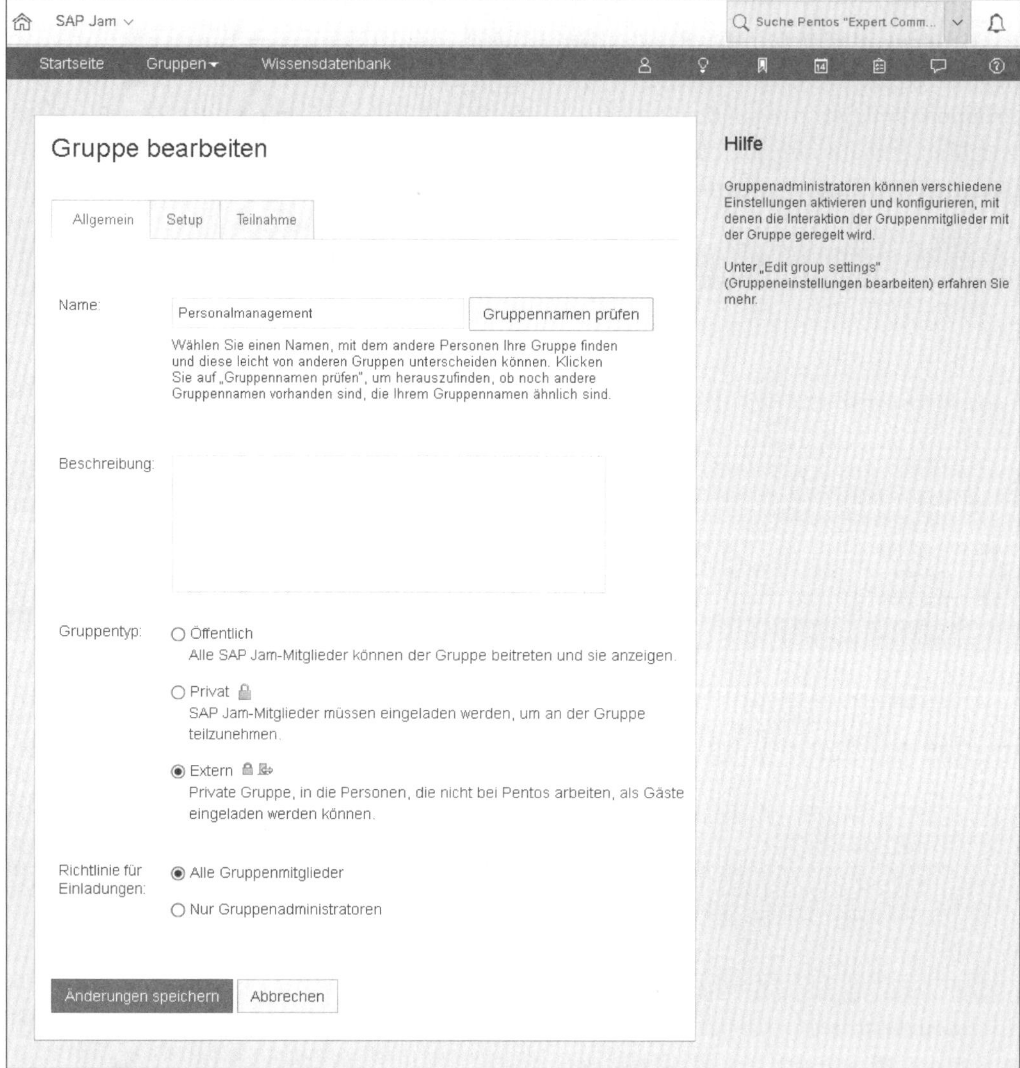

Abbildung 16.15 Gruppe bearbeiten – allgemeine Angaben

Nun sehen Sie eine Übersicht der von Ihnen erstellten Gruppe (siehe Abbildung 16.16). Sie haben die Möglichkeit, zunächst das Standardgruppenfoto durch ein anderes auszutauschen, indem Sie rechts unten auf das Symbol [Kamera-Symbol] im Bilderrahmen klicken.

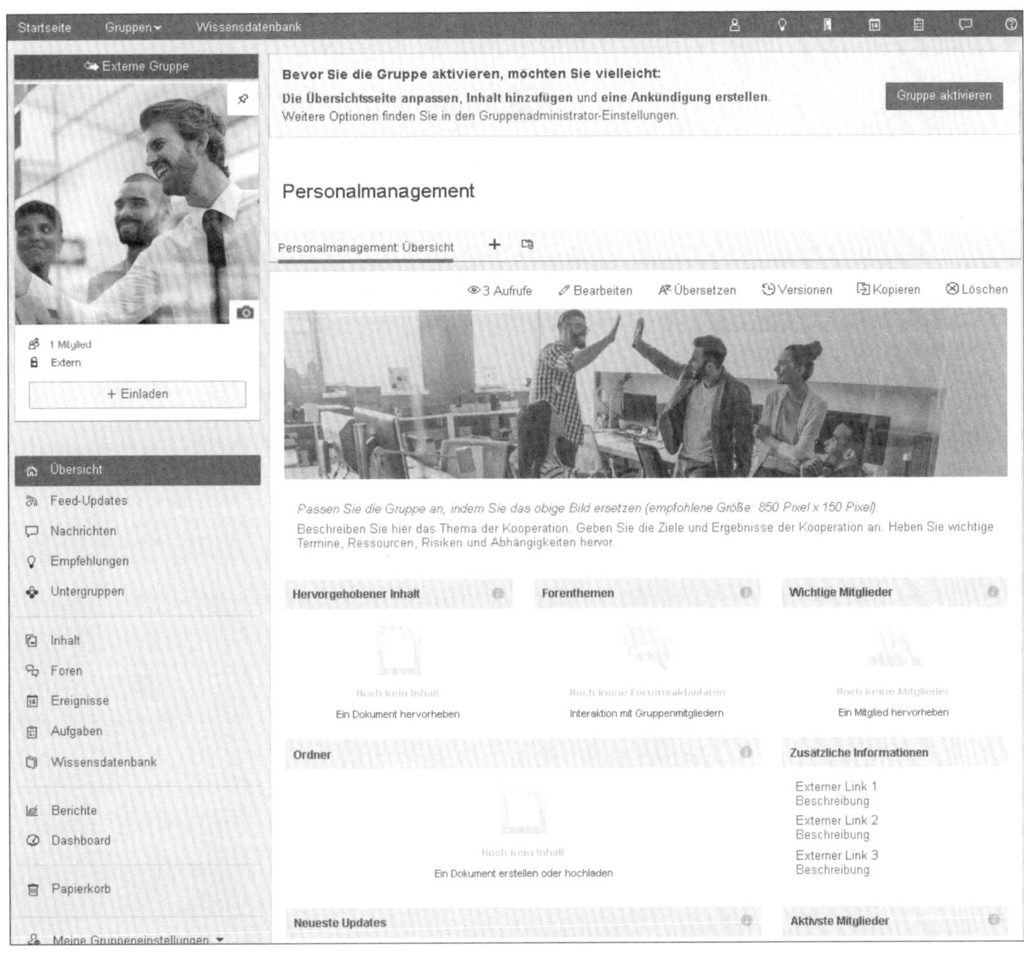

Abbildung 16.16 Übersicht der Expertengruppe »Personalmanagement«

Klicken Sie auf **Bearbeiten** in der Funktionsleiste oberhalb des Platzhalters für ein Bild, um die Gruppenübersicht zu bearbeiten. Hier können Sie zusätzlich zu dem Profilfoto ein Bild hochladen und haben die Möglichkeit, unter anderem Dokumente, Themen, Termine und Ergebnisse hervorzuheben (siehe Abbildung 16.17). Um den Vorgang abzuschließen, klicken Sie auf **Veröffentlichen** oder **Entwurf speichern**. Falls Sie die Änderungen nicht speichern möchten, klicken Sie auf **Abbrechen**.

In der Übersicht haben Sie außerdem die Möglichkeit, eine Seite hinzuzufügen. Klicken Sie auf das Symbol [+] rechts neben der letzten Registerkarte, um eine neue Seite zu erstellen (siehe Abbildung 16.18).

Abbildung 16.17 Übersichtsseite bearbeiten

Abbildung 16.18 Neue Seite erstellen

Wählen Sie aus den Vorlagen eine passende aus, und beginnen Sie mit der Individualisierung durch das Hinzufügen hilfreicher Widgets (siehe Abbildung 16.19). Das Wort *Widget* setzt sich aus *Window* und *Gadget* zusammen und beschreibt dementsprechend ein grafisch-funktionales Element, z. B. können Sie mit der Tag-Wolke die populärsten Schlagwörter für die Gruppe oder mit dem Aktion-Widget eine Sammlung häufiger Aktionen, etwa Dateien hochladen, Kommentare veröffentlichen oder Fragen stellen, für Gruppenmitglieder erstellen. Sie können jederzeit die Zeilen, Spalten sowie die Anordnung der Widgets ändern, nachdem Sie ein Layout gewählt haben. Nun können Sie den Namen und Inhalte der neuen Seite einfügen. Hier stehen Ihnen die gleichen Funktionen wie für die Erstellung der allgemeinen Übersichtsseite der Expertengruppe zur Verfügung.

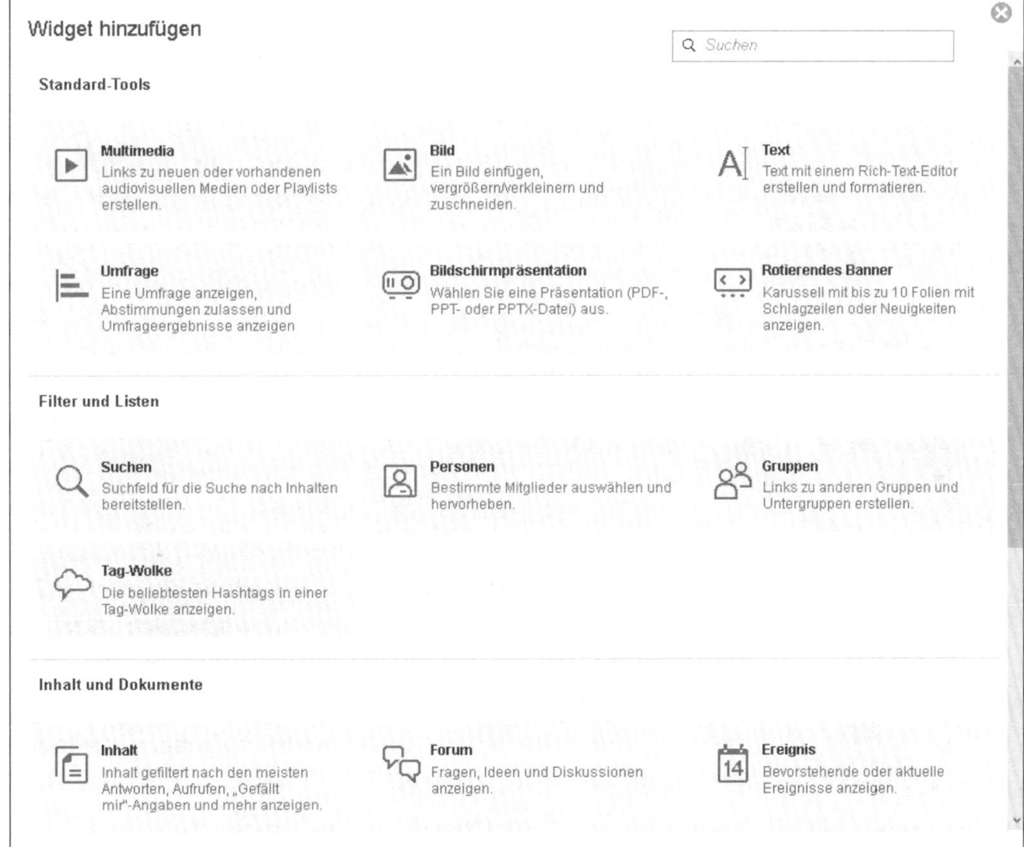

Abbildung 16.19 Widgets für neue Übersichtsseite auswählen

Nachdem Sie die passenden Gestaltungselemente ausgewählt haben, können Sie die Seite nun über die Schaltfläche **Veröffentlichen** für die Mitglieder der Gruppe freigeben.

Personen einladen

Erfolgreiche Gruppen leben von ihren Mitgliedern. Um Personen einzuladen, haben Sie als Gruppenadministrator die Möglichkeit, über die Schaltfläche **+ Einladen** unternehmensinterne und externe Personen hinzuzufügen (siehe Abbildung 16.20).

Abbildung 16.20 Interne oder externe Personen in die Expertengruppe einladen

Geben Sie dafür zuerst den Namen, die E-Mail-Adresse oder die Mitgliederliste ein. Optional können Sie der Einladung auch eine persönliche Mitteilung hinzufügen. Bestätigen Sie nun die Eingabe mit **OK**. Sie können die Sprache der Benachrichtigung auswählen und mit einem Klick auf **Senden** die Benachrichtigung abschicken (siehe Abbildung 16.21).

Die eingeladene(n) Person(en) erhalten eine E-Mail-Benachrichtigung und können die Einladung entweder annehmen oder ablehnen.

Gruppenmitglieder haben jederzeit die Möglichkeit, die Gruppe zu verlassen, der Gruppe nicht mehr zu folgen oder über das Gruppenmenü **Meine Gruppeneinstellungen** Informationen zur Gruppenzugangsberechtigung einzusehen (siehe Abbildung 16.22). Die Frequenz der Gruppenbenachrichtigungen können Sie unter dem Gruppenmenü **E-Mail-Benachrichtigungen** anpassen (siehe Abbildung 16.23).

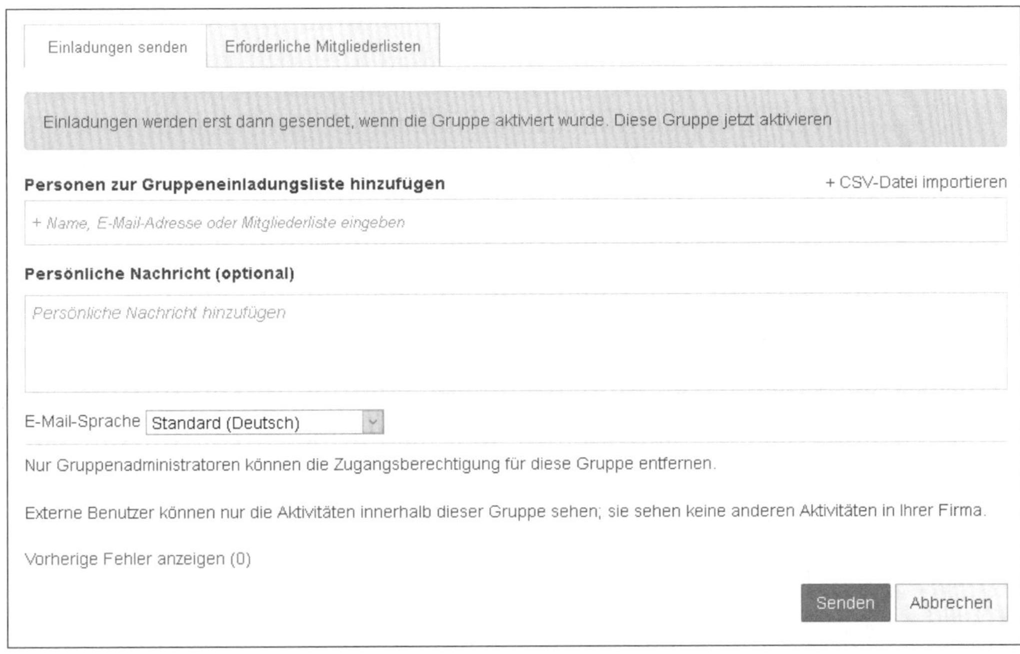

Abbildung 16.21 Personen zur Gruppeneinladungsliste hinzufügen

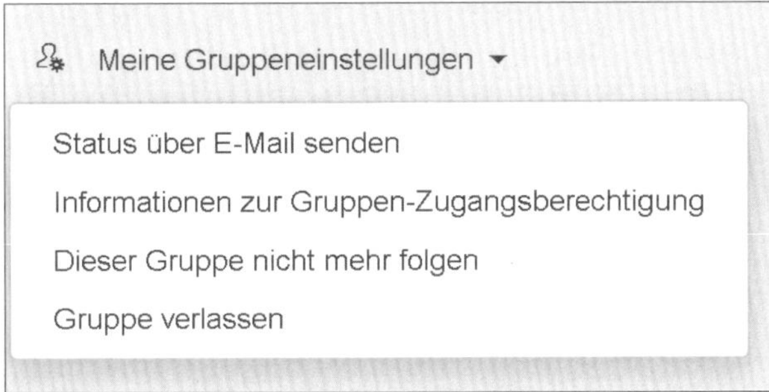

Abbildung 16.22 Persönliche Einstellungen in einer Gruppe vornehmen

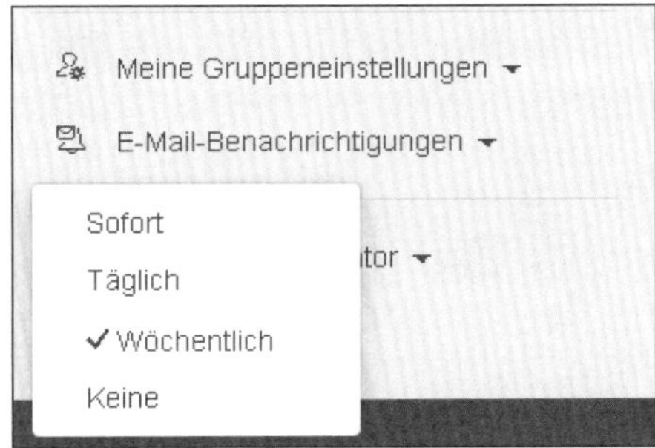

Abbildung 16.23 Persönliche Einstellungen der E-Mail-Benachrichtigungen

Interne Gruppen

Handelt es sich um eine interne private Gruppe, können Sie ausschließlich Teilnehmer mit Ihrer Unternehmens-E-Mail-Adresse einladen (z. B. Paul.Smith@mycompany.com). Interne öffentliche Gruppen hingegen sind sichtbar für jeden in Ihrem Unternehmen ohne explizite Einladung.

SAP-Jam-Administratoren können aus dem Drop-down-Menü der Gruppeneinstellungen **Jam Admin** auswählen und unter **Sicherheit** die Sicherheitseinstellungen für ihre Firma und das Netzwerk bearbeiten.

Abbildung 16.24 zeigt nun die in unserem Beispiel erstellte Expertengruppe »Personalmanagement« für interne Mitarbeiter sowie für externe Coaches.

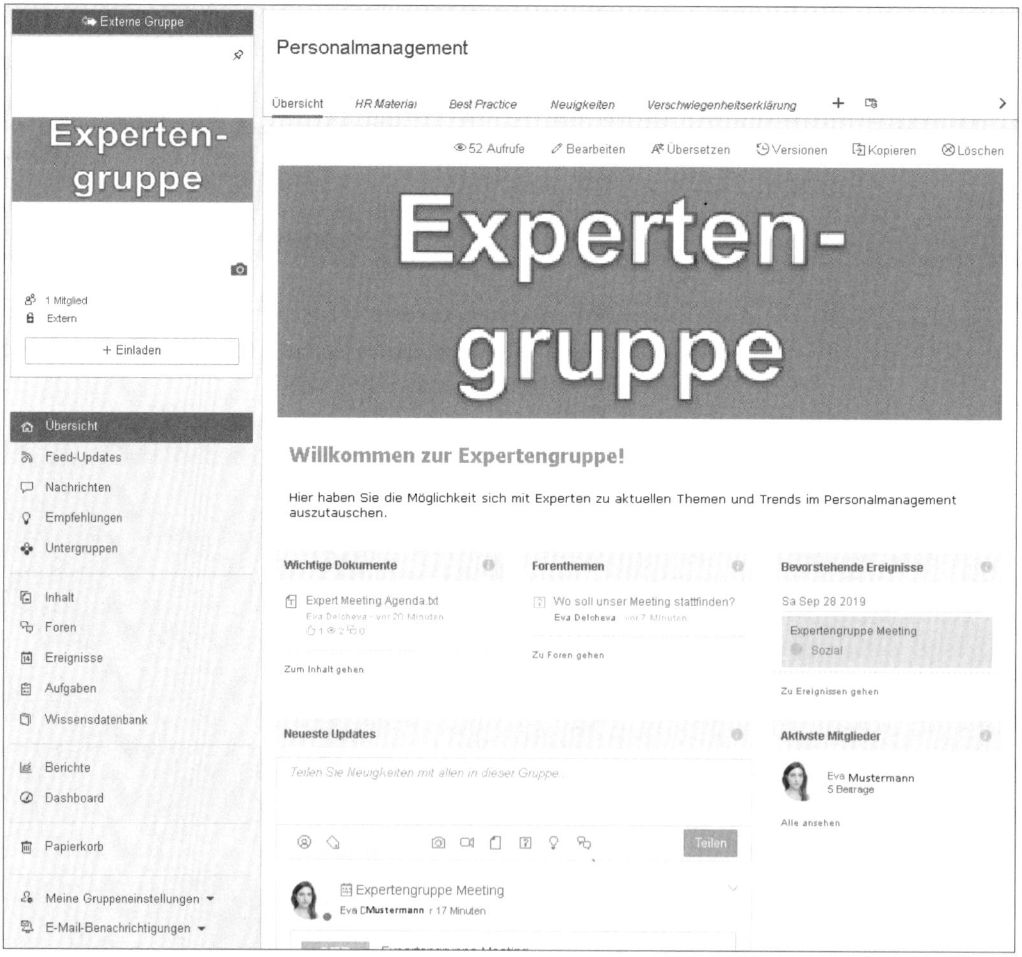

Abbildung 16.24 Expertengruppe »Personalmanagement«

16.2 Gestaltungsmittel für die Kommunikation in SAP Jam

SAP Jam bietet innerhalb einer Gruppe eine Vielzahl an Funktionen, um miteinander zu kommunizieren, zusammenzuarbeiten, sich zu informieren und aktuelle Aktivitäten und Beiträge einzusehen. Diese sind:

- Inhalte
- Foren
- Feed-Updates
- Wikis
- Ereignisse
- Links
- Aufgaben
- Berichte
- Empfehlungen

Im Folgenden zeigen wir anhand der unserer Erfahrung nach häufig genutzten Beispiele Inhalte, Foren, Feeds und Wiki, welche Möglichkeiten sich in diesem Umfeld bieten.

16.2.1 Inhalte

Als Gruppenmitglied stehen Ihnen mehrere Funktionen zur Verfügung, um Inhalte zu erstellen, indem Sie auf der Unterseite **Inhalt** auf die Schaltflächen **Erstellen** oder **Datei hochladen** klicken (siehe Abbildung 16.25). Zum einen können Sie direkt einen Blog-Eintrag, ein Tool zur Entscheidungsfindung, einen Link, Planungstools zum Erstellen der Tagesordnung eines Meetings, einer Aufgabe für Gruppenmitglieder oder einer Zeitleiste, ein Video, eine Wiki-Seite oder auch einen neuen Ordner erstellen. Zum anderen haben Sie die Möglichkeit, eine bestehende Datei hochzuladen.

Abbildung 16.25 Inhalt erstellen oder Datei hochladen

16.2.2 Foren

Foren werden genutzt, um generelle Diskussionen, Fragen und Antworten sowie Ideen zu platzieren. Gruppenmitglieder haben die Möglichkeit, zu einem Forumsthema Fragen, Ideen und Diskussionen hinzuzufügen. Gruppenadministratoren besitzen zusätzlich die Berechtigung, Foren zu erstellen, zu verschieben, zu bearbeiten und zu löschen.

Die Zugriffe können sowohl offen als auch eingeschränkt sein und werden durch den Gruppenadministrator festgelegt. Ein offenes Forum ermöglicht das Veröffentlichen von Diskussionen, Fragen und Ideen. Das eingeschränkte Forum reduziert entsprechend die Veröffentlichungsmöglichkeiten.

Diskussionen lassen sich innerhalb von Gruppen erstellen. Diese bestehen aus verschiedenen Diskussionsbeiträgen, die von Benutzern angelegt wurden und eine große Anzahl verschachtelter Antworten beinhalten. Beim Erstellen eines neuen Themas besteht die Möglichkeit, bestehende Schlüsselbegriffe zu verwenden. Durch die Funktion **E-Mail-Benachrichtigungen** bietet sich zudem die Chance, alle Beiträge einer Gruppe zu verfolgen. Folgende Themen bieten sich für ein Diskussionsforum an:

- Fragen und Antworten
- Austausch von Meinungen mit einer großen Gruppe von Menschen
- Sammeln von Feedback

Fragen können genutzt werden, um offene Punkte mit einer Gruppe zu diskutieren. Gruppenmitglieder sehen nun die Frage in der Gruppe und können diese beantworten. Liegen mehrere Antworten zu einer Frage vor, wird durch Auswahl einer der Antworten die Frage als beantwortet gekennzeichnet.

Das Forum für *Ideenmanagement* ist eine effektive Möglichkeit, innovative Ideen von Kollegen, aber auch konstruktives Feedback von Mitarbeitern, Partnern oder Kunden zu erhalten. Alle Gruppenmitglieder haben die Chance, die eingebrachten Ideen zu bewerten. Anhand der Gesamtergebnisse wird nun deutlich, wie die Mitglieder der Idee gegenüberstehen.

16.2.3 Feeds

In Feeds werden regelmäßige Aktualisierungen von Inhalten angezeigt, und das Teilen und Verbreiten von Informationen wird ermöglicht (siehe Abbildung 16.26). Durch Klick auf einen Beitrag öffnet sich ein Fenster, in dem der gesamte Inhalt dargestellt wird. Der Gruppen-Feed etwa zeigt eine Übersicht über die neuesten Aktivitäten innerhalb einer bestimmten Gruppe (privat oder öffentlich) und ermöglicht das Einsehen kürzlich hochgeladener oder bearbeiteter Dokumente, Diskussionen oder gruppenspezifischer Fragen. Zudem können Beiträge beantwortet, mit **Gefällt mir** gekennzeichnet oder geteilt werden. Auch das Erstellen einer Aufgabe, das Herunterladen einer Datei oder der Export eines Ereignisses sind möglich.

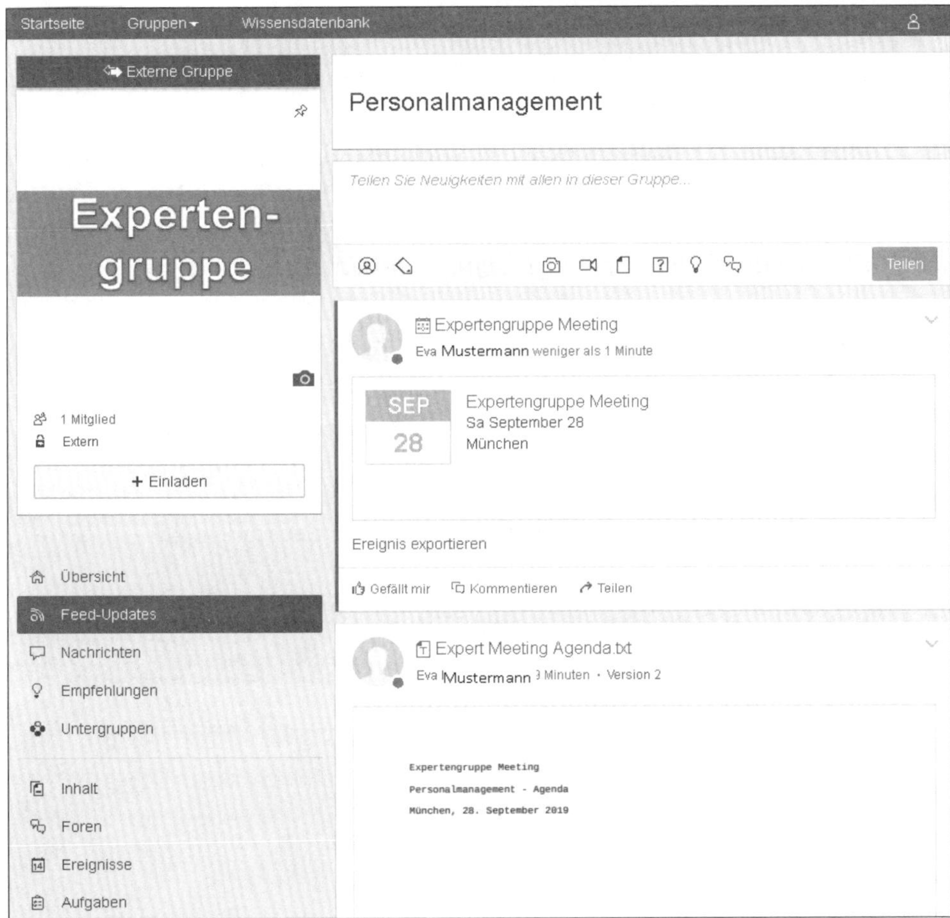

Abbildung 16.26 Feed-Updates

16.2.4 Wikis

Gruppen ermöglichen zudem das schnelle und einfache Erstellen von Wiki-Seiten. Dabei handelt es sich um Onlineseiten, deren Inhalte von Benutzern leicht geändert werden können. Das Erstellen von Texten, Tabellen, Bildern oder Videoinhalten ist innerhalb einer Wiki-Seite möglich. Außerdem können Dateien und dynamische Widgets angehängt werden. Benutzer können bestehende Schlüsselworte einer Wiki-Seite zuordnen oder ihre eigenen erstellen. Diese helfen ihnen bei der Suche nach bestimmten Themen oder Inhalten.

Q&A

Wikis können Sie sehr gut zur Informationskonsolidierung aus verschiedenen Dateien und zur Reduktion der Versionsvielfalt nutzen und um eine einheitliche Wissensbasis in Spezialthemen zu schaffen.

Die Bearbeitung einer Wiki-Seite findet im Entwurfsmodus statt und wird nach Fertigstellung veröffentlicht. In dieser Zeit hat lediglich der Ersteller der Seite Zugriff. Zur besseren Nachvollziehbarkeit wird die Historie der Wiki-Seite zur Verfügung gestellt, und auch veraltete Versionen können jederzeit wiederhergestellt werden.

SAP-Jam-Benachrichtigungen

Rechts vom Benutzermenü wird das Symbol angezeigt, das Benachrichtigungen aus SAP Jam meldet. zeigt die Anzahl der Benachrichtigungen aus SAP Jam, sobald SAP Jam genutzt wird und in die SAP-SuccessFactors-Instanz integriert ist. Klicken Sie auf das Symbol, werden die neuesten Nachrichten angezeigt, und Sie erhalten einen Link zum direkten Zugriff auf alle SAP-Jam-Benachrichtigungen (siehe Abbildung 16.27).

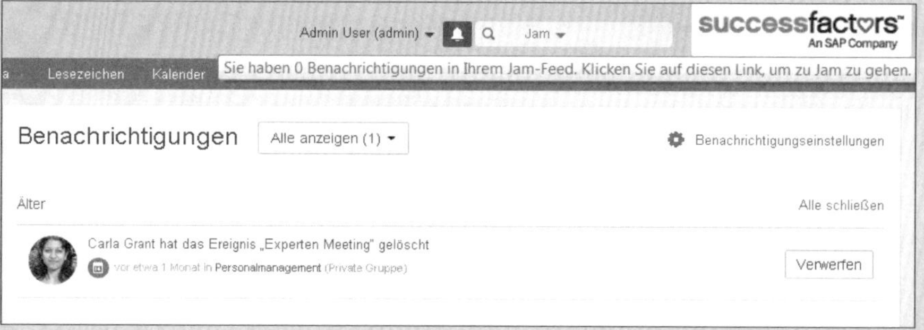

Abbildung 16.27 Nachrichten und Personensuche aus SAP Jam im Benutzermenü

16.3 Integration mit weiteren Modulen und Schnittstellen

Das SAP-Jam-Modul ist in SAP SuccessFactors integriert und über das Drop-down-Menü aufrufbar. Folgende Integrationen bietet SAP Jam:

- systemische Integration
- Modulintegration
- App-Integration

Die *systemische Integration* von SAP Jam ermöglicht dem Benutzer die grafische Benachrichtigung von Feeds durch Feed-Updates, Neuigkeiten und Aktualisierungen in

SAP Jam. Durch das Anklicken des Symbols 🔔 (siehe Abbildung 16.28) sieht der Benutzer auf einen Blick die aktuellsten Neuerungen in seinem sozialen Netzwerk. Durch die Auswahl einer dieser Benachrichtigungen gelangt er direkt in SAP Jam, und die entsprechende Meldung wird angezeigt.

Abbildung 16.28 Benachrichtigung in SAP Jam

Die *Modulintegration* ermöglicht die Integration von SAP Jam mit Learning, sodass Schulungsinhalte geteilt sowie Diskussionen und Aktivitäten platziert werden können. SAP Jam verwendet dafür Mitarbeiterdaten wie Name, E-Mail-Adresse und organisatorische Daten (z. B. Job-Code, Abteilung, Standort etc.).

Zudem unterstützt Sie eine Integration mit SAP Jam auch im Onboarding-Kontext. Neuen Mitarbeitern können so bereits vor dem ersten Arbeitstag relevante Informationen und soziale Interaktionsmöglichkeiten bereitgestellt werden. Der Start am ersten Arbeitstag wird so erleichtert.

Die *App-Integration* ermöglicht den Zugriff auf SAP Jam über die mobile App. Der Benutzer kann so jederzeit und überall über sein Mobilgerät die aktuellsten Informationen und Neuigkeiten abrufen.

Kapitel 17
Analyse der Daten

Mit Berichten erhalten Sie wertvolle Einsichten in die Leistungsfähigkeit der operativen Prozesse, Wechselwirkungen und Zusammenhänge, die Ansatzpunkte für Verbesserungen sein können. Die SAP-SuccessFactors-Werkzeuge für die Analyse von Daten unterstützen Sie dabei, herauszufinden, was in einzelnen HR-Bereichen und -Prozessen passiert.

Berichte helfen Ihnen bei der Beantwortung der Frage, was sich verändert. Sie zeigen auf, was sich verändern sollte. Es stehen Ihnen sowohl Instrumente für die operative als auch für die strategische Berichterstattung zur Verfügung: Von der einfachen Darstellung weniger Kennzahlen für die richtige Zielgruppe über Dashboards bis hin zur komplexen Signifikanzanalyse haben Sie sehr viele Möglichkeiten, Zahlen, Daten und Fakten aufzubereiten.

Die unterschiedlichen Werkzeuge sind in drei wesentliche Bereiche zusammengefasst:

- SAP SuccessFactors People Analytics Embedded Edition (vormals: *Reporting*)
- SAP SuccessFactors People Analytics Advanced Edition (vormals: *Workforce Analytics*)
- SAP SuccessFactors People Analytics Planning Edition (vormals: *Workforce Planning*)

Ergänzend dazu können in manchen Modulen auch kundenspezifische Berichte erstellt werden, etwa Druckvorlagen für Formulare, elektronische Vergütungsbriefe, Mitarbeiterprofile oder Zertifikate im Learning Management.

SAP SuccessFactors People Analytics Embedded Edition ermöglicht operatives Reporting für die kurz- und mittelfristig orientierte Planung und Kontrolle. SAP SuccessFactors People Analytics Advanced und Planning Edition gehen darüber hinaus und sind eher im strategischen Bereich des Berichtswesens anzusiedeln.

SAP SuccessFactors People Analytics baut auf der Lösung *SAP Analytics Cloud* auf. Einstiegspunkt für die Berichtserstellung ist das Berichtcenter.

Datenschutz

Mit SAP SuccessFactors haben Sie die Möglichkeit, Auswertungen bis auf Personenebene vorzunehmen. Klären Sie mit den Mitbestimmungspartnern, dem Compliance-Beauftragten und ggf. weiteren Ansprechpartnern, ob und unter welchen Bedingungen Sie detaillierte Berichte erstellen und nutzen können! Themen wie die Datenschutzgrundverordnung (DSGVO) müssen ggf. berücksichtigt und mitbestimmungspflichtige Themen beachtet werden. Zum Beispiel sollte eine Leistungskontrolle auf Personenebene unterlassen werden.

17.1 Operatives Reporting – SAP SuccessFactors People Analytics Embedded Edition

Mit dem *operativem Reporting* ermöglichen Sie Führungskräften und Managern die Steuerung des Tagesgeschäfts sowie eine kurz- und mittelfristige Planung. In Abschnitt 17.1.1 zeigen wir Ihnen, welche Berichte Ihnen zur Verfügung stehen, um sich einen Überblick über den Status Ihrer Personalprozesse zu verschaffen. Mit SAP SuccessFactors People Analytics können Sie Ihre Daten modulübergreifend auswerten. Dazu steht Ihnen das sogenannte *Berichtcenter* zur Verfügung, auf das wir in Abschnitt 17.1.2 eingehen.

Abschließend zeigen wir Ihnen noch erweiterte Optionen für Spezialfälle im Berichtswesen:

- Druckformatvorlagen für Formulare
- Pixel Perfect Talent Card

17.1.1 Operative Berichte

Ziel des Personalberichtswesens ist es, Daten über die gesamten Personalprozesse hinweg miteinander in Beziehung zu setzen und diese aussagekräftig zu visualisieren. Dabei sind beim operativen Reporting wesentliche Punkte zu beachten, die wir Ihnen im Folgenden vorstellen.

Ihre Reportinganforderungen planen

Identifizieren Sie das Ziel und den Nutzen eines Reports, halten Sie das schriftlich fest, und stellen Sie sicher, dass alle Beteiligten die Anforderungen kennen und diesen zustimmen. Wenn sich die Erwartungen der Berichtsempfänger stark unterscheiden, ist es grade bei komplexeren Themen sinnvoll, sich auf zentrale Fragen zu konzentrieren und zusätzliche individuelle Anforderungen ggf. in einen zusätzlichen Bericht auszulagern. So gewährleisten Sie einen größtmöglichen Mehrwert für alle Beteiligten und eine langfristige Nutzung der Berichte.

Berichtsinhalte definieren

Jeder Bericht setzt sich aus drei Bestandteilen zusammen: der Datenquelle, der Verknüpfung der Daten (logische Verknüpfung und Kalkulationen) sowie der Darstellung. Jeder dieser Punkte muss sowohl aus fachlicher als auch technischer Sicht sorgsam betrachtet und abgestimmt werden.

Datenqualität sicherstellen

Das Berichtswesen steht und fällt mit der Qualität der Daten. Eine verlässliche Auswertung kann nur auf Grundlage eines korrekten Datenbestands erfolgen. Prüfung und Sicherstellung der Datenqualität sollten bei der Umsetzung von Berichten daher stets die ersten Schritte sein.

Aktualität der Berichte

Ein Bericht kann nur Nutzen bringen, wenn die Informationen zeitnah bereitgestellt werden können. Durch die Bereitstellung von aktuellen Transaktionsdaten über die gesamte HR-Suite hinweg ist SAP SuccessFactors People Analytics Embedded Edition hier gerade für das operative Personalberichtswesen geeignet.

Relevanz der Kennzahlen

Die Geschäfts- und HR-Prozesse befinden sich in einem steten Wandel. Überprüfen Sie daher regelmäßig, ob die bereitgestellten Kennzahlen noch relevant sind und den aktuellen Anforderungen entsprechen.

Konsistenz der Berichte

Berichte sollten stabil sein, um Vergleichbarkeit sicherzustellen. Ändern sich die Grundlagen, sind Trends nicht mehr zu erkennen. Führen Sie lieber zusätzliche Auswertungen ein, als vorhandene, etablierte inhaltlich zu verändern. Sonst leidet die Aussagekraft der Berichte.

17.1.2 Das Berichtcenter

Im *Berichtcenter* stehen verschiedene Werkzeuge zur Berichtserstellung zur Verfügung. Neben den klassischen Funktionen wie Ad-hoc-Berichte und Dashboards bietet SAP SuccessFactors People Analytics Embedded Edition mit SAP Analytics Cloud eine integrierte Lösung zur Datenpräsentation. Die klassischen Werkzeuge werden von SAP Analytics Cloud schrittweise abgelöst, weshalb diese hier nur kurz umrissen werden.

Ad-hoc-Berichte

Mit Ad-hoc-Berichten können Sie einfach auf in SAP SuccessFactors gehaltene Daten zugreifen. Die tabellarische Präsentation von Daten erfreut sich in der Praxis aufgrund der intuitiven Bedienung und der anwenderfreundlichen Weiterverarbeitung von Daten in Tabellenkalkulationsprogrammen einer großen Beliebtheit.

[»]

Kombination von Ad-hoc-Berichten und BIRT

Für kundenspezifische Berichte mit aufwendigen, abgeleiteten Berechnungen oder visuellen Elementen, die sich über den Online Report Designer nicht abbilden lassen, haben Sie die Möglichkeit, das Open-Source-Tool *Business Intelligence and Reporting Tools* (BIRT) einzubinden (siehe *https://eclipse.org/birt*). BIRT erlaubt es, Rohdaten beliebig miteinander zu verknüpfen, abgeleitete Berechnungen vorzunehmen und die Daten mit festgelegten Vergleichswerten in Verbindung zu setzen. Das alles kann dann auch grafisch frei aufbereitet werden. Bei der Erstellung solcher Berichte kann Sie Ihr Implementierungspartner unterstützen.

Canvas/Online Report Designer

Der *Online Report Designer* ist Teil der SAP-SuccessFactors-Plattform und steht allen Kunden im Standard zur Verfügung. Er verbindet Elemente der tabellarischen Ad-hoc-Berichte sowie der grafischen Dashboards und erlaubt es Ihnen, Informationen aufzubereiten, visuell darzustellen und mit anderen zu teilen.

Wie auch die anderen operativen Reporting-Tools greift der Online Report Designer direkt auf die Daten in der Plattform zu. Er hat jedoch darüber hinaus die Möglichkeit, auch alle Objekte des *Metadata Frameworks* (MDF, siehe Abschnitt 6.1, »Technische Architektur« bzw. die Einleitung zu Kapitel 6, »Die Plattform – Überblick und Erweiterbarkeit«), inklusive der Daten und aller Objekte aus SAP SuccessFactors Employee Central, abzufragen (siehe Abbildung 17.1).

So können Sie Berichte mit mehreren Seiten erstellen und pixelgenau für den späteren Druck oder zum Onlineteilen darstellen. So können z. B. auch monatlich wiederkehrende Standardberichte relevanten Zielgruppen automatisiert zugänglich gemacht werden.

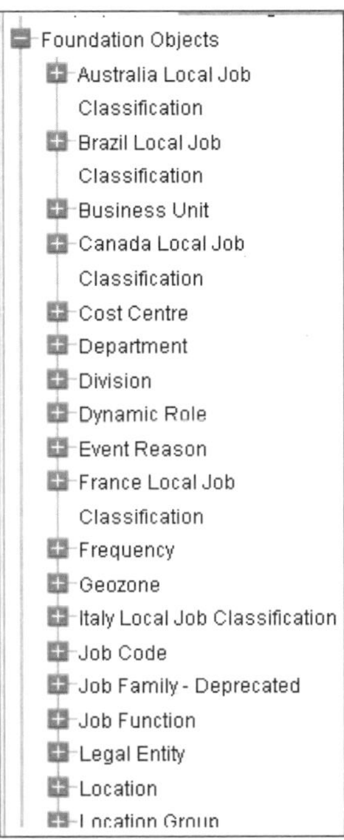

Abbildung 17.1 Objekte aus SAP Success-Factors Employee Central im Online Report Designer

Dashboards

Dashboards bauen wie die Ad-hoc-Berichte technisch auf den in SAP SuccessFactors gehaltenen Daten auf, stellen sie aber grafisch ansprechender dar. Sie können viele der Dashboards direkt auf der Startseite von SAP SuccessFactors zielgruppenspezifisch zur Verfügung stellen (siehe Abbildung 17.2). Damit erhält der Anwender in SAP SuccessFactors direkt beim Einstieg die zentralen Informationen zu seinem Aufgabenbereich.

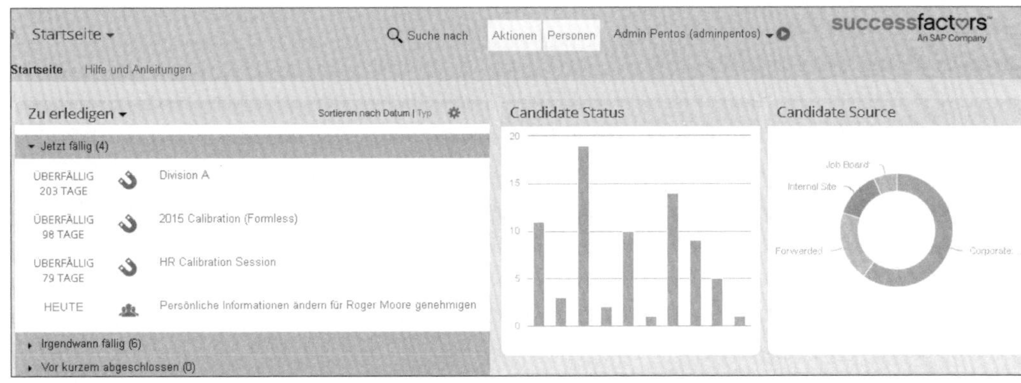

Abbildung 17.2 Startseite mit Dashboards

Dashboards erlauben es Ihnen, die dargestellten Informationen über wenige Klicks zu verfeinern. Durch die Auswahl eines Bereichs (siehe Abbildung 17.3) erhalten Sie einen detaillierten Einblick in die Daten, die sich hinter der visuellen Darstellung verbergen, und können diese mit einem Klick auf **CSV** oder **Excel** auch offline verfügbar machen.

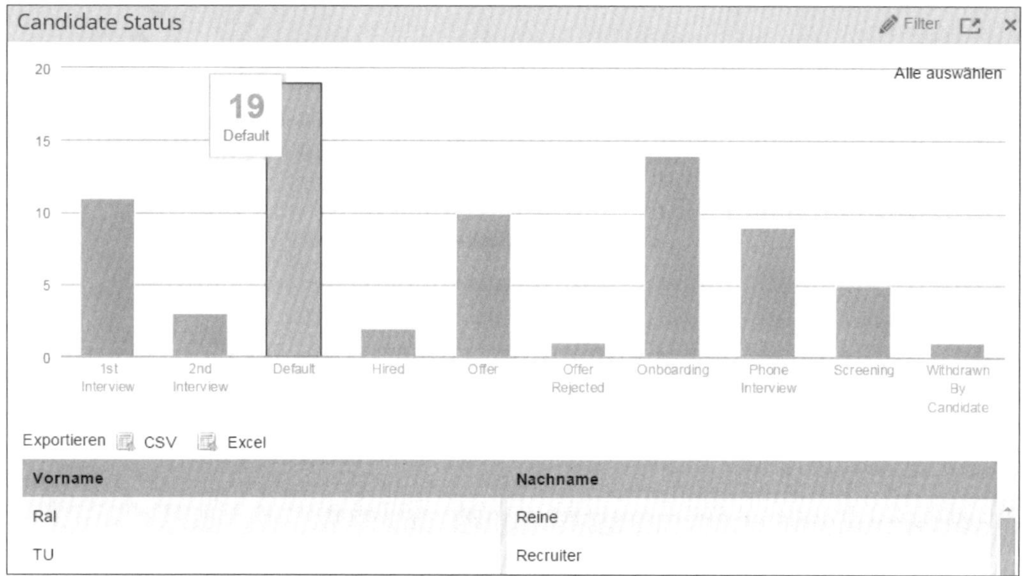

Abbildung 17.3 Detailinformationen in einem Dashboard

17.1.3 SAP Analytics Cloud Story

SAP Analytics Cloud, mit der sogenannte Stories erstellt werden können, bietet all die oben aufgeführten Funktionen in einem Werkzeug. Sie erhalten neben Diagrammen und Tabellen weitere visuelle Elemente. Das Tool ermöglicht eine ansprechende Darstellung Ihrer Berichte, die Sie mit Drilldown und weiteren interaktiven Funktionen anreichern können. So können Sie schnell und einfach Erkenntnisse aus Ihren Daten ableiten und Entscheidungen treffen.

Ein Beispiel für solch eine Story sind Kerndaten aus SAP SuccessFactors Employee Central. Wie viele interne Mitarbeiter haben Sie? Wie viele dieser Mitarbeiter sind Externe? Wo sind diese angestellt, wie hat sich das entwickelt? Welche Arten von Mitarbeitern (Vollzeit, Teilzeit, Mitarbeiter im Ruhestand etc.) haben Sie? Sie können auch alle anderen Informationen – z. B. Job-Informationen aus dem Bereich SAP SuccessFactors Employee Central – hinzufügen und damit Lohn- und Gehaltsdaten, Planstellendaten, Daten aus dem Organisationsmanagement und vieles mehr analysieren (siehe Abbildung 17.4).

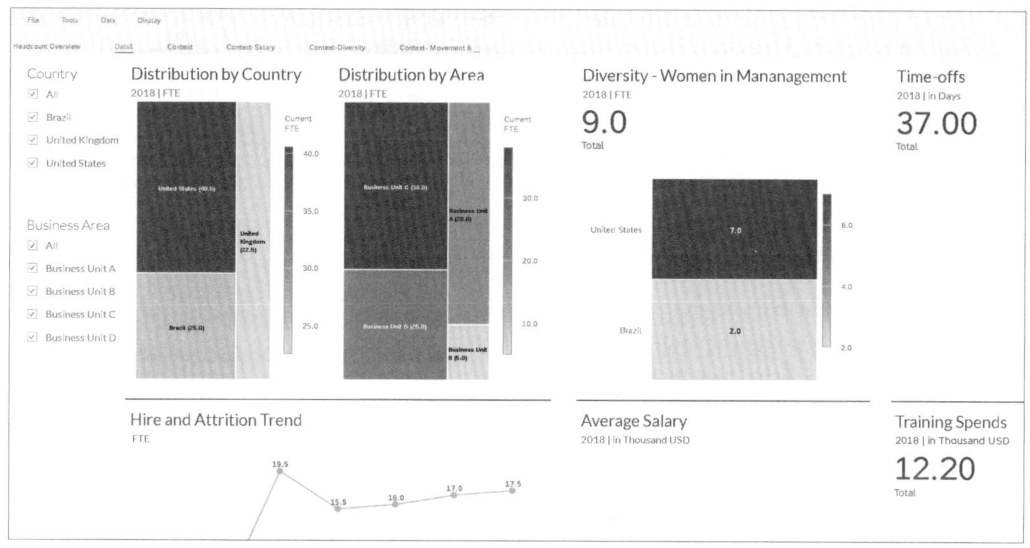

Abbildung 17.4 Eine Analytics Story mit Daten aus SAP SuccessFactors Employee Central

Ein weiteres Standard-Dashboard steht z. B. für das Recruiting zur Verfügung. In Abbildung 17.5 sehen Sie die Anzahl der Stellenausschreibungen im Zeitverlauf, eine Aufgliederung der offenen Stellen pro Land und Abteilung, eine Übersicht zu den Kandidaten in Bezug auf Quellen (z. B. Jobbörsen wie Indeed, Monster oder StepStone). Über weitere Analyse-Tools bekommen Sie zu allen Daten weitere Informationen, sofern das mit den gewählten Datenschutzeinstellungen und Aggregationen unterstützt wird.

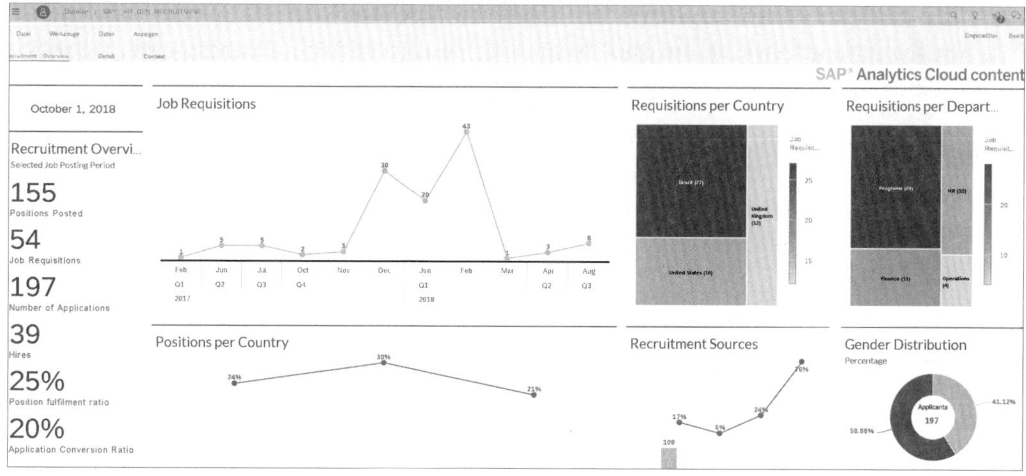

Abbildung 17.5 Daten aus dem Recruiting analysieren

Ähnliche Stories werden aus allen Bereichen von SAP SuccessFactors zur Verfügung gestellt, oder Sie können diese selbstständig erstellen. Die Berichte können Sie sehr flexibel in vielen Bereichen von SAP SuccessFactors direkt einbinden, sodass eine konsistente, integrierte Benutzersicht gewährleistet ist – ohne Klicks in andere Browser-Fenster.

17.1.4 Weiterführende Berichte

In SAP SuccessFactors haben Sie die Möglichkeit, Berichte für spezielle Anforderungen zu nutzen. Auf diese gehen wir im Folgenden ein.

Druckformatvorlagen für Formulare

Basierend auf der BIRT-Technologie (siehe *https://eclipse.org/birt*), können Sie die Druckvorlagen für Formulare fast beliebig anpassen. So können z. B. in der Formularvorlage das Kundenlogo kundenspezifische Kalkulationen, die im Formular nicht abbildbar sind, und viele weitere Darstellungsoptionen der Datenfelder gewählt werden. Allerdings kann beim Erstellen dieser Vorlagen nur auf die Daten zugegriffen werden, die im Formular vorhanden sind, oder es können statische Inhalte hinzugefügt werden. Die Verarbeitungslogik der Daten ist genau wie die Darstellung frei wählbar.

Pixel Perfect Talent Card

Die Daten im Personenprofil werden in vielen Unternehmen noch grafisch aufbereitet und z. B. als Microsoft-PowerPoint-Dateien formatiert, ausgedruckt und der Geschäftsführung vorgelegt. Ein solches Vorgehen wird oft im Bereich Talentmanagement gewählt, um die Geschäftsführung in Bezug auf Kandidaten für Schlüsselpositionen zu informieren.

Diese Arbeit lässt sich mithilfe der Pixel Perfect Talent Card in SAP SuccessFactors sehr gut unterstützen. Sie ergänzt die Standardfunktion der Talent Card (siehe Kapitel 15, »Talentmanagement – Nachfolge und Entwicklung«), die ähnliche Unterstützung im Standard bietet. Die Pixel Perfect Talent Card übernimmt z. B. das druckerfreundliche Extrahieren von Talentinformationen. Informationen aus dem Talentmanagement können zur Historisierung oder zum Ausdruck damit pixelgenau aufbereitet werden, sodass sie auch offline zur Verfügung stehen. Als Ausgabe können Sie sowohl PDF als auch Microsoft PowerPoint wählen. Ihr Implementierungspartner unterstützt Sie gerne bei der Erstellung dieser Berichte.

17.2 Strategische Analyse – SAP SuccessFactors People Analytics Advanced Edition

Die Produkte SAP SuccessFactors People Analytics Advanced und SAP SuccessFactors People Analytics Planning Edition sind im strategischen Bereich des Berichtswesens anzusiedeln.

Dort haben Sie ein deutlich erweitertes Anwendungsspektrum: Sie können Informationen aus verschiedenen Datenquellen miteinander verknüpfen und zeitliche Entwicklungen betrachten. Sie haben die Möglichkeit, kausale Zusammenhänge darzustellen und so Hinweise zu bekommen, warum etwas passiert. Basierend auf der Auswertung auch von historischen Daten, können Informationen miteinander in Verbindung gesetzt werden, die zur Beantwortung komplexer Fragestellungen dienen.

Ein einfaches Beispiel: Eine klassische Frage, die mittels der Advanced Edition beantwortet werden kann, ist, ob die Fluktuation der Mitarbeiter eine unterjährige Schwankung aufweist. Sie können dann in einem weiteren Schritt auswerten, ob es Faktoren gibt, die diese Schwankung verursachen. Der Einblick in historische Daten unterstützt Sie dabei, wiederkehrende Muster aufzuzeigen und Maßnahmen zu ergreifen, mit deren Hilfe Sie auf Einflussfaktoren ändernd einwirken können.

[!] **Verwechseln Sie nicht Korrelation mit Kausalität!**

Mit SAP SuccessFactors People Analytics Advanced ist es möglich, Zusammenhänge herauszufinden und darzustellen. Ein Zusammenhang allein bedeutet jedoch noch keine Kausalität. Auch wenn zwei Datenreihen sich gleich entwickeln, können sie vollständig unabhängig voneinander sein. Ein bekanntes Beispiel dafür ist die Geburtenrate und die Anzahl der Störche in Deutschland. Beide Datenreihen entwickelten sich eine Zeit lang sehr ähnlich.

Stellen Sie daher über Abstimmung mit den jeweiligen Beteiligten im Unternehmen sicher, dass behauptete kausale Zusammenhänge tatsächlich kausal sind. Finden Sie heraus, wie und warum Zusammenhänge sich bedingen, und geben Sie diese Art der *qualitativen Interpretation* immer mit, wenn Sie solche Berichte mit Führungskräften teilen.

Im Rahmen der Implementierung werden für die Analyse Datenmodelle erstellt, die die Grundlage für die spätere Berichterstattung sind. Mehrdimensionale Berichte können so in der Modellierung erstellt werden. Aufbauend auf der grundlegenden Unterscheidung zwischen Messgrößen (*Measures*, z. B. Fluktuation) und Dimensionen (*Dimensions*, z. B. rechtliche Einheit), können Sie zusätzlich z. B. noch die Zeit als dritte Auswertungsdimension einbeziehen. Sie haben so die Möglichkeit, über einen größeren Zeitraum auszuwerten, wie sich die Fluktuation in einer Unternehmenseinheit verändert.

Welche **Maßstäbe** oder Messgrößen (Measures) für die Berichte zur Verfügung stehen, hängt von den implementierten *Metric Packs* ab. Metric Packs bieten Ihnen vorkonfigurierte Messgrößen, die Sie kundenspezifisch anreichern oder anpassen können. Sie beruhen auf den Erfahrungen und Best Practices aus vielen Hundert Kundenprojekten und werden von SAP im Rahmen der Implementierung zur Verfügung gestellt. Zentraler Vorteil bei der Nutzung der Metric Packs ist die Möglichkeit des Benchmarkings. Basierend auf anonymisierten Daten anderer vergleichbarer Unternehmen, können Sie prüfen, ob der derzeitige Status und die Entwicklung Ihres Unternehmens dem allgemeinen Marktgeschehen entsprechen.

[»]

Integrieren Sie alle Unternehmensteile für ein globales Berichtswesen

Ein globales Berichtswesen kann nur erfolgreich sein, wenn alle Unternehmensteile integriert werden. Sonst besteht die Gefahr der Punktoptimierung (Silodaten).

Durch die Integration von Drittsystemen können Sie mit SAP SuccessFactors People Analytics Advanced Edition alle Daten konsolidieren, selbst wenn es unterschiedliche Quellsysteme gibt. Um die Daten zu konsolidieren und die Datenqualität auf einem hohen Stand zu wahren, empfiehlt sich die Verwendung einer Middleware (siehe Kapitel 5, »Stammdaten und Datenintegration«).

17.3 Strategische Planung – SAP SuccessFactors People Analytics Planning Edition

Mit SAP SuccessFactors People Analytics Planning Edition können Sie sich auf die Chancen und Risiken im Bereich Ressourcenplanung und Talentmanagement, die sich aus dem aktuellen und künftigen Marktumfeld, Ihrer Unternehmensstrategie und Ihrem aktuellen Mitarbeiterstamm ergeben, systematisch vorbereiten. Sie können die Nachfrage nach wichtigen Qualifikationen und Kompetenzen darstellen und die Lücken aufzeigen, die Sie voraussichtlich haben werden, wenn Sie nicht rechtzeitig gegensteuern. Auch Überschüsse können aufgezeigt werden, sodass Sie auch hier rechtzeitig aktiv werden können.

Um Sie bei der Umsetzung Ihrer Strategie zu unterstützen, bietet SAP SuccessFactors People Analytics Planning Edition Best-Practice-Strategien an, die sich am Markt bewährt haben. Wenn Sie SAP SuccessFactors People Analytics Planning Edition mit Talentmanagement integrieren, können Sie z. B. Mitarbeiter identifizieren, die mit Entwicklungsmaßnahmen in die Richtung der benötigten Kompetenzen gefördert werden können. Sollte der Personalbedarf nicht intern realisierbar sein, besteht die Möglichkeit, den Bedarf extern mithilfe des Recruiting-Moduls zu decken.

Aktuelle und eventuell eintretende Markttrends können Sie im Rahmen der Definition der Szenarien berücksichtigen und in die Voraussage integrieren, sobald Sie dafür die für Ihr Unternehmen relevanten Trends definiert haben.

SAP SuccessFactors People Analytics Planning Edition leitet aus den von Ihnen erstellten Szenarien die Risikoszenarien ab und bewertet deren Einfluss auf das Unternehmen. Für den Eintritt eines der Szenarien können Sie mithilfe von SAP SuccessFactors People Analytics Planning Edition bereits vorab Aktionspläne zum Abmildern der Folgen erstellen, sodass die künftige Lücke durch Personalbedarfsplanungsmaßnahmen reduziert oder geschlossen wird. Damit können Sie Ihren Führungskräften veranschaulichen, unter welchen Voraussetzungen welche Aktionspläne für das Unternehmen durchgeführt werden müssen, um Risiken für die Unternehmensentwicklung zu vermeiden.

Abgerundet wird die strategische Personalplanung mit der Illustration der finanziellen Implikationen, die sich aus den Szenarien ergeben. So können Sie, basierend auf Finanzkennzahlen, die Kostenentwicklung der Personalkosten ins Verhältnis zum Unternehmensgewinn setzen.

Nach diesem ersten Überblick über die Möglichkeiten, die SAP SuccessFactors für die Analyse von Daten bietet, gehen wir im nächsten Kapitel auf die Integrationsmöglichkeiten von SAP SuccessFactors ein.

Kapitel 18
Integration

Integrationsarbeit hat zu 95 % keinen technischen, sondern einen fachlichen Charakter. Es gilt sicherzustellen, dass die Prozesse die Daten richtig »verstehen«. Oft sind zur Klärung detaillierte und bereichsübergreifende fachliche Diskussionen notwendig. Das macht den Reiz und die Herausforderung aus.

Das Thema *Integration* sorgt in der Praxis in Projekten häufig für Überraschungen. Einerseits positive Überraschungen: Unternehmen entdecken, wie viel Nutzen sie mit integrierten Daten und Prozessen erreichen können. Manuelle, doppelte Arbeiten fallen weg, Verzögerungen bei der Bereitstellung sind Vergangenheit, die Datenqualität erhöht sich. Mitarbeiter arbeiten gerne mit SAP SuccessFactors, wenn sie wissen, dass sie damit auch viele andere Systeme und Prozesse orchestrieren und lästige Arbeiten anderswo vermeiden helfen.

Mitarbeiterstammdaten [zB]

Mitarbeiterstammdaten können von SAP SuccessFactors über eine SAP-Standardschnittstelle an das *Microsoft Active Directory* übergeben werden. Neue Mitarbeiter kommen so automatisch in das Active Directory, Änderungen im Titel, in Bereichszugehörigkeiten, Funktionen oder Planstellen können direkt an das Active Directory weitergegeben werden und dort automatisch Aktionen auslösen: Titel können angepasst, neue E-Mail-Accounts erstellt oder – bei Austritt – gesperrt werden. Darüber hinaus können Zugriffe auf andere IT-Systeme automatisch zugewiesen oder entfernt werden.

Zusätzliche Integrationen können mit Zugriffssystemen hergestellt werden. In Abhängigkeit von der organisatorischen Eingliederung des Mitarbeiters können z. B. Türen oder physikalische Ressourcen automatisch orchestriert werden: Gehört der Mitarbeiter zu HR, kann seine Zutrittskarte automatisch z. B. für alle HR-Besprechungsräume freigeschaltet werden, gehört er zur IT, dann gilt Entsprechendes im Bereich IT.

Reisekosten-Planungstools, die automatisch die Daten aus SAP SuccessFactors bekommen, um z. B. in SAP Concur dann Arbeitsabläufe automatisch richtig abzubilden, benötigen deutlich weniger manuelle Wartung, wenn es eine gut integrierte Schnittstelle gibt.

Systeme für Governance, Risk & Compliance (GRC) benötigen ebenfalls die Daten aus SAP SuccessFactors: Mit den Daten aus dem führenden HR-System ist sofort klar, wer wofür zuständig ist und wer an wen berichtet. Auch wer gerade im Urlaub ist und wer der Stellvertreter ist, der angesprochen werden muss, weiß SAP SuccessFactors. Wer soll im Notfall wie benachrichtigt werden? All das kann SAP SuccessFactors automatisch liefern und muss dann nicht mehr redundant und fehleranfällig anderweitig manuell gepflegt werden.

Und dann gibt es natürlich noch die Standard-ERP-Integrationen, z. B. im SAP-ERP-On-Premise-System oder in SAP S/4HANA in den verschiedenen Ausprägungen. Dort werden neben den Mitarbeiterstammdaten u. a. auch Daten zu Produktionsplanung, Qualifikationen und Fertigkeiten der Mitarbeiter benötigt. Umgekehrt liefern diese Systeme oft auch Daten zu SAP SuccessFactors: Kostenstellen, Buchungskreise oder rechtliche Einheiten, um nur drei Beispiele zu nennen.

Ein Beispiel für die nötige »semantische« Arbeit ist das Thema »Kopfzahlen« bzw. FTE (*Full Time Equivalents*) oder Headcount. In vielen Unternehmen, in denen es sowohl HR- als auch Controlling-Abteilungen gibt, gibt es auch eine Art Wettkampf, wer der Geschäftsleitung die besseren Daten zum Thema »Kopfzahlen« liefern kann. Diese Zahlen sind für viele Auswertungen, Vergleiche und Entscheidungen notwendig: Welcher Standort arbeitet wie effizient, wo soll das nächste Produkt produziert werden, wo gibt es zu wenig oder zu viel Kapazität, wo soll mehr oder weniger investiert werden? Umso wichtiger ist es, korrekte Zahlen als Grundlage zu bekommen. Es ist daher erstaunlich, dass viele Unternehmen diese Zahlen per Spreadsheet abfragen. Lokale Einheiten geben dort die Daten nach eigenem Gutdünken ein, mit mehr oder weniger hilfreichen Anleitungen. Eine systematische Integration mit anderen Prozessen und eine automatische Erhebung dieser Daten finden nicht statt.

Best Practice wäre, alle Mitarbeiter (ob intern oder extern, aktiv oder inaktiv, in Teilzeit oder Vollzeit, Praktikanten und Auszubildende), in einem führenden HR-System zu pflegen und dazu dann weitere Informationen wie Wochenarbeitszeit und den Status der Mitarbeiter (z. B. aktiv, krank, im Ruhestand etc.) zu ergänzen. Sie sollten wissen, dass in manchen Ländern, langzeit-kranke Mitarbeiter bis zu sechs Monate als aktiv geführt werden, weil das Unternehmen weiter Lohn bzw. Gehalt zahlen muss, in anderen Ländern sind es nur sechs Wochen. Diese globalen Unterschiede müssen berücksichtigt werden, um korrekte, vergleichbare Zahlen, normiert auf einen »globalen« Mitarbeiter, automatisch zu bekommen. Ist das geschafft, haben Sie eine solide Basis für die oben angedeuteten Entscheidungen und vermeiden viel unnötige manuelle Arbeit.

Andererseits gibt es auch negative Überraschungen: Zum Beispiel dann, wenn keine Ressourcen für die semantische Arbeit vorhanden sind. Dann sind Überschreitungen von Zeit und Budget zu erwarten. Nur wenn Prozesse und Systeme dieser Art integriert sind, entfaltet sich der ganze Mehrwert einer HR-Suite. Für den dauerhaften Erfolg einer Einführung von SAP SuccessFactors ist es wichtig, dass Sie diese Aspekte berücksichtigen. Um Sie dabei zu unterstützen, bietet SAP sehr gute Standardwerkzeuge und Anleitungen an. Im Folgenden zeigen wir Ihnen überblicksartig die Möglichkeiten, die Ihnen das Integrations-Center und der Standard **Mitarbeiteränderungen exportieren** (Employee Delta Export) bieten, und geben Ihnen eine Übersicht über SAP-Standardintegrationen in diesem Umfeld.

18.1 Integrations-Center

Das *Integrations-Center* erlaubt Ihnen, auf einfache technische Art und Weise selbst Integrationen aller Art zu erstellen. Es bietet viele Optionen, die Sie unter dem Menüpunkt **Meine Integrationen** finden (siehe Abbildung 18.1).

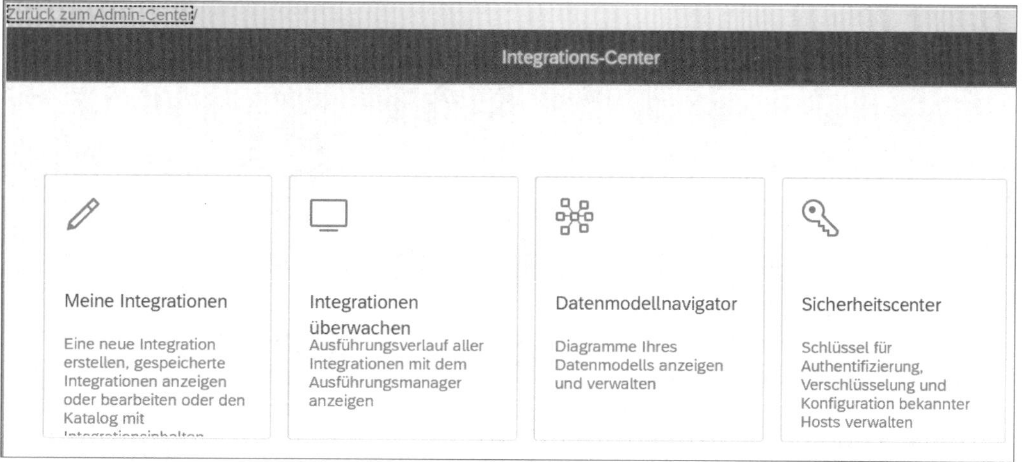

Abbildung 18.1 Integrations-Center

Unter **Meine Integrationen** sehen Sie unter anderem auch einen Standardkatalog, in dem eine ganze Reihe von Standardintegrationen, z. B. zu Active Directory, Fieldglass oder Zeitwirtschafts- und Zutrittssystemen, zur Verfügung gestellt werden. Diese können Sie als sehr guten Startpunkt für Ihre Integrationen nutzen. Klicken Sie dazu auf **Integrationskatalog durchsuchen** (siehe Abbildung 18.2).

Im Integrationskatalog, der sich eingebettet im SAP API Business Hub befindet, finden Sie dann eine Liste aller angebotenen Integrationen (siehe Abbildung 18.3).

Integration-Center - Meine Integrationen
Integrationsinhaltskatalog durchsuchen
Kata...
Erste...
46 Integrationen
Suchen
Name und Beschreibung
Zuletzt geändert
Zuletzt ausgeführt
Ausführungen (letzte 7 Tage)
Aktionen
vonadminpentos
Background_Staticgoalimport Scheduled EDIFIXED File Export
Juli 13,2018
vonadminpentos
Birthday V1
This job will copy over the birth date from person info to a custom object
Nov. 02,2019
vonadminpentos
Nov. 02,2019
Version:3
Bonus Template
A report or file by company and department of employees receiving a quarterly safety
Okt. 06,2015
vonadminpentos

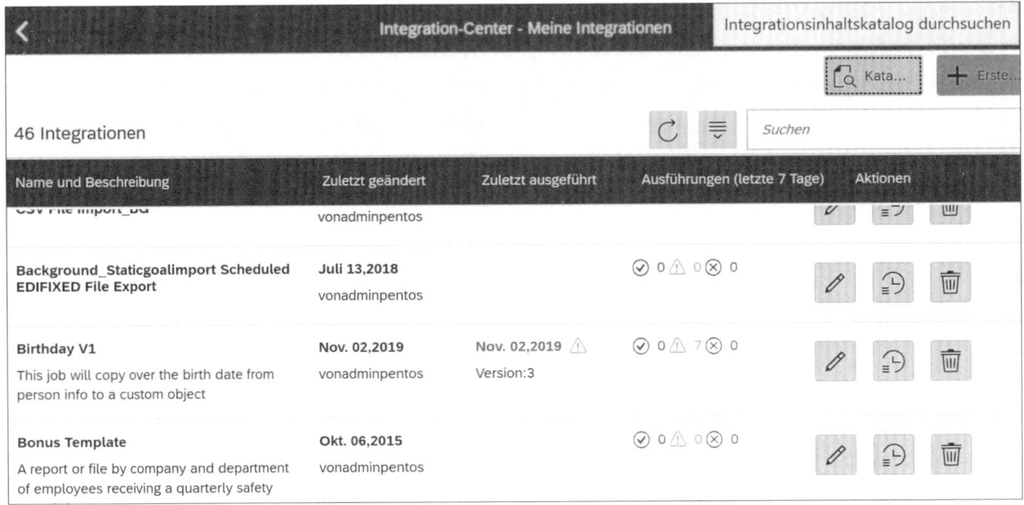

Abbildung 18.2 Der Integrationskatalog (oben rechts)

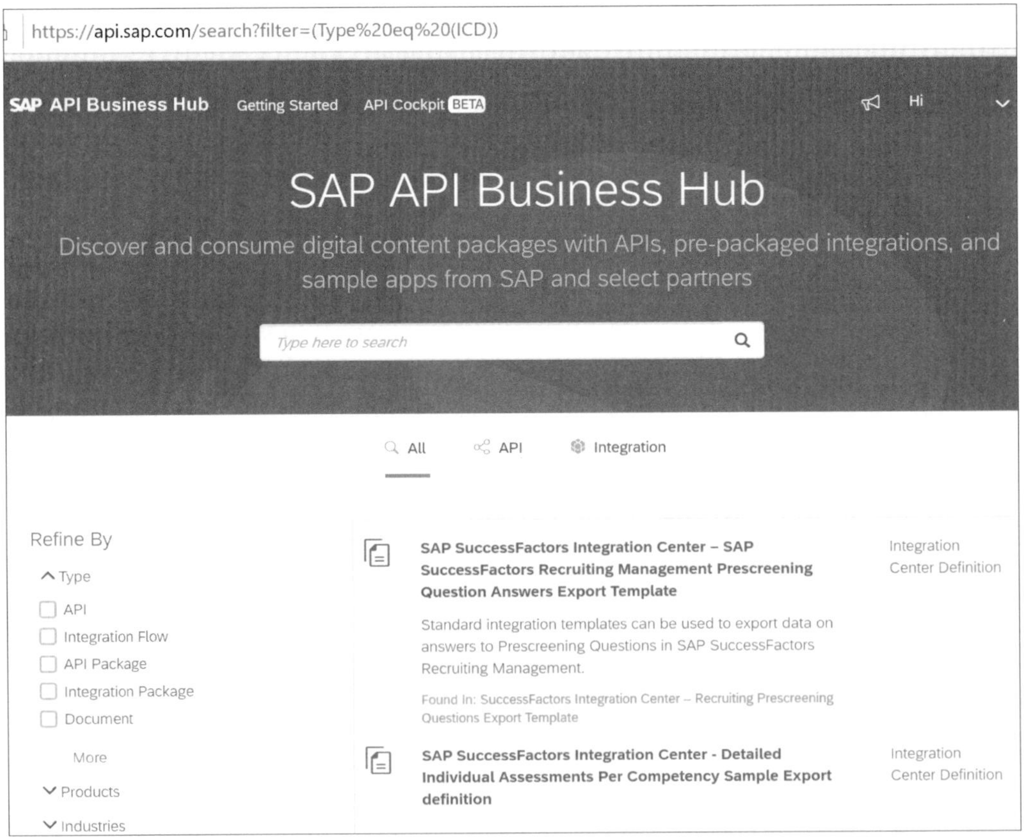

https://api.sap.com/search?filter=(Type%20eq%20(ICD))
SAP API Business Hub
Getting Started
API Cockpit BETA
Hi
SAP API Business Hub
Discover and consume digital content packages with APIs, pre-packaged integrations, and sample apps from SAP and select partners
Type here to search
All
API
Integration
Refine By
Type
API
Integration Flow
API Package
Integration Package
Document
More
Products
Industries
SAP SuccessFactors Integration Center – SAP SuccessFactors Recruiting Management Prescreening Question Answers Export Template
Standard integration templates can be used to export data on answers to Prescreening Questions in SAP SuccessFactors Recruiting Management.
Found In: SuccessFactors Integration Center – Recruiting Prescreening Questions Export Template
Integration Center Definition
SAP SuccessFactors Integration Center - Detailed Individual Assessments Per Competency Sample Export definition
Integration Center Definition

Abbildung 18.3 SAP-SuccessFactors-Standardintegration im SAP API Business Hub

Alternativ können Sie die Möglichkeiten im Integrations-Center nutzen, um selbst Ihre benötigten Integrationen zu entwickeln. Unter anderem können Sie über die Objekte, die Sie in Ihrem System haben, zu den benötigten Feldern navigieren, diese wie benötigt zusammenstellen, mit Filtern versehen, das Zielsystem sowie die Häufigkeit des Exports und die Verschlüsselung auswählen. In einem Übersichtsbild sehen Sie dann alle Informationen (siehe Abbildung 18.4).

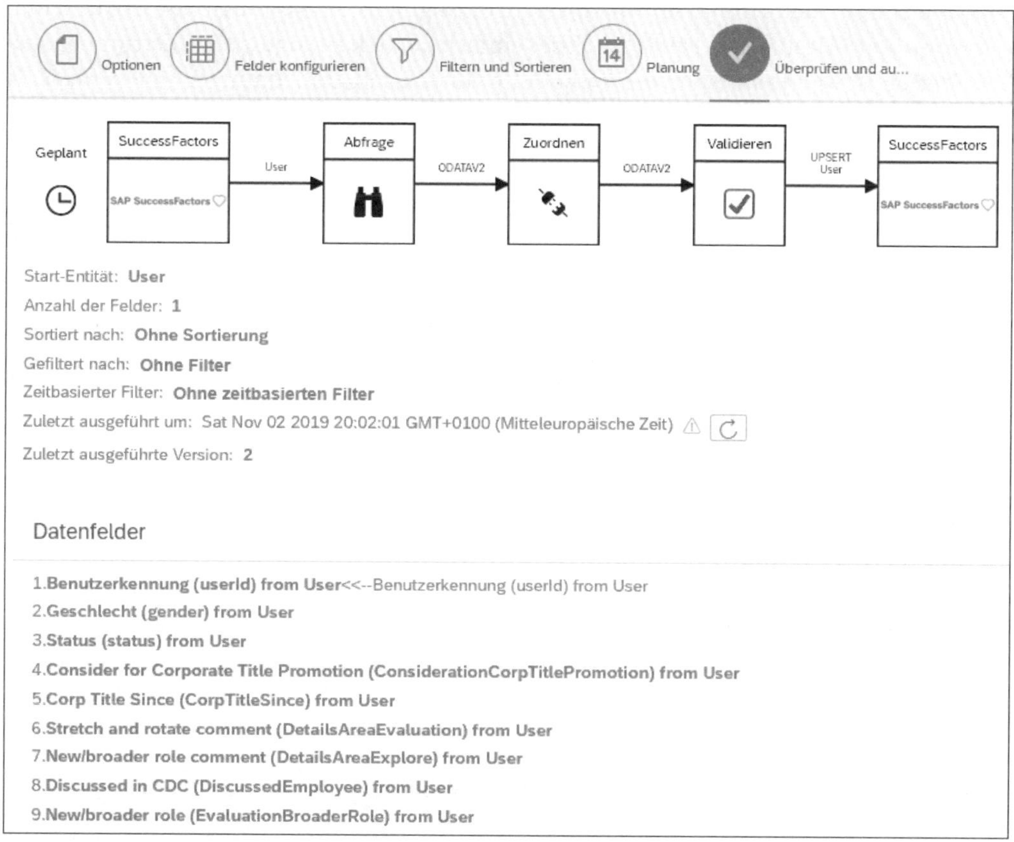

Abbildung 18.4 Beispiel einer Integration mit ausgewählten Optionen im Integrations-Center

Im nächsten Abschnitt zeigen wir Ihnen eine sehr interessante Möglichkeit, alle lohn- und gehaltsrelevanten Daten zu exportieren.

18.2 Mitarbeiteränderungen exportieren

Mit dem Werkzeug **Mitarbeiteränderungen exportieren** können Sie alle Änderungen, die in einem von Ihnen definiertem Zeitfenster in SAP SuccessFactors Employee Central erfolgt sind, selbstständig exportieren. Dabei sind im Standard alle lohn- und gehaltsrelevanten Daten enthalten, wie z. B. Gehaltsänderungen, Bonuszahlungen, aber auch Adressänderungen oder Änderungen von Bankkonten. Es beinhaltet auch alle Zu- und Abgänge von Mitarbeitern. So können Sie z. B. alle Änderungen, die für die Lohn- und Gehaltsabrechnung im April relevant sind, in ein Excel-Arbeitsblatt ziehen und für den Import oder die Eingabe in Ihrem Lohn- und Gehaltssystem weiternutzen (siehe Abbildung 18.5).

Sie können den Export selbst anpassen, dazu gibt es eine umfassende Dokumentation von SAP. In vielen Fällen ist dieses einfache, sehr kostengünstige Instrument ausreichend, wenn es z. B. um die Anbindung von lokalen Abrechnungen mit weniger als hundert Mitarbeitern pro Standort geht.

Zurück zu: Admin-Center

Mitarbeiteränderungen exportieren

Datei	Aktualisiert am	Beschreibung
Excel Add-in Installer 1908.0.0	2019-08-30 14:25	Open this file to install the Employee Delta Export Add-in
Multi-sheet Workbook 1908.0.0	2019-08-06 10:08	Sample workbook containing separate worksheets for all Employee Central e...
Single-sheet Workbook 1908.0.0	2019-08-06 10:10	Sample workbook showing all Employee Central entities on one worksheet
User Guide 1908.0.0	2019-08-06 10:11	Download the installation and user guide as a PDF

Weitere Informationen und Tutorials finden Sie unter Jam.

Abbildung 18.5 Mitarbeiteränderungen exportieren

Der Aufwand, dieses Werkzeug einzurichten, beträgt in der Regel nur Stunden bis hin zu wenigen Tagen, wenn Sie die Themen Berechtigungen und Sicherheit rasch adressieren und lösen können: Berechtigungen müssen vergeben werden, Excel muss mit einem Template verbunden werden, und die relevanten Verbindungsdaten müssen eingetragen werden. Das Ergebnis sieht dann ähnlich aus, wie in Abbildung 18.6 dargestellt.

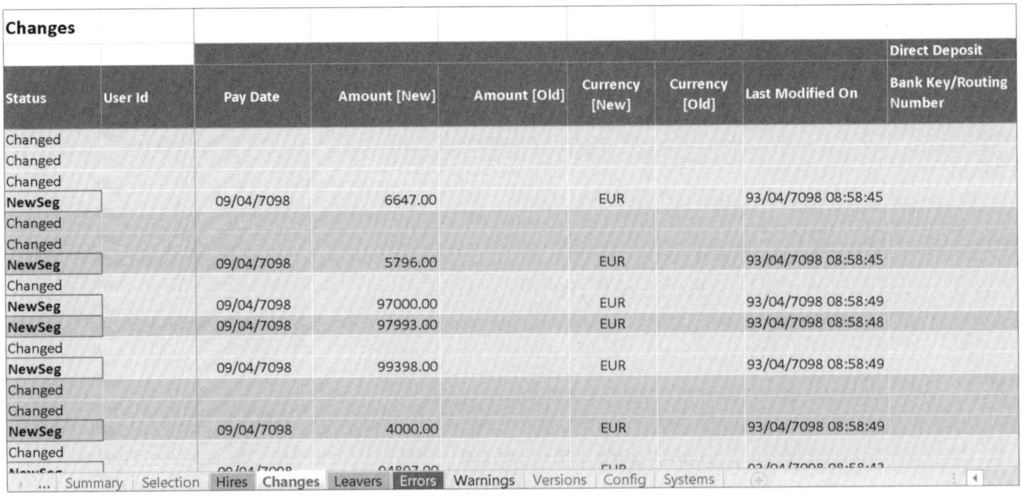

Changes

								Direct Deposit
Status	User Id	Pay Date	Amount [New]	Amount [Old]	Currency [New]	Currency [Old]	Last Modified On	Bank Key/Routing Number
Changed								
Changed								
Changed								
NewSeg		09/04/7098	6647.00		EUR		93/04/7098 08:58:45	
Changed								
Changed								
NewSeg		09/04/7098	5796.00		EUR		93/04/7098 08:58:45	
Changed								
NewSeg		09/04/7098	97000.00		EUR		93/04/7098 08:58:49	
NewSeg		09/04/7098	97993.00		EUR		93/04/7098 08:58:48	
Changed								
NewSeg		09/04/7098	99398.00		EUR		93/04/7098 08:58:49	
Changed								
Changed								
NewSeg		09/04/7098	4000.00		EUR		93/04/7098 08:58:49	
Changed								

... Summary Selection Hires Changes Leavers Errors Warnings Versions Config Systems

Abbildung 18.6 Beispiel eines Exports von Mitarbeiteränderungen

Nach diesem einfachen, aber mächtigen manuellen Standardexport folgt abschließend noch ein Überblick über weitere SAP-Integrationstools und häufige Anwendungsfälle.

18.3 Standardintegrationen für SAP SuccessFactors mit anderen IT-Systemen

Es gibt eine Vielzahl von Integrationsmöglichkeiten, die eigene Bücher füllen. Wir empfehlen, die Standardpakete zu sichten, mit den einfacheren Varianten im *Integrations-Center* zu starten und auch die SAP-Roadmap zu beachten. Komplexere Integrationen sollten Sie dann vornehmen, wenn der Mehrwert klar ist. Starten Sie aber mit den einfacheren. In diesem Abschnitt erhalten Sie einen Überblick über einige Integrationsoptionen, die Ihnen Möglichkeiten und Standardszenarien aufzeigen.

Über die Suche und die Option **Geschäftsszenarios** in SAP SuccessFactors können Sie Standardszenarien für die Integration einrichten. Unter anderem finden Sie hier eine Integration, um Firmenkennzeichen vom führenden System SAP S/4HANA Cloud zu SAP SuccessFactors Employee Central zu übertragen (siehe Abbildung 18.7).

Abbildung 18.7 Integrationsoptionen im Bereich »Geschäftsszenarios«

Im SAP API Business Hub, den Sie über *https://api.sap.com* erreichen, werden weitere Integrationspakete zur Verfügung gestellt. Dazu gehören auch Integrationspakete, um Mitarbeiterdaten von SAP SuccessFactors Employee Central zum SAP-ERP-On-Premise-System zu übertragen (siehe Abbildung 18.8).

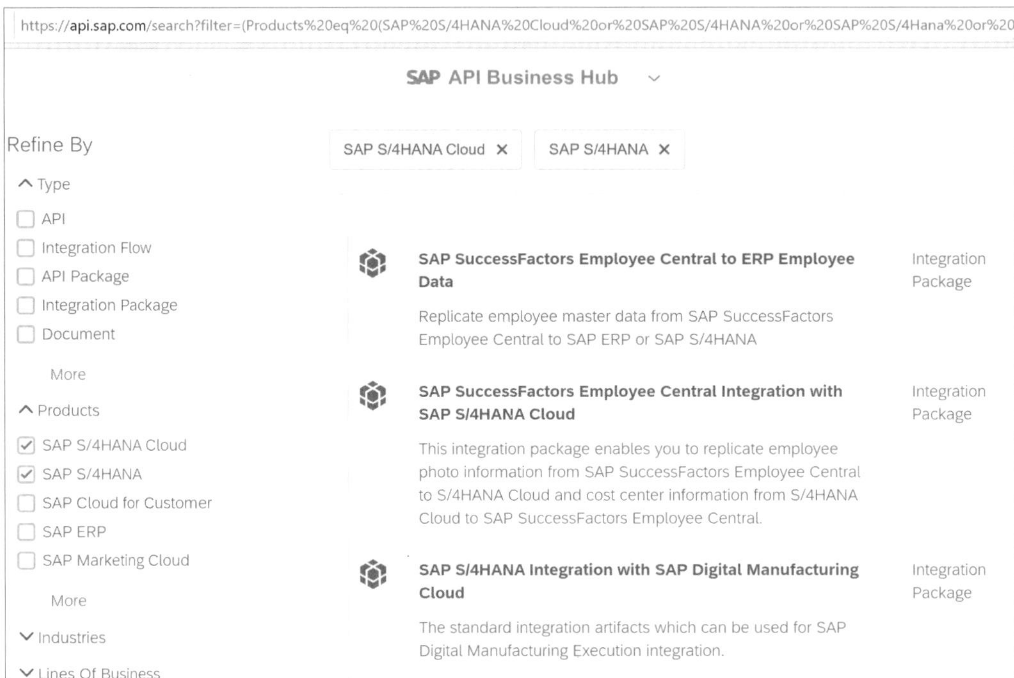

Abbildung 18.8 Standardintegrationen für SAP S/4HANA im SAP API Business Hub

Zwei wichtige Themen bei der Integration sind die Integration von Lohn- und Gehaltsdaten und die Integration mit einem SAP-S/4HANA-System.

Im Bereich Lohn- und Gehaltsdaten ist es einfach, wenn Sie mit SAP SuccessFactors Employee Central Payroll abrechnen. In dem Fall gibt es eine Punkt-zu-Punkt-Integration ohne Middleware. Das Payroll Control Center validiert die Änderungen in SAP SuccessFactors Employee Central, bevor die Daten an SAP SuccessFactors Employee Central Payroll zur Abrechnung übergeben werden.

Nutzen Sie auch andere Lohn- und Gehaltsabrechnungen, haben Sie die Option, die Daten über den *Mitarbeiterdaten-Export* zu exportieren oder sie über die *SAP Cloud Platform Integration* mithilfe von Standardintegrationspaketen zu integrieren. Je nach gewünschter Automatisierung und abhängig vom Zielsystem entstehen dabei Aufwände im Bereich Einrichtung, Testen und Wartung.

Die Daten der Lohn- und Gehaltsabrechnung können Sie auch über eigene Apps bzw. sogenannte *Mashups*, das sind Vermischungen von Daten aus verschiedenen Systemen, direkt in SAP SuccessFactors anzeigen oder sogar bearbeiten. Dabei kann das Aussehen der Bearbeitungsmasken über SAP Fiori an SAP SuccessFactors angepasst werden.

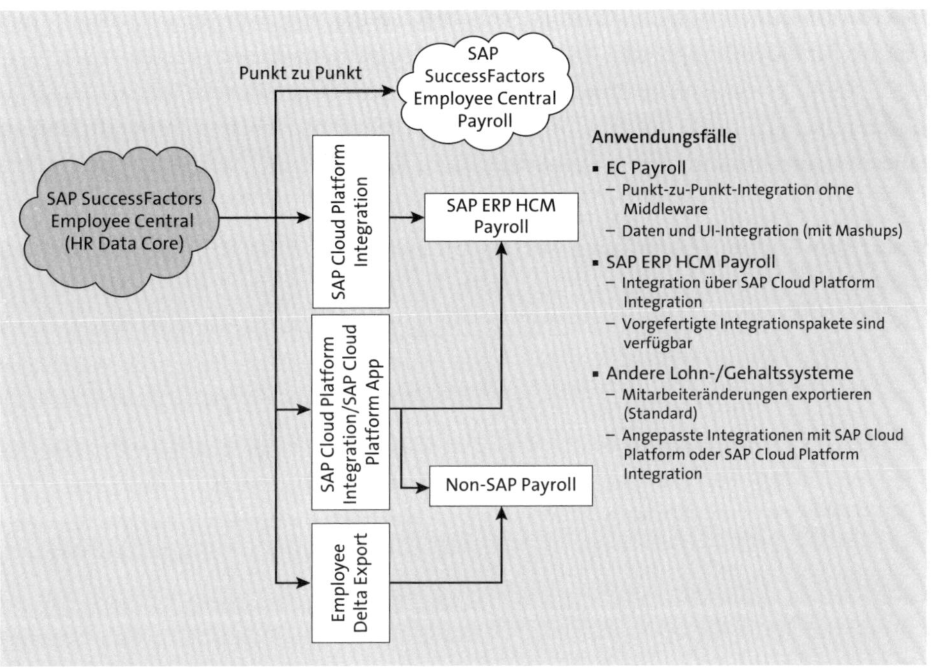

Abbildung 18.9 Integrationsszenarien mit dem Fokus auf Lohn- und Gehaltsabrechnung

Viele Unternehmen beschäftigen sich mit der Einführung von SAP S/4HANA. SAP SuccessFactors ist nicht Teil von SAP S/4HANA, daher gilt es, die nötigen Integrationen herzustellen. Typischerweise sind das Mitarbeiterstammdaten und die Daten und Objekte aus dem Organisationsmanagement wie rechtliche Einheiten, Planstellen, Stellen, Kostenstellen, Qualifikationen von Mitarbeitern und vieles mehr (siehe Abbildung 18.10). Im Detail hängt das davon ab, was Sie in SAP S/4HANA abbilden und welches System wofür das führende System ist.

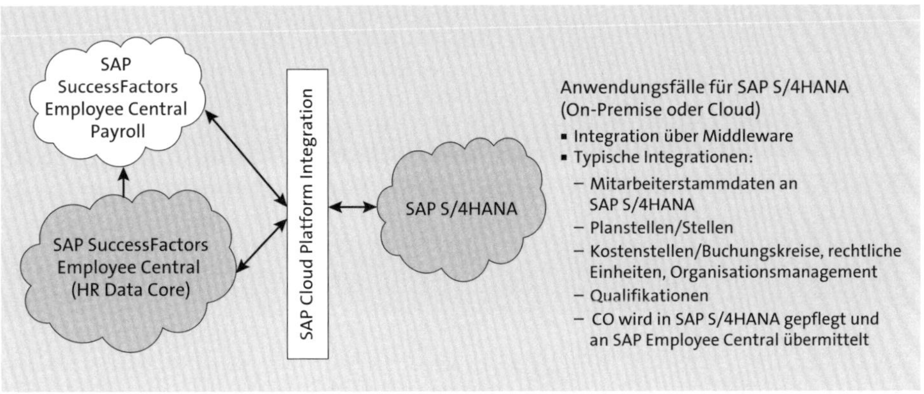

Abbildung 18.10 Integrationsszenarien mit SAP S/4HANA

Viele Unternehmen integrieren noch weitere Systeme, wie Zugriffskontrollsysteme, Systeme für Governance, Risk & Compliance, Reisemanagement-Plattformen, Vertragserstellungstools, elektronische Personalakten und vieles mehr. Für all diese Varianten gibt es in der Regel gute Möglichkeiten, die erforderlichen Integrationen zu realisieren. Ihr Implementierungspartner kann Sie in diesem Umfeld sehr gut unterstützen.

Im nächsten Kapitel beschäftigen wir uns mit SAP SuccessFactors in der produktiven Nutzung.

Kapitel 19
Produktive Nutzung, Support und Release-Management

Die erfolgreiche produktive Nutzung eines Systems hängt auch davon ab, dass es einen guten Support gibt. Wir geben Ihnen im Folgenden einige Tipps, wie Sie einen Support für SAP SuccessFactors aufbauen können und wie Sie dafür sorgen, dass die neuen Releases einen Mehrwert für Ihr Unternehmen darstellen.

In Kapitel 3, »Voraussetzungen für ein erfolgreiches SAP-SuccessFactors-Projekt«, haben Sie erfahren, dass für eine erfolgreiche Arbeit in einem SuccessFactors-Projekt die Unternehmensseite, Personalabteilung und IT-Abteilung zusammenarbeiten. Dies setzt sich genau so auch in der produktiven Nutzung von SAP SuccessFactors fort. Das bringt grundlegende Änderungen mit sich, weil Sie Projekt und Betrieb parallel betreiben sollten und teilweise auch müssen, um die anstehenden Chancen und Herausforderungen bestmöglich zu meistern. In der Planung für den Betrieb sollten auch andere Systeme und Prozesse (von Active Directory zu Payroll, Zugriffskontrollsystemen bis hin zu Apps und Erweiterungen) berücksichtigt werden.

Im Folgenden zeigen wir Ihnen, welche Aspekte Sie für die Nutzung und den damit verbundenen Support regeln sollten (siehe Abschnitt 19.1). Sie erfahren, welche Aspekte im Kontext eines Supports für die im Einsatz befindliche Lösung zu berücksichtigen sind (siehe Abschnitt 19.2), und wir geben Ihnen Tipps zum Aufbau eines Release-Managements (siehe Abschnitt 19.3).

19.1 Hinweise zum Support

Der Support einer SAP-SuccessFactors-Lösung zeichnet sich dadurch aus, dass es neben den typischerweise im Betrieb anfallenden Anfragen und Bedarfen und neben Change Requests auch kontinuierliche Veränderungen durch neue Releases gibt. Releases teilen sich ggf. in Innovations- und Wartungsreleases. In Innovationsreleases werden wesentliche Neuerungen und Ergänzungen bereitgestellt, in Wartungsreleases liegt der Fokus darauf, bestehende Funktionen feinzujustieren.

Gemeinsamer Support von HR- und IT-Abteilung

Ebenso wie für die erfolgreiche Projektarbeit empfehlen wir Ihnen, im Support der eingeführten SAP-SuccessFactors-Lösung zusammenzuarbeiten. Nur IT- und HR-Seite gemeinsam können den bestmöglichen Support für die Endanwender liefern!

Typische Aktivitäten sind:

- Sichtung der Release Notes (z. B. durch die IT) und Bewertung der relevanten Themen
- Sichtung der Änderungsanforderungen von Anwendern und HR (und ggf. IT) durch Process Owner
- Round Table zur Abstimmung zwischen Vertretern aller Beteiligten
- Entscheidung am Round Table zur Nutzung von Neuigkeiten
- Abstimmung der Informationen der Benutzer
- Begleitung des Releases und Durchführung kundeneigener Aktivitäten wie Regressionstests der wichtigsten Anwendungsfälle und Schnittstellentests

Im Folgenden stellen wir Ihnen beispielhaft die Themenbereiche vor, die Sie im Rahmen der produktiven Nutzung Ihrer SAP-SuccessFactors-Landschaft intern oder extern abdecken müssen. Zu dieser SAP-SuccessFactors-Landschaft gehören neben Ihren SAP-SuccessFactors-Instanzen z. B. auch Single-Sign-on-Funktionen bzw. die Active-Directory-Anbindung, Schnittstellen zu vorhergehenden und nachgelagerten Systemen (Zugriffskontrollsysteme, ggf. Reporting, SAP S/4HANA oder andere ERP-Systeme etc.). Unterstützung dabei erhalten Sie je nach Ihren Präferenzen durch Ihren Implementierungspartner und/oder durch den SAP-SuccessFactors-Support.

Grundsätzlich können mit Betrieb, Change Requests und Release-Management drei große Teilbereiche identifiziert werden, in denen Sie in der produktiven SAP-SuccessFactors-Nutzung tätig werden. Die Aufteilung der Aufwände auf diese Bereiche kann, wie in Abbildung 19.1 dargestellt, sehr ähnlich sein.

Werden in einem kurzen Zeitraum viele Prozesse eingeführt, dann liegt die Aufteilung der Aufwände vermutlich eher bei 40 % für das Release-Management, 40 % für den Betrieb und 20 % für die Change Requests, weil voraussichtlich viele der Change Requests noch über Projekt und Release abgewickelt werden. In weiterer Folge, wenn es stabilere interne Prozesse sind, an denen durch SAP SuccessFactors wenig geändert wird, gehen wir davon aus, dass der Gesamtaufwand deutlich sinkt, der Betrieb davon dann 50 % ausmacht, das Release-Management vielleicht 25 % und die Change Requests ebenfalls 25 %.

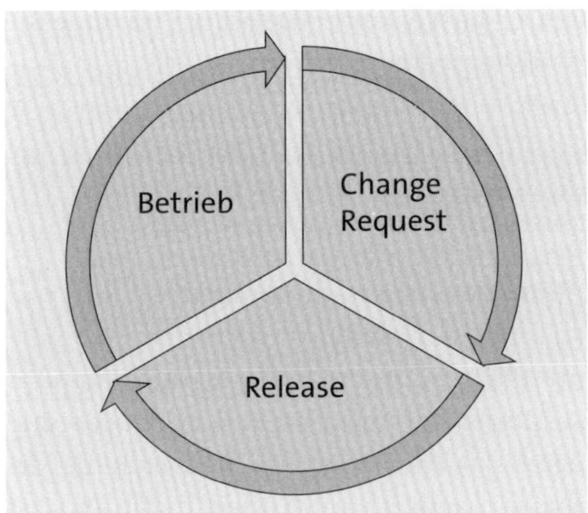

Abbildung 19.1 Unterstützung der produktiven SAP-SuccessFactors-Nutzung

Im Folgenden finden Sie einige Beispiele, welche Typen von Aufgaben auf Sie zukommen können:

- **Betrieb**
  - *Prozessfragen bzw. fachliche Unterstützungsbedarfe aus Endanwendersicht*
    Was muss ich als Nächstes tun? Wer ist zuständig? Wie kann ich etwas machen? Kann man etwas verändern?
  - *Probleme bei der Nutzung des Systems aus Endanwendersicht*
    Ein Benutzer ist gesperrt oder verfügt nicht über die nötigen Rechte.
  - *Fehlerbehebung im implementierten Prozess*
    Die Personalabteilung oder auch Benutzer des Systems identifizieren ein Fehlverhalten.
  - *Kommunikation von Störfällen und Wartungsarbeiten*
    Information der Anwender, wenn es Störungen im SAP-SuccessFactors-Betrieb gibt oder wenn Wartungsarbeiten anstehen.
- **Change Requests**
  - *Unterstützungsbedarf aus Sicht der Personalabteilung*
    Unterstützungsbedarf entsteht dann, wenn sich bestehende Prozesse verändern oder neue Funktionen zur Verfügung stehen.
  - *Änderungen in der Systemlandschaft*
    Rahmenbedingungen in vor- oder nachgelagerten Systemen ändern sich.
- **Release-Management**
  - *Release-Management von SAP SuccessFactors*
    Prüfung der in den Release Notes bereitgestellten Informationen zu Neuerungen oder Erweiterungen, Prüfung der Neuerungen auf Relevanz für das eigene

Unternehmen und Planung von dadurch ausgelösten Aktivitäten (Change Requests, Projekt) (siehe Abschnitt 19.3, »Release-Management«)

- *Release-Management des Unternehmens*
  Prüfung der Abhängigkeiten unternehmenseigener Release-Management-Aktivitäten und Beurteilung asynchroner Tätigkeiten
- *Prüfung von Apps und Erweiterungen*
  Sicherstellung, dass Apps und Erweiterungen im Zusammenspiel mit SAP SuccessFactors weiterhin funktionieren, und ggf. Erweiterung derselben. Im Rahmen des Supports (siehe Abschnitt 19.2, »Support-Beteiligte und Support-Organisation«) bearbeiten Sie in der Regel die im Kontext von Betrieb und Change Requests anfallenden Anfragen. Das Thema Release-Management (siehe Abschnitt 19.3) kann mitunter auch in anderer Form, etwa durch Process Owner, führend betreut werden.

19.2 Support-Beteiligte und Support-Organisation

Wir empfehlen Ihnen, dass auch im internen Support für die Abwicklung von Störfällen, Fehlern und Change Requests Personalabteilung und IT-Abteilung gemeinsam arbeiten und den Support für Ihre SAP-SuccessFactors-Landschaft und die dort abgebildeten Prozesse übernehmen. Die Argumente, die für eine Zusammenarbeit von HR- und IT-Abteilung in der Support-Organisation sprechen, sind denen sehr ähnlich, die auch für eine Beteiligung beider Bereiche in einem Implementierungsprojekt sprechen (siehe Abschnitt 3.3, »Aufgaben im Projekt«).

Abbildung 19.2 Zusammenarbeit von HR- und IT-Abteilung

19.2.1 Interner Support

Wir empfehlen Ihnen, sich gerade anfangs kurzfristig und später mindestens einmal im Halbjahr die häufigsten Support-Vorfälle mit den erfahrensten Leuten aus HR- und IT-Abteilung sowie ggf. Partnern anzusehen und zu prüfen, ob sich daraus Verbesserungspotenzial für Ihre SAP-SuccessFactors-Landschaft ableiten lässt. Dann kann ggf. der Support wieder fließend in ein Projekt übergehen.

[«]

SAP SuccessFactors eXpert (SFX) Accreditation Program

SAP bietet SAP-SuccessFactors-Kunden (zunächst unter dem Stichwort *SuccessFactors eXpert Accreditation*) die Möglichkeit, die eigenen SAP-SuccessFactors-Administratoren jährlich zertifizieren zu lassen. Dazu bietet SAP SuccessFactors standardisierte Schulungen im Learning Hub für Administratoren an, die dann in einer ein Jahr gültigen Zertifizierung ihre Kenntnisse belegen können.

Da sich die Angebote mitunter ändern, empfehlen wir Ihnen, sich in der SAP-SuccessFactors-Community und im Learning Hub über den aktuellen Stand zu informieren.

Idealerweise haben Personen, die zumindest den Level 2 des Supports übernehmen, bereits im Implementierungsprojekt Erfahrungen mit dem Prozess und System sammeln können. Da Anfragen sowohl aus dem Umfeld des Prozesses als auch aus dem des Systems kommen können, kann so gewährleistet werden, dass diese schnell in Bearbeitung genommen und beantwortet werden können.

Üblicherweise gibt es für ein überarbeitetes, angepasstes Modul stabile, länger andauernde Phasen, in denen sich nur wenig ändert – bis zu dem Zeitpunkt, an dem es wieder notwendig wird, dieses Modul veränderten Anforderungen der Benutzer und des Marktes anzupassen. Es kann jedoch auch ein Umfeld geben, in dem ein Modul kontinuierlich technischen und fachlichen Veränderungen ausgesetzt ist, hier muss dann auch der Support agiler aufgebaut werden (siehe Tabelle 19.1).

19

Szenario 1	Szenario 2
Modul ist ■ ausgereift ■ stabil ■ von wenigen Änderungen betroffen	**Modul ist** ■ im technischen oder fachlichen Bereich einem Anpassungsprozess ausgesetzt ■ flexibel ■ vielen Änderungen unterworfen
Support ist ■ »klassisch« ■ über User Helpdesk ■ im Wesentlichen leistbar über Checklisten	**Support ist** ■ »agil« ■ über Helpdesk unter Einbindung von Prozessexperten zum kurzfristigen Review der Support-Fälle ■ abhängig vom Prozess-Know-how

Tabelle 19.1 Zwei Szenarien zur Gestaltung des Supports

Binden Sie die Unterstützung eines klassischen User Helpdesks ein, empfehlen wir Ihnen, auf Basis der vorhandenen Anwendungsfälle und User Stories (siehe Abschnitt 4.4, »Mit User Stories und Anwendungsfällen arbeiten«) Checklisten für die Unterstützung bei einfachen Anfragen zur Verfügung zu stellen.

Nutzung von Anwendungsfällen und User Stories

Wenn Sie Anwendungsfälle und User Stories (siehe Abschnitt 4.4) nutzen, um Ihre Anforderungen aufzunehmen und die Arbeit in den Iterationen zu unterstützen, profitieren Sie von dieser Vorarbeit auch im Support. In den Anwendungsfällen sind die Anforderungen und Funktionen beschrieben, aus denen Sie im Support sehr einfach Checklisten ableiten können.

Übrigens: Wenn Sie merken, dass es bei vielen Benutzern Unklarheiten in der Nutzung des Systems gibt, dann können Sie auf Grundlage der Anwendungsfälle weitere Trainings anbieten.

Je nachdem, wie in Ihrem Unternehmen üblicherweise Support geleistet wird, kann die Abbildung der Support-Fälle in Form einer klassischen RACI-Matrix hilfreich sein, auch wenn deren Ausprägung dann etwas anders und auf die Bedarfe eines Cloud-Supports ausgerichtet ist. Halten Sie fest, welche Rolle (HR, IT ...) verantwortlich (R = responsible) und rechenschaftspflichtig (A = accountable) ist, wer hinzuzuziehen ist (C = consulted) und wer informiert werden muss (I = informed).

Tabelle 19.2 zeigt Ihnen an einem Auszug zum Thema Berechtigungswesen, wie hier die Support-Aufgaben aufgeteilt sein könnten:

	HR-Support	IT-Support	Process Owner
Aufnahme prozessseitiger Änderungen am Berechtigungskonzept	R	C	A
Freigabe prozessseitiger Änderungen am Berechtigungskonzept	R	C	A
Anpassung der Rolle	I	R	A
Testen der Rolle	R	C, I	A

Tabelle 19.2 Beispiel einer angepassten RACI-Matrix für einen Support-Fall

Wichtig ist es, klar zu definieren, über welche Kanäle (z. B. ein Ticketsystem) Anfragen gestellt werden können und wer dafür zuständig ist, diese Anfragen zu sichten und zu bearbeiten. Notwendige Flexibilisierungen aufgrund eines internationalen Einsatzes der Lösungen müssen berücksichtigt werden. Es bietet sich hier oftmals an, auf die im Unternehmen etablierten HR- und IT-seitigen Support-Strukturen zurückzugreifen. Beachten Sie, dass Sie klar kommunizieren müssen, wie der Support für SAP SuccessFactors in Ihrem Unternehmen organisiert ist.

Ein gutes Beispiel für »Support« ist das Anpassen von Berechtigungen (siehe Abbildung 19.3).

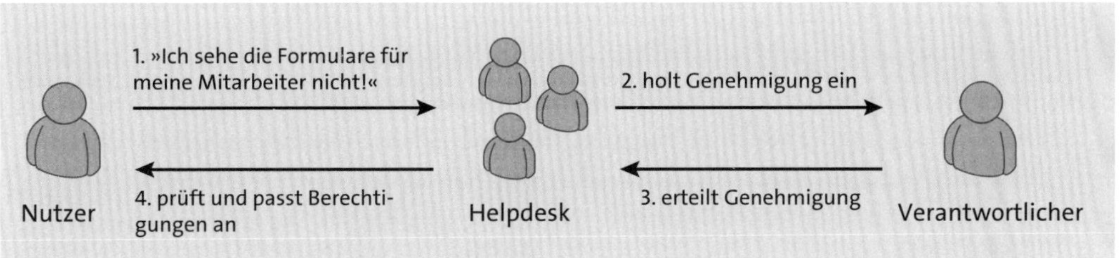

Abbildung 19.3 Beispiel für einen intern gelösten Support-Fall

Darüber hinaus sollten Sie klären, in wessen Verantwortungsbereich die Kommunikation mit weiteren Partnern (Implementierungspartner, SAP-SuccessFactors-Support) liegt. Wer hat die Berechtigung, Tickets bei SAP oder beim Partner-Support zu erstellen? Wer ist der SAP SuccessFactors gegenüber benannte Cloud-Administrator und kann diese Benutzer für die Verwendung des Support-Portals pflegen? Regeln Sie auch, wer dafür zuständig ist, von SAP SuccessFactors angekündigte Wartungsarbeiten zu kommunizieren und auch Störfälle innerhalb Ihres Unternehmens an Anwender weiterzugeben. Auch bei der Festlegung dieser Zuständigkeiten kann Ihnen eine RACI-Matrix helfen.

19.2.2 Partner

Nach dem Ende eines Implementierungsprojekts trennen sich optional die Wege von Kunden und Implementierungspartner. Je nach Ihrer individuellen Situation kann aber auch ein über das Projekt hinausgehender Support seitens des Implementierungspartners eine für Sie passende Lösung sein.

Ihr Partner (Implementierungspartner aus dem Projekt) kennt Ihre Prozesse und deren Abbildung in SAP SuccessFactors gut. Er hat neben den SAP-SuccessFactors-Standarddokumentationen oftmals weitere projektbegleitende Dokumentationen im Zugriff. Er kennt nicht zuletzt auch Ihre über SAP bzw. SAP SuccessFactors hinausgehenden, integrierten Systeme sehr gut und weiß, wie andere Kunden ähnliche Anforderungen gelöst haben. Bei der Prüfung und Diskussion von Releases kann er Ihnen oftmals helfen, schnell zu identifizieren, welche Punkte für Sie wichtig und interessant sind. Typischerweise bietet der Partner Ihnen im Rahmen des Supports auch einen Release Review speziell für Ihre Bedarfe sowie Release- bzw. Regressionstests in Ihren Instanzen an.

Auch bei kleineren, aus dem Support heraus entstehenden Änderungen (Change Requests) kann Ihr Partner Sie gut unterstützen. Identifizieren Sie z. B. eine für Sie interessante Neuerung in SAP SuccessFactors, kann der Partner Sie beraten und Ihnen helfen, diese Neuerung in Ihre SAP-SuccessFactors-Landschaft einzubinden und zu nutzen (siehe Abbildung 19.4).

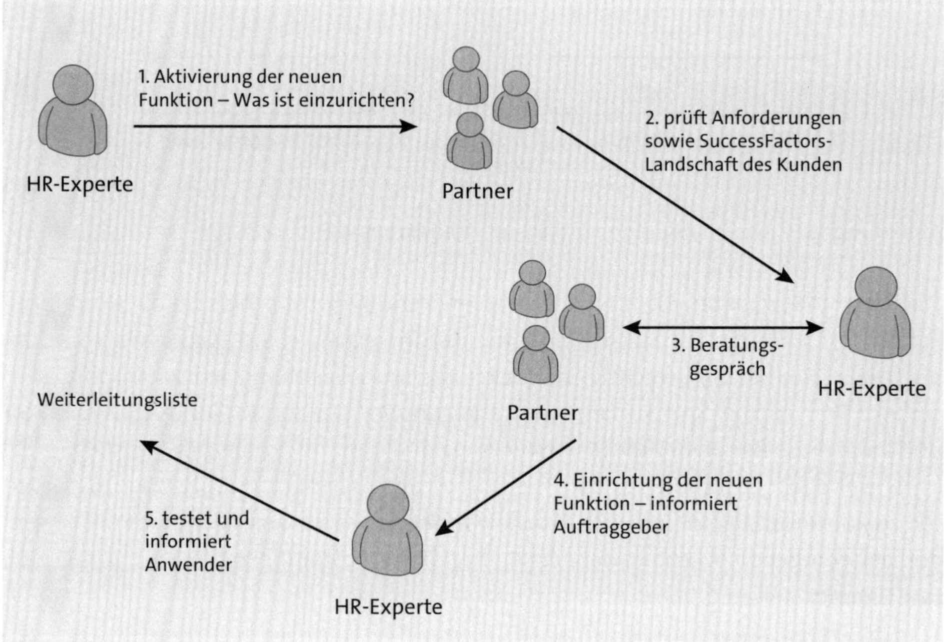

Abbildung 19.4 Beispiel für einen durch Partner gelösten Support-Fall (Change Requests)

Binden Sie Ihren Partner in den Support ein, und setzen Sie ihn zur Unterstützung bei der Lösung von Fehlerfällen ein, dann unterstützt er Sie in der Regel wie folgt:

- Er hilft Ihnen sicherzustellen, dass es sich tatsächlich um einen Fehler (nicht etwa um ein Handhabungsproblem) handelt.
- Er zeigt Ihnen mögliche Workarounds auf (basierend auf Standardfunktionen).
- Er beseitigt den Fehler.
- Er unterstützt Sie bei der Einbindung von SAP, falls es sich um einen Produktfehler handelt.

Da er Ihre Prozesse kennt, kann er Sie oftmals auch im Trainingskontext gut unterstützen. Sind diese Überlegungen für Sie relevant, dann empfiehlt es sich, die Einbindung des Implementierungspartners über das Projekt hinaus sicherzustellen. Letztlich ist dies auch hilfreich, da Sie mit einem Implementierungspartner eine von SAP SuccessFactors unabhängige Beratung und zweite Meinung einholen können.

Setzen Sie Partnerlösungen, z. B. Apps, zur Erweiterung ein, dann ist der entsprechende Partner ebenfalls für Sie Ansprechpartner, wenn es um deren Support und Integration geht.

19.2.3 SAP

SAP bietet verschiedene Support-Pakete an, unter denen Kunden den für sie passenden Support auswählen können. Nutzen Sie diesen erweiterten Support, unterstützt Sie SAP, ähnlich wie ein Partner, übrigens auch darin, Workarounds für bestehende Probleme zu finden oder fachliche Lösungen anzubieten.

Zudem gibt es einen Standard-Support, den Sie im Rahmen der üblichen Lizenzierung in Anspruch nehmen können. Um den SAP-Support zu nutzen, benennen Sie vor Nutzungsstart sogenannte *Cloud-Administratoren* (diese sind oftmals in der IT-Abteilung angesiedelt). Cloud-Administratoren können über ein Support-Portal Tickets für den SAP-SuccessFactors-Support erstellen und auch anderen Mitarbeitern Ihres Unternehmens die Berechtigung erteilen, Tickets zu erzeugen. Im Support-Portal selbst haben berechtigte Mitarbeiter dann auch die Möglichkeit, weitere Informationen, etwa zu Störfällen, einzusehen.

Liegt ein tatsächlicher Fehler in SAP SuccessFactors vor, gehen Sie direkt auf den SAP-Support zu und adressieren den Fehler hier (siehe Abbildung 19.5).

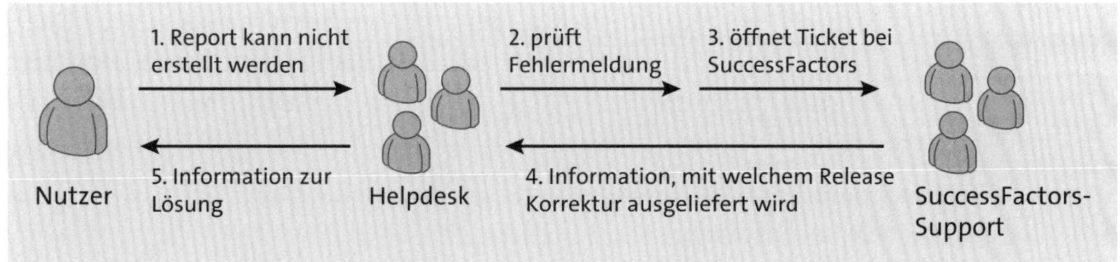

Abbildung 19.5 Beispiel für einen durch SAP gelösten Fehlerfall

Zusammenfassend kann man also festhalten, dass es auch abhängig von der Art des gemeldeten Vorfalls unterschiedliche Möglichkeiten gibt, diesen zu bearbeiten und zu korrigieren. Ob das durch ein Service-Center, einen Partner, eine interne Zuständigkeit von HR- und IT-Abteilung oder den SAP-Support geschieht, ist von der individuellen Situation in Ihrem Unternehmen abhängig. Die für Sie passende Lösung können Sie z. B. im Rahmen Ihres Implementierungsprojekts mit Ihrem Partner entwickeln.

Die Art der Anfrage kann Ihnen bei der Aufnahme im Helpdesk übrigens eine gute Indikation dafür sein, in welchem Support-Kanal ein Fehlerfall auftreten kann (siehe Tabelle 19.3).

Gemeldeter Fehler betrifft	Ansprechpartner – 1. Ebene	Ansprechpartner – 2. Ebene
Schnittstellen, vor- oder nachgelagerte Systeme, Internet ...	IT-Experte	Partner
fachliches Problem	HR-Experte/Process Owner	Partner/SAP SuccessFactors
SAP-SuccessFactors-Fehler	SAP-SuccessFactors-Support	

Tabelle 19.3 Mögliche Befüllung unterschiedlicher Support-Kanäle

Wie bei vielen anderen Themen gilt auch hier, dass ein Austausch mit anderen SAP-SuccessFactors-Kunden Ihnen einen guten Einblick geben kann, wie Sie das Thema Support-Organisation angehen können.

19.3 Release-Management

Gerade durch die Releases kann und soll, sowohl bei Projektbeteiligten als auch bei Benutzern des Systems, der Eindruck entstehen, dass es immer wieder Veränderungen und Verbesserungen gibt.

Mit den Releases gehen kontinuierlich Änderungen einher. Oftmals gibt es Übergangszeiten, in denen Sie Neuerungen und Veränderungen optional nutzen können. Zu einem (im Vorfeld kommunizierten) fixen Zeitpunkt ist die Umstellung von »Alt« auf »Neu« dann jedoch unausweichlich.

Das Versionscenter und das Upgrade Center geben Ihnen Einblick darin, welche Änderungen im Detail anstehen.

Im Versionscenter erhalten Sie Einblick in Informationen zu universellen und optionalen Funktionen in den kommenden Releases (siehe Abbildung 19.6).

Im Upgrade Center erfahren Sie weitere Details und können hier das Upgrade zu den einzelnen Themen anstoßen (siehe Abbildung 19.7).

Gerade die regelmäßigen Aktualisierungen sind ein Vorteil, um zeitgemäße, moderne Best-Practice-Prozesse nicht nur in der Einführungsphase, sondern dauerhaft zu nutzen. Nur wenn Sie sich kontinuierlich mit diesen Änderungen sowohl aus technischer als auch aus prozessualer Sicht beschäftigen und diese auch nutzen, können Sie sicherstellen, dass Sie auch zukünftig aktuelle Best-Practice-Lösungen einsetzen können und dauerhaft niedrige Trainings- und Betriebskosten haben.

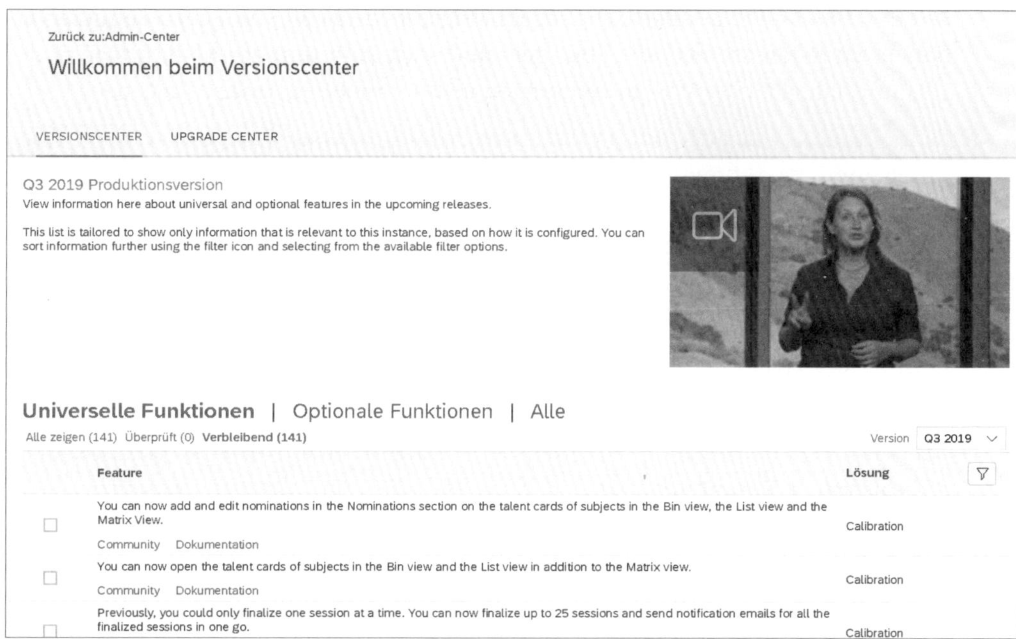

Abbildung 19.6 Startbild des Versionscenters

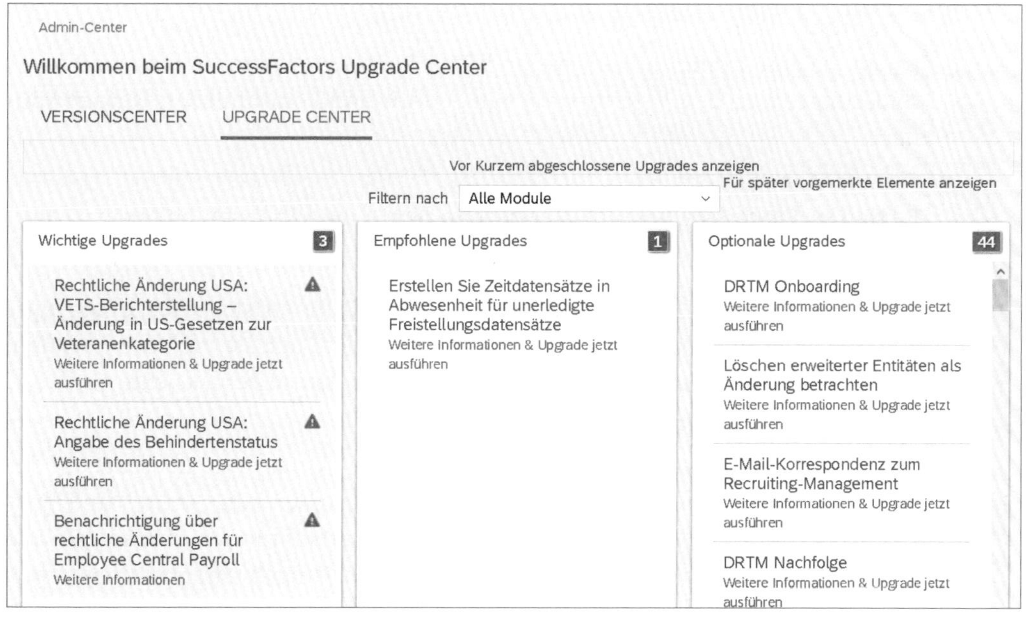

Abbildung 19.7 Startbild des Upgrade Centers

So ersetzt SAP z. B. die Oberfläche regelmäßig auf Basis von Studien zu Benutzerverhalten, aktuellen Trends im Webumfeld und auch aufgrund der Änderungen in der Leistungsfähigkeit der Webanwendungen und der mobilen Anwendungen.

[»]

Regelmäßige Aktualisierungen als Chance

Die regelmäßigen Updates sind eine Chance, den Benutzern des Systems kontinuierlich zeitgemäße, ansprechende und dem aktuellen Nutzungsverhalten entsprechende Lösungen auch im Unternehmensumfeld anzubieten.

Machen Sie sich bereits während des Einführungsprojekts Gedanken dazu, wie Sie mit den kontinuierlichen Änderungen umgehen möchten, und klären Sie die Zuständigkeiten:

- **Prozessuale Verantwortung**
  Definieren Sie, wer aus fachlicher, prozessualer Sicht die Release Notes prüft und Empfehlungen für Ihr Unternehmen ausspricht und Anpassungen veranlassen kann.
- **Technische Verantwortung**
  Definieren Sie, wer aus technischer, systemseitiger Sicht die Release Notes prüft und Empfehlungen ausspricht und Anpassungen veranlassen kann.
- **Kommunikation**
  Bauen Sie eine Kommunikations- und Entscheidungsstruktur auf, anhand derer Änderungen von den Verantwortlichen geprüft und kommuniziert werden können.
- **Change Management**
  Binden Sie Process Owner inklusive dezentraler Organisationseinheiten in die Entscheidungen ein.

Um sich auf ein Release vorzubereiten, empfehlen wir Ihnen, sich selbst einen eigenen Vorgehensplan aufzustellen, nach dem Sie bei jedem Release verfahren können. Wir empfehlen Ihnen, folgende Punkte im Vorgehensplan zu berücksichtigen:

- **Prüfen Sie regelmäßig die Roadmap**
  SAP SuccessFactors veröffentlicht regelmäßig eine aktualisierte Roadmap, in der Kunden erfahren, welche Änderungen und Erweiterungen kurz-, mittel- und langfristig (aktuell bis zu zwei Jahre) geplant sind. Das erlaubt Ihnen, sich sowohl aus prozessualer als auch aus technischer Sicht auf Änderungen vorzubereiten.
- **Prüfen Sie den jährlichen Release-Fahrplan**
  Üblicherweise wird der Release-Fahrplan mit ausreichend Vorlauf für das neue Kalenderjahr veröffentlicht. Das gibt Ihnen die Möglichkeit, langfristig Ihre internen Aktivitäten zu planen. Sie können so Ihre internen, bei jedem Release wiederkeh-

renden Testaktivitäten planen und sich darüber informieren, wann das System nicht zur Verfügung steht.

- **Informieren Sie sich über das aktuelle Release**
  SAP SuccessFactors bietet umfassende schriftliche Release-Informationen an. Diese werden optional den aus Ihrem Unternehmen benannten Administratoren per E-Mail zugestellt. Nutzen Sie diese Informationen auch, um sich, Ihre Kollegen und die Benutzer des Systems auf anstehende Änderungen vorzubereiten. Planen Sie analog dazu Ihren unternehmensinternen Release-Fahrplan (siehe Abbildung 19.8).

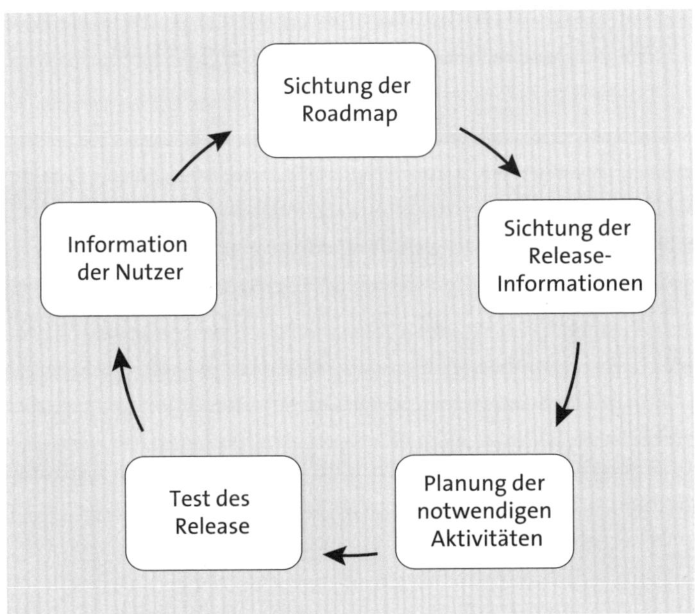

Abbildung 19.8 Release-Fahrplan

Informationsangebote

Nutzen Sie die Informationsangebote von SAP SuccessFactors innerhalb der SAP-SuccessFactors-Community (*http://community.successfactors.com*, steht nur Kunden zur Verfügung). Über unterschiedliche Angebote (Webinare, Printmaterial, Diskussionsforum) haben Sie hier die Möglichkeit, sich über aktuelle Releases, Anforderungen anderer Kunden oder strategische Themen zu informieren. Der Austausch mit anderen Kunden ist darüber hinaus eine weitere gute Gelegenheit, aktuelle Themen und Bedarfe kennenzulernen. Über den Trainingsbereich der Community erhalten Sie auch Zugriff auf die neuesten Trainings zu SAP SuccessFactors. Diese finden Sie im Learning Hub im sogenannten *SAP SuccessFactors Admin Learning Center* (SFALC) (siehe Abbildung 19.9).

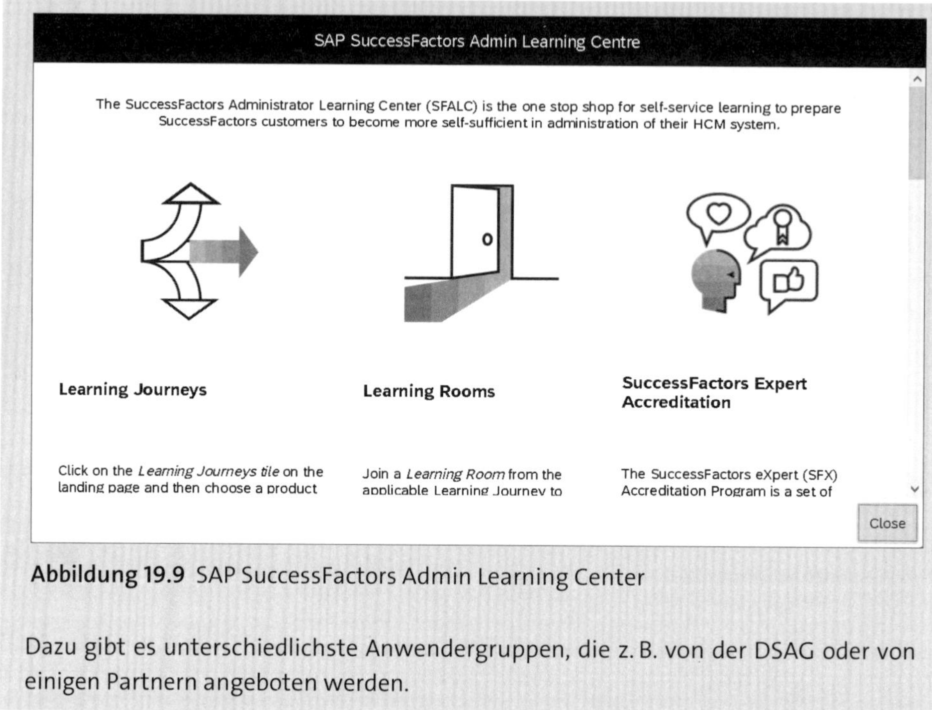

Abbildung 19.9 SAP SuccessFactors Admin Learning Center

Dazu gibt es unterschiedlichste Anwendergruppen, die z. B. von der DSAG oder von einigen Partnern angeboten werden.

- **Testen Sie Ihre Prozesse**
  Auch wenn SAP prüft, dass ausgerollte Änderungen keinen negativen Einfluss auf produktive Systeme haben, kann es dennoch in Einzelfällen sein, dass Sie in Ihrer Instanz vor nicht vorhersehbare Herausforderungen gestellt werden. Testen Sie daher, ob Ihre Lösungen voll funktionsfähig sind. Ein Test involviert in der Regel sowohl Process Owner als auch technische Ansprechpartner. Stimmen Sie Ihre Aktivitäten aufeinander ab. Wenn Sie mit Anwendungsfällen und User Stories (siehe Abschnitt 4.4, »Mit User Stories und Anwendungsfällen arbeiten«) arbeiten, können Sie die vorhandenen Materialien sehr gut als Basis für diese Tests nehmen und an dedizierte Rollen teilweise delegieren.
- **Informieren Sie die Anwender**
  Gerade aufgrund der regelmäßigen Updates, die kleinere und größere Veränderungen des Systems mit sich bringen, ist es wichtig, dass Ihre Anwender darüber informiert sind, was sich ändert, und wissen, dass es sich nicht um Fehler oder Instabilität handelt.
- **Nutzen Sie Versionscenter und Upgrade Center**
  Mit einem Release einhergehende Änderungen sind unterteilt in **Wichtige Upgrades**, **Empfohlene Upgrades** und **Optionale Upgrades** (siehe Abbildung 19.7). Wichtige und empfohlene Änderungen müssen Sie in absehbarer Zeit nutzen. Diese sind zu einem angekündigten Zeitpunkt aktiv, in der Regel werden nur we-

nige Aktivitäten von Ihnen in diesem Kontext erwartet. Die Aktivierung optionaler Änderungen können Sie eigenständiger planen. In diesem Kontext müssen Sie auch Aktivitäten auf Kundenseite vornehmen.

Etablieren Sie, ähnlich wie für den Support, feste Abstimmkreise, die sich über durch Release Notes bedingte Änderungen abstimmen und die befugt sind, Entscheidungen zu treffen. Auch hier gilt es, dass HR- und IT-Abteilung gemeinsam an den Themen arbeiten müssen, um Änderungen in Systemlandschaft und Prozess zu verankern.

Wenn Sie eine gute Begleitung der produktiven Nutzung Ihrer SAP-SuccessFactors-Instanz und der dort abgebildeten Prozesse gewährleisten, dann hilft Ihnen das auch für die nächste Prozesserweiterung oder das nächste Implementierungsprojekt.

Sie kennen Ihre SAP-SuccessFactors-Landschaft, wissen, welche Berechtigungsstrukturen existieren, welche Schnittstellen zu unterstützen sind oder an welcher Stelle sich Integrationsmöglichkeiten zwischen Prozessen anbieten. Das ist sehr hilfreich und ermöglicht Ihnen einen guten Start in die Implementierung neuer, zusätzlicher Prozesse und SAP-SuccessFactors-Module.

Das Autorenteam

Dr. Nikolaus Krasser konzipiert seit 2002 HR-IT-Systeme als Projektleiter und Lösungsarchitekt. Integrierte HR-Prozesse und die Einbettung derselben in ERP-Prozesse sind für ihn ein wesentlicher Faktor für nachhaltige Wettbewerbsfähigkeit von Unternehmen. Seit 2007 liegt sein Fokus auf SAP SuccessFactors. In Dutzenden Implementierungsprojekten hat er sich mit allen funktionalen und technischen Elementen der gesamten Produkt-Suite vertraut gemacht. Seit 2017 sind die Entwicklung von Erweiterungen (Apps) und die Einbettung der (HR-) Prozesse in das »intelligente Unternehmen« seine Arbeitsschwerpunkte. Er hat mehrere Artikel zu den Themen Cloud und SaaS und zu verschiedenen HR-Themen veröffentlicht. Nikolaus Krasser ist Vorstand der Pentos AG und hat ein Doktorat in Sozial- und Wirtschaftswissenschaften als Absolvent der Karl-Franzens-Universität Graz.

Dr. Melanie Rehkopf leitet seit 2007 lokale und internationale HR-Projekte. Seit 2017 unterstützt sie Unternehmen bei der Implementierung von SAP SuccessFactors aufseiten der Pentos AG. Ihr Schwerpunkt liegt dabei auf der Begleitung von Firmen und Anwendern auf dem Weg zu digitalisierten, mehrwertschaffenden HR-Prozessen in einem zukunftsfähig aufgestellten »intelligenten Unternehmen«. Transformations- und Change Management gehören ebenfalls zu ihren Aufgabengebieten. Sie hat an der Universität Bielefeld zum Thema Medienkompetenz promoviert.

Index

L

M

N

O

P

Q

R

S

T